Allgemeine Genetik

Elisabeth Knust · Hans-Arno Müller · Wilfried Janning

Allgemeine Genetik

Elisabeth Knust
Max-Planck-Institute of Molecular Cell
Dresden, Deutschland

Wilfried Janning
Universität Münster
Münster, Deutschland

Hans-Arno Müller
Universität Kassel
Kassel, Deutschland

ISBN 978-3-662-70441-7 ISBN 978-3-662-70442-4 (eBook)
https://doi.org/10.1007/978-3-662-70442-4

Die Deutsche Nationalbibliothek verzeichnet diese Publikation in der Deutschen Nationalbibliografie; detaillierte bibliografische Daten sind im Internet über http://dnb.d-nb.de abrufbar.

© Der/die Herausgeber bzw. der/die Autor(en), exklusiv lizenziert an Springer-Verlag GmbH, DE, ein Teil von Springer Nature 2025

Das Werk einschließlich aller seiner Teile ist urheberrechtlich geschützt. Jede Verwertung, die nicht ausdrücklich vom Urheberrechtsgesetz zugelassen ist, bedarf der vorherigen Zustimmung des Verlags. Das gilt insbesondere für Vervielfältigungen, Bearbeitungen, Übersetzungen, Mikroverfilmungen und die Einspeicherung und Verarbeitung in elektronischen Systemen.
Die Wiedergabe von allgemein beschreibenden Bezeichnungen, Marken, Unternehmensnamen etc. in diesem Werk bedeutet nicht, dass diese frei durch jede Person benutzt werden dürfen. Die Berechtigung zur Benutzung unterliegt, auch ohne gesonderten Hinweis hierzu, den Regeln des Markenrechts. Die Rechte des/der jeweiligen Zeicheninhaber*in sind zu beachten.
Der Verlag, die Autor*innen und die Herausgeber*innen gehen davon aus, dass die Angaben und Informationen in diesem Werk zum Zeitpunkt der Veröffentlichung vollständig und korrekt sind. Weder der Verlag noch die Autor*innen oder die Herausgeber*innen übernehmen, ausdrücklich oder implizit, Gewähr für den Inhalt des Werkes, etwaige Fehler oder Äußerungen. Der Verlag bleibt im Hinblick auf geografische Zuordnungen und Gebietsbezeichnungen in veröffentlichten Karten und Institutionsadressen neutral.

Einbandabbildung © vivekFx / Generated with AI / Stock.adobe.com

Planung/Lektorat: Renate Scheddin
Springer ist ein Imprint der eingetragenen Gesellschaft Springer-Verlag GmbH, DE und ist ein Teil von Springer Nature.
Die Anschrift der Gesellschaft ist: Heidelberger Platz 3, 14197 Berlin, Germany

Wenn Sie dieses Produkt entsorgen, geben Sie das Papier bitte zum Recycling.

Vorwort

Seit Jahrhunderten hatte man versucht, die Vererbung von Eigenschaften bei Pflanzen, Tieren und beim Menschen zu verstehen. Aber erst der Augustinerpater Gregor Mendel hatte eine Idee, wie man das Verständnis durch wissenschaftliche Experimente entscheidend verbessern kann. Vor fast 160 Jahren, am 8. Februar 1865, hielt Mendel im Naturforschenden Verein zu Brünn einen Vortrag, in dem er die Ergebnisse seiner langjährigen, systematisch durchgeführten und statistisch ausgewerteten Kreuzungsexperimente mit Erbsen vorstellte. Auch wenn seine Ergebnisse seinerzeit nur Kopfschütteln hervorriefen und für mehr als 30 Jahre unbeachtet blieben, legten sie die Grundlagen der biologischen Vererbung und waren Ausgangspunkt eines neuen biologischen Teilgebiets, der Genetik. Obwohl Nukleinsäure als Bestandteil des Zellkerns etwa zur selben Zeit (1869) von dem Schweizer Chemiker Friedrich Miescher beschrieben wurde, dauerte es noch fast 80 Jahre, bis Alfred Hershey und Martha Chase 1952 die DNA als Überträger der genetischen Information nachwiesen und James Watson und Francis Crick 1953 die Struktur der DNA als Doppelhelix vorstellten. Seitdem wirken die Ergebnisse der genetischen Forschung in viele Teildisziplinen der Biologie hinein, wie z. B. in die Zellbiologie, Entwicklungsbiologie, Neurobiologie, Immunbiologie, Verhaltensbiologie, Populationsbiologie oder Evolutionsbiologie. Mit der Möglichkeit, die Sequenz ganzer Genome zu entschlüsseln, einschließlich der des Menschen, und der Entwicklung zahlreicher biotechnologischer Methoden wurden und werden große Erfolge erzielt, u. a. im Bereich der Humangenetik bei der Diagnose und Therapie erblich bedingter Erkrankungen.

Das vorliegende Buch basiert auf dem Teil I „Allgemeine Genetik" der 2008 erschienenen 2. Auflage des Lehrbuchs „Genetik" von Janning und Knust. Daher enthält es viele Textpassagen und Abbildungen aus diesem und dem Teil II „Molekulare Genetik", wobei die Texte erweitert und aktualisiert wurden. Zentrales Thema der „Allgemeinen Genetik" ist die Beschreibung der Mechanismen, die die Weitergabe von Merkmalen und Eigenschaften von Generation zu Generation kontrollieren, eine Frage, die bereits von Lukrez ($\approx$ 98–55 v. Chr.) in seinem Werk „*De rerum natura*" (Über die Natur der Dinge) gestellt wurde:

> „Auch kommts häufiger vor, dass die Kinder den Eltern der Eltern
> Gleichen und oft an die Ahnen in ihrer Gestaltung erinnern."

Die Beantwortung dieser Frage erfolgte zunächst durch Analyse von Erbgängen durch kreuzungsgenetische Ansätze, Kartierung von Genen und zytologische Analysen von Zellteilungen sowie die Beschreibung von Chromosomen. Die dadurch gewonnenen Erkenntnisse bildeten die Grundlage für die Anfang des 20. Jahrhunderts formulierte „Chromosomentheorie der Vererbung", die die Parallelität der durch Kreuzungsexperimente gewonnenen genetischen Gesetzmäßigkeiten und dem Verhalten von Chromosomen aufzeigte. Die „Allgemeine Genetik" stellt heute jedoch in keiner Weise ein in sich abgeschlossenes Wissensgebiet dar (auch wenn dies gelegentlich fälschlicherweise durch Begriffe wie „Klassische Genetik" oder „Formalgenetik" zum Ausdruck gebracht wird), sondern ist im Gegenteil eine lebendige, hochaktuelle, sich ständig weiter entwickelnde Wissenschaft.

Zur Erläuterung ein Beispiel. Im menschlichen Körper finden mehrere Millionen Zellteilungen (Mitosen) pro Sekunde statt. Es ist nach wie vor ein großes Rätsel, wie eine menschliche Zelle es schafft, innerhalb kurzer Zeit die 2 m DNA ihrer Chromosomen im Verhältnis 1:10.000 auf sichtbare Länge zu verkürzen und anschließend wieder zu entspiralisieren. Als erster Schritt in diesem Prozess erscheint die Verpackung der DNA mit bestimmten Proteinen (Histonen) zu sogenannten Nukleosomen als gesichert. Hochauflösende Mikroskopie und ein breites Spektrum molekulargenetischer und biochemischer Methoden (auf deren umfassende Darstellung wir aus Platzgründen verzichtet haben) sowie bioinformatische Analyse großer Datenmengen erlauben es heute, die molekularen und zellbiologischen Grundlagen dieses Vorgangs und weiterer, in der „Allgemeinen Genetik" aufgezeigter elementarer Mechanismen der Vererbung immer besser zu verstehen.

Beim Verfassen eines Genetik Lehrbuchs stehen die Autoren vor der Herausforderung, die immense Fülle der Erkenntnisse, die in der mehr als 120jährigen genetischen Forschung erzielt wurde, für eine interessierte Leserschaft darzustellen. Und zwar so, dass es eine für Anfänger verständliche Einführung in das Gebiet darstellt, andererseits aber auch Lesern und Leserinnen mit Vorkenntnissen der genetischen Grundlagen genügend Neues bietet und Anregungen zum Weiterfragen ermöglicht. Das bedeutet aber auch, dass eine Auswahl getroffen bzw. Schwerpunkte gesetzt werden müssen.

Die Genetik ist eine Disziplin, in der sich unser Wissen in den letzten Jahrzehnten mit rapider Geschwindigkeit vermehrt hat und ständig weiter vermehrt. Das bringt es mit sich, dass die in neuerer Zeit erzielten Ergebnisse häufig noch kein kohärentes Bild eines bestimmten Prozesses ergeben, ja, dass sie manchmal auch zu widersprüchlichen Interpretationen führen. Die Wissenschaftsgeschichte hat uns gelehrt, dass die Etablierung allgemein anerkannten Wissens oftmals länger dauert und erst nach Zusammenführung und Bestätigung durch viele verschiedene Ergebnisse möglich ist. Uns war es aber wichtig, nicht nur gut etabliertes Wissen darzustellen, sondern auch den Stand aktueller Forschungsrichtungen aufzuzeigen. Diese werden nicht nur unsere grundlegenden Kenntnisse der Genetik vermehren, sondern auch verstärkt Einfluss auf verschiedene gesellschaftliche Bereiche und andere Disziplinen nehmen, z. B. auf die Humangenetik, der wir ein breiteres Kapitel gewidmet haben.

Unser großer Dank gilt vielen Kolleginnen und Kollegen, die uns bei der Abfassung des Manuskripts mit Rat und Tat unterstützt haben: Olaf Bossinger, Michael Brand, Elham Gheisari, Robert Klapper, Thomas Klein, Jochen Knust, Wolfgang Nellen, Renate Renkawitz-Pohl, Rainer Renkawitz, Bernhard Ronacher, Mireille Schäfer, Ulrich Schäfer, Peter Westhoff, Michaela Wilsch-Bräuninger, Sylke Winkler.

Elisabeth Knust
Hans-Ano Müller
Wilfried Janning
Dresden, Kassel, Münster
im April 2025

Inhaltsverzeichnis

1	**Die DNA – das genetische Material**	1
1.1	DNA ist das genetische Material – nicht Proteine	2
1.2	Die DNA – ein polymeres Molekül	3
1.3	Die DNA – Doppelhelix	4
1.4	Zusammenfassung	7
	Literatur	7
2	**Das Genom der Eukaryontenzelle**	9
2.1	Genomgrößen	10
2.2	Gene sind DNA-Abschnitte	12
2.3	Repetitive DNA	13
2.4	Eukaryontische Transposons	14
2.5	Die DNA im Zellkern ist auf Chromosomen verteilt	20
2.6	Genotyp, Phänotyp, Allele	20
2.7	Zusammenfassung	21
	Literatur	22
3	**Zellzyklus und Zellteilung**	23
3.1	Die Phasen des Zellzyklus	24
3.2	Chromosomen, Chromatiden, Ploidiegrad und C-Wert im Verlauf des Zellzyklus	25
3.3	S-Phase: Replikation der DNA	25
3.4	M-Phase: Mitose und Zytokinese	30
3.5	Die genetische Konsequenz der Mitose	35
3.6	Die Regulation des Zellzyklus	36
3.7	Zusammenfassung	39
	Literatur	40
4	**Chromatinorganisation und Epigenetik**	41
4.1	Organisation des Chromatins zu verschiedenen Phasen des Zellzyklus	42
4.2	Epigenetik und Epigenom	53
4.3	Zusammenfassung	63
	Literatur	63
5	**Meiose**	65
5.1	Die Zytologie der Meiose	67
5.2	Die Meiose – genetisch gesehen	74
5.3	Die Meiose – molekular gesehen	80
5.4	Zusammenfassung	91
	Literatur	91
6	**Mutationen**	93
6.1	Mutationen in Keimzellen und in somatischen Zellen	94
6.2	Numerische Chromosomenaberrationen	95
6.3	Strukturelle Chromosomenaberrationen	98
6.4	Genmutationen	105
6.5	Mutagene erhöhen die spontane Mutationsrate	111
6.6	Reparatursysteme in der Zelle	114
6.7	Zusammenfassung	116
	Literatur	116

7	**Analyse von Erbgängen**	117
7.1	Die Mendel-Regeln der Vererbung	119
7.2	Die Chromosomentheorie der Vererbung	123
7.3	Multiple Allelie	130
7.4	Klassifizierung von Mutationen	130
7.5	Das Hardy-Weinberg-Gesetz: Allelverteilung im Gleichgewicht	132
7.6	Polygenie: Ein Merkmal und mehrere Gene	135
7.7	Pleiotropie oder Polyphänie: Ein Gen und mehrere Merkmale	136
7.8	Penetranz und Expressivität: Die Variabilität des Phänotyps	137
7.9	Zusammenfassung	138
	Literatur	138
8	**Genkartierung**	139
8.1	Genetische Kopplung	140
8.2	Testkreuzung zur Interpretation der Kopplungsverhältnisse	140
8.3	Statistik: Stimmen Hypothese und experimentelles Ergebnis überein?	142
8.4	Dreifaktorenkreuzungen	145
8.5	Tetradenanalysen	148
8.6	Zytologische Genkartierung an Polytänchromosomen in *Drosophila*	153
8.7	Mitotische Rekombination	155
8.8	Zusammenfassung	158
	Literatur	159
9	**Vom Genotyp zum Phänotyp – Transkription und Translation**	161
9.1	Transkription	162
9.2	Translation	170
9.3	Zusammenfassung	180
	Literatur	180
10	**Regulation der Genaktivität bei Eukaryonten**	181
10.1	Sichtbare Genaktivität – Polytänchromosomen in der Interphase	182
10.2	Genexpression wird auf vielen Ebenen kontrolliert	183
10.3	Zusammenfassung	213
	Literatur	213
11	**Genetik der Geschlechtsbestimmung**	215
11.1	Genetik der Geschlechtsbestimmung	216
11.2	Die Dosiskompensation: Ausgleich der Genexpression zwischen den Geschlechtern	230
11.3	Zusammenfassung	234
	Literatur	235
12	**Modellorganismen**	237
12.1	Modellorganismen in der biologischen Grundlagenforschung	238
12.2	Anforderungen an ein Modell zur Erforschung menschlicher Krankheiten	240
12.3	Tiermodelle zur Erforschung menschlicher Krankheiten	242
12.4	Genom- und Mutationsanalysen durch molekulargenetische Methoden	251
12.5	Was ist ein Gen?	257
12.6	Zusammenfassung	260
	Literatur	260

13	**Humangenetik I**	263
13.1	Analyse von Familienstammbäumen	264
13.2	Die Chromosomen des Menschen	265
13.3	Numerische und strukturelle Chromosomenaberrationen	267
13.4	Krankheitsauslösende Punktmutationen	274
13.5	Zusammenfassung	281
	Literatur	281
14	**Humangenetik II**	283
14.1	Das Humangenomprojekt	284
14.2	Strukturelle Genomik	287
14.3	Funktionelle Genomik	293
14.4	Gentherapie	296
14.5	Zusammenfassung	309
	Literatur	310
	Serviceteil	313
	Glossar	314
	Stichwortverzeichnis	327

Die DNA – das genetische Material

Inhaltsverzeichnis

1.1 DNA ist das genetische Material – nicht Proteine – 2

1.2 Die DNA – ein polymeres Molekül – 3

1.3 Die DNA – Doppelhelix – 4

1.4 Zusammenfassung – 7

Literatur – 7

Desoxyribonukleinsäure (DNA, **d**eoxyribo**n**ucleic **a**cid) wurde erstmalig 1869 von dem Tübinger Mediziner und Physiologen Friedrich Miescher aus weißen Blutkörperchen isoliert und von ihm **Nuclein** genannt, da er sie nur aus Zellkernen gewinnen konnte (von lat.: *nucleus* = Kern). DNA besteht aus nur fünf Elementen: Kohlenstoff, Wasserstoff, Stickstoff, Phosphor und Sauerstoff. Wie ist es möglich, dass dieses Molekül so viele komplexe Funktionen ausüben kann, wie etwa die Kodierung der Information für alle Merkmale eines Organismus, die identische Weitergabe der Information von einer Generation zur nächsten sowie die Bereitstellung des Programms für den Ablauf und die Koordination seiner Entwicklung? Die Geschichte der DNA, angefangen von ihrem Nachweis als das genetische Material, über die Aufdeckung des genetischen Codes, der Struktur der DNA als Doppelhelix und schließlich der Entschlüsselung der Genomsequenzen vieler Spezies, einschließlich der des Menschen, ist spannend wie ein Kriminalroman und hat die Genetik in den letzten 100 Jahren revolutioniert. Die Anwendung dieses Wissens und der damit verbundenen **Entwicklung gentechnischer Methoden** werden im 21. Jahrhundert zu neuen Entwicklungen und Erkenntnissen in Medizin, Landwirtschaft, Kriminalistik und anderen Bereichen führen, und sicher auch einen breiten Raum in öffentlichen Diskussionen einnehmen.

1.1 DNA ist das genetische Material – nicht Proteine

Im Jahr 1944 hatten Oswald T. Avery, Colin MacLeod und Maclyn McCarty in einem eleganten Experiment nachgewiesen, dass Nukleinsäuren, und nicht Proteine die Eigenschaft von Bakterienzellen verändern kann (Avery et al. 1944). Der endgültige Beweis dafür, dass **Desoxyribonukleinsäure die genetische Substanz** ist, gelang Alfred Hershey und Martha Chase im Jahr 1952 (Hershey und Chase, 1952). Für ihre Experimente benutzten sie **Bakteriophagen** (kurz **Phagen**). Bakteriophagen sind Viren, die Bakterienzellen infizieren. Sie bestehen aus einer Nukleinsäure (meistens DNA, seltener RNA) und einer Hülle, die u. a. Proteine enthält, welche die Anheftung an eine Bakterienzelle ermöglichen, wobei jeder Phagentyp eine enge Wirtsspezifität besitzt, also nur Zellen bestimmter Bakterienarten befällt. Phagen sind ebenso wie Viren keine selbstständigen Organismen, da sie keinen eigenen Stoffwechsel haben und sich nicht autonom, sondern nur innerhalb einer pro- bzw. eukaryontischen Zelle unter Ausnutzung des zellulären Metabolismus vermehren können. Sie wurden deshalb auch als „Parasiten auf genetischem Niveau" (Salvador Luria) bezeichnet. Für die Genetik sind Bakteriophagen von ganz besonderer Bedeutung gewesen, da die an ihnen gewonnenen Erkenntnisse die Grundlage für die moderne Molekularbiologie schufen (▶ Box 1.1). Nach der Anheftung eines Phagen an die Bakterienzelle gelangt die Nukleinsäure des Phagen in die Zelle, während die Hülle in der Regel außen verbleibt. Durch die Infektion mit der Viren-DNA wird der gesamte Biosyntheseapparat der Bakterienzelle umprogrammiert, indem

---

> **Box 1.1 Max Delbrück, ein Begründer der Molekularbiologie**
>
> Im Jahr 1935 gelang es Wendell Stanley erstmalig, das Tabakmosaikvirus zu kristallisieren, ein Ergebnis, für das er 1946 mit dem Nobelpreis ausgezeichnet wurde. Damit wurde ein Ribonukleoprotein zu einer chemisch ergründbaren Struktur. Dieses Ergebnis führte dazu, dass sich in der Folgezeit mehr und mehr Wissenschaftler, die von ihrer Ausbildung her keine Genetiker, sondern Biochemiker, Mikrobiologen, Chemiker und Physiker waren, mit Fragen der Genetik, insbesondere mit der Frage nach der Natur des Gens, beschäftigten. Einer der führenden Köpfe auf diesem Gebiet war der Physiker Max Delbrück (1906–1981), ein Schüler des Physikers Niels Bohr, einem der Mitbegründer der Quantenmechanik. Er schrieb: „*Mitte der 30iger Jahre, da interessierten sich die theoretischen Physiker, besonders Bohr, für das Rätsel des Lebens. Schließlich ist es eine merkwürdige Sache, dass Menschen erzeugen Menschen, Katzen erzeugen Katzen und Mais erzeugt Mais. Das scheint nicht in der Physik und Chemie drin zu sein. Atome machen nicht gleiche Atome.*"
>
> Max Delbrück wird als der Wegbereiter der modernen Molekularbiologie gesehen. Er initiierte 1945 in Cold Spring Harbor, einem kleinen Ort an der Nordküste von Long Island, USA, den ersten „Phagenkurs", der über 20 Jahre regelmäßig dort stattfand. Die Arbeiten der Mitglieder der sog. „Phagengruppe", zu der anfänglich auch Salvador Luria und Alfred Hershey gehörten und zu der später weitere Mitglieder hinzukamen, brachten wegweisende Erkenntnisse über die Genetik von Bakterien und Phagen, so u. a. darüber, dass auch in Bakterien und Phagen Mutationen auftreten, und dass bei beiden ein Austausch von genetischer Information, also Rekombination, stattfinden kann, die es erlaubt, Genkarten zu entwerfen.
>
> In Anerkennung seines großen Beitrags zur Molekularbiologie wurde Max Delbrück im Jahr 1969 zusammen mit Salvador Luria und Alfred Hershey der Nobelpreis für Physiologie und Medizin verliehen.

1.2 · Die DNA – ein polymeres Molekül

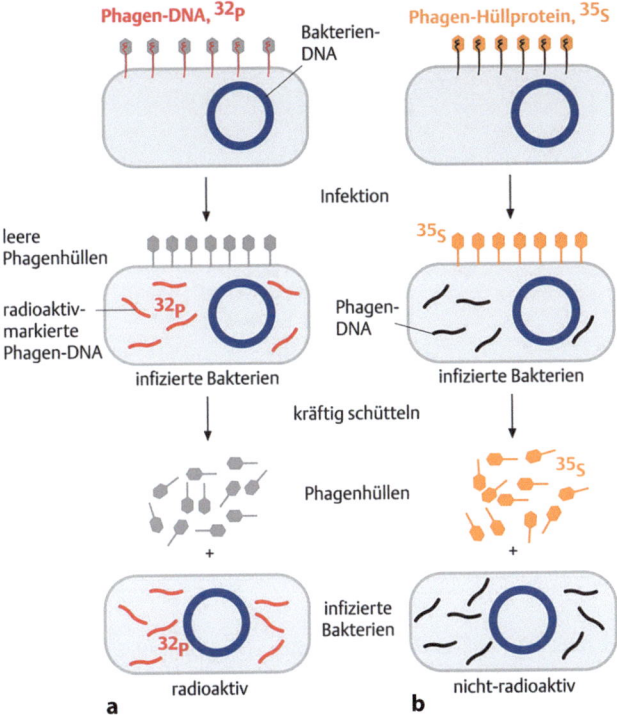

Abb. 1.1 DNA ist das transformierende Agens (Hershey-Chase Experiment). Bakterienzellen werden mit Phagen infiziert, deren DNA (**a**) bzw. Proteinhülle (**b**) radioaktiv markiert ist. Die Phagen-DNA wird in die Zelle gebracht, während die Proteinhülle außen verbleibt. Nach Entfernen der Phagenhülle sind nur die Bakterienzellen aus Kultur **a** und die in ihnen gebildeten neuen Phagen radioaktiv, nicht jedoch die Bakterien und Phagen aus Kultur **b**

die Synthese bakterieller Proteine verhindert wird und nur noch Komponenten des Phagen (DNA, Proteine) hergestellt werden.

Hershey und Chase infizierten eine Bakterienkultur mit Phagen und gaben gleichzeitig in das Medium Nukleinsäurevorstufen (Nukleotide, s. u.), die mit radioaktivem Phosphat (^{32}P-Isotop) markiert waren. Bei der Synthese der neuen Phagenpartikel wurden diese ^{32}P-markierten Nukleotide in die DNA eingebaut.

Eine zweite, mit Phagen infizierte Bakterienkultur ließen sie in Gegenwart von Proteinvorstufen (Aminosäuren) wachsen, die mit radioaktivem Schwefel (^{35}S) markiert waren. Diese wurden bei der Neusynthese der Phagenpartikel in die Hülle eingebaut. Mit den so gewonnenen, ^{32}P- oder ^{35}S-markierten Phagen infizierten sie erneut Bakterien (◘ Abb. 1.1). Kurz danach trennten sie durch kräftiges Schlagen mittels eines Küchenmixers die leeren Phagenhüllen ab und untersuchten anschließend den Verbleib der radioaktiv markierten Substanzen. Nach Infektion mit ^{35}S-markierten Phagen konnten sie keine radioaktive Markierung in den neu infizierten Zellen entdecken, nach Infektion mit ^{32}P-markierten Phagen konnten sie jedoch im Innern der infizierten Bakterienzellen ^{32}P nachweisen.

Die Markierung konnten sie auch in den neu synthetisierten Phagenpartikeln wieder finden.

Damit zeigten sie, dass die **DNA das eigentliche genetische Material** darstellt, das an die nächste Generation weitergegeben wird. Die Proteine bilden lediglich die Hülle der Phagen, die nach der Anheftung an die Wirtszelle und dem Eindringen der DNA außen verbleibt.

1.2 Die DNA – ein polymeres Molekül

Die chemische Zusammensetzung dieses später als **Nukleinsäure** bezeichneten Moleküls ist recht einfach: neben **Phosphat** enthält DNA den Pentose Zucker **Desoxyribose** und vier **Stickstoff-haltige Basen** (◘ Abb. 1.2a). (Zu Aufbau und Funktion der zweiten Nukleinsäure, der Ribonukleinsäure (RNA) siehe ▶ Abschn. 9.1). Die Basen **Cytosin** (**C**; 4-Amino-Uracil) und **Thymin** (**T**; 5-Methyluracil) sind Derivate des Pyrimidins, einem heterozyklischen Sechsring mit zwei Stickstoff-Atomen. Heterozyklisch deshalb, weil sich im Ring sowohl Kohlenstoff- als auch Stickstoff-Atome befinden. Die Basen **Adenin** (**A**; 6-Aminopurin) und **Guanin** (**G**; 2-Amino-6-Hydroxypurin) leiten sich vom Purin ab, das aus zwei heterozyklischen Ringen besteht. Für seine grundlegenden Beiträge über die Chemie dieser vier Basen und ihre Bedeutung als Bausteine der DNA wurde Albrecht Kossel 1910 mit dem **Nobelpreis für Physiologie oder Medizin** ausgezeichnet („*in recognition of the contributions to our knowledge of cell chemistry made through his work on proteins, including the nucleic substances*".)

Jeweils eine Base kann mit einem Zuckermolekül Desoxyribose zu einem **Nukleosid** verknüpft sein. So entsteht aus dem Adenin durch eine **N-glykosidische Bindung** zwischen dem N9 Stickstoffatom des Purins und dem C1'-Atom der Desoxyribose das Desoxyadenosin (dA) (◘ Abb. 1.2b). Die Hydroxyl-Gruppe (−OH) am C5'-Atom der Desoxyribose kann weiterhin mit einem, zwei oder drei Phosphatgruppen zu einem **Mono-, Di- oder Trinukleotid** verestert sein. Trägt es ein Adenin als Base, bezeichnet man es entsprechend als Desoxyadenosin*mono*phosphat (dAMP) (◘ Abb. 1.2c), Desoxyadenosin*di*phosphat (dADP) und Desoxyadenosin*tri*phosphat (dATP).

Die genauere Analyse zeigte, dass DNA ein lineares **Polymer** ist, das aus wiederholten Einheiten, den Nukleotiden, besteht. Die Nukleotide werden durch Ausbildung einer Bindung zwischen einem Phosphatrest am C5'-Atom des Zuckers eines Nukleotids und der OH-Gruppe am C3'-Atom des Zuckers des nächsten Nukleotids unter Abspaltung von Wasser zu einem **Dinukleotid** verknüpft (= 3'-5'-**Phosphodiesterbindung**). Durch Veresterung weiterer Nukleotide entstehen Oligo- bzw. Polynukleotide (◘ Abb. 1.3). Somit stellt DNA chemisch gesehen ein Phosphat-Pentose-Polymer mit Purin- und Pyrimidin-Seitengruppen dar.

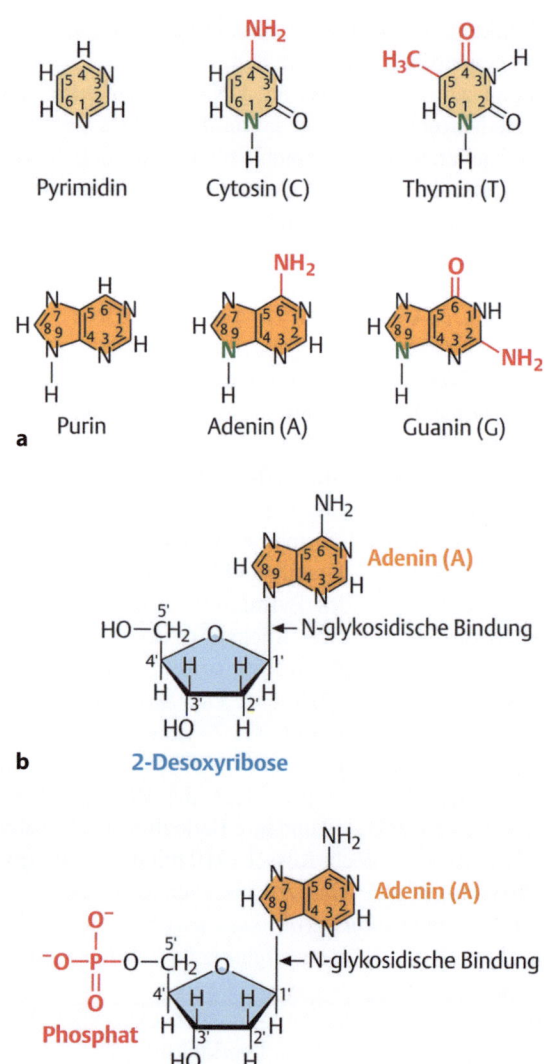

Abb. 1.2 Chemische Struktur der vier Basen, eines Nukleosids und Nukleotids. **a** Die vier Basen der DNA sind Derivate von Pyrimidin bzw. Purin. Über das grün markierte Stickstoff-Atom wird die N-glykosidische Bindung zum 1′-Kohlenstoff-Atom des Zuckers ausgebildet. Rot markiert sind jeweils die Gruppen, in denen sich die beiden Purine bzw. die beiden Pyrimidine unterscheiden. **b** Das Nukleosid Desoxyadenosin, dA. **c** Das hier dargestellte Nukleotid, das Desoxyadenosin-5′-monophosphat (dAMP), besteht aus dem Desoxyadenosin, das mit einem Phosphatrest verestert ist

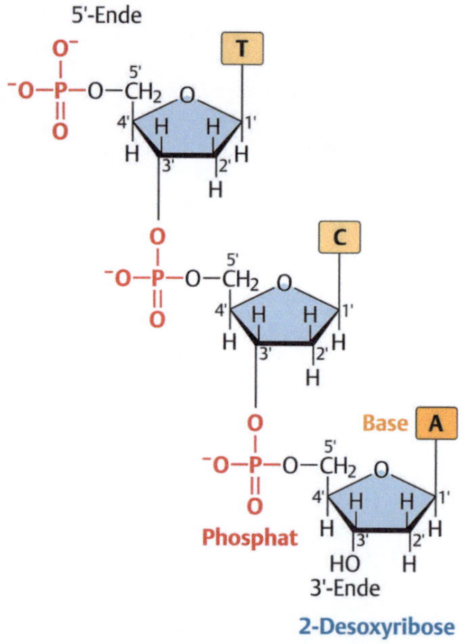

Jedes **DNA-Molekül hat eine Polarität**, wobei **das 5′-Ende** durch eine Phosphatgruppe am C5′-Atom der Desoxyribose und das **3′-Ende** durch eine OH-Gruppe am C3′-Atom des Zuckers am anderen Ende gekennzeichnet ist. Polynukleotide unterscheiden sich in ihrer Länge und der Reihenfolge der Basen. Die **Basen-** oder **Nukleotidsequenz** einer DNA wird immer **von 5′ nach 3′** gelesen, im Beispiel der Abb. 1.3 also 5′-T-C-A-3′.

Obwohl die DNA aus nur vier verschiedenen Bausteinen, den Nukleotiden, aufgebaut ist, enthält sie alle genetischen Informationen, die für die Entwicklung, Vermehrung und Funktion eines Organismus – vom Bakterium bis zum Menschen – benötigt werden. Diese Informationen sind letztendlich in der Reihenfolge der vier Basen A, C, G und T verschlüsselt, vergleichbar den Buchstaben des Alphabets, deren Reihenfolge ein sinnvolles Wort oder einen sinnvollen Satz ergibt.

Abb. 1.3 Aufbau eines Trinukleotids. Dargestellt ist die chemische Struktur des Trinukleotids 5′-T-C-A-3′. Die durch Phosphatreste miteinander verknüpften Desoxyribose-Einheiten bilden das sog. „Rückgrat" der DNA. Das Molekül endet am 5′-Ende mit einer Phosphatgruppe, am 3′-Ende mit einer OH-Gruppe

1.3 Die DNA – Doppelhelix

Der Nachweis, dass DNA, und nicht Proteine, Träger der genetischen Information sind, führten schließlich zu dem 1953 von James Watson und Francis Crick aufgestellten Modell der räumlichen Struktur der DNA (Watson und Crick, 1953). Hierzu trugen sehr viele weitere Ergebnissen bei, u. a.:

1. Die Beobachtungen von Erwin Chargaff zu den prozentualen Verhältnissen der vier Basen in einer DNA. Chargaff untersuchte die Zusammensetzung der DNA verschiedener Organismen und fand dabei, dass in den meisten Fällen der Anteil der vier Basen nicht 1:1:1:1 ist. Allerdings ist der Anteil aller Pyrimidin-Nukleotide immer gleich dem Anteil aller Purin-Nukleotide:

$$(C + T) = (A + G)$$

Mehr noch, der Anteil an A entspricht immer dem Anteil an T und der Anteil an G immer dem Anteil an C.

$$A = T \quad \text{und} \quad G = C$$

1.3 · Die DNA – Doppelhelix

> **Box 1.2 Röntgenstrukturanalyse**
>
> Die **Röntgenstrukturanalyse** wurde in den 1950er Jahren von Max Perutz und John Kendrew als Methode zur Aufklärung der Struktur von Proteinen angewendet, später dann auch zur Strukturaufklärung der DNA benutzt. Bei diesem Verfahren wird ein Bündel paralleler Röntgenstrahlen mit einer Wellenlänge von 0,1–0,2 nm durch ein kristallisiertes Protein (oder eine kristallisierte DNA) geschickt. Die Röntgenstrahlen werden durch die einzelnen Atome im Kristall abgelenkt. Sind die Atome im Kristall regelmäßig angeordnet, verstärken sich die gebeugten Strahlen und produzieren ein typisches **Beugungsmuster** auf einem photographischen Film. Die Position und Stärke jedes Flecks auf dem Beugungsmuster gibt Informationen über die Position einzelner Atome im Kristall.
>
> Die von R.E. Franklin und R.G. Gosling bzw. von M.H.F. Wilkins, A.R. Stokes und H.R. Wilson veröffentlichten **Beugungsbilder der DNA** (◘ Abb. 1.4) waren ausschlaggebend für das von Watson und Crick vorgeschlagene Modell der DNA-Struktur: Die Daten beider Arbeiten ließen den Schluss zu, dass es sich bei der DNA um eine spiralförmige Struktur mit einer Höhe der Windung von 3,4 nm und einem Durchmesser von ≈ 2 nm handelt, in der die Phosphatgruppen außen und die Basen innen liegen. Auf Grund der Dichte des Moleküls nahm R. Franklin weiterhin an, dass die Struktur aus zwei, möglicherweise aus drei Strängen aufgebaut ist.

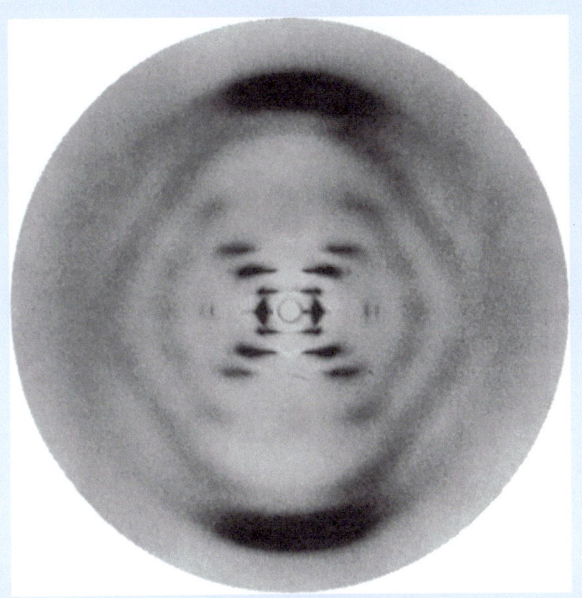

◘ **Abb. 1.4** Röntgenbeugungsmuster der DNA (B-Form). Die X-förmige Anordnung in der Mitte weist auf eine helikale Struktur hin, die Bögen oben und unten stammen von der Stapelung der Basenpaare. Aus diesem, von R. Franklin aufgenommenen Beugungsmuster konnte sie eine schraubenförmige Struktur mit einer Periodizität (der Basen) von 0,34 nm ableiten, eine wichtige Information für die Aufstellung des DNA-Modells. (Nach Franklin und Gosling 1953, mit freundlicher Genehmigung)

Als Anmerkung zu diesen Befunden (später **„Chargaff-Regeln"** genannt) schrieb Erwin Chargaff 1950: *„Ob diesen Basenverhältnissen eine tiefere Bedeutung zukommt, muss noch geklärt werden"*. Heute wissen wir, dass diesen Verhältnissen in der Tat eine besondere Bedeutung zukommt, da sie die Struktur der DNA aus zwei Strängen widerspiegelt (s. u.).

2. Der Befund von Alexander Robertus Todd, dass Nukleotide durch 5′-3′-Phosphodiesterbindungen miteinander zu Ketten verknüpft sein können.
3. Die von Florence Ogilvy Bell und Rosalind Franklin gewonnenen Ergebnisse zur Röntgenstruktur der DNA (▶ Box 1.2; ◘ Abb. 1.4). Diese beiden Forscherinnen werden auch als „Dark Ladies of DNA" bezeichnet, weil ihre Ergebnisse zur DNA-Struktur und die Bedeutung dieser Ergebnisse für die Erstellung des DNA-Modells nicht entsprechend gewürdigt wurden. Aus den Röntgenbildern war zu entnehmen, dass es sich bei der DNA um ein schraubenförmig gewundenes Molekül mit einem Durchmesser von 2 nm und einer Höhe der Schraubenwindung von 3,4 nm handelt (1 nm = 1/1000 μm).

Das von James Watson und Francis Crick abgeleitete Modell der DNA-Struktur, später **Watson-und-Crick Mo-**

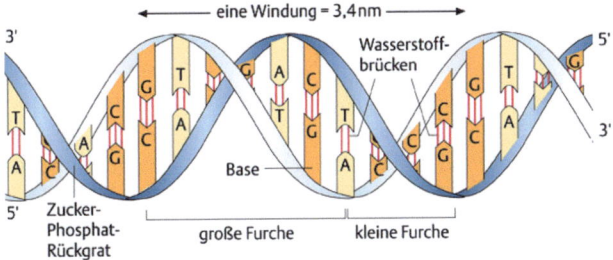

◘ **Abb. 1.5** Ausschnitt einer DNA-Doppelhelix. Die rechtsgewundene DNA-Doppelhelix besteht aus zwei antiparallel ausgerichteten Einzelsträngen. Der Abstand benachbarter Basen beträgt 0,34 nm, 10 Basenpaare machen jeweils eine Windung aus

dell genannt, zeigt die DNA als **Doppelhelix**, bestehend aus zwei spiralförmig gewundenen polymeren Molekülen (◘ Abb. 1.5).

Die Nukleotide sind untereinander durch Bindungen zwischen dem Zucker und dem Phosphat zum sogenannten Zucker-Phosphat-„Rückgrat" verknüpft (s. ◘ Abb. 1.3). Die Basen weisen, vergleichbar den Sprossen einer Leiter, nach innen. Die Verbindung der beiden Einzelstränge erfolgt durch Wasserstoffbrückenbindungen (H-Brücken;

Box 1.3 Wasserstoffbrückenbindungen

Wasserstoffbrückenbindungen (abgekürzt: H-Brücken) sind, anders als kovalente Bindungen, keine echten chemischen Bindungen, sondern werden genauer als „anziehende zwischenmolekulare Wechselwirkungen" bezeichnet. Sie bilden sich zwischen einem Wasserstoff-Atom mit schwach positiver Ladung und einem stark elektronegativen Akzeptoratom mit überschüssigen Elektronen aus (z. B. Stickstoff, N, oder Sauerstoff, O). H-Brücken stellen im Vergleich zu kovalenten Atombindungen schwache chemische Bindungen dar, die mit geringem Energieaufwand gelöst werden können. Diese Eigenschaft ist eine wesentliche Voraussetzung für die beiden wichtigsten Funktionen der DNA, die Replikation und die Transkription. In der DNA kann A immer nur mit T und G immer nur mit C H-Brücken ausbilden (◘ Abb. 1.6a). Dennoch garantiert die Summe aller H-Brücken in einer DNA, zusammen mit den Stapelkräfte zwischen den Basen, eine hohe Stabilität der Doppelhelix, so dass diese unter günstigen Bedingungen über hunderttausende von Jahren in toten Organismen erhalten bleiben kann. Allerdings ist diese „ancient DNA" (aDNA) häufig fragmentiert oder die Basen sind chemisch verändert. Dennoch ermöglichen neuartige Methoden heute die Sequenzierung ganzer Genome aus menschlichen Fossilien, die mehr als 40.000 Jahre alt sind, z. B. das Genom des Neandertalers (s. ▶ Abschn. 14.2.1.3).

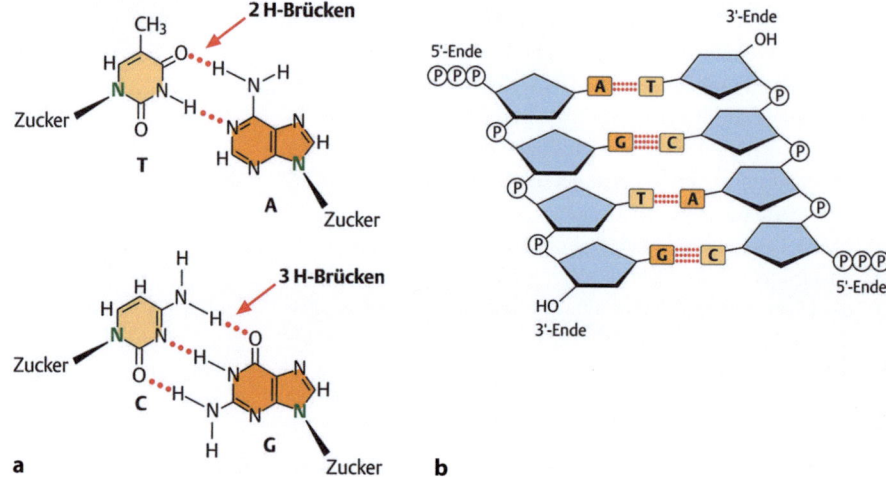

◘ **Abb. 1.6** Ausschnitt einer DNA-Doppelhelix. **a** Wasserstoffbrückenbindungen sind zwischen den Basen A und T bzw. G und C ausgebildet (rote gepunktete Linien). **b** Jeder DNA-Strang besitzt ein 3′-Hydroxyl (OH)-Ende und ein 5′-Phosphat (PPP)-Ende. Dargestellt sind die zwei bzw. drei Wasserstoffbrückenbindungen (rot gestrichelte Linien) zwischen den A-T- bzw. den G-C-Basenpaaren

▶ Box 1.3), die jeweils zwischen einem Purin des einen Strangs und einem Pyrimidin des anderen Strangs ausgebildet werden (◘ Abb. 1.6a). Auf Grund der chemischen Struktur der Basen kann A immer nur mit T und G immer nur mit C paaren, wobei bei A-T zwei und bei G-C drei Wasserstoffbrückenbindungen ausgebildet werden (**komplementäre Basenpaarung**) (◘ Abb. 1.6). Die beiden Einzelstränge sind antiparallel (gegenläufig) zueinander angeordnet, d. h. sie weisen eine entgegengesetzte 5′-3′-Orientierung auf. Da **A immer nur mit T** und **G immer nur mit C** Wasserstoffbrückenbindungen ausbilden kann, legt die Nukleotidsequenz des einen Strangs eindeutig die Sequenz auf dem anderen Strang fest, anders ausgedrückt, die beiden Stränge sind komplementär zueinander (◘ Abb. 1.5, 1.6b). Jedoch ist der Anteil an A+T in einer Doppelhelix nicht immer gleich dem Anteil an G+C, dieses Verhältnis schwankt je nach Spezies zwischen 0,5 und 2,0. So ist bei *E. coli* (A+T) / (G+C) ~ 1,0.

Die beiden über Wasserstoff (H)-Brücken verbundenen Einzelstränge winden sich rechtsherum um eine gedachte, zentral gelegene Achse, was den Namen „Doppelhelix" erklärt. Dabei haben die benachbarten, planar angeordneten Basenpaare (bp) einen Abstand von jeweils 0,34 nm voneinander. Insgesamt 10 bp machen eine volle Windung der Doppelhelix aus (◘ Abb. 1.5). Die Struktur der Doppelhelix wird außer durch H-Brücken noch durch Wechselwirkungen zwischen benachbarten Basenpaaren (die sog. Stapelkräfte, *stacking forces*) stabilisiert, indem diese die Einlagerung von Wassermolekülen zwischen den Basenpaaren verhindern. Zwischen den Zucker-Phosphat-Bändern der beiden Einzelstränge kommt es zur Ausbildung von zwei Furchen/Rinnen, der **„großen Furche"** und der **„kleinen Furche"** (*major and minor groove*) (◘ Abb. 1.5).

Die von Watson und Crick vorgeschlagene Struktur der DNA-Doppelhelix bietet eine Erklärung für die beiden wichtigsten **Funktionen der DNA**, die identische Verdopplung (s. ▶ Abschn. 3.3, **Replikation**) und die Übertragung der genetischen Information auf RNA (s. ▶ Abschn. 9.1, **Transkription**). Für diese Arbeit erhielten J. Watson und F. Crick zusammen mit M. Wilkins im Jahr 1962 den Nobelpreis für Physiologie oder Medizin (Rosalind Franklin war bereits 1958 im Alter von 37 Jahren gestorben).

1.4 Zusammenfassung

- **DNA** ist ein langes, unverzweigtes Molekül (Polymer), das aus vier verschiedenen Bausteinen, den **Desoxyribonukleotiden**, aufgebaut ist. Jedes Nukleotid besteht aus dem Zucker Desoxyribose, einer Phosphatgruppe und einer heterozyklischen Base, Adenin, Guanin, Cytosin oder Thymin.
- Zwei DNA-Stränge bilden eine **DNA-Doppelhelix**, wobei die beiden Stränge **antiparallel** und **komplementär** zueinander angeordnet sind: die Basensequenz des einen Strangs bestimmt die Basensequenz des anderen Strangs.
- Die beiden DNA-Stränge einer Doppelhelix werden durch **Wasserstoffbrückenbindungen** zusammengehalten, wobei das Basenpaar Adenin/Thymin zwei und das Basenpaar Guanin/Cytosin drei Wasserstoffbrücken ausbildet.
- Die Eigenschaften von **Wasserstoffbrückenbindungen** sind Voraussetzungen für die beiden wichtigsten Eigenschaften der DNA, die Replikation und die Transkription.

Literatur

Avery OT, Macleod CM, McCarty M (1944) Studies on the chemical nature of the substance inducing transformation of pneumococcal types: induction of transformation by a desoxyribonucleic acid fraction isolated from *Pneumococcus* Type III. J Exp Med 79:137–158

Franklin RE, Gosling RG (1953) Molecular configuration in sodium thymonucleate. Nature 171:740–741

Hershey AD, Chase M (1952) Independent functions of viral protein and nucleic acid in growth of bacteriophage. J Gen Physiol 36:39–56

Watson JD, Crick FH (1953) Molecular structure of nucleic acids: a structure for deoxyribose nucleic acid. Nature 248:765

Das Genom der Eukaryontenzelle

Inhaltsverzeichnis

2.1 Genomgrößen – 10

2.2 Gene sind DNA-Abschnitte – 12

2.3 Repetitive DNA – 13

2.4 Eukaryontische Transposons – 14
2.4.1 Entdeckung der Transposons beim Mais – 14
2.4.2 Struktur und Funktion von DNA-Transposons – 14
2.4.3 Retroviren und Retrotransposons – 16

2.5 Die DNA im Zellkern ist auf Chromosomen verteilt – 20

2.6 Genotyp, Phänotyp, Allele – 20

2.7 Zusammenfassung – 21

Literatur – 22

© Der/die Autor(en), exklusiv lizenziert an Springer-Verlag GmbH, DE, ein Teil von Springer Nature 2025
E. Knust, H.-A. Müller, W. Janning, *Allgemeine Genetik*, https://doi.org/10.1007/978-3-662-70442-4_2

Zellen von **Eukaryonten** (hierzu gehören alle Lebewesen mit echtem Zellkern) weisen eine Aufteilung in räumlich und funktionell voneinander getrennte Bereiche, genannt **Kompartimente**, auf, die durch Membranen abgegrenzt sind. Hierzu gehören der Zellkern, die Mitochondrien, die Plastiden, das endoplasmatische Retikulum, der Golgi-Apparat und andere, im Licht- bzw. im Elektronenmikroskop erkennbare Strukturen. Neben dem Zellkern findet man DNA in Organellen: in **Mitochondrien** von Tieren, Pflanzen und Pilzen (**mtDNA**), und zusätzlich in Plastiden, u. a. in **Chloroplasten (cpDNA)** pflanzlicher Zellen. mtDNA und cpDNA tragen nur einen Bruchteil der gesamten genetischen Information einer Zelle (mtDNA in menschlichen Zellen etwa 1 %). Die Gesamtheit der genetischen Information eines Organismus/einer Zelle bezeichnet man als das **Genom**, das sowohl die DNA im Zellkern (**Kerngenom**) als auch die DNA in Mitochondrien (**Chondriom** oder **Mitogenom**) und, bei Pflanzen, die DNA in Plastiden (**Plastom**) einschließt.

Das Genom einer Art besteht aus einer endlichen Anzahl von Genen, die entweder in nur einer Kopie/Genom vorkommen können, die sog. *single copy* Gene, oder aber auch in mehreren Kopien/Genom. Darüber hinaus enthält das Genom DNA-Abschnitte, die mehrfach, manchmal > 1000fach wiederholt werden, die sog. **repetitive DNA**.

Im Jahr 2000 wurde die gesamte Genomsequenz von *Drosophila melanogaster* veröffentlicht und eine Anzahl von 13.600 Genen bestimmt. Ein Jahr später folgte die Veröffentlichung der Sequenz des menschlichen Genoms, und es wurden 30.000–40.000 Gene vorhergesagt. Inzwischen sind die Methoden zur Analyse von DNA-Sequenzen und ihren Auswertungen wesentlich verbessert worden, so dass Vorhersagen zur Zahl der im Genom kodierten RNAs und Proteine heute kontinuierlich verbessert werden (s. auch ▶ Kap. 14).

2.1 Genomgrößen

Unter der **Genomgröße** versteht man die Menge der nukleären DNA einer haploiden Zelle (= eine Zelle mit einfachem Chromosomensatz = **1n**). Sie wird entweder als **C-Wert** in pg (Pikogramm) angegeben (1 pg = 10^{-12} g), oder in der Anzahl der Basenpaare (1 kb = 1000 bp; 1 Mb = 1.000.000 bp = 10^6 bp). Dabei entspricht 1 pg doppelsträngige DNA knapp 1000 Megabasenpaare (1 Mb = 10^6 Basenpaare), und umgekehrt entsprechen 10^6 bp (1 Mb) = 10^{-3} pg DNA. Die Genomgrößen verschiedener Organismen weisen erhebliche Unterschiede auf (◘ Tab. 2.1). Selbst innerhalb einer Tier- oder Pflanzengruppe kann

Tab. 2.1 Chromosomenzahl, Genomgrößen und Genzahl ausgewählter Organismen

Wiss. Bezeichnung	Trivialname	Haploide Anzahl Chromosomen	Genomgröße [Mb][a]	DNA-Länge [cm][b]	Zahl annotierter Protein-kodierender Gene
Pilze					
Saccharomyces cerevisiae	Bäckerhefe	16	12	0,4	6600
Schizosaccharomyces pombe	Spalthefe	3	13	0,4	4800
Candida albicans	Hefepilz	8	14	0,4	6000
Aspergillus nidulans	Gießkannenschimmel	8	30	0,9	10.500
Neurospora crassa	Brotschimmel	7	41	1,3	10.000
Pflanzen					
Genlisea aurea[c]	Gelbe Reusenfalle	26	43	1,8	17.700
Arabidopsis thaliana	Ackerschmalwand	5	120	3,5	27.500
Oryza sativa	Reis	12	374	11,3	29.000
Populus trichocarpa	Westliche Balsampappel	19	392	24,3	29.000
Physcomitrella patens	Kleines Blasenmützenmoos	27	472	14,7	20.000
Antirrhinum majus[d]	Großes Löwenmaul	8	510	15,0	?
Solanum tuberosum	Kartoffel	12	706	21,3	28.000
Solanum lycopersicum	Tomate	12	828	26,5	26.000
Coffea arabica	Kaffee	22	1095	35,1	45.000
Zea mays	Mais	10	2183	64,5	34.000
Nicotiana tabacum[e]	Tabak	24	3644	132	62.000
Allium cepa[f]	Küchenzwiebel	8	15.000	439	?
Paris japonica[g]	Japanische Einbeere	5	148.000	1000	?

2.1 · Genomgrößen

Tab. 2.1 (Fortsetzung)

Wiss. Bezeichnung	Trivialname	Haploide Anzahl Chromosomen	Genomgröße [Mb]ᵃ	DNA-Länge [cm]ᵇ	Zahl annotierter Protein-kodierender Gene
Einzeller und Wirbellose					
Plasmodium falciparum	Erreger der *Malaria tropica*	14	23	0,7	5300
Trypanosoma brucei	Erreger der Schlafkrankheit	11	26	–	8800
Dictyostelium discoideum	Schleimpilz	6	34	1,0	13.000
Caenorhabditis elegans	Fadenwurm	6	100	3,0	20.000
Trichoplax adhaerens	Scheibentier	6	106	3,1	11.500
Drosophila melanogaster	Taufliege	4	144	4,1	14.000
Apis mellifera	Honigbiene	16	225	6,7	10.000
Anopheles gambiae	Malariamücke	3	265	7,4	13.000
Locusta migratoria	Wanderheuschrecke	12	6300	169	?
Wirbeltiere					
Tetraodon nigroviridis	Grüner Kugelfisch	21	340	10,0	28.000
Takifugu rubripes	Japanischer Pufferfisch	22	380	11,5	22.000
Danio rerio	Zebrafisch	25	1400	52,0	26.000
Mus musculus	Hausmaus	20	2700	76,3	22.000
Xenopus laevis	Krallenfrosch	9	2700	80,3	34.000
Rattus norvegicus	Wanderratte	21	2600	77,4	22.000
Homo sapiens	Mensch	23	3100	94,1	20.000
Macaca mulatta	Rhesusaffe	21	3000	87,4	21.000
Pan troglodytes	Schimpanse	23	3200	89,7	23.000
*Lepidosiren paradoxa*ʰ	Südamerikanischer Lungenfisch	19	87.200	≈ 2700	≈ 20.000

Wenn nicht anders vermerkt, stammen die Daten aus: ▶ https://www.ncbi.nlm.nih.gov/datasets/genome/ (Stand: März 2025)
ᵃ Werte gerundet
ᵇ Die Länge der DNA aller Chromosomen einer Zelle
ᶜ fleischfressende Pflanze aus Brasilien
ᵈ Li et al. (2019)
ᵉ allotetraploid 2x2n. *N. tabacum* ist das Ergebnis der Kreuzung zwischen zwei nahe verwandten Arten, *Nicotiana sylvestris* (2n = 24) and *Nicotiana tomentosiformis* (2n = 24) vor etwa 200.000 Jahren (zur Definition von Allopoplyploidie s. auch ▶ Abschn. 6.2.1 und 10.2.1)
ᶠ oktoploid (8n).
ᵍ oktoploid (8n). Pellicer et al. (2010)
ʰ Schartl et al. 2024

sich die Genomgröße um mehrere Größenordnungen unterscheiden (◘ Abb. 2.1). So variiert etwa die Genomgröße bei Pflanzen zwischen 10^8 und $> 10^{11}$ bp. Mit einer Größe 43×10^9 bp weist der **Südamerikanische Lungenfisch** (*Lepidosiren paradoxa*) das **größte bisher bekannte Genom eines Tieres** auf, rund 30 mal größer als das menschliche Genom. Mit **die kleinsten bisher ermittelten Genome** von Metazoen (mehrzellige Tiere) sind die des Fadenwurms *Caenorhabiditis elegans* (100 Mb) und von *Trichoplax adhaerens* (106 Mb), ein 1–2 mm großes, sehr einfach aufgebautes Tier aus der Gruppe der Placozoen (Scheibentiere). Dennoch kodiert das Fadenwurm-Genom etwa doppelt so viele Proteine. Heute sind die Genomsequenzen von mehreren tausend Tier- und Pflanzenarten entschlüsselt, und kontinuierlich kommen neue Sequenzen dazu (s. ▶ https://www.ncbi.nlm.nih.gov/genome/browse/#!/overview/). Beispiele hierfür sind in ◘ Tab. 2.1 zusammengestellt.

Wie aus ◘ Tab. 2.1 zu ersehen ist, korreliert die Anzahl der vorhergesagten Protein-kodierenden Gene einer Art nicht immer mit der Größe des jeweiligen Genoms, was durch das Vorhandensein nicht-kodierender DNA erklärt werden kann. Somit sinkt die **Gendichte**, definiert als die Zahl der Gene pro Mb, mit der Menge an nicht-kodierender DNA. Während das Genom des Fadenwurms *C. elegans* eine Gendichte von etwa 200 Gene/Mb hat, beträgt die Gendichte im menschlichen Genom 11–15 Gene/Mb. Auch gibt es keine Korrelation zwischen der Menge der DNA eines Organismus und seiner Komplexität. So sind Genome von einigen einzelligen Amöben mehr als 100mal

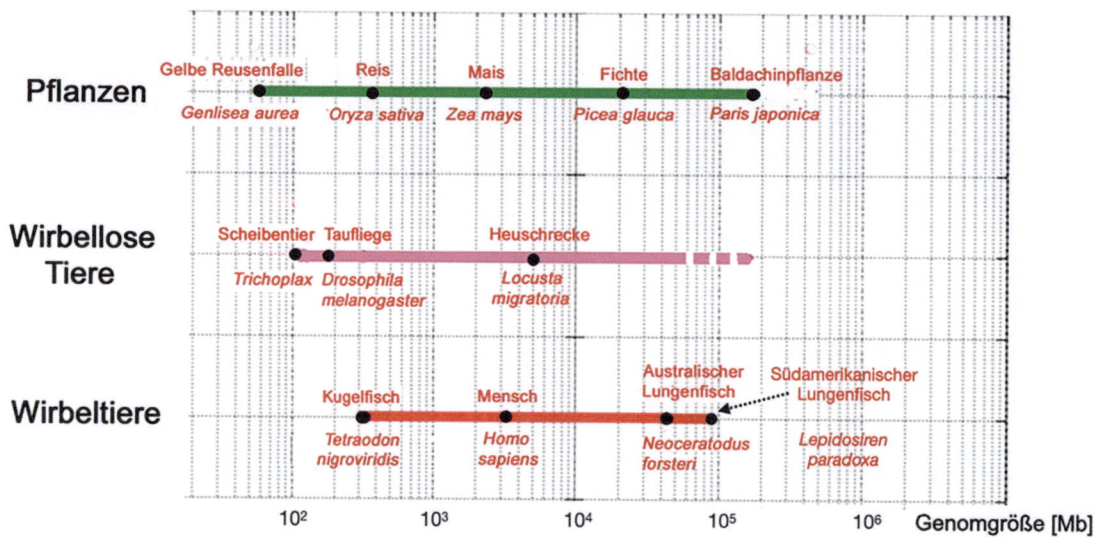

◘ **Abb. 2.1** Schematische Darstellung von Genomgrößen. Die Genomgrößen innerhalb einer Organismengruppe (Pflanzen, Wirbellose und Wirbeltiere) können sich in mehreren Größenordnungen unterscheiden. Mb = Mega-Basenpaare = 10^6 Basenpaare

größer als das menschliche Genom. Diese Beobachtung wurde 1971 von C. A. Thomas als **„C-Value Paradox"** bezeichnet (Eddy 2012), wobei sich C-Value (C-Wert) auf die Größe eines Genoms in pg bezieht. Die sich aus dieser Beobachtung ergebene Einteilung in „funktionelle DNA" und sog. „junk"- (Müll) DNA wurde und wird immer noch diskutiert (s. u.).

2.2 Gene sind DNA-Abschnitte

Was ist ein Gen? Die Definition eines Gens hat sich im Verlauf der Geschichte der Genetik mehrfach geändert und verändert sich auch heute noch (s. ▶ Abschn. 12.5 „Was ist ein Gen?"). Vereinfacht können wir **Gene** als Abschnitte auf der DNA bezeichnen, die die Information für Merkmale und Funktionen eines Individuums tragen, einschließlich der zur Kontrolle ihrer Aktivität benötigten regulatorischen Abschnitte. Gene unterscheiden sich in ihrer Basensequenz, in ihrer Länge und in der Anzahl der von ihnen kodierten RNAs und/oder Proteine. So variiert die Größe Protein-kodierender Gene im menschlichen Genom zwischen < 1000 bp (z. B. das Histon H1A-Gen mit 780 bp) und $2{,}5 \times 10^6$ bp (Dystrophin-Gen; das entspricht 0,08 % des gesamten Genoms einer Zelle!).

Teile der DNA-Sequenz eines Gens werden in Ribonukleinsäure (**RNA**) überschrieben, ein Prozess, den man **Transkription** nennt (s. ▶ Abschn. 9.1, ◘ Abb. 2.2).

Die RNA kann die Information für die Synthese eines Proteins (Eiweiß) tragen, das während der **Translation** synthetisiert wird (◘ Abb. 2.2). Solche Gene bezeichnet man als **Protein-kodierende** oder kurz **kodierende Gene**. Viele Gene kodieren jedoch keine Proteine, sondern üben ihre Funktion als RNA aus. Diese bezeichnet man als **nicht-Protein kodierende Gene**, oder kurz **nicht-kodie-**

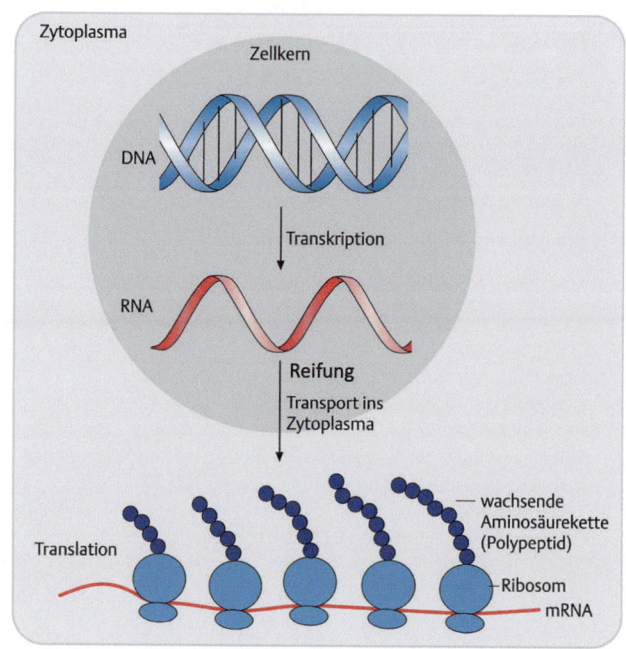

◘ **Abb. 2.2** Der Informationstransfer von der Basensequenz der DNA im Zellkern bis zum Protein bei Eukaryonten

rende Gene, ihre RNA als nicht-kodierende RNAs (engl.: *non-coding RNAs*, **ncRNAs**). Hierzu gehören z. B. die Gene für die **ribosomalen RNAs** (rRNAs), die zum Aufbau der Ribosomen benötigt werden, die verschiedenen **transfer-RNAs** (tRNAs), die bei der Proteinsynthese unentbehrlich sind (s. ▶ Abschn. 9.2), eine heterogene Gruppe von kleinen ncRNAs, z. B. **microRNAs** (miRNAs) sowie **long non-coding RNAs** (lncRNAs; > 200 Nukleotide) (s. ◘ Tab. 9.1). Die Anzahl nicht Protein-kodierender Gene im menschlichen Genom ist ≈ dreimal so groß wie die Zahl

Protein-kodierender Gene (Referenzgenom GRCh38.p14; s. ▶ https://www.ncbi.nlm.nih.gov/datasets/genome/GCF_000001405.40/).

Von den meisten Protein-kodierenden Genen wird zunächst eine Vorläufer-RNA transkribiert, die **prä-mRNA**, die aus **Exons** und **Introns** zusammengesetzt sind. Im Verlauf der **Reifung** (Prozessierung) wird diese RNA „zerstückelt", wobei Introns aus der prä-mRNA entfernt und die Exons aneinandergefügt werden, ein Prozess, der **Spleißen** oder **Splicing** (engl. *splicing*) genannt wird (s. ▶ Abschn. 9.1.3.3). Anzahl und Größe von Introns sowie der Anteil von Exon- zu Intronsequenzen innerhalb von Genen kann stark variieren. So enthält das auf dem Y-Chromosom von *Drosophila hydei* liegende Gen *DhDhc7*, das für eine Proteinuntereinheit von Dynein (ein Motorprotein, bestehend aus 4564 Aminosäuren) kodiert, neben 20 kleinen Introns ein Intron mit der enormen Größe von 5,1 Mb, die durch Anhäufung repetitiver Sequenzen (s. u.) zustande kommt. Das *TTN* Gen des Menschen, das das Muskelprotein Titin kodiert, ist das Gen mit dem längsten bekannten Transkript (109.224 bp) und hat mit 362 die größte Zahl Introns. Alle Exons eines Genoms bilden zusammen das **Exom**, das beim Menschen ca. 1 % der gesamten DNA des Genoms ausmacht (wobei in der Regel die Exons Protein-kodierender Gene verstanden werden, denn auch non-coding RNAs können gespleißt werden).

Die in der Basensequenz eines Gens niedergelegte Information enthält aber nicht nur die Anleitung für die Synthese der RNA (z. B. messenger/mRNA) oder des Proteins, sondern auch die Anweisung dafür, zu welchem Zeitpunkt, in welchen Zellen, in welcher Menge und unter welchen Bedingungen eine bestimmte RNA bzw. ein bestimmtes Protein synthetisiert werden soll. Man bezeichnet diese Sequenzen als **Kontrollregionen** eines Gens, die vor, hinter oder manchmal auch in der RNA-kodierenden Region selbst liegen können. Diese „**Enhancer**"-Sequenzen können auch hunderte von kb entfernt vom transkribierten Gen liegen (s. ▶ Abschn. 10.2.2).

Inzwischen ist die Genomsequenz sehr vieler Pflanzen, Tiere und Mikroorganismen bekannt und die Anzahl sequenzierter Genome steigt kontinuierlich (s. ▶ https://www.ncbi.nlm.nih.gov/datasets/genome/). In der Regel enthält jede Zelle eines Individuums dieselbe Anzahl von Genen, d. h. fast **alle Zellen tragen sämtliche Informationen für die Entwicklung, die Struktur und die Funktion des kompletten Organismus** (Ausnahmen s. ▶ Abschn. 10.2.1). Das ist ein ungeheurer Luxus, den sich die Natur leistet, indem sie in jeder Zelle die genetische Gesamtinformation des Individuums deponiert, und nicht nur den Teil, den eine spezialisierte Zelle (z. B. eine Nervenzelle oder eine Leberzelle) für ihre Funktion benötigt. Dass sich dennoch spezialisierte Zellen entwickeln können, wird dadurch gewährleistet, dass unterschiedliche Zellen nur einen Teil der Gene aktivieren, was unter dem Begriff **differentielle Genexpression** zusammengefasst wird. (s. ▶ Abschn. 10.2.2).

2.3 Repetitive DNA

Das Verhältnis Protein-kodierender zu nicht-kodierender DNA unterscheidet sich sehr stark zwischen Organismen. Während nur 1–2 % der menschlichen DNA Protein-kodierend sind, sind es beim Pufferfisch etwa 33 %. Die DNA, der man keine Funktion zuschreiben konnte, wurde anfänglich als „Junk" (Müll)-DNA klassifiziert, doch inzwischen konnte man vielen dieser Sequenzen Funktionen zuordnen. Etwa dreiviertel dieser sog. „Junk"-DNA besteht aus unterschiedlich langen, hintereinander liegenden, sehr oft wiederholten Nukleotidsequenzen, sog. **repetitive Sequenzen**, und unterscheidet sich somit von **Einzelkopie-DNA** (*single copy* oder *unique* DNA), die nur einmal im Genom vorkommt. Repetitive DNA kann im Genom verstreut vorliegen, was für die meisten **transponierbaren Elemente** (TE), auch **Transposons** genannt, zutrifft (s.u.). Je nachdem, wie häufig eine Sequenz im Genom vorkommt, unterscheidet man hochrepetitive und mittelrepetitive DNA (s. ◘ Tab. 2.2).

Mittelrepetitive Sequenzen, zu denen z. B. die Gene für ribosomale RNA (rRNA) gehören, kommen etwa 10^2–10^4 mal/Genom vor, hochrepetitive Sequenzen können > 10^5 Kopien/Genom aufweisen.

Zur hoch-repetitiven DNA gehören auch sehr kurze, direkt hintereinanderliegende (in Tandem) angeordnete Sequenzen, die **Satelliten-DNA**. (Der Name stammt aus der Beobachtung, dass sich diese DNA in einem CsCl-Dichtegradienten auf Grund seiner geringeren Dichte, bedingt durch den höheren Anteil an AT-Basenpaaren, vom größten Teil der DNA als „Satellit" abtrennen lässt). Satelliten-DNA weist eine einfache Nukleotidsequenz von geringer Komplexität auf, z. B.

ATATAT...
ATCATCATC...
GCTTGCTTGCTT... oder
AGTTTAGTTTAGTTT....

und kommt oftmals in hunderten, tausenden, ja manchmal millionenfachen, hintereinander-liegenden Kopien im Genom vor. Eine Unterteilung der Satelliten-DNA erfolgt entsprechend ihrer Länge, Häufigkeit und Anordnung im Genom (entweder in Tandem, also hintereinander, oder verstreut) (s. ◘ Tab. 2.3).

Mit der Sequenzierung der Genome unterschiedlicher Organismen wurde offenbar, dass viele dieser Sequenzen evolutionär konserviert sind, was vermuten lässt, dass sie funktionell sind. Länger bekannt ist ihre pathologische Bedeutung bei der Entstehung menschlicher Krankheiten, den sog. Trinukleotid-Repeat Erkrankungen (s. ▶ Box 13.5). Neuere Ergebnisse deuten darauf hin, dass STRs (*short tandem repeats*) auch unter nicht-pathologischen Bedingungen einen Einfluss auf die Transkription benachbarter Gene haben können (Wright und Todd 2023), oder für die

Tab. 2.2 Anteil repetitiver DNA im Genom verschiedener Spezies

Spezies		Anteil repetitiver DNA im Genom	
		Hochrepetitiv [%]	Mittelrepetitiv [%]
Saccharomyces cerevisiae	Bäckerhefe	0	4
Caenorhabditis elegans	Fadenwurm	3	14
Drosophila melanogaster	Taufliege	17	12
Xenopus laevis	Krallenfrosch	5	41
Mus musculus	Hausmaus	10	25
Homo sapiens	Mensch	36	26
Nicotiana tabacum	Tabak	7	65

Tab. 2.3 Klassifizierung von Satelliten DNA

Name	Beschreibung
Mikrosatelliten	In Tandem angeordnete Einheiten von 2–6 Basenpaaren, von denen jeweils 10–1000 hintereinander liegen können. Werden auch **SSR** (*simple sequence repeats*) oder **STR** (*short tandem repeats*) genannt. Diese Sequenzen werden häufig zur genetischen Identifikation eines Menschen benutzt („genetischer Fingerabdruck"; z. B. beim Vaterschaftstest und in der forensischen Medizin). Sie machen 1–3 % des menschlichen Genoms aus
Minisatelliten	Auch **VNTR** (**V**ariable **N**umber of **T**andem **R**epeats) genannt. In Tandem angeordnete Einheiten von 10–100 Basenpaaren, von denen jeweils 4–40 hintereinander liegen können. Sehr heterogene Gruppe, die häufig in Zentromeren und Telomeren vorkommen

räumliche Organisation der DNA im Zellkern zuständig ist (s. auch ▶ Abschn. 4.1).

2.4 Eukaryontische Transposons

Bis etwa zur Mitte des 20. Jahrhunderts ging man davon aus, dass sich ein Gen immer an einer festgelegten Stelle auf dem Chromosom befindet. Experimente von Barbara McClintock und Marcus Rhoades führten jedoch zu Ergebnissen, die sich nur unter der Annahme erklären ließen, dass einzelne Gene ihre Position im Genom verändern können. Solche beweglichen genetischen Elemente (**springende Gene**), von denen inzwischen eine Vielzahl bekannt ist, werden **Transposons** genannt. Sie kommen in Pro- und Eukaryonten vor und können einen erheblichen Anteil eines Genoms ausmachen (im menschlichen Genom machen sie etwa 45 % aus). Man unterteilt sie in **DNA-Transposons** und **Retrotransposons** (◘ Tab. 2.4).

Sie sind Ursprung für die Erzeugung genomischer Variationen einschließlich neuer Mutationen und Umstrukturierungen während der Evolution. Für den Genetiker sind transponierbare genetische Elemente wertvolle Werkzeuge zur Induktion von Mutationen, zur Klonierung von Genen und zur Erzeugung transgener Organismen.

2.4.1 Entdeckung der Transposons beim Mais

Erste Hinweise auf **mobile genetische Elemente** bei Eukaryonten erbrachten Ergebnisse von Barbara McClintock, die sie zu Beginn der 50er Jahre des letzten Jahrhunderts am Mais erzielte (McClintock, 1950). Aber erst 1983, nachdem Transposons in vielen anderen Organismen – Bakterien, Hefe, *Drosophila* – beschrieben worden waren, wurde sie mit dem Nobelpreis für Physiologie oder Medizin *„for her discovery of mobile genetic elements"* ausgezeichnet. Sie beobachtete die Ausbildung von unterschiedlich pigmentierten Bereichen in Maiskörnern (◘ Abb. 2.3a) und führte ihre Entstehung auf die Aktivität von „Kontrollelementen" zurück, die Mutationen auslösen können. Heute wissen wir, dass diese „Kontrollelemente" Transposons sind, die ihre Position im Genom ändern können. Wenn sie in ein Gen integrieren, können sie eine Mutation auslösen (s. auch ▶ Abschn. 6.4.5 zur Auslösung von Mutationen durch Transposons). So etwa führt die Integration eines Transposons in das Mais-Gen, das die Synthese von Anthocyan, einem dunkelblauen Pigment, kontrolliert, zum Ausfall der Genfunktion und somit zur Bildung von pigmentlosen und daher gelben Maiskörnern (Genotyp A^T/A^T in ◘ Abb. 2.3b).

Gelegentlich wird das Transposon wieder mobilisiert und aus einem Allel entfernt (Genotyp A^T/A^+ in ◘ Abb. 2.3b), so dass diese Zelle und alle ihre Nachkommen wieder pigmentiert sind, was an einem gefärbten Fleck deutlich wird. Es entsteht ein **genetisches Mosaik**, oder, wie man bei Pflanzen häufig sagt, eine **Variegation**. Variegation findet man auch gelegentlich in Blättern oder Blüten, in denen dann pigmentierte (grüne oder farbige) und weiße, nicht pigmentierte Bereiche auftreten. Die molekularen Grundlagen der von B. McClintock gemachten Beobachtungen sollten erst später aufgeklärt werden (s. u.).

2.4.2 Struktur und Funktion von DNA-Transposons

DNA-Transposons kommen in Pro- und Eukaryonten vor. Sie können sich mit Hilfe einer **Transposase**, die sie oft selbst kodieren, herausschneiden und an einem anderen Ort im Genom inserieren (= *cut and paste* Mechanismus), ein Vorgang, der als **Transposition** bezeichnet wird. Man unterscheidet autonome und nicht-autonome Elemente. **Autonome DNA-Elemente** haben die Fähigkeit zur

2.4 · Eukaryontische Transposons

Tab. 2.4 Klassifizierung von Transposons

Name	Beschreibung
DNA-Transposons	Ihre Größe liegt zwischen 0,08 und 3 kb und sie machen etwa 3 % des menschlichen Genoms aus. Die meisten DNA-Transposon werden durch einen „*cut-and-paste*" Mechanismus mobilisiert: das Element wird aus dem ursprünglichen Ort im Genom herausgeschnitten und an einem neuen Ort integriert
Retrotransposons	Heterogene Gruppe, die Ähnlichkeiten mit Retroviren besitzen. Ihre Transposition erfolgt über eine RNA als Zwischenstufe, die anschließend von der Reversen Transkriptase in DNA umgeschrieben und an einem neuen Ort im Genom integriert werden kann, wobei die ursprüngliche Kopie erhalten bleibt (= replikative oder „*copy and paste*" Transposition). Retrotransposons kommen nur in Eukaryonten vor. Sie sind 1,5 bis 11 kb groß und machen etwa 8 % des menschlichen Genoms aus. (andere Quellen: bis 30 %)
	LTR-Retrotransposons Sie haben die größte Ähnlichkeit zu Retroviren. Sie kodieren eine Reverse Transkriptase, eine Protease, eine Ribonuklease und eine Integrase. Sie besitzen zwei terminale LTRs (= long terminal repeats), die für die Transkription der Transposon-DNA und ihre Integration in die Wirts-DNA nötig sind
	Non-LTR Retrotransposons (= Retroposons) 1. **LINEs** (Long Interspersed Nuclear Elements) Häufig wiederholte und im Genom verteilte, 6–8 kb lange DNA-Sequenzen. Befinden sich vorzugsweise im genetisch nicht-aktiven Chromatin (Heterochromatin). Machen ca. 20 % des menschliches Genoms aus. Aber nur wenige dieser Elemente sind noch mobil und können dadurch neue Mutationen erzeugen. 2. **SINEs** (Short Interspersed Nuclear Elements) Häufig wiederholte (bis zu 10^6 Kopien pro Genom) im Genom verteilte, 100–400 Basenpaare lange DNA-Sequenzen. Leiten sich von LINEs ab, kodieren aber keine Proteine. Sie machen etwa 14 % des menschlichen Genoms aus. Kommen nur bei Säugetieren und in Pflanzen vor. Können nicht mehr autonom transponieren. 3. **Alu Elemente** Eine Klasse von SINE. Etwa 300 Basenpaar lang, kommen sie bis zu 1 Mio. Mal im menschlichen Genom vor, d. h., im Durchschnitt alle 3300 Basenpaare (somit machen sie etwa 10 % des menschlichen Genoms aus). Kommen nur bei Primaten vor. Kodieren keine Proteine, können aber die Expression benachbarter Gene regulieren. Mehrere Krankheiten wurden mit Alu Elementen in Verbindung gebracht, u. a. Brustkrebs und Makuladegeneration

Exzision und Transposition. Elemente dieser Klasse bestehen aus einem zentralen Abschnitt, der die Transposase kodiert und zwei kurzen, die Transposase auf beiden Seiten flankierenden invertierten Repeats (◘ Abb. 2.4a). Durch Integration des Elements in ein anderes Gen entsteht ein neues, instabiles Allel, da das Transposon wieder herausgeschnitten werden kann. Der Verlust der Fähigkeit zur Transposition des Transposons verwandelt ein instabiles in ein stabiles Allel. Die Entfernung aus dem ursprünglichen Integrationsort geht häufig mit Chromosomenbrüchen einher (s. auch ▶ Abschn. 6.4.5 zur Auslösung von Mutationen durch Transposons). **Nicht-autonome Elemente** sind stabil, da sie selbst keine aktive Transposase kodieren und somit nicht zur eigenständigen Transposition fähig sind. Sie werden nur dann mobilisiert, wenn sich an anderer Stelle im selben Genom ein autonomes Element derselben Familie befindet, das die Transposase zur Verfügung stellt. Dann hat die Mobilisierung eines nicht-autonomen Elements dieselben Auswirkungen wie die eines autonomen

---

Box 2.1 Das ENCODE Projekt

Das *Encyclopedia of DNA Elements* (ENCODE) Consortium (▶ https://www.encodeproject.org/) ist eine internationale Zusammenarbeit von ca. 30 Forschungsgruppen an verschiedenen Instituten, die 2003 gegründet wurde und vom National Human Genome Research Institute (NHGRI) finanziert wird. Das Ziel von ENCODE ist es, das Transkriptom (= Gesamtheit aller Transkripte) in den unterschiedlichen Zelltypen des Menschen zu identifizieren. Ferner soll eine umfassende Liste aller **funktioneller Elemente** im menschlichen Genom, die die Aktivitäten von Genen kontrollieren, erstellt werden. Die im Rahmen des ENCODE Consortium erzeugten Datenbanken sind für die Öffentlichkeit frei verfügbar.

ENCODE-Forscher nutzen eine Vielzahl von Methoden, um funktionelle Elemente zu identifizieren. Entdeckung und Annotation von funktionellen Genelementen basieren auf DNA-Sequenzierung, Genexpressionsstudien, vergleichender Genomik und bioinformatischen Methoden. Eines der ersten im Rahmen von ENCODE gewonnenen Ergebnisse war der Befund, dass etwa die Hälfte aller RNAs, die in einer Zelle erzeugt wird, weder mRNA, rRNA oder tRNA ist.

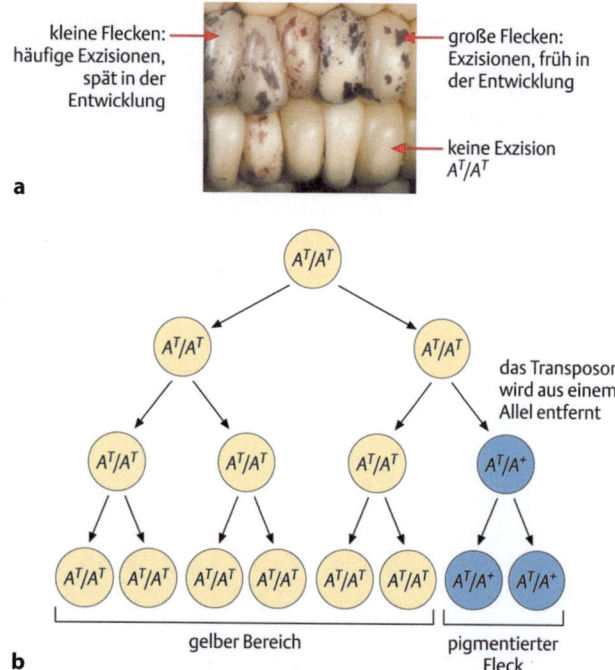

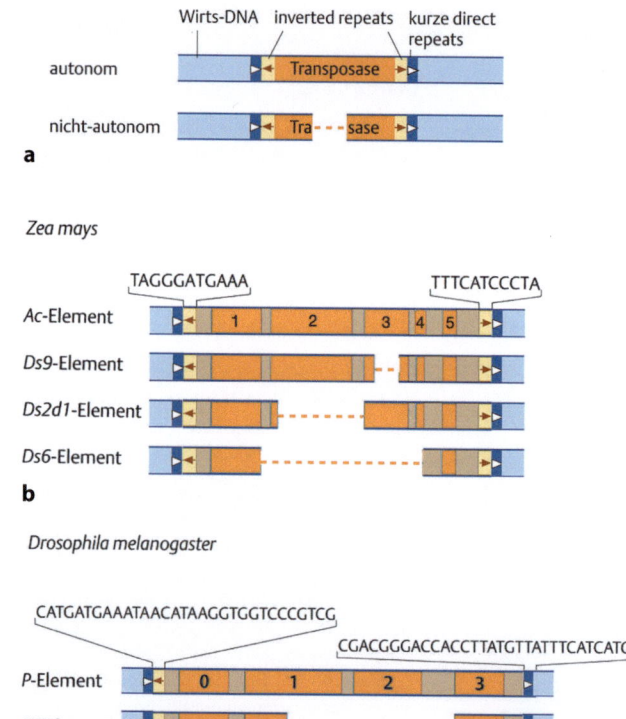

Abb. 2.3 Entstehung von Zellklonen in Maiskörnern durch Exzision eines Transposons. **a** In den gelben Bereichen des Maiskorns liegt ein an der Anthocyansynthese beteiligtes Gen A durch die Integration eines Transposons homozygot mutant vor (A^T/A^T). Es findet keine Synthese von Anthocyan (blaues Pigment) in der Aleuronschicht (Zellschicht, die das stärkehaltige Endosperm von der äußeren Schale des Maiskorns trennt) statt. Nach Entfernung des Transposons aus einem der beiden Allele wird die Zelle heterozygot (A^T/A^+), sie und alle ihre Nachkommen produzieren wieder Anthocyan. Je nachdem, ob die Exzision früh oder spät in der Entwicklung des Maiskorns stattfindet und wie oft sich diese Zelle danach noch teilt, erhält man große oder kleine pigmentierte Flecken. **b** Im Verlauf von Zellteilungen können in einem gelben Maiskorn pigmentierte Flecken entstehen (**a** Feschotte et al. 2002, mit freundlicher Genehmigung)

Abb. 2.4 Struktur einiger eukaryontischer DNA-Transposons. **a** Allgemeine Struktur von DNA-Transposons. Die Transposon-DNA ist orange, „inverted repeats" hellgelb gekennzeichnet. Die genomische Wirts-DNA ist blau. Die „direct repeats" (dunkelblau) entstehen bei der Integration des Transposons durch Verdopplung einer kurzen Sequenz der Wirts-DNA. Autonom bzw. nicht-autonom kennzeichnet die Fähigkeit des jeweiligen Elements, selbstständig zu transponieren. Nicht-autonome Elemente tragen eine Deletion im Transposase-Gen (gestrichelte orange Linie). **b** Das 4563 bp lange Ac-(Activator-) Element von Mais (ein autonomes Transposon) enthält 5 Exons (orange), die die Transposase kodieren, und durch Introns (braun) getrennt sind. Das Element wird rechts und links von 11 bp langen „inverted repeats" flankiert (hellgelb). Ds (Dissociator)-Elemente zeichnen sich durch verschieden große, interne Deletionen aus (gestrichelte Linien), was zum Verlust der autonomen Transposition führt. **c** Das 2,9 kb lange P-Element von *Drosophila melanogaster* (s. ▶ Box 2.2) enthält vier Exons (0–3; orange).

Elements, einschließlich der Integration an einem neuen Ort. Nicht autonome Elemente entstehen aus autonomen Elementen durch den Verlust interner Regionen, wodurch die für die Transposition nötigen Bereiche entfernt werden (◘ Abb. 2.4a).

Die molekulare Ursache für die von Barbara McClintock beschriebene Variegation bei Maiskörnern wurde 1983 aufgedeckt. Sie beruht auf dem autonomen **Ac(Activator)-Element**, das die Fähigkeit zur Exzision und Transposition besitzt (◘ Abb. 2.4b). Durch Integration des Elements in ein Gen entsteht ein neues Allel, das allerdings instabil ist, da das Element wieder herausgeschnitten werden kann. Die nicht-autonomen **Ds (Dissociator)**-Elemente können selbst nicht ihre eigene Transposition bewirken. Jedoch besitzen sie noch die für die Integration nötigen, 11 bp langen invertierten Repeats, die von der Transposase erkannt werden (s. ◘ Abb. 2.4b).

2.4.3 Retroviren und Retrotransposons

Ein großer Teil des menschlichen Genoms besteht aus „Resten" von **Retroviren**, deren Genom eine RNA ist, die nach Umschreibung in DNA (= reverse Transkription) vor Millionen Jahren in das der Menschen integriert wurde, in der Zwischenzeit aber durch Mutationen z. T. sehr stark modifiziert wurde und heute als **LTR-Retrotransposons** bzw. **Non-LTR Retrotransposons** (LINES und SINEs; *long/short Interspersed Nuclear Elements*) bezeichnet werden (◘ Tab. 2.4). Sie machen einen erheblichen Teil des menschlichen Genoms aus (◘ Abb. 2.5).

Box 2.2 Das P-Element von *Drosophila melanogaster*

Kreuzt man bestimmte *Drosophila*-Stämme miteinander, so treten gelegentlich in den Weibchen der F_1-Generation verschiedene Defekte auf, wie erhöhte Mutationsrate, chromosomale Aberrationen, gestörte Segregation der Chromosomen während der Meiose und Sterilität. Das gemeinsame Auftreten dieser Merkmale wird unter dem Begriff **Dysgenese der Hybride** zusammengefasst. Die Dysgenese (= Entwicklungsstörung) umfasst nur die weiblichen Keimzellen der F_1-Generation, während das Soma nicht betroffen ist. Die Beobachtungen führten zu der Schlussfolgerung, dass es zwei Typen von Fliegen gibt, solche des P-Typs (paternaler Beitrag) und solche des M-Typs (maternaler Beitrag). Nur die Kreuzung

M-Typ Weibchen × P-Typ Männchen

führt zu Dysgenese in den F_1-Tieren, nicht jedoch die reziproke Kreuzung.

Die weiteren Untersuchungen dieses Phänomens führte zur Entdeckung des **P-Elements**. Hierbei handelt es sich um ein ~2,9 kb großes *Drosophila*-Transposon, dessen zentraler Abschnitt von je 31 bp langen „**inverted repeats**" flankiert wird (s. Abb. 2.4c). Bei der Integration kommt es zur Ausbildung von 8 bp langen „**direct repeats**". Ähnlich wie im Falle der *Ac-/Ds*-Transposons beim Mais gibt es auch kürzere P-Elemente, z. B. das KP-Element (s. Abb. 2.4c), die Deletionen im zentralen, die Transposase kodierenden Abschnitt tragen, weshalb diese Elemente keine intakte Transposase kodieren und nicht zur autonomen Transposition fähig sind. Ein Tier des P-Stamms trägt 30–50 Kopien des P-Elements, von denen etwa ein Drittel intakt ist. Tiere des M-Stamms besitzen keine P-Elemente. In einem P-Stamm sind die P-Elemente stabil. Nach Kreuzung von M-Typ-Weibchen mit Männchen des P-Stamms werden in den Polzellen (den Vorläufern der Keimzellen) der F_1-Embryonen die P-Elemente mobilisiert und führen zu Integrationen an neuen Stellen und damit zu Insertionsmutationen und Chromosomenbrüchen.

Warum erfolgt keine Transposition im Soma dieser Tiere? Dies erklärt sich aus der Tatsache, dass das vom P-Element abgelesene Primärtranskript im Soma und in der Keimbahn unterschiedlich gespleißt wird (**alternatives Spleißen**) (s. Abb. 10.17). Im Soma wird das letzte Intron nicht entfernt, wodurch ein vorzeitiges Stopcodon eingeführt wird. Das von dieser mRNA kodierte 66 kD Protein kodiert einen **Repressor**, der die Transposition im Soma verhindert. In der Keimbahn wird aktive Transposase gebildet (neben einer geringen Menge des Repressors), da in den meisten Fällen das Intron mit dem Stopcodon entfernt wird (Abb. 10.17). Die von P-Typ-Weibchen während der Reifung der Oozyte gebildete Transposase wird durch das gleichzeitige Vorhandensein des Repressors inhibiert. M-Typ-Weibchen synthetisieren jedoch während der Oogenese keine Transposase, aber auch keinen Repressor. Werden die von ihnen gebildeten Eier nun von Spermien der P-Typ-Männchen befruchtet, so wird in den Keimzellen dieser Embryonen die Transposition der nun im Genom vorhandenen P-Elemente nicht unterdrückt. Dies resultiert in der Dysgenese der Hybride, was zu den oben genannten Defekten führt.

Die Eigenschaft der Transposase-vermittelten Insertion von P-Elementen in *Drosophila* wurde ausgenutzt, um bereits zu Beginn der 1980er Jahre transgene Fliegen herzustellen. Dazu wurde das P-Element und andere Transposons vielfältig gentechnisch modifiziert (s. ▶ Abschn. 12.3.2).

2.4.3.1 Retroviren

Retroviren stellen eine Klasse von RNA-Viren mit **einzelsträngigem RNA-Genom** dar. Ihren Namen haben sie auf Grund ihrer Fähigkeit erhalten, RNA in DNA umzuschreiben. Sie sind in allen Wirbeltieren weit verbreitet. Man unterscheidet zwei Klassen von Retroviren:

1. **infektiöse** oder **exogene Retroviren**. Zu diesen gehören eine Reihe von **menschenpathogenen Viren**, u. a. solche, die **Tumore** (**Leukämien, Lymphome, Sarkome**) induzieren (= **RNA-Tumorviren**), sowie das seit 1983 bekannte neuro- und lymphotrope **HIV** (**H**uman **I**mmundeficiency **V**irus), das **AIDS** (**A**cquired **I**mmune **D**eficiency **S**yndrome) auslöst, eine erworbene Immunschwäche.
2. **Endogene Retroviren** (ERV), die nicht mehr infektiös sind und deren im Wirtsgenom integrierte DNA durch die Keimbahn an die Nachkommen weitergegeben werden.

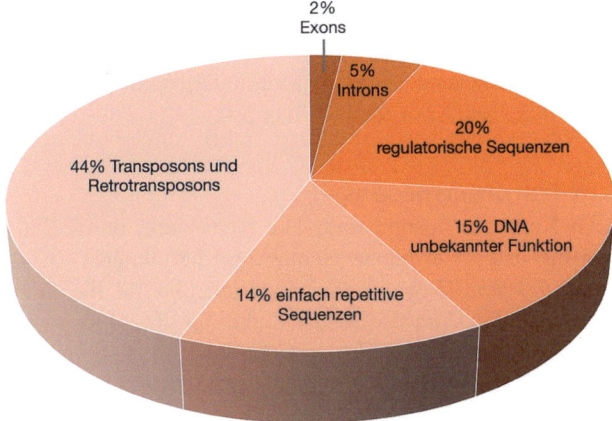

Abb. 2.5 Zusammensetzung des humanen Genoms. Die Werte sind gerundet. Retrotransposons (LINEs und SINEs) machen ca. 34 % der genomischen DNA des Menschen aus. Etwa dreiviertel aller SINEs sind Alu-Sequenzen

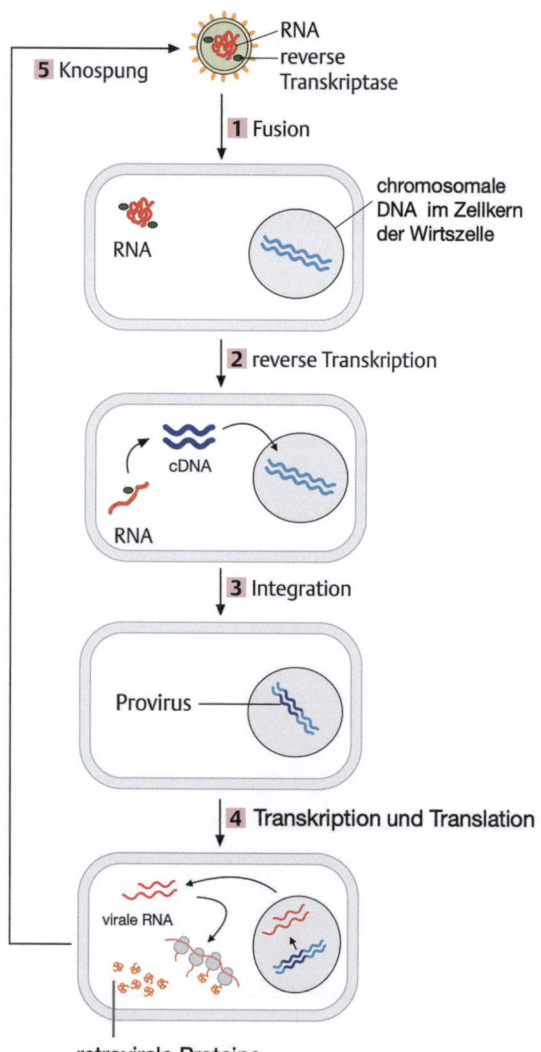

Abb. 2.6 Vermehrungszyklus eines Retrovirus in einer Eukaryontenzelle. Beschreibung siehe Text

Wie alle Viren können sich auch Retroviren nur in einer Wirtszelle vermehren. Nach Infektion einer eukaryontischen Wirtszelle (Abb. 2.6, 1) wird die einzelsträngige RNA des Virus zunächst mittels des vom Virus mitgebrachten Enzyms, der **reversen Transkriptase** (= RNA-abhängige DNA-Polymerase, grün) in eine einzelsträngige DNA umgeschrieben, die anschließend durch die DNA-abhängige DNA-Polymerase des Virus zu einer doppelsträngigen **cDNA** (*complementary DNA*) ergänzt wird (Abb. 2.6, 2).

Diese doppelsträngige DNA wird in einer (oder mehreren) Kopien mit Hilfe einer Virus-eigenen **Integrase** als sog. **Provirus** in das Genom der Wirtszelle integriert (Abb. 2.6, 3), wobei am Integrationsort, wie bei der Integration eines DNA-Transposons, kurze, direkte Repeats entstehen. Nach Integration in das Wirtsgenom verbleibt die DNA des Provirus permanent im Wirtsgenom und wird mit diesem bei jeder Zellteilung repliziert. Sie dient außerdem als Matrize zur Synthese viraler RNA, die einerseits als mRNA die Synthese von Virusproteinen an Ribosomen steuert (Abb. 2.6, 4). Ein Teil der viralen RNA wird als genomische RNA, zusammen mit der reversen Transkriptase und der Integrase, in eine Proteinkapsel (**Kapsid**), deren Proteine vom Virus kodiert sind (gelb), zu einem **Nukleokapsid** verpackt. Beim Ausschleusen aus der Wirtszelle, der **Knospung** (*budding*), wird das Nukleokapsid von einer Hülle umgeben, die aus Lipiden der Wirtszelle und Virus-kodierten Proteinen gebildet wird (Abb. 2.6, 5). In dieser Form ist das Virus wieder infektiös und kann andere Zellen befallen.

Die Information auf der RNA infektiöser Retroviren befindet sich in drei Genbereichen: 5′-*gag-pol-env*-3′ (Abb. 2.7; orange). Die *gag*-**Region** (**g**ruppenspezifische **A**nti**g**ene) kodiert für Proteine des viralen Kapsids, die *pol*-**Region** für die reverse Transkriptase (**Pol**ymerase) und weitere, für RNA-Synthese und Rekombination nötige Enzyme, und der *env*-**Bereich** kodiert für Proteine der Hülle (**En**velope), die für die Anheftung an die Wirtszelle und den Eintritt in die Zelle benötigt werden. Der Protein-kodierende Abschnitt wird auf beiden Seiten von den mehrere hundert Basenpaaren langen LTRs (**L**ong **T**erminal **R**epeats) begrenzt, die als Promotoren bei der Transkription der Transposon-RNA dienen und wichtig für die Integration in die Wirts-DNA sind.

2.4.3.2 Retrotransposons

Retrotransposons sind eukaryontische Transposons, die sich von Retroviren ableiten. Hierbei handelt es sich um eine nicht nur auf Säuger beschränkte Klasse von transponierbaren genetischen Elementen, die sich durch Bildung einer **RNA-Zwischenstufe** vermehren. Sie unterscheiden sich von Retroviren durch das Unvermögen, infektiöse Viruspartikel herzustellen, da ihnen ein intaktes *env*-Gen fehlt. Man unterscheidet zwei Klassen von Retrotransposons: **LTR-Retrotransposons** (auch virale Retrotransposons genannt, wozu z. B. **Ty-Elemente** bei der Hefe und **copia-Elemente** bei *Drosophila* gehören) und **Non-LTR-Retrotransposons** (auch nicht-virale Retrotransposons genannt (Abb. 2.7; s. auch Tab. 2.4)).

LTR-Retrotransposons

LTR-Retrotransposons sind, wie Retroviren, durch 250–600 bp lange, terminale Sequenzwiederholungen (LTR, *Long Terminal Repeat*) charakterisiert, die für die Transkription der Transposon-DNA und für ihre Integration in das Wirtsgenom nötig sind (Abb. 2.7, hellgelb mit Pfeil). Darüber hinaus enthalten integrierte LTR-Retrotransposons an beiden Enden kurze, 5–10 bp lange „direct repeats", die bei der Integration in das Wirtsgenom durch Duplikation der Insertionssequenz entstehen. Die zentrale, Protein-kodierende Region enthält bei den autonomen Elementen mindestens die Genbereiche *gag* und *pol*, bei den nicht-autonomen Elementen fehlt auf jeden Fall der *pol*-Genbereich.

2.4 · Eukaryontische Transposons

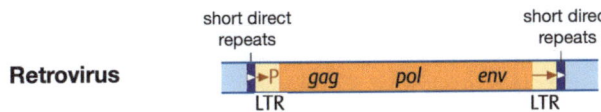

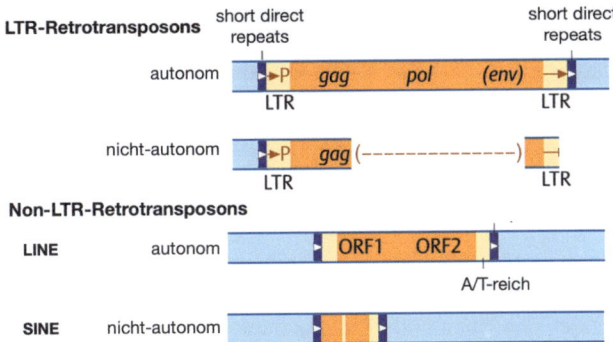

Abb. 2.7 Genomorganisation von Retroviren und Retrotransposons. Die genomische Wirts-DNA ist blau dargestellt, „short direct repeats", die bei der Integration entstehen, sind dunkelblau. Die virale/Transposon DNA ist orange dargestellt, LTRs im Genom von Retroviren und LTR-Retrotransposons sind gelb mit einem Pfeil gekennzeichnet. Nicht-autonomen Retrotransposons fehlt das Gen für die reverse Transkriptase (pol), weshalb sie nicht mehr selbständig in das Wirtsgenom integrieren können. LINEs kodieren zwei Proteine: ORF1 kodiert ein RNA-bindendes Protein, ORF2 eine Polymerase mit Ähnlichkeit zur reversen Transkriptase. In LINEs und SINEs kennzeichnen die gelben Bereiche 5'- bzw. 3'-nicht translatierte Bereiche. Etwa dreiviertel aller SINEs sind Alu-Sequenzen. P = Promotor, *gag* = Gen für gruppenspezifische Antigene, *pol* = Gen für retrovirale Polymerase, reverse Transkriptase und andere Enzyme, *env* = Gene für retrovirale Hüllproteine, LTR = long terminal repeat, ORF = Open Reading Frame (offener Leseraster). Für weitere Erklärungen s. Text

Non-LTR-Retrotransposons

Die häufigsten mobilen genetischen Elemente in Säugergenomen gehören zur Klasse der **Non-LTR-Retrotransposons**, die sich von den LTR-Retrotransposons u. a. durch das Fehlen von LTRs unterscheiden (Abb. 2.7). Non-LTR-Retrotransposons sind sehr alte genetische Elemente, die seit Millionen Jahren in eukaryontischen Genomen vorkommen, und sich dort seitdem immer weiter vermehren. Die meisten von ihnen gehören zu einer der beiden Klassen mittelrepetitiver DNA, der LINEs oder SINEs, die zusammen etwa 34 % der gesamten DNA einer menschlichen Zelle ausmachen. Obwohl diese Elemente keine LTRs besitzen, gibt es Hinweise darauf, dass sie sich – ähnlich wie die Retroviren – über eine DNA-Zwischenstufe vermehren. Repetitive Sequenzen mit Ähnlichkeit zu LINEs wurden auch im Genom von Protozoen, Insekten und Pflanzen gefunden, aber nirgends sind sie so häufig wie im Genom von Säugern.

LINEs (*long interspersed elements*) sind lange, verstreut im menschlichen Genom liegende Elemente von 6–8 kb Länge. Die am weitesten verbreitete und einzige Transpositions-aktive Gruppe der LINEs sind die der **L1-Familie**. Im **menschlichen** Genom gibt es etwa 100.000 Kopien dieser, im Schnitt 6500 bp langen Elemen-

te, d. h. sie machen etwa 17 % der gesamten genomischen DNA aus. Die typische Struktur eines L1-Elements ist in Abb. 2.7 dargestellt. L1-Elemente sind normalerweise von kurzen direkten Repeats flankiert, die durch Verdopplung der Zielsequenz bei der Integration entstehen. Der zentrale Abschnitt enthält in der Regel zwei offene Leseraster (ORFs: open reading frame) von jeweils ca. 1 kb und ca. 4 kb Länge. ORF1 kodiert für ein RNA-bindendes Protein, während ORF2 ein Protein kodiert, das reverse Transkriptase- und Endonuklease-Aktivität besitzt, und somit die reverse Transkription der RNA in DNA und deren Integration in das Wirtsgenom erlaubt. Die ORFs werden 5' und 3' von nicht translatierten Sequenzen eingefasst.

Die Transkription von L1-Elementen wird durch eine promotorähnliche Sequenz am 5'-Ende des Elements von zellulärer RNA-Polymerase II initiiert. Eine A/T-reiche Sequenz am 3'-Ende des Elements sorgt für das Anfügen einer poly(A)-Sequenz am 3'-Ende des Transkripts. Die RNA wird im Zytoplasma translatiert und zusammen mit den Translationsprodukten gelangt sie in den Zellkern. Dort erfolgt die Umschreibung in doppelsträngige DNA, die über einen noch nicht bekannten Mechanismus in das Genom integriert wird.

Die meisten L1-Elemente sind mutiert und tragen zahlreiche Stopcodons, Deletionen oder Leserastermutationen, was bedeutet, dass sie nicht mehr zur autonomen Vermehrung und Transposition fähig sind (Abb. 2.7).

SINEs (*short interspersed elements*) sind kurze, verstreut im Genom liegende Elemente von nur etwa 300 bp Länge. SINEs stellen mit einem Anteil von 13 % der gesamten genomischen DNA einer Säugerzelle die zweitgrößte Klasse mittelrepetitiver DNA dar. Obwohl keine zwei Kopien identisch sind, sind sie ähnlich genug (ca. 80 % Ähnlichkeit innerhalb einer Spezies und 50–60 % zwischen verschiedenen Spezies), um eine gemeinsame Abstammung anzunehmen.

Etwa dreiviertel aller SINEs (> 1.000.000 Kopien/ menschliches Genom) stellen die 10–300 bp langen *Alu-Sequenzen* dar, so benannt nach dem Vorhandensein einer Schnittstelle für das Restriktionsenzym *Alu*I (Restriktionsenzyme erkennen 4, 6 oder 8 bp lange DNA-Sequenzen, binden an diese und schneiden dort die DNA. *Alu*I erkennt die Sequenz AGCT und schneidet sie in der Mitte.) Wie alle anderen transponierbaren genetischen Elemente werden *Alu*-Sequenzen ebenfalls von kurzen direkten Repeats flankiert (s. Abb. 2.7). SINEs kodieren keine Proteine, werden aber transkribiert, und zwar von zellulärer RNA-Polymerase III, kontrolliert von einem internen Promotor, der von *tRNA*-Genen abstammt. Vermutlich erfolgt ihre Transposition mit Hilfe der von LINEs kodierten reversen Transkriptase von ORF2.

Mit der Kenntnis der Sequenz des humanen Genoms wird mehr und mehr deutlich, dass Transposons an der Entstehung zahlreicher menschlicher Krankheiten beteiligt sind, u. a. an Krebsentstehung. Die Insertion von Alu-Elementen wird u. a. mit der Entstehung von Brustkrebs, zystischer Fibrose, Neurofibromatose und anderen Erkrankungen in Verbindung gebracht.

2.5 Die DNA im Zellkern ist auf Chromosomen verteilt

Bei Eukaryonten hat die Evolution die Verteilung des Kerngenoms, die während der Zellteilungen stattfindet, dadurch erleichtert, dass es auf mehrere lineare DNA-Moleküle verteilt ist, die jeweils in sogenannten **Chromosomen** vorliegen. Jedes Chromosom enthält **eine durchgehende DNA-Doppelhelix**, die zusammen mit Proteinen (**Chromatinproteine, Chromatin**) einen fadenförmigen Nukleinsäure-Protein Komplex bildet (s. ▶ Kap. 4). Im Gegensatz dazu ist die DNA von **Mitochondrien** und **Plastiden ringförmig** und nicht in Chromosomen organisiert.

Die Anzahl von Chromosomen/Zelle variiert von Art zu Art. Körperzellen von *Drosophila melanogaster* besitzen 8 Chromosomen (= 4 Chromosomenpaare), jede menschliche Körperzelle insgesamt 46 Chromosomen (= 23 Chromosomenpaare). Anders ausgedrückt, der **einfache Chromosomensatz** von *Drosophila melanogaster* besteht aus vier Chromosomen (◘ Abb. 2.8a, b), der des Menschen aus 23 Chromosomen. Diese artspezifische Anzahl von Chromosomen wird als **haploider Chromosomensatz (n)** oder auch **Haplotyp** bezeichnet, wobei z. B. mit n = 4 (bzw. n = 23) die **Anzahl der verschiedenen Chromosomen** im haploiden Chromosomensatz gemeint ist. Mit n = 1 haben die australische Ameise *Myrmecia pilosula* und der parasitische Fadenwurm *Parascaris univalens* (Pferdespulwurm) die geringste Anzahl Chromosomen im haploiden Chromosomensatz, der Farn *Ophioglossum reticulatum* (Natternzunge) mit n = 720 die höchste Anzahl. Die Verteilung der fast 18.000 Gene von *Drosophila melanogaster* auf die 4 Chromosomen ist in ◘ Abb. 2.8c dargestellt, wobei das Y-Chromosom eine extrem geringe Gendichte aufweist (1 Gen/35.000 bp).

2.6 Genotyp, Phänotyp, Allele

Bei höheren Organismen tragen Mutter und Vater zur Entstehung der Nachkommen bei. Ei- und Samenzelle enthalten jeweils einen vollständigen haploiden **Chromosomensatz**. Folglich enthält der Zellkern der befruchteten Eizelle (**Zygote**) und damit auch jede Körperzelle des Organismus zwei Chromosomensätze. Dieser doppelte oder **diploide Chromosomensatz** wird mit „**2n**" bezeichnet. Die Geschlechtschromosomen (**Heterosomen**; X-, Y-Chromosom) können über das Geschlecht der Nachkommen entscheiden. Sind die beiden Heterosomen, z. B. bei *Drosophila* oder beim Menschen, zwei X-Chromosomen, so entwickelt sich ein weibliches, bei einem X- und einem Y-Chromosom ein männliches Individuum (s. ▶ Kap. 11). Alle anderen Chromosomen heißen **Autosomen**. *Droso-*

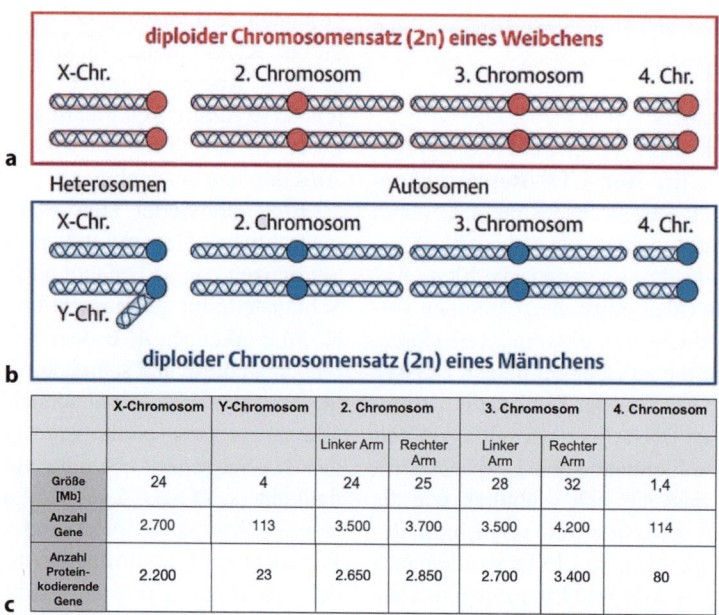

◘ **Abb. 2.8** Das Genom der Taufliege *Drosophila melanogaster* besteht aus vier Chromosomenpaaren. **a, b** Jedes Chromosom weist eine charakteristische Größe auf. Das 2. und 3. Chromosom sind jeweils etwa doppelt so groß wie das 1. (= X) Chromosom, das 4. Chromosom ist sehr klein. Chromosomen können durch das Zentromer (roter bzw. blauer Kreis in einen rechten und einen linken Arm unterteilt sein. Der diploide Chromosomensatz der Körperzellen eines Fliegenweibchens besteht aus je zwei Exemplaren der Chromosomen X, 2, 3 und 4 (**a**), das Männchen hat anstatt der beiden X-Chromosomen ein X- und ein Y-Chromosom (**b**). **c** Größe der Chromosomen bzw. Chromosomenarme (gemessen in Mb, Mega-Basenpaare) und Anzahl der vorhergesagten Gene und Proteine. (Daten (gerundet) aus: Berkeley Drosophila Genome Project, Flybase Stand 2025: BioCyc; Version 28.5 (▶ https://biocyc.org/organism-summary?object=FLY)

phila melanogaster besitzt also drei **Autosomenpaare**, der Mensch 22.

Der diploide Chromosomensatz enthält also jedes Autosom zweimal: eines von der Mutter (maternal), eines vom Vater (paternal), zusätzlich noch je ein Heterosom von jedem Elternteil. Die zwei Chromosomen eines Autosomenpaares, genannt homologe **Chromosomen**, sind bezüglich ihres Genbestandes identisch. Mit Ausnahme der Gene auf den Heterosomen in Männchen (mit einem X- und einem Y-Chromosom), ist somit auch jedes einzelne Gen zweimal in jeder Körperzelle vertreten. Diese beiden Gene sind häufig bezüglich ihrer Basensequenz nicht absolut identisch. Um diese Unterschiede deutlich zu machen, bezeichnet man die Gene auf einem Chromosom auch als Allele. **Allele** sind also unterschiedliche Formen (Varianten) eines Gens, die sich in nur in einem Basenpaar unterscheiden können. Ein Genpaar, das sich am selben Ort des Chromosoms befindet, bezeichnet man daher als **Allelpaar**, wobei die DNA-Sequenzen beider Allele gleich oder unterschiedlich sein können. Die Individuen sind dann homozygot bzw. heterozygot für dieses Gen. Die jeweils zwei Allele eines Allelpaares haben grundsätzlich die gleiche Funktion in der Zelle, d. h. sie synthetisieren z. B. dasselbe Protein.

Bei den Laborganismen bezeichnet man das in der Natur am häufigsten vorkommende Allel (das oft mit dem zuerst beschriebenen Allel identisch ist) als das **Wildtyp-Allel**. Es ist oft mit einem „+" markiert, also a^+, b^+ und c^+. Oft gibt es mehr als zwei unterschiedliche Allele eines Gens, also etwa a^+, a^1 und a^2. Hierbei handelt es sich um **multiple Allelie** (s. ▶ Abschn. 7.3). Ein diploider Organismus kann aber immer nur zwei Allele eines Gens tragen, also etwa a^+ und a^1, oder a^1 und a^2, oder a^+ und a^2 (s. ◘ Abb. 2.9).

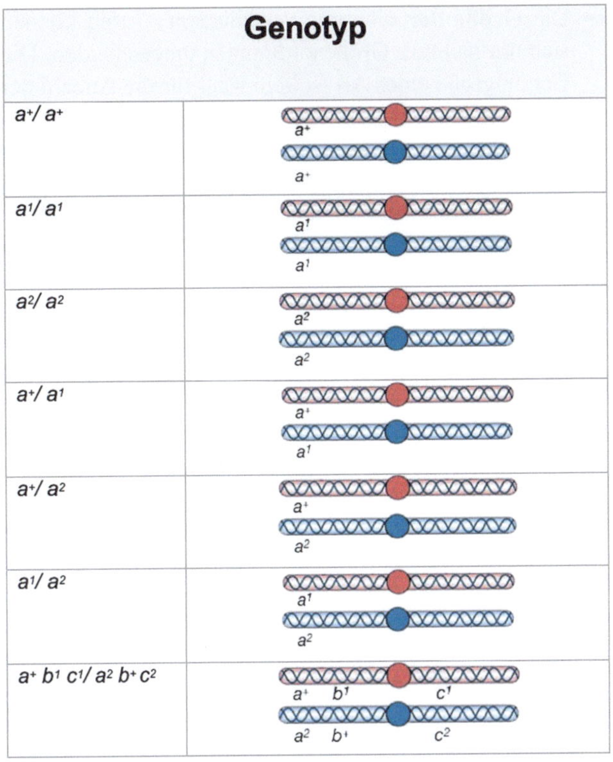

Ein Allel beschreibt also unterschiedliche Formen des gleichen Gens. Was diese Unterschiede bedeuten, können wir uns an einem Beispiel veranschaulichen: Die lineare Anordnung von Genen auf einem Chromosom wird auch als **Genkarte** bezeichnet. Nehmen wir drei, auf der Genkarte angeordnete Gene mit den Namen a, b und c. Diese Gene gibt es nicht nur in ihrer ursprünglichen, also wildtypischen Sequenz, sondern sie können auch in einer veränderten Sequenz, also als mutierte Form, vorkommen, hier mit den Namen a^1, b^1 und c^1 bezeichnet. Bezogen auf das einzelne Gen gibt es in unserem Beispiel zwei Allele (a und a^1, b und b^1; c und c^1). In vielen Fällen ist es unklar, welches Allel das ursprüngliche und welches das mutierte ist. Die individuelle Genkarte eines der beiden homologen Chromosomen in einer diploiden Zelle könnte also als a, b, c oder als a, b^1, c oder als a^1, b, c oder als a, b^1, c^1 dargestellt werden. Die Genkarten auf dem homologen Chromosom können gleich oder verschieden sein.

Anders als bei Autosomen unterscheiden sich X- und Y-Chromosomen nicht nur in ihrer Gestalt, sondern auch in der Zahl und den Eigenschaften ihrer Gene, wobei das Y-Chromosom in der Regel sehr viel weniger Gene als das X-Chromosom enthält. Das X-Chromosom von *Drosophila melanogaster* beispielsweise trägt ca. 2200 Protein-kodierende Gene, das Y-Chromosom jedoch nur 25 (Stand: 2025; ◘ Abb. 2.8). Beim Menschen sind kleine homologe Bereiche auf beiden Heterosomen zu finden, die sich an den Enden der Chromosomen, befinden und **pseudoautosomale Regionen** (PAR) genannt werden (s. ▶ Abschn. 11.1.2). Diese enthalten beim Menschen mindestens 29 Gene. Sowohl bei *Drosophila* als auch beim Menschen sind auf dem Y-Chromosom männlich-spezifische Gene lokalisiert.

Die Gesamtheit der Gene aller Chromosomen, der **Genotyp**, bestimmt das Erscheinungsbild, den **Phänotyp**, eines Individuums. Die Vielfalt der Genotypen bewirkt die Vielfalt der Phänotypen. Hier liegt der Schlüssel dafür, dass Kinder ihren Eltern ähnlich sind, aber nicht gleichen.

Genotyp	
a^+/a^+	a^+ / a^+
a^1/a^1	a^1 / a^1
a^2/a^2	a^2 / a^2
a^+/a^1	a^+ / a^1
a^+/a^2	a^+ / a^2
a^1/a^2	a^1 / a^2
$a^+ b^1 c^1 / a^2 b^+ c^2$	a^+ b^1 c^1 / a^2 b^+ c^2

◘ **Abb. 2.9** Multiple Allelie. Gezeigt ist ein Paar homologer Chromosomen, von denen eines von der Mutter (rot) und eines vom Vater (blau) stammt. Das Gen a befindet sich an derselben Position in beiden Chromosomen, aber es kann in verschiedenen Formen – Allelen – auftreten (a^+, a^1, a^2). Die linke Spalte zeigt die genetische Schreibweise mit jeweils unterschiedlichen Allelen auf den beiden Chromosomen, die durch „/" getrennt werden

2.7 Zusammenfassung

- DNA kommt bei Eukaryonten im Zellkern, in Chloroplasten und in Mitochondrien vor. Der größte Teil der DNA einer Zelle befindet sich im Zellkern.

- Die **Größe der Genome** verschiedener Arten können sich um mehrere Größenordnungen unterscheiden. Die Genomgröße einer Art ist kein Maß für die Anzahl der Gene.
- Bei Eukaryonten ist das **Kerngenom** auf einen artspezifischen Satz von Chromosomen verteilt. Jedes Chromosom enthält **eine** durchgehende DNA-Doppelhelix.
- **Gene** sind Abschnitte auf der DNA, die die Information für die verschiedenen Merkmale und Funktionen eines Individuums tragen, einschließlich der zur Kontrolle ihrer Aktivität benötigten regulatorischen Abschnitte, die Anweisungen über die räumliche und zeitliche Aktivität des entsprechenden Gens enthalten.
- Der **haploide Chromosomensatz** (n) enthält alle Gene der betreffenden Art. *single copy* **Gene** treten einmal pro Genom auf, während **repetitive Gene** in mehr als einer Kopie/haploiden Chromosomensatz auftreten. Ein Chromosomensatz mit 2n Chromosomen heißt **diploid**. Die Chromosomenpaare in **diploiden** Chromosomensätzen heißen **homologe Chromosomen** oder **Homologe**.
- Bei vielen diploiden Organismen gibt es ein Chromosomenpaar, dessen Chromosomen sich morphologisch unterscheiden, die X- und Y-Chromosomen. Sie werden **Heterosomen** genannt. Alle anderen Chromosomen heißen **Autosomen**.
- In der Regel enthält jede Zelle eines Individuums dieselbe Anzahl von Genen.
- Durch Mutationen entstehen verschiedene Varianten eines Gens, die **Allele**.
- **Transponierbare** genetische **Elemente = Transposons** oder **springende Gene** sind DNA-Abschnitte, die ihre Position im Genom ändern können. Sie kommen in Pro- und Eukaryonten vor.
- Der prozentuale Anteil der gesamten DNA einer Zelle, der von Transposons gestellt wird, variiert von Spezies zu Spezies. Im menschlichen Genom beträgt er fast 50 %.
- Transposons bei Eukaryonten werden in **DNA-Transposons** und **Retrotransposons** unterschieden. Die Transposition von DNA-Transposons erfolgt über einen *cut-and-paste* Mechanismus, die der Retrotransposons durch einen *copy-and-paste* Mechanismus
- Die Integration von Retrotransposons in das zelluläre Genom erfolgt wie bei Retroviren über eine DNA-Zwischenstufe, die von reverser Transkriptase synthetisiert wird.
- Allen Transposons gemeinsam ist, dass bei der Transposition an eine neue Stelle eine Duplikation einer kurzen Sequenz der Integrationsstelle erzeugt wird. Diese kurzen **direkten Repeats** flankieren jedes Transposon auf beiden Seiten.

Literatur

Eddy SR (2012) The C-value paradox, junk DNA and ENCODE. Curr Biol 22(21):R898–9

Feschotte C, Jiang N, Wessler SR (2002) Plant transposable elements: where genetics meets genomics. Nat Rev Genet 3:329–341

Li M, Zhang D, Gao Q et al (2019) Genome structure and evolution of Antirrhinum majus L[J]. Nat Plants 5:174–183. https://doi.org/10.1038/s41477-019-0377-0 (s. auch: http://bioinfo.sibs.ac.cn/Am/)

McClintock B (1950) The origin and behavior of mutable loci in maize. Proc Natl Acad Sci U S A. 36:344-355

Pellicer et al (2010) Botanic J Linnean Soc 164:10–15

Schartl M, Woltering JM, Irisarri I, Du K, Kneitz S, Pippel M, Brown T, Franchini P, Li J, Li M, Adolfi M, Winkler S, de Freitas Sousa J, Chen Z, Jacinto S, Kvon EZ, Correa de Oliveira LR, Monteiro E, Baia Amaral D, Burmester T, Chalopin D, Suh A, Myers E, Simakov O, Schneider I, Meyer A (2024) The genomes of all lungfish inform on genome expansion and tetrapod evolution. Nature 634:96-103

Wright SE, Todd PK (2023) Native functions of short tandem repeats. Elife 12:e84043

Zellzyklus und Zellteilung

Inhaltsverzeichnis

3.1 Die Phasen des Zellzyklus – 24

3.2 Chromosomen, Chromatiden, Ploidiegrad und C-Wert im Verlauf des Zellzyklus – 25

3.3 S-Phase: Replikation der DNA – 25
3.3.1 Die Replikation der DNA ist semikonservativ – 25
3.3.2 Ablauf der DNA-Replikation – 27

3.4 M-Phase: Mitose und Zytokinese – 30
3.4.1 Zytologie der Mitose – 30
3.4.2 Asymmetrische Zellteilung und Stammzellen – 32
3.4.3 Paarung und Trennung der Schwesterchromatiden – 34

3.5 Die genetische Konsequenz der Mitose – 35

3.6 Die Regulation des Zellzyklus – 36
3.6.1 Cycline steuern den Zellzyklus – 37
3.6.2 Abweichungen im Zellzyklus führen zu Zellen mit multiplen Genomen – 38

3.7 Zusammenfassung – 39

Literatur – 40

© Der/die Autor(en), exklusiv lizenziert an Springer-Verlag GmbH, DE, ein Teil von Springer Nature 2025
E. Knust, H.-A. Müller, W. Janning, *Allgemeine Genetik*, https://doi.org/10.1007/978-3-662-70442-4_3

Die meisten mehrzelligen Organismen entstehen aus einer einzigen Zelle: der befruchteten Eizelle (Zygote). Im Verlauf der Entwicklung entstehen durch Zellteilungen aus dieser Zelle sämtliche Zellen eines Organismus, von denen die meisten bezüglich des chromosomalen Genoms untereinander und mit dem ihrer Ursprungszelle identisch sind. Um die genetische Identität der Zellen eines Organismus sicherzustellen, muss 1. die DNA identisch verdoppelt werden, und 2. ein Prozess etabliert sein, genannt **Mitose**, der die verdoppelte genetische Information gleichmäßig auf die beiden neu entstehenden Zellen, die **Tochterzellen**, verteilt. Beide Prozesse sind eingebunden in den **Zellzyklus**, der die Verdopplung der genetischen Information und die einzelnen Schritte der Zellteilung mit dem Wachstum der Zelle koordiniert.

Dagegen ist die **Meiose** ein Zellteilungsmechanismus, bei dem Zellen entstehen, die untereinander und von ihrer Ursprungszelle genetisch verschieden sind. Die Meiose ist eingebunden in den **Generationszyklus**, in dem durch die Bildung von Keimzellen (Gameten) das arteigene Genom von Generation zu Generation weitergegeben wird (s. ▶ Kap. 5).

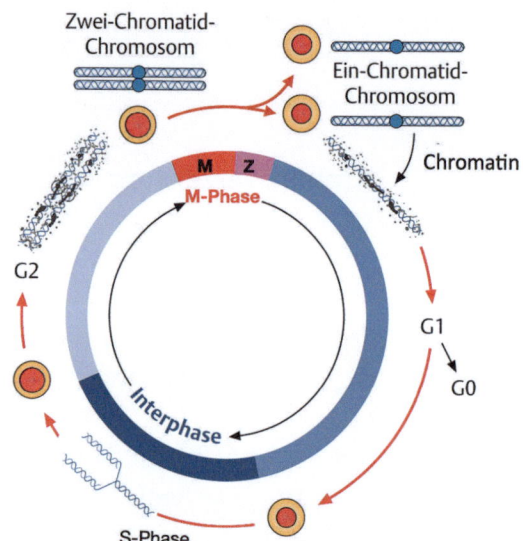

Abb. 3.1 Zellzyklus und Zellvermehrung. Interphase und M-Phase wechseln einander ab. M: Mitose, Z: Zytokinese, Gelbe Kreise stellen Zellen mit Zellkern (rot) dar. Außen ist jeweils ein Chromosom schematisch dargestellt, das nur in der M-Phase lichtmikroskopisch sichtbar ist. Mit Eintritt in die G1-Phase löst sich die kompakte Struktur auf. In der S-Phase ist ein sich verdoppelndes DNA-Molekül dargestellt (Replikationsgabel; s. ▢ Abb. 3.5 und ▢ Abb. 3.7). In der G1-Phase liegen die Chromosomen als Ein-Chromatid-Chromosomen vor, in der G2-Phase und zu Beginn der Mitose als Zwei-Chromatid Chromosomen. G0 = Teilungs-inaktive Phase differenzierter Zellen

3.1 Die Phasen des Zellzyklus

Im Zellzyklus wechseln sich zwei Phasen ab: die **Interphase** und die **M-Phase** (von **M**itose) (▢ Abb. 3.1). Die Interphase schließt die **S-Phase** (von „Synthese"), in der die DNA verdoppelt wird, ein. Sie wird von der **M-Phase**, in der die verdoppelte DNA halbiert und auf zwei Zellkerne verteilt wird, durch **Gap-Phasen** (von engl.: *gap* = Lücke), der G1- und G2-Phase, getrennt.

Die Dauer eines Zellzyklus variiert von Art zu Art, aber auch innerhalb derselben Art zwischen Zellen verschiedener Gewebe. Beim Menschen dauert ein Zellzyklus durchschnittlich 18 h. Mit 8–10 min ist die Dauer des Zellzyklus während der sog. Furchungsteilungen zu Beginn der *Drosophila* Embryogenese sehr kurz, dort entfallen in den ersten Teilungen G1- und G2-Phasen. Auf diese Weise durchläuft der frühe Drosophila Embryo 14 Zellzyklen in nur 1,5 h.

Zur Vorbereitung auf eine Teilung muss die Zelle wachsen und das Genom des Zellkerns, das auf die Chromosomen verteilt ist, muss verdoppelt werden. Das Wachstum der Zelle, also die Verdopplung des Zytoplasmas, erfolgt in der G1- und G2-Phase. In der G1-Phase synthetisiert die Zelle mRNA und Proteine, die für die folgenden Schritte des Zellzyklus, etwa für die Synthese der DNA in der S-Phase, benötigt werden. Den Großteil der Syntheseleistung beansprucht jedoch die Vermehrung des Zytoplasmas. Dabei müssen alle Zellbestandteile wie Mitochondrien, Ribosomen, endoplasmatisches Retikulum (ER), Golgi-Apparat und vieles mehr so vermehrt werden, dass bei einer äqualen (symmetrischen) Teilung jede der beiden Zellen von allen Bestandteilen eine ausreichende Menge mitbekommt. Denn im Gegensatz zu der überschaubaren Anzahl Chromosomen und ihrer exakten Aufteilung werden fast alle anderen Zellbestandteile bei einer Teilung nicht gezählt, sondern zufällig auf die beiden Tochterzellen verteilt. Die G1-Phase, in der die Zelle wächst, kann einen erheblichen Teil der Dauer eines Zellzyklus einnehmen. So beansprucht sie etwa in vielen menschlichen Zellen ein Drittel der Zeit des Zellzyklus.

In der **Synthese-** oder **S-Phase** erfolgt die Verdopplung der Chromosomen. Die beiden Kopien eines Chromosoms, die nach Verdopplung entstehen, werden **Chromatiden** oder, genauer, **Schwesterchromatiden** genannt, die zunächst noch über das Zentromer miteinander verbunden sind (▢ Abb. 3.1). Das Chromosom wird dann als **Zwei-Chromatid-Chromosom** bezeichnet, um es vom **Ein-Chromatid-Chromosom** vor der S-Phase zu unterscheiden. In der nun folgenden G2-Phase wächst die Zelle weiterhin und bereitet sich auf die Mitose vor. Diese Phase kann in einigen Zelltypen fehlen (z. B. in ganz frühen Furchungsteilungen von Frosch- und *Drosophila* Embryonen). Das Ende der G2-Phase ist erreicht, wenn die Zelle alle ihre Bestandteile verdoppelt hat. Erst dann kann sie in die nächste Phase eintreten. Die folgende **M-Phase** wird unterteilt in die **Mitose**, in der die Aufteilung der Chromosomen auf zwei Zellkerne erfolgt, und die **Zytokinese**, in der das Zytoplasma geteilt und die beiden Kerne auf die Tochterzellen verteilt werden. Dieser Ablauf stellt sicher, dass beide Tochterzellen denselben Chromosomensatz erhalten, der identisch mit dem der Ausgangszelle ist.

3.2 Chromosomen, Chromatiden, Ploidiegrad und C-Wert im Verlauf des Zellzyklus

In der G1-Phase liegen Chromosomen als **Ein-Chromatid-Chromosomen** vor. Nach der S-Phase, also vom Beginn der G2-Phase bis zum Beginn der M-Phase (genauer: bis zur Metaphase der Mitose; s. ▶ Abschn. 3.4.1), liegt jedes Chromosom als **Zwei-Chromatid-Chromosom** vor (◘ Abb. 3.1). Das wird durch die Verdopplung der DNA in der S-Phase ermöglicht, nach der jedes Chromosom aus zwei identischen Kopien, den **Schwesterchromatiden**, besteht. Nach Beendigung der M-Phase hat jede Zelle wieder nur Ein-Chromatid-Chromosomen, die nicht mehr Chromatiden, sondern wieder Chromosomen heißen (◘ Abb. 3.1). Vor und nach der mitotischen Teilung einer diploiden Zelle enthalten also die Zellen einen diploiden Chromosomensatz (2n), der Ploidiegrad ändert sich nicht im Verlauf des Zellzyklus. Im Gegensatz dazu verdoppelt sich der DNA-Gehalt einer diploiden Zelle in der S-Phase von 2C auf 4C (◘ Abb. 3.2; s. ▶ Abschn. 3.3).

3.3 S-Phase: Replikation der DNA

Eines der wichtigsten Merkmale aller lebenden Zellen ist ihre Fähigkeit, identische Kopien ihrer selbst zu erzeugen. Da die DNA die Information trägt, die die Merkmale einer Zelle bestimmt, muss sichergestellt werden, dass bei einer Zellteilung die genetische Information exakt verdoppelt und unverändert auf die Tochterzellen aufgeteilt wird. Das bedeutet, dass in der S-Phase des Zellzyklus eine identische Kopie der DNA hergestellt wird, ein Vorgang, der **Replikation** genannt wird.

3.3.1 Die Replikation der DNA ist semikonservativ

Bei der Verdopplung einer DNA-Doppelhelix sind drei Möglichkeiten der Zusammensetzung der neu gebildeten DNA-Moleküle denkbar, die drei unterschiedliche Weisen der Replikation bedeuten würden: die **konservative**, die **semikonservative** und die **disperse Replikation** (◘ Abb. 3.3).

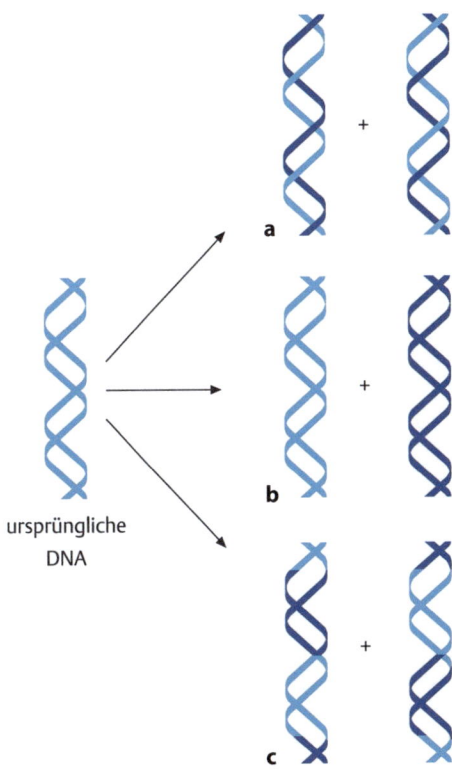

◘ **Abb. 3.3** Die drei denkbaren Möglichkeiten der DNA-Replikation. Der jeweils neu synthetisierte Strang ist dunkelblau dargestellt. **a** semikonservative, **b** konservative, **c** disperse Replikation. Erklärung s. Text

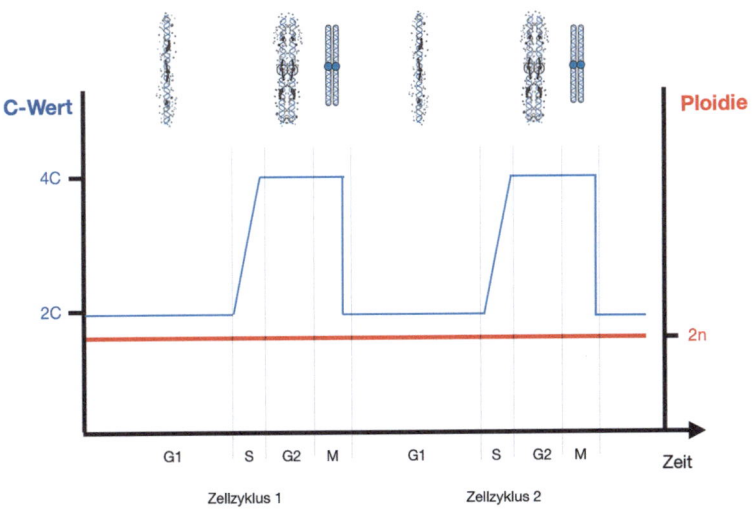

◘ **Abb. 3.2** DNA-Menge (C-Wert) und Ploidie im Verlauf des Zellzyklus einer diploiden Zelle. In der S-Phase wird die DNA aller Chromosomen verdoppelt, somit steigt der DNA-Gehalt von 2C auf 4C (blau). Am Ende der M-Phase bilden sich die beiden Tochterzellen, deren DNA-Gehalt dann wieder jeweils 2C beträgt. Der Ploidiegrad (rot) ist durchgängig 2n

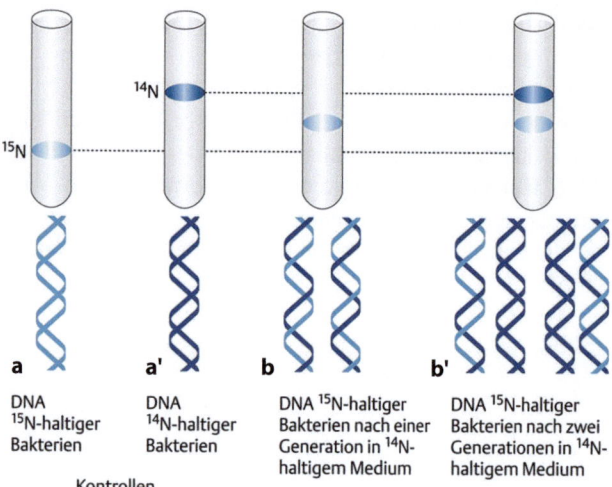

◘ **Abb. 3.4** Experiment von Meselson und Stahl zum Nachweis der semikonservativen Replikation der DNA. Erklärungen im Text

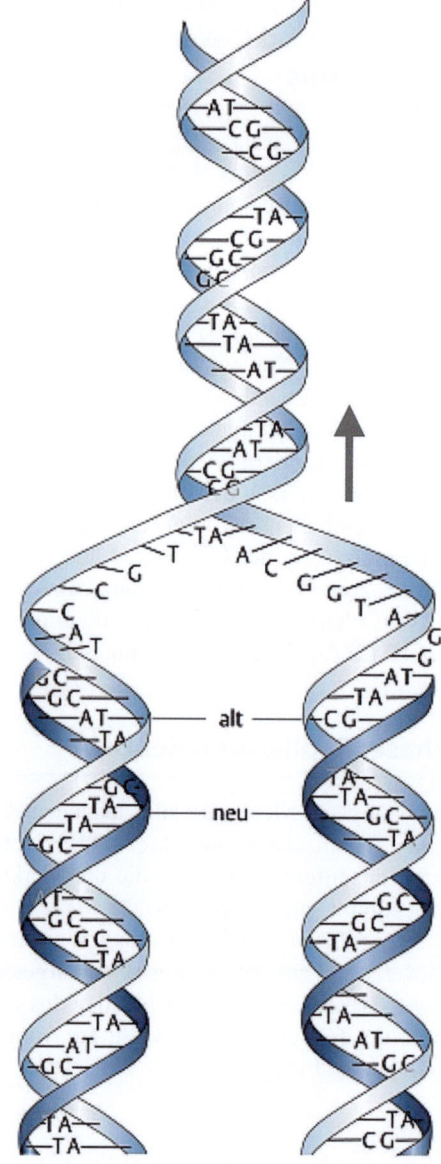

◘ **Abb. 3.5** Semikonservative Replikation der DNA. Nach der Replikation enthält jede der beiden Doppelhelices einen parentalen (hellblau) und einen neu-synthetisierten Einzelstrang (dunkelblau). Der Pfeil gibt die Wanderungsrichtung der Replikationsgabel an

Bei einer konservativen Replikation würde eine der beiden Doppelhelices beide ursprünglichen, parentalen Einzelstränge enthalten, die andere Doppelhelix zwei neu synthetisierte Einzelstränge (◘ Abb. 3.3b). Bei der semikonservativen Replikation bestünden beide neu gebildeten Helices aus je einem parentalen und einem neu synthetisierten Strang (◘ Abb. 3.3a). Bei der dispersen Replikation würden sich die Einzelstränge der beiden DNA-Doppelhelices aus Abschnitten alter und neuer DNA zusammensetzen (◘ Abb. 3.3c). Aber welcher der drei Mechanismen findet in der Zelle statt?

1958 bewiesen Matthew Meselson und Franklin Stahl in einem eleganten Experiment die **semikonservative Replikation der DNA** (◘ Abb. 3.4). Sie ließen Bakterienzellen in einer Nährlösung wachsen, die anstelle des normalen Stickstoff-Isotops ^{14}N das Isotop ^{15}N enthielt. ^{15}N hat ein Neutron mehr als das häufiger vorkommende ^{14}N Atom, es ist „schwerer". Nach vielen Zellteilungen enthielten alle Basen der DNA das schwere Isotop ^{15}N. „Schwere" und „leichte" DNA kann durch Zentrifugation in einem CsCl-Dichtegradienten getrennt werden (◘ Abb. 3.4a, a′).

Lässt man nun Bakterienzellen mit „schwerer" DNA für genau eine Generation in einer Nährlösung mit dem normalen ^{14}N-Isotop wachsen und trennt anschließend ihre DNA im CsCl-Dichtegradienten auf, so findet man die gesamte DNA an nur einer Dichteposition im Gradienten, die zwischen der von „leichter" (^{14}N-haltiger DNA) und „schwerer" (^{15}N-haltiger DNA) DNA liegt (◘ Abb. 3.4b). Damit kann die konservative Replikation ausgeschlossen werden. Nach einer weiteren Generation im ^{14}N-haltigen Medium und anschließender Trennung im Dichtegradienten findet man eine Fraktion an der Position der ^{14}N-haltigen DNA und eine Fraktion an intermediärer Position (◘ Abb. 3.4b′). Dieses Ergebnis entspricht genau den Erwartungen einer **semikonservativen Replikation**. Bei disperser Replikation wären Moleküle an mehreren Positionen zwischen denen der „schweren" und „leichten" DNA zu erwarten gewesen.

Das Modell der DNA als Doppelhelix, das zuvor durch James Watson und Francis Crick aufgestellt worden war, gab diesen Wissenschaftlern Anlass zu der Vermutung, dass die von ihnen vorgeschlagene Struktur die identische Verdopplung der DNA erlaubt. Am Ende ihrer 1953 publizierten Arbeit, in der sie ihr Modell vorstellten, schrieben sie: „*It has not escaped our notice that the specific pairing we have postulated immediately suggests a possible copying mechanism for the genetic material*". Sie nahmen an, dass sich die beiden komplementären Einzelstränge in der Art eines Reißverschlusses trennen, wobei die Wasserstoff-

3.3 · S-Phase: Replikation der DNA

brücken zwischen den Basenpaaren gelöst und die Basen selbst zugänglich werden.

Da es nur jeweils eine einzige Möglichkeit der Basenpaarung gibt (G mit C und A mit T; s. ◘ Abb. 1.5), wird die Sequenz jedes neu zu synthetisierenden Strangs eindeutig durch die Basensequenz auf dem vorhandenen Strang bestimmt, d. h. der vorhandene Strang dient als Vorlage oder **Matrize** (**template**) für die Synthese des neuen Strangs (◘ Abb. 3.5).

3.3.2 Ablauf der DNA-Replikation

Die **Replikation der DNA** ist ein komplexer Vorgang, an dem mehr als 20 verschiedene Proteine beteiligt sind. Die Schlüsselstellung nehmen **DNA-Polymerasen** ein, Enzyme, die, vereinfacht dargestellt, folgende Reaktion katalysieren:

$$1 \text{ Doppelhelix} + \begin{matrix} \text{dATP} \\ \text{dCTP} \\ \text{dGTP} \\ \text{dTTP} \end{matrix} \xrightarrow{\text{DNA-Polymerase}} 2 \text{ Doppelhelices}$$

wobei dATP, dCTP, dGTP, dTTP die Abkürzungen für Desoxyadenosin-, Desoxycytidin-, Desoxyguanosin- und Desoxythymidintriphosphat sind (allg. **Desoxyribonukleotidtriphosphat**, abgekürzt **dNTP**). Hierbei handelt es sich um Nukleotide mit drei Phosphatresten (Triphosphat). Voraussetzung für die Durchführung der genannten Reaktion ist das Vorhandensein aller vier **Nukleotidtriphosphate**, eines DNA-Einzelstrangs als **Matrize** sowie eines kurzen **Oligonukleotids** (**Primer**) mit einem freien 3′-OH-Ende, das durch Anhängen freier Nukleotide verlängert wird (= **Polymerisation**) (s. u.).

Die Replikation der DNA wird in drei Abschnitte unterteilt: **Initiation**, **Elongation** und **Termination**. Obwohl das Ergebnis der Replikation sowohl bei Pro- als auch bei Eukaryonten immer dasselbe ist – zwei DNA-Doppelhelices – unterscheiden sich Pro- und Eukaryonten vor allem in den daran beteiligten Komponenten. Im Folgenden werden die wesentlichen Schritte und die beteiligten Komponenten bei Eukaryonten beschrieben, mit gelegentlicher Referenz zu Prokaryonten.

3.3.2.1 Initiation der Replikation

Der Startpunkt der Replikation wird ***origin of replication*** (**ori**) genannt. (◘ Abb. 3.6a), von denen es bei Eukaryonten meist mehrere pro Chromosom gibt. So hat man auf den 16 Chromosomen der Hefe insgesamt 400 **Replikations-Startpunkte** ermittelt; im menschlichen Genom gibt es etwa 10.000 Startpunkte. Allerdings gibt es keine einheitlichen Kriterien, die einen bestimmten DNA-Abschnitt als Replikations-Startpunkt definieren, da neben der DNA-Sequenz auch die Chromatinzusammensetzung und -struktur eine Rolle spielen kann. Auch kann die Anzahl der Startpunkte und ihre Verteilung auf dem Chromosom vom Zelltyp oder vom Entwicklungsstadium abhängen.

Vom *ori* aus erfolgt die Replikation in beide Richtungen, katalysiert durch **DNA-Polymerasen**. Die Replikation von Chromosomen beginnt nicht gleichzeitig an allen Replikationsstartpunkten. So etwa wird die DNA von Zentromeren und Telomeren (die heterochromatisch sind) in der Regel später repliziert als die DNA des Euchromatins (zur Definition von Eu- und Heterochromatin s. ▶ Kap. 4).

— Nicht jeder potentielle Startpunkt initiiert die Replikation. Erst die Bindung eines Proteinkomplexes, genannt **origin recognition complex** (**ORC**), die bereits in der G1-Phase erfolgt, macht einen Startpunkt kompetent, die Replikation zu initiieren. Beim Übergang von der G1- in die S-Phase werden weitere Proteine an diese Stelle rekrutiert, was zur Ausbildung des **prä-Replikationskomplexes** (*pre-replication complex, pre-RC*) führt (◘ Abb. 3.6b). Dieser enthält u. a. die **Helikase Mcm** (**m**inichromosome **m**aintenance), die wiederum aus mehreren Untereinheiten besteht. Ihre Aktivität führt zur Auflösung der Basenpaarung zwischen den beiden Einzelsträngen (◘ Abb. 3.7).

— Die so gebildeten Abschnitte einzelsträngiger DNA werden durch das **einzelstrangbindende Protein** (*single strand binding protein*, SSBP) stabilisiert, das die Ausbildung neuer H-Brücken und somit eine erneute Basenpaarung verhindert (◘ Abb. 3.7).

— Da keine DNA-Polymerase in der Lage ist, die Synthese eines neuen Einzelstrangs *de novo* zu initiieren, sondern immer nur ein bestehendes 3′-OH Ende verlängern kann, erfolgt nun zunächst die Synthese eines kurzen, aus etwa 30 Nukleotiden bestehenden **RNA-Oligonukleotids**, dem **RNA-Primer**, der komplementär zu einer vorhandenen DNA-Sequenz ist (◘ Abb. 3.6c′ und ◘ Abb. 3.7 rot). Die Initiation seiner Synthese erfolgt durch eine **Primase** (= **RNA-Polymerase**) (◘ Abb. 3.7), die Bestandteil eines größeren Proteinkomplexes ist, dem **Polα-DNA-Primase-Komplex**.

— Anschließend verlängert die DNA-Polymerase α (Pol α) den Primer an seinem 3′-OH-Ende durch Anfügen von ≈ 20 neuen Nukleotiden, wobei die Auswahl des einzufügenden Nukleotids (A, C, G oder T) durch die Sequenz auf dem Matrizenstrang vorgegeben ist. Vom Replikationsstart ausgehend erfolgt die Auftrennung des DNA-Doppelstrangs in zwei Einzelstränge in beide Richtungen (bidirektional) (◘ Abb. 3.6).

— Durch die Aktivität der Helikasen entstehen allerdings zusätzliche Windungen in der DNA (ähnlich wie in einem Gummiband, das aufgedreht wird). Diese Windungen werden durch **Topoisomerasen** aufgelöst. Dabei handelt es sich um Enzyme, die das Zucker-Phosphat Rückgrat entweder eines oder beider DNA-Stränge durchtrennen. Dadurch kann die DNA in einen „entspannten" Zustand rotieren. Anschließend werden die Brüche durch die Topoisomerase selbst wieder repariert. Der Komplex aus Primase, Topoisomerase, DNA-

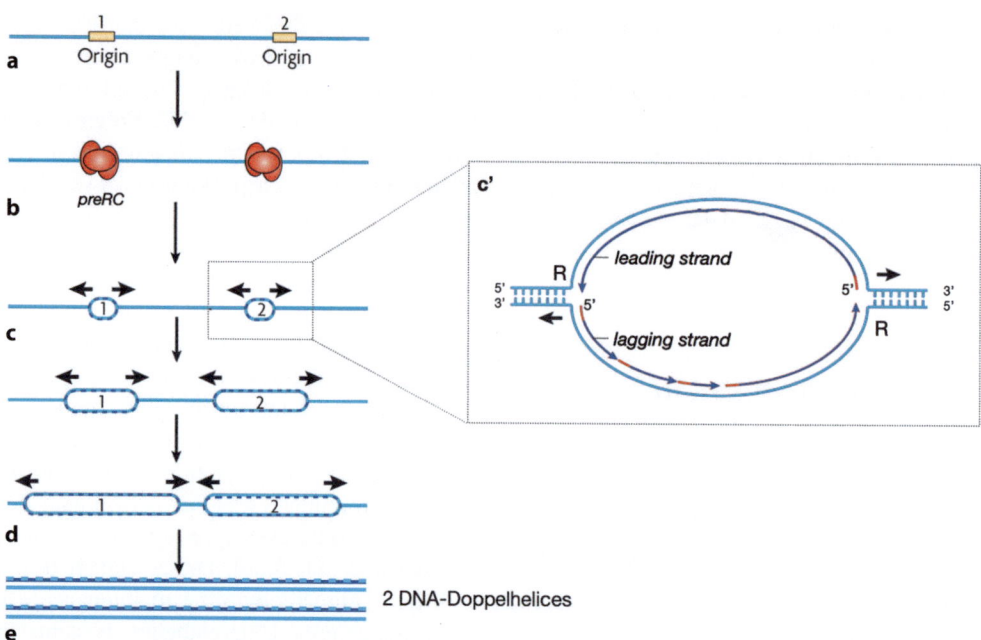

Abb. 3.6 Bidirektionale DNA-Replikation. **a–e** Von jedem origin of replication (Origin 1 und 2) erfolgt die Replikation in beide Richtungen (Pfeile in **c**, **d**). Zur besseren Übersicht ist der Bereich, der bereits verdoppelt ist, gestrichelt. **c′** Detaillierte Darstellung der DNA-Synthese. Die DNA-Synthese erfolgt immer von 5′ nach 3′. Der leading strand (Leitstrang) wird kontinuierlich, der lagging strand (Folgestrang) diskontinuierlich synthetisiert. preRC: pre-replication complex; hellblau = parentale DNA, dunkelblau = neu-synthetisierte DNA, rot: RNA-Primer, R: Replikationsgabel. (modifiziert nach: Méchali 2010, Fig. 1, 2, mit freundlicher Genehmigung)

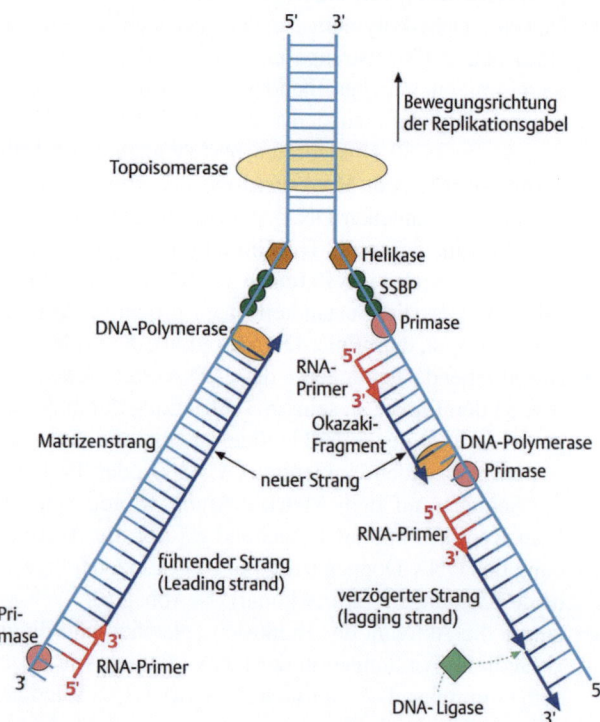

Abb. 3.7 Darstellung einer Replikationsgabel. Die Ausgangs-DNA ist hellblau, die neu synthetisierte DNA dunkelblau dargestellt. SSBP = Einzelstrang-bindendes Protein. Der linke DNA-Strang wird, ausgehend von einem RNA-Primer (rot), kontinuierlich, der rechte Strang diskontinuierlich (Okazaki-Fragmente) synthetisiert. Weitere Erklärungen s. Text

Polymerase, Helikase und SSBP wird auch als **Replisom** bezeichnet.

- An den Übergang von einem Doppelstrang (gebildet durch den Primer) und der einzelsträngigen DNA des Matrizenstrangs wird das **Proliferating-Cell-Nuclear-Antigen** (**PCNA**) rekrutiert. Dieser, aus 6 Untereinheiten aufgebaute Proteinkomplex umfasst die DNA ringförmig (daher auch der Name **Ringklemmenprotein**) und rekrutiert die Polymerase δ und ε, die die DNA-Synthese fortsetzen. Die Interaktion von PCNA mit den DNA-Polymerasen ist für die ununterbrochene Replikation mit hoher Geschwindigkeit (s. unten) verantwortlich.

3.3.2.2 Elongation

Wenn die DNA geöffnet und entwunden ist und die Einzelstränge an den Replikationsgabeln stabilisiert sind, erfolgt die Kettenverlängerung (**Elongation**) der neu gebildeten Einzelstränge in beide Richtungen (bidirektional) (◘ Abb. 3.6). Die Elongation erfolgt durch Ausbildung einer Phosphodiesterbindung, die das 3′-C-Atoms des Primers bzw. des wachsenden Strangs mit dem 5′-C-Atom eines neuen Desoxyribonukleotidtriphosphats verbindet, wobei ein Diphosphat und H_2O abgespalten werden (◘ Abb. 3.8).

Auf Grund der antiparallelen Anordnung der beiden Einzelstränge ergibt sich ein Problem an der Replikationsgabel: Da DNA-Polymerasen ein freies 3′OH-Ende

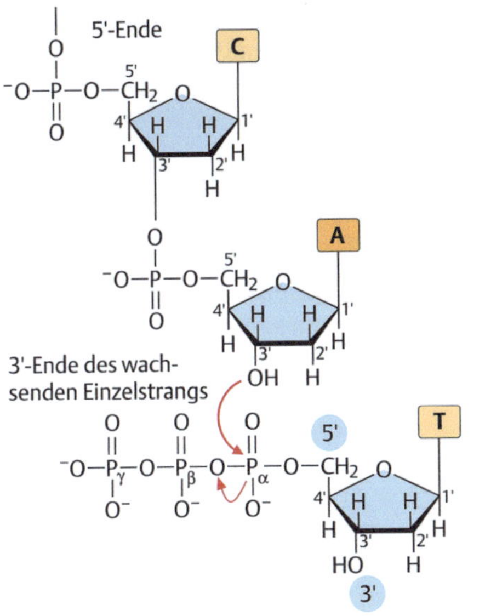

3.3 · S-Phase: Replikation der DNA

Abb. 3.8 Kettenverlängerung durch DNA-Polymerase. Ausbildung einer Phosphodiesterbindung zwischen dem 3′-OH des wachsenden DNA-Einzelstrangs und dem α-Phosphat am 5′-Ende des einzufügenden Desoxyribonukleotidtriphosphats

brauchen, wächst nur einer der beiden Stränge, der sog. „**führende Strang**" oder **Leitstrang (leading strand)** kontinuierlich in dieselbe Richtung, in die sich die Replikationsgabel bewegt (von 5′ nach 3′). Dies erfolgt durch die DNA-Polymerase ε. Der andere Strang, der „**verzögerte Strang**" oder **Folgestrang (lagging strand)** wird von der DNA-Polymerase δ in kurzen Abschnitten, den sog. **Okazaki-Fragmenten**, synthetisiert (benannt nach Reiji Okazaki und Tsuneko Okazaki, die diesen Prozess 1968 erstmalig beschrieben haben). Okazaki-Fragmente sind bei Eukaryonten 100–200 Nukleotide lang, bei Prokaryonten (*E. coli*) können sie bis zu 2000 Nukleotide lang sein. Die Synthese des „verzögerten Strangs" ist also **diskontinuierlich**, da immer wieder ein neuer Primer angefügt werden muss, der dann jeweils verlängert wird. Nach Entfernen der RNA-Primer und dem Auffüllen der dadurch entstandenen Lücken werden die einzelnen Fragmente durch Phosphodiesterbindungen miteinander verbunden, was durch eine **Ligase** katalysiert wird (◘ Abb. 3.7).

Bei Säugern sind insgesamt fünf verschiedene, DNA-abhängige **DNA-Polymerasen** bekannt. Diese benutzen DNA als Matrize und müssen von den RNA-abhängigen DNA-Polymerasen unterschieden werden, die RNA als Matrize benutzen (= Reverse Transkriptasen, s. ▶ Kap. 2). Für die Replikation eukaryontischer nukleärer DNA werden mindestens drei DNA-abhängige DNA-Polymerasen benötigt. Polymerase α, δ und ε sind die eigentlichen **Replikasen**: **Pol α** initiiert die DNA-Synthese am 3′-Ende des Primers, während **Pol δ** den *lagging strand* und **Pol ε** den *leading strand* verlängert. **Pol γ** ist für die Replikation mi-

tochondrialer DNA zuständig ist, während **Pol β** häufig an DNA-Reparaturprozessen beteiligt ist.

Ausgehend von einem *origin of replication* erfolgt die Replikation in beide Richtungen mit hoher Geschwindigkeit. Beim Menschen beträgt diese etwa 50 Nukleotide/Sekunde, bei *E. coli* wurde sogar eine Geschwindigkeit von etwa 1000 Nukleotiden/Sekunde (60.000 Nukleotide/Minute!) ermittelt. Somit dauert die DNA-Replikation einer eukaryontischen Zelle nur wenige Stunden, da die Replikation an vielen Stellen gleichzeitig beginnt.

Trotz hoher Replikationsgeschwindigkeit arbeiten DNA-Polymerasen erstaunlich präzise und sorgen dafür, dass die neu eingebaute Base eine korrekte Paarung mit der Base des Matrizenstrangs eingehen kann. Dennoch machen diese Enzyme Fehler, wobei ein falsches Nukleotid eingebaut werden kann, das eine korrekte Basenpaarung verhindert. Eine solche Fehlpaarung kann schwerwiegende Folgen haben, und zu Mutationen führen, beim Menschen somit auch zur Entstehung von Krebs. Die Fehlerrate der eukaryontischen DNA-Polymerasen α, δ und ε ist bemerkenswert klein, sie bauen (*in vitro*) „nur" alle 10^4 bis 10^5 Basen ein falsches Nukleotid ein. Auch wenn das sehr gering scheint, bedeutet das z. B. bei der Replikation der DNA einer menschlichen diploiden Zelle mit ihren 6 Mrd. Basenpaaren etwa 120.000 Fehler pro Zellteilung. Zum Glück haben Zellen Möglichkeiten entwickelt, Fehler zu erkennen und zu korrigieren. Erfolgt die Korrektur noch während der Replikation, spricht man von **Proofreading** (Korrekturlesen), eine Korrektur nach Beendigung der Replikation bezeichnet man als **mismatch repair** (übersetzt: Reparatur von Fehlpaarung). Proofreading erfolgt durch die DNA-Polymerase selbst. Diese Aktivität beruht auf ihrer Fähigkeit, nicht nur als Polymerase, sondern auch als **Exonuklease** zu arbeiten. Dabei wird eine Phosphodiesterbindung aufgebrochen und somit das zuletzt eingebaute, falsche Nukleotid freigesetzt. Anschließend wird das korrekte Nukleotid eingebaut. Diese **3′-5′-Exonuklease Aktivität** der Polymerase korrigiert etwa 99 % aller falsch eingebauter Nukleotide. Die verbleibenden falsch eingebauten Nukleotide führen häufig zur Deformation der DNA-Struktur, die durch *mismatch repair* Enzyme erkannt werden. Das falsch eingebaute Nukleotid und benachbarte Nukleotide werden entfernt und die Lücke wird mit korrekten Nukleotiden geschlossen, so dass eine korrekte Basenpaarung erfolgen kann.

3.3.2.3 Termination

Die **Termination** der Replikation erfolgt beim Zusammentreffen von zwei Replikationsgabeln. Daraufhin wird die Helikase Mcm im Replisom ubiquitiniert (= Anfügen von Ubiquitin, einem kleinen Protein, das in allen Eukaryonten vorkommt (s. ◘ Abb. 10.33)). Diese Modifikation führt zur Destabilisierung und zum Auseinanderfallen des gesamten Replikationskomplexes. Die strikte Regulation dieses Prozesses gewährleistet, dass die DNA nur **ein einziges Mal** in einem Zellzyklus repliziert wird.

Mitose einen genetischen Aspekt: sie garantiert, dass beide Tochterkerne identische Gene/Genome enthalten.

3.4 M-Phase: Mitose und Zytokinese

Die korrekte Verteilung der genetischen Information bei der Zellteilung ist eines der eindrucksvollsten und wichtigsten Ereignisse im Leben einer Zelle. In der M-Phase erfolgen zwei wichtige Prozesse: In der **Mitose** wird das chromosomale Genom innerhalb einer Zelle auf zwei Zellkerne verteilt. In der dann folgenden **Zytokinese** erfolgt die Teilung der Zelle in zwei Tochterzellen. Der Mitose voraus geht die Replikation der DNA in der S-Phase (s. ▶ Abschn. 3.3), bei der die DNA eines Zellkerns präzise verdoppelt wird. Zu Beginn der Mitose enthalten also die beiden Schwesterchromatiden eines Chromosoms (s. ◘ Abb. 3.1) dieselbe genetische Information. Um diese DNA in der Zelle bewegen und auf zwei Zellkerne verteilen zu können, ist das Chromatin zu kompakten Chromosomen umorganisiert, kondensiert (s. ▶ Abschn. 4.1). Die dann in der Mitose ablaufenden Prozesse stellen sicher, dass die beiden neu entstehenden Zellen bezüglich ihres Chromosomensatzes identisch sind.

Den Ablauf der Mitose kann man aus verschiedenen Blickwinkeln betrachten. Zum einen lässt sich der Verlauf der Zellteilung und die Verteilung von Chromosomen im Mikroskop zytologisch verfolgen. Zum anderen hat die

3.4.1 Zytologie der Mitose

In der **Interphase** sind im Zellkern keine Chromosomen zu sehen, weil sie entspiralisiert vorliegen (◘ Abb. 3.9; s. ▶ Kap. 4). Die Chromosomen sind in dieser Phase lang und dünn, so dass ihre Struktur im Lichtmikroskop nicht aufgelöst werden kann. Außerdem sind ein oder mehrere Nukleoli (Kernkörperchen) im Zellkern sichtbar. (Zur Bildung und Funktion des Nukleolus bei der Synthese der Ribosomen (s. ▶ Abschn. 9.2.1.1)).

Zur zytologischen Beschreibung des Ablaufs der Mitose wird der kontinuierlich ablaufende Prozess in Stadien unterteilt – Prophase, Metaphase, Anaphase, Telophase (◘ Abb. 3.9).

Durch **Kondensation/Kompaktion** (Verdichtung) des Chromatins werden die Chromosomen in der **Prophase der Mitose** sichtbar. Sie werden im weiteren Mitoseverlauf immer kürzer und kompakter, was ihren Transport und ihre Verteilung in der Zelle ermöglicht (s. ▶ Abschn. 4.1.1). Im weiteren Verlauf der Prophase ist zu erkennen, dass jedes Chromosom aus zwei **Schwesterchromatiden** besteht, die zunächst entlang der gesamten Länge gepaart sind, später nur noch in der Zentromerenregion zusammengehalten werden. Das Zentromer ist eine sichtbare

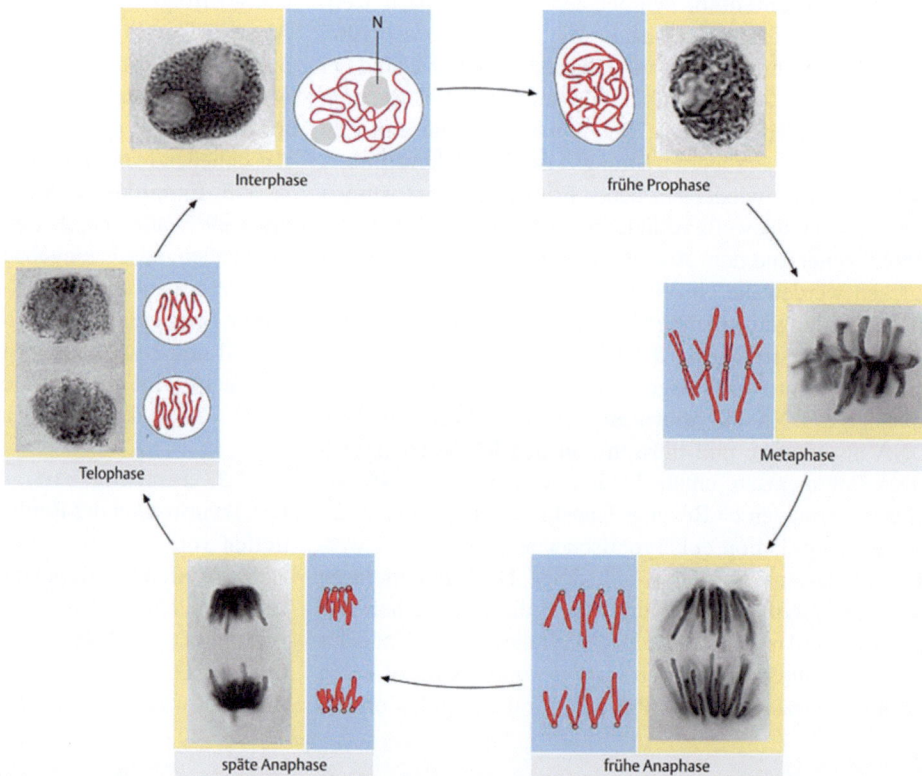

◘ **Abb. 3.9** Ablauf der Mitose. Die Fotografien zeigen Mitosestadien in den Wurzelspitzen der Küchenzwiebel *Allium cepa*. Deutlich sind im Interphasekern zwei Nukleoli (N) zu erkennen. [Bilder von Robert Klapper, Münster]

3.4 · M-Phase: Mitose und Zytokinese

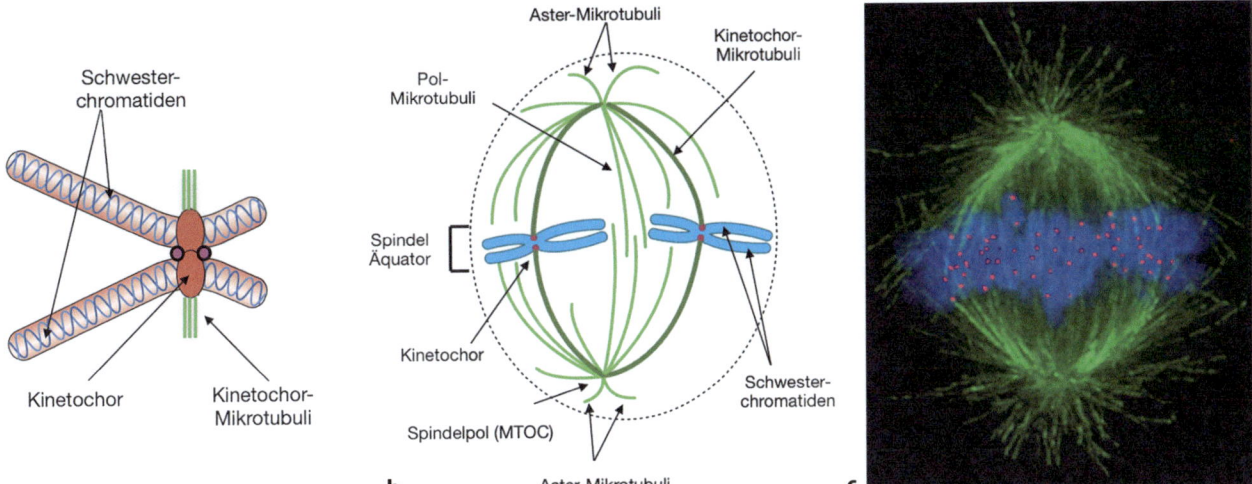

Abb. 3.10 Chromosom, Kinetochor und Spindel in der Mitose. **a** Schwesterchromatiden mit Kinetochoren (orange), an denen Mikrotubuli (grün) ansetzen. In diesem Stadium sind die Schwesterchromatiden an den Kinetochoren noch durch Cohesin verbunden (violette kleine Kreise). **b** Schema einer mitotischen Spindel in der Metaphase. MTOC: Microtubule organizing centre. Der gestrichelte Kreis deutet den Umriss der Zelle an. **c** Fluoreszenz-mikroskopische Aufnahme einer mitotischen Spindel einer menschlichen Zelle. Kinetochore sind rot, Mikrotubuli der Spindel grün und Chromosomen blau angefärbt (**b**, **c** aus Wikimedia Commons CC BY-SA 4.0 DEED: ▶ https://commons.wikimedia.org/w/index.php?search=mitotic+spindle&title=Special:MediaSearch&go=Go&type=image.)

Einschnürungsstelle, die das Chromosom in zwei Arme teilt. Am Zentromer bildet sich im Verlauf der Mitose an jeder Schwesterchromatide ein Proteinkomplex aus, das **Kinetochor** (s. Abb. 3.10a). Die geordnete Verteilung der Schwesterchromatiden auf zwei Zellkerne wird bei allen Eukaryonten (Einzeller, Pflanzen und Tiere) durch den **Spindelapparat** gewährleistet. Bei allen höheren Eukaryonten beginnt der Aufbau des Spindelapparats während der Prophase außerhalb des Zellkerns. Damit Spindelapparat und Chromosomen in Kontakt kommen können, wird zu Beginn der Metaphase (**Prometaphase**) die Kernhülle aufgelöst, Kernplasma und Zytoplasma vermischen sich. Die Nukleoli werden zurückgebildet. In der **Metaphase** wird der Spindelapparat in Form eines Doppelkegels sichtbar, die **mitotische Spindel** (Abb. 3.10b, c). Diese besteht aus **Mikrotubuli**, die von den beiden **Spindelpolen** gebildet werden und an den Kinetochoren der Chromosomen verankert werden (Abb. 3.10a). Mikrotubuli bilden einen Teil des Zytoskeletts einer Zelle und werden aus Tubulin-Untereinheiten aufgebaut, die sehr dünne Röhren (Durchmesser 25 nm) bilden. Sie stabilisieren die Zelle und sind für Transportvorgänge innerhalb der Zelle verantwortlich, u. a. für die Bewegung der Chromosomen während der Mitose.

Die Chromosomen werden in der Mitte zwischen den Polen, in der so genannten **Äquatorialebene** (Metaphaseplatte), angeordnet. Die jeweiligen Schwesterchromatiden sind jetzt nur noch über die Kinetochore verbunden, was vielen Chromosomen in diesem Stadium eine X-förmige Struktur verleiht (Abb. 3.10a). Manche der an den Zentrosomen beginnenden Mikrotubuli enden an den Kinetochoren der in der Äquatorialebene angeordneten Chromosomen (= **Kinetochor-Mikrotubuli**). Andere, von den Spindelpolen ausgehende Mikrotubuli machen Kontakt zu den vom gegenüberliegenden Pol gebildeten Mikrotubuli (= **polare oder Pol-Mikrotubuli**). Wieder andere haben ein freies Ende, sie befinden sich an den Spindelpolen und bilden die sog. **Aster** aus (= **Aster-Mikrotubuli**) (Abb. 3.10b, c). Erst nach korrekter Ausbildung der mitotischen Spindel erfolgt der Eintritt in die nächste Phase (s. u., ▶ Abschn. 3.6).

In der **Anaphase** wird in einem sehr schnell ablaufenden Prozess die Verbindung der beiden Kinetochore der jeweiligen Schwesterchromatiden gelöst (s. u.). Die Schwesterchromatiden werden zu den entgegengesetzten Polen gezogen, voran das Kinetochor (Abb. 3.9). Die Bewegung der Chromatiden kommt dadurch zustande, dass einerseits die Kinetochor-Mikrotubuli (s. Abb. 3.10b) durch Abbau verkürzt („Zugfasern") und andererseits die polaren Mikrotubuli verlängert werden („Stemmfasern"). Dadurch entfernen sich die Spindelpole voneinander und ziehen die Schwesterchromatiden zu den entgegengesetzten Polen der Zelle.

Im Stadium der **Telophase** werden die Chromatiden, die nun wieder Chromosomen genannt werden, von einer neuen Kernhülle umgeben. In den beiden Tochterkernen werden die Chromosomen entspiralisiert und die Nukleoli erscheinen wieder. Das zytologische Bild geht in das der Interphase über.

In der **Zytokinese** wird die Zelle zwischen den beiden Zellkernen geteilt und es entstehen zwei Tochterzellen mit jeweils identischen Chromosomensätzen. Es spielt dabei weder eine Rolle, auf wie viele Chromosomen das Genom verteilt ist, noch, ob die sich teilende Zelle einen haploiden, diploiden oder polyploiden Chromosomensatz besitzt. Der Vorgang der Zytokinese ist bei Tier- und Pflanzenzellen recht unterschiedlich. Bei tierischen Zellen sorgt ein **kontraktiler Ring** aus Aktin- und Myosinfilamenten für eine „Durchschnürung" der Zelle (Furche). Bei der Teilung einer Pflanzenzelle wird innerhalb der Zelle eine neue Zellwand gebildet, und zwar am Äquator der aufgelösten Spindel. Hier ist der **Phragmoplast**, eine Struktur, die aus den Resten der polaren Mikrotubuli gebildet wird, für die geordnete Zytokinese verantwortlich.

3.4.2 Asymmetrische Zellteilung und Stammzellen

Die Mitose gewährleistet eine korrekte Verteilung der (in der S-Phase verdoppelten) Chromosomen, so dass die beiden Tochterzellen dasselbe Genom besitzen. Die Zellteilung muss aber auch gewährleisten, dass jede Tochterzelle alle anderen zellulären Komponenten, zum Beispiel Organellen, Proteine, mRNAs, erhält, so dass sie unmittelbar nach der Teilung funktionsfähig ist und neue Proteine synthetisieren kann. Besitzen die beiden Tochterzellen dieselbe Identität, d. h., entwickeln sie sich zu identischen Zelltypen, spricht man von einer **symmetrischen Zellteilung**.

Es gibt jedoch Fälle, in denen die Zellteilung asymmetrisch verläuft. Das ist häufig (aber nicht immer) auch zytologisch sichtbar, indem nach der Teilung die eine Zelle größer als die andere ist, weil sie mehr Zytoplasma geerbt hat. Ein viel bedeutenderes Ergebnis einer asymmetrischen Zellteilung ist, dass sich das Zytoplasma der beiden Zellen **qualitativ unterscheidet**, weil einige Komponenten nur in eine der beiden Tochterzelle gelangen: die Zellen bekommen dadurch unterschiedliche Identitäten. Dies hat zur Folge, dass sich das weitere Schicksal dieser beiden Zellen unterscheidet. Aber auch nach einer asymmetrischen Zellteilung haben beide Tochterzellen **das identische chromosomale Genom**. Asymmetrische Zellteilung ist eine Möglichkeit zur Schaffung von **Zelldiversität**.

Eines der besten Beispiele für eine asymmetrische Zellteilung ist die Teilung einer **Stammzelle**. Unter bestimmten Bedingungen produziert eine Stammzelle in einer Mitose zwei ungleiche Tochterzellen: eine Tochterzelle bleibt Stammzelle und teilt sich weiter asymmetrisch (= Selbsterneuerung), während sich die andere Tochterzelle differenziert, um ein bestimmtes Gewebe zu bilden oder ein beschädigtes Gewebe zu regenerieren, wobei sie dann weitere, symmetrische Zellteilungen durchführt (◘ Abb. 3.11).

Man unterscheidet zwei Typen von Stammzellen: **embryonale Stammzellen** haben die Fähigkeit, alle Zelltypen eines Organismus zu bilden, sie sind **pluripotent**. Im Gegensatz dazu haben **adulte Stammzellen** nur das Potenzial, Zellen eines bestimmten Gewebetyps zu bilden, das heißt, sie haben ein eingeschränktes Entwicklungspo-

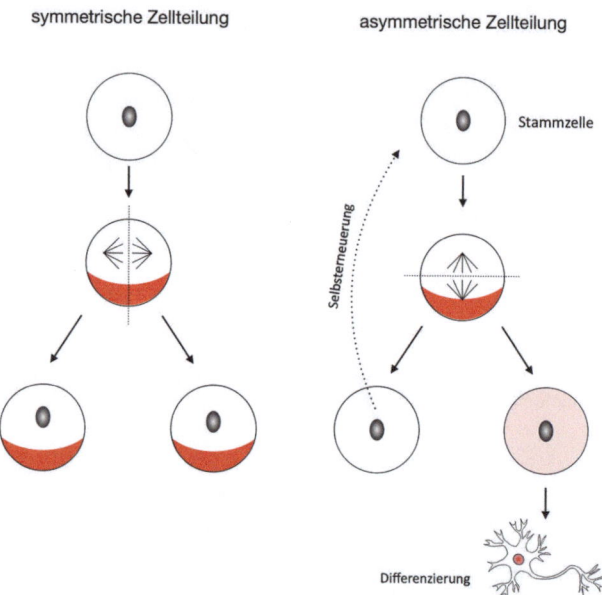

◘ **Abb. 3.11** Darstellung einer symmetrischen und einer asymmetrischen Zellteilung. In einer symmetrischen Zellteilung werden Komponenten (rot) symmetrisch auf beide Tochterzellen verteilt. Bei einer asymmetrischen Zellteilung erhält nur eine der beiden Tochterzellen, bedingt durch eine veränderte Ausrichtung der mitotischen Spindel – die unsymmetrisch verteilte Komponente, so dass diese nur in eine der beiden Tochterzellen gelangt. Diese Komponente (RNA oder Protein) kann nun als Determinante das Schicksal dieser Zelle bestimmen, sie differenziert z. B. zu einer Nervenzelle. Die andere Zelle wird zur Stammzelle (Selbsterneuerung)

tential: sie sind **multipotent**. Adulte Stammzellen finden sich in vielen Geweben eines adulten Organismus, z. B. beim Menschen in der Haut, im Darm oder im blutbildenden Gewebe. Ihre Teilung dient der Erneuerung des Gewebes, da täglich sehr viele Zellen absterben, aber auch der Wiederherstellung eines Gewebes nach Verletzungen (**Regeneration**) (zur Verwendung von Stammzellen in der Medizin s. ▶ Abschn. 14.4.4).

Die genetischen, molekularen und zellbiologischen Grundlagen **asymmetrischer Zellteilungen** wurden zuerst bei *C. elegans* (Rose and Gönczy 2014) beschrieben (◘ Abb. 3.12a–c′). Das Spermium fusioniert mit der Eizelle an dem dem weiblichen Vorkern (w) gegenüberliegenden Pol. Es bringt nicht nur den haploiden männlichen Vorkern mit, sondern auch zwei Centriolen. Sie trennen sich und bilden in der Nähe des männlichen Vorkerns zwei Zentrosomen aus (◘ Abb. 3.12a). Die von diesen ausgehenden Mikrotubuli legen die anterior-posteriore Achse des Embryos fest. Zu diesem Zeitpunkt sind die **P-Grana** im Zytoplasma der Eizelle gleichmäßig verteilt. In der nun folgenden Prophase der ersten Mitose kondensieren die Chromosomen in den Vorkernen und diese bewegen sich aufeinander zu. **Mikrotubuli** bilden sich an den **Zentrosomen**, und die P-Grana wandern zum posterioren Pol. Sobald sich die Vorkerne getroffen haben (◘ Abb. 3.12b), rotiert der Kerne-Zentrosomen-Komplex so, dass die bei-

3.4 · M-Phase: Mitose und Zytokinese

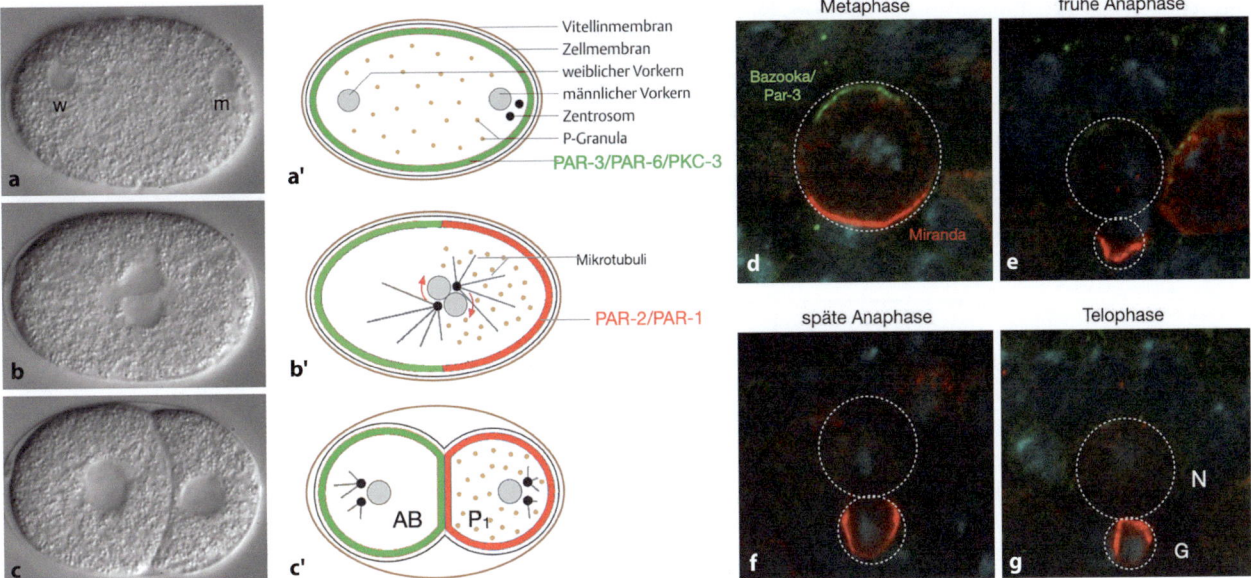

○ **Abb. 3.12** Asymmetrische Teilung führt zu Zelldiversität. **a–c'** Asymmetrische Zellteilung der Zygote von *C. elegans*. **a, a'** 1-Zell Stadium, kurz nach der Befruchtung. Der weibliche und männliche Vorkern (w, m) liegen an gegenüberliegenden Polen. P-Grana (braun in **a'**) sind gleichmäßig im Zytoplasma, der PAR-3/PAR-6/PKC-3-Komplex (grün) gleichmäßig im Zytokortex verteilt. **b, b'** Nach dem Zusammentreffen der beiden Vorkerne rotiert der Kern-Zentrosomen-Komplex so, dass die beiden Zentrosomen entlang der Längsachse der Zelle liegen (rote Pfeile). Der PAR-3/PAR-6/PKC-3-Komplex ist nun auf den Kortex der anterioren Hälfte beschränkt, PAR-2 und PAR-1 sowie die P-Grana auf den Kortex bzw. das Zytoplasma der posterioren Hälfte (**b'**). **c, c'** Die erste Teilung ist asymmetrisch und resultiert in einer anterioren, größeren AB-Zelle mit dem PAR-3/PAR-6/PKC-3-Komplex, und einer kleineren posterioren P_1-Zelle. Nur diese enthält die P-Grana und ihre Nachkommen differenzieren zu Zellen der Keimbahn. **d–g** Teilung eines embryonalen *Drosophila* Neuroblasten. Das Protein Bazooka (grün), das Homolog von *C. elegans* PAR-3, wird im Verlauf der Prophase am apikalen Pol (oben) konzentriert. Das Protein Miranda (rot) ist am basalen Pol konzentriert. In der Metaphase findet man die beiden Proteine an gegenüberliegenden Polen. In der Anaphase (und der folgenden Telophase) gelangt Miranda nur in die basale Tochterzelle (= Ganglienmutterzellen; G). Diese differenziert sich später zu einer Nervenzelle. Der Neuroblast (N) teilt sich weiter asymmetrisch Die Umrisse der Zellen sind mit einer weißen, gestrichelten Linie markiert. (**a–c**: freundlicherweise zur Verfügung gestellt von Einhard Schierenberg und Olaf Bossinger; **d–g**: freundlicherweise zur Verfügung gestellt von Andreas Wodarz, Universität zu Köln)

den Zentrosomen in der Längsachse der Zelle liegen. Die Kerne verschmelzen (Karyogamie) und damit ist die Befruchtung vollzogen. Unmittelbar danach tritt der diploide Zygotenkern in die 1. mitotische Teilung ein. Während der Anaphase bewirken stärkere, vom posterioren Pol ausgehende Zugkräfte eine Verschiebung der Spindel nach posterior, so dass bei der anschließenden Zellteilung die posteriore P_1-Zelle kleiner ist als die anteriore AB-Zelle (○ Abb. 3.12c).

Eine bedeutende Rolle bei dieser und den folgenden asymmetrischen Teilung spielen die *par*-Gene (abnormal embryonic PARtitioning of cytoplasm). Diese Gene wurden als **maternale Mutationen** identifiziert, die die A-P Polarität der Zygote P_0 beeinflussen und deren Phänotyp in abnormen ersten Zellteilungen besteht. Ein solcher Komplex aus PAR-3, PAR-6 und PKC-3 (atypische Protein Kinase C) ist im gesamten Kortex des 1-Zell-Embryos ab dem Zeitpunkt der Besamung zu finden (○ Abb. 3.12a', grün). Gegen Ende der mitotischen Prophase ist der **PAR-3/PAR-6/PKC-3-Komplex** beschränkt auf den Kortex der anterioren Hälfte, während in der posterioren Hälfte des Kortex zwei weitere PAR Proteine auftauchen, PAR-2 und PAR-1 (○ Abb. 3.12b', rot). Die beiden Gruppen von PAR-Proteinen hemmen sich gegenseitig in der Verteilung im Kortex, so dass eine Grenze bei ca. 50 % Eilänge entsteht. Durch diese Verteilung der PAR-Proteine im Kortex wird die A-P-Polarität, die bereits durch die Lage des Eikerns am anterioren Pol und die Eintrittsstelle des Spermiums am posterioren Pol markiert ist, weiter festgelegt und aufrechterhalten. Die bei der ersten asymmetrischen Teilung entstehende anteriore AB-Zelle erhält den PAR-3/PAR-6/PKC-3-Komplex. Die kleinere posteriore P_1-Zelle enthält nicht nur die PAR1/PAR2 Proteine, sondern auch die P-Grana (○ Abb. 3.12c'). Die Nachkommen der P_1-Zelle differenzieren zu Zellen der Keimbahn.

Die Bedeutung der PAR-Proteine wird auch durch ihre starke molekulare und funktionelle Konservierung verdeutlicht, von *C. elegans* bis zum Menschen. Sie sind nicht nur an der Etablierung und Aufrechterhaltung apiko-basaler Polarität von Epithelien beteiligt (Buckley und St. Johnston 2022) sondern kontrollieren auch asymmetrische Zellteilungen von Stammzellen (Loyer und Januschke 2020). Bei der asymmetrischen Teilung von neuralen Stammzellen (Neuroblasten) des *Drosophila* Embryos spielt das PAR-3 Homolog Bazooka, zusammen mit *D*Par6 und *Da*PKC, eine ebenfalls wichtige Rolle (○ Abb. 3.12d–g). Während der Mitose ist es an einem Pol (dem apikalen Pol) konzentriert. Miranda ist am gegenüberliegenden Pol akkumuliert und gelangt bei der Teilung in die kleinere, basal liegende Zelle, die zu einer Nervenzelle differenziert. Die apikale Zelle bleibt Neuroblast und teilt sich weiterhin asymmetrisch. Mutationen in *bazooka* führen zu Defekten in der asymmetrischen Zellteilung.

3.4.3 Paarung und Trennung der Schwesterchromatiden

Bereits in der S-Phase, wenn die DNA verdoppelt wird, muss sichergestellt sein, dass die beiden Schwesterchromatiden bis zur Metaphase zusammengehalten werden. Dieser Zusammenhalt, **Kohäsion** genannt, wird durch **Cohesine** ermöglicht. Dabei handelt es sich um Proteinkomplexe, an deren Aufbau u. a. die sog. SMC- (*Structural Maintenance of Chromosomes*) Proteine beteiligt sind. Jeweils zwei SMC-Proteine, die in allen Eukaryonten konserviert sind (und an der Ausbildung unterschiedliche Komplexe beteiligt sind), bilden eine ringförmige Struktur, die durch ein weiteres Protein, Kleisin (auch Scc1 genannt), verbunden werden (◘ Abb. 3.13a). Cohesine haben nicht nur in der Mitose eine wichtige Funktion, sie sind darüber hinaus auch an der homologen Rekombination in der Meiose und an der Ausbildung von Chromatinschleifen im Interphase-Zellkern beteiligt (s. ▶ Kap. 4 und 5).

Cohesine sind vom Ende der S-Phase an mit den Schwesterchromatiden assoziiert, wobei sie insbesondere in der Nähe der Zentromeren angereichert sind. Sie „umklammern" die beiden Schwesterchromatiden und bringen sie auf diese Weise in enge Nachbarschaft (◘ Abb. 3.13b). Zurzeit wird noch diskutiert, ob beide Schwesterchromatiden durch einen Cohesin-Ring zusammengehalten werden (wie in ◘ Abb. 3.13b gezeigt), oder ob zwei Cohesin-Ringe in einer „achtförmigen Struktur" jeweils eine der beiden Schwesterchromatiden umschließt.

Zu Beginn der Prophase sind die Schwesterchromatiden entlang ihrer gesamten Länge gepaart (s. ◘ Abb. 3.9 und 3.14). Diese enge **Kohäsion** (engl.: *cohesion*) ist Voraussetzung für die genaue Segregation der Chromatiden in der Anaphase, aber auch für die Reparatur von Doppelstrangbrüchen (DSB). Bei Betrachtung der Metaphase-Chromosomen (◘ Abb. 3.14) wird jedoch deutlich, dass die Schwesterchromatiden der einzelnen Chromosomen nur noch an den Kinetochoren miteinander verbunden sind, nicht aber entlang der Arme. Was führt also zur Auflösung der Kohäsion zwischen den Armen der Schwesterchromatiden?

In den meisten tierischen Zellen wird ein Großteil des Kleisins (Scc1) am Ende der Prophase durch die Proteinkinasen **CDK1**, **Aurora B** und **POLO-like Kinase 1** (**Plk1**) phosphoryliert (Anfügen von Phosphatresten), wodurch ihr Abbau eingeleitet wird. Hierdurch öffnet sich der Cohesin-Ring, was die Trennung der Schwesterchromatiden in der Metaphase ermöglicht (◘ Abb. 3.14). An den Kinetochoren hingegen sind die Cohesine zunächst noch durch die Bindung an das Protein Shogushin (Sgo) vor dem Abbau geschützt. Sobald alle Chromosomen in der Äquatorialebene der mitotischen Spindel angeordnet sind, und die Kinetochore der Schwesterchromatiden mit den Mikrotubuli der entgegengesetzten Pole verbunden sind, wird die Anaphase durch die Aktivierung des **Anaphase-Promoting-Complex APC** (auch **Cyclosome** genannt) eingeleitet. APC induziert den Abbau des Proteins **Securin** durch das Proteasom, einem Multiproteinkomplex, der eine essentielle Rolle beim kontrollierten Abbau von Proteinen im Zellkern und im Zytoplasma spielt (s. ▶ Abschn. 10.2.5.2). Securin ist durch fast den gesamten Zellzyklus hindurch an die Protease **Separase** gebunden, wodurch deren Aktivität unterdrückt wird. Durch den Abbau von Securin wird die Separase aktiviert und katalysiert die proteolytische Spaltung der Cohesin-Untereinheit Kleisin/Scc1. Der Cohesin-

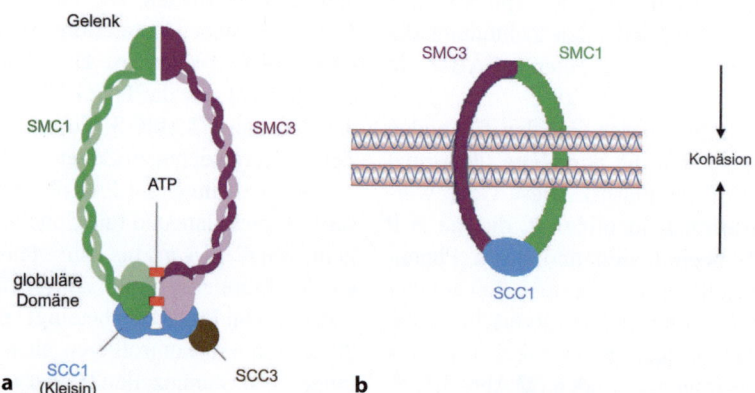

◘ **Abb. 3.13** Cohesine halten Schwesterchromatiden zusammen. **a** Jeweils zwei SMC (Structural Maintenance of Chromosomes) -Proteine, hier SMC1 (grün) und SMC3 (magenta), bilden mit Hilfe von SCC1, einem Kleisin (hellblau), eine ringförmige Struktur, an die weitere Proteine assoziiert sein können, u. a. SCC3 (braun). **b** Die ringförmige SMC/SCC1 Struktur ermöglicht die enge Paarung (Kohäsion) der Schwesterchromatiden in der Mitose. (**a** Modifiziert aus Wikimedia Commons: ▶ https://commons.wikimedia.org/wiki/File:Cohesin_picture2.png, **b** Bürmann 2015, Fig. 1.3, mit freundlicher Genehmigung)

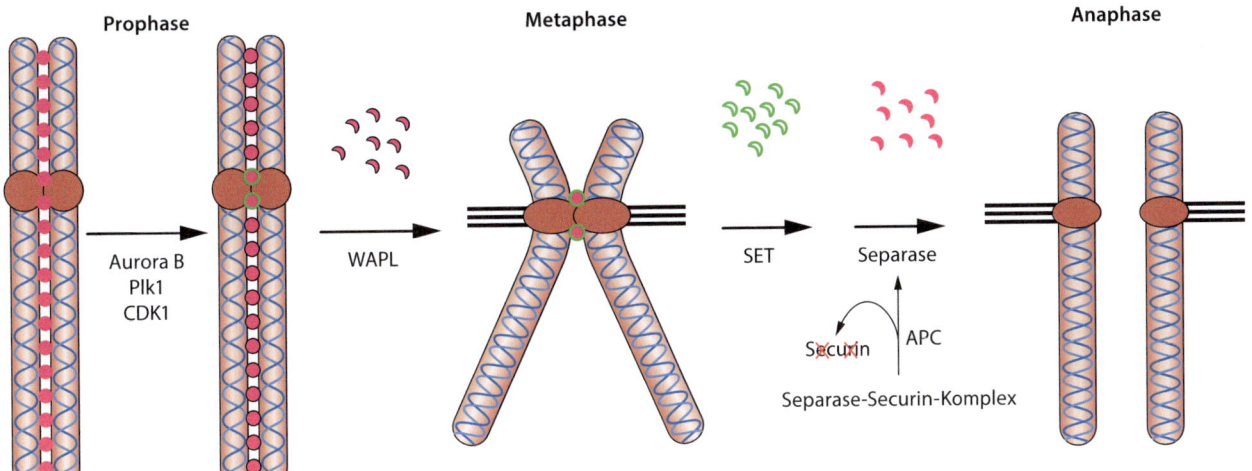

Abb. 3.14 Auflösung der Kohäsion während der Mitose. Bis zum Ende der Prophase werden die Schwesterchromatiden durch Cohesin-Komplexe (violette Kreise) zusammengehalten. Zu Beginn der Metaphase wird Cohesin durch die Kinasen CDK1, Plk1 und Aurora B phosphoryliert (schwarzer Rand um violette Kreise). Das ermöglicht WAPL (Wings-apart like) die Spaltung der Cohesin-Untereinheit Kleisin/Scc1, wodurch die Cohesine von den Chromosomenarmen entfernt werden (violette Halbmonde) und die Kohäsion entlang der Arme der Schwesterchromatiden aufgehoben wird. An den Kinetochoren ist Cohesin jedoch zunächst durch das Protein Shugoshin (Sgo1) (grüner Rand um violette Kreise) vor dem Abbau geschützt. Beim Übergang von der Meta- zur Anaphase wird Sgo1 durch SET (benannt nach den *Drosophila* Proteinen Suppressor of variegation, Enhancer of zeste und Trithorax) gespalten und vom Chromosom entfernt (grüne Halbmonde). Securin wird durch APC (Anaphase Promoting Complex) abgebaut, die Separase wird aktiviert, was den Abbau des Kleisins in den noch vorhandenen Cohesinen einleitet (violette Halbmonde). Das ermöglicht die Trennung der Schwesterchromatiden in der Anaphase

Komplex wird nun auch im Zentromerbereich entfernt, was die Verteilung der Schwesterchromatiden auf die beiden Tochterzellen ermöglicht (Abb. 3.14).

3.5 Die genetische Konsequenz der Mitose

Bei der genetischen Betrachtung der Mitose (ebenso wie bei der Meiose, s. ▶ Kap. 5) werden wir uns beispielhaft auf die Verteilung der beiden großen Autosomen 2 und 3 von *Drosophila* beschränken (Abb. 3.15) und gleichzeitig einige Gene auf diesen beiden Chromosomen einbeziehen. Auf dem 2. Chromosom von *Drosophila* sind es die zwei Gene *vestigial* (vg) und *brown* (bw), auf dem 3. Chromosom das Gen *ebony* (e). Alle drei Gene bestimmen äußere Merkmale der Fliege: vg die Ausbildung der Flügel, bw die Ausprägung der Augenfarbe und e die Körperfarbe (s. Tab. 3.1). Für den Ablauf der Mitose spielt es allerdings keine Rolle, welche Funktion diese Gene erfüllen.

In unserem Beispiel betrachten wir nun an jedem Genort zwei Allele: vg und vg$^+$, bw und bw$^+$, e und e$^+$. Hier und in allen folgenden Beispielen bezeichnet das mit + gekennzeichnete Allel das funktionelle **Wildtyp-Allel**, alle anderen Allele sind Varianten, die durch Mutation entstanden sind. Jede Zelle hat in ihrem diploiden Chromosomensatz an jedem der drei betrachteten Genorte je zwei Allele auf den homologen Chromosomen, die gleich oder verschieden sei können. Der Ablauf des Zellzyklus sorgt dafür, dass bei jeder Kernteilung genau dieser Bestand an Allelpaaren (und

Tab. 3.1 Einige Gene von *Drosophila*

Gen-symbol	Genname	Phänotyp	Chromosom
B	Bar	Nieren- oder bandförmige Augen	1
bw	brown	Hellbraune Augen	2
car	carnation	Dunkelrote Augen	1
e	ebony	Dunkler Körper	3
ec	echinus	Große rauhe Augen	1
f	forked	Gekrümmte oder gegabelte Borsten	1
fa	facet	Gestörte Ommatidienanordnung	1
lz	lozenge	Glatte, pillenförmige Augen	1
pn	prune	Dunkelrote Augen	1
pr	purple	Purpurrote Augen	2
rst	roughest	Rauhe Augen	1
sn	singed	Gebogene Borsten	1
st	scarlet	Hellrote Augen	3
vg	vestigial	Stummelflügel	2
w	white	Weiße Augen	1
y	yellow	Heller Körper	1

Gennamen und ihre Abkürzungen werden durch kursive Schrift mit kleinem oder großem Anfangsbuchstaben gekennzeichnet (*Bar-B, white-w, vestigial-vg*), die zugehörigen Proteine durch Großschreibung in normaler Schrift (White-W, Vestigial-VG).

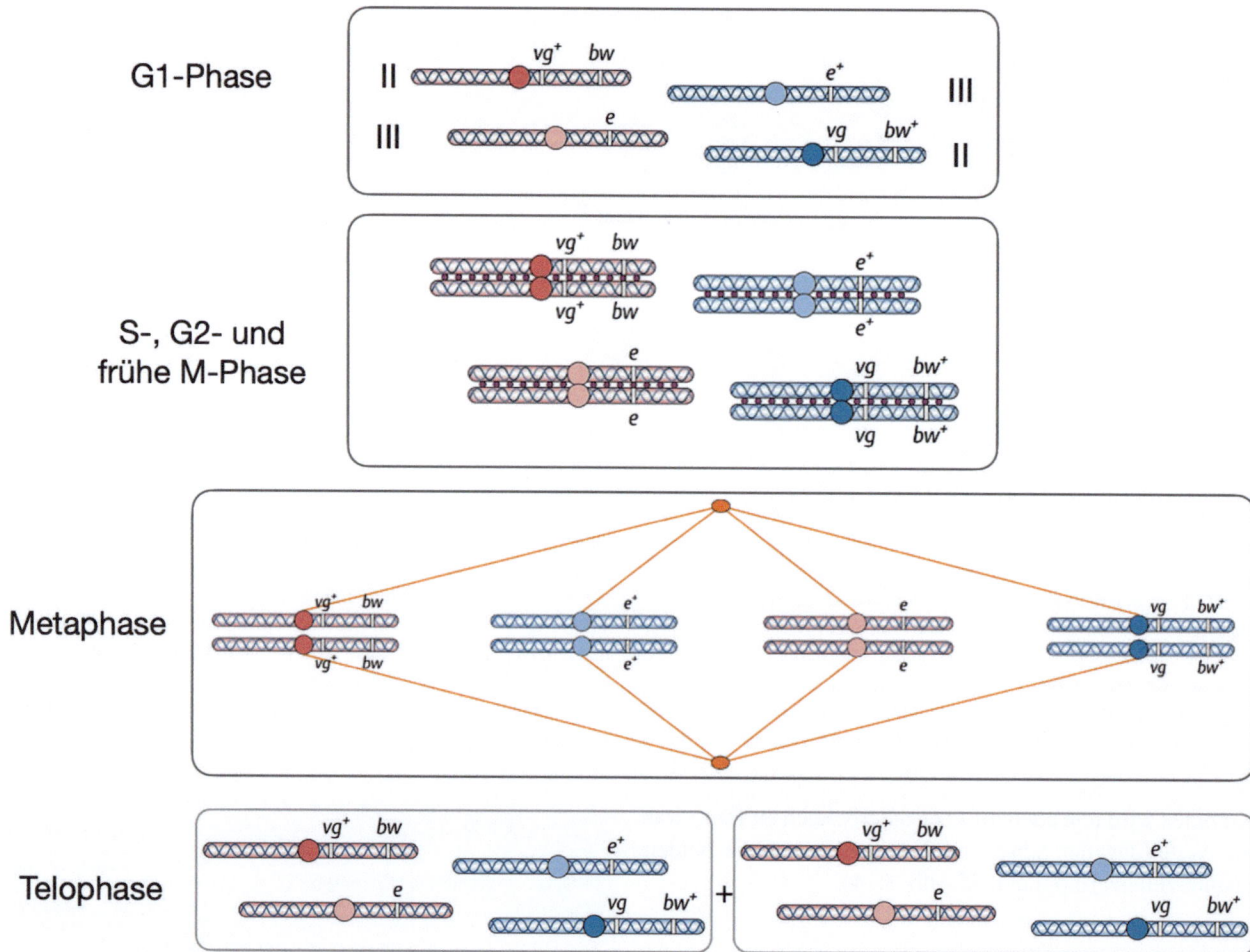

Abb. 3.15 Die Chromosomen während eines Zellzyklus. Ausgangspunkt ist die G1-Phase einer diploiden *Drosophila* Zelle, in der die beiden großen Chromosomen (II und III) gezeigt sind. Jede Chromatide enthält eine DNA-Doppelhelix. *vg*, *bw* und *e* sind drei mutante Allele von *Drosophila melanogaster*, die zusätzlich mit „+" gekennzeichneten (*vg*$^+$, *bw*$^+$ und *e*$^+$) sind die zugehörigen Wildtyp-Allele. Die Zentromere des 2. Chromosoms sind kräftig gefärbt, die des 3. Chromosoms sind aufgehellt. Cohesin-Proteinkomplexe sind als violette Punkte zwischen den Schwesterchromatiden dargestellt (s. ▢ Abb. 3.14). In der S-Phase wird jedes Chromosom verdoppelt. Vom Ende der S-Phase, sowie in der G2- und in der Prophase weisen beide Schwesterchromatiden eine identische Genfolge auf. In der Metaphase sind die Chromosomen in der Mitte des Spindelapparats angeordnet. Zur Vorbereitung der Anaphasebewegung setzen die Spindelfasern an den Kinetochoren der geteilten Zentromeren der Chromatiden an und stellen als Kinetochor-Mikrotubuli die Verbindung zu den Zentrosomen (Spindelpolen) her. Das Ergebnis der Telophase sind zwei genetisch identische Zellkerne. Beide enthalten Chromosomen, die kurz vorher noch Chromatiden genannt wurden. Erklärung der Gensymbole in ▢ Tab. 3.1

aller anderen Allelpaare im diploiden Chromosomensatz) erhalten bleibt (▢ Abb. 3.15). In der S-Phase wird jedes Chromosom verdoppelt, so dass in der Prophase, wenn die beiden Schwesterchromatiden sichtbar werden, beide Schwesterchromatiden eines Chromosoms eine identische Genfolge aufweisen, wobei nun jedes Gen doppelt vorliegt. In der **Anaphase** werden die beiden Schwesterchromatiden jedes Chromosoms auf die beiden Tochterkerne verteilt. Dadurch sind die Chromosomensätze der Tochterkerne in der **Telophase** untereinander und mit dem des ursprünglichen Zellkerns identisch (▢ Abb. 3.15).

3.6 Die Regulation des Zellzyklus

Der zyklische Ablauf des Zellzyklus wird durch **ein sehr effizientes Kontrollsystem** reguliert, das so bedeutend für das Überleben der Zelle eines Organismus ist, dass gleich **mehrere Kontrollpunkte** eingeführt wurden. Denn: jeder Fehler in diesem System kann zu unkontrolliertem Zellwachstum oder zu Zellvermehrung führen, und somit schwere Krankheiten, etwa Krebs, auslösen oder zum Tod der Zelle führen. Das Kontrollsystem stellt sicher, dass der Zyklus immer **nur in eine Richtung** verläuft und keiner der Schritte rückgängig gemacht werden kann. Ferner kontrolliert dieses System, dass der Eintritt in eine neue Phase des Zyklus nur dann erfolgt, wenn alle Voraussetzungen für die erfolgreiche Durchführung dieser Phase gewährleistet sind.

Die biologische Bedeutung des Zellzyklus für alle ein- und mehrzelligen Organismen und für die Medizin wurde im Jahr 2001 durch die Verleihung des Nobelpreises für Physiologie oder Medizin an Leland H. Hartwell, Tim Hunt und Paul M. Nurse „*for their discoveries of key regulators of the cell cycle*" unterstrichen.

3.6.1 Cycline steuern den Zellzyklus

Die Kontrolle des Zellzyklus erfolgt an drei **Kontrollpunkten**, den sog. **Restriktionspunkten** (*checkpoints*) (◘ Abb. 3.16). Der **G1-Phase/S-Phase Kontrollpunkt** entscheidet darüber, ob die Zelle den Teilungsprozess initiieren kann oder ob sie in der G1-Phase bleibt (oder in die G0-Phase eintritt). An diesem Kontrollpunkt werden vor allem die Größe der Zelle sowie die zur Verfügung stehenden Nährstoffe in der Umgebung kontrolliert. Am **G2-Phase/M-Phase Kontrollpunkt** wird kontrolliert, ob die gesamte DNA verdoppelt wurde, ob Replikationsfehler repariert wurden und ob die äußeren Bedingungen für eine Zellteilung günstig sind. Der dritte Kontrollpunkt, der sog. **Spindel-Kontrollpunkt** (engl.: *spindle assembly checkpoint*), wird in der Mitose, vor dem Eintritt in die Anaphase, aktiv. An diesem Kontrollpunkt wird überprüft, ob alle Kinetochore mit den Mikrotubuli des Spindelapparats (s. ▶ Abschn. 3.4.1 und ◘ Abb. 3.10) verbunden sind.

Eine Schlüsselrolle bei der Zellzyklus-Kontrolle spielen die **Cycline**. Der Name dieser Proteine stammt von der ursprünglichen Beobachtung, dass sich ihre Konzentration im Verlauf des Zellzyklus zyklisch ändert (◘ Abb. 3.17). Sie werden in der Regel am Ende einer Zellzyklusphase sehr rapide abgebaut, wodurch verhindert wird, dass die Zelle in die vorherige Phase des Zellzyklus zurückkehren kann.

Der Übergang von einer Phase des Zellzyklus in die nächste wird jeweils von einem (manchmal auch zwei) Cyclinen reguliert. So regulieren etwa Cyclin E und Cyclin A den Übergang von der G1- in die S-Phase, weshalb sie auch S-Phase Cycline genannt werden, während Cyclin B, ein M-Phase Cyclin, den Eintritt in M-Phase und den Austritt aus dieser Phase reguliert.

Allen Cyclinen gemeinsam ist, dass sie **Cyclin-abhängige Proteinkinasen** (*cyclin-dependent kinases*, CDK) binden können, wodurch sie diese aktivieren. Wie alle Proteinkinasen sind auch CDKs Enzyme, die andere Proteine phosphorylieren können, wodurch sie deren Aktivität regulieren. Bei Erreichen einer kritischen Cyclin-Konzentration bildet sich ein Cyclin-CDK Komplex aus. Dessen Kinase-Aktivität kann durch weitere Regulatoren aktiviert oder inhibiert werden. Je nach Cyclin/CDK-Komplex werden unterschiedliche Proteine phosphoryliert, die für den Ablauf der folgenden Phase nötig sind. Substrate des Cyclin B/CDK1-Komplexes sind u. a. Histon H1 (ein Chromatinprotein; s. auch ▶ Kap. 4) und Lamin (ein Protein der Kernhülle), deren Phosphorylierung essentiell für die Kondensation des Chromatins bzw. für die Auflösung der Kernhülle während der Mitose ist. Mit dem Abbau des Cyclins löst sich dieser Komplex wieder auf.

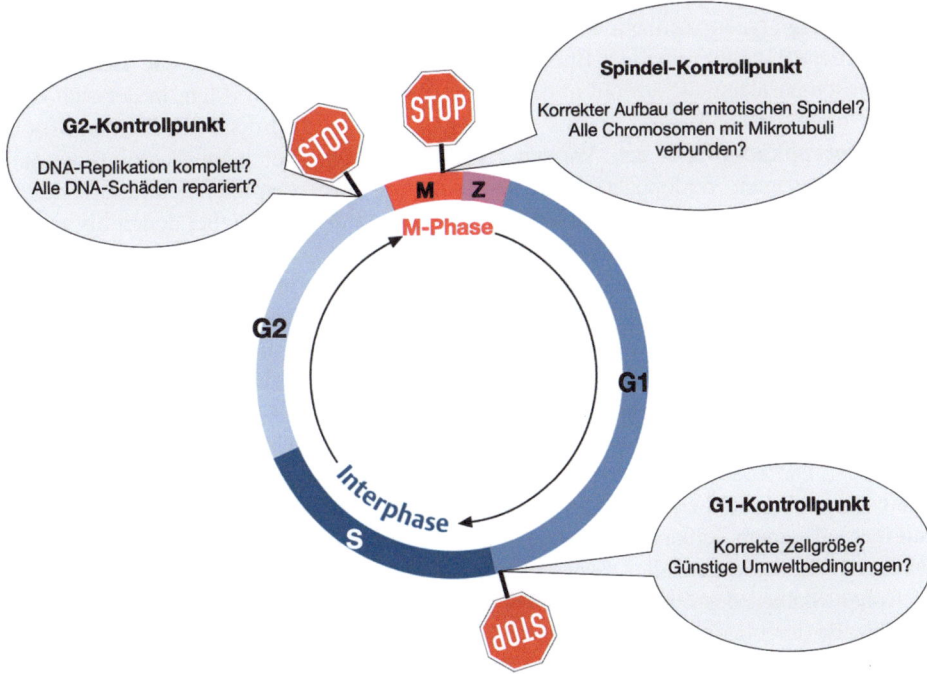

◘ **Abb. 3.16** Regulation des Zellzyklus in einer eukaryontischen Zelle. Der Zellzyklus unterliegt einem sehr effizienten Kontrollsystem. An den drei Kontrollpunkten (Restriktionspunkten) – hier durch Stoppschilder symbolisiert – kontrolliert die Zelle den Übertritt in die jeweils nächste Phase des Zyklus. Hier überprüft sie, ob die für den Eintritt in die nächste Phase erforderlichen Ereignisse korrekt abgeschlossen wurden und die Bedingungen zur Durchführung des nächsten Schritts günstig sind

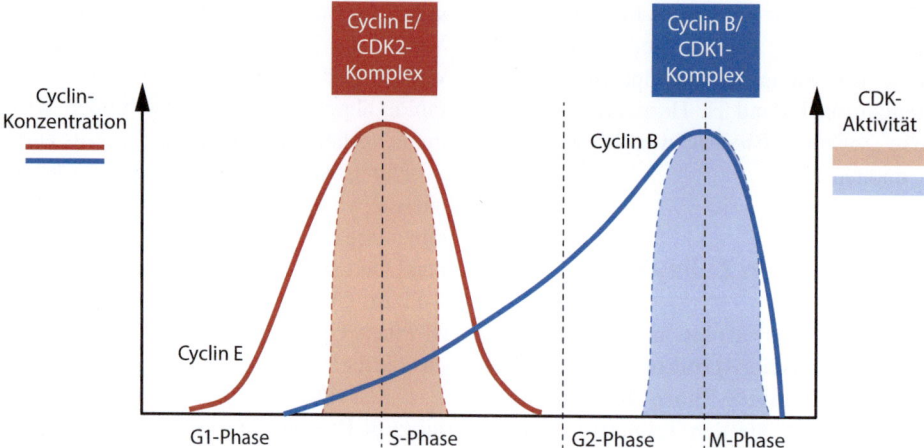

Abb. 3.17 Regulation des Zellzyklus am Beispiel zweier Cycline und Cyclin-abhängigen Kinasen (Cdk). Konzentrationsverlauf des G1/S-Phase Cyclins (Cyclin E) und des M-Phase Cyclins (Cyclin B) (rote bzw. blaue durchgezogene Linie) im Verlauf des Zellzyklus. Nach Erreichen einer kritischen Konzentration erfolgt der Übergang in die jeweils nächste Phase (S- bzw. M-Phase) und die Cycline werden sehr schnell abgebaut. Die beiden hellrot bzw. hellblau unterlegten Bereiche kennzeichnen die Aktivitätsprofile der jeweiligen Cyclin-abhängigen Kinasen (CDK2 bzw. CDK1). Der Cyclin B/CDK1-Komplex wird auch Maturation Promoting Factor (MPF) genannt

3.6.2 Abweichungen im Zellzyklus führen zu Zellen mit multiplen Genomen

Bisher wurde nur von haploiden und diploiden Zellen gesprochen, die jeweils einen bzw. zwei Chromosomensätze besitzen. Das Ergebnis der Mitose einer haploiden Zelle (z. B. Hefe) sind zwei haploide Zellen, das Ergebnis der Mitose einer diploiden Zelle sind zwei diploide Zellen. Allgemein versteht man unter **Ploidie** die Anzahl der vollständigen Chromosomensätze in einer Zelle, wobei diese in der Regel in einem Zellkern untergebracht sind. Es gibt verschiedene Möglichkeiten der Entstehung von multiplen Chromosomensätzen, die sowohl in der Mitose als auch in der Meiose entstehen können.

Endoreplikation ist ein Vorgang, bei dem sich die Chromosomen verdoppeln, aber die Zelle sich anschließend nicht teilt, was zur **Erhöhung des Chromosomensatzes** in einer Zelle führt. Man unterscheidet zwei Typen der Endoreplikation. Bei der **Endomitose** wird der Zellzyklus an verschiedenen Stellen der M-Phase abgebrochen. Wird der Zellzyklus nach Abschluss der Mitose unterbrochen (■ Abb. 3.18b), werden zwei Zellkerne gebildet, aber die Zytokinese findet nicht statt. Dies resultiert in **einer Zelle mit zwei Zellkernen** (4C, 4n), von denen jeder diploid ist: Die Zelle ist **polyploid** (hier tetraploid) (s. auch ▶ Abschn. 6.2.1) und sie ist ein **Synzytium** (= eine Zelle mit mehr als einem Zellkern). Synzytien findet man z. B. in der Leber, in der viele Zellen zwei Zellkerne haben, oder in frühen Stadien des *Drosophila* Embryos. Die befruchtete Eizelle durchläuft nämlich zunächst 14 Kernteilungen, ohne dass diese von Zellteilungen begleitet sind.

Wenn nach Verdopplung der Chromosomen und Trennung der beiden Schwesterchromatiden in der Anaphase der Zellzyklus unterbrochen wird (■ Abb. 3.18c), entsteht eine Zelle mit nur einem Zellkern, der die doppelte Anzahl Chromosomen enthält. Diese Zelle ist ebenfalls 4C, 4n, also polyploid. In zahlreichen Tieren und Pflanzen findet man polyploide Gewebe, manchmal ist auch der gesamte Organismus polyploid (s. u.).

Im Gegensatz dazu entfällt bei einem **Endozyklus** (■ Abb. 3.18d) die M-Phase vollständig, der Zyklus besteht nur aus S- und G-Phasen. Die Chromatiden werden in der S-Phase verdoppelt, aber die Schwesterchromatiden werden nicht getrennt. Somit entsteht **eine Zelle mit einem „normalen" diploiden Satz an Chromosomen (2n), deren Schwesterchromatiden weiterhin verbunden sind**. Die Zelle ist zunächst 4C, 2n, nach weiteren Zellzyklen, in der sich G-Phase und S-Phase abwechseln, wird sie 8C, 2n, dann 16C, 2n, etc.. Diese Zellen bezeichnet man als **polytäne Zellen**. Diese findet man z. B. in den Speicheldrüsenzellen von Insektenlarven (z. B. *Drosophila*), bei denen bis zu 2048 Chromatiden nebeneinander an einem Zentromer hängen können (= **Riesenchromosomen**) (s. ▶ Abschn. 4.1.2.2). Die Zelle ist dann 2048C, 2n (Anmerkung: bei *Drosophila* liegen nicht nur in Keimbahnzellen, sondern auch in Körperzellen (= somatischen Zellen) die homologen Chromosomen gepaart vor).

Die meisten Tiere und Pflanzen sind diploid. Einige Tiere (Amphibien, Reptilien, Insekten) und viele Kulturpflanzen sind polyploid, d. h., sie besitzen mehr als zwei Chromosomensätze in ihren Zellkernen (s. ▶ Kap. 6). Organismen mit mehr als zwei Chromosomensätzen sind **polyploid**. Unabhängig vom Ploidiegrad (1n, 2n, 4n, …) ist der Ablauf der Mitose jedoch genau derselbe, auch hier müssen bei der Mitose alle Chromosomensätze exakt verdoppelt und auf die beiden Tochterzellen verteilt werden. In anderen Fällen sind nur einige Gewebe eines Organismus polyploid, man bezeichnet dies als **somatische Polyploidie oder Endopolyploidie**. Beim Menschen

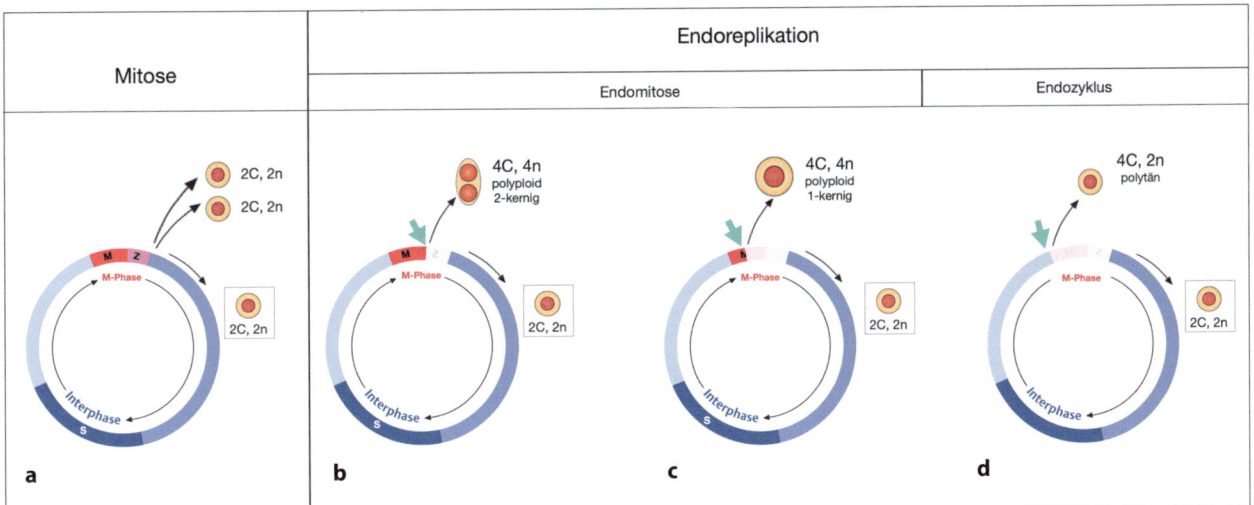

Abb. 3.18 Entstehung von Zellen mit multiplen Genomen. Ausgangspunkt ist jedes Mal eine diploide Zelle: 2C, 2n. Der türkise Pfeilkopf in **b–d** markiert die Stelle, an der der Zellzyklus abgebrochen wird. **a** normale Zellteilung, **b–d** Verschiedene Ergebnisse nach Endoreplikationen. Erklärung s. Text

sind dies etwa Leber- und Herzmuskelzellen (im adulten Herz sind ca. 70 % der Zellen tetraploid, also 4n). Bei Blütenpflanzen ist das Endosperm (eines der drei Gewebe im Samen) triploid.

3.7 Zusammenfassung

- Bei der Vermehrung von Zellen durchlaufen die Zellen den **Zellzyklus**, in dem sich **M-Phase**, bestehend aus **Mitose** und **Zykinese**, und **Interphase**, bestehend aus G1-, S- und G2-Phase, abwechseln. Zellstoffwechsel und Wachstum finden vornehmlich in der G1-Phase statt, während in der S-Phase die für die Verdopplung der Chromosomen nötige Replikation der DNA erfolgt. Die verdoppelten Chromosomen bestehen dann aus jeweils zwei identischen (Schwester-) Chromatiden. Die Tochterzellen sind in Bezug auf ihr Genom identisch.
- Die **Replikation** der DNA ist **semikonservativ**. Sie wird durch **DNA-Polymerasen** katalysiert. DNA-Polymerasen können die DNA-Synthese nicht neu initiieren, sondern nur ein vorhandenes Nukleotid (z. B. einen RNA-Primer) am 3′-Ende verlängern.
- Die Replikation beginnt an einem (Prokaryonten) oder mehreren (Eukaryonten) Startstellen (**origin of replication**). Sie erfolgt an der **Replikationsgabel** und benötigt mehrere Proteine, die im **Replisom** zusammenarbeiten.
- Replikation setzt das Vorhandensein eines DNA-Einzelstrangs als Matrize voraus. Ein Strang einer Doppelhelix wird kontinuierlich, der andere Strang diskontinuierlich synthetisiert. Der neu synthetisierte DNA-Strang beginnt stets mit dem 5′-Ende und wird in 3′-Richtung verlängert.
- Eine asymmetrische Zellteilung führt zu zwei Tochterzellen mit unterschiedlichen Zellschicksalen (bei identischen Genomen), meist als Ergebnis einer ungleichen Verteilung von Determinanten in der Mutterzelle.
- Der Zellzyklus kann an drei Kontrollpunkten (**Restriktionspunkte**) unterbrochen werden. Wesentliche Regulatoren des Zellzyklus sind **Cycline** und **Cyclin-abhängige Kinasen**. Sie gewähren u. a., dass die DNA während eines Zellzyklus **nur einmal** verdoppelt wird.
- Die **Mitose** wird in **Pro-, Meta-, Ana- und Telophase** unterteilt. In der anschließenden Zytokinese werden zwei neue Tochterzellen gebildet.
- Von der S-Phase bis zur Anaphase in der Mitose werden die Schwesterchromatiden durch **Cohesine** zusammengehalten.
- In der Mitose werden die beiden **Schwesterchromatiden** jedes einzelnen Chromosoms getrennt, wobei die Ausbildung der **mitotischen Spindel** wichtig für die korrekte Verteilung ist. Anschließend bilden sich in den beiden Tochterzellen die beiden neuen Zellkerne. Die Tochterzellen sind bezüglich ihres nukleären Genoms identisch.
- **Endomitosen** führen zu polyploiden oder polytänen Zellen.
- Unabhängig vom **Ploidiegrad** (1n, 2n, 4n, …) ist der Ablauf der Mitose immer genau derselbe.

Literatur

Buckley CE, Johnston StD (2022) Apical-basal polarity and the control of epithelial form and function. Nat Rev Mol Cell Biol 23(8):559–577

Bürmann F (2015) Architecture of SMC-kleisin complexes. Dissertation, LMU München. https://pure.mpg.de/rest/items/item_2263171/component/file_2263176/content

Loyer N, Januschke J (2020) Where does asymmetry come from? Illustrating principles of polarity and asymmetry establishment in *Drosophila* neuroblasts. Curr Opin Cell Biol 62:70–77

Méchali M (2010) Eukaryotic DNA replication origins: many choices for appropriate answers. Nat Rev Mol Cell Biol 11:728–738

Rose L, Gönczy P (2014) Polarity establishment, asymmetric division and segregation of fate determinants in early *C. elegans* embryos. WormBook 30:1–43

Chromatinorganisation und Epigenetik

Inhaltsverzeichnis

4.1 Organisation des Chromatins zu verschiedenen Phasen des Zellzyklus – 42
4.1.1 Das Chromatin in Chromosomen während der Mitose – 42
4.1.2 Das Chromatin in Chromosomen im Interphase-Zellkern – 46

4.2 Epigenetik und Epigenom – 53
4.2.1 Epigenetik – 53
4.2.2 Grundlagen der Epigenetik I: Der Histon-Code – 56
4.2.3 Grundlagen der Epigenetik II: DNA-Methylierung – 60
4.2.4 Vergleich: Genetischer/epigenetischer Code und Genotyp/Epigenotyp – 62

4.3 Zusammenfassung – 63

Literatur – 63

© Der/die Autor(en), exklusiv lizenziert an Springer-Verlag GmbH, DE, ein Teil von Springer Nature 2025
E. Knust, H.-A. Müller, W. Janning, *Allgemeine Genetik*, https://doi.org/10.1007/978-3-662-70442-4_4

4.1 Organisation des Chromatins zu verschiedenen Phasen des Zellzyklus

Die **Chromosomen** eukaryontischer Zellen wurden erstmals in der Mitte des 19. Jahrhunderts beschrieben. Sie wurden 1888 von Heinrich Wilhelm Waldeyer, in Anlehnung an das bereits bei Bakterien beschriebene Chromatin, „Chromosomen" genannt (lat. *chroma* = Farbe), da sie mit basischen Farbstoffen leicht angefärbt werden können. Heute wissen wir, dass Chromatin ein Komplex aus DNA und Proteinen ist, wobei die Proteine die Gestalt der Chromosomen in den verschiedenen Phasen des Zellzyklus bestimmen.

Nur in der Mitose werden Chromosomen in ihrer Transportform als distinkte Strukturen sichtbar (s. ▶ Kap. 3). Im Interphase-Zellkern jedoch sind keine einzelnen Chromosomen zu erkennen, das Chromatin ist diffus im Zellkern verteilt (◘ Abb. 4.1).

4.1.1 Das Chromatin in Chromosomen während der Mitose

Der diploide Chromosomensatz des Menschen mit 46 Chromosomen enthält etwa $6{,}2 \times 10^9$ Basenpaare (bp). Da 1 bp eine Länge von 0,34 nm einnimmt (s. ◘ Abb. 1.5), summiert sich die Gesamtlänge der DNA einer diploiden Zelle $(0{,}34 \times 6{,}2 \times 10^9 \text{ nm})$ auf etwa 2 m (s. auch ◘ Tab. 2.1). Das heißt, die durchschnittliche Länge der ausgestreckten DNA eines der 46 Chromosomen beträgt rund 4 cm. Im Durchschnitt haben Chromosomen in der Mitose nur etwa 1/10.000 ihrer Länge in der Interphase (1–50 µm). Ein Zellkern einer menschlichen Zelle in der Interphase hat einen Durchmesser von nur etwa 6 µm. Deshalb stellt sich die Frage: Wie gelingt es der Zelle, die DNA in den Chromosomen und diese im Interphase-Zellkern unterzubringen?

Heute wissen wir, dass jedes Ein-Chromatid Chromosom (s. ◘ Abb. 3.1) eine einzige durchgehende DNA-Doppelhelix besitzt. Diese bildet zusammen mit Proteinen das **Chromatin**. Zu den Chromatinproteinen gehören **Histone** und **Nicht-Histon-Chromatinproteine**.

4.1.1.1 Chromosomen werden in der Metaphase sichtbar

Die einzelnen Chromosomen werden zu Beginn der Mitose lichtmikroskopisch sichtbar, wenn sie die S-Phase durchlaufen haben und jedes Chromosom aus 2 Chromatiden besteht (◘ Abb. 4.1; s. ▶ Abschn. 3.4, Mitose).

In der **Metaphase** lassen sich an den Chromosomen in der Regel folgende topologische Merkmale erkennen: Die sog. **primäre Einschnürung** (**Konstriktion**) markiert das **Zentromer** (◘ Abb. 4.2a), dort werden die beiden **Schwesterchromatiden** zusammengehalten. An dieser Stelle wird das **Kinetochor** gebildet, ein Proteinkomplex, an dem in der Metaphase die Mikrotubuli der Teilungsspindel ansetzten (s. ▶ Kap. 3: Mitose). Die Enden der Chromatiden werden **Telomere** genannt (◘ Abb. 4.2b).

Das Zentromer unterteilt jede Chromatide in zwei Arme, die unterschiedliche Längen besitzen können und charakteristisch für jedes Chromosom sind (◘ Abb. 4.2c). Liegt das Zentromer in der Mitte des Chromosoms ist es **metazentrisch**, beide Chromosomenarmen sind etwa gleich lang. Liegt das Zentromer zwischen der Mitte des Chromosoms und einem Ende, bezeichnet man es als **submetazentrisch**, ein Arm ist dann kürzer als der andere. Bei einem **akrozentrischen** Chromosom liegt das Zentromer sehr nahe am Chromosomenende, so dass ein Arm wesentlich kürzer ist als der andere, während bei **telozentrischen** Chromosomen das Zentromer mit einem der Telomere zusammenfällt. Telozentrische Chromosomen haben keinen kurzen Arm, sie kommen bei vielen Spezies nicht vor.

Bereits in den 1960iger Jahren wurde angenommen, dass sich unterschiedliche Nukleotidzusammensetzungen in einem Chromosom möglicherweise durch Färbungen sichtbar machen lassen könnten. Die zunächst verwendeten Fluoreszenzfarbstoffe Quinacrin, später auch DAPI (= 4′,6-Diamidino-2-Phenylindol), zeigen eine recht einheitliche Färbung entlang der gesamten Chromosomen (◘ Abb. 4.3a). Das erlaubte die eindeutige Identifizierung aller 23 Chromosomenpaare des Menschen und stellt den Beginn der **Zytogenetik** des Menschen dar, mit deren Hilfe chromosomale Aberrationen diagnostiziert werden können (s. ▶ Abschn. 13.2).

Durch speziellere Färbemethoden, z. B. mit **Giemsa**, konnten unterschiedlich stark angefärbte Regionen entlang der mitotischen Chromosomen sichtbar gemacht werden,

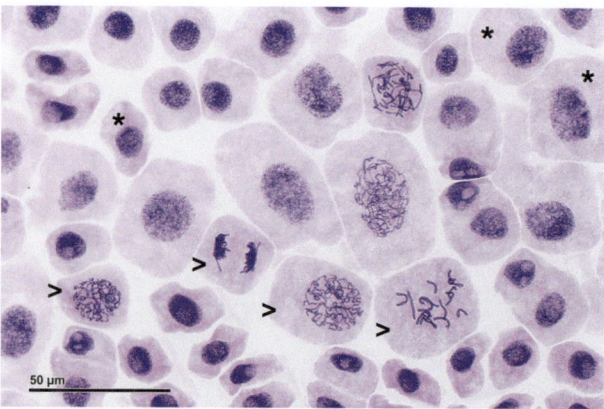

◘ **Abb. 4.1** Zellen in der Interphase und der Mitose aus der Wurzelspitze der Zwiebel. In der Interphase (*) ist das Chromatin im Zellkern aufgelockert, einzelne Chromosomen sind nicht zu erkennen. Erst in der Mitose (>) werden die Chromosomen als distinkte Strukturen sichtbar. (Nach Reischig, Wikimedia Commons: ▶ https://commons.wikimedia.org/wiki/File:Mitosis_(261_15)_Pressed;_root_meristem_of_onion.jpg)

4.1 · Organisation des Chromatins zu verschiedenen Phasen des Zellzyklus

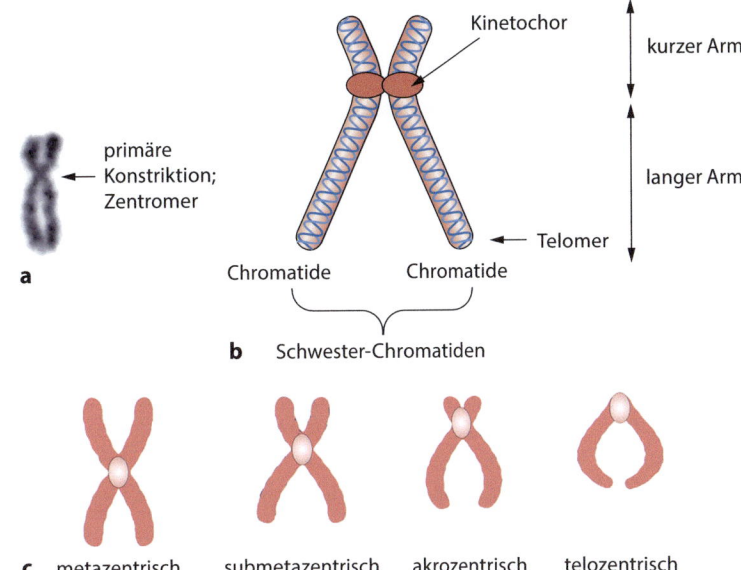

Abb. 4.2 Darstellung von Metaphase-Chromosomen. **a** Lichtmikroskopische Aufnahme eines Metaphase-Chromosoms des Menschen, gefärbt mit Giemsa. Die Zentromeren-Region ist im Lichtmikroskop als primäre Konstriktion (Einschnürung) sichtbar. **b** Am Zentromer bildet sich das Kinetochor, ein Multiproteinkomplex, an dem die Spindelfasern ansetzen, um die Chromatiden in der Anaphase zu trennen. In diesem Stadium sind die Schwesterchromatiden nur noch in der Zentromerenregion miteinander verbunden. **c** Die Chromosomen werden je nach Lage des Zentromers/Kinetochors benannt

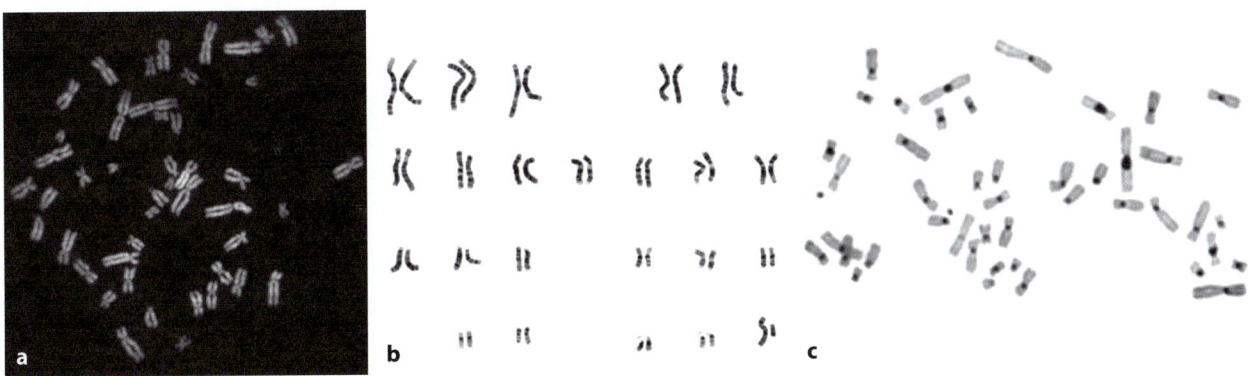

Abb. 4.3 Verschiedene Färbemethoden lassen unterschiedliche Chromatinbereiche an menschlichen Metaphase-Chromosomen erkennen. **a** Metaphase-Chromosomen eines Fibroblasten, mit DAPI gefärbt, wodurch die DNA sichtbar wird. **b** Giemsa-Färbung von Chromosomen nach vorheriger Behandlung mit Trypsin. Deutlich ist eine Bänderung von stark und schwach gefärbten Regionen zu erkennen (= G-Banden). **c** Giemsa-Färbung von Chromosomen nach vorheriger Behandlung mit saurer und alkalischer Lösung. Nur das sehr stark kondensierte Heterochromatin in der Zentromerenregion wird angefärbt (= C-Banden). (**a** nach Wikimedia Commons: Attribution-Share Alike 3.0 Unported license. **b** Moore und Best 2001, mit freundlicher Genehmigung, **c** nach Wikimedia Commons: ▶ https://commons.wikimedia.org/wiki/File:C-banding.gif CC Attribution-Share Alike 4.0 International license)

was auf unterschiedliche Zusammensetzung des Chromatins zurückgeführt wurde. Nach Vorbehandlung mit dem Protein-spaltenden Enzym Trypsin wird ein sehr deutliches Bandenmuster sichtbar, die sog. **G-Banden**. Die dazwischenliegenden, weniger stark gefärbten Bereiche bezeichnet man als R (von: *reverse*)-Banden (◘ Abb. 4.3b). Die stärker gefärbten G-Banden sind vorwiegend Gen-arm, hier befindet sich hauptsächlich das stärker kondensierte **Heterochromatin** (der Begriff wurde 1928 von Emil Heitz geprägt), während **R-Banden** überdurchschnittlich viele Gene enthalten und als **Euchromatin** bezeichnet werden. Besonders stark kondensierte heterochromatische Bereiche befinden sich vor allem in der Nähe der Zentromeren (konstitutives Heterochromatin). Ausschließlich diese Bereiche werden durch Giemsa nach Vorbehandlung der Chromosomen mit saurer und basischer Lösung sichtbar (= **C-Banden**), während das übrige Chromatin nur wenig gefärbt wird (◘ Abb. 4.3c).

Die molekularen Mechanismen, die zur schrittweisen Verpackung und Verkürzung (**Kompaktierung, Kondensierung**) der DNA im Chromatin führen, sind immer noch nicht vollständig verstanden, auch wenn hochauflösende Mikroskopie und andere Methoden in den letzten Jahren große Fortschritte in unserem Verständnis der Chromatinorganisation *in-vivo* gebracht haben (und weiterhin bringen). Kompaktierung führt zu einem Verpackungsverhältnis der DNA in einem Metaphase-Chromosom von ~10.000 (Verpackungsverhältnis = Verhältnis der Länge der ausgestreckten DNA: Länge der DNA im verpackten Zustand).

4.1.1.2 Kompaktierung des Chromatins

Der erste, am besten untersuchte Schritt der Chromatin-Kondensierung während der Mitose und auch im Interphase-Zellkern ist durch zahlreiche Beispiele belegt und mit Hilfe unterschiedlicher Methoden aufgeklärt worden. Hierbei bilden 8 **Histonproteine**, das sind je 2 Moleküle Histon H3, H4, H2A und H2B einen Proteinkomplex, das **Histon-Oktamer**. Allerdings gibt es für jedes dieser Histone mehrere Varianten, so dass es nicht das Histon-Oktamer gibt. Diese Varianten haben Einfluss auf die Struktur des Chromatins (bzw. seine Transkriptionsaktivität).

Das Histon-Oktamer wird von einem 146 bp langen DNA-Abschnitt umwickelt, was 1,7 Windungen entspricht (◘ Abb. 4.4a; s. auch ◘ Abb. 4.19b). Die so gebildeten Strukturen, die **Nukleosomen**, sind die fundamentalen Einheiten des Chromatins, die voneinander durch kurze DNA-Abschnitte von 10–80 bp Länge, den sog. „spacer", getrennt werden. Sie bilden einen **Chromatinfaden mit einem Durchmesser von 11 nm**. Das bedeutet ein Verpackungsverhältnis von ~7 (7 mm DNA/mm Chromatinfaden). Durch Assoziation weiterer Proteine, u. a. Histon H1, wird der Chromatinfaden zu unregelmäßigen „Clutches" (engl. *clutch* = Haufen) variabler Größe weiter verkürzt (◘ Abb. 4.4a, b).

Histone sind kleine Proteine mit überwiegend basischen, und somit positiv geladenen Aminosäuren, die an die negativ geladene DNA binden. Evolutionär betrachtet sind Histone sehr alte Proteine, die zu den am stärksten konservierten Proteinen gehören. Sie bestehen aus einer zentralen globulären Domäne und einem freien N-terminalen Ende, das durch verschiedene chemische Modifikationen reversibel modifiziert werden kann (s. ▶ Abschn. 4.2.2.1). Dadurch kann die Chromatinstruktur vielfältig verändert werden, was u. a. bei der Verpackung der DNA (s. u.) und bei der Transkriptionsregulation (▶ Abschn. 10.2.2.2) eine wichtige Rolle spielt.

Die die Histone kodierenden Gene liegen in Clustern im Genom vor, wobei diese bei Säugern und Vögeln im Genom verstreut vorkommen. Jedes Cluster enthält Gene für alle 5 Histone. Histongene besitzen keine Introns und die von ihnen kodierten mRNAs werden nicht polyadenyliert (s. ▶ Abschn. 9.1.3.2) (das gilt allerdings nur für die Histone, die bei der Verdopplung der Chromosomen in der S-Phase benötigt werden).

4.1.1.3 Das „Loop-Extrusion" Modell

Die Kompaktierung des Chromatins durch Histone verkürzt zwar die DNA, aber das allein ist nicht ausreichend, um die DNA in den Chromosomen „unterzubringen". Die weitere Verkürzung der DNA wird heute am besten durch das „Loop-Extrusion Modell" erklärt. Dabei sind **Condensine** beteiligt, die – ähnlich wie Cohesine (s. ▶ Abschn. 3.4.3) – aus SMC- (*Structural Maintenance of Chromosomes*)- und weiteren Proteinen aufgebaute Proteinkomplexe sind (◘ Abb. 4.6).

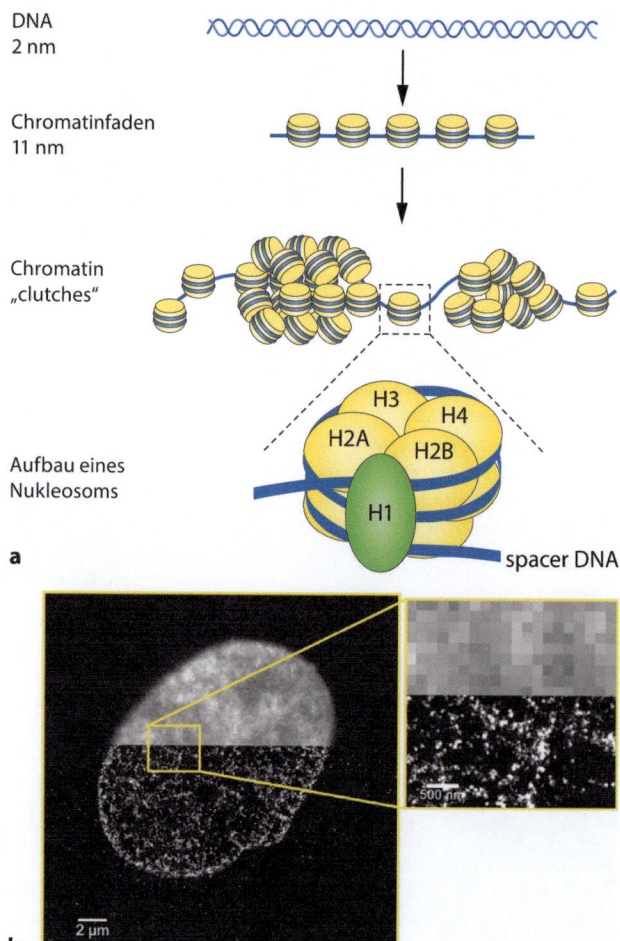

◘ **Abb. 4.4** Chromatin-Kompaktierung. **a** Im ersten Schritt erfolgt die Verpackung zum Chromatinfaden mit 11 nm Durchmesser. Dabei werden je 146 bp der DNA (blau) um ein Histon-Oktamer (gelb) gewunden. Die Nukleosomen sind durch „spacer"-DNA miteinander verbunden. Der Chromatinfaden bildet Haufen (clutches) unterschiedlicher Größe, die durch Chromatinfäden voneinander getrennt sind. Die Bildung dieser clutches wird durch verschiedene Histon- und DNA-Modifikationen reguliert. Die vergrößerte schematische Darstellung eines Nukleosoms zeigt den Aufbau eines Histon-Oktamers (gelb), das aus je zwei Molekülen Histon H2A, H2B, H3 und H4 besteht und von 146 bp DNA (blau) umwunden wird. In diesem Fall ist zusätzlich ein Histon H1 assoziiert. Die DNA-Doppelhelix ohne Nukleosomen enthält 3 Mio. Nukleotide/mm, durch Assoziation mit Histonoktameren wird sie auf 20 Mio. Nukleotide/mm komprimiert, mit zusätzlich Histon H1 auf 120 Mio. Nukleotide/mm. **b** Bild eines Fibroblasten Zellkerns mit der Verteilung von Histon H2B. Die obere Hälfte wurde mit konventioneller Fluoreszenz-Mikroskopie, die untere Hälfte mit hochauflösender Mikroskopie (STORM = Stochastic Optical Reconstruction Microscopy) erstellt. Eine stärkere Vergrößerung des Bereichs im gelben Rechteck zeigt die Nukleosomen-Haufen (Clutches). (**a** Nukleosom modifiziert aus Wikimedia Commons: ▶ https://commons.wikimedia.org/wiki/File:Nucleosome_organization.png CC Attribution-Share Alike 3.0 Unported license. **b** aus: Lakadamyali und Cosma 2015, Fig. 3, mit freundlicher Genehmigung)

4.1 · Organisation des Chromatins zu verschiedenen Phasen des Zellzyklus

Box 4.1 Chromatin = DNA plus Histone

Albrecht Kossel beschrieb nicht nur als Erster die chemischen Eigenschaften der DNA (damals noch „Nuklein" genannt, ein Begriff, der von Friedrich Miescher geprägt wurde; s. ▶ Abschn. 1.1), sondern er zeigte auch als Erster, dass Nuklein neben der DNA noch einen „eiweißartigen Körper" enthielt, den er **Histon** (gr. ἱστών; histōn, Gewebe) nannte, und wies die basischen Aminosäuren Arginin, Histidin und Lysin nach. In seiner Rede anlässlich der Verleihung des Nobelpreises 1910 beschrieb er Chromatin wie folgt: *„A composition of the chromatin substance of the cell nucleus from two components, the one rich in bound phosphoric acid and having the qualities of an acid; the second showing a protein with the qualities of a base".*

Das 20. Jahrhundert, beginnend mit der Wiederentdeckung der Mendel'schen Regeln (1900), der Entwicklung der Gentheorie durch T. H. Morgan (1910), der Beschreibung der DNA als das genetische Material durch O. Avery, C. MacLeod und M. McCarthy (1944) und seiner Struktur als Doppelhelix durch J. Watson und F. Crick (1953), um nur einige Meilensteine zu nennen, erlaubte den Aufstieg der Molekulargenetik, die sich auf die **Gene als Träger der Vererbung** konzentrierte. Den Histonen wurde zunächst „nur" eine Rolle bei der Verpackung der DNA zugewiesen.

Erst mit der Entwicklung der Röntgenbeugung (engl.: *X-ray scattering*), die die Aufklärung von Protein- und DNA-Strukturen ermöglichte, rückten Fragen zur Organisation des Chromatins in den Chromosomen wieder in den Fokus des Interesses. Die zunächst abgeleiteten Modelle schlugen eine superhelikale Struktur des Chromatins vor, aber erst verbesserte Elektronenmikroskope erlaubten eine andere Interpretation: Chromatin erschien wie eine Perlenkette (engl. *beads-on-a-string*), in der sich „nackte" DNA-Bereiche mit kompakteren Strukturen abwechselten (◘ Abb. 4.5). Letztere wurden zunächst „*ν*-bodies" genannt, da sie neu (*new*) waren und Nukleohiston repräsentierten (Olins und Olins 2003). Sie bekamen im Jahr 1975 den Namen **Nukleosomen**. Sie stellen die fundamentale Einheit des Chromatins dar. Heute weiß man, dass die Histone viel mehr als nur die Verpackung der DNA vermitteln und eine wichtige Rolle bei der Vererbung (s. ▶ Abschn. 4.2 „Epigenetik") und der Regulation der Transkription (▶ Abschn. 10.2.2) spielen.

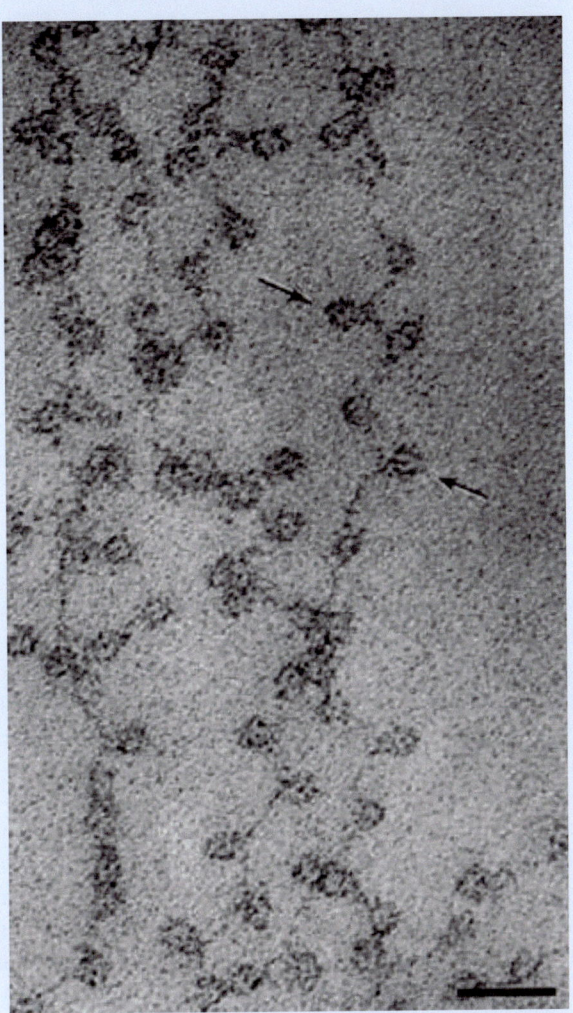

◘ **Abb. 4.5** Die Struktur von Chromatin. Elektronenmikroskopisches Bild nach Ausbreitung des Chromatins. Nukleosomen (Pfeile) erscheinen wie auf einer Perlenkette aufgereiht. Maßstab = 30 nm. (Nach Olins und Olins 2003, Fig. 3. mit freundlicher Genehmigung)

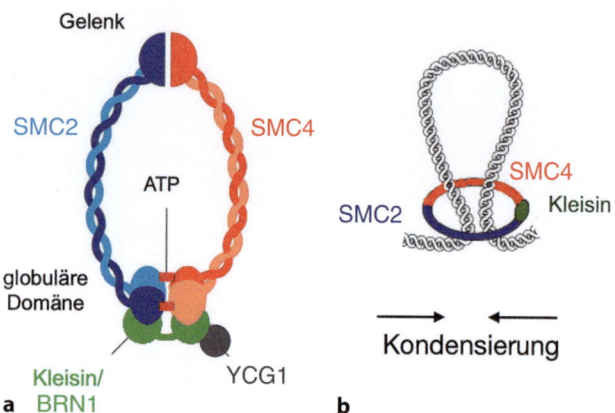

Abb. 4.6 Condensine erlauben die Ausbildung von Chromatinschleifen (a: Modifiziert aus Wikimedia Commons: ▶ https://commons.wikimedia.org/wiki/File:Cohesin_picture2.png; b: nach Bürmann 2015, Fig. 1, mit freundlicher Genehmigung)

Condensin I und II besitzen dieselben SMC-Proteine (SMC2 und SMC4), sie unterscheiden sich jedoch in dem Kleisin und den weiteren assoziierten Proteinen. Außerdem sind sie in unterschiedlichen Kompartimenten der Zelle lokalisiert: **Condensin II** befindet sich **im Zellkern**, **Condensin I im Zytoplasma**. In der Prophase der Mitose „wandert" Condensin II entlang des Chromatinfadens, der dabei symmetrisch durch die Ringstruktur „gezogen" wird. Auf diese Weise entstehen Chromatinschleifen (*loops*) unterschiedlicher Länge, was zu einer **Verkürzung der Chromatiden** führt (Abb. 4.6b und 4.7). Nach Auflösung der Kernhülle erhält Condensin I Zugang zum Chromatin, was zur Ausbildung weiterer „loops" und damit zu einer weiteren **Verkürzung der Chromatiden** führt (Abb. 4.7).

4.1.2 Das Chromatin in Chromosomen im Interphase-Zellkern

Auch im Interphase-Zellkern kann man **Heterochromatin**, also Gen-arme bzw. genetisch inaktive Chromosomenregionen, und **Euchromatin** – Gen-reiche bzw. genetisch aktive Chromosomenregionen – voneinander unterscheiden (Abb. 4.8). Genetisch aktive Regionen sind solche, bei denen die in der DNA verschlüsselte Information in einem Vorgang, genannt **Transkription**, „abgelesen" wird (s. ▶ Kap. 9). Man unterscheidet zwei Arten

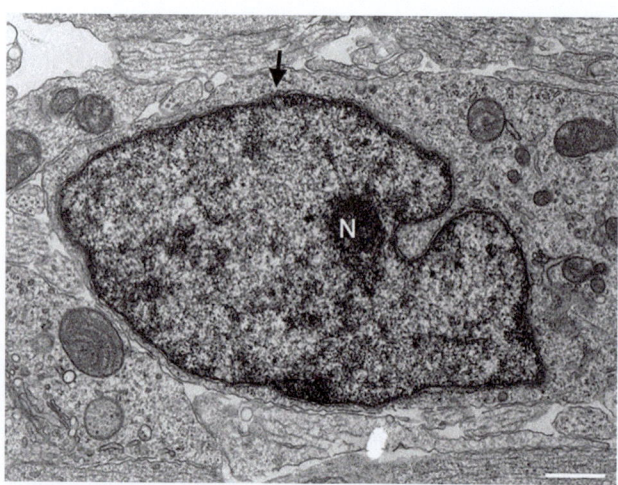

Abb. 4.8 Eu- und Heterochromatin im Interphase-Zellkern. Elektronenmikroskopisches Bild eines Zellkerns aus einer menschlichen Zelle. Deutlich sind Heterochromatin und Euchromatin als stärker bzw. weniger stark gefärbte Bereiche zu erkennen, wobei das Heterochromatin im Kernplasma verstreut und – angereichert – an der Kernhülle vorliegt. N: Nukleolus. Der Pfeil deutet auf eine Kernpore. Maßstab = 1 μm. (Bild von Michaela Wilsch-Bräuninger, MPI-CBG Dresden)

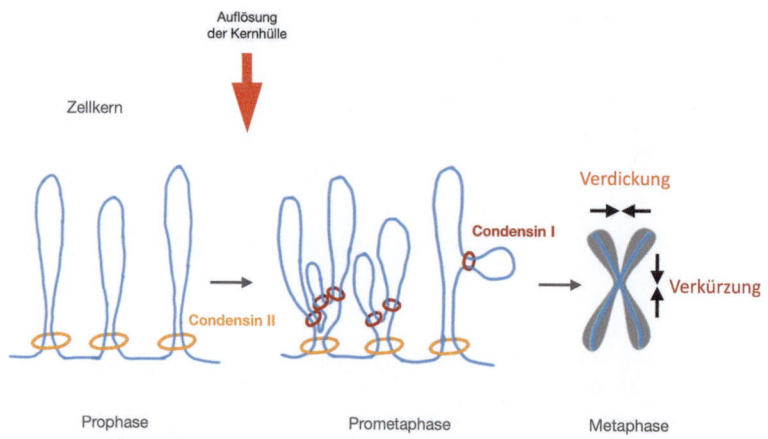

Abb. 4.7 Das „Loop-Extrusion" Modell. Während der Prophase induziert nukleäres Condensin II (gelb) die Ausbildung von Chromatinschleifen (blau), was zur Verkürzung der Chromatiden führt. Nach der Auflösung der Kernhülle erhält Condensin I (rot), das sich vorher nur im Zytoplasma befand, Zugang zum Chromatin. Durch Ausbildung zusätzlicher Schleifen kommt es zur weiteren Verdickung der Chromatiden. (Nach van Ruiten und Rowland 2018, Davidson und Peters 2021, mit freundlicher Genehmigung der Autoren)

4.1 · Organisation des Chromatins zu verschiedenen Phasen des Zellzyklus

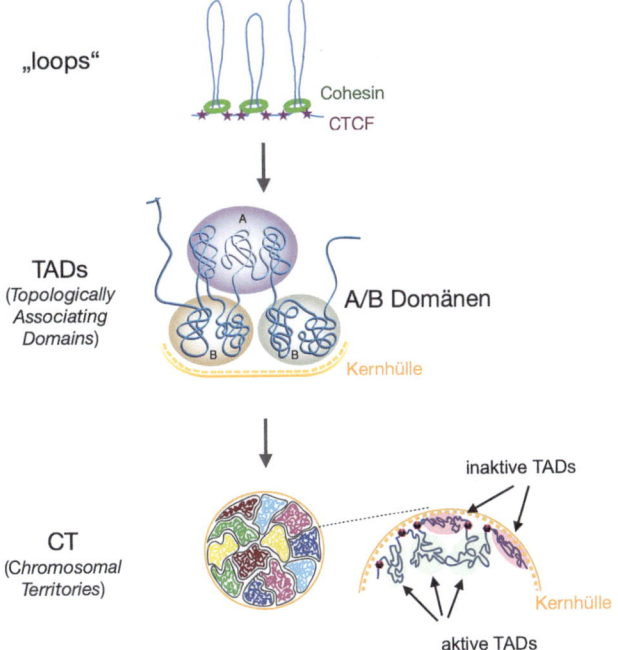

Abb. 4.9 Vereinfachte Darstellung der schrittweisen Chromosomenkondensation im Interphase-Zellkern. Durch Cohesine (grüner Ring) wird der Chromatinfaden in Schleifen unterschiedlicher Länge gefaltet. Diese werden zu sog. TADs (topologically associating domains) organisiert, die durch CTCF, einem DNA-bindenden Protein (violetter Stern), getrennt sind und in denen mehrere Kilobasen DNA verpackt sind. Die TADs eines Chromosoms unterteilen sich in A/B Domänen: B-Domänen sind vorzugsweise an der Kernhülle lokalisiert, während A-Domänen eher im Inneren des Kerns zu finden sind. Die einzelnen Chromosomen nehmen distinkte Bereiche innerhalb des Zellkerns ein, die als Chromosomal Territories (CT) bezeichnet werden. („Loops" nach Davidson und Peters 2021, Fig. 1, „TADs": Creative Commons CC BY license, und „CT" nach Hansen et al. 2018, Fig. 1, und Matharu und Ahituv 2015, Fig. 1, mit freundlicher Genehmigung der Autoren) ▶

von Heterochromatin: 1. **konstitutives Heterochromatin** (s. ▶ Abschn. 4.2.2.3) ist immer genetisch inaktiv, man findet es vor allem an den Zentromeren (s. auch ◘ Abb. 4.3c) und den Telomeren; und 2. **fakultatives Heterochromatin**, das zu bestimmten Zeiten in den euchromatischen Zustand übergehen kann. Das im Interphase-Zellkern weniger stark kondensierte Euchromatin erleichtert Transkription, Replikation oder Reparatur der DNA.

4.1.2.1 Die 3D-Organisation des Zellkerns

Basierend auf verschiedenen Methoden sowie durch Computer-gestützte Modellierungen wird das „*loop extrusion*" Modell auch für die Kompaktierung des Chromatins im Interphase Zellkern favorisiert. Die ersten Schritte (Ausbildung der 11 nm Chromatinfibrille und der Chromatin-„Clutches") sind denen bei der Verpackung des Chromatins in der Mitose vergleichbar (◘ Abb. 4.4a), wobei im Interphase Zellkern jedoch **Cohesine** an der Ausbildung der Chromatinschleifen beteiligt sind (s. ◘ Abb. 3.13a) Da-

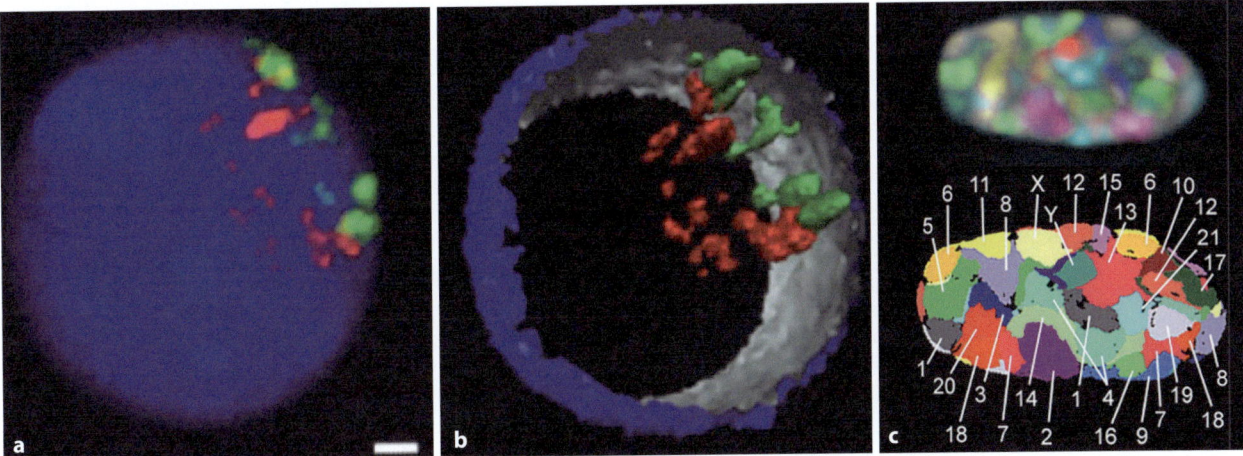

Abb. 4.10 Chromosomenterritorien in menschlichen Zellkernen. **a** Fluoreszenz in-situ Hybridisierung (FISH; s. ▶ Box 4.2) an einem menschlichen Lymphozyten-Zellkern. Die verwendeten Sonden, die von unterschiedlichen Bereichen von Chromosom 12 stammten, wurden mit verschiedenen Fluoreszenz-Farbstoffen markiert. Sie hybridisieren vorzugsweise an Gen-reichen (rot) bzw. Gen-armen (grün) Regionen. Maßstab = 2 µm; blau: DNA. **b** 3D-Rekonstruktion einer in-situ Hybridisierung desselben Zellkerns wie in (**a**). Gen-arme Regionen (grün) liegen vorzugsweise an der Peripherie. Ein Teil des Kernumrisses ist blau (außen) bzw. grau (innen) dargestellt. **c** Oben: Fluoreszenz in-situ Hybridisierung eines menschlichen Fibroblasten-Zellkerns in der Interphase. Es kamen farblich unterschiedlich markierte Sonden zum Einsatz. Alle Chromosomen (1–22, X und Y) sind gezeigt. Unten: Falschfarben-Darstellung aller Chromosomenterritorien, die in der gezeigten Fokusebene sichtbar sind. In den meisten Zellen befinden sich homologe Chromosomenpaare im selben Territorium, Ausnahmen in dieser Abbildung bilden die Chromosomen 1, 6, 7, 8, 12 und 18. Hier nehmen die homologen Chromosomen jeweils unterschiedliche Territorien im Zellkern ein, d. h. Flecken gleicher Farbe treten in diesen Fällen zweimal auf. (**a**, **b** nach Küpper et al. 2007, **c** WikimediaCommons: ▶ https://commons.wikimedia.org/wiki/File:PLoSBiol3.5.Fig1bNucleus46Chromosomes.jpg, Creative Commons Attribution 2.5 Generic license, mit freundlicher Genehmigung der Autoren)

durch wird das Chromatin immer dichter „gepackt", kondensiert. Eine Schleife wird beendet, wenn Cohesin auf CTCF (*CCCTC-binding factor*), ein an vielen Stellen an die DNA gebundenes Protein, trifft (◉ Abb. 4.9).

Durch Interaktionen zwischen den im Interphase-Zellkern gebildeten „loops" kommt es zur Ausbildung von definierten chromosomalen Kompartimenten, den **TADs** (*Topologically Associating Domains*). Auf diese Weise werden Chromatinregionen gebildet, die sog. A und B Domänen (◉ Abb. 4.9), die mehrere Megabasen DNA enthalten können. A-Domänen enthalten überwiegend Euchromatin, sind also genetisch aktiver als die heterochromatischen B-Domänen. Die Grenzen zwischen den TADs werden durch CTCF bestimmt. Durch die Schleifenbildung ist es möglich, dass zwei DNA-Bereiche, die mehrere hundert Kilobasen voneinander entfernt sind, innerhalb eines TADs in enge Nachbarschaft gelangen können, was auch eine wichtige Rolle bei der Regulation der Transkription spielt (s. ▶ Abschn. 10.2.2.2).

Bereits 1885 schlug Carl Rabl vor, dass sich die Chromosomen im Interphase-Zellkern nicht wie gekochte Spaghetti in einem Topf durchmischen, sondern räumlich diskrete Bezirke besetzen. Theodor Boveri bezeichnete diese Bezirke 1909 als „Chromosomenterritorien" (engl.: *chromosomal territories*). Erst ein Jahrhundert später konnte die Existenz derartiger, voneinander abgetrennter Territorien durch Fluoreszenz *in-situ* Hybridisierung (FISH; Fluoreszenz in-situ Hybridisierung s. ▶ Box 4.2), Chromosome Conformation Capture Methoden ((CCC); s. ▶ Box 4.3) und partielle Laserbestrahlung von Zellkernen nachgewiesen werden. So wird deutlich, dass Gen-reiche Chromosomenregionen eher im Inneren des Zellkerns zu finden sind, Gen-arme Regionen vorzugsweise an der Peripherie (◉ Abb. 4.9 und ◉ Abb. 4.10a, b).

Unter Verwendung von insgesamt 24 Chromosomenspezifischen Sonden (1–22 Autosomen, plus X und Y-Chromosom) konnten auf diese Weise die Territorien aller Chromosomen in einem menschlichen Zellkern dar-

Box 4.2 FISH – Fluoreszenz in-situ Hybridisierung

In den 1990er Jahren wurde ein Verfahren zur genaueren Identifizierung von Chromosomen bzw. Chromosomenabschnitten entwickelt, die **Fluoreszenz in-situ Hybridisierung (FISH)**. Dabei werden mit Fluoreszenzfarbstoffen markierte DNA-Fragmente als sog. „Sonden" eingesetzt und mit der chromosomalen DNA, die vorher durch Erhitzen einzelsträngig gemacht wurde, *in situ* hybridisiert: Sonden-DNA (die im Überschuss vorliegt) und chromosomale DNA bilden aufgrund komplementärer Basenpaarung DNA-DNA-Hybride. Ist die DNA-Sequenz der Sonde komplementär zur DNA eines einzelnen Gens, kann die Hybridisierungsstelle im Mikroskop als Farbfleck auf den beiden Chromatiden eines Metaphase-Chromosoms erkannt werden (◉ Abb. 4.11a). Bei Verwendung eines Gemischs von Sonden, die komplementär zu vielen Sequenzen eines einzigen Chromosoms sind, wird nun das gesamte Chromosom (bzw. die beiden homologen Chromosomen) markiert = „*chromosome painting*". (◉ Abb. 4.11b)

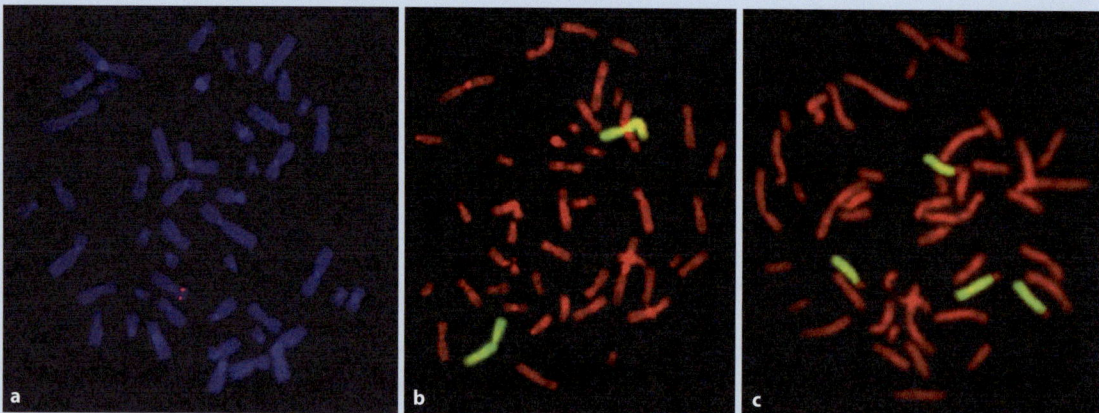

◉ **Abb. 4.11** FISH an menschlichenMetaphase-Chromosomen **a** Menschliche Metaphase-Chromosomen (männlicher Karyotyp) wurden mit einer genomischen Sequenz hybridisiert, die komplementär zum Gen *STK9* ist, das die Serin/Threonin Kinase 9 (STK9) kodiert. Zwei spezifische Hybridisierungssignale (rot) sind im kurzen Arm des X-Chromosoms zu sehen (es gibt nur ein X-Chromosom in männlichen Zellen, alle Chromosomen liegen als 2-Chromatid Chromosomen vor). DNA ist rot markiert. **b, c** In-situ-Hybridisierung an Metaphase-Chromosomen des Menschen (b) und eines Orang-Utans mit fluoreszenzmarkierter DNA von Chromosom 2 des Menschen: in der menschlichen Metaphase erkennt man wie erwartet zwei markierte Chromosomen, in der Metaphase des Orang Utans vier. Im Verlauf der Evolution ist das menschliche Chromosom 2 durch Fusion zweier Vorläufer-Chromosomen entstanden, vermutlich nach der Abspaltung der menschlichen und der Schimpansen-Linie von ihrem letzten gemeinsamen Vorfahren. (**a** Bild von Vera Kalscheuer, Berlin, **b, c** aus Wikimedia Commons: ▶ https://commons.wikimedia.org/wiki/File:Chr2_orang_human.jpg, Creative Commons Attribution-Share Alike 2.5 Generic license)

4.1 · Organisation des Chromatins zu verschiedenen Phasen des Zellzyklus

---

> **Box 4.3 Chromosome Conformation Capture**
>
> Die *Chromosome Conformation Capture* (abgekürzt 3C) Methode, die erstmals 2002 beschrieben wurde (Dekker et al., 2002), erlaubt es, die 3-dimensionale Organisation und somit auch nachbarschaftliche Verhältnisse im Chromatin eines Zellkerns nachzuweisen. Seitdem wurde diese Methode immer weiterentwickelt und ermöglicht es, Kontakte zwischen DNA-Bereichen, die hunderte Kilobasen voneinander entfernt oder sogar auf unterschiedlichen Chromosomen liegen, aufzuspüren. Der Ausgangspunkt dieser Methode (von denen hier nur einige vorgestellt werden) ist immer gleich (◘ Abb. 4.12): das Chromatin im Zellkern wird durch Formaldehyd quervernetzt (engl.: *crosslinking*), wobei benachbarte Chromatinproteine und DNA chemisch verbunden werden. Anschließend wird die extrahierte DNA durch ein ausgewähltes Restriktionsenzym geschnitten. Behandlung mit Ligase (s. ▶ Abschn. 3.3) unter geeigneten Bedingungen führt zu Ausbildung intramolekularer Schleifen, wodurch die DNA unterschiedlicher Regionen (rot/blau bzw. rot/grün) verbunden werden. Zum Nachweis der Verbindungen können unterschiedliche Methoden Verwendung finden (◘ Abb. 4.12).
>
> **▪▪ 3C**
>
> *Chromosome Conformation Capture* (3C) untersucht die Interaktion **zweier bekannter DNA-Bereiche** (rot und blau). Die durch Ligase geformte Schleife wird durch PCR (*polymerase chain reaction*; Polymerasekettenreaktion. s. ▶ Abschn. 12.4.2) vervielfacht (amplifiziert). Nur „Hybrid"-Fragmente, bestehend aus roten und blauen Bereichen, können amplifiziert werden.
>
> **▪▪ 4C**
>
> *Circular Chromosome Conformation Capture* (4C) ermöglicht es, enge Kontakte **zwischen einer bekannten DNA-Sequenz** (rot) **und ihren unbekannten Interaktionspartnern** (einer davon grün) nachzuweisen. Die ersten Schritte folgen denen für die 3C Methode beschriebenen. Nach der Bildung der Schleife durch Ligase wird das Fragment durch eine weitere Behandlung mit einer anderen Restriktionsendonuklease verkürzt und mit sich selbst zu einem Ring ligiert. Das unbekannte Fragment kann nun amplifiziert („inverse" PCR) und sequenziert werden.
>
> **▪▪ Hi-C**
>
> *High-Throughput Capture* (Hi-C) kombiniert 3C mit Hochdurchsatzsequenzierung. Dadurch können sehr viele Kontakte **zwischen unbekannten Chromatinbereichen** (hellgrün, dunkelgrün), die auf demselben, aber auch auf unterschiedlichen Chromosomen liegen können, ermittelt werden. Auch hier erfolgen die Schritte wie unter der 3C Methode beschrieben. Nach der Verkürzung der quervernetzten Fragmente werden die Enden mit Biotin-markierten dNTPs (Desoxyribonukleotide, die mit Biotin = Vitamin B7 markiert sind) aufgefüllt und ligiert. Biotin an den nicht ligierten Enden wird entfernt und die quervernetzte, Biotin-markierte DNA wird durch mechanische Behandlung (Scherung) in kleine Fragmente zerlegt. Anschließend wird zu den Hybridfragmenten Streptavidin (Y in der Abbildung), einem aus Bakterien gewonnenen Protein, das an Biotin bindet, gegeben. Das ermöglicht die Anreicherung (Präzipitation) der Biotin-markierten Hybridfragmente. An den Enden werden nun kurze DNA-Sequenzen (Sequenzier-Adapter) angefügt, und anschließend wird die Sequenz aller Hybridfragmente durch Hochdurchsatzsequenzierung ermittelt.

---

gestellt werden (◘ Abb. 4.10c). Bis auf einige Ausnahmen liegen die meisten Chromosomen in unmittelbarer Nachbarschaft zu ihrem jeweils homologen Partner. Die Anordnung der Chromosomenterritorien im Zellkern ist sehr dynamisch: sie hängt vom jeweiligen Zelltyp, vom Differenzierungsstatus der Zelle oder auch von der Form des Zellkerns ab.

4.1.2.2 Polytänchromosomen in der Interphase

Eine besondere Organisation des Chromatins in der Interphase einiger Zelltypen stellen die **Riesenchromosomen** oder **Polytänchromosomen** dar. Diese entstehen durch **Endozyklen**, stark verkürzte Zellzyklen, in denen viele Male G1- und S- durchlaufen wird, wahrscheinlich ohne G2-, sicher ohne M-Phase. In der S-Phase werden die Chromatiden verdoppelt, aber nicht getrennt (s. ▶ Abschn. 3.6.2 und ◘ Abb. 3.18d). Nach mehreren Verdopplungen besteht ein Chromosom dann aus 2, 4, 8, 16 etc. Chromatiden. **Polytänchromosomen** kommen bei Dipteren (zweiflügelige Insekten, ◘ Abb. 4.13), Collembolen (Springschwänze), bei einigen Angiospermen (Blütenpflanzen) und im Makronukleus von Ziliaten (Wimperntierchen) vor. In den larvalen Speicheldrüsenzellen von *Drosophila melanogaster* erreicht der Polytäniegrad 1024 Chromatiden pro Chromosom oder 2048 Chromatiden in beiden gepaarten Homologen, wobei die Zelle weiterhin diploid (2n) ist. Bei Chironomiden (Zuckmücken) kann diese Zahl auf 16.000 steigen. Man muss jedoch hinzufügen, dass die Polytänisierung nur für den euchromatischen Teil der Chromosomen gilt.

Polytänchromosomen sind, verglichen mit Chromosomen in einer normalen diploiden Zelle, riesig (daher auch der Name Riesenchromosomen), sie können

Abb. 4.12 Darstellung der Chromosome Capture Methoden, beispielhaft für 3C, 4C und Hi-C. (Nach Osborne et al. 2011)

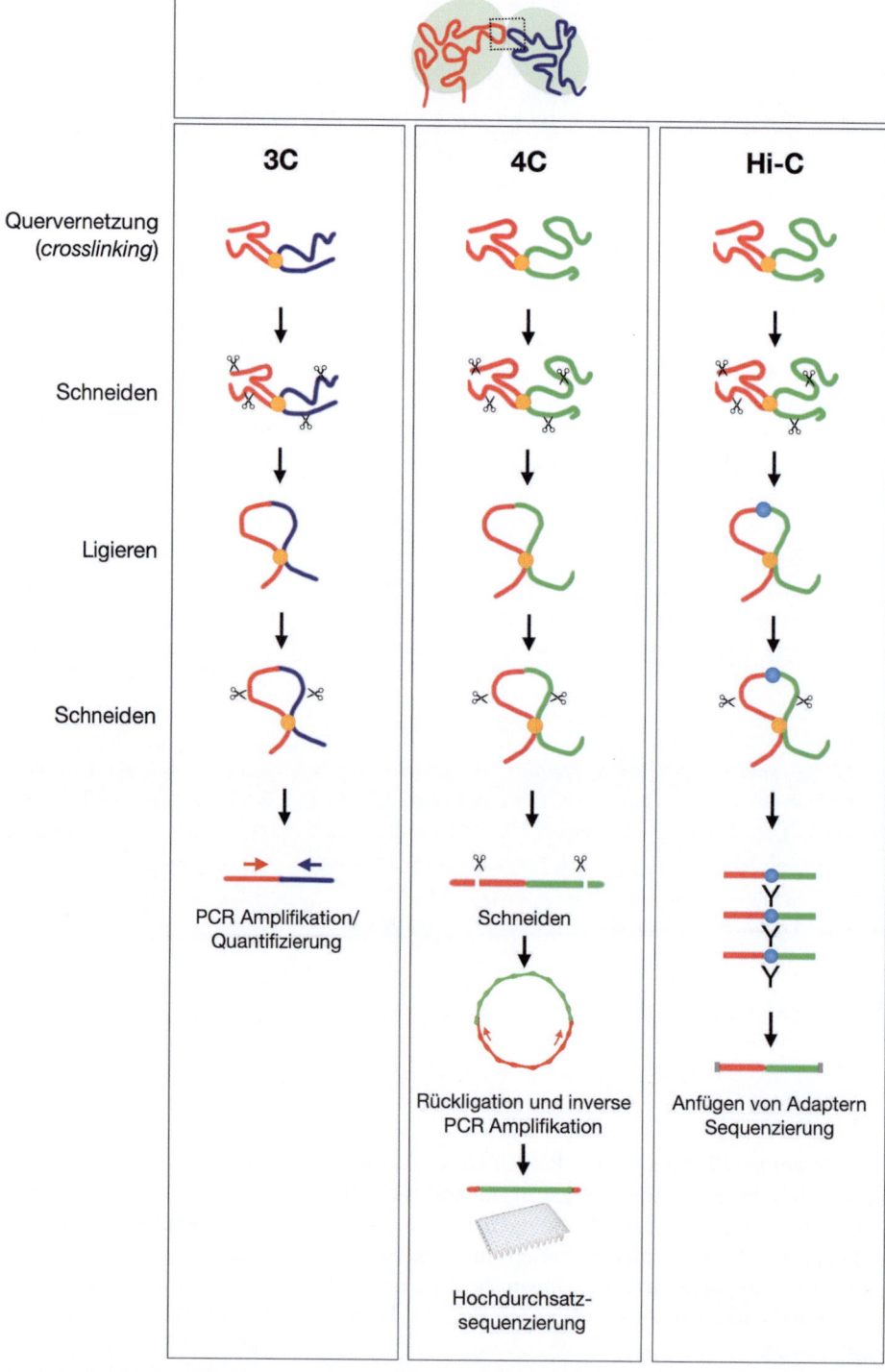

70–110mal länger als Chromosomen in einer normalen Metaphase sein (s. kleine Abbildung in Abb. 4.13). Sie wurden erstmalig 1881 in den Speicheldrüsenzellen von *Chironomus*- (Zuckmücken-) Larven von Edouard-Gérard Balbiani beschrieben, der sie als „Kernschleifen" bezeichnete. Erst 1933 wurde die Chromosomennatur dieser „Kernschleifen" an den Zellen der Malpighischen Gefäße von *Bibio* (Haarmücken) durch Emil Heitz und Hans Bauer, und im selben Jahr durch Theophilus Painter an den Speicheldrüsenzellen von *Drosophila* erkannt.

Wenn man im Lichtmikroskop den Polytän-Chromosomensatz aus einem Zellkern der Speicheldrüse einer *Drosophila melanogaster* Larve betrachtet (Abb. 4.13), sieht man fünf lange und einen kurzen Arm: die rechten und linken Arme der Chromosomen 2 und 3, einen Arm

4.1 · Organisation des Chromatins zu verschiedenen Phasen des Zellzyklus

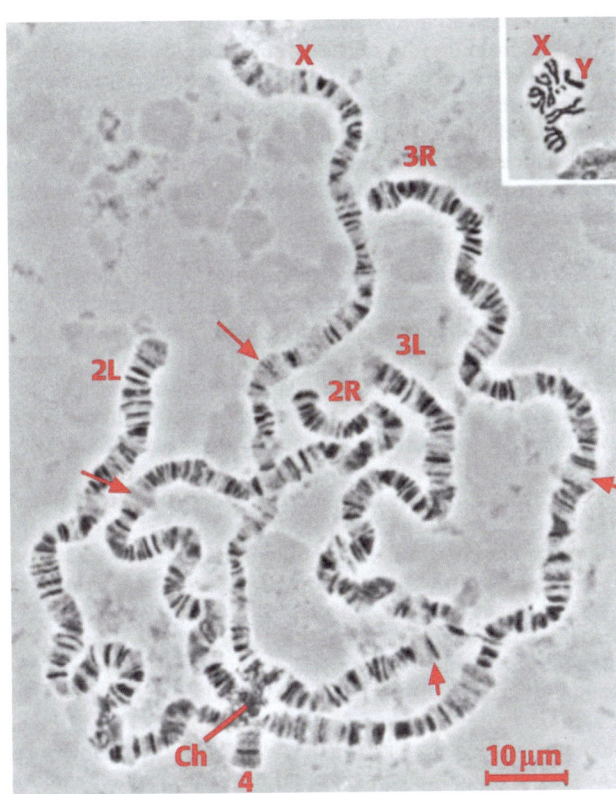

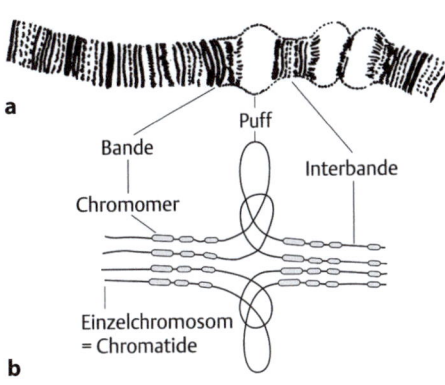

Abb. 4.15 Aufbau eines Polytänchromosoms. Diese Chromosomen bestehen aus vielen parallel angeordneten Chromatiden, wodurch ein konstantes Bandenmuster entsteht. Puffs sind besonders große, dekondensierte Chromosomenbereiche. **a** Zeichnung nach mikroskopischem Bild. **b** Interpretation mit nur 4 Chromatiden und je einigen Banden links und rechts vom Puff

Abb. 4.13 Polytänchromosomensatz von *Drosophila melanogaster*. Speicheldrüsenchromosomen mit Bandenmuster aus einer männlichen Wildtyplarve. Das Y-Chromosom ist zusammen mit allen Zentromeren im Chromozentrum (Ch) integriert. Die Pfeile markieren Puffs in unterschiedlichen Chromosomen. X, 2, 3, 4 = Bezeichnungen der vier Chromosomen, L, R = linker, rechter Arm des Chromosoms. Teilabbildung oben rechts: Metaphase aus dem Gehirn einer männlichen Larve (mit X- und Y-Chromosom) bei gleicher Vergrößerung (Bild von Günter Korge, Berlin)

des akrozentrischen X-Chromosoms sowie das sehr kurze 4. Chromosom.

Alle Chromosomen sind über das **Chromozentrum**, in dem die Zentromer-nahen unterreplizierten, heterochromatischen Abschnitte aller Chromosomen und das gesamte heterochromatische Y-Chromosom (im Falle einer männlichen Larve) liegen, miteinander verbunden. Der Chromosomensatz sieht haploid aus, weil die Homologen gepaart sind, so dass jedes der vier Chromosomen (X, 2., 3. und 4. Chromosom) nur je einmal sichtbar ist. Auffällig ist das **Bandenmuster** entlang der Chromosomen, bei dem sich stärker gefärbte **Banden** mit schwächer angefärbten **Interbanden** abwechseln. Dieses manifestiert die parallele

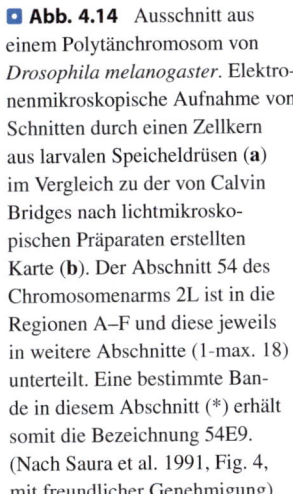

Abb. 4.14 Ausschnitt aus einem Polytänchromosom von *Drosophila melanogaster*. Elektronenmikroskopische Aufnahme von Schnitten durch einen Zellkern aus larvalen Speicheldrüsen (**a**) im Vergleich zu der von Calvin Bridges nach lichtmikroskopischen Präparaten erstellten Karte (**b**). Der Abschnitt 54 des Chromosomenarms 2L ist in die Regionen A–F und diese jeweils in weitere Abschnitte (1-max. 18) unterteilt. Eine bestimmte Bande in diesem Abschnitt (*) erhält somit die Bezeichnung 54E9. (Nach Saura et al. 1991, Fig. 4, mit freundlicher Genehmigung)

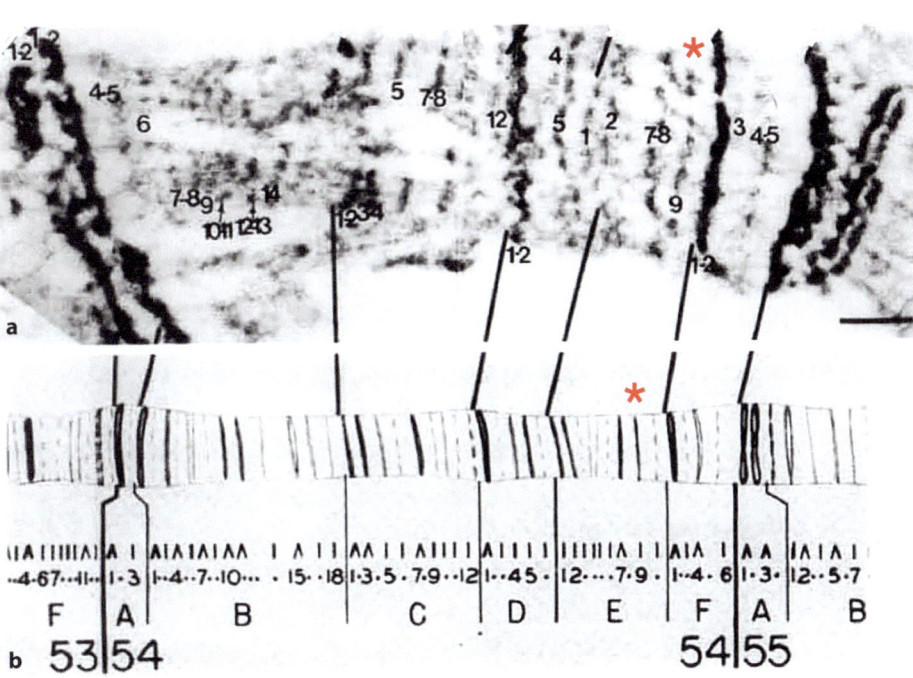

Box 4.4 Molekulare Organisation von Polytänchromosomen

Die Banden der Polytänchromosomen können bis zu 600 kb DNA enthalten, was einem Verpackungsgrad von 150–200 entspricht (Verpackungsgrad = Verhältnis der Länge der ausgestreckten DNA : Länge der DNA im verpackten Zustand). Schwach gefärbte, graue Banden sind durch aufgelockertes Chromatin mit einem Verpackungsgrad der DNA von 5–12 charakterisiert. Die unterschiedlich stark gefärbten Banden unterscheiden sich darüber hinaus im Zeitpunkt ihrer Replikation: DNA in stark gefärbten Banden wird spät in der S-Phase, die in schwach gefärbten Banden früh in der S-Phase repliziert.

Die Sequenzierung des *Drosophila* Genoms und die Kenntnis molekularer Marker und deren Lokalisation aus dem ENCODE Projekt (s. ▶ Box 2.1) ermöglichen einen detaillierten Einblick in die molekulare Organisation von Polytänchromosomen und ihrer genetischen Aktivität, was am Beispiel des Abschnitts zwischen den Banden 10A1–2 und 10B1–2 dargestellt ist (◘ Abb. 4.16). Im Elektronenmikroskop zeigt dieser Bereich alternierende dünne Banden und Interbanden (◘ Abb. 4.16b). Verwendung von Banden- bzw. Interbanden-spezifischen Markern bestätigt das zytologische Bild. Ferner konnten durch Marker, die die 5′-Enden von Genen erkennen, gezeigt werden, dass diese in den meisten Fällen in Interbanden (türkise Boxen in ◘ Abb. 4.16c) liegen, während die kodierenden Abschnitte der Gene überwiegend in den grauen Banden lokalisiert waren (blaue Boxen in ◘ Abb. 4.16c). Bei diesen Genen handelt es sich um sog. „housekeeping" Gene, also Gene, die in fast allen Zellen ständig aktiv sind und die basalen Funktionen aller Zellen aufrechterhalten, z. B. den Zellzyklus, die Zellteilung, die Replikation oder den Metabolismus. Im Gegensatz dazu liegen in den stark gefärbten Banden überwiegend Gene, die nur in bestimmten Zelltypen aktiv sind, etwa das in der Bande 10A1–2 liegende Gen *vermillion* (*v*), das während des larvalen Wachstums den Gehalt an freiem Tryptophan in der Hämolymphe kontrolliert und im adulten Auge für die Synthese von Ommochrom (braunes Pigment) benötigt wird.

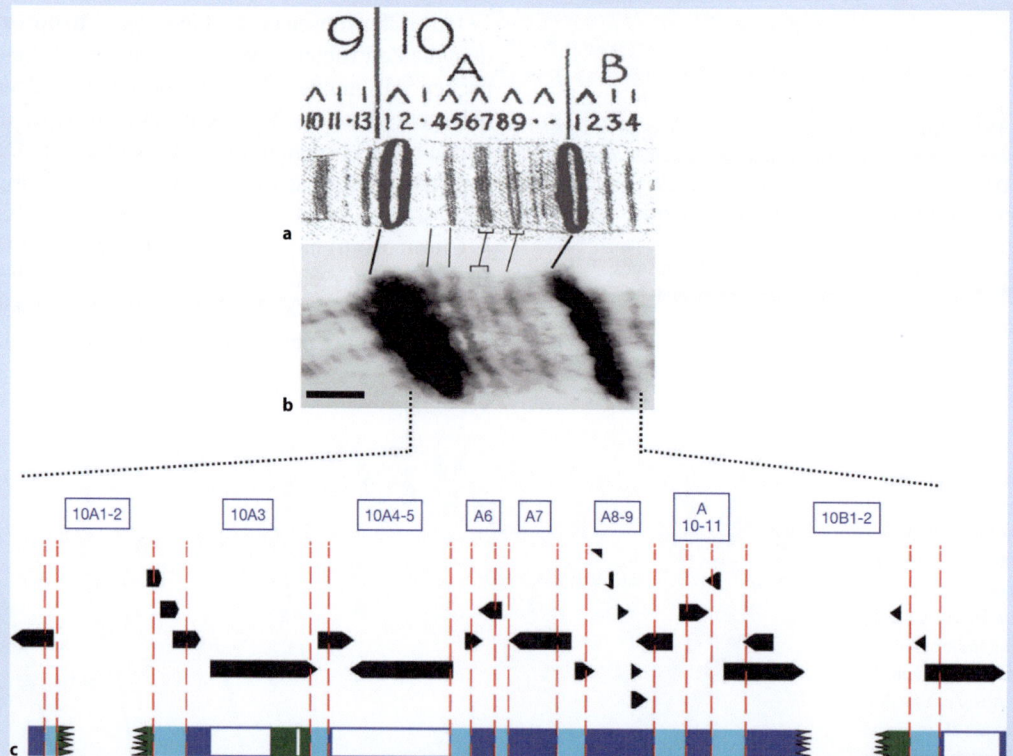

◘ **Abb. 4.16** Molekulare Organisation der Banden-/Interbanden. **a** Der Abschnitt 9F13 bis 10B1–2 aus der von Bridges erstellten Karte des X-Chromosoms. **b** Elektronenmikroskopische Aufnahme der entsprechenden Region. Maßstab = 1,5 μm. **c** Molekulare Organisation der entsprechenden Region. Vertikale rot gestrichelte Linien markieren die Grenzen zwischen Interbanden und Banden, die Namen der Banden sind in den Boxen angegeben. Der Beginn der schwarzen Pfeile markiert das 5′-Ende, die Pfeilspitze das 3′-Ende der in dieser Region liegenden Gene, bei denen es sich um sog. „housekeeping" Gene handelt. Die Ausdehnung der stark gefärbten Banden 10A1–2 und 10B1–2 sind nur durch gezackte Linien angegeben, die in diesen Regionen liegenden, meist Zelltyp-spezifisch exprimierten Gene sind nicht angegeben. Die farbigen Boxen unten markieren die Position von spezifischen Markern entlang der DNA: türkis: Promotorbereich, blau: transkribierte Region, grün: nicht näher spezifizierte Region. Molekulare Details zu den weißen Regionen lagen nicht vor. Die 5′-Enden der meisten Gene, einschließlich ihrer Promotoren, liegen in Interbanden. (Nach Zhimulev et al. 2014, Fig. 4 and 6, mit freundlicher Genehmigung)

Anordnung der verdoppelten Chromatiden. Die **Chromosomenkarten** für *Drosophila melanogaster*, die Calvin Bridges Mitte der 30er Jahre für alle *Drosophila* Chromosomen angefertigt hat, werden bis heute fast unverändert benutzt (◘ Abb. 4.14; s. auch ◘ Abb. 8.16).

Die Gesamtzahl der identifizierbaren Banden oder Interbanden von *Drosophila* wurde zunächst mit 5072 angegeben (Bridges, 1935), von denen aber ein hoher Anteil als Doppelbanden gezählt wurde. Neuere Ergebnisse, die eine weitere Einteilung von Banden in stark gefärbte und weniger stark gefärbte, also „graue" Banden, vornahmen, führen zu einer Anzahl der Banden von ca. 3500. Bei den Dipteren bilden nicht nur die Zellen der larvalen Speicheldrüsen (*Drosophila*) oder Borstenbildungszellen (*Calliphora*), sondern viele verschiedene larvale Zelltypen polytäne Chromosomen aus (im Gegensatz zu den meisten imaginalen Zellen, die nicht polytänisieren). Allerdings finden sich nur in wenigen Zelltypen zytologisch analysierbare Polytänchromosomen, die dann aber dasselbe Bandenmuster aufweisen.

Die unterschiedliche Dicke der Banden und Anfärbarkeit wird auf einen unterschiedlichen DNA-Gehalt bzw. eine unterschiedlich starke Kompaktion des Chromatins zurückgeführt (s. ▶ Box 4.4). Eine große Bedeutung hat das Bandenmuster der Polytänchromosomen für die Beschreibung von Chromosomenmutationen, z. B. Inversionen (s. ▶ Abschn. 8.6). So waren lange vor 1930 Chromosomen genetisch beschrieben worden, bei denen ein Teil der Genreihenfolge (Genkarte) invertiert, d. h. um 180° gedreht war (s. auch ▶ Abschn. 6.3.2). Es hat sich gezeigt, dass das Banden-/Interbanden-Muster konstant für ein bestimmtes Chromosom ist. Die Länge der DNA einer durchschnittlichen Bande in *Drosophila* Polytänchromosomen entspricht ca. 30 kb, die der kleinsten noch detektierbaren Bande 5 kb.

Werden die Chromatiden an bestimmten, DNA-reichen Bereichen entspiralisiert, entstehen zytologisch erkennbare Aufblähungen, die sog. **Puffs** (◘ Abb. 4.13, 4.15), in denen verstärkt Transkription stattfindet (s. ▶ Abschn. 10.1). Allerdings findet Transkription nicht nur in den Puffs, sondern auch an zytologisch unauffälligen Stellen statt. Ist die Polytänisierung abgeschlossen, verbleibt die Zelle im G0-Stadium des Zellzyklus, d. h. Polytänchromosomen sind transkriptionsaktive Interphase-Chromosomen.

4.2 Epigenetik und Epigenom

In der zweiten Hälfte des 20. Jahrhunderts konzentrierte sich die genetische Forschung auf die Aufklärung von Struktur und Funktion der DNA (s. ▶ Box 4.1), wobei sich der Schwerpunkt der Forschung auf die Mechanismen der Informationsübertragung von der DNA über die RNA zum Protein und ihre Regulation konzentrierte (s. ◘ Abb. 2.2). Auch wenn schon sehr früh die Modifikation von Histonen und die Methylierung von Cytosin in der DNA nachgewiesen wurde, führte erst die Entwicklung neuer Methoden zur Aufdeckung ihrer besonderen Funktion bei der Organisation und Funktion des Chromatins, und somit zur Etablierung eines neuen Feldes, der Epigenetik.

4.2.1 Epigenetik

Es sollte noch fast 30 Jahre bis zur Bestätigung der von Vincent G. Allfrey und Kollegen gemachten Annahme dauern, um den Histonen einen zentralen Platz nicht nur bei der Verpackung des Chromatins, sondern auch bei der Regulation verschiedener Prozesse (u. a. Transkription, DNA-Reparatur) zuzuweisen. Der Weg dahin wurde auch durch mehrere Ergebnisse aus der Entwicklungsbiologie geebnet, von denen zwei hier vorgestellt werden:

1. Der Nachweis eines **Zellgedächtnis**, das es Zellen ermöglicht, ein einmal festgelegtes Zellschicksal über viele Zellgenerationen beizubehalten, selbst wenn sie sich an einer anderen Stelle im Organismus als der, an der sie sich normalerweise entwickeln, befinden.
2. Der Nachweis, dass ein mutanter Phänotyp nicht nur durch eine Veränderung in der DNA (Mutation) ausgelöst werden kann, sondern auch durch eine veränderte Position des Wildtyp-Gens im Genom: **Positionseffekt-Variegation**.

4.2.1.1 Das „Gedächtnis" von Zellen

Vielzellige Organismen entwickeln sich aus der befruchteten Eizelle, die sich teilt und aus deren Nachkommen alle Zellen eines Organismus entstehen. Diese haben somit alle dieselbe genetische Information. Und doch entwickeln sich ganz unterschiedliche Zellen – Nervenzellen, Muskelzellen, Hautzellen und andere Zelltypen. Dies wird dadurch ermöglicht, dass jede Zelle nur einen Teil ihrer genetischen Information abruft. Das heißt, Zellen können sich durch die Expression verschiedener Gene unterscheiden, wofür spezifische Signale verantwortlich sein können. Einmal aktiviert, bleiben diese unterschiedlichen genetischen Programme häufig in allen Nachkommen aktiv, selbst lange nachdem die anfänglichen Signale, die zu ihrer Aktivierung geführt haben, abgeschaltet sind. Zellen haben also ein „**Zellgedächtnis**", das den einmal erworbenen Aktivitätszustand aufrechterhält, selbst dann, wenn sich die Zelle noch sehr häufig teilt. Das heißt etwa, dass die Nachkommen einer Leberzelle wiederum Leber-spezifische Gene an-, und viele andere Gene ausgeschaltet haben. Somit stellte sich die Frage: Wird die Aufrechterhaltung eines Zellschicksals durch ein intrinsisches Programm, ein Zellgedächtnis, kontrolliert, oder sind es Signale aus der Umgebung, die eine Zelle veranlassen, dasselbe Schicksal wie ihre Nachbarn zu übernehmen und beizubehalten?

Der Nachweis, dass Zellen in der Tat ein „Gedächtnis" haben, wurde in den 1960er und 1970er Jahren von Ernst Hadorn und seinen Mitarbeitern, in Anlehnung an Experimente von George Beadle und Boris Ephrussi, durch

Transplantationen von **Imaginalscheiben von *Drosophila*** erbracht (◌ Abb. 4.17). Imaginalscheiben sind Gruppen von Zellen, aus denen sich die äußeren Strukturen der adulten Fliege, wie Beine, Flügel, Augen, entwickeln. Sie werden bereits früh im Embryo auf ein bestimmtes Entwicklungsschicksal, etwa Bein oder Flügel, festgelegt. Aber erst während der pupalen Entwicklung wird dieses früh festgelegte Schicksal verwirklicht, und die Imaginalscheiben differenzieren Bein- oder Flügelstrukturen. Hadorn und Mitarbeiter isolierten larvale Augen-Antennen-Imaginalscheiben (die normalerweise die Augen, die Antennen und Teile des Kopfes bilden) und transplantierten sie in das Abdomen einer Empfängerlarve. Nach Verpuppung und Metamorphose der Empfängerlarve befand sich im Abdomen der Fliege ein adulter Kopf. Diese Experimente zeigten in eindrucksvoller Weise das Vorhandensein eines zellulären Gedächtnisses, das es ermöglicht, selbst an einem fremden Ort (dem Abdomen der Larve) das einmal festgelegte Zellschicksal über einen langen Zeitraum beizubehalten.

Wie aber wird über einen so langen Zeitraum sichergestellt, dass die Zellen des Transplantats ihre ursprüngliche Identität behalten? Mit anderen Worten, was ist die molekulare Grundlage für dieses Gedächtnis, das ein im Embryo aktiviertes genetisches Programm über einen so langen Zeitraum und selbst in fremder Umgebung aufrechterhält?

4.2.1.2 Positionseffekt Variegation

Im Jahr 1930 veröffentlichte H. J. Muller, der Entdecker der mutagenen Wirkung von Röntgenstrahlen, eine Arbeit, in der er zeigte, dass die Umordnung von Chromosomenabschnitten (Translokationen, Inversionen; s. ▶ Abschn. 6.3) zu phänotypischen Veränderungen führen kann, selbst wenn kein offensichtlicher Verlust von genetischem Material vorlag. Einige dieser Mutanten zeichneten sich durch rot-weiß „gesprenkelte" (engl. *mottled*) Augen aus (◌ Abb. 4.18a, c). Der Phänotyp kann am besten mit „Scheckung" beschrieben werden, ausgelöst durch das Nebeneinanderliegen von wildtypischen (roten) und mutanten (weißen) Bereichen. Man bezeichnet dieses Phänomen daher auch als **Positionseffekt-Scheckung/Variegation** (*position effect variegation*, **PEV**). Häufig wurden Chromosomenumlagerungen als neue Allele eines Gens beschrieben, das von der Umlagerung betroffen ist. Anhand von Chromosomenumlagerungen, die den *white*-Lokus betragen, wurde in den folgenden Jahrzehnten klar, dass diese Scheckung dann beobachtet wurde, wenn der *white*-Lokus, der sich an der Spitze des X-Chromosoms befindet, in die Nachbarschaft von Heterochromatin gelangte.

Bei der Inversion $In(1)w^{m4}$ (◌ Abb. 4.18a, b) liegt ein Bruch zwischen w und dem Telomer, der andere im Zentromer-nahen Heterochromatin. Dadurch gelangt das w^+-Allel in die Nähe einer heterochromatischen Umgebung. Das Ergebnis ist ein Männchen mit gescheckten Augen, mit kleinen Gruppen roter, also wildtypischer, hellroter und farbloser Ommatidien (**Pfeffer-und-Salz-Muster**) ($In(1)w^{m4}/w$-Weibchen zeigen denselben Phänotyp). Bei der Duplikation $Dp(1;3)N^{264-58}$ ist ein kleines Stück eines X-Chromosoms mit dem w^+-Allel (und einigen anderen Genen) dupliziert und in das Heterochromatin des Chromosoms 3 transloziert (◌ Abb. 4.18c, d). Der Effekt ist ebenfalls eine Scheckung des Auges, bei der sich jedoch große **Sektoren** mit aktivem w^+ und mehr oder weniger inaktivem w^+ abwechseln. PEV-induziertes *transcriptional gene silencing* (**TGS**) findet früh in der Entwicklung statt und wird durch die Mitosen vererbt. Die im adulten Auge beobachtete Scheckung des Auges, in dem die Farbe der einzelnen Ommatidien von dunkelrot (Wildtyp) über hellrot und blassrot bis zu weiß reicht, ist auf eine unterschiedlich starke Reduktion der Transkription von *white* durch das benachbarte Heterochromatin zurückzuführen.

Dass es sich tatsächlich um Wildtypallele handelt, deren Funktion beeinträchtigt ist, deren DNA aber nicht verändert ist, wurde durch unterschiedliche Ergebnisse bekräftigt:

1. Rückmutationen, bei denen z. B. eine Inversion durch entsprechende Brüche wieder rückgängig gemacht wurde (fast perfekte Reinversionen von $In(1)rst^3$ durch Grüneberg 1937 und Novitski 1961), oder Crossover-Rekombination, bei der das w^+-Allel aus seiner heterochromatischen Umgebung entfernt wurde und wieder normal funktionierte, stellten die normale Funktion des w-Gens wieder her.
2. Einfluss der Temperatur auf den Grad der Variegation: Aufzucht der Fliegen bei 29 °C statt bei 25 °C unterdrückt die Variegation und zeigt normale w^+-Aktivität, eine Reduktion der Temperatur auf 18 °C erhöht die Variegation, führt also zu einem stärkeren *transcriptional gene silencing*.
3. Die Gesamtmenge an Heterochromatin in einer Zelle: In Fliegen mit einem zusätzlichen Y-Chromosom (XXY-Weibchen oder XYY-Männchen) wird Variegation unterdrückt, während in Männchen ohne Y-Chromosom (X/0-Männchen) Variegation verstärkt wird. Aus diesen Beobachtungen wurde geschlossen, dass die für die Bildung des Heterochromatins benötigte Proteinmenge in einer Zelle begrenzt ist. So wird z. B. bei Anwesenheit eines zusätzlichen Y-Chromosoms, das zu einem großen Teil heterochromatisch ist, mehr Heterochromatin benötigt, das dann an anderer Stelle nicht mehr zur Verfügung steht.

Die eingeschränkte Funktion (in dem Beispiel hier des *white*-Gens) wird also durch die Nähe zum Heterochromatin bewirkt. Man kann an Polytänchromosomen sehen, dass euchromatische Banden in der Nähe des Bruchpunkts heterochromatisch werden. Der Grad dieser Heterochromatisierung kann von Zelle zu Zelle variieren, so dass z. B. in den Zellen einer Speicheldrüse die Anzahl der davon betroffenen Banden und Interbanden unterschiedlich sein kann. Das bedeutet, dass der Effekt des Heterochromatins auf die Aktivität benachbarter Gene graduell ist (***spreading effect***) (◌ Abb. 4.18b, d farbige Pfeilköpfe). Es gibt in un-

4.2 · Epigenetik und Epigenom

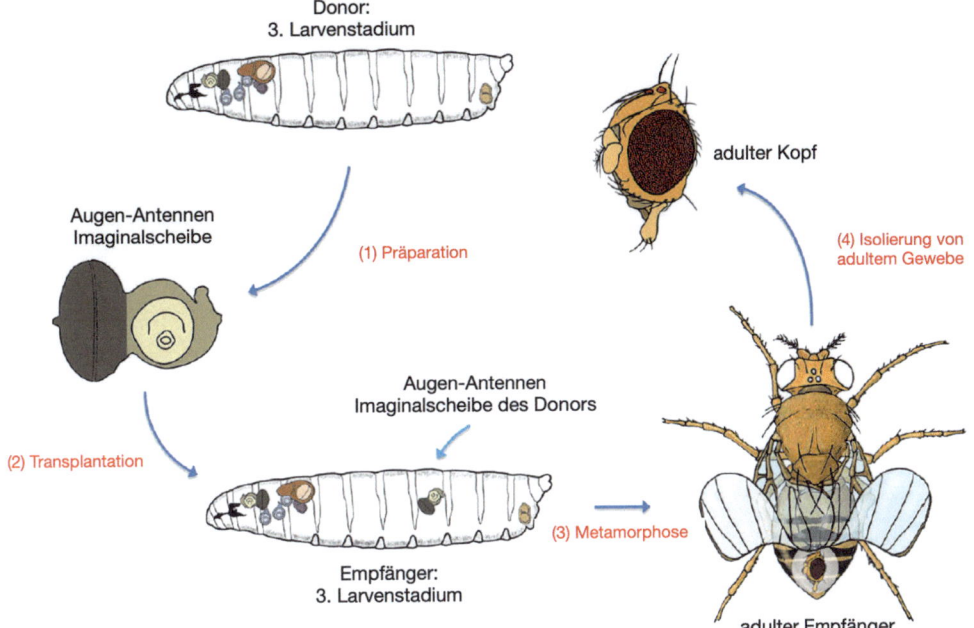

◘ **Abb. 4.17** Transplantation von Imaginalscheiben von *Drosophila melanogaster*. In diesem Beispiel wurde eine Augen-Antennen-Imaginalscheibe aus einer Donor-Larve im 3. Larvenstadium präpariert und in das Abdomen einer Empfängerlarve transplantiert. Die Frage war: behält sie ihre ursprüngliche Identität (Auge/Antenne) bei, oder nimmt sie eine „abdominale Identität" an? Nachdem sich die Empfängerlarve verpuppt hat und die Metamorphose durchlaufen wurde, befand sich im Abdomen der Fliege ein halber Kopf mit Auge und Antenne! Das bedeutet, dass die Zellen der transplantierten Imaginalscheibe ihre Identität über eine lange Zeit und an einem „falschen" Ort beibehalten haben. (Nach Weasner und Kumar 2022, Fig. 3 modifiziert, mit freundlicher Genehmigung)

mittelbarer Nähe des *white*-Gens einige Gene, die mutante Augenphänotypen haben können: *roughest* (*rst*) und *facet* (*fa*) betreffen die Anordnung der Ommatidien. Wenn sie ebenfalls in die Nähe von Heterochromatin gelangen, kann man beobachten, dass z. B. zunächst rst^+ und dann erst w^+ unter den Einfluss des Heterochromatins gelangt und inaktiviert wird. In diesem Fall zeigen Ommatidienbereiche mit nichtfunktionierendem w^+ auch keine normale Ommatidienanordnung.

Eine weitere Bestätigung dafür, dass in den gescheckten Augen das *white* Gen intakt ist, lieferte die Beobachtung, dass der PEV-Phänotyp von z. B. In(1)w^{m4} durch Mutationen in anderen Genen verstärkt oder abgeschwächt werden kann. Solche Mutationen werden als *Enhancer of Variegation*, *E(var)*, oder *Suppressor of Variegation*, *Su(var)*, bezeichnet (◘ Abb. 4.18e, f). In verschiedenen genetischen Screens wurden ca. 150 Loci identifiziert, die, wenn mutant, Variegation von *w* verstärken oder unterdrücken können, ohne dass die chromosomale Aberration, die ursprünglich zur PEV führte, verändert ist. Die meisten dieser Mutationen sind dominant, d. h., bereits eine mutante Kopie verstärkt oder unterdrückt die Variegation (◘ Abb. 4.18e, f). Wie sich später herausstellte, kodieren die meisten der etwa 30 genauer untersuchten *Drosophila* Gene, die Variegation beeinflussen, für Proteine, die andere Proteine, u. a. auch Histone, chemisch modifizieren können (◘ Abb. 4.19) – ein weiterer Hinweis auf eine bedeutende Rolle der Chromatinproteine.

Alle diese Ergebnisse ließen den Schluss zu, dass ein mutanter Phänotyp nicht nur durch eine Mutation in der DNA erzeugt werden kann, sondern auch durch **Änderung des Aktivitätszustands eines (weiterhin wildtypischen) Gens**. Der Aktivitätszustand kann dann, wie bei der Transplantation von Imaginalscheiben gezeigt (◘ Abb. 4.17), von einer Zelle auf ihre Tochterzellen vererbt werden. Diese Form der Informationsweitergabe wurde unter dem Begriff **Epigenetik** (von gr. ἐπί, *epi* „dazu, außerdem") zusammengefasst, also „zusätzlich zur Genetik". Die Inaktivierung des X-Chromosoms in weiblichen Säugern war eines der ersten Beispiele für epigenetische Vererbung (s. ▶ Abschn. 11.2.1).

> Die Epigenetik untersucht die Mechanismen, die zur Veränderung/zum Verlust der Genfunktion führen, ohne dass eine Mutation in diesem Gen vorliegt. Diese Veränderungen beruhen auf der Änderung des Aktivitätszustands des Gens, und können durch Mitose oder Meiose vererbt werden. Epigenetische Vererbung ist somit nicht auf Veränderungen in der DNA-Sequenz (Mutation) zurückzuführen. Man spricht dann von einem Epiallel. Der epigenetische Zustand einer Zelle, das Epigenom, kann aber, anders als das durch die DNA-Sequenz festgelegte Genom, in einem Organismus von Zelle zu Zelle variieren und ist auch durch äußere Einflüsse veränderbar.

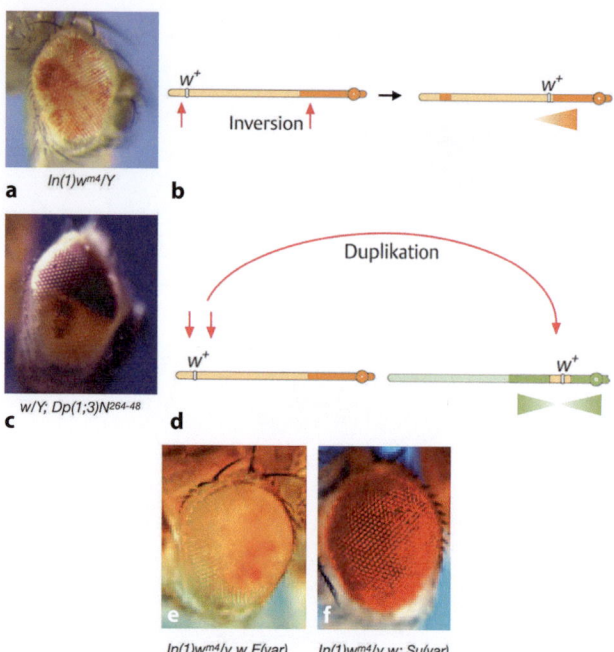

Abb. 4.18 Positionseffekt-Variegation (PEV) am Beispiel des *white*-Gens im *Drosophila* Auge. **a, b** Inversion *In(1)w^{m4}* des X-Chromosoms von *Drosophila*, durch die das w^+-Allel eine neue Position am Zentromer-nahen Heterochromatin erhält. Der Grad der Variegation variiert zwischen den Individuen. Die Region im Heterochromatin, in dessen Nachbarschaft das *white*-Gen gelangt ist, enthält in Tandem angeordnete Kopien von R1, einem nicht-LTR Retrotransposon (s. Tab. 2.4). **c, d** Ein kleiner Abschnitt des X-Chromosoms, der u. a. das w^+-Allel enthält, ist als Duplikation *Dp(1;3)N^{264-58}* in das Heterochromatin des Chromosomenarms 3L integriert. Senkrechte rote Pfeile in **b** und **d**: Bruchpunkte der Inversion/Duplikation. Dunkelgelb bzw. dunkelgrün: Heterochromatin; hellgelb bzw. hellgrün: Euchromatin. Waagerechte gelbe bzw. grüne Pfeilköpfe deuten den „spreading effect" an (s. Text). **e, f** Augen von *In(1)w^{m4}*-Weibchen, die auf dem anderen X-Chromosom eine Mutation tragen, die die Variegation verstärkt (**e**) oder unterdrückt (**f**), was zu weißen bzw. roten Augen führt. (**e, f** nach Grau et al. 2008, mit freundlicher Genehmigung)

Heute wissen wir, dass die Grundlage für epigenetische Vererbung im Wesentlichen auf zwei Mechanismen basiert: 1. Histon Modifikationen und 2. DNA-Methylierung.

Nimmt man die Arbeiten von Allfrey et al. (1964) zur chemischen Modifikation von Histonen als Ausgangspunkt, so kann man das Jahr 1964 als Beginn der Forschung zur Epigenetik betrachten. Im Vergleich zu der Zeit, die der Erforschung der Genetik bis heute zur Verfügung stand, ist das eine relativ kurze Periode. Deshalb bietet das Gebiet der Epigenetik noch kein so abgerundetes Bild wie das für viele Bereiche der Genetik heute zutrifft. Die an vielen Organismen, Entwicklungsstadien und Zelltypen gewonnen Ergebnisse weisen aber darauf hin, dass wir es hier mit einem sehr viel komplexeren Feld zu tun haben, das zurzeit nur wenige allgemein gültige Schlussfolgerungen erlaubt. Somit werden in den folgenden Kapiteln nur einige Aspekte anhand von Beispielen präsentiert.

4.2.2 Grundlagen der Epigenetik I: Der Histon-Code

Arbeiten zur Übersetzung der in der DNA kodierten Information hatten gezeigt, dass Transkription in der Regel nur dann erfolgte, wenn bestimmte Proteine, die sog. Transkriptionsfaktoren, an spezifische DNA-Sequenzen gebunden waren, nicht aber, wenn diese Bindung nicht stattfand. Im Gegensatz dazu wurde den ebenfalls an die DNA gebundenen Histonen selbst lange nach ihrer Entdeckung „nur" eine Rolle bei der Verpackung der DNA zugeschrieben. Diese Sicht änderte sich auch erst einmal nicht durch eine 1964 von Allfrey und Kollegen publizierte Arbeit, in der sie beschrieben, dass Histone im Zellkern acetyliert sein können, d. h., durch Anhängen einer Acetylgruppe modifiziert werden können und dass durch diese Acetylierung die Transkription verändert wird, wobei die Histone allerdings weiterhin an die DNA gebunden bleiben („*Yet, such modified histones are still strongly basic proteins which retain an affinity for DNA comparable to that of the parent histone from which they derive*". Allfrey et al., 1964). Das ließ vermuten, dass Histone ebenfalls eine Funktion bei der Regulation der Genaktivität ausüben, die reversibel ist (je nach Modifikation), die aber nicht mit einem Verlust ihrer DNA-Bindung einhergeht. Wie konnten diese Ergebnisse mit den bestehenden Modellen der Transkriptionsregulation durch Sequenz-spezifisch an die DNA bindende Transkriptionsfaktoren in Einklang gebracht werden?

4.2.2.1 Histon-Modifikationen sind reversibel

Heute kennt man eine Vielzahl von Protein-Modifikationen, die jeweils nur an bestimmten Aminosäuren erfolgen, von denen hier die wichtigsten vorgestellt werden: **Methylierung** (von Lysin und Arginin), **Acetylierung** (von Lysin) und **Phosphorylierung** (von Serin, Threonin und Tyrosin), die von Methyltransferasen, Acetylasen bzw. Kinasen katalysiert werden (Abb. 4.19a). Diese Modifikationen sind **reversibel**, was durch entsprechende Enzyme katalysiert wird: Demethylasen, Deacetylasen bzw. Phosphatasen. Bei der **Ubiquitinierung** wird ein aus nur 76 Aminosäuren bestehendes Protein, **Ubiquitin**, in mehreren Schritten durch Ubiquitin-Ligasen an eine Aminosäure (Lysin, Cystein, Serin und Threonin) oder den N-Terminus eines Proteins angehängt (s. Abb. 10.33).

An welchen Stellen werden Histone modifiziert? Und welche Rolle spielen Modifikationen? Röntgenstrukturanalysen von Nukleosomen zeigten, dass die N-Termini der Histone aus der kompakten Struktur des Nukleosoms herausragen (Abb. 4.19b), weshalb sie für modifizierende Enzyme zugänglich sind und deshalb vielfältig modifiziert werden können (Abb. 4.19c).

Die aus einem Nukleosom herausragenden amino-(N-)terminalen Enden der Histone besitzen mehrere Aminosäuren, die modifiziert werden können. Dies soll am Beispiel

4.2 · Epigenetik und Epigenom

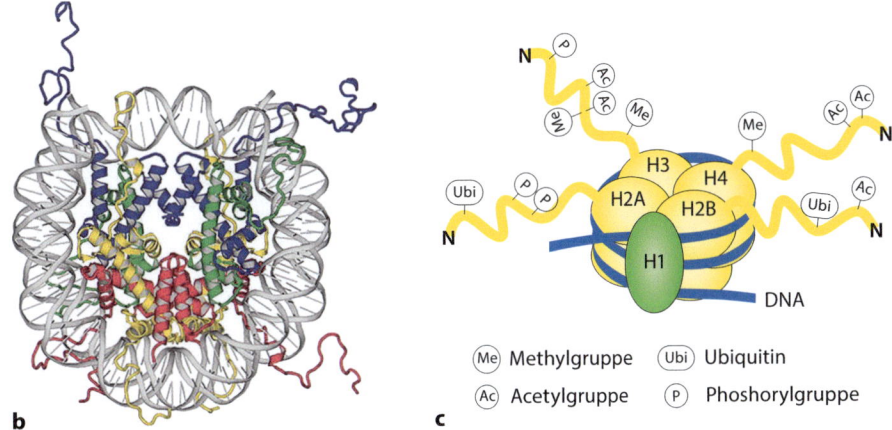

Abb. 4.19 Chemische Modifikation von Histonen. **a** Einige der häufigsten Histon-Modifikationen. Grün: Enzyme, die Modifikationen hinzufügen („Writers"); rot: Enzyme, die Modifikationen entfernen („Erasers"). **b** Struktur eines Nukleosoms (Aufsicht). Die 146 bp DNA (Doppelhelix, grau) ist um das Histon Oktamer gewunden. Die N-Termini der Histone H2A (gelb), H2B (rot), H3 (blau) und H4 (grün) ragen aus der kompakten Struktur heraus. **c** Schematische Darstellung eines Nukleosoms. Das Histon Oktamer wird von 146 bp DNA (blau) umwickelt. Die N-Termini der vier oberen Histone sind dargestellt. Sie können vielfältig modifiziert sein. (**b** aus Koyama und Kurumizaka 2018, Fig. 1, mit freundlicher Genehmigung, **c** modifiziert nach Wikimedia Commons: ▶ https://commons.wikimedia.org/wiki/File:Nucleosome_organization.png, Creative Commons Attribution-Share Alike 3.0 Unported license)

von **Histon H3** erläutert werden: sein N-terminus besitzt insgesamt 5 Lysine, die methyliert werden können (K4, K9, K27, K36, K79) wobei jeweils eine, zwei oder drei Methylgruppen angehängt werden können, ein Lysin (K9), das zusätzlich noch acetyliert werden kann und zwei Serine (S10, S28), die phosphoryliert werden können (Abb. 4.20a). Die Modifizierungen eines Proteins werden im Namen erkennbar: H3K36me3 kennzeichnet Histon H3, das am Lysin(K) an Position 36 dreifach methyliert (me3) ist. Die erwähnten Modifikationen können in unterschiedlichen Kombinationen auftreten.

Die an Modifikationen beteiligten Enzyme werden in zwei Gruppen eingeteilt: solche, die Modifikationen hinzufügen (die sog. „*Writer*"), und solche, die Modifikationen entfernen (sog. „*Eraser*"). *Writer* sind z. B. Methyltransferasen und Acetylasen, und *Eraser* sind entsprechend Demethylasen und Deacetylasen (Abb. 4.19a, 4.20b). Sowohl *Writer* als auch *Eraser* sind in der Regel Multiproteinkomplexe. Die Modifikation einer Aminosäure kann oftmals von mehr als einem *Writer* und mehr als einem *Eraser* katalysiert werden. So kann z. B. das Lysin 4 im Histon H3 (H3K4) des Menschen von 6 verschiedenen Methyltransferasen (*Writer*) bzw. von 6 verschiedenen Demethylasen (*Eraser*) modifiziert werden. Da alle acht Histone in jedem Nukleosom modifizierbare Aminosäuren besitzen, die vielfältig und in unterschiedlichen Kombinationen verändert werden können, wird deutlich, dass schon ein einziges Nukleosom in vielen verschiedenen **Varianten** auftreten kann. Das bedeutet, es gibt nicht das Nukleosom, sondern eine **Vielzahl von Nukleosomen-Varianten**, die alle die Chromatinstruktur und -funktion beeinflussen können.

Welche Konsequenzen haben aber Histon-Modifikationen für das Chromatin? Hierdurch werden sog. „**Histonmarkierungen**" (engl. *histone marks*) gesetzt, die von anderen Proteinen erkannt werden, die also Histonmarkierungen „lesen", weshalb man diese Proteingruppe „**Reader**" genannt hat. In vielen Fällen kann dieselbe Markierung von mehr als einem Reader gelesen werden (Abb. 4.20b). Bei der Erkennung der Markierungen spielen spezifische Protein-Domänen im Reader-Protein eine Rolle: So erkennt etwa die **Chromo-** (*chromatin organization modifier*)-**Domäne** methyliertes Lysin, die **Bromo-Domäne** acetyliertes Lysin (der Name geht auf das *Drosophila* Protein Brahma (Brm) zurück, in dem

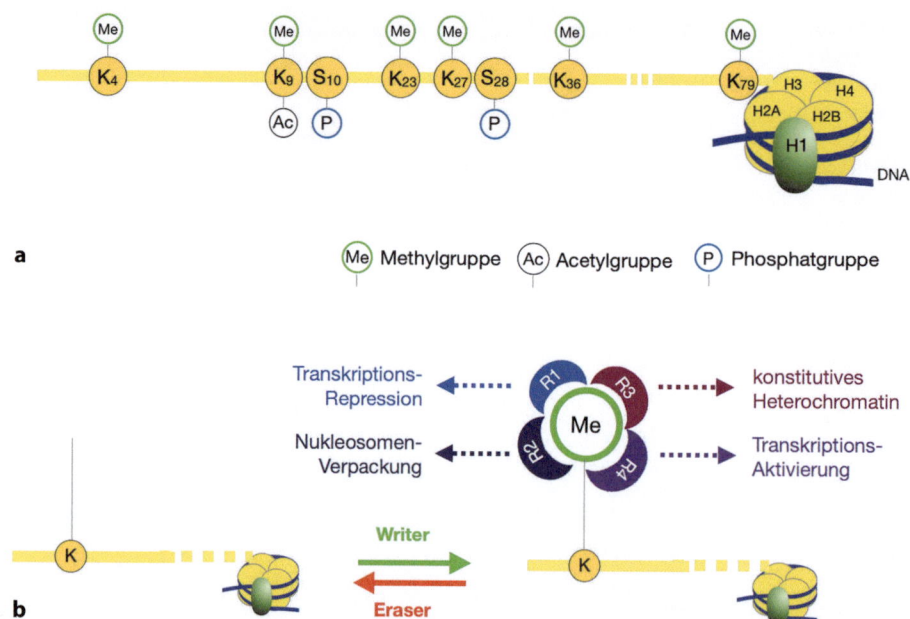

Abb. 4.20 Modifikationen N-terminaler Aminosäuren von Histon H3. **a** Schematische Darstellung eines Nukleosoms mit einem vergrößerten N-Terminus von Histon H3. Die wichtigsten methylierbaren Lysine (K) und phosphorylierbaren Serine (S) und ihre Positionen sind gezeigt. **b** Durch ein Enzym aus der „Writer" Familie, z. B. eine Methyltransferase (grün), wird ein Lysin (K) methyliert. Die Methylgruppe kann durch ein Enzym aus der Familie der „Eraser", eine Histon-Demethylase (rot) wieder entfernt werden. Die Methylgruppe kann spezifisch von Proteinen aus der „Reader" Familie erkannt werden. Verschiedene „Reader" (R1–R4) können, in Abhängigkeit vom Zelltyp, Entwicklungsstadium und weiteren Einflüssen, unterschiedliche Prozesse ermöglichen, z. B. Nukleosomen auflockern, Transkription reprimieren oder aktivieren, oder Heterochromatisierung veranlassen. Diese Prozesse können durch weitere Faktoren (nicht gezeigt) moduliert werden. Auch das unmethylierte Lysin kann von einem Reader erkannt werden. (**a** Nukleosom modifiziert nach Wikimedia Commons: ▶ https://commons.wikimedia.org/wiki/File:Nucleosome_organization.png, Creative Commons Attribution-Share Alike 3.0 Unported license)

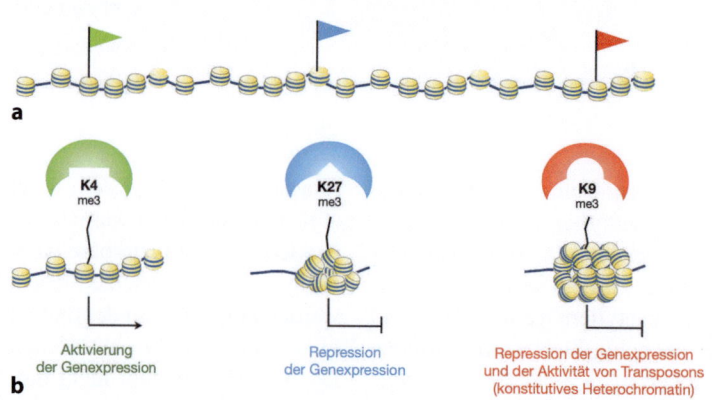

Abb. 4.21 Der Histon-Code bestimmt den Aktivitätszustand des Chromatins **a** Schematische Darstellung des Histon-Codes. Aus Gründen der Übersicht sind hier Modifikationen an nur drei Nukleosomen dargestellt, potentiell können alle Nukleosomen modifiziert sein, auch mehrfach. Die Fähnchen markieren exemplarisch verschieden modifizierte Chromatinbereiche. **b** Trimethylierung (me3) von Histon H3 an den Lysin (K)-Resten K4, K27 oder K9 kann zur Bindung unterschiedlicher Proteine führen und bestimmt dadurch den Zustand des jeweiligen Chromatinbereichs und somit seine Aktivität. Z. B. findet man Trimethylierung von Histon H3 an Lysin 4 (K4me3) sehr häufig in Promotorregionen von Genen. Trimethyliertes Lysin 27 (K27me3) ist mit der Ausbildung von fakultativem Heterochromatin assoziiert und spielt eine bedeutende Rolle bei der Repression von Genen während der Entwicklung. Trimethylierung von Histon H3 an Lysin 9 (K9me3) führt zur Ausbildung von konstitutivem, Transkriptions-inaktivem Heterochromatin

diese Domäne erstmals charakterisiert wurde). Beide Domänen sind im Tier- und Pflanzenreich sehr stark konserviert. Während Proteine mit Chromo-Domäne, z. B. HP1 (s. ◻ Abb. 4.22) oder Polycomb; (s. ▶ Abschn. 10.2.2.2) in der Regel Transkription reprimieren, da das Chromatin stärker kompaktiert wird, führt die Bindung von Proteinen mit Bromo-Domäne (z. B. Brahma) in der Regel zur Transkriptionsaktivierung, da das Chromatin aufgelockerter ist und somit die DNA zugänglich für die Transkriptionsmaschinerie ist.

Reader können auch selbst Enzyme sein (sie können sogar selbst *Writer* sein) oder können weitere Proteine rekrutieren, die dann andere, Chromatin-assoziierte Funktionen kontrollieren. Dadurch werden Ereignisse am Chromatin ermöglicht oder aber verhindert, etwa Transkription oder DNA-Reparatur. So markiert z. B. die Trimethylierung von Lysin 4 in Histon H3 (H3K4me3) sehr häufig den Transkriptionsstart eines Gens, während H3K27me3 häufig mit der Ausbildung von konstitutivem Heterochromatin (s. u.) in Verbindung steht (s. auch Abb. 14.9 zur Bestimmung von Bindungsstellen von Proteinen an DNA).

Die Vielzahl der unterschiedlichen Modifikationen eines jeden Nukleosoms plus die Vielzahl von Nukleosomen in einem Promotor oder Enhancer führt zu einer enormen Kombinatorik von Modifikationen und damit von Readern – und ist charakteristisch für den Aktivitätszustand eines Gens in einem bestimmten Zelltyp. Die Bedeutung der *Reader* wird dadurch hervorgehoben, dass Mutationen in den sie kodierenden Genen oder ihre Überexpression mit Defekten in der Entwicklung und mit der Entstehung von Krankheiten in Verbindung stehen.

4.2.2.2 Der Histon-Code

Histon-Modifikationen finden an sehr vielen Stellen im Chromatin statt, sie setzen entlang der Chromosomen „Markierungen". Die Bedeutung der Histon-Modifikationen wird in der sog. **Histon Code-Hypothese** formuliert (Strahl und Allis, 2000). Die Hypothese besagt, dass die Modifizierung von Histonen einen Code generiert, den sog. **epigenetischen Code**, der von anderen Proteinen gelesen werden kann und in einen bestimmten **Aktivitätszustand eines Chromatinabschnitts** übersetzt wird. Zum Vergleich: der genetische Code enthält die Anweisung, wie eine bestimmte Nukleotid-Sequenz in der DNA bzw. der mRNA in eine Proteinsequenz zu übersetzen ist. Der epigenetische Code enthält die Anweisung, wie Histon-Modifikationen – über die Verteilung von Writer/Reader/Eraser Proteinen – in die Organisation des Chromatins übersetzt wird, wodurch wiederum zahlreiche Prozesse kontrolliert werden (Abb. 4.21).

Die Summe aller Chromatin-Modifikationen (plus DNA-Modifikationen, s. ▶ Abschn. 4.2.3) definiert das **Epigenom** einer Zelle. Die Bedeutung des Epigenoms wird durch folgende Zahlen deutlich: das menschliche Genom in einer diploiden Zelle, also $6{,}2 \times 10^9$ Nukleotide, ist in ungefähr 30 Mio. Nukleosomen verpackt, und in jedem einzelnen Nukleosom können die 8 Histone mehrfach verschieden modifiziert sein. Das ermöglicht eine enorme Anzahl von Kombinationsmöglichkeiten und resultiert in einem überaus komplexen und umfangreichen Regulationspotential. Änderungen im Epigenom können zu veränderter Genexpression führen (s. ▶ Abschn. 10.2.2.2). Deshalb spielt das Epigenom nicht nur eine bedeutende Rolle bei der Steuerung von Entwicklungsprozessen, sondern auch bei der Aufrechterhaltung der **Homöostase** (= Gleichgewicht aller physiologischer Funktionen; Zellgesundheit)

Tab. 4.1 Merkmale von konstitutivem Heterochromatin und Euchromatin

Konstitutives Heterochromatin	Euchromatin
Vorwiegend am Zentromer und an den Telomeren, aber auch verstreut entlang der Chromosomen. Lokalisiert in unterschiedlichen Zelltypen und zu unterschiedlichen Entwicklungsstadien stets an denselben Stellen	Entlang der Chromosomen verteilt, Verteilung kann in unterschiedlichen Zelltypen und zu unterschiedlichen Entwicklungsstadien variieren
Organisation häufig an Regionen mit hohem Anteil an repetitiver DNA	Organisation überwiegend an nicht-repetitiver DNA
Durch den gesamten Zellzyklus stark kondensiert	Kondensation abhängig vom Zellzyklus-Stadium: in der Interphase aufgelockert, in der Mitose kompaktiert
Replikation spät in der S-Phase	Replikation früh in der S-Phase
Sehr geringe Transkriptionsaktivität	Hohe Transkriptionsaktivität
Im Interphase Zellkern vorwiegend an der Kernhülle lokalisiert	Im Interphase Zellkern vorwiegend im Innern lokalisiert
Hoher Anteil von H3K9me2 und H3K9me3	–

differenzierter Zellen und Gewebe, deren Verlust in vielfältiger Weise an der Entstehung menschlicher Krankheiten beteiligt ist.

Alle Histon- (und DNA-) Modifikationen einer Zelle zusammengenommen bestimmen ihren **Epigenotyp**. Dieser kann bei Zellteilungen an die Tochterzellen weitergegeben werden und somit einen bestimmten Phänotyp von einer Zelle auf die nächste vererben. Zur Abgrenzung von „Genetik" wird dies unter dem Begriff „**Epigenetik**" zusammengefasst, eine Vererbung, die **nicht auf der Weitergabe einer bestimmten DNA-Sequenz** basiert.

4.2.2.3 Konstitutives Heterochromatin

Ein Teil des Chromatins ist – in erster Näherung – dauerhaft transkriptionell inaktiv, das **konstitutive Heterochromatin**. Dieses lässt sich durch seine stärkere Färbung bereits bei mikroskopischer Betrachtung des Zellkerns sichtbar machen (Abb. 4.8). Es unterscheidet sich in vielen Eigenschaften vom Euchromatin (Tab. 4.1).

Die Aufdeckung von Positionseffekt-Variegation (PEV) zeigte die große Bedeutung, die Heterochromatin auf die Aktivität der im benachbarten Euchromatin liegenden Gene ausüben kann, und dass dieser Einfluss graduell in benachbarte Regionen reicht (*spreading effect*) (s. ▶ Abschn. 4.2.1.2). Die molekulare Grundlage zur Erklärung dieser Funktion des Heterochromatins ist – schematisch und stark vereinfacht – in Abb. 4.22 dargestellt. Zunächst methyliert die Methyltransferase Su(var)3–9, ein

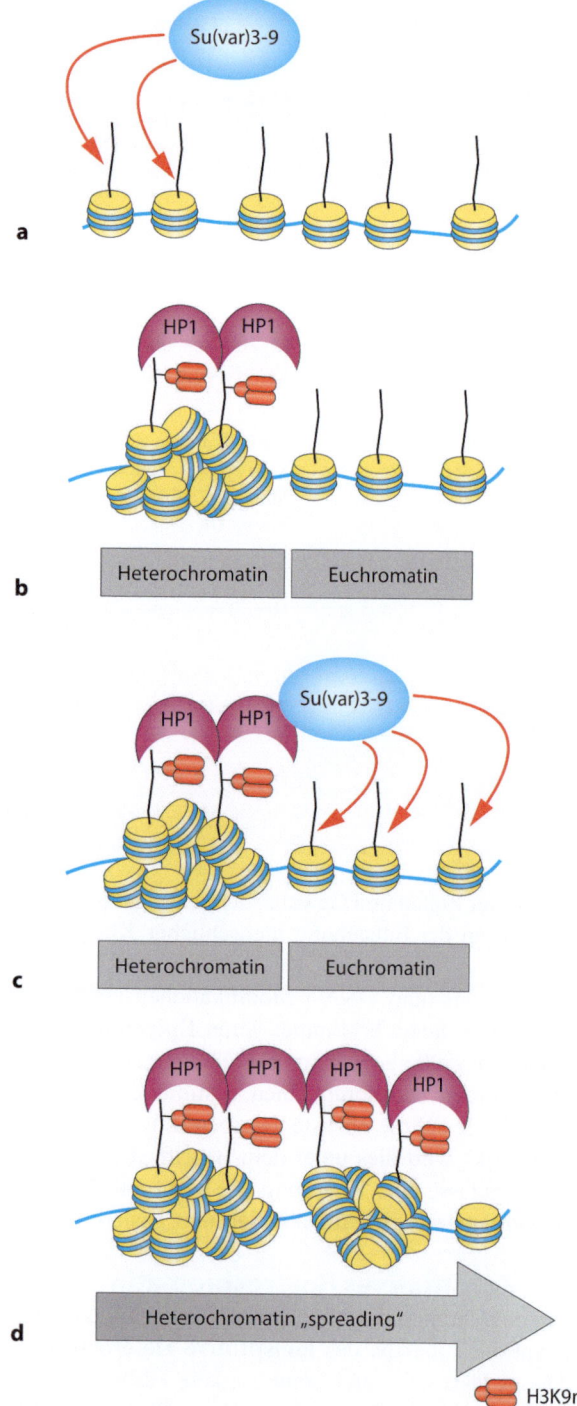

Abb. 4.22 Vereinfachte Darstellung zur Erklärung des „spreading" Effekts bei Positionseffekt-Variegation, PEV. **a** Die Methyltransferase Su(var)3–9 als „Writer" methyliert Lysine an Position 9 von Histon H3 (H3K9me3, rote Pfeile). **b** HP1 (heterochromatin protein 1) als „Reader" bindet an H3K9me3 und interagiert mit benachbarten HP1-Molekülen, wodurch das Chromatin verdichtet (kompaktiert) wird. **c** HP1 Proteine rekrutieren Su(var)3–9, wodurch benachbarte Lysine methyliert werden. **d** H3K9me3 Markierungen werden von HP1 gebunden. Es erfolgt eine fortschreitende Heterochromatisierung des ehemals euchromatischen Bereichs („spreading"), was zur Abschwächung bzw. Inaktivierung der Transkription führt. (Nach Schoelz und Riddle 2022, Morrison und Thakur 2021, mit freundlicher Genehmigung)

Enzym aus der Gruppe der *Writer*, Lysin 9 von Histon H3 (Abb. 4.22a). H3K9me3 wird von der Chromo-Domäne von **HP1** (*heterochromatin protein 1*), ein überwiegend im Heterochromatin des Zentromers und der Telomeren lokalisiertes Protein aus der Gruppe der *Reader*, erkannt und gebunden. Benachbarte HP1 Proteine interagieren miteinander, wobei die Nukleosomen kompaktiert werden (Abb. 4.22b). HP1 rekrutiert weitere Su(var)3–9 Methyltransferasen, die benachbarte Lysine trimethylieren (Abb. 4.22c), an die dann wiederum HP1-Moleküle binden (Abb. 4.22d). Durch deren Interaktion wird das Chromatin immer weiter verdichtet. Dieser Ablauf erklärt auch, warum eine Reduktion von *Su(var)3–9* (oder anderen *Su(var)*-Mutationen) die Positionseffekt-Variegation von *In(1)w^{m4}* abschwächt (Abb. 4.18f): durch das Fehlen bzw. der Reduktion der Methyltransferase werden weniger H3-Lysine methyliert, dadurch wird weniger HP1 gebunden, das Chromatin wird weniger stark kompaktiert und somit verringert sich sein inhibitorischer Effekt (*spreading effect*) auf die benachbarten euchromatischen Gene (*white* im Falle der Abb. 4.18).

4.2.3 Grundlagen der Epigenetik II: DNA-Methylierung

Ein weiterer Schritt zur Aufklärung des Epigenoms kam mit der Entdeckung, dass nicht nur die Histone, sondern auch die DNA methyliert sein kann, was erstmalig 1925 an der Nukleinsäure (der Begriff „DNA" war damals noch nicht geprägt) von *Mycobacterium tuberculosis* nachgewiesen wurde. Es dauerte noch 22 Jahre, bis methyliertes Cytosin auch in der DNA von Säugern gefunden wurde, und erst weitere 45 Jahre später konnte die Bedeutung von DNA-Methylierung für die Embryogenese der Maus gezeigt werden. Durch intensive Forschungsarbeiten nach der Jahrtausendwende wurde die Bedeutung von DNA-Methylierung für die Organisation des Chromatins im Zellkern, für die Genexpression und für die epigenetische Vererbung deutlich (Mattei et al. 2022).

DNA-Methylierung in multizellulären Organismen findet hauptsächlich an Cytosin statt, wobei das Hinzufügen einer Methylgruppe an die 5′-Position des Cytosins durch Methyltransferasen katalysiert wird (Abb. 4.23a). Das erfolgt aber nur dann, wenn das Cytosin in einem CG-Dinukleotid (genauer: 5′-C-p-G-3′, abgekürzt CpG Dinukleotid) vorkommt (Abb. 4.23b). Methylierung der DNA ist eine **reversible Modifikation**, keine Mutation.

Unter **CpG Inseln** bezeichnet man Genomregionen mit einem besonders hohen Anteil von CpG Dinukleotiden. Laut Definition sind CpG Inseln mindesten 200 bp lang und haben einen GC-Gehalt von > 55 %. Im Genom von Säugern gibt es ca. 30.000 CpG Inseln. Diese sind 300–3000 bp lang und viele davon befinden sich in Promotor-Regionen, wo sie in der Regel nicht methyliert sind (Abb. 4.23c). Mehr als 50 % aller menschlichen

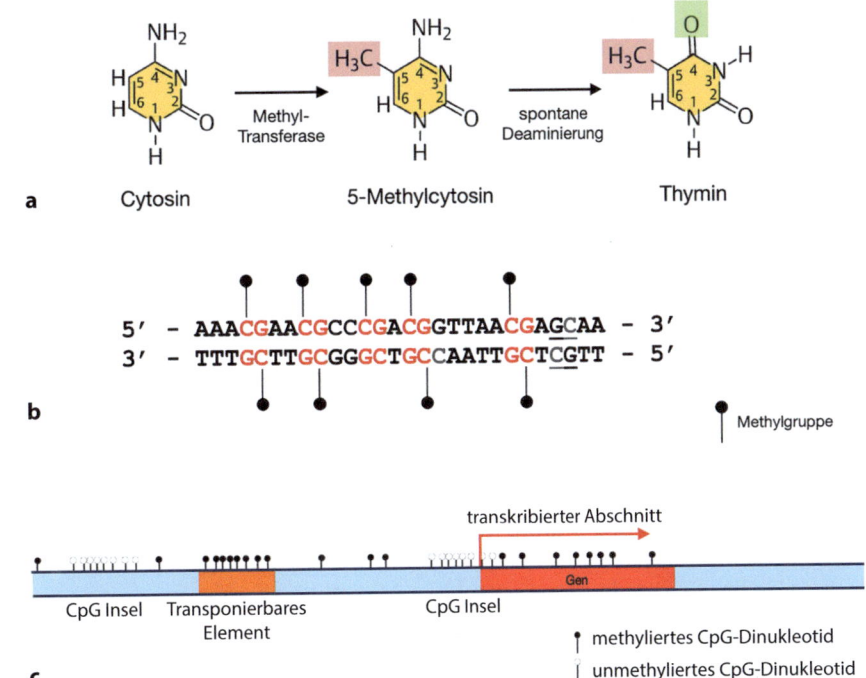

◘ **Abb. 4.23** DNA Methylierung. **a** Modifikation von Cytosin zu 5-Methylcytosin durch Methyltransferase und spontane Deaminierung zu Thymin. **b** Nur Cytosine in einem CG-Dinukleotid (von 5′ nach 3′ gelesen; rot) können methyliert, also durch Anhängen einer Methylgruppe (-CH3) modifiziert werden, nicht aber GC-Dinukleotide (unterstrichen) oder andere Cytosine (grau). **c** Vereinfachte Darstellung des Methylierungsmusters eines DNA-Abschnitts aus Säugern. Die Mobilisierung von transponierbaren Elementen wird durch Methylierung unterdrückt. Wenn der Promotor eines Gens hypomethyliert ist, kann das Gen transkribiert werden. (**c** nach Wikimedia Commons: ▶ https://en.wikipedia.org/wiki/DNA_methylation#/media/File:DNAme_landscape.png)

Box 4.5 Imprinting

Während der Differenzierung der Keimzellen (Eizellen, Spermien) von Säugern und anderen Organismen können Gene vollständig „stillgelegt" werden, wobei manche nur in der Eizelle, andere nur in den Spermien inaktiviert werden. Einige Gene, die für die Entwicklung des Dottersacks oder der Plazenta nötig sind, werden im mütterlichen Genom inaktiviert, während andere Gene, die für die Entwicklung des Embryos selbst benötigt werden, im väterlichen Genom inaktiviert werden. Nach der Befruchtung wird der Aktivitätszustand beibehalten und an die Zellen des Embryos weitergegeben. Diese Gene sind somit „geprägt", weshalb man diesen Vorgang als **Imprinting** oder **genomische Prägung** bezeichnet, ein Begriff, der erstmalig 1960 von Helen Crouse im Zusammenhang mit der Geschlechtsdetermination eingeführt wurde (s. ▶ Abschn. 11.2.1). Die geprägten Gene „erinnern" sich an ihren Aktivitätszustand, den sie in der Eizelle oder der Samenzelle besaßen. So wird z. B. das maternale *Xist* Gen während der frühen Embryogenese der Säuger durch Imprinting in der Eizelle inaktiviert. Ebenso wird das Gen für den Insulinähnlichen Wachstumsfaktor-2 (*Insulin-like growth factor-2, Igf-2*), der an der Wachstumskontrolle des Mausembryos beteiligt ist, im mütterlichen Genom inaktiviert, im väterlichen Genom bleibt es aktiv. Trägt das Spermium ein mutiertes *Igf-2*-Gen, so ist der Embryo sehr klein, selbst wenn von der Eizelle eine Wildtyp-Kopie dieses Gens beigesteuert wird. Trägt hingegen die Eizelle ein mutiertes *Igf-2*-Gen, so hat das bei Vorliegen einer vom Spermium eingebrachten Wildtyp-Kopie keine Auswirkung auf die Größe des Embryos.

Bei der Maus und beim Menschen sind ca. 80 Gene bekannt, die während der Oogenese oder der Spermatogenese „geprägt" werden. Es gibt Hinweise darauf, dass Methylierung der DNA beim Imprinting eines Gens eine Rolle spielt, wobei Ursache und Wirkung nicht endgültig geklärt sind. So liegt das *Igf-2*-Gen in der Oozyte methyliert vor, nicht aber in der Spermatozyte.

Imprinting kann auch in somatischen Zellen (= Körperzellen, im Gegensatz zu Keimzellen) stattfinden. So ist bekannt, dass in vielen Fällen Fremdgene, z. B. Transgene oder virale DNA, die in einem Vertebratengenom inseriert sind, häufig durch Imprinting inaktiviert werden.

Gene zeichnen sich durch das Vorhandensein von CpG Inseln in ihren Promotoren aus, darunter alle Haushalts-Gene (*housekeeping genes*) und ca. 40 % aller gewebespezifisch exprimierten Gene. Etwa 70 % aller **CpG-Dinukleotide** der menschlichen DNA sind methyliert, bei *Drosophila* ist der Anteil allerdings verschwindend gering. Die Art der Methylierung einer Zelle ist Teil ihres **epigenetischen Codes**, und kann z. B. altersabhängig modifiziert werden (s. ▶ Abschn. 14.2.2.1).

Ungefähr 9000 CpG Inseln des menschlichen Genoms befinden sich in den Genen selbst. Diese sind dann meistens methyliert und werden deshalb nicht als Promotoren erkannt. Methylierung führt häufig zur Änderung der Zusammensetzung der an die DNA gebundenen Proteine und korreliert gewöhnlich mit dem **transkriptionellen** *„silencing"*, also der Inaktivierung der betroffenen Gene (◘ Abb. 4.23c). Methylierung spielt eine bedeutende Rolle während der Entwicklung und Differenzierung, bei der X-Chromosom Inaktivierung (s. ► Abschn. 11.2.1), bei Imprinting (s. ► Box 4.5) und bei der Stilllegung von parasitärer, im Genom integrierter DNA und Transposons. Die Methylierung verhindert, dass aktivierende Transkriptionsfaktoren binden können. Aberrante Hyper- und Hypomethylierung an CpG Inseln in Promotoren oder Genen ist mit einer Vielzahl von Krankheiten assoziiert. Hinzu kommt, dass Methyl-Cytosin spontan deaminiert werden kann, was in der Bildung von Thymin resultiert (◘ Abb. 4.23a). Dieses führt in der nächsten Replikationsrunde zu einem A-T Basenpaar, was ggf. zu einer Mutation in einem Gen führen kann. Deshalb weisen methylierte CpG Stellen eine ~10-mal höhere Mutationsrate auf als unmethylierte CpG Stellen. Das ist auch mit ein Grund, weshalb sehr viele Krankheits-auslösende Mutationen beim Menschen an CpG Inseln auftreten.

4.2.4 Vergleich: Genetischer/epigenetischer Code und Genotyp/Epigenotyp

Der genetische Code ist in der Basensequenz verschlüsselt. Die in ihm gespeicherte Information (z. B. zur Synthese von Proteinen) wird, vermittelt durch die mRNA, in die Aminosäuresequenz übersetzt.

Der epigenetische Code ist in den verschiedenen Histon- und DNA-Modifikationen verschlüsselt. Die in ihm gespeicherte Information (etwa zur Verpackung des Chromatins, zur Transkription oder Replikation) wird von spezifischen Proteinen übersetzt, die dann die entsprechenden Prozesse ermöglichen. Auch wenn er wesentlich komplexer als der genetische Code ist, ist es letztendlich die DNA-Sequenz, die an die nächste Generation weitergegeben wird (s. auch ► Box 4.6).

Während der **Genotyp**, also die gesamte Nukleotidsequenz, in (fast) allen Zellen eines Organismus dieselbe ist, ist der **Epigenotyp**, also die Gesamtheit aller epigenetischen Markierungen, variabel: er kann in Abhängigkeit vom Zelltyp, vom Entwicklungszustand, vom Alter (s. ◘ Abb. 4.23), von Lebensbedingungen und von äußeren Einflüssen verändert werden.

Box 4.6 Lamarckismus – Vererbung erworbener Eigenschaften?

Heute wissen wir, dass die genetische Information, die in der Nukleotidsequenz der DNA verschlüsselt ist, weitestgehend identisch in allen Zellen eines Organismus ist. Diese Information wird bei der Zellteilung auf die Tochterzellen weitergegeben und auch von einer Generation auf die nächste vererbt. Das **Epigenom**, das den Aktivitätszustand von Genen bestimmt, kann bei der Zellteilung ebenfalls auf die Tochterzellen vererbt werden. Anders als die genetische Information unterscheidet sich das Epigenom in verschiedenen Zellen eines Organismus und kann in diesen durch verschiedene Außeneinflüsse (u. a. Stress, Ernährung, Toxin Exposition) modifiziert werden.

Diese Erkenntnisse führten zu einer Wiederbelebung der Debatte über eine mögliche **Vererbung erworbener Eigenschaften**, eine um 1800 von Jean-Baptiste Piere Antoine de Monet, Chevalier de Lamarck (1744–1829) entwickelte Evolutionstheorie, später unter dem Namen **Lamarckismus** bekannt. Er nahm an, dass durch Umwelteinflüsse ausgelöste Veränderungen von Lebensgewohnheiten, also aktiv erworbene Anpassungen, an nächste Generationen weitervererbt werden und in diesen zu phänotypischen Veränderungen führen, ohne dass sie selbst diesen Umwelteinflüssen ausgesetzt waren. Was Lamarck nicht wusste: die genetische Information wird **durch die DNA an die nächste Generation weitergegeben**, bei den meisten Tieren also durch die Zellen der Keimbahn (Eizellen, Spermien). Durch Umwelteinflüsse möglicherweise ausgelöste epigenetische **Veränderungen in somatischen Zellen können nicht an folgende Generationen vererbt werden** (Ausnahmen: bei Pflanzen).

Nur im Falle der parentalen Keimbahn oder Keimbahn des sich entwickelnden Embryos könnte eine epigenetische Veränderung Auswirkungen auf die nächste Generation haben. Diese sind aber 1. nicht aktiv erworben, 2. sie führen in der Regel nicht zu einer besseren Anpassung, sind sogar meist schädlich für den Organismus, und 3. sie sind nicht über mehrere Generationen stabil. Hinzu kommt, dass während der Keimzellentwicklung bei Säugern fast alle epigenetischen Markierungen entfernt werden (Ausnahmen s. ► Box 4.4, Imprinting). Und letztendlich sind es Sequenzen in der DNA, die darüber entscheiden, wo und welche Histon-modifizierenden Enzyme (z. B. Writer) rekrutiert werden und somit Chromatinveränderungen kontrollieren.

4.3 Zusammenfassung

- Im Zellkern ist die DNA mit **Histonen und Nicht-Histon Proteinen** assoziiert und bildet das **Chromatin**.
- **Nukleosomen** sind die fundamentalen Einheiten des Chromatins. Sie bestehen aus 146 Basenpaaren, die um ein Histon-Oktett gewunden sind. Der dadurch gebildete Chromatinfaden mit einem Durchmesser von 11 nm bedeutet eine Verkürzung der DNA um das 6–7fache.
- Lichtmikroskopisch sichtbar werden **Chromosomen** erst in der Mitose, in deren Verlauf die DNA im Verhältnis von ca. 1:10.000 im Vergleich zur ursprünglichen Länge kondensiert wird.
- Die Schritte bei der Kondensierung des Chromatins lassen sich am besten durch das *loop extrusion* Modell erklären. Hierbei sind die **SMC-Proteinkomplexe**, Cohesin, Condensin I und Condensin II, beteiligt.
- Im Interphase Zellkern werden die Chromosomen schrittweise zu TADs (*Topologically Associating Domains*) verkürzt, die unterschiedlich aktive Domänen voneinander trennen.
- Interphase-Chromosomen im Zellkern durchmischen sich nicht, sondern nehmen distinkte Bereiche ein, die **Chromosomenterritorien** (CT). Dabei liegen die homologen Chromosomen meistens eng benachbart vor.
- **Polytänchromosomen** sind riesige Chromosomen in Interphase-Zellkernen von Geweben einiger Spezies. In ihnen liegen sehr viele Chromatiden parallel nebeneinander, so dass ein für jedes Chromosom spezifisches Muster aus Banden und Interbanden entsteht.
- Der Aktivitätszustand von Genen kann bei der Zellteilung an die Tochterzellen weitergegeben werden, die Zellen haben ein **epigenetisches Gedächtnis**.
- Die **Epigenetik** untersucht die Mechanismen, die zur Veränderung/zum Verlust der Genfunktion führen, ohne dass eine Mutation in diesem Gen vorliegt. Sie manifestiert sich u. a. in **Positionseffekt-Variegation** (**PEV**). Epigenetische Vererbung ist die Vererbung eines Aktivitätszustands von Genen.
- Die Summe der Aktivitätszustände aller Gene einer Zelle bezeichnet man als ihr **Epigenom**, das durch **reversible Modifikationen an den Histonen und DNA-Methylierung** bestimmt wird. Es kann, anders als das durch die DNA-Sequenz festgelegte Genom, in einem Organismus von Zelle zu Zelle variieren und ist auch durch äußere Einflüsse veränderbar. Das Epigenom kann bei der Zellteilung an die Tochterzellen vererbt werden.
- Die **Histon-Code-Hypothese** geht davon aus, dass die Übersetzung der genetischen Information in der DNA, also die Genexpression, zu einem großen Teil durch **posttranslationale und reversible Modifikationen der Histone** bestimmt wird.

Literatur

Allfrey VG, Faulkner R, Mirsky AE (1964) Acetylation and methylation of histones and their possible role in the regulation of RNA synthesis. Proc Natl Acad Sci U S A. 51, 786–794

Bürmann F (2015) Architecture of SMC-kleisin complexes. Dissertation, Ludwig-Maximilians-Universität München. https://edoc.ub.uni-muenchen.de/18357/1/Buermann_Frank.pdf

Bridges CB (1935) SALIVARY CHROMOSOME MAPS: With a Key to the Banding of the Chromosomes of *Drosophila melanogaster*. J Hered. 26, 60–64

Davidson IF, Peters JM (2021) Genome folding through loop extrusion by SMC complexes. Nat Rev Mol Cell Biol 22:445–464

Dekker J, Rippe K, Dekker M, Kleckner N (2002) Capturing chromosome conformation. Science 295(5558):1306–1311

Grau B, Popescu C, Torroja L, Ortuño-Sahagún D, Boros I, Ferrús A (2008) Transcriptional adaptor ADA3 of *Drosophila melanogaster* is required for histone modification, position effect variegation, and transcription. Mol Cell Biol 28(1):376–385

Hansen AS, Cattoglio C, Darzacq X, Tjian R (2018) Recent evidence that TADs and chromatin loops are dynamic structures. Nucleus 9:20–32

Koyama M, Kurumizaka H (2018) Structural diversity of the nucleosome. J Biochem 163(2):85–95

Küpper K, Kolbl A, Biener D, Dittrich S, von Hase J, Thormeyer T, Fiegler H, Carter NP, Speicher MR, Cremer T, Cremer M (2007) Radial chromatin positioning is shaped by local gene density, not by gene expression. Chromosoma 116:285–306

Lakadamyali M, Cosma MP (2015) Advanced microscopy methods for visualizing chromatin structure. FEBS Lett 589(20 Pt A):3023–3030

Matharu N, Ahituv N (2015) Minor loops in major folds: enhancer-promoter looping, Chromatin restructuring, and their association with transcriptional regulation and disease. PLoS Genetics 11:e1005640

Mattei AL, Bailly N, Meissner A (2022) DNA methylation: a historical perspective. Trends Genet 38(7):676–707

Moore CM, Best RB (2001) Chromosome preparation and banding. Encylopedia Life Sci., https://doi.org/10.1038/npg.els.0001444

Morrison O, Thakur J (2021) Molecular complexes at Euchromatin, Heterochromatin and Centromeric Chromatin. Int J Mol Sci 22:6922

Olins DE, Olins AL (2003) Chromatin history: our view from the bridge. Nat Rev Mol Cell Biol 4(10):809–814

Osborne CS, Ewels PA, Young AN (2011) Meet the neighbours: tools to dissect nuclear structure and function. Brief Funct Genomics 10:11–7

van Ruiten MS, Rowland BD (2018) SMC complexes: universal DNA looping machines with distinct regulators. Trends Genet 34:477–487

Saura AO, Heino TI, Sorsa V (1991) Electron micrograph maps of divisions 51 through 60 of thin sectioned polytene 2R chromosome of *Drosophila melanogaster*. Hereditas 114(1):15–34

Schoelz JM, Riddle NC (2022) Functions of HP1 proteins in transcriptional regulation. Epigenetics Chromatin 15:14

Strahl BD, Allis CD (2000). The language of covalent histone modifications. Nature. 403, 41–45.

Weasner BP, Kumar JP (2022) The early history of the eye-antennal disc of *Drosophila melanogaster*. Genetics 221:iyac41

Zhimulev IF, Zykova TY, Goncharov FP, Khoroshko VA, Demakova OV, Semeshin VF, Pokholkova GV, Boldyreva LV, Demidova DS, Babenko VN, Demakov SA, Belyaeva ES (2014) Genetic organization of interphase chromosome bands and interbands in *Drosophila melanogaster*. PLoS ONE 9(7):e101631

Meiose

Inhaltsverzeichnis

5.1 Die Zytologie der Meiose – 67
5.1.1 Meiotische Teilung: Interchromosomale Rekombination – 68
5.1.2 Meiotische Teilung: intrachromosomale Rekombination – 69
5.1.3 Unterschiede zwischen Oogenese und Spermatogenese – 72

5.2 Die Meiose – genetisch gesehen – 74
5.2.1 Die Neuordnung von Allelen während der Meiose – 75
5.2.2 Unterschiede in der zytologischen und genetischen Betrachtung der Meiose – 78
5.2.3 Mitose und Meiose unterscheiden sich grundlegend – 79

5.3 Die Meiose – molekular gesehen – 80
5.3.1 Cohesin in der Meiose – 81
5.3.2 Paarung der Homologen – 83
5.3.3 Der synaptonemale Komplex – 84
5.3.4 Rekombination – 86
5.3.5 Genkonversion – 89

5.4 Zusammenfassung – 91

Literatur – 91

Das Leben fast aller vielzelliger Organismen beginnt mit der Fusion einer Eizelle und einer Samenzelle (Spermium) zu einer **Zygote**, ein Prozess, der **Befruchtung** (Fertilisation) genannt wird. Die Fusion der beiden Zellen wurde erstmals 1875 von Oscar Hertwig an Seeigel-Eiern beschrieben und beendete eine lang-anhaltende Diskussion über die Rolle von Eizelle und Spermium bei der Entstehung neuen Lebens. Bei der Bildung einer Zygote steuern Eizelle und Spermium **je ein Genom** bei, beim Menschen also jeweils etwa 3 Mrd. Basenpaaren (s. ▶ Abschn. 2.1 „Genomgrößen"). Mit anderen Worten, ein haploides (n) Spermium fusioniert mit einer haploiden (n) Eizelle zu einer diploiden **Zygote** (2n). Jedes menschliche Genom kodiert für etwa 20.000 Gene, die auf 23 Chromosomen verteilt sind. Dennoch sind die 20.000 Gene eines Spermiums und die entsprechenden 20.000 Gene einer Eizelle nicht identisch, da sich viele Genpaare in ihrer DNA-Sequenz unterscheiden. Die somit vorliegenden Varianten eines Gens werden als **Allele** bezeichnet (s. ▶ Abschn. 3.5). Das bedeutet, dass die aus einer Befruchtung hervorgehende diploide Zygote **genetisch verschieden von Vater und Mutter** ist.

Bei der Darstellung der Mitose sind wir von einer diploiden Körperzelle ausgegangen – einer Zelle mit einem doppelten Chromosomensatz (2n). Im Verlauf der Mitose werden die zwei identischen Kopien eines jeden Chromosoms, die Schwesterchromatiden, auf die beiden Tochterzellen verteilt – es entstehen zwei diploide Zellen, die **genetisch identisch** mit der (dann nicht mehr existierenden) Ausgangszelle sind. Wenn nun bei jeder Befruchtung eine Verdopplung der Chromosomen stattfinden würde, dann hätte jede Generation doppelt so viele Chromosomen wie ihre Eltern, nach mehreren Generationen also tausende Chromosomen. Da dies nicht der Fall ist, und die Nachkommen eines diploiden Organismus immer diploid sind, muss es vor der Bildung von Ei- und Samenzelle zur Halbierung des Chromosomensatzes kommen. Deshalb wurde dieser Prozess **Reduktionsteilung** genannt. Der für diesen Prozess auch verwendete Begriff Reifeteilung geht auf die Tatsache zurück, dass er die Reifung der **Gameten** (Geschlechtszellen, Keimzellen) einschließt. Erstmals wurde der Ablauf der Reduktionsteilung 1890 von O. Hertwig bei der Bildung von Samenzellen des Fadenwurms *Ascaris* beschrieben. Erst 1905 wurde für diese Teilung der Begriff **Meiose** eingeführt. Die Meiose ist also eine spezielle Form der Zellkernteilung, bei der, anders als bei der Mitose, die **Anzahl der Chromosomen halbiert wird**. Das Ergebnis sind **Gameten**, Eizelle und Spermium, die jeweils nur einen einfachen, haploiden Chromosomensatz besitzen. Die Meiose garantiert also, dass bei sexueller Vermehrung die

> **Box 5.1 Kernphasenwechsel – Generationswechsel**
> Alle vielzelligen Tiere, so auch der Mensch (und einige einzellige Tiere und Algen), sind **Diplonten**, bei denen sich die diploiden Körperzellen durch Mitosen vermehren. Im Verlauf der **Gametogenese** entstehen durch die Meiose die haploiden Gameten, Spermien bzw. Eizellen. Nach der Befruchtung entsteht die diploide Zygote, die sich anschließend durch Mitosen zu einem diploiden Organismus entwickelt.
>
> Der Übergang von der diploiden in die haploide Phase, der **Kernphasenwechsel**, kann zu verschiedenen Zeiten im Lebenszyklus eines Organismus erfolgen (◘ Abb. 5.1). Die meisten höheren Tiere sind **Diplonten**, bei ihnen erfolgt der Kernphasenwechsel vor der Ausbildung der Gameten (= **gametischer Kernphasenwechsel**) (◘ Abb. 5.1a). Die haploide Phase ist dann nur auf die Gameten beschränkt.

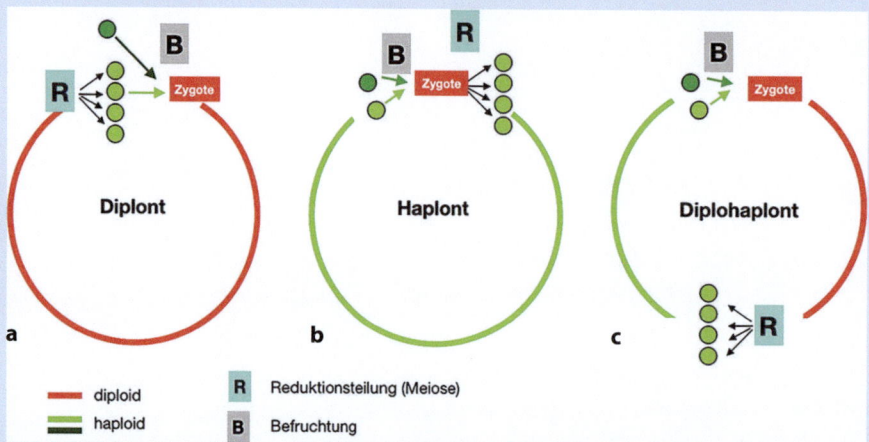

◘ **Abb. 5.1** Kernphasenwechsel: Zeitpunkt der Meiose/Reduktionsteilung (R) im Lebenszyklus von Eukaryonten. **a** Diplont (z. B. *Drosophila*, Mensch, *Caenorhabditis elegans*). Nur die diploiden Zellen (rot) teilen sich mitotisch, haploid (grün) sind nur die Gameten. **b** Haplont (z. B. *Neurospora*). Nur die haploiden Zellen teilen sich mitotisch, diploid ist nur die Zygote. **c** Diplohaplont (z. B. Farne). Sowohl diploide als auch haploide Zellen teilen sich mitotisch

Bei anderen Organismen, den **Haplonten** (einige Einzeller, einige Rot- und Grünalgen, der Schleimpilz *Dictyostelium*, und die meisten höheren Pilze) erfolgt der Kernphasenwechsel unmittelbar nach der Befruchtung (= **zygotärer Kernphasenwechsel**) (◘ Abb. 5.1b). Nach Bildung der haploiden Gameten und nach der Befruchtung entsteht die diploide Zygote, die sofort, ohne weitere Zellteilungen, die Meiose durchläuft. Die diploide Phase ist also nur auf die Zygote beschränkt. Nur haploide Zellen vermehren sich durch Mitosen und bilden den haploiden Organismus.

Bei Diplonten und Haplonten ist also die Phase, in der Mitosen stattfinden, **auf eine Kernphase beschränkt**: bei Diplonten auf die diploide, bei Haplonten auf die haploide Phase. In anderen Organismen, den **Diplohaplonten**, können Mitosen sowohl in der diploiden als auch in der haploiden Phase stattfinden: es entstehen zwei unterschiedlich aussehende Organismen, ein haploider und ein diploider Organismus. Meiose und Befruchtung finden somit in unterschiedlichen Organismen statt (◘ Abb. 5.1c). Zu den Diplohaplonten gehören alle höheren (Land)Pflanzen (= Samenpflanzen, Schachtelhalme, Farne und Moose). Diese können einen **Generationswechsel** durchlaufen, in dem sich haploide und diploide Generationen abwechseln, wobei sich die diploide Generation sexuell, die haploide Generation asexuell (ungeschlechtlich) fortpflanzt (z. B. durch Sporen). Das äußere Erscheinungsbild der beiden Generationen sowie die Länge der jeweiligen Phasen können sich stark unterscheiden (◘ Abb. 5.2).

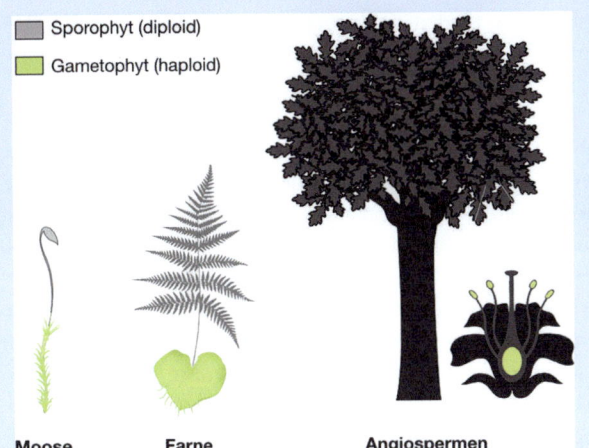

◘ **Abb. 5.2** Kernphasen- und Generationswechsel bei Landpflanzen. Schematische Darstellung der diploiden (grau) und der haploiden (grün) Generation bei Moosen, Farnen und Angiospermen (= Bedecktsamer. Hierzu gehören alle Blütenpflanzen). Die eigentliche Moospflanze stellt den haploiden Gametophyten dar (grün). Dieser bildet männliche und weibliche Geschlechtsorgane, in denen sich männliche und weibliche Gameten bilden. Nach der Befruchtung entwickelt sich aus der diploiden Zygote der Sporophyt direkt auf dem Gametophyten (grau), der diploide Sporen ausbildet, die der ungeschlechtlichen Vermehrung dienen. Die deutlich sichtbaren Farnwedel stellen den diploiden Sporophyten dar (grau), der an der Blattunterseite in den sog. Sori Sporen bildet (Sporophyt und Gametophyt sind hier nicht im selben Maßstab dargestellt). Der Sporophyt entwickelt sich auf einem unscheinbaren haploiden Zellhaufen (Prothallium, grün), der haploide Gameten bildet, wobei Spermien und Eizellen häufig auf demselben Prothallium entstehen. Bei den Samenpflanzen [Angiospermen, also Kräuter, Sträucher, Laubbäume (nicht Nadelbäume)] stellt die eigentliche Pflanze die diploide Generation dar (grau). In ihren Fortpflanzungsorganen (Staubblätter bzw. Fruchtblätter) findet die Meiose statt. Eines der vier weiblichen Meioseprodukte bildet den aus nur wenigen haploiden Zellen bestehenden weiblichen Gametophyten (Embryosack), von denen sich eine Zelle zur Eizelle differenziert. In den Staubblättern entstehen nach der Meiose aus einer Pollenkornmutterzelle vier haploide Pollenkörner. Diese teilen sich, je nach Art, ein- bis mehrfach und bilden den haploiden männlichen Gametophyten, der in der Regel aus nur wenigen haploiden Zellen besteht, einige davon sind die Pollenkörner (Mikrosporen). (Nach Wikimedia Commons: ▶ https://commons.wikimedia.org/wiki/File:Redu%C3%A7%C3%A3o_gametofitica.png?uselang=de.)

Nachkommen einer Art immer dieselbe Anzahl an Chromosomen haben wie ihre Eltern. Den Wechsel zwischen der haploiden und der diploiden Phase bezeichnet man als **Kernphasenwechsel** (s. ▶ Box 5.1).

Neben der Reduktion des Chromosomensatzes hat die Meiose noch eine weitere, sehr wichtige Funktion, die in der **Neukombination der mütterlichen und väterlichen Chromosomen** bzw. **Gene** besteht.

5.1 Die Zytologie der Meiose

Genau betrachtet handelt es sich bei der Meiose um **zwei hintereinander ablaufende Teilungen**. Anders als bei zwei mitotischen Teilungen, bei denen vor jeder Teilung die DNA repliziert wird, geht den beiden meiotischen Teilungen **nur eine Replikationsrunde** voraus. Jede Teilung wird, wie in der Mitose, in Pro-, Meta-, Ana- und Telophase unterteilt, die sich mikroskopisch unterscheiden lassen. Im Folgenden wird zunächst an Hand der **Meiose** bei *Dro-*

sophila melanogaster **Männchen** eine Übersicht über den Ablauf der beiden Teilungen gegeben. Der Vorteil: Der diploide Chromosomensatz von *Drosophila melanogaster* besitzt nur 3 Paar Autosomen und ein Paar Geschlechtschromosomen (X, Y). Außerdem – und das ist eine Ausnahme! – beschränkt sich bei *Drosophila* Männchen die Neukombination der mütterlichen und väterlichen Gene auf die Durchmischung ganzer Chromosomen (= **interchromosomale Rekombination**). Im anschließenden Kapitel werden dann an Hand der Meiose bei Männchen der Wanderheuschrecke *Locusta migratoria* Details dargestellt, in der es zusätzlich zum Austausch einzelner Chromosomenabschnitte kommt (= **intrachromosomale Rekombination**), was bei den meisten multizellulären Organismen die Regel ist.

5.1.1 Meiotische Teilung: Interchromosomale Rekombination

Genetische Rekombination ist ein wesentlicher Mechanismus für die Adaptation von Organismen an geänderte Umweltbedingungen und somit für die Evolution, wobei ganze mütterliche und väterliche Chromosomen durchmischt werden (= **interchromosomale Rekombination**) und durch Crossover/Chiasmata (s. ▶ Abschn. 5.1.2) Chromosomenabschnitte ausgetauscht werden (= **intrachromosomale Rekombination**). Umso erstaunlicher ist es, dass in *Drosophila* Männchen und in Männchen einiger Wanzenarten, sowie in Weibchen einiger Schmetterlingsarten keine intrachromosomale Rekombination stattfindet, was man mit dem Begriff **Achiasmie** bezeichnet. Im Folgenden wird die achiasmatische Meiose von *Drosophila* Männchen beschrieben (◘ Abb. 5.3; es ist nur ein Autosomenpaar und das Heterosomenpaar XY dargestellt).

In der Prophase der ersten meiotischen Teilung (**Prophase I**) werden die Chromosomen sichtbar (◘ Abb. 5.3), sie liegen dann bereits, wie in der Mitose, als 2-Chromatid Chromosomen vor. Die beiden Chromatiden eines Chromosoms heißen **Schwesterchromatiden** und sind am **Zentromer**, das später bei der Verteilung der Chromatiden eine wichtige Rolle spielt, miteinander verbunden. Anders als in der Mitose liegen die jeweiligen Chromosomen väterlicher und mütterlicher Herkunft, die **homologen Chromosomen** oder **Homologe** (blau bzw. rot in ◘ Abb. 5.3; hier also die beiden 3. Chromosomen und das X- und Y-Chromosom) eng nebeneinander und lassen sich somit nach Struktur, Größe und Lage des Zentromers ordnen. Entsprechend liegen die auf den Chromosomen vorhandenen Gene in gleicher Reihenfolge vor. Die Einheit, die aus den gepaarten homologen Chromosomen gebildet wird, wird als **Bivalent** oder **Tetrade** (zwei mal zwei Chromatiden) bezeichnet. Trotz der herausragenden Bedeutung der Paarung der Homologen für den Verlauf der Meiose sind die molekularen Mechanismen, die dies

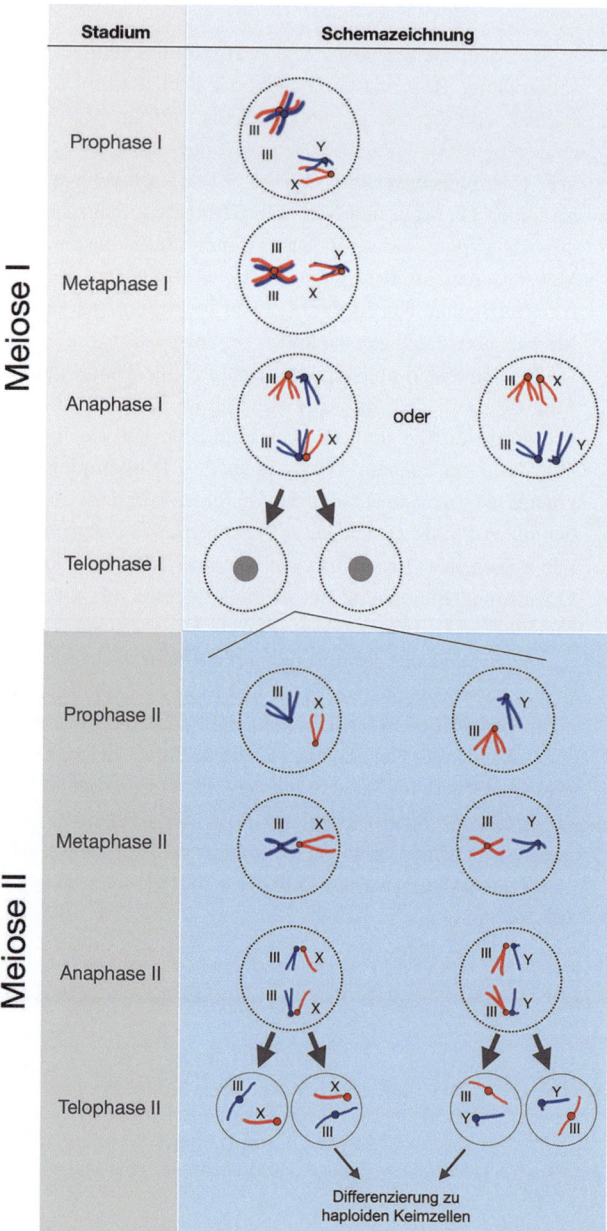

◘ **Abb. 5.3** Stadien der Meiose eines *Drosophila melanogaster* Männchens. Es sind nur zwei der insgesamt vier Chromosomenpaare gezeigt: das Autosomenpaar III und das X- bzw. Y-Chromosom. Die Zentromerregionen sind jeweils durch Kreise dargestellt, väterliche Chromosomen sind blau, mütterliche Chromosomen rot. Ausgangspunkt ist eine diploide Zelle. Die Dauer beider Teilungen zusammen beträgt etwa 4,5 h. Prophase I: Die Chromosomen III sind über die gesamte Länge gepaart. Die gepaarten Geschlechtschromosomen (X- und Y-Chromosom) sind nicht in ganzer Länge gepaart, sondern werden nur durch Kontakt an wenigen Stellen zusammengehalten

bei höheren Eukaryonten ermöglichen, erst in Ansätzen verstanden, zumal es vielfältige Unterschiede zwischen den Meiosen verschiedener Organismen gibt (s. auch ▶ Abschn. 5.3).

Nach der Auflösung der Kernhülle folgt die **Metaphase I**. In dieser ordnen sich die Chromosomen (die

Tetraden) in der Äquatorialebene des Spindelapparates an (Abb. 5.3).

Zur Erinnerung: In der **Anaphase der Mitose** werden die Schwesterchromatiden getrennt, indem an jedem Kinetochor eines 2-Chromatid Chromosoms die Spindelfasern von entgegengesetzten Polen ansetzen, um die Schwesterchromatiden zu entgegengesetzten Polen zu ziehen (s. Abb. 3.10). Im Gegensatz dazu bildet in der **Anaphase I der Meiose** das Kinetochor eines 2-Chromatid Chromosoms Kontakt zu Spindelfasern von nur einem Pol. Deshalb trennen sich in der Anaphase I die Zentromeren der homologen Chromosomen (s. u., ▶ Abschn. 5.3, Abb. 5.21). Auf diese Weise gelangt jeweils **ein Chromosomensatz mit je vier 2-Chromatid Chromosomen** an jeden Pol. Dabei ist es dem Zufall überlassen, welche der ursprünglich mütterlichen oder väterlichen Chromosomen zusammen an einen Pol gezogen werden. Auf diese Weise kann es zu einer Neukombination der mütterlichen und väterlichen Chromosomen (= **interchromosomale Rekombination**) kommen (Abb. 5.3).

In der **Telophase I** werden die Zellkerne wieder gebildet und das Chromatin wird dekondensiert. Die Kerne enthalten nun von jedem Chromosom jeweils nur eine Kopie (entweder das mütterliche oder das väterliche Chromosom, jeweils als 2-Chromatiden-Chromosom), weshalb die erste meiotische Teilung (Meiose I) ursprünglich auch als **Reduktionsteilung** bezeichnet wurde. (Die später gewonnenen Erkenntnisse über die molekularen Mechanismen führten zu einer Veränderung dieser Sichtweise, s. unten).

Die **Interkinese** bezeichnet den Übergang von der Meiose I zur Meiose II, die aber nicht mit der Interphase des Zellzyklus zu verwechseln ist: es findet **keine DNA-Synthese**, also keine Verdoppelung der Chromosomen, statt.

Die zweite meiotische Teilung (Meiose II) kann an dem hier gezeigten Beispiel der männlichen Meiose von *Drosophila* als **Äquationsteilung** bezeichnet werden, denn, wie man in der **Prophase II** erkennen kann, sind die beiden Chromatiden eines Chromosoms identisch. Wir werden jedoch weiter unten sehen, dass dieser Begriff nur für achiasmatische Meiosen gilt und für die meisten Meiosen nicht angewendet werden kann.

In der **Metaphase II** (Abb. 5.3) ordnen sich in beiden Zellen die Chromosomen wiederum in der Äquatorialebene des Spindelapparates an. Wie in der Mitose wird jetzt an beiden Zentromeren der 2-Chromatid Chromosomen ein Kinetochor ausgebildet und jeweils mit Mikrotubuli, die von entgegengesetzten Polen stammen, verbunden. In der **Anaphase II** werden die Chromatiden jedes Chromosoms in entgegengesetzte Richtungen transportiert. Nach der **Telophase II**, der Neubildung der Kernhüllen und der anschließenden Zytokinese entstehen somit **vier haploide Zellen**, wobei die beiden aus einer Teilung entstehenden haploiden Tochterzellen genetisch identisch sind. Die Chromatiden werden jetzt wieder als Chromosomen bezeichnet.

5.1.2 Meiotische Teilung: intrachromosomale Rekombination

Die oben beschriebene Meiose bei *Drosophila* Männchen stellt eine Ausnahme dar. In den allermeisten Fällen kommt es neben der interchromosomalen Rekombination außerdem noch zu einem Austausch von Chromosomenabschnitten zwischen den nicht-Schwesterchromatiden, zur **intrachromosomalen Rekombination**, was am Beispiel der Meiose von Männchen der Wanderheuschrecke (*Locusta migratoria*) beschrieben wird. An diesem Beispiel wird auch die Komplexität der **Prophase I** und ihre Unterteilung in Leptotän, Zygotän, Pachytän, Diplotän und Diakinese deutlich gemacht (Abb. 5.4).

Im **Leptotän** (gr. *leptós* ‚dünn' und lat. *taenia* ‚Band') werden die Chromosomen als dünne Fäden sichtbar (Abb. 5.4a). Sie werden während dieses Stadiums und der gesamten Prophase kompakter und kürzer. Entlang der Chromosomen werden verdickte Bereiche erkennbar, die als **Chromomeren** bezeichnet werden. Diese entstehen durch unterschiedlich starke Kompaktierung des Chromatins (s. ▶ Kap. 4). Dadurch erscheinen die Chromosomen wie Perlenketten, deren „Perlen" jedoch in unregelmäßigen Abständen aufgereiht sind.

Im Stadium des **Zygotän** (gr. *zygón* ‚Joch') geschieht etwas Entscheidendes: Die bereits verdoppelten homologen Chromosomen finden und paaren sich! Auch wenn der Ablauf der **Homologenpaarung** oder **Synapsis** bis heute nicht vollständig verstanden ist, ist die Beteiligung von zwei Prozessen gesichert: 1. Die Bewegung der Chromosomen, und 2. Die Ausbildung des **synaptonemalen** (oder **synaptischen**) **Komplexes** (s. ▶ Abschn. 5.3).

Im **Pachytän** (gr. *pachys*, ‚dick') ist die Paarung der homologen Chromosomen (mit je 2 Chromatiden) vollendet. Charakteristisch für dieses Stadium sind die klar sichtbaren, exakt gepaarten Homologen. Die Chromosomen sind noch weiter verkürzt und die Chromomeren sind auf beiden Homologen erkennbar. Das identische Chromomerenmuster der jeweiligen homologen Chromosomen zeigt, wie außerordentlich exakt die Paarung verläuft (Abb. 5.5a).

Im Diplotän (gr. *diplóos* ‚doppelt') wird die Anzahl der gepaarten Homologen erkennbar (11 Autosomenpaare und ein X-Chromosom, letzteres als kompakter Faden, ohne sichtbare Entspiralisierung und ohne Partner; roter Pfeil in Abb. 5.4a unten; *Locusta* Männchen sind X/0). Während in den vorhergehenden Stadien jedes Chromosom als fadenförmige Struktur erschien, werden jetzt die beiden Schwesterchromatiden jedes der beiden Homologen sichtbar. Die Chromosomen können in diesem Stadium teilweise entspiralisiert werden (s. ▶ Box 5.2, Lampenbürstenchromosomen). Die Einheit, die aus den gepaarten homologen Chromosomen gebildet wird, wird als **Bivalent** oder **Tetrade** bezeichnet. Da die Homologen im Diplotän nicht mehr so eng gepaart sind, sondern etwas auseinanderweichen, werden Überkreuzungsstellen zwischen Nicht-Schwesterchromatiden sichtbar, die als **Chiasmata** (Singu-

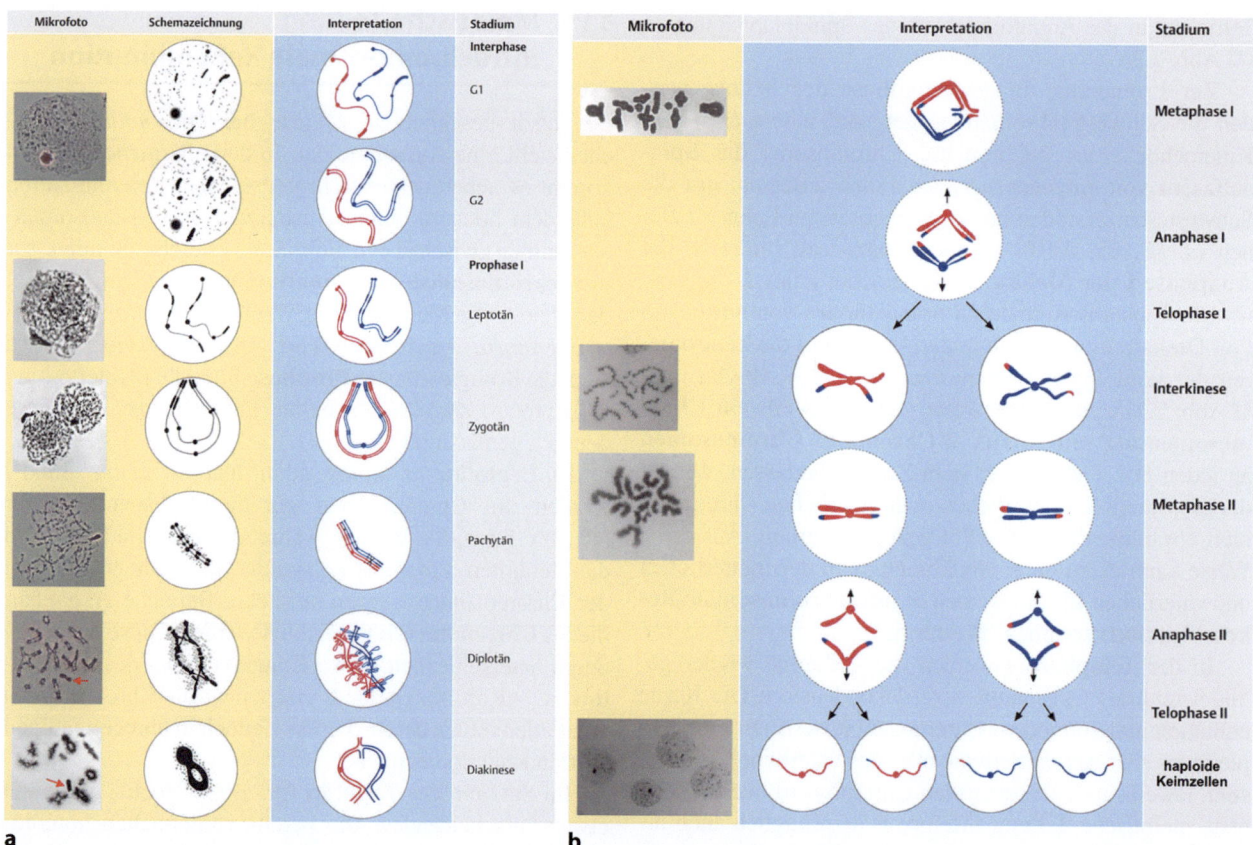

Abb. 5.4 Stadien der Meiose aus der Spermatogenese der Wanderheuschrecke (*Locusta migratoria*). **a** Der Meiose geht eine Interphase voraus, in der jedes Chromosom in der S-Phase verdoppelt wird und somit in der G2-Phase aus zwei identischen Schwesterchromatiden besteht. In der Interphase und der Prophase I ist das Euchromatin noch stark dekondensiert, das Heterochromatin liegt kondensiert vor (schwarze Flecken), ebenso wie das partnerlose einzelne X-Chromosom (roter Pfeil in Diplotän und Diakinese; die Männchen bei *Locusta* sind X/0). Erklärung der Prophase-I-Stadien s. Text. **b** Am Ende der Anaphase II entstehen vier haploide Zellkerne, die jeweils eine Chromatide aus jeder Tetrade enthalten. In **a** und **b** sind in den Schemazeichnungen und den Interpretationen von den n = 12 Chromosomen (11 Autosomen plus 1 ungepaartes X-Chromosom) nur jeweils ein einziges Homologenpaar (blau und rot) gezeichnet, der Spindelapparat ist nicht berücksichtigt. (Bilder von Dietrich Ribbert und Friedrich Weber, Münster)

lar: Chiasma) bezeichnet werden und aus engen Kontaktstellen hervorgegangen sind (Abb. 5.5b).

Anders als in *Drosophila* Männchen, in denen keine Chiasmata ausgebildet werden (achiasmatischen Meiose; s. Abschn. 5.1.1), weisen fast alle Tetraden der Meiose anderer Organismen mindestens ein Chiasma, häufig auch zwei oder mehr Chiasmata auf. Fehlen sie in diesen Meiosen, kommt es häufig zu fehlerhafter Aufteilung der Chromosomen, was zu Aneuploidien führt (s. Abschn. 6.2.2). Die Ursachen, warum bei *Drosophila* Männchen trotz achiasmatischer Meiose Paarung und nachfolgende Aufteilung der Chromosomen fehlerlos verlaufen, sind erst in Ansätzen verstanden.

Die Chiasmata sind die zytologische Manifestation eines vorangegangenen Prozesses, der als **Crossover** bezeichnet wird. Crossover finden im Stadium der engsten Paarung der Homologen, im Pachytän, statt, wobei der **synaptonemale Komplex** eine wichtige Rolle spielt (s. Abschn. 5.3). Dabei werden **entsprechende Abschnitte zweier Nicht-Schwesterchromatiden ausgetauscht**. Dies hat einen Austausch von mütterlichen und väterlichen Genen innerhalb eines Chromosoms zur Folge. Wie wir später sehen werden, führen Crossover in der Meiose zur Rekombination des Genoms (**intrachromosomale Rekombination**) (s. Abb. 5.14 und 5.15).

Aus Abb. 5.6 kann man auch die Antwort auf eine wichtige Frage ableiten: Kommt das genetisch wichtige Crossover dadurch zustande, dass entlang der eng gepaarten homologen Chromatiden an bestimmten Stellen die DNA-Doppelhelices geschnitten und anschließend „über Kreuz" verbunden werden – sichtbar als Chiasma (Abb. 5.6a)? Oder kommen Nicht-Schwesterchromatiden erst übereinander zu liegen und anschließend wird an der Überkreuzungsstelle (Chiasma) durch eine Art Bruch-Fusions-Mechanismus ein Crossover verursacht (Abb. 5.6b)? Ein wichtiger zytologischer Befund für die Richtigkeit der Aussage „**Crossover verursacht ein Chiasma**" (Abb. 5.6a) ist die bei etlichen Arten gemachte Beobachtung, dass im Verlauf der Prophase Chiasmata zu den Chromosomenenden hin „verschoben", also terminalisiert werden. Nach Chromatidenüberkreuzung wäre das nicht möglich. Eine weitere Bestätigung findet sich

5.1 · Die Zytologie der Meiose

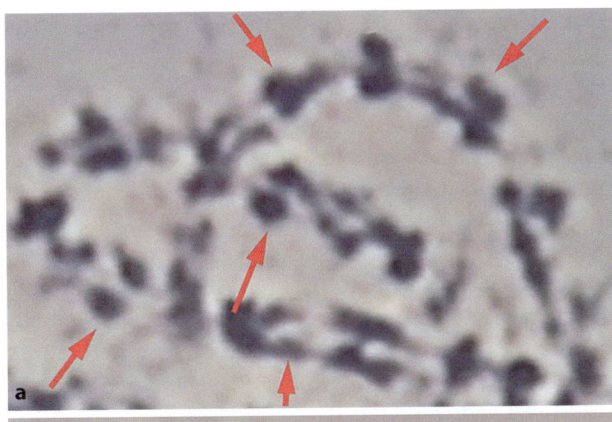

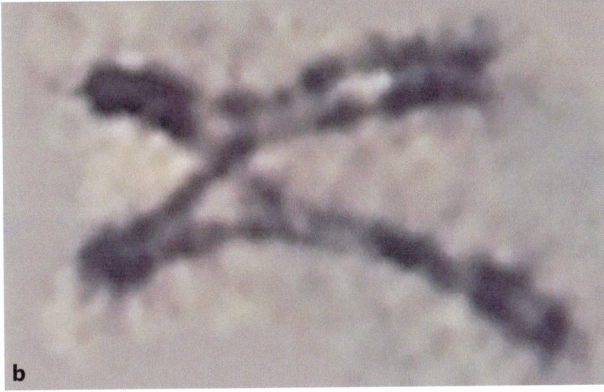

○ **Abb. 5.5** Pachytän- und Diplotänstadium der Prophase der Meiose I von *Locusta migratoria* Männchen. **a** Ausschnitt eines Pachytänstadiums. Die Pfeile heben Chromomeren hervor, an denen die Genauigkeit der Homologenpaarung (nicht der Schwesterchromatiden!) besonders gut erkennbar ist. **b** Diplotän-Tetrade. Deutlich zu erkennen ist ein Chiasma. In diesem Fall ist das untere Chromosom des Homologenpaars länger (z. B. durch eine Translokation). (Bilder von W. Janning, Münster)

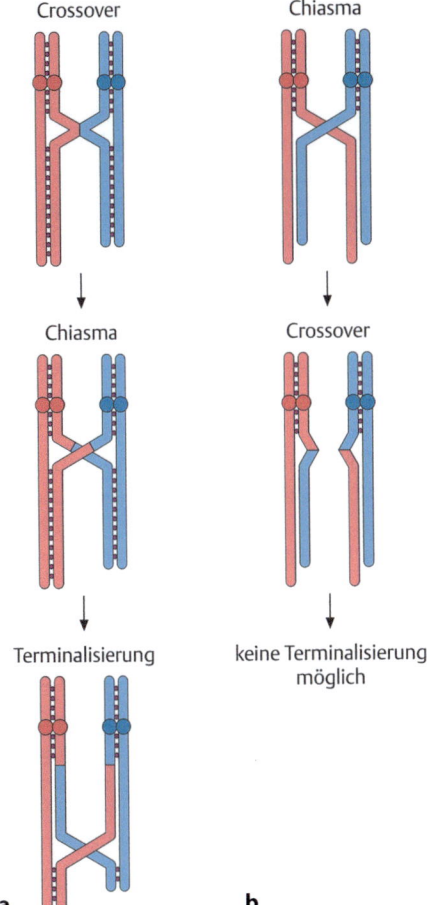

○ **Abb. 5.6** Crossover und Chiasma. Ist das sichtbare Chiasma die Folge eines vorhergehenden Crossovers (**a**) oder folgt auf das Überkreuzen von Chromatiden ein Crossover (**b**)? **a** Crossover, das ein Chiasma zur Folge hat. **b** Überkreuzen von Nichtschwesterchromatiden = Chiasma, auf das ein Crossover folgt. Die zu beobachtende Terminalisierung der Chiasmata und die Chromatidenpaarung bei ungleich langen Homologen (s. auch ○ Abb. 5.5b) schließen die Variante b aus. Außerdem verhindert die durch Cohesin-Proteinkomplexe (violette Punkte) verstärkte Paarung der Schwesterchromatiden ein Überkreuzen von Nichtschwesterchromatiden (vgl. **a** und **b**)

bei Tetraden, bei denen eines der gepaarten homologen Chromosomen zytologisch verändert, z. B. durch eine Duplikation verlängert ist (s. ▶ Abschn. 6.3.1). Hier kann man beobachten, dass die beiden Schwesterchromatiden jedes Chromosoms auch jenseits eines Chiasmas immer gleich lang sind (○ Abb. 5.5b). Zu dieser bekannten Argumentation ist in jüngster Zeit der Befund hinzugekommen, dass die enge Bindung der Schwesterchromatiden durch den Proteinkomplex **Cohesin** eine Überkreuzung von Nichtschwesterchromatiden in der frühen Prophase unmöglich macht (s. ▶ Abschn. 5.3).

In der **Diakinese** (gr. *diakinein* ‚in Bewegung bringen'), der letzten Phase der 1. meiotischen Prophase, werden die Chromosomen auf ihre minimale Länge verkürzt. Die Kernhülle löst sich auf und der Spindelapparat wird gebildet.

Nach der Auflösung der Kernhülle folgt die **Metaphase I**, in der sich die Chromosomen in der Äquatorialebene anordnen (○ Abb. 5.4b). Anders als in der Mitose werden die Zentromeren der Schwesterchromatiden nicht getrennt. An jedem der beiden Zentromere einer Tetrade gibt es nur ein Kinetochor, an dem sich die Spindelmikrotubuli anheften (s. ○ Abb. 5.21).

In der **Anaphase I** trennen sich die Zentromere der homologen Chromosomen und wandern mit je zwei der vier Chromatiden einer Tetrade zu den gegenüberliegenden Spindelpolen. Dabei werden die Chiasmata terminalisiert, so dass die beteiligten Chromatiden frei bewegt werden können. Wie wir bei der genetischen Analyse der Meiose sehen werden, bewirken die Crossover, die als Chiasmata zytologisch sichtbar werden, eine Rekombination von Bereichen der Nicht-Schwesterchromatiden (s. u. ○ Abb. 5.14 und 5.15). Nur in einer Meiose ohne Chiasmata, der sog. achiasmatische Meiose (s. o.) werden vollständige homologe Chromosomen getrennt.

Telophase I und **Interkinese** der ersten meiotischen Teilung sowie die **zweite meiotische Teilung** verlaufen wie oben beschrieben (▶ Abschn. 5.1.1).

Wie oben erwähnt, gilt der Begriff **Äquationsteilung** für die **zweite meiotische Teilung** nur für achiasmatische Meiosen, wenn kein Crossover stattgefunden hat. Denn nach stattgefundenen Crossover setzen sich die Chromatiden aus Abschnitten mütterlicher und väterlicher Chromosomen zusammen (s. ▶ Abschn. 5.2.1), und die beiden aus einer Teilung entstehenden **haploiden Tochterzellen** sind, anders als in der achiasmatischen Meiose (s. ◘ Abb. 5.3) untereinander genetisch nicht identisch. Dies wird nach der genetischen Betrachtung der Meiose klar (s. ▶ Abschn. 5.2.2, ◘ Abb. 5.12 und 5.14).

Die in der Meiose gebildeten haploiden Zellen tragen also jeweils neue Kombinationen aus mütterlichen und väterlichen Genen. Da die Neukombination völlig zufällig erfolgt, sind **die vier entstehenden haploiden Zellen genetisch unterschiedlich**. Interchromosomale und intrachromosomale Rekombination werden durch die Anzahl Chromosomen im haploiden Satz und durch die Intensität des Crossover-Geschehens beeinflusst. Sie erlauben also eine fast unendliche Möglichkeit der Neukombination mütterlicher und väterlicher Chromosomenabschnitte.

Genau betrachtet handelt es sich bei der Meiose um zwei hintereinander ablaufende Teilungen. Anders als bei zwei mitotischen Teilungen, bei denen vor jeder Teilung die DNA repliziert wird, geht den beiden meiotischen Teilungen **nur eine Replikationsrunde** voraus. Nach der S-Phase hat sich der DNA-Gehalt (C-Wert) von 2C auf 4C erhöht (◘ Abb. 5.7, blaue Kurve), die Anzahl der Chromosomensätze hat sich nicht verändert (◘ Abb. 5.7, rote Kurve), allerdings liegen jetzt alle Chromosomen als Zwei-Chromatid-Chromosomen vor.

5.1.3 Unterschiede zwischen Oogenese und Spermatogenese

Die Bildung von **Eizellen** bei Tier und Mensch bzw. **Makrosporen** bei höheren Pflanzen einerseits und die Entstehung von **Spermien** bzw. **Mikrosporen (Pollenkörnern)** andererseits beinhaltet zwei Prozesse: die **Meiose** und die **Differenzierung** der Zellen. Diese beiden Prozesse können entweder nacheinander erfolgen (erst die Meiose, dann die Differenzierung), aber auch gleichzeitig, d. h., die Differenzierung setzt bereits vor Abschluss der Meiose ein. Ersteres findet in der Regel bei der Spermatogenese statt (man bezeichnet den Differenzierungsprozess zu reifen Spermien auch als **Spermiogenese**). Bei der Oogenese wird die Meiose oftmals erst abgeschlossen, wenn die Eizelle fertig differenziert ist, ja, manchmal sogar erst nach der Befruchtung. In ◘ Abb. 5.8 sind tierische Oogenese und Spermatogenese beispielhaft dargestellt.

Beide Prozesse gehen von diploiden Keimbahnzellen aus, die sich im Ovar bzw. Hoden mitotisch vermehren. Dies sind Oogonien bzw. Spermatogonien, die in ihrem Teilungsverhalten Unterschiede zeigen. In vielen Fällen ist die **Teilungsfähigkeit** der Oogonien (zeitlich) begrenzt, die der Spermatogonien weit weniger. Beim Menschen z. B. werden die Oogonien während der Embryogenese gebildet. Sie treten alle in die Meiose ein, so dass sich bei der Geburt eines Mädchens etwa 400.000 Oozyten im Diplotänstadium der Meiose I befinden (s. ◘ Abb. 5.4). Nur etwa 450 von ihnen entwickeln sich ab der Pubertät zu reifen Eizellen. Im Gegensatz dazu halten die Spermatogonien-Mitosen beim Mann bis ins hohe Alter an. Es sind

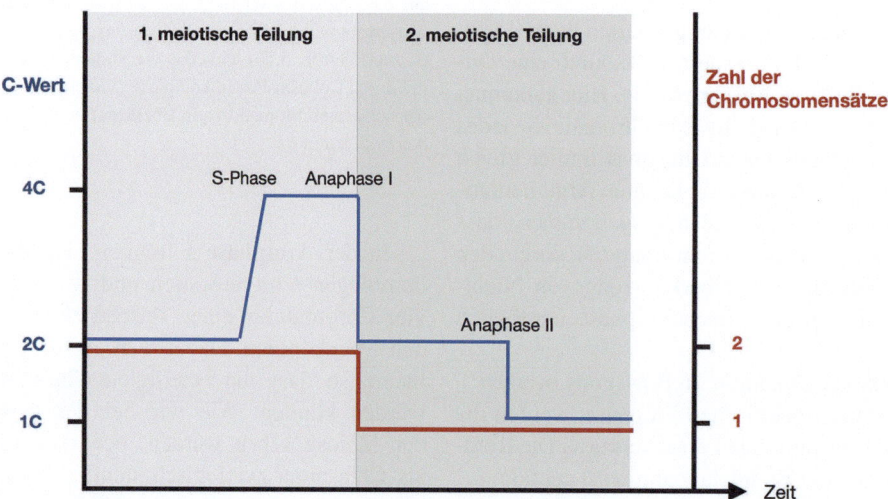

◘ **Abb. 5.7** DNA-Gehalt und Anzahl der Chromosomensätze im Verlauf der Meiose. Anders als bei zwei nacheinander ablaufenden Mitosen wird die DNA im Verlauf der zwei meiotischen Teilungen nur einmal repliziert, in der S-Phase der ersten meiotischen Teilung. Die DNA-Menge (blau) beträgt in der diploiden Ausgangszelle 2C. Während der S-Phase erhöht sie sich von 2C auf 4C. Am Ende der Anaphase I nimmt sie auf 2C, am Ende der Anaphase II auf 1C ab. Die Anzahl der Chromosomensätze wird in der Anaphase I halbiert. Nach der S-Phase liegen die Chromosomen als 2-Chromatid Chromosomen vor, erst am Ende der 2. meiotischen Teilung liegen sie wieder als 1-Chromatid Chromosomen vor, die Zelle ist dann haploid

5.1 · Die Zytologie der Meiose

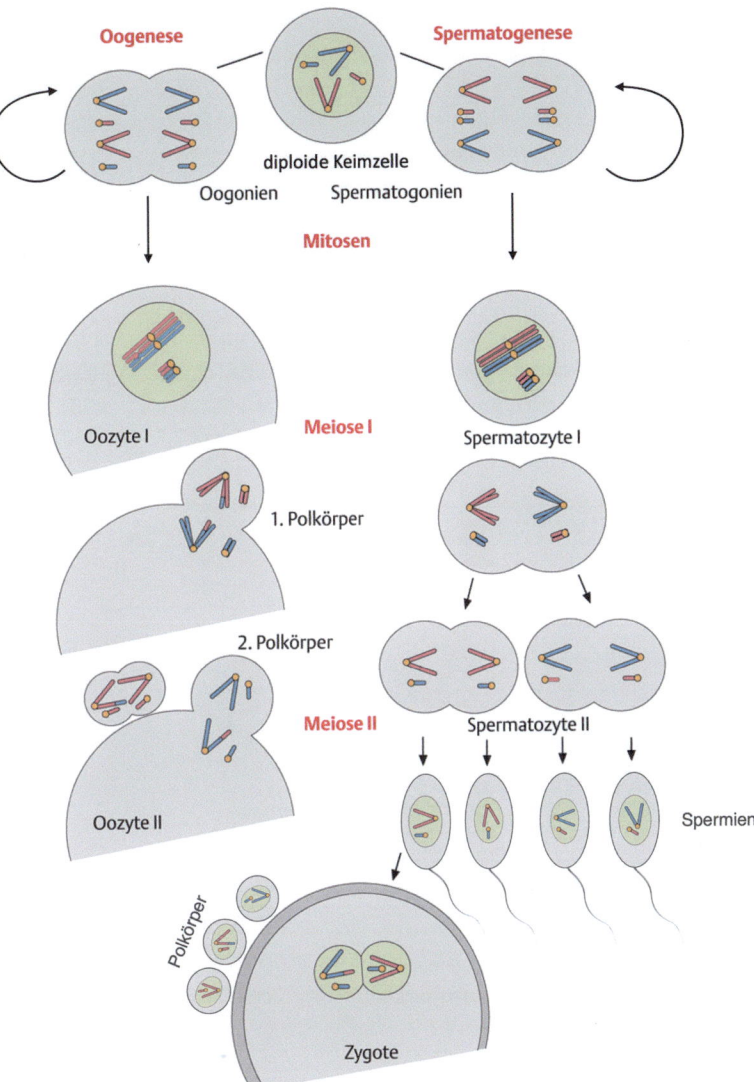

Abb. 5.8 Gametogenese, also die Bildung der Keimzellen, findet bei Tieren entwender als Oogenese in Ovarien oder als Spermatogenese in Hoden statt. Oogonien und Spermatogonien teilen sich noch mitotisch (gebogene Pfeile). Oozyte I und Spermatozyte I bzw. Oozyte II und Spermatozyte II heißen auch primäre bzw. sekundäre Oozyte und Spermatozyte. Zwei elterliche Homologenpaare (blau und rot) sind eingezeichnet mit Crossover-Rekombination in der weiblichen und mit interchromosomaler Rekombination in der männlichen Meiose. Gelber Punkt = Zentromer. Der hier gezeigte Ablauf kann vielfältige Abweichungen in verschiedenen Tierarten zeigen

so genannte **Stammzellmitosen**, bei denen jeweils eine der beiden Zellen in die Meiose eintritt, die andere sich wiederum mitotisch teilt (s. ▶ Abschn. 3.4.2, „Asymmetrische Zellteilung").

Im Verlauf der Meiose wird ein weiterer Unterschied deutlich: **Oozyten gehören zu den größten Zellen** (ein Straußenei, also Eizelle (= Eidotter) plus Eiklar plus Schale, kann bis zu 2 kg wiegen!) mit hoher, artspezifischer Größenvariabilität, **Spermatozyten** hingegen sind vergleichsweise klein. Das hat auch damit zu tun, dass sich aus der befruchteten Eizelle ein neuer Organismus entwickelt, der in seiner Frühphase keine Nahrung aufnehmen kann und daher versorgt werden muss. Neben den Nährstoffen, die sich im Dotter befinden, können sich aber auch solche Genprodukte in einer Eizelle befinden, die das Programm für die geordnete Entwicklung des frühen Embryos bereitstellen. Die Spermien hingegen bringen nur ihr haploides Genom in die Zygote ein, manchmal noch Mitochondrien, ein Zentrosom oder, in einigen Fällen, das Flagellum.

Die Ausbildung einer großen Eizelle wird auch dadurch ermöglicht, dass in der Oogenese nur **eines** der vier Meioseprodukte zur **Eizelle** reift und die anderen drei als sogenannte **Polkörper** (oder Richtungskörper) in den meisten Fällen absterben. Im Gegensatz dazu entwickeln sich während der Spermatogenese alle **vier** haploiden Zellen zu **Spermien**.

Ferner setzt die Differenzierung der Spermien, also die Spermiogenese, unmittelbar nach der Meiose ein und verläuft kontinuierlich bis zur Ausbildung fertiler Spermien. Im Gegensatz dazu beginnt die Oogenese sehr häufig bereits vor dem Abschluss der Meiose und kann sich über mehrere Jahre hinziehen. In sehr vielen Organismen wird die Oogenese ein- bis zweimal unterbrochen, wobei die Unterbrechung je nach Art in unterschiedlichen Meiosestadien stattfinden kann. Die erste Unterbrechung erfolgt bei fast allen Metazoen in der ersten meiotischen Prophase, beim Menschen z. B. im Diplotän (s. auch Lampenbürstenchromosomen, ▶ Box 5.2). Der Zeitpunkt der zweiten

Box 5.2 Lampenbürstenchromosomen in der Meiose

Bei vielen Tierarten findet man, meist in der weiblichen Meiose, genauer gesagt im Diplotänstadium der Prophase I, sog. **Lampenbürstenchromosomen**, die bei Amphibien besonders schön im Mikroskop zu beobachten sind. Sie haben ihren Namen wegen ihres Aussehens, das an früher gebräuchliche Bürsten zum Reinigen von Öl- oder Petroleumlampen erinnert. Wie in ◘ Abb. 5.9a–d zu erkennen ist, handelt es sich um Bivalente gepaarter homologer Chromosomen oder Tetraden mit vier Chromatiden (hier mit 2 Chiasmata; vgl. auch ◘ Abb. 5.4). Ungewöhnlich ist neben der Größe der Chromosomen die Ausbildung von **Schleifenstrukturen** (**loops**, ◘ Abb. 5.9a–d). Es konnte gezeigt werden, dass an den Schleifen, die ja aufgelockertes Chromosomenmaterial darstellen, Transkription stattfindet. Diese teilweise Entspiralisierung findet man in der weiblichen Meiose sehr vieler Arten, aber auch in manchen männlichen Meiosen. Ausgeprägte Schleifenstrukturen findet man auch in den Spermatozyten I von *Drosophila hydei* (◘ Abb. 5.9e–g). Diese als Schlingen, Fäden, Keulen und Tubulibänder bezeichneten Strukturen des Y-Chromosoms manifestieren die Aktivitätszustände der männlichen Fertilitätsgene. So kodiert ein Bereich der Fäden für die schwere Kette von Dynein, ein Motorprotein, das für die Beweglichkeit der Spermien benötigt wird.

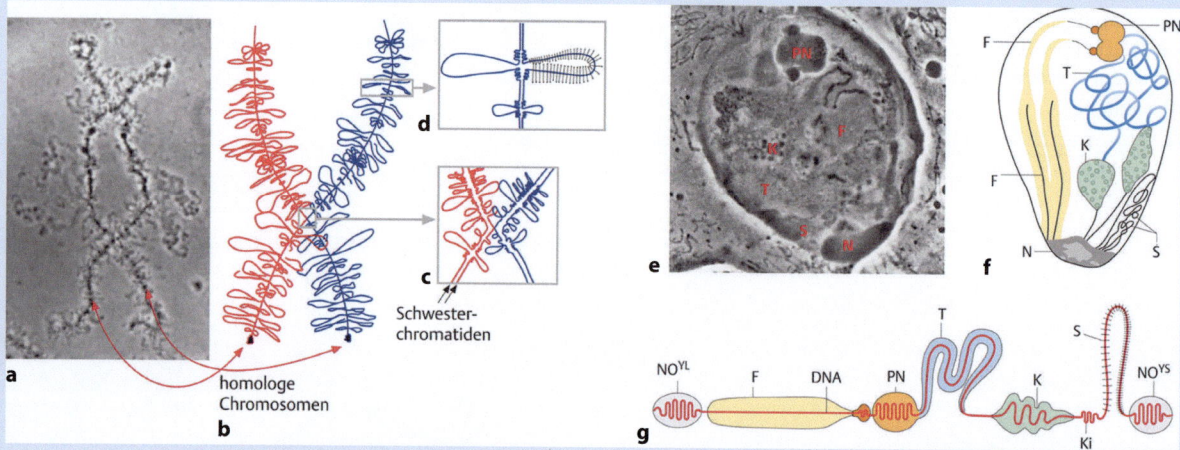

◘ **Abb. 5.9** Lampenbürstenchromosomen in der Oogenese des Marmormolchs *Triturus mamoratus* (**a–d**) und der Spermatogenese von *Drosophila hydei* (**e–g**) **a** Die Phasenkontrastfotografie zeigt das Bivalent XII des Marmormolchs mit zwei Chiasmata. **b** Schema der beiden homologen Chromosomen der Tetrade mit ähnlich ausgebildeten Doppelschleifenpaaren an den homologen Chromosomenbereichen. **c** Die höhere Auflösung zeigt, dass die Doppelschleifen aus Einzelschleifen an denselben Stellen der Schwesterchromatiden bestehen. Am Chiasma sind zwei der vier Chromatiden beteiligt. **d** Die Schleife entsteht durch „Ausspulen" eines Teils des Chromomerenmaterials. An den Schleifen kann Transkription als wachsende RNA-Moleküle nachgewiesen werden (symbolisiert durch schwarze Striche) **e** Phasenkontrastaufnahme einer Spermatozyte I mit Schleifenstrukturen im Zellkern. **f** Schematisierte Darstellung der verschiedenen Schleifentypen und ihrer Verknüpfung im Zellkern einer Spermatozyte I. **g** Y-Chromosom mit einem langen Arm links vom Kinetochor (Ki) und einem kurzen Arm rechts davon. Die DNA, hier als durchgehender roter Faden dargestellt, in der experimentell gefundenen Aufeinanderfolge der Schleifen entwunden und mit zusätzlichem Material assoziiert ist. F = Faden, K = Keule, Ki = Kinetochor, N = Nukleolus, NO = Nukleolus-Organisator am langen (YL = Y long) und kurzen Arm (YS = Y short), PN = Pseudonukleolus, S = Schlinge, T = Tubuliband. (**a–d** aus Callan 1987, **e–g** aus Hennig 1987, mit freundlicher Genehmigung)

Unterbrechung ist recht variabel, bei *Drosophila* erfolgt sie in der Metaphase I, in fast allen Wirbeltieren in Metaphase II. Erst durch die Befruchtung bzw. durch die Eireifung (Eisprung) erfolgt das Signal zur Fortsetzung der Meiose. Bei Seeigeln und Seesternen ist die Meiose bereits vor der Befruchtung abgeschlossen.

In ◘ Abb. 5.8 ist noch ein weiterer möglicher Unterschied dokumentiert: Bei manchen Arten (z. B. bei *Drosophila*) ist intrachromosomale Rekombination durch Crossover während der Meiose auf eines der beiden Geschlechter beschränkt (es ist dann immer das homogametische, bei *Drosophila* also XX, Weibchen), das andere – heterogametische – Geschlecht zeigt nur interchromosomale Rekombination durch die zufällige Segregation der Tetraden in Anaphase I.

5.2 Die Meiose – genetisch gesehen

Während der Entwicklung eines tierischen Embryos aus der befruchteten Eizelle (Zygote) werden durch Mitosen sehr viele Zellen gebildet. Somit stellen alle Körperzellen (somatische Zellen) einen **Zellklon** aus genetisch identischen Zellen dar. Im Verlauf der Entwicklung differenzieren die Zellen dann zu den unterschiedlichen Zelltypen eines Organismus. Eine Gruppe von Zellen, die sich in den Keimdrüsen (Gonaden) befindet, stellen die sog. **Keimbahn** dar, die später die **Keimzellen** (**Gameten**), Eizellen und Spermien, bilden, die aus Vorläuferzellen, den **Oogonien** in den Ovarien (Eierstöcken) bzw. den **Spermatogonien** in den Testes (Hoden), hervorgehen. Dabei handelt es sich um **Stammzellen**, die im weiteren Verlauf ihrer Reifung die Meiose durchlaufen, die schließlich zu haploiden Eizellen bzw. Spermien führt (s. Abb. 5.8). In diesem Kapitel sollen **die genetischen Konsequenzen der Meiose als Ergebnis der Rekombination** genauer betrachtet werden.

5.2.1 Die Neuordnung von Allelen während der Meiose

Oogonien und Spermatogonien sind diploid und weisen dieselbe genetische Ausstattung wie alle übrigen Zellen des Organismus auf. Sie vermehren sich mitotisch, verlassen aber zu einem bestimmten Zeitpunkt den Zellzyklus und treten in die Meiose ein (s. Abb. 5.8). Im Folgenden werden wir beispielhaft die Meiosevorgänge im Ovar eines *Drosophila* Weibchens mit einem bestimmten Genotyp verfolgen. Wir betrachten hier nur die beiden großen Autosomen von *Drosophila* mit den bereits beschriebenen drei Allelpaaren *vg* und *vg⁺*, *bw* und *bw⁺* auf dem 2. Chromosom sowie *e* und *e⁺* auf dem 3. Chromosom (Abb. 5.10a). Wie in der Mitose, geht der Meiose eine S-Phase voraus, in der die Chromosomen verdoppelt werden und danach aus zwei Schwesterchromatiden bestehen (Abb. 5.10b).

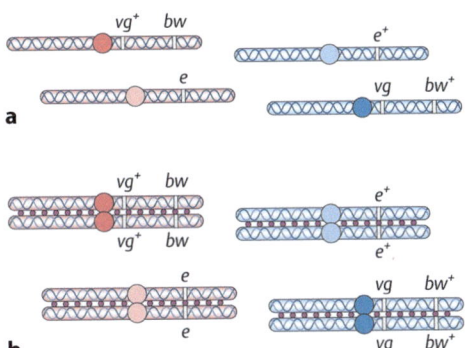

Abb. 5.10 Vorbereitung auf die Meiose Dargestellt sind zwei Chromosoms eines *Drosophila* Weibchens **a** Eine diploide Zelle mit den mütterlichen (rot) und väterlichen (blau) Chromosomen. Die 2. Chromosomen sind durch dunkle, die 3. Chromosomen durch helle Zentromere markiert. Die mütterlichen Chromosomen tragen die Allele *vg⁺* bw und *e*, die väterlichen Chromosomen *vg bw⁺* und *e⁺*. Diese Zellen (= Oogonien) vermehren sich mitotisch im Ovar (vergl. Abb. 5.8) **b** Bevor eine Oogonie zur meiotischen Oozyte wird, erfolgt ebenso wie vor einer Mitose die Verdoppelung der Chromosomen in der S-Phase. Jedes Chromosom des diploiden (2n) Satzes besteht dann aus 2 Schwesterchromatiden. Cohesin-Proteinkomplexe sind als violette Punkte zwischen den Schwesterchromatiden dargestellt (s. Abb. 5.20). Erklärung der Gensymbole in Tab. 3.1

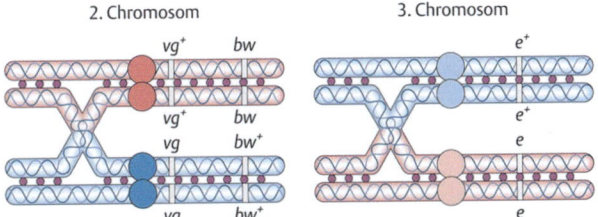

Abb. 5.11 Prophase der Meiose I. Die homologen Chromosomen paaren sich und bilden n (abhängig von der Zahl der Chromosomen) Tetraden aus je 4 Chromatiden. In der Regel gibt es in jeder Tetrade mindestens 1 Crossover. Cohesin-Proteinkomplexe sind als violette Punkte zwischen den Schwesterchromatiden dargestellt (s. ▶ Abschn. 5.3). Mütterliche Chromosomen sind rot, väterliche blau markiert. Erklärung der Gensymbole in Tab. 3.1. (s. auch Anmerkung in der Legende der Abb. 5.10)

Das Ergebnis der Prophase der Meiose I sind die gepaarten homologen Chromosomen als **Tetraden** mit je vier Chromatiden (Abb. 5.11). In der späten Prophase werden **Chiasmata** sichtbar, die das Ergebnis von Crossover-Ereignissen in der frühen Prophase sind. Von Ausnahmen abgesehen (s. ▶ Abschn. 5.1, Meiose bei *Drosophila* Männchen) findet man mindestens ein Chiasma pro Tetrade. Die schematische Darstellung der Abb. 5.11 verdeutlicht, dass Chiasmata keine wirklichen „Überkreuzungen" von Chromatiden sind. Vielmehr wird als erstes die DNA der Nicht-Schwesterchromatiden in der Phase der engen Paarung an bestimmten Stellen (vielleicht den Rekombinationsknoten) geschnitten und kreuzweise miteinander verknüpft, ohne dass diese Chromatiden die Paarung mit ihren jeweiligen Schwesterchromatiden aufgeben (Abb. 5.11).

In der Metaphase I kommt es zur Anordnung der Tetraden in der Äquatorialebene (Abb. 5.12), und in der Anaphase I zur Trennung der homologen Zentromere. Betrachtet man **zwei Tetraden** (jeweils vom 2. und 3. Chromosom gebildet), so gibt es **zwei Möglichkeiten der Anordnung und Trennung (Segregation):** Entweder werden die beiden mütterlichen Zentromere mit je zwei Chromatiden zu dem einen und die beiden väterlichen Zentromere zu dem anderen Spindelpol und dann in die Telophase-Zellkerne transportiert (Abb. 5.12a). Oder es wandern das mütterliche Zentromer des 2. Chromosoms und das väterliche des 3. Chromosoms an den einen Spindelpol, die beiden verbleibenden Zentromere an den anderen Pol (Abb. 5.12b). In einer individuellen Meiose kann natürlich nur einer der beiden Fälle verwirklicht werden. Da die Anordnung zufällig ist, kommen bei vielen Meiosen in ein und demselben Organismus beide Fälle gleich häufig vor.

Die **Anordnung der Tetraden** in der Äquatorialebene überlässt es dem Zufall, ob alle mütterlichen oder alle väterlichen Zentromere der n Tetraden gemeinsam in eine Zelle transportiert werden oder eine Durchmischung stattfindet. Bei dieser **Neukombination der Chromosomensätze (interchromosomale Rekombination)** wird die Anzahl der zufälligen Anordnungs- und Trennungsmöglichkeiten mit steigender Anzahl der Chromosomen im

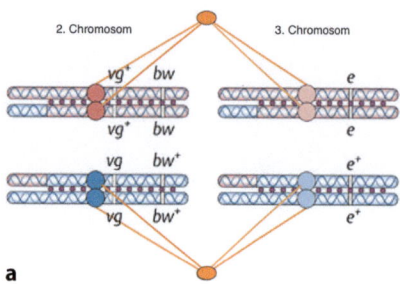
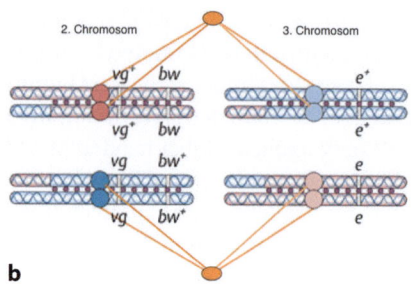

Abb. 5.12 Metaphase I. Durch die zufällige Anordnung der Tetraden in der Äquatorialebene entstehen bei zwei Tetraden zwei gleich häufige Möglichkeiten (**a** und **b**) der nachfolgenden Verteilung mütterlicher und väterlicher Allele (rote bzw. blaue Chromosomenabschnitte). Zur Vorbereitung der Anaphase I verbinden die Spindelfasern (hier durch gelbe Striche dargestellt) die Kinetochore der Chromatiden mit den Zentrosomen (gelbe Ovale). Mütterliche Chromosomenabschnitte und Zentromeren sind rot, väterliche blau. Cohesin-Proteinkomplexe sind als violette Punkte zwischen den Bereichen der Schwesterchromatiden dargestellt (s. ▶ Abschn. 5.3). Erklärung der Gensymbole in ◘ Tab. 3.1. (s. auch Anmerkung in der Legende der ◘ Abb. 5.10)

haploiden Satz potenziert. Bei *Drosophila melanogaster* mit 4 Chromosomen im haploiden Satz gibt es 2^4 = 16 Kombinationsmöglichkeiten der mütterlichen und väterlichen Chromosomen, beim Menschen mit n = 23 Chromosomen kann eine Frau bzw. ein Mann theoretisch 2^{23} oder 8,4 Mio. genetisch verschiedene Eizellen bzw. Spermien durch interchromosomale Rekombination bilden.

Aber dies ist noch nicht alles an Rekombination: In unserem Beispiel sind zwei der vier Chromatiden einer Tetrade durch ein **Crossover zwischen Nicht-Schwesterchromatiden** (**intrachromosomale Rekombination**) neu kombiniert. Diese Chromatiden enthalten nunmehr sowohl mütterliche als auch väterliche Chromosomenabschnitte (rote bzw. blaue Abschnitte in ◘ Abb. 5.12). Das bedeutet, dass z. B. entlang des Chromosoms 2 auf einer der Chromatiden die ersten 1000 Gene mit väterlichen Allelen besetzt sind, die restlichen Gene mütterlicher Abstammung sind. In der anderen Chromatide ist es genau umgekehrt. Aus diesem Grund kann man in der Anaphase I streng genommen **nicht von der „Trennung der homologen Chromosomen" sprechen**, wenn ein oder mehrere Crossover in einer Tetrade stattgefunden haben. Denn dadurch sind die beiden Chromatiden der getrennten Chromosomen nicht mehr in ihrer vollen Länge Schwesterchromatiden.

Der Mechanismus dieser **intrachromosomalen Rekombination** lässt die Zahl der Rekombinationsmöglichkeiten ins Unermessliche steigen, insbesondere wenn man bedenkt, dass es in einer Tetrade nicht nur ein Crossover, sondern oft mehrere geben kann, und dass in jeder einzelnen Meiose die Crossover-Orte entlang des Homologenpaars variieren können, und dass es zudem an sehr vielen Genorten mehrere Allele gibt. Nehmen wir als Beispiel die rund 8 Mio. Möglichkeiten interchromosomaler Rekombination beim Menschen. Jeder Crossover-Ort, der hinzukommt, verdoppelt die Rekombinationsmöglichkeiten, also bei einem einzigen Crossover-Ort bereits auf rund 16 Mio. (von 2^{23} auf 2^{24}). Der einzelne Mensch hat aber nur sehr wenige Nachkommen, nutzt also nur einen winzigen Bruchteil der von der Natur angebotenen Meiose-Möglichkeiten.

Das wohl wichtigste Ergebnis dieser statistischen Überlegungen ist, dass jeder Mensch, der je gelebt hat, lebt oder leben wird, ein genetisch einzigartiges Individuum darstellt. Dies gilt auch für jedes Individuum vieler anderer eukaryontischer Arten, soweit sie nicht durch Mitosen auseinander hervorgehen (z. B. durch Knospung bei Nesseltieren oder Ableger bei Pflanzen), als eineiige Mehrlinge geboren werden (s. a. Tetradenanalyse, ▶ Abschn. 8.5), oder Genome mit nur wenigen Chromosomen aufweisen (z. B. *Drosophila melanogaster*).

Die in ◘ Abb. 5.12 beschriebenen beiden Fälle der Segregation der Chromosomen in der Anaphase I kann man bezüglich der Kombination der Allele der drei von uns betrachteten Gene klassifizieren: der Fall a behält die elterlichen Kombinationen bei (vg^+ bw e bzw. vg bw^+ e^+), während im Fall b neue Kombinationen entstehen (vg^+ bw e^+ bzw. vg bw^+ e).

Durch die Trennung der Chromatiden in der Anaphase II entstehen in der Telophase II aus einer Meiose insgesamt vier genetisch verschiedene haploide Meioseprodukte. Jede dieser Zellen erhält je eine Chromatide (jetzt wieder Chromosomen genannt) jeder Tetrade. Zwei Zellen besitzen den mütterlichen Genotyp vg^+, bw e und zwei den väterlichen Genotyp vg, bw^+ e^+ (◘ Abb. 5.13a).

Beim zweiten Segregationstyp enthalten zwei der vier Meioseprodukte die Rekombination 1 mit vg^+, bw und e^+ (◘ Abb. 5.13a), die beiden anderen die Rekombination 2 mit vg, bw^+ und e (◘ Abb. 5.13b).

Die Verteilung von Chromosomenbereichen, die außerhalb der betrachteten Allelpaare durch ein Crossover neu kombiniert sind, haben wir dabei außer Acht gelassen. Beziehen wir sie mit ein, so wird klar, dass auch in der Metaphase II die Anordnung der Chromosomen in der Äquatorialebene für die genetische Zusammensetzung der haploiden Genome eine Rolle spielt.

5.2 · Die Meiose – genetisch gesehen

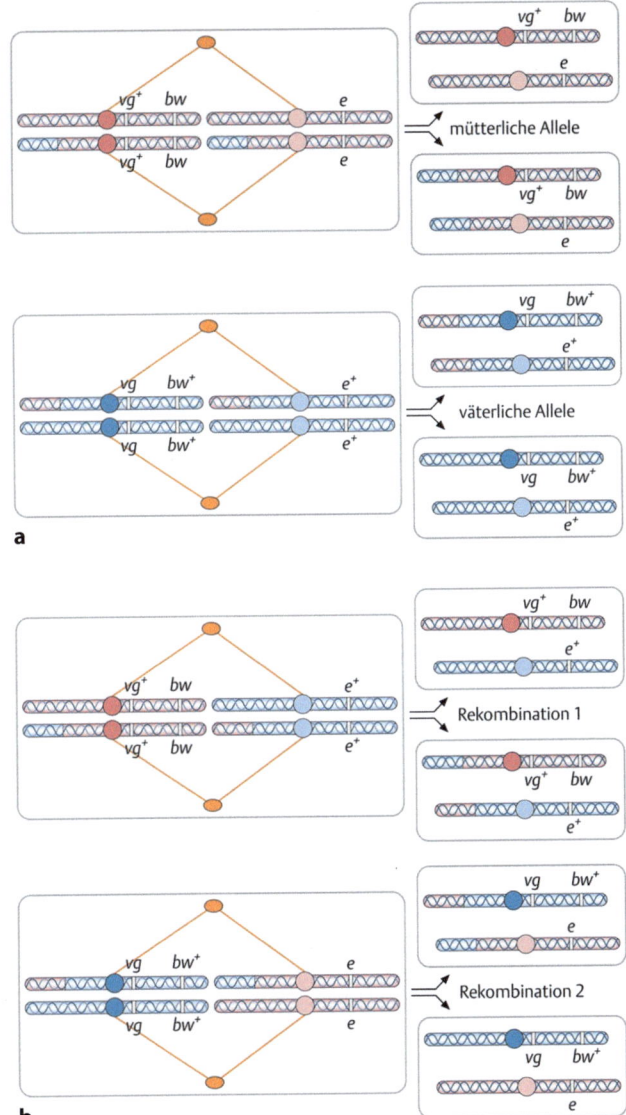

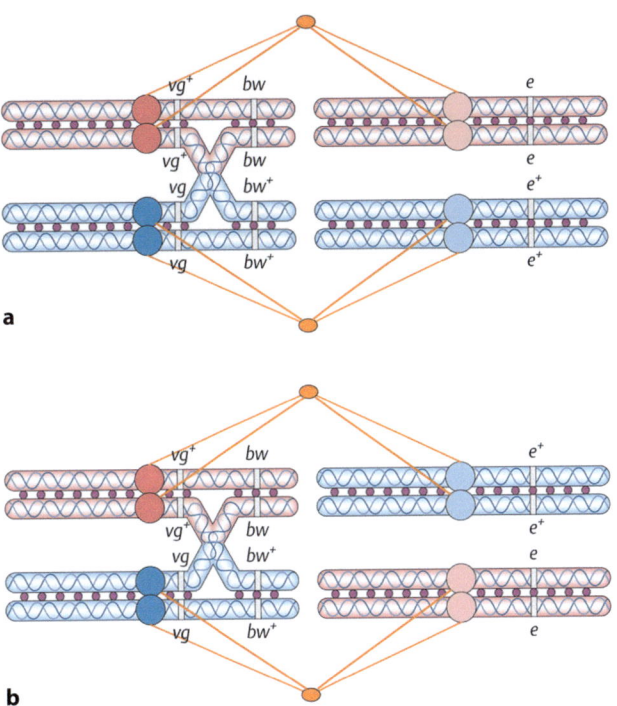

Abb. 5.13 Metaphase II und Gameten. Die beiden möglichen Anordnungen der Tetraden in der Metaphase I der ◘ Abb. 5.12 ergeben in der Anaphase II im Bereich der drei betrachteten Allelpaare entweder **a** die beiden Nicht-Rekombinanten oder **b** zwei neue Allelkombinationen als Gameten. Im Bereich distal (vom Zentromer aus gesehen) der Crossover ist, farblich markiert, Rekombination zu erkennen (vgl. ◘ Abb. 5.11). Mütterliche Chromosomen sind rot, väterliche blau. Erklärung der Gensymbole in ◘ Tab. 3.1. (s. auch Anmerkung in der Legende der ◘ Abb. 5.10)

Abb. 5.14 Meiose I und Crossover. Ein Crossover zwischen *vg* und *bw* in der Prophase I hat Auswirkungen auf die Metaphase I und die Anaphase I. Durch die zufällige Anordnung der Tetraden in der Äquatorialebene entstehen bei zwei Tetraden zwei gleichberechtigte (gleich häufige) Möglichkeiten (**a** und **b**) für die nachfolgende Verteilung mütterlicher und väterlicher Allele. Die beiden 2. Chromosomen enthalten jeweils eine zwischen den beiden *vg*- und *bw*-Allelen rekombinierte Chromatide. Cohesin-Proteinkomplexe sind als violette Punkte zwischen den Schwesterchromatiden dargestellt (s. ► Abschn. 5.3). Mütterliche Chromosomen sind rot, väterliche blau. Erklärung der Gensymbole in ◘ Tab. 3.1. (s. auch Anmerkung in der Legende der ◘ Abb. 5.10)

Die **Meiose II ist keine Mitose**, da ihre Teilungsprodukte genetisch unterschiedlich sind.

Betrachten wir abschließend den Fall, dass ein **Crossover** in der Prophase zufälligerweise **zwischen den Genorten *vg* und *bw*** auf dem 2. Chromosom stattgefunden hat, das 3. Chromosom zufälligerweise ohne Crossover geblieben ist (◘ Abb. 5.14).

Bei der Verteilung von je zwei Chromatiden einer Tetrade in der Anaphase I gibt es auch hier zwei Möglichkeiten: Entweder werden die beiden mütterlichen bzw. väterlichen Zentromere zu einem Spindelpol gezogen (◘ Abb. 5.14a) oder es kommt zu interchromosomaler Rekombination (◘ Abb. 5.14b). Hier wird besonders deutlich, dass man nicht davon sprechen kann, dass in der Meiose I die homologen Chromosomen voneinander getrennt werden (s. ► Abschn. 5.2.2). Da ein Crossover pro Tetrade der Regelfall ist, muss man feststellen, dass in der Anaphase I zwei Chromosomen getrennt werden, die im Bereich des Zentromers immer und – je nach Lage des Crossovers – in einigen anderen Teilabschnitten Schwesterchromatiden sind. In anderen Bereichen enthalten rekombinierte Abschnitte der Chromosomen unterschiedliche Allele. Als Ergebnis erhalten wir jeweils vier haploide Zellen, die genetisch verschieden sind.

Zusammenfassend können wir feststellen, dass es bezüglich der drei betrachteten Allelpaare, die hier am Beispiel von *Drosophila* Weibchen dargestellt wurden, vier verschiedene Verteilungsmöglichkeiten der Chromosomen gibt, die zu acht verschiedenen haploiden Genotypen in den Eizellen führen (◘ Abb. 5.13 und 5.15).

Statistisch sind die beiden Meiosen ohne Crossover zwischen den Genen *vg* und *bw* gleich häufig, ebenso wie

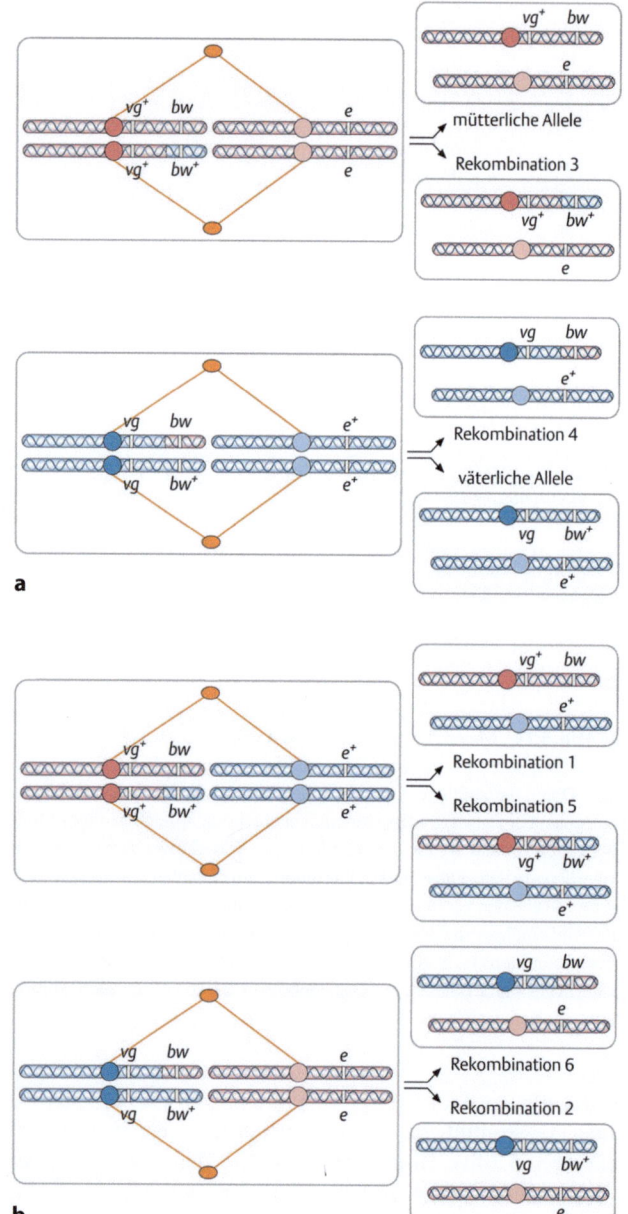

Abb. 5.15 Metaphase II und Gameten. Nach einem Crossover zwischen *vg* und *bw* ergeben die beiden möglichen Anordnungen der Tetraden in der Metaphase I der ◘ Abb. 5.11 in der hier gezeigten Anaphase II im Bereich der drei betrachteten Allelpaare entweder **a** die beiden Nicht-Rekombinanten und zwei Rekombinanten oder **b** zwei Allelkombinationen, die uns bereits bekannt sind (◘ Abb. 5.10b) und zwei weitere Rekombinanten als Gameten. Erklärung der Gensymbole in ◘ Tab. 3.1. (s. auch Anmerkung in der Legende der ◘ Abb. 5.10)

ckelt; denn alle vier haploiden Genome haben die gleiche Chance, in die Eizelle zu gelangen (s. ▶ Abschn. 5.2.3).

5.2.2 Unterschiede in der zytologischen und genetischen Betrachtung der Meiose

Die Zytologie der Meiose ist recht einheitlich, selbst wenn wir viele verschiedene Meioseabläufe innerhalb einer Gonade analysieren. Wir werden zwar entdecken, dass die Orte und die Anzahl der Chiasmata in den Tetraden sich von Meiose zu Meiose verändern können, ansonsten aber die Zytologie gleichbleibt. Das Ergebnis einer Meiose sind Zellkerne mit einem einfachen Chromosomensatz, also mit jeweils nur einer Kopie von jedem Chromosom. Die erste Teilung der Meiose führt also zur Reduktion der Chromosomenzahl (gemessen an der Anzahl der Zentromeren), daher der Name Reduktionsteilung.

Die genetische Analyse der Meiose zeigt ein sehr viel differenzierteres Bild. In der Regel sind die homologen Chromosomen an vielen Genorten bezüglich der vorhandenen Allele unterschiedlich. Da es während der ersten meiotischen Teilung durch Crossover zum Austausch von Chromosomenabschnitten zwischen den Nicht-Schwesterchromatiden kommt, bestehen die Chromatiden aus mütterlichen und väterlichen Chromosomenabschnitten/Genen. Somit kann man – unter Berücksichtigung der genetischen Ereignisse – nicht von der Trennung der Homologen in der ersten meiotischen Teilung sprechen. Deshalb wäre es besser und richtiger, diesen Vorgang als **Trennung der mütterlichen und väterlichen Zentromere einer Tetrade** zu bezeichnen, unabhängig davon, welchen Ursprung die Abschnitte der jeweiligen Chromatiden haben. Nur im Falle achiasmatischer Meiosen, in denen die beiden Chromatiden der Telophase-I-Chromosomen tatsächlich Schwesterchromatiden sind, werden homologe Chromosomen getrennt (s. ▶ Abschn. 5.1.1).

Weitere Unklarheiten entstehen durch die Verwendung des Begriffs „Reduktion", ein Begriff, der ursprünglich für die Halbierung des Chromosomensatzes in der ersten meiotischen Teilung verwendet wurde (basierend auf mikroskopischen Beobachtungen). Auf der Ebene des einzelnen Genorts betrachtet kann die Reduktion bzw. die Trennung mütterlicher und väterlicher Allele aber sowohl in der 1. als auch in der 2. meiotischen Teilung stattfinden, die dann als Prä- bzw. Postreduktion unterschieden werden (◘ Abb. 5.16). **Präreduktion** bedeutet, dass mütterliche von väterlichen Allelen in der Anaphase I getrennt werden. Dies ist z. B. dann der Fall, wenn es in der Tetrade kein Crossover gibt, und somit die beiden väterlichen bzw. die beiden mütterlichen Allele voneinander getrennt werden. **Zentromere werden immer präreduziert**. Hat jedoch Crossover stattgefunden, so sind in einem ausgetauschten Abschnitt nach der Meiose I jeweils ein väterliches und ein mütterliches Allel in den beiden Chromatiden vorhanden.

die beiden Meiosen mit Crossover. Der Anteil der Meiosen mit Crossover an allen Meiosen wird bestimmt durch die Häufigkeit von Crossover-Ereignissen in dieser Chromosomenregion. Diese Feststellungen werden nicht durch die Tatsache berührt, dass sich im Fliegenovar (wie generell in den weiblichen Meiosen von Pflanzen und Tieren) nur eins der vier Meioseprodukte zu einer Eizelle entwi-

5.2 · Die Meiose – genetisch gesehen

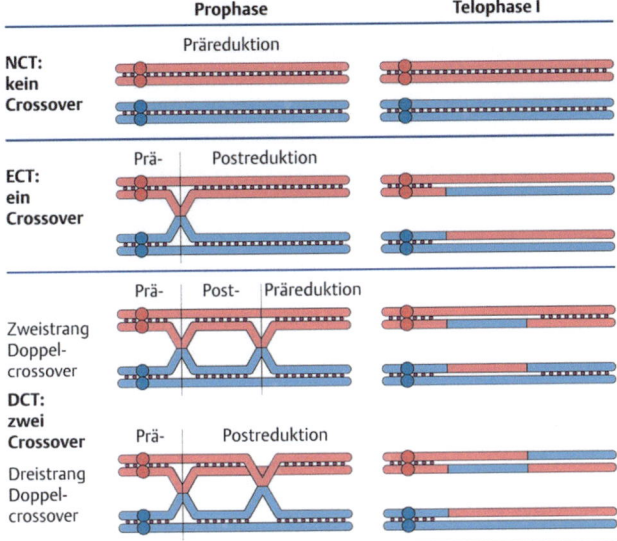

• **Abb. 5.16** Prä- und Postreduktion. Präreduktion bedeutet, dass mütterliche (rot) von väterlichen (blau) Allelen in der Anaphase I getrennt werden. Zentromere werden immer präreduziert. Bei der Postreduktion geschieht dies erst in Anaphase II. Cohesin-Proteinkomplexe sind als violette Punkte zwischen den Bereichen der Schwesterchromatiden dargestellt (s. ▶ Abschn. 4.3). NCT = Nicht-Crossover-Tetrade, ECT = Einfach-Crossover-Tetrade, DCT = Doppel-Crossover-Tetrade

Diese werden erst in Anaphase II voneinander getrennt, man spricht dann von **Postreduktion**. Wenn zwei Crossover in einer Tetrade stattgefunden haben, können sich prä- und postreduzierte Abschnitte abwechseln, je nachdem welche Chromatiden beteiligt sind. In dem Beispiel in • Abb. 5.15 wird *vg* präreduziert, *bw* wird postreduziert.

Bei Arten mit Heterosomen unterscheiden sich die diploiden Chromosomensätze in den beiden Geschlechtern. Im weiblichen Geschlecht von z. B. *Drosophila* und Säugern besteht der diploide Chromosomensatz aus den Autosomenpaaren und einem Paar gleicher Geschlechts-(X-) Chromosomen, man bezeichnet es deshalb als das **homogametische Geschlecht**. Im Gegensatz dazu enthält das männliche Geschlecht neben den Autosomenpaaren ein X- und ein Y-Chromosom, man bezeichnet es als das **heterogametische Geschlecht**. Letzteres produziert zwei verschiedene haploide Chromosomensätze: einen mit einem X-Chromosom und einen mit einem Y-Chromosom.

5.2.3 Mitose und Meiose unterscheiden sich grundlegend

Die wesentlichen Unterschiede zwischen Mitose und Meiose sind in der • Abb. 5.17 dargestellt.

Während der **Mitose** bleibt eine diploide Zelle stets diploid, auch die Tochterzellen sind diploid und bezüglich der Chromosomenzusammensetzung identisch. Dies wird

• **Abb. 5.17** Vergleich einiger wichtiger Eigenschaften von Mitose und Meiose an Hand eines Homologenpaars einer diploiden Zelle. Nach der Anaphase I der Meiose hat die Zelle einen einfachen Chromosomensatz, aber jedes Chromosom besteht noch aus zwei Chromatiden (2C). Im einfachen (1n) Chromosomensatz, der aus 1-Chromatid Chromosomen besteht, sind alle Gene im Chromosom mit nur jeweils einem Allel vertreten. In der Meiose ist das erst nach Anaphase II der Fall. (s. auch Anmerkung in der Legende der • Abb. 5.10)

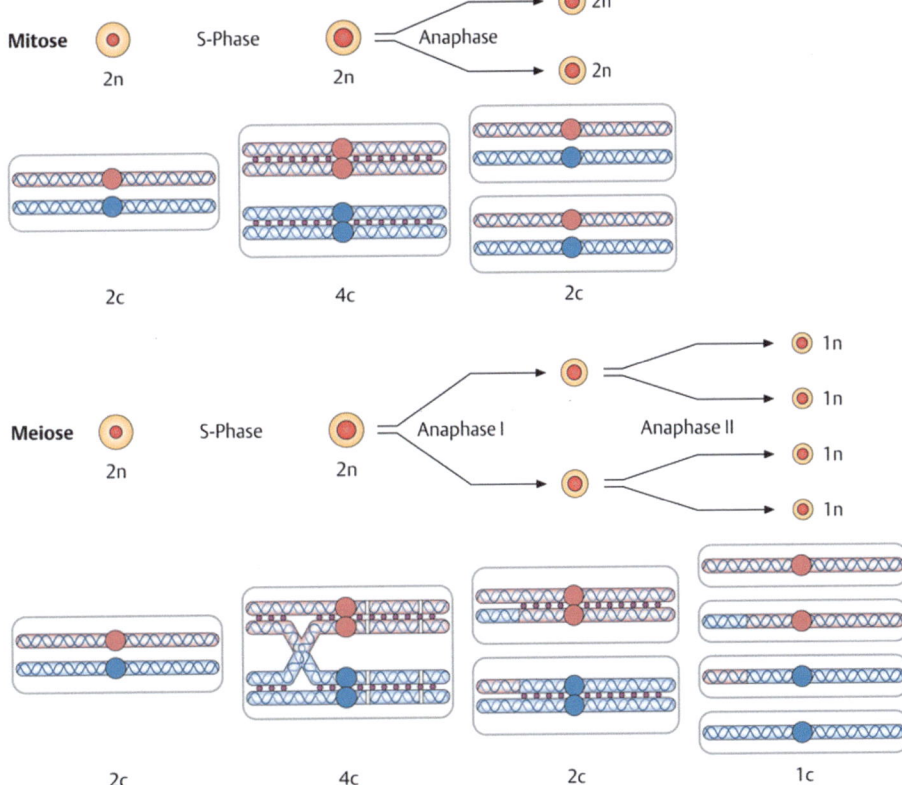

dadurch erreicht, dass die Chromosomen in der S-Phase verdoppelt werden, jedes Chromosom aus zwei Schwesterchromatiden besteht und dabei der DNA-Gehalt von 2C auf 4C steigt. In der Metaphase werden die Schwester-Kinetochore geteilt und die beiden Chromatiden jedes einzelnen Chromosoms während der Anaphase getrennt. **Aus einer mitotischen Teilung entstehen zwei genetisch identische Zellen**, unabhängig davon, ob die sich teilende Zelle haploid oder diploid ist.

Durch die **Meiose** wird zum einen der Chromosomensatz von diploid auf haploid reduziert und zum anderen das Genom neukombiniert, so dass die Meioseprodukte genetisch unterschiedlich sind. Die Meiose beginnt immer mit einer diploiden Zelle, die eine S-Phase durchläuft. Im Gegensatz zur Mitose paaren sich die Homologen und bilden mit ihren je zwei Schwesterchromatiden eine Tetrade. Durch Crossover zwischen Nicht-Schwesterchromatiden kommt es zur Neukombination der mütterlichen und väterlichen Gene. Die vier Chromatiden werden in zwei Teilungsschritten auf vier Zellen verteilt. In der ersten meiotischen Teilung werden die Schwester-Kinetochore einer Tetrade nicht getrennt, sondern gelangen zusammen an einen Spindelpol. Erst in der zweiten meiotischen Teilung erfolgt die Trennung der Schwester-Kinetochore. **Aus einer meiotischen Teilung entstehen vier haploide, genetisch unterschiedliche Zellen**.

5.3 Die Meiose – molekular gesehen

Die Meiose ist, zusammen mit der Abtrennung der Keimbahnzellen vom Soma, eine der größten „Erfindungen" der Eukaryonten, die sich vor etwa 1,5 Mrd. Jahren entwickelten. Die Meiose ist ein Prozess, der die korrekte Weitergabe der genetischen Information von einer Generation zur nächsten sichert und ihre Neukombination ermöglicht. Beides stellt die Grundlage für die Evolution der enormen Vielfalt multizellulärer Organismen dar.

Obwohl der Ablauf der Meiose in allen sich sexuell fortpflanzenden Organismen konserviert ist, weisen die molekularen Mechanismen, die die meiotischen Teilungen kontrollieren, eine erstaunliche Vielfalt auf, nicht nur zwischen unterschiedlichen Spezies, sondern manchmal auch zwischen den Geschlechtern derselben Spezies. Deshalb werden im Folgenden nur einige der beteiligten molekularen Mechanismen beispielhaft vorgestellt.

Box 5.3 Reversion einer Meiose zu einer Mitose

Die erstaunlich große Ähnlichkeit des Ablaufs der Meiose in allen Eukaryonten lässt vermuten, dass die Meiose nur einmal während der Evolution entstanden ist (Wilkins und Holliday 2009). Eine Meiose unterscheidet sich in wenigen Ereignissen von einer Mitose:

I. Paarung der Homologen und Synapsis,
II. Crossover und Rekombination zwischen Homologen,
III. keine Trennung der Schwesterchromatiden in der ersten Teilung, und
IV. das Fehlen einer zweiten S-Phase vor der zweiten meiotischen Teilung.

Im Laufe der Evolution haben sich vielfältige, zum Teil komplexe Mechanismen zur Regulation der Meiose entwickelt. Dennoch ist es gelungen, in der Ackerschmalwand *Arabidopsis thaliana* durch **Mutationen in nur drei Genen**, *Atspo11-1*, *Atrec-8* und *OSD1*, eine Meiose in eine Mitoseähnliche Teilung umzuwandeln (◘ Abb. 5.18). Der Phänotyp dieser Tripelmutante wurde von den Autoren *MiMe* Phänotyp (= *Mitosis instead of Meiosis*) genannt (d'Erfurth et al. 2009).

- Das Gen *OSD1* (*Omission in Second Division*) ist für den korrekten Übergang von Meiose I zu Meiose II nötig. In *osd1* Mutanten **entstehen funktionelle diploide Gameten mit rekombinierten Chromosomen**, die polyploide Nachkommen produzieren. *OSD1* kodiert einen Inhibitor des APC/C-Komplexes (*Anaphase-Promoting-Complex*; s. ▶ Abschn. 3.4.3).

- In der *Atspo11-1*, *Atrec-8* Doppelmutante ähnelt die erste meiotische Teilung einer Mitose, es entstehen 2 diploide Zellen. Diese teilen sich jeweils nochmals, allerdings fehlerhaft. **Es entstehen aneuploide Zellen mit variabler Chromosomenzahl, die nicht überleben**. *Atspo11-1* kodiert für das *Arabidopsis* Homolog Spo11, eine Topoisomerase, die Doppelstrangbrüche in die DNA einführt. Sein Verlust führt zu einer drastischen Reduktion von Crossover und Rekombination und dadurch bedingten fehlerhafte Segregation der Chromosomen. *Atrec8* ist das *Arabidopsis* Homolog von Rec8, der Kleisin Untereinheit des meiotischen Cohesins (◘ Abb. 5.19). In *Atrec8* Mutanten kommt es zum Verlust der Kohäsion der Zentromeren in Anaphase I und es werden Chromatiden, und nicht homologe Chromosomen getrennt.

- In der *Atspo11-1*, *Atrec-8*, *osd-1* Dreifachmutante (*MiMe*) findet, wie in der *Atspo11-1*, *Atrec-8* Doppelmutante, eine Mitose-ähnliche erste meiotische Teilung statt, aber die *osd1* Mutante verhindert die zweite meiotische Teilung. In der *MiMe* Mutante wird aus einer Meiose eine Mitose-ähnliche Teilung (**Apomeiosis**), deren diploide Tochterzellen genetisch identisch mit der Ausgangszelle sind und sich zu **funktionellen männlichen und weiblichen Gameten entwickeln**. Durch weitere Kreuzungen kann somit der Ploidigrad mit jeder Generation verdoppelt werden.

5.3 · Die Meiose – molekular gesehen

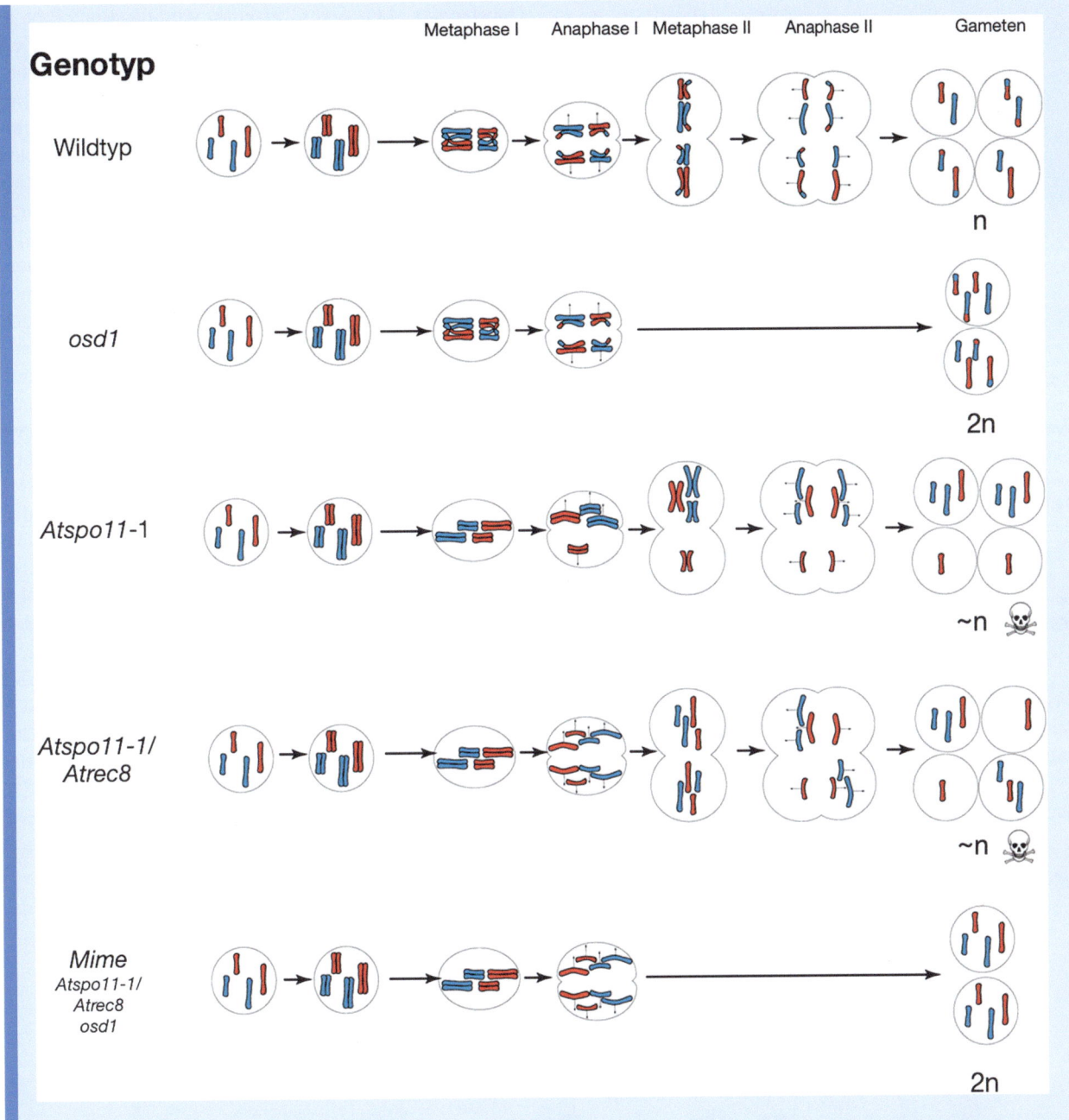

Abb. 5.18 Schematische Darstellung zur genetischen Umwandlung einer Meiose in eine Mitose-ähnliche Teilung. Erklärungen s. Text. (Modifiziert nach d'Erfurth et al. 2009, Abb. 1, mit freundlicher Genehmigung)

5.3.1 Cohesin in der Meiose

Wenn die vier Meioseprodukte jeweils einen einfachen, also haploiden Chromosomensatz erhalten sollen, muss dafür gesorgt sein, dass jeweils eine der vier Chromatiden jeder Tetrade in einen Gametenkern gelangt. **Cohesin** hält nach der prämeiotischen Replikation die **Schwesterchromatiden** zusammen. Dies bleibt auch so, wenn die homologen Chromosomen gepaart sind und eine Tetrade bilden, die durch Kohäsion und Chiasmata stabilisiert wird (s. Abb. 5.4, 5.6). **Cohesine** spielen deshalb für den geordneten Ablauf der Meiose eine ähnlich wichtige Rolle wie für die Mitose (vergl. Abb. 3.15). Allerdings verwendet der meiotische Cohesin-Komplex andere Untereinheiten als der mitotische Komplex: das Kleisin Rec8 tritt an die Stelle von Scc1, und SA3 tritt an die Stelle von Scc3 (Abb. 5.19).

Beim Eintritt in die erste meiotische Teilung liegt die DNA verdoppelt vor, die Schwesterchromatiden sind über die gesamte Länge gepaart. Cohesine gewährleisten die

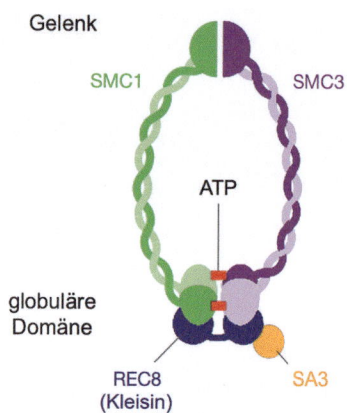

Abb. 5.19 Der meiotische Cohesin Komplex. Der Komplex besteht, ähnlich wie der mitotische Cohesin-Komplex, aus vier Untereinheiten: SMC1 (grün) und SMC3 (magenta) sind identisch wie die beiden SMC (Structural Maintenance of Chromosomes)-Proteine im mitotischen Cohesin, außerdem Kleisin REC8 (dunkelblau) und SA3 (gelb). Weitere regulatorische Proteine sind nicht eingezeichnet. Die Namen der Proteine sind die von *S. cerevisiae*. Die globuläre Domäne der SMC-Proteine hat ATPase-Aktivität. Hydrolyse von ATP erlaubt die Umfassung/den Einschluss der DNA (s. ▶ Abb. 3.13). (modifiziert nach Wikimedia Commons: ▶ https://commons.wikimedia.org/wiki/File:Models_of_SMC_and_cohesin_structure.svg#cite_note-1)

Paarung der Schwesterchromatiden und die Stabilisierung der Chiasmata, die wiederum die Homologen zusammenhalten (▶ Abb. 5.20, Prophase I).

Durch Proteinkinasen (= Enzyme, die Proteine phosphorylieren; s. auch ▶ Abb. 4.19), etwa Aurora B/C in Oocyten der Maus und *C. elegans*, wird das Rec8 Protein im Cohesin entlang der Chromosomenarme phosphoryliert (▶ Abb. 5.20, Metaphase I). Der Eintritt in die Anaphase erfolgt durch die Inaktivierung von Securin/Pds1 im Separase-Securin Komplex durch den **Anaphase Promoting Complex/Cyclosom, APC/C**. Dieser Enzymkomplex katalysiert die Ubiquitinierung (Hinzufügen des Peptids Ubiquitin; s. auch ▶ Abb. 10.33) von Securin, wodurch dieses abgebaut wird. Die dadurch freigesetzte Cystein-Protease **Separase** wird aktiviert und entfernt das phosphorylierte Rec8 Protein von den Chromosomenarmen (▶ Abb. 5.20). Im Zentromerenbereich ist Rec8 jedoch durch **Shugoshin** (**Sgo1**) (von japanisch: ‚Schutzgeist') und der **Protein-Phosphatase 2A-B56** geschützt, wodurch seine Phosphorylierung und somit seine Spaltung durch Separase verhindert wird. Anders als in der Anaphase der Mitose, in der es zur entgegengesetzten Ausrichtung der Kinetochore kommt, sind zu Beginn der Anaphase I der Meiose die Kinetochore der Schwesterchromatiden **zum selben Spindelpol ausgerichtet** (▶ Abb. 5.21). Die dadurch bedingte **monopolare Ausrichtung der Mikrotubuli** führt in Anaphase I zur **Trennung der homologen Chromosomen** mit ihren **jeweils zwei Chromatiden** (▶ Abb. 5.21).

Zu Beginn der zweiten meiotischen Teilung wird Shugoshin von der Zentromerenregion der immer noch am Zentromer zusammengehaltenen Schwesterchromatiden durch APC abgebaut, was die Phosphorylierung des Kleisins Rec8 ermöglicht (▶ Abb. 5.20, Metaphase II). Rec8 kann nun durch Separase gespalten werden. Die

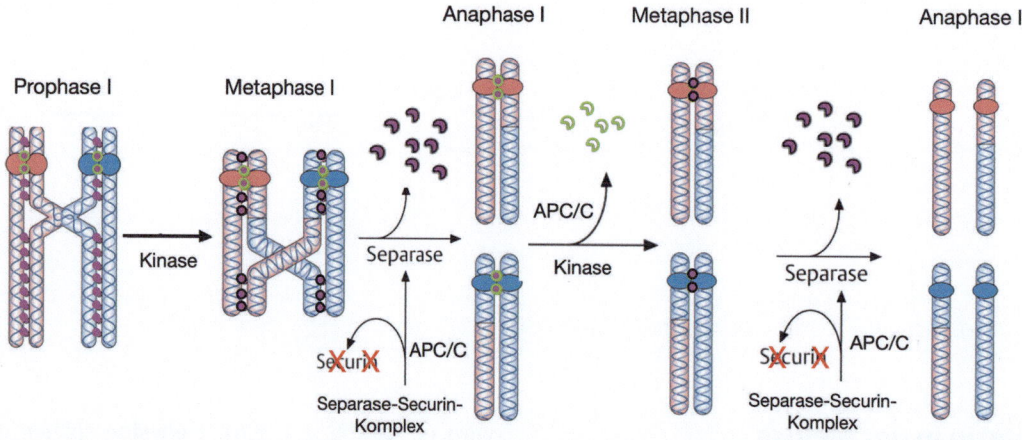

Abb. 5.20 Cohesin in der Meiose. Während der Prophase I und bis zu Beginn der Metaphase werden die Schwesterchromatiden durch Cohesin-Komplexe (magenta Punkte) entlang der Chromosomenarme und im Zentromerenbereich zusammengehalten. Mit zunehmender Terminalisierung der Chiasmata beim Übergang zur Metaphase I wird das Kleisin Rec8 im Cohesin an den Chromosomenarmen durch Kinasen phosphoryliert (magenta Punkte mit schwarzem Rand). Das ermöglicht die Spaltung der Cohesin-Komplexe durch Separase. Separase, eine Untereinheit im Separase-Securin Komplex, wird erst nach dem Abbau von Securin durch APC/C (Anaphase Promoting Complex/Cyclosome) aktiviert. Im Zentromerenbereich rekrutiert das Protein Shugoshin (Sgo1) (grüne Umrandung der magenta Punkte) die Proteinphosphatase PPA2-B56, die dort die Phosphorylierung und somit Spaltung von Kleisin Rec8 verhindert. Auf diese Weise bleiben die Schwesterchromatiden weiterhin an den Zentromeren verbunden, und werden, nach Anheftung der Spindelmikrotubuli, in Anaphase I gemeinsam an einen Pol gezogen. In Anaphase II wird Sgo1 (grün) durch APC/C abgebaut. Rec8 wird phosphoryliert (schwarze Umrandung der magenta Punkte), und nun kann auch der Cohesin-Komplex an den Zentromeren durch Separase gespalten werden. Die Chromatiden werden getrennt und zu entgegengesetzten Polen gezogen. (s. auch Anmerkung in der Legende der ▶ Abb. 5.10)

5.3 · Die Meiose – molekular gesehen

Mitose

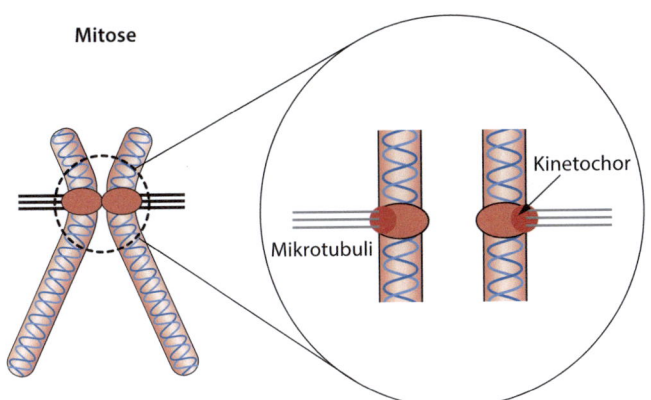

- kein perizentrisches Cohesin
- entgegengesetzte Ausrichtung der Kinetochore
- bipolare Anheftung der Mikrotubuli

Meiose

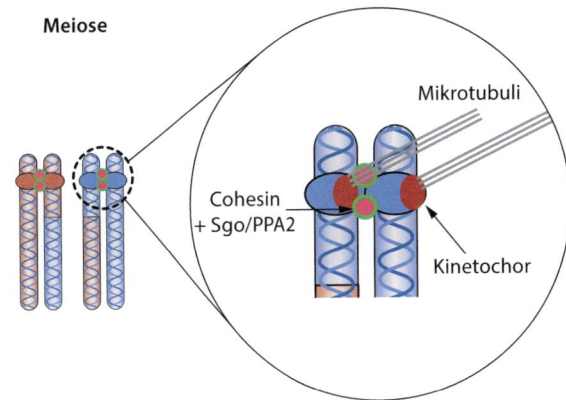

- Schutz des pericentrischen Cohesins durch Sgo und PPA2
- gleiche Ausrichtung der Kinetochore
- monopolare Anheftung der Mikrotubuli

Abb. 5.21 Unterschied zwischen der Anaphase der Mitose und der Anaphase I der Meiose. In der Anaphase der Mitose (links) ist das Cohesin entlang der Chromosomenarme und in der Zentromerenregion abgebaut. Die Kinetochore der Schwesterchromatiden (dunkelrot), an denen die Spindelmikrotubuli (graue Linien) ansetzen, weisen in entgegengesetzte Richtungen. So gelangen die Schwesterkinetochore (und Schwesterchromatiden) an entgegengesetzte Pole. In der Anaphase I der Meiose (rechts) ist das Cohesin entlang der Chromosomenarme abgebaut, aber Cohesine zwischen den Zentromeren sind durch Sgo1 (grün) vor dem Abbau geschützt (magenta Punkte mit grünem Rand), weshalb die Schwesterchromatiden weiterhin zusammengehalten werden. Kinetochore der Schwesterchromatiden weisen in die gleiche Richtung. Somit gelangen die Schwesterchromatiden zusammen an jeweils einen Pol

Schwesterchromatiden sind, ähnlich wie in der Mitose, zu entgegengesetzten Polen ausgerichtet und werden in Anaphase II getrennt (Abb. 5.20, Anaphase II).

5.3.2 Paarung der Homologen

Zu Beginn der Meiose liegen die Homologen ungepaart vor (Ausnahme: *Drosophila melanogaster*, in der die Homologen auch in somatischen Zellen entlang ihrer gesamten Länge eng nebeneinander liegen, was oftmals auch als „somatische Paarung der Homologen" bezeichnet wird). Eine der spannendsten und bis heute nur ansatzweise geklärten Fragen zur Meiose lautet: Wie finden die homologen Chromosomen in der Prophase der ersten meiotischen Teilung zueinander, um eine Tetrade zu formen, was Voraussetzung für die präzise Segregation der Homologen am Ende der ersten meiotischen Teilung ist? Und das in einem Zellkern, der oft mehrere Mikrometer Durchmesser hat und dessen Karyoplasma vollgepackt ist mit Chromatin, Proteinen, Proteinkomplexen, Nukleoli und anderen Organellen? Sowohl der Zeitpunkt als auch die Stelle, an dem die Paarung der homologen Chromosomen beginnt, unterscheiden sich von Art zu Art. So beginnt die Paarung bei *S. cerevisiae* im Zygotän an den Zentromeren, in der männlichen Maus beginnt sie an den Telomeren bereits in der prämeiotischen S-Phase bzw. im Leptotän.

Die Mechanismen, die das „Finden" der homologen Sequenzen im Leptotän der Prophase I ermöglichen, sind noch wenig verstanden. In den meisten der untersuchten Organismen erfolgt die Paarung der Homologen an zahlreichen Stellen entlang der Chromosomen, was durch die Verankerung der Telomeren in der Kernhülle erleichtert wird (Abb. 5.22a, a').

Die Telomere aller Chromosomen werden im Leptotän über den **LINC-** (**L**inker of **N**ucleoskeleton and **C**ytoskeleton) **Komplex** in der Kernhülle verankert. Dieser verbindet sie mit Motorproteinen im Zytoplasma (Abb. 5.23). **Motorproteine** (Kinesin und Myosin in Pflanzen, Kinesin, Myosin und Dynein in Tieren) spielen an vielen zellulären Bewegungsprozessen eine entscheidende Rolle. Sie wandeln die chemische Energie des ATP durch Hydrolyse in mechanische Bewegung um. Die Bewegung der Chromosomen während der Meiose hat mehrere Funktionen: 1. Sie ermöglicht das Finden homologer Sequenzen, 2. sie verhindert nicht-gewollte Paarungen, und 3. sie bringt die Homologen eng zusammen.

Das Finden des jeweiligen homologen Partners und die korrekte Paarung der Homologen wird durch eine schnelle **Bewegung der Chromosomen im Zellkern** (*rapid prophase movement*, RPM) befördert, ein Prozess, der in bisher allen untersuchten Spezies gefunden wurde (Abb. 5.22). Allerdings weisen Geschwindigkeit, Dauer und Richtung dieser Bewegung sowie die Art der Chromosomenbewegung (einzeln oder als Gruppe) artspezifische Unterschiede auf.

Das „Clustering" aller Telomere an einer Stelle der Kernhülle führt schließlich zur Anordnung der Chromosomen im sog. **Bouquet**, eine Struktur, die man bei allen bisher untersuchten Organismen gefunden hat, unabhängig davon, ob sie ein großes oder ein kleines Genom besitzen (Abb. 5.22b, b'). (Ausnahme: *Drosophila* und *C. elegans*, die andere Mechanismen der Paarung verwenden). Die Anordnung der Chromosomen

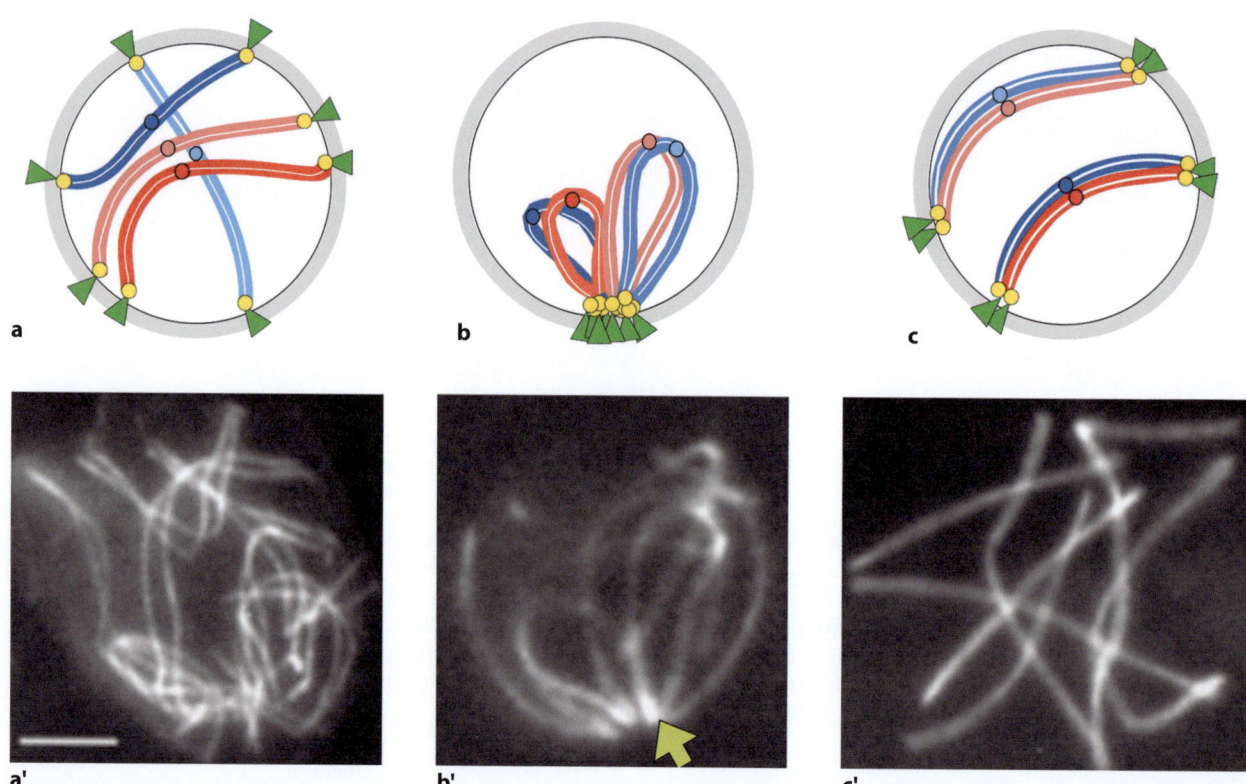

Abb. 5.22 Paarung der Homologen während der ersten meiotischen Prophase am Beispiel von *Sordaria macrospora* (Schlauchpilz). **a–c** Gezeigt sind Zellkerne zwei Paar Chromosomen, wobei ein Paar heller, ein Paar dunkler dargestellt ist. Die mütterlichen Chromosomen sind rot, die väterlichen Chromosomen blau, sie liegen jeweils als 2-Chromatid-Chromosomen vor. Die Telomere sind gelb, der Transmembran-LINC-Komplex (grün). Im Leptotän (**a**, **a′**) werden die Telomere durch den Transmembran-LINC-Komplex an der Kernhülle (grau) verankert. Der LINC-Komplex, der mit Zytoskelett-Motoren im Zytoplasma assoziiert ist, erleichtert die schnellen Chromosomenbewegungen entlang der Kernhülle. Das führt zur Paarung der Homologen und zur vorübergehenden Ausbildung der Bouquet-Konfiguration im Zygotän (**b**, **b′**; gelber Pfeil in **b′** zeigt die Position der Telomeren). Im Pachytän (**c**, **c′**) kommt es zur engen Paarung der homologen Chromosomen. Maßstab in **a′–c′** = 2 μm. (**a–c** nach Shibuya and Watanabe, 2014, Fig. 1; **a′–c′** aus Zickler und Espagne 2016, Fig. 1C, J, L, mit freundlicher Genehmigung)

im Bouquet ermöglicht wahrscheinlich die Einleitung der engen Paarung der homologen Chromosomen, die durch **Synapsis,** vermittelt durch den **synaptonemalen Komplex** (s. ▶ Abschn. 5.3.3) und **Doppelstrangbrüche** (s. ▶ Abschn. 5.3.4) unterstützt wird. Im Pachytän trennen sich die Telomere der verschiedenen Chromosomen wieder voneinander (◘ Abb. 5.22c, c′).

5.3.3 Der synaptonemale Komplex

Im Pachytän der Meiose ist die Paarung der homologen Chromosomen vollendet. Im Elektronenmikroskop kann man eine spezielle Paarungsstruktur erkennen, den **synaptonemalen** (oder **synaptischen**) **Komplex** (**SC**; ◘ Abb. 5.24), der nur während der Meiose ausgebildet wird. Bei allen untersuchten eukaryotischen Organismen ist diese Proteinstruktur gleichartig aufgebaut und besteht aus zwei parallel angeordneten **Lateralelementen** (L), die einen konstanten Abstand von 90–150 nm aufweisen und durch **Querelemente** (Q) verbunden sind. Das **Zentralelement** (Z) liegt in der Mitte zwischen den Lateralelementen.

Der SC verbindet somit die Protein-reichen axialen Elemente der Chromatiden, an denen die Chromatinschleifen verankert sind. Die axialen Elemente spielen eine kritische Rolle sowohl bei der Entstehung von Doppelstrangbrüchen (DSB) als auch bei ihrer Reparatur (s.u.).

Trotz der Tatsache, dass der synaptonemale Komplex in verschiedenen Organismen sehr ähnlich aufgebaut ist, haben die Proteine der jeweiligen Elemente nur sehr wenig Ähnlichkeit untereinander. Am Ende des Pachytänstadiums wird der synaptonemale Komplex aufgelöst. Danach werden die Homologen durch Chiasmata und die Schwesterchromatiden durch Cohesin zusammengehalten.

Jede Tetrade hat nur einen synaptonemalen Komplex, dessen Bildung meistens am Ende der homologen Chromosomen, den Telomeren, die mit der Innenseite der Kernhülle assoziiert sind (s. ◘ Abb. 5.22), beginnt. Wie in ◘ Abb. 5.24 zu erkennen ist, ist nur ein bestimmter Anteil der Chromatinschleifen, zusammen mit anderen Proteinen, an der Ausbildung der Lateralelemente und somit der exakten Paarung beteiligt, der Rest liegt als aufgelockertes Chromatin vor. In diesem Zustand findet intrachromosomale Rekombination durch Crossover statt. Obwohl die

5.3 · Die Meiose – molekular gesehen

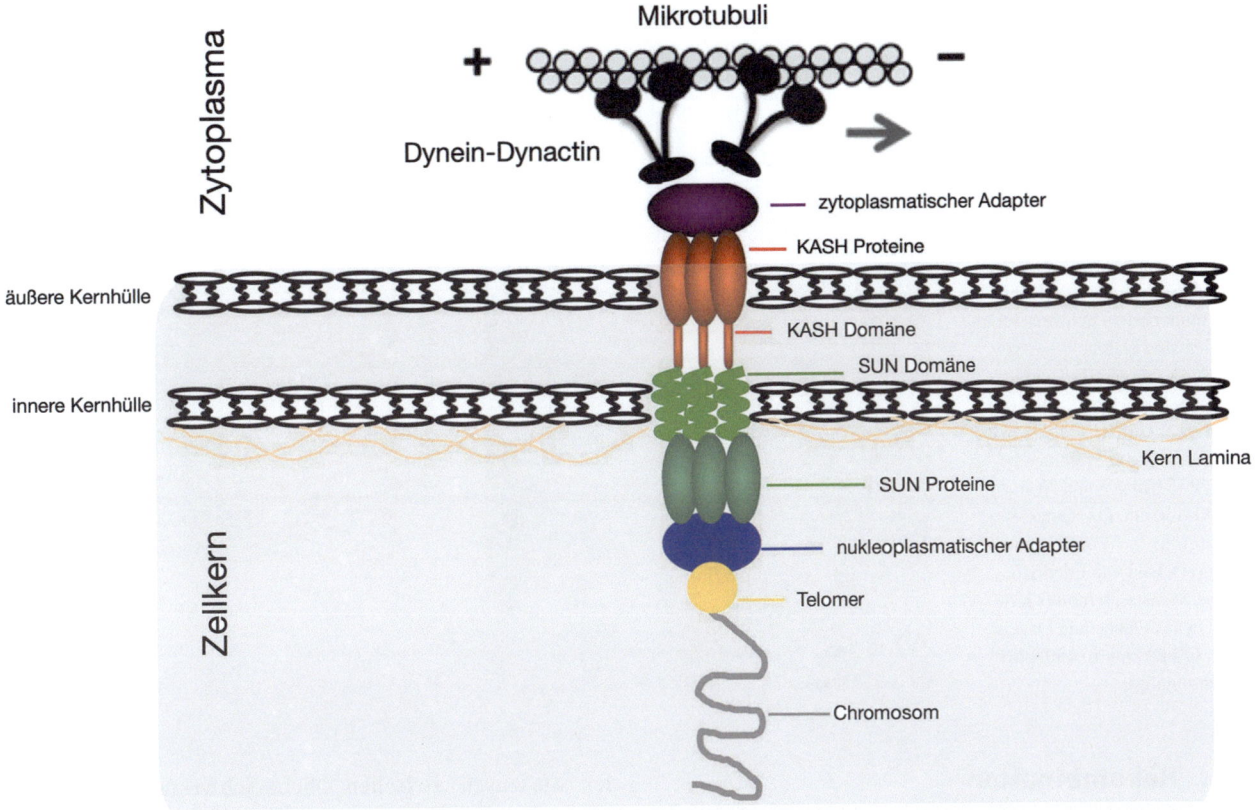

Abb. 5.23 Darstellung der Verbindung der Chromosomen mit dem Zytoskelett durch den LINC-Komplexes. Die Telomeren der Chromosomen (gelb) werden über Adapter-Proteine (blau) mit den SUN-Domänen der SUN-Proteine (grün; hier als Trimer dargestellt), die in der inneren Kernhülle verankert sind, verbunden. Diese wiederum interagieren mit den KASH-Domänen der KASH-Proteine (rot), die die äußere Kernhülle durchspannen. Dadurch werden die Chromosomen an der Kernhülle verankert. KASH-Proteine wiederum werden über zytoplasmatische Adapterproteine (violett) mit dem Zytoskelett verbunden. Im Zytoskelett ermöglichen Motorproteine die Bewegung der Chromosomen. (Nach Zeng et al. 2018, Fig. 3, CC BY, Shibuya und Watanabe 2014, Fig. 2B, CC BY, mit freundlicher Genehmigung)

(molekularen) Prozesse, die zur Rekombination führen, als auch der Rekombinationsvorgang selbst nur teilweise verstanden sind, ist die Bedeutung des synaptonemalen Komplexes für **Homologenpaarung und Rekombination** durch zytogenetische Daten belegt. Bei *Drosophila*-Männchen beispielsweise fehlen genetische Crossover (s. ▶ Abschn. 5.1.1), die Meiose ist achiasmatisch, es wird kein synaptonemaler Komplex ausgebildet. Die *Drosophila* Gene *c(3)G* (*crossover suppressor in chromosome 3 of Gowen*) und *c(2)M* (*crossover suppressor in chromosome 3 of Manheim*) kodieren Proteine der Querelemente des SC. In Weibchen, die homozygot mutant für eines dieser Gene sind, fehlt der synaptonemale Komplex und es gibt kein Crossover und keine intrachromosomale Rekombination. Mutationen beim Menschen, die zum Ausfall oder zur Reduktion von Proteinen der Lateralelemente (SYCP2, SYCP3) oder des Zentralelements (SYCE1 oder C14ORF39) führen, resultieren in Sterilität der betroffenen Personen (Zhang et al. 2022).

In einem Chromosom findet man in Abhängigkeit von seiner Länge an vielen Orten Crossover (s. Genkartierung, ▶ Kap. 8). Man kann sich dem Eindruck kaum verschließen, dass es mehr mögliche Crossoverorte gibt als entlang eines synaptonemalen Komplexes vorhanden sein können, da dieser ja nur einen kleinen Teil des gesamten Chromosomenmaterials der Homologen an sich bindet (s. ◘ Abb. 5.24). Wie kommt dann Crossover zwischen homologen Orten im aufgelockerten Chromatin zustande? Sind bei der Paarung der Chromosomen und der Entstehung des synaptonemalen Komplexes in individuellen Meiosen evtl. jeweils andere Chromosomenabschnitte beteiligt? Auch diese Fragen kann man noch nicht beantworten.

Elektronenmikroskopisch kann man im synaptonemalen Komplex gelegentlich auch Verdickungen erkennen, die als „**Rekombinationsknoten**" beschrieben werden. Es wurde gefunden, dass die durchschnittliche Zahl der Rekombinationsknoten pro Pachytänkern mit der durchschnittlichen Anzahl von Chiasmata pro Diplotänkern korreliert ist. Daher nimmt man an, dass die Rekombinationsknoten möglicherweise beim Crossover-Vorgang eine Rolle spielen.

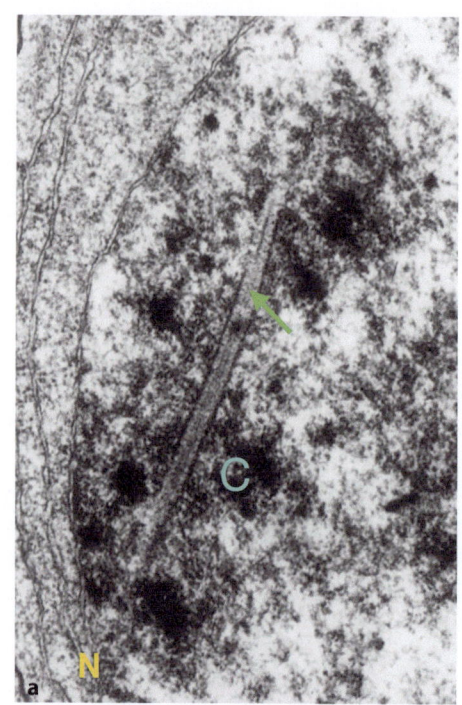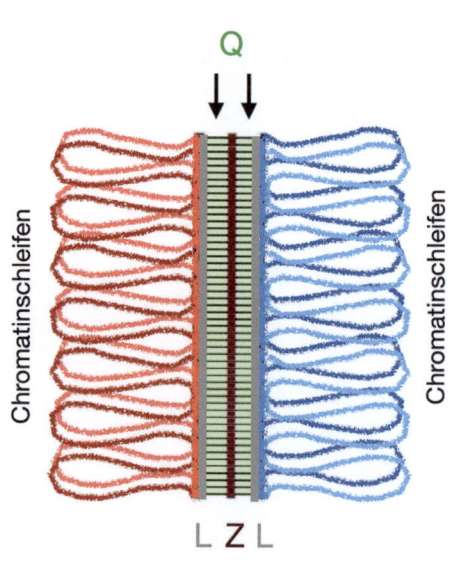

Abb. 5.24 Der synaptonemale oder synaptische Komplex. **a** Elektronenmikroskopische Aufnahme eines synaptonemalen Komplexes. Der Komplex (grüner Pfeil) verbindet das Chromatin (C) der gepaarten Homologen und ist an der Kernhülle (N, nuclear envelope) verankert. **b** Schematische Darstellung eines SC. Die Chromatinschleifen der väterlichen bzw. mütterlichen Schwesterchromatiden sind blau/hellblau bzw. rot/hellrot dargestellt. Die Lateralelemente (L) werden von der Chromosomen-Achse (blau bzw. rot) und weiteren Proteinen gebildet und haben einen Abstand von 90–150 nm. Q = Querelement (grün), Z = Zentralelement (braun) (**a** Bild von Friedrich Weber, Münster, **b** modifizierte Abb. 1a aus Dunne und Davies 2019, CC BY, mit freundlicher Genehmigung)

5.3.4 Rekombination

Rekombination während der Meiose führt zur Neukombination genetischer Information (s. ▶ Abschn. 5.2). Intrachromosomale Rekombination (Crossover) erfolgt sehr präzise zwischen den entsprechenden Sequenzen homologer Chromosomen, so dass in der Regel keine Base zusätzlich eingefügt oder entfernt wird. Diesen Prozess bezeichnet man als **homologe Rekombination**, wenn er zwischen DNA-Molekülen ähnlicher Sequenz erfolgt. Homologe Rekombination trägt zur Ausbreitung genetischer Diversität bei. Homologe Rekombination findet während der Meiose in Keimbahnzellen statt (gelegentlich aber auch in somatischen Zellen, u. a. zur Reparation von DNA-Schäden). Dass der Prozess in der Tat sehr genau ist wird dadurch belegt, dass Rekombination auch in der Proteinkodierenden Region eines Gens auftreten kann. Das Einfügen oder Entfernen einer einzigen Base hier würde sofort zu einer Mutation führen.

Im Folgenden sollen die Rekombinationsvorgänge während der Meiose betrachtet werden. Diese kann man in drei Schritte unterteilen:
1. Ausbildung von Doppelstrangbrüchen (DSB; engl. *double-strand breaks*)
2. Enge Paarung der homologen Chromosomen: Synapsis
3. Reparatur der DSB durch Crossover. Diese bilden sich innerhalb des synaptonomalen Komplexes aus (s. ▶ Abschn. 5.3.3).

Es soll betont werden, dass es eine Besonderheit der Rekombination in der Meiose ist, dass die Interaktion/der Austausch **zwischen Nicht-Schwesterchromatiden** erfolgt. Das ist Voraussetzung für alle weiteren Ereignisse in der Meiose, einschließlich Paarung der Homologen, Crossover, Chiasmata.

In den meisten Organismen spielen DSB eine wichtige Rolle für die Initiierung des synaptonemalen Komplexes, und somit zum Finden der homologen Chromosomen (Ausnahmen: *Drosophila* Weibchen und *C. elegans*, bei denen die Bildung eines synaptonemalen Komplexes und also eine Paarung der Homologen auch in Abwesenheit von DSB stattfinden kann). Die Anzahl von DSB übersteigt in den meisten Organismen bei Weitem die Anzahl der Crossover-Ereignisse (in der Maus: etwa 10:1, in *Drosophila* Weibchen ca. 3:1). Das lässt vermuten, dass es einen Mechanismus gibt, der entscheidet, welche DSB „Crossover-kompetent" sind und somit zu homologer Rekombination führen. Und welche DSB durch „Nicht-Crossover" (engl. *noncrossover*) in einem Prozess, der als **Genkonversion** bezeichnet wird, repariert werden (s. ▶ Abschn. 5.3.5).

5.3.4.1 Das Holliday-Modell

Ein Modell zur Erklärung der molekularen Vorgänge, die sich während der Rekombination ereignen, wurde 1964 von Robin Holliday formuliert (Holliday-Modell) (Holliday 1964). In den fast 60 Jahren, die seitdem vergangen sind, ist das Modell durch viele Forschungsergebnisse abgewandelt worden, und es ist auch heute sicher noch nicht in einer endgültigen Form. Derzeit (2024) wird in nahezu allen Publikationen die Meinung vertreten, dass sich die experimentellen Daten dann am besten erklären las-

5.3 · Die Meiose – molekular gesehen

> **Box 5.4 Rekombinationsprozesse außerhalb der Meiose**
>
> Doppelstrangbrüche (DSB), bei denen beide Stränge einer DNA-Doppelhelix durchtrennt werden, können großen Schaden in der Zelle anrichten und zum Verlust genetischer Information führen, was zur Entstehung von Krebs oder zum Zelltod führen kann. Es gibt zwei Hauptmechanismen zur Reparatur von DSB: homologe und nichthomologe Rekombination. Homologe Rekombination setzt homologe, doppelsträngige DNA voraus, wie sie z. B. in den gepaarten Schwesterchromatiden während der Meiose vorliegen. Dabei dient die Information auf der unbeschädigten Chromatide als Matrize für die Wiederherstellung der Sequenz in der Chromatide mit DSB (s. ◘ Abb. 5.25). **Nichthomologe Rekombination** (engl. *non-homologous end joining*) ist ein essentieller zellulärer Prozess, durch den durch Strahlung, Replikationsfehler oder oxidativen Stress ausgelöste Brüche in der DNA (bei Säugern schätzungsweise ~2×10^5/Tag/Zelle) repariert werden können. Er kann fehlerfrei verlaufen, aber auch zu Mutationen führen.
>
> **V(D)J Rekombination** ist ein in Lymphozyten stattfindender Prozess des adaptiven Immunsystems, der zur Diversität des T-Zell Rezeptors und des Antikörperrepertoirs beiträgt (s. ▸ Box 10.2).
>
> **Somatische Rekombination** zur Reparatur von DNA-Schäden setzt homologe Sequenzen voraus, kann aber auch zu Mutationen führen. Dabei kann es zum Verlust der Heterozygotie (*loss of heterozygosity*, LOH; s. ◘ Abb. 6.2) kommen, eine häufige Ursache bei der Krebsentstehung. Zum experimentellen Einsatz von somatischer Rekombination bei *Drosophila* (s. ▸ Abschn. 8.7, ▸ Box. 8.4).
>
> Rekombination, wie sie etwa bei der Integration von Phagen-DNA in das bakterielle Wirtsgenom stattfindet, wird **integrative** oder **ortsspezifische Rekombination** (*site-specific recombination*) genannt. Dieser Vorgang setzt spezifische, teilweise homologe Sequenzen in der Phagen- und Bakterien-DNA voraus. Auch die **Transposition**, ein Ereignis, bei dem mobile genetische Elemente von einer Stelle im Genom an eine andere gelangen, erfordert ein Rekombinationsereignis (s. ▸ Abschn. 2.4).
>
> Das in der Gentechnologie benutzte Verfahren zum gezielten Ausschalten oder zum Austausch von Genen (engl. *gene targeting* bzw. *recombineering*) basiert ebenfalls auf homologer Rekombination.

sen, wenn man annimmt, dass ein Doppelstrangbruch in einem der beiden beteiligten DNA-Stränge die Rekombination durch Crossover in der Meiose initiiert, wobei es zur Ausbildung einer transienten, kreuzförmigen Struktur, der „**Holliday-Struktur**" (engl. *Holliday junction*) kommt (◘ Abb. 5.25a–f). Im Folgenden wird dieser DSB-abhängige Weg beschrieben.

Ausgangspunkt sind die vier gepaarten Schwesterchromatiden einer Tetrade im Leptotän der meiotischen Prophase I, dargestellt als vier Doppelhelices, die väterlichen in blau, die mütterlichen in rot (◘ Abb. 5.25a).

In den folgenden Schritten (◘ Abb. 5.25b–f) werden nur die Chromatiden 2 und 3 weiterverfolgt. Im **Leptotän** der Prophase der Meiose werden viele **Doppelstrangbrüche** durch die **Topoisomerase** Typ II (**SPO11** der Hefe, oder ihre Homologen) ausgelöst (◘ Abb. 5.25b).

Durch den Einzelstrang-Abbau von 5′ nach 3′ entstehen freie 3′-Enden (◘ Abb. 5.25c). Die Stellen der DSB-abhängigen Interaktionen zwischen Homologen kann man als **400 nm Brücken** zwischen den Chromosomen sehen. Man vermutet, dass sich in den Brücken freie 3′-Enden befinden, die die exakt homologen Stellen im homologen Chromosom suchen. Dabei sind die Proteine Rad51 und Dmc1 beteiligt (= Homologe zu RecA, dem Rekombinationsprotein von *E. coli*).

Das freie 3′-Ende dringt mit Hilfe von Dmc1 in die DNA der homologen Chromatide ein (**single-end invasion, SEI**) (◘ Abb. 5.25d). Dort bildet der „abgedrängte" Einzelstrang (hellblau in ◘ Abb. 5.25d) eine Schleife (**D-Loop**), die Kontakt zur homologen DNA sucht. Der D-Loop wird verlängert (**branch migration**) und die vorhandenen Einzelstranglücken werden durch DNA-Synthese aufgefüllt (◘ Abb. 5.25d, gelbe gestrichelte Linien).

Anschließend werden die freien Enden der beiden DNA-Moleküle durch Ligasen verbunden. Jede Doppelhelix stellt nun eine sog. **Heteroduplex** dar, in der ein Polynukleotidstrang abschnittsweise durch den entsprechenden Strang der anderen Doppelhelix gestellt wird. Die beiden kreuzförmigen Strukturen werden **Holliday Strukturen** (**Holliday junctions**, HJ) genannt (◘ Abb. 5.25e).

Die **Auflösung der Holliday Strukturen** (unter Beteiligung mehrerer Endonukleasen, u. a. Resolvasen) führt zur Wiederherstellung zweier Doppelhelices, die entweder ein Crossover beinhalten oder ohne Rekombination bleiben. Die **Heteroduplex**-Regionen bleiben in jedem Fall erhalten und können repariert werden, falls **Fehlpaarungen** vorliegen. Die Auflösung der Strukturen im **Pachytän** erfolgt durch Schneiden und Ligation der Einzelstränge an beiden Holliday-Strukturen, wobei es jeweils drei Möglichkeiten gibt. Dabei entscheidet die Richtung der beiden Schnitte über das Ergebnis (◘ Abb. 5.25f–f″).

Sind die Schnitte gleich ausgerichtet (◘ Abb. 5.25f′) gibt es **keine Rekombination** zwischen den *vg*-und *bw*-Allelen. Sind die beiden Schnitte verschieden ausgerichtet, entsteht ein **Crossover** und es kommt zur Rekombination zwischen den *vg*-und *bw*-Allelen (◘ Abb. 5.25f′ und f″). Es gibt Hinweise, dass die Entscheidung zwi-

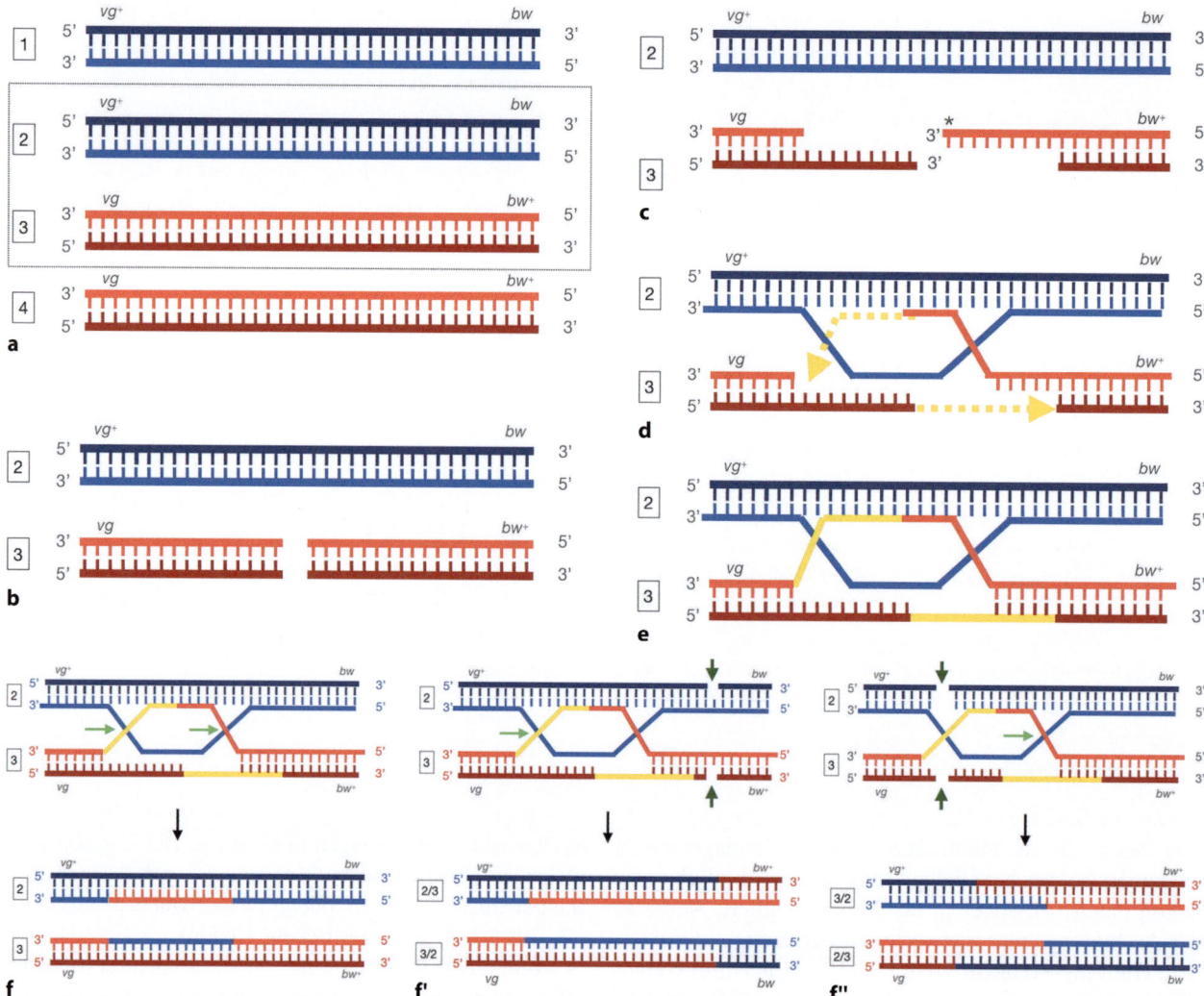

Abb. 5.25 Das Holliday Modell zur Erklärung der Rekombination. **a** Schematische Darstellung einer Tetrade im Leptotän. **b Einfügen von Doppelstrangbrüchen** Es sind nur die Nicht-Schwesterchromatiden 2 und 3 gezeigt. Eine Endonuklease (SPO11 beim Menschen) hat die Ausbildung eines Doppelstrangbruchs (DSB) in der mütterlichen Chromatide im Leptotän der Prophase I der Meiose katalysiert. DSB sind fast immer wesentliche Voraussetzung für die korrekte Paarung der Homologen. **c Einzelstrang-Abbau durch Exonuklease** Es sind nur die Nicht-Schwesterchromatiden 2 und 3 gezeigt. Eine 5'-3' Exonuklease katalysiert den Einzelstrang-Abbau von 5' nach 3', dadurch entsteht ein (ungepaarter) Einzelstrang mit überstehendem 3'-Ende (*). **d *Single-end Invasion* und Ausbildung des D-Loops** Der freie 3'-Überhang des Einzelstrangs „sucht" sich die komplementäre Sequenz in der Nicht-Schwesterchromatide des homologen Chromosoms (engl. *strand invasion*). Der **D-Loop** (engl. *displacement loop*) des „abgedrängten" Einzelstrangs (hellblau) sucht ebenfalls Kontakt zur homologen DNA. Durch DNA-Synthese werden die jeweiligen 3'-Enden verlängert (gestrichelte gelbe Linien), wobei die DNA der jeweils homologen Chromatide als Matrize (*template*) dient. Es kommt zur Ausbildung von kreuzförmigen Kontaktstellen zwischen den homologen Chromosomen, die im Elektronenmikroskop sichtbar sind. **e Ausbildung der Holliday Strukturen** Die Einzelstränge werden durch Ligasen verbunden und es kommt zur Ausbildung der kreuzförmigen Holliday Strukturen (*Holliday junction*). **f–f" Auflösung der Holliday-Strukturen im Pachytän** Die Auflösung erfolgt durch Schneiden und Ligation der Einzelstränge. Das Ergebnis variiert, je nachdem, in welcher Richtung die Holliday-Strukturen aufgelöst werden. Werden beide Holliday-Strukturen durch horizontale Schnitte aufgelöst (hellgrüne Pfeile in **f**), kommt es zu keinem Crossover: der Genotyp *vg*+ *bw*/*vg bw*+ ist identisch mit dem Ausgangsgenotyp. Werden die Holliday-Strukturen durch einen horizontalen (hellgrüner Pfeil) und einen senkrechten Schnitt (dunkelgrüner Pfeil) aufgelöst (**f'** und **f"**), kommt es zu Crossover, was in der Rekombination der *vg*- und *bw*-Allele resultiert: *vg*+ *bw*+/*vg bw*. Zur besseren Anschaulichkeit wurden hier die neu synthetisierten Abschnitte nicht durch gelbe Linien dargestellt

schen diesen beiden Möglichkeiten nicht erst im Pachytän fällt.

Die Ausbildung der Holliday Struktur ist ein transientes, aber entscheidendes Ereignis im Verlauf der Meiose, das homologe Rekombination ermöglicht und somit die genetische Diversität durch den Austausch von Genen erhöht. Sie ist auch bei der Reparatur von Doppelstrangbrüchen beteiligt und trägt so zur genomischen Stabilität bei. Defekte bei diesem Prozess sind mit der Entstehung vielfältiger Krankheiten verbunden. Zugleich bietet die stereotype Hol-

5.3 · Die Meiose – molekular gesehen

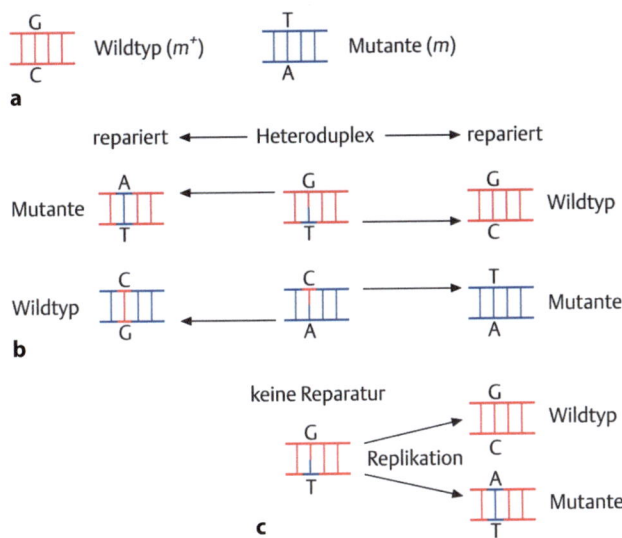

◨ **Abb. 5.26** Möglichkeiten der Reparatur von Fehlpaarungen. Beschreibung s. Text

liday Struktur auch neue Ansatzpunkte für die Therapie von Krankheiten, die durch Defekte in DNA-Reparaturmechanismen verursacht werden.

5.3.4.2 Fehlpaarungen können repariert werden

Die Zelle verfügt über Reparaturmechanismen, die es ihr erlauben, Fehlpaarungen zu erkennen und zu reparieren. In einem fehlgepaarten Basenpaar wird eine der beiden Basen entfernt und durch die komplementäre Base ersetzt. Je nachdem, welche Base entfernt wird, wird entweder das mutante oder das Wildtypallel wieder hergestellt. ◨ Abb. 5.26 zeigt einen Abschnitt der Wildtyp-DNA mit dem Basenpaar G-C (rot) und einen Abschnitt mutanter DNA mit dem Basenpaar T-A (blau). Nach Auflösung der Holliday-Struktur (mit oder ohne Crossover/Rekombination) können die Fehlpaarungen G-T oder C-A entstehen (◨ Abb. 5.26b). Wird in der Fehlpaarung G-T das G durch ein A ersetzt, so wird das mutante Basenpaar A-T hergestellt, wird das T durch ein C ersetzt, so entsteht das Wildtyp-Basenpaar G-C. Wird in der Fehlpaarung C-A das C durch ein T ersetzt, so wird das mutante Basenpaar T-A hergestellt, wird das A durch ein G ersetzt, so entsteht das Wildtyp-Basenpaar C-G. Erfolgt keine Reparatur der Fehlpaarung (◨ Abb. 5.26c), so entstehen in der folgenden Replikationsrunde zwei verschiedene DNA-Moleküle, eines mit einem wildtypischen G-C-Basenpaar, das andere mit einem mutanten A-T-Basenpaar.

5.3.5 Genkonversion

Das Holliday-Modell gibt eine sehr gute Erklärung eines Phänomens, das als **Genkonversion** bezeichnet wird. Darunter versteht man das Auftreten ungewöhnlicher Verhältnisse der Segregationsprodukte einer Meiose. Am Beispiel des haploiden, fadenförmigen Pilzes *Neurospora crassa* (roter Schimmelpilz) soll Genkonversion erklärt werden (vgl. ▶ Abschn. 8.5.1). Bei diesem Haplonten finden gleich nach der Bildung der diploiden **Meiozyte** die zwei meiotischen Teilungen statt (s. ▶ Box 5.1), was zu vier haploiden Zellen (Sporen), der **Tetrade**, führt. Jede dieser Zellen vollführt noch eine mitotische Teilung, so dass insgesamt vier Paar, also acht, haploide Sporen gebildet werden (= **Oktade**), die in einem Schlauch, dem **Ascus**, hintereinander angeordnet sind. Die beiden Mitglieder je eines Paares sind identisch, da sie jeweils aus demselben Meioseprodukt hervorgehen. War die Meiozyte heterozygot für ein bestimmtes Merkmal (m/m^+), so erhält man in der Oktade vier Zellen mit dem Genotyp m und vier Zellen mit dem Genotyp m^+ (◨ Abb. 5.27a).

In 0,1–1,0 % der Fälle erhält man jedoch Abweichungen von diesem 4:4-Verhältnis. So wurden etwa Verhältnisse von 6:2 bzw. 2:6 oder 5:3 bzw. 3:5 beobachtet, in einigen Fällen findet sich ein abnormes 4:4-Verhältnis, in dem zwar die Zahlenverhältnisse, aber nicht die Anordnung der Ascosporen im Ascus der Wildtypsituation entspricht (◨ Abb. 5.27b), in dem z. B. die benachbarten Kerne eines Paares nicht mehr identisch sind. Es sieht also so aus, als ob ein Allel in das andere „verwandelt", also konvertiert wird. Dieses Phänomen ist unter dem Begriff **Genkonversion** bekannt und wird nur dann beobachtet, wenn zwei unterschiedliche Allele eines Gens vorliegen. Unter Genkonversion versteht man ein nicht-reziprokes meiotisches Ereignis, in dem **ein Allel in das homologe Allel umgewandelt** wird.

Bei einem 6:2- oder 2:6-Verhältnis scheint eine ganze Chromatide konvertiert zu sein, während es bei einem 5:3- oder 3:5-Verhältnis nur eine „halbe Chromatide" zu sein scheint. Da durch eine mitotische Teilung aus jeder der vier Sporen einer Tetrade je zwei identische Sporen gebildet werden, kann ein 5:3- oder 3:5-Verhältnis nur so erklärt werden, dass die beiden Einzelstränge einer Doppelhelix unterschiedliche Information, d. h. unterschiedliche Allele trugen.

Dass dies in der Tat so ist, wird durch das Holliday-Modell erklärt und soll an einem Beispiel erläutert werden (◨ Abb. 5.28).

Wir nehmen an, dass sich die beiden Allele m und m^+ nur durch ein einziges Basenpaar unterscheiden: In m^+ kommt ein G-C-Paar vor, m trägt an derselben Stelle ein A-T-Paar. In einer Meiose ohne Rekombination bildet sich eine Tetrade aus zwei m^+- und zwei m-tragenden, haploiden Sporen und schließlich eine Oktade mit acht haploiden Sporen mit einem m^+:m-Verhältnis von 4:4 (s. ◨ Abb. 5.28a). Nach Bildung einer Heteroduplex kommt es zu Fehlpaarungen: Es entsteht ein G-T- und ein C-A-Basenpaar. Die Reparatur der Fehlpaarung kann auf zwei Arten erfolgen. Entweder das A wird durch ein G ersetzt, es wird wieder ein G-C- Paar wie

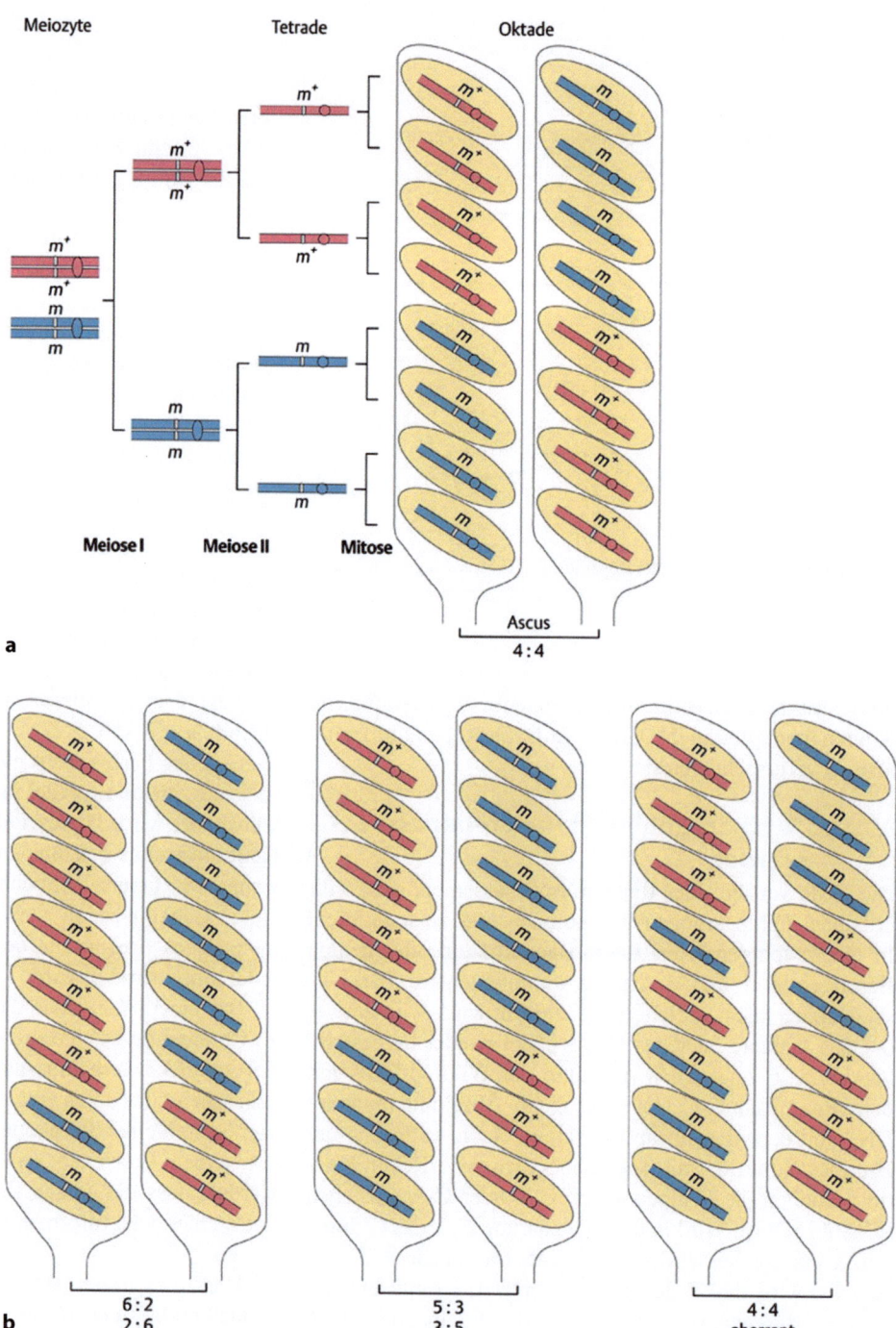

Abb. 5.27 Genkonversion bei *Neurospora crassa*. Rot bzw. blau kennzeichnen die Chromosomen der beiden Paarungstypen (es gibt keine Unterscheidung in männlich und weiblich), die in diesem Beispiel ein mutantes (*m*) bzw. wildtypisches Allel (*m*⁺) eines Gens tragen. **a** Nach der Fusion von zwei haploiden Zellen entsteht die Meiozyte, die einzige diploide Zelle im Lebenszyklus von *Neurospora*. Der diploide Kern durchläuft unmittelbar danach zwei meiotische Teilungen, aus denen 4 haploide Kerne hervorgehen. Diese teilen sich jeweils noch einmal mitotisch, so dass 8 Kerne entstehen, die sich gemeinsam in einem Ascus (Schlauch) befinden und zu haploiden Ascosporen reifen. Die beiden benachbarten Sporen in jedem Ascus sind jeweils identisch, da sie das Ergebnis einer mitotischen Teilung sind. Je nach Orientierung der 1. meiotischen Teilung sind zwei Anordnungen der Ascosporen im Ascus möglich, in denen die beiden Allele jeweils in einem Verhältnis von 4:4 auftreten. **b** Abweichungen vom normalen Segregationsverhalten. Nur im ersten Beispiel sind die beiden benachbarten Kerne jeweils identisch

im Allel *m*⁺ hergestellt. Alternativ kann bei der Reparatur aber das C entfernt und durch ein T ersetzt werden, so dass sich ein A-T-Basenpaar wie im Allel *m* bildet. Bei der **Auflösung der Holliday-Struktur** können beide Fehlpaarungen entweder zum Wildtypallel *m*⁺ oder zum mutanten Allel *m* korrigiert werden (s. Abb. 5.26). Das würde dann in einem 6:2- oder 2:6-Verhältnis (s. Abb. 5.28b) resultieren. Wird jedoch nur eine Fehlpaarung repariert, so enthält eine der Sporen in der Tetrade immer noch ein fehlerhaftes Basenpaar (T-G in Abb. 5.28c). Nach der Mitose dieser Spore bildet sich eine Spore mit einem T-A-Basenpaar (= mutantes Allel *m*) und eine Spore mit einem G-C-Basenpaar (= Wildtypallel *m*⁺). Somit kommt es letztendlich in der Oktade zur Ausbildung eines *m*⁺:*m*-Verhältnisses von 3:5. Findet überhaupt keine Reparatur statt, so entstehen zwei Sporen mit Fehlpaarung. Nach der Mitose führt dies zur Bildung eines Ascus mit einem *m*⁺:*m*-Verhältnis von 4:4, wobei jedoch zwei der Paare keine identischen Sporen enthalten. Wenn jedoch nur eine der beiden Doppelhelices repariert wird, resultiert dies

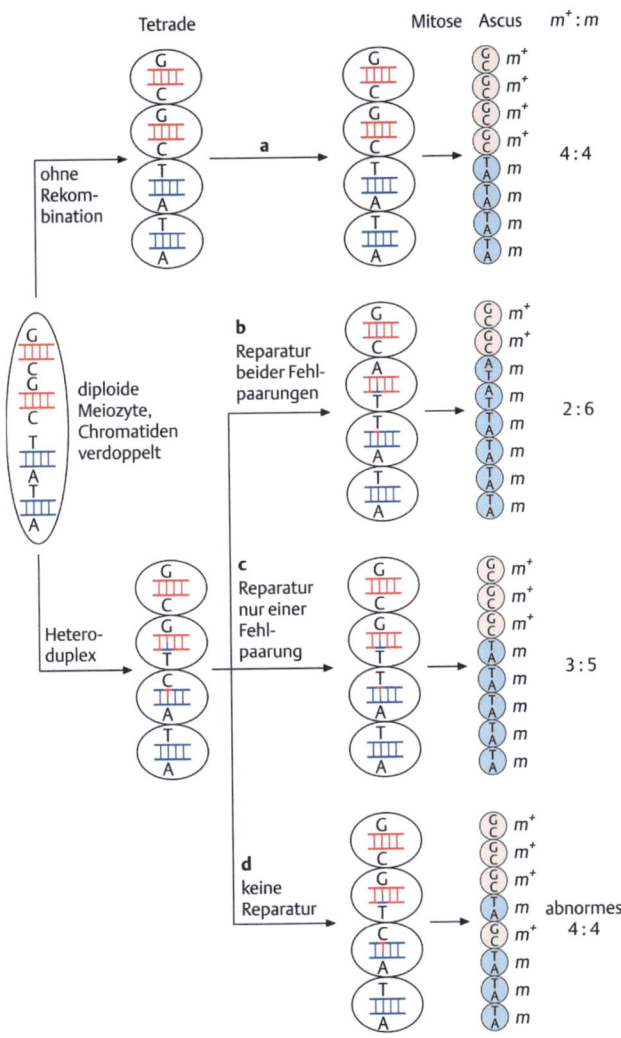

Abb. 5.28 Erklärung von Genkonversion durch das Holliday-Modell. Es ist jeweils schematisch ein Ausschnitt aus einer DNA-Doppelhelix gezeigt. Die mütterlichen Chromatiden (rot) tragen das Wildtypallel m^+, dargestellt durch ein G-C-Basenpaar, die väterlichen Chromatiden (blau) tragen das mutante Allel m, dargestellt durch ein A-T-Basenpaar. Weitere Erläuterungen s. Text

in einem 5:3-Verhältnis, da dann bei der anschließenden Teilung der Meioseprodukte zwei unterschiedliche Helices gebildet werden (Abb. 5.28d).

5.4 Zusammenfassung

- Eine Meiose unterscheidet sich in wenigen, aber fundamentalen Ereignissen von einer Mitose: i) den zwei meiotischen Teilungen geht **nur eine S-Phase** voraus; ii) es findet eine Paarung der Homologen und eine Synapsis statt; iii) durch inter- und intrachromosomale Rekombination kommt es zur Durchmischung der väterlichen und mütterlichen Gene in den Nachkommen; iv) es findet keine Trennung der Schwesterchromatiden in der ersten meiotischen Teilung statt; v) aus einer diploiden Zelle entstehen vier haploide Zellen.
- **Cohesine** halten nach der prämeiotischen Replikation die **Schwesterchromatiden** zusammen.
- Das Finden des jeweiligen homologen Partners und die korrekte **Paarung der Homologen** erfolgt in vielen Fällen durch eine schnelle **Bewegung der Chromosomen im Zellkern** (*rapid prophase movement*, RPM). Dies wird durch die Verankerung der Telomeren mit dem LINC-Komplex in der Kernhülle ermöglicht, wodurch die Chromosomen mit Motorproteinen im Zytoskelett verbunden werden.
- Die korrekte Aufteilung der Chromatiden auf vier haploide Zellen wird auch dadurch gewährleistet, dass Cohesine schrittweise abgebaut werden: bis zur **Anaphase I** wird nur das Cohesin zwischen den Armen der Schwesterchromatiden abgebaut, das Cohesin zwischen den Schwesterkinetochoren bleibt erhalten. Schwesterkinetochore sind **zum selben Spindelpol ausgerichtet**, wodurch es zur **Trennung der homologen Chromosomen** mit ihren **jeweils zwei Chromatiden** kommt. In der **Anaphase II** wird auch das Cohesin an den **Zentromeren** abgebaut und die Schwesterchromatiden werden, wie in der Mitose, zu entgegengesetzten Polen gezogen.
- **Homologe Rekombination** erfolgt durch Trennung und Zusammenfügung von DNA-Einzelsträngen an Regionen homologer Sequenzen. Das **Holliday-Modell** erklärt diesen Vorgang durch Bildung einer Heteroduplex und Verschiebung der Verzweigungsstelle entlang der DNA. Die Auflösung der Holliday-Struktur führt zur Ausbildung rekombinanter DNA-Doppelhelices. Bei Vorliegen unterschiedlicher Allele kann es durch Reparatur falsch gepaarter Basenpaare zur **Genkonversion** kommen.

Literatur

Callan HG (1987) Lampbrush chromosomes as seen in historical perspective. In: Hennig W (Hrsg) Structure and function of Eukaryotic chromosomes. Results and problems in cell differentiation, Bd. 14. Springer, Berlin, Heidelberg

d'Erfurth I, Jolivet S, Froger N, Catrice O, Novatchkova M, Mercier R (2009) Turning meiosis into mitosis. PLoS Biol 7:e1000124

Dunne OM, Davies OR (2019) A molecular model for self-assembly of the synaptonemal complex protein SYCE3. J Biol Chem 294:9260–9275

Hennig W (1987) The Y chromosomal Lampbrush loops of *Drosophila*. In: Hennig W (Hrsg) Structure and function of Eukaryotic chromosomes. Results and problems in cell differentiation, Bd. 14. Springer, Berlin, Heidelberg

Holliday R (1964) A mechanism for gene conversion in fungi. Genet Res 5:282–304

Shibuya H, Watanabe Y (2014) The meiosis-specific modification of mammalian telomeres. Cell Cycle 13:2024–2028

Wilkins AS, Holliday R (2009) The evolution of meiosis from mitosis. Genetics 181(1):3–12

Zeng X, Li K, Yuan R, Gao H, Luo J, Liu F, Wu Y, Wu G, Yan X (2018) Nuclear envelope-associated chromosome dynamics during meiotic prophase I. Front Cell Dev Biol 5:121

Zhang F, Liu M, Gao J (2022) Alterations in synaptonemal complex coding genes and human infertility. Int J Biol Sci 18(5):1933–1943

Zickler D, Espagne E (2016) *Sordaria*, a model system to uncover links between meiotic pairing and recombination. Semin Cell Dev Biol 54:149–157

Mutationen

Inhaltsverzeichnis

6.1 Mutationen in Keimzellen und in somatischen Zellen – 94

6.2 Numerische Chromosomenaberrationen – 95
6.2.1 Polyploidie – 95
6.2.2 Aneuploidie – 97

6.3 Strukturelle Chromosomenaberrationen – 98
6.3.1 Duplikationen und Defizienzen – 98
6.3.2 Inversionen – 99
6.3.3 Translokationen – 102

6.4 Genmutationen – 105
6.4.1 Spontane Mutationsrate – 105
6.4.2 Strukturelle Veränderungen von Basen – 106
6.4.3 Chemische Veränderungen der DNA – 108
6.4.4 Mutationen durch Deletion oder Addition von Basen – 109
6.4.5 Mutationsauslösung durch DNA-Transposons und Retrotransposons – 109

6.5 Mutagene erhöhen die spontane Mutationsrate – 111
6.5.1 Ionisierende Strahlen – 111
6.5.2 Chemische Mutagene – 112

6.6 Reparatursysteme in der Zelle – 114
6.6.1 Direkte Reparatur eines DNA-Schadens – 114
6.6.2 Heraustrennen eines DNA-Schadens – 114
6.6.3 Erkennen und Reparatur von Replikationsfehlern – 115

6.7 Zusammenfassung – 116

Literatur – 116

Vor jeder Mitose und Meiose wird die genetische Information exakt dupliziert (s. ▶ Kap. 3 und 5), so dass z. B. am Ende einer mitotischen Zellteilung die beiden Tochterzellen genetisch identisch zur Mutterzelle sind. Allerdings können bei der Replikation Fehler in der DNA entstehen, die nicht immer repariert werden. Darüber hinaus kann es sowohl im Verlauf der Mitose als auch der Meiose zu Fehlern bei der Verteilung der Chromosomen auf die Tochterzellen kommen, so dass Zellen entstehen, die zu viele oder zu wenige Chromosomen enthalten oder in denen der ganze Chromosomensatz vervielfacht ist. Alle diese Ereignisse führen in der Regel zu **Mutationen**, die schwere Schäden in den Zellen bzw. im Organismus auslösen können.

6.1 Mutationen in Keimzellen und in somatischen Zellen

Veränderungen in der DNA können in jeder Zelle auftreten. Die Auswirkungen sind jedoch verschieden, je nachdem, um welchen Zelltyp es sich handelt. Mutationen in den **Vorläufern der Keimzellen** (**Gameten**), also von Eizellen oder Spermien, werden an die nachfolgende Generation weitervererbt. Dagegen führen Mutationen in **somatischen Zellen** (Körperzellen) „nur" zu einem Defekt in der betroffenen Zelle und ihren Nachkommen, die Auswirkungen erstrecken sich somit auf einzelne Bereiche eines Organismus und werden nicht an die Nachkommen vererbt (◘ Abb. 6.1).

Somatische Mutationen entstehen in einzelnen Körperzellen, wobei alle der in den folgenden Kapiteln beschriebenen Mutationstypen auftreten können (also z. B.

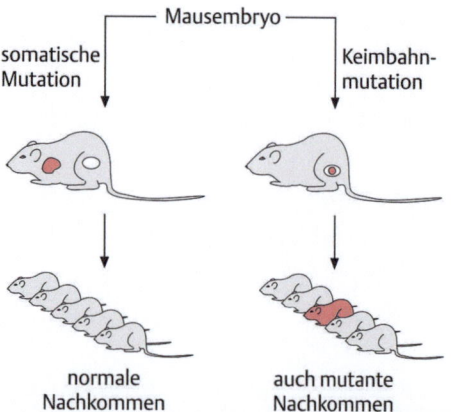

◘ **Abb. 6.1** Somatische und Keimbahnmutationen haben unterschiedliche Auswirkungen auf die Nachkommen. Eine somatische Mutation führt zur Veränderung der DNA in einer Körperzelle, z. B. in einer Zelle, deren Nachkommen braune statt graue Haare bilden. War die Mutation dominant, so tragen alle Nachkommen dieser mutanten Zelle die Mutation, was an einer veränderten Fellfarbe dieses Zellklons zu erkennen ist (roter Fleck). Betraf die Mutation eine Keimbahnzelle, also eine Vorläuferzelle von Spermien oder Eizellen im Hoden bzw. im Ovar, so tragen alle Zellen der Nachkommen, die von dieser Keimzelle abstammen, die Mutation. War die Mutation dominant, prägt sie sich unmittelbar in den Nachkommen aus (rote Maus)

Chromosomenmutationen oder Punktmutationen). Ein Individuum mit Zellen unterschiedlichen Genotyps bezeichnet man als **genetisches Mosaik**. Findet die Mutation in einer Zelle statt, die sich noch teilt, entstehen Gruppen von mutanten Zellen, ein **Zellklon**, vorausgesetzt, die Mutation führt nicht zum Tod der Zelle. Der Zeitpunkt der Mutation während der Entwicklung eines Organismus und die Anzahl der nachfolgenden Zellteilungen entscheidet über die Größe des mutanten Bereichs in dem Klon. Besonders folgenreich sind somatische Mutationen, die zur Deregulation des Zellzyklus führen, was auch in adulten Körperzellen stattfinden kann. Überaktivierung eines Gens, das normalerweise den Zellzyklus aktiviert (**Onkogen**), oder Inaktivierung eines Gens, das normalerweise den Zellzyklus bremst (sog. **Tumorsuppressorgene**) kann den mutanten Zellen einen Wachstumsvorteil geben, so dass sie sich schneller teilen als nicht-mutierte Zellen. Dadurch können weitere Mutationen entstehen, da die Kontrollpunkte des Zellzyklus nicht mehr wirksam sind (s. ◘ Abb. 3.16): es entsteht ein Tumor, ein Krebs, medizinisch auch **Neoplasie** genannt (engl. *neoplasia*), da es ein „neuartiges" Gewebe, also ein Gewebe mit neuen Eigenschaften ist.

Insbesondere die Möglichkeit, das Genom von einzelnen Zellen zu sequenzieren (s. ▶ Abschn. 14.1) hat gezeigt, dass **somatische Mutationen** auch **in postmitotischen Zellen** zu einem mutanten Phänotyp führen können. So häufen sich Anzeichen, dass somatische Mutationen in postmitotischen Neuronen im Gehirn mit neurodegenerativen Erkrankungen in Zusammenhang stehen können.

In der Regel werden Mutationen in somatischen Zellen nicht an die nächste Generation weitergegeben (s. hierzu auch Diskussion über Lamarckismus, ▶ Box 4.6). Ausnahmen sind viele Pflanzenarten, in denen sich, anders als bei den meisten Tieren, die Keimbahnzellen aus somatischen Zellen entwickeln, und einfache Metazoen, die sich ungeschlechtlich durch Knospung fortpflanzen können, z. B. Cnidaria (Nesseltiere) wie *Hydra*.

Da jede Körperzelle diploid ist, kann sich eine somatische Mutation nur dann phänotypisch ausprägen, wenn

- es sich um eine dominante Mutation handelt, die z. B. zur Überexpression eines Gens oder zu einer erhöhten Stabilität des von dem Gen kodierten Proteins führt, oder
- die Mutation rezessiv ist und sich auf dem X-Chromosom eines XY-Individuums befindet, oder
- eine Zelle bereits heterozygot mutant in Gen a ist und es durch eine neue Mutation in einem anderen Gen (Gen b) zur Ausprägung eines mutanten Phänotyps kommt:

Genotyp	Phänotyp
$a^1/+$; $+/+$	Wildtyp
$+/+$; $b^1/+$	Wildtyp
$a^1/+$; $b^1/+$	mutant

- oder in einem Gen a, in dem eines der Allele mutant vorliegt, ein neues Mutationsereignis das andere (wild-

6.2 · Numerische Chromosomenaberrationen

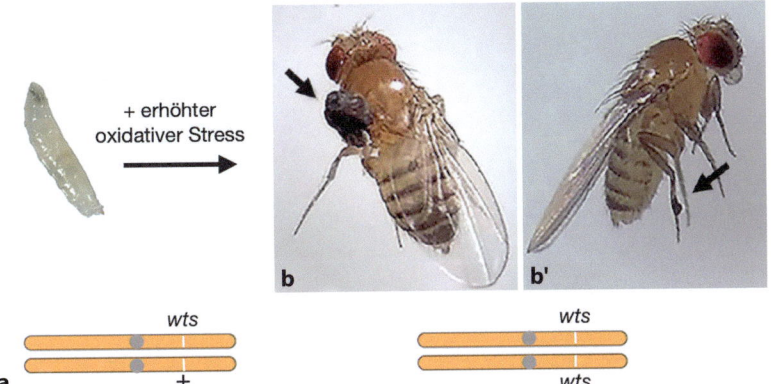

Abb. 6.2 Tumorentstehung durch Verlust von Heterozygotie. Das Experiment wurde mit *Drosophila* durchgeführt, die heterozygot für das Tumorsuppressorgen *warts* (*wts*) waren. Heterozygote Larven erhielten mit ihrem Futter einen Inhibitor von Vitamin B6 (**a**). Vitamin B6 wirkt in der Zelle u. a. als Antioxidans („Radikalfänger"). In Gegenwart des Inhibitors wird ein Anstieg von Sauerstoffradikalen (oxidativer Stress) ausgelöst, der eine erhöhte Mutationsrate zur Folge hat. Durch eine dadurch erzeugte Mutation in der zweiten Kopie von *wts* entstehen homozygote *wts* mutante Zellen, die zu einem Zellklon ohne funktionelles *wts* Gen heranwachsen. Diese bilden einen Tumor, der an unterschiedlichen Stellen des Körpers auftreten kann (**b**, **b′**, Pfeile). (**b**, **b′** Gnocchini et al. 2022, Fig. 1 CC-BY, mit freundlicher Genehmigung)

typische) Allel mutiert, so dass Gen a nun homozygot mutant vorliegt.

Genotyp	Phänotyp
$a^1/+$	Wildtyp
a^1/a^2	mutant

Man bezeichnet das als **Verlust der Heterozygotie** (engl. *loss of heterozygosity*). Dieser Vorgang ist häufig die Ursache von Krebs (Abb. 6.2).

Im Gegensatz zur somatischen Mutation wird eine **Keimbahnmutation** an die nächste Generation weitergegeben. Dort prägt sie sich nur dann aus, wenn
- die Mutation dominant ist, oder
- die Mutation rezessiv ist und sich auf dem X-Chromosom einer Eizelle befindet, die von einem Y-Chromosom tragenden Spermium befruchtet wird, so dass das entstehende XY-Individuum hemizygot für diese Mutation ist, oder
- die Mutation rezessiv ist, aber bei der Befruchtung der andere Gamet bereits eine Mutation im selben Gen beisteuert, so dass der entstehende Organismus nun homozygot mutant für die Mutation wird.

6.2 Numerische Chromosomenaberrationen

Jeder Organismus ist durch eine artspezifische Anzahl, Größe und Form seiner Chromosomen charakterisiert. Veränderungen der Chromosomenzahl oder -struktur, die im Mikroskop entdeckt werden können, werden als **Chromosomenaberrationen** oder **Chromosomenanomalien** bezeichnet. **Numerische Chromosomenanomalien** sind durch eine veränderte Anzahl des ganzen Chromosomensatzes oder einzelner Chromosomen gekennzeichnet.

6.2.1 Polyploidie

Die normale Chromosomenausstattung bei Tieren, Pflanzen und niederen Organismen ist **euploid**. Darunter versteht man den vollständigen **haploiden** Chromosomensatz oder ein Vielfaches davon. Am häufigsten in der Natur sind die **diploiden** Organismen, wir haben aber auch schon haploide Organismen, die sog. Haplonten, kennengelernt, wie z. B. *Neurospora* (s. ▶ Box 5.1 und ▶ Abschn. 5.3.5 und ▶ Box 8.1). Die **Vervielfachung eines gesamten Chromosomensatzes in einem Zellkern**, die **Polyploidie**, ist weit verbreitet und spielt vor allem bei Pflanzen für die Entstehung neuer Sorten und Arten eine wichtige Rolle. Man unterscheidet die Vervielfachung des eigenen Genoms, die **Autopolyploidie**, von der **Allopolyploidie**, bei der die Vermehrung der Chromosomensätze durch Kreuzung nahe verwandter Arten entsteht. Sind im Einzelfall drei, vier, fünf oder sechs Chromosomensätze vorhanden, spricht man von Triploidie (3n), Tetraploidie (4n), Pentaploidie (5n) oder Hexaploidie (6n). So gibt es z. B. diploide (2n), tetraploide (4n) und hexaploide (6n) Weizensorten (Tab. 6.1).

Viele unserer heutigen Kulturpflanzen sind durch natürliche oder experimentelle Auto- oder Allopolyploidisierung entstanden (Tab. 6.1). Diese Möglichkeiten werden in der Züchtung genutzt, um gewünschte Eigenschaften zu vermehren und zu stabilisieren. Außerdem bedeutet Polyploidisierung auch Vergrößerung des Zellkerns und dadurch des Zytoplasmas und der gesamten Zelle (Kern-Plasma-Relation). Das bewirkt, dass die Pflanzen und ihre Früchte größer werden. Eine autopolyploide Verdoppelung des Genoms kann experimentell durch Applikation von Colchicin erreicht werden. Dieses Alkaloid der Herbstzeitlosen (*Colchicum autumnale*) verhindert die Ausbildung der Teilungsspindel und damit die Verteilung der Chromosomen nach ihrer Verdopplung. Bei der Mitose polyploider

Tab. 6.1 Polyploidie im Pflanzen- und Tierreich

Art	Wissenschaftliche Bezeichnung	Zahl einfacher Chromosomensatz (n)	Chromosomenzahl	Ploidie
Autopolyploidie bei Pflanzen[a]				
Banane	*Musa sapientum*	11	22, 33	Diploid, triploid
Erdnuss	*Arachis hypogaea*	10	40	Tetraploid
Kaffee	*Coffea arabica*	11	22, 44, 66, 88	Di-, tetra-, hexa-octoploid
Kartoffel	*Solanum tuberosum*	12	48	Tetraploid
Luzerne	*Medicago sativa*	8	32	Tetraploid
Süßkartoffel	*Ipomoea batatas*	15	90	Hexaploid
Maulbeere	*Morus spec.*	7	42, 56, 84, 140, 308	Bis 44-ploid
Allopolyploidie bei Pflanzen[a]				
Weichweizen	*Triticum aestivum*	7	42	Hexaploid
Dinkel	*Triticum aestivum* subsp. *spelta*	7	42	Hexaploid
Hartweizen	*Triticum durum*	7	28	Tetraploid
Emmer/Einkorn	*Triticum dicoccum*	7	14, 28, 42	Di-, tetra-, hexaploid
Apfel	*Malus spp.*	17	34, 51	Di-, tetraploid
Baumwolle	*Gossypium hirsutum*	13	52	Tetraploid
Birne	*Pyrus communis*	17	34, 51	Di-, triploid
Erdbeere	*Fragaria ananassa*	7	56	Octoploid
Zuckerrohr	*Saccharum officinarum*	10	80	Octoploid
Polyploidie im Tierreich				
Atlantischer Stör	*Acipenser oxyrinchus*	60	120, 240, 480	Di-, tetra-, octoploid
Teichfrosch	*Rana esculenta*	13	26, 39	Di-, triploid
Batura-Kröte	*Bufotes batura*	11	33	Triploid
Kröte	*Bufotes oblongus*	11	44	Tetraploid
Krallenfrosch	*Xenopus laevis*	9	36	Tetraploid

[a] Viele der aufgelisteten polyploiden Pflanzen sind Zuchtformen.

Zellen müssen alle Chromosomensätze exakt verdoppelt und auf die beiden Tochterzellen verteilt werden. Unabhängig vom Ploidiegrad (3n, 4n, ...) ist der Ablauf der Mitose der gleiche wie für die diploide Zelle beschrieben (s. ▶ Abschn. 3.4).

Sind nur einzelne Gewebe oder Zellen eines Individuums polyploid, bezeichnet man dies als **somatische Polyploidie oder Endopolyploidie**. Diese kommt durch Endomitose zustande (s. ◘ Abb. 3.18). So können etwa die Vorläufer der Blutplättchen (Thrombozyten), die **Megakaryozyten**, die zu den größten Zellen unseres Körpers gehören (Durchmesser bis zu 150 µm), durch mehrfache Endomitosen einen Ploidiegrad von bis zu 128n/Zellkern erzielen.

Bei **Autopolyploidie** ist das Genom innerhalb derselben Art vervielfältigt, während die **Allopolyploidie** durch Kreuzung nahe verwandter Arten entsteht.

Wenn eine Zelle mehr als zwei Genome enthält, diese aber auf mehrere Zellkerne verteilt sind, spricht man von einem **Synzytium**. Dieses kann auf zwei Wegen entstehen:
— Durch **unvollständige Endomitosen**, in denen der Zellzyklus nach der Kernteilung erneut startet, ohne dass eine Zellteilung stattgefunden hat (◘ Abb. 3.18). Diese findet man z. B. bei der sog. superfiziellen Furchung von Insektenembryonen. Im *Drosophila* Embryo sind die ersten 13 Teilungen unvollständige Endomitosen, in der sich S- und M-Phasen abwechseln, ohne dass durch Zytokinese Tochterzellen gebildet werden. In diesem Entwicklungsstadium nennt man den Embryo ein **synzytiales Blastoderm**, da sich alle Zellkerne in einem gemeinsamen Zytoplasma befinden (◘ Abb. 6.3).
Erst nach 13 Teilungen erfolgt die Zellularisierung, es bildet sich das **zelluläre Blastoderm**.

6.2 · Numerische Chromosomenaberrationen

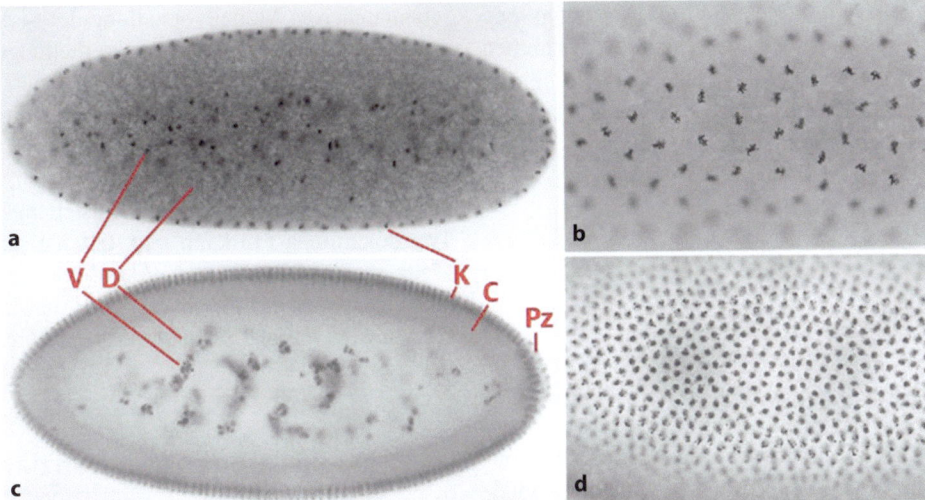

Abb. 6.3 Furchungsteilungen des *Drosophila* Embryos. Angefärbt ist die DNA der Zellkerne bzw. der Chromosomen. **a** Das synzytiale Blastodermstadium mit peripheren (K) und den im Dotter (D) verbliebenen Zellkernen (Vitellophagen, V). **b** Ausschnitt aus der Oberfläche von **a** mit vielen Metaphasestadien. **c** Zelluläres Blastodermstadium. Die Zellen mit den im Zytoplasma (C) außen liegenden Kernen (K) erkennt man als vom Dotter (D) abgegrenzte Schicht. Am hinteren Pol liegen die Polzellen (Pz) außerhalb des einschichtigen Blastoderms. **d** Ausschnitt aus der Oberfläche von **c**. **a**, **c** optische Längsschnitte, **b**, **d** Oberflächenausschnitte

— Außer durch Endomitosen können Zellen mit mehr als einem Kern auch **durch Fusion** von zwei oder mehr Zellen entstehen. Beim Menschen sind dies etwa die Zellen der quergestreiften Skelettmuskeln, auch **Muskelfasern** oder Muskelfaserzellen genannt. Diese entstehen durch Fusion von Vorläuferzellen, den Myoblasten. Die Kerne können nach der Fusion durch Kernteilungen noch weiter vermehrt werden, was z. B. zur Bildung einer 30 cm langen Muskelfaser mit ca. 8000 Zellkernen führt.

6.2.2 Aneuploidie

Sind in einem diploiden oder polyploiden Chromosomensatz ein oder wenige Chromosomen über- oder unterzählig, spricht man von **Aneuploidie**. Fälle von **Monosomie** (ein Chromosom eines Chromosomenpaares zu wenig) und **Trisomie** (ein Chromosom eines Chromosomenpaares zu viel) sind das Ergebnis von **Nondisjunction**, also die Nicht-Trennung der homologen Chromosomen in Meiose I bzw. die Nicht-Trennung der Schwesterchromatiden in Meiose II oder in der Mitose (Abb. 6.4).

Ein fehlendes oder zusätzliches Chromosom kann zum Tod der Zelle führen oder zum Stopp bzw. zur Deregulation des Zellzyklus, was dann häufig mit der Entstehung von Krebskrankheiten verbunden ist. Das zeigt, dass die korrekte Anzahl von Genen und damit die korrekte Menge an Genprodukten bzw. das Verhältnis unterschiedlicher Genprodukte entscheidend für die Gesundheit der Zelle ist. Menschen mit Aneuploidien sind meist nur dann lebensfähig, wenn die Geschlechtschromosomen

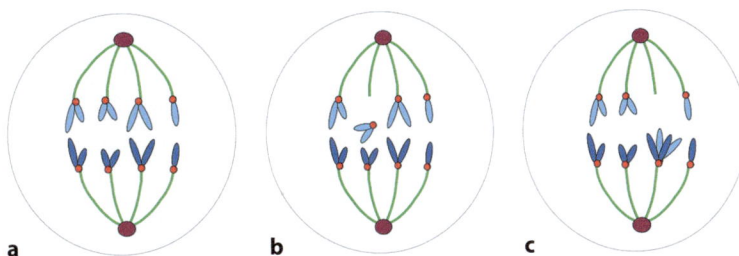

Abb. 6.4 Fehler in der Aufteilung der Chromosomen in der Mitose führen zu Aneuploidien. **a** Normale Trennung der Chromatiden. Die Kinetochore (hellrot) der Schwesterchromatiden eines Chromosoms (hellblau bzw. dunkelblau) sind mit Spindelmikrotubuli (grün) von entgegengesetzten Polen verbunden (= amphitelische Anheftung; *amphi*: von beiden Seiten). **b** Das Kinetochor von einer Schwesterchromatide ist nicht mit den Spindelfasern verbunden (monotelische Anheftung), es bleibt zwischen den beiden Polen liegen und geht verloren. Die am oberen Pol entstehende Zelle wird ein Chromosom zu wenig haben. **c** Spindelfasern von einem Pol werden mit beiden Kinetochoren eines Chromosoms verbunden (syntelische Anheftung). Beide Schwesterchromatiden gelangen an denselben Pol. Die dort entstehende Zelle wird ein Chromosom zu viel, die am anderen Pol entstehende eines zu wenig haben

betroffen sind (z. B. X0, XXY, XYY). Das hängt eng mit den Mechanismen der **Dosiskompensation** zusammen (s. ▶ Abschn. 11.2.1) und der ungleichen Verteilung von Genen auf den beiden Heterosomen. Aber auch Trisomien kleiner Chromosomen, wie im Fall der Trisomie 21, sind oftmals lebensfähig (s. ▶ Abschn. 13.3.1).

6.3 Strukturelle Chromosomenaberrationen

Unter strukturellen Chromosomenaberrationen versteht man ganz allgemein dauerhafte Veränderungen der linearen Abfolge der Gene auf den Chromosomen: Es können z. B. Chromosomenstücke fehlen (synonym: **Defizienz** oder **Deletion**), verdoppelt vorliegen (**Duplikation**), mit umgekehrter Genfolge im Chromosom eingebaut (**Inversion**) oder zwischen nicht-homologen Chromosomen ausgetauscht sein (**Translokation**). An der Entstehung von Chromosomenmutationen sind wohl immer Chromosomenbrüche beteiligt, die oftmals als Konsequenz einer defekten Beendigung der Replikation auftreten. Brüche können spontan geschehen oder unter Laborbedingungen induziert werden, z. B. mit Röntgenstrahlen. Auch gibt es seltene genetische Defekte, die zu einem erhöhten Vorkommen von Chromosomenbrüchen führen (Chromosomenbruchsyndrome). Diese Mutationen betreffen häufig Gene, die an DNA-Reparatur beteiligt sind (z. B. bei *Xeroderma pigmentosa*). Was bei Chromosomenbrüchen genau geschieht, ist nur teilweise verstanden. Nach der schematisierten Modellvorstellung der ◘ Abb. 6.5 können durch Bruchereignisse und Fehlverheilungen innerhalb eines Chromosoms Defizienzen (Df), Inversionen (In) oder Ringchromosomen (R) entstehen. Überkreuzen sich homologe Chromosomen, so kann es durch Brüche zu Defizienz- oder Duplikationschromosomen kommen, die neue Allelkombinationen enthalten. Die Entstehung von reziproken Translokationen (T) kann man durch Brüche nach Überkreuzen nicht-homologer Chromosomen erklären.

Wir werden im Folgenden die Auswirkungen einiger Chromosomenmutationen jeweils an einem Beispiel demonstrieren.

6.3.1 Duplikationen und Defizienzen

Strukturelle Chromosomenmutationen können, genau wie Punktmutationen, die nur ein Gen betreffen, phänotypisch sichtbar werden. Ein gutes Beispiel dafür ist die dominante Mutation *Bar* (*B*) von *Drosophila*. Hierbei handelt es sich um eine Duplikation (Dp) des X-Chromosomenabschnitts 16A (◘ Abb. 6.6a). (Zur Erläuterung von Polytänchromosomen s. ▶ Abschn. 4.1.2.2 und 8.6). In Wildtyp-Weibchen ist dieser Abschnitt zweimal vorhanden, in hetero- bzw. homozygot mutanten Weibchen (*B*/+ bzw. *B*/*B*) drei- bzw. viermal. Im Wildtyp-Männchen ist das *B* Gen zwar nur einmal vorhanden, aber durch Dosiskompensation (s. ▶ Abschn. 11.2.2) ist seine Aktivität auf die der Wildtyp-Weibchen angehoben. Die Dosiskompensation wird allerdings durch die Duplikation in hemizygoten Männchen (*B*/Y) verhindert.

Heterozygote Weibchen mit 3 Kopien von Bar (*B*/+) und hemizygote *B*/Y Männchen haben nierenförmige bzw. stabförmige Augen (◘ Abb. 6.6b), da die Anzahl der Ommatidien reduziert ist: von ca. 780 in einem +/+-Weibchen auf ca. 360 in einem *B*/+-Weibchen, bzw. von ca. 760 in einem +/Y-Männchen auf ca. 90 in einem *B*/Y-Männchen.

Da die **Bar-Duplikation** eine **Tandemduplikation** ist, bei der die verdoppelten Bereiche unmittelbar hintereinander liegen, kann es in homozygoten *B/B* Weibchen in der Meiose zu ungleicher Paarung und Crossover kommen, wenn Abschnitt 1 des einen Chromosoms mit dem Abschnitt 2 des anderen Homologen paart (◘ Abb. 6.6c). Kommt es in dieser Situation zu einem Crossover, resultiert ein Chromosom mit einer Triplikation der 16A Region, *double Bar* (*BB*), und eines mit normaler Reihenfolge der Banden. In diesen Fällen nimmt die Ommatidienzahl weiter ab: 45 pro Auge in *BB*/+-Weibchen, 29 in *BB*/Y Männchen und 25 in *BB*/*BB*-Weibchen.

Die Häufigkeit, mit der Duplikationen auftreten, variiert von Genlokus zu Genlokus. So beträgt die Duplikationsrate der Gene *maroon-like* und *rosy* von *Drosophila* $2{,}7 \times 10^{-6}$ bzw. $1{,}7 \times 10^{-4}$ Duplikationen/Generation. In den allermeisten Fällen sind Duplikationen für eine Zelle nachteilig und führen meist zum Absterben der Zelle bzw. des

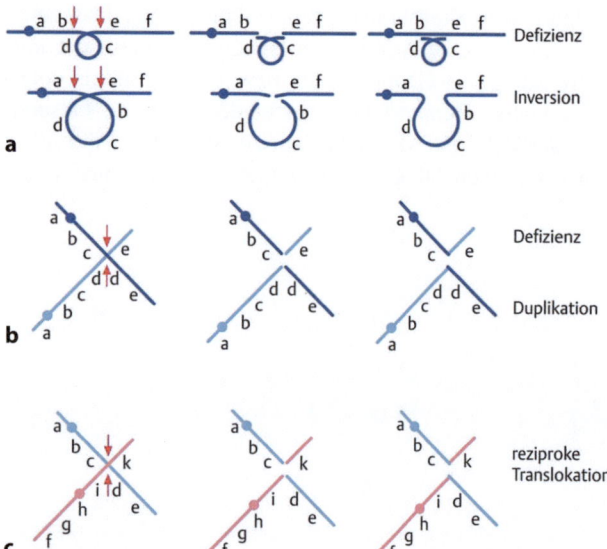

◘ **Abb. 6.5** Entstehung von Chromosomenmutationen. **a** Brüche (angedeutet durch rote Pfeile) innerhalb eines Chromosoms. **b** Überkreuzungen und Brüche zwischen zwei homologen Chromosomen. **c** Überkreuzungen und Brüche zwischen zwei nicht-homologen Chromosomen

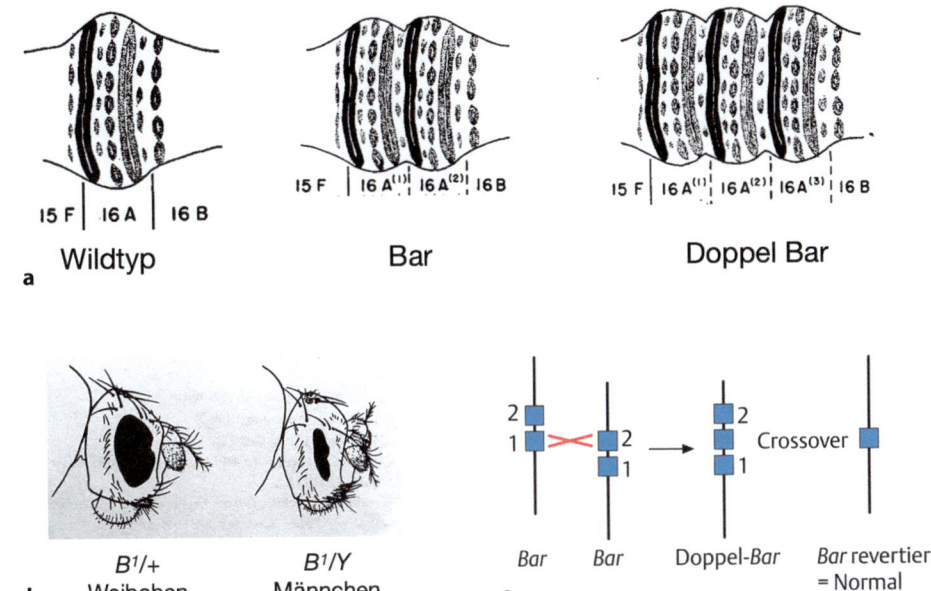

◘ **Abb. 6.6** Bar-Duplikation. **a** Links: Bandenfolge im polytänen X-Chromosom im Bereich 15–16 einer normalen weiblichen *Drosophila*-Larve. Mitte: Homozygotie für die *Bar*-Duplikation, einer Tandemduplikation des Bereichs 16A. Rechts: Abschnitt mit dreifacher Region 16A. **b** Augen eines heterozygoten *B*/+-Weibchens und eines hemizygoten *B*/Y-Männchens. **c** Durch ungleiches Crossover kann es in der Meiose zu einer Triplikation auf dem einen Chromosom [Doppel-Bar (*double Bar*)] und zur normalen Bandenfolge auf dem anderen Chromosom kommen (*Bar* revertiert). (**a** aus Sutton 1943; **b** aus Lindsley und Grell 1972, mit freundlicher Genehmigung)

Individuums (oder zur Entstehung einer Krebszelle). Das kann daran liegen, dass durch die Bruchpunkte essentielle Gene zerstört werden, oder, insbesondere bei großen Duplikationen, dass die Genbalance gestört ist. Allerdings spielen Duplikationen von Chromosomenabschnitten eine wichtige Rolle in der Evolution. Auf diese Weise können nämlich Allele mit neuen Funktionen entstehen, ohne dass die ursprüngliche Funktion verloren geht. Diese neuen Funktionen können dazu beitragen, seinen Träger besser an eine veränderte Umwelt anzupassen.

Das Fehlen eines Chromosomenabschnitts wird **chromosomale Deletion** genannt, wobei der Stückverlust an einem Chromosomenende oder in der Mitte des Chromosoms erfolgen kann. (In der *Drosophila* Schreibweise werden Deletionen als Defizienzen bezeichnet, z. B. *Df(1)w67k30*). Deletionen können in der Meiose innerhalb eines Chromosoms durch illegitimes Crossover entstehen. In der Regel ist das Fehlen eines Abschnitts auf beiden Chromosomen letal. Liegt die Defizienz heterozygot vor, kann dennoch ein mutanter Phänotyp erzeugt werden, entweder, weil durch die Bruchpunkte Genfunktionen zerstört werden, oder weil die Menge der Genprodukte, die nun jeweils nur von einer Genkopie synthetisiert werden, für eine normale Funktion nicht ausreichen; letzteres Phänomen wird auch als Haploinsuffizienz bezeichnet (s. auch ▶ Abschn. 7.4).

6.3.2 Inversionen

Inversionschromosomen sind solche, bei denen ein Teilstück durch Brüche herausgelöst und um 180° gedreht wieder eingesetzt wurde (zum möglichen Entstehungsmechanismus s. ◘ Abb. 6.5). Wenn die normale Genfolge *a b c d e f* durch eine Inversion zur Folge *a e d c b f* mutiert ist, funktionieren die Gene in Inversionen normal. In den Bruchbereichen kann es jedoch zur Zerstörung von Genen oder zu sogenannten Positionseffekten in der Genwirkung kommen (s. ▶ Abschn. 4.2.1.2). In Kreuzungsexperimenten, bei denen die Inversion homozygot vorliegt, findet man die invertierte Genreihenfolge in der Meiosekarte. Dies gilt für **perizentrische Inversionen**, bei denen das Zentromer im invertierten Chromosomenbereich liegt, wie für **parazentrische Inversionen**, bei denen das Zentromer außerhalb des invertierten Bereichs lokalisiert ist. Liegen Inversionen heterozygot vor, so findet man kaum noch Crossover-Rekombination innerhalb des invertierten Bereichs.

Bei *Drosophila* sind sowohl in der Meiose als auch im Polytänchromosom die Homologen gepaart. Das ist bei heterozygoten Inversionssituationen nicht ganz einfach und führt in beiden Fällen entweder zu **Paarungslücken** oder zu **Schleifenbildungen**, die man im polytänen Chromosom eingehend zytologisch studieren kann (◘ Abb. 6.7).

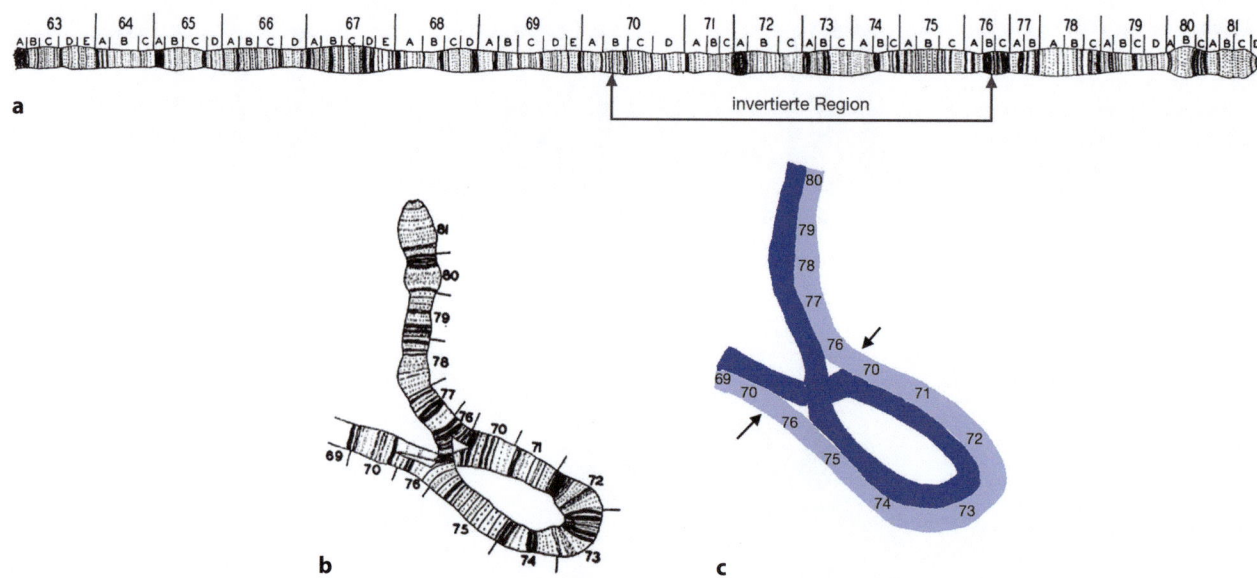

Abb. 6.7 Schleifenbildung im Polytänchromosom einer parazentrischen Inversion. **a** Rechter Arm des 3. Chromosoms von *Drosophila pseudoobscura*. Die Pfeile in 70B und 76B markieren die Bruchpunkte der Inversion „Arrowhead". **b** Darstellung des 3. Chromosoms, das heterozygot für die Inversion „Arrowhead" ist. In diesem ist die neue Reihenfolge der Banden: I 63A-70B I 76B-70B I 76C-81D. **c** Schematische Darstellung der Paarung des normalen Chromosoms (hellblau) und des Chromosoms mit der Inversion (dunkelblau). Es entsteht eine typische „Inversionsschleife". Pfeile markieren die Bruchpunkte. (**a**, **b** aus Dobzhansky und Sturtevant 1938, mit freundlicher Genehmigung)

Findet während der Meiose in der Tetrade einer solchen **heterozygoten perizentrischen Inversion** ein Crossover innerhalb des Inversionsbereichs statt (Abb. 6.8a), so führt das weder in Anaphase I noch in Anaphase II zu Komplikationen. Allerdings sind die Nachkommen, die aus Crossover-Gameten entstehen, sehr häufig nicht lebensfähig. Denn Crossover-Chromatiden sind für das eine Chromosomenende außerhalb der Inversion dupliziert (Dp), für das andere defizient (Df). Das bedeutet, dass der Dp-Bereich in der Zygote dreimal vorliegt und gleichzeitig der Df-Bereich nur einmal. Dies führt zu einer Störung der Genbalance, in der im Normalfall jedes (autosomale) Gen zweimal vorhanden ist. Nur ein weiteres Crossover (= Doppelcrossover) zwischen denselben Chromatiden kann diese Situation verhindern, weil dann Chromatidenbereiche innerhalb der Inversion ausgetauscht werden. Einfachcrossover innerhalb perizentrischer Inversionen verursachen die Bildung von genetisch unbalancierten Gameten und führen dadurch zu einem teilweisen Fertilitätsverlust für Einzelindividuen bzw. einer Population.

Bei einem Einfach- bzw. allgemein ungeradzahligen Crossover in einer **heterozygoten parazentrischen Inversionstetrade** ist die Genetik genauso wie bei perizentrischen Inversionen, aber die zytologischen Auswirkungen sind komplizierter. In Abb. 6.8b ist dargestellt, dass in diesem Fall das Zentromer außerhalb der Inversion liegt. Das hat zur Folge, dass die beiden Crossover-Chromatiden ungleich ausgestattet sind: Die eine besitzt zwei Zentromere und kann daher in Anaphase I nicht verteilt werden, sondern bildet eine sog. **dizentrische Brücke** aus. Die komplementäre Crossover-Chromatide bekommt dafür kein Zentromer, kann auch nicht von entsprechenden Spindelfasern bewegt werden, bleibt als **azentrisches Fragment** liegen und geht deshalb verloren (Abb. 6.8c). Auch hier wird man erhöhte Letalität in der nächsten Generation erwarten, weil nur Gameten mit einem normalen bzw. mit einem invertierten Chromosom zu einer lebensfähigen Zygote beitragen können.

Bei Fliegen findet man diese erwartete Letalität nach Crossover innerhalb der Inversion nicht. Die mechanistische Erklärung ist die sog. **gerichtete Meiose**. Die Meiose findet in der Oozyte nahe der Zelloberfläche statt, wobei die drei der Oberfläche am nächsten liegenden haploiden Kerne als Polkörper abgestoßen werden (vergl. Abb. 5.8). Der innerste Kern wird zum Gametenkern. Stellvertretend für die 4 haploiden Kerne nehmen wir die Anordnung der 4 Chromatiden nach Anaphase II in der Abb. 6.8b. Das bedeutet, dass entweder der Kern mit der normalen oder der mit der Inversionschromatide zum Gametenkern wird. Je nach Anordnung der Tetrade in der Spindel kann jede der 4 Chromatiden ins Innere des Kerns gelangen. Dies ist bei parazentrischen Inversionen nicht der Fall. Hier ist durch die **dizentrische Brücke** (Abb. 6.8c), die die Spindelpole in Anaphase I verbindet, eine räumliche Ordnung so vorgegeben, dass nur die normale oder die Inversions-Chromatide in den innersten Zellkern gelangen kann. Die Bruchstücke der Crossover-Chromatide gelangen in die mittleren Kerne, die nicht zum Oozytenkern werden können.

6.3 · Strukturelle Chromosomenaberrationen

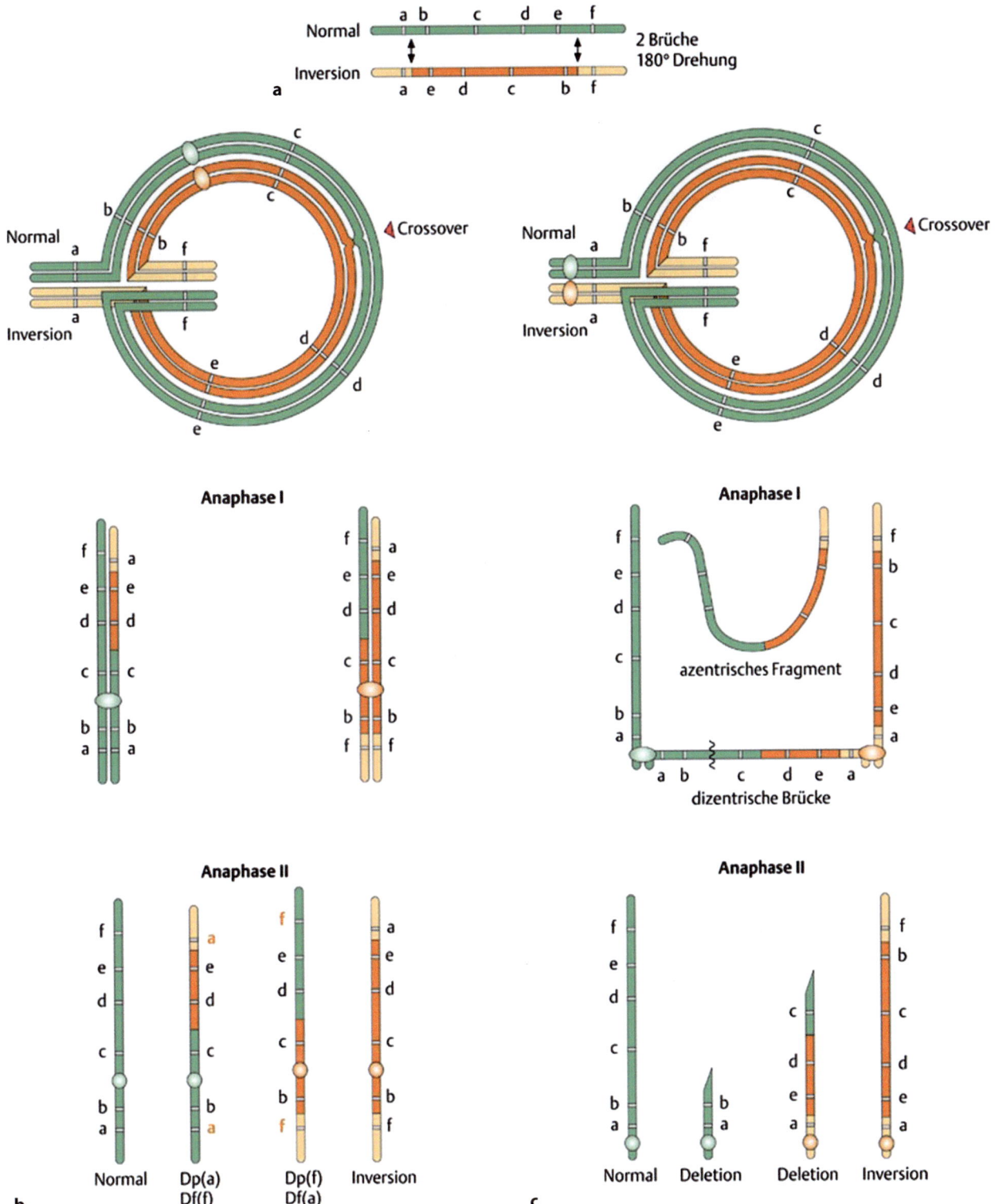

Abb. 6.8 Heterozygotie einer peri- und einer parazentrischen Inversion. **a** Entstehung einer Inversion (s. Abb. 6.5a). **b** Heterozygotie einer perizentrischen Inversion, die Bruchpunkte sind durch Pfeile markiert. Die Meiose führt zu negativen genetischen Konsequenzen, wenn ein Crossover innerhalb des invertierten Bereichs eintritt. Von den vier haploiden Zellen tragen dann zwei sowohl Duplikationen Dp als auch Defizienzen Df, die in der nächsten Generation zu aneuploiden Chromosomenbereichen und damit meist zur Letalität führen. **c** Heterozygotie einer parazentrischen Inversion. Nach einem Crossover innerhalb des invertierten Bereichs tragen zwei Chromatiden sowohl Duplikationen als auch Defizienzen analog einer perizentrischen Inversion. Hinzu kommt jedoch, dass eine der Chromatiden zwei Zentromere (dizentrische Brücke), die andere kein Zentromer (azentrisches Fragment) besitzt. Dies führt in der nächsten Generation zur Letalität

Parazentrische Inversionen sind wichtiger Bestandteil von sogenannten **Balancerchromosomen**. Diese sind wichtige Hilfsmittel für den Genetiker, um Mutationen, die z. B. homozygot nicht lebensfähig sind, als Stamm halten zu können. Im Labor vor mehr als 100 Jahren konstruierte Balancerchromosomen, die heute noch intensiv in der *Drosophila* Genetik verwendet werden, tragen meist mehrere Inversionen: nebeneinander, einschließend oder überlappend (◻ Abb. 6.9). Dadurch werden die Paarungsverhältnisse der Chromosomen so kompliziert, dass Crossover, meist sogar die wenigen Doppelcrossover-Fälle, praktisch ausgeschlossen sind. Somit erlauben sie den Erhalt rezessiver letaler oder steriler Mutationen, andernfalls würden diese durch natürliche Selektion nach wenigen Generationen verschwinden (s. ▶ Box 6.1).

6.3.2.1 Inversionen in Populationen

Parazentrische Inversionen findet man in Wildpopulationen, z. B. von *Chironomiden* (Zuckmücken) und *Drosophiliden* relativ häufig. Da wir gesehen haben, dass der invertierte Chromosomenbereich durch ungeradzahlige Crossover nicht rekombiniert wird, bleiben die **Allelkombinationen** der Gene der Inversion erhalten. Das gilt auch bei Inversionshomozygoten, da Crossover innerhalb des Inversionsbereichs die Allelkombination nicht verändern. Alle Gene im invertierten Bereich werden gekoppelt vererbt, ohne dass sie notwendigerweise funktionell verwandt sein müssen. Es könnte sein, dass die Träger der Inversionen dadurch einen **Selektionsvorteil** haben. Untersuchungen von Theodosius Dobzhansky (1900–1975) und seinen Mitarbeitern an Populationen von *Drosophila pseudoobscura* und *Drosophila persimilis* haben dies gezeigt. Bei *D. pseudoobscura* gibt es mehrere Stämme, die sich durch Inversionen auf dem dritten Chromosom unterscheiden (z. B. „Arrowhead" (AR), s. ◻ Abb. 6.7).

Die beiden Arten bewohnen den westlichen Teil von Nordamerika. Dort zeigen diese Stämme eine spezifische Verbreitung, z. B. bezüglich der Höhenlage, was **genetische Anpassungen an Umweltbedingungen** nahelegt. So konnte man im Sierra Nevada-Gebirge beobachten, dass sich auf einer Strecke von etwa 100 km und einer Höhendifferenz von ca. 3000 m die Anteile von drei Inversionsstämmen in der Population Region-spezifisch verändern. D. h., dass jede Population von Fliegen einer Spezies sich in der Häufigkeit des Vorkommens eines bestimmten Chromosoms von anderen Populationen derselben Spezies unterscheidet. Daraus ergab sich die berechtigte Annahme, dass solche Unterschiede die Grundlage zur Entstehung neuer Arten sein könnten. Das wurde bereits von T. Dobzhansky in seinem 1937 veröffentlichten Buch „*Genetics and the Origin of Species*" vorgeschlagen.

6.3.3 Translokationen

Zu einer Translokation gehören zwei nichthomologe Chromosomen, zwischen denen Stücke ausgetauscht werden, man spricht dann von einer **reziproken Translokation** (◻ Abb. 6.11). Das bedeutet, dass nur beide Translokationschromosomen zusammen alle Gene enthalten. Wird nur

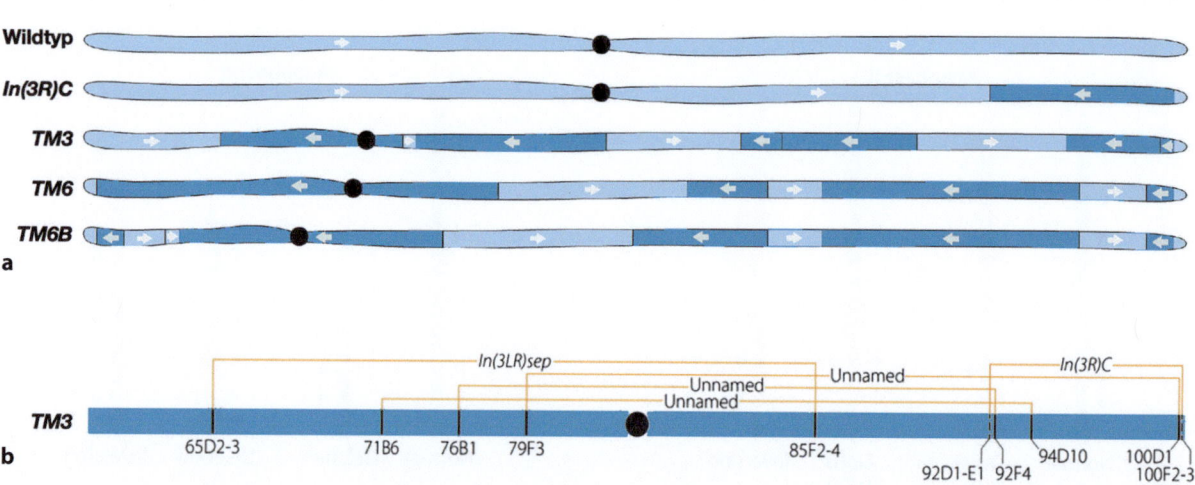

◻ **Abb. 6.9** Beispiele für drittchromosomale Balancer von *Drosophila melanogaster* mit multiplen Inversionen **a** Schematische Darstellung der gebräuchlichsten drittchromosomalen Balancer. *In(3R)C* ist das erste, von A. H. Sturtevant 1926 beschriebene Balancerchromosom, das immer noch verwendet wird. Hellblau sind Bereiche mit wildtypischer Orientierung, dunkelblau sind invertierte Bereiche. Schwarze Punkte markieren das Zentromer. TM = Third-multiple. **b** Die Bruchpunkte der Inversionen in *TM3*, die Zahlen geben die zytologisch bestimmten Bruchpunkte an (durchgezogene Linien: molekular bestimmt, gestrichelte Linien, abgeschätzt). **c** Neue Reihenfolge der zytologisch definierten Bereiche. 3Lt, 3Rt: linkes bzw. rechtes Ende (terminal). (**a** nach: Miller et al. 2019, Fig. 2; **b** nach Miller et al. 2016, Fig. 1a, mit freundlicher Genehmigung der Autoren; **c** Angaben aus Bloomington Stock Center: ▶ https://bdsc.indiana.edu/stocks/balancers/balancer_bps.html)

Box 6.1 Einsatz von Balancerchromosomen in der *Drosophila* Genetik

Stellen wir uns eine rezessive Letalmutation vor, von der es also keine Homozygoten gibt. Heterozygote über Wildtyp, d. h. ein Chromosom mit dem letalen Allel, das Homologe mit dem Wildtypallel, sind zwar lebensfähig, aber von den reinen Wildtypen phänotypisch nicht zu unterscheiden. Nach einigen Generationen weiß man nicht mehr, ob die Mutation noch vorhanden ist. Heterozygote über einem Balancerchromosom, das neben einer dominanten Mutation eine parazentrische Inversion enthält, durch die Crossover-Chromatiden nicht weitervererbt werden, erhalten die Mutation. Ein solcher Stamm ist dann balanciert.

In der Laborgenetik konstruierte Balancerchromosomen tragen meist mehrere Inversionen: nebeneinander, einschließend oder überlappend (◘ Abb. 6.9). Dadurch werden die Paarungsverhältnisse der Chromosomen so kompliziert, dass meist sogar die wenigen Doppelcrossover-Fälle praktisch ausgeschlossen sind.

In aller Regel tragen Balancerchromosomen auch noch eine eigene rezessive Letalmutation oder eine rezessive Mutation, die Sterilität verursacht. Aus ◘ Abb. 6.10 ist zu ersehen, wie die Balancierung funktioniert.

◘ **Abb. 6.10** Balancerchromosomen zur Erhaltung von Sterilitäts- und Letalmutationen in Zuchtstämmen von *Drosophila*. **a** *fs (female sterile)*, eine rezessive Mutation auf dem X-Chromosom, die homozygot Sterilität von Weibchen verursacht. *ClB* enthält *In(1)Cl*, eine parazentrische Inversion des X-Chromosoms, die homozygot letal ist (s. a. ◘ Abb. 6.20). Dieses Chromosom ist mit *B* (*Bar*) markiert, enthält u. a. auch das *fs$^+$*-Allel. In jeder Generation überleben unter den Männchen nur die hemizygoten *fs*-Männchen, bei denen sich die *fs*-Mutation nicht auswirkt, und unter den Weibchen sind nur die heterozygoten Weibchen fertil (farbig unterlegt). **b** Eine rezessive Letalmutation l auf dem 3. Chromosom verhindert, dass homozygote Tiere überleben können. TM3 (Third-Multiple-3) ist ein Balancer für das 3. Chromosom mit 5 Inversionen, so dass das Chromosom aus 11 Teilstücken in neuer Reihenfolge zusammengesetzt ist. TM3 ist mit Sb (Stubble), einer dominanten Borstenform-Mutation markiert, die homozygot letal, d. h. eine rezessive Letalmutation ist. Auf diesem Chromosom gibt es u. a. auch das *l$^+$*-Allel. In jeder Generation überleben nur die heterozygoten Tiere (farbig unterlegt) ▶

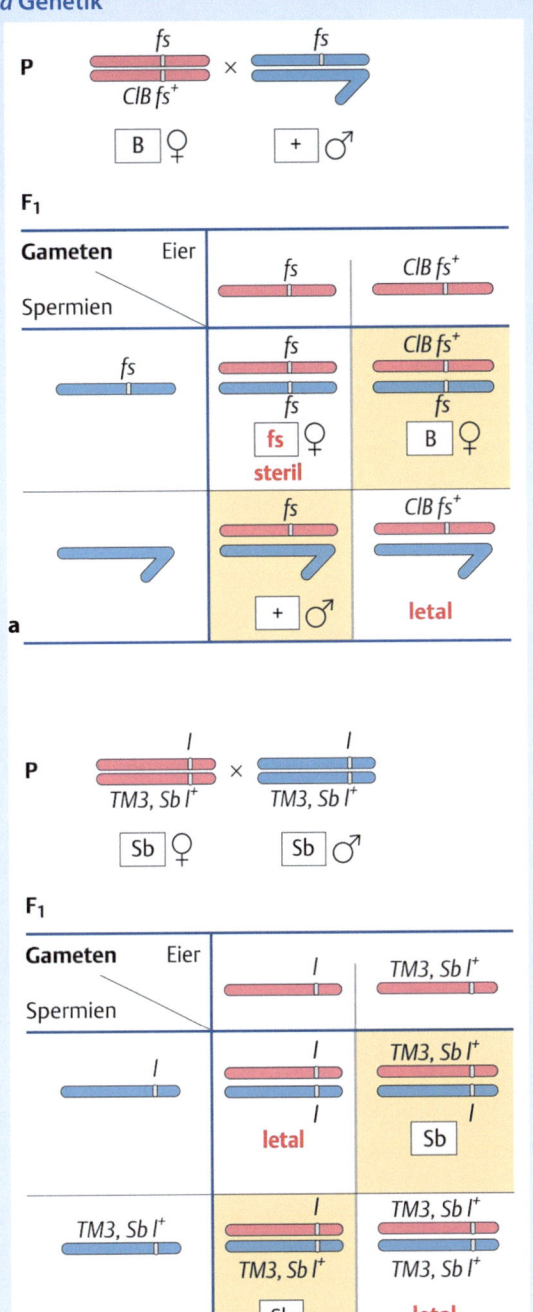

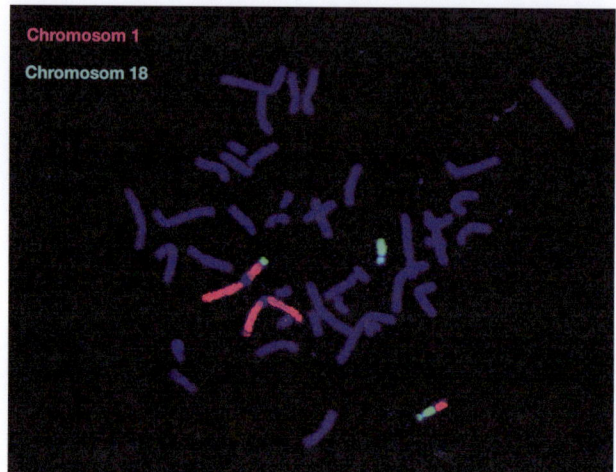

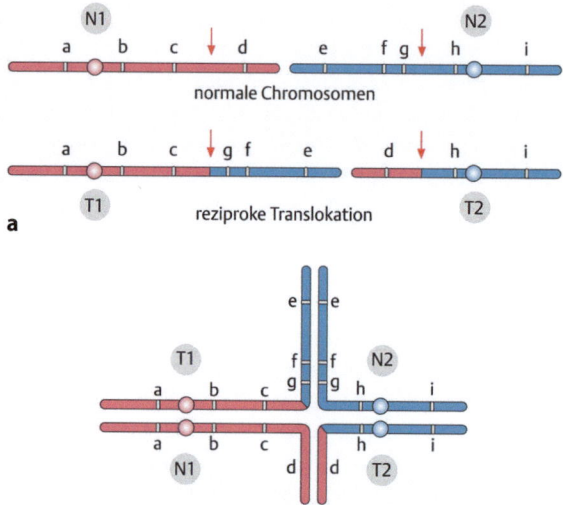

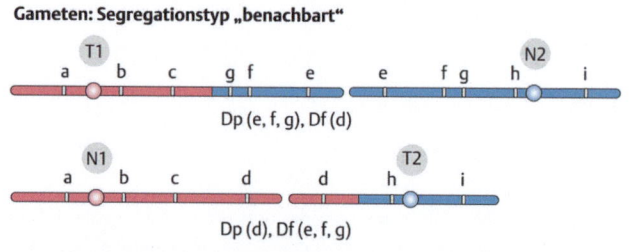

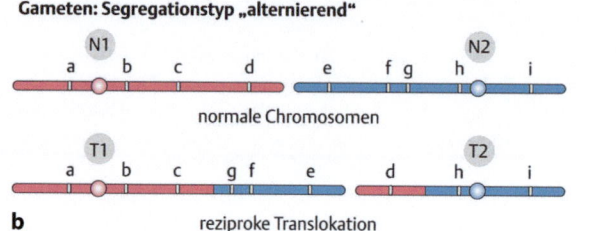

Abb. 6.11 Reziproke Translokation zwischen Chromosom 1 und 18. Fluoreszenz in-situ Hybridisierung (FISH; s. ▶ Box 4.3) an Metaphasechromosomen einer menschlichen Zelle mit Sonden, die Chromosom 1 (rot) bzw. Chromosom 18 (türkis) markieren. Die Spitze von Chromosom 1 trägt ein Stück von Chromosom 18, gleichzeitig trägt eines der beiden Chromosomen 18 ein Stück von Chromosom 1. Die DNA ist blau gefärbt, um alle Chromosomen sichtbar zu machen. (Bild von Hartmut Engels, Bonn)

Abb. 6.12 Translokationsheterozygotie. **a** Wenn in zwei nichthomologen Chromosomen, N1 und N2, Brüche auftreten (rote Pfeile) und die Bruchstücke ausgetauscht werden, entsteht eine reziproke Translokation (T1 und T2). **b** In Translokationsheterozygoten paaren sich die homologen Chromosomen (Schwesterchromatiden nicht eingezeichnet) als Doppeltetraden. Bei einem hier nicht gezeigten Crossover zwischen Zentromer und Bruchpunkt würden die Ergebnisse der beiden Segregationstypen „benachbart" und „alternierend" vertauscht. Das summarische Ergebnis der Semisterilität bliebe dadurch unberührt

ein Stück von einem Chromosom auf ein anderes übertragen, handelt es sich um eine nicht reziproke Translokation.

Auch wenn in reziproken Translokationen beide Chromosomensätze vollständig sind, werden häufig mutante Phänotypen beobachtet, da durch die Bruchpunkte Gene unterbrochen werden können oder weil durch Genfusion die neuen benachbarten Sequenzen zur Fehlregulation eines Gens führen können (Positionseffekt; s. ▶ Abschn. 4.2.1.2). Deshalb sind Translokationen häufig Ursache für Krebsentstehung.

Liegt eine Translokation im diploiden Satz homozygot vor und ist ihr Träger lebensfähig, verursacht weder die Paarung der Homologen in der meiotischen Prophase noch die Trennung der Chromatiden in Anaphase I und II irgendwelche Probleme. Sind die Homologen an geeigneten Genorten (z. B. *c* und *e* in ▶ Abb. 6.12) mit unterschiedlichen Allelen markiert, wird man feststellen, dass es zwischen diesen Genen Crossover-Rekombination gibt, obwohl beide Gene unterschiedlichen Standard-Kopplungsgruppen angehören und eigentlich frei kombinierbar sind. An dieser neuen **Pseudokopplung** erkennt man genetisch die Translokation.

Ähnlich wie bei Inversionen (s. o.) treten zytogenetische Probleme dann auf, wenn eine Translokation heterozygot vorliegt (▶ Abb. 6.12a). Damit die homologen Chromosomenabschnitte paaren können, werden kreuzförmige Doppeltetraden gebildet (▶ Abb. 6.12b). In der Anaphase I der Meiose gibt es auch in diesem Fall zwei Segregationsmöglichkeiten. Entweder wandern die Chromosomen T1 und N2 bzw. N1 und T2 in je eine Tochterzelle oder die Chromosomen T1 und T2 bzw. N1 und N2 (▶ Abb. 6.12b).

Der erste Segregationstyp wird als „**benachbart**" bezeichnet, der zweite als „**alternierend**". Das Ergebnis der „benachbarten" Segregation ist, dass beide Zellen bezüglich der beiden Translokationschromosomen nicht haploid, sondern für die translozierten Bereiche dupliziert bzw. defizient sind. Solche Gameten bringen ein genetisches Ungleichgewicht in die Zygote ein, das in den meisten Fällen letal sein wird. Im Fall der „alternierenden" Segregation erhalten wir haploide Gameten, die entweder die strukturell normalen Chromosomen (N1 und N2) oder beide Translokationschromosomen (T1 und T2) enthalten. Da bei den beiden gleichberechtigten Segregationstypen die Hälfte der Gameten zu nicht lebensfähigen Nachkommen führt, bezeichnet man Translokationsheterozygote auch als „**semisteril**".

Während Translokationen bei Säugern selten vorkommen und sehr oft mit Krankheiten, wie z. B. Krebs assoziiert sind, sind sie in natürlichen Populationen von manchen Pflanzengattungen, u. a. *Oenothera* (Nachtkerze) und *Datura* (Stechapfel), allgemein verbreitet. Dort spielen sie eine bedeutende Rolle bei der Stabilisierung bestimmter Merkmale (durch Unterdrückung von Rekombination), bei der Artbildung und der Genomevolution. Mit Hilfe von CRISPR/Cas9 (s. ▶ Abschn. 14.4.3) ist es nun im Labor gelungen, gezielt Translokation von mehreren Megabasen im Genom von *Arabidopsis thaliana* (Ackerschmalwand) zu erzeugen. Das eröffnet die Möglichkeit, in Zukunft Pflanzengenome komplett neu zu konstruieren.

6.4 Genmutationen

Eine der wichtigsten Eigenschaften der DNA ist ihre Fähigkeit, die in ihr enthaltene genetische Information exakt zu verdoppeln und unverändert an die Tochterzellen weiterzugeben. Allerdings kann es bei der Replikation gelegentlich zu Fehlern kommen, indem ein falsches Nukleotid eingebaut wird. Auch kann eine Base in einer Doppelhelix chemisch modifiziert werden. Solche Fehler werden in den meisten Fällen repariert, sei es durch die DNA-Polymerase selbst („proofreading", s. ▶ Abschn. 3.3.2.2) oder durch sehr effiziente zelluläre Reparatursysteme. Werden die Veränderungen nicht repariert, kommt es zu einer **Mutation**. Im Gegensatz zu einigen der oben beschriebenen Chromosomenmutationen sind Veränderungen einzelner oder weniger Basen nicht im Mikroskop zu erkennen, weshalb sie **Punktmutationen** genannt werden.

6.4.1 Spontane Mutationsrate

In jedem Organismus kommt es ständig und in allen Zellen zu Veränderungen der DNA, die, wenn sie in kodierenden Bereichen stattfinden, zu Mutationen führen können. Auslöser dieser Veränderungen sind reaktive Produkte des Zellstoffwechsels oder Einflüsse aus der Umgebung, etwa kosmische Strahlung oder Höhenstrahlung, natürliche Radioaktivität der Erdkruste und Aufnahme natürlicher oder anthropogen erzeugter Radioisotope und anderer Substanzen mit Luft, Wasser und Nahrung (s. ▶ Box 6.2). Die Häufigkeit, mit der neue Mutationen entstehen, ist für jede Spezies, für jedes Chromosom und für jedes Gen charakteristisch und wird als **spontane Mutationsrate** bezeichnet, deren Größe nicht einfach zu bestimmen ist und abhängig von der Methode ist. Ein Wert für die genomische DNA des Menschen wurde mit $\sim 2{,}5 \times 10^{-8}$/bp/Generation ermittelt (Nachmann und Crowell, 2000).

Box 6.2 Ursprung natürlicher Strahlenbelastung

Alle auf der Erde lebenden Organismen sind ständig natürlich vorkommender Strahlung ausgesetzt. Diese natürliche Strahlenbelastung setzt sich zusammen aus kosmischer und terrestrischer Strahlung und der Strahlung, die durch radioaktive Nahrung und Atemluft in den Körper gelangt, wobei Letztere den Hauptanteil der natürlichen Strahlenexposition ausmacht. Sie wird gemessen in Sievert (Sv) bzw. mSv, ein Maß, das nicht nur die Energie der Strahlung, sondern auch die Art der Strahlung und ihre biologische Wirkung hinsichtlich bestimmter Risiken (Krebs, vererbbare Mutationen) berücksichtigt. Eine Strahlendosis von 1 Sv ist die Dosis, bei der in 5 Fällen, in denen 100 Menschen dieser Dosis ausgesetzt sind, mit Strahlenkrebs zu rechnen ist. Laut Bundesamt für Strahlenschutz beträgt die effektive Dosis der natürlichen Strahlenbelastung einer in Deutschland lebenden Person in Abhängigkeit von Wohnort, Ernährungs- und Lebensgewohnheiten zwischen 1–10 Millisievert, im Durchschnitt 2,1 Millisievert im Jahr. Hinzu kommt dann noch die Strahlenexposition in der Röntgendiagnostik (im Durchschnitt 1,6 Millisievert pro Einwohner und Jahr).

Natürliche Strahlenbelastung	Durchschnittlich [mSv/Jahr]
Kosmische Strahlung	0,7[a]
Terrestrische Strahlung, gesamt	0,4
davon in Innenräumen	0,1
davon draußen	0,3
Aufnahme radioaktiver Stoffe	
durch die Luft (Radon)	1,1
durch die Nahrung	0,3

Zusätzliche Strahlenbelastung	[mSv]
Transatlantikflug (Hin- und Rückflug)	0,1
Mammografie (beidseitig, zwei Ebenen)	0,2 – 0,4
Röntgenaufnahme Brustkorb (1 Aufnahme)	0,02 – 0,04
Computertomographie Brustkorb	4 – 7

[a] Auf der Zugspitze ist sie ca. 4 mal so hoch wie auf Meereshöhe. [Angaben: Bundesamt für Strahlenschutz (▶ https://www.bfs.de/DE/themen/ion/umwelt/natuerliche-strahlung/natuerliche-strahlung_node.html)]

Diese „basale" Mutationsrate kann durch zusätzliche Einwirkungen von außen, durch sog. **Mutagene** (Chemikalien, Strahlung) erhöht werden. Man spricht in diesem Fall von **induzierten Mutationen**. Je nach Art des Mutagens können manche Zellen präferenziell betroffen sein. Streng genommen sind spontan auftretende Mutationen auch induzierte Mutationen, nur kennt man in der Regel das mutationsauslösende Agens nicht. Es soll hier aber weiterhin der Begriff spontane Mutation zur Kennzeichnung von „Hintergrundmutationen" verwendet werden, um sie von den durch zusätzliche Einwirkungen induzierten Mutationen zu unterscheiden. Das bedeutet, dass sowohl äußere, Umwelt-bedingte als auch endogene Faktoren das Genom eines Individuums sein ganzes Leben lang verändern können. Deshalb haben Zellen Mechanismen zur Bewahrung der **Genomstabilität** entwickelt, so dass das genetische Material möglichst unbeschadet an die nächste Zellgeneration weitergegeben wird.

Spontan auftretende und induzierte **Mutationen** können verschiedene Ursachen haben:
1. Strukturelle Veränderungen der Basen
2. chemische Modifikationen der Basen
3. Fehler bei der Replikation
4. Insertion von viraler oder Transposon-DNA

6.4.2 Strukturelle Veränderungen von Basen

Das von J. Watson und F. Crick 1953 veröffentlichte Modell der DNA-Doppelhelix (Abb. 1.5) ging von der Annahme aus, dass die Basen in ihrer Keto-Form vorliegen, denn nur dann kann ein Adenin mit einem Thymin und ein Guanin mit einem Cytosin paaren. In den Basen kann jedoch die Position einiger Wasserstoffatome verändert werden, wodurch sich ihre Struktur, nicht aber ihre chemische Zusammensetzung ändert. Sie bilden **tautomere Formen**, die **Ketoform** und die **Enol**- bzw. **Iminoform** (Abb. 6.13).

Normalerweise liegen die Basen der DNA in der Ketoform vor und nur sehr selten kommt es zur Ausbildung der Enol- oder Iminoform. Dies führt dann bei der Replikation zur Ausbildung einer **Fehlpaarung**, wobei das jeweils falsche Purin bzw. Pyrimidin eingebaut wird. Dann paart C mit A statt mit G etc. (Abb. 6.13). Da die Replikation semikonservativ ist, wird in der nächsten Replikationsrunde aus dem A-C-Basenpaar ein A-T- und ein G-C-Paar gebildet (Abb. 6.14). Den Austausch eines Purins durch das andere Purin bzw. eines Pyrimidins durch das andere Pyrimidin nennt man **Transition**. Im Beispiel der Abb. 6.14 hat die Mutation zum Austausch eines C-G-Basenpaars durch ein T-A-Basenpaar geführt.

Unter einer **Transversion** versteht man den (allerdings selten auftretenden) Austausch eines Purins (A oder G) in ein Pyrimidin (T oder C) bzw. umgekehrt, deren Entstehung jedoch nicht ohne weiteres durch die Tautomerie der Basen erklärt werden kann. In der nächsten Replikationsrunde kommt es zum Austausch eines Purins durch ein Pyrimidin, also zum Beispiel:

A-T => C*-T ⟶ C-G und A-T

oder

G-C => T*-C ⟶ T-A und A-T

Hierbei kennzeichnen die rot markierten Basen die mutierten Basen und der blaue Pfeil bedeutet Replikation.

Findet eine Transition oder eine Transversion in dem proteinkodierenden Teil eines Gens, also im offenen Leseraster, statt, so kann das unterschiedliche Auswirkungen auf die Aminosäuresequenz des Proteins haben (Abb. 6.15):
— Keine Auswirkung für das Protein. Wenn die Veränderung in der dritten Position eines Tripletts stattgefunden hat (in der Wobble-Base, s. ▶ Abschn. 9.2.2,

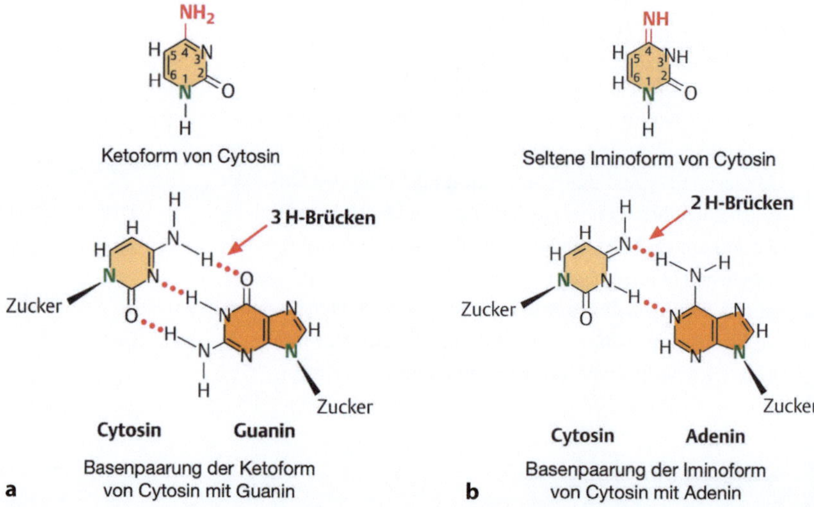

Abb. 6.13 Die Keto- (**a**) und die seltene Iminoform (**b**) von Cytosin und die normale Paarung mit Guanin bzw. die Fehlpaarung mit Adenin. Das grüne Stickstoff-Atom verbindet die Base mit dem Zucker

6.4 · Genmutationen

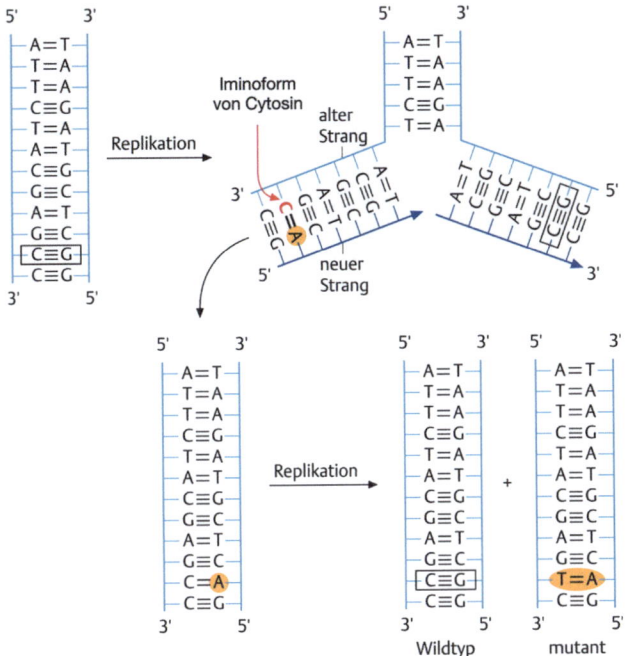

Abb. 6.14 Durch eine Transition wird ein Pyrimidin durch das andere Pyrimidin ersetzt. Die veränderte Form des Cytosins führt in der ersten Replikationsrunde zum Einbau eines Adenosinmonophosphats (A) im neu synthetisierten Strang. In der zweiten Replikationsrunde trägt eine der beiden neu gebildeten Doppelhelices ein C-G-Basenpaar, was der Situation im Ausgangsstrang entspricht (Wildtyp). Im zweiten Doppelstrang entsteht ein T-A-Basenpaar (mutant)

Abb. 9.17), kann das gelegentlich folgenlos für das Protein sein, man spricht dann von einer **stillen Mutation**. Da der genetische Code degeneriert ist (s. ▶ Abschn. 9.2.2), gibt es z. B. für die Aminosäuren Arginin sechs Tripletts: CGU, CGC, CGA, CGG, AGA und AGG. Eine Transition von CG**A** → CG**G** verändert somit die eingefügte Aminosäure nicht.

— Austausch gegen eine andere Aminosäure. Durch eine Transition oder eine Transversion kann das Codon so verändert werden, dass eine andere Aminosäure eingebaut wird. Je nachdem, um welche Aminosäure es sich handelt, kann das zu mehr oder weniger starken Veränderungen in der Proteinfunktion führen. Erfolgt ein Austausch gegen eine chemisch verwandte Aminosäure, z. B. beim Austausch einer hydrophoben Aminosäure durch eine andere hydrophobe Aminosäure (s. ▯ Abb. 9.14 zur Klassifizierung der Aminosäuren), so nennt man dies eine **neutrale Mutation**. Im Beispiel der ▯ Abb. 6.15 führte die Transversion A-T → C-G zur Veränderung des Tripletts AUU → CUU und damit zum Austausch von Isoleucin durch Leucin. Neutrale Mutationen verändern in vielen Fällen die Natur und die Funktion des gesamten Proteins nicht oder nur geringfügig.

— Wird jedoch eine Aminosäure gegen eine chemisch nicht verwandte Aminosäure ausgetauscht, z. B. eine basische gegen eine saure Aminosäure, so führt das in den meisten Fällen zu Veränderungen oder zum Verlust der Proteinfunktion. Man spricht dann von einer **Missense-Mutation** („Fehlsinn"mutation). In dem in

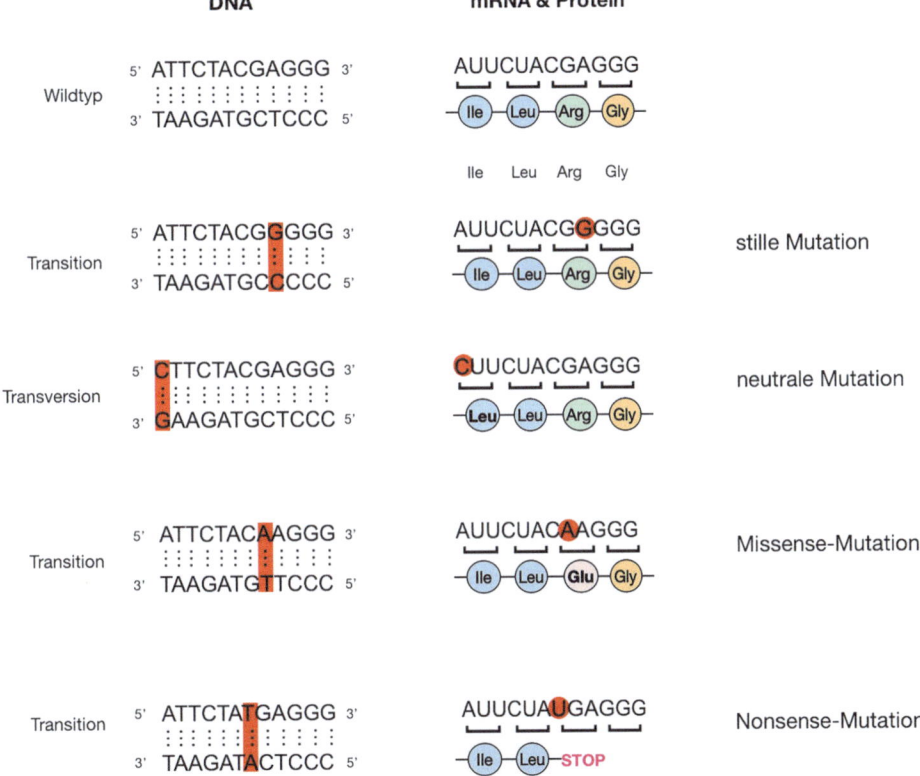

Abb. 6.15 Auswirkungen von Transitionen oder Transversionen auf das Protein. Der untere Strang der DNA ist der Matrizenstrang für die mRNA. Die gepunkteten Linien zwischen den Basen zweier Einzelstränge kennzeichnen die Wasserstoffbrücken, ohne zwischen zwei oder drei H-Brücken zu unterscheiden. Beschreibung s. Text

der ◻ Abb. 6.15 gezeigten Beispiel führt der Austausch des Tripletts CGA → CAA (eine Transition) zum Austausch der basischen Aminosäuren Arginin gegen die saure Aminosäure Glutamin.

- In einigen Fällen wird durch die Mutation einer Base ein Stopcodon gebildet, was dann zum Abbruch der Translation führt. Der Austausch des Tripletts CGA → TGA (eine Transition) erzeugt ein vorzeitiges Stopcodon, so dass ein verkürztes Protein synthetisiert wird, das in den meisten Fällen funktionslos ist. Man spricht deshalb von einer **Nonsense-Mutation** (Unsinnmutation).

6.4.3 Chemische Veränderungen der DNA

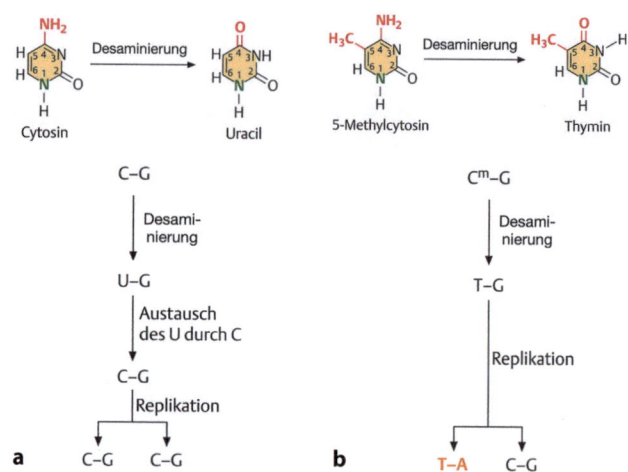

◻ **Abb. 6.16** Mutation durch Desaminierung. Die Stickstoff-Atome, die an den Zucker gebunden sind, sind grün markiert

Zusätzlich zu den oben beschriebenen, durch tautomere Umlagerungen der Basen erzeugten Veränderungen in der DNA können unter normalen Bedingungen direkte **chemische Modifikationen** der Basen zu Mutationen führen.

Depurinierung der DNA ist die am häufigsten beobachtete spontan auftretende Veränderung. Sie führt zum Verlust von Guanin oder Adenin durch spontane Hydrolyse der glykosidischen Bindung zwischen der Desoxyribose und der Base, wobei das Zucker-Phosphat-Rückgrat nicht betroffen ist. Es entsteht eine **apurinische Stelle**. Wird der Fehler nicht repariert, kommt es in der nächsten Replikationsrunde an dieser Stelle zum Abbruch der Replikation, da die komplementäre Base nicht spezifiziert werden kann, was in der Regel zum Tod der Zelle führt. Gelegentlich „überspringt" die Polymerase diese Stelle, so dass eine Deletion entsteht, oder es wird ein falsches Nukleotid eingebaut. In der DNA einer Säugerzelle kommt es unter normalen Bedingungen zum spontanen Verlust von etwa 10.000 Purinen/Zellgeneration. Dies würde immense Schädigungen des Organismus zur Folge haben, hätte die Zelle nicht sehr effektive Mechanismen zur Reparatur dieser Fehler entwickelt (s. u.).

Eine weitere Form spontan auftretender Veränderungen ist die **De(s)aminierung** einer in der DNA vorhandenen Basen: Cytosin wird dabei chemisch so verändert, dass Uracil entsteht, und aus 5-Methylcytosin wird Thymin (◻ Abb. 6.16a; s. auch ◻ Abb. 4.23a).

Während das durch spontane hydrolytische Desaminierung entstehende fehlerhafte Uracil bei *E. coli* meist aus der DNA entfernt und durch die korrekte Base ersetzt wird, unterbleibt die Reparatur des durch Desaminierung von 5-Methylcytosin (C^m) entstandenen Thymins. Auf diese Weise wird in der nächsten Replikationsrunde aus dem C^m-G-Basenpaar ein T-A-Basenpaar, letztendlich findet also eine Transition von C-G → T-A statt (◻ Abb. 6.16b). Somit bilden methylierte Cytosine sog. „hotspots" für Mutationen, die besonders häufig betroffen sind. Desaminierung wird vorzugsweise durch Nitrat- (NO_3^-) oder Nitrit-Ionen (NO_2^-), die bei Stoffwechselprozessen entstehen, ausgelöst. In ihrer Anwesenheit versagt das Reparatursystem, so dass dann aus einem C-G-Basenpaar ebenfalls ein T-A-Basenpaar entsteht.

Andere chemische Veränderungen der DNA werden durch **oxidative Zerstörung** von Basen erzeugt. Verursacher dieser Zerstörung sind häufig hochreaktive freie Sauerstoffradikale (engl. *reactive oxygene species*, **ROS**), wie das Super-/Hyperoxid-Anion (O_2^-) und das hochreaktive Hydroxylradikal (HO·), außerdem das Oxidans Wasserstoffperoxid (H_2O_2). Die Radikale, die in jeder Zelle als Folge des aeroben Stoffwechsels entstehen und zusammengefasst den **oxidativen Stress** einer Zelle ausmachen, werden normalerweise durch effektive Anti-Oxidantien neutralisiert. Trotzdem, insbesondere bei erhöhtem oxidativem Stress, lösen Radikale Beschädigungen in der DNA aus, etwa durch Oxidation von Thymin zu Thyminglykol (◻ Abb. 6.17), was später zum Abbruch der Replikation an dieser Stelle führt. Oxidation von Guanosin zu 8-Oxo-7-Hydrodesoxyguanosin ermöglicht häufig eine Fehlpaarung mit Thymidin, was schließlich in der Transition eines G-C-Basenpaares zu einem A-T-Basenpaar resultiert (◻ Abb. 6.17).

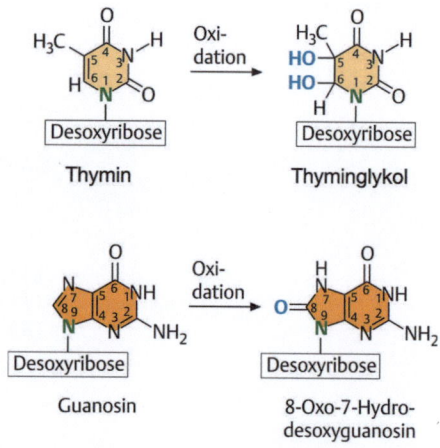

◻ **Abb. 6.17** Oxidation von Basen durch Sauerstoffradikale

6.4.4 Mutationen durch Deletion oder Addition von Basen

Wird während des Replikationsvorgangs selbst ein Fehler gemacht, kann dies zur Entfernung (= **Deletion**) oder zur Verdopplung (= **Duplikation**) einzelner oder mehrerer Basen führen. Dies tritt bevorzugt bei der Replikation repetitiver Sequenzen auf. Während das Einfügen oder Entfernen von einer oder zwei Basen in einem kodierenden DNA-Abschnitt zur Veränderung des Leserasters führt (**Leserastermutation,** *frameshift mutation*), wird durch das Einfügen oder Entfernen von drei Basen (Triplett) oder Vielfachen davon eine bzw. mehrere Aminosäuren hinzugefügt bzw. beseitigt (◘ Abb. 6.18). Auf Proteinebene erzeugen Deletionen und Duplikationen von Basen meist erhebliche Veränderungen der Aminosäuresequenz, die in der Regel zum Funktionsverlust des jeweiligen Proteins führen. Mehrere **menschliche Krankheiten** sind mit Mutationen assoziiert, die durch die **Addition von Trinukleotiden** erzeugt werden (**Trinukleotid-Repeat Erkrankungen**) (s. ▶ Abschn. 13.4.1.1).

6.4.5 Mutationsauslösung durch DNA-Transposons und Retrotransposons

In ▶ Kap. 2 wurde dargestellt, dass transponierbare Elemente (TEs) in praktisch allen Genomen vorkommen, dass sie dort einen erheblichen Anteil des Genoms ausmachen können (beim Mais z. B. 60–70 %), und dass sie mobil sind. Der Anteil an Mutationen, die durch Insertionen von TEs ausgelöst wird, ist hoch. Genaue Zahlen hierzu sind jedoch schwer zu ermitteln, da sie durch zahlreiche Faktoren beeinflusst werden (Spezies, Art des betroffenen Gens, Alter der untersuchten Individuen, Umwelteinflüsse, genetischer Hintergrund, Anzahl und Art der im Genom vorhandenen Transposons etc.).

Mutationen durch mobile genetische Elemente werden durch zwei unterschiedliche Mechanismen ausgelöst:
1. *cut-and-paste* **Transposition** bei DNA-Transposons. Hierbei wird das Element an seinem Ursprungsort herausgeschnitten und an einer anderen Stelle im Genom eingesetzt.
2. *copy-and-paste* **Transposition** (**replikative Transposition**) bei autonomen und nicht-autonomen Retrotransposons. Hierbei wird zunächst eine RNA-Kopie des Elements angefertigt und diese, nach Umschreibung in DNA, an einer anderen Stelle im Genom eingesetzt. Die ursprüngliche Kopie bleibt erhalten.

TEs können auf verschiedene Weise Mutationen auslösen:

Transpositions-abhängige Mutationsauslösung
— Durch die Insertion in die kodierende Region eines Gens wird der offene Leseraster unterbrochen, es entsteht ein verkürztes, nicht-funktionelles Protein (◘ Abb. 6.19b).
— Durch die Insertion wird eine Splice-Akzeptor Stelle (s. ▶ Abschn. 10.2.3.1) zerstört, ein Exon wird übersprungen (*exon skipping*), es entsteht in der Regel ein verkürztes, meist nicht-funktionelles Protein (◘ Abb. 6.19c).
— Das inserierte Element bringt eine kryptische Spleiß-Akzeptorstelle mit, so dass eine veränderte/verkürzte

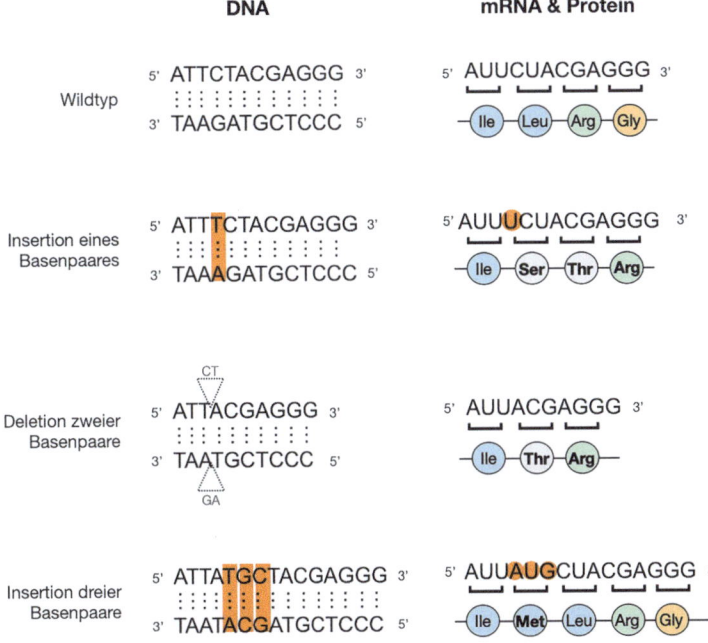

◘ **Abb. 6.18** Leserastermutation durch Duplikation oder Deletion von einzelnen oder mehreren Basenpaaren. Der untere Strang der DNA ist der Matrizenstrang für die mRNA. Erläuterungen s. Text

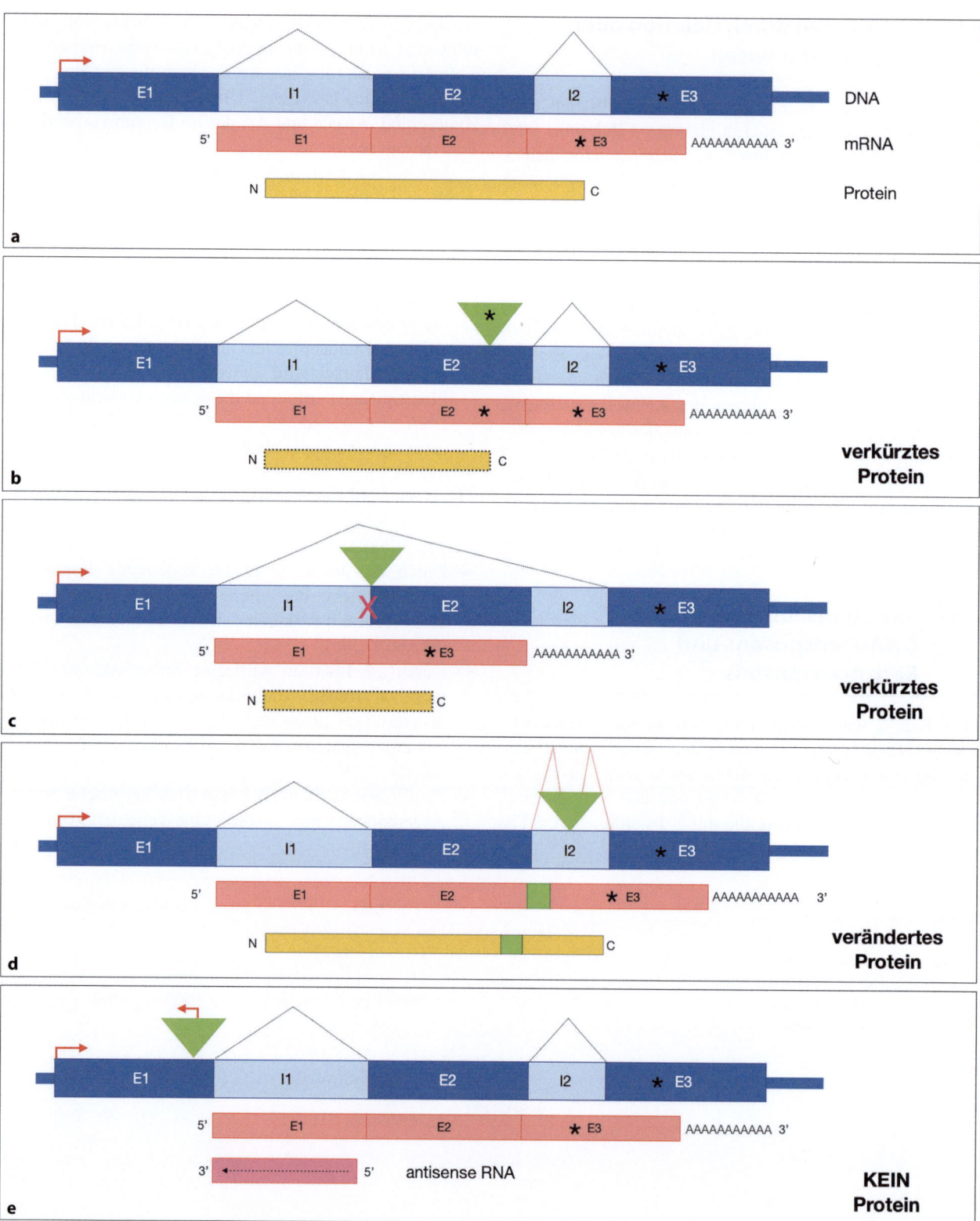

◘ **Abb. 6.19** Beispiele für Mutationsauslösung durch ein inseriertes Transposon. **a** Schematische Darstellung eines Gens (blau), seines reifen Transkripts nach Spleißen und Polyadenylierung (rot) und des kodierten Proteins (gelb). Dunkelblau: Exons (E1, E2, E3), hellblau: Introns (I1, I2). Nach Entfernen der Introns entsteht die reife mRNA, die am 3′-Ende polyadenyliert (... AAA) ist. Schwarzer Asterisk: Stopcodon. **b** Das Transposon (grün) ist in Exon 2 inseriert. Ein Stopcodon in der Insertion (schwarzer Asterisk) resultiert in einem verkürzten, meist nicht-funktionellen Protein (gelb, gestrichelte Umrandung). **c** Durch die Integration des Transposons wird die Spleiß-Akzeptor Stelle im ersten Intron zerstört (X), Exon 2 wird übersprungen (*exon skipping*), es wird ein meist nicht-funktionelles Protein kodiert. **d** Das Transposon bringt eine kryptische Spleiß-Akzeptor-Stelle mit, was zu einer veränderten mRNA und meist zu einem nicht-funktionellen Protein führt. **e** Ein Promotor auf dem Transposon induziert die Transkription einer anti-sense RNA, wodurch die Translation der mRNA verhindert wird

RNA gebildet wird, die meist ein nicht-funktionelles Protein kodiert (Abb. 6.19d).
— Ein Transkriptionsstart auf dem Transposon kann die Transkription einer anti-sense RNA induzieren, so dass die mRNA nicht translatiert wird und kein Protein gebildet wird (Abb. 6.19e).

Transpositions-unabhängige Mutationsauslösung
— Viele TEs haben ihre eigenen Promotoren, die z. B. die Transposase-Aktivität regulieren. Je nach Integrationsort kann dieser Promoter aber auch die Aktivität eines benachbarten Wirtsgens verändern, was einen mutanten Phänotyp zur Folge haben kann.
— Handelt es sich bei der Insertion um die Tandem-Anordnung von z. B. Alu-Sequenzen (s. Tab. 2.4), kann es während der Mitose oder der Meiose zu „unsymmetrischem" Crossover kommen, was zu Duplikationen von Chromosomenabschnitten führen kann.
— Aktivierung von Proteinen, die vom TE selbst kodiert werden (z. B. die Endonuklease auf LINEs, s. ▸ Abschn. 2.4.3), kann DNA-Brüche induzieren und somit Genom-Instabilität erzeugen.

6.5 Mutagene erhöhen die spontane Mutationsrate

Die Häufigkeit, mit der unter normalen Bedingungen Veränderungen in der DNA auftreten, ist in der Regel gering (s. o.). Sie kann jedoch durch Einwirkung mutationsauslösender Agenzien, sog. **Mutagene**, stark erhöht werden.

6.5.1 Ionisierende Strahlen

Die mutationsauslösende Wirkung energiereicher Strahlung wurde erstmalig 1927 von Hermann Joseph Muller nachgewiesen, wofür er 1946 mit dem Nobelpreis ausgezeichnet wurde. Neben **UV-Strahlung** sind dies auch **ionisierende Strahlung**, zu der **Röntgenstrahlen** sowie die bei radioaktivem Zerfall gebildete **γ-Strahlung** und die **α- und β-Partikel** gehören. Die Wirkung ionisierender Strahlung beruht in der Erzeugung hochreaktiver, freier Radikale, die mit anderen Molekülen, einschließlich der DNA, reagieren. Die heute verwendete Einheit ionisierender Strahlen ist das Sievert (Sv) bzw. das Milli-Sievert (1 mSv = 0,001 Sv). Sie berücksichtigt nicht nur die Energie der Strahlung, sondern auch die Art der Strahlung und ihre Wirkung auf lebendes Gewebe. Unter Verwendung des **ClB-Chromosoms** entwickelte Muller eine Methode, die es ihm erlaubte, jede letale Mutation auf dem X-Chromosom von *Drosophila* zu entdecken (Abb. 6.20). Das *ClB* Chromosom trägt eine Inversion, durch die im heterozygoten Zustand Crossover unterdrückt wird (*crossover*

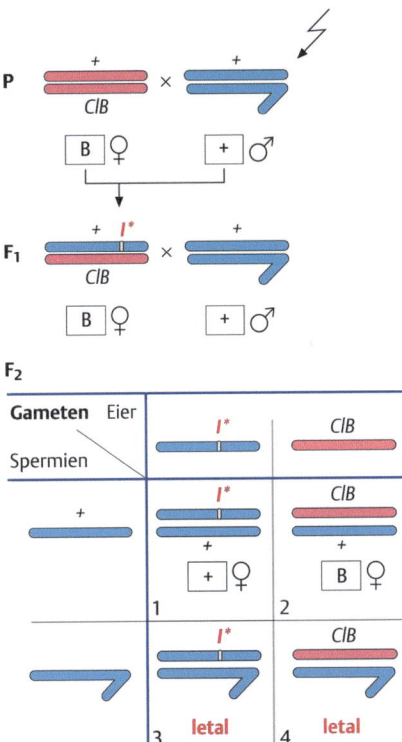

Abb. 6.20 Schematische Darstellung der von H. J. Muller entwickelten ClB-Methode zur Aufdeckung letaler Mutationen. Bestrahlte Männchen werden mit heterozygoten *ClB*-Weibchen gekreuzt. In der F1-Generation sind möglicherweise induzierte rezessive Letalmutationen (l^*) heterozygot in den Töchtern vorhanden. Da die Hälfte der Töchter das *ClB*-Chromosom mit der dominanten Mutation *B* tragen, haben sie nierenförmige Augen. Diese Weibchen werden nun einzeln mit wildtypischen Männchen gekreuzt. Trug das mutagenisierte X-Chromosom eine Letalmutation, so treten in der F2-Generation keine Männchen auf, da sowohl die neu induzierte Letalmutation (3) als auch die Letalmutation *l* auf dem *ClB*-Chromosom (4) zur Letalität der hemizygoten Männchen führt. Die induzierte Letalmutation bleibt in den Weibchen der Klasse 1 erhalten. Die Weibchen können zur Etablierung eines Laborstammes benutzt werden

suppressor C), eine rezessiv letale Mutation (*l*) und die dominante Mutation *Bar* (*B*; s. Abb. 6.6). Männchen mit diesem X-Chromosom sind nicht lebensfähig.

Durch Verwendung von unterschiedlichen Strahlendosen konnte Muller die spontane Mutationsrate wesentlich erhöhen (Abb. 6.21).

Die **spontane Mutationsrate** von 1,5/1000 X-Chromosomen wird u. a. durch Replikationsfehler und die natürliche Strahlenbelastung (▸ Box 6.2) ausgelöst. Sie kann durch Behandlung mit ionisierender Strahlung, die beim Durchtritt durch das Gewebe Ionen erzeugt (z. B. γ-Strahlen) oder mit nicht-ionisierender Strahlung (z. B. **UV-Strahlen**) erhöht werden. Die Häufigkeit der durch Strahlung ausgelösten Mutationen nimmt linear mit der verwendeten Dosis der Strahlung zu (Abb. 6.21). Da die erhaltene Dosis akkumuliert, ist die Häufigkeit, mit der Mutationen in einem Individuum entstehen, proportional zur Gesamtmenge der

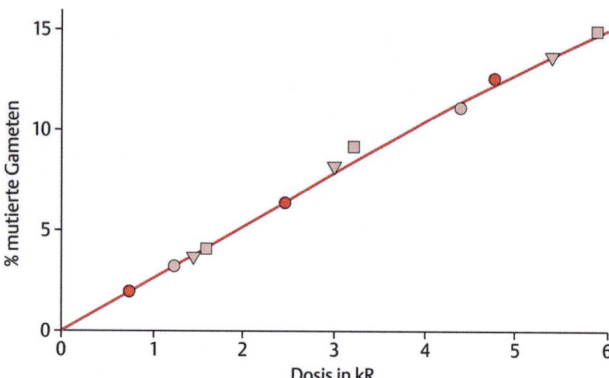

Abb. 6.21 Zusammenhang zwischen Strahlendosis und Mutation. Verschiedene Strahlungen können bei gleicher Zahl von Ionisierungen (gemessen in Kiloröntgen, kR) in gleichem Maße die Mutationsrate erhöhen. Rosa Kreise = 10 kV Röntgenstrahlen, rote Kreise = 160 kV Röntgenstrahlen, Dreiecke = γ-Strahlen, Quadrate = β-Strahlen. 100 R entsprechen 1 Sv. (nach Bresch und Hausmann 1972, mit freundlicher Genehmigung)

über die Zeit erhaltenen Strahlendosis. Dies gilt nicht nur für Strahlung, sondern allgemein für alle Mutagene, denen ein Organismus über die Zeit ausgesetzt ist.

Ionisierende Strahlung wirkt in vielen Fällen über die Erzeugung **hochreaktiver Radikale**. Bei der Auslösung von Mutationen sind hierbei vor allem Hydroxylradikale (HO·), Sauerstoffradikale, wie das Superoxid-Anion (O_2^-) und Wasserstoffperoxid (H_2O_2) zu nennen, die, wie oben beschrieben, zu oxidativer Zerstörung der Basen führen können (s. Abb. 6.17). Bei stärkerer Einwirkung ionisierender Strahlung können Einzel- oder Doppelstrangbrüche, Modifikationen oder Zerstörungen von Basen induziert werden, was meist zum Tod der Zelle führt.

Auch ultraviolettes Licht kann ebenfalls Mutationen auslösen. Da seine Reichweite im Gewebe nicht groß ist, sind hiervon vor allem Hautzellen betroffen. Ein durch UV-Strahlung häufig induzierter Defekt besteht in der Ausbildung von Dimeren zwischen zwei benachbarten Pyrimidinen, vor allem zwischen Thyminen. Wird dieser Defekt nicht repariert (s. u.), kommt es an dieser Stelle bei der nächsten Replikation zum Abbruch der Reaktion.

6.5.2 Chemische Mutagene

Neben energiereicher Strahlung gibt es zahlreiche chemische Verbindungen, die die Eigenschaften der DNA verändern und dadurch Mutationen auslösen können, von denen einige in Tab. 6.2 vorgestellt werden. Die Folge sind Fehlpaarungen und möglicherweise Transitionen oder Transversionen. Bestimmte Chemikalien können sich in die DNA einlagern (interkalieren), was die Präsenz eines zusätzlichen Basenpaars vortäuscht.

In den Fällen, in denen diese Modifikationen im Protein-kodierenden Teil eines Gens stattfinden, haben sie fast immer Auswirkungen auf die Struktur und somit die Funktion des jeweiligen Proteins.

6.5.2.1 Basenmodifizierende Agenzien

Zu den **alkylierenden Agenzien** zählen die häufig für Mutagenesen eingesetzten Chemikalien **Ethylmethansulfonat** (**EMS**), **Nitrosoguanidin** (**NG**) und **Ethylnitrosoharnstoff** (**ENU**) (Tab. 6.2). Diese Agenzien fügen eine Ethylgruppe (EMS) bzw. Methylgruppe (NG) an einzelne Basen an, wodurch ihre chemischen Eigenschaften derart verändert werden, dass sie mit anderen Basen als sonst üblich Wasserstoffbrückenbindungen eingehen. So wird z. B. durch die Alkylierung von Guanin dieses in O-6-Ethylguanin überführt, das nicht mit Cytosin, sondern mit Thymin paart, d. h. es findet nach der nächsten Replikation eine Transition eines G-C-Paares in ein A-T-Paar statt (Abb. 6.22).

Hydroxylamin (**HA**) führt ebenfalls zur Transition eines G-C- in ein A-T-Basenpaar. Es wirkt vermutlich über

Tab. 6.2 Durch Mutagene ausgelöste Veränderungen der DNA

Mutagen	Modifikation	Molekularer Defekt in der DNA
Ethylmethansulfonat (EMS)	Ethylierung von Basen, dadurch Fehlpaarung	G→A- oder T→C-Transition
Ethylnitrosoharnstoff (ENU)	Ethylierung von Basen, dadurch Fehlpaarung	G→A- oder T→C-Transition
Nitrosoguanidin (NG)	Methylierung von Basen, dadurch Fehlpaarung	Vorzugsweise G→A-Transition
Hydroxylamin (HA)	Hydroxylierung von Cytosin, dadurch Fehlpaarung	C→T-Transition
Bromdesoxyuridin (BrdU), ionisierte Form	Desoxythymidin-Analogon, löst Fehlpaarung aus	T→C- und A→G-Transition
2-Aminopurin	Adeninanalogon, löst Fehlpaarung aus	A→G-Transition
Acridinorange	Interkaliert zwischen zwei Basenpaare der DNA-Doppelhelix	Insertion oder Deletion von Basenpaaren
Proflavin	Interkaliert zwischen zwei Basenpaare der DNA-Doppelhelix	Insertion oder Deletion von Basenpaaren
Ethidiumbromid	Interkaliert zwischen zwei Basenpaare der DNA-Doppelhelix	Insertion oder Deletion von Basenpaaren

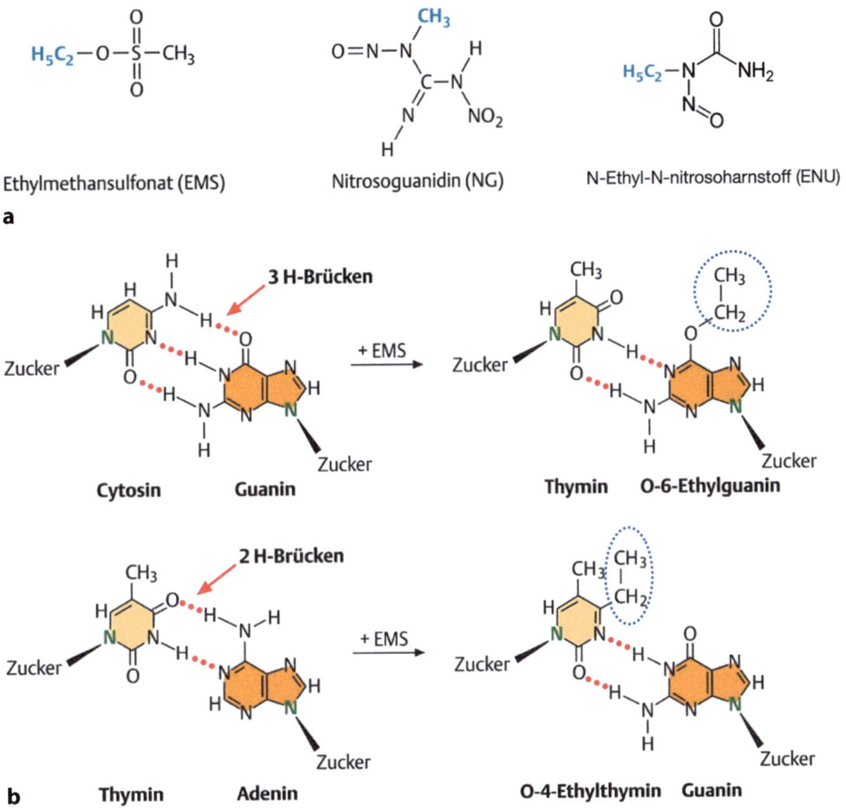

6.5 · Mutagene erhöhen die spontane Mutationsrate

Abb. 6.22 Alkylierung von Basen verursacht Fehlpaarungen. **a** Struktur der alkylierenden Agenzien Ethylmethansulfonat (EMS), Nitrosoguanidin (NG) und Ethylnitrosoharnstoff (ENU). Die Ethyl- bzw. Methylgruppe ist blau markiert. **b** Gezeigt sind jeweils zwei Basen und die zwischen ihnen ausgebildeten Wasserstoffbrücken (rote, gepunktete Linien). Oben: Durch Ethylierung von Guanin entsteht O-6-Ethylguanin, das nun mit Thymin paart. Somit wird aus einem C-G ein T-A Basenpaar. Unten: Durch Ethylierung von Thymin entsteht O-4-Ethylthymin, das nun mit Guanin paart. Somit wird aus einem T-A ein C-G Basenpaar. Die Ethylgruppen sind durch blau gepunktete Kreise markiert. Die grün markierten Stickstoff (N)-Atome stellen die Bindung der Basen mit der Desoxyribose her

die Hydroxylierung (Anfügen einer OH-Gruppe) von Cytosin, wodurch dieses in N-4-Hydroxycytosin übergeht. Dieses bildet eine Fehlpaarung mit Adenin aus.

6.5.2.2 Einbau von Basenanaloga

Basenanaloga sind Agenzien, deren chemische Struktur denen von natürlichen Basen sehr ähnlich ist, so dass bei der Replikation ein verändertes Nukleotid an Stelle eines normalen Nukleotids eingebaut wird. Sie haben aber andere Paarungseigenschaften als die eigentlichen Basen, so dass es bei der nächsten Replikationsrunde zum Austausch eines Basenpaares kommt.

Das bekannteste Basenanalogon ist **Bromdesoxyuridin** (**BrdU**), ein Analogon von Thymidin, das an Stelle der Methylgruppe in der C5-Position ein Brom-Atom trägt (Tab. 6.2). BrdU kann in zwei Formen auftreten, in der Ketoform und in einer ionisierten Form. In der Ketoform verhält es sich wie Thymin und paart mit Adenin (Abb. 6.23b). Allerdings induziert das Brom-Atom sehr leicht eine Verschiebung der Elektronen, so dass eine ionisierte Form gebildet wird, die nun mit Guanin paart, was schließlich zum Austausch eines A-T-Basenpaars durch ein G-C-Basenpaar führt (Abb. 6.23c).

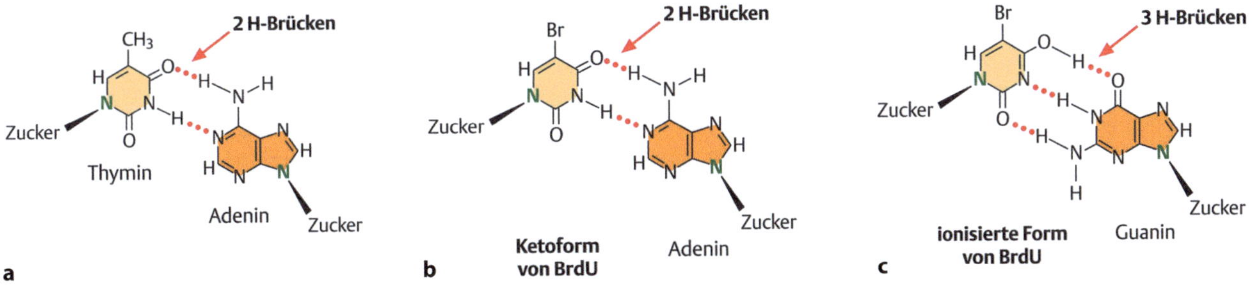

Abb. 6.23 Alternative Basenpaarung von Bromdesoxyuridin. Die Ketoform des Basenanalogons Bromdesoxyuridin paart wie Thymin mit Adenin (**a**, **b**), in der Enolform aber mit Guanin (**c**)

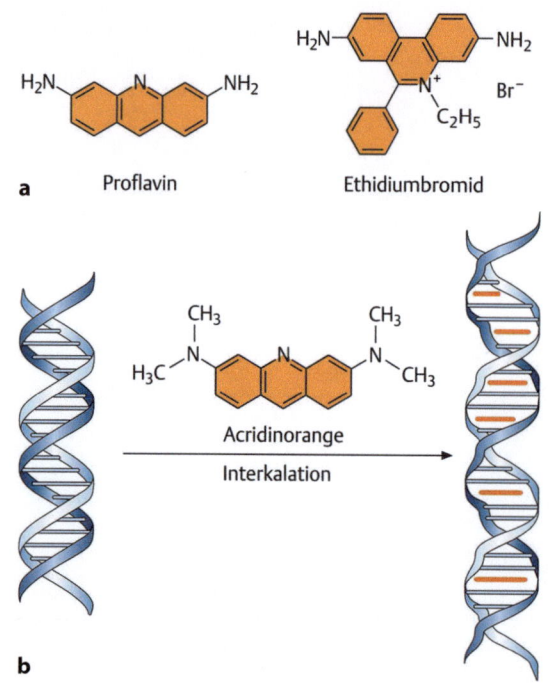

Abb. 6.24 Struktur und Wirkungsweise interkalierender Moleküle

6.5.2.3 Interkalierende Agenzien

Substanzen, die als **interkalierende Agenzien** bezeichnet werden, sind planar gebaute Moleküle, zu denen **Proflavin**, **Acridinorange** und **Ethidiumbromid** gehören (Tab. 6.2). Sie verändern nicht die Struktur einzelner Basen, sondern täuschen ein ganzes Basenpaar vor und können sich selbst zwischen zwei Basenpaare der DNA-Doppelhelix schieben (interkalieren). Hierdurch kann es nach der nächsten Replikation zur Insertion oder Deletion einzelner Basenpaare kommen (Abb. 6.24).

6.6 Reparatursysteme in der Zelle

Die **Mutationsrate**, also die Häufigkeit, mit der Mutationen auftreten (gemessen z. B. als Mutationen pro Zellteilung, pro Gamete, pro Gen, pro Genom oder pro Replikationsrunde), ist von einer Reihe von Faktoren abhängig, wie z. B. Alter des Organismus, Temperatur und anderen äußeren Einwirkungen, aber auch von der Spezies und vom Genotyp. Einige Gene werden häufig, andere seltener von Mutationen betroffen. So finden Mutationen im *Drosophila*-Gen *yellow*, die zu gelber Körperfarbe führen, mit einer Häufigkeit von $1,2 \times 10^{-4}$/Gamet und Generation statt. Mutationen, die zu Streptomycin-Resistenz bei *E. coli* führen, treten mit einer Häufigkeit von 4×10^{-10}/Zelle und Generation auf. Statistisch beträgt die Häufigkeit, mit der in einer DNA spontane Veränderungen der Basen stattfinden, etwa 1 in 10^9–10^{10} Nukleotidpaare/Zellgeneration. Die tatsächlich stattfindenden Veränderungen sind aber wesentlich höher, führen aber auf Grund mehrerer sehr effektiver enzymatischer **Reparaturmechanismen** nicht zu stabilen Mutationen. Somit gewährleisten die **Reparatursysteme** eine hohe Stabilität der genetischen Information. Ein Ausfall der DNA-Reparatursysteme führt zur Erhöhung der Mutationsrate. Einige dieser Reparatursysteme sollen hier besprochen werden.

6.6.1 Direkte Reparatur eines DNA-Schadens

Der direkteste Weg zur Behebung einer Mutation ist ihre Reparatur unmittelbar nach ihrer Entstehung, die **Reversion**. Allerdings macht die Zelle nicht sehr häufig von ihr Gebrauch. Auch können nicht alle Arten von Mutationen rückgängig gemacht (revertiert) werden. Gut zu revertierende Mutationen sind solche, die nach Einstrahlung von UV-Licht (Wellenlänge 254 nm) durch Dimerisierung benachbarter Basen entstanden sind. Bei einigen niederen Organismen spielt hierbei das Enzym **Photolyase** eine wichtige Rolle, das an das Dimer bindet und es spaltet. Die Photolyase benötigt für ihre Aktivität langwelliges UV- oder sichtbares Licht (Wellenlänge 320–410 nm), kann also nicht im Dunkeln wirken.

Alkyltransferasen sind Enzyme, die durch Alkylierung erzeugte Mutationen, wie sie nach Einwirkung von EMS oder NG entstehen (s. Abb. 6.22), rückgängig machen. Die Methyltransferase erreicht dies, indem sie die Methylgruppe vom O-6-Methylguanin auf sich selbst überträgt, wodurch sie inaktiviert wird.

6.6.2 Heraustrennen eines DNA-Schadens

Das **Exzisionsreparatursystem** repariert kleine Schäden in der DNA, z. B. veränderte Nukleotide. An der Exzisionsreparatur sind mehrere Enzyme beteiligt, die beschädigte oder falsch eingebaute Basen erkennen. Ferner Endonukleasen, die einen Einzelstrangbruch setzen und dadurch das Herausschneiden der mutierten Nukleotide aus einem DNA-Einzelstrang ermöglichen, indem Phosphodiesterbindungen 5′ und 3′ des modifizierten Nukleotids gelöst werden. Die durch das Herausschneiden (Exzision) eines Oligonukleotids entstehende Lücke (bei *E. coli* 12–13, bei Eukaryonten 27–29 Nukleotide groß) wird durch DNA-Polymerasen wieder aufgefüllt und das Zucker/Phosphat Rückgrat wird durch DNA-Ligase wieder hergestellt.

Im Gegensatz zu diesem System werden durch das **DNA-Glykosylase-Reparatursystem** keine Einzelstrangschnitte gesetzt, sondern es wird die N-glykosidische Bindung zwischen einer defekten Base und dem Zucker gespalten. Nach der Freisetzung der Base entsteht somit eine **apurinische** bzw. **apyrimidinische Stelle** (AP-Stelle) (s. o.). DNA-Glykosylasen erkennen jeweils spezifisch eine defekte Base. So erkennt und entfernt die Uracil-DNA-

6.6 · Reparatursysteme in der Zelle

> **Box 6.3 Mutagene sind auch Karzinogene**
>
> Viele der beschriebenen Agenzien, die Mutationen auslösen (Strahlung, Chemikalien) haben gleichzeitig auch karzinogene (kanzerogene), also krebsauslösende Wirkung. Der Prozess der Krebsentstehung ist eng mit der Bildung einer Mutation verbunden, wobei in den meisten Fällen mehr als eine Mutation nötig ist, damit eine Zelle zur Tumorzelle wird. Dies erklärt auch, warum die Häufigkeit der Krebsentstehung mit zunehmendem Alter ansteigt. Karzinogene können sehr spezifische Wirkungen haben, je nachdem, wo sie im Körper agieren. So kann UV-Licht auf Grund der geringen Energie und Reichweite seine Wirkung nur kurz unter der Hautoberfläche entfalten, wo es an der Auslösung von Hautkrebs beteiligt ist. Einige Karzinogene wirken unmittelbar auf die DNA ein und führen zu ihrer chemischen Modifikation. In vielen Fällen jedoch sind Karzinogene selbst wenig reaktive Substanzen, die erst durch den zellulären Stoffwechsel reaktiv werden und die DNA verändern oder zerstören können. An dieser Umwandlung ist vor allem ein intrazelluläres Enzymsystem, das P_{450}-System beteiligt, zu dem u. a. die P_{450}-Cytochrom-Oxidase gehört. Die eigentliche Funktion dieser Enzyme besteht in der Umwandlung toxischer Substanzen, so dass sie für den Körper unschädlich gemacht werden (Entgiftung). Einige Chemikalien entfalten aber gerade erst nach Einwirkung von P_{450} ihre mutagene Wirkung. Zu diesen gehören Benzpyren, das in Teer und Tabakrauch vorkommt, sowie das Pilzgift Aflatoxin B_1.

Glykosylase Uracil, das durch spontane Deaminierung von Cytosin entsteht (s. o.). Andere Glykosylasen erkennen und entfernen Hypoxanthin, das Deaminierungsprodukt von Adenin, wieder andere methylierte oder durch oxidative Zerstörung veränderte Basen. Die durch das Heraustrennen der Base entstehende Lücke wird durch das **AP-Endonuklease-Reparatursystem** repariert. Hierzu wird der Einzelstrang 5′ und 3′ der Lücke geschnitten, der Abschnitt herausgetrennt, und anschließend die Lücke durch DNA-Polymerase I unter Verwendung des noch vorhandenen Einzelstrangs als Matrize aufgefüllt und durch Ligase verbunden.

6.6.3 Erkennen und Reparatur von Replikationsfehlern

Basensubstitutionen führen zur Ausbildung von Fehlpaarungen (s. o.), etwa wenn durch spontanen Verlust einer Aminogruppe vom Cytosin aus einem G-C-Paar ein G-T-Paar entsteht. Ein als **Fehlpaarungsreparatursystem** (*mismatch repair system*) bezeichnetes System erkennt und repariert solche falschen Basenpaare, also etwa G-T- oder A-C-Basenpaare, allerdings nur kurz nach der Replikation. Die hierbei beteiligten Enzyme haben folgende Fähigkeiten: sie erkennen Fehlpaarungen, entscheiden, welche der beiden Basen in einer Fehlpaarung die falsche ist, entfernen die falsche Base und fügen die korrekte Base ein.

Wie entscheiden jedoch diese Enzyme, welches die „falsche" Base in einem Basenpaar ist? Diese Fähigkeit beruht auf der Tatsache, dass bei Bakterien, bei denen dieses System gut untersucht ist, einige Basen, etwa Adenin, methyliert werden. Das dabei entstehende 6-Methyladenin paart ebenfalls mit T. Die Methylierung wird von der Adeninmethylase katalysiert, die die Sequenz G-A-T-C erkennt. Die Methylierung erfolgt jedoch erst mit einer Ver-

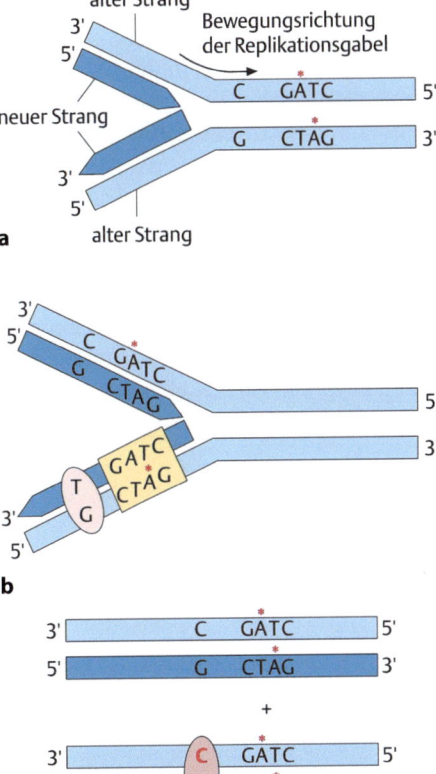

Abb. 6.25 Modell zur Erklärung des Fehlpaarungsreparatursystems bei *E. coli*. **a** Replikationsgabel. Die Adenine in der Sequenz GATC in der ursprünglichen Doppelhelix (hellblau) sind methyliert (*). **b** Bei der Replikation wird in dem unteren der beiden neu synthetisierten Stränge (dunkelblau) ein T an Stelle eines C eingebaut. Die Sequenz GATC in den neu synthetisierten Strängen ist zunächst noch nicht methyliert. Diese hemimethylierte Sequenz wird vom Reparatursystem (gelbes Rechteck) erkannt. **c** Nach Heraustrennen des falschen T und Austausch gegen C ist die ursprüngliche Sequenz wieder hergestellt. Die Adeninbasen in den neu synthetisierten Strängen werden methyliert

zögerung von wenigen Minuten im Anschluss an die Replikation, so dass in dieser Zeit nur der Matrizenstrang, also der alte Strang, methyliert ist, der neu synthetisierte Strang aber noch nicht. Dieser **Unterschied im Methylierungsmuster** wird vom Reparatursystem erkannt (◘ Abb. 6.25). Es schneidet die falsche Base auf dem neu synthetisierten Strang heraus und ersetzt sie durch die richtige.

- Chemische Mutagene können Basen modifizieren, sie können als **Basenanaloga** auftreten oder in die DNA interkalieren.
- Zellen verfügen über effiziente **Reparatursysteme**, die die meisten Fehler reparieren, so dass Mutationen verhindert werden. Schäden können sofort nach ihrer Entstehung oder erst nach der Replikation repariert werden.

6.7 Zusammenfassung

- Mutationen können in **Keimzellen** und **somatischen Zellen** auftreten. Nur Mutationen in Keimzellen werden an die nachfolgende Generation vererbt.
- In jeder Zelle treten spontan **Mutationen** auf, die zum Austausch, zur Deletion oder zur Duplikation von Basen führen können. Die Mutationen werden durch Instabilität der Basen, durch Fehler bei der Replikation oder durch chemische Modifikationen der Basen induziert.
- Numerische Chromosomenaberrationen können zu **Polyploidie** oder **Aneuploidie** führen
- Duplikationen, Defizienzen, Inversionen und Translokationen sind **strukturelle Chromosomenaberrationen**.
- **Punktmutationen** werden durch strukturelle Veränderungen der Basen, chemische Veränderung der DNA, Deletion oder Addition von Basen und durch Transposons ausgelöst.
- Durch Behandlung mit **Mutagenen** kann die **Mutationsrate** erhöht werden. Als Mutagene wirken ionisierende Strahlung und Chemikalien.

Literatur

Bresch C, Hausmann R (1972) Klassische und molekulare Genetik. Springer, Berlin

Dobzhansky T, Sturtevant AH (1938) Inversions in the Chromosomes of *Drosophila Pseudoobscura*. Genetics 23(1):28–64

Gnocchini E, Pilesi E, Schiano L, Vernì F (2022) Vitamin B6 deficiency promotes loss of Heterozygosity (LOH) at the *Drosophila warts* (*wts*) locus. Int J Mol Sci 23(11):6087

Lindsley DL, Grell EH (1972) Genetic Variations of *Drosophila melanogaster*. Carnegie Institution of Washington Publication No. 627

Miller DE, Cook KR, Arvanitakis AV, Hawley RS (2016) Third chromosome balancer inversions disrupt protein-coding genes and influence distal recombination events in *Drosophila melanogaster*. G3 6:1959–1967

Miller DE, Cook KR, Hawley RS (2019) The joy of balancers. PLoS Genet 15:e1008421

Nachman MW, Crowell SL (2000) Estimate of the mutation rate per nucleotide in humans. Genetics 156(1):297–304

Sutton E (1943) Bar Eye in *Drosophila Melanogaster*: A Cytological Analysis of Some Mutations and Reverse Mutations. Genetics 28(2):97–107

Analyse von Erbgängen

Inhaltsverzeichnis

7.1 Die Mendel-Regeln der Vererbung – 119
7.1.1 Die erste Mendel Regel: Die Uniformitäts- und Reziprozitätsregel – 119
7.1.2 Die zweite Mendel-Regel: Die Spaltungsregel – 120
7.1.3 Die dritte Mendel-Regel: Die Unabhängigkeits- oder Rekombinationsregel – 120

7.2 Die Chromosomentheorie der Vererbung – 123

7.3 Multiple Allelie – 130

7.4 Klassifizierung von Mutationen – 130

7.5 Das Hardy-Weinberg-Gesetz: Allelverteilung im Gleichgewicht – 132

7.6 Polygenie: Ein Merkmal und mehrere Gene – 135

7.7 Pleiotropie oder Polyphänie: Ein Gen und mehrere Merkmale – 136

7.8 Penetranz und Expressivität: Die Variabilität des Phänotyps – 137

7.9 Zusammenfassung – 138

Literatur – 138

© Der/die Autor(en), exklusiv lizenziert an Springer-Verlag GmbH, DE, ein Teil von Springer Nature 2025
E. Knust, H.-A. Müller, W. Janning, *Allgemeine Genetik*, https://doi.org/10.1007/978-3-662-70442-4_7

Bei der genetischen Betrachtung der Meiose (▶ Abschn. 5.2) haben wir gesehen, dass der diploide Genotyp eines Oogoniums oder Spermatogoniums (= Stammzellen der weiblichen bzw. männlichen Keimzellen; s. ◘ Abb. 5.8) verschiedene individuelle Kombinationsmöglichkeiten der mütterlichen und väterlichen Allele erlaubt. Die unterschiedlichen haploiden Genotypen der Eizellen und Spermien ergeben sich aus den verschiedenen Rekombinationsmöglichkeiten. Wenn bei der Befruchtung der Eizellen eines Individuums durch die Spermien eines anderen keine Bevorzugung oder Benachteiligung bestimmter Genotypen stattfindet, kann man eine **Vorhersage** über die Genotypen der zu erwartenden Nachkommenschaft machen und diese dann mit dem Ergebnis der Paarung oder Kreuzung vergleichen.

Die **Anwendung der Kreuzungsgenetik** macht es möglich, Gene näher zu charakterisieren, d. h. ihren Erbgang zu beschreiben, sie einem bestimmten Chromosom und dort einem bestimmten Genlocus zuzuordnen. Die Kenntnis einer daraus erstellten **Genkarte** ist die Voraussetzung dafür, durch geplante Kreuzungsexperimente Tiere oder Pflanzen mit definierten Genotypen in Bezug auf einzelne Merkmale zu erhalten. Diese Merkmale waren ursprünglich äußerlich sichtbare Eigenschaften und wurden im Zeitalter der Molekularbiologie auf sogenannte ‚molekulare Marker', wie DNA-Sequenzmotive (u. a. Mini- und Mikrosatelliten; s. ◘ Tab. 2.3), ausgedehnt, die eine genauere Kartierung von Genen im Genom erlauben.

Box 7.1 Gregor Mendel (1822–1884)

Im Jahr 1865 berichtete der Augustinermönch Johann Gregor Mendel (◘ Abb. 7.1) den Mitgliedern des Naturforschenden Vereins in Brünn in zwei Vorträgen über seine „Versuche über Pflanzen-Hybriden", die 1866 in den „Verhandlungen" veröffentlicht wurden. Er hatte mehrere Jahre lang Kreuzungsexperimente mit Erbsensorten durchgeführt, durch deren Ergebnisse er erstaunlich einfache Vererbungsgesetzmäßigkeiten formulieren konnte, die uns als die noch heute gültigen „**Mendel-Gesetze**" oder besser: „**Mendel-Regeln**" bekannt sind (s. ▶ Box 7.4).

Warum war Mendels experimenteller Ansatz so ungewöhnlich?

Im Gegensatz zu seinen Vorgängern und Zeitgenossen reduzierte Mendel die Frage nach der Erklärung für das von vielen Faktoren beeinflusste Aussehen von Hybriden nahe verwandter Pflanzenarten und die enorme, aber schwer klassifizierbare Formenmannigfaltigkeit ihrer Nachkommenschaft auf die Frage nach der **Vererbung von einzelnen Merkmalen, d. h. von einzelnen alternativen Merkmalspaaren innerhalb einer Art**, nämlich der Erbse *Pisum sativum*. Die bahnbrechenden Ergebnisse Mendels wurden von seinen Zeitgenossen nicht entsprechend gewürdigt. Sie gerieten in Vergessenheit.

Die Wiederentdeckung der Mendel-Gesetze

Mendel hatte zwar unterschieden zwischen den sichtbaren „*Merkmalen*" und ihren „*Elementen in Keim- und Pollenzellen*", aber er hatte noch keinerlei Kenntnisse von Chromosomen und Genen, von Mitose und Meiose. Erst nach Erscheinen der Mendel-Arbeit war die Entwicklung von Mikroskopen um 1870 so weit fortgeschritten, dass innerhalb der nächsten 20 Jahre die wichtigsten zytologischen Erkenntnisse gewonnen werden konnten: die Bedeutung des Zellkerns, die Individualität und Kontinuität der Chromosomen, die Bedeutung der Mitose, der Reifungsteilungen und der Befruchtung. Der Holländer **Hugo de Vries**, der Deutsche **Carl Correns** und der Österreicher **Erich Tschermak** entdeckten Mendels Vererbungsgesetze wieder und publizierten ihre Ergebnisse im Jahr 1900 unabhängig voneinander: die Gesetzmäßigkeiten bei der Vererbung von Merkmalen durch Bastarde. Alle drei Autoren zitieren Mendels Arbeit, allerdings mit der Einschränkung, dass sie von dieser selten erwähnten Arbeit erst kurz vor Beendigung ihrer eigenen Experimente erfahren haben.

◘ **Abb. 7.1** Portrait von Gregor Medel. (Von Horst Janssen, s. Mendel 1866, Nachdruck 1983)

Gregor Mendel (▶ Box 7.1) war der erste, der durch gezielte Kreuzungen von Pflanzen (vorwiegend Erbsen und Wunderblumen) und durch Auswertung einer ausreichenden Menge an Nachkommen Ergebnisse erhielt, die er durch die Kombination der Elemente der Eltern, die diese Merkmale bestimmen, erklärte. Ohne die Meiose oder Chromosomen und ihre Bedeutung zu kennen, hat er doch richtig geschlossen, dass jeweils nur eines von zwei alternativen „Elementen" in Ei- und Pollenzellen enthalten ist, und dass bei der Befruchtung diese beiden Keimzelltypen zufällig kombiniert werden.

7.1 Die Mendel-Regeln der Vererbung

Die von Mendel gefundenen Gesetzmäßigkeiten gelten nicht nur für die Erbse *Pisum sativium*, sondern prinzipiell für alle diploiden Organismen (Abweichungen davon wurden erst später entdeckt, s. z. B. Vererbung gekoppelter Merkmale). Wir werden im Folgenden einige Kreuzungsexperimente mit *Drosophila* nachvollziehen, in denen wir unsere Kenntnis über die Entstehung der Gameten einbringen.

7.1.1 Die erste Mendel Regel: Die Uniformitäts- und Reziprozitätsregel

In der ◻ Abb. 7.2 ist das denkbar einfachste Kreuzungsexperiment dargestellt. Voraussetzung ist die Existenz einer Mutation, deren Vorhandensein im Genom aufgrund ihres Phänotyps verfolgt werden kann. Wir betrachten also ein einzelnes Allelpaar, welches wir schon kennen: e und e^+ von *Drosophila*, das die Körperfarbe bestimmt. Für die Wahl der Genbezeichnungen gibt es Nomenklaturregeln (▶ Box 7.2), die sich im Laufe der Geschichte verändert haben und daher nicht ganz einheitlich sind. Die Nomenklaturregeln können in der Genetik bei verschiedenen Organismen unterschiedlich sein. Die beiden diploiden Eltern der **P(arental)-Generation** sind **homozygot** für jeweils ein Allel des Gens *ebony*, d. h. beide homologen Chromosomen tragen an derselben Stelle dasselbe Allel. Alle weiteren Gene des Genoms bleiben unberücksichtigt. Das Aussehen – der **Phänotyp** – dieser Tiere entspricht ihrem **Genotyp**: die Männchen sind wildtypisch e^+, die Weibchen schwarz (*ebony*) e gefärbt. Das Ergebnis der Meiose ist einheitlich: Es gibt nur e-Eier und e^+-Spermien. Demnach haben die Nachkommen der **1. Filialgeneration (F1)** den einheitlich **heterozygoten** Genotyp e/e^+. Der Phänotyp einer Allelkombination lässt sich allerdings nur durch Beobachtung ermitteln: In diesem Fall sind die F1-Individuen einheitlich oder **uniform** wildtypisch, das Wildtypallel ist demnach **do-**

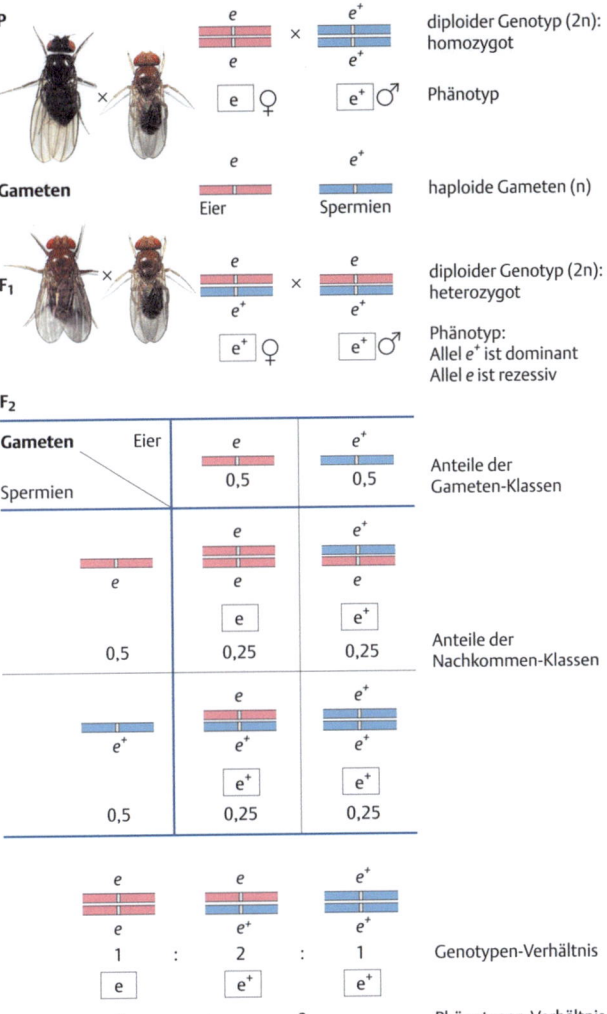

◻ **Abb. 7.2** Monohybrider Erbgang mit dem Allelpaar e und e^+ des *ebony*-Gens von *Drosophila*. Homozygote e-Weibchen (Fliege oben links mit dunklem Körper) werden mit Wildtyp (e^+)-Männchen (Fliege daneben) gekreuzt; die Körperfarbe der Nachkommen sind alle wildtypisch (wie das abgebildete Männchen), d. h. sie haben bezüglich des Merkmals *ebony* einen einheitlichen Phänotyp. Im Kreuzungsschema sind jeweils der diploide Genotyp, der zugehörige Phänotyp (umrahmt) und die Genotypen der haploiden Gameten angegeben. Werden die F1-Fliegen untereinander gekreuzt, so erwarten wir in der F2-Generation vier gleich häufige Klassen von Nachkommen mit 3 verschiedenen Genotypen und zwei Phänotypen. Die Darstellung des Kreuzungsschemas der F2 Generation ist als Kreuzungsrechteck nach Punnett gezeigt (▶ Box 7.3) [Bilder von Robert Klapper, Münster]

minant, das mutante Allel **rezessiv** (wie bei den meisten Mutationen). Eine **reziproke Kreuzung** e^+-Weibchen × e-Männchen bringt dasselbe Ergebnis und bestätigt das Vererbungsgesetz von der **Uniformität** und **Reziprozität**. Dieses Gesetz wird als **1. Mendel Regel** beschrieben (▶ Box 7.4).

Box 7.2 Nomenklaturregeln

„Wildtyp"-Individuen entsprechen in allen Merkmalen den in der Natur hauptsächlich vorkommenden Artgenossen. Eine Mutation verändert ein Merkmal so, dass sie ‚sichtbar' wird und damit das entsprechende Gen fassbar wird und einen Namen bekommt. Die Bezeichnung eines Gens sollte möglichst in einem Wort das Hauptkennzeichen des mutanten Merkmals beschreiben, z. B. „ebony" für die Mutante „ebenholzfarbener Körper". Als Genbezeichnungen werden diese Namen zu einem oder wenigen Buchstaben abgekürzt: „ebony" zu „e", „brown" zu „bw", „vestigial" zu „vg". Dieser Genname gilt dann für alle Allele, auch für den Wildtyp. Die Nomenklatur von Gennamen ist zwischen verschiedenen Spezies nicht gleich. In der Genetik von *Caenorhabditis elegans* sind z. B. prinzipiell dreibuchstabige Genbezeichnungen vereinbart worden.

Der Wildtyp wird als „+" bezeichnet. Soll der Wildtyp eines bestimmten Merkmals angesprochen werden, so wird dies durch ein hochgesetztes „+" gekennzeichnet: e^+, vg^+.

Die Bezeichnung für rezessive Mutationen beginnt in der Regel mit einem kleinen Buchstaben (*yellow*, *y*), die für dominante Mutationen mit einem Großbuchstaben (*Bar*, *B*).

In der Humangenetik und der Genetik kultivierter Pflanzen und domestizierter Tiere gibt es keinen „Wildtyp"; hier beginnt das Symbol für das dominante Allel mit einem Großbuchstaben, das für das rezessive Allel mit einem kleinen Buchstaben, z. B. beim Mais: *Wx – wx*.

Sind von einem Genlocus mehrere verschiedene mutante Allele bekannt, so werden sie durch eine nach dem Gensymbol hochgesetzte Kombination von Zahlen und Buchstaben gekennzeichnet. Hochgesetzte Buchstaben und Zahlen können auch den Phänotyp näher beschreiben, wie z. B. w^a = *white-apricot* (aprikosenfarbig). In diesem Lehrbuch werden mutante Allele, deren Allelbezeichnung nicht weiter angegeben ist, mit dem abgekürzten Gennamen ohne weitere hochgestellte Bezeichnung beschrieben (z. B.: e^+: Wildtyp; *e*: mutant).

Für die Beschreibung von *Drosophila* Genotypen mit mehreren Mutationen gilt folgendes:

- Mutationen auf demselben Chromosom: die Allel-Symbole werden (evtl. entsprechend der Genkarte) aneinandergereiht und durch Abstände getrennt: *y w cv*
- Mutationen auf homologen Chromosomen: die beiden Chromosomen – mit allen zu verfolgenden Genen – werden durch Schrägstrich getrennt (wenn bekannt, zuerst das mütterliche, dann das väterliche): $y\ w\ cv\ v^+\ fB^+/y^+\ w^+\ cv^+\ vf^+\ B$
- Mutationen auf nicht-homologen Chromosomen: die Chromosomen – mit allen zu verfolgenden Genen – werden durch Semikolon getrennt, z. B. vg/vg^+; e/e^+.

7.1.2 Die zweite Mendel-Regel: Die Spaltungsregel

Mendel beschäftigte sich dann mit der Frage: Welche Nachkommen haben die **hybriden F1-Individuen**, wenn man sie untereinander kreuzt? Aus der Kenntnis der Meiose sagen wir: Die homologen Chromosomen mit e und e^+ paaren sich in der Prophase und werden in Anaphase I getrennt. Daher kann es in beiden Geschlechtern nur haploide Gameten geben, von denen die eine Hälfte ein e- und die andere Hälfte ein e^+-Chromosom enthält. Um dies und die Erwartung in der F2-Generation übersichtlich darzustellen, empfiehlt es sich dringend, ein sog. **Kreuzungsquadrat** (oder -rechteck) nach **Punnett** zu verwenden (▶ Box 7.3; ◘ Abb. 7.3). Es enthält nicht nur die Gametentypen, sondern auch ihre Anteile an allen Gameten. Damit können nicht nur die Geno- und Phänotypen, sondern auch ihre Anteile in der nächsten Generation vorhergesagt werden. Es sind die beiden Phänotypen e und e^+, die in einem Verhältnis von 1:3 vorhergesagt (◘ Abb. 7.2) und im konkreten Experiment auch gefunden werden. Dem dominanten Phänotyp e^+ entspricht sowohl der heterozygote als auch der homozygote e^+-Genotyp, wie aus weiteren Kreuzungen gefunden werden kann (Testkreuzung; s. ▶ Abschn. 8.2). **Das Verhältnis der drei Genotypen** zueinander ist also 1:2:1 (▶ Box 7.4, 2. Mendel-Regel).

7.1.3 Die dritte Mendel-Regel: Die Unabhängigkeits- oder Rekombinationsregel

Zu welchem Ergebnis führt ein **dihybrider Erbgang**, bei dem zwei Allelpaare gleichzeitig verfolgt werden? In ◘ Abb. 7.4 werden die beiden Allelpaare vg^+/vg und e^+/e in einer Kreuzung benutzt. Die Kreuzungspartner, die für **jeweils eines der beiden mutanten Allele eines Allelpaars homozygot sind, haben eine uniforme**, doppelt heterozygote F1-Nachkommenschaft. Die entscheidende nächste Frage ist: Welche Gametentypen produzieren diese F1-Fliegen und in welchen Anteilen? Bei der Besprechung der Meiose war klar geworden, dass es in der Anaphase I zwei gleich wahrscheinliche Möglichkeiten der Anordnung der beiden Tetraden gibt, die zu unterschiedlichen Chromosomenverteilungen führen. In einem Fall sind es Gameten mit nicht rekombinanten, im anderen mit rekombinanten Genotypen (◘ Abb. 5.12).

7.1 · Die Mendel-Regeln der Vererbung

Box 7.3 Kreuzungsschema – aber richtig!

Um das Ergebnis einer Kreuzung ableiten zu können, ist es am besten, sich zunächst über die Bildung der verschiedenen Typen von Gameten in den elterlichen Meiosen Klarheit zu verschaffen. Da man im Allgemeinen davon ausgehen kann, dass die Gameten gemäß ihren Anteilen zufällig zur Befruchtung gelangen, ist die Darstellung in einem Kreuzungsquadrat oder -rechteck nach dem britischen Genetiker Reginald Punnett allen anderen Methoden vorzuziehen (Abb. 7.3a).

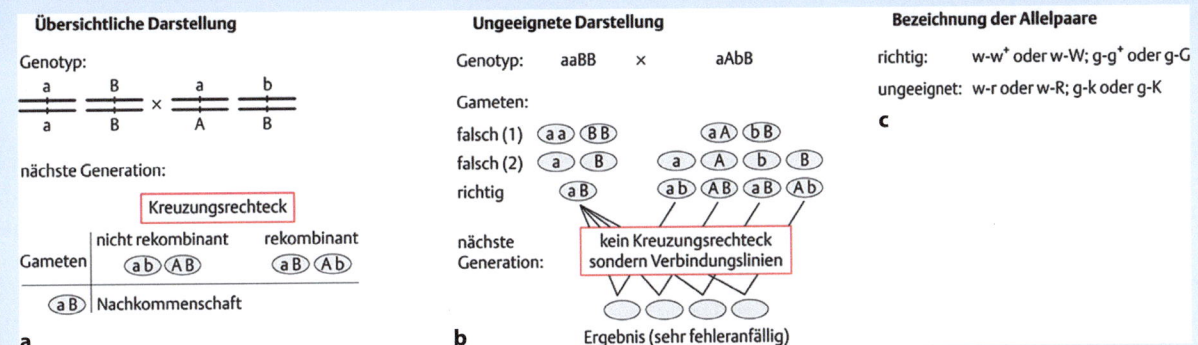

Abb. 7.3 Verschiedene Kreuzungsschemata. **a** zeigt die klassische Darstellungsform von Kreuzungen als Punnett'sches Kreuzungsrechteck. Diese ist allen anderen Methoden vorzuziehen. **b** Zeigt eine beliebte, aber ungeeignete Darstellung. Diese ist eher unübersichtlich und bietet vielfältige Möglichkeiten, Fehler zu machen. Auch die für die Bezeichnung der beiden Allelen auf homologen Chromosomen, sogenannte Allelpaare, gibt es gute und ungeeignete Darstellungen. Sie verleitet erfahrungsgemäß zu vielfältigen Fehlern. **c** Allelpaare haben gleiche Gennamen, die je nach Organismus unterschiedlich gekennzeichnet werden (s. ▶ Box 7.2)

Box 7.4 Die Mendel-Regeln

Gregor Mendel führte eine Vielzahl gezielter Kreuzungen über mehrere Generationen hinweg durch. Dabei stellte er sicher, dass er mit reinerbigen, also homozygoten, Ausgangslinien gearbeitet hat. Er klassifizierte nicht nur die Merkmale der Nachkommen, sondern ermittelte auch – als Erster – quantitativ die Anteile der verschiedenen Klassen. In die Versuche wurden die folgenden sieben Merkmalspaare der Erbse (*Pisum sativum*) aufgenommen:

- Gestalt des reifen Samens (rund – kantig)
- Färbung der Kotyledonen (gelb – grün)
- Färbung der Samenschale (grau – weiß)
- Form der reifen Hülse (gewölbt – runzlig)
- Farbe der unreifen Hülse (grün – gelb)
- Stellung der Blüten (achsen- oder endständig)
- Unterschied in der Achsenlänge (lang – kurz).

■■ 1. Die Uniformitäts- und Reziprozitätsregel

Die F1-Hybride aus der Kreuzung reiner Linien sind untereinander gleich. Es spielt keine Rolle, von welchem Elternteil das Merkmal vererbt wird.

Von Mendel stammt auch das Begriffspaar: **dominant – rezessiv**. Er bezeichnete „jene Merkmale, welche ganz … in die Hybride-Verbindung übergehen … als dominirende, und jene, welche in der Verbindung latent bleiben, als recessive". Er fand, dass alle in der obigen Liste erstgenannten Merkmale „dominierend" waren.

■■ 2. Die Spaltungsregel

Die F2-Individuen sind unter sich nicht alle gleich, sondern es spalten sich verschiedene Erscheinungsformen = Phänotypen heraus. Das Phänotypen-Verhältnis dominant:rezessiv von 3:1 wird aufgelöst in ein 1:2:1-Verhältnis von homozygot dominanten:heterozygoten:homozygot rezessiven Genotypen.

Zitat Mendel: „Das Verhältnis 3:1, nach welchem die Vertheilung des dominirenden und recessiven Characters in der ersten Generation (der Hybriden = F2) erfolgt, löst sich demnach für alle Versuche in die Verhältnisse 2:1:1 auf, wenn man zugleich das dominirende Merkmal in seiner Bedeutung als hybrides Merkmal und als Stamm-Character unterscheidet. … Bezeichnet A das eine der beiden constanten Merkmale, z. B. das dominirende, a das recessive, und Aa die Hybridform … so ergibt der Ausdruck: A + 2 Aa + a die Entwicklungsreihe für die Nachkommen der Hybriden …".

3. Die Unabhängigkeits- oder Rekombinationsregel

Jedes Merkmalspaar wird nach dem 2. Gesetz vererbt, und zwar unabhängig von anderen Merkmalspaaren. In Mendels Worten: *„Die Nachkommen der Hybriden, in welchen mehrere wesentlich verschiedene Merkmale vereinigt sind, stellen die Glieder einer Combinationsreihe vor, in welchen die Entwicklungsreihen für je zwei differirende Merkmale verbunden sind. Damit ist zugleich erwiesen, dass das Verhalten je zweier differirender Merkmale in hybrider Verbindung unabhängig ist von den anderweitigen Unterschieden an den beiden Stammpflanzen."*

In der dihybriden Kreuzung gilt dies sowohl für die Oogenese als auch für die Spermatogenese, so dass es bei zufälliger Befruchtung der 4 Ei Haplotypen durch 4 Spermien Haplotypen zu 16 gleich häufigen Klassen von diploiden F2 Nachkommen kommt. Diese Klassen lassen sich aufgrund der Verteilung nicht-rekombinanter und rekombinanter Chromosomen in 4 Gruppen einteilen (◘ Abb. 7.4). Die Phänotypen einiger dieser Nachkommenklassen werden manchmal als **„Elterntypen"** bezeichnet, obwohl sich Geno- wie Phänotypen auch auf die Großeltern (P) beziehen (◘ Abb. 7.4: vg^+; e bzw. vg; e^+, rot bzw. blau umrandet). Da dieser Begriff außerdem in gleicher Weise auf die nicht rekombinanten Gameten angewendet wird, werden wir ihn wegen seiner unklaren Definition vermeiden. Statt „Elterntypen" wird für die Gameten „nicht rekombinant" und für die Individuen „Nicht-Rekombinante" gewählt. Es gibt also die Begriffspaare **„nicht rekombinant"** und **„rekombinant"** und **„Nicht-Rekombinante"** und **„Rekombinante"**.

In ◘ Abb. 7.5 sind die 16 Nachkommenklassen der in ◘ Abb. 7.4 gezeigten Kreuzung übersichtlich in 9 Genotypen-Klassen zusammengefasst. Der neu hinzugekommene Phänotyp vg e, der dem doppelt homozygot rezessiven Genotyp vg/vg; e/e entspricht, ist gelb markiert. Die Nachkommen bei der Vererbung der beiden Allelpaare vg^+; e bzw. vg; e^+ zeigen jeweils ein Genotyp-Verhältnis von 1:2:1 und ein Phänotyp-Verhältnis von 3:1 (s. ◘ Abb. 7.5). Dies ist der Inhalt der 3. Mendel-Regel, der **Unabhän-**

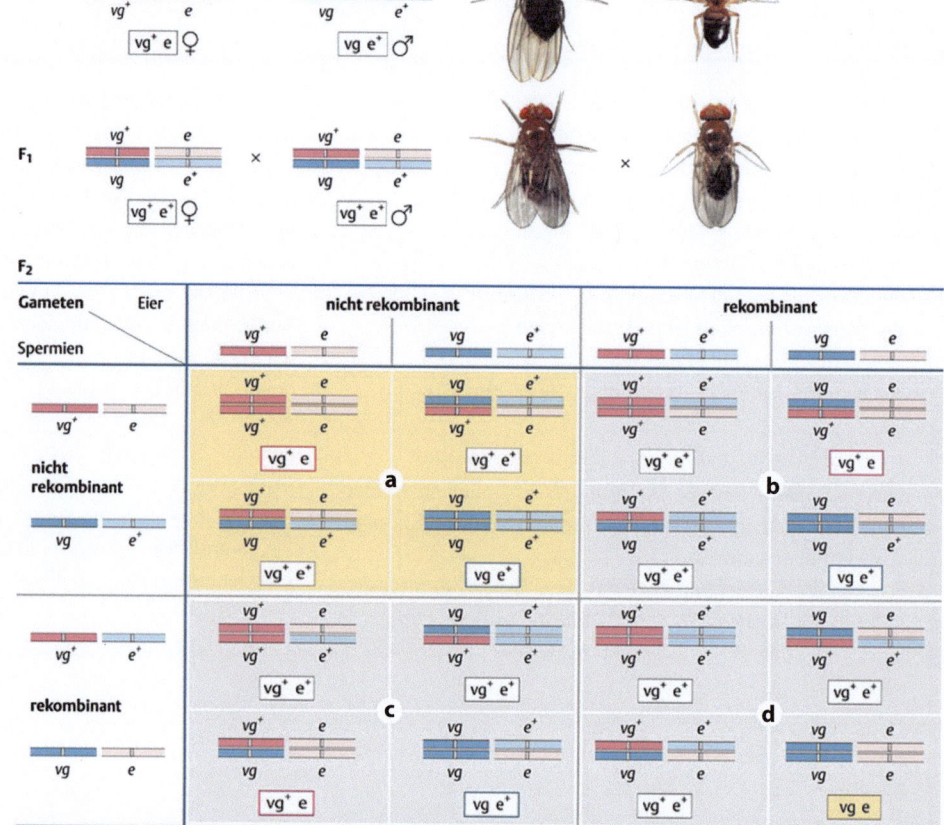

◘ Abb. 7.4 Dihybrider Erbgang mit Allelen zweier *Drosophila* Gene. Werden homozygote *ebony*-Weibchen mit homozygoten *vestigial*-Männchen gekreuzt, so sind die Nachkommen uniform wildtypisch. Das bedeutet, dass nicht nur das *e*-Allel, sondern auch das *vg*-Allel rezessiv gegenüber dem jeweiligen +-Allel ist. Bei zufälliger Befruchtung der jeweils 4 Klassen Eizellen und Spermien kommt es zu 16 gleich häufigen F2-Klassen, die sich in 4 Gruppen einteilen lassen. **a** Nachkommen aus nicht rekombinanten Eiern und Spermien. **b** Nachkommen aus rekombinanten Eiern. **c** Nachkommen aus rekombinanten Spermien. **d** Nachkommen nur aus rekombinanten Gameten. In dieser Gruppe finden wir den einzigen neuen Phänotyp, nämlich die homozygote Doppelmutante vg e. Gleiche Phänotypen sind jeweils einheitlich umrandet. (Bilder von Robert Klapper, Münster)

7.2 · Die Chromosomentheorie der Vererbung

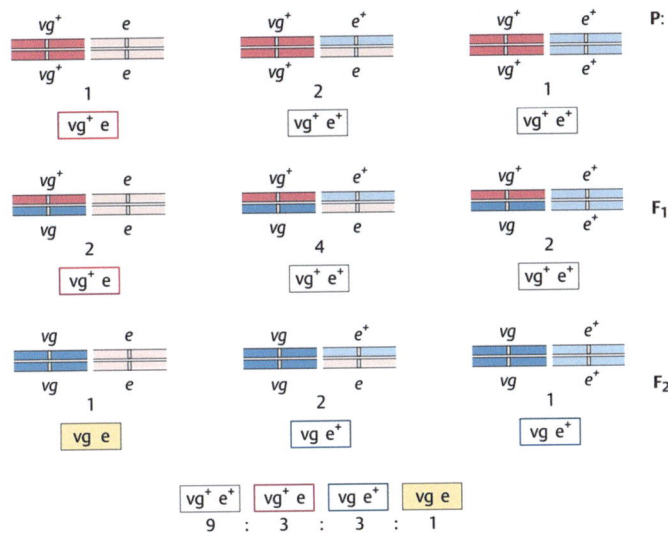

Abb. 7.5 Systematische Anordnung der F2-Genotypen der **Abb. 7.3**. Wir können feststellen, dass unter den homozygoten *e/e*-Nachkommen (linke Spalte) die 3 Genotypen im Verhältnis 1:2:1, die entsprechenden Phänotypen vg^+ und vg im Verhältnis 3:1 vorkommen. Dasselbe gilt für die heterozygoten e^+/e^- als auch für die homozygot wildtypischen e^+/e^+-Nachkommen. Dieser Befund ist exakt das Ergebnis einer monohybriden Kreuzung mit den beiden *vestigial*-Allelen, dasselbe gilt auch für das *ebony*-Gen. Unter den homozygot wildtypischen vg^+/vg^+-, den heterozygoten vg^+/vg^- und den homozygoten vg/vg-Nachkommen sind die entsprechenden Genotyp-Verhältnisse jeweils auch 1:2:1 und die Phänotyp-Verhältnisse 3:1

gigkeitsregel: Die beiden Allelpaare werden unabhängig voneinander nach der 2. Mendel-Regel, der **Spaltungsregel**, vererbt. Insgesamt ergibt sich ein Zahlenverhältnis von 9:3:3:1 für die vier auftretenden Phänotypen (**Abb. 7.5** und ▶ Box 7.4).

Eine der von Mendel beschriebenen dihybriden Kreuzungen zeigt, welche Zahlenverhältnisse er in einem Experiment erhalten hat (**Abb. 7.6**).

Abb. 7.6 Mendel-Kreuzung zur unabhängigen Vererbung von zwei Merkmalspaaren der Erbse (*Pisum sativum*). Erbsenblüten von Pflanzen mit runden Samen und gelben Kotyledonen (Keimblätter) bestäubte Mendel mit Pollen von Pflanzen mit kantigen Samen und grünen Kotyledonen. Die einheitliche Nachkommenschaft ist phänotypisch dominant für runde Samen und gelbe Kotyledonen. Die Anzahl der F2-Nachkommen in den vier Phänotypenklassen steht in einem nahezu perfekten 9:3:3:1-Verhältnis zueinander. Betrachtet man nur die Kotyledonenfarbe bzw. die Samenform, so findet man jeweils ein 3:1-Verhältnis des dominanten : rezessiven Phänotyps. (Die ‚Samenpflanze' entspricht der samentragenden Pflanze)

7.2 Die Chromosomentheorie der Vererbung

In unserer einleitenden Betrachtung des Genoms hatten wir den haploiden Chromosomensatz weiter in **Autosomen** und **Heterosomen** unterteilt (**Abb. 2.8**). Für Mendel wäre eine solche Unterscheidung im Kreuzungsexperiment nicht erkennbar gewesen, denn in monözischen (einhäusigen) Pflanzen, die sich aus einem einzigen diploiden Genom entwickeln und entweder zwittrige (z. B. Erbse) oder getrennte weibliche und männliche Blüten (z. B. Mais) bilden, kann es keine Heterosomen oder **Geschlechtschromosomen** geben. Die Entdeckung geschlechtsgekoppelter, oder genauer, Geschlechtschromosom-gekoppelter Vererbung war dem Entwicklungsbiologen Thomas Hunt Morgan vorbehalten, der ein Jahrzehnt nach der Entdeckung der Bedeutung von Mendels Arbeit in seiner *Drosophila*-Zucht ein weiß-äugiges Männchen unter den sonst rotäugigen Fliegen fand. Es gelang ihm, einen Stamm mit nur weißäugigen Fliegen der Mutante *white* (*w*) zu züchten

> **Box 7.5 Die Sutton-Boveri Chromosomentheorie der Vererbung**
>
> Ende des 19. Jahrhunderts führten empirische Befunde und theoretische Konzepte zur Vorstellung, dass die Erbanlagen durch die, zunächst als Kernkörperchen bezeichneten, Chromosomen von einer Generation an die nächste weitergegeben werden. 1875 bis 1877 beschrieben der Zoologe Oscar Herwig und der Botaniker Eduard Strasburger, dass es während der Befruchtung zur Verschmelzung der Zellkerne kommt. 1882 entdeckte Walther Flemming, dass die Anzahl der Kernkörperchen bei der Mitose konstant bleibt. 1885 stellte August Weismann seine Theorie zur Keimbahn vor, in der er vorschlug, dass die Kernkörperchen die einzige, konstante Materie in den Keimzellen darstellen, die an die nächste Generation weitergegeben wird; er postulierte: da sich die Nachkommen und die Eltern gleichen, müssen die Erbanlagen auf diesen Kernkörperchen liegen. Der Begriff Chromosomen wurde schließlich 1888 von dem Mediziner Heinrich W. Waldeyer geprägt.
>
> Walter Sutton (◐ Abb. 7.7 links) beschrieb 1902 als erster das Verhalten der Chromosomen während der Meiose der Heuschrecke: „I may finally call attention to the probability that association of paternal and maternal chromosomes in pairs and their subsequent separation during the reducing division ... may constitute the physical basis of the Mendelian law of heredity." 1903 veröffentlichte er dann eine Arbeit unter dem Titel ‚The chromosomes in heredity' (Sutton, 1903) und formulierte darin als erster die Chromosomentheorie der Vererbung, die er auf folgenden Beobachtungen aufbaute:
>
> — Chromosomen und Gene kommen jeweils in Paaren in diploiden Zelle vor.
> — Während der Meiose trennen sich die homologen Chromosomen voneinander.
> — Die Verteilung der Chromosomen/Chromatiden eines Homologenpaars auf die Gameten erfolgt zufällig.
> — Jeder Gamet enthält nur die Hälfte der Chromosomenzahl verglichen mit den somatischen Zellen.
> — Auch wenn morphologisch sehr verschieden, enthalten Eizelle und Spermium einer Spezies dieselbe Anzahl Chromosomen.
> — Durch die Befruchtung wird der Chromosomensatz wieder diploid.
>
> 1904 beobachtete Theodor Boveri (◐ Abb. 7.7 rechts) und andere, dass sich die Anzahl der Chromosomen bei der Entstehung von Keimzellen halbierte. Dieser Prozess wurde dann 1905 von Farmer und Moore als Meiose oder Reduktionsteilung bezeichnet.
>
>
>
> ◐ **Abb. 7.7** Walter S. Sutton, 1877–1916 (links) und Theodor Boveri (1862–1915). (Aus Wikipedia: ▶ https://en.wikipedia.org/wiki/Boveri-Sutton_chromosome_theory)

(Morgan 1910). Dies war die Geburtsstunde von *Drosophila melanogaster* als genetischer Modellorganismus und der allgemeinen Genetik. Darüber hinaus unterstützten diese Ergebnisse die auf zytologischen Befunden (Mitose, Meiose, Befruchtung) basierende „**Chromosomentheorie der Vererbung**" (▶ Box 7.5), nach der die Chromosomen als Träger des genetischen Materials postuliert wurden.

Wenn wir mit homozygoten *w*-Fliegen ein vergleichbares Experiment wie mit der Mutation *e* (◐ Abb. 7.2) durchführen (◐ Abb. 7.8), dann verletzt das Ergebnis die Reziprozitätsregel (▶ Box 7.4). Werden Wildtyp-Weibchen mit *w*-Männchen gekreuzt, so ist die F1 erwartungsgemäß uniform. Der Phänotyp der Heterozygoten ist wildtypisch (◐ Abb. 7.8 A1). Als Ergebnis der **reziproken Kreuzung** erwarten wir dasselbe Ergebnis, finden aber, dass die Nachkommenschaft phänotypisch nicht uniform ist: Die Töchter haben erwartungsgemäß rote Augen, die Söhne aber weiße (◐ Abb. 7.8 A2). Wenn wir entsprechend der 1. Kreuzung davon ausgehen, dass in heterozygoten Tieren das w^+-Allel dominant ist, dann können die Söhne kein w^+-Allel geerbt haben. Sie müssen von ihrem Vater etwas anderes als ein Chromosom mit dem w^+-Allel mitbekommen haben, nämlich ein homologes Chromosom ohne w^+. Das spezielle Homologenpaar dieses Erbgangs besteht aus X- und Y-Chromosom, den Heterosomen.

Woran liegt es eigentlich, dass die **Reziprozitätsregel** in diesem Fall nicht zutrifft? Diese ist nur dann gültig, wenn die Kreuzungspartner „reinen Linien" entstammen, d. h. homozygot für ein betrachtetes Allel sein müssen. Ein w^+/Y-Männchen ist aber **hemizygot** für w^+, d. h. es hat nur ein *white*-Allel, weil auf dem Y-Chromosom dieses und fast alle anderen Gene des X-Chromosoms fehlen. Auf dem Y-Chromosom von *Drosophila* sind im Wesentlichen die männlichen Fertilitätsfaktoren

7.2 · Die Chromosomentheorie der Vererbung

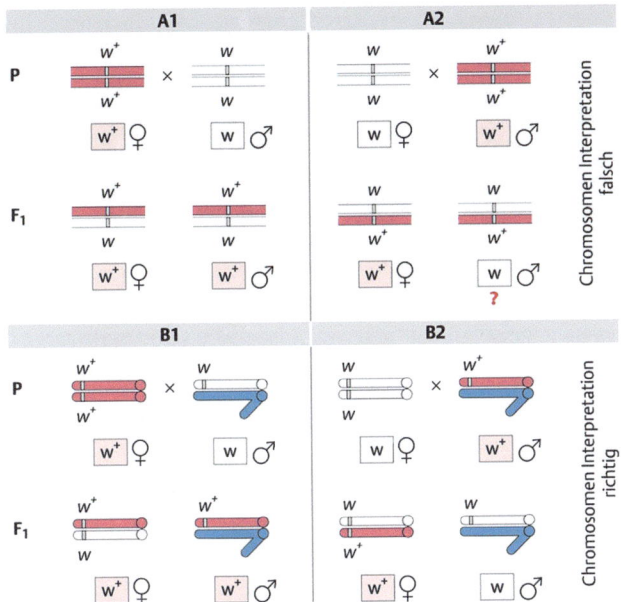

◘ **Abb. 7.8** Reziproke Kreuzungen mit *white (w)*, der ersten *Drosophila* Mutation, und dem Wildtyp-Allel w^+. A1 und A2: Mit der Annahme, dass das *white*-Gen auf einem Autosom lokalisiert ist, kann man die Kreuzungsergebnisse nicht erklären. B1 und B2: Kreuzungsschema für eine X-chromosomale Vererbung

(s. ▶ Box 5.2, ◘ Abb. 5.9e–g) und ein Nukleolus-Organisator (▶ Abschn. 9.2.1.1, ◘ Abb. 9.12) lokalisiert. Ein Männchen produziert in der Meiose zwei verschiedene, gleich häufige Spermientypen: solche mit einem X- und solche mit einem Y-Chromosom. Es ist also gar nicht „reinerbig". Wenn wir das Kreuzungsschema entsprechend korrigieren (◘ Abb. 7.8 B1 und B2), stimmen Erwartung und Befund überein.

Historisch gesehen war die Korrelation des *white*-Erbganges mit der Segregation der X- und Y-Chromosomen in der Meiose ein weiterer Hinweis für die Annahme, dass Gene auf Chromosomen lokalisiert sind. Der Nachweis, dass die Theorie der chromosomalen Vererbung richtig ist, lieferten die Experimente von Calvin Bridges, einem Schüler von T. H. Morgan (▶ Box 7.6). Die Interpretation seiner genetischen Befunde brachte ihn zu Voraussagen über die Chromosomenzusammensetzung der gefundenen Phänotypen, die er jeweils zytologisch bestätigen konnte. Dabei spielten die „Ausnahmetiere" die Hauptrolle.

In den Nachkommen aus den $w^+ \times w$ bzw. $w \times w^+$-Kreuzungen treten neben erwarteten Klassen relativ seltene „**Ausnahmetiere**" auf. Wie sind diese im Erbgang zu erklären? Wenn z. B. in der Kreuzung B1 der ◘ Abb. 7.8 neben wildtypischen Nachkommen selten, aber regelmäßig *w*-Männchen in der F1 zu finden sind, dann können diese Männchen kein X-Chromosom der Mutter mit w^+ erhalten haben. Sie haben dann also ausnahmsweise nur das X-Chromosom des Vaters mitbekommen, sind also genotypisch X0, d. h., sie tragen ein X- aber kein Y-Chromosom.

Wenn wir diese Überlegung weiterführen, dann lassen sich seltene rotäugige F1-Männchen in der Kreuzung B2 der ◘ Abb. 7.8 ebenso als X0-Männchen erklären. Seltene weißäugige F1-Weibchen aus dieser Kreuzung hätten dann kein X-, sondern ein Y-Chromosom vom Vater, von der Mutter aber zwei X-Chromosomen (bei nur einem X-Chromosom wären sie männlich, s. o.). Bei *Drosophila* bedeutet also der **Genotyp X0 männlich** und der **Genotyp XXY weiblich** (s. ▶ Abschn. 11.1.3). Beide Genotypen nennt man **aneuploid**, weil sie gegenüber dem normalen, euploiden 2n-Genotyp ein Chromosom zu wenig bzw. zu viel aufweisen (s. ▶ Abschn. 6.2.2).

Die Ursache für das Auftreten dieser seltenen Ausnahmen ist eine fehlerhafte Verteilung der Chromosomen in der Meiose, bei der die Chromosomen bzw. Chromatiden in der ersten bzw. zweiten meiotischen Teilung nicht getrennt werden, sondern zusammen in eine der beiden Tochterzellen gelangen. Der Fachterminus für das Nicht-Trennen, den Bridges eingeführt hat, heißt „**Nondisjunction**" (s. ▶ Abschn. 6.2.2). In ◘ Abb. 7.10 ist die Kreuzung B2 aus ◘ Abb. 7.8 detaillierter dargestellt. Wenn die in der mütterlichen Meiose ausnahmsweise nicht getrennt werden, resultieren Eizellen mit 2 oder mit keinem X-Chromosom. Werden diese Eizellen von X- oder Y-Spermien befruchtet, ergeben sich die lebensfähigen (vitalen) X0- und XXY-Genotypen sowie die meist nicht lebensfähigen (letalen) **weiblichen XXX-** und die immer **letalen Y0-Genotypen**.

X0-Männchen unterscheiden sich äußerlich nicht von XY-Männchen, sie sind allerdings unfruchtbar (steril), da die Spermienreifung defekt ist. Die Bildung befruchtungsfähiger Spermien erfordert nämlich Genprodukte, die von Genen auf dem Y-Chromosom gebildet werden (s. ◘ Abb. 5.9e–g). XXY-Weibchen hingegen sind normal fruchtbare (fertile) Weibchen. Bei ihnen ist es besonders interessant zu erfahren, wie sich die XXY-Trisomie auf das Paarungs- und Verteilungsverfahren der Chromosomen in der Meiose auswirkt.

Das Ergebnis einer entsprechenden Kreuzung ist in ◘ Abb. 7.11 dargestellt. Gegenüber dem bisher besprochenen **primären Nondisjunction** in der Meiose von XX- oder XY-Genotypen handelt es sich hier um das **sekundäre Nondisjunction**, bei dem die homologen Chromosomen in der Meiose von XXY-Weibchen nicht getrennt werden. Neben den zu erwartenden rotäugigen XX- und XXY-Weibchen sowie den weißäugigen XY- und XYY-Männchen gibt es als Ausnahmen weißäugige XXY-Weibchen und rotäugige XY-Männchen, Ihr Anteil schwankt, macht aber etwa 8 % der Nachkommen (inkl. der letalen Genotypen) aus. Entspricht dieses Ergebnis der möglichen Erwartung, dass zwei der drei Heterosomen in der Prophase der Meiose paaren, regulär verteilt werden und das 3. Heterosom der zufälligen Aufteilung überlassen wird?

In der ◘ Abb. 7.12 ist diese Überlegung dargestellt. Kernpunkt ist, dass die beiden X-Chromosomen individuell

Box 7.6 Der Columbia University ‚Fly Room'

Obgleich die Entdeckung der Gesetzmäßigkeiten der Vererbung durch Gregor Mendel den ersten großen Durchbruch in der experimentellen Genetik darstellt, liegt der Ursprung der Genetik, wie wir sie heute kennen, in den systematischen Kreuzungsexperimenten des amerikanischen Entwicklungsbiologen Thomas Hunt Morgan. Morgan wurde 1904 zum Professor in Experimenteller Zoologie an der Columbia University in New York berufen und baute dort im Raum 613 der Schermerhorn Hall das erste *Drosophila* Labor auf, das später zum berühmten ‚Fly Room' avancierte (◘ Abb. 7.9). Das Labor war gerade einmal 5 m lang und 7 m breit und besaß 8 Tische und soll nach überreifen Bananen gerochen haben, mit denen die Fliegen gefüttert wurden. Im ‚Fly Room' wurden Fliegen auf Mutationen untersucht und die mutanten Fliegen isoliert, um durch Kreuzungen mutante Inzuchtlinien zu etablieren. Zu den Mitarbeitern von Morgan gehörten Calvin Bridges, Alfred Sturtevant und Hermann-Josef Muller, denen es mithilfe dieser mutanten Fliegenstämme gelang, nicht nur die Sutton-Boveri Chromosomentheorie der Vererbung experimentell zu untermauern, sondern auch wichtige Prinzipien, wie die geschlechtsgebundene Vererbung sowie die gekoppelte Vererbung von Genen, die auf demselben Chromosom liegen (s. ▶ Kap. 8), zu entdecken. Auf der Grundlage dieser Ergebnisse wurden etwas später dann im gleichen Labor die ersten Chromosomenkarten formuliert (s. ▶ Abschn. 8.6). Im Jahr 1915 veröffentlichten Morgan, Sturtevant, Bridges und Muller ihre Ergebnisse in der berühmten Monographie ‚The Mechanisms of Mendelian Heredity' (Morgan et al. 1915). T. H. Morgan wurde 1933 mit dem Nobelpreis für Physiologie oder Medizin „for his discoveries concerning the role played by the chromosome in heredity" ausgezeichnet, H. J. Muller erhielt ihn später, 1946, „for the discovery of the production of mutations by means of X-ray irradiation".

◘ **Abb. 7.9** Photographie des Labors von Thomas H. Morgan. Der ‚Fly Room' an der Columbia University 1918 anlässlich eines gemeinsamen Mittagsessens zu Ehren von Alfred Sturtevant. Auf der Photographie ist rechts neben der skurrilen Skulptur des ‚Caveman'. H. J. Muller und rechts daneben, T. H. Morgan zu sehen. Weiter im Uhrzeigersinn F. E. Lutz, O. J. Mohr, A. F. Huettner, A. H. Sturtevant, F. Schrader, E. G. Anderson, A. Weinstein, S. C. Dellinger und C. B. Bridges (helle Kleidung). (Bild von American Philosophical Society Library. Stern Papers, photograph files Morgan, mit freundlicher Genehmigung)

zu sehen sind (X1 und X2). Es gibt daher 3 Paarungsmöglichkeiten mit je zwei gleichberechtigten Verteilungen (Gameten a oder b), wobei aus Paarung 2 und 3 die Fälle des sekundären Nondisjunction resultieren. Der Unterschied zwischen zufälliger Verteilung (1/3 der Oozyten, gelb oder grau unterlegt) und Experiment (8 % der Oozyten) zeigt, dass in 84 % der **Homologenpaarungen** die beiden X-Chromosomen zusammen segregieren (Paarung 1) und nur in 16 % der Paarungen eines der beiden X- mit einem Y-Chromosom segregiert (Paarungen 2 und

7.2 · Die Chromosomentheorie der Vererbung

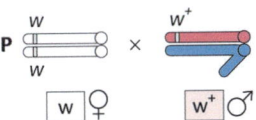
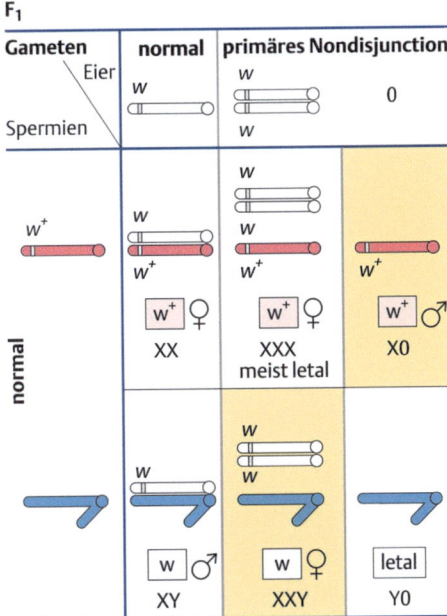

Abb. 7.10 Primäres Nondisjunction – ein allgemeiner Meiosefehler. Gelegentlich werden in der Anaphase der ersten meiotischen Teilung die gepaarten homologen Chromosomen nicht getrennt (primäres Nondisjunction) und es entstehen entsprechend Meioseprodukte mit beiden Homologen und solche, die kein Homolog erhalten

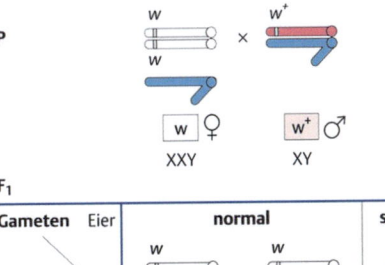
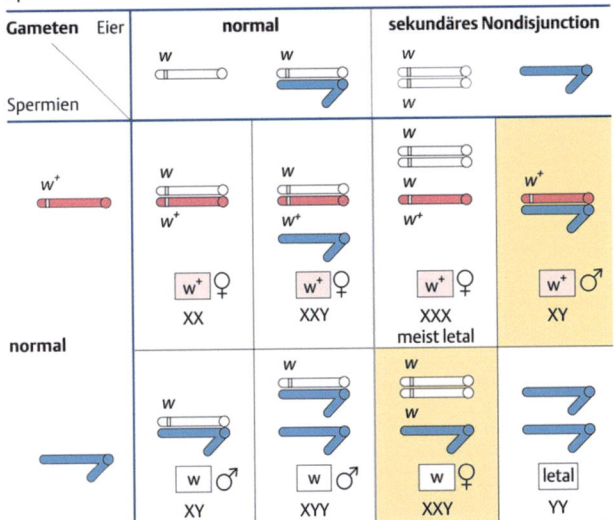

Abb. 7.11 Sekundäres Nondisjunction in der Meiose von XXY-Weibchen ergibt XX- und Y-Eier

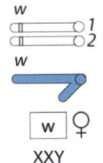
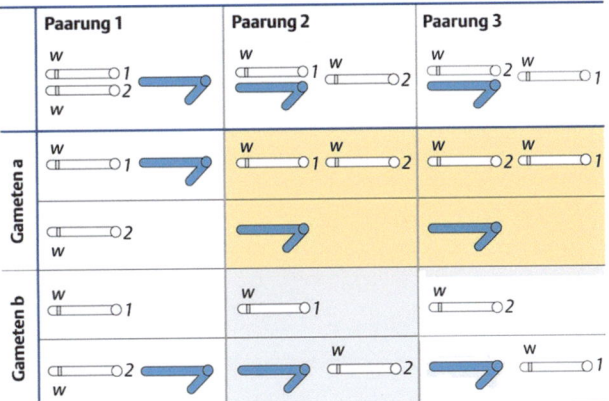

Abb. 7.12 Homologenpaarung bei Trisomie. Im XXY-Genotyp gibt es in der Prophase der Meiose 3 Paarungsmöglichkeiten: entweder bilden die beiden X-Chromosomen die Tetrade (Paarung 1) oder eines der beiden X-Chromosomen (1 oder 2) paart mit dem Y-Chromosom (Paarung 2 und 3). Die gepaarten Chromosomen werden in Anaphase I getrennt, das 3. Heterosom zufällig verteilt

3 mit $2 \times 8 = 16\%$ der Oozyten). Die Paarung der beiden X-Chromosomen ist also stark bevorzugt.

Nondisjunction ist ein verbreiteter Fehler bei der Verteilung der Chromosomen, der in ähnlichen Häufigkeiten bei vielen Arten gefunden wurde, und zwar nicht nur in den beiden Meioseteilungen, sondern auch in der Mitose. In der Meiose ist Nondisjunction nicht auf die Oogenese beschränkt, sondern kommt auch in der Spermatogenese vor. Allerdings sind diese Fälle nicht einfach zu erkennen, da das beteiligte Y-Chromosom meist keine phänotypisch erkennbaren Allele enthält. Bei *Drosophila* gibt es Laborstämme, bei denen am kurzen Arm des Y-Chromosoms der Endbereich des X-Chromosoms angehängt ist, der z. B. das *yellow*⁺-Allel trägt. Das Ergebnis normal verlaufender Meiose und **Nondisjunction in der Meiose I oder II** bei beiden Geschlechtern ist in Abb. 7.13 dargestellt. Während Nondisjunction beim Weibchen immer zu XX- oder Nullo-X Eiern führt, besteht bei den Männchen ein Unterschied zwischen den beiden Meioseteilungen: Nondisjunction in Meiose I ergibt XY-Spermien oder solche ohne Heterosomen, in Meiose II kann es auch zu XX- und YY-Spermien kommen. Im Kreuzungsexperiment (Abb. 7.14) können

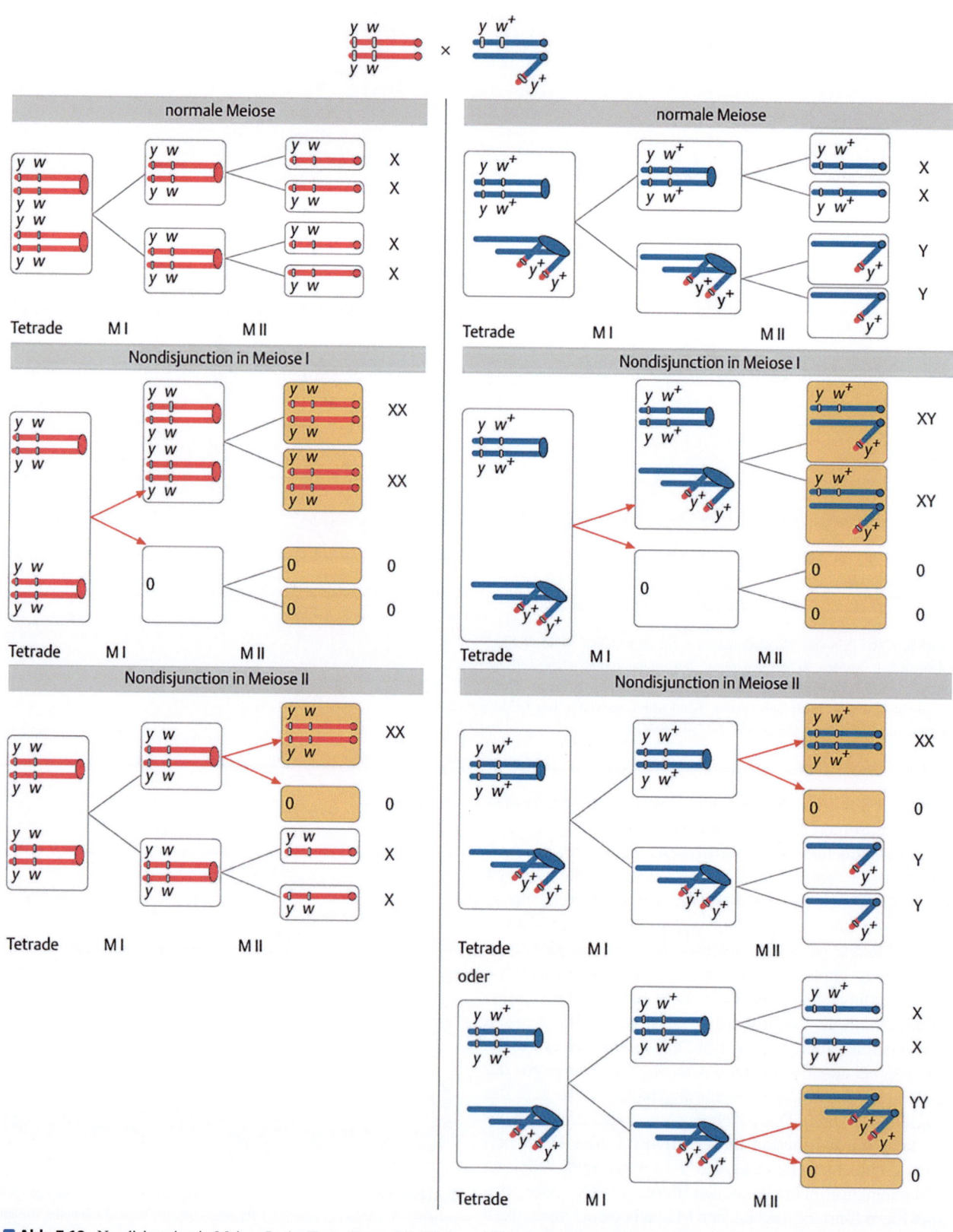

Abb. 7.13 Nondisjunction in Meiose I oder II von *Drosophila*-Weibchen bzw. -Männchen. Wenn die normale Meiose mit Nondisjunction in Meiose I bzw. Meiose II (M I bzw. M II) verglichen wird, sieht man, dass in der Oogenese (linke Spalte) als Ausnahmen immer XX- oder Nullo-X-Oozyten gebildet werden, während im männlichen Geschlecht (rechte Spalte) das Ergebnis in M I und M II unterschiedlich ist. Das y^+-Y-Chromosom ist ein Y-Chromosom, das am kurzen Arm das distale Ende eines Wildtyp-X-Chromosoms mit dem y^+ Allel trägt (rot markiert)

7.2 · Die Chromosomentheorie der Vererbung

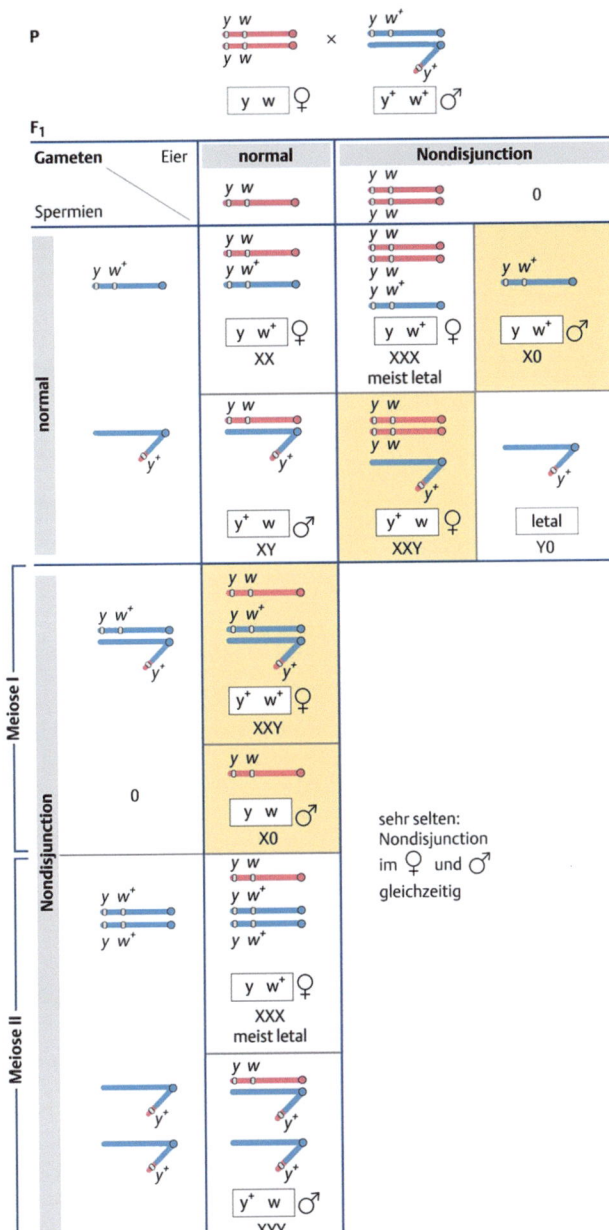

Abb. 7.14 Nondisjunction der Heterosomen in beiden Geschlechtern. Kreuzungsgenetisch kann Nondisjunction in der Meiose beider Geschlechter dann nachgewiesen werden, wenn nicht nur die X-, sondern auch die Y-Chromosomen genetisch markiert sind, z. B. als y^+-Y, damit man ihr Vorhandensein oder Fehlen phänotypisch erkennen kann

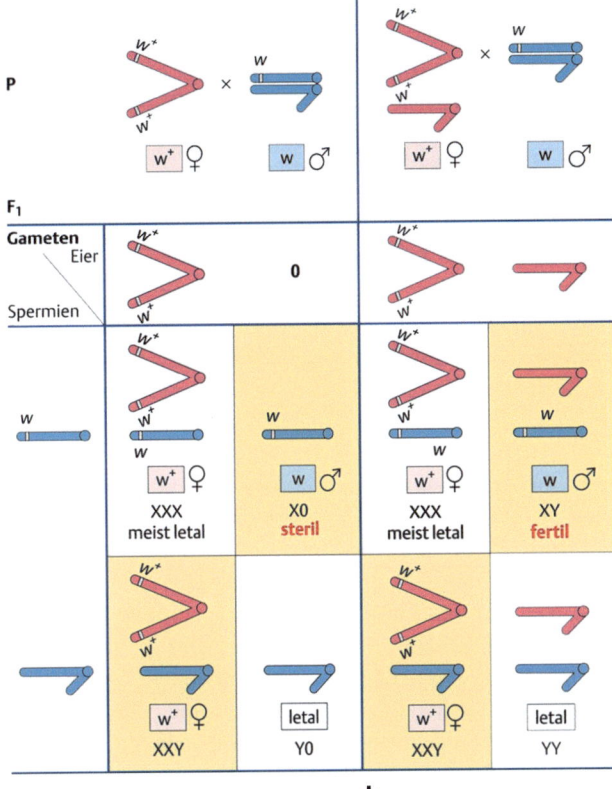

Abb. 7.15 In der Kreuzungsgenetik spielt das attached-X-Chromosom eine wichtige Rolle. **a** Zwei X-Chromosomen mit einem gemeinsamen Zentromer ergeben ein attached-X-Chromosom (hier: *C(1)RM*). Der Erbgang dieses Chromosoms entspricht 100 % Nondisjunction: es gibt nur XX- und Nullo-X-Eizellen. Nur die gelb hinterlegten Nachkommen überleben, wobei X0 Männchen steril sind. **b** Das attached-X-Chromosom segregiert in XXY-Müttern gegen ein Y-Chromosom. Auch in diesem Fall zeigen die X-Chromosomen zu 100 % Nondisjunction, aber die überlebenden Nachkommen sind nicht steril (gelb unterlegt). Durch diese Kreuzung lässt sich die Allelkombination des X-Chromosoms eines einzelnen Männchens in nur einer Generation in Form vieler Söhne vermehren

die normalen Nachkommen von den XXY- und X0 Nondisjunction-Fällen aus der weiblichen wie der männlichen Meiose voneinander unterschieden werden. Nur die beiden möglichen triplo-X-Tiere sind nicht zuzuordnen und das zusätzliche Y-Chromosom der XYY-Männchen ist nicht erkennbar.

Bei *Drosophila* gibt es Weibchen, in deren Nachkommenschaft Nondisjunction zu 100 % auftritt. Dies liegt daran, dass die Weibchen ein sog. **attached-X-Chromo-som** besitzen, das aus zwei X-Chromosomen mit einem gemeinsamen Zentromer besteht. In der Meiose I erhält eine Tochterzelle das attached-X-Chromosom, die andere Tochterzelle erhält kein X-Chromosom. In der Nachkommenschaft gibt es sterile X0-Söhne, die sonst phänotypisch dem Vater, und XXY-Töchter, die phänotypisch der Mutter gleichen. Aus einer solchen Kreuzung würde also keine Inzuchtlinie entstehen, da sie keine fertilen Männchen hervorbringt (Abb. 7.15a). In der Kreuzungsgenetik werden daher attached-X-Weibchen mit einem zusätzlichen Y-Chromosom benutzt, um z. B. das X-Chromosom eines einzelnen Männchens schnell zu vermehren. Da nun diese Weibchen nicht nur Eier mit einem attached-X-Chromosom, sondern auch solche mit einem Y-Chromosom produzieren, sind die Söhne XY und damit fertil (Abb. 7.15b). Bei diesem Erbgang ist auffällig, dass die X-Chromosomen der Mütter an die Töchter und die X-Chromosomen der Väter an die Söhne weitergegeben werden, die Y-Chromosomen hingegen von einer Generation zur nächsten zwischen den Geschlechtern „wandern". Beim normalen X-chromosomalen Erbgang „wandern" die X-Chromosomen, während das Y-Chromosom immer in der männlichen Linie bleibt (s. ◘ Abb. 7.8 B1 und B2).

7.3 Multiple Allelie

Auch wenn ein diploider Organismus für jedes seiner Gene höchstens zwei verschiedene Allele tragen kann, können in einer Population sehr viel mehr verschiedene Allele vorhanden sein. Diese sogenannte **multiple Allelie** ist weit verbreitet in pflanzlichen, tierischen und menschlichen Populationen. Multiple Allelie lässt sich am Beispiel des *white* Gens von *Drosophila* eindrücklich darstellen. Die rote **Wildtypaugenfarbe** von *Drosophila* wird nicht durch ein einziges Pigment hervorgerufen, sondern durch eine Vielzahl von Pigmenten, die in bestimmte **Ommatidienzellen** (die Pigmentzellen) eingelagert werden. Diese lassen sich in zwei Hauptgruppen unterteilen: die braunen **Ommochrome** und die hellroten **Pteridine**.

w-mutante Fliegen haben weiße Augen, nicht aber, weil keine Pigmente mehr gebildet werden, sondern weil ihr Transport und ihre Verteilung nicht mehr funktionieren. Man kann sich vorstellen, dass das *white*-Gen nicht nur zur kompletten Funktionslosigkeit mutieren kann, sondern dass eine Mutation dazu führt, dass die Transportfunktion nur teilweise gestört wird und so andere Augenfarbphänotypen auftreten können. Dies ist in der Tat so. Die Augenfarbe von Homo- oder Hemizygoten *white-apricot* (w^a) ist gelborange, von *white-coffee* (w^{cf}) rotbraun, von *white-cherry* (w^{ch}) rosa, von *white-coral* (w^{co}) rubinrot, von *white-carrot* (w^{crr}) rotbraun, von *white-eosin* (w^e) gelblich rosa (◘ Abb. 7.16).

Welche Augenfarbe haben aber Weibchen, die für zwei dieser Allele heterozygot sind? Wir haben bereits gesehen, dass w^+ über w **dominant** ist. Auch alle anderen w-Allele sind **rezessiv** gegenüber dem **Wildtypallel**. Heterozygote w^a/w Weibchen haben pigmentierte, aber eindeutig hellere Augen als homozygote w^a-Tiere. Früher hat man diesen Vererbungstyp „**intermediär**" genannt, da der heterozygote Phänotyp zwischen den beiden homozygoten angesiedelt ist. Heute spricht man von „**unvollständiger Dominanz**" und ordnet die Allele bestimmten Mutationstypen zu. Man kann die Augenfarben der Weibchen mit den letztgenannten 3 Allelen auch als Ergebnis der Menge an White-Genprodukt sehen, wobei für die Wildtypfarbe 1 Allel w^+ ausreicht:

Genotyp: $w^+/w^+ > w^+/w > w^a/w^a > \quad w^a/w \quad > w/w$
Phänotyp: rot $\quad$ rot $\quad$ apricot $\quad$ hell apricot $\quad$ weiß

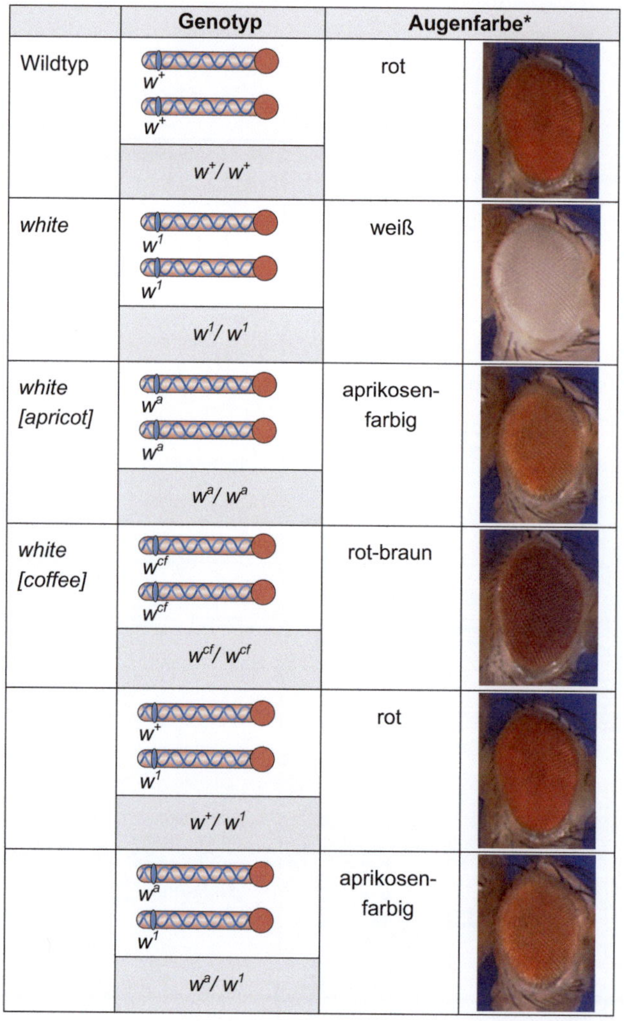

Genotyp		Augenfarbe*	
Wildtyp	w^+ / w^+	rot	
white	w^1 / w^1	weiß	
white [apricot]	w^a / w^a	aprikosenfarbig	
white [coffee]	w^{cf} / w^{cf}	rot-braun	
	w^+ / w^1	rot	
	w^a / w^1	aprikosenfarbig	

◘ **Abb. 7.16** Multiple Allelie des *white* Locus von *Drosophila melanogaster*. Seit der ursprünglichen Entdeckung der *w* Mutation durch T. H. Morgan wurden weitere mutante Allele dieses Gens identifiziert. Dabei sind die Unterschiede zwischen diesen Allelen an einer unterschiedlichen Ausprägung der Augenfarben zu erkennen. Im hier gezeigten Beispiel werden drei Allele verglichen: das ursprünglich von Morgan entdeckte w^1, das w^a Allel und das w^{cf} Allel. Durch Kreuzungen der verschiedenen Allele wurde demonstriert, dass w^1 eine Funktionsverlustmutation darstellt, wohingegen in den Allelen w^a und w^{cf} die Funktion des Gens nur teilweise beeinträchtigt ist

7.4 Klassifizierung von Mutationen

Wenn ein Gen durch eine Mutation vollständig funktionslos wird, spricht man von einem **Nullallel**, einer **vollständigen Funktionsverlustmutation** (*loss-of-function*) oder von einem **amorphen Allel**. Es ist fast immer rezessiv. Am Eindeutigsten ist der amorphe Phänotyp dann ausgeprägt, wenn das Gen durch eine Defizienz (= Deletion) komplett entfernt ist (s. ▶ Abschn. 6.3.1). In der Tat können Mutationen durch Kreuzungen mit chromosomalen Aberrationen als **amorph**, **hypomorph**, **hypermorph**, oder **neomorph** klassifiziert werden (▶ Box 7.7)

7.4 · Klassifizierung von Mutationen

> **Box 7.7 Kreuzungsgenetische Klassifizierung mutanter Allele**
>
> Wie wir am Beispiel des *w* Gens kennengelernt haben, kann die phänotypische Auswirkung einer Mutation davon abhängig sein, in welchem Ausmaß die Funktion des Gens durch die Mutation verändert wurde (s. ◘ Abb. 7.16). Stärke und Qualität von Mutationen erlauben ihre Einteilung in verschiedene Klassen, wobei man in Modellorganismen wie *Drosophila* Kreuzungen durchführen kann, die bei der Zuordnung mutanter Allele in eine Klasse helfen. Solche Kreuzungsexperimente bedienen sich vor allem chromosomaler Aberrationen, wie Deletionen und Duplikationen, die mit den zu untersuchenden Genmutationen gekreuzt werden. Wir betrachten in der Beschreibung dieser Typen hier beispielhaft eine hypothetische Mutation im Gen *m* und können so die Mutationen folgendermaßen definieren:
>
> Wir kreuzen die Mutation m^a mit der chromosomalen Deletion, *Df(m)*, in der das Gen m^+ deletiert ist. Wenn die Stärke des Phänotyps des homozygot mutanten Allels m^a (m^a/m^a) mit dem Phänotyp des mutanten Allels m^a in Heterozygose zur Deletion ($m^a/Df(m)$) gleich ist, nennt man dieses Allel **amorph**. In Bezug auf den Phänotyp gilt also: $m^a/m^a = m^a/Df(m)$.
>
> Wir kreuzen die Mutation m^{ho} mit der Deletion *Df(m)*. Wenn die Stärke des Phänotyps des homozygot mutanten Allels m^{ho} schwächer ist als der Phänotyp des mutanten Allels in Heterozygose zur Deletion (Df), nennt man dieses Allel **hypomorph**. In Bezug auf den Phänotyp gilt also: $m^{ho}/m^{ho} < m^{ho}/Df(m)$.
>
> Wenn die Stärke des Phänotyps des mutanten Allels m^{he} in Heterozygose zur Deletion des Gens schwächer wird und in Heterozygose zu einer Duplikation stärker wird, nennt man dieses Allel **hypermorph** oder **antimorph** (letzteres für den Fall, dass der Phänotyp entgegengesetzt zum amorphen Allel dieses Gens ist). Stärke des Phänotyps: $m^{he}/Dp > m^{he}/+ > m^{he}/Df(m)$.
>
> Wenn die Stärke des Phänotyps des mutanten Allels m^{neo} in Heterozygose zur Deletion des Gens oder in Heterozygose zur Duplikation des Gens unverändert bleibt nennt man dieses Allel **neomorph**. Stärke des Phänotyps: $m^{neo}/Df(m) = m^{neo}/+ = m^{neo}/Dp(m)$. Neomorphe Allele bilden ein Genprodukt mit neuer Eigenschaft. m^{neo} ist meist dominant zu m^+.

Allele, die noch Teile der Wildtypfunktion zeigen, werden als **partielle Funktionsverlustmutationen** oder **hypomorphe Allele** bezeichnet. Es sind die häufigsten Genmutationen. Bei ihnen kann z. B. durch eine Basensequenzänderung die Funktion des Proteins (z. B. eines Enzyms) herabgesetzt sein oder seine Produktion nicht in ausreichender Menge erfolgen. Von den *white*-Allelen ist *w* amorph, viele andere (z. B. w^a) sind hypomorphe Allele. Ist ein Gen durch eine Mutation aktiver als das Wildtypallel, so bezeichnet man diese als **Funktionszugewinnmutation**, *gain-of-function*-**Allel** oder **hypermorph**. Solche Allele sind zwangsläufig dominant gegenüber dem Wildtypallel. Ist ein Gen durch eine Mutation so verändert, dass das Genprodukt nun eine dem wildtypischen Gen entgegengesetzte Funktion bekommt, so nennt man diese Mutation **antimorph**. Wird durch Mutation ein gänzlich neuer Phänotyp hervorgerufen, so spricht man von einem **neomorphen Allel**. Antimorphe und neomorphe Allele sind meist dominant über dem Wildtypallel.

Es gibt auch *loss-of-function* Allele, die in Heterozygose zum wildtypischen Allel bereits einen Phänotyp aufweisen. Solche Allele fallen unter die Klasse der dominanten Allele. Im Falle von dominanten Funktionsverlust-Allelen spricht man auch von **Haploinsuffizienz**, da eine Kopie des Wildtypallels nicht ausreicht, um den Funktionsverlust auszugleichen.

Wenn die Ausprägung eines mutanten Phänotyps von äußeren Bedingungen abhängt, spricht man von **Konditionalmutationen**. Am bekanntesten sind die **temperatursensitiven (ts-) Mutationen**. Dabei gibt es Kälte-sensitive und Hitze-sensitive Allele. Beide haben einen sogenannten **permissiven** Temperaturbereich, in dem der Phänotyp wildtypisch ist und eine **restriktive** („einschränkende") Temperatur, bei der sich der mutante Phänotyp ausprägt (◘ Abb. 7.17). Mit Hilfe von ts-Allelen kann man beispielsweise erkennen, wann ein Gen während der Entwicklung gebraucht wird, indem man die mutanten Tiere nur während verschiedener Entwicklungsstadien der restriktiven Temperatur aussetzt.

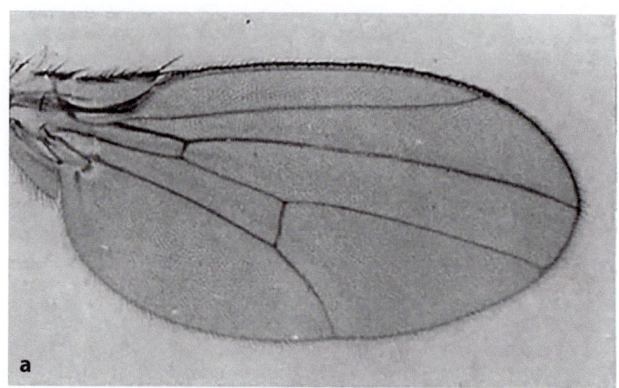
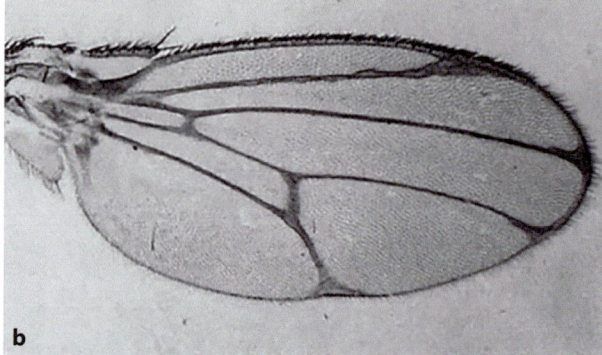
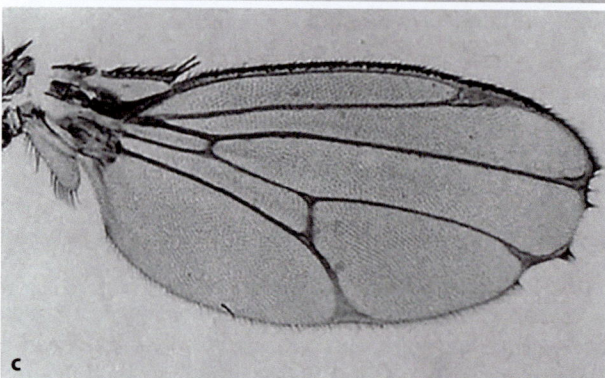

◘ **Abb. 7.17** Temperatursensitives Allel des *Drosophila* Gens *Delta* (*Dl*). Die Allele *Dl^{6B37}* und *Dl^{RF}* sind temperatursensitiv. **a** Flügel einer wildtypischen Fliege. Die Flügelvenen sind durchgängig schmal. **b** Flügel einer Fliege mit dem Genotyp *Dl^{RF}/Dl^{6B37}* bei 19 °C. Die Enden der Flügel-Venen zeigen Delta-förmige Verbreiterungen. **c** Der gleiche Genotyp wie in **b** (*Dl^{RF}/Dl^{6B37}*). Die Larven wurden 40–32 h vor der Verpuppung einer Temperatur von 29 °C ausgesetzt. Der Phänotyp ist im Vergleich zu **b** verstärkt: neben den Deltas werden Kerben im Flügelrand beobachtet. (Nach Parody und Muskavitch 1993, Fig. 6, mit freundlicher Genehmigung)

Mit **Kodominanz** wird eine spezielle Situation bezeichnet, bei der ein heterozygoter Genotyp phänotypisch die Funktion beider Allele zeigt. Ein klassisches Beispiel hierfür ist das **AB0-Blutgruppensystem** des Menschen (▶ Box 7.8). Jeder Mensch gehört phänotypisch einer der vier Blutgruppen A, B, AB oder 0 an. Die Phänotypen zeichnen sich u. a. durch das Vorhandensein von bestimmten Zuckerresten (Oligosacchariden) auf der Oberfläche der roten Blutkörperchen aus, was durch die sog. Blutgruppenantigene einer Blutgruppe zum Ausdruck gebracht wird. Genotypisch werden die Blutgruppen durch 3 Allele bestimmt: I^A, I^B und I^0, von denen die ersten beiden Oligosaccharide des Typs A bzw. B bilden können. Das I^0-Allel ist dagegen funktionslos und damit rezessiv gegenüber den beiden anderen Allelen. Menschen der Blutgruppe A sind also $I^A I^A$ homozygot oder $I^A I^0$ heterozygot, Menschen der Blutgruppe B sind $I^B I^B$ homozygot oder $I^B I^0$ heterozygot, Menschen der Blutgruppe 0 sind $I^0 I^0$ homozygot und Menschen der Blutgruppe AB zeigen die Kodominanz der beiden Allele I^A und I^B.

7.5 Das Hardy-Weinberg-Gesetz: Allelverteilung im Gleichgewicht

Die drei Allele des AB0-Gens sind weder gleich häufig noch gleichmäßig über die Welt verteilt. So ist das I^A-Allel vornehmlich in Europa und Südaustralien verbreitet, das I^B-Allel in Asien und das I^0-Allel in Nord- und Südamerika. Dominant-rezessive Mendel-Kreuzungen oder Familienstammbäume könnten den Eindruck erwecken, dass rezessive Allele im Laufe der Zeit abnehmen und schließlich verschwinden werden. Die Beobachtung zeigt, dass dies nicht stimmt. Allelfrequenzen bleiben unabhängig von ihrer absoluten Größe im Allgemeinen über die Generationen hinweg konstant, solange die Träger eines der Allele weder bevorzugt noch benachteiligt werden (z. B. durch Umweltbedingungen). Warum das so ist, haben 1908 der englische Mathematiker Godfrey Harold Hardy (1877–1947) und der deutsche Arzt Wilhelm Robert Weinberg (1862–1937) unabhängig voneinander beschrieben. Sie haben sich mit der Vererbung von **Allelfrequenzen in Populationen** beschäftigt. In ◘ Abb. 7.19 sind die wesentlichen Punkte des **Hardy-Weinberg-Gesetzes** oder **-Gleichgewichts** dargestellt, das als Grundgesetz der **Populationsgenetik** gilt.

Wir gehen von einem autosomalen Allelpaar *a* und *A* aus, das als homozygote *aa*- und *AA*-Individuen im (Gedanken-)Experiment in eine Population eingebracht wird. Die beiden Geschlechter sind gleich häufig vertreten und bei der Partnerwahl spielen *a*- und *A*-Allele keine Rolle (= **Panmixie**). Das *a*-Allel ist mit der Häufigkeit p, das *A*-Allel mit der Häufigkeit q vorhanden, und da es keine weiteren Allele des Genorts gibt, ist $p + q = 1$.

Die Frequenzen der Gameten sind hier allgemein p und q anstatt 1:1 in einer individuellen Kreuzung. Die F1-Genotypen treten dann nicht im Verhältnis 1:2:1 auf, sondern *aa* mit der Frequenz p^2, *Aa* mit der Frequenz 2pq und *AA* mit der Frequenz q^2. Die wichtigste Erkenntnis kommt jetzt: Die haploiden Gameten mit *a* und *A* werden von den F1-Individuen insgesamt wieder mit den Frequenzen p und q produziert. Das bedeutet, dass die Population unabhängig von den absoluten Größen von p und q (1:100 oder 1:1 oder 100:1) im Gleichgewicht ist. Das Gleichge-

7.5 · Das Hardy-Weinberg-Gesetz: Allelverteilung im Gleichgewicht

Box 7.8 Das AB0 Blutgruppen System

Die Entdeckung der Blutgruppen geht auf die Arbeiten des österreichischen Mediziners Karl Landsteiner zurück. Er stellte fest, dass die roten Blutkörperchen oft verklumpten, wenn Blut von zwei verschiedenen menschlichen Individuen gemischt wurde. Daraus schloss Landsteiner, dass es drei Blutgruppenmerkmale A, B und C (später als 0 bezeichnet) geben müsse. „*For his discovery of human blood groups*" erhielt er im Jahr 1930 den Nobelpreis für Physiologie oder Medizin. Heute wissen wir, dass die Agglutination (Verklumpung) von Erythrozyten, die Landsteiner beobachtet hatte, durch Antikörper ausgelöst wird. Dieser Tatsache ist auch geschuldet, dass Bluttransfusionen und Organtransplantationen nur zwischen Individuen mit kompatiblen Blutgruppenantigenen durchgeführt werden sollten. Die biochemische Grundlage der Blutgruppenantigene liegt in der veränderten Zusammensetzung der Proteine an der Plasmamembran der Erythrozyten durch Hinzufügen von Zuckermolekülen (= Glycosylmodifikationen). Die Zelloberfläche von Erythrozyten trägt Oligosaccharide, die für die Bestimmung der Blutgruppe eines menschlichen Individuums spezifisch ist und dabei wichtige immunogene Faktoren darstellen.

Das AB0 Gen liegt auf dem langen Arm von Chromosom 9 (9q34) und kodiert für eine Glycosyltransferase, die je nach Allel entweder N-Acetylgalaktosamin (GalNAc) (Blutgruppe A), D-Galaktose (Gal) (Blutgruppe B), beide Modifikationen (Blutgruppe AB) oder keinen endständigen Glycosylrest (Blutgruppe 0) an die Vorstufe Substanz H verknüpfen (s. Abb. 7.18). Die endständigen GalNAc- oder Gal-Modifikationen stellen also die eigentlichen Blutgruppen Antigene dar, die bei Fremdtransplantation im Empfängerorganismus eine Immunreaktion und die Bildung sogenannter Alloantikörper auslösen (s. Tab. 7.1).

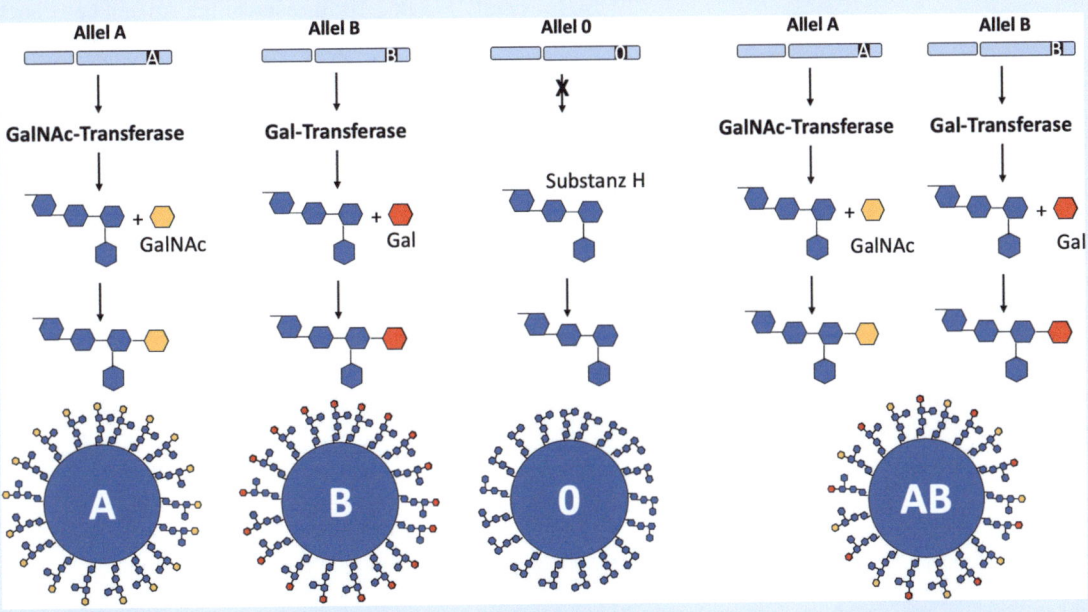

Abb. 7.18 Molekulare Erklärung zur Entstehung der Blutgruppen. Die von den Allelen A und B kodierten Glykosyltransferasen des ABO Gens fügen unterschiedliche Zucker (rot bzw. gelb) an die Substanz H an. Die Substanz H ist ein Oligosacharid (blau), das sich an der Oberfläche aller Erythrozyten befindet. Weitere Erklärung s. Text

Tab. 7.1 Immunreaktionen verschiedener Blutgruppen im AB0 System

	Blutgrupppe			
	0	A	B	AB
Blutgruppen-Antigen	–	A	B	AB
Antikörper gegen	A & B	B	A	–

Neben dem AB0 System gibt es über 30 weitere Blutgruppen Antigene (z. B. Kell-System), wobei das Rhesus Faktor System auch eine wichtige Rolle bei Bluttransplantationen spielt. Bei Rh-positiven Individuen werden Rhesusproteine gebildet, die weitestgehend in Rh-negativen Individuen fehlen und daher in letzteren bei Transfusion mit Rh-positivem Blut zu einer Immunreaktion führen können.

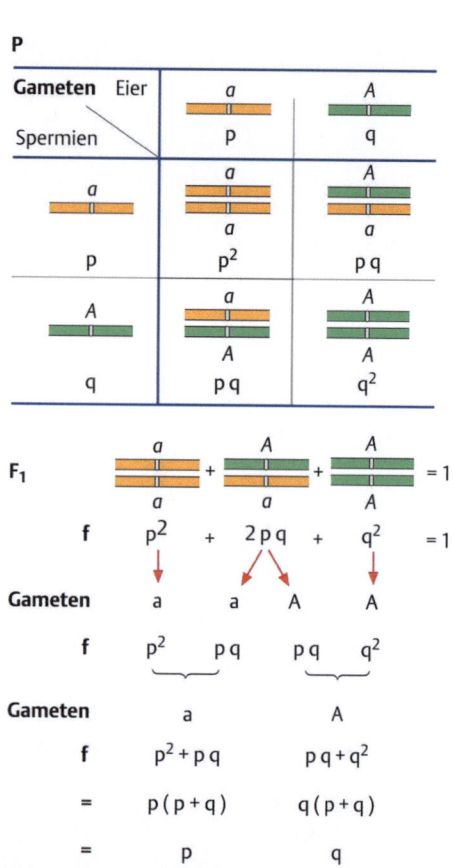

Abb. 7.19 Das Hardy-Weinberg-Gesetz oder die Stabilität von Allelfrequenzen in Populationen. Wenn in einer Population die beiden Allele *a* und *A* in den Frequenzen p und q vorhanden sind, dann bleibt dieses Verhältnis auch in den Folgegenerationen erhalten (Hardy-Weinberg-Gleichgewicht). Dies ist hier für die F1-Generation im Kreuzungsquadrat und deren Gametenproduktion gezeigt

wicht, das bereits nach einer Generation eintritt, ist solange stabil wie keine Vor- oder Nachteile für *aa*-, *aA*- oder *AA*-Individuen entstehen.

Mit dem Hardy-Weinberg-Gesetz lassen sich z. B. aktuelle Blutgruppenverteilungen in Populationen daraufhin überprüfen, ob sie sich im Gleichgewicht befinden und gleichzeitig können die Allelfrequenzen bestimmt werden. Wir nehmen an, dass die Allele I^A, I^B und I^0 in den Frequenzen p, q und r existieren, und dass $p + q + r = 1$ ist, d. h. es gibt keine weiteren *I*-Allele. Dann kann man für die 6 Genotypen der 4 Phänotypen Frequenzerwartungen formulieren (Tab. 7.2, Zeile 1–3). Aus den Daten der Blutgruppenzugehörigkeit von 192 Personen aus Wales (Zeile 1 und 4) lassen sich die Frequenzen der drei Allele als $p = 0{,}2$ (Zeile 5 und 6), $q = 0{,}1$ (Zeile 7 und 8) und $r = 0{,}7$ (Zeile 9) bestimmen. Sollte sich diese Population im genetischen Gleichgewicht befinden, so kann aus der Gleichgewichtsfrequenz der vier Blutgruppenphänotypen (Zeile 1, 3 und 10) ihre jeweilige Anzahl berechnet werden (Zeile 11). Durch den Vergleich von Beobachtung und Erwartung (Zeile 4 und 11) wird der Gleichgewichtszustand bestätigt.

Tab. 7.2 Das Hardy-Weinberg-Gesetz und das AB0-Blutgruppensystem. Überprüfung des Gleichgewichts in einer Population. Die Allele I^A, I^B und I^0 sind in der Population mit den Frequenzen p, q und r vorhanden. Weitere Erklärungen im Text

1	**Blutgruppe**	**A**		**AB**	**B**		**0**
2	Genotyp	I^A	$I^A I^0$	$I^A I^B$	I^B	$I^B I^0$	I^0
3	Frequenz	p^2	$2pr$	$2pq$	q^2	$2qr$	r^2
4	Beobachtete Anzahl bei N = 192	63		6	31		92
5	$B + 0 = q^2 + 2qr + r^2 =$	$(q+r)^2 = 31 + 92 = 123$					
6	Frequenz $A = \mathbf{p = 1 - q - r} =$	$1 - (q+r) = 1 - \sqrt{123/192} = \mathbf{0{,}2}$					
7	$A + 0 = p^2 + 2pr + r^2 =$	$(p+r)^2 = 63 + 92 = 155$					
8	Frequenz $B = \mathbf{q = 1 - p - r} =$	$1 - (p+r) = 1 - \sqrt{155/192} = \mathbf{0{,}1}$					
9	Frequenz $0 = \mathbf{r = 1 - p - q} =$	**0,7**					
10	Gleichgewichtsfrequenz	$(p^2 + 2pr) * N$		$2pq * N$	$(q^2 + 2qr) * N$		$r^2 * N$
11	Erwartete Anzahl bei N = 192	**61**		**8**	**29**		**94**

7.6 Polygenie: Ein Merkmal und mehrere Gene

Bei den bisher besprochenen Erbgängen wurde ein phänotypisches Merkmal immer durch Allele eines Gens festgelegt. Bei allen Organismen sind jedoch in sehr vielen Fällen zwei oder mehr Gene an der Ausprägung eines phänotypischen Merkmals beteiligt. Dies macht die genetische Analyse häufig schwierig, insbesondere, wenn es sich nicht um qualitativ alternative, sondern um quantitative Phänotypen handelt, z. B. die Größe einer Pflanze oder die Hautfarbe des Menschen.

Wir werden ein einfaches Beispiel zur Verdeutlichung der genotypischen Situation verwenden. Es stammt wiederum aus der Vielfalt der **Augenfarbenmutationen** von *Drosophila*. Außer den bereits besprochenen *white*-Mutanten (s. ▶ Abschn. 7.3) gibt es auch weißäugige Fliegenstämme, bei denen die Weißäugigkeit rezessiv ist und, wie das Ergebnis reziproker Kreuzungen mit Wildtypfliegen zeigt, das Gen nicht auf dem X-Chromosom lokalisiert ist.

Wenn man solche heterozygoten Weibchen mit Männchen dieses weißäugigen Stamms kreuzt – man nennt eine solche Kreuzung auch **Rückkreuzung** – findet man unter den Nachkommen nicht nur weißäugige und rotäugige Fliegen, sondern unerwartet auch solche mit hellroten und solche mit braunen Augen (◘ Abb. 7.20). Wie ist das zu erklären?

Wie bereits erwähnt, setzt sich die Augenfarbe aus braunen **Ommochromen** und hellroten **Pteridinen** zusammen. Das Gen *brown* (*bw*) kodiert für ein Transportprotein, das Guanin, den Vorläufer der hellroten Pteridine, in die Pigmentzellen des Auges transportiert. Der Ausfall der Funktion von *bw*, wie im amorphen Allel bw^{V1}, verhindert den Transport der hellroten Farbstoffe in die Pigmentzellen, diese enthalten nur noch die braunen Ommochrome (◘ Abb. 7.20). Das Gen *scarlet* (*st*) kodiert für ein Transportprotein, das Tryptophan und Kynurenin, die Vorläufer der braunen Ommochrome, in die Pigmentgrana der Pigmentzellen des Auges transportiert. Die hellroten Augen des Nullallels st^1 werden durch das Fehlen der braunen Farbstoffe erzeugt (◘ Abb. 7.20).

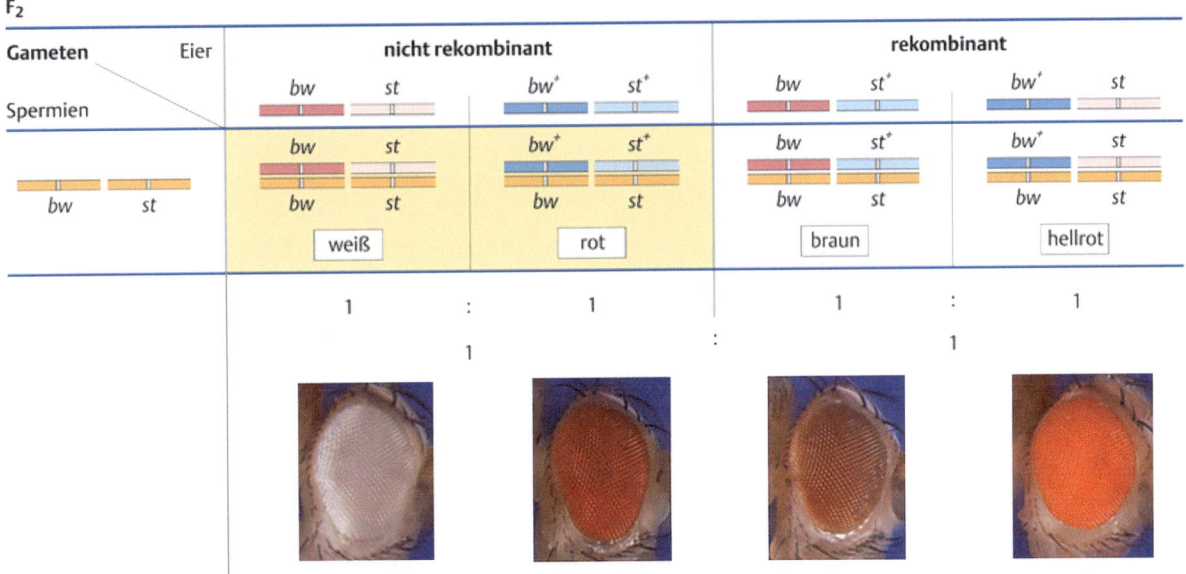

◘ **Abb. 7.20** Polygenie eines weißen Augenphänotyps. Anders als bei der *white* Mutation kommt dieser weiße Augenphänotyp durch Mutationen in zwei unterschiedlichen Genen (Doppelmutation) zustande: *brown* (*bw*) auf dem 2. Chromosom und *scarlet* (*st*) auf dem 3. Chromosom. Die Phänotypen der Augenfarben sind jeweils angezeigt: *brown scarlet* Doppelmutante (bw^{V1}, st^1), wildtyp (bw^+, st^+), *brown* (bw^{V1}) und st^1 (von links nach rechts)

Box 7.9 Epistatische Wechselwirkung zwischen Genen

Die unabhängige Segregation von Genen nach der dritten Mendel Regel wird nicht leicht sichtbar, wenn die betrachteten Gene miteinander interagieren; so wie am Beispiel der Polygenie gezeigt (s. ◘ Abb. 7.20). Wirken Genprodukte in demselben biosynthetischen Reaktionsweg, indem beispielsweise ein Enzym die Bildung eines Moleküls als Vorstufe für das nächste Enzym bildet, so wirken sich diese Interaktionen auch in Kreuzungsergebnissen aus. Auf diese Weise lassen sich durch genetische Kreuzungsexperimente auch Signal- oder Synthesewege untersuchen und Hierarchien von Komponenten solcher Reaktionen aufdecken. In der Natur finden sich zahlreiche Beispiele für solche Interaktionen, so unter anderem in Säugern bei der Ausprägung von Fellfarben oder bei Blütenpflanzen, in denen die Farbpigmente der Kronblätter (Petalen) in einem Syntheseweg oft über mehrere Vorstufen produziert werden. Die Blüten des Hasenglöckchens (*Hyacinthoides non-scripta*) z. B. sind in seiner Wildtypform tiefblau (◘ Abb. 7.21). Neben der wildtypischen Form gibt es in großen Populationen auch solche Pflanzen mit rosa und weißen Blüten. Diese vom Wildtyp abweichenden Blütenfarben lassen sich auf Mutationen in Genen zurückführen, die für Enzyme kodieren, die für die Synthese des blauen Pigments notwendig sind (◘ Abb. 7.21). Dabei führt die Mutation in Gen 1, das für die Bildung der ersten Zwischenstufe verantwortlich ist, immer zu weißen Blüten, unabhängig davon ob die Gene, die für den zweiten (oder dritten) Syntheseschritt notwendig sind, normal oder durch Mutation funktionslos sind. In anderen Worten: Mutation in Gen 2 führt zu rosa Blütenfarbe nur dann, wenn Gen 1 normal ist. Solche genetischen Interaktionen werden als **epistatische Wechselwirkung zwischen Genen** bezeichnet. Der Begriff **Epistasis** (gr. *epi*-: darauf, darüber) bezeichnet also die Unterdrückung eines Phänotyps einer Mutation durch eine andere Mutation, wobei die unterdrückende Mutation dann epistatisch und damit der anderen Mutation übergeordnet ist.

◘ **Abb. 7.21** Epistatische Wechselwirkung von Genen beim Hasenglöckchen. In natürlichen Populationen des Hasenglöckchens (*Hyacinthoides non-scripta*) treten neben der wildtypischen blauen Blütenfarbe auch Pflanzen mit rosa oder weißen Blüten auf. Die blaue Blütenfarbe ist abhängig von zwei Genen (Gen 1 und Gen 2). Pflanzen mit blauen Blüten besitzen normale Gene 1 und 2, während Pflanzen mit rosa Blüten das Enzym 2 durch eine Mutation in Gen 2 fehlt. Pflanzen mit weißer Blütenfarbe fehlt das Enzym 1 durch Mutation in Gen 1. Die weißblütigen Pflanzen können jedoch entweder ein normales Gen 2 oder ein mutantes Gen 2 besitzen. Man sagt daher, dass Gen 1 epistatisch zu Gen 2 ist. In der F2 von dihybriden Pflanzen würde sich damit statt der erwarteten Verteilung von 9:3:3:1, eine Verteilung von 9 (blau) : 3 (rosa) : 4 (weiß) ergeben

Der Phänotyp der Doppelmutante *bw; st* ist nahezu pigmentlose Weißäugigkeit, die von Allelen zweier verschiedener Gene hervorgerufen wird. Neben diesem eindrücklichen Beispiel der Augenpigmente in *Drosophila* werden viele Eigenschaften durch mehrere Gene bestimmt. Häufig, wie beispielsweise bei der polygenen Bestimmung der Körpergröße oder der Hautfarbe beim Menschen, spielen dabei auch Umwelteinflüsse eine Rolle. Gene, die zusammen eine Eigenschaft oder ein Merkmal bestimmen, interagieren häufig miteinander. Solche Wechselwirkungen zwischen Genen können z. B. zur Unterdrückung von Phänotypen in Mutationen interagierender Gene führen, und werden dann unter dem Begriff Epistasie zusammengefasst. (▶ Box 7.9)

7.7 Pleiotropie oder Polyphänie: Ein Gen und mehrere Merkmale

Viele Gene kontrollieren mehr als einen Vorgang, d. h. Mutationen in ihnen induzieren unterschiedliche Phänotypen. Das findet man etwa dann, wenn ein Gen zu verschiedenen Zeiten der Entwicklung aktiv ist, z. B. das *Drosophila* Gen *Delta* (*Dl*). Bei der Entwicklung des Flügels führt bereits eine mutante Kopie zu Defekten in der Bildung der Venen: an den Enden bilden sich Delta-förmige Verdickungen (◘ Abb. 7.22a), und bei der Entwicklung der Beine kommt es zu Fehlbildungen der tarsalen Segmente (◘ Abb. 7.22b). Ferner ist *Dl* bei der Festlegung des

7.8 · Penetranz und Expressivität: Die Variabilität des Phänotyps

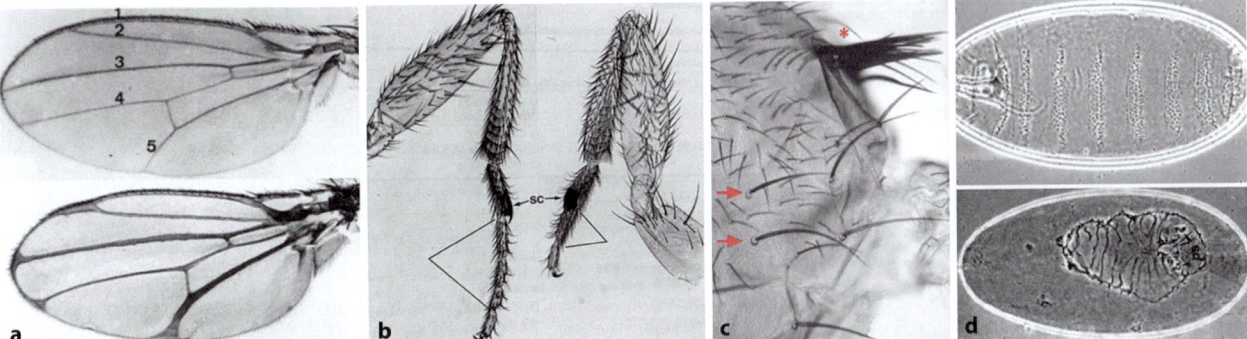

Abb. 7.22 Pleiotropie des *Delta (Dl)* Gens von *Drosophila*. **a** Flügel einer männlichen Wildtyp-Fliege (oben; 1–5 bezeichnen die Venen) und einer *Df(3R)Dl^{X43}* heterozygoten Fliege. *Dl* ist haplo-insuffizient und zeigt bereits bei Verlust einer Wildtyp Kopie einen mutanten Phänotyp. **b** Vorderbein einer männlichen Wildtyp-Fliege (links) und einer männlichen *Dl^{B107}/+* Fliege. In der Mutante sind die tarsalen Segmente 2–4 fusioniert (Klammer). sc = sex comb, Geschlechtskamm. **c** Mutante Klone weisen Büschel von Borsten (Makrochaeten) auf dem Thorax auf (roter *), während in wildtypischen Arealen die Borsten immer nur einzeln entstehen (rote Pfeile). **d** Cuticula Präparat eines Wildtyp-Embryos (oben) und eines *Dl^{F10}* homozygot mutanten Embryos. Im Wildtyp sind die segmentalen ventralen Zähnchenbänder und das Kopfskelett deutlich sichtbar sind, die von der Cuticula, einem Sekretionsprodukt der Epidermis, gebildet werden. Im mutanten Embryo ist nur ein kleinen Fleck dorsale Cuticula übrig. Der größte Teil der Epidermis fehlt in den mutanten Embryonen, stattdessen besitzen sie ein vergrößertes Nervensystem (hier nicht sichtbar). (Nach Vässin und Campos-Ortega 1987, Fig. 6 and 7, mit freundlicher Genehmigung)

neuronalen Zellschicksals beteiligt: fehlt es, kommt es zur Ausbildung von mehr Borsten (diese stellen sensorische Organe dar) in der adulten Fliege (Abb. 7.22c), oder es entstehen mehr Stammzellen des zentralen Nervensystems auf Kosten der Epidermis-Vorläuferzellen. Dann entwickelt der Embryo ein zu großes ventrales Nervensystem, aber keine ventrale Epidermis (Abb. 7.22d).

Pleiotropie manifestiert sich auch dann, wenn der durch ein mutantes Allel primär induzierte Phänotyp sekundäre Effekte zur Folge hat, die sich durch Merkmale zeigen, die scheinbar nichts mit dem genetischen Primärdefekt zu tun haben. So führt z. B. das Fehlen der ventralen Epidermis im *Dl* mutanten Embryo zu Defekten in der somatischen Muskulatur, da mit dem Wegfall der Epidermis auch die Anheftungsstellen für die Muskeln fehlen. Bei Erbkrankheiten des Menschen ergibt sich als Gesamtphänotyp häufig ein Syndrom mehrerer diagnostischer Charakteristika (s. hierzu auch das Beispiel Sichelzellanämie; ▶ Abschn. 13.4.1, Abb. 13.20).

7.8 Penetranz und Expressivität: Die Variabilität des Phänotyps

In allen bisherigen Beispielen war einem bestimmten Genotyp ein einfacher oder komplexer Phänotyp zugeordnet. Das ergab einfache Erbgänge nach den Mendel-Gesetzen. Es gibt aber auch Fälle, bei denen der Phänotyp nicht nur vom entsprechenden Genotyp, sondern z. B. zusätzlich von der Einwirkung von Umweltfaktoren oder dem Zusammenwirken mit anderen Genen im individuellen Genom abhängt. Das kann bedeuten, dass der Phänotyp bei gleicher Allelkombination in einem Individuum ausgeprägt wird, in einem anderen dagegen nicht zu erkennen ist.

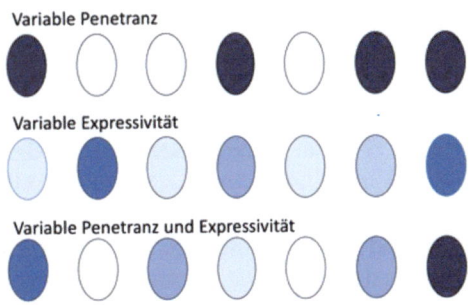

Abb. 7.23 Veranschaulichung der Begriffe „Penetranz" und „Expressivität". Das Vorhandensein eines Phänotyps in Individuen mit demselben Genotyp ist mit einem farblichen Oval gekennzeichnet; weiße Ovale zeigen keinen Phänotyp. Die Stärke eines mutanten Phänotyps ist mit der Intensität der Blaufärbung angezeigt; je stärker die Blaufärbung, je stärker die Ausprägung des Phänotyps

Penetranz ist definiert als der Anteil an Individuen, die beim Vorliegen der gleichen Mutation in einem bestimmten Gen den zugehörigen Phänotyp zeigen (Abb. 7.23). Bei der Kaninchenrasse „Weiße Wiener" (weiß mit blauen Augen) ruft Homozygotie für das Allel v^e (v: Vienna Gen) Epilepsie hervor, jedoch nur bei 70 % der v^e/v^e-Individuen. Bei *Drosophila* bewirkt das dominante *Lobe*-Allel eine Reduktion der Ommatidienzahl, wobei nur etwa 75 % der heterozygoten L/L^+-Fliegen den mutanten Phänotyp aufweisen (= unvollständige Penetranz).

Wenn ein allelspezifischer Phänotyp vorhanden ist, muss er nicht in allen Individuen gleicher Allelkombination identisch sein. Die **Expressivität** ist ein Maß für den Grad der Ausprägung des jeweiligen Phänotyps, z. B. schwach – mittel – stark oder definiert sich am Vorhandensein oder Fehlen von Bestandteilen des Phänotyps (Abb. 7.23). Die Anzahl der Ommatidien im *Lobe*-Auge schwankt von 0 (kein Auge) über viele Stufen bis zum Wildtyp mit etwa 700–800 Facetten. Eine Ursache von unterschiedlicher Expressivität kann darin begründet sein, das diese Allele durch Integration von Transposons induziert sind (s. ▶ Abschn. 6.4.5).

7.9 Zusammenfassung

- Gregor Mendel hat aus den Ergebnissen seiner Kreuzungsexperimente allgemein gültige Vererbungsregeln aufgestellt, die als die drei **Mendelschen Regeln** bezeichnet werden.
- Die Grundlage der Interpretation von Kreuzungsexperimenten ist die Meiose. Kreuzungsgenetische Experimente werden durch eine verkürzte Schreibweise der Meiose bzw. der Meiosen in Individuen aufeinanderfolgender Generationen dargestellt.
- Die Regeln der Kreuzungsgenetik ermöglichen es, aus der Beschreibung des Erbgangs eines Merkmals auf die Vererbung der zugehörigen Allele zu schließen.
- Der Erbgang eines einzelnen Allelpaares wird **monohybrid**, ein Erbgang mit zwei Allelpaaren wird **dihybrid** genannt.
- Hat eine diploide Zelle auf beiden Homologen dasselbe Allel eines Gens, so ist sie **homozygot**, sind die beiden Allele verschieden, ist sie bezüglich dieses Allelpaars **heterozygot**.
- Ein **euploider Chromosomensatz** enthält n Chromosomen oder ein Vielfaches davon: diploid, triploid… polyploid. Ist ein einzelnes Chromosom unter- oder überzählig, so ist der Chromosomensatz **aneuploid**: Monosomie oder Trisomie.
- Als **Nondisjunction** wird das Nichttrennen der zwei homologer Chromosomen in Meiose I oder der beiden Chromatiden in Meiose II oder der Schwesterchromatiden in der Mitose bezeichnet. Dieser Fehler führt zu aneuploiden Chromosomensätzen.
- Wenn von einem Gen mehrere verschiedene Allele bekannt sind, spricht man von **multipler Allelie**. Allele können verschiedenen Mutationsklassen zugeordnet werden. Als **amorph** oder **hypomorph** werden Allele bezeichnet, die funktionslos sind bzw. eine Restfunktion haben, als **hypermorph** wenn sie aktiver als das Wildtypallel sind.
- Gleiche Allelkombination im Genotyp verschiedener Individuen bedeutet nicht immer den gleichen Phänotyp. Mit der **Penetranz** wird der Anteil der Individuen bestimmt, die den Phänotyp zeigen, mit der **Expressivität** der Grad der phänotypischen Ausprägung.
- **Polygenie** nennt man die Beeinflussung des Phänotyps eines Merkmals durch verschiedene Gene. Dagegen beschreibt **Polyphänie** bzw. **Pleiotropie** die Wirkung eines einzelnen Gens auf mehrere Merkmale.
- Die Vererbung von Allelen, die in Populationen mit unterschiedlichen Häufigkeiten vertreten sind, wird mit dem **Hardy-Weinberg-Gesetz beschrieben**.

Literatur

Morgan TH (1910) Sex limited Inheritance in *Drosophila*. Science 32:120–122

Mendel G (1866) Versuche über Pflanzen-Hybriden. In: Verhandlungen des Naturforschenden Vereins in Brünn 4, S 3–47

Morgan TH, Sturtevant AH, Muller HJ, Bridges CB (1915) The mechanism of Mendelian heredity. H. Holt and Company. http://www.esp.org/books/morgan/mechanism/facsimile/

Parody TR, Muskavitch MAT (1993) The Pleiotropic function of delta during postembryonic development of *Drosophila melanogaster*. Genetics 135:527–539

Sutton WS (1903) The chromosomes in heredity. Biol Bull 4(5):231–250

Vässin H, Campos-Ortega JA (1987) Genetic Analysis of *Delta*, a Neurogenic Gene of *Drosophila melanogaster*. Genetics 116(3):433–445

Genkartierung

Inhaltsverzeichnis

8.1 Genetische Kopplung – 140

8.2 Testkreuzung zur Interpretation der Kopplungsverhältnisse – 140

8.3 Statistik: Stimmen Hypothese und experimentelles Ergebnis überein? – 142
8.3.1 Die Grenzen des Zufalls: Die χ^2 Methode – 144

8.4 Dreifaktorenkreuzungen – 145
8.4.1 Crossoverwahrscheinlichkeiten werden durch Interferenz beeinflusst – 146
8.4.2 Genetische Crossover bewirken Austausch von Chromosomenstücken – 147

8.5 Tetradenanalysen – 148
8.5.1 Tetraden bei Pilzen und einzelligen Algen – 148
8.5.2 Tetradenanalysen bei höheren Organismen – 150

8.6 Zytologische Genkartierung an Polytänchromosomen in *Drosophila* – 153

8.7 Mitotische Rekombination – 155

8.8 Zusammenfassung – 158

Literatur – 159

8.1 Genetische Kopplung

Schon zu Beginn des 20. Jahrhunderts fiel den Genetikern William Bateson und Reginald Punnett auf, dass die unabhängige Segregation der Allele nach Mendel (▶ Abschn. 7.1) sich nicht immer in Kreuzungen bestätigen ließ. Die Arbeiten von Thomas Hunt Morgan an *Drosophila* zeigten dann schließlich, dass Gene häufig nicht unabhängig voneinander, sondern dass einige von ihnen auch zusammen, also **gekoppelt vererbt** werden. Zur Erklärung dieser Beobachtung müssen wir auf die zellulären Grundlagen der Meiose zurückkommen. Die meiotische Rekombination der Allele findet auf zwei verschiedene Weisen statt (s. ▶ Abschn. 5.1). Die **interchromosomale Rekombination** wird durch die unabhängige Verteilung der homologen Chromosomen in der ersten meiotischen Teilung ermöglicht. Die **intrachromosomale Rekombination** kommt durch das Crossover während der Paarung der homologen Chromosomen in der Prophase der ersten meiotischen Teilung zustande. Diese beiden Mechanismen der Rekombination der Allele stellen die Grundlage für das Konzept der gekoppelten und ungekoppelten Vererbung in genetischen Kreuzungen dar. Wie aber erkennt man genetische Kopplung im Kreuzungsexperiment? Wie bemerkt man die Zugehörigkeit von zwei Genen zu ein und derselben Kopplungsgruppe, was zytologisch ja einem Chromosom entspricht?

Im dihybriden Erbgang wurde die unabhängige Segregation in ▯ Abb. 7.4 am Beispiel der Gene *vg* und *e* in *Drosophila* dargestellt. Da diese Gene auf unterschiedlichen Chromosomen liegen, werden sie unabhängig voneinander vererbt; dies lässt sich in der F2 Generation durch die phänotypische Verteilung von 9:3:3:1 beweisen (▯ Tab. 8.1). Wenn wir jedoch die Verteilung der Phänotypen der F2 Generation zweier Gene betrachten, die, wie beispielsweise *black* (*b*) und *purple* (*pr*), auf dem gleichen Chromosom liegen, so erhalten wir eine andere Verteilung, die nicht der dritten Mendel Regel entspricht (▯ Tab. 8.1). Wir sehen dann in diesem Fall die Gene *b* und *pr* als gekoppelt an und werden im folgenden Kapitel darstellen, wie sich die Auswertung von Kreuzungen mit gekoppelten Genen vereinfachen lässt.

8.2 Testkreuzung zur Interpretation der Kopplungsverhältnisse

Sind zwei Gene auf verschiedenen Chromosomen lokalisiert oder gehören sie einer **Kopplungsgruppe** an? Diese Frage kann mit Hilfe einer Rückkreuzung oder Testkreuzung meistens einfach beantwortet werden. Das Prinzip besteht darin, dass heterozygote (F1)-Individuen nicht untereinander, sondern mit Partnern gekreuzt werden, die für beide rezessiven Allele homozygot sind. Von einer **Rückkreuzung** spricht man, wenn schon einer der beiden Eltern für beide rezessiven Allele homozygot war; allgemein nennt man diesen Kreuzungstyp **Testkreuzung**.

Im Fall der freien Kombinierbarkeit der *Drosophila* Gene *vg* und *e* (▯ Abb. 8.1a) treten die beiden nicht rekombinanten und die beiden rekombinanten Typen von Eizellen jeweils gleich häufig auf. Da das Testmännchen nur einen Typ von Spermien mit den beiden rezessiven Allelen produziert, wird der Genotyp der Eizellen direkt als Phänotyp der Nachkommen sichtbar, und zwar als 1:1-Verhältnis von Nicht-Rekombinanten: Rekombinanten.

Bei genetischer **Kopplung** ist das Verhältnis der Phänotypen bei einer Testkreuzung prinzipiell ähnlich dem der Nichtkopplung (▯ Abb. 8.1b): Die beiden Nicht-Rekombinanten und die beiden Rekombinanten sind untereinander gleich häufig, treten also jeweils im Verhältnis 1:1 auf. Der formale Unterschied liegt in den Anteilen von nicht rekombinanten und rekombinanten Phänotypen. Der Anteil der Rekombinanten an der Nachkommenschaft spiegelt die Häufigkeit der Crossover wider.

Im Folgenden werden wir am Beispiel der beiden *Drosophila* Gene *pr* (*purple*) und *vg* (*vestigial*) betrachten, wie die Kopplungsverhältnisse dieser Loci durch Testkreuzungen beschrieben werden können. Die experimentellen Daten stammen von Calvin B. Bridges. Werden Wildtyp-Weibchen mit doppelt-mutanten Männchen gekreuzt (▯ Abb. 8.2a), sind alle Nachkommen erwartungsgemäß phänotypisch wildtypisch. Wird ein solches F1-Männ-

▯ **Tab. 8.1** Vergleich der Verhältnisse der Phänotypen in dihybriden Erbgängen ungekoppelter (oben) und gekoppelter Gene. In der F2 Generation von dihybriden Erbgängen treten 4 Klassen von Phänotypen auf. Die Anzahl in den jeweiligen phänotypischen Klassen aus der Kreuzung der ungekoppelten Gene *vg* und *e* (oben; nach ▯ Abb. 7.4) sowie die Verhältnisse der phänotypischen Klassen sind dargestellt. Als Vergleich sind im unteren Teil der Tabelle die Daten für die F2 Generation eines dihybriden Erbgangs der gekoppelten Gene *black* (*b*) und *purple* (*pr*) und ihre Verhältnisse dargestellt

Kreuzung: homozygote *ebony*-Weibchen mit homozygoten *vestigial*-Männchen				
Phänotypen F1	$vg^+ e^+$	$vg^+ e^+$	$vg^+ e^+$	$vg^+ e^+$
Phänotypen F2	$vg^+ e^+$	$vg^+ e$	$vg\ e^+$	$vg\ e$
Anzahl F2	576	192	192	64
Verhältnis F2	9	3	3	1

Kreuzung: homozygote *black*-Weibchen mit homozygoten *purple*-Männchen				
Phänotypen F1	$b^+ pr^+$	$b^+ pr^+$	$b^+ pr^+$	$b^+ pr^+$
Phänotypen F2	$b^+ pr^+$	$b^+ pr$	$b\ pr^+$	$b\ pr$
Anzahl F2	480	30	32	482
Verhältnis F2	7,5	0,5	0,5	7,5

8.2 · Testkreuzung zur Interpretation der Kopplungsverhältnisse

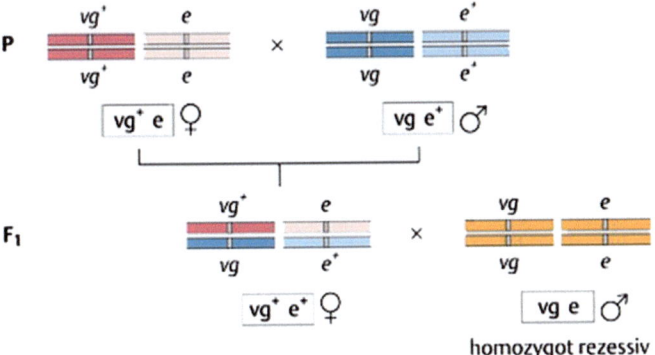

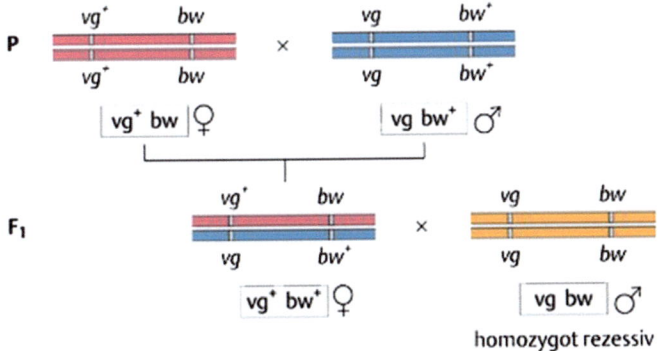

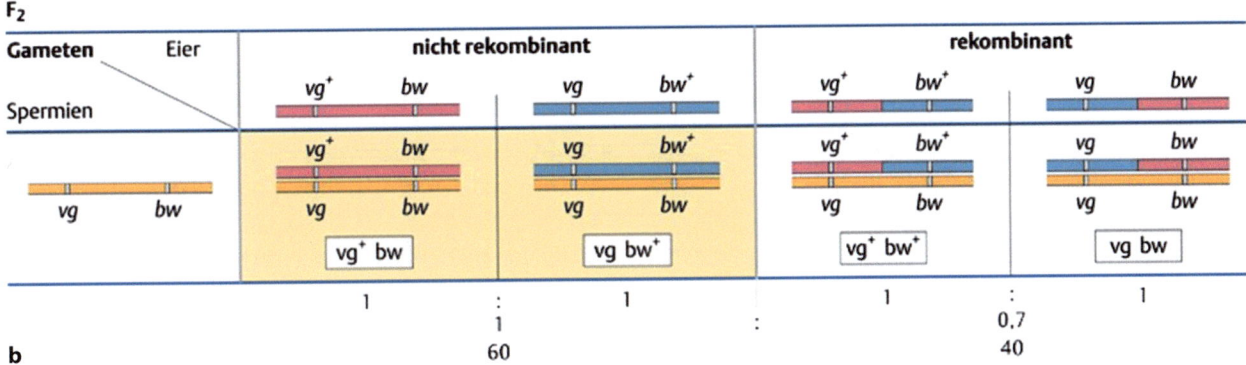

Abb. 8.1 Testkreuzung bei nicht gekoppelten und gekoppelten Genen. **a** Nicht-Kopplung der beiden Gene *vg* und *e*. Die Nicht-Rekombinanten sind gleich häufig wie die Rekombinanten. **b** Genetische Kopplung der Gene *vg* und *bw*. Das Ergebnis der Kreuzung zeigt, dass die Gene *vg* und *bw (brown)* auf demselben Chromosom lokalisiert sind, auch wenn relativ viele Crossover-Ereignisse als Rekombinanten auftreten (ca. 60 % Nicht-Rekombinante : 40 % Rekombinante = 1:0,67)

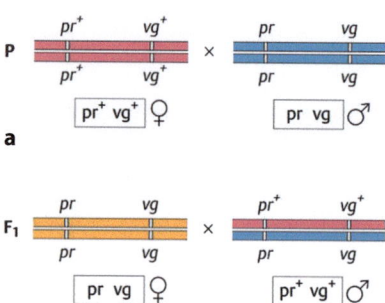

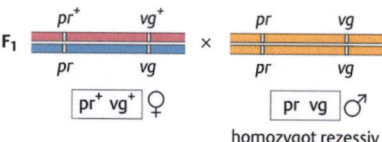

Abb. 8.2 Bei *Drosophila*-Männchen fehlt die Rekombination durch Crossover. **a** Kreuzung von Wildtyp-Weibchen mit doppelt mutanten Männchen. **b** Testkreuzung von doppelt mutanten Weibchen mit heterozygoten F1-Männchen. Es treten keine Rekombinanten zwischen *pr (purple)* und *vg (vestigial)* auf. In heterozygoten F1-Männchen ist die Kopplung von *pr (purple)* und *vg (vestigial)* absolut. **b'** Heterozygote Weibchen zeigen auch Crossover-Rekombination in der Nachkommenschaft

chen mit einem doppelt rezessiven Weibchen getestet, so findet man in der nächsten Generation ausschließlich Nicht-Rekombinanten, was auf absolute Kopplung hinweist (Abb. 8.2b). Ganz anders fällt das Ergebnis aus, wenn heterozygote Weibchen mit doppelt rezessiv mutanten Männchen getestet werden (Abb. 8.2b'). Bridges fand sowohl die beiden komplementären Nicht-Rekombinanten als auch die beiden Rekombinantenklassen, wobei die Nicht-Rekombinanten mit 89,3 % der Nachkommenschaft die Rekombinanten mit 10,7 % weit überragten. Wie sind diese Ergebnisse zu erklären? Offenbar ist es ein geschlechtsspezifischer Unterschied: Absolute Kopplung in der Meiose der Männchen, teilweise Entkopplung in der weiblichen Meiose. Die Ursache für die absolute Kopplung ist die achiasmatische männliche Meiose bei

Drosophila: also kein Crossover, kein Chiasma, keine intrachromosomale Rekombination (s. ▶ Abschn. 5.1.1). Die interchromosomale Rekombination bleibt bei den Männchen natürlich erhalten (s. Abb. 5.3).

Unter diesen Umständen kann man auch fragen, wie man wohl zu einem Stamm mit homozygoten *pr vg*-Tieren kommen kann, wenn man aus der Kreuzung der Einzelmutanten, z. B. *pr × vg*, in der F2 neue Doppelmutanten nur nach Rekombination in beiden Geschlechtern erhält (entsprechend Abb. 7.4). Die Situation ist in Abb. 8.3a dargestellt. In der Tat sind die rekombinanten *pr vg*-Chromosomen nur heterozygot vorhanden. Sie sind phänotypisch nicht erkennbar, da es die Phänotypen *pr+ vg* und *pr vg+* auch unter den Nicht-Rekombinanten gibt.

Aus den Bridges-Kreuzungen wissen wir, dass rund 10 % dieser phänotypischen *pr vg+*-Nachkommen ein *pr vg*-Chromosom besitzen (Abb. 8.2b'). Das kann man auf zweierlei Weise ausnutzen. Wenn man in einer so genannten Einzelzucht, z. B. jeweils 1 Weibchen und 1 Männchen des Phänotyps *pr vg+* miteinander kreuzt, werden rekombinante Chromosomen dann sichtbar, wenn beide Kreuzungspartner der Rekombinantengruppe angehören. Nur in diesem Fall sind Nachkommen des Phänotyps *pr vg* zu erwarten. Mit ihnen ist ein Stamm etablierbar, der für beide rezessiven Mutationen homozygot ist. Die Wahrscheinlichkeit, unter den Einzelzuchten die gewünschte Kombination zu finden, ist 10 % × 10 % = 0,1 × 0,1 = 0,01 = 1 % oder 1:100.

Ein anderer Weg ist in (Abb. 8.3b) dargestellt. Wenn man einzelne Männchen des Phänotyps *pr vg+* mit homozygoten *vg*-Weibchen kreuzt, erhält man in der nächsten Generation nur dann phänotypische *vg*-Nachkommen, wenn diese Männchen ein rekombinantes *pr vg*-Chromosom besitzen. Kreuzt man solche *vg* Nachkommen untereinander, so bekommt man in der folgenden Generation auch homozygote *pr vg*-Nachkommen, die zur Etablierung eines Stammes benutzt werden. Nach obigen Wahrscheinlichkeitsüberlegungen führt – ausgehend von Einzelzuchten – jedes 10. P-Männchen (in Abb. 8.3b) zum Erfolg.

8.3 Statistik: Stimmen Hypothese und experimentelles Ergebnis überein?

Wenn wir die Zahlen der Abb. 8.2 danach bewerten wollen, ob sie unserer Erwartung entsprechen, sehen wir, dass dies nicht ohne weiteres möglich ist. Wir haben die Erwartung, dass die komplementären Phänotypen bzw. Genotypen gleich häufig sind. Diese **a-priori-Wahrscheinlichkeit** ist begründet aus unserer Kenntnis der Meiose. Der Anteil der Rekombinanten an der Nachkommenschaft (Abb. 8.2b) dagegen ist eine experimentell ermittelte *a-posteriori*-Wahrscheinlichkeit für Rekombination zwischen *pr* und *vg*, die durch Wiederholungen des Experiments erhärtet werden muss. Die in allen vier Anzahlpaaren (Abb. 8.2b') zu beobachtende Abweichung

8.3 · Statistik: Stimmen Hypothese und experimentelles Ergebnis überein?

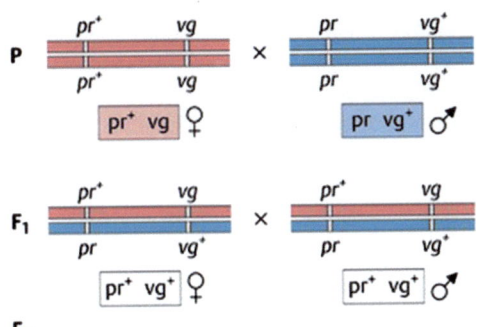

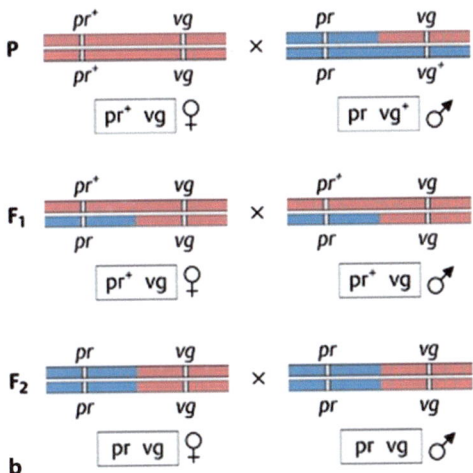

Abb. 8.3 Etablierung eines *pr vg*-Stammes. **a** Kreuzung von *pr⁺ vg* Weibchen mit *pr vg⁺* Männchen. In der F2-Generation erhält man nur Nachkommen, die für das gewünschte rekombinante Chromosom heterozygot sind, da die beiden Gene derselben Kopplungsgruppe angehören und es in der Meiose der *Drosophila*-Männchen kein Crossover gibt. **b** Werden vermutlich für *vg* heterozygote Männchen mit *vg*-Weibchen weitergekreuzt, kann man den gewünschten Stamm erhalten (nicht relevante Nachkommen in F1 und F2 sind weggelassen). Die parentalen Genotypen sind in rot (maternal) oder blau (paternal) markiert, die jeweiligen Phänotypen sind eingerahmt unter den jeweiligen Chromosomen angegeben

von der Gleichverteilung kann Zufall sein oder in einem **systematischen Fehler** begründet sein. Was aber ist Zufall? Nehmen wir den Wurf eines Würfels als Beispiel. Dass dieser Würfel mit einer bestimmten Geschwindigkeit und einem Drehmoment ausgestattet auf dem Tisch in einem bestimmten Winkel landet, sich dreht und mit der ‚2' nach oben liegen bleibt, ist die Abfolge physikalischer Gegebenheiten, die wir in der Kombination nicht beeinflussen können; daher nennen wir das Ergebnis des Wurfs Zufall. Ist dieser Würfel aber z. B. nicht symmetrisch gebaut, sondern bleibt bevorzugt mit der ‚5' nach unten liegen, dann ist ein systematischer Fehler im Spiel durch den die ‚2' zu häu-

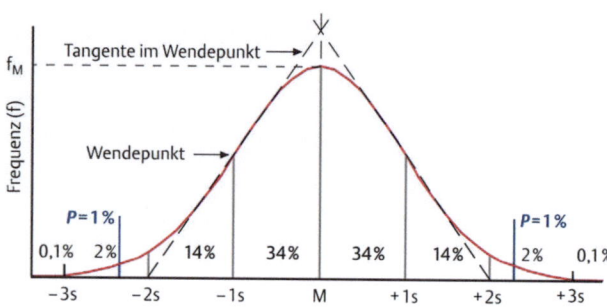

Abb. 8.4 Normalverteilung. Die Verteilung hat ihr Häufigkeitsmaximum f_M beim Mittelwert M. Die Wendepunkte markieren auf der X-Achse die sog. Standardabweichung von M ±1 s, während die Tangenten in den Wendepunkten die X-Achse bei ±2 s schneiden. Man kann die Anteile der Messwerte innerhalb dieser Grenzen berechnen: z. B. liegen 68 % aller Messwerte im Bereich M ±1 s, außerhalb von ±3 s sind nur noch 0,1 % aller Messwerte auf der X-Achse zu finden

fig auftritt. Wie unterscheidet man zwischen diesen beiden Möglichkeiten im genetischen Experiment? Gefühlsmäßig würden wir sicher ein Verhältnis von 151:154 dem Zufall zuordnen, bei einem Verhältnis von 1339:1195 unsicher sein.

Bei Wiederholungen von Messungen oder Kreuzungen werden wir nicht immer ein und dasselbe Ergebnis finden, sondern mehr oder weniger große Abweichungen vom Mittelwert aus den Wiederholungen oder der angenommenen Wahrscheinlichkeit. Diesen Zusammenhang hat Carl Friedrich Gauß (1777–1855) als „**Fehlerkurve**" beschrieben, die allgemein als **Normalverteilung** bezeichnet wird (Abb. 8.4). Gauß hat diese Naturregel als mathematische Gesetzmäßigkeit beschrieben. Die sog. **Glockenkurve** besagt, dass kleine Abweichungen vom Mittelwert sehr häufig sind, große Abweichungen nur noch selten auftreten – aber: Alle Abweichungen sind möglich! Die Kurve nähert sich asymptotisch der X-Achse, reicht also theoretisch von − Unendlich bis + Unendlich. Daher kann man nicht entscheiden, ob ein gemessenes Wertepaar einer natürlichen Gleichverteilung entspricht oder nicht.

Der Ausweg aus diesem Dilemma ist die Einbeziehung eines geplanten Fehlers. Man setzt in der Normalverteilung willkürlich eine Grenze zwischen Zufall und Nicht-Zufall. Eine häufig angewandte **Grenze ist die Wahrscheinlichkeit von P = 0,01**. Sie bedeutet, dass man in 1 % der Fälle eine ebenso schlechte wie die gemessene oder eine noch schlechtere Übereinstimmung des Befundes mit der Erwartung erhält unter der Voraussetzung, dass der Befund durch Zufall zustande kam. Ist die gefundene Wahrscheinlichkeit größer als 0,01, geht man von Zufall aus, ist sie kleiner, bewertet man die gemessene Abweichung als nicht zufällig entstanden, d. h. man geht davon aus, dass unbekannte Umstände die große Abweichung von der Erwartung begünstigen bzw. hervorrufen. Dabei macht man möglicherweise einen Fehler. Eine von 100 derartigen Entscheidungen – und man weiß nicht welche – ist dann nämlich doch falsch (= **Irrtumswahrscheinlich**-**keit**). Manchmal setzt man die Grenze auch enger, z. B. bei P = 0,05 oder 0,1. Dabei werden Abweichungen nur dann als zufällig akzeptiert, wenn sie eine Wahrscheinlichkeit von mehr als 5 % oder 10 % haben. Dadurch wird aber notwendigerweise die Irrtumswahrscheinlichkeit entsprechend größer.

8.3.1 Die Grenzen des Zufalls: Die χ^2 Methode

Zur Berechnung von P für ein konkretes experimentelles Ergebnis gibt es eine Reihe von statistischen Verfahren. Bei Kreuzungsexperimenten hat sich die χ^2-Methode (lies: Chi-Quadrat-Methode) bewährt. Nach Auszählung der Nachkommen einer Kreuzung wird nur selten eine Übereinstimmung der Zahlenwerte von Beobachtung und Erwartung eintreten. Die Übereinstimmung (= **Nullhypothese**) wird angenommen, wenn P über dem Grenzwert von 0,01 liegt, andernfalls zugunsten einer **Alternativhypothese** abgelehnt.

P erhält man, indem man χ^2 berechnet und dann unter Berücksichtigung der Zahl der „Freiheitsgrade" (FG) aus einer Tabelle (Tab. 8.2) den zugehörigen P-Wert entnimmt.

Die Formel zur Berechnung von χ^2 lautet:

$$\chi^2 = \sum \frac{B-E^2}{E}$$

Hierbei steht B für die beobachteten, E für die erwarteten Werte (absolute Zahlen, keine Prozentwerte). χ^2-Werte sind immer positiv, da sie aus Summen quadrierter Werte hervorgehen.

In beiden Beispielen (Tab. 8.3 und 8.4) ist bei vorgegebenem N (hier: Anzahl ausgewerteter Fliegen) und beobachteter Anzahl in Klasse 1 bzw. 2 die Zahl der Nachkommen in Klasse 2 bzw. 1 festgelegt. Wenn von 1071 Fliegen 552 den Phänotyp der Klasse 2 haben, dann haben notwendigerweise 519 den Phänotyp der Klasse 1: Daher nur 1 Freiheitsgrad. Bei Prüfung z. B. eines 9:3:3:1-Ver-

Tab. 8.2 χ^2-Tabelle

	P-Werte						
FG	0,90	0,70	0,50	0,20	0,10	0,05	0,01
1	0,02	0,15	0,46	1,64	2,71	3,84	6,64
2	0,21	0,71	1,39	3,22	4,60	5,99	9,21
3	0,58	1,42	2,37	4,64	6,25	7,82	11,34
4	1,06	2,20	3,36	5,99	7,78	9,49	13,28
5	1,61	3,00	4,35	7,29	9,24	11,07	15,09

8.4 · Dreifaktorenkreuzungen

Tab. 8.3 χ^2-Test der experimentellen Daten aus Abb. 8.2b

Phänotyp	Klasse 1 pr+ vg+	Klasse 2 pr vg	Anzahl N
B	519	552	1071
E	535,5	535,5	1071
B – E	–16,5	16,5	
$(B-E)^2/E$	0,5	0,5	
$\chi^2 =$	1,0; d. h. 0,5 > P > 0,2		

Tab. 8.4 χ^2-Test der experimentellen Daten aus Abb. 8.2b′

Phänotyp	Klasse 1 pr⁺ vg⁺	Klasse 2 pr vg	Anzahl N
B	1339	1195	2534
E	1267	1267	2534
B – E	72	–72	
$(B-E)^2/E$	4,1	4,1	
$\chi^2 =$	8,2; d. h. P < 0,01		

B Befund, der auch N bestimmt, E Erwartung

hältnisses würde die Zahl der Freiheitsgrade 3 (Anzahl Klassen – 1) entsprechen.

Im Beispiel 1 ergibt ein χ^2 von 1,0 bei 1 Freiheitsgrad ein P > 0,2 (s. Tab. 8.2). Damit ist die Abweichung des Befundes von der Erwartung zufällig. Im 2. Beispiel ergibt ein χ^2 von 8,2 ein P < 0,01. Damit wird die Nullhypothese abgelehnt. Hier wird man nach Gründen für die Abweichung von der Erwartung suchen müssen.

8.4 Dreifaktorenkreuzungen

Heute haben wir, basierend auf den Ergebnissen der Genomprojekte, sehr detaillierte Kenntnisse über die Reihenfolge von Genen auf den Chromosomen. Zu Beginn des 20. Jahrhunderts war das nicht so, und hier waren es Arbeiten an *Drosophila*, die zu den ersten Genkarten führten. Im Jahr 1913 veröffentlichte Calvin Bridges seine Arbeit „Non-disjunction of the sex chromosomes of *Drosophila*" (Bridges 1913), und sein Mitdoktorand Alfred Sturtevant eine Arbeit mit dem Titel „The linear arrangement of six sex-linked factors in *Drosophila*, as shown by their mode of association" (Sturtevant 1913), beide als Mitarbeiter von T. H. Morgan an der Columbia Universität (Abb. 7.9). Während also Bridges dabei war, die Chromosomentheorie der Vererbung zu beweisen (s. ▶ Abschn. 7.2), unterstützte Sturtevant diese Idee durch die Annahme **linearer Anordnung von Erbfaktoren** entlang von Chromosomen und erstellte die erste **Genkarte**.

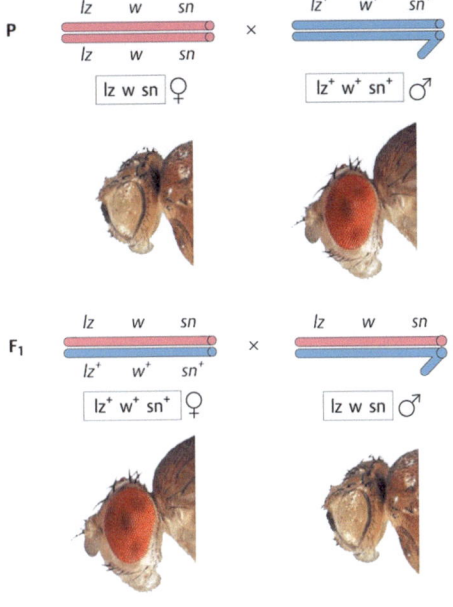

Abb. 8.5 Genkartierung: trihybride Kreuzung mit den gekoppelten Genen *lozenge (lz)*, *white (w)* und *singed (sn)*, drei Genen des X-Chromosoms von *Drosophila*. Die Photos der Fliegenköpfe zeigen die Phänotypen der P- und F1-Generation. P-Weibchen und F1-Söhne: weiße (w), pillenförmige Augen ohne Ommatidiengrenzen (lz) und gekrümmte Borsten (sn). P-Männchen und F1-Töchter sind wildtypisch. (Bilder von Robert Klapper, Münster)

Grundlage dafür war die Beobachtung, dass ungekoppelte Gene immer 50 % Rekombination zeigten, während für gekoppelte Gene je nach untersuchtem Genpaar sehr unterschiedliche Rekombinationsfrequenzen gefunden wurden, die aber in wiederholten Experimenten nur zufällig streuten. So findet man bei Paarungen mit *vg* und *bw* auf dem 2. Chromosom (Abb. 8.1b) immer um 40 % Crossover-Rekombination, bei *pr* und *vg* (Abb. 8.2b′) um 11 % und bei *y* und *w* auf dem X-Chromosom um 1,5 %.

Was passiert aber, wenn man gleichzeitig drei Gene einer Kopplungsgruppe untersucht, wobei nicht nur Einzel- sondern auch Doppelcrossover (s. Abb. 5.16) denkbar sind? Wie häufig sind diese?

In Abb. 8.5 ist eine solche trihybride Kreuzung oder Dreifaktorenkreuzung und ihr Ergebnis dargestellt.

Wenn *Drosophila*-Weibchen mit den drei homozygoten rezessiven Allelen *lz*, *w* und *sn* auf dem X-Chromosom mit Wildtyp-Männchen gekreuzt werden, sind die F1-Weibchen heterozygot und haben den Wildtyp-Phänotyp, während die Brüder die drei rezessiven Allele phänotypisch zeigen. Wenn sie untereinander gekreuzt werden, entspricht dies einer Testkreuzung. Das F1-Männchen produziert zwei verschiedene Spermiensorten: Solche mit den 3 rezessiven Allelen auf dem X-Chromosom und solche mit Y-Chromosom, ohne diese Gene. Daher werden in der F2 die Genotypen der Eizellen in den Phänotypen der daraus entstehenden Imagines erkennbar (unabhängig vom Geschlecht der Nachkommen). Die Zugehörigkeit der drei Gene lz, w und sn zur Kopplungsgruppe X-Chromosom ist bekannt, nicht jedoch deren Lokalisation. Die Reihenfolge ist zunächst willkürlich und daher möglicherweise falsch.

In der F2-Generation treten tatsächlich alle acht möglichen Phänotypen auf. Wenn sie nach komplementären Phänotypen paarweise geordnet werden, ergibt sich eine Liste von einer Klasse Nicht-Rekombinanten und drei Klassen von Rekombinanten. Die letzteren können nur durch Crossover entstanden sein, und zwar zwischen Gen 1 und Gen 2 (Crossoverregion 1), zwischen Gen 2 und Gen 3 (Crossoverregion 2) sowie als doppeltes Crossover sowohl in Crossoverregion 1 als auch in Crossoverregion 2. Doppelcrossover sind auf jeden Fall seltener als die beiden zugehörigen Einzelcrossover. Durch ein Doppelcrossover wird das mittlere von drei Genen ausgetauscht. Das bedeutet, dass in unserem Beispiel (◘ Abb. 8.5) bei linearer Anordnung nicht w sondern sn (Klasse 3 mit dem geringsten Anteil an Rekombinanten) das mittlere der drei Gene ist.

Wie viel **Rekombination** gibt es zwischen jeweils zwei der drei Gene? Dabei kommt es darauf an, in welchen Klassen die ursprüngliche Anordnung der Allele des betrachteten Genpaars verändert wird. Bei $w–lz$ ist dies z. B. in den Klassen 2 und 4 der Fall ($lz\ w^+$ und $lz^+\ w$), während in den Klassen 1 (Nicht Rekombinanten) und 3 die Kombinationen $lz–w$ und $lz^+–w^+$ erhalten geblieben sind.

$w–lz$:	8,4 %	+	17,3 %	=	25,7 %
$w–sn$:	1,3 %	+	17,3 %	=	18,6 %
$sn–lz$:	8,4 %	+	1,3 %	=	9,7 %

Sturtevant nahm an, dass die **Rekombinationsfrequenz (RF)** zwischen jeweils zwei Genen etwas mit ihrem Abstand auf dem Chromosom zu tun hat: je mehr Crossover, desto größer der relative Abstand.

Wenn wir also diese drei Gene in einer hypothetischen Genkarte linear in der Reihenfolge $w–sn–lz$ anordnen und die **RF als Abstandsmaß** verwenden, wobei 1 % Crossover-Rekombination 1 Abstandseinheit bedeutet, sieht die Genkarte wie folgt aus:

w ← 18,6 → sn ← 9,7 → lz
0,0   18,6   28,3

Wir geben dem Gen w die Position 0,0, sn die Position 18,6 und lz die Position 28,3. Die gefundene RF zwischen w und lz beträgt aber nicht 28,3 %, sondern nur 25,7 %, also 2,6 % zu wenig. Wir sehen aus der obigen Berechnung von RF, dass die Doppelcrossover-Klasse 3 (◘ Abb. 8.5) zur Abstandsberechnung $w–sn$ und $sn–lz$ jeweils 1,3 % beiträgt, zu der von $w–lz$ jedoch nicht. Zur Verdeutlichung: wenn wir im Experiment der ◘ Abb. 8.5 das Gen sn nicht beachten, dann zählt die Klasse 3 zu den Nicht-Rekombinanten und zwischen w und lz finden wir 25,7 % Rekombination, die Abstandspositionen der beiden Gene auf der Genkarte liegen bei 0,0 und 25,7. Kommt ein Gen zwischen diesen beiden hinzu, entstehen nicht etwa neue Crossover, sie werden jetzt nur als Doppel-Crossover sichtbar. Dadurch verändert sich die Genkarte – sie wird länger, und zwar mit jedem hinzukommenden neuen Gen.

Durch das Aufaddieren von RF-Werten entlang der Genkarte ist ein weiteres Abstandsmaß notwendig: Die Abstände werden in **Karteneinheiten (map units)** oder **Morganeinheiten** gemessen (**1 cM** = 1 % Rekombinationswahrscheinlichkeit). Das bedeutet, dass nur die Differenz der Positionen zweier auf der Genkarte unmittelbar benachbarter Gene die Rekombinationsfrequenz widerspiegelt. Je mehr Gene zwischen zwei betrachteten Genen liegen, desto weniger kann aus ihrer Positionsdifferenz (in Karteneinheiten) auf die RF rückgeschlossen werden. Die gemessene **Rekombinationsfrequenz** ist dann immer **geringer als** der Abstand in **Karteneinheiten**.

Die Meiose-Genkarte ist eine abstrakte Darstellung, da zwar die Reihenfolge der Gene, nicht jedoch die durch die Rekombinationsfrequenz gemessenen Gen-Abstände unmittelbar auf ein Chromosom übertragen werden können (s. u., ◘ Abb. 8.16). Der Hauptgrund dafür ist, dass es keinen direkten Zusammenhang zwischen RF bzw. Karteneinheit einerseits und Längeneinheit eines Chromosoms (z. B. in mm oder in Mb) andererseits gibt.

8.4.1 Crossoverwahrscheinlichkeiten werden durch Interferenz beeinflusst

Die Vielzahl von Crossover-Ereignissen, die zwischen den drei beobachteten Loci auftreten, lässt die Frage aufkommen, ob Crossover unabhängig voneinander auftreten oder sich gegenseitig beeinflussen. Im Bereich $w–sn$ haben wir 510 + 38 = 548 Crossover unter 2950 Fällen (= 18,6 %) und im Bereich $sn–lz$ 248 + 38 = 286 Crossover, entsprechend 9,7 % gefunden, d. h. wir haben Crossover-Wahrscheinlichkeiten (a posteriori) gemessen, die wiederum Zufälligkeiten unterliegen. Wie können wir feststellen, ob die Crossover-Ereignisse in den beiden Bereichen unabhängig voneinander sind?

Die Frage ähnelt der nach den Wahrscheinlichkeiten beim Würfeln mit zwei Würfeln. Um eine „6" zu würfeln bietet der 1. Würfel 1 von 6 Möglichkeiten, der 2. auch, für 2 × „6" gibt es 6 × 6 = 36 Möglichkeiten. Einzelwahrscheinlichkeiten werden also multipliziert, um die

8.4 · Dreifaktorenkreuzungen

Gesamtwahrscheinlichkeit zu kalkulieren:

$$f_{CO(w-sn)} \times f_{CO(sn-lz)} = f_{DCO}$$

($f_{CO(w-sn)}$ bedeutet die Frequenz aller erkennbaren Crossover in der Region *w–sn*)

$$f_{DCO} = 0{,}186 \times 0{,}097 = 0{,}018 \text{ oder } 1{,}8\,\%$$

Statt der erwarteten 1,8 % wurden aber nur 1,3 % Doppelcrossover (DCO) gefunden (s. ◘ Abb. 8.5 F2, Klasse 3a und 3b).

Hermann Joseph Muller (1890–1967) hat für das Phänomen, dass ein Crossover die Wahrscheinlichkeit eines weiteren in seiner Nähe vermindert, den Begriff **Interferenz** eingeführt. Diese genetische oder Crossover-Interferenz nimmt mit zunehmendem Abstand der untersuchten Gene ab. Das Maß für die Interferenz ist der **Koinzidenzkoeffizient K**, der den Anteil der gefundenen DCO an den erwarteten angibt:

$$\mathbf{K} = 0{,}013 / 0{,}018 \times 100 = 72\,\%$$

der erwarteten DCO sind tatsächlich eingetreten.

Durch **Crossover-Interferenz I** = 1 − K = 1 − 0,72 = 0,28 sind 28 % der erwarteten Doppelcrossover unterdrückt worden. Eine mechanistische Erklärung für dieses Phänomen steht noch aus.

8.4.2 Genetische Crossover bewirken Austausch von Chromosomenstücken

Crossover sind Rekombinationsereignisse, durch die Allelkombinationen zwischen homologen Chromatiden ausgetauscht werden. Wir möchten an dieser Stelle nicht auf die Geschichte der Vorstellungen über den physikalischen Austausch von Genen eingehen, sondern eines der beiden klärenden Experimente darstellen, in denen Genetik und Zytologie vereint wurden.

Die Verteilung von **Kopplungsgruppen** und Allelpaaren im genetischen Experiment konnten wir korrelieren mit der Verteilung von Chromosomen in der Meiose. In der Meiose sehen wir bei zytologisch gut untersuchbaren Objekten wie bei Heuschrecken oder beim Mais Überkreuzungsstellen in den Chromatidentetraden, sog. **Chiasmata**, die das zytologische Pendant zum Crossover darstellen.

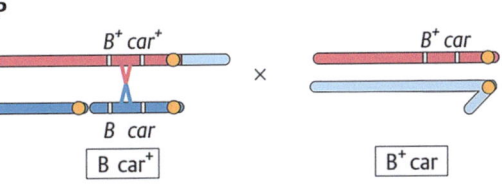

◘ **Abb. 8.6** Korrelation zwischen genetischen Faktoren und zytologisch erkennbaren Chromosomenveränderungen. Curt Stern verwendete für seine Kreuzungen Weibchen, die X-Chromosomen mit Chromosomenabberationen trugen. Das XY' (*Bar*⁺, *car*⁺) Chromosom besteht aus einem X-Chromosom (rot), das ein Fragment eines Y-Chromosoms (hellblau) trägt. Das andere X-Chromosom (dunkelblau) bestand aus zwei Fragmenten, einem distalen X^d und einem proximalen X^p (*Bar*, *car*) mit je einem Zentromer. Die zytologische Bestätigung des aufgrund des Phänotyps vorhergesagten Karyotyps war der Beweis für den Chromosomenstückaustausch durch Crossover. (Originalzeichnungen aus Stern 1931)

Die Morgan-Theorie besagte: Faktorenaustausch beruht auf **Chromosomenstückaustausch**. Den Beweis, dass das tatsächlich so ist, lieferten im Jahr 1931 Harriet Creighton und Barbara McClintock beim Mais und Curt Stern bei *Drosophila*. In beiden Fällen beruht das Experiment auf Korrelationen zwischen genetischen Faktoren und zytologisch erkennbaren Chromosomenveränderungen. Das Experiment von Stern ist in ◘ Abb. 8.6 dargestellt.

Curt Stern benutzte 3 verschiedene X-Chromosomen, die sowohl genetisch wie zytologisch voneinander unterscheidbar waren. Zur genetischen Identifizierung wurden zwei Allelpaare der Gene *B* (*Bar*, s. ▶ Kap. 6; ◘ Abb. 6.6b) und *car* (*carnation*; hellrote Augen) verwendet. Zytologisch waren die 3 X-Chromosomen wie folgt charakterisiert (◘ Abb. 8.6):

1. ein normales X-Chromosom (X, B^+ *car*) (◘ Abb. 8.6, Männchen der P-Generation);
2. ein X-Chromosom, an dessen proximales Ende (Zentromernähe) der kurze Arm des Y-Chromosoms (hellblau) transloziert war (XY'; ◘ Abb. 8.6, oberes X-Chromosom des Weibchens der P-Generation; Genotyp B^+ car^+). (s. auch ▶ Abschn. 6.3.3 zu Translokationen), und
3. zwei halbe X-Chromosomen, wobei eines das proximale Segment X^p, das andere das distale Segment X^d enthält, jeweils mit einem Zentromer (◘ Abb. 8.6, $X^d X^p$; unteres Chromosom des Weibchens der P-Generation; Genotyp *B car*).

Die chromosomalen Abberationen erlaubten es Stern, die Segregation der Allele, erkennbar an den entsprechenden Phänotypen, mit der Zytologie der Chromosomen zu korrellieren.

Wenn Weibchen mit den beiden zuletzt beschriebenen X-Chromosomen und heterozygot für *B* und *car* mit B^+ *car*-Männchen gekreuzt werden, sind als überlebende Töchter solche zu erwarten, die 2 komplette X-Chromosomen besitzen. Neben den Nicht-Rekombinanten sind 2 Crossover-Klassen zu erwarten: phänotypische B^+ *car*- und *B* car^+-Weibchen. Die Zytologie dieser beiden Phänotypen bestätigte die Annahme, dass ein Chromosomenstückaustausch die Ursache für das genetische Crossover ist. **Damit war der ursächliche Zusammenhang von Crossover und Chromosomenstückaustausch bewiesen.** Curt Stern beschrieb es im Schlusssatz seiner Arbeit so: „Die Morgan-Theorie ist jetzt keine Theorie mehr, sondern eine Tatsache."

8.5 Tetradenanalysen

Im Experiment der ◘ Abb. 8.5 wurden 73 % Nicht-Rekombinanten und 27 % Rekombinanten gefunden. Bedeutet das, dass 73 % der Meiosetetraden ohne Crossover geblieben waren? Wie groß ist die maximale Crossover-Frequenz zwischen zwei Genen?

Diese Fragen können durch die sog. **Tetradenanalyse** beantwortet werden. Sie untersucht die direkte Beziehung zwischen Meiosevorgängen und genetischer Rekombination. Bei den meisten höheren Organismen ist das schwierig, weil in der weiblichen Meiose nur eine der vier haploiden Zellen zur Eizelle oder Makrospore reift, während in der männlichen Meiose zwar vier Spermien oder Mikrosporen entstehen, die sich jedoch nicht in der Nachkommenschaft zuordnen lassen.

8.5.1 Tetraden bei Pilzen und einzelligen Algen

Es gibt einige Organismen, bei denen die vier Meioseprodukte räumlich zusammenbleiben und dadurch dem Genetiker die Chance eröffnen, zu sehen, was in einer einzelnen Meiose an genetischer Rekombination passiert. Am bekanntesten sind wohl die Bäckerhefe *Saccharomyces cerevisiae*, die einzellige Alge *Chlamydomonas rheinhardii* und der rote Brotschimmelpilz *Neurospora crassa* (▶ Box 8.1), bei dem die vier haploiden Sporen noch eine anschließende Mitose durchlaufen (◘ Abb. 8.7). In diesem Fall spiegelt die Anordnung der acht Sporen im Ascus den Ablauf der Meiose wider, während in *S. cerevisiae* und *C. rheinhardii* die vier Zellen ungeordnet vorliegen.

Wir werden im Folgenden sowohl die Tetradenanalyse als auch die Kreuzungsgenetik bei Haplonten am Beispiel von *Neurospora crassa* kennenlernen.

Das Ergebnis der einfachsten Kreuzung, in der nur die beiden Paarungstyp-Allele berücksichtig sind, ist aus ◘ Abb. 8.8 ersichtlich. Die beiden homologen Chromosomen der Tetrade werden in der Anaphase I getrennt, und in der Meiose II werden die Schwesterchromatiden getrennt. Nach der anschließenden Mitose gibt es zwei Möglichkeiten der 4:4-Anordnung der Ascosporen im Ascus (**MI-Muster**), abhängig von der räumlichen Aufteilung der homologen Chromosomen in Meiose I (◘ Abb. 8.8a, b).

Wenn in einer Tetrade ein Crossover zwischen dem Zentromer und einem zu untersuchenden Allelpaar stattfindet, so kann man dies an der Verteilung der Ascosporen erkennen (◘ Abb. 8.9). Die Verteilung lässt sich allerdings nur dann erkennen, wenn die Phänotypen in den Ascosporen sichtbar sind. Durch die räumliche Verteilung der Homologen sowie der Chromatiden in der Meiose entstehen vier verschiedene Anordnungen der Ascosporen (**MII-Muster**): zwei 2:2:2:2- und zwei 2:4:2-Sequenzen. Aus den **Anteilen von MI-Mustern (kein Crossover) und MII-Mustern (Crossover)** kann der genetische Abstand zwischen einem Gen und dem Zentromer auf der Meiosekarte direkt bestimmt werden. Nehmen wir an, im Experiment hätten wir 80 % der Asci mit MI-Muster (= keine Rekombination) und 20 % mit MII-Muster (= Crossover-Rekombination) gefunden. Der Abstand des Genorts vom Zentromer wäre dann 20/2 = 10 Karteneinheiten, da in

Box 8.1 Lebenszyklus von *Neurospora crassa*

Neurospora crassa, der rote Brotschimmelpilz, ist ein Haplont (s. Abb. 5.1). Eine haploide Ascospore keimt (Abb. 8.7a), teilt sich mitotisch und bildet aus fadenförmigen Zellreihen (Hyphen) ein verzweigtes Myzel aus vegetativen Zellen. Generative Zellen differenzieren sich zu Eizellen innerhalb von Protoperithecien, die über ihre Fortsätze (Trichogynen) haploide Konidien (Hyphenzellen) anderer Myzelien zur Befruchtung aufnehmen. Dies geschieht jedoch nur zwischen Myzelien, die sich genetisch im Paarungstyp (*mating type, mt*), in den Allelen *A* und *a* unterscheiden (rot *A*, blau *a*). Die diploide Zygote durchläuft unmittelbar die Meiose, die 4 haploiden Sporen teilen sich einmal mitotisch und die 8 Ascosporen werden in einen Schlauch, den Ascus, eingepackt. Das Protoperithecium ist zu einem Perithecium geworden, das zahlreiche Asci enthält. Diese entlassen einzelne Ascosporen, die wiederum zu vegetativen Myzelien auskeimen.

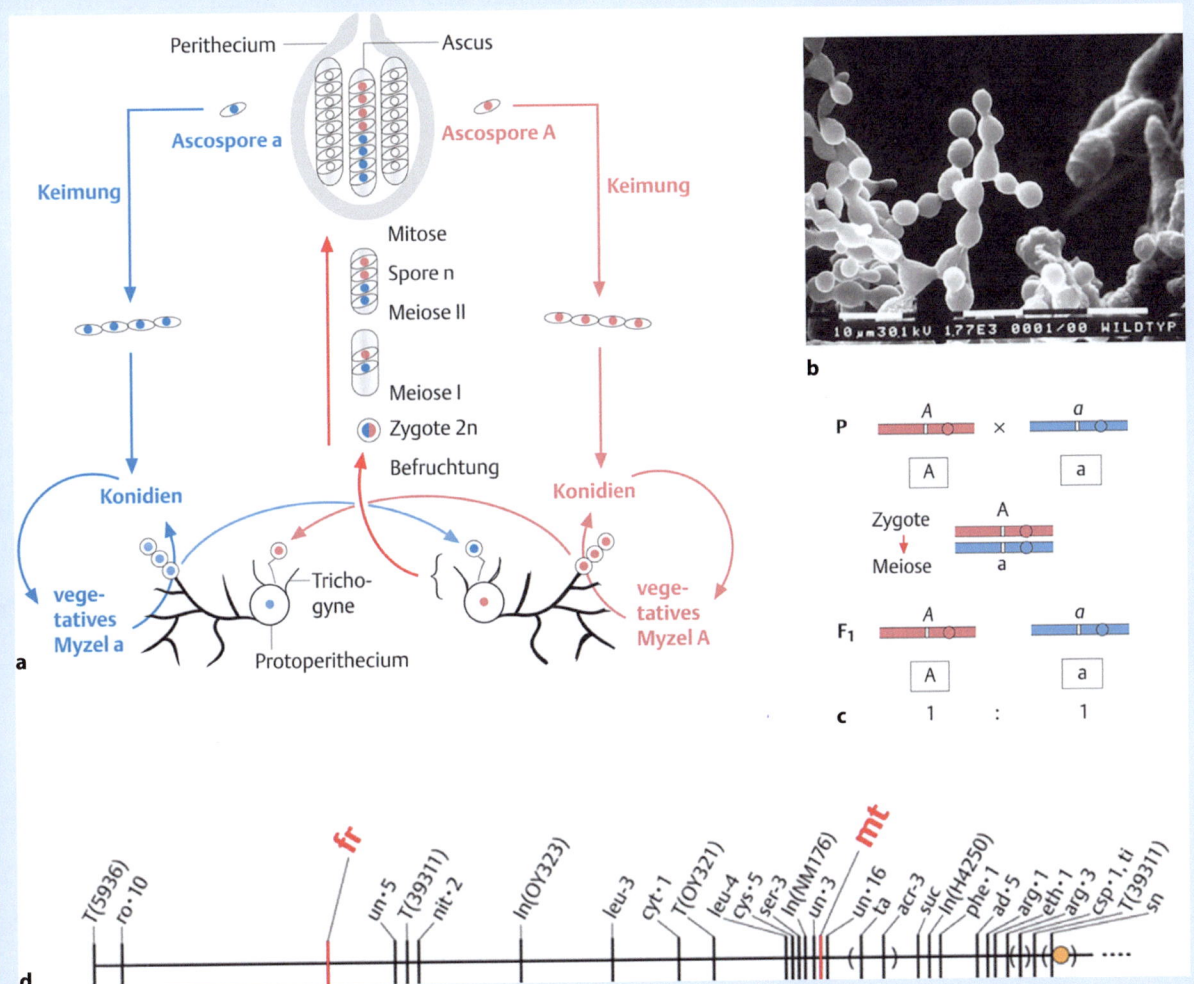

Abb. 8.7 Lebenszyklus von *Neurospora crassa* und Übersicht einer Kreuzung. **a** Lebenszyklus **b** Myzel des Wildtyps von *Neurospora crassa*. **c** Prinzip der Haplontenkreuzung mit Gonosporen des Wildtyps und den beiden Allelen A und a des Genorts *mt* (*mating type*) auf dem linken Arm des Chromosoms 1. Heterozygot diploid ist nur die Zygote. Die F1 zeigt sofort die haploide Aufspaltung. **d** Genkarte des linken Arms von Chromosom 1. Herausgehoben sind die Gene *mt* und *fr* (*frost*). *fr* zeigt ein abweichendes Verzweigungsmuster der Hyphen (s. Abb. 8.11). (**b** Bild von Matt Springer, San Franzisco)

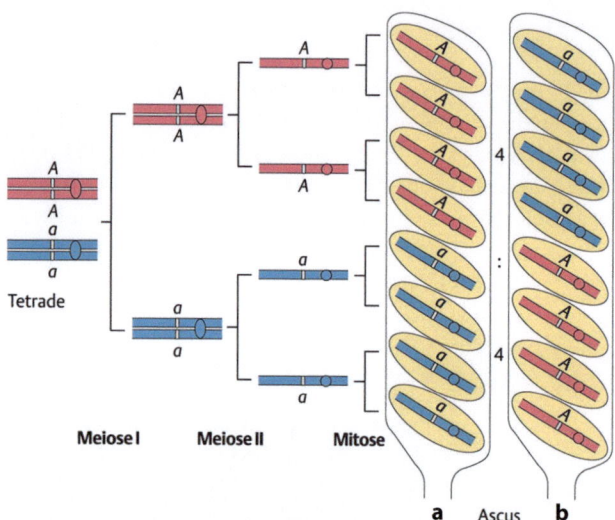

die Allele *pe*⁺–*pe* des Gens *peach* (pfirsichfarbene Konidien, Chromosom II) und kreuzen *a*; *pe*⁺ mit *A*; *pe*. Da die beiden Gene auf verschiedenen Chromosomen lokalisiert sind, werden wir ausschließlich MI-Muster für beide Gene erhalten, wobei die Kombinationen der *mt*- und *pe*-Allele zufällig sind (Abb. 8.10). Das gilt aber nur, wenn zwischen *mt* oder *pe* und dem jeweiligen Zentromer kein Crossover stattfindet. In diesem Fall gibt es auch MII-Muster für *mt* oder *pe*. Das Ergebnis wird statistisch anders, wenn die beiden Gene einer einzigen Kopplungsgruppe angehören (Abb. 8.11). Neben MI-Mustern für beide Gene wird man auch MII-Muster finden. Bei den MI-Mustern werden die gekoppelten Allele gekoppelt bleiben (*fr A* und *fr*⁺ *a*). Bei den MII-Mustern wird es darauf ankommen, wo das Crossover stattgefunden hat: Zwischen Zentromer und dem Zentromer-nahen Gen oder zwischen den beiden Genen. Im ersten Fall gibt es MII-Muster gemeinsam für die beiden gekoppelten Allelpaare, im zweiten Fall MI-Muster für das Zentromer-nahe Gen (hier *mt*) und gleichzeitig MII-Muster für das Zentromer-ferne Gen (hier *fr*).

Abb. 8.8 Tetradenanalyse bei *Neurospora*: monohybrider Erbgang. Der Ausgangspunkt der Tetradenanalyse bildet die Zygote, die direkt nach der Befruchtung in die Meiose eintritt. **a** Sporenanordnung für die dargestellte Verteilung der Chromosomen in Anaphase I. **b** Sporenanordnung für die alternative Möglichkeit der Tetradenausrichtung. Die normale Allelverteilung entspricht in beiden Fällen dem 4:4- oder MI-Muster. *A* und *a* entsprechen zwei Allelen des Gens *mt (mating type)* (s. ▶ Box 8.1)

8.5.2 Tetradenanalysen bei höheren Organismen

Einfachcrossover-Tetraden (ECT) nur die Hälfte der Ascosporen bei MII-Muster Einfachcrossover-Chromatiden (ECO) enthalten (zweifarbige Chromosomen in den Ascosporen der Abb. 8.9, s. zum Vergleich Abb. 8.11).

Auch bei dihybriden Kreuzungen gibt es klare Verhältnisse bereits in der F1-Generation. Nehmen wir das bereits bekannte *mt*-Gen (Chromosom I) mit den Allelen *A–a* und

Um aus Daten, die die Ergebnisse vieler einzelner Meiosen summieren (wie z. B. in Abb. 8.5), die Crossover-Ereignisse pro Tetrade ableiten zu können, müssen einige Annahmen gemacht werden, die z. T. selbstverständlich sind:

1. Das Crossover erfolgt während der meiotischen Prophase, wenn 4 Chromatiden vorhanden sind.

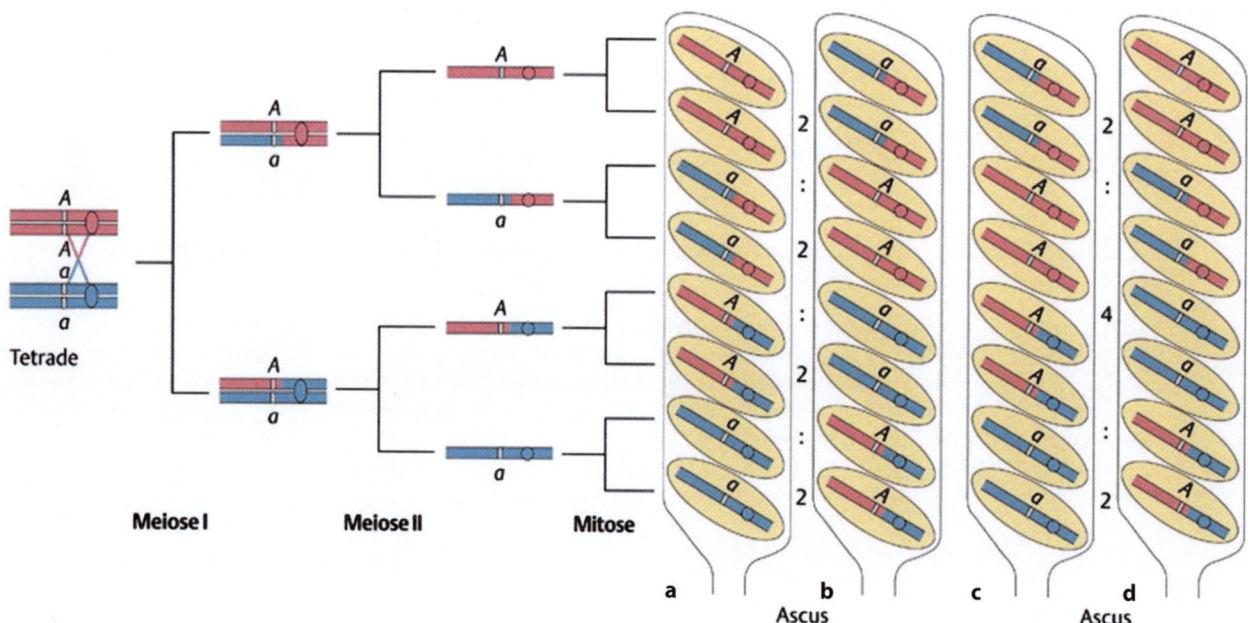

Abb. 8.9 Tetradenanalyse bei *Neurospora*: Crossover. **a, b** Asci, die ein 2:2:2:2-Muster, **c, d** Asci, die ein 2:4:2-Muster zeigen. Neben dem Ascosporenmuster MI der Abb. 8.8 treten diese MII Muster als Meioseergebnis bei einem Crossover zwischen Zentromer und Genort auf

8.5 · Tetradenanalysen

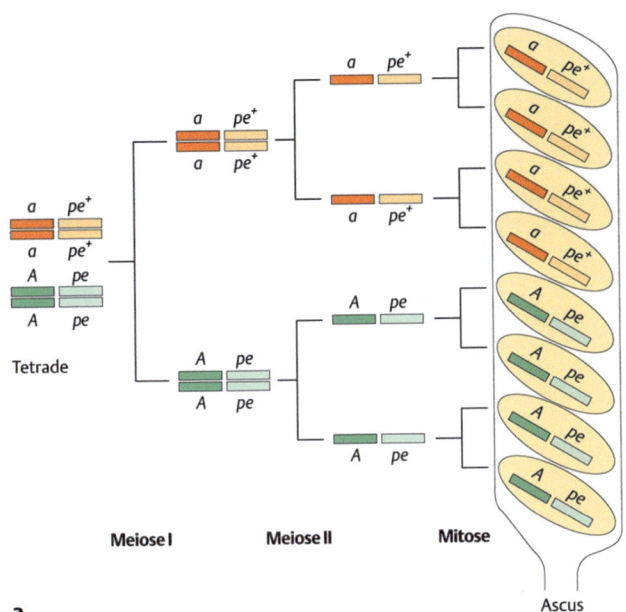

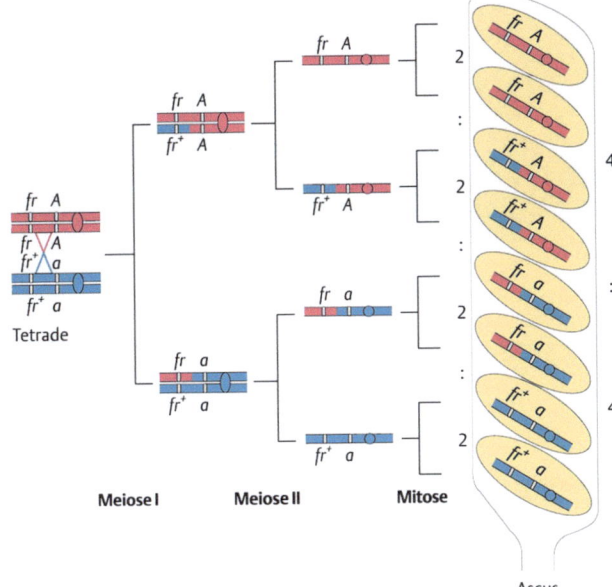

Abb. 8.11 Tetradenanalyse bei *Neurospora*: gekoppelte Gene. Sind zwei Gene gekoppelt, so kann es Crossover zwischen Zentromer und dem nächstgelegenen Gen oder zwischen den beiden Genen geben. In diesem Fall gibt es eine Kombination von MI-Muster für das zentromernahe *mt*-Gen mit den Allelen *A* und *a* und MII-Muster für das entferntere Gen *fr* (*frost*)

Abb. 8.10 Tetradenanalyse bei *Neurospora*: keine Kopplung. Da die Allelpaare der beiden Gene frei kombinierbar sind, gibt es nur 4:4 M1-Muster in allen Allelkombinationen: **a** keine Rekombination. **b** interchromosomale Rekombination. *A–a* und *pe⁺–pe* Allelpaare auf zwei verschiedenen Chromosomen

2. Nur 2 der 4 Chromatiden sind an jeweils einem Crossover beteiligt.
3. Crossover zwischen Schwesterchromatiden spielt keine Rolle.
4. Es gibt keine Chromatiden-Interferenz, d. h. die Beteiligung von zwei Chromatiden an einem 1. Crossover hat keine Auswirkungen auf die Auswahl der zwei von vier Chromatiden des 2. Crossover (wohl aber

ggf. auf dessen Frequenz, s. Crossover Interferenz, ▶ Abschn. 8.4.1).

Für die 1. Annahme hat E. G. Anderson 1925 ein schönes Beispiel angeführt (▸ Abb. 8.12). Er hat Rekombination in einem für *Bar* (*B*) heterozygoten attached-X-Chromosom verfolgt (s. ▸ Abb. 7.15). Wenn zwischen *B* und dem Zentromer kein Crossover eintritt, sind die Augen der Töchter nierenförmig *B⁺/B*. Da aber neben Weibchen mit *B⁺/B*-Augen auch solche mit stabförmigen *B/B*- oder Wildtyp-Augen gefunden wurden, kann das genetische Crossover nur in einem Stadium mit vier Chromatiden stattfinden.

In der ▸ Abb. 8.13 werden Crossover und entstehende Rekombination zwischen zwei Genen (*vg* und *bw*) in Beziehung gesetzt, und zwar für Tetraden ohne, mit einem Crossover oder zwei Crossover.

Aus einer Tetrade ohne Crossover (NCT) gehen nur Nicht-Crossover-Chromatiden (NCO) hervor; daher gibt es auch keine Rekombination. In einer Tetrade mit einem Crossover (ECT, nur eine von vier gleichberechtigten Möglichkeiten ist dargestellt) entstehen zwei NCO und zwei ECO (Einfachcrossover-Chromatiden); die Rekombinationsfrequenz RF beträgt 50 %.

Nach obiger 4. Annahme – keine Chromatiden-Interferenz – gibt es bei Tetraden, in denen zwei Crossover stattfinden (DCT), vier gleichberechtigte Möglichkeiten für das 2. Crossover. Wie im Einfachcrossover-Fall ist

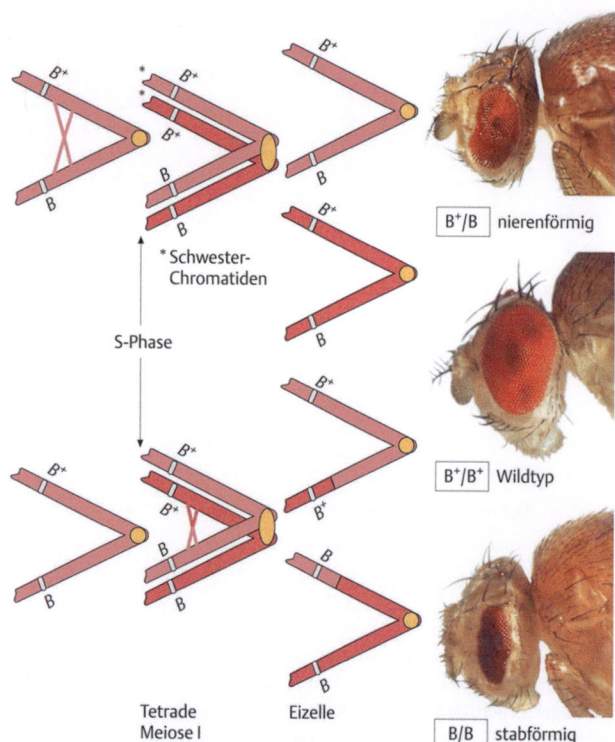

Abb. 8.12 Crossover innerhalb des attached-X-Chromosoms. Da in der Oogenese eines Weibchens mit einem B^+/B heterozygoten attached-X-Chromosom neben heterozygoten B^+/B-Töchtern auch Töchter mit Wildtyp- oder B/B-Augen gefunden werden, muss das Crossover im 4-Chromatiden-Stadium eintreten. (Bilder von Robert Klapper, Münster)

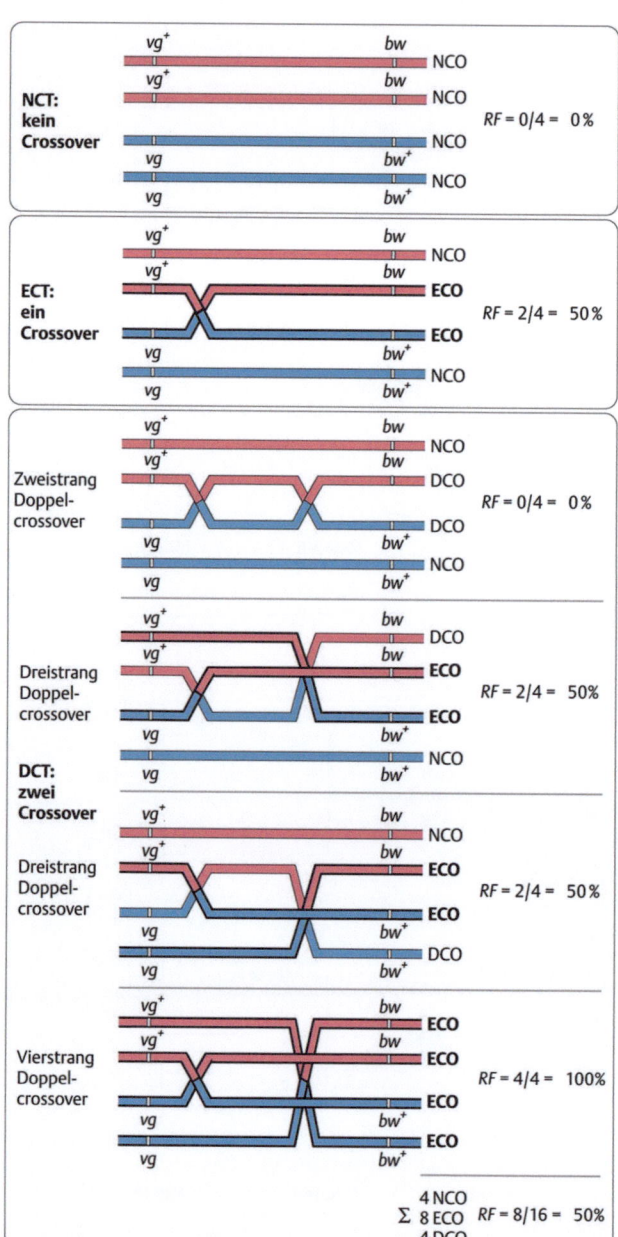

Abb. 8.13 Crossover-Tetraden und Rekombinationsfrequenz RF. Wenn kein, ein oder zwei Crossover pro Tetrade (NCT, ECT, DCT) eintreten, zeigt sich, dass nur Einfachcrossover-Chromatiden (ECO) zur RF beitragen, Doppelcrossover-Chromatiden (DCO) jedoch nicht. Nicht-Crossover Chromatiden (NCO) gibt es auch in ECT und DCT. Die maximale Crossover-Rekombination von 50 % entspricht also der freien Rekombination ungekoppelter Gene (s. Abb. 8.1).

als 1. Crossover nur eine von vier Möglichkeiten aufgeführt. Das Ergebnis für die Rekombinationsfrequenz RF ist sehr unterschiedlich, je nachdem ob zwei, drei oder alle vier Stränge (= Chromatiden) beteiligt sind. Beim Zweistrang-Doppelcrossover beträgt die Rekombinationsfrequenz RF = 0 %, in den beiden Fällen, in denen drei Chromatiden beteiligt sind, ist RF = 50 %. Nehmen alle vier Chromatiden an den beiden Crossovern teil, resultieren 4 ECO und damit 100 % Rekombination. Da alle 16 Doppelcrossover-Fälle gleich wahrscheinlich sind, ergeben sich 1/4 NCO, 1/2 ECO und 1/4 DCO. Da auch in den Doppelcrossover-Tetraden nur die Einfachcrossover-Chromatiden zur RF beitragen, gibt es insgesamt 50 % Rekombination.

Betrachten wir nur Crossover-Tetraden erhalten wir folgendes: **Als Summe aller Einfach-, Doppel- oder Mehrfachcrossover-Tetraden gibt es immer 50 % Rekombination** zwischen zwei betrachteten Genen, weil die Hälfte aller Chromatiden Einfach- oder ungradzahlig Mehrfachcrossover-Chromatiden sind. Der genetische Abstand, d. h. die Rekombinationsfrequenz RF resultiert daher aus dem Anteil der Crossover-Tetraden an allen Tetraden. Dieser Anteil ist gering bei Genen, die auf der Genkarte benachbart sind und groß, wenn sie weit voneinander entfernt sind. Als **maximale Rekombinationsfrequenz** ergibt sich eine RF von 50 % für den Fall, dass es bei dem untersuchten Genpaar ausschließlich Crossover-Tetraden gibt. In diesem Fall ist dann nicht mehr unterscheidbar, ob das Genpaar auf einer oder zwei Kopplungsgruppen lokalisiert ist (s. Abb. 8.1). Dies ist auch eine der Ursachen, dass Gregor Mendel keine genetische Kopplung entdeckt hat.

In Tab. 8.5 werden diese Überlegungen in Beziehung zu den Daten der Abb. 8.5 gesetzt. In den Zeilen der

Tab. 8.5 Tetraden und Crossover

Crossover-Tetraden (CT)	Chromatiden mit Crossover (CO)				
	NCO	ECO	DCO		
NCT	1 48,6 %	0	0	48,6 %	51,4 % Tetraden mit Crossover
ECT	$\frac{1}{2}$ 23,1 %	$\frac{1}{2}$ 23,1 %	0	46,2 %	
DCT	$\frac{1}{4}$ 1,3 %	$\frac{1}{2}$ 2,6 %	$\frac{1}{4}$ 1,3 %	5,2 %	
Daten aus ◘ Abb. 8.7	73,0 %	25,7 % (8,4 + 17,3)	1,3 %	100,0 %	
	27,0 % Chromatiden mit CO				

N Nicht-, *E* Einfach-, *D* Doppelcrossover

Tetraden mit keinem, einem Crossover oder zwei Crossovern (NCT, ECT und DCT) sind die relativen Häufigkeiten der NCO-, ECO- und DCO-Chromatiden in den Spalten angegeben wie sie aus ◘ Abb. 8.13 hervorgehen. Um die Kreuzungsdaten einzubringen, gehen wir wie folgt vor: DCO-Chromatiden stammen in unserem Fall nur aus Doppelcrossover-Tetraden, da wir höhere Mehrfachcrossover nicht erkennen können. Wenn aber 1,3 % der Chromatiden (= F2-Nachkommen) aus DCT stammen (rot markiert), kommen aus diesen auch 2,6 % ECO und 1,3 % NCO (Ergänzung der Zeile nach links). Wenn aber 2,6 % ECO aus DCT stammen, muss der Rest zu 25,7 % aus ECT herrühren (Ergänzung der Spalte ECO nach oben). Entsprechendes gilt auch für die Spalte NCO.

Als wichtiges Ergebnis dieser Überlegungen ist festzuhalten: Die sichtbare Rekombination von 27 % resultiert aus 51,4 % aller Tetraden, nämlich den Tetraden mit Crossover-Ereignissen, und dies in einem Chromosomenabschnitt, der nur etwa die Hälfte des X-Chromosoms ausmacht. Man kann also davon ausgehen, dass es in nahezu jeder X-Chromosomentetrade mindestens 1 Crossover gibt, wie wir das bei der Besprechung der Meiose festgestellt hatten.

8.6 Zytologische Genkartierung an Polytänchromosomen in *Drosophila*

In ▶ Abschn. 8.4 haben wir gelernt, wie sich aufgrund von Rekombinationshäufigkeiten die Reihenfolge und die Abstände von Genen auf einem Chromosom berechnen lassen. Dies ermöglicht es jedoch nicht, Aussagen über die **zytologische** oder gar die **physikalische Position** eines Gens auf einem Chromosom zu treffen. Im Fall von *Drosophila* hat man sich schon früh die Tatsache zu Nutze gemacht, dass die Polytänchromosomen ein mikroskopisch sichtbares, charakteristisches Bandenmuster aufweisen (s. ▶ Abschn. 4.1.2.2).

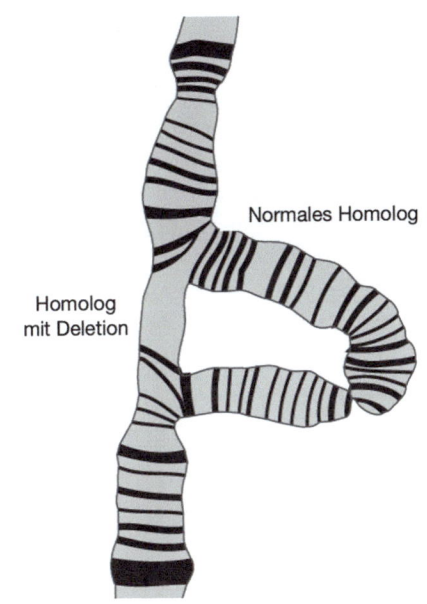

◘ **Abb. 8.14** Bestimmung von Bruchpunkten einer Deletion an Polytänchromosomen. Die Zeichnung zeigt einen Ausschnitt eines Polytänchromosoms einer *Drosophila* Larve, die heterozygot für eine Deletion ist. Das normale Homolog kann mit dem Deletionschromosom im Bereich der Deletion nicht paaren. Die Bruchpunkte der Deletion liegen entsprechend an der Basis der Schleife des normalen Homologs. (Nach Zhimulev und Koryakov 2009, mit freundlicher Genehmigung)

Calvin Bridges (1935) hat mit Hilfe genauer Zeichnungen des stereotypen Bandenmusters der Polytänchromosomen aus der Speicheldrüse von *Drosophila* Larven eine zytologische Karte der Chromosomen angefertigt (s. ▶ Abschn. 4.1.2.2, ◘ Abb. 4.13, 4.14). Die Ermittlung der Position eines Gens auf einem Chromosom wurde durch chromosomale Deletionen (Defizienzen) und Duplikationen (▶ Abschn. 6.3.1) ermöglicht. Das Prinzip dieser Kartierung beruht auf dem Prinzip des **Komplementationstests**. Man kreuzt die Mutation eines Gens mit einer Defizienz und analysiert dann die F1 Generation dahingehend, ob Tiere, welche sowohl die Mutation als auch die Defizienz tragen, wildtypisch sind (also die Mutation komplementieren) oder den Phänotyp zeigen (also nicht komplementieren). Defizienzen, welche die Mutation komplementieren, besitzen also eine Kopie des zu kartierenden Gens; bei Defizienzen, welche die Mutation nicht komplementieren, wird davon ausgegangen, dass das gesuchte Gen innerhalb der chromosomalen Deletion liegt und daher fehlt. Mit anderen Worten: Liegt die Mutation im Bereich der Defizienz, tritt der Phänotyp der Mutation auf; liegt die Mutation außerhalb des Bereichs der Defizienz, so wird die Mutation komplementiert, der Phänotyp tritt nicht auf.

Allein mit Komplementationstests lässt sich aber noch nicht die **zytologische Lokalisation von Genen** bestimmen. Dazu müssen wir herausfinden wo die Bruchpunkte der Deletion auf dem Chromosom lokalisiert sind. Aber wie lassen sich die Bruchpunkte einer Deletion auf

Box 8.2 Kartierung von Genen mittels chromosomaler Deletionen

In *Drosophila* sind viele verschiedene chromosomale Deletionen bekannt, die zusammengenommen ca 99 % des euchromatischen Genoms der Fliege abdecken (Cook et al. 2012). Fliegen, die heterozygot für diese Deletionen sind, sind meist lebensfähig. Um eine Mutation zu kartieren, verwendet man verschiedene, überlappende Deletionen in der Region, in der das Gen zuvor durch Meiose-Kartierung lokalisiert wurde. Dadurch kann die genetische Kartierung durch die Zytologie ergänzt und erweitert werden. In ◘ Abb. 8.15 ist ein Beispiel gezeigt, wie man die zytologische Kartierung des *white* Gens durch einen kombinatorischen Ansatz mit Hilfe von 7 überlappenden Deletionen, deren Bruchpunkte bekannt sind, durchführt.

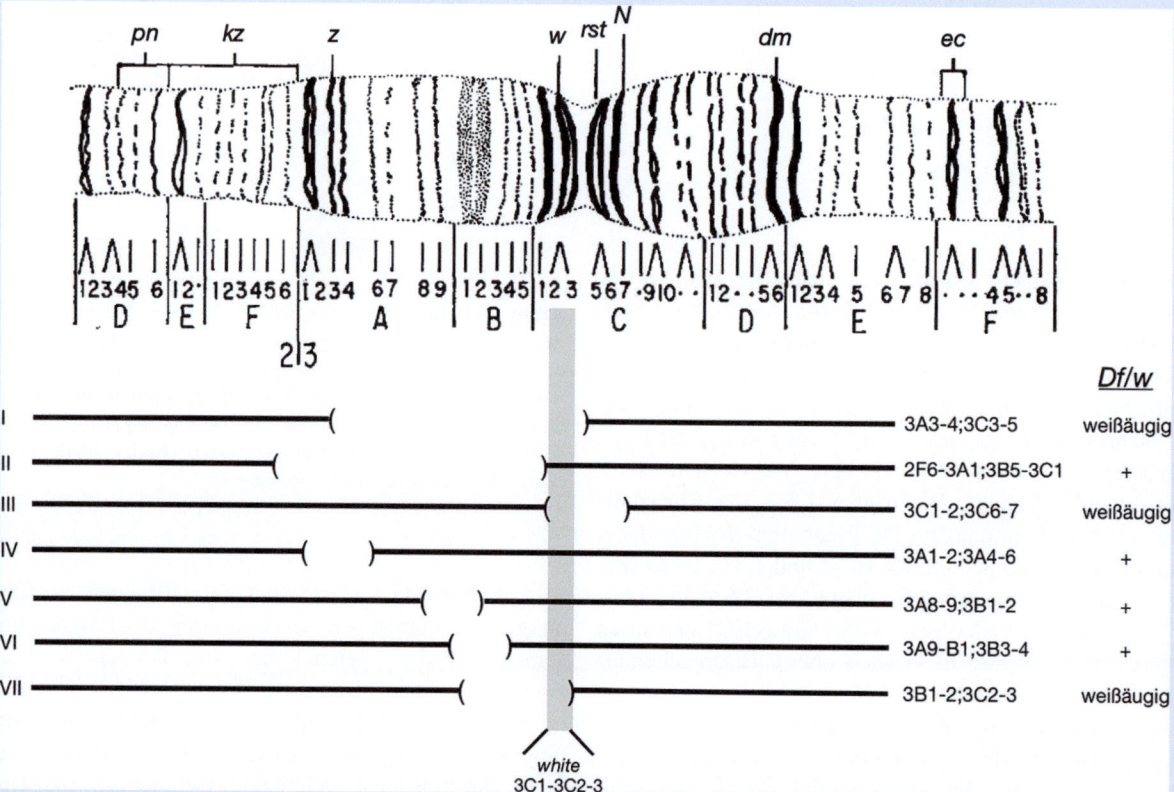

◘ **Abb. 8.15** Zytologische Kartierung des *white*-Locus mittels chromosomaler Deletionen. Ein distaler Bereich des polytänen X-Chromosoms aus der Speicheldrüse von *Drosophila* ist gezeigt. Die zytologischen Annotationen der Banden sind unterhalb des Chromosoms angezeigt. Die Position von 7 verschiedenen Deletionen (I–VII) sind darunter dargestellt, wobei die Lücken jeweils das deletierte Segment des Chromosoms darstellen und die Positionen der Bruchpunkte der Deletionen jeweils rechts notiert sind. Die Ergebnisse von Komplementationstests einer *white* Mutation mit den verschiedenen Defizienzen kann zwei verschiedene Ergebnisse haben: Der Phänotyp der F1-Generation (*Df/w*) dieser Kreuzungen sind bei nicht-komplementierenden Deletionen weißäugig, während bei komplementierenden Deletionen die rote, wildtypische Augenfarbe (+) auftritt. Durch die Kombinationen der Bruchpunkte der komplementierenden Deletionen und der nicht-komplementierenden Deletionen lässt sich die Position des *white*-Locus auf die zytologische Banden 3C1-3C2-3 kartieren. (Nach Judd et al. 1972, mit freundlicher Genehmigung)

den Polytänchromosomen zytologisch bestimmen? Wie in ▶ Abschn. 4.1.2.2 beschrieben, bestehen Polytänchromosomen in *Drosophila* aus 2048 Kopien DNA in gepaarten Homologen. In Tieren, die heterozygot für eine chromosomale Defizienz sind, kann das Defizienz-Chromosom mit einem strukturell normalen Chromosom nur in homologen Bereichen paaren. Die Bruchpunkte der Deletion lassen sich dann zytologisch bestimmen, da die nicht gepaarten Bereiche des wildtypischen Chromosoms eine sichtbare Schleife ausbilden an deren Enden die Bruchpunkte der Deletion liegen müssen (◘ Abb. 8.14).

Die Ergebnisse der Komplementationstests in Kombination mit den Kenntnissen der zytologischen Bruchpunkte von chromosomalen Deletionen ermöglichen es nun, die Position einer Mutation auf einem Chromosom zu bestimmen. Dabei wird nicht nur eine Deletion, sondern verschiedene Deletionen, die in der entsprechenden Region des betreffenden Gens liegen, untersucht (▶ Box 8.2).

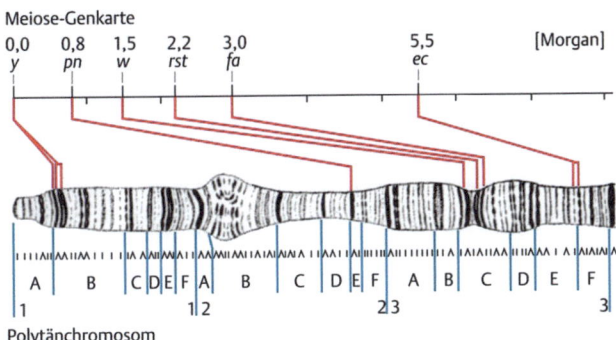

Abb. 8.16 Vergleich von Meiose- und Polytänchromosomenkarte. Beide Genkarten sind kolinear, d. h. sie zeigen dieselbe lineare Abfolge der Gene (im gesamten Chromosomensatz) ohne Überkreuzungen der Zuordnungslinien. Crossoverfrequenz als Abstandsmaß und Bandenabstände sind dagegen sehr unterschiedlich. *y–w*: 1,5 Karteneinheiten und ca. 100 Banden, *w–fa*: 1,5 Karteneinheiten und 4 Banden. Die ersten drei Abschnitte des polytänen X-Chromosoms sind hier mit der Bandennomenklatur von Bridges gezeigt. Jeder Abschnitt besteht aus den Regionen A-F, innerhalb derer die Banden nummeriert werden (hier kleine Striche). Das *w*-Gen ist z. B. in der Bande 3C2 lokalisiert. (Die Angaben der Kartenpositionen weichen geringfügig von den Werten der Datenbank Flybase (▶ www.flybase.org) ab)

Auf diese Weise entsteht eine zytologische Genkarte, deren Erstellung methodisch aber nichts mit der Meiose-Genkarte zu tun hat. Wenn aber beide Genkarten eines Chromosoms darstellen, müssen sie auch Gemeinsamkeiten aufweisen. In der ◘ Abb. 8.16 ist die Meiose-Genkarte dargestellt, deren Genorte mit den jeweiligen Banden des Polytänchromosoms verbunden sind, in denen sie lokalisiert wurden. **Das Wichtigste: Es gibt im gesamten Chromosomensatz keinerlei Überschneidungen der Zuordnungslinien!** Das bedeutet, dass mit zwei völlig unabhängigen Methoden das Gleiche gefunden wird, nämlich die lineare Anordnung der Gene im Chromosom. Unterschiede gibt es zwischen den relativen Genabständen der Meiose-Genkarte und den absoluten Abständen der Polytänkarte. In dem hier gezeigten Beispiel ergeben sich aus Rekombinationsfrequenzen für die Gene *y* (*yellow*), *w* (*white*) und *fa* (*facet*) die Positionen 1-0, 1-1,5 und 1-3,0 auf dem X-Chromosom. Zwischen *y* und *w* zählt man im Polytänchromosom etwa 100 Banden, zwischen *w* und *fa* nur deren vier. Der Abstand zwischen *y* und *w* bzw. zwischen *w* und *fa* ist jeweils 1,5 cM, in beiden Bandenbereichen finden also in der Meiose gleichviele Crossover statt.

Seitdem die Polytänchromosomen kartiert und immer genauer untersucht wurden, gab es die Diskussion, ob die Anzahl der Banden wohl die Anzahl der Gene des entsprechenden Organismus wiedergibt. Für eine solche Annahme spricht, dass bei der Deletionskartierung selten mehr als 1 Gen einer Bande zugeordnet wird. Weiterhin hat es etliche Versuche gegeben, einen kleinen Teilabschnitt eines Polytänchromosoms mit Mutationen zu sättigen, d. h. mit mutagenen Agenzien in dem gewählten Bereich so viele Mutationen wie möglich – insbesondere Letalmutationen – zu induzieren. In einem dieser Experimente (Judd et al. 1972) wurde ein Bereich zwischen den Positionen 3A1 (Gen *giant*, *gt*) und 3B8 (Gen *white*, *w*) des polytänen X-Chromosoms untersucht. In diesem Bereich lassen sich im Elektronenmikroskop 15 Banden darstellen, die genetische Analyse erbrachte mit 16 Genen eine recht gute Übereinstimmung der beiden Daten. Überträgt man dieses Ergebnis auf das gesamte *Drosophila*-Genom, dann würde die Anzahl aller Gene zwischen 3500 und 5000 betragen (5072 Banden nach Bridges (1935), 5500 nach Sorsa (1988) im Elektronenmikroskop). Gegen diese Annahme spricht, dass heute 17.872 *Drosophila*-Gene (Flybase Release 6.54; Dezember 2023; ▶ https://www.ncbi.nlm.nih.gov/datasets/gene/GCF_000001215.4/, accessed 07.03.2024) aus der vollständigen DNA-Sequenz abgeleitet wurden und auch, dass in einem Chromomer (s. ▶ Abschn. 5.1.2) eines Einzelchromosoms durchschnittlich mehr DNA vorhanden ist, als für die Kodierung und Kontrolle eines Gens benötigt wird. Schließlich hat die Entschlüsselung der Genomsequenz von *Drosophila* es ermöglicht, die physikalische Lokalisierung von Genen mittels molekularer Methoden auf den Polytänchromosomen zu ermitteln. Die Ergebnisse solcher Studien zeigen eine vormals ungeahnte Komplexität der physikalischen Kartierung von Genen auf den Chromosomen (▶ Box 8.3).

8.7 Mitotische Rekombination

Die intrachromsmale Rekombination findet durch Crossover in der Meiose statt. Kann aber eine solche Rekombination zwischen homologen Chromosomen auch in der Mitose stattfinden? Der Definition der Mitose zufolge sind die Tochterzellen aus einer mitotischen Zellteilung genetisch identisch. Aus diesem Grund ist die genetische Rekombination in der Mitose sicher eine Ausnahme.

Box 8.3 Entspricht die Anzahl der Polytänbanden der Anzahl von Genen?

Das Genom von *Drosophila melanogaster* wurde annotiert. Das bedeutet, dass die Identität einzelner Gene sowie deren physikalische Beziehung zu anderen Genen auf der Ebene der Basenabfolge mit einer Auflösung von 1 bp in einer Genomdatenbank zugänglich sind (▶ www.flybase.org). Auf der Basis dieser Informationen kann man durch FISH (Fluorescent *in situ* Hybridisation; s. ▶ Box 4.3) mittels entsprechender Sonden die physikalische Position von Genen auf den Polytänchromosomen feststellen. Wendet man diese Methode auf besonders große Gene an, kann man erstaunliche Beobachtungen machen, die zur Erkenntnis geführt haben, dass die Korrelation von Polytänbanden und einzelnen Genen nicht einfach zu erschließen ist und oft sehr komplex ist. Dabei können viele Gene in einer Polytänbande lokalisiert sein und große Gene sich über mehrere Polytänbanden erstrecken. In ◘ Abb. 8.17 ist als Beispiel die Lokalisierung von Genen in der Polytänregion 1AB beschrieben. Die Analyse ergab, dass in einem Bereich, in dem Bridges 3 Banden beschrieben hat, sieben Transkripte kodiert sind, von denen eines mit allen anderen Transkripten überlappt.

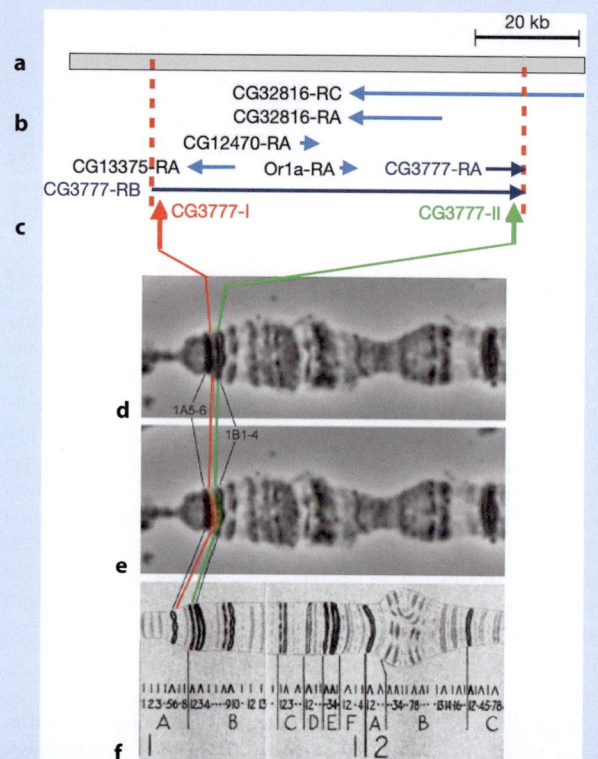

◘ **Abb. 8.17** Lokalisierung des Gens *CG3777* in der polytänen Region 1AB. **a** Bereich der Genomsequenz und Skala (in kb). **b** Lokalisierung von transkribierten Sequenzen von Genen in der zytologischen Region 1AB. Die unterbrochenen, roten vertikalen Linien zeigen den transkribierten Bereich des Gens *CG3777*. Außer *CG3777* befinden sich 5 weitere transkribierte Bereiche in diesem Abschnitt (*CG32816*, die Transkripte RC (teilweise) und RA; *CG12470*, Transkript RA; OR1a, Transkript RA; *CG13375*, Transkript RA), die mit *CG3777* überlappen. *CG3777* selbst hat ebenfalls 2 Transkripte (RA und RB; dunkelblau). **c** Die roten und grünen Pfeile markieren die Positionen der fluoreszierenden Sonden in den *in-situ* Hybridisierungen. FISH Signal mit Sonde von CG3777 II (**d**, grün) und FISH Signal mit Sonde von CG3777 I (**e**, rot). **f** Position der Polytänbanden nach Bridges, 1935. (Nach Khoroshko et al. 2020, Fig. 6, CC Attribution CC BY, 4.0, mit freundlicher Genehmigung)

Die erste Beschreibung mitotischer Rekombination stammt von Curt Stern (1931) bei *Drosophila*, der diesen Prozess „somatisches Crossing over" nannte. Da wir heute wissen, dass Rekombination in der Mitose sich stark von den Prozessen in der Meiose unterscheidet, nennen wir sie „**mitotische Rekombination**". Ausgangspunkt für die Entdeckung mitotischer Rekombination durch Stern war die Beobachtung von selten auftretenden, sogenannten **Zwillingsflecken** in adulten *Drosophila*. Solche Zwillingsflecken stellen Bereiche in Geweben heterozygoter Fliegen dar, in denen 2 homozygote Zellklone nebeneinander liegen (s. ◘ Abb. 8.18).

Formal ist der Vorgang in einer zeichnerischen Darstellung sehr ähnlich wie der eines meiotisches Crossover, weil auch hier eine Rekombination zwischen Nicht-Schwesterchromatiden stattfinden muss. In ◘ Abb. 8.19a ist die normale Mitose einer *yellow/forked* ($y\ f^+/y^+\ f$) heterozygoten Zelle während der Entwicklung von *Drosophila* gezeigt, bei der auch die Tochterzellen denselben Genotyp haben. Kommt es aber zur Rekombination, dann können die beiden Tochterzellen genetisch unterschiedlich sein: Die eine homozygot für *y*, die andere homozygot für *f*. Wenn sich beide normal weiter teilen, werden sie je einen **Zellklon** bilden. Sind die Zellen in diesen Klonen am

8.7 · Mitotische Rekombination

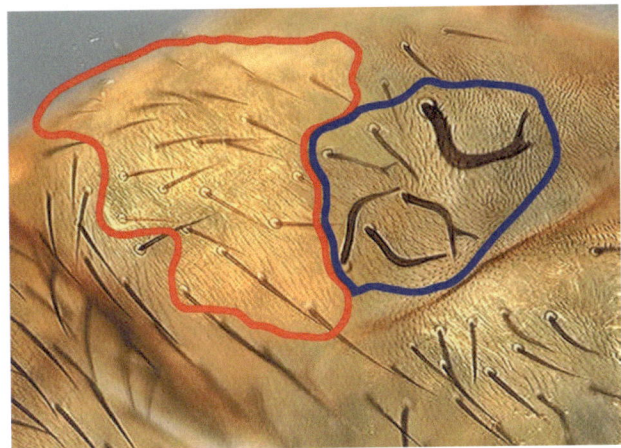

Abb. 8.18 Zwillingsklon auf dem Thorax einer Fliege. In heterozygoten $y f^+/ y^+ f$ – Larven wurden durch Röntgenbestrahlung mitotische Rekombination ausgelöst (s. Abb. 8.19). Die entstandenen homozygoten y- bzw. f-Zellen haben sich geteilt und je einen Zellklon gebildet, der in der Fliege phänotypisch sichtbar ist. Rot umrandet = *yellow* und f^+, blau umrandet = *forked* und y^+. (Bild von Robert Klapper, Münster)

umso größer wird der Klon sein, da die Zelle, in denen die Rekombination stattgefunden hat, sich häufig teilen konnte – im Vergleich zu Zellen, die erst spät in der Entwicklung rekombiniert sind. Da die durch mitotische Rekombination entstandenen Klone einen anderen Genotyp haben als die übrigen Zellen, werden solche Organismen auch als **genetische Mosaike** bezeichnet.

Mitotische Rekombination ist ein selten auftretendes Ereignis und eher ein Unfall vor der Mitose als ein physiologischer Prozess wie das meiotische Crossover. Man nimmt an, dass die Ursache für die mitotische Rekombination die Reparatur von DNA-Doppelstrangbrüchen ist. Diese Reparaturmechanismen führen zur homologen Rekombination zwischen Schwesterchromatiden und auch Nicht-Schwesterchromatiden homologer Chromosomen (Andersen und Sekelsky 2010)

Genetische Mosaike sind ein wichtiges Werkzeug bei der Erforschung von Genfunktionen. So ist die mitotische Rekombination das wesentliche Werkzeug der „**klonalen Analyse**" in der Entwicklungsbiologie, sowie der Erforschung biomedizinischer Prozesse im Modellorganismus *Drosophila* (s. Kapitel Modellorganismen). Um die Frequenz mitotischer Rekombination zu erhöhen, wurden ursprünglich experimentell Doppelstrangbrüche durch **Röntgenbestrahlung** induziert, deren Reparatur zu mitotischer Rekombinationen geführt hat. Die Tatsache, dass ionisierende Strahlung schlecht zu kontrollierende Nebenwirkungen hat und ungezielt Rekombinationen auslöst, führte zur Entwicklung der sogenannten Flipase-vermittelten Rekom-

Aufbau der Epidermis der Fliege beteiligt, wird man auf der wildtypisch braunen Kutikula der Fliege neben vielen Wildtypborsten auch einige *yellow* gefärbte und daneben einige krumme *forked*-Borsten finden (Abb. 8.18). Wie groß dieser sog. Zwillingsklon (Abb. 8.19b) sein wird, hängt davon ab, in welchem Entwicklungsstadium das Rekombinationsereignis stattgefunden hat. Je früher dies war,

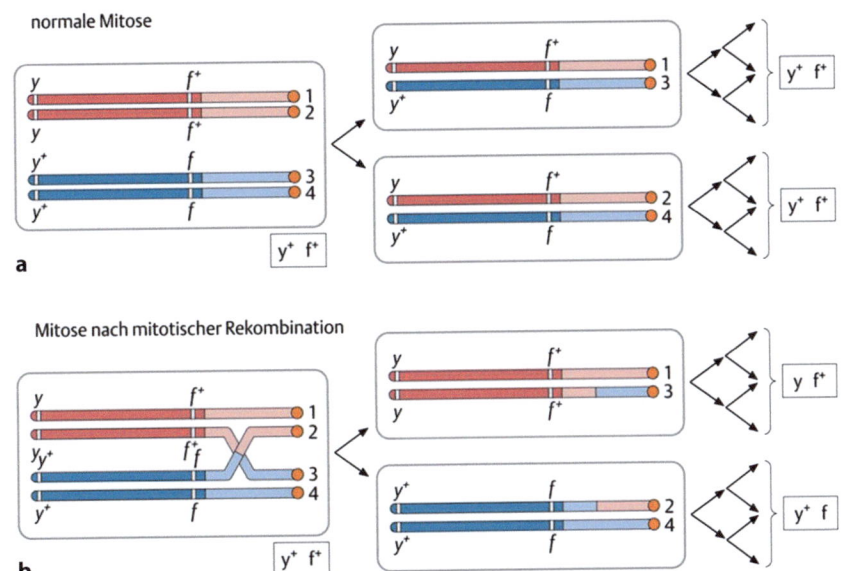

Abb. 8.19 Mitotische Rekombination. **a** Normale Mitose einer *Drosophila*-Zelle, die für y (*yellow*, helle Kutikulafärbung) und f (*forked*, gekrümmte, manchmal gegabelte Borsten) heterozygot ist. 1–4 kennzeichnen die Chromatiden. Die Bereiche, in denen die effektive Rekombination zwischen den nicht-Schwesterchromatiden stattfinden kann, ist mit hellrot, bzw. hellblau markiert. **b** Bei *Drosophila* sind während der mitotischen Prophase die Homologen gepaart, was sehr selten zu Rekombination zwischen nicht-Schwesterchromatiden führen kann. In der Anaphase gibt es zwei Möglichkeiten der Chromatidenverteilung. Werden die Chromatiden mit den Kinetochoren 1 und 4 sowie 2 und 3 auf die beiden Tochterzellen verteilt, bleiben die Zellen normal heterozygot. Bei einer 1–3 und 2–4 Verteilung entstehen jedoch homozygote y- bzw. f-Zellen, die durch weitere Mitosen Zellklone bilden (s. Abb. 8.18)

Box 8.4 Die FLP/FRT-Technik zur Erzeugung genetischer Mosaike bei *Drosophila*

Experimentell wurde ursprünglich die mitotische Rekombination durch Röntgenbestrahlung induziert. Neben anderen Nachteilen dieser Methode wird hierbei nur dann Rekombination möglich, wenn die Chromosomenbrüche zwischen dem zu untersuchenden Gen und dem Zentromer des Chromosoms stattfinden (s. ◘ Abb. 8.20). Die Häufigkeit der Ereignisse ist relativ gering, auch sind die Bruchstellen völlig zufällig. Außerdem werden die Klone nur sichtbar, wenn sogenannte Markergene verwendet werden, die z. B. das Chromatid mit dem Wildtyp Allel des Gens phänotypisch sichtbar machen. Liegen das Markergen und das zu untersuchende Gen nicht sehr nah beieinander, so kann Rekombination zwischen ihnen erfolgen, was dann die Interpretation der Ergebnisse erschwert. Die **FLP/FRT Technik** dagegen ermöglicht nicht nur eine höhere Rekombinationsfrequenz, sondern sie erlaubt auch die Rekombination an einer festgelegten Stelle. Für diese Technik benötigt man einen Fliegenstamm mit zwei Transgenen: Ein Transgen kodiert ein Enzym, die **FLP-Rekombinase** und das andere Transgen trägt die FRT (**FLP-R**ecombinase-**T**arget)-Sequenzen. Die FLP-Rekombinase bindet an FRT und vermittelt dort eine Rekombination zwischen zwei Chromatiden. Für die Erzeugung mitotischer Rekombination verwendet man Stämme, bei denen die **FRT-Sequenzen** sehr nah am Zentromer des Chromosomenarms integriert sind, auf dem das zu untersuchende Gen liegt. Auf diese Weise können alle Mutationen, die distal zur Integrationsstelle der FRT-Sequenz liegen, untersucht werden.

Eine sehr populäre Methode ist es, die FLP-Rekombinase unter der Kontrolle eines Hitzeschockpromotors zu exprimieren. Auf diese Weise kann ihre Aktivität zu jedem gewünschten Zeitpunkt durch Erhöhung der Temperatur in allen Zellen induziert werden. Sie kann aber auch durch einen gewebespezifischen Enhancer kontrolliert werden, so dass sie nur zu einem bestimmten Zeitpunkt und/oder in einem gewünschten Gewebe exprimiert wird. Die FLP-Rekombinase katalysiert Rekombination an den FRT-Stellen mit hoher Effizienz und kann sehr vielseitig eingesetzt werden (Germani et al. 2018).

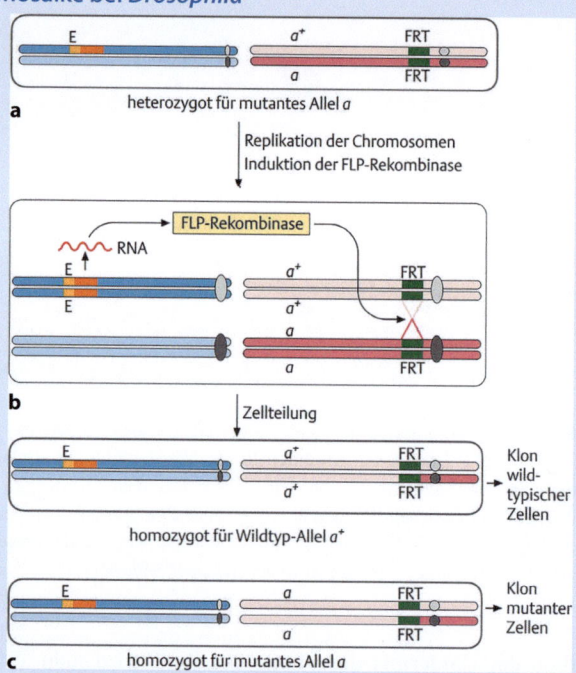

◘ **Abb. 8.20** Erzeugung mitotischer Rekombination mit Hilfe der FLP/FRT-Technik. **a** Eine Zelle mit zwei Transgenen auf verschiedenen Chromosomen (blau und rot): dem Gen für die FLP-Rekombinase, das unter der Kontrolle eines spezifischen Enhancers (E) steht (orange), und FRT-Elementen (grün) in der Nähe des Zentromers des Chromosomenarms, auf dem sich die zu untersuchende Mutation a befindet. **b** Induktion der FLP-Rekombinase führt zu Rekombination zwischen den FRT-Elementen. **c** Als Ergebnis entstehen zwei Tochterzellen unterschiedlichen Genotyps. Die FLP Rekombinase und die FRT-Rekombinationssequenzen sind ein ortspezifisches Rekombinationssystem, das von dem 2 µ Plasmid der Hefe *Saccharomyces cerevisiae* stammt

---

bination (FLP/FRT Technik), mit deren Hilfe ortspezifische mitotische Rekombination mit hoher Frequenz erzeugt werden kann (▶ Box 8.4).

8.8 Zusammenfassung

- Gene, die verschiedenen **Kopplungsgruppen** angehören, können durch die **Segregation** der Chromosomen in der Anaphase I der Meiose neu rekombiniert werden. Gene innerhalb einer Kopplungsgruppe können durch Crossover-Ereignisse **neue Allelkombinationen** bilden. Genetisch definierte Kopplungsgruppen werden bestimmten Chromosomen des haploiden Satzes zugeordnet.
- Das Ergebnis einer Rück- oder **Testkreuzung** zeigt unmittelbar die genetischen Kopplungsverhältnisse an.
- Durch trihybride Kreuzungen mit Genen einer Kopplungsgruppe können ihre Reihenfolge auf der **Genkarte** und die relativen Abstände zwischen ihnen ermittelt werden. Die **Rekombinationsfrequenz RF** (%) ist das grundlegende Abstandsmaß, das in der meiotischen Genkarte in **Morgan bzw. centiMorgan (cM)** Einheiten gemessen wird.
- Die maximale **Rekombinationsfrequenz** zwischen zwei gekoppelten Genen beträgt **50 %**. Sie ist dann

identisch mit der Rekombinationsfrequenz zwischen zwei nicht gekoppelten Genen.
- In der **Haplontengenetik** werden die Ergebnisse der Meiose direkt an den haploiden Sporen sichtbar, da nur die Zygote diploid ist und somit nur diese unterschiedliche Allele an einem Genort haben kann.
- Die **Tetradenanalyse** bei höheren Organismen ergibt in Übereinstimmung mit der zytologischen Beobachtung meiotischer Chiasmata, dass in jeder Tetrade durchschnittlich mindestens ein Crossover stattfindet.
- Mithilfe von **Polytänchromosomen** und **chromosomalen Deletionen** können **zytologische Genkarten** hergestellt werden und mit den meiotischen Genkarten verglichen werden.
- **Mitotische Rekombination** kann in somatischen Zellen zur Entstehung von genetisch unterschiedlichen **Zellklonen** führen, die u. a. zur Klärung entwicklungsgenetischer Fragen in *Drosophila* herangezogen werden können.

Literatur

Andersen SL, Sekelsky J (2010) Meiotic versus mitotic recombination: two different routes for double-strand break repair: the different functions of meiotic versus mitotic DSB repair are reflected in different pathway usage and different outcomes. Bioessays 32(12):1058–1066

Anderson EG (1925) Crossing over in a case of attached X chromosomes in *Drosophila melanogaster*. Genetics 10(5):403–417

Bridges CB (1913) Non-disjunction of the sex chromosomes of *Drosophila*. J Exp Zool 15(4):587–606

Bridges CB (1935) Salivary chromosome maps with a key to the banding of the chromosomes of *Drosophila melanogaster*. J Hered 26(2):60–64

Cook RK, Christensen SJ, Deal JA, Coburn RA, Deal ME, Gresens JM, Kaufman TC, Cook KR (2012) The generation of chromosomal deletions to provide extensive coverage and subdivision of the *Drosophila melanogaster* genome. Genome Biol 13(3):R21

Creighton HB, McClintock BA (1931) Correlation of cytological and genetical crossing-over in *Zea mays*. Proc Natl Acad Sci USA 17(8):492–497

Germani F, Bergantinos C, Johnston LA (2018) Mosaic analysis in *Drosophila*. Genetics 208:473–490

Judd BH, Shen MW, Kaufman TC (1972) The anatomy and function of a segment of the X chromosome of *Drosophila melanogaster*. Genetics 71:139–156

Khoroshko VA, Pokholkova GV, Levitsky VG, Zykova TY, Antonenko OV, Belyaeva ES, Zhimulev IF (2020) Genes containing long Introns occupy series of bands and Interbands in *Drosophila melanogaster* polytene chromosomes. Genes 11(4):417

Sorsa V (1988) Chromosome maps of *Drosophila*, 2 vol. CRC Press, Boca Raton, Florida

Stern C (1931) Zytologisch-genetische Untersuchungen als Beweise für die Morgansche Theorie des Faktorenaustauschs. Biol Zbl 51:547–587

Sturtevant AH (1913) The linear arrangement of six sex-linked factors in *Drosophila*, as shown by their mode of association. J Exp Zool 14(1):43–59

Zhimulev IF, Koryakov DE (2009) Polytene Chromosomes. In: Encyclopedia of Life Sciences (ELS). Wiley, Chichester https://doi.org/10.1002/9780470015902.a0001183.pub2

Zykova TY, Levitsky VG, Belyaeva ES, Zhimulev IF (2018) Polytene Chromosomes – A Portrait of Functional Organization of the Drosophila Genome. Curr Genomics 19(3):179–191

Vom Genotyp zum Phänotyp – Transkription und Translation

Inhaltsverzeichnis

9.1 Transkription – 162
9.1.1 Klassen von RNA – 162
9.1.2 Transkription führt zur Synthese einer einzelsträngigen RNA – 164
9.1.3 Die hnRNA reift im Zellkern zur mRNA – 166

9.2 Translation – 170
9.2.1 Komponenten der Translation – 171
9.2.2 Der genetische Code – 174
9.2.3 Ablauf der Translation – 176
9.2.4 Inhibition der Translation – 180

9.3 Zusammenfassung – 180

Literatur – 180

© Der/die Autor(en), exklusiv lizenziert an Springer-Verlag GmbH, DE, ein Teil von Springer Nature 2025
E. Knust, H.-A. Müller, W. Janning, *Allgemeine Genetik*, https://doi.org/10.1007/978-3-662-70442-4_9

Die als Nukleotidsequenz in der DNA gespeicherte genetische Information, die von einer Generation auf die nächste Generation bzw. von einer Zelle auf die nächste Zelle weitervererbt wird, bestimmt den **Genotyp** einer Zelle/eines Organismus. Diese Information wird in einem Prozess, genannt **Transkription**, in **RNA** übersetzt. Ein Teil dieser RNAs, die Protein-kodierende (*coding*) RNA, wird im Prozess der **Translation** in eine **Sequenz von Aminosäuren** übersetzt, die dann Form und Funktion eines **Proteins** bestimmt. Die RNAs, die nicht für Proteine kodieren, die nicht-kodierenden (*non-coding*) RNAs, üben ihre Funktion als RNA aus und sind an der Regulation vieler zellulärer Prozesse beteiligt. Auf diese Weise trägt der Genotyp zum **Phänotyp** (dem Erscheinungsbild) eines Organismus bei, der die **Summe aller seiner Merkmale** ausmacht. Zu diesen zählen nicht nur morphologische/anatomische Merkmale (also Körpergröße, Haarfarbe etc.), sondern auch physiologische und Verhaltensmerkmale. Neben der Information gibt es noch das Programm, das darüber entscheidet, wann und wo welche Information abgerufen, aktiviert wird. Dieses wurde erstmalig von C. H. Waddington mit **Epigenotype** bezeichnet (Waddington 2012; s. ▶ Abschn. 4.2.1 Epigenetik). Während also alle Zellen eines Organismus denselben Genotyp haben, können sich Zellen bzw. Gewebe eines Organismus in ihrem Epigenotyp unterscheiden, der, anders als der Genotyp, durch äußere Einflüsse moduliert werden kann (◘ Abb. 9.1). Das bedeutet, dass selbst zwei genetisch identische Organismen (z. B. eineiige Zwillinge) nicht in allen phänotypischen Merkmalen 100 %ig übereinstimmen. In einigen Fällen ermöglicht jedoch sog. **DNA-Phänotypisierung** heute schon, Rückschlüsse aus der DNA-Sequenz eines Individuums auf einen bestimmten Phänotyp zu ziehen, was z. B. in der Forensik genutzt wird (s. ▶ Abschn. 14.2.1.2).

In diesem Kapitel wird beschrieben, auf welchem Weg die in der DNA gespeichert Information durch **Transkription** in RNA umgeschrieben wird. Und wie die in der mRNA kodierte Information durch **Translation** in Proteine übersetzt wird, die ja einen wesentlichen Beitrag zum Phänotyp leisten. In ▶ Kap. 10 wird dann dargestellt, wie diese Prozesse reguliert und modifiziert werden können.

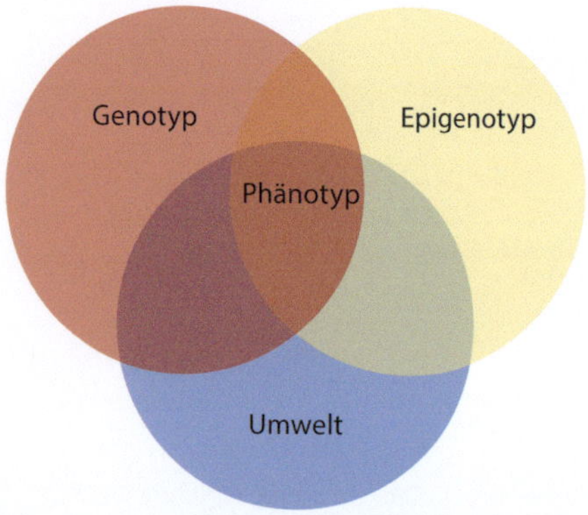

9.1 Transkription

9.1.1 Klassen von RNA

Die Übertragung der in der DNA gespeicherten Information erfolgt in der Zelle mittels **Ribonukleinsäure (RNA**, *ribonucleic acid*). Die Bausteine der RNA bestehen, ebenso wie die der DNA, aus einem Zucker, einem Phosphatrest und einer Base, unterscheiden sich aber in drei wesentlichen Merkmalen von denen der DNA (◘ Abb. 9.2):

- Die Nukleotide der RNA enthalten **Ribose** als Zucker. Die OH-Gruppe an der 2′-Position der Ribose trägt auf Grund ihrer höheren Reaktivität wesentlich zu den biochemischen und funktionellen Unterschieden zwischen RNA und DNA bei.
- In der RNA findet man an Stelle von Thymin das Pyrimidin **Uracil**, das wie Thymin zwei Wasserstoffbrücken mit Adenin ausbildet.
- Anders als DNA liegt RNA meistens **einzelsträngig** vor, wobei sich aber durch Ausbildung intramolekularer Wasserstoffbrücken doppelsträngige Sekundärstrukturen ausbilden können.

Die Nukleosidtriphosphate **ATP** (Adenosintriphosphat) und **GTP** (Guanosintriphosphat) dienen nicht nur als Vorläufer für die Bausteine der RNA (s. ▶ Abschn. 9.1.2), sie sind außerdem essentiell für die Bereitstellung chemischer Energie in der Zelle. Die GTP-vermittelte Aktivierung von G-Proteinen hat eine wichtige Funktion bei der Signalübertragung in der Zelle (s. auch Box 9.4).

In eukaryontischen Zellen gibt es mehrere Klassen von RNA (s. ◘ Tab. 9.1) und es werden immer neue Klassen gefunden, die entsprechend ihrer Funktion oder Lokalisation in der Zelle benannt werden. Dabei unterscheidet man Protein-kodierende (*coding*) RNA und nicht-kodierende (*non-coding; nc*) RNA.

1. Zu den **(Protein)-kodierenden RNAs** zählt man die **messenger (Boten)-RNA (mRNA)** und die **heterogene nukleäre RNA (hnRNA)**. Die mRNA bringt die auf der DNA kodierte Information, die in der Basensequenz gespeichert ist, zum Ribosom, wo sie als Vorlage

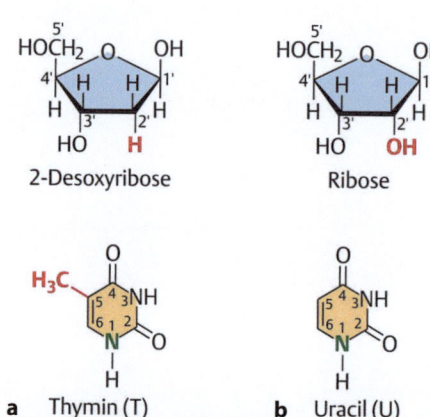

◘ **Abb. 9.1** Genotyp, Epigenotyp und Umwelt bestimmen den Phänotyp

◘ **Abb. 9.2** Unterschiede in den Bausteinen von DNA (**a**) und RNA (**b**)

9.1 · Transkription

Tab. 9.1 Verschiedene RNA-Klassen in eukaryontischen Zellen und ihre wichtigsten Eigenschaften

RNA-Klasse		Größe (Nukleotide)	Polymerase	Funktion
Kodierende RNAs				
mRNA	Messenger RNA	Variabel	Pol II	Protein-kodierende RNA
hnRNA	Heterogeneous, nuclear RNA	Variabel	Pol II	Primärtranskript, das zur reifen mRNA prozessiert wird
Nicht kodierende RNAs				
rRNA	Ribosomale RNA	≈ 4800 (28S[a]) ≈ 1900 (18S) 160 (5,8S)	Pol I	Strukturelle und funktionelle Komponenten der Ribosomen
tRNA	Transfer RNA	80–90	Pol III	Bringt die Aminosäuren zu den Ribosomen
lncRNA[b,c]	Long, non-coding RNA	> 200		Verschiedene Funktionen, u. a. Chromatinmodifikationen, transkriptionelle und post-transkriptionelle Regulation, Genomintegrität
sncRNA – Small, non-coding RNA				
tsRNA	tRNA-derived small RNA			
snRNA	Small nuclear RNA	100–200	Pol II/III	Bestandteil der Spleißosomen
snoRNA	Small nucleolar RNA	70–250	Pol III	Funktion bei der Reifung und Modifikation der rRNA
siRNA[d]	Small interfering RNA	–	Pol II	Funktion bei der Regulation von Genexpression in Tier- und Pflanzenzellen
tasiRNA	Trans-acting siRNA	21	Pol II	Nur in Pflanzen, von *TAS* Loci transkribiert; mehrere siRNAs aus einem Transkript; posttranskriptionelle Regulation von Genexpression
miRNA[e]	Micro RNA	≈ 20	Pol II	Funktion bei der Regulation von Genexpression in Tier- und Pflanzenzellen
piRNA	PIWI-interacting RNA	26–31	Pol II	Binden an PIWI-Proteine, Funktion in Keimzellen, Silencing von Retrotransposons

[a] S = *Svedberg*-Einheit = Maß für die Sedimentationsgeschwindigkeit, also für die Geschwindigkeit, mit der ein Molekül bei Zentrifugation in einem Dichtegradienten wandert. Der S-Wert ist sowohl von der Größe als auch der Form eines Partikels/Moleküls abhängig. Je größer und kompakter ein Molekül ist, desto größer ist seine Wanderungsgeschwindigkeit im Schwerefeld, desto größer sein S-Wert.
[b] Statello et al. 2021
[c] Andergassen und Rinn 2022
[d] s. ▶ Abschn. 10.2.3.6
[e] Shang et al. 2023; s. ▶ Abschn. 10.2.4.1

zur Übersetzung in ein Protein dient. Ihr Anteil an der Gesamt-RNA einer eukaryotischen Zelle beträgt 1–5 %, ihre Größe ist sehr variabel. Die hnRNA stellt eine Klasse heterogener Größe, im Kern lokalisierter RNAs dar, zu der vor allem die Vorläufer der mRNAs gehören, die im Kern in unreifer Form als **Primärtranskripte** vorliegen.

2. Alle anderen RNAs kodieren nicht für Proteine, sie sind **nicht-kodierende, ncRNAs**. Dazu gehören u. a.:
   - die **ribosomale RNA** (**rRNA**). Sie macht mit etwa 90 % den größten Anteil zellulärer RNA aus. Wie ihr Name sagt, kommt sie in den Ribosomen vor, an denen die Translation, also die Übersetzung der mRNA-Sequenzen in Proteine, stattfindet. Bei Prokaryonten gibt es drei, bei Eukaryonten vier Klassen von rRNA.
   - die **transfer-RNA** (**tRNA**). Diese wird bei der Translation benötigt. Sie bringt die einzelnen Aminosäuren zum Ribosom.
   - eine Vielzahl weiterer nicht-kodierender RNAs unterschiedlichster Funktionen, u. a. mehrere Klassen **small non coding RNAs** (**sncRNAs**) (s. Tab. 9.1; Pan et al. 2021; Shang et al. 2023; Virciglio et al. 2021).

Umfängliche Sequenzanalysen zeigen, dass der Anteil Protein-kodierender Gene nicht mit der Komplexität von Organismen korreliert. So hat sowohl der Fadenwurm *Caenorhabditis elegans* (mit etwa 1000 somatischen Zellen) als auch der Mensch (mit ~30 × 10^{12} somatischen Zellen) ~20.000 Protein-kodierende Gene. Diese Diskrepanz wurde **g-value Paradox** genannt (*gene content*; Hahn und Wray 2002), parallel zum C-Value Paradox, das in den 1950iger Jahren die nicht-Korrelation zwischen der Genomgröße (Menge an DNA) und der organismischen Komplexität aufzeigte (s. ▶ Abschn. 2.1 mit Tab. 2.1). Die Vergrößerung der Genome ergibt sich nicht nur aus kom-

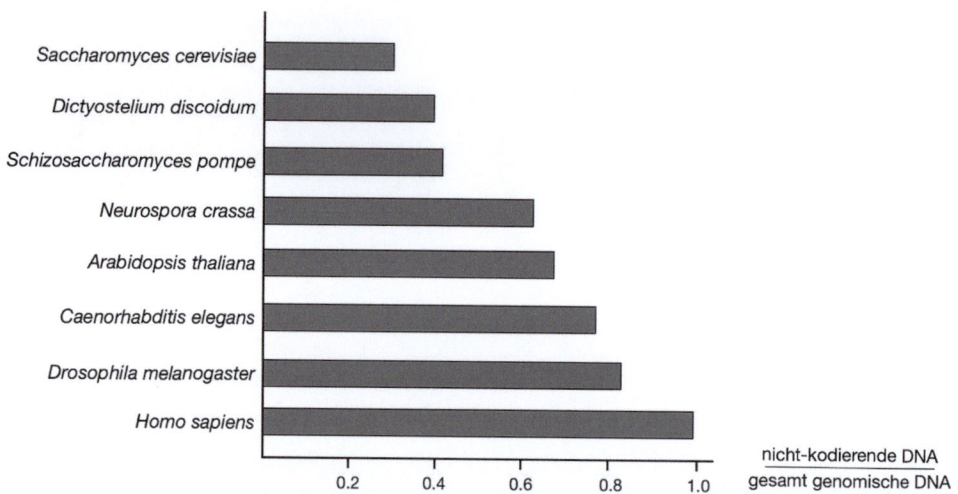

Abb. 9.3 Verhältnis von nicht-kodierender DNA zu gesamter DNA. Die Grafik zeigt das Verhältnis der Anzahl von Basenpaaren nicht-Protein kodierender DNA zur Gesamtmenge der Basenpaare genomischer DNA (jeweils in Mb) verschiedener Organismen. Sie zeigt einen deutlichen Anstieg nicht-kodierender DNA mit höherer organismischer Komplexität. (Daten nach Taft et al. 2007, Fig. 1, mit freundlicher Genehmigung)

plexeren Mechanismen der Regulation der Genexpression (z. B. alternatives Spleißen) oder durch Vergrößerung der Mitgliederzahl innerhalb von Genfamilien. Vielmehr trägt der Anteil von nicht-kodierenden Genen, deren Funktion wir heute nur ansatzweiseweise verstehen, deutlich zu dieser Diskrepanz bei (◘ Abb. 9.3).

9.1.2 Transkription führt zur Synthese einer einzelsträngigen RNA

Die Synthese von RNA, die **Transkription**, erfordert immer eine DNA als Matrize. Davon gibt es nur wenige Ausnahmen. Vereinfacht lässt sich die Reaktion wie folgt zusammenfassen:

$$\text{DNA} + \begin{Bmatrix} \text{CTP} \\ \text{UTP} \\ \text{ATP} \\ \text{GTP} \end{Bmatrix} \xrightarrow{\text{RNA-Polymerase}} \text{RNA}$$

CTP, UTP, ATP und GTP stellen die vier Ribonukleosidtriphosphate (NTPs) dar. Die Basensequenz einer transkribierten RNA ist stets zu einem der beiden Stränge einer DNA-Doppelhelix, dem **Matrizenstrang** oder **kodogenen Strang** (*template strand*), komplementär. Dementsprechend hat die RNA dieselbe Sequenz wie der **nicht-kodogene Strang** (*nontemplate strand*), es wird nur das RNA-spezifische U statt T verwendet (◘ Abb. 9.4). Von einer DNA-Doppelhelix kann mal der eine, mal der andere Strang als Vorlage für die Transkription verwendet werden.

Die Transkription wird von einer **DNA-abhängigen RNA-Polymerase** katalysiert. Die eukaryontische Zelle verwendet insgesamt drei verschiedene RNA-Polymerasen für die unterschiedlichen RNA-Klassen. **RNA-Polymerase I** (auch Polymerase (Pol) α genannt) ist im Nukleolus lokalisiert und ist verantwortlich für die Synthese der rRNAs (außer der 5S-rRNA). Die im Nukleoplasma vorkommende **RNA-Polymerase II** (auch Pol β genannt) katalysiert die Synthese der mRNAs bzw. ihrer Vorläufer, die hnRNAs, sowie microRNAs. Die ebenfalls im Nukleoplasma anzutreffende **RNA-Polymerase III** (auch Pol γ genannt) katalysiert die Synthese der 5S-rRNAs, tRNAs, snRNAs und weiterer kleiner RNAs (s. auch ◘ Tab. 9.1). Die Polymerasen bestehen jeweils aus mehreren Untereinheiten, von denen einige allen drei Polymerasen gemeinsam, andere aber spezifisch für jede Polymerase sind.

Der Transkriptionsprozess lässt sich in drei Schritte unterteilen: Initiation, Elongation und Termination.

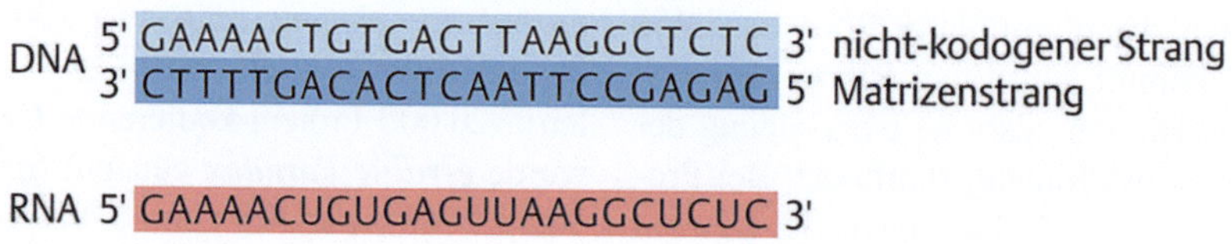

```
DNA  5' GAAAACTGTGAGTTAAGGCTCTC 3'  nicht-kodogener Strang
     3' CTTTTGACACTCAATTCCGAGAG 5'  Matrizenstrang

RNA  5' GAAAACUGUGAGUUAAGGCUCUC 3'
```

Abb. 9.4 Die RNA ist komplementär zum Matrizenstrang. Die Nukleotidsequenz der DNA (blau) wird in Ribonukleinsäure (RNA, rot) transkribiert. Dabei dient einer der beiden DNA-Stränge als Vorlage (Matrize; kodogener Strang; dunkelblau) für die Synthese einer RNA, die komplementär zum Matrizen- oder kodogenen Strang ist. Anstelle von T der DNA steht in der RNA U. Die Transkription erfolgt von 5′ nach 3′

9.1.2.1 Der Beginn der Transkription erfordert einen Promotor

Den Erkennungs- und Startpunkt für eine RNA-Polymerase bildet der **Promotor** (engl. *promoter*), wobei wir uns hier auf den Promotor der RNA-Polymerase II konzentrieren. Promotoren für RNA-Polymerase II bestehen aus 20–200 Basenpaaren, die den Transkriptionsstart einschließen. Sie tragen einige konservierte DNA-Abschnitte, die für die Transkription wichtige Transkriptionsfaktoren (TF) binden (s. u.). Der Vergleich von Promotor-Sequenzen vieler Gene aus unterschiedlichen Spezies erlaubte die Aufstellung einer sog. **Konsensus-Promotor-Sequenz**, die einen sog. **„Core" Promotor** definiert (Abb. 9.5). Allerdings gibt es zahlreiche Variationsmöglichkeiten, so dass es nicht den einen „core"-Promotor gibt. So gibt es z. B. Promotoren, die keines der gezeigten Elemente tragen. Die **Initiator Region (Inr)** liegt in der Region −3 bis +5 und ist das am häufigsten vorhandene Promotor-Element. Es schließt das Startnukleotid (+1) ein, das häufig ein A ist. Die Inr hat die allgemeine Sequenz Py_2CAPy_5, wobei Py ein Pyrimidin und A das Startnukleotid ist. Ferner findet man in den allermeisten Pol-II-Promotoren bei etwa −36 bis −31 die sog. **TATA-Box**, die häufig die Sequenz TATAAA besitzt (z. B. bei *Drosophila*). Für eine effiziente Transkription sind aber noch weitere Elemente wichtig, z. B. das *distal promoter element* (DPE), das bei ~ +28 liegt (Abb. 9.5). Die verschiedenen Boxen dienen als Bindungsstellen von Komponenten der Transkriptionsmaschinerie und spielen eine wichtige Rolle bei der Initiation der Transkription.

Die **Transkription eukaryontischer RNA** durch **Polymerase II** setzt die Ausbildung des **Prä-Initiationskomplexes** am Core-Promotor voraus, zu dem außer der RNA-Polymerase II eine Reihe sog. **Transkriptionsfaktoren (TF)** gehören. Man unterscheidet solche TFs, die an allen Promotoren vorkommen und den **basalen Transkriptionsapparat** bilden von promotorspezifischen Faktoren, die

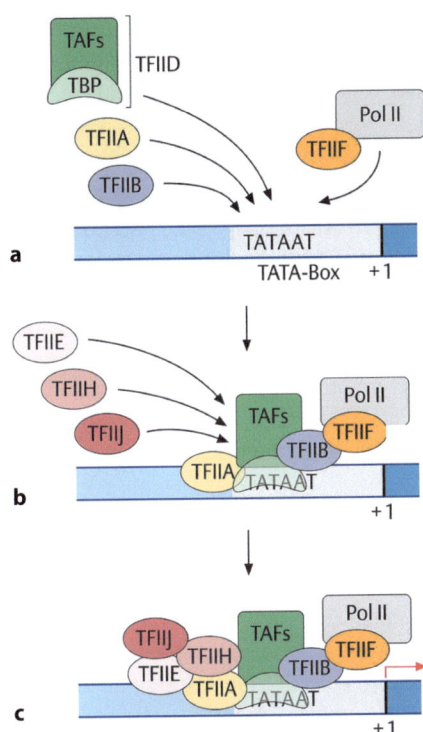

Abb. 9.6 Darstellung des basalen RNA-Polymerase-II-Transkriptionskomplexes der Eukaryonten. Erst nach dem Zusammenbau des gesamten Komplexes kann die Transkription beginnen (roter Pfeil in **c**) Erklärung im Text

oftmals nur an der Transkription Gewebe-/Zelltyp-spezifisch exprimierter Gene beteiligt sind.

Der Zusammenbau des Prä-Initiationskomplexes ist ein stufenweiser Prozess (Abb. 9.6). Er beginnt mit der Bildung des Transkriptionsfaktors TFIID, der selbst wiederum aus mehreren Untereinheiten zusammengesetzt ist: dem **TATA-Box-bindenden Protein TBP** und mindestens acht weiteren **TBP-assoziierten Faktoren (TAFs)** (Abb. 9.6a). Einige TAFs sind promotorspezifisch und nur in bestimmten Geweben aktiv. Die Bindung des Komplexes an die DNA erfolgt durch das TBP, das in die kleine Furche der Doppelhelix bindet. Die Bindung von TFIIA an den Promotor stabilisiert TFIID, während TFIIB und TFIIF über die Bindung an die TATA-Box die RNA-Polymerase II dort stabilisieren (Abb. 9.6b). Weitere Faktoren, wie TFIIE und TFIIH, ermöglichen das Entwinden der DNA kurz vor der Polymerase, so dass eine „Transkriptionsblase" gebildet wird, was zum Start der Transkription führt (Abb. 9.6c). Im Gegensatz zu Prokaryonten, bei denen die RNA-Polymerase selbst die Promotorsequenz erkennt und bindet, sind bei Eukaryonten die zusätzlichen Faktoren für die Erkennung des Promotors verantwortlich. Dabei kommen Pol I und Pol III mit einer kleinen Zahl von Faktoren aus, während die Faktoren für Pol II viel zahlreicher und auch variabler in ihrer Zusammensetzung sind. Ihre Zusammensetzung, der Aufbau des „core" Promotors sowie die Organisation des Chromatins um die Startstelle

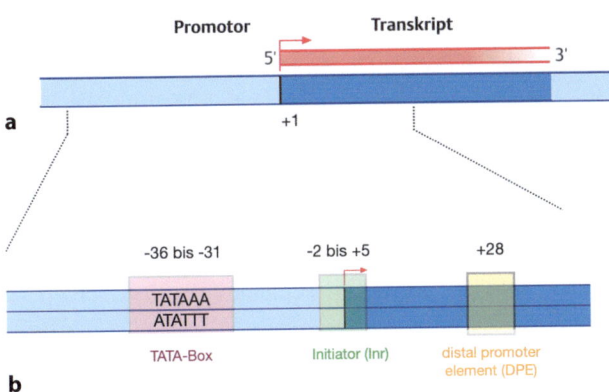

Abb. 9.5 Beispiel einer Konsensus-Promotorsequenz eines eukaryontischen Gens, das von RNA-Polymerase II transkribiert wird. **a** Übersicht. **b** Details der Promotorregion. Weitere Erklärungen s. Text. Hellblau: nicht transkribierte DNA, dunkelblau: transkribierte DNA, +1 kennzeichnet das erste transkribierte Nukleotid. Rot: Transkript mit 5′- und 3′-Ende, roter Pfeil: Transkriptionsrichtung

sind entscheidende Faktoren, die über die Stabilität des Prä-Initiationskomplexes entscheiden und somit eine kritische Rolle bei der Regulation der Genaktivität spielen.

9.1.2.2 Verlängerung der RNA

Zur **Elongation** (Verlängerung) der RNA werden Ribonukleotide durch Ausbildung einer Phosphodiesterbindung zwischen dem 3′-OH-Ende der wachsenden RNA und dem 5′-Phosphat eines Ribonukleosidtriphosphats unter Abspaltung eines Diphosphats und Wasser angefügt. Die Synthese der RNA erfolgt also stets von 5′ nach 3′, so dass jedes 5′-Ende einer RNA ein Triphosphat trägt. Die Reihenfolge der Nukleotide in der wachsenden RNA ist durch die Basensequenz des Matrizen-Strangs der DNA eindeutig festgelegt.

9.1.2.3 Abbruch der Transkription

Einzelheiten des **Terminationsvorgangs bei Eukaryonten** sind wenig bekannt, aber alle drei RNA-Polymerasen verwenden unterschiedliche Mechanismen. So benötigt die RNA-Polymerase I, die die rRNA transkribiert, einen Terminationsfaktor, der die Transkription an einer definierten, 18 bp langen Sequenz, die sich ~1000 bp stromabwärts (engl. *downstream*; bezeichnet: in Richtung des 3′-Endes) des endgültigen 3′-Endes befindet, abbricht. Anders als bei Prokaryonten wird in fast allen proteinkodierenden eukaryontischen mRNAs, die von Pol II transkribiert werden, das endgültige 3′-Ende nicht durch die Beendigung der Transkription bestimmt. Vielmehr wird das Ende durch eine Spaltung des Primärtranskripts erzeugt, die stattfindet, noch während die Transkription der hnRNA fortgesetzt wird. Die Spaltung erfolgt an der **poly(A)-Stelle**, an der später mehrere A's angefügt werden (s. ◘ Abb. 9.8). Das eigentliche Ende des Transkripts kann sich in einem Bereich von 0,5–2,0 kb stromabwärts der poly(A)-Stelle befinden.

Bei **Eukaryonten** erfahren die **Primärtranskripte** (**Vorläufer-RNA, hnRNA**) mehrere Modifikationen im Zellkern, bevor sie als reife, translatierbare mRNA ins Zytoplasma gelangen.

9.1.3 Die hnRNA reift im Zellkern zur mRNA

Die Reifung oder **Prozessierung** (*processing*) eukaryontischer **Primärtranskripte** zur fertigen, translatierbaren mRNA schließt folgende Schritte ein:
- Hinzufügen einer **Kappe** am 5′-Ende (*capping*)
- **Polyadenylierung** am 3′-Ende (*polyadenylation*)
- **Entfernen der Introns**, das sogenannte **Spleißen** (*splicing*).

Alle drei Prozesse finden im Zellkern statt. Sie müssen beendet sein, bevor die mRNA aus dem Zellkern ins Zytoplasma transportiert wird, da die Modifikationen für die Funktion der reifen mRNA von großer Bedeutung sind. Alternative Polyadenylierung und alternatives Spleißen vergrößern die Diversität der von einem Gen kodierten mRNAs und der von diesem Gen kodierten Proteine (s. ▶ Kap. 10 „Regulation der Genaktivität").

9.1.3.1 Anfügen einer 5′-m⁷Gppp-Kappe

Das Anfügen einer sog. **Kappe** an das 5′-Ende einer wachsenden mRNA erfolgt in mehreren Schritten (◘ Abb. 9.7):
1. Bereits kurz nach Beginn der Transkription, wenn das wachsende Transkript eine Länge von nur 25–30 Nukleotiden erreicht hat, wird einer der drei Phosphatreste am 5′-Ende der mRNA durch eine RNA Triphosphatase entfernt (◘ Abb. 9.7-1).
2. Im nächsten Schritt überträgt eine Guanylyltransferase ein Guanosin-Monophosphat an das Ende der mRNA (meistens ein A oder G), wobei ein Diphosphat vom GTP abgespalten wird (◘ Abb. 9.7-2). Auf diese Weise wird die mRNA durch eine **5′-5′-Triphosphat Brücke** mit dem **Guanosin** verknüpft, es entsteht Gppp-RNA.
3. Im nächsten Schritt wird das N7 des Guanosin durch eine Methyltransferase methyliert (◘ Abb. 9.7-3). Es entsteht eine RNA mit einer **5′-m⁷Gppp-Kappe**, die m7GpppA2′-OH-RNA (abgekürzt oft 5′-m7G-Kappe) (= **Cap-0-RNA**).
4. In folgenden Schritten kann eine Methyltransferase den 2′-O des ersten und/oder zweiten Nukleotids der RNA methylieren (Abb. 9.7-4) wobei **Cap-1-RNA** bzw. **Cap-2-RNA** gebildet wird.

Die Kappe hat eine wichtige Funktion bei der Initiation der Translation (s. ▶ Abschn. 9.2.3.1), sie schützt vor Exonuklease-Abbau und gewährt somit die Stabilität der mRNA, und sie dient der Erkennung durch die Proteine für die folgenden Schritte, die Polyadenylierung und den Export aus dem Zellkern.

9.1.3.2 Prozessierung des 3′-Endes

Am 3′-Ende fast aller eukaryontischer mRNAs (Ausnahme: die meisten Histon-mRNAs) befindet sich ein aus 100–200 A's bestehender Poly-Adenosin-Abschnitt, der **poly(A)-Schwanz**, weshalb man diese mRNA auch **poly(A)⁺-RNA** nennt. Die poly(A)-Sequenz ist nicht auf der DNA kodiert, sondern wird erst nach Beendigung der Transkription im Zellkern an das 3′-Ende der mRNA angefügt. Die Polyadenylierung eines Primärtranskripts erfolgt in zwei Schritten und erfordert mindestens 80 verschiedene Proteine:

Im ersten Schritt kommt es zur Erkennung einer konservierten Sequenz der mRNA, dem Polyadenylierungssignal (*polyadenylation signal*; PAS) (AAUAAA, manchmal AUUAAA), durch mehrere Proteine. RNA-spaltende Enzyme (Endonukleasen) schneiden das Primärtranskript 10–35 Nukleotide stromabwärts (in 3′-Richtung) dieser Sequenz. An dem so gebildeten 3′-Ende (= Polyadenylierungs- oder poly(A)-Stelle) katalysiert die **Poly(A)-Polymerase (PAP)**

9.1 · Transkription

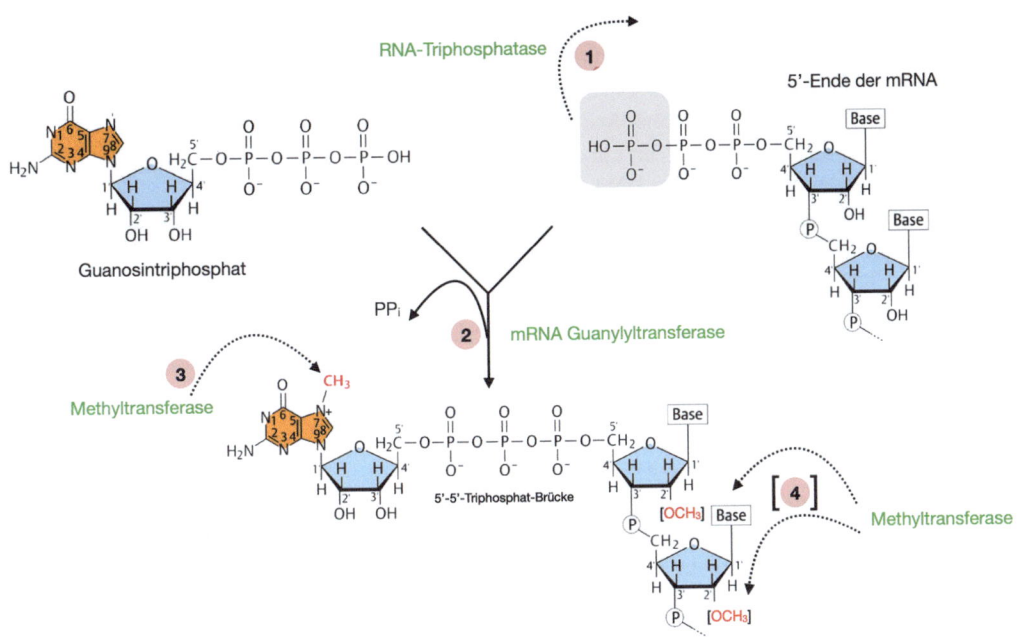

Abb. 9.7 Anfügen einer Kappe (capping) am 5′-Ende einer mRNA. Verknüpfung eines 7-Methylguanosins mit dem 5′-Ende der wachsenden RNA. Die grau unterlegte Phosphat-Gruppe wird im Verlauf der Reaktion entfernt. Weitere Erklärungen im Text. Enzyme sind grün

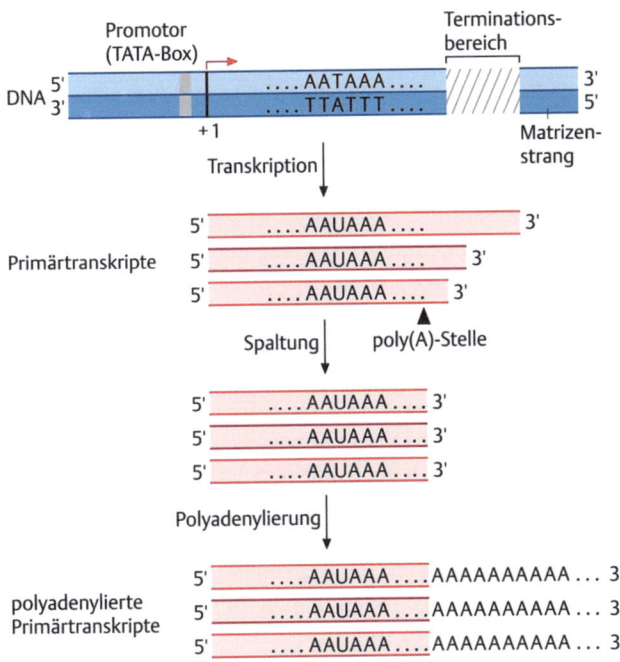

Abb. 9.8 Termination der Transkription und Polyadenylierung des 3′-Endes einer eukaryontischen mRNA. Von dem Matrizenstrang der DNA werden Primärtranskripte abgelesen, wobei der Abbruch der Transkription an mehreren Stellen in einem nur locker bestimmten Terminationsbereich stattfinden kann. Dadurch entstehen Primärtranskripte unterschiedlicher Länge. Anschließend erfolgt die Spaltung der RNAs 10–30 Nukleotide 3′ der AAUAAA-Sequenz (schwarze Pfeilspitze) und das Anfügen von 100–250 A's

mit Hilfe weiterer Faktoren die Polymerisation der A's (Abb. 9.8), wobei sie keine DNA als Matrize benötigt.

Die durchschnittliche Länge des Poly(A)-Schwanzes liegt zwischen 60–80 Adenosinen (Hefe) bzw. ~250 (Mensch). RNAs mit längerer oder kürzerer Sequenz werden nicht aus dem Zellkern transportiert und werden abgebaut. Der poly(A)-Schwanz, der sowohl im Kern als auch im Zytoplasma mit dem **poly(A)-bindenden Protein** (**PABP**) assoziiert ist, übt einen entscheidenden Einfluss auf die Stabilität der mRNA und die Regulation der Translation aus.

Die Bedeutung einer korrekt durchgeführten Reifung (*processing*) des 3′-Endes einer mRNA wird auch dadurch deutlich, dass viele Entwicklungsdefekte und Krankheiten des Menschen mit Mutationen in Genen einhergehen, die Proteine der an der Polyadenylierung beteiligten Schritte kodieren. Auch können Punktmutationen in Sequenzen, die die Spaltstelle festlegen, zu Deregulation der Genexpression und somit zu Erkrankungen führen. Bei einem Patienten mit α-Thalassämie, einer Krankheit mit verringerter Hämoglobinsynthese in den roten Blutkörperchen, führte eine Punktmutation in der PAS des α2-Globingens von AATAAA zu AATAAG zu einer stark verringerten Stabilität der α2-Globin mRNAs (Higgs et al. 1983). Im Fall eines β-Thalassämie Patienten mit einer Punktmutation in der PAS des β-Globingens von AATAAA zu AACAAA wurde die RNA nicht an dieser Stelle, sondern an einer anderen, 900 Nukleotide weiter 3′ gelegenen AATAAA Sequenz gespalten. Das resultierte in der Bildung einer längeren, in der Menge jedoch reduzierten β-Globin mRNA (Orkin et al. 1985).

9.1.3.3 Spleißen der Primärtransskripte

Außer den genannten Veränderungen am 5'- und 3'-Ende sind Primärtranskripte eukaryontischer Zellen sehr häufig viel länger als die reifen mRNAs, werden aber vor dem Transport aus dem Zellkern durch das Entfernen einzelner Abschnitte verkürzt. Mit anderen Worten, die DNA eines Gens besteht in den meisten Fällen nicht aus einer durchgehend kodierenden Sequenz, was erstmalig 1977 durch Philipp A. Sharp und Richard J. Roberts gezeigt wurde. *„For their discovery of split genes"* (im Deutschen mit dem heute nicht mehr verwendeten Begriff „Mosaikgene" übersetzt) wurden sie 1993 mit dem Nobelpreis für Physiologie oder Medizin ausgezeichnet. Anders als prokaryontische Gene sind die meisten eukaryontischen Gene also aus kodierenden und nicht-kodierenden Abschnitten, den **Exons** und **Introns** zusammengesetzt (dieselben Begriffe werden auch für die komplementären Bereiche auf dem Primärtranskript verwendet). In einem Vorgang, der als **Spleißen** bezeichnet wird, werden die Intronbereiche aus dem Primärtranskript herausgeschnitten und die Exons miteinander verbunden. Das bedeutet, nur Exonsequenzen finden sich in der reifen mRNA. Die Größe der Introns eukaryontischer Gene variiert stark, von wenigen Basen bis zu Megabasen (1 Megabase [Mb] = 10^6 Basen, 1 Kilobase [kb] = 10^3 Basen), und ebenso variabel ist ihre Anzahl/Transkript. Das größte bisher bekannte **menschliche Gen**, das *Dystrophin*-Gen, das 2,3 Mb groß ist und von dem ein Primärtranskript derselben Größe synthetisiert wird, besitzt 79 Exons und kodiert für eine mRNA von „nur" 16 kb. Bei einer angenommenen Transkriptionsgeschwindigkeit von 40 Nukleotiden/Sekunde dauert es etwa 16 h, um das gesamte Gen zu transkribieren. Mit 178 Exons ist das menschliche *titin*-Gen das Gen mit der größten bisher bekannten Anzahl von Exons. Die mRNA von etwa 100 kb kodiert das ca. 3000 kDa große **Titin** Protein (Dalton (Da) ist die Maßeinheit für die Masse eines Moleküls. 1 Dalton = 1/12 der Masse eine Kohlenstoffatoms ^{12}C, also 1666×10^{-27} kg). Somit stellt Titin, ein Protein der quergestreiften Muskulatur, das größte bisher bekannte Protein dar. Das längste bisher beschriebene Intron befindet sich in dem ***Ddhc7*-Gen** (*Drosophila dynein heavy chain*) von *Drosophila hydei*, das auf dem Y-Chromosom liegt und für die schwere Kette eines Dyneins kodiert. Eines der insgesamt 20 Introns dieses Gens hat eine Länge von 5,2 Mb, das für die Ausbildung einer der Lampenbürstenschleifen in den primären Spermatozyten verantwortlich ist (den Threads T, s. Box 5.2, ◘ Abb. 5.9e–g; Reugels et al. 2000).

Spleißen kann auf zwei verschiedene Weisen erfolgen: In einigen Fällen, z. B. bei der rRNA des Ziliaten *Tetrahymena*, geschieht es durch sog. **autokatalytisches Spleißen** oder „Selbst-Spleißen": Das Primärtranskript erlangt durch seine Faltung enzymatische Aktivität, es ist ein **Ribozym**. Diese Aktivität erlaubt es der RNA, ihre eigenen Introns zu entfernen (▶ Box 9.1). In den meisten Fällen jedoch erfolgt das Spleißen in nukleären Partikeln, den **Spleißosomen**. Das Spleißosom ist ein Ribonukleoproteinkomplex, der

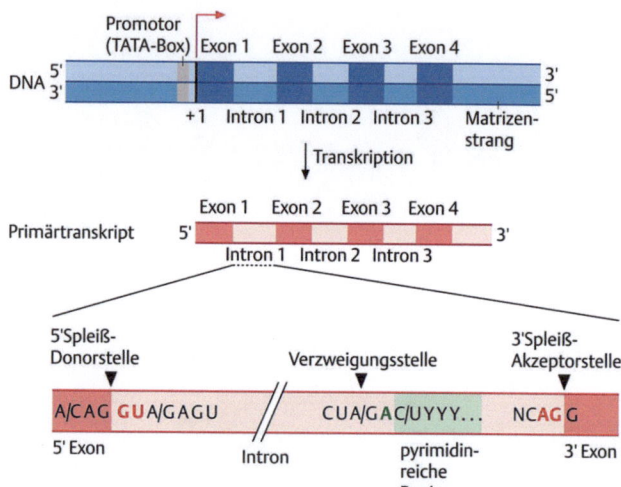

◘ **Abb. 9.9** Konsensus-Spleiß-Donor- und Spleiß-Akzeptorsequenzen in eukaryontischen-prä-mRNAs. Von der DNA (blau) wird ein Primärtranskript (rot) abgelesen. Introns sind jeweils hell, Exons dunkel dargestellt. Die für das Spleißen besonders wichtigen Sequenzen sind hervorgehoben: die 5'-Spleiß-Donor- bzw. 3'-Spleiß-Akzeptorstelle, die pyrimidinreiche Region (grün; ca. 15 Nukleotide, Y = Pyrimidin) vor der 3'-Spleiß-Akzeptorstelle, und das Adenosin (grün) 20–40 Nukleotide vor der 3'-Spleiß-Akzeptorstelle, das für die Bildung der Verzweigungsstelle wichtig ist. N = beliebiges Nukleotid, A/G = wahlweise Adenin oder Guanin, A/C = wahlweise Adenin oder Cytosin, C/U = wahlweise Cytosin oder Uracil

aus zahlreichen Proteinen und RNAs besteht. Die RNAs gehören zur Klasse der snRNAs (s. ◘ Tab. 9.1), kurze, 100–200 Nukleotide lange, Uracil-reiche RNAs, genannt U1-snRNA, U2-snRNA usw.

Wie erkennt das Spleißosom nun die Introns in einem Primärtranskript, die herausgeschnitten werden müssen? Zu **Beginn** und am **Ende** der meisten **Introns** gibt es sehr kurze, konservierte Sequenzmotive, die **5'-Spleiß-Donorstelle**, die das 5'-Ende des Introns markiert, und die **3'-Spleiß-Akzeptorstelle** am 3'-Ende des Introns, der eine Sequenz von mehreren Pyrimidin-Resten (C oder U) vorausgeht. Fast alle Introns beginnen mit GU und enden mit AG (◘ Abb. 9.9). Jedoch sind weitere Sequenzen für die Erkennung durch das Spleißosom erforderlich.

Die Proteine im Spleißosom besitzen die Fähigkeit, bestimmte RNA-Sequenzen zu erkennen und direkt an diese zu binden, was in vielen Fällen durch ein konserviertes **RNA-Erkennungsmotiv**, das **RRM** (**R**NA **r**ecognition **m**otif), ermöglicht wird. Dadurch wird ein Komplex, bestehend aus dem Spleißosom und der zu spleißenden RNA gebildet. Der Spleiß-Prozess selbst, bei dem es zur Basenpaarung zwischen kurzen Sequenzabschnitten der snRNAs des Spleißosoms und Sequenzen des Primärtranskripts kommt, lässt sich in mehrere Schritte unterteilen (◘ Abb. 9.10).

Im ersten Schritt der **Spleiß-Reaktion** kommt es zur Interaktion zwischen der 5'-Spleiß-Donorstelle und einem A des Introns, das kurz vor den Pyrimidin-Resten liegt (grün in ◘ Abb. 9.10b, b'). Hierbei wird die Phosphodiesterbin-

9.1 · Transkription

Box 9.1 Ribozyme

Bis in die 60iger Jahre des letzten Jahrhunderts war es unbestritten, dass in Zellen alle katalytischen Prozesse in Zellen von Enzymen, also Proteinen, durchgeführt werden. Um so erstaunlicher waren die von der Arbeitsgruppe um Thomas Cech 1982 veröffentlichten Ergebnisse, die zeigten, dass ein Intron in der Prä-rRNA des Ziliaten (Wimperntierchen) *Tetrahymena*, also ein Polynukleotid, in der Lage ist, das Spleißen dieses Vorläufermoleküls durchzuführen, ohne dabei verbraucht oder zerstört zu werden – ein Merkmal aller Katalysatoren. „*For their discovery of catalytic properties of RNA*" wurde T. Cech zusammen mit Sidney Altmann 1989 mit dem Nobelpreis für Chemie ausgezeichnet. Zur Unterscheidung von Enzyme wurden diese **katalytischen RNA-Moleküle** Ribozyme genannt. Vergleichbare Aktivitäten (*self-splicing*) wurden in der Folgezeit für Introns anderer Transkripte nachgewiesen, von denen Introns der Klasse II eine entsprechende Reaktion wie das Spleißosom ausüben (vergleichbar ◘ Abb. 9.10a–d), die zur Ausbildung eines Lariats führt.

Ribozyme sind sowohl bei Pro- und Eukaryonten weit verbreitet, wo sie unterschiedliche Reaktionen katalysieren. Ein schönes Beispiel ist die 28S-rRNA in der großen ribosomalen Untereinheit, die bei der Translation als Peptidyltransferase die Ausbildung der Peptidbindung zwischen zwei Aminosäuren katalysiert (s. ◘ Abb. 9.21).

Diese und weitere Ergebnisse zur Funktion katalytischer RNAs führte zur Entwicklung der **RNA-Welt Hypothese**, die besagt, dass die Entwicklung des Lebens mit RNA begann, die einerseits Information speichern und – durch Ausbildung komplexer Sekundärstrukturen – katalytisch aktiv sein kann. Im Verlauf der Evolution wurde die Informationsspeicherung von der stabileren DNA, die katalytische Aktivität von den flexibleren Proteinen weitestgehend übernommen.

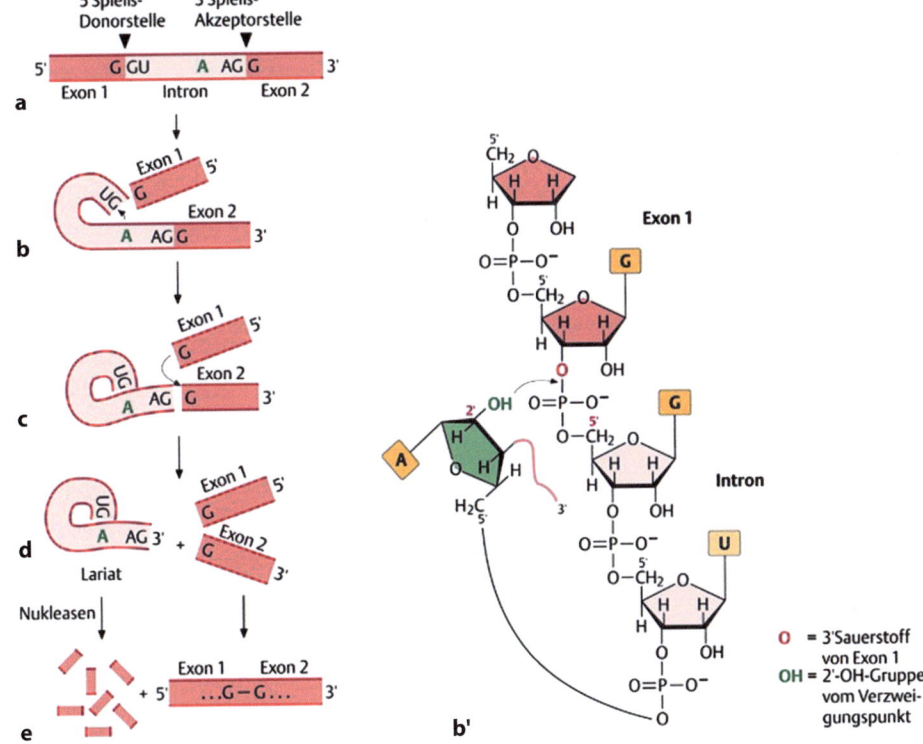

◘ **Abb. 9.10** Vorgang des Spleißens. **a** Abschnitt aus dem Primärtranskript, bestehend aus zwei Exons (dunkelrot), die durch ein Intron (hellrot) getrennt sind. **b**, **b'** Wechselwirkungen zwischen einem A im Intron und der Phosphodiesterbindung zwischen Exon 1 und dem Intron. **c** Auflösung der Bindung zwischen dem letzten Nukleotid des Introns und dem ersten Nukleotid von Exon 2. **d** Freisetzung des Introns als Lariat. **e** Abbau des Lariats. Weitere Erklärung im Text

dung zwischen dem ersten Nukleotid des Introns (G) und dem letzten Nukleotid von Exon 1 (G) in engen Kontakt mit der 2′-OH-Gruppe des A (grün in ◘ Abb. 9.10b′) gebracht. Es kommt zu einer Transesterifizierung, wobei die 5′-3′-Phosphodiesterbindung zwischen Exon 1 und dem Intron durch eine 5′-2′-Esterbindung zwischen zwei Nukleotiden des Introns ersetzt wird. Dabei wird die Bindung an der 5′-Spleiß-Donorstelle gelöst (◘ Abb. 9.10c). Das Intron bildet eine sog. **Lariat-Struktur** aus (Lariat = Lasso). Im zweiten Schritt erfolgt der Angriff der nun freien 3′-OH-Gruppe des G am Donor-Exon auf die Phosphodiesterbindung an der 3′-Spleiß-Akzeptorstelle zwischen Intron und Exon 2, der diese spaltet (◘ Abb. 9.10d). Dadurch wird das Intron als Lariat-Struktur freigesetzt und meist sehr schnell durch Nukleasen abgebaut. Die Ausbildung einer neuen Phosphodiesterbindung zwischen dem 3′-OH-Ende von Exon 1 und der 5′-Phosphatgruppe von Exon 2 verknüpft die beiden Exons miteinander (◘ Abb. 9.10e).

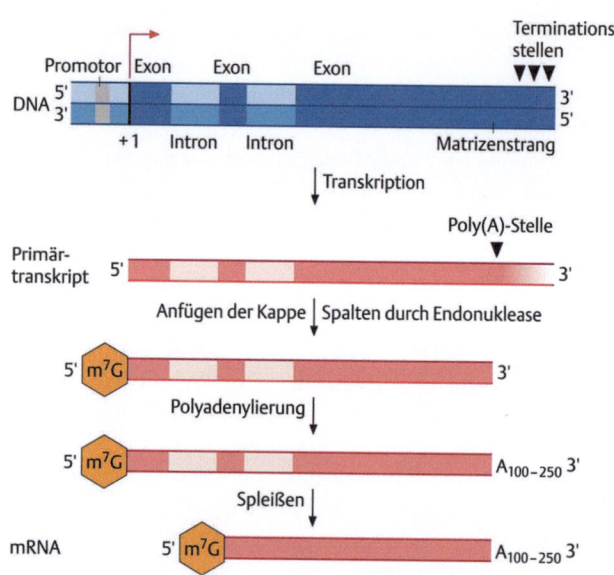

Abb. 9.11 Überblick über die Reifung (Prozessierung) der mRNA bei Eukaryonten. Exons sind dunkelblau bzw. dunkelrot, Introns hellblau bzw. hellrot dargestellt

Durch Kombination unterschiedlicher Exons können aus einem Primärtranskript verschiedene mRNAs gebildet werden (= **differenzielles** oder **alternatives Spleißen**). Das heißt, **ein Gen kann für mehrere mRNAs und somit ggf. auch für mehrere Proteine kodieren** (s. ▶ Abschn. 10.2.3.1). Differenzielles Spleißen ist eine Möglichkeit der Regulation der Genexpression und spielt bei verschiedenen Entwicklungsprozessen eine wichtige Rolle, z. B. bei der Geschlechtsdetermination bei *Drosophila* (s. ▶ Abschn. 11.1.5.2).

Insgesamt sind also mehrere Schritte bei der **Reifung eukaryontischer mRNA** erforderlich (◘ Abb. 9.11):
1. Am 5′-Ende wird eine 7-Methylguanosin-Kappe hinzugefügt.
2. Am 3′-Ende wird das Transkript gespalten und eine poly(A)-Sequenz angehängt.
3. Durch Spleißen werden die Introns entfernt.

Vergleichbare Modifikationen können auch in anderen RNAs vorkommen, z. B. in rRNAs, tRNAs oder in lncRNAs.

9.2 Translation

Gene bestimmen die Merkmale eines Organismus, seinen Phänotyp, und dieser wiederum ergibt sich aus der Summe der vielen einzelnen Phänotypen verschiedenster Zelltypen. Ein Hauptbestandteil der Zellen sind **Proteine** (Eiweiße) [gr. πρωτευω (*proteuo*), „ich nehme den ersten Platz ein", von πρωτος, *protos*, „erstes", „wichtigstes" abgeleitet], was die Bedeutung der Proteine für das Leben unterstreichen soll. Sie bilden u. a. die Struktur der Zelle (**Strukturproteine**), katalysieren als **Enzyme** die unterschiedlichsten biochemischen Reaktionen einer Zelle, dienen dem zellulären Transport und kontrollieren als **Regulatorproteine** die Genexpression (z. B. Transkriptionsfaktoren, s. ▶ Abschn. 10.2.2.2, ◘ Tab. 10.1). Die Bausteine aller Proteine sind **Aminosäuren**. In allen Organismen kommen 20 verschiedene Aminosäuren vor, die sog. kanonischen oder Standard-Aminosäuren. Hinzu kommt die nicht-kanonische 21. Aminosäure Selenocystein (s. u., Box 9.2). Aminosäuren können in beliebiger Reihenfolge und Anzahl zu Polypeptiden verknüpft werden. Das erklärt die immense Vielfalt der in der Natur vorkommenden Proteine. Aminosäureketten < 100 Aminosäuren bezeichnet man in der Regel als **Peptide**. Das mit ca. 3600 kDa größte menschliche Protein Titin besteht aus mehr als 30.000 Aminosäuren. Die lineare Reihenfolge der Aminosäuren bestimmt die **Primärstruktur** eines Proteins, die ihrerseits die räumliche Anordnung der Aminosäureresten kontrolliert. Dadurch entstehen **Sekundärstrukturen** wie **α-Helix** und **β-Faltblatt**. Durch verschiedene Interaktionen zwischen einzelnen Bereichen eines Proteins, z. B. durch hydrophobe Wechselwirkungen oder Ausbildung von Disulfidbrücken, erhält das Protein schließlich seine **Tertiärstruktur**, die seine Eigenschaften bestimmt. Einzelne Polypeptidketten können darüber hinaus miteinander interagieren und als **Quartärstruktur** funktionelle Proteinkomplexe, bestehend aus mehreren Untereinheiten, bilden (z. B. RNA-Polymerasen).

Die in der Nukleotidsequenz der DNA gespeicherte genetische Information wird in die lineare Nukleotidsequenz der mRNA umgeschrieben (s. ▶ Abschn. 9.1.2, Transkription). Diese wird schließlich im Zytoplasma der Zelle in die lineare Aminosäuresequenz der Proteine übersetzt. Der Informationsfluss geht also in diesem Fall von

$$DNA \rightarrow RNA \rightarrow Protein$$

wobei in dieser Darstellung RNA = mRNA ist. Dies wurde als das „**zentrale Dogma der Molekularbiologie**" formuliert. Heute wissen wir jedoch, dass Information auch von RNA in DNA oder von RNA in RNA umgeschrieben werden kann, so dass man nicht mehr von einem Dogma sprechen kann (Crick 1970; s. auch Box 10.1). Die Übersetzung der Nukleotidsequenz der mRNA in die Aminosäuresequenz eines Proteins wird als **Translation** bezeichnet. Außer der mRNA, deren Synthese und Reifung im vorangegangenen Kapitel besprochen wurde, werden für die Biosynthese der Proteine Ribosomen und mit Aminosäuren beladene tRNAs benötigt.

9.2.1 Komponenten der Translation

9.2.1.1 Ribosomen bestehen aus RNA und Protein

Ribosomen sind Ribonukleoproteinpartikel, die aus ribosomaler RNA (**rRNA**) und Proteinen bestehen. Sie sind aus einer **großen** und einer **kleinen Untereinheit** zusammengesetzt, die zusammen eine Größe von 80S (Eukaryonten) bzw. 70S (Prokaryonten, Mitochondrien, Chloroplasten) ausmachen. Die Zusammensetzung eukaryontischer Ribosomen ist in ◘ Tab. 9.2 zusammengefasst.

Die **Ribosomen von Eukaryonten** werden im **Nukleolus** zusammengebaut, einer distinkten Struktur im Zellkern (◘ Abb. 9.12a–b′), die aus DNA, RNA und Protein besteht.

Die Bildung des Nukleolus geht vom **Nukleolus-Organisator (NO)** aus. Dieser besteht aus einem DNA-Abschnitt, der **rDNA**, die aus jeweils **tandemartig angeordneten rRNA-Genen** besteht. Die rRNA-Gene können auf mehreren Chromosomen liegen, weshalb eine Zelle mehrere NOs besitzen kann. So gibt es in einer menschlichen Zelle fünf NOs/haploidem Genom mit insgesamt 200–300 *rRNA*-Genen (auf Chromosom 13, 14, 15, 21 und 22), in *Drosophila melanogaster* Zellen sind es zwei: ein NO auf dem X- und einer auf dem Y-Chromosom. Die hintereinander liegenden rRNA-Gene eines NOs werden jeweils durch einen nicht-transkribierten Abschnitt variabler Länge, den **Spacer**, voneinander getrennt (s. ◘ Abb. 9.12c, d).

Jedes rRNA-Gen eines NO kodiert für eine **polycistronische RNA**, eine etwa 45S (ca. 13 kb) große Prä-mRNA, die von der RNA-Polymerase I transkribiert wird. Diese stellt den Vorläufer für die 18S-, die 5,8S- und die 28S-rRNA (nicht aber für die 5S-rRNA) dar. In eukaryontischen Zellen macht die rRNA 80–90 % der gesamten RNA aus. Das Primärtranskript wird anschließend durch eine Endonuklease gespalten, wobei ein 18S-, ein 5,8S- und ein 28S-rRNA-Molekül entsteht. Diese werden zusammen mit der 5S-rRNA und den **ribosomalen Proteinen**, die im Zytoplasma synthetisiert und dann in den Kern transportiert

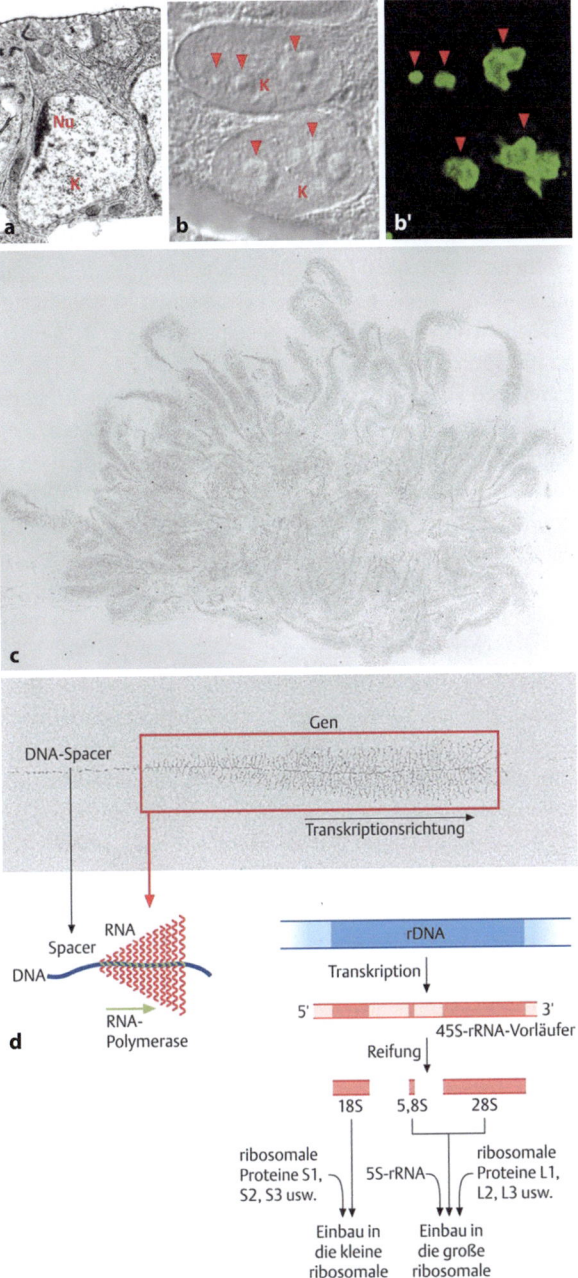

◘ **Abb. 9.12** Nukleolus und rRNA Synthese. **a** Elektronenmikroskopische Aufnahme der Epidermiszelle eines *Drosophila* Embryos. Nu = Nukleolus, K = Zellkern. **b**, **b′** Kultivierte menschliche HeLa-Zellen, die mit einem Antikörper gegen Fibrillarin, einer Komponente des Nukleolus, gefärbt wurden. Nur die Nukleoli, die in der Aufnahme in **b** (Nomarski-Optik) deutlich zu erkennen sind (Pfeilspitzen), sind in **b′** angefärbt (Pfeilspitzen). **c** Transkription von hintereinander angeordneten rRNA-Genen im Nukleolus von *Drosophila hydei*, die durch Spacer voneinander getrennt sind. Jedes Gen wird gleichzeitig von vielen RNA-Polymerase-Molekülen transkribiert. Die wachsenden RNA-Moleküle sind als fadenförmige Strukturen erkennbar, die von der zentralen DNA-Achse abstehen, wobei die kürzeren Moleküle sich näher am Transkriptionsstart befinden (Ausschnitt). **d** Schematische Darstellung der Transkription. **e** Reifung der rRNA im Nukleolus und Zusammensetzung der kleinen und der großen ribosomalen Untereinheit bei Vertebraten. (Bilder **b**, **b′** von Anna von Mikecz, Düsseldorf, **c** von Karl Heinz Glätzer, Düsseldorf)

◘ **Tab. 9.2** Zusammensetzung eukaryontischer (Säuger) Ribosomen

	Größe	rRNA (Nukleotide)	Proteine
Große Untereinheit	60S[a]	28S-rRNA (4818) 5,8S-rRNA (160) 5S-rRNA (120)	L1, L2, L3 etc. gesamt: 49
Kleine Untereinheit	40S	18S-rRNA (1874)	S1, S2, S3 etc. gesamt: 33

[a] S = *Svedberg*-Einheit = Maß für die Sedimentationsgeschwindigkeit, also für die Geschwindigkeit, mit der ein Molekül bei Zentrifugation in einem Dichtegradienten wandert. Der S-Wert ist sowohl von der Größe als auch der Form eines Partikels/Moleküls abhängig. Je größer und kompakter ein Molekül ist, desto größer ist seine Wanderungsgeschwindigkeit im Schwerefeld, desto größer sein S-Wert.

werden, zu den ribosomalen Untereinheiten im Nukleolus zusammengesetzt (Abb. 9.12e). Der Aufbau der Untereinheiten beginnt bereits während der Synthese des 45S-Primärtranskripts und dauert etwa 1 h für die große bzw. 30 min für die kleine Untereinheit. Nach der Fertigstellung werden die Untereinheiten ins Zytoplasma transportiert. Große und kleine Untereinheit werden nur während der Translation zusammengefügt. Ein reifes, aktives Ribosom besteht aus der großen 60S Untereinheit mit der 28S-, 5,8S- und 5S-RNA sowie etwa 50 verschiedenen Proteinen, und der kleinen 40S-Untereinheit, bestehend aus der 18S-rRNA und ca. 33 Proteinen.

Während einiger Stadien der Entwicklung, in denen entweder starkes Zellwachstum oder eine erhöhte Zellteilungsrate stattfindet, werden enorm große Mengen an Ribosomen benötigt. Dieser Bedarf kann durch Vermehrung der rDNA (Genamplifikation, ▶ Abschn. 10.2.1.2) oder erhöhte Transkriptionsrate der rDNA gedeckt werden. Deshalb ist die Transkription der rDNA sehr eng mit dem Zellwachstum verbunden und unterliegt u. a. der Regulation durch verfügbare Nährstoffe.

Durch die Transkription eines gemeinsamen Vorläufermoleküls ist eine äquimolare Synthese der drei RNA-Spezies sichergestellt. Ca. 200–300, in Tandem angeordnete Gene für die **5S-rRNA** (ca. 120 Nukleotide lang) sind an anderer Stelle im Chromosom kodiert (im menschlichen Genom auf Chromosom 1). Bei Eukaryonten werden 5S-rRNA-Gene von der **RNA-Polymerase III** transkribiert.

9.2.1.2 Proteine setzen sich aus Aminosäuren zusammen

Aminosäuren sind die Bausteine aller Proteine, und ihre Anzahl und Reihenfolge bestimmt die Eigenschaften des jeweiligen Proteins. Alle Aminosäuren zeichnen sich durch zwei chemische Gruppen aus: eine **Aminogruppe** (NH_2-Gruppe) und eine **Carboxylgruppe** (**COOH-Gruppe**), die an dem zentralen Kohlenstoffatom, dem **α-C-Atom**, gebunden sind (Abb. 9.13a).

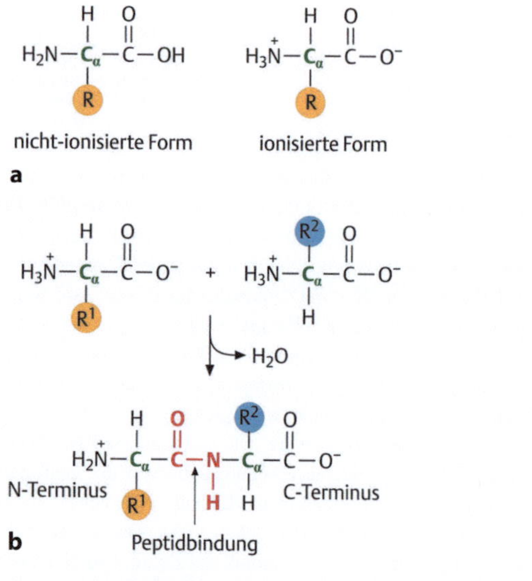

Außer diesen beiden Gruppen kann das α-C-Atom noch eine weitere Seitenkette tragen. Je nach chemischer Natur dieser Seitenkette unterscheidet man verschiedene Klassen von Aminosäuren (Abb. 9.14):
– hydrophobe Aminosäuren,
– positiv oder negativ geladene Aminosäuren (basisch oder sauer),
– polare Aminosäuren mit ungeladenen Seitenketten,
– spezielle Aminosäuren.

Die einzelnen Aminosäuren werden entweder durch drei Buchstaben gekennzeichnet (meist die ersten drei des Namens) oder nur durch einen einzigen Buchstaben (s. Abb. 9.14).

Zwei Aminosäuren werden durch eine **Peptidbindung** verbunden. Diese wird zwischen der –COOH-Gruppe (Carboxylgruppe) der einen Aminosäure und der –NH_2-Gruppe (Aminogruppe) der anderen Aminosäure unter Abspaltung von Wasser gebildet (s. Abb. 9.13b). Durch Hinzufügen weiterer Aminosäuren wird so aus einem Dipeptid ein Tri-, Tetra-, Pentapeptid, schließlich ein Oligopeptid (3-10 Aminosäuren) oder ein Polypeptid (> 10 Aminosäuren) und schließlich Proteine (> 100 Aminosäuren). Jedes Peptid bzw. **Protein** besitzt am Anfang eine **Aminogruppe** (= **N-Terminus**), am Ende eine **Carboxylgruppe** (= **C-Terminus**).

9.2.1.3 tRNAs sind Adaptormoleküle

Zur Proteinbiosynthese werden außer den Ribosomen und den Aminosäuren die **transfer-RNAs** (**tRNAs**) benötigt. tRNAs von Eukaryonten werden von RNA-Polymerase III transkribiert, wobei zunächst eine Prä-tRNA gebildet wird, die am 5′- und 3′-Ende modifiziert bzw. verkürzt wird. Reife tRNAs bestehen aus 74–95 Nukleotiden, von denen einige nach der Transkription durch Modifikation einer Standardbase entstehen: so findet man in diesen RNAs häufig **Pseudouridin** (Ψ-Uridin), ein Isomer von Uridin, und **Inosin**, das als Base das Purinderivat Hypoxanthin trägt. Der Mensch hat mehr als 600 tRNA-Gene über das gesamte Genom verteilt. Allerdings sind die tRNA-spezifischen Gene nicht gleichmäßig auf die Chromosomen verteilt, auch werden nicht alle tRNA-Gene in allen Zellen transkribiert. Sie sind, genau wie die rDNA, ein Beispiel dafür, dass nicht alle Gene eines Genoms für ein Protein kodieren (non-coding RNAs, ncRNAs). Neuere Untersuchungen zeigen, dass tRNAs fragmentiert werden können, so dass *tRNA-derived small RNAs*, tsRNAs, entstehen, die, ähnlich wie andere nicht-kodierende RNAs, Genexpression regulieren, u. a. Transkription und Translation (Pan et al. 2021; s. Tab. 9.1).

Reife tRNAs bilden intramolekulare Wasserstoffbrücken zwischen Bereichen komplementärer Basensequenzen aus, was zur Ausbildung einer **kleeblattförmigen Struktur** führt (Abb. 9.15a).

Abb. 9.13 Genereller Aufbau einer Aminosäure und die Verknüpfung zweier Aminosäuren durch eine Peptidbindung. **a** Allgemeiner Aufbau einer Aminosäure. Seitenkette oder Rest = gelb. **b** Peptidbindung

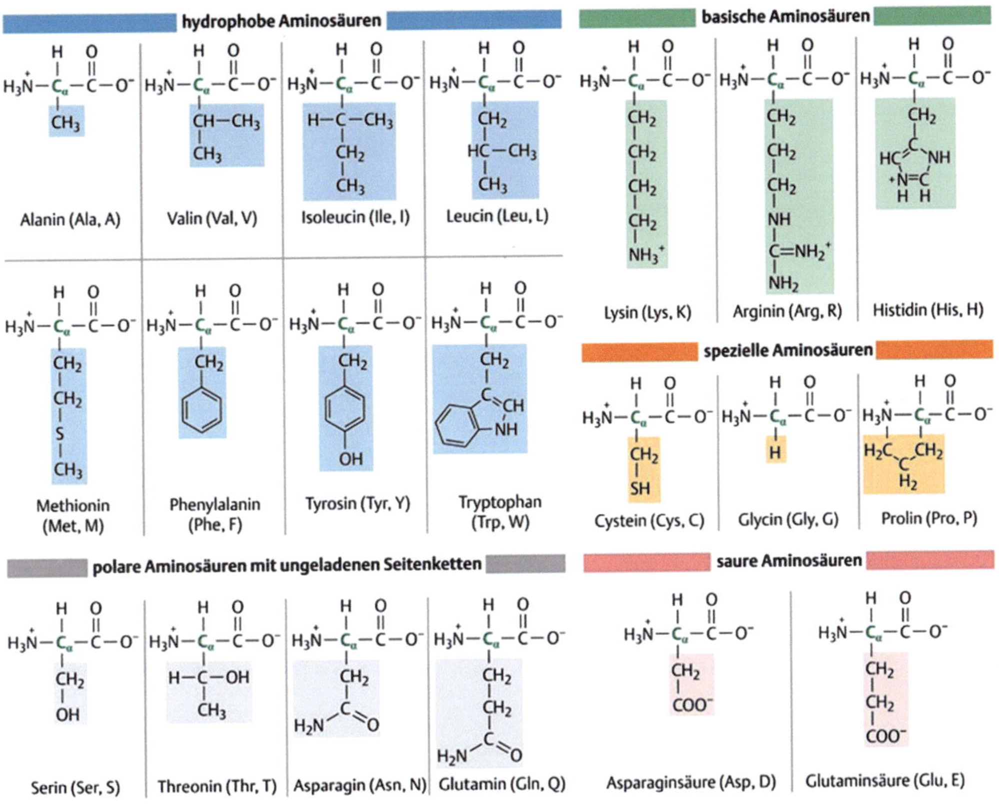

9.2 · Translation

Abb. 9.14 Struktur und Klassifizierung der 20 Aminosäuren. Hydrophobe Aminosäuren haben entweder aliphatische (Alanin, Valin, Leucin, Isoleucin, Methionin) oder aromatische (Phenylalanin, Tyrosin, Tryptophan) Seitenketten. Basische Aminosäuren (Lysin, Arginin, Histidin) haben bei neutralem pH-Wert positive Ladungen, saure Aminosäuren (Asparaginsäure, Glutaminsäure) sind bei physiologischem pH-Wert negativ geladen. Zu den polaren Aminosäuren mit ungeladenen Seitenketten gehören Serin und Threonin mit aliphatischen Hydroxylgruppen sowie Asparagin und Glutamin mit jeweils einer endständigen Amidgruppe. Zu den speziellen Aminosäuren gehören Glycin, die kleinste Aminosäure, die als Seitenkette nur ein Wasserstoffatom trägt, Cystein mit einer hochreaktiven Sulfhydrylgruppe (−SH) in der hydrophoben Seitenkette und Prolin mit einer aliphatischen Seitenkette, die sowohl mit dem α-Kohlenstoff- als auch mit dem Stickstoff-Atom verbunden ist (zur Beschreibung der 21. Aminosäure, dem Selenocystein, ▶ Box 9.2)

Box 9.2 Selenocystein, die 21. Aminosäure

In einigen Enzymen von Säuger- und Bakterienzellen hat man eine neue, die 21. Aminosäure gefunden, das **Selenocystein**. Dieses unterscheidet sich vom Cystein (s. ◘ Abb. 9.14) durch das Vorhandensein von Selen anstelle einer SH-Gruppe. Selenocystein kommt in Selenoproteinen, meist Enzymen, die Oxidations-Reduktions-Reaktionen katalysieren (z. B. das *E. coli*-Enzym Formatdehydrogenase), nur ein einziges Mal vor. Wie wird diese neuartige Aminosäure in eine wachsende Polypeptidkette eingebaut, zumal alle Codons (bis auf die Stopcodons) bereits den 20 anderen Aminosäuren zugewiesen sind? Der Einbau eines Selenocysteins in ein Selenoprotein erfordert einen ungewöhnlichen Schritt während der Translation, wobei das Codon UGA, normalerweise ein Stopcodon, den Einbau von Selenocystein dirigiert. Das bedeutet, dass in einer mRNA UGA zwei entgegengesetzte Bedeutungen haben kann: „Stop" oder „Einbau von Selenocystein". Die für den Transport von Selenocystein nötige Selenocysteyl-tRNA wird zunächst mit Serin beladen. Anschließend erfolgt in mehreren Schritten der Austausch der OH-Gruppe des Serins (s. ◘ Abb. 9.14) durch ein Selen. Auf der mRNA erkennt diese tRNA das Codon UGA. Allerdings erfolgt der Einbau von Selenocystein nur dann, wenn UGA innerhalb eines offenen Leserasters liegt und wenn die mRNA eine spezifische Sekundär- bzw. Tertiärstruktur besitzt, die bei Eukaryonten von der 3'-nicht translatierten Region (3'-UTR) gebildet wird.

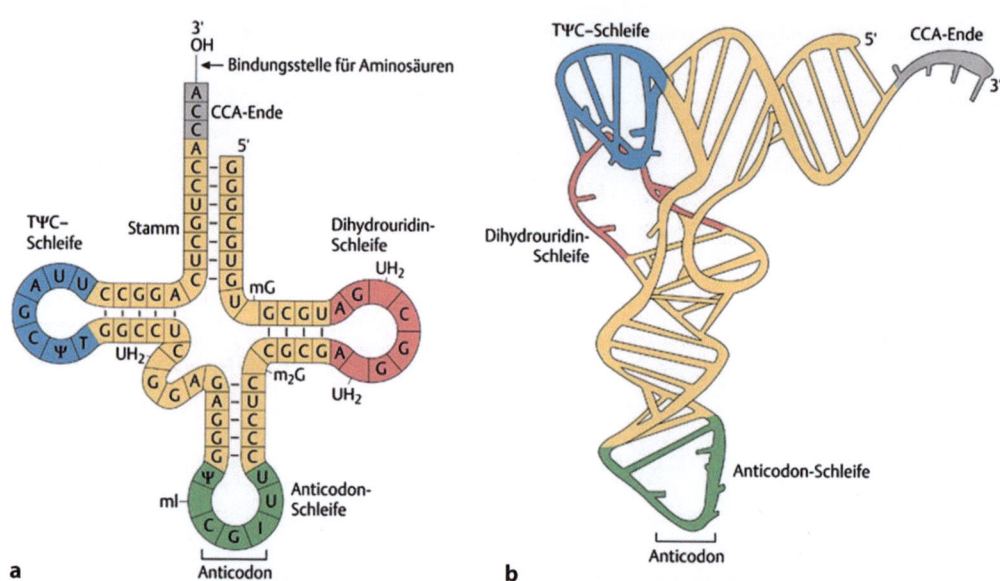

Abb. 9.15 Struktur von tRNAs. **a** Zweidimensionale Darstellung der Hefe-Alanin-tRNA (sog. Kleeblattstruktur). Die TΨC-Schleife, bestehend aus 7 Nukleotiden, ist nach dem dort meist vorhandenen Pseudouridin (Ψ) benannt. **b** Dreidimensionale Struktur der Hefe-Phenylalanin-tRNA. Abkürzungen: Ψ = Pseudouridin, UH_2 = Dihydrouridin, mG = Methylguanosin, m_2G = Dimethylguanosin, mI = Methylinosin

An dieser kann man mehrere, für die Funktion wichtige Regionen unterscheiden. Durch Ausbildung von Wasserstoffbrückenbindungen zwischen den Basen des 3'- und 5'-Endes entsteht der sog. **Stamm**. Das 3'-Ende, das immer mit −CCA endet, stellt die Bindungsstelle für eine zuvor aktivierte Aminosäure dar. Sowohl die Aktivierung als auch die Bindung der Aminosäure werden durch **Aminoacyl-tRNA-Synthetasen** katalysiert. Obwohl alle tRNAs einen ähnlichen Aufbau zeigen, hat jede von ihnen eine individuelle dreidimensionale L-Struktur (Abb. 9.15b), die eine Erkennung durch nur eine einzige der insgesamt 20 Aminoacyl-tRNA-Synthetasen erlaubt. Umgekehrt erkennt jede Aminoacyl-tRNA-Synthetase jeweils nur eine bestimmte Aminosäure und verknüpft diese mit der zugehörigen tRNA zu einer **Aminoacyl-tRNA**. Für einige Aminosäuren gibt es mehrere passende tRNAs, doch gehört zu jeder tRNA nur eine Aminosäure. Anders ausgedrückt: Es gibt 20 Aminosäuren, aber mehr als 20 verschiedene tRNAs. Zur Charakterisierung einer tRNA, die spezifisch die Aminosäure Serin bindet, verwendet man die Bezeichnung $tRNA^{Ser}$. Ist sie mit der Aminosäure beladen, schreibt man Ser-tRNA. Die richtige Verknüpfung einer tRNA und der zugehörigen Aminosäure ist entscheidende Voraussetzung für die korrekte Translation der Nukleotidsequenz einer mRNA in die Aminosäuresequenz eines Proteins.

Die dem Stamm gegenüber liegende Schleife enthält das **Anticodon**, eine Sequenz aus drei Nukleotiden. Diese ist komplementär und antiparallel zu einer Sequenz auf der mRNA, dem **Codon**, und geht mit diesem während der Translation Basenpaarungen ein (s. u.). Die anderen Strukturen der tRNA dienen der Erkennung durch die Aminoacyl-tRNA-Synthetasen (Dihydrouridin-Schleife) oder der Bindung an das Ribosom.

9.2.2 Der genetische Code

Bereits James Watson und Francis Crick vermuteten, dass in der linearen Abfolge der Basen die genetische Information gespeichert sein muss, die über die lineare Abfolge der Aminosäuren in den Proteinen entscheidet. Jedoch erst zu Beginn der 60er Jahre gelang die Aufklärung des **genetischen Codes** (▶ Box 9.3). „*For their interpretation of the genetic code and its function in protein synthesis*" wurden Marshall Nirenberg und Gobind Khorana 1968 der Nobelpreis für Physiologie oder Medizin verliehen.

Genau wie bei unserer Sprache, in der aus Buchstaben Wörter und aus diesen sinnvolle Sätze gebildet werden, werden aus den vier „Buchstaben" der mRNA, A, C, G und U, „Wörter" gebildet, die jeweils aus drei Nukleotiden, einem **Triplett**, bestehen und als **Codon** bezeichnet werden. 61 der insgesamt 64 Codons einer mRNA kodieren in eindeutiger Weise für eine ganz bestimmte Aminosäure (Abb. 9.16). Da bei der Bildung von Tripletts aus den vier Nukleotiden insgesamt $4^3 = 64$ verschiedene Codons gebildet werden können, es aber insgesamt nur 20 verschiedene kanonische Aminosäuren gibt (Abb. 9.14) bedeutet dies, dass es für einige Aminosäuren mehr als nur ein Codon gibt: **Der genetische Code ist degeneriert** (Abb. 9.16).

Bei Betrachtung des „Wörterbuchs" fällt auf, dass die Anzahl der Codons, die für eine Aminosäure kodieren, variieren kann, und zwar von eins (nur in zwei Fällen: AUG für Methionin und UGG für Tryptophan) bis maximal sechs (z. B. für Arginin: CGU, CGC, CGA, CGG, AGA und AGG). Es gibt also sechs verschiedene tRNAs, die die Aminosäure Arginin an das Ribosom transportieren können. Es fällt weiterhin auf, dass sich einige dieser

9.2 · Translation

> **Box 9.3 Die Aufklärung des genetischen Codes**
>
> Die Aufklärung der DNA-Struktur durch Watson und Crick legte die Vermutung nahe, dass in der linearen Reihenfolge der Basen ein Code verschlüsselt ist, der die lineare Reihenfolge der Aminosäuren in einem Protein bestimmt. Es dauerte jedoch noch fast zehn weitere Jahre bis dieser Code „geknackt" werden konnte. Grundlage hierfür war ein von Heinrich Matthaei und Marshall Nirenberg entwickeltes zellfreies System von *E. coli*, mit dem man *in vitro* radioaktiv markierte Aminosäuren in Proteine einbauen konnte. Nach Zugabe von „Zellsaft", der eine lösliche RNA (im Gegensatz zu der in den Ribosomen lokalisierten rRNA) enthielt, konnte die Synthese deutlich gesteigert werden (heute wissen wir, dass es die mRNA im Zellsaft war, die für die Steigerung der Synthese verantwortlich zeichnete, die damals aber noch nicht bekannt war). Sehr bald war klar, dass es RNA, z. B. Hefe-RNA oder RNA des Tabakmosaikvirus ist, die diese Steigerung vermittelte. Zunächst mehr aus Zufall gaben sie nun eine synthetische Ribonukleinsäure, die nur aus Uracil bestand (poly-U) hinzu und konnten zeigen, dass ^{14}C-markiertes Phenylalanin in sehr großer Menge eingebaut wurde, jedoch keine der anderen Aminosäuren:
>
> 5′-UUUUUUUUUUUUUUUUUU...3′
> Phe–Phe–Phe–Phe–Phe–Phe......
>
> Ein in der Zwischenzeit von Severo Ochoa und Marianne Grunberg-Manago isoliertes Enzym, die Polynukleotid-Phosphorylase, erlaubte die Synthese künstlicher Polyribonukleotide, deren Zusammensetzung von den zugegebenen Nukleotiden abhing, deren Basensequenz aber völlig wahllos war. Erst die Möglichkeit der chemischen Synthese von Trinukleotiden definierter Basensequenz brachte den Durchbruch: Nirenberg konnte jeder der 64 möglichen **Trinukleotid**-Kombinationen eine **Aminosäure** zuordnen. Als Gobind Khorana schließlich die Synthese von Polyribonukleotiden mit definierter Sequenz gelang, indem er Di-, Tri- oder Tetranukleotide derselben Sequenz miteinander verknüpfte, gelang der Durchbruch. So erlaubte Poly(UC), also die Sequenz 5′...UCUCUCUC...3′, nur den Einbau von Serin und Leucin. Da aber durch Nirenbergs Arbeiten bekannt war, dass UCU für Serin und CUC für Leucin kodierte, konnte die Aminosäuresequenz nur ...Ser-Leu-Ser-Leu-Ser-Leu... sein. Bei Verwendung von wiederholten Trinukleotiden, 5′...UACUACUACUAC...3′ wurde nur Leucin, Threonin oder Thyrosin eingebaut, wobei jedes Mal ein monotones Polypeptid entstand:
>
> Raster UACUACUAC...: Poly-Tyrosin
> Raster ACUACUACU...: Poly-Threonin
> Raster CUACUACUA...: Poly-Leucin
>
> Die Verwendung von Polytetranukleotiden ergänzte schließlich die Daten: So ergab Poly(TATC) das Polypeptid Tyr-Leu-Ser-Ile-Tyr-Leu-Ser-Ile etc., Poly(TTAC) lieferte Leu-Leu-Thr-Tyr-Leu-Leu-Thr-Tyr etc. Wann immer jedoch die **Tripletts** UAG oder UAA oder UGA auftraten, wurde die Synthese von langen Polypeptiden verhindert. Sie kodieren für keine Aminosäure, weshalb sie als **nonsense-(Unsinn)-Codons** bezeichnet wurden. Allerdings haben sie sehr wohl einen Sinn, da sie das Ende einer Polypeptidkette markieren.

sechs Tripletts nur in der letzten Base unterscheiden: CGU, CGC, CGA und CGG. Die mRNA-Codons 5′-CGU-3′ und 5′-CGC-3′ können beide mit dem Anticodon 3′-GCG-5′ einer tRNA eine Paarung eingehen. Das liegt daran, dass in dem Anticodon die Position der Base an der dritten Stelle (am 5′-Ende), hier also G, auf Grund der Struktur der Anticodonschleife flexibler ist, was man als **Wobble** („wackeln") bezeichnet. Dies ermöglicht es der sog. „Wobble-Base" des Anticodons sowohl mit U als auch mit C an der

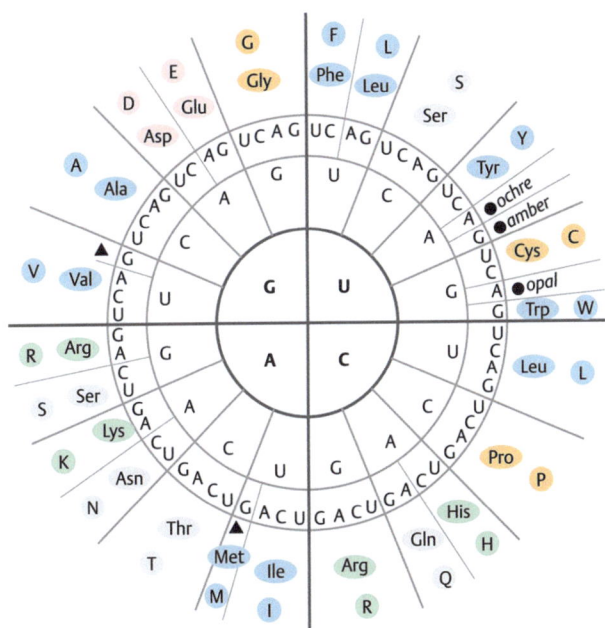

Abb. 9.16 Die Code-„Sonne". Die Codons, die von innen nach außen (von 5′ nach 3′) zu lesen sind, geben die Nukleotidsequenz auf der mRNA an. Mit Ausnahme der drei Nonsense- oder Terminationscodons UAA (ochre), UAG (amber) und UGA (opal; jeweils mit einem schwarzen Punkt markiert) kodiert jedes Codon für eine Aminosäure, die an der Peripherie des Kreises im 3- und 1-Buchstaben-Code angegeben ist. Die Farben entsprechen denen der Klassifizierungen in Abb. 9.14. Dreieck: Startcodons, die am Anfang der Translation Methionin einbauen, in der Mitte der mRNA aber die angegebene Aminosäure ▶

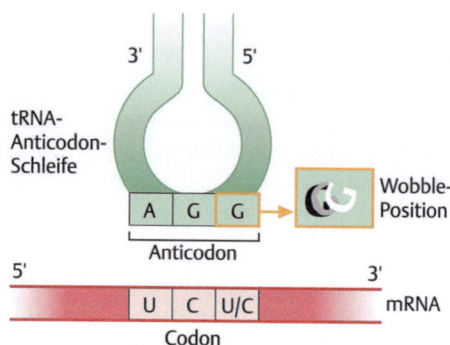

Abb. 9.17 Die Wobble-Base. Das G in der dritten Position des Anticodons kann zwei „Wobble"-Positionen annehmen. Das bedeutet, dass eine einzelne, mit einer Aminosäure (hier Serin, ■ Abb. 9.14) beladene tRNA zwei verschiedene Codons, hier UCU und UCC, auf der mRNA erkennen kann

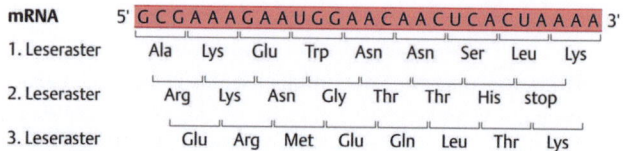

Abb. 9.18 Die lineare Abfolge der Codons auf der mRNA bestimmt die lineare Abfolge der Aminosäuren im Protein. Mit welchem Nukleotid begonnen wird, entscheidet über die Aminosäuresequenz

dritten Stelle des Codons der mRNA Basenpaarungen einzugehen (■ Abb. 9.17).

Jedoch ist nicht jede „Fehlpaarung" erlaubt, sondern es gelten bestimmte „Wobble-Regeln". Ist die Wobble-Base ein U, kann sie mit A oder G paaren, ist sie ein G, kann sie mit C oder U paaren. Jedoch paart C in der Wobble-Position immer nur mit G und A immer nur mit U.

Auch wenn es für einige Aminosäuren mehrere Codons und somit mehrere tRNAs gibt, benutzen viele Organismen für eine bestimmte Aminosäure präferenziell nur eines oder wenige der möglichen Codons. Aufgrund dieser Tatsache wurden sog. **„Codon-Usage"-Tabellen** aufgestellt, die die bevorzugte Verwendung bestimmter Codons für einzelne Spezies beschreiben.

Die zweite Auffälligkeit bei Betrachtung des genetischen Codes sind drei Tripletts, die für keine Aminosäure kodieren, weshalb sie auch als **nonsense-Codons** bezeichnet werden: **UAG** (*amber*-Codon), **UGA** (*opal*-Codon) und **UAA** (*ochre*-Codon). Dies sind die **Stop-** oder **Terminationscodons**, die zum Abbruch der Translation führen (s. u.). Einer Anekdote zufolge war ein Student namens Harris Bernstein an der Entdeckung des ersten Stopcodons beteiligt. In Anlehnung an die englische Bezeichnung für Bernstein (*amber*), wurden die anderen zwei Stopcodons *ochre* (Ocker) und *opal* (Opal) genannt.

Auf Grund der Tatsache, dass **der genetische Code universell** ist und somit von allen Organismen verwendet wird, ist es möglich, etwa eine mRNA vom Huhn in einer Froschoozyte in ein korrektes Protein zu übersetzen. Es sind bisher nur wenige Ausnahmen von der Gültigkeit des Codes bekannt. So kodiert z. B. in Mitochondrien das Codon UGA für Tryptophan (normalerweise Stop) und das Codon AUA für Methionin (normalerweise Isoleucin).

Die Eindeutigkeit der Zuordnung eines Codons zu einer Aminosäure führt dazu, dass eine bestimmte Nukleotidsequenz einer mRNA eindeutig die Aminosäuresequenz des von ihr kodierten Proteins festlegt. Allerdings hängt die Reihenfolge der Aminosäuren davon ab, mit welchem Nukleotid und damit mit welchem Codon die Übersetzung begonnen wird. Jede Nukleotidsequenz einer mRNA kann theoretisch in drei **Leserastern** gelesen werden. Somit ist es möglich, dass aus einer Nukleotidsequenz drei verschiedene Aminosäuresequenzen abgeleitet werden können (■ Abb. 9.18).

Den gesamten, in einem Stück lesbaren Abschnitt einer mRNA bezeichnet man als **offenen Leseraster** (**ORF, o**pen **r**eading **f**rame). Wodurch bestimmt wird, mit welchem Codon das Leseraster beginnt, wird im nächsten Abschnitt besprochen.

9.2.3 Ablauf der Translation

Eukaryontische mRNA enthält neben dem proteinkodierenden Bereich, dem offenen Leseraster (*open reading frame*, ORF), im 5′ und im 3′-Bereich nicht-translatierte Bereiche, die 5′- und 3′-nicht-translatierte-Region (**5′-UTR** und **3′-UTR**, 5′-, 3′-**u**ntranslated **r**egion, ■ Abb. 9.19).

Die **Translation,** also die Übersetzung der Basensequenz der mRNA in die Aminosäuresequenz eines Proteins, findet bei Eukaryonten erst nach der Prozessierung (s. ▶ Abschn. 9.1.3) und dem Export der mRNA aus dem Zellkern ins Zytoplasma statt.

Der Translationsprozess selbst kann in die drei Schritte – **Initiation, Elongation** und **Termination** – unterteilt werden. Ihr Ablauf ist im Folgenden dargestellt.

9.2.3.1 Die Initiationsphase

Damit eine mRNA in die richtige Aminosäuresequenz translatiert wird, muss festgelegt sein, wo die Translation beginnen soll, damit das richtige der drei theoretisch

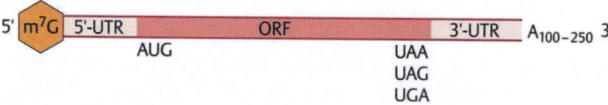

Abb. 9.19 Aufbau einer mRNA. Von 5′ nach 3′ finden sich folgende Bereiche in einer eukaryontischen mRNA: die 7-Methylguanosin-Kappe m⁷G, die 5′-UTR, der ORF, beginnend mit dem AUG und mit einem der drei Stopcodons, UAA, UAG oder UGA endend, die 3′-UTR und der poly(A)-Schwanz, A100–250

9.2 · Translation

möglichen Leseraster verwendet wird (s. ◘ Abb. 9.18). Das **Startcodon** ist bei Pro- und Eukaryonten fast immer **AUG** (Ausnahmen bilden sORFs (*small open reading frames*) mit < 100 Codons, die sog. Mikroproteine kodieren und auch andere als AUG Codons als Startcodon verwenden). Somit ist die erste eingebaute Aminosäure immer ein **Methionin**. Wie aber erkennt das Ribosom das Start-AUG und unterscheidet es von den vielen anderen AUG-Tripletts der mRNA?

Die mRNAs von Eukaryonten besitzen in der Regel nur eine einzige, am 5′-Ende der mRNA lokalisierte **Initiationsstelle**, die vom Ribosom erkannt und gebunden wird, die **Ribosomenbindungsstelle**. Nur in seltenen Fällen kann die Translation auch von internen Ribosomenbindungsstellen (IRES, **i**nternal **r**ibosomal **e**ntry **s**ites) gestartet werden. Bei der Initiation der Translation spielt die 5′-Kappe der mRNA (s. ▶ Abschn. 9.1.3.1) als Bindungsstelle für die kleine ribosomale Untereinheit eine wichtige Rolle. Diese sowie einige Basen um das Startcodon AUG herum entscheiden über den korrekten Start und die Effizienz der Translation. Im Gegensatz zu Prokaryonten kommt es bei Eukaryonten zu keiner Basenpaarung zwischen der mRNA und der 18S-rRNA der kleinen ribosomalen Untereinheit.

Außer dem Ribosom, der mRNA und den tRNAs werden für die Initiation der Translation weitere Proteine, die **eukaryontischen Initiationsfaktoren**, benötigt (**eIF**), von denen einige wiederum Komplexe aus mehreren Polypeptiden darstellen. Bei **Eukaryonten** lässt sich die Initiation der Translation in folgende Schritte unterteilen (◘ Abb. 9.20):

1. Im ersten Schritt binden die **Initiationsfaktoren eIF3** und **eIF4F** an die kleine 40S ribosomale Untereinheit. eIF4F ist ein Proteinkomplex, bestehend aus eIF4A, eIF4E und eIF4G. **eIF4A** ist eine RNA-Helikase, die die Auflösung von Sekundärstrukturen der mRNA ermöglicht. **eIF4E** erkennt und bindet direkt die 5′-Kappe der mRNA. **eIF4G** unterstützt die Bindung des **poly(A)-bindenden Proteins** (**PAP**), das an den polyA-Schwanz der meisten mRNAs bindet, an den eIF4F-Komplex.
2. Im zweiten Schritt bindet **eIF2**, der zuvor an Guanosintriphosphat (GTP) gebunden wurde (eIF2-GTP), an die **Initiator-tRNA**, die immer mit einem **Methionin** (tRNA^{Met}; Formylmethionin bei Prokaryonten) beladen ist.
3. Der Komplex aus tRNA^{Met} und eIF2-GTP bindet an die kleine ribosomale Untereinheit. Das ist nur dann möglich, wenn eIF2-GTP nicht phosphoryliert ist.
4. Der so gebildete **43S Prä-Initiationskomplex** bindet an die mRNA und wandert, zusammen mit den Initiationsfaktoren, auf der mRNA entlang in Richtung 3′-Ende. Dieser als „scanning" bezeichnete Prozess dauert so lange, bis das Start Codon, AUG, erreicht wird.
5. Dort wird das GTP von eIF2-GTP hydrolysiert, wodurch dieses zu eIF2-GDP und anorganischem Phos-

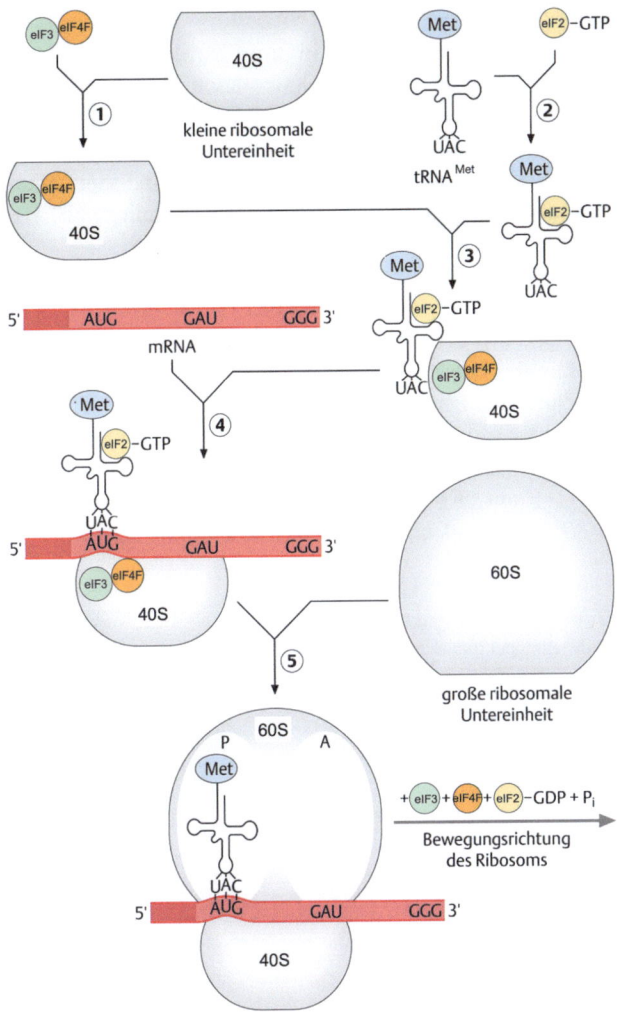

◘ **Abb. 9.20** Initiation der Translation bei Eukaryonten. Anders als hier dargestellt, sind während der Translation immer etwa 30 Nukleotide der mRNA in Kontakt mit dem Ribosom. Weitere Erklärungen s. Text

phat (P_i) zerfällt. Die dabei freigesetzte Energie resultiert in der Freisetzung mehrerer Komponenten der kleinen Untereinheit und ermöglicht die Bindung der kleinen an die große 60S ribosomale Untereinheit und somit den Zusammenbau des gesamten 80S Ribosoms. Durch Konformationsänderungen entstehen im Ribosom **zwei Bindungsstellen für tRNAs**: die **P (Peptidyl)-Stelle** (Donorstelle) und die **A (Aminoacyl)-Stelle** (Akzeptorstelle). Die tRNA^{Met} kommt an die P-Stelle im Ribosom zu liegen, wobei sie durch Ausbildung von Wasserstoffbrücken zwischen ihrem Anticodon und dem Codon auf der mRNA stabilisiert wird. Den nun für die Translation fertig ausgebildeten Komplex bezeichnet man als den **80S-Initiationskomplex**.

Das gesamte 80S Ribosom kann dann mit der Elongation der Aminosäurekette beginnen.

9.2.3.2 Die Elongationsphase

Die Elongationsphase kann in drei Schritte unterteilt werden: i) Erkennung der Codons durch die Aminoacyl-tRNAs. ii) Ausbildung der Peptidbindung zwischen zwei Aminosäuren (◘ Abb. 9.21). iii) Verschiebung des tRNA-mRNA Komplexes. An diesen Prozessen sind vier **eukaryontische Elongationsfaktoren** (**eEF**) beteiligt, eEF1A, eE1B, eEF2 und eEF3.

1. Der **Elongationsfaktor eEF1A** wird durch die Bindung von GTP, katalysiert durch eEF1B (▶ Box 9.4), aktiviert. **eEF1A-GTP** bindet an eine **Aminoacyl-tRNA**, hier die Asparagin-beladene tRNA^{Asp} (◘ Abb. 9.21, 1).
2. Durch die Bindung von **eEF1A-GTP** wird die tRNA^{Asp} an der freien Aminoacyl(A)-Stelle des Ribosoms platziert. Mit Hilfe der Energie, die durch die Hydrolyse des GTP am **eEF1A-GTP** zu **eEF1A-GDP** und Phosphat (P_i) frei wird, erfolgt eine stabile Bindung der **tRNA^{Asp}** an die **A-Stelle des Ribosoms** (◘ Abb. 9.21, 2). Der inaktivierte Elongationsfaktor **eEF1A-GDP** wird vom Ribosom freigesetzt.
3. Die an der Peptidyl-tRNA in der P-Stelle hängende Polypeptidkette (bzw. im Beispiel hier das Start-Methionin) wird auf die an die Aminoacyl-tRNA in der A-Stelle gebundene Aminosäure übertragen (◘ Abb. 9.21, 3). Dieser Schritt wird durch das Enzym **Peptidyltransferase** katalysiert. Dabei wird unter Abspaltung von H_2O eine Peptidbindung zwischen der Caroxylgruppe der ersten Aminosäure und der Amino-Gruppe der zweiten Aminosäure ausgebildet (s. ◘ Abb. 9.13b). Diese Reaktion wird von Komponenten der **großen ribosomalen Untereinheit** katalysiert.
4. Im **Translokationsschritt** „rutscht" nun das Ribosom auf der mRNA ein Codon in Richtung des 3′-Endes weiter (Translokation). Dies wird durch die Elongati-

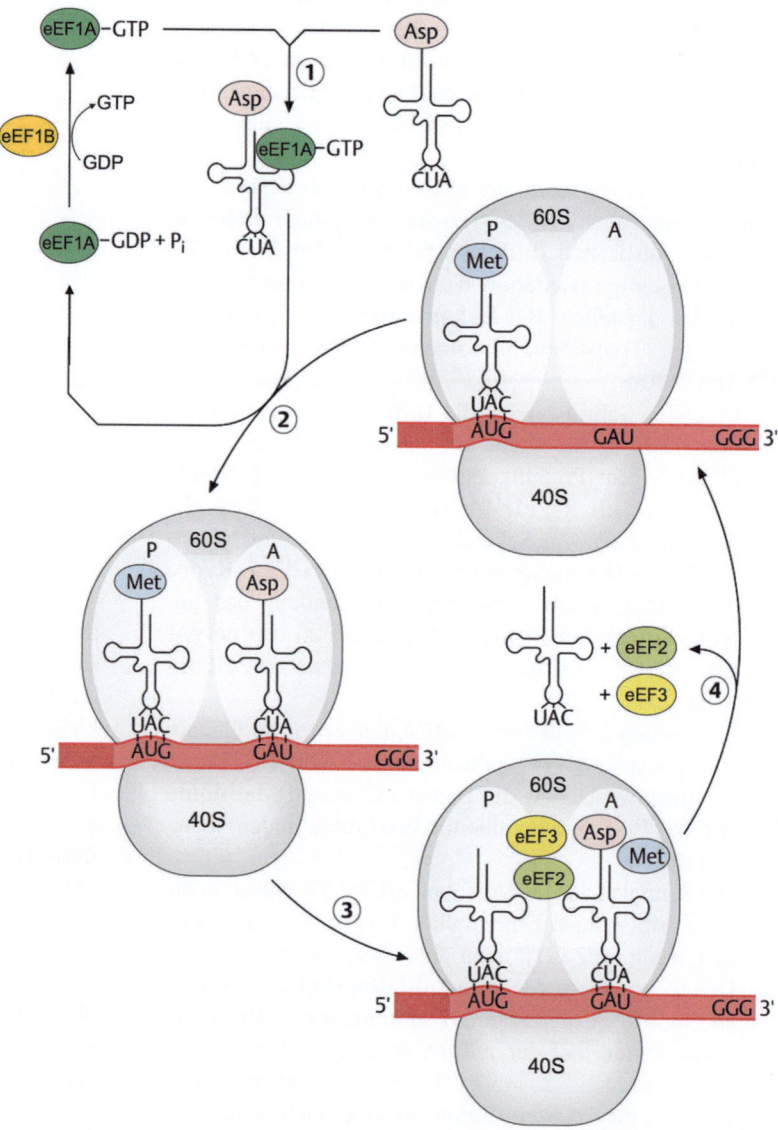

◘ **Abb. 9.21** Elongation der Translation bei Eukaryonten. Erklärung s. Text

Box 9.4 Aktivierung von Proteinen durch monomere G-Proteine

Nicht nur für die Translation, sondern auch für die Durchführung vieler anderer Prozesse in der Zelle müssen Proteine ihren Aktivitätszustand ändern. Dabei spielen **G-Proteine (GTP-bindende Proteine)** eine wichtige Rolle. Diese werden in zwei Proteinfamilien eingeteilt:

1. Die Familie der **heterotrimeren G-Proteine**, die aus den drei Untereinheiten, Gα, Gβ und Gγ aufgebaut sind. Sie spielen bei der Signaltransduktion durch Rezeptoren aus der Familie der G-protein coupled receptors (GPCRs) mit sieben Transmembrandomänen eine wichtige Rolle (u. a. Dopamin- und Glutamatrezeptor, Rhodopsin). Im humanen Genom stellen sie die viertgrößte Proteinfamilie dar.
2. Die Familie der **monomeren G Proteine (auch als kleine GTPasen bezeichnet)**. Diese kommen in zwei Zuständen vor: Gebunden an Guaninnukleotiddiphosphat (GDP) sind sie inaktiv, gebunden an Guaninnukleotidtriphosphat (GTP) sind sie aktiv und können andere Proteine, die Effektoren, aktivieren. Die Aktivierung der G-Proteine selbst erfolgt durch den Austausch des GDP durch GTP und wird durch den **guanine nucleotide exchange factor (GEF)** (auch GNRP genannt: Guanine Nucleotide Releasing Protein) vermittelt. Die freigewordene Nukleotidbindungsstelle wird sofort durch GTP, das in der Zelle im Überschuss vorhanden ist, besetzt, wodurch das G-Protein in seinen aktiven Zustand versetzt wird. Die Inaktivierung erfolgt durch die Hydrolyse des GTP zu GDP, eine Reaktion, die vom G-Protein selbst katalysiert wird: daher die Bezeichnung GTPase. Die GTPase-Aktivität wird durch Bindung eines **GTPase-aktivierenden Proteins (GAP)** erhöht (◘ Abb. 9.22).

Der Initiationsfaktor eIF5B und die Elongationsfaktoren eEF1A und eEF2 sind monomere GTPase-aktivierende Proteine (GAP), die α-Untereinheit des Elongationsfaktor eEF1B ist ein GEF, das eEF1A-GDP in eEF1A-GTP überführt.

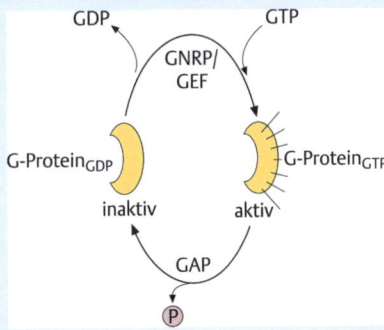

◘ **Abb. 9.22** Monomere G-Proteine (GTPasen) sind molekulare Schalter. P = Phosphat. GAP = GTPase aktivierendes Protein. GEF = Guanine nucleotide exchange factor. Weitere Erklärung im Text

Monomere GTPasen spielen bei vielen anderen zellulären Prozessen eine wichtige Rolle, so z. B. bei der Regulation des Zellzyklus, bei der intrazellulären Weiterleitung von Signalen, bei intrazellulären Transportvorgängen oder bei Veränderungen der Zellform. Ein wichtiges monomeres G-Protein ist das **Onkogen *Ras***, das eine **Schlüsselfunktion** bei der **Signaltransduktion** in der normalen Zelle ausübt, aber auch an der **Krebsentstehung** beteiligt ist.

---

onsfaktoren **eEF2** (eine GTPase) und **eEF3** (eine ATPase) vermittelt. Dadurch wird die nun unbeladene tRNA von der P-Stelle freigesetzt (◘ Abb. 9.21, 4) und besetzt vorübergehend die E-Stelle (**Exit-Stelle**) im Ribosom (in der Abb. nicht gezeigt), bevor sie dieses verlässt. Die mit der Polypeptidkette beladene tRNA wird bei der Translokation von der A- in die P-Stelle verschoben. Die freigewordene A-Stelle kann nun erneut mit einer Aminoacyl-tRNA besetzt werden und der Vorgang kann wiederholt werden.

Von da ab wiederholen sich die Schritte 2, 3, und 4 kontinuierlich (◘ Abb. 9.21), wodurch die Polypeptidkette an ihrem C-Terminus verlängert wird.

Der Einbau der richtigen Aminosäure ist ein sehr kritischer Schritt bei der Proteinbiosynthese, denn Zellen haben keine Möglichkeit, falsch eingebaute Aminosäuren wieder zu entfernen. So kann eine Aminoacyl-tRNA, die fälschlicherweise die A-Position besetzt, dort kurz verweilen, aber sie wird diese Stelle in den allermeisten Fällen vor der Knüpfung der Peptidbindung wieder verlassen. Die Kontrolle, ob die richtige Aminoacyl-tRNA gebunden hat, braucht Zeit, weshalb dieser Schritt geschwindigkeitsbestimmend für die Translation ist. Würde die Peptidbindung unmittelbar nach Ankunft der Aminoacyl-tRNA erfolgen, gäbe es zu viele Fehler bei der Proteinbiosynthese.

9.2.3.3 Die Termination der Translation

Gelangt eines der drei Stopcodons, UAA, UAG oder UGA in die A-Position des Ribosoms, so kann keine tRNA gebunden werden, da es keine tRNA gibt, die diese Tripletts erkennt (s. o.). Jedoch werden diese Tripletts von **Terminationsfaktoren**, den sog. **Release-Faktoren**, RF1 und RF2, erkannt. Bindet einer dieser Faktoren an die freie A-Stelle, wird die Polypeptidkette von der tRNA in der P-Position abgespalten und das Ribosom zerfällt in seine Untereinheiten.

9.2.4 Inhibition der Translation

Zwar sind pro- und eukaryontische Translation in ihrem Ablauf vergleichbar, aber die eingesetzten Faktoren und auch der Aufbau der Ribosomen unterscheiden sich. Dies macht man sich bei Verwendung von **Antibiotika** gegen bakterielle Infektionen zunutze, da viele von diesen spezifisch nur die pro-, nicht aber die eukaryontische Translation inhibieren. So verhindert **Tetracyclin** die Bindung der Aminoacyl-tRNAs an die 30S-Untereinheit der bakteriellen Ribosomen, **Chloramphenicol** hemmt die Peptidyltransferaseaktivität der 50S-Ribosomenuntereinheit und **Streptomycin** und **Neomycin** blockieren mehrere Schritte der Translation, etwa die Initiation, und verursachen Fehlablesungen der mRNA. Andere Antibiotika inhibieren sowohl die eu- als auch die prokaryontische Translation. **Puromycin** wirkt wie ein Analogon einer Aminoacyl-tRNA, so dass sein Einbau zum frühzeitigen Abbruch der Polypeptidsynthese führt. **Cycloheximid** ist nur in eukaryontischen Zellen wirksam, indem es die Peptidyltransferaseaktivität der großen, 60S-Ribosomenuntereinheit hemmt. Da eukaryontische Mitochondrien (und Plastiden) eine den Bakterien sehr ähnliche Translationsmaschinerie haben, zeigen eukaryontische Zellen in vielen Fällen eine ähnliche Sensitivität gegenüber den oben erwähnten Inhibitoren prokaryontischer Translation.

9.3 Zusammenfassung

- In pro- und eukaryontischen Zellen gibt es verschiedene **Klassen von RNA**. Der Anteil nicht-kodierender RNA steigt mit höherer Komplexität eines Organismus.
- Die Synthese der RNA (**Transkription**) wird von **RNA-Polymerasen** katalysiert. Anders als DNA-Polymerasen, brauchen RNA-Polymerasen keinen Primer für die Initiation.
- Eukaryontische Zellen besitzen drei verschiedene RNA-Polymerasen, die jeweils unterschiedliche RNAs synthetisieren.
- Der **Promotor** bestimmt den Start der Transkription. Er ist durch spezifische DNA-Sequenzen (Boxen) charakterisiert. Bei Eukaryonten weist er eine komplexere Organisation als bei Prokaryonten auf.
- In Eukaryonten wird durch einen Reifungsprozess das Primärtranskript zur fertigen mRNA umgebildet. Dieser Prozess umfasst das Hinzufügen einer m^{7}Gppp-Kappe (Cap) am 5′-Ende, die Spaltung und Polyadenylierung des 3′-Endes und das Spleißen.
- Ribosomen sind RNA-Protein-Komplexe, an denen bei Pro- und Eukaryonten die Translation durchgeführt wird. Die beiden Untereinheiten enthalten charakteristische rRNAs und ribosomale Proteine.
- **tRNAs** weisen eine typische dreidimensionale Struktur auf. Die Bindung der jeweils spezifischen Aminosäure erfolgt am 3′-Ende und wird durch Aminoacyl-tRNA-Synthetasen katalysiert. Das **Anticodon** ist komplementär zu einem Triplett der mRNA, dem **Codon**.
- Die Initiation der **Translation** eukaryontischer mRNA benötigt die 5′-Kappe. Sie beginnt fast immer am 5′-Ende der mRNA, die Translation prokaryontischer mRNA kann auch an intern liegenden Ribosomenbindungsstellen initiiert werden.
- Die **Polypeptidkette** wird am C-Terminus verlängert.
- Der **genetische Code** ist **universell**, d. h. er wird von allen Lebewesen, sowohl Pro- als auch Eukaryonten, verwendet.

Literatur

Andergassen D, Rinn JL (2022) From genotype to phenotype: genetics of mammalian long non-coding RNAs in vivo. Nat Rev Genet 23(4):229–243

Crick FH (1970) Central dogma of molecular biology. Nature 227:561–563

Hahn MW, Wray GA (2002) The g-value paradox. Evol Dev 4(2):73–75

Higgs DR, Goodbourn SE, Lamb J, Clegg JB, Weatherall DJ, Proudfoot NJ (1983) Alpha-thalassaemia caused by a polyadenylation signal mutation. Nature 306:398–400

Orkin SH, Cheng TC, Antonarakis SE, Kazazian HH Jr. (1985) Thalassemia due to a mutation in the cleavage-polyadenylation signal of the human beta-globin gene. EMBO J 4(2):453–456

Pan Q, Han T, Li G (2021) Novel insights into the roles of tRNA-derived small RNAs. RNA Biol 18(12):2157–2167

Reugels AM, Kurek R, Lammermann U, Bünemann H (2000) Megaintrons in the dynein gene DhDhc7(Y) on the heterochromatic Y chromosome give rise to the giant threads loops in primary spermatocytes of *Drosophila hydei*. Genetics 154(2):759–769

Shang R, Lee S, Senavirathne G, Lai EC (2023) microRNAs in action: biogenesis, function and regulation. Nat Rev Genet 24(12):816–833

Statello L, Guo CJ, Chen LL, Huarte M (2021) Gene regulation by long non-coding RNAs and its biological functions. Nat Rev Mol Cell Biol 22(2):96–118

Taft RJ, Pheasant M, Mattick JS (2007) The relationship between non-protein-coding DNA and eukaryotic complexity. Bioessays 29(3):288–299

Virciglio C, Abel Y, Rederstorff M (2021) Regulatory non-coding RNAs: an overview. Methods Mol Biol 2300:3–9

Waddington CH (2012) The epigenotype. Int J Epidemiol 41(1):10–13. Reprint from Endeavour 1:18–20, 1942

Regulation der Genaktivität bei Eukaryonten

Inhaltsverzeichnis

10.1 Sichtbare Genaktivität – Polytänchromosomen in der Interphase – 182

10.2 Genexpression wird auf vielen Ebenen kontrolliert – 183
10.2.1 Vergrößerung der Genzahl – 183
10.2.2 Transkriptionelle Regulation der Genexpression – 186
10.2.3 Posttranskriptionelle Regulation der Genexpression – 195
10.2.4 Regulation der Translation – 206
10.2.5 Posttranslationale Regulation der Genexpression – 208

10.3 Zusammenfassung – 213

Literatur – 213

In den vorangegangenen Kapiteln wurde dargestellt, wie DNA in RNA umgeschrieben wird, und, im Falle der mRNA, in Proteine translatiert wird. Allgemein ausgedrückt: die Aktivität von Genen, im weitesten Sinne also Genaktivität oder **Genexpression**, ist nötig, um den Genotyp einer Zelle/eines Organismus in einem Phänotyp zum Ausdruck zu bringen. Von wenigen Ausnahmen abgesehen, enthalten alle Zellen eines vielzelligen Organismus dieselbe genetische Information, d. h. dieselben Gene sind in allen Zellen vorhanden. Trotzdem besteht jeder Organismus aus einer Vielzahl unterschiedlicher Zelltypen, die sich in ihrer Größe, Form und Funktion erheblich unterscheiden können, wie etwa Nervenzellen, Muskelzellen oder Leberzellen, um nur einige Beispiele zu nennen. Diese Vielfalt an Zelltypen (**Zelldiversität**) ist dadurch zu erklären, dass nicht jede Zelle alle der im Genom enthaltenen Gene ausprägt (exprimiert), sondern nur einen Teil davon. So werden in einer Muskelzelle die für die Kontraktion nötigen Proteine, wie z. B. Muskelmyosin, synthetisiert. In einer Leberzelle werden Enzyme gebildet, die für die Entgiftung des Organismus erforderlich sind, nicht aber Muskelmyosin. Neben diesen Zelltyp-spezifisch exprimierten Genen gibt es natürlich auch solche, die in allen Zellen exprimiert werden, die sogenannten **Haushaltsgene**.

Daraus ergibt sich, dass die Expression von Genen zeitlich und räumlich kontrolliert sein muss. Diese Kontrolle erfolgt durch zelluläre Programme, die aber auch durch äußere Einflüsse beeinflusst werden können. Am besten bekannt ist wohl die Reaktion auf Temperaturerhöhung, der **Hitzeschock**, der eine bestimmte Gruppe von Genen, die Hitzeschockgene, aktiviert (s. u.). Aber auch andere **Stressfaktoren**, wie bestimmte **Chemikalien, Verletzungen, Befall durch Parasiten, Ernährungsgewohnheiten** oder auch **psychischer Stress**, kann in der betroffenen Zelle zu einer Umstellung des genetischen Programms führen.

Unabhängig von äußeren physikalischen Einflüssen wird in jeder Zelle also nur eine begrenzte Anzahl von Genen umgeschrieben und wiederum nur ein Teil dieser RNAs wird in Proteine übersetzt, während andere Gene ausgeschaltet sind. Damit unterscheiden sich die vielfältigen Zelltypen durch ihre jeweils unterschiedliche RNA- und Proteinzusammensetzung. Die Gesamtheit aller Transkripte bzw. Proteine einer Zelle wird als ihr **Transkriptom** (s. ▶ Abschn. 14.3) bzw. **Proteom** bezeichnet. Der Prozess, der dazu führt, dass nur bestimmte Gene in einer Zelle abgelesen werden, wird mit dem Begriff „**differenzielle Genexpression**" beschrieben. Diese stellt einen bedeutenden Vorgang nicht nur für die Entwicklung der verschiedenen Zelltypen eines Organismus dar, sondern auch für die **Homöostase** der differenzierten Zellen. Darunter versteht man das Gleichgewicht der physiologischen Funktionen von Zellen bzw. Organismen, also ihre Gesundheit.

10.1 Sichtbare Genaktivität – Polytänchromosomen in der Interphase

Polytänchromosomen oder **Riesenchromosomen** sind durch ihre Größe und ein konstantes Muster von verdickten Banden und aufgelockerten Interbanden entlang des Chromosoms charakterisiert (s. ▶ Abschn. 4.1.2.2). Ist die Polytänisierung abgeschlossen, verbleibt die Zelle

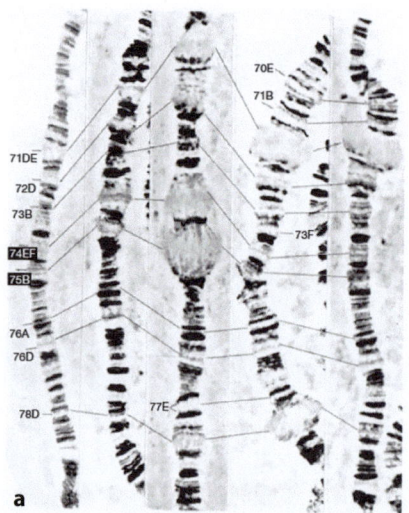
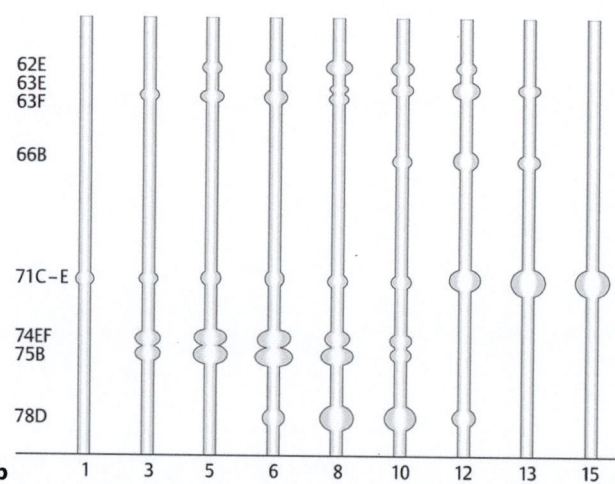

Abb. 10.1 Puffmuster im linken Arm von Chromosom 3 von *Drosophila melanogaster*. **a** Die Chromosomen wurden, von links nach rechts, in zunehmend späteren Stadien isoliert. Die schwach gefärbten, erweiterten Regionen stellen Regionen starker Transkriptionsaktivität dar. Im Verlauf dieser Periode gibt es Puffs, die erscheinen, und solche, die verschwinden. Gleiche Positionen entlang der verschiedenen Chromosomen sind durch dünne Linien verbunden. **b** Schematische Darstellung der Puffs im Verlauf der larvalen/pupalen Entwicklung von *Drosophila melanogaster*. Die Zahlen links bezeichnen die Polytänkartenregionen, in denen eine Veränderung der Puffbildung stattfindet. Die Stadien 1–10 liegen am Ende des 3. Larvenstadiums, die Stadien 12–15 nach dem Beginn der Puppenbildung (**a** Nach Ashburner 1972, **b** nach Becker 1962, mit freundlicher Genehmigung)

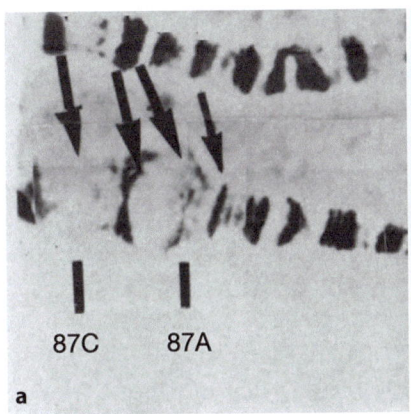 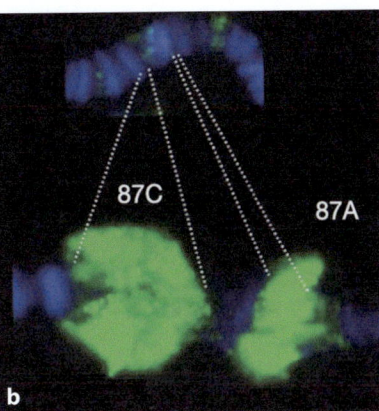 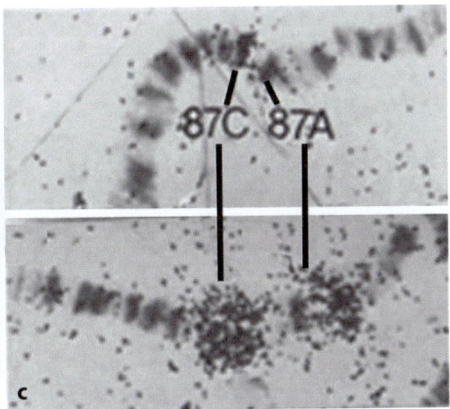

Abb. 10.2 Heat-shock Puffs im Chromosomenarm 3L von *Drosophila melanogaster* zeigen Transkriptionsaktivität. Gezeigt ist jeweils ein Abschnitt eines larvalen Polytänchromosoms mit den Hitzeschock Puffs bei 87C und 87A **a** Quetschpräparat von larvalen Speicheldrüsenchromosomen, vor (oben) und nach (unten) Hitzeschockbehandlung. Deutlich sind die Puffs bei 87C und 87A zu erkennen. **b** Die RNA-Polymerase II ist mit einem Antikörper sichtbar gemacht (grün), chromosomale DNA ist mit Hoechst Farbstoff gefärbt (blau). Unter nicht-Hitzeschockbedingen (oben) findet man RNA-Polymerase in vielen Interbanden, nach Hitzeschock nur noch an den Hitzeschockpuffs. **c** in-situ Hybridisierung mit einer ^{35}S-markierten *Hsp70*-Antisense-Sonde an die RNA larvaler Speicheldrüsenchromosomen. Die Markierung akkumuliert stark über den Puffs nach Hitzeschockbehandlung (unten). (Nach **a**: Drummond et al. 1986; **b**: Lis 2007; **c**: Sharma et al. 1995, mit freundlicher Genehmigung)

im G0-Stadium des Zellzyklus, d. h. Polytänchromosomen sind transkriptionsaktive Interphase-Chromosomen. An bestimmten Stellen werden die Chromatiden entspiralisiert, es entsteht eine zytologisch erkennbare Aufblähung, ein sog. **Puff** (s. Abb. 4.15). Das **Puffmuster** eines Chromosomenabschnitts kann sich in aufeinanderfolgenden Entwicklungsstadien verändern (Abb. 10.1).

Die zeitlich regulierte Ausbildung der in Abb. 10.1 gezeigten Puffs und somit der Genaktivität korreliert mit einer erhöhten Ecdyson-Konzentration in der Hämolymphe der Larven. In der Tat konnte man die Ausbildung von Puffs in Chromosomen kultivierter Speicheldrüsen durch Zugabe von Ecdyson in das Medium induzieren. Andere Puffs können durch Erhöhung der Temperatur induziert werden, diese definieren die Gruppe der sog. Hitzeschock-Gene (*heatshock puffs*; Abb. 10.2a). Transkription an Polytänchromosomen kann man direkt sichtbar machen: entweder durch den direkten Nachweis der RNA-Polymerase II (s. ▶ Abschn. 9.1.2) an den Puffs (Abb. 10.2b) oder durch RNA *in situ*-Hybridisierung, die zeigt, dass in den Puffs RNA synthetisiert wird (Abb. 10.2c).

Ein anderes Beispiel für sichtbare Genaktivität sind die Lampenbürstenschleifen, die während der Meiose in einigen Organismen zu beobachten sind (▶ Box 5.2).

10.2 Genexpression wird auf vielen Ebenen kontrolliert

In den vorangehenden Kapiteln wurden die einzelnen Schritte der Expression eines Gens dargestellt – von der DNA, über RNA, und, im Falle der mRNA, zum Protein (s. auch ▶ Box 10.1). Ein Gen kann jedoch nicht nur „an-" oder „aus-"geschaltet sein, sondern es kann auch in verschiedenen Zellen unterschiedlich stark aktiv sein, so dass in einer Zelle mehr, in einer anderen Zelle weniger Genprodukt hergestellt wird. Ferner gibt es viele Gene, die nicht nur ein, sondern mehrere verschiedene Proteine synthetisieren. Diese beiden Phänomene werden unter dem Begriff **differenzielle Genexpression** zusammengefasst. Damit stellt sich die Frage, welche Möglichkeiten eine Zelle besitzt, Unterschiede in **Qualität** und **Quantität eines Genprodukts** zu kontrollieren. Betrachtet man alle Schritte, die von der DNA zum fertigen Protein führen, so wird offensichtlich, dass jeder einzelne Schritt die Möglichkeit zu vielfältiger Regulation bietet. Deshalb sagt die theoretische, von der DNA-Sequenz eines Genoms abgeleitete Anzahl von Genen zunächst einmal wenig über die tatsächliche Zahl verschiedener RNAs bzw. Proteine und somit über die Komplexität eines Organismus aus.

In diesem Kapitel sollen die verschiedenen Möglichkeiten zur Regulation differenzieller Genexpression vorgestellt werden. Dabei wird der Weg von der DNA zum fertigen Protein verfolgt, unter besonderer Berücksichtigung der diversen Möglichkeiten zur Regulation und Modifikation der einzelnen Schritte (Abb. 10.3).

10.2.1 Vergrößerung der Genzahl

Die meisten Gene einer diploiden Zelle kommen in zweifacher Ausführung vor: Auf jedem der beiden homologen Chromosomen befindet sich eine Kopie (Ausnahme: die Gene auf den Geschlechtschromosomen im heterogametischen Geschlecht). Es gibt jedoch Situationen, in denen eine Zelle große Mengen einer bestimmten RNA oder eines bestimmten Proteins benötigt. Dies kann sie entweder durch eine erhöhte Transkriptions- und/oder Translations-

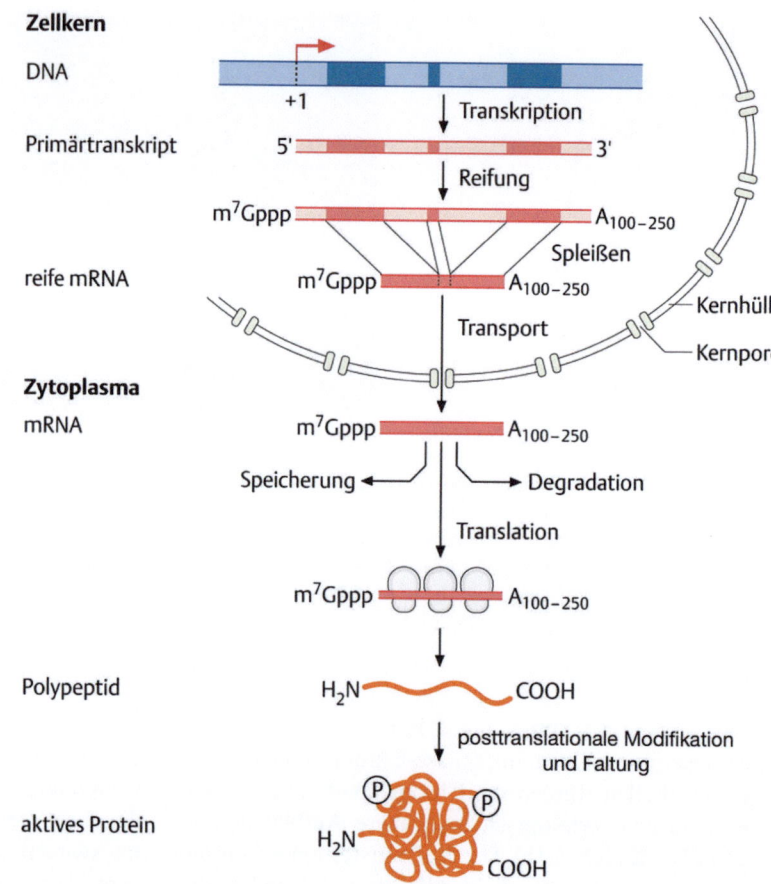

Abb. 10.3 Zusammenfassende Darstellung der einzelnen Schritte der Genexpression von der DNA bis zum fertigen Protein. Ein Gen wird im Zellkern zunächst von der DNA (blau) in ein Primärtranskript (rot) umgeschrieben, das dann durch Anfügen einer 7-Methylguanosin Kappe („Cap"; m^{7}Gppp) am 5′-Ende, durch Polyadenylierung am 3′-Ende und durch Herausschneiden der Introns (Spleißen) zur reifen mRNA modifiziert wird. Die mRNA verlässt den Zellkern durch die Kernporen und gelangt ins Zytoplasma, wo sie translatiert, gespeichert oder auch abgebaut werden kann. Im Anschluss an die Translation kann das Protein (gelb) noch modifiziert werden, etwa durch Phosphorylierung (P), und erzielt durch Faltung seine funktionelle Struktur. Jeder einzelne der dargestellten Schritte kann reguliert werden, was eine Vielzahl von Möglichkeiten zur Regulation der Genexpression ergibt

Box 10.1 Zentrales Dogma der Molekularbiologie

Das „Zentrale Dogma der Molekularbiologie" beschreibt den Informationsfluss von der DNA zum Protein. Es wurde erstmals von Francis Crick 1958 formuliert und 1970 mit einem Schema erläutert (Abb. 10.4): *This states that once 'information' has passed into protein it cannot get out again. In more detail, the transfer of information from nucleic acid to nucleic acid, or from nucleic acid to protein may be possible, but transfer from protein to protein, or from protein to nucleic acid is impossible. Information means here the precise determination of sequence, either of bases in the nucleic acid or of amino acid residues in the protein.* (Dies besagt, dass „Informationen", die einmal in das Protein übertragen sind, nicht wieder herauskommen können. Genauer gesagt ist die Übertragung von Informationen von Nukleinsäure zu Nukleinsäure oder von Nukleinsäure zu Protein möglich, eine Übertragung von Protein zu Protein oder von Protein zu Nukleinsäure ist jedoch unmöglich. Unter Information versteht man hier die genaue Sequenz, entweder von Basen in der Nukleinsäure oder von Aminosäureresten im Protein).

Die Formulierung des Dogmas wurde 1965 von J. Watson – stark vereinfacht und dadurch leicht verfälscht – folgendermaßen beschrieben:

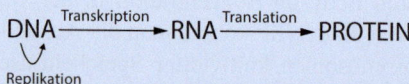

Bereits im Jahr 1970 wurde mit der Entdeckung der reversen Transkriptase durch Howard Temin und David Baltimore klar, dass der von F. Crick beschriebene Informationsfluss kein Dogma ist: RNA kann in DNA umgeschrieben werden. Später räumte Crick ein, dass ihm die Bedeutung des Worts „Dogma" nicht wirklich klar war, und dass der Begriff „Annahme" den Sachverhalt besser beschrieben hätte (Cobb 2017).

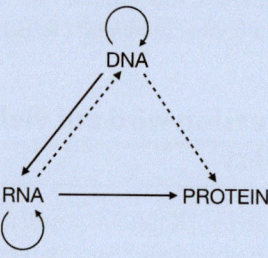

Abb. 10.4 Darstellung des zentralen Dogmas von Francis Crick (Crick 1970)

rate erzielen (s. u.) oder dadurch, dass sie die Anzahl eines Gens erhöht, was als **Erhöhung der Kopienzahl** des Gens bezeichnet wird. Dabei muss man zwei Arten der Genvermehrung unterscheiden, je nachdem, ob der gesamte Chromosomensatz oder nur einzelne Gene vermehrt werden.

10.2.1.1 Vervielfachung des gesamten Genoms

Es gibt zwei verschiedene Möglichkeiten, die Sequenzen des Genoms in einer Zelle zu vervielfältigen, die sich auch zytologisch unterscheiden lassen. **Polytäne Chromosomen** oder **Riesenchromosomen** sind durch ihre Größe und durch ein typisches Bandenmuster charakterisiert. In den Speicheldrüsen von *Drosophila* kann somit ein Gen in bis zu 2048 Kopien vorkommen (s. ▶ Abschn. 4.1.2.2). Eine zweite Möglichkeit zur Vervielfältigung des gesamten Genoms besteht in der Ausbildung **polyploider Zellen** (s. auch ▶ Abschn. 3.6.2). Während Polytänie und **Endopolyploidie** nur auf bestimmte Zelltypen in einem Organismus beschränkt sind, betrifft **Auto-** oder **Allopolyploidie** den ganzen Organismus. Polytänie und Endopolyploidie kennzeichnet vor allem Zelltypen, die große Mengen Genprodukte bilden müssen. Bei *Drosophila* findet man Polytänie in vielen larvalen Zelltypen, z. B. in Zellen der Speicheldrüsen oder des larvalen Darms. Endopolyploid sind z. B. die Nährzellen eines *Drosophila* Eifollikels, die große Mengen RNA und Protein synthetisieren. Diese werden in die Eizelle transportiert und dienen der Entwicklung des Embryos, bevor dieser selbst eigene Genprodukte herstellen kann. Beim Menschen findet man Polyploidie z. B. in Zellen des Herzmuskels oder in Megakaryozyten, den Vorläufern der Thrombozyten (Blutplättchen), die bis zu 64 komplette Chromosomensätze enthalten können.

10.2.1.2 Vervielfachung einzelner Gene

In einigen Fällen wird nicht das gesamte Genom vervielfältigt, sondern es werden nur einzelne Gene vermehrt, was als **Genamplifikation** bezeichnet wird. Genamplifikation stellt einen Aspekt des Differenzierungsprogramms von Zellen dar. Die zusätzlichen Genkopien können in das Chromosom integriert werden, sie können aber auch als extrachromosomale Gene abgetrennt werden.

Das bekannteste Beispiel extrachromosomaler Genkopien ist die **Amplifikation der Gene für die ribosomale RNA (rRNA)** während des Wachstums der Eizelle (Oogenese) von Amphibien und einigen Insekten. Die rRNA-Gene sind tandemartig im Chromosom angeordnet. Eine einzige rDNA-Einheit wird herausgetrennt, und diese erzeugt eine ringförmige, extrachromosomale, replikationskompetente Struktur, den **rolling circle**. Ihre Replikation führt zur Bildung der im Zellkern sichtbaren **Extranukleoli** (s. ▶ Abschn. 9.2.1.1 und ◘ Abb. 9.12 zur Beschreibung des Nukleolus), von denen jeder eine ringförmige DNA mit 3–10 *rRNA*-Genen enthält (◘ Abb. 10.5). Sie erhöhen den Gehalt an rDNA auf etwa das 1000-fache und werden ebenso wie die chromosomale rDNA transkribiert. Ihre

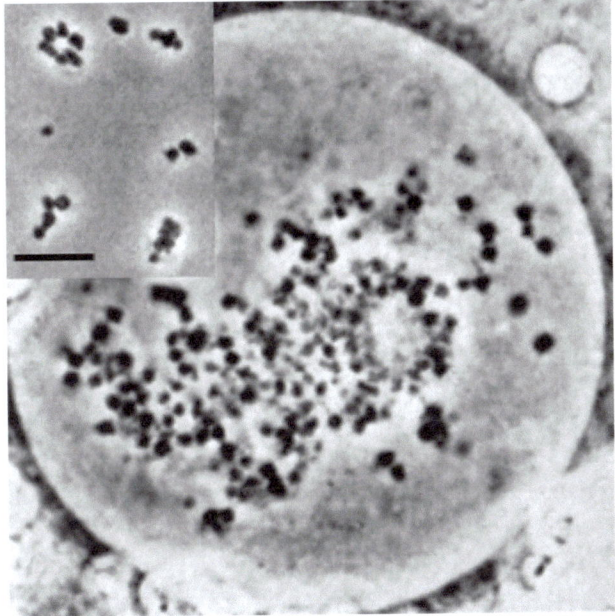

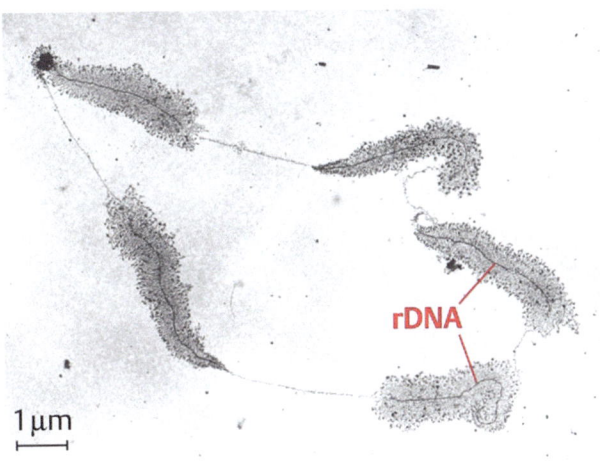

◘ **Abb. 10.5** Amplifikation der rRNA-Gene in Oozyten. **a** Zellkern einer Grillenoozyte (*Acheta domestica*). Jeder schwarze Fleck ist eine Gruppe verklumpter Nukleolen. In der Vergrößerung (Insert, Maßstab 10 μm) erkennt man Extranukleoli, die z. T. ringförmig angeordnet sind. **b** Elektronenmikroskopische Aufnahme eines Chromatinrings mit fünf rDNA-Einheiten aus einer Oozyte des Gelbrandkäfers *Dytiscus marginalis*. Die transkribierten rDNAs sind durch dazwischen liegende Spacer voneinander getrennt. (**a** Nach Kunz 1967, 1969, **b** Bild von Ulrich Scheer Würzburg, mit freundlicher Genehmigung; Scheer 1987)

Synthese während der Oogenese ist für die Bildung großer Mengen Ribosomen nötig, die in der Eizelle gespeichert werden. Nach der Befruchtung, wenn noch keine Transkription stattfindet, stehen sie dann dem Embryo für die Translation neuer Proteine zur Verfügung, deren mRNA ebenfalls während der Oogenese hergestellt wurde.

Auch proteinkodierende Gene können **selektiv amplifiziert** werden, wenn in kurzer Zeit große Mengen eines bestimmten Proteins benötigt werden. Hierfür sind die

Choriongene von *Drosophila* ein sehr gutes Beispiel. Diese kodieren Proteine, die die Eihülle, das Chorion, bilden. Das Chorion ist die äußerste Hülle des Insekteneis und schützt den sich entwickelnden Embryo vor Verletzung und Austrocknung. Das Chorion wird im Anschluss an das Wachstum der Oocyte von den das Ei umgebenden Follikelzellen gebildet. Im *Drosophila*-Genom gibt es mehrere Chorionproteingene, von denen einige auf dem X-Chromosom und vier auf dem 3. Chromosom liegen. Um in kurzer Zeit große Mengen an **Chorionproteinen** zu synthetisieren, werden in den **Follikelzellen** spezifisch die Chromosomenregionen auf dem X- bzw. auf dem 3. Chromosom, die die Choriongene enthalten, um das 15–20-fache bzw. das 50–60-fache amplifiziert. Die Amplifikation erfolgt durch **wiederholte Initiation der Replikation** an mehreren Replikationsstartpunkten, die verstreut in dieser Region vorliegen. Für die Vervielfältigung dieser Gene wird die DNA-Sequenz lokal repliziert, wobei nicht nur das Gen selbst, sondern auch benachbarte Bereiche kopiert werden (◘ Abb. 10.6). Die so gebildeten zusätzlichen Kopien bleiben im Chromosom integriert.

Eine sehr spezielle Form der Regulation der Genaktivität auf der DNA-Ebene ist die **Rekombination der Immunglobulingene** der Säuger, die die Antikörper kodieren. Dabei werden während der Immunantwort Abschnitte der DNA durch einen Rekombinationsprozess entfernt, so dass zunächst getrennt liegende Abschnitte nebeneinander zu liegen kommen und zusammen transkribiert werden (▶ Box 10.2). Diese Rekombination ist Voraussetzung für die Bildung einer immens hohen Anzahl verschiedener Antikörper.

10.2.2 Transkriptionelle Regulation der Genexpression

Die Synthese und Reifung der mRNA findet bei Eukaryonten im Zellkern statt (s. ▶ Abschn. 9.1.2 und 9.1.3). Die Transkription bietet vielfältige Möglichkeiten zur Regulation (◘ Abb. 10.3), und zwar:

1. Bei der **Auswahl des zu transkribierenden Gens**. Nicht alle Gene einer Zelle werden transkribiert, dies bedeutet, dass die RNA-Polymerase solche Gene erkennen muss, die für die Transkription vorgesehen sind. Bei der Auswahl und dem Zeitpunkt der zu transkribierenden Gene spielen die Methylierung der DNA, die Zusammensetzung und Modifikation von Chromatinproteinen, sowie zahlreiche Transkriptionsfaktoren eine wichtige Rolle.
2. Bei der **Auswahl des Startpunkts der Transkription** innerhalb eines Gens. Einige Gene besitzen mehrere Promotoren (s. ▶ Abschn. 9.1.2.1 zur Definition des Promotors), so dass die Transkription eines Gens an verschiedenen Stellen beginnen kann, wodurch von einem Gen unterschiedliche Genprodukte hergestellt werden können.

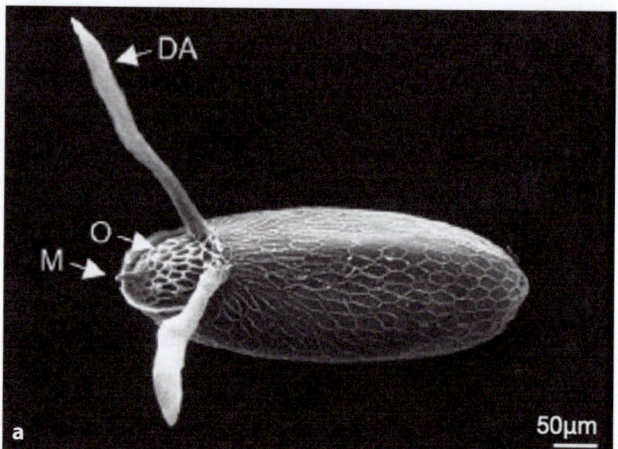
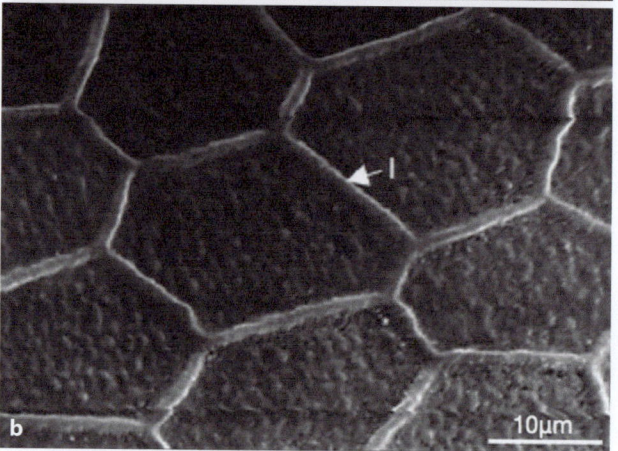
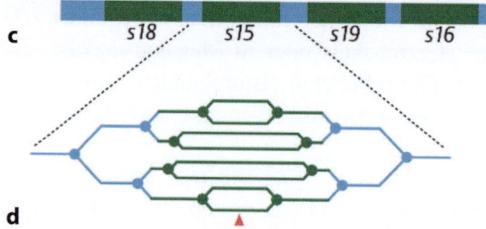

◘ **Abb. 10.6** Amplifikation der Choriongene von *Drosophila*. **a** Rasterelektronenmikroskopische Aufnahme von einem *Drosophila* Ei. In der äußersten Eischale, dem Chorion, erkennt man am Vorderende (links) mehrere Strukturen: DA = Dorsale Anhänge, M = Mikropyle, O = Operculum. Maßstab = 50 μm. **b** Rasterelektronenmikroskopische Aufnahme eines Ausschnitts der Chorion-Oberfläche. Deutlich sind die „Abdrücke" der Follikelzellen, die das Chorion gebildet haben, zu erkennen (I = Imprint). Maßstab = 10 μm. **c** Anordnung der Choriongene s18, s15, s19 und s16 (grün) auf der DNA (blau) des 3. Chromosoms. **d** Durch wiederholte Initiation der Replikation am Replikationsstart (Pfeilspitze) wird die DNA des Eischalengens, hier von s15, und benachbarte DNA selektiv amplifiziert. Jede Linie stellt eine DNA-Doppelhelix dar, die Punkte kennzeichnen die Replikationsgabeln. (**a**, **b** nach Velentzas et al. 2018, **c**, **d** nach Orr-Weaver 1991, mit freundlicher Genehmigung)

3. Bei der **Steuerung der Transkriptionsrate**. Die Häufigkeit, mit der ein Gen transkribiert wird, entscheidet über die Menge der gebildeten mRNA.

10.2 · Genexpression wird auf vielen Ebenen kontrolliert

Box 10.2 Somatische Rekombination der Immunglobulingene

B- und T-Lymphozyten sind hoch spezialisierte Zellen des adaptiven Immunsystems des Menschen, die der Abwehr von Pathogenen dienen. B-Zellen (benannt nach ihrer Entstehung im Knochenmark, engl.: *bone marrow*) werden nach Kontakt mit einem körperfremden Antigen (z. B. einem Protein oder Lipid auf der Oberfläche von Bakterien oder Pilzen) aktiviert, was schließlich zu ihrer Differenzierung in eine Antikörper-produzierende Plasmazelle führt (s. auch ◘ Abb. 10.7). Bei Säugetieren kommen Antikörper in 5 verschiedenen Klassen vor, die als Immunglobuline (Ig) A, D, E, G und M bezeichnet werden. Antikörper (hier die Ig G) bestehen aus vier Aminosäurenketten: zwei identische schwere Ketten (H-Ketten) und zwei identische leichte Ketten (L-Ketten), die jeweils aus **einem konstanten** (C-) **und einem variablen** (V-) **Anteil** bestehen. H- und L-Ketten werden durch Disulfidbrücken zusammengehalten und bilden eine Y-förmige Struktur (◘ Abb. 10.7).

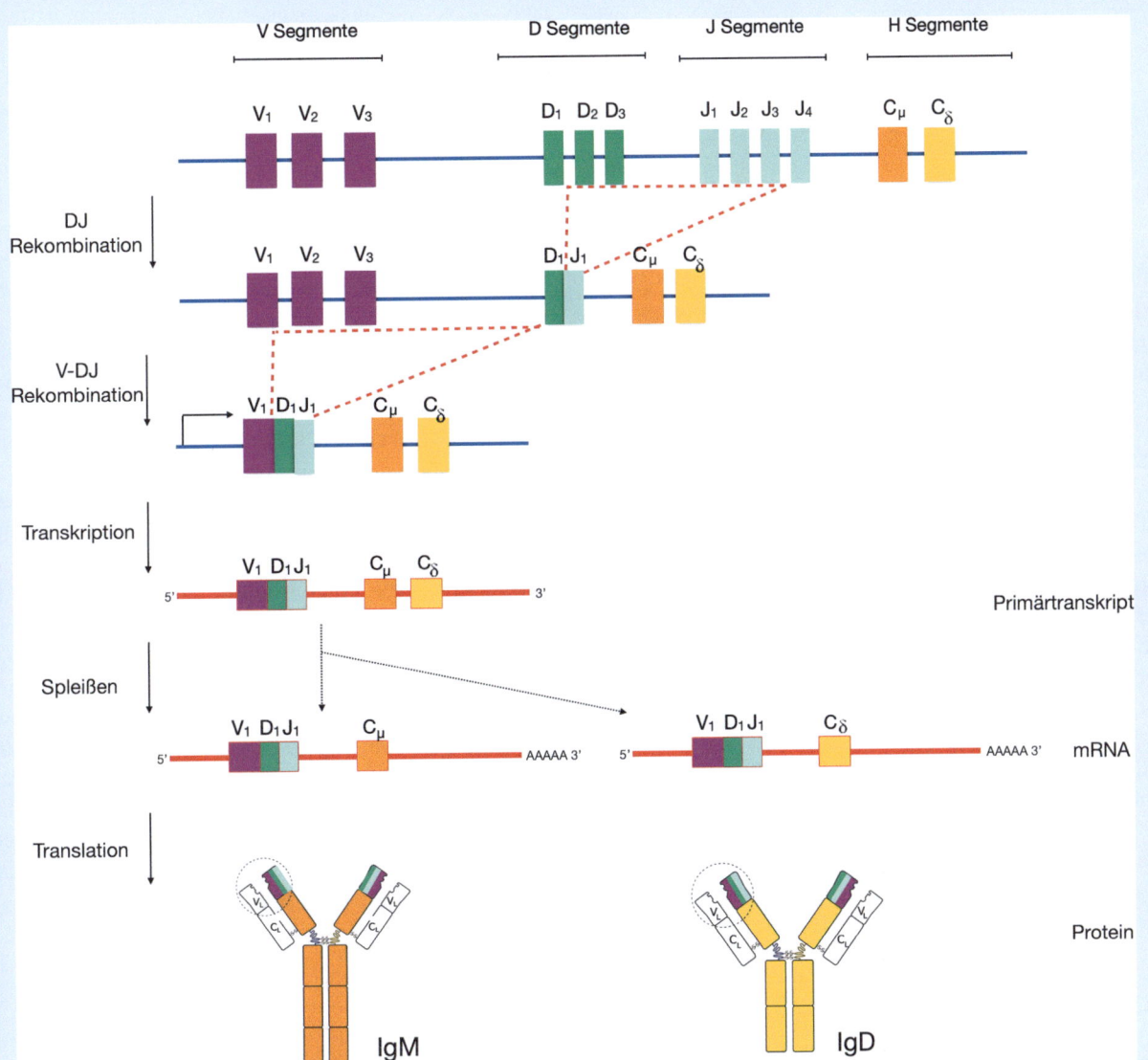

◘ **Abb. 10.7** Generierung der schweren Ketten von zwei Immunglobulinen. Blau: DNA, rot: RNA. Der Farbcode zur Kennzeichnung der verschiedenen Domänen in DNA, RNA und Protein ist derselbe. Im fertigen Protein ist die schwere Kette mit einer leichten Kette (weiß; v variable, c konstante Region) assoziiert. Der Kreis mit gestrichelter Umrandung markiert die Region, die das Antigen erkennt. IgM (hier nur die monomere Form dargestellt) und IgG werden zu verschiedenen Zeiten der Immunantwort synthetisiert: IgM, das als Pentamer aktiv ist, gleich zu Beginn einer Infektion, IgG erst später. Letztere können sehr lange, oftmals ein Leben lang, im Blut nachgewiesen werden. Beschreibung s. Text

> Die immense Vielfalt der im Körper gebildeten Antikörper wird dadurch erreicht, dass die Genloci für schwere und leichte Ketten aus mehreren Abschnitten bestehen, was hier am Beispiel des Genlocus für die schwere Kette von Immunglobulinen dargestellt ist. Dieser hat eine Größe von 1250 kb und ist in vier Regionen unterteilt: **V** (Variable) – **D** (Diversity) – **J** (Joining) – **C** (Constant) (im Genlokus für die leichte Kette fehlt die Region mit den J Segmenten). Jede Region besteht aus mehreren, in Tandem angeordneten Sequenzabschnitten, den sog. Segmenten (◘ Abb. 10.7); im Falle der H-Kette sind dies 38–40 V-, 23 D-, 6 J- und 9 C-Segmente (nicht alle sind in der Abb. dargestellt). Zunächst wird, katalysiert durch die RAG Rekombinase, ein D mit einem J Segment rekombiniert (**D-J Rekombination**), wobei die Auswahl zufällig erfolgt. Die dazwischenliegende DNA wird entfernt. Im zweiten Schritt erfolgt die Rekombination zwischen DJ und einem der V-Segmente (**V-DJ Rekombination**). Von diesem rekombinierten DNA-Abschnitt wird ein Primärtranskript synthetisiert, das durch differentielles Spleißen (s. ▶ Abschn. 10.2.3.1) den VDJ-Abschnitt mit einem der C-Segmente zusammenfügt. Die verschiedenen mRNAs werden dann zu den verschiedenen Antikörpern translatiert.
>
> Im Verlauf der Differenzierung der B-Zelle zur Plasmazelle kommt es zur zufälligen Rekombination der Gene. Mit anderen Worten, durch somatische Rekombination von DNA-Abschnitten, differentielles Spleißen und weiteren Veränderungen (u. a. somatische Mutationen in den variablen Regionen) wird eine Antikörpervielfalt generiert, die im Menschen mindestens 10^{11} verschiedene Antigene erkennt. Dabei produziert eine B-Zelle immer nur jeweils einen Typ Antikörper.

Alle drei Möglichkeiten erlauben es, in einer bestimmten Zelle sowohl die Art der gebildeten RNA als auch ihre Menge zu kontrollieren. Wie das erfolgt, soll in den folgenden Abschnitten erläutert werden.

10.2.2.1 Regulation der Transkription durch DNA-Methylierung

Zu Beginn soll zunächst der Aufbau eines eukaryontischen Gens betrachtet werden (◘ Abb. 10.8). Neben dem Promotor, der Bindungsstelle der RNA-Polymerase, und der TATA-Box (s. ▶ Abschn. 9.1.2.1 und ◘ Abb. 9.5), gibt es weitere Promotor-nahe regulatorische Elemente 5′ der Transkriptionsstartstelle. Andere Elemente können weit entfernt vom Promotor liegen (tausend Basenpaare oder mehr), und zwar vor, hinter, aber auch sogar im Gen selbst. Diese 50–200 bp langen DNA-Abschnitte werden **Enhancer** („Verstärker") genannt. Der Begriff geht auf ihre ursprünglich beschriebene Eigenschaft zurück, die Rate der Transkription zu erhöhen. Enhancer sind DNA-Abschnitte aus der Gruppe der **cis-regulatorischen Elemente** (*cis-regulatory elements*, CREs), zu der außerdem Promotoren gehören (s. ◘ Abb. 9.5). Heute wissen wir, dass diesen Elementen weitere Funktionen zukommen, die nicht auf ihre Rolle bei der Genexpression beschränkt ist. Die DNA von Promotoren und Enhancer kann unterschiedlich modifiziert sein, auch kann sich die Chromatin-Struktur an Promotoren und Enhancern unterscheiden (s. u.).

Chemische Veränderungen in der DNA können die Transkription beeinflussen, wobei vor allem die **Methylierung von Cytosin zu Methylcytosin** (◘ Abb. 4.23) von Bedeutung ist. Ein gutes Beispiel für die Regulation des Aktivitätszustands durch DNA-Methylierung ist die Transkription der **Globingene**. Diese kodieren für **Globin**, den Proteinanteil im **Hämoglobin** der roten Blutkörperchen, das den Sauerstoff transportiert. Im **menschlichen Genom** gibt es mehrere Globingene, die zu unterschiedlichen Zeiten der Entwicklung aktiv sind. So wird etwa im sechs Wochen alten Embryo das **ε-Globingen**, im zwölf Wochen alten Embryo das **γ-Globingen** transkribiert. Das jeweils andere Gen wird durch **Methylierung der Promotorsequenzen** ausgeschaltet (◘ Abb. 10.9).

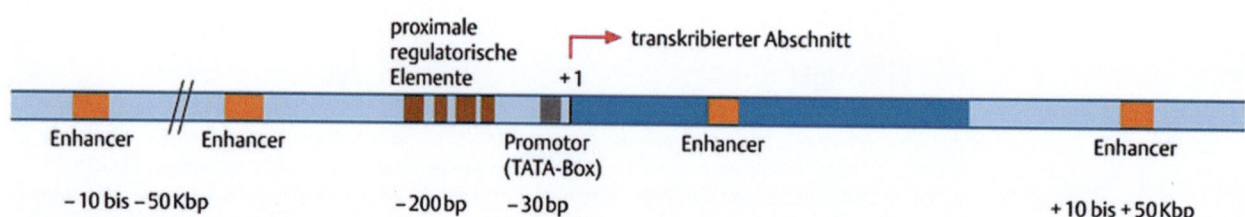

◘ **Abb. 10.8** Aufbau eines typischen Eukaryontengens. Die transkribierte Region (dunkelblau) beginnt bei +1, der Promotor ist grau dargestellt, er enthält in der Regel eine TATA-Box. Enhancer (orange) können in großen Abständen vor oder hinter einem Gen oder sogar im Gen selbst liegen. Proximale regulatorische Elemente (−50 bis −200) können weitere konservierte Boxen enthalten und werden von unterschiedlichen Transkriptionsfaktoren gebunden

10.2 · Genexpression wird auf vielen Ebenen kontrolliert

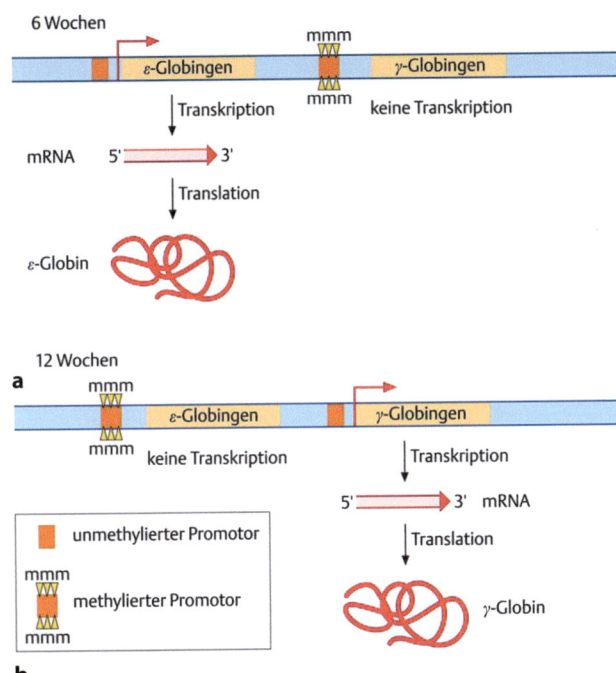

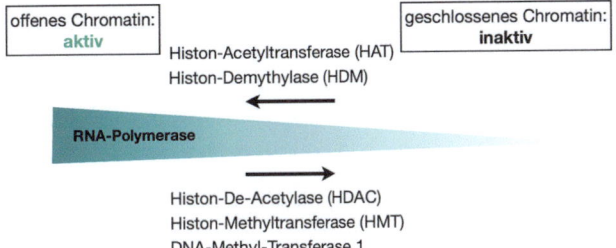

Abb. 10.10 Der Chromatinzustand entscheidet über die Transkriptionsaktivität. Modifikationen an Histonen entscheiden über den Verpackungsgrad des Chromatins und somit über die Zugänglichkeit der RNA-Polymerase zur DNA

Abb. 10.9 Differenzielle Transkription der Globingene in unterschiedlich alten menschlichen Embryonen. Schematische Darstellung eines Abschnitts des ca. 70 kb großen menschlichen β-Globin Genclusters auf Chromosom 11, das insgesamt 5 Globingene kodiert (hier nur 2 gezeigt). Die Methylierung (m) im Promotor des γ- bzw. ε-Globingens verhindert Transkription

10.2.2.2 Rolle des Chromatins bei der Regulation von Genaktivität

In ▶ Abschn. 4.2.2.1 (● Abb. 4.21) wurde der **Histon Code** vorgestellt, der die vielfältige Regulation des Chromatins durch Histon-Modifikationen kontrolliert, was neben der DNA-Modifikation einen Teil der **epigenetischen Kontrolle der Genexpression** ausmacht. Da das gesamte Chromatin in der Mitose sehr stark kondensiert ist, kann während dieser Zeit die DNA nicht abgelesen werden (s. ▶ Kap. 4). Somit ist die Transkription auf die Interphase beschränkt, in der das Chromatin, vor allem das **Euchromatin**, stark entspiralisiert ist, was Voraussetzung für Transkription ist. Im **Heterochromatin** hingegen ist die DNA unzugänglich für die RNA-Polymerase, weshalb diese DNA, von wenigen Ausnahmen abgesehen, nicht abgelesen werden kann. Jedoch werden nicht alle im Euchromatin liegenden Gene einer Zelle transkribiert, man muss also auch hier noch einmal zwischen **aktivem** und **nicht-aktivem Euchromatin** unterscheiden. Der aktive bzw. inaktive Zustand des Chromatins einer Zelle kann sehr stabil sein und bei der Zellteilung an die Tochterzellen weitergegeben werden, die dann das gleiche Muster an Genaktivität aufweisen. Die Zelle hat ein „**epigenetisches Gedächtnis**" (s. ▶ Abschn. 4.2.1.1).

■ Aktivierung der Transkription

Der Grad der Kondensation des Chromatins und der Wechsel zwischen „offenem" und „geschlossenem" Chromatin entscheidet über die Zugänglichkeit der DNA für die RNA-Polymerase, und somit darüber, ob ein Gen transkribiert wird oder nicht (● Abb. 10.10).

Der Wechsel zwischen transkriptionsaktivem und -inaktivem Chromatin wird durch chemische Modifikationen an den Histonen reguliert, also durch Hinzufügen oder Entfernen von Methyl-, Acetyl- oder Phosphatresten, die den sog. Histon-Code definieren (ausführlich dargestellt in ▶ Abschn. 4.2.2). Somit spielen die an diesen Modifikationen beteiligten Enzyme eine entscheidende Rolle bei der Regulation des Transkriptionsprogramms einer Zelle.

Sehr häufig sind Histone an Promotoren und Enhancer das Ziel von Modifikationen, z. B. von **Phosphorylierungen** oder **Methylierungen**. In grober Annäherung gilt, dass Histon H3, das an den Lysin-Resten 4, 36 und 79 methyliert oder an Serin 10 phosphoryliert ist (▶ Box 10.3), Zeichen von aktiver Transkription darstellt, während Histon H3 Methylierung an Lysin 9 und 27 und Histon H4 Methylierung an Lysin 20 in der Regel stillgelegtes (*silenced*) Chromatin anzeigt (s. ● Abb. 4.21).

Die Aktivität der an der Histonmodifikation beteiligten Enzyme wird durch zelluläre Programme kontrolliert, kann aber auch durch äußere Einflüsse beeinflusst werden. So wird etwa das Geschlecht von Schildkröten durch die Temperatur, der das Ei bei der Entwicklung des Embryos ausgesetzt ist, bestimmt. Bei einer Temperatur von 26 °C entwickeln sich alle Embryonen zu Männchen. Verantwortlich dafür ist die Expression des Männchen-determinierenden Gens *Dmrt1*. Dies wird durch die Demethylierung an Lysin 27 von Histon H3 in der Promotorregion des Gens ermöglicht, die durch die Demethylase KDM6B katalysiert wird. Schaltet man die Demethylase während einer kritischen Phase der Entwicklung aus, entwickeln sich bei dieser Temperatur > 80 % der Embryonen zu Weibchen.

Bei der Kontrolle von Genexpression spielen *cis-regulatorische Elemente* (*cis-regulatory elements*, CREs),

Box 10.3 Phosphorylierung von Histon H3 und Transkription

Die Phosphorylierung an Serin 10 von Histon H3 (H3S10P) ist ein guter Marker für Transkriptions-aktives Chromatin. Das lässt sich deutlich in Polytänchromosomen von *Drosophila* Speicheldrüsen, die man einem kurzen Hitzeschock ausgesetzt hat, nachweisen. Dadurch werden die Hitzeschockgene an- und die meisten anderen Gene ausgeschaltet, die Transkription findet nur noch an den Hitzeschock-Puffs statt (s. ◘ Abb. 10.2). Das geht einher mit einer vergleichbaren Umverteilung von phosphoryliertem H3S10 von vielen Stellen auf dem Chromosom an die Hitzeschock-Puffs (◘ Abb. 10.11a).

Ein weiteres Beispiel betrifft das X-Chromosom in XY-Männchen von *Drosophila*. Da seine Gene im Vergleich zu XX-Weibchen nur einmal pro Genom vorkommen, werden diese doppelt so stark transkribiert wie jedes der Gene auf den X-Chromosomen der Weibchen, um die reduzierte Gendosis auszugleichen (s. ▶ Abschn. 11.2 Dosiskompensation). Das korreliert mit einer erhöhten Akkumulation von H3S10P auf dem X-Chromosom, was man in Speicheldrüsen-Zellkernen einer männlichen Larve nachweisen kann (◘ Abb. 10.11b).

Diese Beispiele machen die Bedeutung von Chromatinmodifikationen für die Genexpression deutlich.

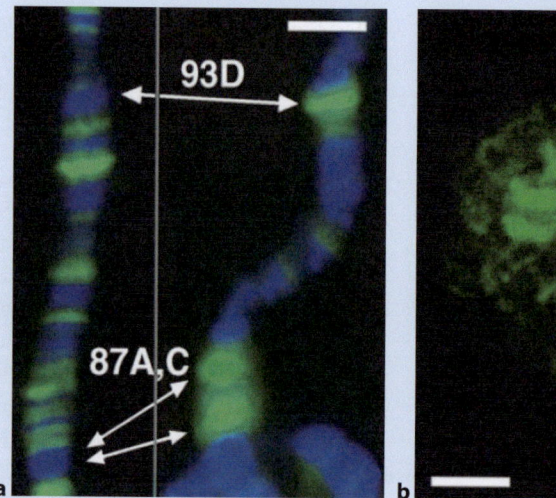

◘ **Abb. 10.11** Histon H3 Phosphorylierung korreliert mit aktiver Transkription in *Drosophila*. **a** Verteilung von phosphoryliertem Histon H3 (grün) auf einem Abschnitt des rechten Arms des dritten Chromosoms vor (links) und nach (rechts) einem Hitzeschock. Der Hitzeschock induziert die Ausbildung von Puffs, an denen verstärkt Transkription stattfindet (s. ◘ Abb. 10.2), während die Transkription an den meisten anderen Stellen eingestellt wird. Blau: DNA. **b** Ein Zellkern aus der Speicheldrüse einer männlichen *Drosophila* Larve, gefärbt mit einem Antikörper gegen phosphoryliertes Histon H3 (grün). Deutlich erkennt man die verstärkte Anreicherung von H3S10P (grün) auf dem X-Chromosom. Dieses wird zum Ausgleich dafür, dass es nur in einer Kopie in XY-Tieren vorliegt (im Vergleich zu XX-Weibchen mit zwei X-Chromosomen) verstärkt transkribiert (s. ▶ Abschn. 11.2). Maßstab in **a** = 2 μm, in **b** = 5 μm. (Nach Johansen und Johansen 2006, Fig. 1, mit freundlicher Genehmigung)

---

u. a. **Enhancer** (s. ◘ Abb. 10.8) eine wichtige Rolle. Ihre Bedeutung wird durch die vom ENCODE Projekt (▶ Box 2.1; Project Consortium ENCODE 2020) veröffentlichen Daten über den Anteil von CREs im Genom unterstrichen: das Projekt hat fast 1 Mio. CREs im humanen und ca. 350.000 CREs im Maus Genom annotiert, entsprechend 7,9 % bzw. 3,4 % des gesamten Genoms. Enhancer wurden ursprünglich definiert als DNA-Sequenzen, die Promotoren aktivieren können, und zwar unabhängig vom Abstand zum Promotor und von der Orientierung zum Promotor. Ein Enhancer kann die Expression mehrerer Gene kontrollieren, und umgekehrt kann ein Gen von mehreren Enhancern kontrolliert werden.

Enhancer, meist 200–500 bp lang, dienen als „Plattform" für die Bindung von Sequenz-spezifischen Transkriptionsfaktoren, die dann über Interaktionen mit weiteren Proteinen bzw. Proteinkomplexen (z. B. mit **Mediator**, einem für die Initiation der Transkription nötigen Multiproteinkomplex), die Transkription kontrollieren.

Ein **Transkriptionsfaktor** ist ein Protein mit in der Regel zwei funktionellen Bereichen:
1. eine Region, die eine spezifische Nukleotidsequenz erkennt, die **DNA-bindende Domäne**,
2. ein oder mehrere Bereiche, die mit anderen Proteinen, u. a. den sog. **Ko-Aktivatoren** interagieren können, und als **transkriptionsaktivierende** oder auch **trans-aktivierende Domänen** bezeichnet werden. Bindung eines Ko-Aktivators an einen Transkriptionsfaktor kann die Transkriptionsrate um ein Vielfaches erhöhen.

10.2 · Genexpression wird auf vielen Ebenen kontrolliert

Tab. 10.1 Beispiele für DNA-bindende Proteine. Für Helix-Loop-Helix- und Zinkfingerproteine ist jeweils nur die DNA-bindende Domäne dargestellt

Struktur	Eigenschaften
Das Helix-Turn-Helix-Motiv 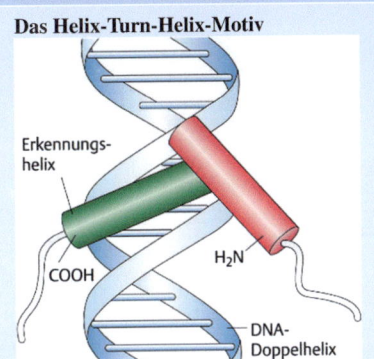	Das Motiv enthält zwei α-Helices, die durch drei oder vier Aminosäuren (*turn*) voneinander getrennt sind, wodurch ein „Abknicken" des Proteins (turn) erzeugt wird. Die carboxyterminale Helix (grün, Erkennungshelix) ist an der sequenzspezifischen DNA-Bindung beteiligt. Eine spezielle Klasse des Helix-Turn-Helix-Motivs stellt die aus etwa 60 Aminosäuren bestehende **Homöodomäne** dar. Diese Domäne wurde zuerst in den Genprodukten der homöotischen Gene von *Drosophila* gefunden. Die meisten Organismen haben mehrere hundert verschiedene Proteine mit Homöodomäne, von denen jedoch die meisten nicht von homöotischen Genen kodiert sind. Die große Ähnlichkeit in der Struktur des Helix-Turn-Helix-Motivs bei Pro- und Eukaryonten war der erste Hinweis darauf, dass die Mechanismen der Genregulation bei Bakterien und höheren Organismen nach ähnlichen Prinzipien verlaufen
Das Zinkfinger Motiv 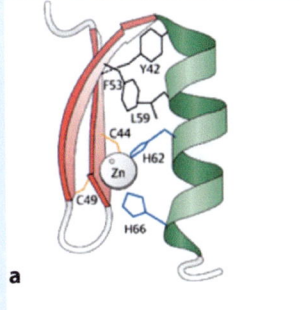 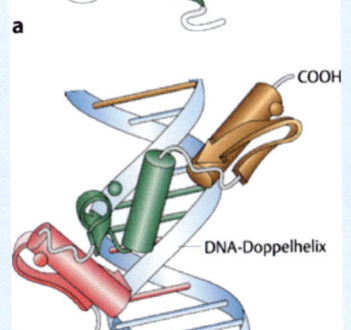	Viele Transkriptionsfaktoren weisen Bereiche auf, die sich um ein Zn^{2+}-Ion lagern können und dadurch eine relativ kompakte, fingerförmige Struktur ausbilden. Dieses, aus 30 Aminosäuren bestehende Motiv wurde erstmalig im Transkriptionsfaktor TFIIIA des Krallenfroschs X*enopus laevis*, der an der Transkription der 5S-rRNA beteiligt ist, charakterisiert. Zinkfinger-Proteine bilden die größte bekannte Proteinfamilie. So gehören in der Hefe die Genprodukte von 42 der insgesamt 6215 vorhergesagten Gene zu dieser Familie, und im Fadenwurm *Caenorhabditis elegans* kodieren 3 % (= 138) aller vorhergesagten Gene Zinkfinger-Proteine. **a** Dreidimensionale Struktur des zweiten Zinkfinger-Motifs des Transkriptionsfaktor SWI5 der Hefe, der zur Cys-Cys-His-His Familie gehört, benannt nach den Aminosäuren, die Kontakt mit dem Zink haben. Die Struktur lässt eine α-Helix (grün) und zwei antiparallel verlaufende β-Faltblätter (rot) erkennen. Die vier Aminosäuren, die das Zink binden (C44, C49, H62 und H66), verbinden ein Ende der α-Helix fest mit einem Ende des β-Faltblatts. **b** Abschnitt einer DNA-Doppelhelix mit drei Zinkfingern. Man erkennt in jedem Finger die Faltblattstruktur und die α-Helix (als „Röhre"). (**a**, **b** nach Neuhaus et al. 1992)
Das bHLH-Motiv  	Proteine mit einer bHLH-Domäne sind durch das Vorhandensein einer **b**asischen, DNA-bindenden Domäne gekennzeichnet und tragen außerdem zwei **H**elices, die durch einen **L**oop (L, Schleife) voneinander getrennt sind (HLH). Die Helices gehen Wechselwirkungen mit anderen Protein ein, meist mit einem weiteren bHLH-Protein. Dabei können sowohl Homodimere (aus zwei gleichen Proteinen bestehend) als auch Heterodimere (aus zwei verschiedenen Proteinen bestehend) ausgebildet werden. Die Art des Dimers kann einen Einfluss auf die DNA-bindenden Eigenschaften haben. Die Abbildung zeigt ein an die DNA-Doppelhelix gebundenes Dimer (grün bzw. braun). Jedes Monomer besitzt ein Helix-Loop-Helix-Motiv. Jeweils die aminoterminal gelegene Helix jedes Moleküls bindet an die DNA, die andere Helix, die durch einen Loop (Schleife; grau) von der ersten getrennt ist, geht Wechselwirkungen mit der Helix des anderen Monomers ein

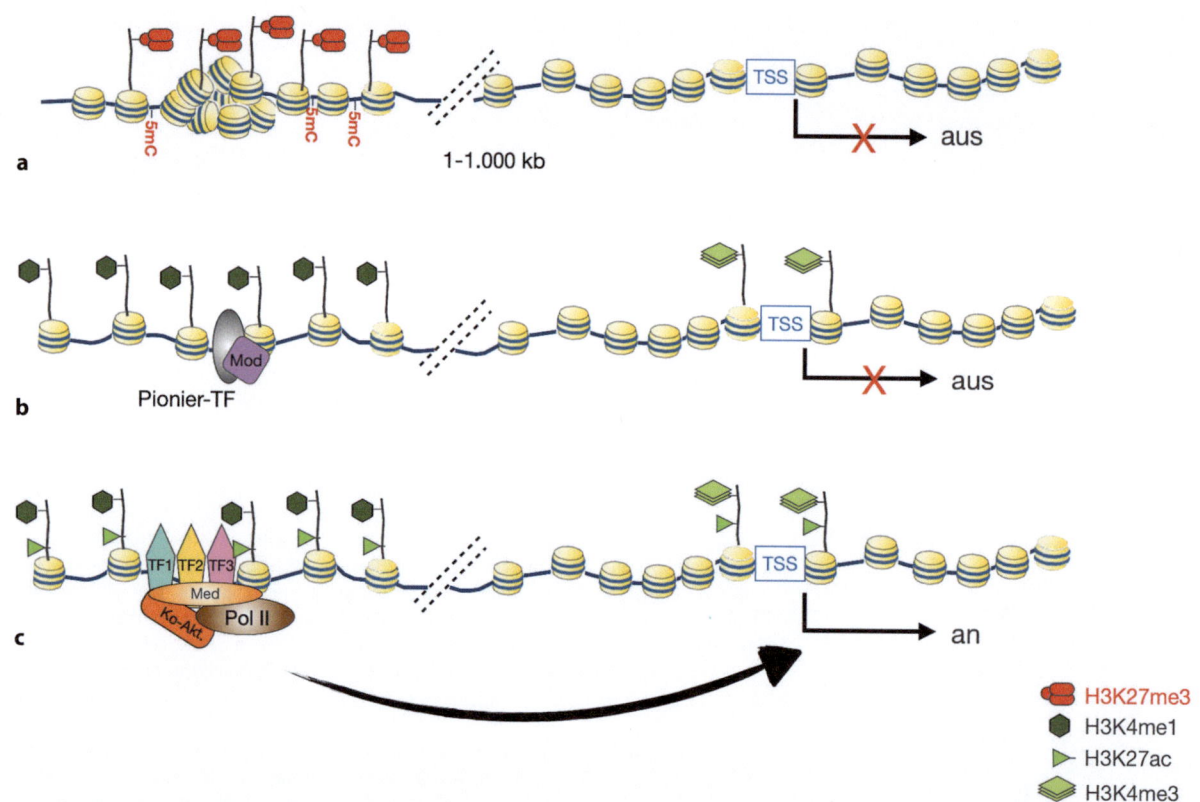

Abb. 10.12 Transkriptions-Kontrolle durch Histon-Modifizierungen am Enhancer und Promoter. Beispielhafte Darstellung von Enhancer-Abschnitten (links) und den durch sie regulierten Gene (TSS: Transkriptionsstart). Die DNA (blaue Linie) ist mit Histonoktameren (gelb) zu Nukleosomen organisiert. **a** Der inaktive Enhancer ist hier durch Trimethylierung an Histon H3 (H3K27me3; rot) und durch 5-Methyl-Cytosin (5mC) an der DNA charakterisiert. Es gibt keine Transkription. **b** Vor der Aktivierung können Enhancer „vorbereitet" werden (= primed enhancer), was in der Regel durch die Anwesenheit von H3K4me1 gekennzeichnet ist (dunkelgrüne Hexagons). Weitere Merkmale, die mit dem Enhancer-Priming in Verbindung gebracht wurden, sind das Fehlen von 5mC an der DNA und DNA-Hydroxylierung (nicht dargestellt) sowie das Binden eines Pionier-TFs (grau) an die DNA. Dieser kann andere Proteine binden, etwa Histon-modifizierende Enzyme (Mod; magenta), z. B. Methyltransferasen. **c** Aktive Enhancer sind oftmals durch hypermobile Nukleosomen verbunden, die Histonvarianten z. B. von Histon H3 oder H2 enthalten (z. B. H3.3/H2A.Z), die das Chromatin „auflockern" und so die Bindung von Transkriptionsfaktoren (TF) an die DNA ermöglichen. TFs wiederum rekrutieren RNA-Polymerase II (Pol II) sowie Ko-Aktivatoren, die Nukleosomen modifizieren und umgestalten können. H3K4me1 und H3K27ac sind die vorherrschenden Histonmodifikationen an aktiven Enhancern. Die Interaktion dieser Proteine mit dem Promoter ermöglichen die Bildung des Prä-Initiationskomplexes (s. ▶ Abschn. 9.1.2.1)

In vielen Fällen enthalten Transkriptionsfaktoren noch eine weitere Domäne, die der Dimerisierung mit gleichen oder anderen Transkriptionsfaktoren dient. Neben den aktivierenden Transkriptionsfaktoren gibt es auch zahlreiche Faktoren, die die Transkription unterdrücken und dadurch als **Repressoren** wirken.

DNA-bindende Domänen sind reich an basischen Aminosäuren wie Arginin oder Lysin, die an die negativ geladene DNA binden können. Von einem **Proteinmotiv** spricht man immer dann, wenn die Region eine charakteristische dreidimensionale Struktur aufweist, die in vielen Proteinen vorkommt. Auf Grund der Struktur der DNA-bindenden Domäne lassen sich **Transkriptionsfaktoren** in unterschiedliche Familien einteilen (Beispiele s. ☐ Tab. 10.1). Ihnen gemeinsam ist eine Erkennungshelix, die spezifisch eine bestimmte Basensequenz auf der DNA (z. B. in einem Enhancer) erkennt. Ihre Struktur ermöglicht eine Einlagerung in die große Furche der DNA, wobei Atome des Proteins durch Wasserstoffbrücken und van-der-Waals-Interaktionen Bindungen mit Atomen der DNA-Basen eingehen. Die Bindung wird durch weitere Wechselwirkungen mit dem Zucker-Phosphat-Rückgrat der DNA verstärkt.

Die Aktivität von Transkriptionsfaktoren erfordert die Bindung von Ko-Aktivatoren, Proteine, die meist selbst nicht an DNA binden können, aber z. B. Histone modifizieren (z. B. Histon-Acetyltransferasen) oder das Chromatin umstrukturieren können, und somit der RNA-Polymerase II Zugang zur DNA ermöglichen. Dadurch kommt den Transkriptionsfaktoren eine entscheidende Rolle bei der Initiation der Transkription zu (s. ▶ Abschn. 9.1.2.1; ☐ Abb. 9.6). Die Bindung eines „Pionier" Transkriptionsfaktors an das Chromatin bereitet den Enhancer auf seine Interaktion mit dem Promotor vor, man spricht von einem „*primed enhancer*". Dieser zeichnet sich oft durch **hypermobile Nukleosomen** aus. Diese können andere Histon-

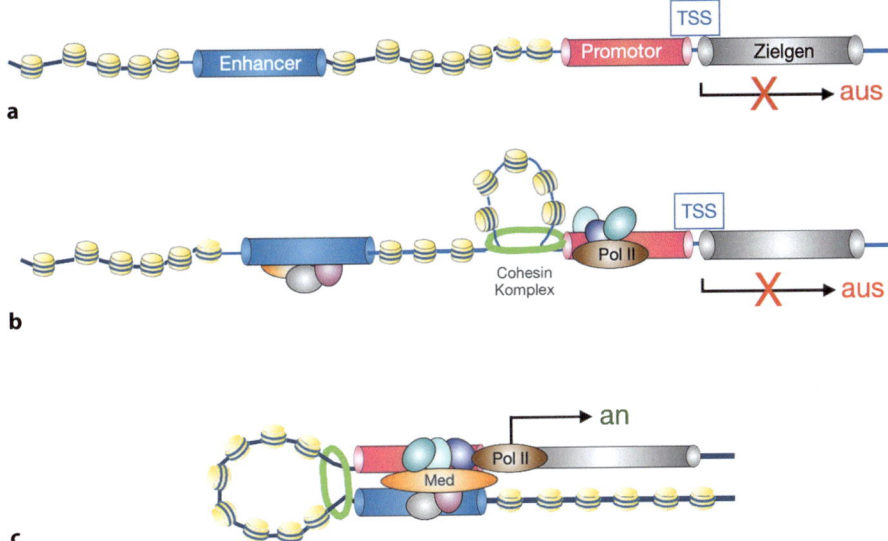

Abb. 10.13 Schematische Darstellung der Enhancer-Promotor Interaktion. **a** Organisation von Enhancer, Promotor und Zielgen entlang des Chromatins (dargestellt durch die Nukleosomen). TSS: Transkriptionsstartstelle. Zwischen Enhancer und Promotor können mehrere tausend Basenpaare liegen. **b** Verschiedene Proteine (farbige Ovale) binden an Enhancer und Promotor. Die Aktivität des Cohesin-Komplexes (grün; in diesem Beispiel am Promotor verankert) führt zur Ausbildung einer Chromatinschleife zwischen Enhancer und Promotor. Die RNA-Polymerase II (Pol II) am Enhancer kann Enhancer-RNA (eRNA) transkribieren, eine weitere non-coding RNA mit vielfältigen Funktionen bei der Regulation der Genexpression. **c** Durch die Chromatinschleife kommen Promotor und Enhancer in enge Nachbarschaft, so dass die jeweils an den Sequenzen gebundenen Proteine interagieren können. Der Mediator Komplex (Med) wirkt als dynamische Brücke zwischen den Transkriptionsfaktoren und ermöglicht den Start der Transkription durch RNA-Polymerase II (Pol II). (Nach Popay and Dixon 2022)

Varianten enthalten können, z. B. von Histon H3 die Variante H3.3 und von Histon H2 die Variante H2A.Z, wodurch sich die Histon-Dichte an dieser Stelle verringert. Dadurch wird die DNA zugänglicher für den Transkriptionsapparat und andere Komponenten. Außerdem finden sich dort modifizierte Histone, hauptsächlich H3K4me1 und H3K27ac (◘ Abb. 10.12). Beides ermöglicht weiteren Transkriptionsfaktoren den Zugang zum Enhancer.

Die Tatsache, dass Enhancer manchmal mehrere tausend Basenpaare vom Promotor entfernt sein können, wirft die Frage auf, wie die an Enhancer gebundenen Proteine die Transkription regulieren können. Nach einem zurzeit diskutierten Modell (Popay and Dixon 2022) stellt sich dieser Vorgang – vereinfacht – wie folgt dar (◘ Abb. 10.13): Verschiedene Proteine binden an die entfernt liegenden Enhancer bzw. die promotornahe regulatorische Region. Die generelle Transkriptionsmaschinerie, die in den meisten Zellen vorhanden ist, bindet an die TATA-Box, einem Element im Promotor (s. ◘ Abb. 9.5). Durch die **Interaktion der transaktivierenden Domänen** der Transkriptionsfaktoren mit den Komponenten des Transkriptionsapparats, u. a. der RNA-Polymerase, wird eine **stabile DNA-Schleife** ausgebildet, und die Transkription beginnt.

Die wenigen hier vorgestellten Beispiele machen deutlich, dass die Kontrolle der Transkription von mRNA ein äußert komplexer Vorgang ist (Ähnliches gilt auch für die Transkriptionskontrolle anderer RNAs). Die beteiligten Komponenten (u. a. DNA, Proteine, Protein-modifizierende und andere Enzyme) müssen bereitgestellt und ihre Aktivitäten sehr präzise koordiniert werden, um differentielle Genexpression zu gewährleisten, die nicht nur durch Aktivierung, sondern auch durch Unterdrückung (Repression) der Transkription reguliert wird.

■ Repression der Transkription

Neben den sehr gut untersuchten Mechanismen der Genaktivierung spielt die Unterdrückung der Genexpression, die **Genrepression**, eine genauso wichtige Rolle für die Entwicklung und Homöostase. Allerdings: Identität und Eigenschaften von Transkriptionsrepressoren sind bei Weitem nicht so gut beschrieben. Ähnlich wie aktivierende Transkriptionsfaktoren binden auch Transkriptionsrepressoren mittels einer DNA-bindenden Domäne an Sequenzspezifische DNA-Motive und rekrutieren über eine Effektor-Domäne/reprimierende Domäne Kofaktoren, **Ko-Repressoren** genannt. Die Funktion eines bekannten Ko-Repressors ist recht gut beschrieben: es ist eine Histon-Deacetylase (HDAC) (s. ▶ Abschn. 4.2.2.1 und ◘ Abb. 4.19). Diese katalysiert, wenn durch den Repressor an das Chromatin gebracht, lokal die Entfernung von Acetyl-Resten von Histonen. Die hierdurch veränderte Chromatinstruktur ermöglicht eine stärkere Histon-DNA Interaktion und verhindert dadurch den Zugang der Transkriptionsmaschinerie zur DNA.

■ Aufrechterhaltung eines Transkriptionsprogramms

Ein multizellulärer Organismus besteht aus vielen verschiedenen Zelltypen (beim Mensch mehr als 200!), deren

Box 10.4 *Drosophila* Polycomb – Aufrechterhaltung von Gen-Repression

Das zuerst bei *Drosophila* gefundene Gen *Polycomb* (*Pc*) sowie weitere Gene aus der **Polycomb Gruppe** (**PcG**) (◘ Abb. 10.14, 10.15) spielen bei der **Aufrechterhaltung des reprimierten Zustands** (*gene silencing*) eine wichtige Rolle. Entgegensetzte Wirkung, nämlich Aufrechterhaltung des aktiven Zustands, kommt den Genen der *trithorax* (*trx*)-Gruppe (**trxG**) zu. Heute kennt man bei *Drosophila* ca. 40 PcG und trxG Gene. Viele der von ihnen kontrollierten Gene haben entwicklungsbiologisch relevante Funktionen, wie z. B. die homöotischen Gene (*Drosophila*) bzw. die Hox-Gene (Maus).

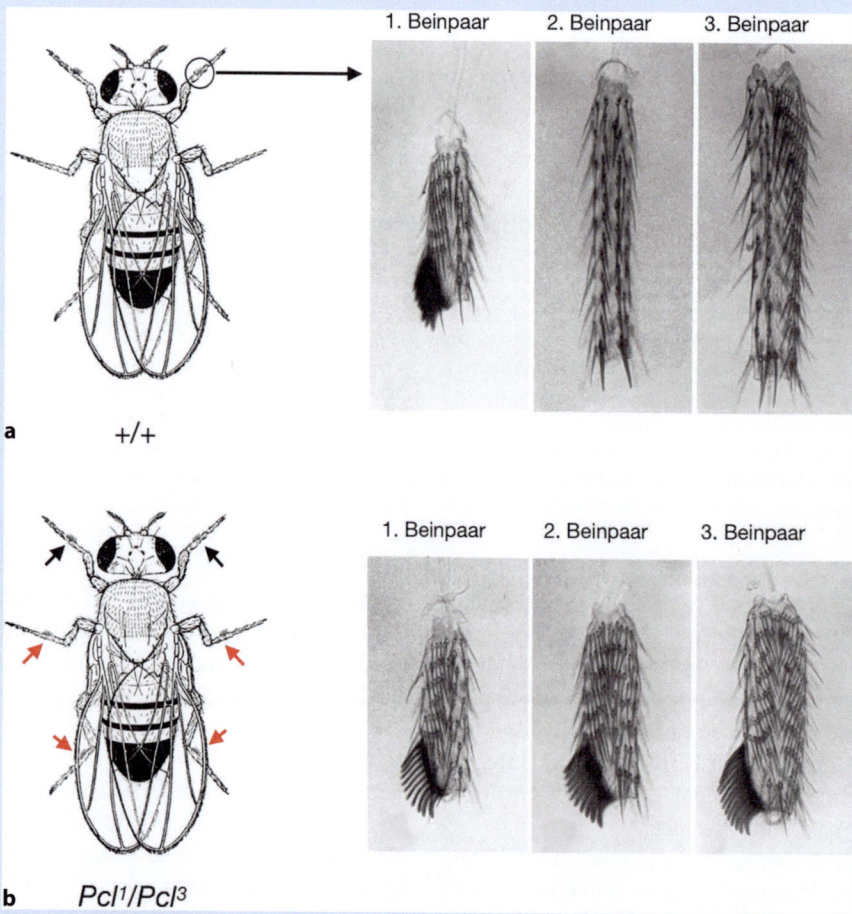

◘ **Abb. 10.14** Phänotyp von *Polycomb-like* (*Pcl*) Mutanten. **a** Wildtyp Männchen weisen an den Vorderbeinen (den Beinen des 1. Thoraxsegments) typische Strukturen, die sog. Geschlechtskämme (engl. *sex combs*) auf. Diese fehlen auf dem 2. und 3. Beinpaar, weil die für ihre Entwicklung nötigen Gene reprimiert sind. **b** Schwache Allele von Genen der Polycomb Gruppe (hier *Polycomb-like*, *Pcl*) sind lebensfähig, sind aber nicht mehr imstande, die Ausbildung von Geschlechtskämmen auf dem 2. und 3. Beinpaar zu unterdrücken (rote Pfeile). (Nach Duncan 1982, mit freundlicher Genehmigung)

Schicksal im Verlauf der Embryogenese festgelegt wird. Sie unterscheiden sich nicht nur in Form, Größe und Funktion, sondern auch durch ihr Zelltyp-spezifisches Transkriptionsprogramm. Einmal in der frühen Entwicklung festgelegt, muss dieses Programm in jedem Gewebe/Zelltyp zum Teil über viele Jahre aufrechterhalten werden. Daraus ergibt sich die Frage: wie wird sichergestellt, dass eine Zelle, die sich z. B. in einem Fliegenbein befindet, ausschließlich Bein-spezifische Gene exprimiert und Flügel-spezifische Gene reprimiert? Auch hier haben Arbeiten an *Drosophila* die Grundlagen zur Aufklärung dieses Kontrollmechanismus gelegt (▶ Box 10.4, ◘ Abb. 10.14).

Drosophila Polycomb sowie alle weiteren Gene der Polycomb-Gruppe sind evolutionär stark konserviert und kommen auch in anderen tierischen und pflanzlichen Zellen vor. Die von den Genen der PcG und der trxG kodierten Proteine sind an der Ausbildung großer Proteinkomplexe beteiligt, die die lokalen Eigenschaften des Chromatins modifizieren und somit den reprimierten (PcG) bzw. den aktivierten (trxG) Transkriptionszustand von Genen

10.2 · Genexpression wird auf vielen Ebenen kontrolliert

aufrechterhalten. Die bekanntesten PcG Proteinkomplexe sind der **Polycomb Repressive Complex 1 (PRC1)** und der **Polycomb Repressive Complex 2 (PRC2)**, die beide enzymatische Aktivität haben (◘ Abb. 10.15). PcG Proteine sind nicht an der Initiation der Repression, sondern an der **Aufrechterhaltung des reprimierten Zustands** in späteren Stadien der Entwicklung beteiligt. Säugergenome besitzen für einige dieser Proteine mehr als nur ein Paralog, so dass dort mehr als nur ein PRC1 und PRC2 an der Repression der Genaktivität beteiligt sind (Hanot et al. 2023).

10.2.2.3 Regulation der Transkription durch unterschiedliche Promotoren

In ▶ Kap. 9 wurde der Aufbau des **Promotors** eines eukaryotischen Gens, das von RNA-Polymerase II transkribiert wird, dargestellt (s. ◘ Abb. 9.5). Der Promotor enthält die TATA-Box, an der der Prä-Initiationskomplex zusammengebaut wird (s. ◘ Abb. 9.6) und somit den korrekten Startpunkt der Transkription bestimmt (bei einigen Genen ohne TATA-Box wird er anders kontrolliert). Einige Gene besitzen mehrere TATA-Boxen, so dass dort die Transkription an mehreren Stellen begonnen werden kann (◘ Abb. 10.16). Das kann in einigen Fällen zur Synthese verschiedener Proteine führen, je nachdem, welche Exons schließlich durch **Spleißen** zusammengefügt werden.

10.2.3 Posttranskriptionelle Regulation der Genexpression

Anders als bei Prokaryonten, in denen auf einer mRNA mehrere verschiedene Proteine kodiert sein können (= polycistronische mRNA), ist auf einer eukaryontischen mRNA in der Regel jeweils nur ein Protein kodiert, die

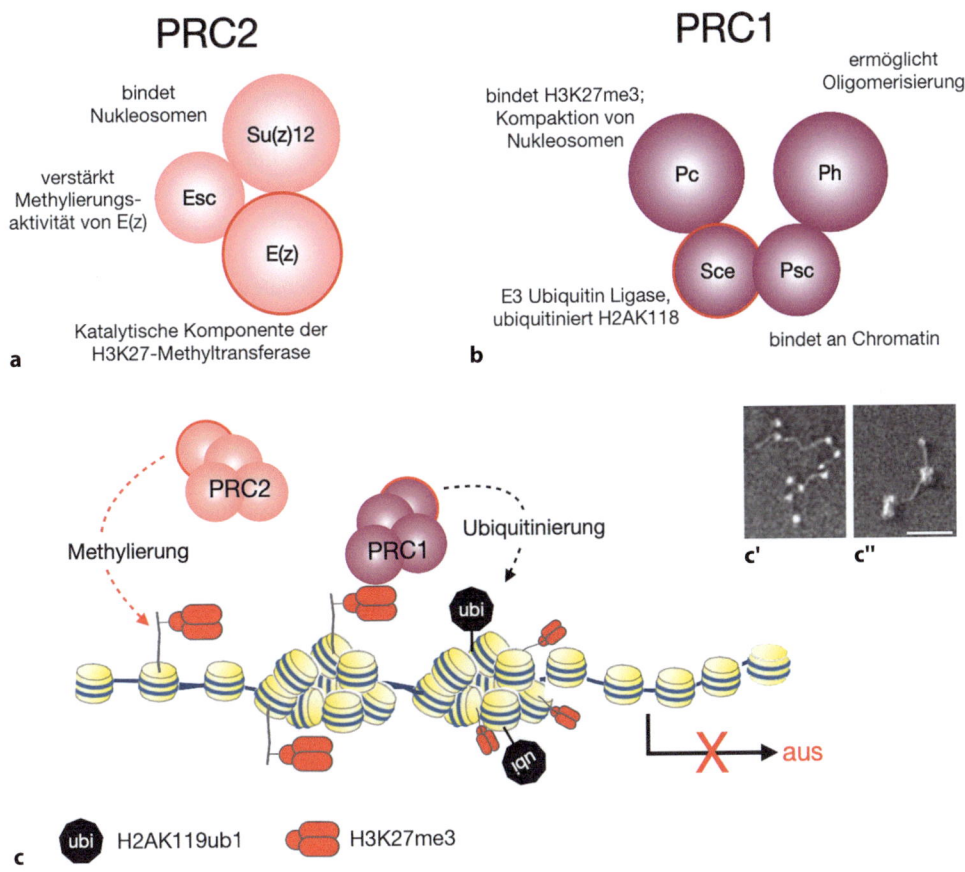

◘ **Abb. 10.15** Der Polycomb Repressiv Complex 1 und 2 (PRC1 und PRC2). **a, b** Schematische Darstellung der Kernkomponenten von *Drosophila* PRC2 und PRC1 und ihre Funktionen. Proteine mit enzymatischer Aktivität mit rotem Rand. Weitere, hier nicht gezeigte Proteine werden rekrutiert. PRC2: E(z): Enhancer of zeste; Su(z)12: Suppressor of zeste; Esc: Extra sex combs. PRC1: Pc: Polycomb; Ph: Polyhomeotic; Sce: Sex combs extra; Psc: Posterior sex combs. **c** Vereinfachte Darstellung der Aufrechterhaltung transkriptioneller Repression durch PRC1 und PRC2. Im ersten Schritt wird PRC2 an das Chromatin rekrutiert, wo die Methyltransferase E(z) Histon H3 an Lysin 27 dreifach methyliert (H3K27me3; roter gestrichelter Pfeil). Pc, eine Untereinheit in PRC1, erkennt diese posttranslationale Modifikation und bringt PRC1 an das Chromatin, wo die Ubiquitin Ligase Sce Histon H2A am Lysin 119 mono-ubiquitiniert (H2AK119ub1; schwarzer gestrichelter Pfeil). Das führt zur Kompaktion des Chromatins, Entfernung von RNA-Polymerase II und gene silencing. **c′, c″** Elektronenmikroskopische Aufnahme eines Nukleosomenfilaments vor (**c′**) und nach der Zugabe der Kernkomponenten von PRC1 (**c″**). Zugabe der PRC1 Komponenten in vitro überführt das Nukleosomenfilament („beads-on-a-string"; **c′**) in eine kompakte Chromatinstruktur (**c″**). Maßstab = 100 nm. (**c′, c″** Aus Grau et al. 2011, mit freundlicher Genehmigung)

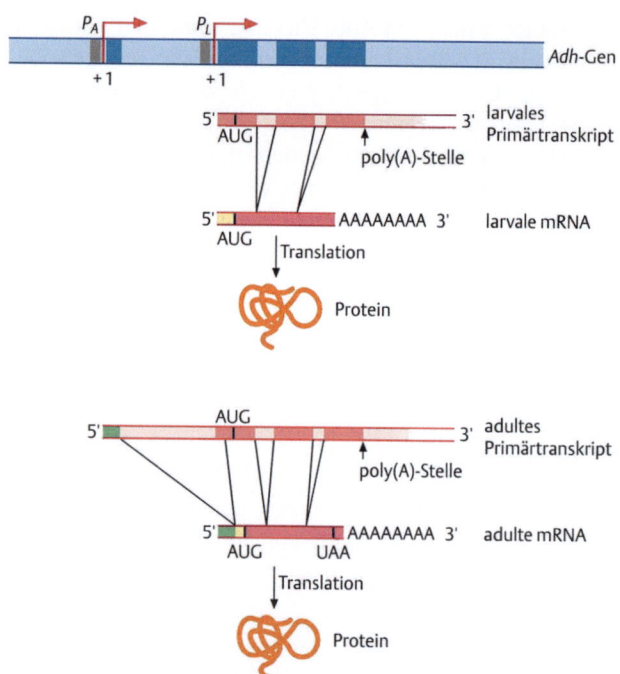

Abb. 10.16 Differenzielle Initiation der Transkription. Durch Verwendung alternativer Promotoren kann ein Gen unterschiedliche Transkripte kodieren, wie hier am Beispiel des *Drosophila*-Gens für Alkoholdehydrogenase (*Adh*), das in Larven und Fliegen aktiv ist, gezeigt wird. In der Larve erfolgt die Transkription vom larvalen Promotor (P_L), in der adulten Fliege vom adulten Promotor (P_A). Vor beiden Initiationsstellen befindet sich eine TATA-Box (grau) im Abstand von etwa 24 bp zur Initiationsstelle der Transkription (+1). Die reifen mRNAs unterscheiden sich durch ihre 5′-untranslatierte Region (gelb bzw. grün gefüllte Box). Die kodierende Region und somit das Protein (braun) sind identisch. Die dunkler gefärbten Bereiche auf der DNA (blau) bzw. RNA (rot) sind die Exons

mRNA ist monocistronisch. Im vorangehenden Abschnitt wurde dargestellt, dass durch Verwendung unterschiedlicher Transkriptions-Initiationsstellen von einem Gen mehrere verschiedene Primärtranskripte gebildet werden können. Darüber hinaus sind weitere Mechanismen bekannt, die **posttranskriptionell**, also nach der Transkription, aus einem einzigen Primärtranskript die Bildung mehrerer, oft unterschiedlicher mRNAs, die auch unterschiedliche Proteine kodieren können, ermöglichen.

10.2.3.1 Regulation durch alternatives Spleißen

Ein Schritt bei der Reifung der mRNA ist das Spleißen, der Prozess, bei dem die Introns entfernt und die Exons miteinander verbunden werden (s. ▶ Abschn. 9.1.3.3). Hierbei werden **Spleißdonor-** und **Spleißakzeptorstellen** vom **Spleißosom** erkannt und der dazwischen liegende Abschnitt der RNA wird herausgeschnitten. Da ein Primärtranskript mehrere Introns enthalten kann, stellt sich die Frage, welche Spleißdonor- und Spleißakzeptorstellen vom Spleißosom jeweils miteinander verbunden werden.

In der Tat gibt es Primärtranskripte, von denen durch Zusammenfügen unterschiedlicher Exons verschiedene mRNAs gebildet werden. Diesen Vorgang bezeichnet man als **differenzielles** oder **alternatives Spleißen**. Je nach Art der zusammengefügten Exons kann dies unterschiedliche Konsequenzen haben. Verknüpfung unterschiedlicher Exons kann zur Translation zweier völlig verschiedener Proteine führen. Ein Beispiel hierfür ist der *unc-17/cha-1*-**Genkomplex** von *C. elegans*, dessen mRNAs Enzyme kodieren, die zwei aufeinanderfolgende Stoffwechselschritte des Neurotransmitters Acetylcholin katalysieren. *cha-1*-mRNA kodiert **Acetylcholintransferase (ChAT)**, ein Enzym, das den letzten Schritt in der Synthese des Neurotransmitters Acetylcholin katalysiert. *unc-17*-mRNA kodiert für den vesikulären **Acetylcholintransporter** (VAChT), der Acetylcholin aus dem Zytoplasma in synaptische Versikel transportiert. Beide mRNAs, die durch alternatives Spleißen desselben Primärtranskripts entstehen, haben dasselbe 5′-nicht-translatierte erste Exon (= Exon a in ◻ Abb. 10.17a). Auf diese Weise wird die koordinierte Synthese von zwei am selben Prozess beteiligten Enzymen sichergestellt.

Durch alternatives Spleißen können auch Transkripte entstehen, die sich nur in einem oder wenigen Exons unterscheiden, so dass die von ihnen kodierten Proteine partiell identisch sind. Hier sei als Beispiel das **differenzielle Spleißen** des vom *Drosophila*-P-Elements kodierten Primärtranskripts genannt (◻ Abb. 10.17b). In der **Keimbahn** werden alle drei Introns entfernt. Das von dieser mRNA kodierte Protein ist die **Transposase**, die die **Transposition** mobiler genetischer Elemente erlaubt. In **somatischen Zellen** wird das dritte Intron nicht entfernt. Da dieses ein Stopcodon enthält, wird von dieser mRNA ein kürzeres Protein gebildet, dessen N-terminaler Abschnitt mit dem der Transposase identisch ist. Allerdings fehlt diesem Protein die für die Transpositionsaktivität erforderliche C-terminale Domäne, es fungiert jetzt als ein **Repressor der Transposition** (s. ▶ Abschn. 2.4.2).

Bei den meisten höheren Organismen wird eine mRNA durch Spleißen von Exons desselben Primärtranskripts gebildet. Bei einigen Organismen, z. B. den Einzellern *Trypanosoma* und *Euglena*, aber auch beim Fadenwurm *Caenorhabditis elegans*, kann eine mRNA durch Zusammenfügen von Exons zweier verschiedener RNA-Vorläufermoleküle entstehen. Diesen Prozess bezeichnet man als **Trans-Spleißen** (▶ Box 10.5). Bei *C. elegans* beginnen mRNAs von ~70 % aller Gene mit einer 22-Nukleotid langen Sequenz, der *Spliced-Leader*-RNA (SL), die nicht von dem jeweiligen Gen kodiert wird.

10.2.3.2 Regulation durch alternative Polyadenylierung

Einer der ersten Schritte während der Reifung der meisten eukaryotischen Primärtranskripte resultiert in der Polyadenylierung des 3′-Endes. Die Auswahl der Stelle, an

10.2 · Genexpression wird auf vielen Ebenen kontrolliert

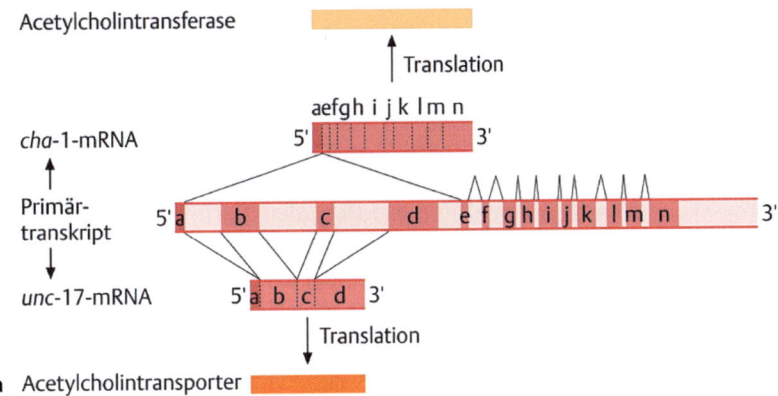
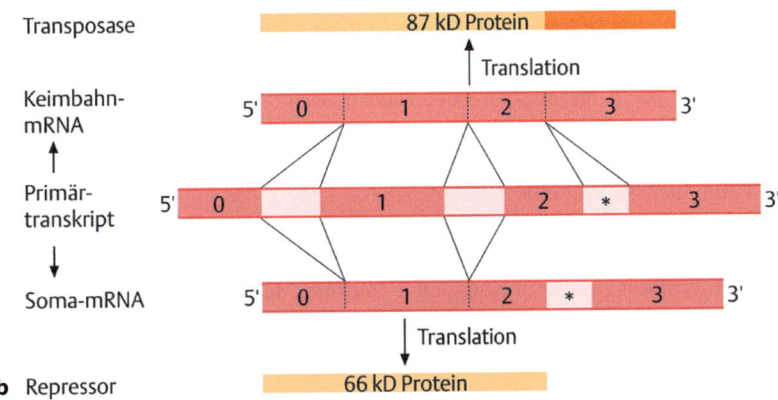

Abb. 10.17 Zwei Beispiele für alternatives Spleißen. **a** Differenzielles Spleißen des *C. elegans*-Gens *cha-1/unc-17*. Die beiden Transkripte haben dasselbe erste, nicht proteinkodierende Exon (a), die proteinkodierenden Exons sind verschieden. **b** Das Primärtranskript des *Drosophila*-P-Elements als Beispiel für gewebespezifisches Spleißen. In somatischen Zellen werden aus allen Primärtranskripten nur die ersten beiden Introns entfernt, das gebildete Protein ist ein Repressor der Transposase. In der Keimbahn wird neben geringen Mengen Repressor auch aktive Transposase gebildet, da alle drei Introns, und damit auch das Stopcodon (*), entfernt werden. Introns sind hellrot, Exons dunkelrot dargestellt

---

Box 10.5 Trans-Spleißen

Parasitische **Trypanosomen** (z. B. *Trypanosoma brucei*, der Erreger der Schlafkrankheit) transkribieren von mehreren hintereinander liegenden Transkriptionseinheiten große Mengen einer 140 Basen langen RNA, der sog. **Leader-RNA** (Abb. 10.18). In einem dem Spleißen höherer Organismen vergleichbaren Prozess wird ein 39 Nukleotide langer Abschnitt der Leader-RNA, das **Mini-Exon** (häufig auch als **SL-RNA** für **Spliced-Leader-RNA** bezeichnet) mit den 5'-Enden der proteinkodierenden Exons aller Primärtranskripte, die selbst keine Introns besitzen, verknüpft. Das führt dazu, dass alle mRNAs, die das Mini-Exon enthalten, denselben Translationsstart haben. Die Primärtranskripte dieser Trypanosomen sind, wie viele prokaryontische RNAs, polycistronisch, d. h. sie kodieren mehrere Proteine. Da beim Trans-Spleißen jeweils nur ein proteinkodierender Abschnitt mit dem Mini-Exon verknüpft wird, können aus einem polycistronischen Primärtranskript mehrere monocistronische mRNAs gebildet werden. Das bedeutet gleichzeitig, dass es bei *Trypanosoma* wenig Regulation auf der Ebene des Transkripts selbst gibt, sondern diese erfolgt verstärkt auf der Ebene der RNA-Stabilität und der Translation.

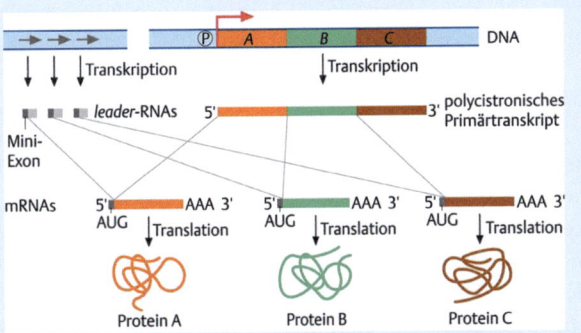

Abb. 10.18 Trans-Spleißen bei *Trypanosoma*. Von mehreren Transkriptionseinheiten (graue Pfeilköpfe) werden große Mengen Leader-RNA-Moleküle transkribiert. An anderer Stelle im Genom befinden sich die Gene A, B und C, von denen ein polycistronisches Primärtranskript, reguliert durch einen gemeinsamen Promotor (P), transkribiert wird. Dieses kodiert mehrere Proteine. In einem dem Spleißen ähnlichen Vorgang werden die RNAs der Gene A, B und C jeweils mit den 22 ersten, 5'-gelegenen Nukleotiden der Leader-RNA, dem Mini-Exon (dunkelgrau), verbunden

der die RNA gespalten und anschließend die Poly(A)-Polymerase die ~200 Adenosinreste hinzufügt (**poly(A)-Stelle**), wird durch eine konservierte, Uracil-reiche Sequenz bestimmt, die somit das 3′-Ende der von RNA-Polymerase II hergestellten Transkripte bestimmt (s. ▶ Abschn. 9.1.3.2, ◘ Abb. 9.8). Primärtranskripte können **mehrere Erkennungssequenzen** für die **Spaltung** und **Polyadenylierung** besitzen. Die Verwendung verschiedener poly(A)-Stellen (5′...AAUAAA...3′) können zur Entstehung unterschiedlicher mRNAs führen. Oftmals sind mehrere poly(A)-Stellen tandemartig in der 3′-UTR auf dem 3′-terminalen Exon angeordnet (◘ Abb. 10.19a). Die bei ihrer Verwendung entstehenden unterschiedlichen mRNAs kodieren dann jeweils dasselbe Protein, unterscheiden sich aber in ihrem 3′-nicht translatierten Bereich. Auf diese Weise alternativ polyadenylierte mRNAs sind sehr häufig **stadien-** oder **gewebespezifisch** exprimiert, wobei ein verändertes 3′-Ende häufig mit der Änderung der Lebensdauer der mRNA einhergeht, die wiederum einen Einfluss auf die Menge des gebildeten Proteins hat (s. u.). Die alternative poly(A)-Stelle kann aber auch in einem internen Exon liegen, das eine weitere 5′-Spleißstelle trägt (◘ Abb. 10.19b). Die dann von den beiden mRNAs kodierten Proteine haben den gleichen Aminoterminus, unterscheiden sich aber in ihrem carboxyterminalen Ende. Im dritten Beispiel (◘ Abb. 10.19c) besitzt das Primärtranskript zwei oder mehrere mögliche Transkriptionsterminationsstellen, die zum „Überspringen" eines oder mehrerer vollständiger Exons führen. Auch hierbei werden Proteine mit verschiedenen C-terminalen Enden gebildet.

Die Auswahl einer bestimmten poly(A)-Stelle hängt von zellulären, die poly(A)-Stelle erkennenden Faktoren sowie von Wechselwirkungen zwischen diesen und Komponenten der Spleißmaschinerie ab.

10.2.3.3 Regulation durch unterschiedliche mRNA-Stabilität

Die fertig gereifte mRNA wird aus dem Zellkern durch die Kernporen ins Zytoplasma transportiert, wo sie translatiert werden kann (◘ Abb. 10.3). Alle mRNA-Moleküle sind mit Proteinen zu **Ribonukleinpartikeln (RNPs)** „verpackt", wodurch die RNA vor dem Abbau durch RNA-abbauende Enzyme, den RNasen, geschützt ist. Viele RNP-Proteine üben gleichzeitig auch wichtige regulatorische Funktionen aus, z. B. können sie die Translation der mRNA verzögern oder ganz blockieren. Neben den bereits beschriebenen, posttranskriptionell im Zellkern stattfindenden Prozessen (Polyadenylierung, Spleißen) kann die Umsetzung der in der mRNA gespeicherten genetischen Information in ein Protein auch noch im Zytoplasma kontrolliert werden, u. a. durch die Regulation ihrer Stabilität.

Die Konzentration einer bestimmten RNA in einer Zelle wird neben ihrer Syntheserate durch ihre Abbaurate bestimmt. In Bakterienzellen, die sich meist sehr schnell an veränderte Außenbedingungen anpassen müssen, ist die **Halbwertszeit der RNAs**, also die Zeit, in der die Hälfte der RNA abgebaut ist, meist sehr kurz, sie beträgt im Durchschnitt 3–5 min. Im Gegensatz dazu befinden sich die Zellen vielzelliger Organismen meist in einer relativ konstanten Umgebung, was es ihnen erlaubt, dieselbe Funktion über Tage oder gar Monate auszuüben. Dementsprechend ist die Halbwertszeit ihrer mRNAs meist länger und kann

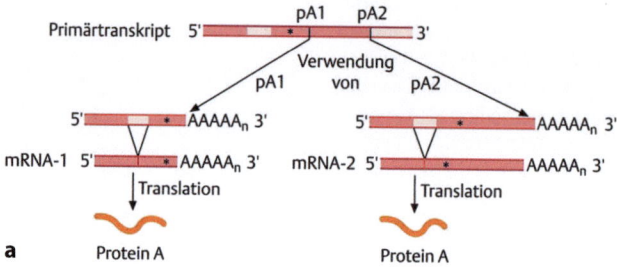

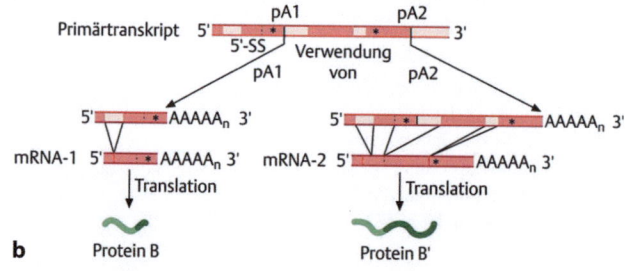

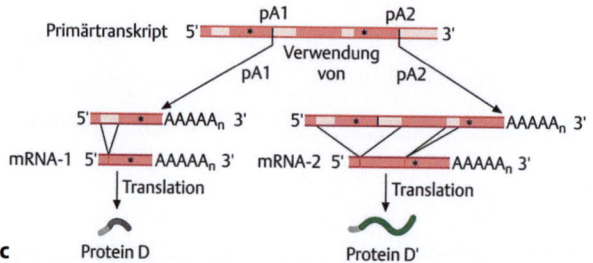

◘ **Abb. 10.19** Regulation der Expression durch alternative Polyadenylierung. **a** Die beiden alternativen poly(A)-Stellen (pA1 und pA2) liegen beide 3′ des Stopcodons (*) in der 3′-UTR. Es entstehen verschieden lange mRNAs, die dasselbe Protein (braun) kodieren. **b** Verwendung von pA1 erhält die 5′-Spleißstelle im zweiten Exon (5′-SS, gestrichelte Linie). Da es jedoch keine weitere 3′-Spleißstelle gibt, bleibt sie wirkungslos. Das Stopcodon (*) liegt im zweiten Exon. Bei Verwendung von pA2 wird die 5′-SS von einer 3′-Spleißstelle gefolgt, das Intron mit dem Stopcodon wird entfernt. Bei Verwendung des zweiten Stopcodons entsteht nun ein Protein (B′), das nur im N-terminalen Bereich mit Protein B identisch ist (hellgrüner Bereich), während sich die C-terminalen Bereiche unterscheiden. **c** Verwendung von alternativen poly(A)-Stellen kann zum „Überspringen" von Exons führen. In der mRNA-2 ist das zweite Exon des Primärtranskripts nun Teil des ersten Introns und wird entfernt, und somit auch das darin enthaltene Stopcodon. Bei Verwendung von pA2 entsteht ein Protein (D′), das nur im N-terminalen Bereich mit Protein D identisch ist (hellgrauer Bereich), während sich die C-terminalen Bereiche unterscheiden

10.2 · Genexpression wird auf vielen Ebenen kontrolliert

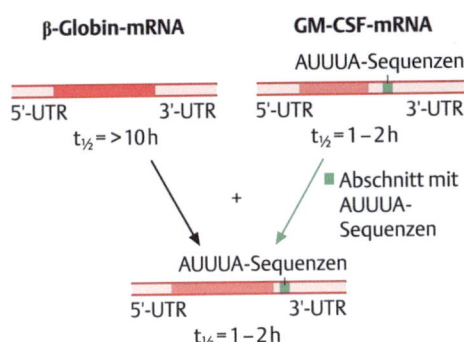

Abb. 10.20 Kontrolle der mRNA-Stabilität durch die 3′-UTR. Die mRNA für β-Globin ist normalerweise sehr stabil, sie hat eine durchschnittliche Halbwertszeit ($t_{1/2}$) von ca. 10 h. Im Gegensatz dazu hat die mRNA für den Granulozyten-Makrophagen-Kolonie-stimulierenden Wachstumsfaktor (GM-CSF) nur eine Halbwertszeit von 1–2 h. Einfügen einer AUUUA-reichen Sequenz aus der 3′-UTR der GM-CSF-mRNA (grün) in die 3′-UTR der β-Globin-mRNA verkürzt deren Halbwertszeit auf 1–2 h. (Nach Shaw und Kamen 1986)

mehrere Stunden betragen. Allerdings gibt es auch bei Eukaryonten mRNAs mit sehr kurzer Halbwertszeit. So haben etwa mRNAs für einige Zytokine (= Hormone, die der Immunabwehr dienen) eine sehr kurze Halbwertszeit, da sie nur für die unmittelbare Immunantwort benötigt werden.

Die **Lebensdauer einer RNA** kann durch Sequenzen in der **5′-** oder **3′-UTR** reguliert werden, auch die Länge des poly(A)-Schwanzes trägt dazu bei, wobei letzteres auch die Translatierbarkeit einer mRNA bestimmt. Häufig wird eine kurze Lebensdauer durch eine Uracil-reiche Region, z. B. AUUUA, in der 3′-UTR bestimmt. Deletion dieser Sequenz aus einer RNA kann zur Erhöhung ihrer Stabilität führen. Umgekehrt kann das Anfügen dieser Sequenz an das 3′-Ende einer normalerweise stabilen RNA in einer starken Verkürzung ihrer Halbwertszeit resultieren (Abb. 10.20).

10.2.3.4 Regulation durch Lokalisation der mRNA

Obwohl die meisten mRNAs mehr oder weniger gleichmäßig im Zytoplasma verteilt sind, gibt es einige RNAs, die an bestimmten Stellen innerhalb der Zelle konzentriert sind. Die 3′-UTR kann nicht nur die Stabilität einer mRNA kontrollieren, sondern auch Information zur **Lokalisation einer mRNA innerhalb der Zelle** beinhalten. Das erfolgt häufig durch Bindung der 3′-UTR an Proteine, die nur an bestimmten Stellen innerhalb der Zelle lokalisiert sind. Anders als bei DNA-bindenden Proteinen erkennen hier die Proteine nicht eine bestimmte Sequenz in der RNA, sondern meistens eine komplizierte dreidimensionale Struktur, die durch Ausbildung intramolekularer Wasserstoffbrückenbindungen zwischen den Basen der 3′-UTR ausgebildet werden (vergleichbar den Strukturen der tRNAs (s. Abb. 9.15)). Die Lokalisation einer RNA kann unterschiedliche Funktionen haben:

1. Die **Lokalisation an einem Pol der Zelle** kann bei der Zellteilung dazu führen, dass nur eine der Tochterzellen diese RNA erhält, wodurch ihr ein anderes Zellschicksal zugewiesen wird (s. ▸ Abschn. 3.4.2). So akkumuliert während der Zellteilung (**Knospung**) haploider Zellen der Bäckerhefe *Saccharomyces cerevisiae* die *ash1*-mRNA nur in der sich bildenden Tochterzelle, der Knospe, und befindet sich nach der Zytokinese nur in der Tochterzelle, in der das Protein Ash1p translatiert wird. Für die Lokalisation der *ash1*-RNA werden Sequenzen aus der translatierten und der 3′-nicht-translatierten Region benötigt. Ash1p ist ein Transkriptionsrepressor, der in der Tochterzelle die Transkription des Gens für die HO-Endonuklease reprimiert. Dadurch wird die Änderung des Paarungstyps in der Tochterzelle unterdrückt (der Paarungstyp wird bei *S. cerevisiae* durch zwei Allele des *mating-type* (MAT)-Lokus, *MATa* und *MAT a*, bestimmt). Die Mutterzelle

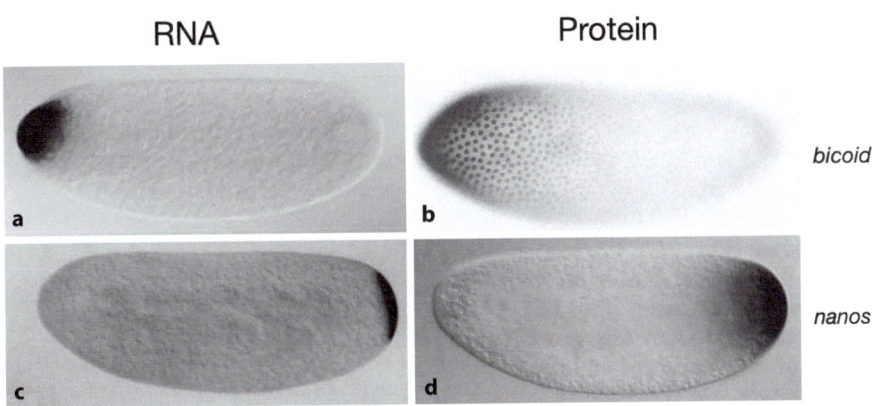

Abb. 10.21 Asymmetrische Verteilung von mRNA und Protein im *Drosophila* Ei und Embryo. **a, b** Lokalisation der *bicoid*-RNA am anterioren Pol der *Drosophila*-Eizelle (**a**) ist Voraussetzung für die Ausbildung des Bicoid Protein Gradienten von anterior nach posterior in den Zellkernen des frühen *Drosophila* Embryos (**b**). Bicoid ist in den Zellkernen lokalisiert. **c, d** Lokalisation der *nanos*-RNA am posterioren Pol der Eizelle (**c**) ist Voraussetzung für die Verteilung des Nanos Proteins in einem posterioren-anterioren Gradienten im frühen Embryo (**d**). (**a, b** Driever und Nüsslein-Volhard 1988; **c, d**: Wang et al. 1994, mit freundlicher Genehmigung)

Box 10.6 Bedeutung von mRNA-Lokalisation für die Ausbildung der anterior-posterioren Achse im *Drosophila* Embryo

Der Nachweis der Bedeutung der 3′-UTR einer mRNA für ihre zelluläre Lokalisation in der Eizelle und somit für die Entwicklung des *Drosophila* Embryos konnte durch Transgene erbracht werden, in denen die 3′-UTR einer normalerweise posterior lokalisierten RNA (*nanos*) durch die 3′-UTR einer normalerweise anterior lokalisierten RNA (*bicoid*) ausgetauscht wurde (◘ Abb. 10.22).

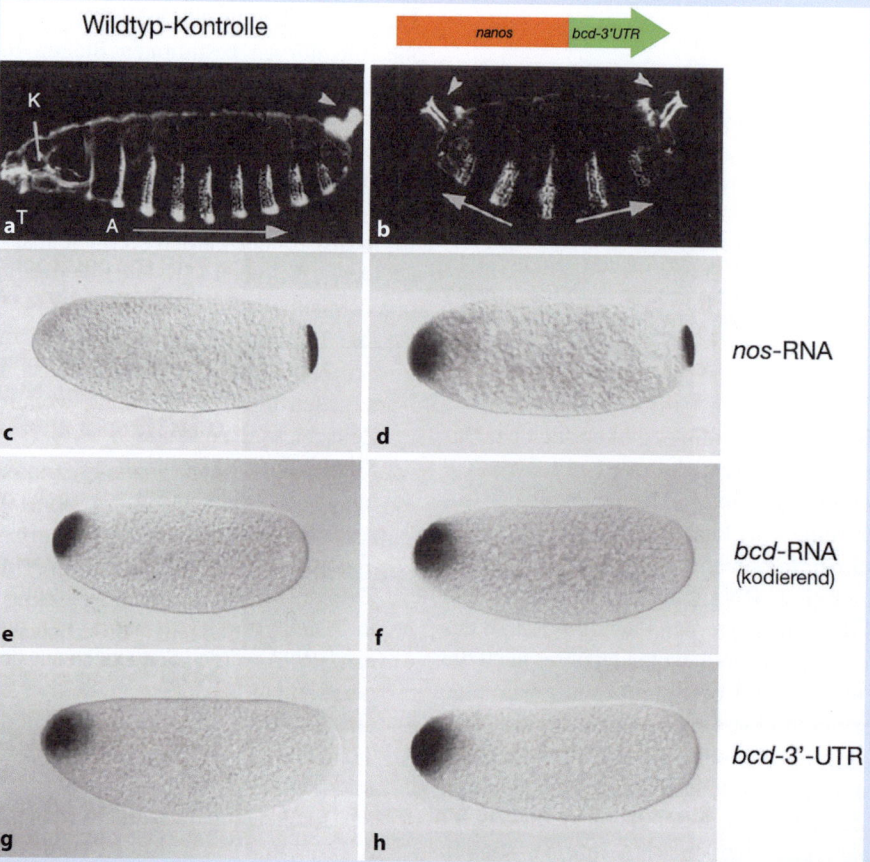

◘ **Abb. 10.22** Austausch der *nos*-3′UTR durch die *bcd*-3′UTR führt zur ektopischen Expression von *nos* RNA am anterioren Pol und zu Defekten in der Musterbildung in der *Drosophila* Larve. Cuticula Phänotyp von *Drosophila* Larven (**a**, **b**) und RNA-Expressionsmuster in *Drosophila* Eiern (**c–h**). Die Larven bzw. die Eier stammen von Wildtyp-Weibchen (**a**, **c**, **e**, **g**) bzw. von Weibchen, die ein Transgen exprimieren, das aus der kodierenden Region von *nanos* (*nos*) (orange) und dem 3′UTR von *bicoid* (*bcd*) (grün) besteht. **a** In der Wildtyp-Kutikula sind der eingezogene Kopf (K), die drei Brust- (Thorax-)segmente (T) und acht Abdominal- (Bauch-) segmente zu erkennen. Die Pfeilspitze zeigt auf die am posterioren Pol vorhandenen Filzköper. Die A-P Polarität ist durch einen Pfeil angegeben. **b** Cuticula der Larve, die von Weibchen mit einem *nos/bcd*-3′UTR Transgen abstammt. Sie zeigt eine spiegelbildliche Verdopplung der hinteren Abdomensegmente. Die A-P Polarität jeder Hälfte ist angegeben, Filzkörper werden an beiden Enden gebildet (Pfeilspitzen). **c**, **d** In-situ-Hybridisierung mit einer *nos*-Sonde an RNA von Embryonen, die von Wildtyp-Weibchen (**c**) bzw. von Weibchen mit einem *nos/bcd*-3′UTR Transgen (**d**) abstammen. Die *nos*-Sonde erkennt in beiden Fällen RNA am hinteren Pol. Darüber hinaus erkennt sie in den Embryonen von Transgen-tragenden Weibchen *nos* RNA am anterioren Pol. **e–h** In-situ-Hybridisierung an RNA mit einer Sonde, die *bcd*-kodierende Sequenzen (**e**, **f**) bzw. *bcd*-3′UTR-Sequenzen (**g**, **h**) trägt. In beiden Genotypen erkennen die Sonden *bcd* RNA am anterioren Pol. Anterior ist links. (Gavis und Lehmann 1992, Fig. 2, mit freundlicher Genehmigung)

kann die HO-Endonuklease exprimieren und somit ihren Paarungstyp ändern. Somit führt die asymmetrische Verteilung von mRNA zur Ausbildung von zwei unterschiedlichen Zelltypen.

2. Ungleichmäßige Verteilung einer RNA kann Voraussetzung für die Lokalisation des von ihr kodierten Proteins sein. In der *Drosophila*-Eizelle werden die mRNAs der Gene **bicoid** (***bcd***) bzw. **nanos** (***nos***) bereits während der Oogenese am anterioren bzw. posterioren Pol der Eizelle deponiert (◘ Abb. 10.21). Sequenzen in der 3′-UTR der *bicoid* (und auch *nanos* mRNA) kontrollieren die anteriore bzw. posteriore Lokalisation ihrer

jeweiligen mRNAs. Die korrekte Lokalisation dieser beiden mRNAs im Ei ist Voraussetzung für die korrekte Ausbildung der anterior-posterioren Achse der Larve (▶ Box 10.6, ◘ Abb. 10.22).

10.2.3.5 Regulation durch RNA-Editierung

Das polyadenylierte [poly(A)]-Ende einer mRNA ist eine Sequenz, die nicht in der DNA des jeweiligen Gens kodiert ist, sondern nachträglich angefügt wird. Der Vergleich der Sequenzen einiger mRNAs mit den jeweiligen kodierenden DNA-Sequenzen ergab, dass auch intern vorkommende Sequenzen einer mRNA gelegentlich nicht in der entsprechenden DNA kodiert sind. Diese Veränderungen erfolgen **posttranskriptionell**, und können durch **Einfügen, Entfernen oder Austausch einzelner Nukleotide in die mRNA** erfolgen. Dieser Prozess wird als **RNA-Editierung** bezeichnet.

■■ RNA-Editierung durch Einfügen oder Entfernen einzelner Nukleotide

Wenn RNA-Editierung im kodierenden Bereich stattfindet, kann das in einer Änderung des offenen Leserasters und somit der Aminosäuresequenz resultieren. Diesem Prozess unterliegen vor allem **Transkripte von Genen in Mitochondrien- und Chloroplasten** wie in ◘ Abb. 10.23a am Beispiel des Gens für die Cytochromoxidase-Untereinheit II des einzelligen Flagellaten *Leishmania tarantolae* gezeigt wird.

■■ RNA-Editierung durch chemische Modifikation von Basen

RNA-Editierung als Möglichkeit der posttranskriptionellen Veränderung der RNA wird auch an **mRNAs kernkodierter Gene** mehrzelliger Organismen beobachtet, was zu verändertem Spleißen, zu veränderter mRNA-Stabilität oder auch zu einem veränderten Protein führen kann. Hierbei erfolgt die Editierung jedoch nicht durch Insertion oder Deletion von Nukleotiden, sondern durch **chemische Modifikation von Basen** (s. ◘ Tab. 10.2).

Beispiel für RNA-Editierung bei Säugern ist die mRNA des **Apolipoproteins-B**, eine Komponente von Lipoproteinen des Blutplasmas, die **Cholesterin** und **Triglyzeride** transportieren. Die C-U Editierung durch Desaminierung des Cytosins in Position 6666 der mRNA führt zur Umwandlung eines CAA-Codons in ein UAA-Codon, so dass es statt zum Einbau eines Glutamins zum Abbruch der Translation kommt (◘ Abb. 10.23b). Da diese Veränderung nur im Darm, nicht aber in der Leber stattfindet, wird die große Apo-B100-Isoform nur in der Leber synthetisiert.

Bei Säugern und *Drosophila* findet sich die überwiegende Anzahl **editierter mRNAs im zentralen Nervensystem**. So resultiert etwa die Editierung der prä-mRNA des Glutamatrezeptors in der Bildung von Rezeptoren mit unterschiedlichen physiologischen Eigenschaften. In der mRNA des *Drosophila*-Gens *cacophony*, das einen

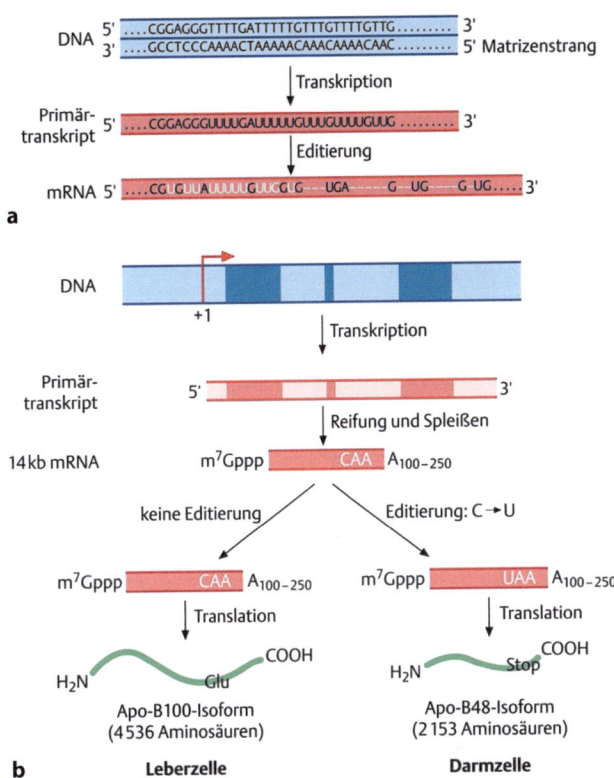

◘ **Abb. 10.23** RNA-Editierung. **a** Das Primärtranskript des Gens für die Cytochromoxidase-Untereinheit II von *Leishmania tarantolae* wird nach seiner Bildung editiert, indem einige Nukleotide, vorzugsweise U, eingefügt (weiß) oder entfernt werden (weiße Striche). Nur die schwarzen Nukleotide in der mRNA sind DNA-kodiert. **b** Die vom Apolipoprotein-Locus des Menschen transkribierte mRNA wird im Dünndarm am Cytosin der Position 6666 editiert, so dass es dort zum Abbruch der Translation kommt. Exons sind dunkelrot, Introns hellrot dargestellt. Tatsächlich umfasst der menschliche Apolipoprotein-Locus 43 kb und hat insgesamt 29 Exons, wobei das editierte Cytosin in Exon 26 liegt. Das Apo-B100-Protein ist mit 4536 Aminosäuren eines der größten bekannten Proteine

spannungsabhängigen Ca^{2+}-Kanal kodiert, können 10 Positionen editiert werden. Dies ermöglicht theoretisch die Synthese von mehr als 1000 verschiedenen Isoformen, ohne Berücksichtigung der durch alternatives Spleißen entstehenden potenziellen weiteren Isoformen. Auch die Diversität von Antikörpern wird mittels RNA-Editierung erhöht.

Eine wichtige Funktion der RNA-Editierung besteht in der Unterdrückung der Retrotransposition, vornehmlich von Alu-Elementen. Außerdem wird modifizierte, körpereigene RNA vom Immunsystem nicht als fremd erkannt, so dass nur RNA von RNA-Viren (inklusive Retroviren, z. B. von HIV-RNA), deren RNA in der Regel nicht modifiziert ist, eine Immunantwort auslöst.

In den 90iger Jahren des letzten Jahrhunderts wurde erstmals mit **mRNA als Impfstoff** zur Immunisierung gegen virale Infektionskrankheiten experimentiert. mRNA-basierte Impfstoffe stellen eine Alternative zu Totimpfstoffen (= inaktivierte Pathogene) und Vektorimpfstoffen

Tab. 10.2 Chemische Modifikation von RNA

Modifikation		Auswirkung
Isomerisierung von Uridin zu Pseudouridin durch Pseudouridin (Ψ) Synthase	Uridin → Pseudouridin (Ψ)	Ψ erhöht die Stabilität der RNA. Es bildet, wie Uridin, Wasserstoffbrücken mit Adenin. Das Einfügen einer Methyl (-CH_3-Gruppe) an Position 1 führt zu N1-Methyl-Pseudouridin (N1mΨ)
2′-OH-Methylierung von Ribose durch Anfügen einer Methylgruppe, katalysiert von RNA 2′O-Ribose Methyl-Transferase	Adenosin → 2′-O-Methyl-Adenosin	Eine weit verbreitete Modifizierung der RNA. Kommt natürlicherweise in rRNA, tRNA und snRNA vor, stellt einen Schutz gegen Hydrolyse der RNA dar
Editierung von Cytosin zu Uridin (C-U Editierung) Desaminierung (-NH_2) von Cytosin zu Uracil, durch RNA-spezifische Cytidin-Desaminase	Cytidin → Uridin	Findet an mRNA statt. Bei der Translation einer so editierten RNA kann es zum Einbau einer falschen Aminosäure kommen
Editierung von Adenosin zu Inosin (A-I Editierung) Desaminierung (—NH_2) von Adenosin zu Inosin durch RNA-spezifische *Adenosine-Deaminase acting on RNA* (ADAR)	Adenosin → Inosin	Inosin geht Basenpaarung mit Cytosin ein, wird also als Guanosin erkannt. Dadurch kann es zum falschen Einbau einer Aminosäure kommen

(= gentechnisch veränderte (harmlose) Viren, die an ihrer Oberfläche ein Protein tragen, gegen das Antikörper induziert werden sollen) dar. In den Körper injizierte Fremd-RNA hat allerdings zwei Nachteile: 1. Ihre Halbwertszeit ist gering, d. h., sie wird sehr schnell abgebaut. 2. Sie wird oft vom Körper als „fremd" erkannt, ähnlich wie virale RNA oder DNA, und aktiviert das angeborene (*innate*) Immunsystem, was heftige Entzündungsreaktionen auslösen kann. Die von Katalin Karikó und Drew Weissman publizierte Lösung war, modifizierte mRNA zu verwenden. Damit wurden gleichzeitig beide Probleme gelöst: die injizierte RNA hat eine deutlich längere Lebensdauer und eine höhere Translationsrate und wird vom Körper nicht als „fremd" erkannt (Karikó et al. 2005 und 2008). Eine deutliche Verbesserung brachte die Methylierung von Pseudouridin zu N1-Methyl-Pseudouridin (mΨ), wodurch die Antwort des angeborenen Immunsystems weiter reduziert werden konnte. Diese und weitere Arbeiten legten die Grundlage zur Entwicklung des ersten mRNA-basierten Impfstoffes gegen SARS-CoV-2 (*severe acute respiratory syndrome coronavius 2*), ein Virus, das Ende 2019 die COVID-19 (**Co**rona**vi**rus **d**isease 2019) Pandemie auslöste. Die mRNA kodiert einen Teil des Spike-Proteins von SARS-CoV-2 (Abb. 10.24) und wurde 2020 von den Gesundheitsbehörden zur Immunisierung gegen COVID-19 genehmigt. Seine Verwendung hat wesentlich zur Bekämpfung der seit 100 Jahren größten globalen Pandemie beigetragen. Hierfür wurden Katalin Karikó und Drew Weissman 2023 mit dem Nobelpreis für Physiologie oder Medizin ausgezeichnet wurden.

mRNA-Impfstoffe haben im Vergleich zu herkömmlichen Impfstoffen einen weiteren wesentlichen Vorteil: sie

10.2 · Genexpression wird auf vielen Ebenen kontrolliert

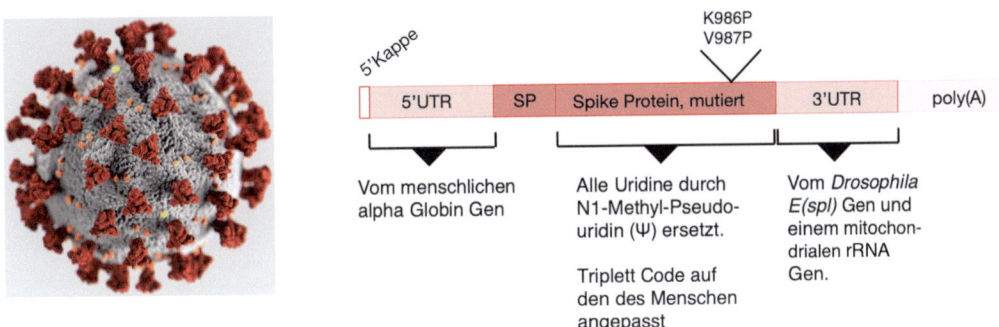

Abb. 10.24 Modifizierte mRNA eines gegen das Spike Protein gerichteten Corona-Impfstoffs. Die Abbildung links zeigt die aus Ultrastrukturanalysen abgeleitete schematische Darstellung des Coronavirus SARS-CoV-2. Deutlich sind die Spikes zu erkennen (rot), mit denen sich das Virus an der Zelloberfläche anheftet. Rechts ist schematisch die aus 4284 Nukleotiden bestehende RNA des Impfstoffs mit den vorgenommenen Veränderungen gezeigt. 5′-Kappe, 5′-UTR und 3′-UTR stabilisieren die mRNA und regulieren die Translation. Die Verwendung der 5′-UTR des menschlichen α-Globin-Gens (oder anderer 5′-UTRs, z. B. die des menschlichen Gens für Hämoglobin a1, HBA1) erhöht die Translationsrate. Einbau von N1-Methyl-Pseudouridin (N1mψ) in den ORF (anstelle von Uridin) erhöht die Stabilität der mRNA und verhindert die Erkennung als „Fremd"-RNA und somit die Auslösung von heftigen Immunreaktionen. Die Verwendung von Codons im ORF, die bei der Translation menschlicher RNA vorzugsweise eingesetzt werden, erhöht ebenfalls die Translationseffizienz. Einige Impfstoffe verwenden eine aus zwei Abschnitten zusammengesetzten 3′-UTR, die durch eine ca. 10 Nukleotid lange UGC-Sequenz voneinander getrennt sind. Dadurch erhöht sich die Lebensdauer der mRNA und die Translationseffizienz. Die beiden veränderten Aminosäuren im Spike Protein (K986P und V987P) stabilisieren die Struktur des Proteins. SP = Signalpeptid, um das Spike Protein an der Zelloberfläche zu exprimieren. (Virus aus: Wikimedia Commons: ▶ https://commons.wikimedia.org/wiki/File:SARS-CoV-2_without_background.png)

lassen sich leichter herstellen und können deshalb viel schneller an neue Mutationen des Virus angepasst werden. Die im Körper ausgelösten Prozesse nach einer Impfung mit mRNA-Impfstoff sind vereinfacht in ◘ Abb. 10.25 dargestellt.

10.2.3.6 Regulation der Transkription durch siRNA

1990 wurden experimentell transgene Petunien erzeugt, die in ihrem Genom ein Transgen trugen, also ein zusätzliches eingebrachtes Gen, das für das Enzym Chalcon-Synthase kodierte und die Pigmentierung der Blütenblätter ändern sollte. Erstaunlicherweise blieb nicht nur die Expression dieses Transgens aus, sondern es wurde auch das „normale", im Genom vorhandene Pigmentgen nicht exprimiert, was zur Ausbildung von unpigmentierten, weißen Blütenblättern führte. Die gleichzeitige, Transgen-induzierte Unterdrückung der Genexpression des Transgens selbst und des endogenen Gens wird als **Kosuppression** bezeichnet. Diese Art der Unterdrückung der Genexpression wird heute mit dem Begriff „**gene silencing**" (in etwa: „Stilllegung eines Gens"), oder genauer, **RNA-Silencing** bezeichnet, da die Inaktivierung der Genaktivität auf der Ebene der mRNA erfolgt.

Erstmalig konnten Andrew Fire und Craig Mello im Jahr 1998 den molekularen Mechanismus des heute als **RNA-Interferenz** bezeichneten Vorgangs beim Fadenwurm *C. elegans* aufklären (Fire et al. 1998). *„For their discovery of RNA interference – gene silencing by double-stranded RNA"* wurden sie 2006 mit dem Nobelpreis für Physiologie oder Medizin ausgezeichnet. RNAi ist ein bei Pilzen, Pflanzen und Tieren weit verbreitetes Phänomen der Genregulation, das durch kleine, 19–31 Nukleotid lange, doppelsträngige RNA ausgelöst wird. Es hat sich heute als Methode zur experimentellen Inaktivierung von Genfunktionen etabliert (s. ▶ Kap. 12, ▶ Box 12.1).

Unter RNA-Silencing versteht man heute mehrere verwandte Mechanismen, die Genexpression regulieren können und die auf der Aktivität von sncRNAs (*small non-coding RNAs*) basieren. Am besten untersucht sind die folgenden (◘ Tab. 10.3):

1. **siRNAs** (*small interferring RNAs*); sie leiten sich von doppelsträngiger RNA ab, die entweder endogener Herkunft ist, d. h. im Genom kodiert ist, oder von außen, z. B. durch Viren oder experimentell in die Zelle gelangt.
2. **miRNAs** (*micro RNAs*) sind im Genom kodierte, kleine RNAs von 19–23 Nukleotiden, die aus einem Vorläufermolekül mit einer **Haarnadelstruktur** hervorgehen und die Genexpression, in der Regel durch Inhibition der Translation, kontrollieren.
3. **piRNAs** (*PIWI-interacting RNAs*) entstehen, anders als miRNAs und siRNAs, nicht durch Spaltung einer doppelsträngigen RNA, sondern als einzelsträngige RNA, die am 3′-Ende durch eine 2-O-Methylierung modifiziert ist. Sie interagieren mit PIWI (*P-element induced wimpy testis*) Proteinen.

In der Zelle werden siRNAs und miRNAs aus Vorläufermolekülen gebildet, die in mehreren Schritten zu aktiven siRNAs bzw. miRNAs prozessiert werden (◘ Abb. 10.26 und 10.27).

Die **biologische Bedeutung von RNAi** ist heute erst zum Teil verstanden und ist im Fokus der Forschung. Die Tatsache, dass dieser Mechanismus evolutionär konserviert ist, lässt vermuten, dass es sich ursprünglich um

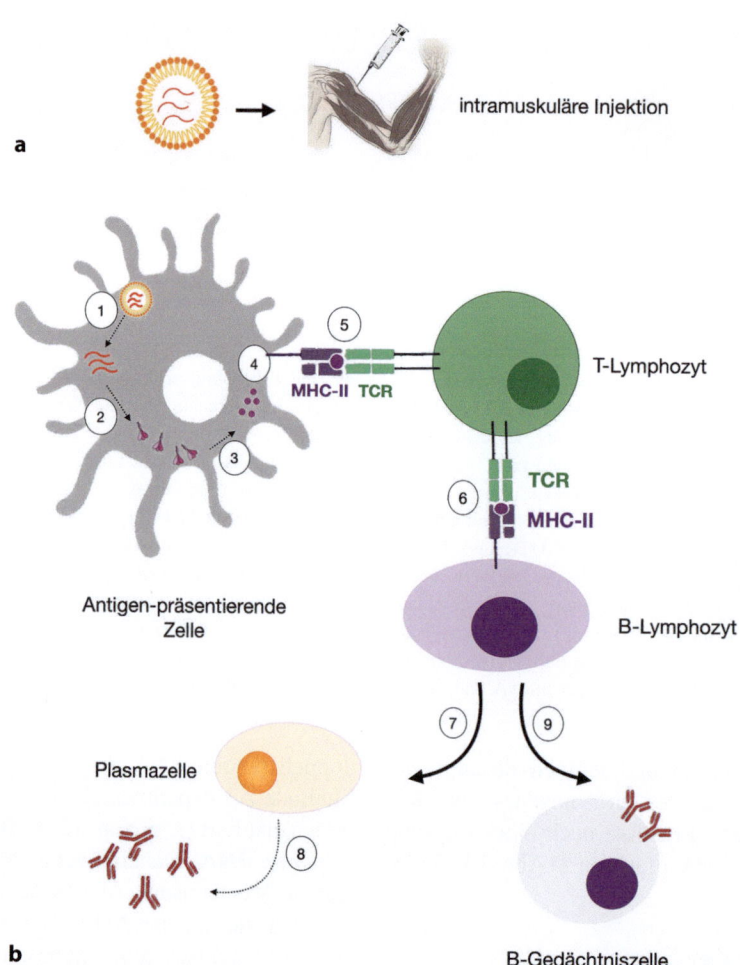

Abb. 10.25 Induktion von Antikörpern gegen das Spike Protein des Corona Virus. **a** Entsprechend der Aminosäuresequenz des Spike Proteins wird eine modifizierte mRNA (rot) *in-vitro* synthetisiert (rot, s. ▶ Abb. 10.24), in Lipid-Nanopartikel verpackt (s. ▶ Abb. 14.13) und intramuskulär injiziert. **b** Das Lipid-Nanopartikel gelangt durch Endozytose in eine Immunzelle (Antigen-präsentierende Zelle) (1), wo die RNA freigesetzt und translatiert wird (2). Das Spike Protein (pink) wird durch das Proteasom (s. ▶ Abschn. 10.2.5.2) zu kleinen Peptiden abgebaut (3). Diese werden mit Hilfe des MHC-Komplexes (major histocompatibility complex; violett) auf der Zelloberfläche exponiert (= Antigenpräsentation) (4) und von einem T-Zell Rezeptor (TCR; grün) erkannt (5), was zur Aktivierung der T-Zelle führt. Diese interagiert nun mit einem B-Lymphozyten, der ebenfalls das zuvor aufgenommene und prozessierte Antigen als Antigen-MHC-Komplex an der Zelloberfläche präsentiert (6). Die so aktivierten B-Zellen proliferieren und differenzieren zu Antikörper-sezernierenden Plasmazellen (7, 8) bzw. zu B-Gedächtniszellen (9). (Nach Mistry et al. 2022)

einen **Abwehrmechanismus** gegen ungewollte Nukleinsäure handeln könnte, die durch Viren oder Parasiten in die Zelle gelangen. So wird nach Infektion einer Pflanzenzelle mit RNA-Viren RNA-Silencing induziert, was häufig zur Resistenz gegen das Virus führt. In *C. elegans*-Mutanten, die kein RNA-Silencing mehr durchführen können, findet außerdem eine erhöhte Mobilisierung von Transposons statt, was normalerweise durch Transposon-kodierte dsRNA verhindert wird. In einem alternativen Modell wird eine direkte Beteiligung von siRNAs an der Modifizierung der Chromatinstruktur und damit an der Kontrolle der Mobilisierung von Transposons diskutiert. Forschung an siRNAs und miRNAs zielt vermehrt auch auf ihren Einsatz zur Therapie verschiedener Krankheiten ab und einige sind bereits im Einsatz (z. B. gegen Erkrankungen Hypercholesterinämie; s. ▶ Abschn. 14.4.2).

Das Vorläufermolekül der **siRNA** ist eine lange, endogen oder exogen erzeugte doppelsträngige RNA, aus der in der Regel viele verschiedene siRNAs hervorgehen können. Genom-kodierte dsRNA kann z. B. durch Transkription von zwei Promotoren erfolgen, von denen aus beide Stränge eines DNA-Abschnitts abgelesen werden. Dadurch werden zueinander komplementäre RNAs gebildet, die anschließend doppelsträngige Bereiche ausbilden können. Ebenso dient dsRNA viralen Ursprungs als Vorläufer für siRNA. In beiden Fällen werden die langen dsRNA-Vorläufermoleküle durch Dicer verkürzt. **Dicer** (*engl.* to dice: zerschnippeln) ist eine in allen bisher untersuchten Eukaryonten konservierte RNase III. Zusammen mit dem dsRNA-bindenden Protein **TRBP** (**T**AR (*trans-activation response*) **R**NA-**B**inding **P**rotein) des Menschen bzw. **Loquacious** von *Drosophila* (aus engl.: *loquacious*,

10.2 · Genexpression wird auf vielen Ebenen kontrolliert

Tab. 10.3 Vergleich von siRNA, miRNA and piRNA

RNA-Klasse	siRNA	miRNA	piRNA
Größe [Nukleotide]	20–25	21–23	26–31
Biogenese	Im Genom kodierte oder von außen in die Zelle eingebrachte, doppelsträngige RNA. Spaltung durch Dicer erzeugt die aktive siRNA	Im Genom kodierte, durch RNA-Polymerase II transkribierte RNA mit doppelsträngigen Abschnitten (Haarnadelstruktur). Das Vorläufermolekül wird in zwei Schritten durch Drosha (im Zellkern) und Dicer (im Zytoplasma) zur aktiven miRNA gespalten	Genom-kodierte, einzelsträngige RNAs, die durch die Aktivität spezifischer Faktoren (u. a. Nukleasen, Helikasen) prozessiert wird (nicht durch Dicer). Sind am 3′-Ende 2′-O-methyliert. Details noch nicht vollständig aufgeklärt
Vorkommen und Häufigkeit im Genom	*Schizosaccharomyces pompe, Trypanosoma brucei, C. elegans, D. melanogaster, A. thaliana*	In allen multizellulären Organismen. Mehrere hundert Gene im Genom des Menschen	Größte Gruppe der sncRNAs. In Invertebraten und Vertebraten, nur in der Keimbahn exprimiert
Wirkungsweise	Sind vollständig komplementär zur Zielsequenz. Induzieren den Abbau der mRNA	miRNAs sind nur teilweise komplementär zur Zielsequenz (meist in der 3′-UTR). miRNA Sequenzen sind konserviert. Inhibieren die Translation, induzieren gelegentlich den Abbau der mRNA	Wirken zusammen mit PIWI-Proteinen, einer Untergruppe aus der Argonaut-Protein Familie. piRNA Sequenzen sind nicht konserviert
Biologische Funktion	Nur unvollständig verstanden, u. a. Ruhigstellung von Transposons und Viren. Werden überwiegend experimentell eingesetzt	Inhibieren die Translation, gelegentlich Abbau der mRNA. Regulation von Entwicklungs- und Differenzierungsprozessen	Epigenetische und post-transkriptionelle Unterdrückung der Expression von Transposons, Viren, und Protein-kodierenden Genen, hauptsächlich in Keimbahnzellen

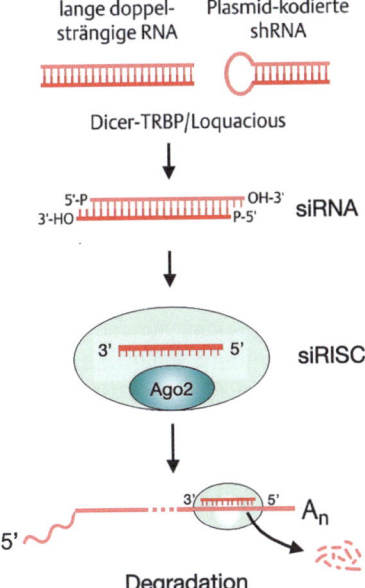

Abb. 10.26 siRNA-vermittelte Geninaktivierung. Lange doppelsträngige RNA (entweder von der Zelle kodiert oder Plasmid-kodiert als short-hairpin RNA) wird durch die RNAse Dicer, zusammen mit TRBP/Loquatious, in siRNA gespalten. Der RNA-Strang, der später die aktive siRNA darstellt, ist dunkelrot, der RNA-Strang, der abgebaut wird, hellrot dargestellt. Mit Hilfe des siRISC wird die siRNA an die mRNA gebracht, die dann durch Argonaut (Ago) gespalten wird. Die Ovale stellen Proteinkomplexe dar. Nur einige der Komponenten der Komplexe sind namentlich genannt

geschwätzig, weil Mutationen in diesem Gen bei *Drosophila* gene-silencing unterdrücken), entsteht somit die reife, 20–25 Nukleotid lange, doppelsträngige siRNA mit einem 3′-Überhang von 2 Nukleotiden und phosphorylierten 5′-Enden (Abb. 10.26).

siRNA ist an der Ausbildung eines Multiproteinkomplexes, des **siRISC** (siRNA-induced silencing complex), beteiligt. Der RISC enthält Enzyme, die die RNA entwinden und einen der beiden Stränge der dsRNA (hellrot in Abb. 10.26) degradieren. Andere Komponenten des RISC sind Mitglieder der **Argonaut (Ago)-Proteinfamilie**. Diese erhielten ihren Namen 1998 von dem Blatt-Phänotyp einer *Arabidopsis* Mutante, in der die entsprechenden Gene mutiert waren, und der Ähnlichkeit mit einem Tintenfisch, *Argonauta* (Papierboot), besitzt. Argonaut-Proteine kommen in allen eukaryotischen Organismen, mit Ausnahme der Bäckerhefe *Saccharomyces cerevisiae*, vor und regulieren u. a. Prozesse während der Embryonalentwicklung und Zelldifferenzierung. Die Anzahl der Argonaut Gene pro Genom liegt zwischen 1 (*Schizosaccharomyces pompe*) und 27 (*C. elegans*). Argonaut Proteine besitzen eine carboxyterminale **PIWI-Domäne**, die an das 5′-Ende der siRNA bindet, und eine aminoterminale **PAZ-(Piwi-Argonaut-Zwille) Domäne**, die spezifisch den 2-Nukleotid langen Überhang am 3′-Ende der siRNA erkennen und binden kann.

Nur einer der beiden RNA-Stränge der doppelsträngigen siRNA, die *guide RNA*, wird in den RISC eingebaut (sie besitzt eine geringere Stabilität am 5′-Ende), während der andere RNA-Strang (*passenger strand*) durch die Akti-

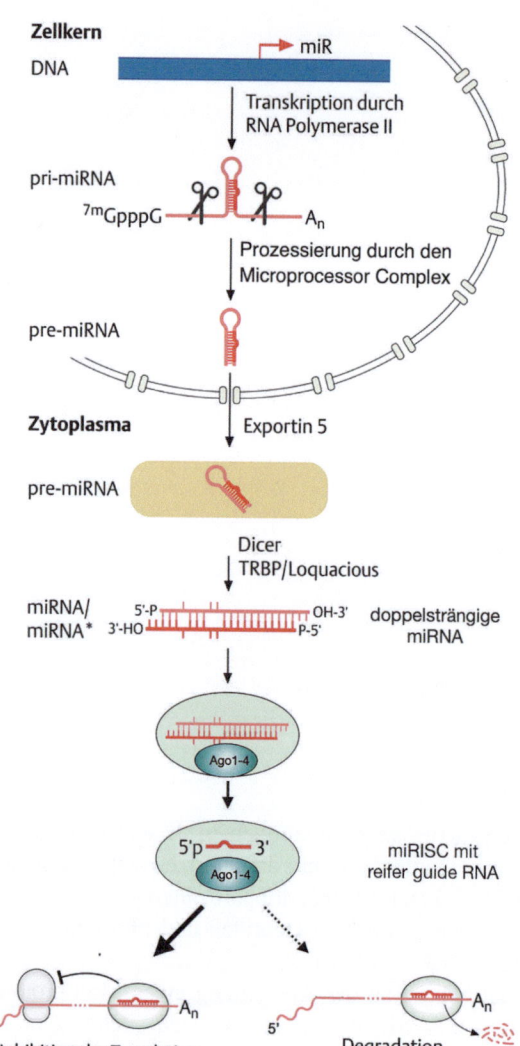

Abb. 10.27 miRNAi-vermittelte Geninaktivierung in tierischen Zellen. Nach Transkription und Reifung im Zellkern wird die pre-miRNA ins Zytoplasma exportiert, wo sie zur reifen miRNA prozessiert wird. Von dieser wird einer der beiden Einzelstränge (guide strand, dunkelrot) in den RISC inkorporiert, der andere, passenger strand (hellrot), wird degradiert. Je nach dem Grad der Komplementarität der Sequenzen von miRNA und Ziel-RNA kann entweder die Translation inhibiert oder die mRNA degradiert werden. Die Ovale stellen Proteinkomplexe dar. Nur einige der Komponenten der Komplexe sind namentlich genannt. (Nach Zhao und Srivastava 2007)

vität der PIWI-Domäne von Ago abgebaut wird. Der *guide strand* der siRNA bildet exakte Basenpaarung mit komplementären Sequenzen in der 3′-UTR von mRNAs. Die Endonuklease Aktivität der Argonaut Proteine spaltet nun die mRNA, die komplementär zur gebundenen siRNA ist, weshalb Ago Proteine oftmals, in Analogie zu Dicer, **Slicer** genannt werden.

Die von Fire & Mello zunächst an *C. elegans* beschriebene Wirkung von dsRNA wurde durch anschließende Ergebnisse vieler anderer Gruppen als ein weit verbreiteter *gene silencing* Mechanismus bei fast allen Organismen, einschließlich Pflanzen, nachgewiesen und führte schließlich zur Entwicklung von siRNA als Medikament (s. ▶ Abschn. 14.4.2).

10.2.4 Regulation der Translation

Selbst wenn eine mRNA fertiggestellt und ins Zytoplasma transportiert worden ist (und viele RNAs werden bereits vorher wieder abgebaut), bedeutet dies nicht, dass sie dann auch sofort translatiert wird. Oftmals ist die Translation verzögert. So werden in vielen Organismen während der Bildung der Eizelle, der Oogenese, große Mengen mRNA synthetisiert (maternale RNAs), die erst nach der Befruchtung translatiert werden.

10.2.4.1 Regulation der Translation durch miRNAs

Die Regulation der Translation durch kleine RNAs wurde erstmals 1993 von Victor Ambros und Kollegen nachgewiesen: sie zeigten, dass das *C. elegans* Gen *lin-4*, das die zeitliche Regulation der larvalen Entwicklung steuert, nicht für ein Protein, sondern für ein Paar kleiner RNAs von 22 bzw. 61 Nukleotiden kodierte (▶ Box 10.7).

Anders als siRNAs werden **miRNAs** von **miR-Genen** des Genoms (◘ Tab. 10.4) **transkribiert**, die einzeln oder in Gruppen, zwischen Protein-kodierenden Abschnitten liegen können. Sehr häufig befinden sie sich in Introns Protein-kodierender Gene und werden mit diesen zusammen transkribiert und anschließend mit einer 5′-Kappe und einem 3′-poly(A)-Schwanz versehen. Ihre Biogenese erfolgt in mehreren Schritten:

- Eine primäre pri-miRNA, die mehrere hundert oder tausend Nukleotide lang sein kann, wird von RNA-Polymerase II transkribiert. Bedingt durch partielle Komplementarität der Sequenz bildet sie mit sich selbst doppelsträngige Bereiche aus, so dass sie eine Haarnadel-Struktur annimmt (engl. *hairpin structure* oder *stem-loop structure*) (◘ Abb. 10.27). Die pri-miRNA wird im Zellkern höherer Tiere von einem Proteinkomplex, dem **Microprocessor Complex**, bestehend aus der **RNase III Drosha** und dem **RNA-bindenden Protein DGCR8** (bei Säugern) (= Pasha bei *Drosophila*, Pash-1 bei *C. elegans*) zur **pre-miRNA** prozessiert, die einen 3′-Überhang von 2–3 Nukleotiden aufweist.
- Die pre-miRNA von ~55–77 Nukleotiden wird durch Exportin 5 aus dem Zellkern ins Zytoplasma transportiert.
- Dort spaltet RNase III Dicer die terminale Haarnadelschleife ab (wie bei siRNA, s. o.). Auf diese Weise entsteht die reife, 21–22 Nukleotid lange, doppelsträngige **miRNA**, deren Basen, anders als bei siRNA, nur teilweise gepaart sind.
- Die miRNA ist an der Ausbildung des **miRISC** (miRNA-induced silencing complex) beteiligt. In diesem Komplex wird der passenger RNA-Strang entfernt (◘ Abb. 10.27).

Box 10.7 Inhibition der Translation durch *lin-4* miRNA bei *C. elegans*

Die erste beschriebene miRNA, *lin-4*, und das durch sie regulierte Gen, *lin-14*, wurden im Jahr 1993 in einem genetischen Screen bei *C. elegans* gefunden (Wightman et al. 1993; Lee et al. 1993). Hierbei wurde nach Mutationen in sog. **heterochronen Genen** gesucht, in Genen also, die den zeitlichen Ablauf der Larvenstadien regulieren. *lin-4* kodiert kein Protein, sondern eine kleine, 22-Nukleotid lange, nicht kodierende RNA (non-coding RNA). Diese unterdrückt die Expression von *lin-14*. *lin-14* kodiert einen Transkriptionsfaktor, dessen Konzentration vermindert werden muss, damit der Übergang vom ersten in das zweite Larvenstadium erfolgt. Die Repression erfolgt durch Bindung der *lin-4* miRNA an Sequenzen im 3'-UTR der *lin-14* mRNA (◘ Abb. 10.28). Erst im Jahr 2000 wurde eine zweite miRNA, *let-7*, bei *C. elegans* gefunden. Diese reprimiert die Expression von *lin-41* und *hbl-1*. Der Befund, dass *let-7* im Genom von allen vielzelligen Organismen vorkommt, und der Nachweis von weiteren miRNAs in den folgenden Jahren machte deutlich, dass miRNAs einen generellen Mechanismus zur **Regulation von Genexpression** darstellen (s. ◘ Tab. 10.4).

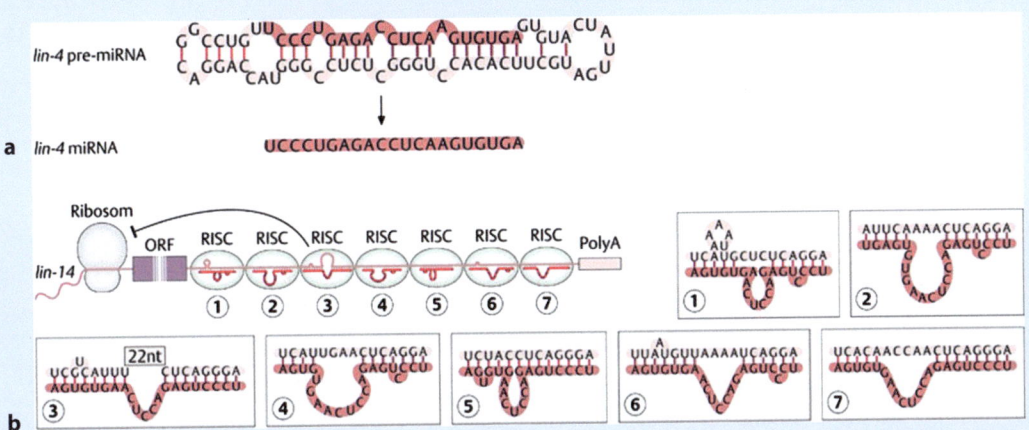

◘ **Abb. 10.28** Inhibition der Translation der *lin-14* mRNA durch *lin-4*, der ersten miRNA. **a** Vorläufermolekül, das in mehreren Schritten zur reifen miRNA gespalten wird. **b** Komplementarität der Basensequenz zwischen der *lin-4* miRNA (dunkelrot) und der 3'UTR von *lin-14* (hellrot). *lin-4* RNA ist zu sieben Regionen im 3'-UTR nur teilweise komplementär (1–7). Durch die Bindung an diese Stellen wird die Translation der *lin-14* mRNA verhindert. RISC: RNA-induced silencing complex. Für diese Arbeiten wurden V. Ambros und G. Ruvkin 2024 mit dem Nobelpreis für Physiologie oder Medizin ausgezeichnet. (Nach He und Hannon 2004; Lee et al. 1993, mit freundlicher Genehmigung)

— Die einzelsträngige, reife *guide RNA* lenkt den miRISC an die Ziel mRNA mit (teilweiser) komplementärer Nukleotidsequenz (◘ Abb. 10.27).

Im menschlichen Genom sind mehr als 2000 miR-Gene kodiert, wobei eine miRNA mehrere hundert Ziel-mRNAs regulieren kann, vorausgesetzt, sie besitzt eine kurze Sequenz, die komplementär zu sechs oder sieben Basen der miRNA ist (◘ Tab. 10.4). Man nimmt an, dass die Expression von 20–30 % der Gene im menschlichen Genom durch miRNAs mit-kontrolliert werden. miRNAs regulieren zahlreiche bedeutende physiologische Vorgänge, wie **Zellproliferation**, **Apoptose** (programmierter Zelltod) oder **Fettstoffwechsel**, aber auch **Entwicklungs- und Differenzierungsprozesse** (Zhao und Srivastava 2007), was eine entwicklungsabhängige Regulation der miRNA Expression erforderlich macht. Das bedeutet aber auch, dass Mutationen in miR-Genen oder ihre erhöhte bzw. reduzierte Expression an der Entstehung **menschlicher Krankheiten**, z. B. **Tumoren**, beteiligt sein können.

Die Proteine im RISC haben mehrere Aufgaben. Die Erkennung komplementärer Bereiche zwischen der miRNA und der mRNA erfolgt durch **RecA**. Nach Bindung an die mRNA und Aktivierung des RISC erfolgt die Inaktivierung der mRNA hauptsächlich durch **Inhibition der Translation**, seltener durch **Abbau der mRNA** (◘ Abb. 10.27). Welche Methode gewählt wird, hängt vom Ausmaß der Komplementarität zwischen der miRNA und der zu inaktivierenden mRNA ab und erfordert die Aktivität eines Mitglieds der Argonaut-Proteinfamilie. Bei geringer Komplementarität verhindert die miRNA die Translation der mRNA (▶ Box 10.7; ◘ Abb. 10.28). Besteht ein hohes Maß an Komplementarität, wird die mRNA gespalten und anschließend abgebaut.

10.2.4.2 Zeitliche Kontrolle der Translation

Manche mRNAs dürfen nur unter bestimmten physiologischen Bedingungen translatiert werden. Dies soll am Beispiel der **Translation des Ferritins**, eines eisenbindenden Proteins, erläutert werden (◘ Abb. 10.29). Die intrazelluläre Konzentration von **freien Eisenionen** muss sehr genau reguliert werden, da sowohl zu hohe als auch zu niedrige Eisenkonzentrationen zu physiologischen Störungen führen. Ferritin ist ein Protein, das an freie Eisenionen

Tab. 10.4 Beispiele von Genen, deren Translation durch miRNAs reguliert wird

miRNA	Zielgen(e)	Funktion
Caenorhabditis elegans		
lin-4	lin-14, lin-28	Regulation des Übergangs zwischen dem ersten und dem zweiten Larvenstadium
let-7	lin-41, hbl-1	Regulation des Übergangs zwischen dem letzten Larvenstadium und dem adulten Wurm
lsy-6	cog-1	Determination neuronaler Asymmetrie
Drosophila melanogaster		
bantam	hid	Kontrolle der Zellproliferation und Unterdrückung der Apoptose
mir-1	Delta	Regulation Muskel-spezifischer Gene
miR-14	Ip3k2	Regulation von Autophagie (kontrollierter Abbau zellulärer Proteine für ihre Wiederverwertung) durch Kontrolle der Signaltransduktion von Inositol 1,4,5-Triphosphat Kinase 2
	sugarbabe	Reguliert den Insulinstoffwechsel in neurosekretorischen Zellen
Arabidopsis thaliana		
miR-172	AP2	Regulation der Blühzeit und Identität der Blütenorgane
Homo sapiens		
let-7	Ras	Regulation der Zellproliferation, Tumorsuppression
miR-15	BCL2	Kontrolle der Apoptose

binden kann und somit die Bildung toxischer Konzentrationen von freien Eisenionen verhindert. Bei niedrigen intrazellulären Konzentrationen freien Eisens wird die Translation von Ferritin unterdrückt (reprimiert), damit die Prozesse, die Eisenionen benötigen, ablaufen können.

Zum besseren Verständnis der Regulation dieses Vorgangs sei hier kurz an die Initiation der Translation eukaryotischer mRNAs erinnert (s. ▶ Abschn. 9.2.3): Zunächst bindet der Präinitiationskomplex, bestehend aus der kleinen ribosomalen Untereinheit und einigen Initiationsfaktoren (IFs), an die 5′-Kappe der mRNA. Dieser Proteinkomplex bewegt sich solange in 3′-Richtung der mRNA, bis er auf das erste AUG-Codon trifft. Erst dann wird die große 60S ribosomale Untereinheit hinzugefügt und die Prote-

insynthese beginnt. In einigen mRNAs gibt es innerhalb der 5′-UTR Abschnitte mit zueinander komplementären Sequenzen, die durch Ausbildung intramolekularer Wasserstoffbrücken sog. **Haarnadelstrukturen** ausbilden können, die sog. **IREs** (*iron response elements;* durch Eisen regulierte Elemente), die von spezifischen Proteinen erkannt werden. Die Bindung dieser Proteine verhindert dann die Wanderung des Präinitiationskomplexes, die Translation findet nicht statt.

◘ Abb. 10.29 zeigt am Beispiel der Translation der **Ferritin-mRNA** die Eisen-abhängige Regulation seiner Translation. Ferritin ist ein zytoplasmatischer Proteinkomplex, der der Speicherung von Eisen dient. Bei niedriger Eisenkonzentration sind die IRE-bindenden Proteine aktiv, sie binden an die IREs und verhindern somit die Translation der Ferritin-mRNA durch Blockierung des Präinitiationskomplexes (◘ Abb. 10.29b). Steigt die intrazelluläre Eisenkonzentration, werden die IRE-bindenden Proteine inaktiviert, sie binden nicht länger an die Sequenzen in der 5′-UTR und die Translation wird ermöglicht. Das so gebildete Ferritin kann dann an das überschüssige freie Eisen binden (s. ◘ Abb. 10.29a).

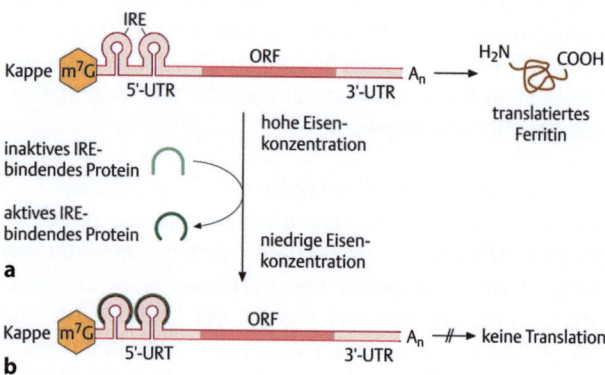

◘ **Abb. 10.29** Eisenabhängige Regulation der Translation der Ferritin-mRNA. Erläuterung im Text

10.2.5 Posttranslationale Regulation der Genexpression

Zellen können auch noch nach der Translation (post-translational) Genexpression steuern. Dabei gibt es mehrere Möglichkeiten, Proteine zu verändern und dadurch ihre Aktivität, ihre Verteilung innerhalb der Zelle und/oder ihre

10.2 · Genexpression wird auf vielen Ebenen kontrolliert

Stabilität zu kontrollieren. Hierbei unterscheidet man zwischen **Modifikation** und **Reifung** eines Proteins.

10.2.5.1 Modifikation von Proteinen

Proteine können auf verschiedene Weise chemisch modifiziert werden, wobei diese Veränderungen in den meisten Fällen reversibel sind. **Posttranslationale Modifikation (PTM)** erfolgt nach der Proteinbiosynthese und wird in der Regel durch enzymatische Reaktionen gesteuert. Sie kann innerhalb der Aminosäurekette, aber auch am amino- oder carboxy-terminalen Ende eines Proteins stattfinden.

Die folgenden Modifikationen stellen einige der häufigen PTMs dar (Abb. 10.30):

1. **Phosphorylierung**, also das Hinzufügen einer Phosphatgruppe, erfolgt an den Aminosäuren, die eine Hydroxyl-Gruppe (–OH) tragen, also an Serin, Threonin und Tyrosin, und wird durch Ser/Thr- bzw. Tyr-Kinasen katalysiert. Dephosphorylierungen erfolgt durch Phosphatasen. Phosphorylierung ist in vielen Fällen mit der Änderung des Aktivitätszustands eines Proteins verbunden. Sie ist mit großem Abstand die am häufigsten auftretende PTM.
2. **Acetylierung**, das Hinzufügen einer Acetylgruppe (–CH₃CO⁻), erfolgt häufig an der Aminogruppe der aminoterminalen Aminosäure eines Polypeptids. Sie betrifft etwa 80 % aller Proteine. Sie kann zur Erhöhung der Lebensdauer eines Proteins beitragen, da nicht-acetylierte Proteine sehr schnell durch Proteasen (= proteinspaltende Enzyme) abgebaut werden. Acetylierung an Lysin-Resten von Histonen ist Teil des epigenetischen Codes (s. ▶ Kap. 4, Abb. 4.19) und spielt eine wichtige Rolle bei der Kontrolle der Transkription (s. o., ▶ Abschn. 10.2.2.2). Sie wird durch Histon-Acetyltransferasen (HAT) katalysiert und durch Histon-Deacetylasen (HDAC) rückgängig gemacht. Acetylierung von Tubulin zum Beispiel, der Grundeinheit von Mikrotubuli, die u. a. die mitotische Spindel bilden (s. Abb. 3.10), stabilisiert Mikrotubuli.
3. **Methylierung**, das Hinzufügen einer Methylgruppe (–CH₃), erfolgt and Lysin- und Histidin-, aber auch an Arginin-Resten und wird von Methytransferasen katalysiert (s. ▶ Kap. 4, Abb. 4.19). Methylierung eines Proteins erleichtert häufig seine Bindung an andere Proteine.
4. **Glykosylierung**, das Hinzufügen von Oligosaccharid-Resten erfolgt vor allem an Proteinen, die sich entweder in der Plasmamembran befinden oder sezerniert, d. h. aus der Zelle ausgeschleust werden. Die häufiger vorkommende **N-Glykosylierung** von Proteinen erfolgt über die Ausbildung einer N-glykosidischen

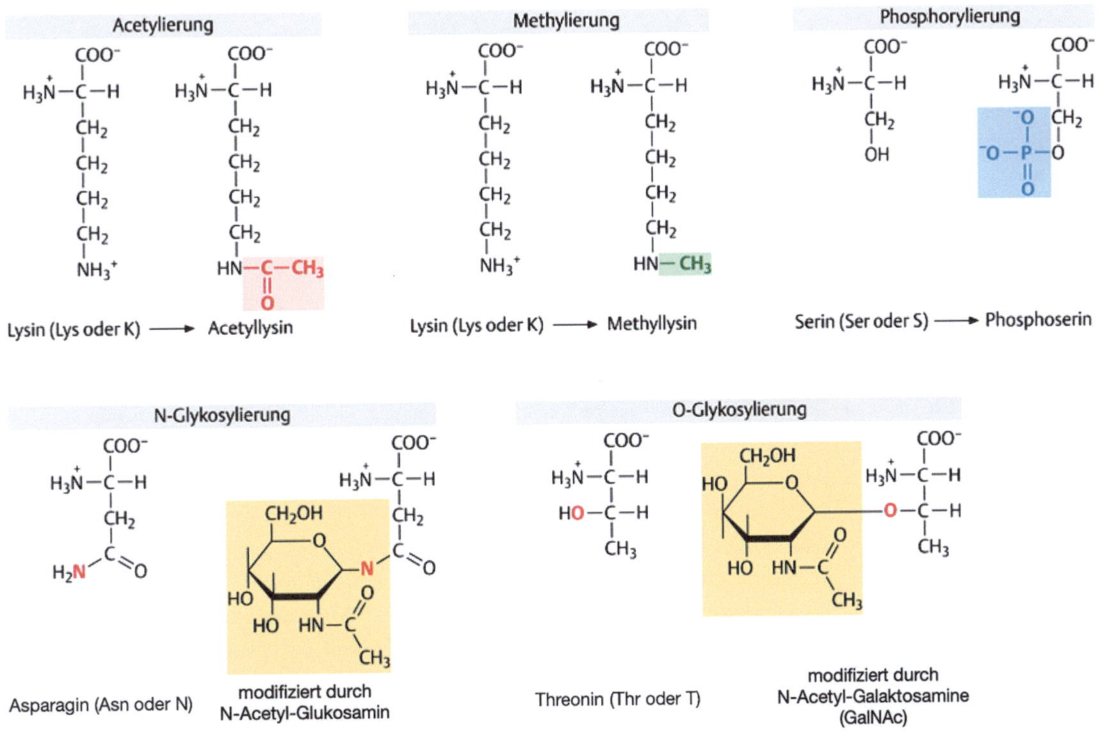

 Abb. 10.30 Chemische Modifikation von Aminosäuren. Die Veränderungen sind jeweils farbig unterlegt. Acetylierung und Methylierung findet an der Aminogruppe, vorzugsweise des Lysins, statt. Phosphorylierungen finden an der OH-Gruppe der Seitenketten von Serin, Threonin oder Histidin statt. Das Anfügen von Zuckerresten (Glykosylierung) macht ein Protein hydrophiler. Es betrifft hauptsächlich Membran- und sezernierte Proteine. N-Glykosylierung erfolgt im ER, wobei ein verzweigtes Oligosaccharid (hier nicht gezeigt) über GlcNAc mit der NH2-Seitenkette von Asparagin verknüpft wird. Diese Basis-Glykosylierung wird dann im Golgi-Apparat weiter modifiziert. O-Glykosylierung erfolgt im Golgi, wobei zunächst über GalNAc verschiedene Grundstrukturen (core modification) gebildet werden, die dann je nach Proteintyp weiter modifiziert werden

Box 10.8 Protein O-GlcNAcylierung.

Die Protein-O-GlcNAcylierung ist eine **reversible posttranslationale Proteinmodifikation**, bei der der Aminozucker N-Acetyl-Glucosamin (GlcNAc) über die Hydroxylgruppe der Aminosäuren **Serin oder Threonin** an eine Polypeptidkette geknüpft wird. Anders als bei der Glykosylierung führt diese Reaktion also nicht zur Bildung einer Oligosaccharid-Modifikation des Proteins, sondern **lediglich zur Verknüpfung eines Monosaccharids an ein Protein**. Diese Modifikation wird, ähnlich wie bei der Protein-Phosphorylierung, durch zwei entgegensetzte Enzymreaktionen reguliert (Abb. 10.31). Die **O-GlcNAc Transferase (OGT)** katalysiert die Verknüpfung des GlcNAc an ein Protein. Die Entfernung des O-GlcNAc Restes wird durch das Enzym **O-N-Acetyl-Glucosaminidase (OGA)** katalysiert. Als Co-Faktor für die Protein-O-GlcNAcylierung durch OGT wird UDP-N-Acetylglucosamin (UDP-GlcNAc) benötigt; UDP-GlcNAc stellt den zentralen Zuckermetaboliten aller N- und O-Glycosylierungsreaktionen in der Zelle dar.

Die Modifikation von Proteinen durch O-GlcNAc ist für wesentliche Zellfunktionen wichtig, darunter für zelluläre Signalwege (Zeidan und Hart 2010), DNA-Reparaturmechanismen und die Regulation der Genaktivität. Zielproteine von OGT sind beispielsweise Histone, deren O-GlcNAcylierung positive und negative Effekte auf die Genexpression haben (Dupas et al. 2023). Außerdem reguliert die O-GlcNAcylierung Histon-modifizierende Proteine, wie Histon-Methyl-Transferasen, Histon-Lysyl-Acetyl-Transferasen, Histon-De-Acetylasen und -De-Methylasen. In *Drosophila* wurde OGT (kodiert von *super sex comb (sxc)*) als ein Mitglied der sogenannten Polycomb Gruppe (PcG) von Chromatin-modifizierenden Proteinen klassifiziert (▶ Box 10.4). Verlust von *sxc* führt in den Mutanten zur De-Repression von wichtigen Entwicklungsgenen und damit zu morphogenetischen Defekten.

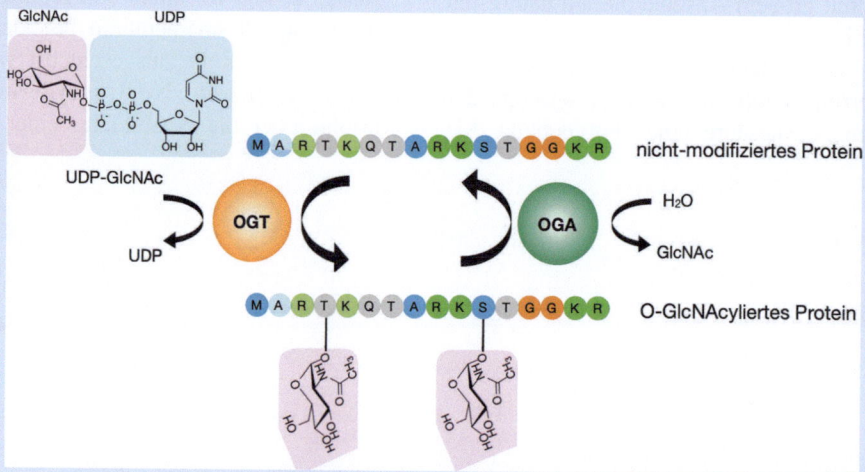

Abb. 10.31 Protein-O-GlcNAcylierungszyklus. Ein Protein (hier nur ein kleiner Abschnitt gezeigt; Farbcode der Aminosäure s. Abb. 9.14) kann an Serin (S) oder Threonin (T) von der O-GlcNAc-Transferase (OGT) durch Anhängen eines GlcNAc (hellrot schattiert) modifiziert werden. OGT verwendet als Co-Faktor UDP (hellblau schattiert)-GlcNAc. Dies ist der energiereiche Metabolit von Protein- und Lipid Glykosylierungen in der Zelle, der durch den Hexosamin-Syntheseweg, ausgehend von Glukose, synthetisiert wird. Die O-GlcNAcylierung kann durch O-GlcNAcase (OGA) wieder entfernt werden. UDP: Uracil-Diphosphat. GlcNAc: N-Acetyl-Glucosamin

---

Bindung zwischen der OH-Gruppe des endständigen N-Acetyl-Glucosamins (GlcNAc) eines Oligosaccharids und der NH$_2$(-Amid)-Gruppe von Asparagin. Sie erfolgt ko-translational im endoplasmatischen Retikulum (ER), wobei lineare oder verzweigte Oligosaccharid-Ketten kovalent mit der Seitenkette von Asparagin verbunden werden. N-Glykosylierung hat einen großen Einfluss auf die Faltung eines Proteins und somit auf seine Funktion und Stabilität. **O-Glykosylierung** findet im Golgi durch Verknüpfung zwischen der OH-Gruppe von Serin oder Threonin und N-Acetyl-Galaktosamin statt (▶ Box 10.8).

5. Posttranslationale **O-GlcNacylierung** ist ein reversibler Prozess, bei dem der Zucker N-Acetyl-Glucosamin (GlcNAc) kovalent mit Serin oder Threonin verknüpft wird (▶ Box 10.8).

Auch wenn die DNA von Eukaryonten nur 21 Aminosäuren kodiert – 20 Standard-Aminosäuren plus Selenocystein (s. ▶ Abschn. 9.2) – können Proteine, unter Berücksichtigung der zahlreichen Modifikationen, mehr als 140 verschiedene Aminosäuren enthalten. Das bedeutet, dass durch posttranslationale Modifikation die kodierende Kapazität des Genoms immens erhöht wird und dadurch das

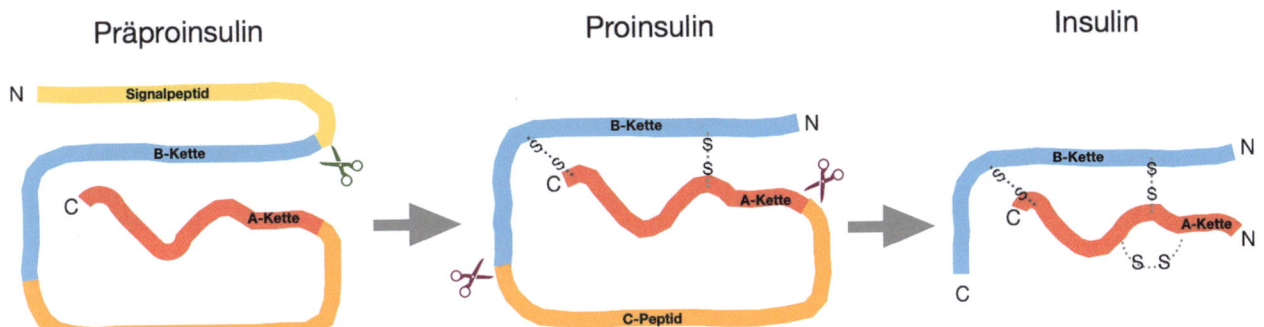

● **Abb. 10.32** Reifung von Insulin. Insulin wird als Präproinsulin, bestehend aus insgesamt 110 Aminosäuren, synthetisiert und in mehreren Schritten zum reifen Protein prozessiert: 1. das Signalpeptid wird durch eine Signalpeptidpeptidase abgespalten (grüne Schere) und wird dadurch zu dem aus 80 Aminosäuren bestehenden Proinsulin mit B-Kette (blau), C-Peptid (orange) und A-Kette (rot) prozessiert. A- und B-Kette werden durch Disulfidbrücken (S-S-) zusammengehalten. 2. Proinsulin wird vom ER durch den Golgi transportiert und gelangt schließlich in sekretorische Vesikel. Dort erfolgt eine weitere Spaltung durch Proproteinconvertase 1 (rote Schere) und die Entfernung von zwei Aminosäuren vom C-Terminus der B-Kette durch Carboxypeptidase zum reifen Insulin Molekül, das durch Ausbildung von drei Disulfidbrücken (S-S) gefaltet wird. SP: Signalpeptid (gelb), bringt bereits während der Translation das Protein zum endoplasmatischen Retikulum (ER). (Nach Vasiljević et al. 2020)

Proteom, also die Gesamtheit aller Proteine einer Zelle, viel komplexer ist als Vorhersagen aus dem Genom erlauben.

10.2.5.2 Reifung und Abbau von Proteinen

Im Gegensatz zur chemischen Modifikation stellt die **Reifung** eines Proteins einen irreversiblen Prozess dar. So werden einige Proteine erst nach Spaltung durch Proteasen aktiv. Beispiele hierfür sind die **Verdauungsenzyme Trypsin** und **Chymotrypsin**, deren inaktive Proenzyme (= Zymogene), Trypsinogen bzw. Chymotrypsinogen, in der Bauchspeicheldrüse gebildet werden, von wo aus sie in den Darm gelangen. Durch das saure Milieu im Darm werden sie gespalten und dadurch erst aktiviert. Durch diese Verzögerung wird verhindert, dass die Enzyme bereits in der Bauchspeicheldrüse aktiv werden und dort die eigenen Zellen verdauen.

Insulin ist ein Peptidhormon, das in den β-Zellen der Bauchspeicheldrüsen gebildet wird. Insulin senkt den Blutzuckerspiegel und wird besonders dann ausgeschüttet, wenn der Körper kohlenhydratreiche Nahrung aufgenommen hat. Das an den Ribosomen synthetisierte Vorläufermolekül, das Präproinsulin, reift auf dem Weg durch das endoplasmatische Retikulum (ER) und den Golgi über das Proinsulin zum aktiven Insulin heran (Vasiljević et al. 2020; ● Abb. 10.32).

Einige Proteine von Bakterien und niederen Eukaryonten können sich selbst spalten. Dieser Prozess ist dem Spleißen von RNA vergleichbar und wird **autokatalytisches Protein-Spleißen** (*protein self splicing*) genannt, da er von dem Protein selbst, ohne Hilfe anderer Enzyme, durchgeführt wird. Dabei wird ein interner Abschnitt des Proteins, das **Intein**, herausgeschnitten und die beiden freigesetzten Endstücke werden miteinander zum aktiven Protein verbunden.

Die **Lebensdauer eines Proteins** wird durch das Verhältnis von Synthese und Degradation bestimmt. Einige Proteine haben eine Lebensdauer von nur wenigen Minuten, z. B. **Zykline**, die den Ablauf der Mitose kontrollieren und deshalb nur für sehr kurze Zeit benötigt werden (s. ▶ Abschn. 3.6.1). Andere Proteine hingegen werden fast so alt wie der Organismus selbst, z. B. die **Linsenproteine** in den Augen von Vertebraten. Der **Abbau von Proteinen** kann sowohl extrazellulär als auch in der Zelle erfolgen. Im extrazellulären Milieu erfolgt der Proteinabbau zunächst durch Proteasen, die das Protein zu Polypeptiden spalten, die dann anschließend von Peptidasen zu Di- und Tripeptiden und schließlich zu Aminosäuren zerlegt werden.

Intrazellulär werden Proteine durch das **Proteasom** abgebaut. Hierbei handelt es sich um einen großen, aus vielen Untereinheiten bestehenden, zylindrisch aufgebauten Proteinkomplex mit Protease-Aktivität. Das Proteasom zerlegt die zum Abbau bestimmten Proteine zu Peptiden und Aminosäuren. Somit sind Proteasomen wichtige Regulatoren der **Proteinqualitätskontrolle** und der Homöostase der Proteine in einer Zelle (Proteostase). Aber auch fehlerhafte Proteine werden durch das Proteasom abgebaut. Der Ausfall der Proteasom-Funktion kann zur Aggregation von Proteinen in einer Zelle führen und ist vermutlich an der Entstehung einiger neurodegenerativer Erkrankungen beteiligt.

Wie aber erkennt das Proteasom die Proteine, die abgebaut werden sollen? Innerhalb eukaryontischer Zellen werden Proteine überwiegend mit Hilfe des **Ubiquitin-vermittelten Abbaus** degradiert. Ubiquitin ist ein kleines, evolutionär hoch konserviertes, globuläres Protein von 76 Aminosäuren.

Die Markierung von Proteinen, die abgebaut werden sollen, erfolgt durch **Ubiquitinierung**, ein Prozess, bei dem Ubiquitin an das abzubauende Protein angefügt wird. Dies erfolgt in mehreren Schritten (● Abb. 10.33):

1. **Aktivierung**: Im ersten Schritt wird Ubiquitin unter Spaltung von ATP an E1, ein Ubiquitin-aktivierendes Enzym, gebunden

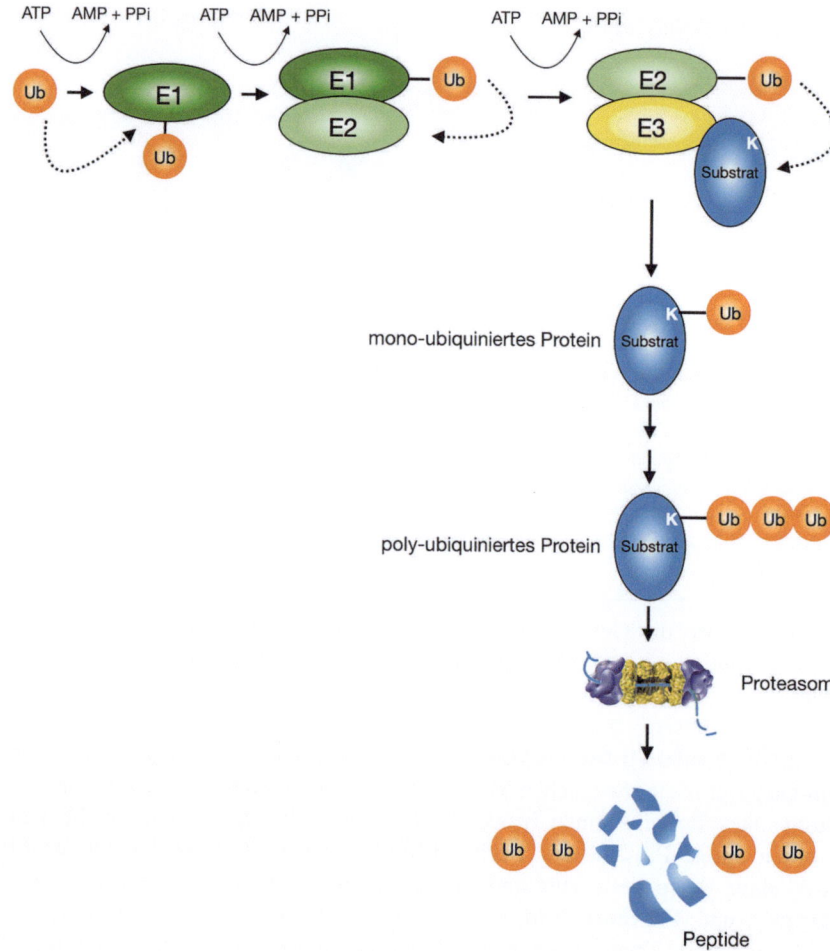

Abb. 10.33 Ubiquitin-vermittelter Abbau eines Proteins. Stark vereinfachte Darstellung der Markierung eines zum Abbau bestimmten Proteins durch Ubiquitinierung. Erklärung s. Text. Ub: Ubiquitin. E1: Ubiquitin-aktivierendes Enzym; E2: Ubiquitin-konjugierendes Enzym; E3: Ubiquitin-Ligase. K: interner Lysinrest im Substrat, der mit dem C-terminalen Glyzin von Ubiquitin verbunden wird. ATP/AMP: Adenosin-Tri-/Monophosphat. PPi: Diphosphat. (Proteasom aus Wikimedia Commons: ▶ https://commons.wikimedia.org/wiki/File:Proteasome.jpg)

2. **Konjugation**: Im zweiten Schritt katalysiert E2, ein Ubiquitin-konjugierendes Enzym, die Übertragung von Ubiquitin von E1 auf E2.
3. **Ligation**: Im dritten Schritt katalysiert E3, eine Ubiquitin Ligase, die Übertagung von Ubiquitin von E2 auf einen Lysin-Rest (K) des Zielproteins, das nun mono-ubiquitiniert ist. Dieser Schritt kann mehrfach wiederholt werden, so dass Proteine durch mehrere Ubiquitin-Reste modifiziert sein können (poly-ubiquitinierte Proteine).

Derartig „markierte" poly-ubiquitinierte Proteine werden vom **Proteasom** erkannt. Dieses zerlegt unter Energieverbrauch (ATP) die markierten Proteine zu Peptiden, wobei das Ubiquitin wieder freigesetzt wird und erneut zur Markierung anderer Proteine verwendet werden kann (◘ Abb. 10.33).

Viele Proteine tragen eine kurze Aminosäuresequenz, die als **Erkennungssequenz** für die Ubiquitin-Ligase dient. So erkennt die Ubiquitin-Ligase im mitotischen Zyklin eine Sequenz von Arg-X-X-Leu-Gly-X-Ile-Gly-Asn (wobei X irgendeine Aminosäure sein kann). Erkennungssequenzen in anderen Proteinen sind oftmals reich an Prolin (**P**), Glutaminsäure (**E**), Serin (**S**) und Threonin (**T**) und werden deshalb **PEST-Sequenzen** genannt.

Modifikation eines Proteins durch Polyubiquitinierung hat – neben seiner Markierung für den Abbau – viele Funktionen, die oftmals nicht mit proteolytischer Aktivität verbunden sind, u. a.
- Signaltransduktion
- Regulation des Zellzyklus (Zykline; s. ▶ Abschn. 3.6.1)
- Transkriptionskontrolle (Ubiquitinierung der RNA-Polymerase II oder Transkriptionsfaktoren)
- Repression der Transkription durch Chromatinorganisation (Histon-Ubiquitinierung; ◘ Abb. 10.15)

Ähnlich wie andere Proteinmodifikationen ist auch dieser Prozess reversibel und wird von **Deubiquitinasen** (DUBs) katalysiert, die somit die Stabilität von Proteinen regulieren. Das menschliche Genom kodiert 100 verschiedene DUBs, was ihre Bedeutung unterstreicht. So deubiquitiniert die Deubiquitinase Histon 2A und kann so die Transkription durch Aufhebung des reprimierten Zustands ermöglichen.

10.3 Zusammenfassung

- Differenzielle Genaktivität ist die Grundlage für Zelldiversität in Organismen.
- Genaktivität kann auf verschiedenen Ebenen reguliert werden, z. B. durch Erhöhung der Kopienzahl einzelner Gene oder ganzer Genome (**Polytänie** und **Endopolyploidie**).
- Die **Regulation der Transkription** kann durch die **Chromatinstruktur** (DNA- und Histonmodifikation) erfolgen, oder durch Verwendung unterschiedlicher Promotoren.
- **Enhancer** sind DNA-Abschnitte von 50–200 bp, die vor, im oder hinter einem Gen liegen können und die Rate, den Zeitpunkt und die Gewebespezifität der Transkription eines Gens (oder mehrerer Gene) beeinflussen können.
- **Posttranskriptionelle Regulation** kann durch alternative **Polyadenylierung, differenzielles Spleißen** sowie durch **Kontrolle der Stabilität** und **Lokalisation der RNA** stattfinden.
- **Small non-coding RNAs (sncRNAs**; siRNA, miRNA) können Genexpression auf der Ebene der Transkription oder Translation kontrollieren.
- Gene der *Polycomb* (*Pc*) und *thrithorax* (*trx*) Familie garantieren die **Aufrechterhaltung** eines einmal festgelegten **reprimierten** bzw. **aktivierten Zustands** von Genen über viele Zellgenerationen während der Entwicklung.
- Differenzielle Genaktivität kann durch die **Kontrolle der Translation**, durch **posttranslationale Modifikation, Reifung, Stabilität** oder **Lokalisation** eines Proteins erfolgen.
- Die verschiedenen Mechanismen der **Regulation der Genexpression** führen dazu, dass die Anzahl der unterschiedlichen Genprodukte einer Zelle viel höher sein kann als die, die von der DNA-Sequenz abgeleitet wird.

Literatur

Ashburner M (1972) In: Beermann W (Hrsg) Developmental studies on giant chromosomes. Springer, New York, S 101–151

Becker HJ (1962) Die Puffs der Speicheldrüsenchromosomen von *Drosophila melanogaster*. II. Mitteilung: Die Auslösung der Puffbildung, ihre Spezifität und ihre Beziehung zur Funktion der Ringdrüse. Chromosoma 13:341–384

Cobb M (2017) 60 years ago, Francis Crick changed the logic of biology. PLoS Biol 15:e2003243

Crick FH (1970) Central dogma of molecular biology. Nature 227:561–563

Driever W, Nüsslein-Volhard CA (1988) Gradient of bicoid protein in *Drosophila* embryos. Cell 54:83–93

Drummond IA, McClure SA, Poenie M, Tsien RY, Steinhardt RA (1986) Large changes in intracellular pH and calcium observed during heat shock are not responsible for the induction of heat shock proteins in *Drosophila melanogaster*. Mol Cell Biol 6(5):1767–1775

Duncan IM (1982) *Polycomblike*: a gene that appears to be required for the normal expression of the *Bithorax* and *Antennapedia* gene complexes of *Drosophila melanogaster*. Genetics 102:49–70

Dupas T, Lauzier B, McGraw S (2023) O-GlcNAcylation: the sweet side of epigenetics. Epigenetics Chromatin 16:49

Project Consortium ENCODE, Moore JE, Purcaro MJ, Pratt HE, Epstein CB, Shoresh N, Adrian J, Kawli T, Davis CA, Dobin A, Kaul R, Halow J, Van Nostrand EL, Freese P, Gorkin DU, Shen Y, He Y, Mackiewicz M, Pauli-Behn F, Williams BA, Mortazavi A, Keller CA, Zhang XO, Elhajjajy SI, Huey J, Dickel DE, Snetkova V, Wei X, Wang X, Rivera-Mulia JC, Rozowsky J, Zhang J, Chhetri SB, Zhang J, Victorsen A, White KP, Visel A, Yeo GW, Burge CB, Lécuyer E, Gilbert DM, Dekker J, Rinn J, Mendenhall EM, Ecker JR, Kellis M, Klein RJ, Noble WS, Kundaje A, Guigó R, Farnham PJ, Cherry JM, Myers RM, Ren B, Graveley BR, Gerstein MB, Pennacchio LA, Snyder MP, Bernstein BE, Wold B, Hardison RC, Gingeras TR, Stamatoyannopoulos JA, Weng Z (2020) Expanded encyclopaedias of DNA elements in the human and mouse genomes. Nature 583:699–710

Fire A, Xu S, Montgomery MK, Kostas SA, Driver SE, Mello CC (1998) Potent and specific genetic interference by double-stranded RNA in *Caenorhabditis elegans*. Nature 391:806–811

Gavis ER, Lehmann R (1992) Localization of nanos RNA controls embryonic polarity. Cell 71:301–313

Grau DJ, Chapman BA, Garlick JD, Borowsky M, Francis NJ, Kingston RE (2011) Compaction of chromatin by diverse Polycomb group proteins requires localized regions of high charge. Genes Dev 25(20):2210–2221

Hanot M, Raby L, Völkel P, Le Bourhis X, Angrand PO (2023) The contribution of the Zebrafish model to the understanding of Polycomb repression in vertebrates. Int J Mol Sci 24:2322

He L, Hannon GJ (2004) Micro RNAs: small RNAs with a big role in gene regulation. Nat Rev Gen 5:522–531

Johansen KM, Johansen J (2006) Regulation of chromatin structure by histone H3S10 phosphorylation. Chromosome Res 4:393–404

Karikó K, Buckstein M, Ni H, Weissman D (2005) Suppression of RNA recognition by Toll-like receptors: the impact of nucleoside modification and the evolutionary origin of RNA. Immunity 23:165–175

Karikó K, Muramatsu H, Welsh FA, Ludwig J, Kato H, Akira S, Weissman D (2008) Incorporation of pseudouridine into mRNA yields superior nonimmunogenic vector with increased translational capacity and biological stability. Mol Ther 16:1833–1840

Kunz W (1967) Die Entstehung multipler Oocytennukleolen aus akzessorischen DNS-Körpern bei *Gryllus domesticus*. Chromosoma 26:41–75

Kunz W (1969) Lampenbürstenchromosomen und multiple Nukleolen bei Orthopteren. Chromosoma 21:446–462

Lee RC, Feinbaum RL, Ambros V (1993) The *C. elegans* heterochronic gene *lin-4* encodes small RNAs with antisense complementarity to *lin-14*. Cell 75:843–854

Lis JT (2007) Imaging *Drosophila* gene activation and polymerase pausing in vivo. Nature 450:198–202

Mistry P, Barmania F, Mellet J, Peta K, Strydom A, Viljoen IM, James W, Gordon S, Pepper MS (2022) SARS-CoV-2 variants, vaccines, and host immunity. Front Immunol 12:809244

Nance KD, Meier JL (2021) Modifications in an emergency: the role of N1-methylpseudouridine in COVID-19 vaccines. ACS Cent Sci 7:748–756

Neuhaus D, Nakaseko Y, Schwabe JW, Klug A (1992) Solution structures of two zinc-finger domains from SWI5 obtained using two-dimensional 1H nuclear magnetic resonance spectroscopy. A zinc-finger structure with a third strand of beta-sheet. J Mol Biol 228(2):637–651. https://doi.org/10.1016/0022-2836(92)90846-c

Orr-Weaver TL (1991) *Drosophila* chorion genes: cracking the eggshell's secrets. Bioessays 13:97–105

Popay TM, Dixon JR (2022) Coming full circle: On the origin and evolution of the looping model for enhancer-promoter communication. J Biol Chem 298:102117

Scheer U (1987) Contributions of electron microscopic spreading preparations („Miller spreads") to the analysis of chromosome structure. In: Structure and Function of Eukaryotic Chromosomes, S 147–171

Sharma A, Lakhotia SC (1995) In situ quantification of *hsp70* and alpha-beta transcripts at 87A and 87C loci in relation to *hsr*-omega gene activity in polytene cells of *Drosophila melanogaster*. Chromosome Res 3(6):386–393

Shaw G, Kamen R (1986) A conserved AU sequence from the 3′ untranslated region of GM-CSF mRNA mediates selective mRNA degradation. Cell 46:659–667

Vasiljević J, Torkko JM, Knoch KP, Solimena M (2020) The making of insulin in health and disease. Diabetologia 63:1981–1989

Velentzas AD, Velentzas PD, Katarachia SA, Anagnostopoulos AK, Sagioglou NE, Thanou EV, Tsioka MM, Mpakou VE, Kollia Z, Gavriil VE, Papassideri IS, Tsangaris GT, Cefalas AC, Sarantopoulou E, Stravopodis DJ (2018) The indispensable contribution of s38 protein to ovarian-eggshell morphogenesis in *Drosophila melanogaster*. Sci Rep 8:16103

Wang C, Dickinson LK, Lehmann R (1994) Genetics of nanos localization in *Drosophila*. Dev Dyn 199:103–115

Wightman B, Ha I, Ruvkun G (1993) Posttranscriptional regulation of the heterochronic gene *lin-14* by *lin-4* mediates temporal pattern formation in *C. elegans*. Cell 75(5):855–862

Zeidan Q, Hart GW (2010) The intersections between O-GlcNAcylation and phosphorylation: implications for multiple signaling pathways. J Cell Sci 123(Pt 1):13–22

Zhao Y, Srivastava D (2007) A developmental view of microRNA function. Trends Biochem Sci 32:189–197

Genetik der Geschlechtsbestimmung

Inhaltsverzeichnis

11.1 Genetik der Geschlechtsbestimmung – 216
11.1.1 Die Verteilung der Geschlechtschromosomen bestimmt das Geschlecht – 216
11.1.2 Das geschlechtsbestimmende Gen *SRY* bei Säugern – 218
11.1.3 Geschlechtsdetermination und Genbalance bei *Drosophila* – 220
11.1.4 Zellautonomie der Geschlechtsbestimmung bei *Drosophila* – 221
11.1.5 Geschlechtsspezifische Mutationen bei *Drosophila* – 223
11.1.6 Die Genkaskade der somatischen Geschlechtsbestimmung bei *Caenorhabditis elegans* – 228

11.2 Die Dosiskompensation: Ausgleich der Genexpression zwischen den Geschlechtern – 230
11.2.1 Dosiskompensation bei Säugern – 231
11.2.2 Molekulare Steuerung der Dosiskompensation bei *Drosophila* – 232
11.2.3 Molekulare Mechanismen der Dosiskompensation bei *Caenorhabditis* – 233

11.3 Zusammenfassung – 234

Literatur – 235

Organismen können sich auf zwei grundsätzlich verschiedene Weisen reproduzieren: asexuell oder sexuell. Asexuelle Vermehrung führt in der Regel zur Reproduktion von genetisch identischen Organismen, während in der sexuellen Vermehrung genetische Variationen einer Art durch die Mischung zweier Genome entstehen. In Tieren und in Pflanzen können wir hinsichtlich der Sexualorgane in den Individuen verschiedene Typen feststellen. Neben dem bei Tieren weit verbreiteten **Gonochorismus** (Getrenntgeschlechtlichkeit) bzw. der **Diözie** (Zweihäusigkeit) bei Pflanzen und dem **Hermaphroditismus** (Zwittrigkeit) bei Tieren bzw. der **Monözie** (Einhäusigkeit) bei Pflanzen existieren weniger verbreitete Arten der Geschlechtsverteilung. Im Pflanzenreich gibt es eine große Anzahl von Übergangsformen der Monözie und Diözie, die als **Polygamie** (Vielehigkeit; auch Subdiozie genannt) zusammengefasst werden können. In polygamen Pflanzen treten neben einem Geschlecht auch zwittrige oder Blüten des anderen Geschlechts auf. Als Beispiele: **Gynodiözie** beschreibt Spezies, die Individuen mit rein weiblichen und Individuen mit hermaphroditen Geschlechtern besitzen (z. B. *Plantago lanceolata*, Spitzwegerich). Entsprechend existieren in der **Androdiözie** männliche und hermaphrodite Individuen in einer Population (z. B. *Veratrum album*, weißer Germer).

Die Bestimmung des Geschlechts ist genetisch gesteuert. Der erste Teil dieses Kapitels behandelt die Grundlagen dieser genetischen Steuerung. Im zweiten Teil werden dann einige Mechanismen beleuchtet, die dazu dienen, Unterschiede in der Gendosis, die sich durch unterschiedliche Chromosomenzusammensetzungen in den Geschlechtern ergeben, auszugleichen.

11.1 Genetik der Geschlechtsbestimmung

Seit Nettie Stevens' (Stevens 1905) Entdeckung von Geschlechtschromosomen durch zytologische Untersuchungen und des genetischen Nachweises des Geschlechtschromosomen-gekoppelten Erbgangs (meist kurz: geschlechtsgekoppelter Erbgang) anhand der Genetik des *white*-Gens bei *Drosophila* (▶ Abschn. 7.2) hat die Erforschung der genetischen Steuerung der Geschlechtsbestimmung viele Forschergenerationen beschäftigt. Bei sehr vielen Tier- und einigen Pflanzenarten kann man zytologisch ein **Heterosomenpaar** erkennen, das in der Regel mit der Ausbildung eines der beiden Geschlechter einhergeht. Wie gelingt es aber einem Embryo zwischen zwei verschiedenen **Karyotypen** (XX bzw. XY) zu unterscheiden, um den entsprechenden Weg der **Geschlechtsdifferenzierung** einzuschlagen? Wie wird sichergestellt, dass Zellen gleiche Mengen an Genprodukten der an der Geschlechtsbestimmung nicht beteiligten X-chromosomalen Gene erhalten, unabhängig davon, ob sie ein oder zwei X-Chromosomen haben?

Seit wenigen Jahren sind diese Fragen bei einigen Modellorganismen weitgehend geklärt. Damit ergibt sich die attraktive Möglichkeit, eine grundlegende Phänotypalternative – weiblich/männlich – von der zytologischen Analyse der Chromosomen über Mutationen der beteiligten Gene bis zur Klonierung ihrer DNA und dem Verständnis der molekularen Steuerung der Genaktivität darzustellen. Diese Mechanismen werden im Folgenden in zwei Teilen besprochen. Zunächst geht es um die Bedeutung von Heterosomen und Autosomen für die Geschlechtsbestimmung. Anschließend werden dann Mutationen geschlechtsspezifischer Gene und die sich daraus ergebenden Genkaskaden dargestellt. Die molekularen Daten werden das Verständnis der Zusammenhänge vertiefen.

11.1.1 Die Verteilung der Geschlechtschromosomen bestimmt das Geschlecht

Bei der Vererbung des männlichen bzw. weiblichen Geschlechts ist auffällig, dass in der Regel in jeder Generation ein Verhältnis von 1:1 zu beobachten ist. Dies gleicht formal dem Ergebnis einer Testkreuzung (s. ▶ Abschn. 8.2) mit zwei Allelen eines (angenommenen) **Geschlechtsgens** *G*, wobei Homozygotie für *g* das eine, Heterozygotie für *G* und *g* das andere Geschlecht ausprägt:

$$P: \frac{g}{g} \times \frac{G}{g}$$

$$F1: \frac{g}{g} \text{ und } \frac{G}{g}$$

$$1 : 1$$

Es gibt einfache genetische Mechanismen, bei denen Allele eines einzigen Gens über das Geschlecht entscheiden, wie z. B. beim kaukasischen Persimon (*Diospyros lotus*), der Espe (*Populus tremula*) oder der Spritzgurke (*Ecballium elaterium*) (Montalvao et al. 2021). Häufiger übernehmen Chromosomenpaare diese Aufgabe, z. B. die **Heterosomen X** und **Y**. Beim Menschen und bei *Drosophila*, aber auch bei etlichen **diözischen** (zweihäusigen) Pflanzenarten ist dabei das **weibliche Geschlecht XX** und damit **homogametisch**, das **männliche XY** und damit **heterogametisch**. Das ist nicht immer so. Bei Schmetterlingen, Vögeln, manchen Amphibien und bei der Wilden Erdbeere (*Fragaria elatior*) ist das weibliche Geschlecht heterogametisch und das männliche homogametisch. Zur Unterscheidung von XY werden dann die Bezeichnungen **ZW für den weiblichen und ZZ für den männlichen Genotyp** benutzt. Manchmal fehlt auch das Y-Chromosom. Heuschrecken-Weibchen haben z. B. 2 X-Chromosomen, die Männchen sind X0; letztere produzieren zwei Spermiensorten: eine mit und eine ohne X-Chromosom. In der Meiose der Heuschrecke ist das partnerlose kompakte X-Chromosom vom Pachytän bis zur Diakinese besonders gut erkennbar (◘ Abb. 5.4a).

11.1 · Genetik der Geschlechtsbestimmung

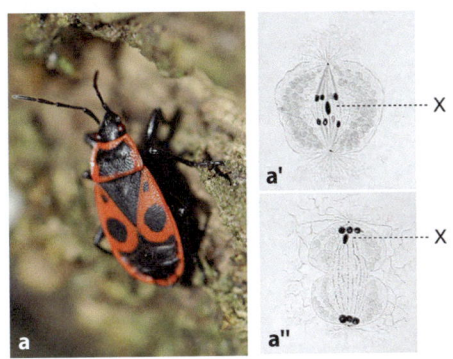

Abb. 11.1 Entdeckung der Geschlechtschromosomen. Meiose-Stadien bei der Feuerwanze (*Pyrrocoris apterus*; **a-a″**) und dem Mehlkäfer (*Tenebrio molitor*; **b-b″**). **a′, a″** Originalzeichnungen von Spermatozyten in einer frühen (**a′**) und späten (**a″**) Anaphase II. Bei der Trennung der Schwesterchromatiden der Autosomen in der Anaphase II bleibt das „Element X", das eine einzelne Chromatide darstellt, zunächst noch in der Mitte liegen (**a′**), bevor es sich zu einem der Pole bewegt (**a″**; nicht alle Autosomen sind dargestellt). **b′, b″** Zeichnungen von N. Stevens. In der Anaphase I vom Mehlkäfer werden die Homologen getrennt, auch die des Chromosomenpaares mit den ungleich großen Partnern. Ein Chromosom (s) ist deutlich kleiner als sein Partner (l) und als die Autosomen (**b′**). Auf diese Weise entstehen 2 Zellen, eine mit 10 gleichen Elementen und eine mit 9 gleichen und einem kleinen Element (**b″**), dem Y-Chromosom. (a: Nach Wikimedia Commons: ▶ https://commons.wikimedia.org/wiki/File:2010-03-23_(33)_Feuerwanze,_Fire_bug,_Pyrrhocoris_apterus.JPG. a′, a″: Henking 1891. b: Wikimedia Commons: ▶ https://commons.wikimedia.org/wiki/File:Tenebrio_molitor_MHNT_Fronton.jpg b′, b″: Fig. AII und AIV aus Stevens (1905), mit freundlicher Genehmigung)

Woher die Bezeichnungen X und Y stammen, wird aus ◘ Abb. 11.1 ersichtlich. Hermann Henking (1858–1942) hatte 1891 bei seinen zytologischen Untersuchungen zur Spermatogenese bei der Feuerwanze *Pyrrhocoris apterus* neben 11 Autosomenpaaren ein einzelnes, partnerloses Chromosom entdeckt, das er mit „Element-X" bezeichnete. In Anaphase I werden die Homologen der Autosomen, die ja noch als 2-Chromatid-Chromosomen vorliegen und aus jeweils zwei, am Zentromer verbundenen Chromatiden bestehen, getrennt. Im Gegensatz dazu werden von dem Element-X schon in Anaphase I die beiden Chromatiden getrennt. In Anaphase II werden die Chromatiden der Autosomen getrennt, wohingegen sich die einzelne Chromatide des X-Elements – mit etwas Verzögerung – zu einem der beiden Pole bewegt (◘ Abb. 11.1a′, a″). Er schließt aus seinen Beobachtungen: *Demnach glaube ich sagen zu dürfen: Bei der letzten Theilung der Spermatocyten wird das Chromatin ungleich getheilt, derart, dass die eine Spermatide nur 11 Chromosomen erhält, die andere dagegen außer den 11 Schwester-Chromosomen noch ein ungetheilt bleibendes Chromatinelement.* Beim Mehlkäfer *Tenebrio* konnte Nettie Stevens ein Chromosomenpaar entdecken, das aus zwei ungleichen Partnern besteht, die dann X- und Y-Chromosomen genannt wurden, die in der Anaphase II getrennt werden (◘ Abb. 11.1b, b′; Henking 1891).

Sowohl bei Säugern als auch bei *Drosophila* ist das männliche Geschlecht durch XY, das weibliche Geschlecht durch XX charakterisiert. Das muss aber nicht heißen, dass die Bedeutung von X- und Y-Chromosomen für die Bestimmung des Geschlechts in beiden Fällen identisch ist. Wenn wir uns die Chromosomenkonstitutionen nach Nondisjunction von Heterosomen betrachten, können wir diese Tatsache leicht erkennen (◘ Tab. 11.1).

Tab. 11.1 Chromosomenkonstitutionen mit den entsprechenden Geschlechtsphänotypen in verschiedenen Organismen

Chromosomen-konstitution	Geschlecht bei			
	Drosophila	*Caenorhabditis*	Maus	Mensch
XX	♀	♀ Hermaphrodit	♀	♀
XY	♂	–	♂	♂
XXY	♀	–	♂ steril	♂ Klinefelter steril
X0	♂ steril	♂	♀	♀ Turner steril
XXX	♀ meist letal	♀ Hermaphrodit	♀	♀ fertil

Die Daten der ◘ Tab. 11.1 zeigen, dass bei *Drosophila* ein Weibchen durch 2 X-Chromosomen, ein Männchen durch 1 X-Chromosom definiert ist. Das Y-Chromosom kann in beiden Fällen vorhanden sein oder fehlen, es ist also an der Geschlechtsbestimmung selbst nicht beteiligt. Anders sind die Verhältnisse bei den Säugern. Die Nondisjunction-Fälle zeigen klar, dass nicht die Anzahl der X-Chromosomen, sondern das Y-Chromosom das Geschlecht bestimmt. Ist es vorhanden, wird der männliche Phänotyp gebildet; fehlt es, dann ist das Individuum weiblich.

Ähnlich sind die Verhältnisse bei der diözischen Weißen Lichtnelke (*Silene latifolia* = *Melandrium album*). Weibliche Pflanzen haben in ihrem Genotyp neben 22 Au-

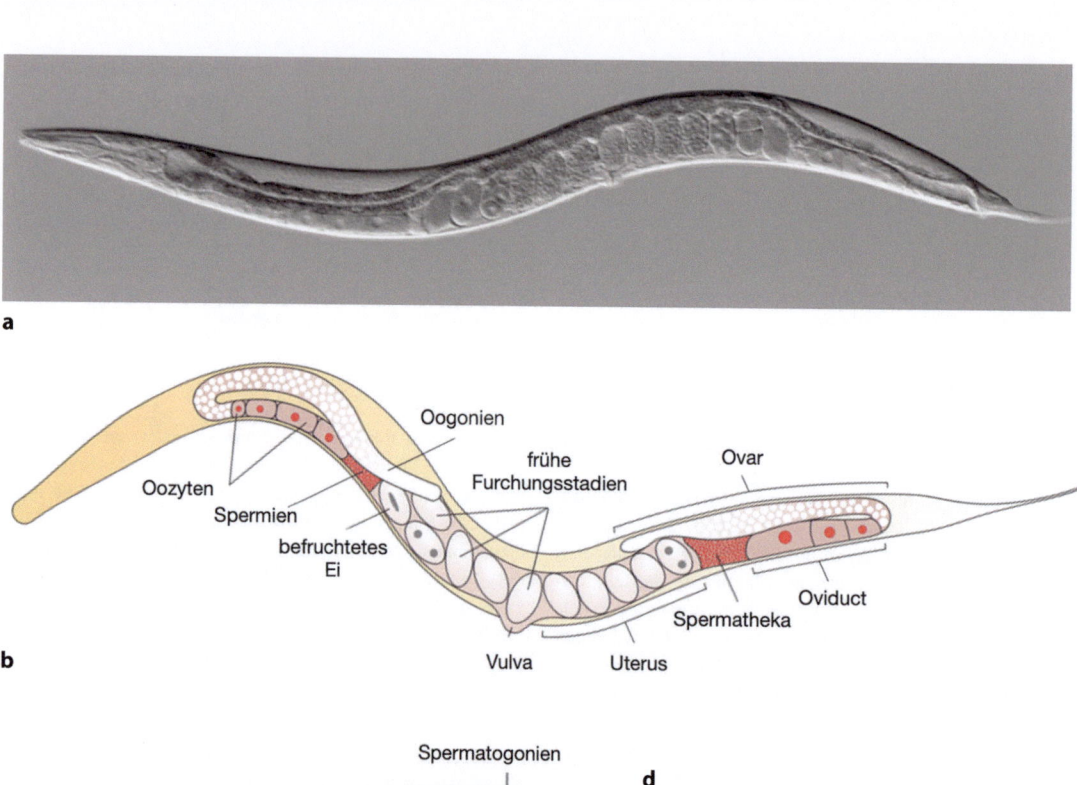

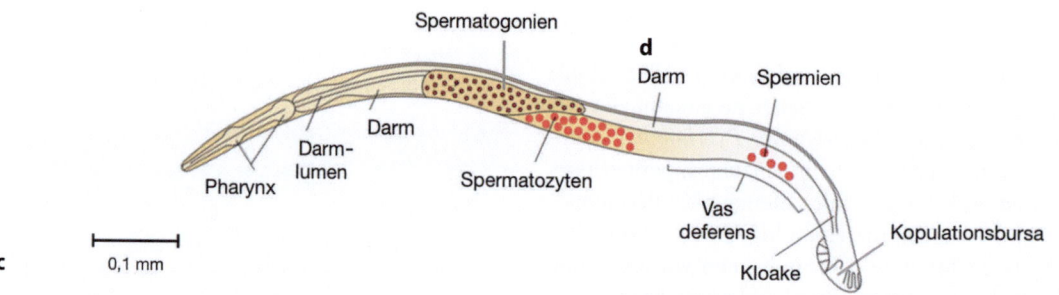

Abb. 11.2 Der Bauplan von *Caenorhabditis elegans*. **a** Nomarski-Interferenzmikroskopie eines Hermaphroditen. **b, c** Der Nematode kommt vornehmlich als Hermaphrodit (**b**) und selten als Männchen (**c**) vor. Der Hermaphrodit produziert einige Hundert Nachkommen und hat wie das seltene Männchen eine Lebenserwartung von 2–3 Wochen. Links ist anterior und unten ventral. In **b** sind nur die Geschlechtsorgane gezeigt, in **c** neben den Geschlechtsorganen noch das Verdauungssystem. (**a**: © Mark Leaver und Anthony Hyman, mit freundlicher Genehmigung. **b, c**: nach Schierenberg und Cassada 1986)

tosomen zwei X-Chromosomen, männliche Pflanzen ein X- und ein Y-Chromosom, die zytologisch unterscheidbar sind. Pflanzen mit einem Y-Chromosom und 3 X-Chromosomen entwickeln sich männlich, weil das Y-Chromosom mindestens zwei geschlechtsbestimmende Gene enthält: Eines, das die Bildung des Fruchtknotens unterdrückt und eines, das die Antheren (Staubbeutel)-entwicklung fördert.

Der Fadenwurm (Nematode) *Caenorhabditis elegans* (Abb. 11.2) lebt im Normalfall als **Hermaphrodit** mit XX, produziert also Eier und Spermien in seinen Gonaden. Durch Nondisjunction gibt es **X0-Tiere**, die als **fertile Männchen** mit den Zwittern kopulieren und Nachkommen haben können, unter denen dann die Hälfte Männchen sind.

11.1.2 Das geschlechtsbestimmende Gen *SRY* bei Säugern

Der Befund, dass der entscheidende genetische Faktor für die Geschlechtsbestimmung bei Maus und Mensch auf dem **Y-Chromosom** lokalisiert sein muss, führte zur lange andauernden Suche nach einem geschlechtsbestimmenden Gen auf dem Y-Chromosom. Erst 1990 wurde der vom Gen *SRY* (*Sex-determining Region* of the *Y*) kodierte, hodenbestimmende Faktor **TDF** (**T**estis-**D**etermining **F**actor) identifiziert (Nagahama et al. 2021). Im frühen Säugerembryo sind die Anlagen der Gonaden noch nicht festgelegt (= indifferente Gonade), sie haben das Potential, sich entweder

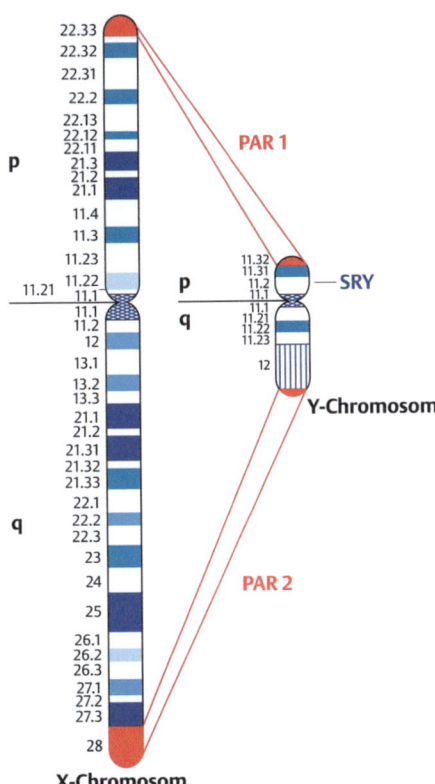

◘ **Abb. 11.3** Das Gen *SRY* (Sex-determining Region of the Y). PAR1 und PAR2: pseudoautosomale Region; p und q: kurzer (p) und langer (q) Chromosomenarm. *SRY* liegt bei Yp11.2 auf dem kurzen Arm. (Zur Erklärung der Zahlen und Nomenklatur der Banden s. ▶ Abschn. 13.2)

in weibliche oder männliche Gonaden zu differenzieren. Die Aktivität des geschlechtsdeterminierenden *SRY*-Gens im XY-Embryo führt bspw. beim Menschen dazu, dass sich die noch indifferenten Gonaden in der 6.–8. Woche zu Hoden entwickeln. Fehlt *SRY*, wie im XX-Embryo, werden am Ende der 8. Woche Ovarien gebildet. Man weiß, dass bei den Prozessen der **Geschlechtsdifferenzierung** weitere Gene beteiligt sind, außerdem eine Vielzahl von Hormonen.

Auf dem menschlichen Y-Chromosom sind in 60 Mb DNA nur etwa 56 Gene vorhanden. Einige von diesen haben auf dem X-Chromosom, das in 165 Mb DNA etwa 1500 Gene enthält, homologe Genorte. Diese Gene sind hauptsächlich in zwei Regionen an den Enden beider Chromosomen lokalisiert (PAR1 und PAR2). Zwischen den **p**seudo**a**utosomalen **R**egionen **PAR1** und **PAR2** an den distalen Enden beider Chromosomen kommt es in der Meiose zur Paarung des X- und Y-Chromosoms und zur Ausbildung von Chiasmata, was ihre korrekte Segregation in den späteren Stadien der Meiose erlaubt. Das *SRY*-Gen ist im Chromosomenbereich Yp11.2 lokalisiert (◘ Abb. 11.3).

Neben XX-Frauen und XY-Männern gibt es selten auch XY-Frauen und XX-Männer. Es konnte gezeigt werden, dass die Geschlechtsdetermination in diesen Individuen aufgrund von chromosomalen Aberrationen der Heterosomen erklärt werden kann. In XY-Frauen wurde festgestellt, dass sie zwar einen Teil des Y-Chromosoms tragen, aber der kurze Arm des Y (Yp) und somit das geschlechtsdeterminierende *SRY*-Gen fehlt (◘ Abb. 11.3). In XX-Männern ist der kurze Arm des Y-Chromosoms (oder nur sein distaler Abschnitt mit dem *SRY*-Gen) an ein anderes Chromosom, meist das X-Chromosom, transloziert. Eine Möglichkeit für die Entstehung solcher Genotypen ist ein seltenes Crossover in der männlichen Meiose zwischen dem X- und Y-Chromosom; dieses Crossover findet in der Region zwischen *SRY* und dem Zentromer des Y-Chromosoms statt. (◘ Abb. 11.3). Dadurch entstehen Spermien, die ein X-Chromosom mit, oder ein Y-Chromosom ohne das *SRY*-Gen besitzen.

Die Festlegung des Geschlechts in Säugern geschieht in mehreren Schritten:
1. Die Festlegung des **chromosomalen Geschlechts** erfolgt bei der Befruchtung.
2. Die Festlegung des **gonadalen Geschlechts** erfolgt unter dem Einfluss des *SRY*-Gens auf dem Y-Chromosom und weiterer Gene: in Gegenwart des *SRY*-Gens entwickeln sich Hoden, ohne *SRY*-Gen Ovarien.
3. Zusammen mit Genotyp-abhängigen (XX bzw. XY), zell-autonom kontrollierten Genaktivitäten bestimmen dann Hormone das **somatische Geschlecht** (◘ Abb. 11.4).

Es beginnt damit, dass sich aus dem Mesoderm eine noch **indifferente Gonade** entwickelt. Dafür sind prinzipiell zwei Gene wichtig, nämlich *WT1* (*W*ilms *T*umor *1*) und *SF1* (*S*teroidogenic-*F*actor-*1*). Die Entscheidung, welche geschlechtliche Richtung die Gonadenentwicklung nimmt, trifft dann das auf dem Y-Chromosom liegende *SRY*-Gen. Ist es vorhanden und aktiv, wird die Hodenentwicklung eingeleitet, fehlt es, wird die Grundeinstellung zur Ovarentwicklung eingeschlagen. Dabei ist die Gonadenentwicklung unabhängig von dem Vorhandensein von Keimzellen: Sie findet auch ohne Keimbahnzellen statt.

Das **menschliche *SRY*-Gen** kodiert in einem einzigen Exon für ein Protein aus 204 Aminosäuren, von denen 80 Aminosäuren eine konservierte DNA-bindende Domäne, eine HMG (**h**igh-**m**obility-**g**roup), darstellen. Es wurden viele Gene identifiziert, die Proteine mit dieser Domäne kodieren und die alle als Transkriptionsfaktoren agieren. In der Familie der SOX-Gene (**S**RY-type HMG-b**ox**) spielt *SOX9* eine weitere wichtige Rolle bei der Festlegung des männlichen gonadalen Geschlechts (◘ Abb. 11.4), und zwar nicht nur bei Säugern, sondern auch bei Vögeln und Reptilien.

SRY hat viele Zielgene, von denen *Sox9* das am besten untersuchte ist. Zusammen mit *WT1* ist *Sox9* an der Expression von AMH (anti-Müller-Hormon) in den **Sertolizellen** beteiligt, das die Differenzierung des potenziellen Eileiters (Müllerscher Gang) unterdrückt, während die **Leydigzellen** unter dem Einfluss von SF1 das Hormon **Testosteron** produzieren. Sind SRY und SOX9 inaktiv, wird ein Ovar

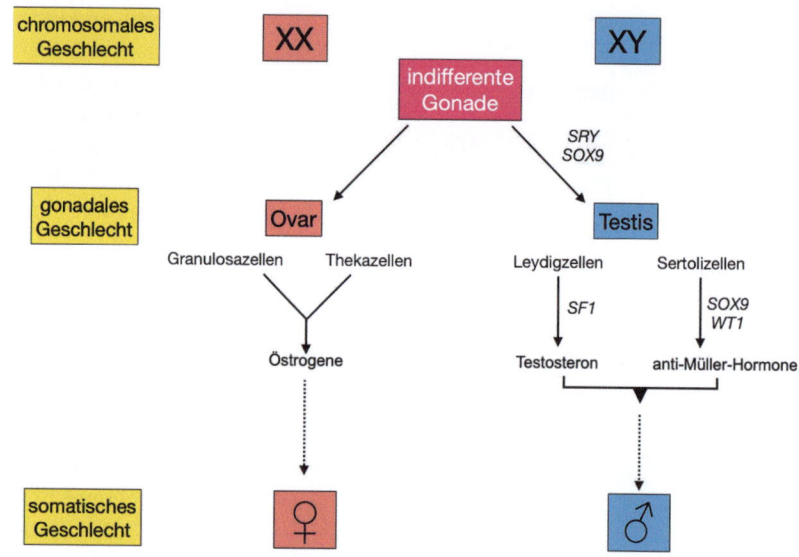

Abb. 11.4 Geschlechtsdetermination bei Säugern. Der Unterschied wird bei der Befruchtung eingeleitet, wenn das chromosomale Geschlecht – XX oder XY – festgelegt wird. In Gegenwart eines Y-Chromosoms induziert die Aktivität des *SRY*-Gens die Differenzierung der indifferenten Gonade zu einem Testis, ohne *SRY*-Gen differenziert sie zu einem Ovar. Als Folge kommt es zu Unterschieden der hormonellen Aktivität in XX- bzw. XY-Organismen (gestrichelte Pfeile), die zur Differenzierung weiblicher bzw. männlicher Merkmale im Soma führen

differenziert, das in den **Granulosazellen Östrogene** produziert, in den **Thekazellen** Androgene (Testosteron), die zu Östrogenen umgewandelt werden (Abb. 11.4). Somit spielen männliche wie weibliche Hormone eine wichtige Rolle bei der Festlegung des **somatischen** und **psychischen Geschlecht**s. In welchem Maße die unterschiedlichen Genotypen (XX bzw. XY) bei der Differenzierung Geschlechts-spezifischer Unterschiede in somatischen Zellen (etwa im Gehirn, im Immunsystem, im Herzmuskel, bei der Anfälligkeit von Krankheiten oder Unterschieden im Metabolismus) beitragen, ist wenig bekannt. Die Komplexität der Regulation auf so vielen Ebenen führt auch dazu, dass Mutationen in einzelnen Schritten zu Abweichungen von einem eindeutig männlich-weiblich Phänotyp führen können (▶ Box 11.1).

11.1.3 Geschlechtsdetermination und Genbalance bei *Drosophila*

Bei *Drosophila* und *Caenorhabditis* ist die genetische Steuerung der Geschlechtsbestimmung offensichtlich noch komplizierter, da es um das Vorhandensein von 1 oder 2 X-Chromosomen geht, die ja als Chromosomen mit all ihren Genen nicht mit nur einem Geschlecht assoziiert sind, sondern von Generation zu Generation zwischen den Geschlechtern wandern.

Für *Drosophila* hat Calvin Bridges 1925 eine **Theorie der Genbalance** aufgestellt, nach der die X-Chromosomen weibliche Determinanten tragen, die Autosomen dagegen männliche. Wie kam er zu dieser Theorie?

Bridges fand **triploide *Drosophila*-Weibchen** mit je 3 X-Chromosomen (X) und 3 Autosomensätzen (A). Solche Weibchen produzieren einige euploide Chromosomensätze, wie z. B. X 2 3 4 oder X 22 33 44 in den Oozyten

Tab. 11.2 Chromosomenkonstitution und Geschlechtsphänotyp bei *Drosophila*

Chromosomen-konstitution	X:A-Verhältnis	Phänotyp (Geschlecht)
3X 2A	1,5	Meta-Weibchen, semiletal, steril
3X 3A	1,0	Triploide Weibchen, fertil
2X 2A	1,0	Normale Weibchen
2X 2A Y	1,0	Diploide Weibchen, normal
2X 3A	0,67	Intersex (mosaik)
2X 3A Y	0,67	Intersex (mosaik)
1X 2A	0,5	Diploide Männchen, steril
1X 2A Y	0,5	Normale Männchen
1X 3A Y	0,33	Meta-Männchen, semiletal, steril

X, Y Heterosomen, *A* Autosomensatz, *mosaik* weibliche und männliche Differenzierungen nebeneinander

und viele aneuploide, die nach der Zygotenbildung letal sind, z. B. X 22 3 4 oder XX 2 33 4. Die vier euploiden Sätze sind: X A, X 2A, 2X A, 2X 2A. Werden solche Eier von X A- bzw. Y A-Spermien befruchtet, ergeben sich Chromosomenzusammensetzungen und Geschlechtsphänotypen wie in Tab. 11.2 aufgelistet. Es zeigt sich, dass sich bei einem **X:A-Verhältnis** von 1,0 oder größer ein weiblicher Phänotyp entwickelt, bei einem Verhältnis von 0,5 oder kleiner ein männlicher. Bei einem X:A-Verhältnis zwischen 0,5 und 1,0 entstehen sog. **Intersexe**, die phänotypisch aus einem Muster von nebeneinander liegenden männlichen und weiblichen Bereichen, z. B. Elementen der beiden Genitalienborstenmuster, bestehen. Intersexe sind steril, während **Zwitter** oder Hermaphroditen funk-

> **Box 11.1 Genetisch bedingte Abweichungen vom männlich-weiblich Phänotyp beim Menschen**
>
> Die Geschlechtsdetermination in Säugern ist ein sehr komplexer Vorgang, der auf unterschiedlichen Ebenen reguliert wird: Karyotyp, Festlegung des gonadalen bzw. des somatischen Geschlechts (◘ Abb. 11.4). In vielen Fällen spielen Hormone bei der Entscheidung eine Rolle. Sie kontrollieren unterschiedliche Transkriptionsprogramme, die an der Differenzierung vieler Körperteile, einschließlich des Gehirns, beteiligt sind. Demzufolge können Mutationen in Genen, die einzelne dieser Schritte kontrollieren, zu Abweichungen von einem klaren weiblichen bzw. männlichen Phänotyp führen. Das kann zu einer Diskrepanz zwischen dem chromosomalen und dem somatischen Geschlecht bzw. zwischen den inneren und den äußeren Geschlechtsmerkmalen führen (**Intersex**). Anders als Hermaphroditen, die sowohl männliche als auch weibliche Keimzellen produzieren, sind Intersexe in der Regel steril. Ein paar Beispiele beim Menschen sollen dies veranschaulichen.
>
> **De-la-Chapelle Syndrom.** Karyotyp: 46, XX. Eines der beiden X-Chromosomen trägt den kurzen Arm des Y-Chromosoms, der das *SRY*-Gen einschließt (also XXY^s), eine Translokation, die während der männlichen Meiose erfolgte. Diese Individuen sind meist **phänotypisch männlich**, können aber auch äußerlich, innerlich, oder äußerlich und innerlich Merkmale beider Geschlechter aufweisen, was mit der Dosiskompensation der Gene auf einem X-Chromosom zusammenhängen könnte (in 90 % der untersuchten Fälle wurde das X^{Ys}-Chromosom nicht inaktiviert). Sie sind steril.
>
> **Ovotesticular Syndrom.** Karyotyp: 46, XX. Es werden sowohl Testis- als auch Ovariengewebe gebildet. Meistens ist eine Gonade als Ovotestis differenziert, charakterisiert durch Gewebe beider Organe, in denen gelegentlich auch Eizellen gebildet werden können. In den meisten Fällen fehlt ein funktionelles *SRY*-Gen, die Individuen sind steril. Kann durch eine Mutation, die zur Überexpression von *Sox9*, einem Zielgen von *SRY*, führt, verursacht werden. *Sox9* wird nicht nur für die Festlegung des Geschlechts der indifferenten Gonade benötigt, sondern auch später in den Sertolizellen für die Synthese von Anti Müllerian Hormon (AMH) (s. ◘ Abb. 11.4).
>
> **Swyer Syndrom.** Karyotyp: 46, XY. Die äußeren Geschlechtsmerkmale sind **weiblich**. Kann durch eine Mutation/Deletion im *SRY*-Gen oder einen Defekt in der Testosteronproduktion verursacht werden, so dass kein Testis bzw. kein Testosteron gebildet wird. Keine Ovarien (Gonadendysgenese), reduzierte Gebärmutter, die Individuen sind steril.
>
> **Androgenresistenz** (*Androgen insensitivity syndrom*, AIS). Karyotyp 46, XY. Die indifferente Gonade wird zum Testis determiniert, allerdings ist das Gen, das den Testosteronrezeptor kodiert, durch Mutation teilweise oder vollständig inaktiviert. Sehr variabler Phänotyp. Individuen sind äußerlich weiblich, es fehlen aber Gebärmutter, Eileiter und Ovarien. Die Gonade differenziert später aber oftmals nicht zum funktionellen Testis. Individuen sind steril.

tionelle Gameten beider Geschlechter produzieren, wie z. B. Weinbergschnecken, *Caenorhabditis elegans* oder die meisten Blütenpflanzen.

Auch beim diözischen Großen Sauerampfer (*Rumex acetosa*) mit dem normalen weiblichen 2X 2A- und normalen männlichen X2Y 2A-Genotyp (mit 2 Y-Chromosomen) ist das X:A-Verhältnis entscheidend. Ist es 1,0 oder höher, resultiert eine weibliche, ist es 0,5 oder niedriger eine männliche Pflanze. Bei einem Verhältnis zwischen 0,5 und 1,0 – z. B. bei Triploiden mit einem 2X2Y 3A-Genotyp – werden Zwitterblüten ausgebildet wie bei monözischen Pflanzen. Die formale Ähnlichkeit mit dem *Drosophila*-System geht sogar noch etwas weiter: In männlichen Pflanzen sind die Y-Chromosomen für den erfolgreichen Verlauf der Meiose erforderlich. Bei *Drosophila* sind nur Männchen mit Y-Chromosom(en) fertil, X0-Männchen sind steril, weil die Spermatogenese nicht zu Ende geführt wird.

Bei *C. elegans* gibt es eine andere, aber klare Grenze: Bei einem **X:A-Verhältnis** von 0,5 (1X 2A, 2X 4A) oder 0,67 (2X 3A) entwickelt sich ein Männchen, bei 0,75 (3X 4A) oder 1,0 (2X 2A, 3X 3A, 4X 4A) ein Hermaphrodit (s. ▶ Abschn. 11.2).

Bei *Drosophila* und *Caenorhabditis* gibt es also eine Vielzahl von Geschlechtsgenotypen, die durch unterschiedliche X:A-Verhältnisse zustande kommen können. Der Normalfall ist aber die Diploidie, in der ein genetischer Mechanismus vorhanden sein muss, der die Anzahl der X-Chromosomen feststellt und dadurch die entsprechende Geschlechtsdifferenzierung festlegt.

11.1.4 Zellautonomie der Geschlechtsbestimmung bei *Drosophila*

Bei Insekten ist sowohl die Entscheidung über das Geschlecht als auch die geschlechtsspezifische Differenzierung **zellautonom**, d. h., jede einzelne Zelle entscheidet über ihr Geschlecht selbst (es sind also keine Hormone beteiligt). Woher weiß man das?

Bei Schmetterlingen, Käfern und Fliegen kann man in der Natur Tiere finden, die aus männlich und weiblich differenzierten Zellen bestehen (◘ Abb. 11.5a). Man bezeichnet diese **genetischen Mosaike** als **Gynander** (**Gynandromorphe**; von altgriechisch γυνή *gyné* ‚Frau' und ἀνήρ *anér* ‚Mann'). Es sind sehr seltene Exemplare, weil ihre Entstehung auf einem Mitosefehler in der Frühentwicklung beruht. Nach der Befruchtung durchläuft die Zygote soge-

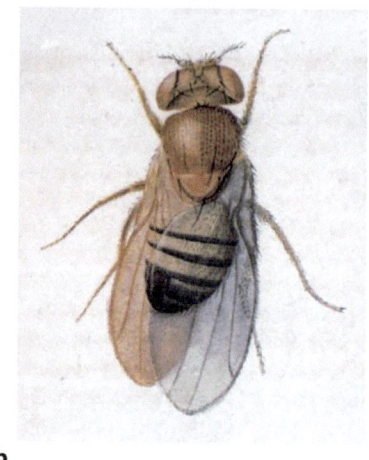

■ **Abb. 11.5** Gynander. **a** Ein selten in der Natur vorkommendes Beispiel eines Gynanders von *Troides rhadamantus*. Die linke Hälfte ist weiblich, die rechte Hälfte männlich. **b** Gynander von *Drosophila melanogaster*. Das linke Abdomen und der linke Thorax sind männlich (*y, yellow*), diese Teile sind auch kleiner. Ferner sind die letzten abdominalen Segmente bei Männchen stärker pigmentiert. (**a** Wikimedia commons: ▶ https://commons.wikimedia.org/wiki/File:Ornithoptera_gynandromorphe_GLAM_mus%C3%A9um_Lille_2016.JPG)

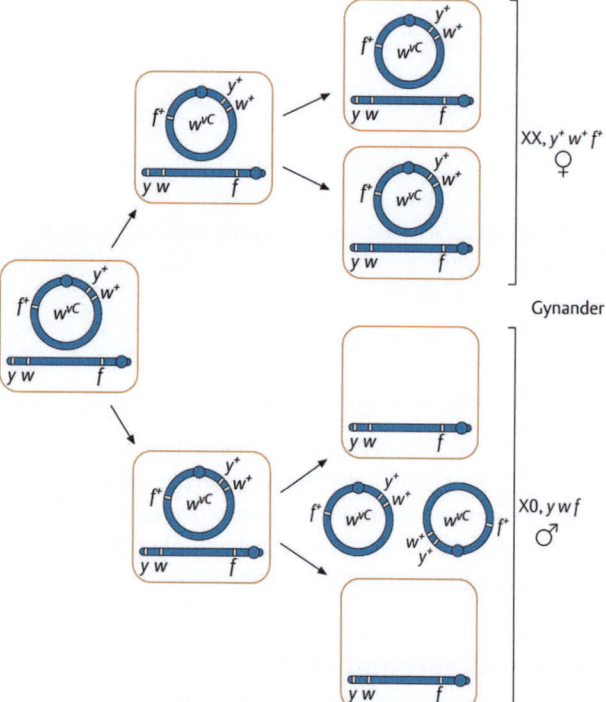

■ **Abb. 11.6** Gynanderentstehung durch Verlust eines X-Chromosoms. In der *Drosophila* Genetik kennt man ein spezielles ringförmiges X-Chromosom, genannt w^{vC} (*white-variegated-of-Catcheside*), das mit y^+ w^+ f^+ markiert ist. Die zusätzlich in dem Chromosom vorhandene Inversion unterdrückt die Aktivität von w^+ epigenetisch (Positionseffektvariegation; s. ■ Abb. 4.18), so dass *Ring-X*^{vC}/y w f Tiere weiße Augen und wildtypische Borsten und Körperfarbe haben. Gelangt das *Ring-X*^{vC} Chromosom mit einem stabförmigen X-Chromosom mit den Allelen y, w und f in einen Zygotenkern, kann ein Gynander entstehen. Wenn z. B. während der 2. Mitose das Ringchromosom in einer Zelle nicht mitverteilt wird, gibt es neben 2 XX-Kernen auch 2 X0-Kerne. Der Gynander wird also je zur Hälfte aus weiblichen y^+ w^{vC} f^+/y w f und männlichen y w f/0 Zellen bestehen, wobei in den Ring-X/X Tieren nur die Marker y^+ und f^+ zur Erkennung des Genotyps verwendet werden können

nannte Furchungsteilungen. Stellen wir uns einen XX-Embryo von *Drosophila* mit dem Genotyp y/y^+ vor, bei dem bei einer der frühen Teilungen das X^{y+}-Chromosom verloren geht. Dadurch entsteht ein Zellkern mit X^y/0-Genotyp. Durch weitere Teilungen wird aus der X^y/0-Zelle ein Zellklon entstehen, dessen Genotyp X0 und damit genetisch männlich und y ist (■ Abb. 11.5b).

Bei *Drosophila* kann man Gynander experimentell mit Hilfe eines speziellen X-Chromosoms erzeugen und so eine Vielzahl von Mosaiktieren analysieren. In ■ Abb. 11.6 ist die Entstehung eines Gynanders dargestellt. Ausgangspunkt ist ein Zellkern mit einem normalen, stabförmigen X-Chromosom, das die Mutationen y w f trägt, und einem ringförmigen X-Chromosom, w^{vC} (*white-variegated of Catcheside*), das y^+ w^+ f^+ trägt, in dem aber die Expression von w^+ unterdrückt ist. Mit variabler Wahrscheinlichkeit geht das Ring-X Chromosom bei einer frühen Kernteilung verloren und fehlt dann in beiden Tochterkernen. Es entwickelt sich ein Gynander, dessen XX-Zellen weiblich und y^+ w^{vC} f^+/y w f sind und dessen X0-Zellen phänotypisch männlich und y w und f sind. Die Verteilung dieser Anteile auf dem Körper einer Fliege kann sehr unterschiedlich sein (■ Abb. 11.7a).

Bei einzelnen Gynandern kann man den X0-Phänotyp (y f) an der Pigmentierung und sogar an jeder einzelnen Borste erkennen (■ Abb. 11.7b–d). Besonders interessant sind diejenigen Körperbereiche, in denen die beiden Geschlechter unterschiedlich differenziert sind. Beispielsweise sind die Tergite (Rückenplatten) der abdominalen Segmente 5 und 6 bei Weibchen und Männchen unterschiedlich pigmentiert. In Gynandern stimmt dies mit dem y f-markierten XX- bzw. X0-Phänotyp überein (■ Abb. 11.7c). Noch überzeugender ist diese Übereinstimmung in mosaiken Analien und Genitalien (zusammengefasst: Terminalien) zu erkennen: Alle männlichen Strukturen sind y f und alle weiblichen sind wildtypisch, das Tergit 7

11.1 · Genetik der Geschlechtsbestimmung

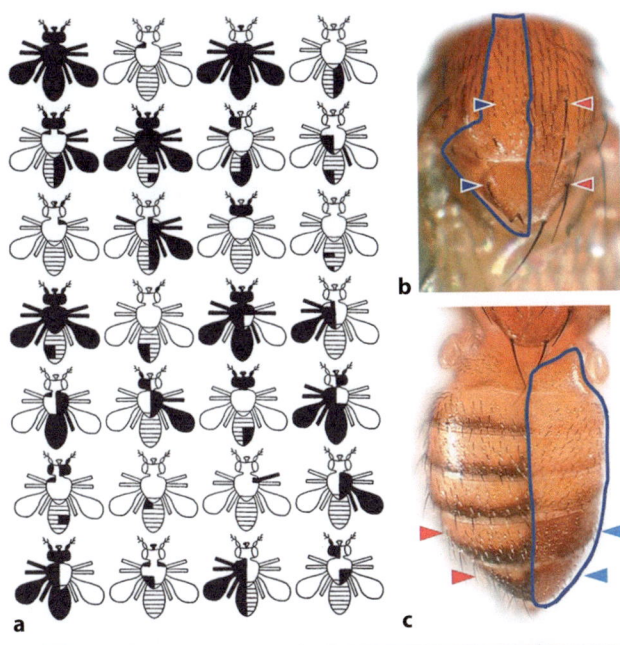

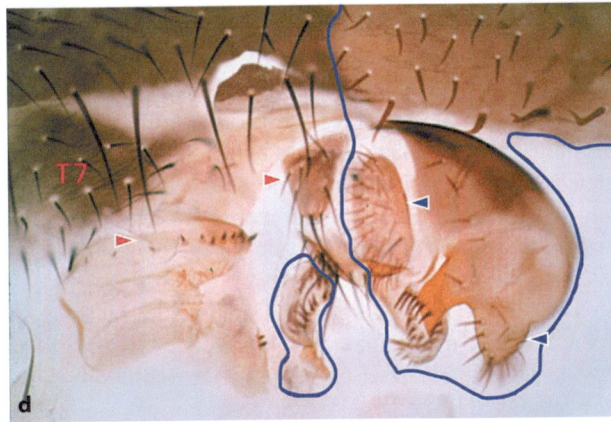

Abb. 11.7 Verteilung der männlichen und weiblichen Gewebe in adulten Gynandern. **a** Da der Verlust eines X-Chromosoms in den frühen Teilungen zufällig geschieht, ist die Verteilung von weiblichen XX- (weiß) und männlichen X0-Zellen (schwarz) bei Gynandern sehr unterschiedlich, sowohl bezüglich der Anteile, als auch der Muster. **b–d** Details adulter Gynander, bei denen einige wildtypische XX-Bereiche mit roten, die $y\,f$ X0-Bereiche mit blauen Pfeilspitzen und mit blauer Umrandung markiert sind. **b** Thorax mit einem Streifen $y\,f$ X0-Zellen in der linken Hälfte. **c** Rechte Hälfte des Abdomens mit $y\,f$-Phänotyp und männlicher Pigmentierung der Tergite 5 und 6 (blaue Pfeilköpfe) und geringerer Größe. **d** Im Bereich der äußeren Terminalien eines Gynanders gibt es die Übereinstimmung von wildtypischem Borsten- und Kutikula-XX-Phänotyp mit der Differenzierung weiblicher Strukturen einerseits und die Übereinstimmung von $y\,f$ Borsten und Kutikula-X0-Phänotyp mit der Differenzierung männlicher Strukturen andererseits. Die beiden oberen Pfeilspitzen zeigen auf die weiblichen (rot) bzw. männlichen (blau) Analplatten, die unteren Pfeilspitzen auf die weibliche Vaginal- bzw. männliche Lateralplatte. Das 7. Tergit (T7) wird nur bei Weibchen ausdifferenziert, deshalb ist es immer XX, bei Männchen ist es in die Genitalien integriert. (**a** Aus Janning 1978, **b**, **c** Bilder von Robert Klapper, Münster, mit freundlicher Genehmigung)

wird im Weibchen differenziert, im Männchen fehlt es (Abb. 11.7d).

Das bedeutet, dass jede einzelne Zelle das Geschlecht entsprechend ihres Genotyps wählt und differenziert, d. h. **die Geschlechtsdifferenzierung ist zellautonom**. Das betrifft nicht nur die wie hier gezeigten äußeren Strukturen, sondern auch alle inneren Organe. Allerdings muss diese Entscheidung vor dem Beginn der Dosiskompensation erfolgen. Geschieht der Verlust des Ring-X-Chromosoms erst nach erfolgter Dosiskompensation, wird die X0-Zelle absterben, weil die Gene des alleinigen X-Chromosoms nur mit normaler Rate transkribiert werden.

11.1.5 Geschlechtsspezifische Mutationen bei *Drosophila*

Im ▶ Abschn. 11.1.1 haben wir erfahren, dass das Geschlecht häufig durch den Heterosomen-Genotyp bestimmt wird. Bei *Drosophila* wie beim Menschen ist das weibliche Geschlecht durch den XX-, das männliche durch den XY-Genotyp ausgezeichnet. Allerdings ist die Bedeutung der beiden Chromosomen unterschiedlich. Bei *Drosophila* ist die Anzahl der X-Chromosomen ausschlaggebend (Tab. 11.2), beim Menschen das Vorhandensein oder Fehlen des Y-Chromosoms (s. Tab. 11.1). Nun wird uns die Frage weiterbeschäftigen, auf welche Art und Weise Gene die Entscheidung treffen, dass sich aus einem Embryo ein weiblicher Organismus entwickelt, aus einem anderen ein männlicher.

Bei *Drosophila* heißt also 1X im normalen diploiden Genotyp männlich und 2X weiblich. Entscheidend für die Geschlechtsalternative ist aber das Verhältnis der X-Chromosomen zu den Autosomensätzen (X:A-Verhältnis, s. Tab. 11.2). Wie kann man sich dann die von der **Genbalance-Theorie** nach Calvin Bridges geforderten Mechanismen auf der Ebene von Genaktivitäten und Genprodukten vorstellen? Eine wichtige Grundlage zur Beantwortung dieser Frage lieferte die Entdeckung von Mutationen, die einen geschlechtsspezifischen Phänotyp zeigen. In der Tab. 11.3 sind einige wichtige **geschlechtsspezifische Mutationen** von *Drosophila* zusammengestellt.

Man sieht, dass einige dieser Gene auf dem X-Chromosom, andere auf den Autosomen lokalisiert sind. Abgesehen von *doublesex* lassen sich die Phänotypen der Funktionsverlust-Mutanten (s. ▶ Abschn. 7.4) in zwei Gruppen einteilen: Solche, bei denen entweder nur der XX-Genotyp betroffen ist (*tra, tra2, Sxl^f, sisA, sisB*), oder solche, bei denen nur der X-Genotyp betroffen ist (*msl-2*). Die Funktionsgewinn-Mutationen von *tra* und *msl-2*, sowie *Sxl^M* und die *sisA*-Duplikation bewirken reziproke Effekte.

Tab. 11.3 Geschlechtsspezifische Mutationen von *Drosophila*

Genname	Symbol	Lokus	Phänotyp im XX-Genotyp	Phänotyp im X-Genotyp
doublesex	dsx	3–48	Intermediär ♂/♀	Intermediär ♂/♀
transformer	tra[a]	3–45	‚♂'	♂
	tra^{UAScFa}		♀	‚♀'
transformer2	tra2	2–70	‚♂'	♂
	tra2^{ts} 16 °C		♀	♂
	tra2^{ts} 29 °C		‚♂'	♂
Sex-lethal	Sxl	1–19,2		
	Sxl^M		♀	Letal
	Sxl^f		Letal	♂
male-specific lethal-2	msl-2^1	2–9,0	♀	Letal
	msl-2^{Hsp83}		Letal	♂
sisterlessA	sisA	1–34,3	Letal	♂
	Dp(sisA)	–	♀	Letal
sisterlessB[a]	sisB	1–0,0	Letal	♂

Dp Duplikation, *Lokus* Position in der Meiose-Genkarte (vergl. ▶ Abschn. 8.6, ◘ Abb. 8.16), ‚♂', ‚♀' sterile Pseudo-Männchen, -Weibchen, *ts* temperatursensitiv. Fettgedruckte Symbole sind Funktionsgewinn Allele, alle anderen Funktionsverlust Allele.
[a] Identisch mit *scute* (sc)

Z. B. entwickeln sich XY; *tra^1/tra^1*-Genotypen zu normalen Männchen, während XX; *tra^1/tra^1*-Tiere zu Männchen transformiert werden, obwohl sie 2X-Chromosomen besitzen. Das ist so zu interpretieren: Männchen benötigen die Genprodukte der *tra$^+$*-Allele nicht; ein mutantes Allel hat also keine Auswirkungen in Männchen. Wenn bei Weibchen allerdings das *tra$^+$*-Genprodukt Tra fehlt, werden sie in die männliche Entwicklung umgeleitet. Ist dagegen im XY; *tra^{UAScFa}/tra^{UAScFa}* Funktionsgewinn-Genotyp das für die männliche Entwicklung nicht benötigte Tra vorhanden, entwickelt sich der weibliche Phänotyp.

Von *tra2* gibt es ein temperatursensitives Allel *tra2^{ts}*, bei dem sich XX; *tra2^{ts}/tra2^{ts}*-Tiere bei 16°C zu Weibchen, bei 29°C zu (Pseudo-)Männchen entwickeln (s. ▶ Abschn. 7.4 zu temperatur-sensitiven Mutanten, ◘ Abb. 7.17). Diese umweltbedingte, phänotypische Geschlechtsbestimmung hat aber offensichtlich eine genetische Grundlage. Dieser Befund führt zu einer ganz allgemein gültigen Aussage:

Phänotypische Geschlechtsbestimmung ist immer genetisch determiniert. Umweltfaktoren wie die Bruttemperatur bei Alligatoren oder Hormone wie beim Menschen oder beim Igelwurm *Bonellia viridis* lösen Genkaskaden aus, die schließlich zur Differenzierung des einen oder anderen Geschlechts führen.

11.1.5.1 Die Genkaskade der somatischen Geschlechtsbestimmung bei *Drosophila*

Nach der Entdeckung der geschlechtsspezifischen Mutationen stellt sich zunächst die Frage, ob und wie die entsprechenden Gene miteinander wechselwirken. Durch Kreuzungsexperimente lassen sich Doppelmutanten herstellen, um die Wechselwirkung zwischen Genen zu untersuchen. Der Phänotyp dieser Doppelmutanten kann Aufschluss darüber geben, welches der beiden Gene in einer angenommenen Kette von Genaktivitäten vor dem anderen seine Wirkung zeigt; in der Genetik bezeichnet man diese Interaktion **epistatisch**. **Epistase**-Untersuchungen haben dazu beigetragen, die Genkaskade der somatischen Geschlechtsbestimmung bei *Drosophila* aufzuklären (zu Epistasie s. ▶ Box 7.9).

Eng verbunden mit der genetischen Steuerung der somatischen Geschlechtsdetermination ist ein anderes Problem, das mit der unterschiedlichen Anzahl von X-Chromosomen in den beiden Geschlechtern von *Drosophila*, *Caenorhabditis* und Säugern (und anderen Organismen) zusammenhängt: es muss sichergestellt werden, dass die Gene, die auf dem X-Chromosom liegen, aber primär nichts mit der Geschlechtsdetermination zu tun haben, in männlichen Individuen mit nur einem X-Chromosom in gleicher Stärke exprimiert werden wie in weiblichen Tieren mit zwei X-Chromosomen. Dieser als **Dosiskompensation** bezeichnete Mechanismus kann auf verschiedene Weise realisiert werden (s. ▶ Abschn. 11.2).

Die ◘ Abb. 11.9 zeigt die Genkaskade zunächst in der Übersicht, molekulare Regulationsmechanismen werden im nächsten Kapitel dargestellt. **Das Schlüsselgen ist *Sex-lethal* (*Sxl*)**. Seine Aktivität bestimmt das weibliche, seine Inaktivität das männliche Geschlecht. Zugleich leitet *Sxl* auch den Prozess der Dosiskompensation ein: Im Männchen wird das einzige X-Chromosom hyperaktiviert (s. ▶ Abschn. 11.2.2).

Ob *Sxl* aktiviert wird (vereinfacht: *Sxl*^{on}) oder inaktiv bleibt (*Sxl*^{off}) hängt von der genetischen Interpretation des „primären Signals" ab, nämlich des **X:A-Verhältnisses**. Da die Fliegen im Normalfall diploid sind, lautet die Frage: Wie werden die X-Chromosomen im X:2A-Verhältnis gezählt? Erst knapp 70 Jahre nachdem Bridges die Balance-Theorie aufgestellt hatte, wurde die Lösung gefunden: Es gibt Gene, die als „X-Zähler" wirken. Diese so genannten **Numeratoren (Zählergene)** sind auf dem X-Chromosom lokalisiert und daher in Weibchen zweimal, in Männchen nur einmal vorhanden. Vier dieser Gene wurden identifiziert: drei *sisterless*-Gene (*sisA*, *sisB*, *sisC*) und *runt* (*run*). Als autosomaler Gegenspieler oder **Denominator (Nennergen)** wurde *deadpan* (*dpn*) gefunden. Außerdem spielt das Gen *daughterless* (*da*) eine herausragende Rolle, dessen Genprodukt von der Mutter stammt und daher als **maternale Komponente** bezeichnet wird.

11.1 · Genetik der Geschlechtsbestimmung

Box 11.2 *Drosophila* Gynander im Embryonalstadium

Nach der Befruchtung der Eizelle teilt sich der Zellkern der Zygote in sogenannten Furchungsteilungen. Eine Besonderheit der Furchungsteilungen von *Drosophila* (und von allen Dipteren) ist, dass sich zwar die Zellkerne teilen, aber diese Kernteilungen nicht von Zytokinesen (Zellteilungen) gefolgt werden. Das Produkt der Furchungsteilungen in *Drosophila* ist also ein Synzytium, welches nach 13 Kernteilungen aus ca. 6000 Zellkernen besteht, das **synzytiale Blastoderm** (Abb. 11.8a). In der Interphase des 14. Zellzyklus werden dann die Zellen in einem Prozess – Zellularisierung genannt – gebildet.

Gynander können im Prinzip in allen Stadien der Entwicklung untersucht werden, man braucht nur entsprechende Methoden, um die XX- und die XO-Bereiche unterscheiden zu können. In dem Beispiel hier wurden *bb*/Ring-X^{bb+} Embryonen untersucht. Das X-chromosomale Gen *bb* (*bobbed*) führt zur Reduktion der Gene für ribosomale RNA, deshalb bilden die Zellen keinen Nukleolus (Kernkörperchen; s. Abb. 9.12), der Ort, an dem die Ribosomen-Untereinheiten zusammengebaut werden. Kommt es in frühen Embryonen (Abb. 11.8a) zum Verlust des Ring-X Chromosoms, entstehen *bb*/0 Areale, die sich mit Hilfe eines gegen ein Nukleolus-Protein gerichteten Antikörpers nachweisen lassen, da sie keinen Nukleolus besitzen (Abb. 11.8b).

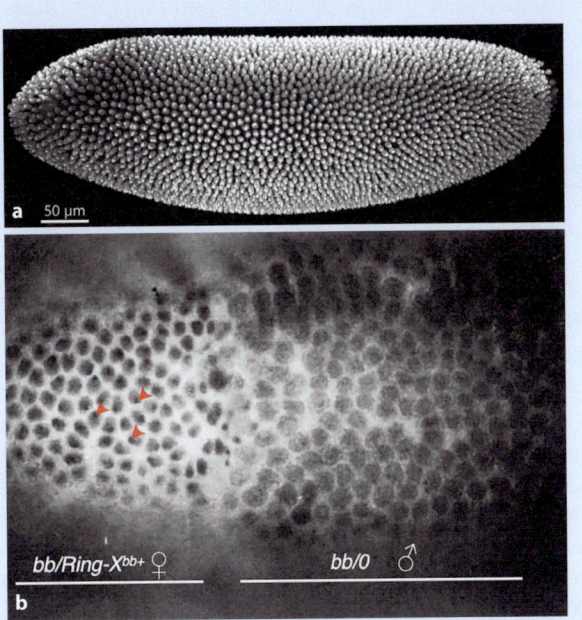

Abb. 11.8 Verlust des Ring-X Chromosoms nachweisbar durch Zellen ohne Nukleolus. **a** Ein *Drosophila* Embryo im synzytialen Blastoderm Stadium, in dem sich ca. 6000 Zellkerne in einer Zelle befinden. Die Zellkerne sind mit einem Histon2A-GFP (green fluorescent protein) markiert. **b** Ausschnitt eines frühen *Drosophila* Embryos im Blastoderm-Stadium, gefärbt mit einem Antiköper gegen den Nukleolus. In *bb*/Ring-X^{bb+}-Zellen (linke Hälfte) sind die Nukleoli in den Zellkernen stärker angefärbt (rote Pfeilköpfe), in *bb*/0-Zellen sind sie nicht nachweisbar. (**a** Bild von Elham Gheisari und Arno Müller, **b** aus Zusman und Wieschaus 1987, mit freundlicher Genehmigung)

Abb. 11.9 Die Genkaskade der somatischen Geschlechtsbestimmung und der Dosiskompensation bei *Drosophila*. Erklärung s. Text. Inaktive Gene sind schwarz, aktive Gene rot bzw. blau geschrieben. Zu den Gensymbolen s. Tab. 11.3

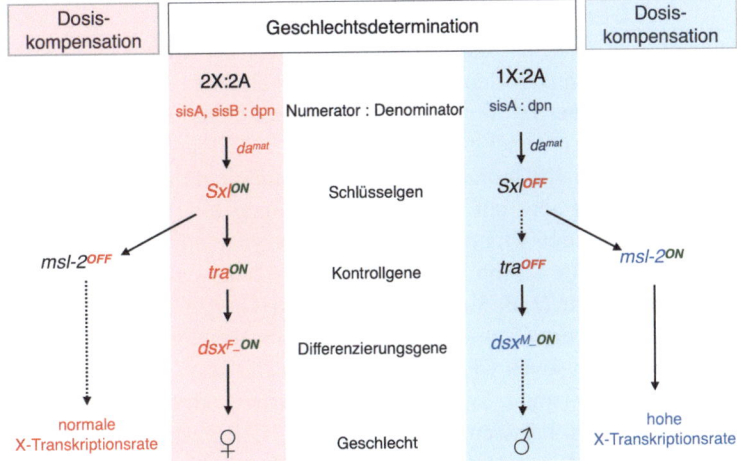

Sxl^{on} aktiviert das untergeordnete Kontrollgen *tra*, das *dsx* aktiviert. *dsx* produziert eine Weibchen-spezifische Protein-Isoform, **Dsx^F** (*female*) (Abb. 11.9). Diese wiederum reguliert Gene, welche die Differenzierung des weiblichen Geschlechts steuern, z. B. die Pigmentierung oder die Differenzierung der Terminalia (externer Genitalapparat) (s. Abb. 11.7c, d). Der Mechanismus zur X-Chromosom-**Hyperaktivierung als Dosiskompensation bleibt abgeschaltet**, weil das Gen *male-specific-lethal-2* (*msl-2*) durch Sxl^{on} nicht aktiviert werden kann.

Im Männchen dagegen wird *Sxl* nicht aktiviert; *dsx* bildet die männlich-spezifische Protein-Isoform **Dsx^M** (*male*) und veranlasst damit die Aktivität männlicher Differenzierungsgene (◘ Abb. 11.9). Durch *Sxl^{off}* wird andererseits *msl-2* nicht reprimiert und damit die Dosiskompensation eingeleitet, die zur Hyperaktivierung des X-Chromosoms in den Männchen führt (s. ▶ Abschn. 11.2.2).

Mit diesem Schema können die Phänotypen einiger Mutanten erklärt werden. Funktionsverlust-Mutanten von *sisA* und *sisB* (s. ◘ Tab. 11.3) sind im XX-Genotyp letal, weil sie nicht als Numeratoren zur Aktivierung von *Sxl* beitragen können. Der Fehlweg führt aber auch nicht zur männlichen Differenzierung, sondern zur Letalität, weil die Gene beider X-Chromosomen hyperaktiv werden. Ähnlich ist es bei *msl-2*-Mutanten, bei denen der 1X-Genotyp letal ist, weil die Hyperaktivierung unterbleibt.

Von *Sxl* gibt es sowohl dominante (Funktionsgewinn) wie rezessive (Funktionsverlust) Allele. **Sxl^M** ist ständig (konstitutiv) im **Sxl^{on}**-Zustand und daher für den 1X-Genotyp letal. **Sxl^f** ist funktionslos und daher letal für den XX-Genotyp. In beiden Fällen beruht die geschlechtsspezifische Letalität auf der fehlgeleiteten Dosiskompensation. *Sxl* wirkt also als Schalter für die geschlechtsspezifischen Entwicklungsvorgänge, einschließlich des Expressionsausgleichs X-chromosomaler Gene. Wenn in der Kaskade diese Hürde überwunden ist, kann es zur vitalen Geschlechtsumkehr kommen. Durch *tra*-Mutationen wird im XX-Genotyp ein steriles Pseudomännchen differenziert, die vorher eingestellte niedrige Transkriptionsrate bleibt aber erhalten.

11.1.5.2 Molekulare Mechanismen der somatischen Geschlechtsbestimmung bei *Drosophila*

Die letztlich entscheidenden Genprodukte bei der Übertragung des primären Signals, des X:A-Verhältnisses, auf das **Schlüsselgen *Sxl*** sind die der Numerator-Gene. Nur ihre Anzahl ist unterschiedlich im X- bzw. XX-Genotyp. Da sie auf dem X-Chromosom lokalisiert sind, kann dieser Unterschied aber nur **vor** der Entscheidung über die Dosiskompensation wirksam sein, die im synzytialen Blastodermstadium (s. ◘ Abb. 11.8a) erfolgt. Nur dann werden ihre Genprodukte (z. B. SisA, SisB) in Mengen hergestellt, die der Anzahl der Gene entsprechen, also im weiblichen Embryo doppelt soviel wie im männlichen.

Der Mechanismus, *Sxl* auf „on" zu schalten oder im „off"-Zustand zu belassen, ist in ◘ Abb. 11.10 dargestellt. Im synzytialen Blastodermstadium (s. ◘ Abb. 11.8a) sind etwa 2 h nach Eiablage Numerator- und Denominatorgene aktiv. Sie produzieren Polypeptide, die miteinander Homo- und Heterodimere bilden können. Dazu kommt, dass auch das maternale Daughterless mit den Sis-Proteinen Heterodimere bildet. Von allen möglichen Dimeren sind nur die **Sis::Da-Heterodimere** in der Lage, als Transkriptionsfaktoren an den **frühen Promotor P$_e$** (*establishment promoter*) des *Sxl*-Gens zu binden. Aber nur im XX-Genotyp reicht die Menge dieser Dimeren aus, um P$_e$ zu aktivieren. Dieser Prozess entspricht vereinfacht einem **Titrationseffekt** von Sis und Dpn: Die Menge an Sis ist im XX-Genotyp doppelt so groß wie im X-Genotyp, während die Menge an Dpn in beiden Genotypen dieselbe ist. Durch die Bildung der (inaktiven) Sis::Dpn-Heterodimere bleibt daher nur im XX-Genotyp genügend Sis für die Bildung der aktiven Sis::Da-Heterodimere übrig.

Wenn P$_e$ aktiviert ist, wird eine RNA aus 8 Exons und dazwischen liegenden Introns des *Sxl*-Gens transkribiert. Nach dem Spleißen dient die mRNA als Vorlage für die Synthese eines funktionsfähigen Sxl-Proteins. Die X-Embryonen dagegen bilden kein Sxl-Protein, da P$_e$ nicht aktiviert wird.

Nach etwa einer weiteren Stunde der Entwicklung kommt es zur Ausbildung von Zellen (= zelluläres Blastodermstadium). Nun wird in allen somatischen Zellen der Embryonen beider Genotypen der **späte Promotor P$_m$** (*maintenance promoter*) des *Sxl*-Gens aktiviert, unabhängig davon, ob der Promotor P$_e$ bereits aktiviert wurde oder nicht. Das Transkript enthält alle Exons und Introns. Die Grundeinstellung des Spleißens sieht vor, alle Exons aneinander zu fügen. Dies führt im X-Genotyp dazu, dass die Translation nach Beginn in Exon 1′ bereits im Exon 3 wegen des Stopcodons UGA abbricht und daher auch kein funktionsfähiges Sxl-Protein synthetisiert wird. Im XX-Genotyp dagegen wird das Spleißen durch das bereits vorhandene Sxl-Protein entscheidend beeinflusst: Mit seiner RNA-bindenden Eigenschaft verhindert es die Integration des Exons 3 in die mRNA. Es wird funktionelles Sxl-Protein gebildet (s. a. ▶ Abschn. 10.2.3.1).

Durch das differenzielle Spleißen kommt es zu einem klaren Unterschied zwischen weiblicher Entwicklung mit Sxl-, und männlicher Entwicklung ohne Sxl-Protein. Wie aber wird diese Situation aufrechterhalten und bis zur Differenzierung der Phänotypen beibehalten? Aktiv in dieser Beziehung ist der XX-Genotyp. Durch eine autoregulative Rückkopplungsschleife sorgt das Sxl-Protein dafür, dass es in jeder XX-Zelle vom frühen Embryonalstadium bis zum Tod der Fliege vorhanden ist (s. ◘ Abb. 11.10).

In der Genkaskade (s. ◘ Abb. 11.9) folgen die Gene *tra* und *dsx*, deren Aktivität von *Sxl* direkt oder indirekt abhängt. Die Synthese von **Tra-Protein** im XX-Genotyp wird durch das Vorhandensein von Sxl-Protein gewährleistet. Auch hier erfolgt die Regulation posttranskriptional durch Einflussnahme auf das Spleißen: Wenn Sxl verfügbar ist, wird das Exon 2 nicht in die mRNA übernommen und Tra-Protein kann gebildet werden (◘ Abb. 11.11). Dieses Protein ist zusammen mit Tra2 entscheidend für einen weiteren Spleißvorgang: Es stoppt die Exon-Zusammenfügung nach Exon 4 des ***dsx*-Primärtranskripts**. Dadurch wird aus den Exons 1–4 der mRNA ein Dsx^F-Protein synthetisiert.

Im X-Genotyp wird kein Tra-Protein gebildet, da Sxl fehlt und daher Exon 2 mit einem Stopcodon UAG in die

11.1 · Genetik der Geschlechtsbestimmung

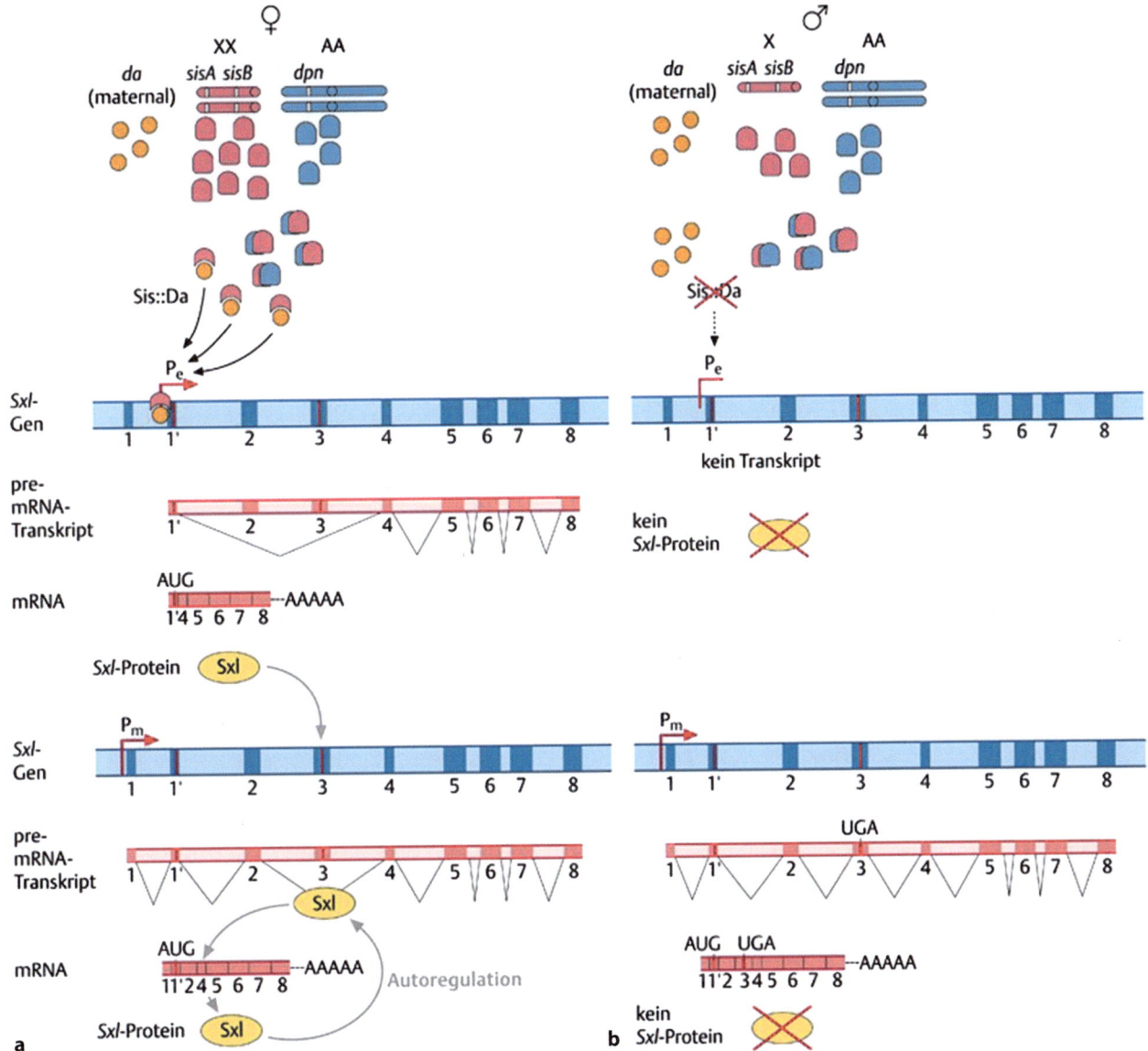

Abb. 11.10 Sxl und das X:A-Verhältnis bei *Drosophila*. Die Numeratorproteine SisA und SisB (identisch mit Scute, Sc) liegen im 2X-Embryo (**a**) in doppelter Menge pro Zelle vor wie im 1X-Embryo (**b**). Diese Proteine bilden sowohl untereinander (hier nicht gezeigt) als auch mit dem Produkt des autosomalen Denominatorgens *deadpan* (*dpn*) Dimere. Außerdem werden Sis::Da-Heterodimere gebildet. Nur in dieser Form ist SisB in der Lage, den frühen Promotor (P_e) des *Sxl*-Gens zu aktivieren: es wird Sxl-Protein gebildet (**a**) (Weitere an der Aktivierung bzw. Repression des frühen *Sxl* Promoters beteiligte Proteine sind hier nicht genannt). Der späte (maintenance) Promotor (P_m) des *Sxl*-Gens wird in allen Zellen der 2X- wie 1X-Embryonen aktiviert. Allerdings sorgt das bereits vorhandene Sxl-Protein im 2X-Embryo dafür, dass beim Spleißen das Exon 3 nicht in die mRNA übernommen wird. Das so gebildete Sxl-Protein setzt die Autoregulation der Sxl-Produktion in Gang, die bis zum Tod der adulten XX-Fliege anhält. Da in 1X-Embryonen kein Sxl-Protein vorhanden ist, wird Exon 3 nicht entfernt. Somit entsteht eine mRNA mit einem vorzeitigen Stop-Codon, so dass kein funktionelles Sxl-Protein gebildet wird

mRNA integriert wird. Dadurch nimmt das Spleißen am *dsx*-Locus einen anderen Verlauf: Mit der mRNA aus den Exons 1–6 ohne 4 wird ein Dsx^M-Protein gebildet. Das Ergebnis: Alle **XX-Zellen synthetisieren Dsx^F und alle X-Zellen Dsx^M**. Die Genkaskaden sollten nun weitergehen und spezifisch weibliche oder männliche Differenzierungsgene aktivieren, die zu den Geschlechtsphänotypen führen. Hier müssen wir feststellen, dass kaum Gene dieser Kategorie bekannt sind, u. a. Gene, die für die **Dotterproduktion** in Weibchen (*yolk protein*, *yp*) zuständig sind oder solche, die die Differenzierung der äußeren Genitalien steuern. Allgemein kann man feststellen, dass Dsx^F und Dsx^M die Genaktivität zur Differenzierung in die jeweils andere geschlechtliche Entwicklung hemmen. Die bisher bekannte Ausnahme ist die Förderung der Transkription der *yp*-Dottergene in Weibchen durch Dsx^F.

Die Genkaskade bestimmt die Differenzierung des somatischen Geschlechts, nicht aber die Differenzierung der

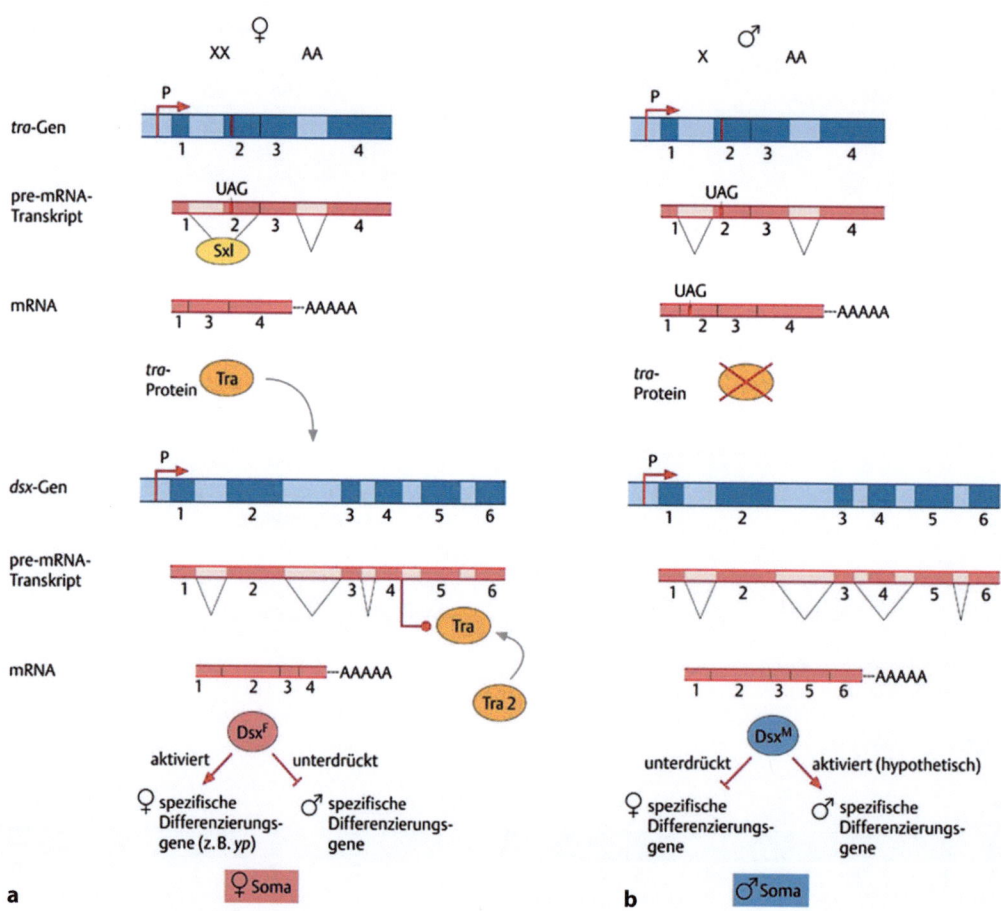

● **Abb. 11.11** Die Regulation der Gene *transformer* und *doublesex*. **a** Im XX-Genotyp muss Tra-Protein gebildet werden, damit das *dsx*-Gen Dsx^F exprimiert und die Entwicklung in die weibliche Richtung lenken kann. **b** Im 1X-Embryo gibt es kein Sxl, und das UAG-Codon veranlasst den Abbruch der Translation von Tra. Daher wird ein anderes Dsx-Protein, nämlich Dsx^M gebildet

Keimbahn. Das X:A-Verhältnis spielt auch hier eine wichtige Rolle, ebenso wie *Sxl*, das aber in der Keimbahn nicht als Schlüsselgen agiert.

11.1.6 Die Genkaskade der somatischen Geschlechtsbestimmung bei *Caenorhabditis elegans*

Die Genkaskade zur **somatischen Geschlechtsbestimmung** bei *Caenorhabditis elegans* ist derjenigen von *Drosophila* formal recht ähnlich. Auch hier gibt das Verhältnis X-chromosomal-kodierter Numerator-Gene („*X signal elements*", XSE) und autosomal-kodierter Denominator-Gene („*autosomal signal elements*", ASE) den Ausschlag für zwei Genkaskaden, die schließlich zur Differenzierung von Hermaphroditen bzw. Männchen führen (Zarkower 2006). Allerdings: anders als bei *Drosophila* werden die meisten Schritte in der Kaskade nicht transkriptionell oder posttranskriptionell gesteuert, sondern überwiegend auf **posttranslationaler Ebene**.

Auch bei *C. elegans* ist der Beginn der Kaskade das primäre X:A-Signal, das über die Aktivität eines Schlüsselgens, hier *xol-1 (X-chromosome lethal)*, entscheidet (● Abb. 11.12). Dabei unterdrückt die doppelte Dosis von Proteinen X-chromosomal lokalisierter Gene, auch „*X signal elements*", XSE, genannt, zu denen die beiden Numeratoren SEX-1 und FOX-1 gehören, die Aktivität von *xol-1*. Eine zweite, autosomal-lokalisierte Gengruppe, genannt „*autosomal signal elements*", ASE, die Denominator Gene, zu denen u. a. *sea-1* und *sea-2* gehören, wirkt der Repression durch XSEs entgegen. Inaktives *xol-1* erlaubt die Entwicklung eines Hermaphroditen, aktives *xol-1* die Entwicklung von Männchen. Am Ende der Kaskade steht der terminale Regulator *tra-1*, dessen Aktivität die Entwicklung zum Hermaphroditen ermöglicht und die Entwicklung zum Männchen hemmt.

11.1 · Genetik der Geschlechtsbestimmung

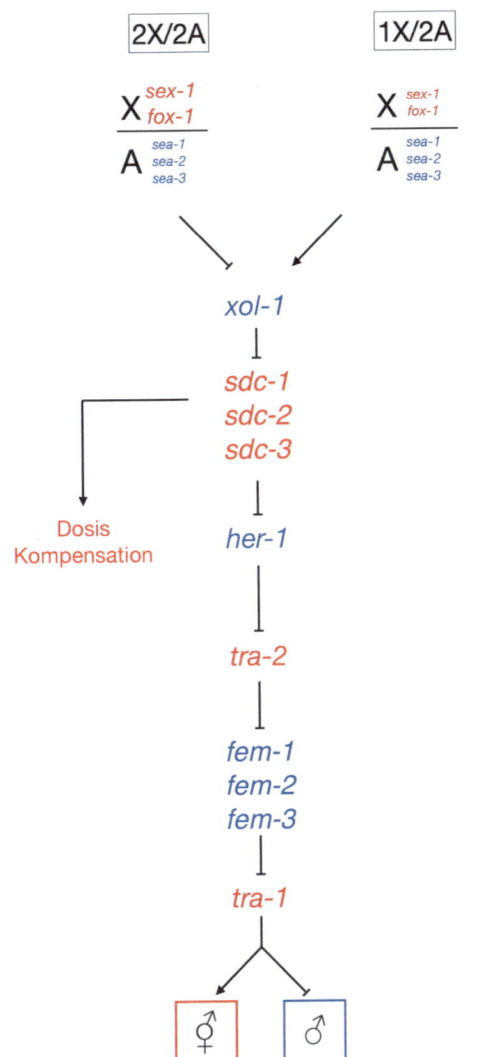

Abb. 11.12 Somatische Geschlechtsbestimmung bei *Caenorhabditis*. Die X-chromosomal kodierten Numeratorproteine SEX-1 und FOX-1 liegen im 2X-Embryo in doppelter Menge pro Zelle vor wie im 1X-Embryo, die autosomal-kodierten Denominatorproteine SEA-1,-2,-3 liegen in beiden Genotypen in gleichen Mengen vor. Der Unterschied im Verhältnis von Numerator zu Denominator entscheidet über den weiteren Verlauf der Kaskade. In Weibchen aktive Gene/Genprodukte sind rot, in Männchen aktive Gene/Genprodukte sind blau. Pfeile bedeuten positive Interaktion/Aktivierung, Querbalken negative Interaktionen/Hemmung. Aktives *tra-1* induziert die Entwicklung zum Hermaphroditen und reprimiert die Entwicklung zum Männchen. Weitere Erklärungen s. Text

Die Repression von *xol-1* durch SEX-1 und FOX-1 erfolgt auf zwei verschiedene Weisen. SEX-1 besitzt eine DNA-bindende Domäne und wirkt als **Transkriptionsrepressor** der aktivierenden Wirkung durch SEA-1 und SEA-2 entgegen. Dadurch wird in XX-Tieren wenig *xol-1* prä-mRNA synthetisiert. Eine weitere Reduktion erfolgt auf der Ebene des Spleißens durch FOX-1, einem RNA-bindenden Protein, dessen Bindung die Entfernung eines Introns aus der prä-*xol-1* RNA verhindert. Dadurch wird in XX-Tieren überwiegend ungespleißte, nicht-translatierbare *xol-1* RNA gebildet. Verstärkt wird dieses Ungleichgewicht durch die Wirkungsweise der autosomal kodierten Denumeratoren SEA-1 und SEA-2. Beides sind **Transkriptionsaktivatoren**, die in 1X-Tieren eine hohe Expression von *xol-1* ermöglichen. Im X0-Genotyp reichen die Mengen an SEX-1 und FOX-1 nicht aus, um **Transkription** und **Translation** zu **hemmen**, es wird viel XOL-1 Protein gebildet. Der Unterschied zwischen den Geschlechtern ist also auf dieser Ebene quantitativ: wenig XOL-1 im XX- und viel XOL-1 im X0-Genotyp.

XOL-1, ein Protein mit Ähnlichkeit zu Kinasen für kleine Moleküle, entscheidet nicht direkt über die geschlechtliche Differenzierung und Dosiskompensation, sondern wirkt über weitere Schaltergene. Im XX-Genotyp, also wenn XOL-1 fehlt bzw. stark reduziert ist, werden die drei SDC-Proteine (*sex-determination-and-dosage-compensation*) aktiviert. Diese bilden zusammen mit weiteren Proteinen Multiproteinkomplexe, die zwei wichtige Funktionen ausüben: einerseits inhibieren diese die Expression von *her-1* in X0-Tieren, was die Entwicklung als Männchen erlaubt. Anderseits aktivieren sie die Dosiskompensation, wodurch die Transkription X-chromosomaler Gene in Hermaphroditen nur halb so stark ist wie in Männchen erfolgt (s. auch ▶ Abschn. 11.2.3).

In **XX-Tieren** ist das Transmembranprotein TRA-2 (*Transformer*) aktiv. Seine intrazelluläre Domäne interagiert mit den FEM-(**fem**inization) Proteinen, deren Aktivität dadurch inhibiert wird. Das ermöglicht die Aktivität von TRA-1. In X0-Tieren wird HER-1, ein kleines, sezerniertes Protein, gebildet. HER-1 bindet an die extrazelluläre Domäne von TRA-2. Durch diese Bindung wird eine Interaktion der intrazellulären Domäne von TRA-2 mit FEM-2 und FEM-3 verhindert. FEM-Proteine bleiben aktiv, was zur Inhibition von TRA-1 führt. Das heißt, die Festlegung auf ein Geschlecht wird letztendlich durch den Aktivitätszustand von TRA-1 bestimmt: Der **Transkriptionsrepressor TRA-1** unterdrückt die Transkription von Genen, die für Männchen-spezifische Differenzierung verantwortlich sind, und erlaubt es somit, dass sich XX-Tiere zu Hermaphroditen entwickeln (◘ Abb. 11.12).

Wie wird die Differenzierung von Männchen und Hermaphroditen von *C. elegans* auf der Ebene der Genprodukte gesteuert? In der ◘ Abb. 11.13 ist die Übertragung des primären Signals auf das Schlüsselgen *xol-1* dargestellt.

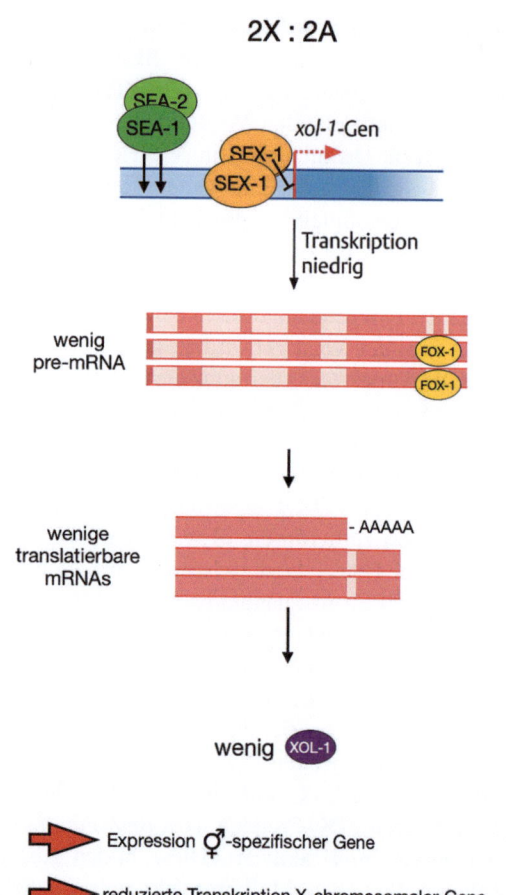

Abb. 11.13 Das primäre Signal bei Geschlechtsbestimmung und Dosiskompensation von *C. elegans*. **a** Die autosomalen Gene *sea-1* und *sea-2*, die in beiden Geschlechtern in gleicher Zahl vorliegen, aktivieren die Transkription von *xol-1*. Die doppelte Menge des von den beiden X-Chromosomen in XX-Tieren synthetisierte SEX-1 führt aber zur Hemmung der Transkription von *xol-1* in XX-Tieren: Es gibt weniger *xol-1* prä-mRNAs im XX- als im X-Genotyp. FOX-1 (ebenfalls in doppelter Menge in XX-Tieren vorhanden) verhindert das Spleißen der *xol-1* mRNA: in XX-Tieren entsteht wenig translatierbare *xol-1* mRNA und somit wenig funktionelles XOL-1 Protein. **b** Im X0-Genotyp erfolgt normales Spleißen der *xol-1* mRNA, unbeeinflusst durch FOX-1, so dass viel XOL-1 Protein gebildet werden kann. Hellrot: Introns, dunkelrot: Exons (nach Meyer 2010)

11.2 Die Dosiskompensation: Ausgleich der Genexpression zwischen den Geschlechtern

Mit dem Problem der Geschlechtsbestimmung ist ein zweites Problem – das der **Dosiskompensation** – eng gekoppelt. Die Dosiskompensation beschreibt die Mechanismen, die dafür sorgen, dass die Gene des einen X-Chromosoms im männlichen Geschlecht ebenso viel Genprodukt liefern wie die Gene der beiden X-Chromosomen im weiblichen Geschlecht. Das ist deswegen wichtig, weil heterosomale und autosomale Gene häufig zusammenwirken und daher die Mengen der Genprodukte aufeinander abgestimmt sein müssen.

In der Tab. 11.4 sind drei formale Lösungsmöglichkeiten aufgeführt, wie die unterschiedliche Dosis der X-Chromosomen in den beiden Geschlechtern ausgeglichen werden kann, die alle in der Natur verwirklicht sind.

Tab. 11.4 Möglichkeiten der Dosiskompensation in den Geschlechtern

	♀		♂	
Mensch	X	**X**	X	Y
X-Aktivität	1	**0**	1	
		inaktiv		
Drosophila	X	X	**X**	Y
X-Aktivität	1	1	**2**	
			hyperaktiv	
Caenorhabditis	X	X	X	0
X-Aktivität	0,5	0,5	1	
	hypoaktiv			

Wird im weiblichen Geschlecht eines der beiden X-Chromosomen **inaktiviert**, so ist – bei Säugern – in beiden Geschlechtern nur jeweils ein aktives X-Chromosom vorhanden. Wenn aber die Gene beider X-Chromosomen normal aktiv sind, dann müsste dies durch die doppelte Syntheseleistung am X-Chromosom des Männchens ausgeglichen werden, wie es z. B. durch die **Hyperaktivierung** bei *Drosophila* geschieht. Als 3. Möglichkeit kommt in Betracht, dass die beiden X-Chromosomen des Weibchens **hypoaktiv** werden und zusammen soviel Genprodukte liefern wie das eine X-Chromosom des Männchens. Dies ist bei *Caenorhabditis* der Fall.

11.2.1 Dosiskompensation bei Säugern

1949 entdeckten M. L. Barr und E. G. Bertram das sog. **Sexchromatin** in den Zellkernen weiblicher Katzen. Zwölf Jahre später stellte Mary Lyon die nach ihr benannte **Hypothese** auf, dass die **Barr-Körper** oder Trommelschlegel (*drumsticks* in Leukozyten) ein **inaktiviertes X-Chromosom** darstellen. Der Ablauf und die Konsequenzen der X-Chromosom Inaktivierung bei Säugern lässt sich wie folgt zusammenfassen.

Im menschlichen Embryo erfolgt die Inaktivierung eines der beiden X-Chromosomen um den 12.–16. Tag der Embryogenese. Das inaktivierte X-Chromosom ist von Zelle zu Zelle zufällig entweder väterlicher oder mütterlicher Herkunft. Da in den darauffolgenden Mitosen in allen Tochterzellen immer das gleiche X-Chromosom inaktiv bleibt wie in der Zelle, von der sie abstammen (s. ▶ Abschn. 4.2.2.1 „Das Gedächtnis von Zellen"), sind alle Säugerweibchen großflächige genetische Mosaike. Sie bestehen aus Zellklonen, in denen entweder die mütterlichen oder die väterlichen Allele des X-Chromosoms aktiv sind. Man weiß allerdings, dass auch etliche Gene des inaktiven X-Chromosoms aktiv sind. Das könnte auch ein Grund dafür sein, dass X0-Frauen das Turner-Syndrom und XXY-Männer das Klinefelter-Syndrom zeigen (s. ◻ Tab. 11.1). Bei der Inaktivierung spielt das *Xist*-Gen (*X-inactive specific transcript*) eine wichtige, aber noch nicht völlig geklärte Rolle. Das wirksame Genprodukt ist jedenfalls die *Xist*-**RNA**, die nicht in ein Protein übersetzt wird; es handelt sich also um eine lange, nicht-kodierende RNA (lncRNA; s. ▶ Abschn. 9.1.1).

Die Inaktivierung ist nicht an die Geschlechtsausprägung gekoppelt: XXY-Männer haben einen Barr-Körper in den Zellkernen, XXX-Frauen zwei, während das einzelne X-Chromosom der X0-Frauen in allen Zellen aktiv bleibt.

Damit die Genprodukte X-chromosomaler Gene in beiden Geschlechtern in äquivalenten Mengen hergestellt werden, muss die unterschiedliche Anzahl von X-Chromosomen kompensiert werden. Der Mechanismus der **Dosiskompensation** bei Säugern besteht darin, dass jeweils nur ein X-Chromosom aktiv bleibt, während alle anderen X-Chromosomen inaktiviert werden. Im Normalfall wird also eines der beiden X-Chromosomen im weiblichen Geschlecht stillgelegt. **X-Inaktivierung** wird durch **Repression der** Transkription erreicht (**transcriptional silencing**).

Dies wirft einige Fragen auf:
- Durch welchen Mechanismus wird die Anzahl der X-Chromosomen im Zellkern gezählt?
- Wie wird erreicht, dass im selben Zellkern ein X-Chromosom inaktiviert wird, das andere aber nicht?
- Welches der beiden X-Chromosomen wird zur Inaktivierung ausgewählt?
- Wie wird die Inaktivierung eines X-Chromosoms über sehr viele Zellteilungen hinweg aufrechterhalten?

Nach heutiger Kenntnis liegt der Schlüssel zur Beantwortung der meisten dieser Fragen in einem noch nicht vollständig erforschten Genkomplex, dem **X-Inaktivierungszentrum** (*X-inactivation center*) **Xic** (Maus) bzw. **XIC** (Mensch). (Die unterschiedliche Klein- bzw. Großschreibung gilt auch für alle Gene der Maus bzw. des Menschen). Im Folgenden sind die Verhältnisse bei der Maus dargestellt.

Xic ist eine mehrere hundert kb große Region auf dem X-Chromosom aller Eutheria („Plazentatiere") und enthält ungewöhnlich viele Gene, die für **lange, nicht-kodierende RNAs** (**lncRNA**s) kodieren. Die beiden Gene in Xic, *Xist* (**X-i**nactive-**s**pecific **t**ranscript) und *TsiX* (der Name entspricht *Xist* in reverser Schrift), sind essenziell für die X-Chromosom Inaktivierung. Die 17 kb lange lncRNA, deren Expression von mehreren benachbarten Genen positiv oder negativ reguliert wird, verbleibt im Zellkern, und bedeckt **in cis** das gesamte X-Chromosom, von dem es transkribiert wird. Dies induziert eine Serie von Chromatinmodifikationen, die schließlich zur Inaktivierung (*transcriptional silencing*) aller Gene auf diesem X-Chromosom führen (wobei einige Gene der Inaktivierung entgehen können). Einmal etabliert, wird der inaktive Zustand in allen somatischen Zellen stabil durch alle mitotischen Teilungen weitergegeben.

In Mausembryonen erfolgt die Inaktivierung eines X-Chromosoms in zwei Wellen (◻ Abb. 11.14):
1. Das auf dem maternalen X-Chromosom gelegene *Xist* Gen ist durch eine bereits in der Oocyte erfolgte H3K4me3 Histonmodifikation in den Prä-Implantationsstadien transkriptionell reprimiert (*imprinting*; s. auch ▶ Box 4.5). Deshalb kann die *Xist* RNA vom 2-4-Zell Stadium an nur mono-allelisch vom paternalen X-Chromosom transkribiert werden, was zur **cis-Inaktivierung des paternalen X-Chromosoms** führt. Diese persistiert in extraembryonalen Geweben. Ab etwa Tag 4.5 der Embryonalentwicklung (E4.5) wird die Inaktivierung in den pluripotenten Stammzellen (Epiblast) aufgehoben, weil die *Xist* Expression herunterreguliert wird.
2. Nach einer kurzen Übergangsphase, in der *Xist*-negative, mono- oder bi-allelisch exprimierende Epi-

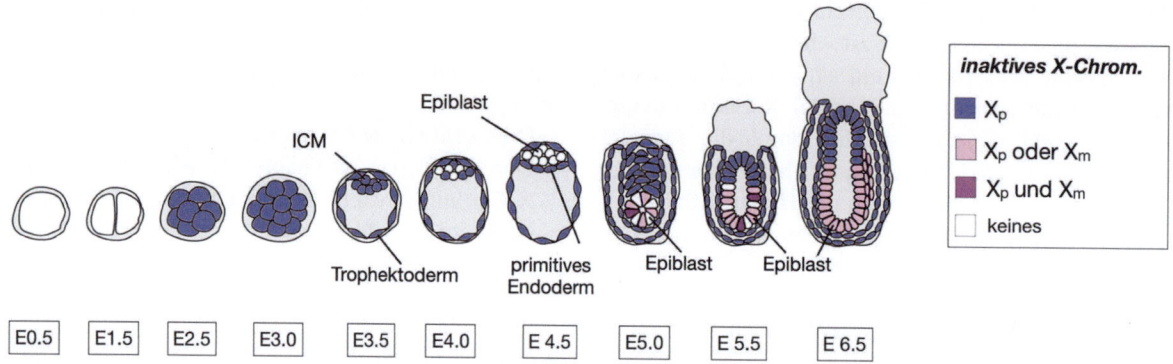

Abb. 11.14 X-Chromosom Inaktivierung während der frühen Entwicklung einer XX-Maus. Gezeigt sind die Stadien bis zur Implantation in den Uterus, die Zahlen geben die Tage der Entwicklung an. Die unterschiedlichen Farben geben an, welches X-Chromosom inaktiviert ist. Das paternale X-Chromosom (Xp) wird etwa ab dem 4-Zell Stadium inaktiviert (dunkelblau). Es bleibt im extraembryonalen Gewebe (Trophektoderm) dauerhaft inaktiviert. Im Epiblast (der sich zum Embryo entwickelt) des E4.0 Embryos ist für kurze Zeit keines der beiden *Xist*-Gene aktiv (weiß). Nach einer kurzen Phase, in der entweder eines der beiden oder sogar beide *Xist*-Gene in einer Zelle aktiv sind, ist ab Tag 6.5 entweder nur das maternale oder nur das paternale X-Chromosom inaktiviert (rosa). Der jeweilige Aktivitätszustand bleibt danach in allen Tochterzellen dauerhaft erhalten. (Nach Schwämmle und Schulz 2023, Fig. 1, modifiziert. mit freundlicher Genehmigung)

blastzellen nebeneinander vorkommen, erfolgt etwa zur Zeit der Implantation des Embryos in den Uterus (E6.6) **eine zufällige Inaktivierung eines der beiden X-Chromosomen** in den Epiblastzellen der Blastozyste. Es ist also entweder nur das maternale oder nur das paternale X-Chromosom aktiv.

Dieser Aktivitätszustand wird klonal vererbt, d. h. **die weiblichen Säuger sind funktionale genetische Mosaike** bezüglich der X-chromosomalen mütterlichen und väterlichen Allele. Das inaktivierte Chromatin wird wie Heterochromatin im Zellzyklus spät repliziert. X-Chromosomen, deren *Xist*-Gen durch eine Deletion mutiert ist, können nicht inaktiviert werden. Das bedeutet, dass für das Stilllegen des X-Chromosoms *Xist* in *cis*-Position benötigt wird, und dass die Inaktivierung nach Initiierung nicht auf ein homologes X-Chromosom (in *trans*) übergreifen kann.

Obwohl die Strategien der Dosiskompensation bei Säugern und *Drosophila* grundlegend unterschiedlich sind, gibt es doch interessante gemeinsame Aspekte. In beiden Fällen ist es nämlich lncRNA, die für epigenetische Kontrolle während der Dosiskompensation notwendig ist: Bei *Drosophila* sind es die Transkripte von **roX1** und **roX2** (s. u.), bei den Säugern die von **Xist** und **TsiX**.

11.2.2 Molekulare Steuerung der Dosiskompensation bei *Drosophila*

Im Gegensatz zu Säugern (einschließlich Mensch) werden bei *Drosophila* und *Caenorhabditis* Geschlechtsbestimmung und Dosiskompensation gemeinsam genetisch reguliert. In beiden Fällen gibt es ein Schlüsselgen, dessen Aktivität sowohl die weibliche oder männliche Differenzierung als auch die richtige Dosiskompensation einleitet (s. Abb. 11.9 und 11.12).

Bei *Drosophila* wird die geringere Dosis X-chromosomaler Gene in Männchen durch die Hyperaktivierung des X-Chromosoms ausgeglichen (s. Tab. 11.4). Dabei spielt wiederum das Schlüsselgen *Sxl* eine entscheidende Rolle (s. Abb. 11.9).

Für die erhöhte Transkriptionsrate der Gene des männlichen X-Chromosoms werden die Proteine von mindestens 5 Genen benötigt, die als „**M**ännchen-**s**pezifische **L**etalgene" (*male-specific lethal*, *msl*) bezeichnet werden: *msl-1, msl-2, msl-3, mle* (*maleless*) und *mof* (*males-absent-on-the-first*). Eine Nullmutation in einem dieser Gene ist für Männchen letal, für Weibchen bleibt sie ohne Auswirkung (s. Tab. 11.3). Erstaunlicherweise werden vier dieser Gene in beiden Geschlechtern exprimiert. Nur das Gen *msl-2* ist ausschließlich in Männchen aktiv. Wie es dazu kommt, ist in der Abb. 11.15 dargestellt.

Das *msl-2*-Transkript hat mehrere Bindungsstellen für das Protein Sxl, und zwar in den 5′- und 3′-UTRs (s. Abb. 11.15a). Bindung von Sxl an die *msl-2* prä-mRNA in XX-Tieren verhindert korrektes Spleißen und somit auch die Translation. In Weibchen gibt es also kein MSL-2 Protein. In Männchen dagegen wird die *msl-2* prä-mRNA gespleißt und die so gebildete mRNA dient als Vorlage für die Synthese des MSL-2 Proteins. In Männchen bildet MSL-2 zusammen mit den vier Proteinen MSL-1, MSL-3, MLE und MOF einen **Multiproteinkomplex**, wobei MSL-1 als Plattform (*scaffold*) fungiert, die die anderen Proteine in den Komplex rekrutiert. Zusammen mit zwei langen, non-coding RNAs (lncRNAs) **roX1** and **roX2** (*RNA-on-X*) bilden die fünf Proteine einen Ribonukleoprotein Komplex, den DCC- (*dosage compensation complex*) oder **MSL-Komplex**. Der MSL-Komplex bindet an etwa zweihundert spezifische Stellen entlang des X-Chromosoms in XY-Tieren (s. Abb. 11.15b–d), die sog. HAS (*high affinity binding sites*). Der MSL-Komplex entsteht aber nur, wenn alle fünf Proteine verfügbar sind.

11.2 · Die Dosiskompensation: Ausgleich der Genexpression zwischen den Geschlechtern

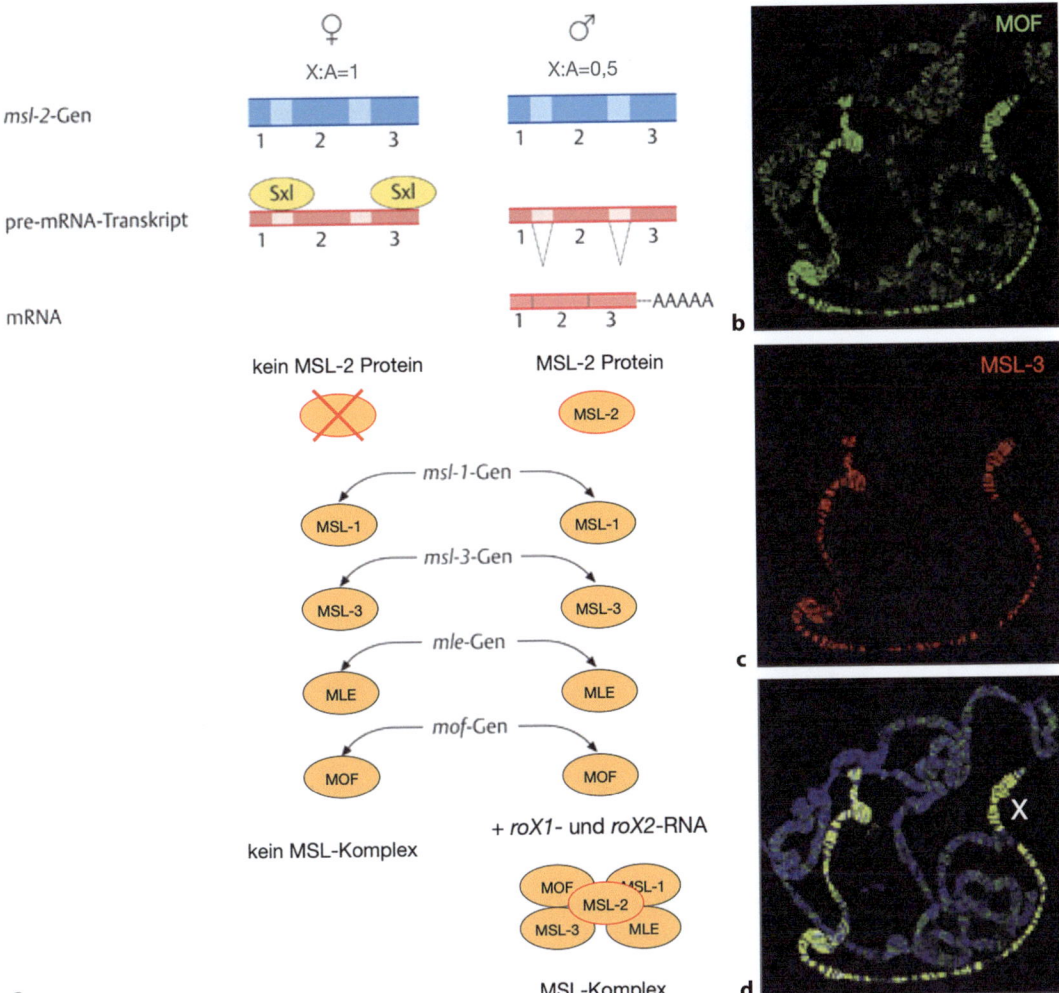

Abb. 11.15 Der Msl-Komplex und Dosiskompensation in *Drosophila*. **a** In XX-Tieren verhindert die Bindung von Sxl an die *msl-2* pre-mRNA das Spleißen, so dass keine translatierbare mRNA gebildet wird. Durch den Msl-Komplex der neben den Msl-Proteinen aus den beiden lncRNAs *roX1* und *roX2* besteht, wird im 1X-Genotyp die Hyperaktivierung der Gene des X-Chromosoms sichergestellt. **b–d** Färbung von Polytänchromosomen einer MOF überexprimierenden männlichen Larve mit Antikörpern gegen MOF (**b**) und MSL-3 (**c**). **d** zeigt die Überlagerung beider Färbungen plus Färbung der DNA mit DAPI. Beide Antikörper markieren viele Stellen entlang des X-Chromosoms, Markierungen derselben Stellen erscheinen gelb. Die in (**d**) sichtbaren Autosomen bleiben ungefärbt. Weitere Erklärungen, auch zu den Abkürzungen der Gennamen s. Text. (**b–d**) Nach Conrad et al. 2012 Fig. 2B, mit freundlicher Genehmigung)

Daher fehlt er in Weibchen, und deswegen wird er in Männchen nicht gebildet, die für eines der *msl*-Gene mutant sind.

Durch die chromosomale Bindung des MSL-Komplexes kommt es zur **Acetylierung** von Lysin 16 an Histon H4 zu **H4K16ac** durch die Acetyltransferase MOF (zur Lysinacetylierung s. ▶ Abb. 4.19) (Samata und Akhtar 2018). Die Gene *roX1* und *roX2* haben dabei zwei wichtige Funktionen. i) Sie selbst stellen sehr starke Bindungsstellen (HAS) für den MSL-Komplex dar, und ii) die **lncRNAs roX1 und roX2** sind als integrale Bestandteile des Komplexes wichtig für die **Ausbreitung der H4K16 Acetylierung** und der damit verbundenen Transkriptionsaktivierung X-chromosomaler Loci. Interessanterweise sind bei der Dosiskompensation in Säugetieren ebenfalls lncRNAs von essenzieller Bedeutung (s. ▶ Abschn. 11.2.1).

11.2.3 Molekulare Mechanismen der Dosiskompensation bei *Caenorhabditis*

Aus ▶ Abb. 11.12 wird deutlich, dass der SDC-Proteinkomplex eine wichtige Schalterstellung einnimmt: er aktiviert die Dosiskompensation in XX-Tieren, was zur Reduktion der Expression X-chromosomaler Gene führt, und er reguliert die Festlegung des somatischen Geschlechts über die Inhibition von HER-1 in XO-Tieren, die sich somit als Männchen entwickeln.

Für die Dosiskompensation rekrutieren die drei SDC-Proteine zahlreiche andere Proteine, mit denen zusammen sie den **DCC** (*dosage compensation complex*) bilden. Interessanterweise bilden fünf dieser Proteine einen Prote-

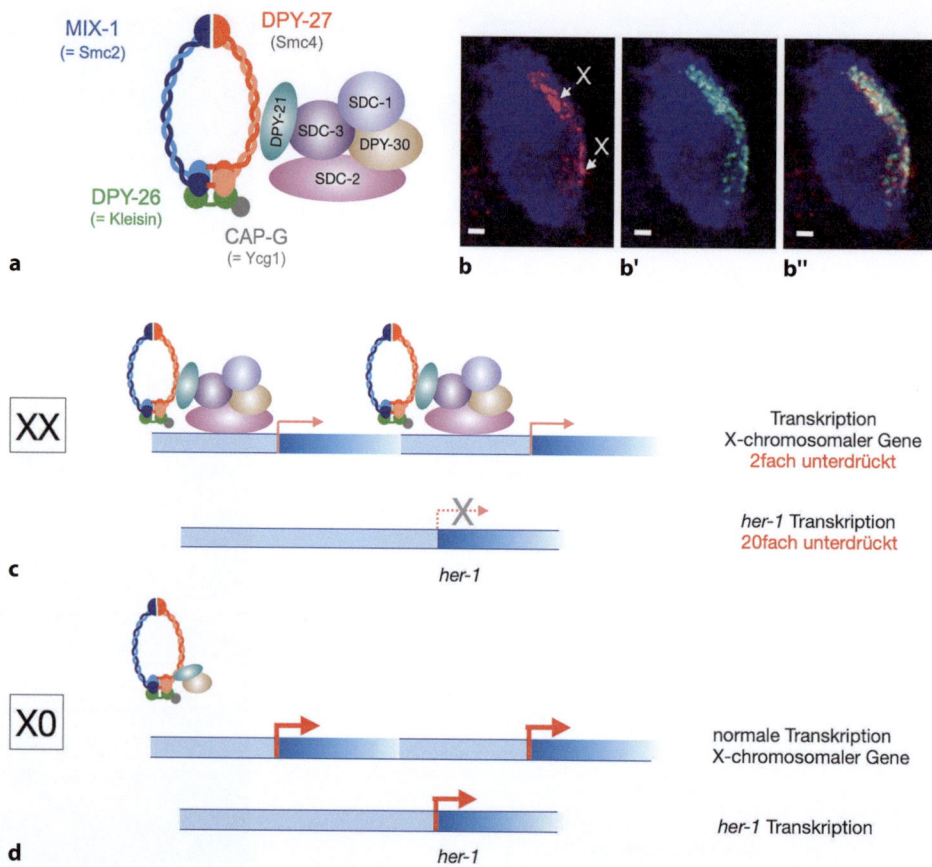

Abb. 11.16 Dosiskompensation bei *C. elegans*. **a** Zusammensetzung des Dosis Compensation Complex (DCC). Der ringförmige Komplex, I^{DC}, hat eine identische Zusammensetzung wie Condensin I, bis auf Smc4, dessen Funktion hier durch DPY-27 übernommen wird. Durch Rekrutierung weiterer Proteine wird der DCC gebildet. **b–b″** Bei Hermaphroditen lokalisiert der DCC auf beiden X-Chromosomen. Die Abbildung zeigt eine situ-Hybridisierung an einem einzelnen Zellkern mit einer X-chromosomalen Sonde (**b**; rot), gleichzeitig gefärbt mit einem Antikörper gegen DPY-27 (grün; **b′**). DNA ist mit DAPI gefärbt (blau). **b″** zeigt die Überlagerung. Maßstab = 1 μm. **c, d** Funktion des DCC bei der Dosiskompensation. In XX-Tieren (**c**) ist die Transkription X-chromosomaler Gene 2fach unterdrückt, die von *her-1* 20fach. In X0-Tieren (**d**) fehlen die SDC-Proteine SDC-1, -2, -3 (s. Abb. 11.12), weshalb der Komplex nicht an DNA binden kann. X-chromosomale Gene werden in normaler Menge transkribiert, ebenso *her-1*. Erklärung zu den Proteinen s. Text. (**b** Csankovszki et al. 2009, Fig. 3, mit freundlicher Genehmigung)

inkomplex, genannt I^{DC}. I^{DC} enthält die beiden SMC-Proteine MIX-1 und DPY(Dumpy)-27, das Kleisin DPY-26 und CAP-G (Abb. 11.16a). Bis auf Dpy-27 sind die anderen Proteine identisch mit denen in Condensin I von *C. elegans* (s. ▶ Kap. 4, Abb. 4.6, zu Condensin).

DPY-27 interagiert mit den drei SDC-Proteinen und mit DPY-21 und DPY-30. In XX-Tieren besetzt dieser Komplex beide X-Chromosomen (Abb. 11.16b′, b″), wobei SDC-2 eine wichtige Funktion bei der Erkennung der Sequenzen auf dem X-Chromosom hat. SDC-3 hingegen erkennt Sequenzen in *her-1*, wodurch dessen Expression unterdrückt wird (Abb. 11.16c). Wird die Aktivität von SDC-2 im X0-Genotyp durch XOL-1 gehemmt, so bleibt einerseits die Transkriptionsrate der X-chromosomalen Gene normal, andererseits ist das *her-1*-Gen aktiv, was schließlich zur Differenzierung eines Männchens führt (Abb. 11.16d). Funktionslose Allele am *xol-1*-Locus (Nullallele) sind demnach letal für den X0-Genotyp, weil die Transkriptionsrate des einzelnen X-Chromosoms auf die Hälfte der normalen Aktivität reduziert ist. Tiere mit Mutationen in *sdc*-Genen entwickeln sich dagegen zu lebensfähigen X0-Männchen, während sie für XX-Genotypen letal sind.

11.3 Zusammenfassung

- Bei vielen Tieren, diözischen Pflanzenarten und beim Menschen unterscheiden sich die Geschlechter genetisch durch die ungleiche Verteilung der Heterosomen. Häufig ist das weibliche Geschlecht **homogametisch** XX, das männliche **heterogametisch** XY, seltener das männliche Geschlecht ZZ und das weibliche ZW.
- Die Bedeutung der beiden Heterosomen für die Geschlechtsbestimmung ist unterschiedlich. Beim Menschen sind XX- und X0-Individuen Frauen, XY- und XXY-Individuen Männer. Das bedeutet, dass das Y-Chromosom die Entwicklung zum männlichen Ge-

- schlecht bestimmt. Bei *Drosophila* ist es daran nicht beteiligt, da die Genotypen mit einem X-Chromosom (XY und X0) männlich, die mit zwei X-Chromosomen (XX und XXY) weiblich sind.
- Beim Menschen wurde das Gen *SRY* als der hodenbestimmende Faktor identifiziert. Bei *Drosophila*, *Caenorhabditis* und einigen Pflanzenarten wird die Richtung der Geschlechtsdifferenzierung durch das Verhältnis der Anzahl der X-Chromosomen zur Anzahl von Autosomensätzen entschieden.
- In *Drosophila* wird das Geschlecht durch die Messung des X:A Verhältnisses in jeder Zelle – also **zellautonom** – bestimmt. Dieser Mechanismus liegt dem Auftreten von seltenen Geschlechtsdimorphismen zugrunde, die in einigen Organismen sogenannte **Gynander/Gynandromorphe** bilden können, bei denen weibliche und männliche Bereiche im selben Tier auftreten können.
- Die molekulare Genetik der **Geschlechtsbestimmung** ist bei *Drosophila* und *Caenorhabditis* und den Säugern Maus und Mensch am besten untersucht.
- Bei den **Säugern** leitet die Aktivität der Gene *SRY* und *SOX9* die männliche, die Inaktivität (oder das Fehlen) der Gene die weibliche Entwicklung ein. Die Einordnung der Aktivitäten weiterer Gene in eine Kaskade oder ein Genwirkungsnetzwerk ist Gegenstand aktueller Forschung.
- Bei *Drosophila* und *Caenorhabditis* sind die **Genkaskaden** der Geschlechtsbestimmung weitgehend aufgeklärt: In beiden Fällen werden die X-Chromosomen durch Numerator- und Denominatorgene gezählt und das Ergebnis an ein Schlüsselgen weitergegeben.
- Die **Dosiskompensation**, d. h. der Ausgleich der Genproduktmengen bei unterschiedlicher Anzahl von X-Chromosomen, ist bei *Drosophila* und *Caenorhabditis* an die Gene der somatischen Geschlechtsbestimmung gekoppelt. Die Inaktivierung der X-Chromosomen bei den Säugern erfolgt durch einen davon unabhängigen Mechanismus.
- Trotz dieser Unterschiede gibt es auch Gemeinsamkeiten: Bei *Drosophila* und bei Säugern ist **lncRNA** an der Dosiskompensation beteiligt, die **in cis** das X-Chromosom inaktiviert.

Literatur

Conrad T, Cavalli FMG, Holz H, Hallacli E, Kind J, Ilik I, Vaquerizas JM, Luscombe NM, Akhtar A (2012) The MOF chromobarrel domain controls genome-wide H4K16 acetylation and spreading of the MSL complex. Dev Cell 22(3):610–624

Csankovszki G, Petty EL, Collette KS (2009) The worm solution: a chromosome-full of condensin helps gene expression go down. Chromosome Res 17(5):621–635

Henking H (1891) Untersuchungen über die ersten Entwicklungsvorgänge in den Eiern der Insekten II. Über Spermatogenese und deren Beziehung zur Eientwicklung bei *Pyrrhocoris apterus* L. Zeitschr Wiss Zool 51:685–736

Janning W (1978) Gynandromorph fate maps in *Drosophila*. Results Probl Cell Differ 9:1–28

Meyer BJ (2010) Targeting X chromosomes for repression. Curr Opin Genet Dev 20(2):179–189

Montalvao AP, Kersten B, Fladung M, Müller NA (2021) The diversity and dynamics of sex determination in dioecious plants. Front Plant Sci 11:580488

Nagahama Y, Chakraborty T, Paul-Prasanth B, Ohta K, Nakamura M (2021) Sex determination, gonadal sex differentiation, and plasticity in vertebrate species. Physiol Rev 101(3):1237–1308

Samata M, Akhtar A (2018) Dosage compensation of the X chromosome: a complex epigenetic assignment involving chromatin regulators and long noncoding RNAs. Annu Rev Biochem 87:323–350

Schierenberg E, Cassada R (1986) Der Nematode *Caenorhabditis elegans* – ein entwicklungsbiologischer Modellorganismus. Biol Unserer Zeit 16:1–7

Schwämmle T, Schulz EG (2023) Regulatory principles and mechanisms governing the onset of random X-chromosome inactivation. Curr Opin Genet Dev 81:102063

Stevens NM (1905) Studies in Spermatogenesis: With special reference to the „accessory chromosomes" Bd. 36. Carnegie Institution of Washington

Zarkower D (2006) Somatic sex determination. WormBook 10:1–12

Zusman SB, Wieschaus E (1987) A cell marker system and mosaic patterns during early embryonic development in *Drosophila melanogaster*. Genetics 115(4):725–736

Modellorganismen

Inhaltsverzeichnis

12.1 Modellorganismen in der biologischen Grundlagenforschung – 238

12.2 Anforderungen an ein Modell zur Erforschung menschlicher Krankheiten – 240

12.3 Tiermodelle zur Erforschung menschlicher Krankheiten – 242
12.3.1 *Caenorhabditis elegans* als Modell zur Erforschung neurodegenerativer Krankheiten – 243
12.3.2 *Drosophila melanogaster* als Modell zur Erforschung neurodegenerativer Krankheiten – 244
12.3.3 Der Zebrafisch als Modell zum Studium menschlicher Krankheiten – 248
12.3.4 Die Maus als Modell zur Erforschung menschlicher Krankheiten – 249

12.4 Genom- und Mutationsanalysen durch molekulargenetische Methoden – 251
12.4.1 Molekulare Marker – 251
12.4.2 Polymerasekettenreaktion (PCR) – 254
12.4.3 DNA-Sequenzierung – 255
12.4.4 Genomweite Assoziationsstudien (GWAS) – 256

12.5 Was ist ein Gen? – 257

12.6 Zusammenfassung – 260

Literatur – 260

Arbeiten an Modellorganismen haben grundlegende Kenntnisse in vielen Bereichen der Biologie ermöglicht, wie etwa in der Entwicklungs-, Zell-, Verhaltens-, Molekular- und Evolutionsbiologie, in der Genetik, der Ökologie und der Physiologie, um einige zu nennen. Aber was macht einen Organismus zum Modellorganismus? Und Modell für was?

12.1 Modellorganismen in der biologischen Grundlagenforschung

Zunächst dienten viele verschiedene Tier- und Pflanzenarten den Menschen als **Beispiele**, um die Grundlagen des Lebendigen zu verstehen. So konnte schon Aristoteles im 4. Jahrhundert v. Chr. durch die Untersuchung von sich entwickelnden Hühnerembryonen zeigen, dass sich die Teile eines Organismus allmählich entwickeln und nicht bereits im Ei „präformiert", also nicht „vorgefertigt" sind. Gregor Mendel (s. ▶ Box 7.1) experimentierte mit Erbsen, um allgemeine Gesetzmäßigkeiten der Vererbung aufzudecken. **An einem Organismus gewonnene Erkenntnisse sollten also modellhaft auch für alle anderen stehen, um allgemeine Prinzipien** aufzuzeigen. Dass diese Übertragung gerechtfertigt ist, entnahm man der Beobachtung, dass Tiere bzw. Pflanzen nach jeweils ähnlichen Prinzipien aufgebaut sind und funktionieren und mehr oder weniger eng verwandt sind. Mit der Entschlüsselung der Genomsequenzen wurde die enge Verwandtschaft weiter bestätigt. So war die Erwartung gerechtfertigt, dass viele der an Tieren gewonnenen Erkenntnisse auch auf den Menschen übertragen werden können (Ankeny und Leonelli 2020).

Mit der Zeit erwiesen sich einige Organismen als besonders geeignet, um allgemeine Fragen, vor allem der Genetik und Entwicklungsbiologie, zu beantworten. Dies führte zur Etablierung von einigen wenigen **Modellorganismen**. Es ist einleuchtend, dass nicht jeder Modellorganismus zur Beantwortung aller Fragen herangezogen werden kann. Für die Erforschung der Gliedmaßenentwicklung sollte man nicht Würmer als Modell auswählen, und will man die Entwicklung einer Blüte verstehen, sollte man nicht mit Farnen arbeiten. Zu den etablierten und am häufigsten verwendeten Modellorganismen gehören neben der einzelligen Bäckerhefe *Saccharomyces cerevisiae* die Fliege *Drosophila melanogaster*, der Fadenwurm *Caenorhabditis elegans*, der Zebrafisch *Danio rerio* und die Maus *Mus musculus*, bei Pflanzen die Ackerschmalwand *Arabidopsis thaliana* (◨ Tab. 12.1).

Diese erfüllten die folgenden Kriterien, wenn auch nicht alle gleichermaßen:
- möglichst einfache und kostengünstige Zucht- und Haltungsbedingungen
- kurze Generationszeit
- einfache Möglichkeit zur Erzeugung von Mutanten
- möglichst geringe genetische Heterogenität

Von allen sind inzwischen die Genome vollständig sequenziert, alle sind genetisch sehr gut erforscht, von allen können transgene Varianten erzeugt werden und durch RNAi Genaktivitäten ausgeschaltet werden (s. ▶ Box 12.1) und in allen können gezielt Mutationen mit Hilfe der Genschere gesetzt werden (s. ▶ Box 14.6).

Darüber hinaus gibt es andere Organismen, die als Modell zur Aufklärung spezifischer Fragestellungen eingesetzt

◨ **Tab. 12.1** Etablierte Modellorganismen

Modellorganismus	Eigenschaften und Vorteile
Bäckerhefe (*Saccharomyces cerevisia*)	Einzelliger Organismus. Sehr einfach zu halten, schnelle Vermehrung, kann leicht genetisch manipuliert werden, einfache Genom-weite Suche nach Mutanten oder Herstellung von gewünschten Mutationen möglich
Fadenwurm (*Caenorhabditis elegans*)	Generationszeit 3 Tage; kurze Lebensdauer, einfach zu halten, klein, durchsichtig, kann einfach genetisch manipuliert werden, Mutationen in allen Genen und **genomweite RNAi Bibliotheken** verfügbar (s. ▶ Box 12.1), Mutanten können eingefroren gelagert und leicht wieder vermehrt werden. Hohe Nachkommenzahl, Entwicklung nach Eiablage außerhalb des Körpers. Konstante Zahl an Körperzellen, alle Zellstammbäume bekannt
Taufliege (*Drosophila melanogaster*)	Seit mehr als 100 Jahren im Labor. Generationszeit 12 Tage, hohe Anzahl an Nachkommen, viele Entwicklungsprozesse sind sehr gut untersucht, Entwicklung nach Eiablage außerhalb des Körpers, kann einfach genetisch manipuliert werden. 75 % aller bekannten Krankheits-assoziierten Gene des Menschen sind in *Drosophila* konserviert. **Genomweite RNAi Bibliotheken** verfügbar (s. ▶ Box 12.1)
Zebrafisch (*Danio rerio*)	Als Wirbeltier näher verwandt mit dem Menschen, Generationszeit ca. 3 Monate, hohe Nachkommenzahl, Embryonen durchsichtig, Entwicklung nach Eiablage außerhalb des Körpers, Entwicklung vieler Entwicklungsprozesse sehr gut untersucht. Techniken zur genetischen Manipulation sind etabliert
Maus (*Mus musculus*)	Als Säugetier dem Menschen ähnlicher. Generationszyklus ca. 6 Wochen, Embryonalentwicklung 19 Tage; hoher Grad an genetischer Konservierung zwischen Maus und Mensch. Techniken zur genetischen Manipulation sind etabliert
Ackerschmalwand (*Arabidopsis thaliana*)	Generationszeit 8 Wochen; Möglichkeit zur Selbstung. Viele Mutanten verfügbar, als Samen lange haltbar. Kleines Genom, einfach genetisch manipulierbar

Box 12.1 Genomweite RNAi Screens

Annotierung der genomischen DNA-Sequenz eines Organismus bietet eine Vielzahl von sogenannten **revers-genetischen Ansätzen** zur Funktionsanalyse ausgewählter Gene, und zur Bestimmung möglichst vieler, an einem biologischen Prozess beteiligter Gene. Die genomischen Sequenzdaten bieten die Möglichkeit, je nach Organismus verschiedene RNAi Reagenzien herzustellen, mit denen man **in-vivo** die Aktivität einzelner Gene ausschalten bzw. reduzieren kann (= **genomweite RNAi Screens**). Das kann durch Expression von Doppelstrang RNA (dsRNA) oder small interfering RNA (siRNA) erfolgen.

Die Expression dieser RNAi hängt vom jeweiligen Testsystem bzw. Testorganismus ab (◘ Abb. 12.1). Bei *C. elegans* kann dies durch Verfüttern von *E. coli* Zellen, die doppelsträngige RNA (dsRNA) von jeweils einem Gen exprimieren, erfolgen (Gönczy et al. 2000). In einem der ersten genomweiten Screens konnten auf diese Weise 86 % der 19.427 vorhergesagten Gene ausgeschaltet werden, von denen 1722 einen mutanten Phänotyp erzeugten (Kamath et al. 2003).

Bei *D. melanogaster* wird das Ausschalten einzelner Gene durch stabil im Genom inserierte Transgene ermöglicht, deren RNAi Expression durch das Gal4/UAS-System Zelltyp- und/oder Stadienspezifisch aktiviert werden kann (s. ▶ Box 12.5). Eine Kollektion von 12.671 Fliegenstämmen ermöglicht auf diese Weise die Inaktivierung von ~90 % aller Protein-kodierender Gene (▶ https://shop.vbc.ac.at/vdrc_store/rnai-info).

In *Drosophila* Zellkultur kann die Inaktivierung einzelner Gene entweder durch „Baden" der Zellen in Kulturmedium, das die jeweilige dsRNA enthält, erfolgen, in Zellkultur menschlicher (oder anderer Säuger-) Zellen durch Einbringen von siRNAs (Transfektion) in die Zellen.

Neben RNAi-basierten Techniken werden auch genomweite, revers genetische Screens in Mäusen und Zebrafisch (mittels Gen *knockout*, z. B. durch CRISPR/Cas9; s. ▶ Abschn. 14.4.3) durchgeführt. Die Ergebnisse solcher revers genetischer Verfahren hat in vielen biologischen Prozessen wesentlich zur Aufdeckung neuer molekularer Steuerungsmechanismen beigetragen, die häufig auch vielversprechende Ausgangspunkte für die Identifizierung krankheitsrelevanter Gene bieten.

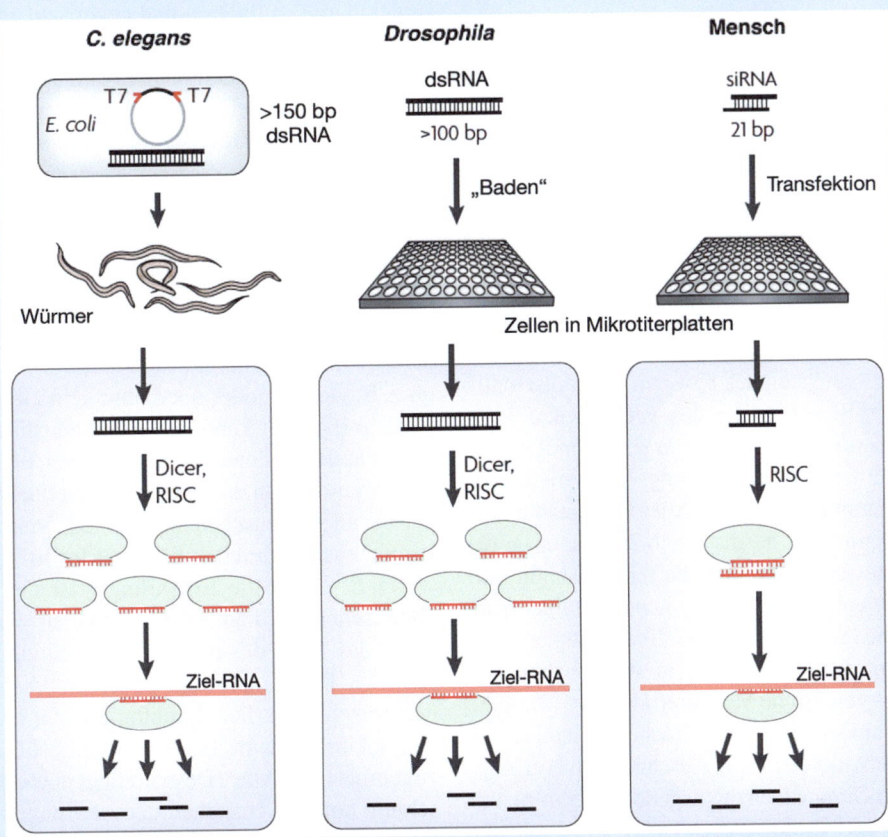

◘ **Abb. 12.1** Ablauf genomweiter RNAi Screens in *C. elegans* und Zellkulturen von Drosophila und Mensch. In *C. elegans* und *Drosophila* sind lange dsRNA Moleküle sehr effektiv, da sie durch Dicer in viele siRNAs (short interfering RNAs) gespalten werden, die dann jeweils zur Degradierung der Ziel-mRNA (hellrot) in unterschiedlichen RISC-Komplexen (grün) führen (s. ▶ Abschn. 10.2.3.6). In *C. elegans* werden die dsRNAs in *E. coli* Bakterien exprimiert und diese an die Würmer verfüttert. *Drosophila* Kulturzellen nehmen dsRNA Moleküle effizient aus dem Medium auf und prozessieren diese. In Säugerzellen werden siRNAs in die Zellen transfiziert. In Zellkultur-basierten Screens werden genomweite Bibliotheken von dsRNA oder siRNA Molekülen in Hochdurchsatzverfahren angewendet, die häufig vollständig – bis hin zur fluoreszenzmikroskopischen Auswertung – automatisiert sind. T7: Promotor des Phagen T7; RISC: RNA-induced silencing complex. (Nach Boutros und Ahringer 2008, Fig. 1, mit freundlicher Genehmigung)

Tab. 12.2 Modellorganismen für spezifische biologische Fragen

Fragestellung	Organismus[a]
Regeneration	Plattwürmer (z. B. *Schmidtea mediterranea*) Nesseltiere (z. B. *Hydra*, *Nematostella*) Axolotl (*Ambystoma mexicanum*)
Trockenresistenz	Mehlkäfer (*Tenebrio molitor*)
Navigation	Wüstenameise (*Cataglyphis fortis*) Verschiedene Vogelarten
Embryonalentwicklung von Wirbeltieren	Krallenfrosch (*Xenopus laevis*, *X. tropicalis*)
Neurobiologie des Gesangs, akustische Kommunikation	Zebrafink (*Taeniopygia*) u. a. Vogelarten Grillen (*Gryllus bimaculatus*) Verschiedene Heuschreckenarten
Resistenz gegen Strahlung und Krebs	Nacktmulle (z. B. *Heterocephalus glaber*)
Alterungsprozesse	Killifisch (z. B. *Nothobranchius furzeri*) Nacktmulle (z. B. *Heterocephalus glaber*)
Staatenbildung	Verschiedene Bienen-, Ameisen und Termitenarten Nacktmulle (z. B. *Heterocephalus glaber*)
Entwicklung und Evolution des Neocortex	Frettchen (*Mustela putorius furo*)
Sozial- und Reproduktionsverhalten in Säugern	Rhesus Affe (*Macaca mulatta*)

[a] Anders als bei den „klassischen" Modellorganismen werden die jeweiligen Fragestellungen oftmals an mehreren Arten bearbeitet, die hier nicht alle genannt sind.

werden können, für die die oben genannten Organismen nicht oder weniger gut geeignet bzw. nicht repräsentativ sind. So wurden z. B. seit Mitte des vergangenen Jahrhunderts am Krallenfrosch *Xenopus laevis* grundlegende Erkenntnisse zur Embryonalentwicklung von Wirbeltieren gewonnen (Carotenuto et al. 2023). Allerdings macht sein allotetraploides Genom (s. ▶ Abschn. 6.2.1) einen genetischen Ansatz schwierig, weshalb die nahverwandte Art mit diploidem Genom, *X. tropicalis*, heute häufiger zum Einsatz kommt. Die Anwendung neuer Technologien, u. a. Genomsequenzierung (▶ Abschn. 14.1), Ausschalten von Genen durch revers genetische Verfahren (▶ Box 12.1), die Anwendung verschiedener -„omics" Technologien, Transgenese und Genomeditierung (s. ▶ Abschn. 14.4.3) ermöglicht auch in diesen Organismen einen genetischen/molekulargenetischen Ansatz. Einige dieser Organismen und die an ihnen untersuchten biologischen Fragen sind exemplarisch in ▶ Tab. 12.2 vorgestellt.

12.2 Anforderungen an ein Modell zur Erforschung menschlicher Krankheiten

Die Kenntnis der vollständigen Genomsequenz des Menschen und anderer vielzelliger Organismen (▶ Tab. 2.1) hat gezeigt, dass viele Gene evolutionär konserviert sind und ähnliche Sequenzen in den etablierten Modellorganismen aufweisen. So haben etwa 75 % der Gene, die beim Menschen mit einer Krankheit assoziiert sind, Homologe im Genom von *D. melanogaster*, bei der Maus sind es ~90 %. Sehr häufig führt die Mutation in dem entsprechenden *Drosophila*- oder Maus Gen zu mutanten Phänotypen, die Ähnlichkeit mit Symptomen der menschlichen Krankheit haben. Einige Beispiele sind in ▶ Tab. 12.3 gezeigt.

Die hohe funktionelle Konservierung vieler Gene, Genkaskaden und Signalwege führte in der Genetik/Biomedizin zur Verwendung des Begriffs Modellorganismus in einem anderen Kontext, nämlich als **Modellorganismus zur Erforschung menschlicher Krankheiten**. Darunter versteht man einen Organismus, der gezielt so verändert wurde, dass er – modellhaft – Symptome einer Krankheit simuliert. Untersuchungen an solchen Modellorganismen haben zum Ziel, einen besseren Einblick in die molekularen, zellulären und genetischen Grundlagen einer Krankheit zu bekommen und diese Organismen auch zur Erforschung von Therapeutika einzusetzen.

Bei den in ▶ Tab. 12.3 vorgestellten Beispielen handelt es sich um **menschliche Krankheiten**, die durch Mutation in einem einzigen Gen ausgelöst werden, man spricht von einem **monogenen** Ursprung der Krankheit (s. ▶ Abschn. 13.4.1). Die Symptome solcher Krankheiten sind nicht immer einheitlich, sie können bei verschiedenen Patienten stärker oder schwächer ausgeprägt sein, selbst wenn dasselbe Gen mutiert ist. Das hängt zum einen mit der Art der Mutation zusammen, die darüber entscheidet, ob z. B. weniger oder überhaupt kein Genprodukt gemacht wird. Außerdem kann das Krankheitsbild durch Mutationen in anderen Genen modifiziert werden. Die Summe dieser Polymorphismen bildet den **genetischen Hintergrund**, der bei allen Menschen unterschiedlich ist. Ferner kann ein Krankheitsbild durch **äußere Faktoren** beeinflusst werden, wie z. B. durch die Ernährung oder die Einwirkung von chemischen Substanzen, die mutagen wirken. Schließlich spielt das Alter des betroffenen Individuums oftmals eine wichtige Rolle und kann über den Verlauf einer Krankheit entscheiden. Die Symptome vieler neurodegenerativer Erkrankungen zum Beispiel manifestieren sich erst mit zunehmendem Alter. Deshalb liegt auch ein Fokus der Forschung auf den Ursachen der Alterung, wobei *C. elegans* häufig als Modellorganismus eingesetzt wird.

Die weitaus größte Gruppe der bisher untersuchten Krankheiten ist jedoch **polygenen** Ursprungs, diese Krankheiten werden also durch Mutationen in mehreren oder vielen Genen erzeugt. Deren Erscheinungsbild kann darüber hinaus ebenfalls durch Umwelteinflüsse moduliert werden.

12.2 · Anforderungen an ein Modell zur Erforschung menschlicher Krankheiten

Tab. 12.3 Beispiele für Gene in Modellorganismen, deren Ausfall Symptome menschlicher Krankheiten simulieren

Mensch[a]			Tiermodell[b]	
Krankheit	Symptome	Betroffenes Gen	Homologes Gen	Mutanter Phänotyp
Aniridia	Heterozygot: Aniridie (vollständiges oder teilweises Fehlen der Iris); homozygot: Anophthalmie (Fehlen eines oder beider Augäpfel)	PAX6	*eyeless (eye)* *twin of eyeless* (Drosophila)	Stark verkleinerte oder gar keine Augen
			Pax6/small eye (Maus)	Heterozygot kleine, homozygot keine Augen
Retinitis pigmentosa 12	Erblindung mit ca. 20 Jahren durch Degeneration der Photorezeptorzellen und des Pigmentepithels	CRB1	*crumbs (crb)* (Drosophila)	Degeneration der Photorezeptorzellen nach Lichtexposition
Chorea Huntington	Motorische, kognitive und psychische Symptome	Huntingtin (HTT)	*huntingtin (htt)*, Maus	Motorische Defekte
			huntingtin (htt) (Drosophila)	Motorische Defekte
Duchenne Muskeldystrophie	Progressive Degeneration der Muskeln	Dystrophin (DMD)	*dys-1* (C. elegans)	Muskeldegeneration bei gleichzeitiger Reduktion der Funktion von MyoD
			Dystrophin (Zebrafisch)	Unbeweglichkeit bereits 7 Tage nach der Befruchtung; Defekte in der Organisation der Muskeln
Präaxiale Polydactylie (PPD)	Zusätzlicher Finger	Ektopische Expression von Sonic hedgehog (SHH)	*Hedgehog (hh)* (Drosophila)	Ektopische Expression erzeugt Duplikation von Flügelstrukturen
			Sasquatch (Ssq) *Hemimelic extratoe (Hx)* (Maus)	Ektopische Expression von SHH
Usher Syndrom 1B	Angeborene Taubheit	Myosin VIIA (MYO7A)	*mariner* (Zebrafisch)	Gleichgewichtsprobleme, mutante Fische schwimmen in Kreisen

[a] Weiterführende Information zu den jeweiligen Genen und Krankheiten unter: ▶ https://www.omim.org/
[b] Weiterführende Information zu den jeweiligen Genen: Drosophila (▶ http://flybase.org/), C. elegans (▶ https://wormbase.org//), Zebrafisch (▶ https://zfin.org), Maus (▶ https://www.informatics.jax.org/).

So etwa lassen sich nur etwa 8 % aller bisher untersuchten **Kardiomyopathien** (Erkrankungen des Herzmuskels) auf eine Mutation in einem einzigen Gen zurückführen, während die übrigen Fälle durch eine Kombination von mehreren genetischen Defekten und Umwelteinflüssen, einschließlich des Alters, ausgelöst werden. Die genetische Analyse von Krankheiten polygenen Ursprungs ist ungleich schwieriger als von solchen, die durch Mutation in einem einzigen Gen ausgelöst werden. Allerdings wurden neue Methoden entwickelt, die es erlauben, möglichst viele der beteiligten Gene zu identifizieren (s. u., GWAS).

Die Zahl der menschlichen Gene, deren Mutationen mit einer Krankheit ursächlich in Verbindung stehen und die molekular charakterisiert sind, ist auf 6972 angewachsen (Stand April 2025; s. OMIM (▶ https://www.omim.org/), Online Mendelian Inheritance in Man, eine Datenbank über Gene des Menschen und deren Mutationen). Eine große Anzahl von Genen, die nach Mutation **beim Menschen** zur **Ausbildung einer Krankheit** führen, sind **in anderen Organismen konserviert**. Die Auswahl des Modellorganismus richtet sich u. a. nach der Funktion des betroffenen Krankheitsgens und der von der Krankheit betroffenen Organe. So werden in *C. elegans* häufig Krankheitsgene, die an Signaltransduktion oder an Alterungsprozessen beteiligt sind, untersucht, da die kurze Lebensdauer und die wenigen, aber großen Zellen des Wurmembryos, der Larve und der adulten Tiere eine Analyse der molekularen Funktion auf zellulärer Ebene vereinfacht. Krankheitsgene, die das Immunsystem betreffen, werden hauptsächlich in der Maus untersucht, da von den genannten Modellorganismen nur diese ein vergleichbares System besitzt.

Ein Modellorganismus sollte die Beantwortung folgender Fragen ermöglichen:
1. Können die **Symptome** einer menschlichen Krankheit in dem Modellorganismus **nachgestellt** werden?
2. Können die molekularen **Ursachen** des **mutanten Phänotyps** in dem Modellorganismus aufgeklärt werden?
3. Kann das **Auftreten des mutanten Phänotyps** in dem Modellorganismus **verhindert** werden, d. h., können wir einen „kranken Fisch", eine „kranke Fliege" heilen? Mit anderen Worten, können Therapeutika gefunden werden, die in den Modellorganismen die Symptome abschwächen bzw. verhindern?
4. Können die so gewonnenen Kenntnisse übertragen werden, um die durch das entsprechende Gen ausgelöste **menschliche Krankheit zu therapieren**?

Selbst bei positiver Beantwortung aller dieser Fragen ist es noch ein langer Weg bis zum Einsatz einer Therapie beim Menschen. Dennoch sind viele der bereits erzielten Ergebnisse vielversprechend (s. ▶ Abschn. 14.4).

12.3 Tiermodelle zur Erforschung menschlicher Krankheiten

In den folgenden Kapiteln soll an Hand von vier ausgewählten Beispielen an *Drosophila*, *C. elegans*, Zebrafisch und Maus die Möglichkeiten der Modellorganismen bei der Beantwortung dieser Fragen aufgezeigt werden, wobei verschiedene Krankheiten ausgewählt wurden.

Neurodegenerative Krankheiten sind solche, die durch das **Absterben von Neuronen** (Nervenzellen) entweder zu Ausfällen motorischer Funktionen, also zum Verlust der Beweglichkeit, und/oder zur Reduktion bzw. zum Verlust geistiger Fähigkeiten, wie Sinneswahrnehmung oder Gedächtnis, führen. Einige Beispiele für neurodegenerative Krankheiten sind in Tab. 12.4 zusammengefasst.

Wie alle anderen Krankheiten auch, können neurodegenerative Erkrankungen durch zwei Klassen von Mutationen ausgelöst werden (zur Klassifizierung von Mutationen s. auch ▶ Box 7.7):

- Mutationen, die zum Verlust der Genfunktion führen (Funktionsverlustmutationen; *loss-of-function* Mutation).
- Mutationen, die zu einer neuen Eigenschaft des Proteins führen (Funktionszugewinnmutationen; *gain-of-function* Mutation). Hier wird die Krankheit durch ein verändertes Protein oder die Überexpression des normalen Proteins ausgelöst. Diese Mutationen sind meist dominant.

Voraussetzung für die Etablierung eines Tiermodells ist: 1. das die Krankheit auslösende mutierte Gen im Menschen muss bekannt sein, und 2. dieses Gen sollte in dem ausgewählten Tiermodell konserviert sein. Bei einer *loss-of-function* Mutation wird in der Regel versucht, den im Menschen charakterisierten molekularen Gendefekt im Tier nachzustellen. Eine *gain-of-function* Mutation kann durch Überexpression der wildtypischen oder mutanten Variante des menschlichen Gens nachgestellt werden (selbst dann, wenn das Gen im Modellorganismus nicht vorhanden ist). Das Nachstellen der Symptome einer Krankheit ist dann die erste Voraussetzung zur Etablierung eines Tiermodells.

Tab. 12.4 Beispiele erblicher neurodegenerativer Erkrankungen des Menschen

Krankheit	Betroffene Gene[a]	Symptome	Molekulare/zelluläre Ursache
Alzheimer Krankheit (Morbus Alzheimer)	APP PSEN1 PSEN2	Allmählicher Verlust des Gedächtnisses und der kognitiven Leistungsfähigkeit, ausgelöst durch progressiven Verlust von Neuronen	Veränderte Reifung des Amyloid-Vorläufermoleküls (APP), dadurch extrazelluläre Ablagerung abnormer Amyloid-β-Peptide (Plaques) und intrazellulärer Neurofibrillen (= hyperphosphoryliertes Tau Protein)
Parkinson Krankheit[b]	α-Synuclein (*PARK1*) parkin (*PARK2*) DJ-1 (*PARK7*) PINK1 (*PARK6*)	Muskelzittern, Muskelstarre, Bewegungsarmut. Verlust von Neuronen in der Substantia nigra (Struktur im Mittelhirn), die den Neurotransmitter Dopamin herstellen	Akkumulation von Proteinaggregaten in Neuronen (Lewy bodies) durch Überproduktion von α-Synuclein
Chorea Huntington[b,c]	Huntingtin (*HTT*)	Atrophie des Corpus striatum (Teil des Großhirns), Verlust der Kontrolle über die Muskelbewegung und motorische Koordination, später Verlust der geistigen Fähigkeiten, Demenz	Expansion von Trinukleotiden im *HTT* Gen
Spinozerebelläre Ataxie Typ 2 (SCA2)	Ataxin 2 (*ATX2*)	Verlust des Gleichgewichts und der motorischen Koordination; Degeneration von Purkinje Neuronen im Kleinhirn	Expansion von Trinukleotiden in *ATX2*
Fragile-X Syndrom[c]	FMR-1	Geistige Retardierung	Expansion von Trinukleotiden im *FMR-1* Gen
Hereditäre spastische Paralyse (HSP)[d]	SPG4 (*spastin*) SPG7 (*paraplegin*) SPG8 (*strumpellin*) SPG3 (*atlastin*) (insgesamt > 90 Loci)	Genetisch bedingte Degeneration kortikospinaler Motorneurone. Spastik in den Beinen bis hin zum Verlust der Motorik	Nur zum Teil bekannt, u. a. Defekte im axonalen Transport durch Veränderungen im Mikrotubuli Zytoskelett

[a] nicht immer sind alle bekannten Gene genannt.
[b] PD und HD gehören zu den häufigsten erblich bedingten neurodegenerativen Erkrankungen
[c] zu Trinukleotidrepeat-Erkrankungen s. ▶ Abschn. 13.4.1.1
[d] gehört zu den seltenen Erkrankungen, Häufigkeit 3–10/100.000 Menschen

12.3.1 *Caenorhabditis elegans* als Modell zur Erforschung neurodegenerativer Krankheiten

Der nur 1 mm große Fadenwurm *C. elegans*, der um 1963 von Sydney Brenner als leicht und billig zu haltendes Versuchstier eingeführt wurde, ist vermutlich der am besten untersuchte vielzellige Organismus und einer der wichtigen Modellorganismen der Genetik, Zell- und Entwicklungsbiologie. Er war der erste vielzellige Organismus, dessen embryonaler Zellstammbaum und dessen Genomsequenz vollständig bestimmt wurden (Sulston et al. 1983; C. elegans Sequencing Consortium 1998). Arbeiten an *C. elegans* wurden bisher mit vier Nobelpreisen ausgezeichnet, was die Bedeutung der Forschung an diesem Organismus auch für die Biomedizin betont. Der ursprünglich im Erdboden und im Kompost lebende Wurm wird im Labor in Petrischalen auf einer Agarschicht mit *E. coli* Bakterien gehalten, sein Lebenszyklus ist in ◘ Abb. 12.2 dargestellt.

Neben den in ◘ Tab. 12.1 genannten Eigenschaften ist der Wurm aus weiteren Gründen ein sehr gutes Modell für menschliche Krankheiten:

— Außer **Hermaphroditen** gibt es Männchen (0,2 %) (s. ▶ Abschn. 11.1.6), was genetische Kreuzungen und somit Kartierung von Mutationen ermöglicht. Wird in einem Gameten eines Hermaphroditen eine Mutation ausgelöst, so ist der daraus entstehende Hermaphrodit heterozygot. 25 % seiner Nachkommenschaft sind dann homozygot für die Mutation.

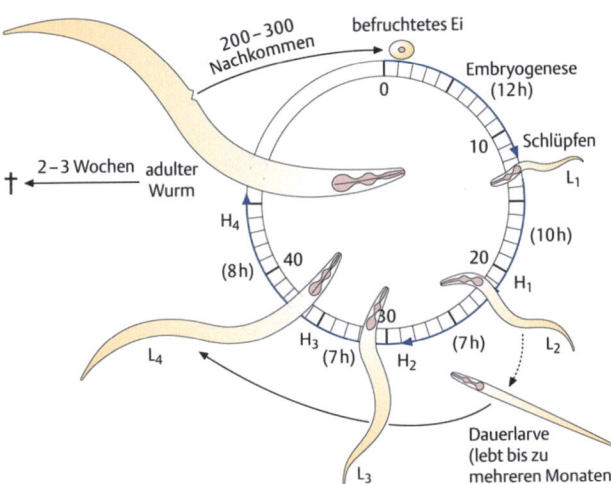

◘ **Abb. 12.2** Lebenszyklus von *C. elegans*. Die Entwicklung vom befruchteten Ei bis zum adulten Wurm ist bei 25 °C nach knapp zwei Tagen abgeschlossen. Während der ersten 12 h entstehen 558 Zellen, die alle Gewebe und Organe des Wurms bilden. In den nächsten 1,5 Tagen verdoppelt sich in etwa die Zellzahl und die Zellen werden größer. Dadurch werden vier Häutungen notwendig. Unter widrigen Umweltbedingungen kann das Stadium L2 in eine Dauerlarve übergehen, die in der weiteren Entwicklung das Stadium L3 überspringt. (Nach Schierenberg und Cassada 1986)

— 50–65 % der zur Zeit bekannten Gene des Menschen, die mit Krankheiten assoziiert sind, haben ein Homolog in *C. elegans*.

Hereditäre spastische Paralyse (HSP) gehört zur Gruppe der sog. **seltenen monogenetischen Krankheiten**, die mehr als 6000 verschiedene Erkrankungen umfasst. Zusammengenommen sind sie nicht selten, denn sie betreffen etwa 4 % der Weltbevölkerung. Mehr als 80 % der seltenen Krankheiten haben eine genetische Grundlage. Bis heute kennt man > 90 Gene, die mit HSP assoziiert sind, eine Krankheit, die durch Degeneration der langen Axone, die die Beinmuskeln innervieren, gekennzeichnet ist und mit fortschreitender Spastik und allmählichem Funktionsverlust der Beinmuskulatur einhergeht. Oftmals findet man zwar in einer Familie eine Mutation in einem bestimmten Gen, aber ob diese Mutation ursächlich mit der Krankheit zusammenhängt, bedarf dann weiterer Untersuchungen (u. a. Stammbaumanalysen; s. ▶ Abschn. 13.1).

Im hier dargestellten Beispiel wurde in einem HSP-Patienten eine Mutation im *KLC4* Gen identifiziert, die im Verdacht stand, ursächlich mit der Erkrankung in Zusammenhang zu stehen. *KLC4* kodiert die leichte Kette eines Kinesins, einem Motorprotein, das für den intrazellulären Transport entlang von Mikrotubuli benötigt wird, und u. a. in Axonen am Transport von synaptischen Vesikeln beteiligt ist. Die Deletion eines GC-Basenpaares in dem mutanten Gen des Patienten führte zu einer Frameshift Mutation (s. ▶ Abschn. 6.4.4), so dass ein verkürztes Protein mit acht neuen Aminosäuren am carboxyterminalen Ende entsteht.

Um herauszufinden, ob diese Mutation ursächlich mit den Symptomen des Patienten in Zusammenhang steht, wurde das *C. elegans* Homolog *klc-2* im Wurm durch das menschliche *KLC4* ersetzt, einmal durch die wildtypische und einmal durch die mutante *KLC4* Variante. Die Frage war: führt diese Mutation zu motorischen Defekten im Wurm?

Bei *C. elegans* sind in den letzten Jahren sehr ausgeklügelte Methoden zur Beschreibung und Quantifizierung von Bewegungsabläufen etabliert worden. So können im „Schwimmtest" an Hand von Videos mit hochauflösenden Kameras Defekte in der Geschwindigkeit und Art der Bewegung aufgezeichnet werden (◘ Abb. 12.3). In diesem Test zeigte die *klc-4* Mutante eine deutlich reduzierte Zahl der Körperkrümmungen/sec und eine stark reduzierte Geschwindigkeit.

Dies ist ein Beispiel dafür, dass Symptome einer Krankheit im Modellorganismus *C. elegans* nachgestellt werden können. Hochdurchsatz-Ansätze (ähnlich wie für den Zebrafisch beschrieben, s. ▶ Abschn. 12.3.3) werden inzwischen eingesetzt, um die Wirkung sehr vieler chemischer Komponenten auf die Modifikation dieses und anderer Phänotypen im Wurm zu ermitteln.

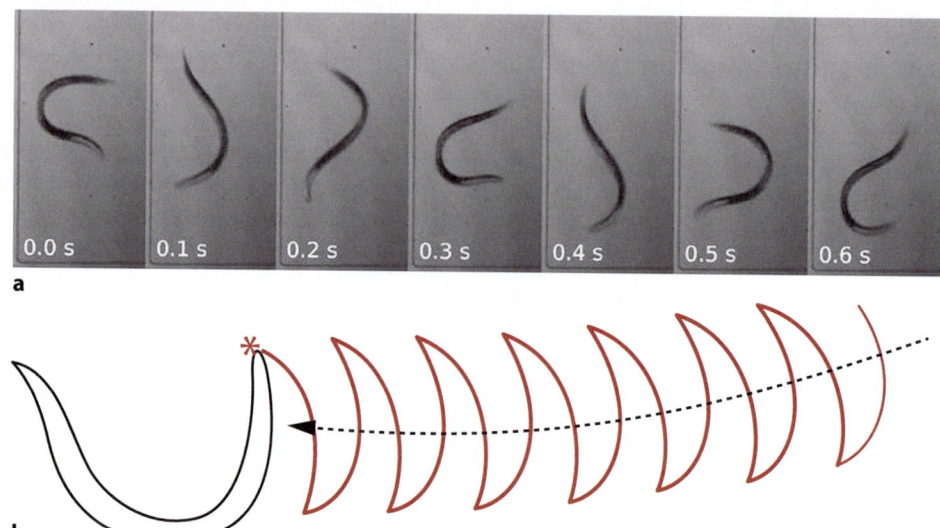

Abb. 12.3 Schwimmtest von *C. elegans* **a** Einzelaufnahmen eines Wurms im Schwimmtest. **b** Schematische Darstellung der Bewegung eines Wurms von rechts nach links. Aufzeichnung der Häufigkeit der Krümmung des Körpers/sec, dokumentiert durch den Bewegungsverlauf der Schwanzspitze (rot), sowie die Richtung der Bewegung (gestrichelte Linie). (**a**: Shivers et al. 2017)

12.3.2 *Drosophila melanogaster* als Modell zur Erforschung neurodegenerativer Krankheiten

Drosophila melanogaster ist seit über 100 Jahren als Labortier etabliert (s. auch ▶ Box 7.6) und Arbeiten mit dieser Fliege haben allgemeingültige Erkenntnisse der Genetik und Entwicklungsgenetik erbracht. Fliegen sind holometabole Insekten, d. h. solche, die zwischen Larvenstadien und adultem Insekt eine **Metamorphose** durchlaufen. Bei 25 °C Umgebungstemperatur dauert ein Zyklus etwa 10 Tage (▶ Box 12.2, ◨ Abb. 12.4).

Am Beispiel der **Huntington Krankheit** (HD, Huntington disease) und der **Parkinson Krankheit** (PD, Parkinson disease; s. ▶ Box 12.3) werden die Möglichkeiten zum Einsatz von *D. melanogaster* als Krankheitsmodell aufgezeigt.

> **Box 12.2 Der Lebenszyklus von *Drosophila melanogaster***
> Die Embryogenese ist innerhalb eines Tages abgeschlossen und es schlüpft eine Larve, die aus zwei unterschiedlichen Zellpopulationen besteht, den larvalen und den Vorläufern der imaginalen Zellen. Die larvalen Zellen, die den Larvenorganismus aufbauen, teilen sich nicht mehr, sie werden größer und die Chromosomensätze werden vervielfältigt, in manchen Zelltypen entwickeln sich Polytänchromosomen (s. ▶ Abschn. 4.1.2.2). Ein Hindernis beim Größenwachstum ist die von den Epidermiszellen sezernierte feste Kutikula, die daher bei jeder Häutung abgestreift wird. Nach dem besonders ausgeprägten Größenwachstum des 3. Larvenstadiums kriecht die Larve aus dem Futter, setzt sich auf einem Untergrund fest und verpuppt sich. In den nächsten 4 Tagen wird ein fast völlig neuer Organismus gebildet: die Fliege. Sie entsteht im Wesentlichen aus den bis dahin undifferenzierten, diploiden imaginalen Zellen, die z. T. als Imaginalscheiben in der Larve organisiert sind (z. B. Bein-, Flügel- oder Augen-Antennen-Imaginalscheibe; s. ▶ Abschn. 4.1.2.2), oder als kleine Zellgruppen z. B. im larvalen Darm vorkommen oder so genannte imaginale Ringe an der Speicheldrüse oder dem Enddarm bilden. Einige wenige Zelltypen der Larve werden in die Fliege übernommen (dies sind vor allem Nervenzellen), der Rest wird histolysiert.

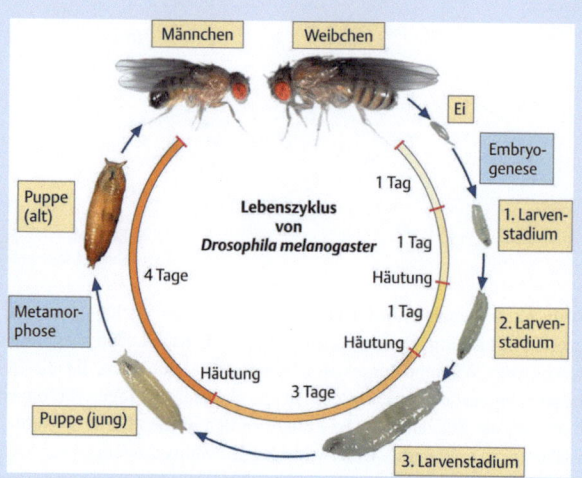

Abb. 12.4 Lebenszyklus von *Drosophila melanogaster*. (Bilder von Robert Klapper)

12.3 · Tiermodelle zur Erforschung menschlicher Krankheiten

> **Box 12.3 Chorea Huntington und Morbus Parkinson**
>
> Bei **Chorea Huntington** (Huntington's disease, **HD**) handelt es sich um eine autosomal dominant vererbte Krankheit (Häufigkeit 1:20.000), bei der es zu fortschreitender Degeneration von Nervenzellen im Gehirn kommt. Die Krankheit manifestiert sich bei Patienten mittleren Alters, zunächst im Auftreten von unkoordinierten, ungewollten Bewegungen. Mit zunehmendem Alter treten psychische und kognitive Defekte, bis hin zur Demenz, hinzu und die Krankheit führt ca. 15–20 Jahre nach Ausbruch zum Tod. Die motorischen Ausfälle sind die Folge des **Verlusts spezifischer Nervenzellen**, die den Botenstoff γ-Aminobuttersäure (**GABA**) produzieren und sich im Striatum befinden, einer subkortikalen Gehirnstruktur, die die Körperbewegungen kontrolliert. Mit dem Fortschreiten der Krankheit degenerieren weitere Teile des Gehirns. HD gehört zu einer Familie von bisher neun bekannten, hereditären neurodegenerativen Erkrankungen, die durch eine **Expansion von CAG-Trinukleotiden** im Protein-kodierenden Bereich von Genen ausgelöst werden (s. ▶ Abschn. 13.4.1.1). Dadurch kommt es im Protein zur Insertionen zusätzlicher **Glutamine (Q)**, weshalb diese Krankheiten auch **poly(Q)-Krankheiten** genannt werden. Das normale **Huntingtin (Htt) Protein** mit 6–35 Glutaminresten wird in vielen Zellen exprimiert, besonders stark im Gehirn. In den Zellen befindet sich das Protein vornehmlich im Zytoplasma, in den Neuriten und an Synapsen, aber auch im Zellkern. Man nimmt an, dass Htt an der Regulation der Transkription und an intrazellulären Transportvorgängen beteiligt ist. Das Htt Protein von HD-Patienten trägt 36–121 Glutaminreste. Ihre Anzahl korreliert direkt mit dem Alter, an dem die Krankheit ausbricht, und mit der Stärke der Symptome. Bereits vor der Degeneration der Neurone findet man in den Zellkernen, im Zytoplasma und den Neuriten von HD Patienten **Proteinaggregate**, die zum großen Teil **aus Htt Protein** bestehen. Die Bildung von intrazellulären Proteinaggregaten im Gehirn ist ein charakteristisches Symptom vieler neurodegenerativer Erkrankungen.
>
> Das *Drosophila* **Huntingtin (Htt)** ist an der Ausrichtung der mitotischen Spindel, an der Regulation des Chromatins und am axonalen Transport beteiligt. Ihm fehlt allerdings der poly(Q) Abschnitt.
>
> Von der **Parkinson-Krankheit** (Morbus Parkinson, Parkinson disease, **PD**) ist etwa 1 % der Bevölkerung über 65 Jahren betroffen und sie stellt somit, nach der Alzheimer Krankheit, die zweithäufigste neurodegenerative Erkrankung dar, die sich durch langsam fortschreitendes Muskelzittern, Muskelstarre und schließlich Bewegungsarmut bzw. Bewegungsunfähigkeit manifestiert. Pathologisch ist PD durch den Verlust bestimmter Neurone, die den **Neurotransmitter** (Botenstoff) **Dopamin** bilden und deshalb **dopaminerge Neurone** genannt werden, charakterisiert. Diese befinden sich in der *substantia nigra*, einer Region im Mittelhirn, die durch einen hohen Anteil an Eisen und Melanin dunkel erscheint. Dopamin hat einen wichtigen Einfluss auf die Steuerung der Motorik. In den Neuronen betroffener Individuen bilden sich **Proteinaggregate**, die sog. **Lewy-Körperchen** (engl. *Lewy bodies*), deren Übertragung von Zelle zu Zelle, ähnlich wie die von Prionen, zur Ausbreitung im Gehirn führen. Durch genetische Untersuchungen von Familien, in denen diese Krankheit gehäuft auftrat, konnte eine Korrelation zwischen dem Auftreten dieser Krankheit und **Mutationen in einem von fünf verschiedenen Genen** aufgezeigt werden: α-*Synuclein* (*PARK1*; *SNCA*), *parkin* (*PARK2*), *DJ-1* (*PARK7*), *PINK1* (*PARK6*), *dardarin* (*LRRK2*, *PARK8*). Es gibt Hinweise darauf, dass an der Pathologie von PD das **Ubiquitin Proteasom-System** beteiligt ist (s. ◘ Abb. 10.33), da man z. B. in Lewy-Körperchen Ubiquitin nachweisen konnte. *parkin* kodiert eine E3-spezifische Ubiquitinligase, das die Übertragung von Ubiquitin auf zum Abbau bestimmte Proteine katalysiert. Der Verlust von *parkin* könnte somit zum Defekt im Abbau bestimmter Proteine führen und dadurch die Krankheit auslösen.
>
> Für drei der Gene, α-*Synuclein*, *parkin* und *DJ-1* sind *Drosophila* Modelle für PD etabliert. **α-Synuclein** kodiert ein Protein, das bei Säugern an **präsynaptischen Nervenendigungen** konzentriert ist, zu dem es aber kein *Drosophila* Ortholog gibt. Deshalb wurde das menschliche α-*Synuclein* Protein in Fliegen exprimiert, entweder das wildtypische Protein oder mutante Proteine, mit denselben Aminosäureaustauschen wie die, die man in Patienten mit dominant vererbter PD nachgewiesen hat (A30P oder A53T). Die Überexpression des mutierten α-*Synuclein* Gens im Gehirn der Fliege resultierte im **Verlust von dopaminergen Neuronen**. Außerdem konnte man Lewy body ähnliche Proteinaggregate in α-*Synuclein* exprimierenden Neuronen nachweisen.

Anders als eine durch eine rezessive Mutation verursachte Krankheit lässt sich eine durch eine dominante Mutation ausgelöste menschliche Krankheit oft durch Überexpression des mutanten Gens „nachstellen". Im Falle von **Huntingtin (HTT)** wurde das menschliche Protein in *Drosophila* überexprimiert, einmal in seiner wildtypischen und einmal in seiner mutanten Form, die ein Protein mit zusätzlichen Glutaminen kodiert. Im Falle von α-*Synuclein*, dessen mutante Form beim Menschen mit dem Auftreten von PD korreliert, wurde das humane Protein mit einer häufig in PD-Patienten gefundenen dominanten Mutation (A30P oder A53T) in Fliegen überexprimiert. Die Expression erfolgt mit Hilfe des sog. **Gal4/UAS-Systems** (s. ▶ Box 12.4). Als Kontrolle werden die jeweiligen nichtmutanten Proteine exprimiert.

Die Überexpression des mutierten α-*Synuclein* Gens im Gehirn der Fliege führt, wie bei PD Patienten, zum **Verlust von dopaminergen Neuronen** (◘ Abb. 12.6a, b).

Box 12.4 Das Gal4/UAS-System erlaubt die räumlich-kontrollierte, ektopische Expression von Genen

Gal4 ist ein Transkriptionsfaktor der **Hefe**, der Genaktivität durch Bindung an eine spezifische regulatorische DNA-Sequenz im 5′-Bereich der Zielgene, die **upstream-activating-sequence** (**UAS**), kontrolliert (vgl. ▶ Abschn. 10.2.2.2 zur Funktion von Transkriptionsfaktoren). Da weder das **Gal4-Protein** noch seine Zielsequenz im *Drosophila*-Genom vorkommt, konnte dieses Protein in idealer Weise zur Induktion ektopischer Expression von Genen bei *Drosophila* verwendet werden. Ektopisch heißt, dass das Gen zu einem falschen Zeitpunkt und/oder in einem anderen Organ/Gewebe als dem, in dem es normalerweise exprimiert wird, aktiviert wird (◘ Abb. 12.1).

Hierzu verwendet man zwei transgene Fliegenstämme (◘ Abb. 12.5). Das im **Aktivatorstamm** integrierte Transgen kodiert den **Hefetranskriptionsfaktor Gal4** unter der Kontrolle eines beliebigen Enhancers. Da seine Zielsequenzen normalerweise nicht im *Drosophila*-Genom vorkommen, hat die Expression von Gal4 keinerlei Auswirkungen auf die Entwicklung oder Lebensfähigkeit der Fliege. Der **Effektorstamm** trägt ein Transgen mit der kodierenden Region des zu untersuchenden Gens, das hinter die Bindungsstellen von Gal4 (die **UAS**) kloniert wurde. Da das Genom des Effektorstamms kein Gal4-Protein kodiert, wird das UAS-Transgen nicht exprimiert. Kreuzt man nun jedoch Aktivatorstamm und Effektorstamm miteinander, so tragen alle oder ein Teil der Nachkommen beide Transgene im selben Genom. Der Gal4-Transkriptionsfaktor findet nun im Genom seine Zielsequenz UAS, bindet an diese und aktiviert die Transkription des dahinter liegenden Gens. Dieses wird nun in einem Muster exprimiert, das durch die Kontrollregion, die die Expression des Gal4-Transgens im Aktivatorstamm reguliert, festgelegt wird.

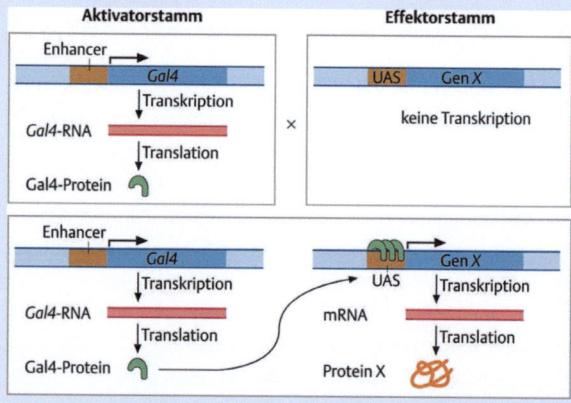

◘ **Abb. 12.5** Das Gal4-System zur ektopischen Expression von Genen (Erklärung s. Text)

Außerdem konnte man Proteinaggregate in α-Synuclein exprimierenden Neuronen nachweisen, die mit Lewy-Körperchen vergleichbar sind (s. ▶ Box 12.4). Die Expression von mutantem α-Synuclein oder Htt-Protein im Fliegengehirn führt zu motorischen Defekten, die sich in einem Klettertest demonstrieren lassen (◘ Abb. 12.6d, d′).

Diese Ergebnisse zeigen, dass sich sowohl die zellulären als auch die motorischen Defekte von HD- bzw. PD-Patienten im Fliegenmodell nachstellen lassen.

Die etablierten Modelle können nun dazu verwendet werden, Wege aufzuzeigen, wie die Symptome der „kranken" Fliegen reduziert oder aufgehoben werden können. i) Zum einen macht man sich die vielfältigen Methoden der *Drosophila* Genetik zunutze, um Mutationen in anderen Genen zu identifizieren, die „Symptome" der „kranken" Fliege verhindern oder abschwächen. Die Kenntnis dieser Gene könnte Einblicke in die Funktion des Krankheitsgens ermöglichen sowie Hinweise auf mögliche **Risikofaktoren** beim Menschen geben für den Fall, dass diese Gene auch beim Menschen konserviert sind. ii) Zum anderen kann man an den „kranken" Fliegen viele verschiedene Pharmaka testen, die die Fliegen über das Futter aufnehmen (*drug screening*).

Es gibt zahlreiche Hinweise darauf, dass die **Proteinaggregate**, die bei den oben besprochenen (und anderen) neurodegenerativen Krankheiten auftreten, toxisch für die Zelle sind und das Absterben der Neurone induzieren. Eine Therapie könnte dann darauf abzielen, die Ausbildung dieser Aggregate zu **verhindern**. Am Beispiel von α-Synuclein soll das Vorgehen beschrieben werden. Die Zusammensetzung der bei PD-Patienten auftretenden Lewy-Körperchen im Zellkörper von Neuronen bzw. in den Neuriten sind das Ergebnis von defekter Proteinfaltung. **Chaperone** sind ATPasen, die die korrekte Faltung neu-synthetisierter oder fehlgefalteter Proteine erleichtern (engl.: *chaperone*, Anstandsdame, die „unreife Proteine vor schädlichen Kontakten bewahrt"). Zu ihnen gehört **Hsp70**, das ursprünglich als Hitzeschock-Protein von *Drosophila* identifiziert wurde, da es vermehrt nach Erhöhung der Temperatur (Hitzeschock bei *Drosophila* etwa 31 °C) synthetisiert wird. Ausgehend von der Beobachtung, dass Chaperone die korrekte Faltung von Proteinen beschleunigen und somit deren Aggregation verhindern, wurde getestet, ob die Überexpression von Hsp70 die α-Synuclein enthaltenden Proteinaggregate und die hierdurch ausgelösten Symptome abschwächen kann. Tatsächlich konnte bei **gleichzeitiger Expression von mutantem α-Synuclein und Hsp70** das Absterben dopaminerger Neurone vollständig verhindert werden (vergl. ◘ Abb. 12.6c, c′). Erstaunlicherweise war die Anzahl der Proteinaggregate nicht reduziert, sie enthielten nun aber Hsp70, welches vermutlich die toxische Wirkung dieser Aggregate vermindert bzw. aufhebt. Diese Ergebnisse zeigen, dass das **Auftreten eines mutanten Phänotyps** in *Drosophila* **verhindert werden kann**, d. h.

12.3 · Tiermodelle zur Erforschung menschlicher Krankheiten

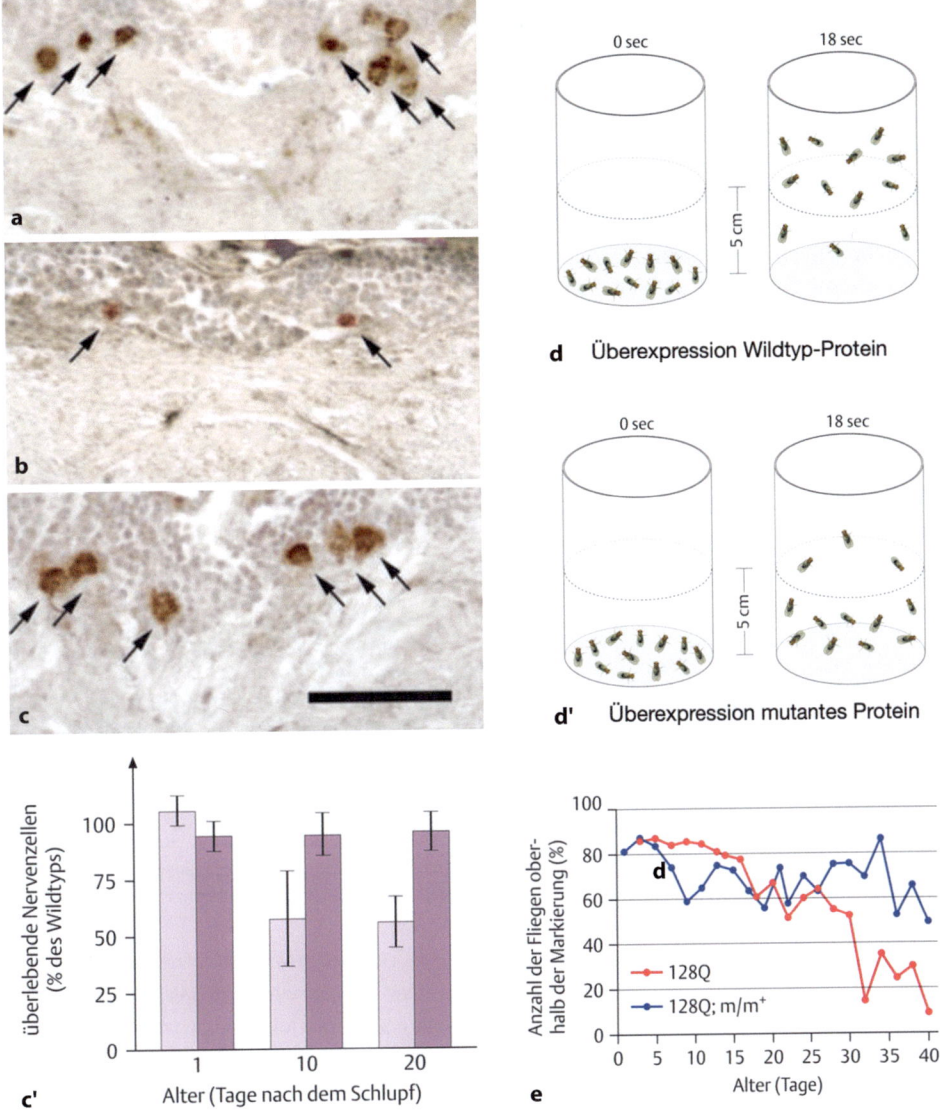

◨ **Abb. 12.6** *Drosophila* Modelle für HD und PD stellen die Symptome der menschlichen Krankheiten nach. **a–c′** Schnitte durch Gehirne 20 Tage alter Fliegen (**a–c**). Dopaminerge Neurone sind braun (Pfeile). Maßstab = 32 μm. Im Vergleich zur Kontrolle (**a**) führt die Überexpression von α-Synuclein zum Absterben von ~50 % der Neurone (**b**). Nach Koexpression von α-Synuclein und Hsp70 ist die Anzahl dopaminerger Neuronen vergleichbar der in **a** (**c**). **c′** zeigt die Quantifizierung der Anzahl überlebender dopaminerger Neurone aus den Experimenten in **b** und **c**. Helle Säulen: Expression von α-Synuclein, dunkle Säulen: Koexpression von α-Synuclein und Hsp70. Ordinate: % überlebende Neurone. **d, d′** Klettertest zur Überprüfung motorischer Fähigkeiten. 30 Fliegen in einem Plastikröhrchen werden durch Klopfen auf den Grund des Röhrchens gebracht (0 sec). Nach 18 s wird gezählt, wie viele Fliegen sich oberhalb einer 5 cm Markierung befinden. Gal4-vermittelte Überexpression eines mutanten menschlichen *HTT*-Gens führen zu erheblichen Einschränkungen der Mobilität. **e** Quantifizierung der Ergebnisse eines Klettertests von Fliegen, die das mutante menschliche HTT^{128Q}-Gen im Gehirn exprimieren (rote Kurve; Genotyp: *elav-Gal4/+; UAS-HTT^{128Q}*) im Vergleich zu solchen, die zusätzlich eine loss-of-function Mutation (m) in einem weiteren Gen tragen (blaue Kurve). Das Auftreten altersabhängiger motorischer Defekte wird durch die zusätzliche Mutation verhindert. (**a–c′**: Auluck et al. 2002, Fig. 1; **e**: Kaltenbach et al. 2007, Fig. 3; mit freundlicher Genehmigung)

eine „kranke" Fliege konnte „geheilt" werden. Der mutante Phänotyp kann nun auch zur Suche nach weiteren Genen verwendet werden, die, ähnlich wie Hsp70, die nach Überexpression eines Krankheitsgens hervorgerufenen Defekte verhindern. ◨ Abb. 12.6e zeigt an einem Beispiel die Rettung der altersabhängig auftretenden motorischen Defekte in Fliegen nach Überexpression von mutantem *htt* bei gleichzeitiger Mutation in einem anderen Gen (m).

Das oben beschriebene Beispiel kann natürlich beim Menschen so nicht angewendet werden, da es auf der Expression von Transgenen beruht. Das Ergebnis zeigt aber, dass z. B. eine hohe Aktivität eines Chaperons das Absterben dopaminerger Neurone im Fliegengehirn verhindert. Deshalb hat man nach chemischen Substanzen gesucht, die die Aktivität der in der Zelle exprimierten Chaperone erhöhen. Eine dieser Substanzen ist **Geldanamycin**, eine benzochinoide Verbindung, die vom Bakterium *Streptomyces hygroscopicus* produziert wird. Es bindet und inaktiviert Hsp90, einen negativen Regulator von Hsp70. Nach Behandlung mit Geldanamycin wird die **Hsp70 Aktivität erhöht**, wodurch das Absterben dopaminerger Neurone verhindert werden konnte.

Diese wenigen Beispiele zeigen, dass man bei *Drosophila* die zellulären und motorischen Symptome einer menschlichen Krankheit nachstellen kann, dass man die zellulären Ursachen dieser Krankheit untersuchen, sowie chemische Substanzen auf ihre Wirksamkeit zur Unterdrückung der Symptome testen kann. Allerdings: diese Ergebnisse lassen sich oft nicht unmittelbar in Therapien menschlicher Krankheiten umsetzen. Da Geldanamycin nicht die Blut-Hirn-Schranke des Menschen durchqueren kann, kommt es als Therapeutikum nicht in Frage. Doch konnten andere Chaperon-aktivierende Substanzen in der Zellkultur die Ausbildung toxischer Aggregate reduzieren. Diese Ergebnisse zeigen, dass Modellorganismen Hinweise auf erfolgversprechende Therapien geben können.

12.3.3 Der Zebrafisch als Modell zum Studium menschlicher Krankheiten

Der Zebrafisch oder Zebrabärbling (*Danio rerio*) gehört zur Familie der Karpfenfische und ist in den Gewässern Indiens beheimatet, wo er in langsam fließenden oder stehenden Gewässern anzutreffen ist. Seit vielen Jahren ist er auch als Aquarienzierfisch sehr beliebt. Seinen Namen erhielt er auf Grund seiner bläulichen Längsstreifen, die sich bei dem etwas kleineren Männchen auf einem gold-gelben bis rötlichen, beim Weibchen auf einem silbrig-weißen Untergrund gut abheben. George Streisinger war der erste, der in den späten 1970iger Jahren zeigte, dass der Zebrafisch geeignet ist, in genetischen Screens interessante Mutanten zu isolieren, die es erlauben, Entwicklungsprozesse von Vertebraten zu studieren. Inzwischen ist der Zebrafisch in vielen Labors etabliert, und mehrere Krankheitsmodelle sind etabliert. Neben den in ◘ Tab. 12.1 genannten Merkmalen machen ihn weitere Eigenschaften als Modellorganismus interessant:
- Neue Mutationen können relativ leicht erzeugt werden
- Methoden der reversen Genetik zum Ausschalten von Genfunktionen sind gut etabliert und leicht anzuwenden, z. B. durch Injektion von Morpholino-Oligonukleotiden.
- Das Genom ist vollständig sequenziert, 70 % der Zebrafischgene haben Homologe im Menschen.
- Viele Organe besitzen die Fähigkeit zu regenerieren, u. a. das Herz und die Retina (Netzhaut).
- Sehr viele chemische Komponenten können an Embryonen im Hochdurchsatzverfahren in Mikrotiterplatten getestet werden, zumal die Embryonen während der Organogenese für kleine Moleküle durchlässig sind.

Der Lebenszyklus ist in ◘ Abb. 12.7 dargestellt.

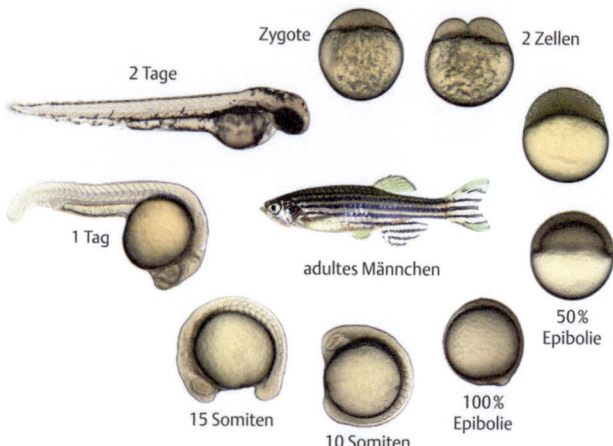

◘ **Abb. 12.7** Lebenszyklus des Zebrafischs *Danio rerio*. Die Zygote hat einen Durchmesser von 0,7 mm. Von der Befruchtung bis zum Beginn der ersten Furchungsteilung dauert es etwa 40 min. Nach der ersten Furchungsteilung teilen sich die Blastomeren zunächst synchron etwa alle 15 min. Die dabei entstehenden Zellen bilden eine Kappe auf dem Dotter, die Keimscheibe, die nach der achten Teilung eine kugelige Gestalt annimmt (Stereoblastula), die sich im weiteren Verlauf abflacht und streckt. Bei 50 % Epibolie, wenn der Embryo die Hälfte des Dotters umspannt, beginnt die Gastrulation. Bei 100 % Epibolie hat der Embryo den gesamten Dotter eingeschlossen. Dieses Stadium wird auch „tailbud" genannt, weil jetzt die Schwanzknospe sichtbar ist. Anschließend erfolgt die Segmentierung des Embryos, die Stadien werden jetzt nach der Anzahl der Segmente benannt. Nach 24 h hat der Embryo eine Länge von 1,9 mm, er ist deutlich pigmentiert und das Herz fängt an zu schlagen. Nach insgesamt 48 h schlüpft die 3,1 mm lange Larve. Nach 90 Tagen ist der Fisch geschlechtsreif. (Bilder von Michael Brand, Dresden)

Der Zebrafisch steht als Wirbeltier dem Menschen in Bezug auf Entwicklungsprozesse und Physiologie sehr viel näher als Fliege und Wurm, und bietet sich deshalb auch als Modell zum Studium menschlicher Krankheiten an (◘ Tab. 12.3).

Hier soll an einem Beispiel die erfolgreiche Durchführung zur Identifizierung einer chemischen Substanz zur „Heilung" eines „kranken" Zebrafischs gezeigt werden. Homozygot mutanten *gridlock* (*grl*) Embryonen fehlt das gesamte posteriore **Blutgefäßsystem** auf Grund eines Defekts in der dorsalen Aorta (◘ Abb. 12.8b). Dieser Phänotyp hat große Ähnlichkeit mit den Symptomen einer angeborenen menschlichen Krankheit, der **Aortenisthmusstenose** (*Coarctatio aortae*), bei der es zu einer Verengung der Aorta (Hauptschlagader) kommt, so dass die Organe der unteren Körperhälfte (Niere, Leber, Darm) nicht ausreichend mit Blut versorgt werden. Beim Menschen wird dieser Phänotyp durch eine **Mutation in *hey2*** verursacht. Das *hey2* Gen kodiert einen Transkriptionsrepressor aus der bHLH-Familie (s. ◘ Tab. 10.1), der die Differenzierung von Angioblasten zu Arterien kontrolliert.

In Abwesenheit von *hey2* werden zu wenige **Arterienvorläuferzellen** gebildet. In einem chemisch-genetischen Ansatz wurden ca. 5000 Substanzen auf ihre Fähigkeit hin untersucht, den *grl* mutanten Phänotyp zu unterdrücken.

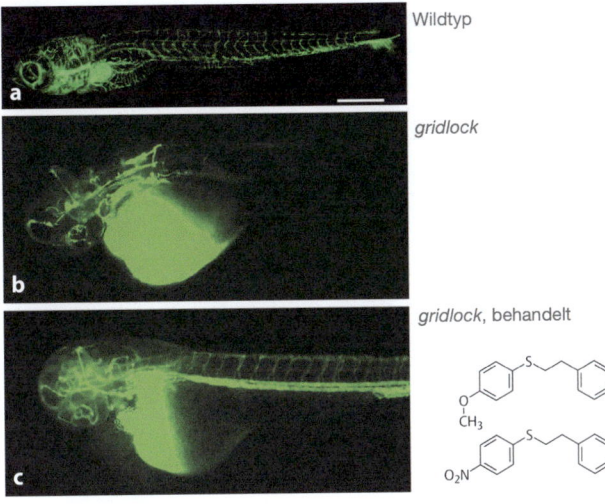

Abb. 12.8 Rettung des *gridlock* Phänotyps im Zebrafisch durch eine chemische Substanz. **a** Angiogramm eines Wildtyp Embryos 48 h nach der Befruchtung. Das Blutgefäßsystem wird durch GFP (green fluorescent protein), das durch den Promotor von *fli1* kontrolliert wird, dargestellt. **b** Angiogramm eines homozygot mutanten *grl* Embryos 48 h nach der Befruchtung. Die Blutgefäße wurden durch Injektion von fluoreszierendem Dextran dargestellt. Es fehlen die Blutgefäße im posterioren Teil des Embryos. **c** Angiogramm eines homozygot mutanten *grl* Embryos, der mit GS4012 behandelt wurde, 48 h nach der Befruchtung. Daneben die chemische Struktur der beiden Moleküle, die den *grl* Phänotyp retten konnten. Oben: GS4012, unten: GS3999. Maßstab: 500µm. (Nach Chávez et al. 2016 (**a**) und Peterson et al. 2004 (**b**, **c**))

Zwei strukturell verwandte Komponenten, GS3999 and GS4012, zeigten das gewünschte Ergebnis (Abb. 12.8c). Vermutlich aktivieren diese Substanzen VEGF (**v**ascular **e**ndothelial **g**rowth **f**actor), einen Wachstumsfaktor, der eine wichtige Rolle bei der **Vaskulogenese** (Neubildung von Blutgefäßen aus Vorläuferzellen) und der **Angiogenese** (Entstehung von Kapillaren aus einem vorhandenen Kapillarsystem) spielt. In einem zweiten Ansatz wurde eine chemisch nicht verwandte Komponente, GS4898, gefunden, die ebenfalls den *grl* mutanten Phänotyp unterdrückt. Diese hat strukturelle Ähnlichkeit mit LY29002, einem Inhibitor der Phosphatidylinositol 3-kinase (PI3K), die ebenfalls nach Einwirkung auf die mutanten Embryonen zur Wiederherstellung der posterioren Blutgefäße führt. Mitglieder dieser Kinasefamilie kontrollieren wichtige Funktionen, wie etwa Zellwachstum und Zellproliferation, Zellwanderung und Differenzierung, weshalb ihr Ausfall mit einer Vielzahl von Krankheitsbildern assoziiert ist. Diese Ergebnisse zeigen

1. dass chemische Screens unmittelbar zur Wirkungsweise einer Substanz und somit zur Aufdeckung eines Zielproteins führen können,
2. dass sie somit die Grundlage zur Entwicklung von Therapeutika liefern,
3. dass sie Einblick in die Regulation grundlegender biologischer Prozesse geben, deren Kenntnis dann wiederum Ansatzpunkt für neue Therapien sein kann.

12.3.4 Die Maus als Modell zur Erforschung menschlicher Krankheiten

Die Maus ist ein recht kleines Säugetier mit einem Adultgewicht von 30–40 g. Nach einer kurzen Tragezeit von nur 19–20 Tagen wird der etwa 1 g leichte Säugling geboren. Nach 3 Wochen ist er entwöhnt und nach weiteren 3 Wochen geschlechtsreif (Abb. 12.9). Ein adultes Weibchen kann in der Regel in seinem Leben 4–8 Würfe mit jeweils 6–8 Säuglingen haben.

Bei der Untersuchung der Ursachen menschlicher Krankheiten und ihrer möglichen Therapien ist es wünschenswert, einen Modellorganismus einzusetzen, der dem Menschen möglichst nahesteht. Seit vielen Jahren verwendet man hierfür die Maus (*Mus musculus*), die in anatomischer, genomischer und physiologischer Hinsicht sehr viel Ähnlichkeit zum Menschen besitzt, obwohl sich beide Spezies seit etwa 75 Mio. Jahren getrennt entwickelt haben. Gegenüber anderen Säugermodellen (z. B. Ratte) hat die Maus den Vorteil einer geringeren Größe, einer kürzeren Generationszeit und großer Fruchtbarkeit. Das Mausgenom ist vollständig sequenziert, und von 99 % der Gene gibt es entsprechende menschliche Gene. Eine Vielzahl von gut etablierten Methoden der reversen Genetik erlaubt die Untersuchung von Genfunktionen. Somit findet die Maus Einsatz als Modell für eine Vielzahl menschlicher Krankheiten, unter denen sich auch zahlreiche Krebserkrankungen befinden.

Unter **Krebs** fasst man eine Gruppe von malignen (bösartigen) Erkrankungen zusammen, die durch eine Erhöhung der Zahl bestimmter Zelltypen charakterisiert ist, was häufig das Ergebnis einer verstärkten Proliferation (Hyperproliferation) von, meist mutierten, Zellen ist und zur Verdrängung bzw. Zerstörung des gesunden Gewebes führen kann. Bei den Tumoren unterscheidet man **Karzinome**, die von Epithelien stammen und **Sarkome**, die mesenchymalen Ursprungs sind. Die Auslöser von Tumoren sind recht unterschiedlich, aber allen gemeinsam ist, dass sie das wohlbalancierte Gleichgewicht zwischen Wachstum und Teilung einerseits und Zelltod (Apoptose) andererseits stören.

Viele existierende Krebsmodelle wurden durch externe Faktoren, etwa Bestrahlung oder Behandlung mit cancerogenen Substanzen, induziert. Inzwischen kommen aber mehr und mehr Mausmodelle zum Einsatz, in denen Tumorbildung durch Mutation in einem einzigen Gen ausgelöst wurden (Tab. 12.5).

Dafür kommen zwei Klassen von Genen in Frage. 1. **Onkogene**. Diese sind über ihre Beteiligung an Signalübertragungen positive Regulatoren des Zellzyklus, weshalb ihre Überexpression zur Deregulation des Zellzyklus und zur Tumorbildung führen kann. 2. Tumore können auch durch *loss-of-function* Mutationen in Genen, die normalerweise die Zellteilung negativ kontrollieren, ausgelöst werden, weshalb diese Gene **Tumorsuppressorgene** oder **rezessive Onkogene** genannt werden. Ein

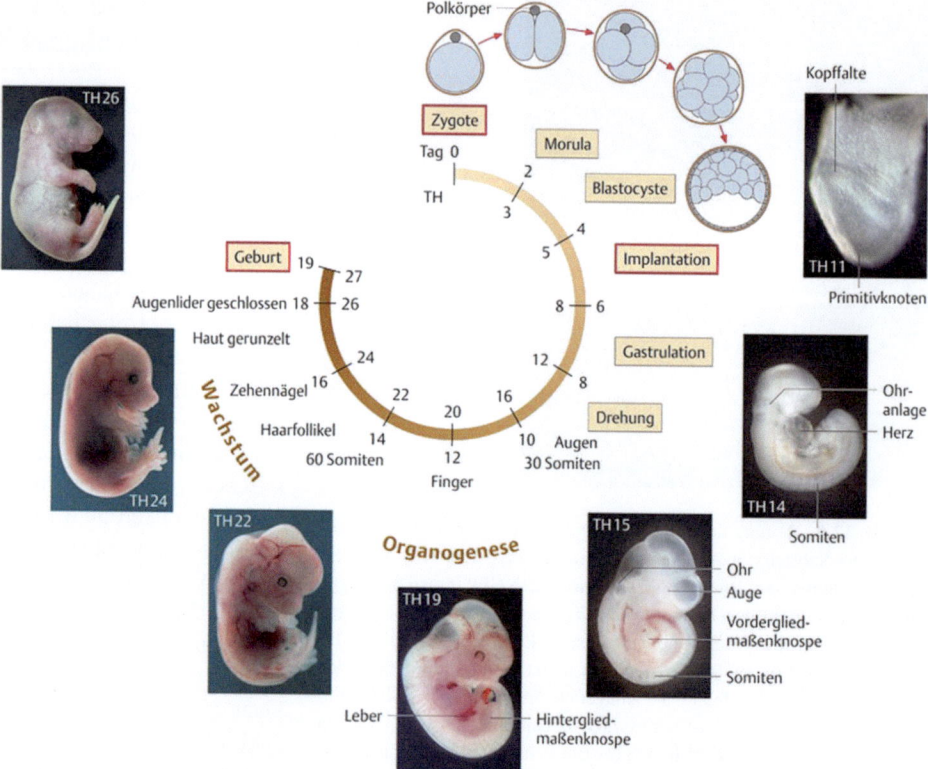

◘ **Abb. 12.9** Der Lebenszyklus der Maus von der Befruchtung bis zur Geburt. Auf der Außenseite des Zeitkreises sind die 19 Tage der Tragezeit eingetragen, auf der Innenseite die Unterteilung in Entwicklungsstadien nach Theiler (TH1 bis TH27). (Fotos von Katrin Schuster-Gossler und Achim Gossler, Hannover)

◘ **Tab. 12.5** Beispiele für Mausmodelle menschlicher Krebserkrankungen

Organ	Histopathologie	Betroffenes Gen
Lunge	Adenokarzinom	Kras
Enddarm	Adenomatous Polyposis coli	Apc; Myc; Trp53; TGFA
Niere	Nierenzellkarzinom	Apc; Trp53
Leber	Leberzellkarzinom	Apc
Gehirn	Astrocytoma	Pten; Rb1
	Glioblastoma	Nf1; Trp53
Haut	Melanom	Hras; Ink4a
	Plattenepithelkarzinom	Xpd
	Basalzellkarzinom	Ptch; Smoh; Sufuh; TP53

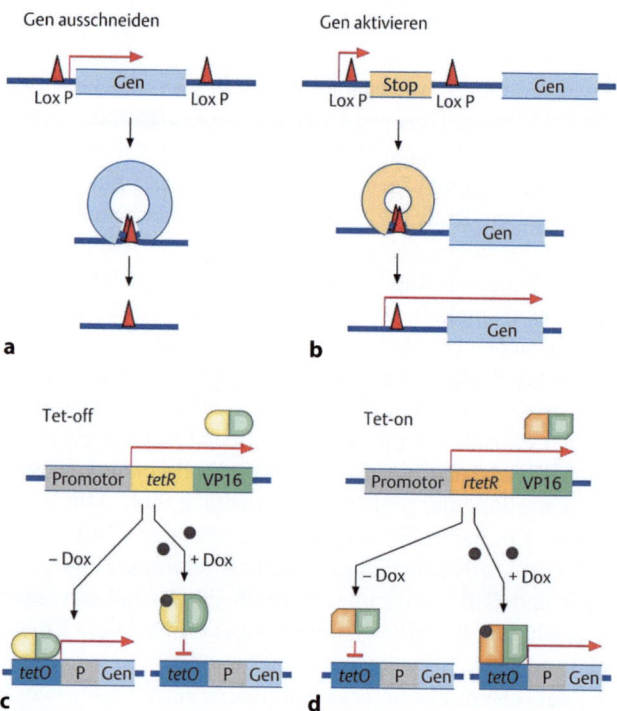

Problem stellt sich jedoch bei der Modellierung von Erkrankungen, die durch *loss-of-function* Mutationen bzw. Überexpressionen in der Maus erzeugt werden: die Embryonen sterben oftmals bevor sie einen Tumor entwickeln. Deshalb wurden Techniken entwickelt, die eine gezielte Abschaltung der Genfunktion oder Überexpression eines Genprodukts nur in bestimmten Zellen oder Geweben ermöglicht (◘ Abb. 12.10).

◘ **Abb. 12.10** Das Cre-Lox P System und das Tet-on/Tet-off System. Erklärungen s. Text

12.3.4.1 Das Cre-Lox P System

Die **Cre** (**C**auses **re**combination) **Rekombinase** ist eine Sequenz-spezifische Rekombinase aus dem Phagen P1. Cre katalysiert die Sequenz-spezifische Rekombination zwischen definierten, 34 bp langen „**Lox P**" (locus C of crossover P1) Stellen. Wird ein Gen zwischen zwei Lox P-Stellen plaziert und der Cre-Aktivität ausgesetzt, so wird das Gen herausgeschnitten („floxed out"). Um das zu erzielen, werden Mäuse, die die Cre Rekombinase unter der Kontrolle eines Gewebe-spezifischen oder induzierbaren Promotors exprimieren, mit Tieren gekreuzt, die das jeweilige Gen, flankiert von Lox-P-Stellen, tragen. Nach Aktivierung der Cre Rekombinase wird das Gen herausgeschnitten, jedoch nur in einem bestimmten Gewebe oder zu einem bestimmten Zeitpunkt (Abb. 12.10a). Das Cre-Lox P System kann auch für die Aktivierung eines Gens verwendet werden. Dazu wird eine Kassette mit einem Stop Codon, flankiert von Lox-P-Stellen, vor das jeweilige Gen platziert. Aktivierung der Cre Rekombinase entfernt die Stop Kassette, so dass jetzt das Gen exprimiert werden kann (Abb. 12.10b). Dieses System hat den Nachteil, dass die Inaktivierung oder Aktivierung des Gens ein irreversibler Prozess ist; d. h. das Gen kann nicht beliebig ein- und ausgeschaltet werden.

12.3.4.2 Tetracyclin-induzierbare Systeme

Das **Tetracyclin (Tet)-induzierbare System** ermöglicht eine sehr präzise räumliche und zeitliche Kontrolle der Genaktivierung oder -inaktivierung mit Hilfe eines Gewebe-spezifischen **Transaktivators** und eines **Effektor** Gens (Abb. 12.10c, d). Anders als das Cre-Lox P System ermöglicht es das beliebige Einschalten („**Tet-on**" oder tTA-System) oder Ausschalten („**Tet-off**" oder rTA-System) eines Gens.

Das ‚Tet-off' System verwendet das Tn10-spezifische Tetracyclin-resistente Operon von *E. coli* und besteht aus zwei Teilen: einem Transaktivator und einem Effektor. Der Transaktivator besteht aus der DNA-bindenden Domäne des tetR Proteins von *E. coli*, fusioniert mit der transaktivierenden Domäne des Herpes simplex Proteins VP16, unter der Kontrolle eines Gewebe-spezifischen Promotors. Das zweite Konstrukt enthält das jeweils zu untersuchende Gen unter der Kontrolle des tet Operators, *tetO*. In Abwesenheit des Induktors **Doxycyclin** (Dox), ein **Antibiotikum** aus der Familie der Tetracycline, bindet das tetR-VP16 Protein an *tetO* und erlaubt die Expression des Gens. Nach Zugabe von Doxycyclin bindet dieses an das tetR-VP16 Protein und bewirkt seine Konformationsänderung, wodurch dieses gehindert wird, an *tetO* zu binden. Der Promotor wird nicht aktiviert und das Gen nicht exprimiert (Abb. 12.10c).

Beim ‚Tet-on' System ist die zweite Komponente identisch mit der des ‚Tet-off' System, aber das Transaktivatorgen besteht aus einem Gewebe-spezifischen Promotor und kodiert eine mutante Version der tetR DNA-Bindedomäne, *rtetR*, fusioniert mit VP16. In Abwesenheit von Doxycyclin bindet rtetR-VP16 nicht an den *tetO* Operator, die Genexpression bleibt folglich aus. Nach Zugabe von Doxycyclin erfährt das Protein eine Konformationsänderung und bindet an den Operator, was zu einer Aktivierung der Genexpression führt (Abb. 12.10d).

Die genannten Beispiele zeigen, dass genetische und molekulargenetische Ansätze an Modellorganismen zu wichtigen Ergebnissen führen können, die auch die biomedizinische Forschung stark beeinflussen. Einige dieser Methoden, die auch bei der Erforschung menschlicher Krankheiten zur Anwendung kommen, sollen im folgenden Kapitel vorgestellt werden.

12.4 Genom- und Mutationsanalysen durch molekulargenetische Methoden

Erfolgreiche Arbeiten an etablierten und neuen Modellorganismen, aber auch die Fortschritte in der Biomedizin wurden nur möglich durch die Weiterentwicklung bestehender bzw. durch die Entwicklung neuer Methoden. Diese erlaubten die genaue Kartierung von Genen, aber auch die Erstellung der Sequenz ganzer Genome, selbst einzelner Individuen (s. auch ▶ Kap. 14). Einige dieser Methoden werden in diesem Kapitel vorgestellt.

12.4.1 Molekulare Marker

Voraussetzung für die genaue Beschreibung eines durch eine Mutation aufgedeckten Gens und der Natur des von ihm kodierten Proteins ist die Kenntnis der Lokalisation des entsprechenden Gens. In ▶ Kap. 8 wurde das Prinzip zur Kartierung eines Gens erläutert. Die Methode basiert auf der Häufigkeit der Rekombination zwischen dem zu untersuchenden Gen und einem oder mehreren Markergenen, deren Lokalisation bekannt ist. In Organismen wie *Neurospora* oder *Drosophila* ist die Kartierung relativ einfach auf Grund der Tatsache, dass die jeweils nötigen Kreuzungen (z. B. Testkreuzungen) sehr leicht durchgeführt werden können und im Verlauf der Jahre viele Markergene kartiert wurden. Dies ist bei der **Kartierung menschlicher Gene** oder von Genen neuer Modellorganismen nicht möglich. Deshalb war es lange Zeit sehr schwierig, eine mit einer Krankheit assoziierte Mutation zu kartieren. Die Beschreibung und genaue Kartierung sehr vieler **molekularer Marker** (s. Tab. 12.6) durch Genomanalysen ermöglichte einen Zugang zur Lösung dieser Aufgaben.

Bei molekularen Markern kann es sich um einfache, hintereinanderliegende, also **in Tandem angeordnete Di-, Tri-, Tetra-Penta- oder Hexanukleotide** handeln, die verstreut im Genom lokalisiert sind und die Gruppe der **SSRs** (simple sequence repeats) bilden. Je nach Länge der wiederholten Einheiten klassifiziert man diese in **Minisatelliten** oder **VNTR** (**v**ariable **n**umber of **t**andem **r**epeat; 10–60 bp) und **Mikrosatelliten** oder STR (**s**hort **t**andem

Tab. 12.6 Molekulare Marker

Marker		Beispiel	
		Individuum 1 (Referenzgenom[a])	Individuum 2
Längenvariation[b]			
VNTR	Variable number of tandem repeats = Minisatellit	5′…ACCCCACCCC…3′	5′…ACCCCACCCCACCCC…3′
STR	Short tandem repeat = Mikrosatellit	5′…GTCGTCGTCGTC…3′	5′…GTCGTCGTCGTCGTCGTC…3′
Sequenzvariation			
SNP[c]	Single nucleotide polymorphism	5′…ACCCGTGTGA ATTCCG…3′	5′…ACCCGTGTGC ATTCCG…3′

[a] Zur Erklärung des Referenzgenoms s. ▶ Abschn. 14.1.3
[b] VNTR und STR bilden die Gruppe der **SSR** (Simple sequence repeat). Sie sind Ursache für SSLP: *simple sequence length polymorphism*.
[c] Ein typisches Genom unterscheidet sich vom Referenzgenom an 4–5 Mio. Stellen.

repeats, 1–6 bp; ◘ Tab. 12.6; s. ▶ Abschn. 2.3). Diese sind in vielen Spezies zu finden und stellen **neutrale Variationen** dar. Neutral deshalb, weil diese Sequenzen i. A. in nicht-kodierenden Regionen vorkommen und deshalb eine Veränderung ihrer Sequenz nicht mit der Veränderung eines Genprodukts einhergeht. Sie sind hochgradig **polymorph**, d. h. sie kommen in vielen Variationen im Genom vor, die sich in ihrer Länge und/oder ihrer Sequenz voneinander unterscheiden (◘ Tab. 12.6). Kommt der Polymorphismus durch eine unterschiedliche Anzahl repetitiver Einheiten an einer bestimmten Stelle im Genom zustande, so spricht man von **SSLP** (**s**imple-**s**equence **l**ength **p**olymorphism). Da die Variation sehr groß ist, gibt es etliche Mini- und Mikrosatelliten, für die nahezu alle Individuen einer Spezies heterozygot sind. Im Jahr 1992 war die Lokalisation von mehr als 800 charakterisierten **Mikrosatelliten** mit $(CA)_n$-Sequenzwiederholungen im **menschlichen Genom** bekannt. Die Genomsequenzierung hat gezeigt, dass es > 300.000 Mio. STRs im menschlichen Genom gibt. Es gibt immer mehr Hinweise auf mögliche Funktionen dieser Sequenzen, auch wenn sie nicht in kodierenden Regionen liegen.

Eine weitere genetische Heterogenität wird durch **SNPs** (*single nucleotide polymorphisms*) ermöglicht. Dabei handelt es sich um **Unterschiede in einzelnen Nukleotiden** (◘ Tab. 12.6). Im 1000 Genom Projekt (s. ▶ Kap. 14) wurden zunächst > 80 Mio. verschiedene SNPs identifiziert (2015), deren Zahl sich durch ständig hinzukommende Sequenzen auf > 1 Mrd. erhöht hat (2021). Die allermeisten von diesen treten sehr selten auf (< 1 %). Ein menschliches Genom trägt im Durchschnitt alle 1000 Basenpaare einen SNP und kann sich somit an 4–5 Mio. Stellen vom Referenzgenom unterscheiden (s. ▶ Kap. 14 zur Definition des humanen Referenzgenoms). Diese hohe Variabilität erlaubt es, jedes menschliche Individuum eindeutig an Hand dieser molekularen Marker zu identifizieren. Man spricht deshalb – in Anlehnung an den für jedes Individuum typischen Fingerabdruck, der in der Kriminalistik verwendet wird – von dem **DNA-Fingerabdruck** oder dem **genetischen Fingerabdruck** (DNA *fingerprint*) eines Individuums (s. u.).

Genau wie ein Gen in einer Zelle homo- oder heterozygot vorkommen kann, kann auch ein molekularer Marker auf den beiden homologen Chromosomen identisch oder unterschiedlich sein, weshalb man auch hier häufig von Allelen spricht (◘ Abb. 12.11a). Im Vergleich zu SNPs, von denen es in der Regel jeweils nur zwei Varianten gibt, kann es von STRs mehr als zwei Varianten geben, da die Zahl der wiederholten Einheiten variieren kann. STRs sind **multi-allelische polymorphe Marker**, wodurch ihre Anwendung oftmals mehr Informationen liefert als die von bi-allelischen SNPs. Im ersten Beispiel in ◘ Tab. 12.6 können Individuen 5, 10 oder mehr Tandem Repeats aufweisen. Es kann also Individuen geben, die homozygot für eine der beiden Sequenzen oder heterozygot für zwei verschiedene Varianten sind (◘ Abb. 12.11).

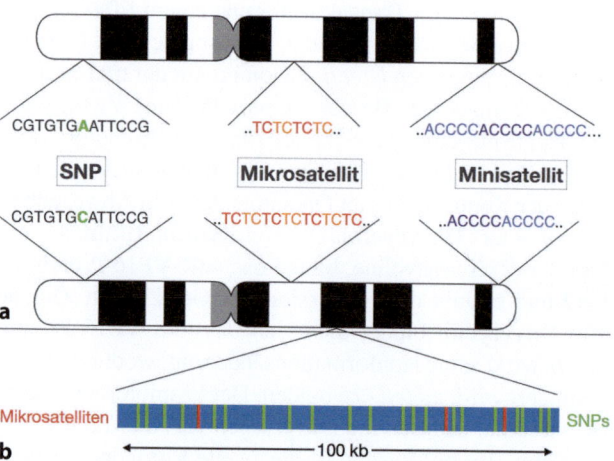

◘ **Abb. 12.11** Beispiel für die Verteilung polymorpher molekularer Marker. **a** Polymorphe Stellen in einem Paar homologer Chromosomen. Alle drei Marker liegen heterozygot vor **b** Beispiel für die Verteilung von Mikrosatelliten (rot) und SNPs (grün) in einem DNA-Abschnitt. SNPs sind wesentlich häufiger als Mikrosatelliten. SNP: single nucleotide polymorphism

12.4 · Genom- und Mutationsanalysen durch molekulargenetische Methoden

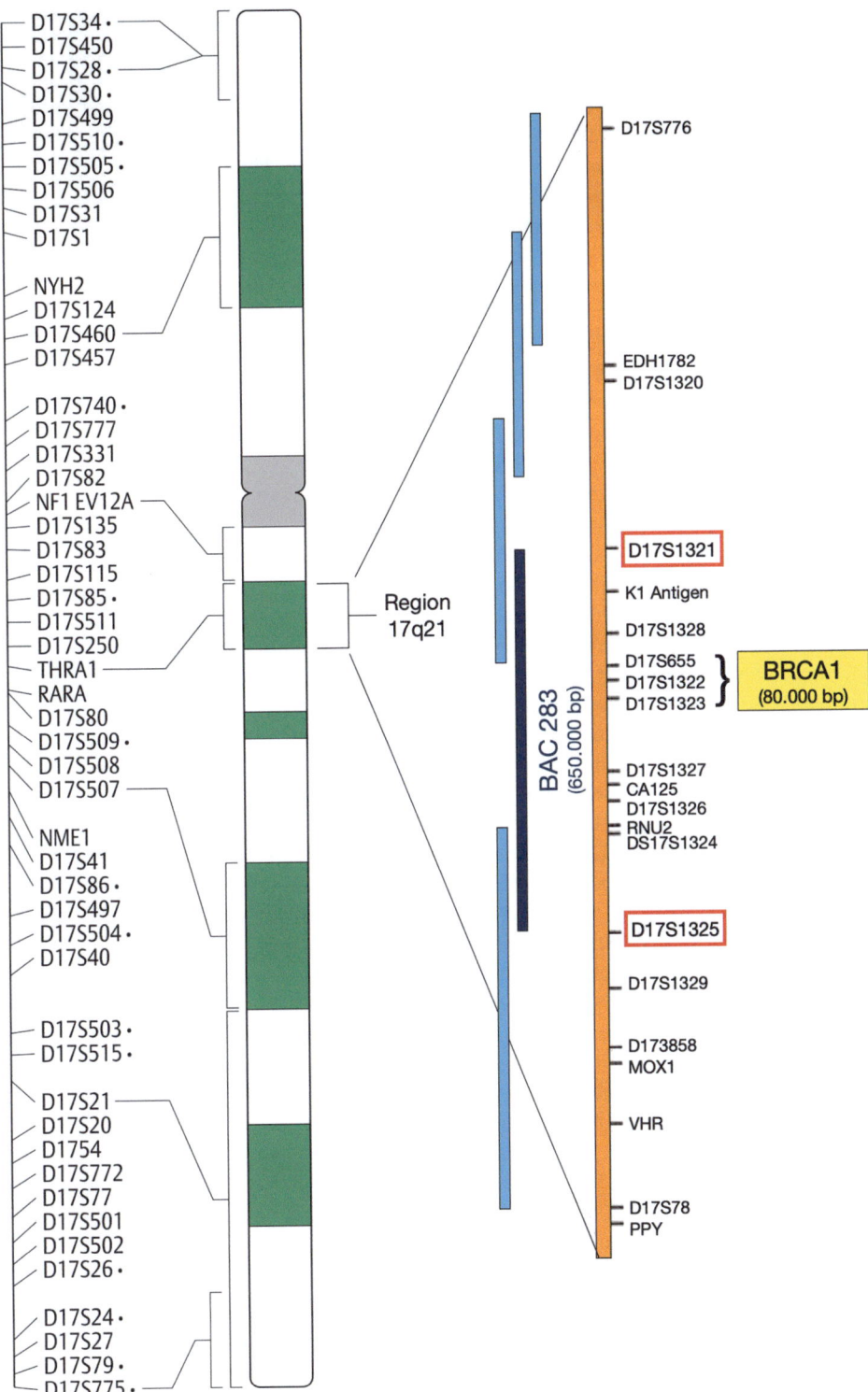

Abb. 12.12 Feinkartierung des *BRCA1* (breast cancer type 1) Gens auf dem menschlichen Chromosom 17. Das Schema des Chromosoms 17 links basiert auf dem Bandenmuster, das man nach Anfärben mit Giemsa erhält (G-Banding; s. ▶ Abschn. 13.2). Bis auf einige bekannte Gene (*NF1* = Neurofibromin 1, *THRA1* = Thyroidhormon Rezeptor-1, *RARα* = retinoic acid receptor-α, non-metastatic cells protein expressed basieren alle anderen Marker auf neutralen Sequenzvariationen. Die Bezeichnung D17S34 bedeutet: DNA-Marker (D) auf Chromosom 17 (17), single copy (S, kommt nur einmal im Genom vor) mit der Nummer 34. Die Dichte der molekularen Marker erlaubte die Kartierung von *BRCA1* auf ca. 80 kb. (Rechts verändert nach: ▶ https://www.mun.ca/biology/scarr/Fine-Scale_Mapping.html)

Liegt ein bestimmter Marker in der Nähe eines Gens, dessen Sequenz nicht bekannt ist und von dem angenommen wird, dass eine Mutation ein bestimmtes Krankheitsbild bzw. einen bestimmten Phänotyp auslöst, ist die Wahrscheinlichkeit groß, dass dieser Marker mit dem mutanten Gen während eines Rekombinationsereignisses zusammenbleibt. Dies kann dann ggf. in einer Stammbaumanalyse aufgedeckt werden, weil das mutante Gen und der molekulare Marker zusammen (gekoppelt) vererbt werden (in der Populationsgenetik spricht man dann von einem *linkage disequilibrium*).

Am Beispiel des BRCA1 (*breast cancer type 1*) Gens wird demonstriert, wie ein Gen durch Verwendung vieler molekularer Marker immer genauer lokalisiert werden konnte (◘ Abb. 12.12). BRCA1 wurde zunächst genetisch auf Chromosom 17 kartiert, dann auf den langen (q) Arm von Chromosom 17, dann auf die Bande 17q21, die ca. 2 Mio. bp enthält. Die DNA dieses Chromosomen-Abschnitts wurde in mehrere überlappende BACs (*bacterial artefıcial chromosomes*) kloniert (◘ Abb. 12.12 blaue Balken). In BAC 283 (dunkelblau; 650.000 bp) wurden weitere neutrale Marker kartiert, die dann die molekulare Lokalisation des BRCA1 Lokus auf einen Abschnitt von ca. 80 kb erlaubte.

12.4.2 Polymerasekettenreaktion (PCR)

Die Entwicklung der **Polymerasekettenreaktion** (**PCR**, **p**olymerase **c**hain **r**eaction) unter Verwendung einer hitzestabilen DNA-Polymerase durch Kary B. Mullis im Jahr 1985 hat die Molekularbiologie revolutioniert, da es diese Methode ermöglicht, ein einzelnes Gen aus dem gesamten Genom zu isolieren und in hoher Kopienzahl zu synthetisieren. Deshalb wurde er dafür im Jahr 1993 mit dem Nobelpreis für Chemie ausgezeichnet. Grundlage der Polymerasekettenreaktion ist ein Enzym, die **Taq-Polymerase**, die aus dem Bakterium *Thermus aquaticus* isoliert wird. Das Besondere dieses Bakteriums ist seine Fähigkeit, in heißen Quellen nicht nur zu überleben, sondern sich dort auch zu vermehren, d. h. seine Enzyme müssen bei den dort herrschenden Temperaturen stabil und funktionstüchtig sein. *Thermus aquaticus* wurde ursprünglich aus einer heißen Quelle im Yellowstone Nationalpark, USA, isoliert (◘ Abb. 12.13).

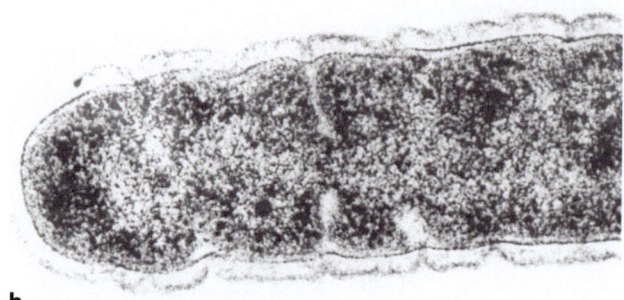

◘ **Abb. 12.13** Die Quelle „Cistern Spring" im Yellowstone Nationalpark. **a** Die Quelle Cistern Springs mit einer Temperatur von ca. 95 °C. **b** Transmissionselektronenmikroskopische Aufnahme von *Thermus aquaticus*, ein Bakterium, das bei Temperaturen von fast 100 °C lebt und sich vermehrt

Die PCR erlaubt es, einen bestimmten DNA-Abschnitt in großen Mengen zu synthetisieren (zu amplifizieren) (◘ Abb. 12.14). Dies setzt voraus, dass man die Sequenz des zu amplifizierenden Gens kennt. Man benötigt zwei synthetische **Oligonukleotide** (18–24 Nukleotide lang), die sog. **Primer**. Deren Sequenz ist jeweils komplementär zu einem der beiden Enden des zu amplifizierenden DNA-Abschnitts. Man bezeichnet sie als **forward Primer** bzw. **reverse Primer** (◘ Abb. 12.14, orange und hellgrün). Es kann also **nur solche DNA amplifiziert** werden, **von der mindestens eine kurze Sequenz bekannt ist**. (Wenn das nicht der Fall ist, können an die Enden einer DNA sog. **Adapter** ligiert werden. Das sind kurze, Oligonukleotide mit bekannter Sequenz, die dann mit den Primern hybridisieren). Außer der zu amplifizierenden DNA (*template*) enthält der Ansatz alle vier dNTPs und die Taq Polymerase.

Die PCR verläuft in Zyklen, in denen sich folgende Schritte jeweils wiederholen: Im Folgenden wird nur einer der beiden DNA-Stränge berücksichtigt (◘ Abb. 12.14).

— **Schritt 1**: Die DNA wird durch Erhitzen auf 94 °C denaturiert und damit einzelsträngig gemacht.
— **Schritt 2**: Die Temperatur wird auf 50–70 °C gesenkt (abhängig von der Basenzusammensetzung der Primer), so dass die Primer an ihre komplementären Sequenzen hybridisieren können (*annealing*). Da die Primer im Überschuss vorhanden sind, bilden sich vorzugsweise **Primer-DNA Hybride** und nicht die ursprünglichen DNA-Doppelhelices des zu amplifizierenden DNA-Fragments.
— **Schritt 3**: Die Temperatur wird auf 72 °C erhöht. Die *Taq*-**Polymerase** verlängert die 3'-Enden der Primer durch Hinzufügen der **dNTPs**, wobei ihr der jeweilige DNA-Einzelstrang als Matrize dient. Es entstehen wieder doppelsträngige DNAs. Damit ist Zyklus 1 beendet.

Diese drei Schritte: Denaturieren der DNA (1) – Hybridisieren der Primer (*annealing*) (2) – Elongation der neuen Stränge (3) – werden nun ständig wiederholt. Ab dem dritten Zyklus verdoppelt sich die DNA-Menge in jeder Runde. Auf diese Weise werden beispielsweise durch 20 Zyklen ca. 1 Mio. Kopien gewünschter **Amplikons** hergestellt. Das bedeutet, dass schon winzige DNA Mengen ausreichen, um diese durch PCR in großer Menge zu amplifizieren.

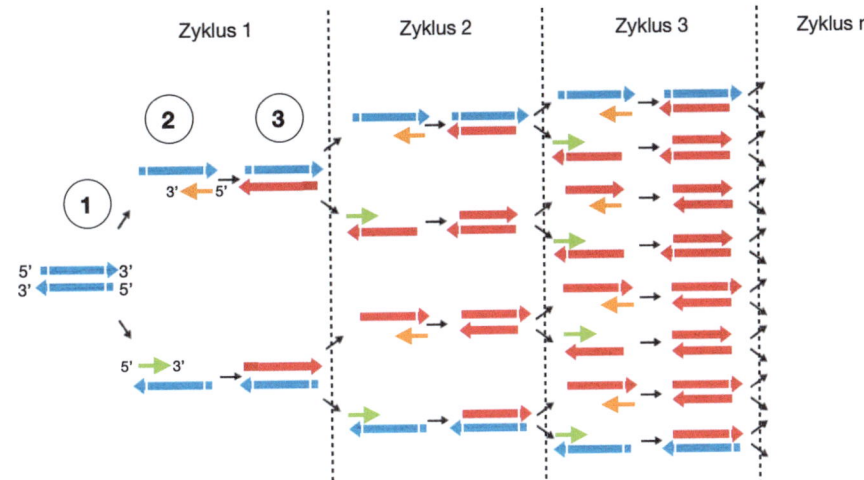

Abb. 12.14 Die Polymerasekettenreaktion (PCR). Ausgangsmaterial ist doppelsträngige DNA (blau), deren Sequenz vollständig oder teilweise bekannt ist. Vorwärts- bzw. Rückwärtsprimer sind grün bzw. orange. Amplikons sind rot. Weitere Erläuterungen im Text

12.4.3 DNA-Sequenzierung

Der Weg von der ersten Isolierung der DNA durch Friedrich Miescher (1869) über die Entwicklung von Methoden zur Bestimmung der Sequenz der Basen einer RNA (1965) und schließlich einer DNA (1972), bis zur ersten Bestimmung der kompletten DNA-Sequenz des menschliches Genom (2003) ist das Ergebnis der unermüdlichen Arbeit der Wissenschaftsgemeinschaft, getrieben von der Neugier, die Natur zu verstehen. Robert Holley sagte in seiner Rede anlässlich seiner Auszeichnung mit dem Nobelpreis 1986: „…. *without minimizing the pleasure of receiving awards and prizes, I think it is true that the greatest satisfaction for a scientist comes from carrying a major piece of research to a successful conclusion*".

Eine der ersten, vielfältig verwendeten Methoden der DNA-Sequenzierung ist die nach den Autoren der 1977 veröffentlichten Publikation benannte **Maxam-Gilbert Methode**. Den Durchbruch in der DNA-Sequenzierung brachte die im Jahr 1977 von Sanger & Coulson beschriebene **Didesoxynukleotid-Sequenzierung**, die auch unter dem Namen „**Sanger-Sequenzierung**" bekannt ist. Diese war Voraussetzung für die dann folgende Automatisierung der Sequenzierung. Sie beruht auf der Verwendung von modifizierten Nukleotiden, den 2′, 3′-Didesoxyribonukleotiden (Abb. 12.15). Wird ein Didesoxyribonukleotid im Verlauf der DNA-Synthese in den wachsenden Einzelstrang eingebaut, so bricht die Reaktion danach ab, da für die Ausbildung der Phosphodiesterbindung mit dem folgenden Nukleotidtriphosphat eine OH-Gruppe am 3′-Ende der Desoxyribose benötigt wird (s. Abb. 3.8). Man nennt deshalb diese Methode auch die **Kettenabbruchmethode** (Abb. 12.16).

Für die *in-vitro*-**Sequenzierungsreaktion** wird zunächst die zu sequenzierende DNA durch Erhitzen einzelsträngig gemacht (Abb. 12.16a). In vier parallelen Ansätzen erfolgt dann die Synthese des komplementären Strangs nach Zugabe von (1) eines markierten **Primers**, der zum Start der Reaktion nötig ist, (2) der **DNA-Polymerase I**, (3) aller vier **Nukleotidtriphosphate** (dATP, dCTP, dGTP und dTTP) und (4) jeweils eines **Didesoxyribonukleotidtriphosphats** pro Ansatz, also entweder ddATP, ddCTP, ddGTP oder ddTTP. Letztere sind in sehr geringer Konzentration vorhanden. Im Verlauf der Polymerisierungsreaktion werden die Didesoxyribonukleotidtriphosphate völlig zufällig in die wachsenden DNA-Ketten eingebaut, wodurch es an diesen Stellen zum Kettenabbruch kommt. Auf diese Weise bildet sich in jedem der vier Reaktionsansätze ein Gemisch unterschiedlich langer Einzelstränge, die jeweils mit einem A, einem C, einem G oder einem T enden. Die DNAs aus jedem der vier Ansätze werden nun durch Polyacrylamid-Gelelektrophorese entsprechend ihrer Länge aufgetrennt. Die Basensequenz kann nun anhand der Reihenfolge der Banden in den vier Spuren ermittelt werden, bei Verwendung von radioaktiv-markiertem Primer (oder radioaktiv markierten dNTPs) durch Autoradiografie (Abb. 12.16b), bei Verwendung von Fluoreszenz-markierten Primern durch Verwendung von sichtbarem Licht unterschiedlicher Wellenlänge (Abb. 12.16c). Das erste auf diese Weise vollständig sequenzierte Genom war 1977 das des Phagen ΦX174 mit 5,3 kb.

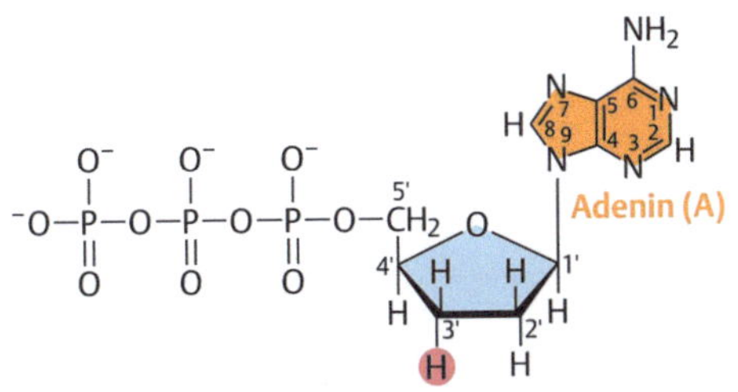

Abb. 12.15 Die Struktur des 2′,3′-Didesoxyadenosintriphosphats (ddATP), das für die DNA-Sequenzierung verwendet wird. Es unterscheidet sich von dATP durch ein H an der 3′-Position des Zuckers (rot unterlegt) anstelle der OH-Gruppe

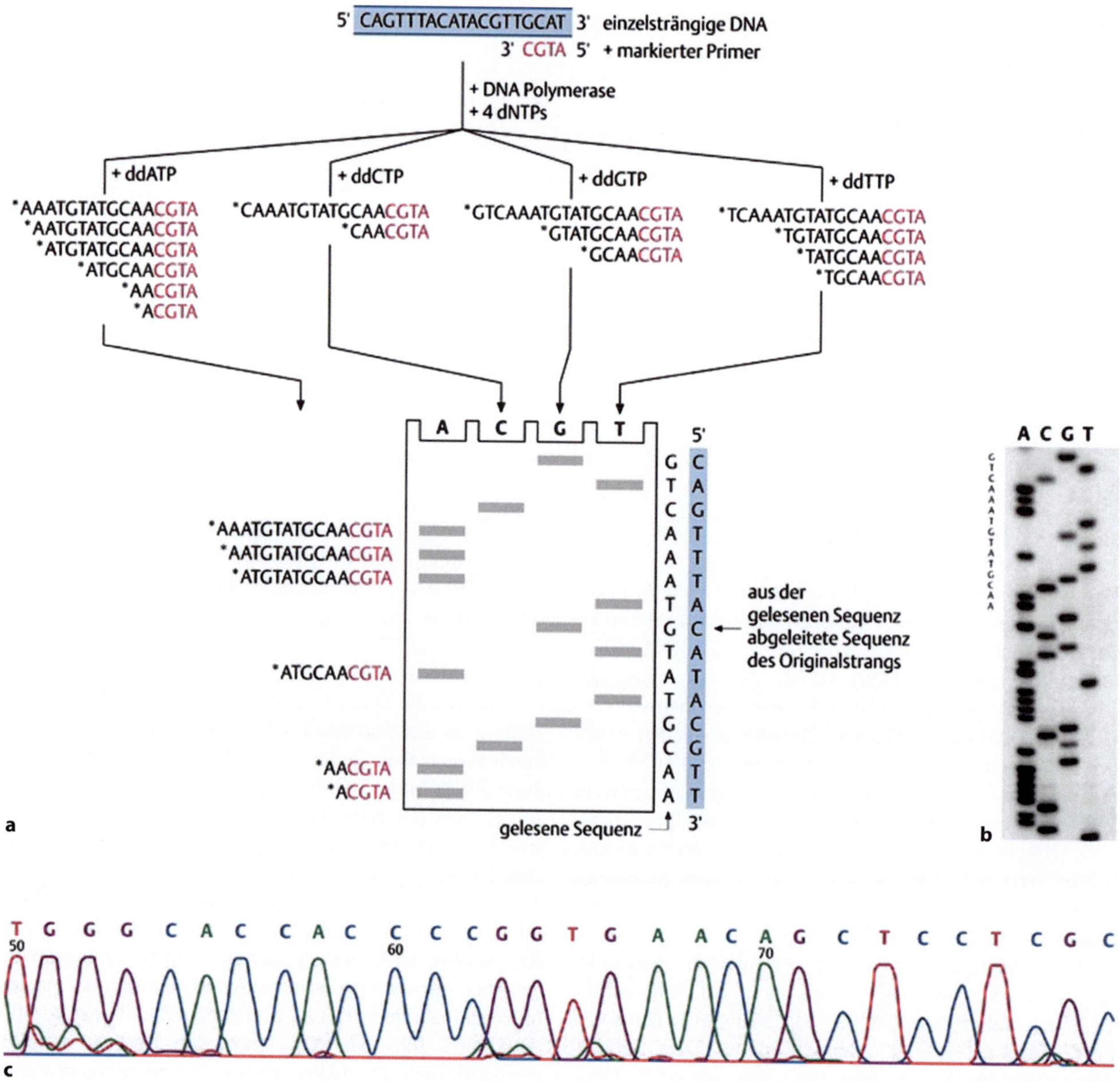

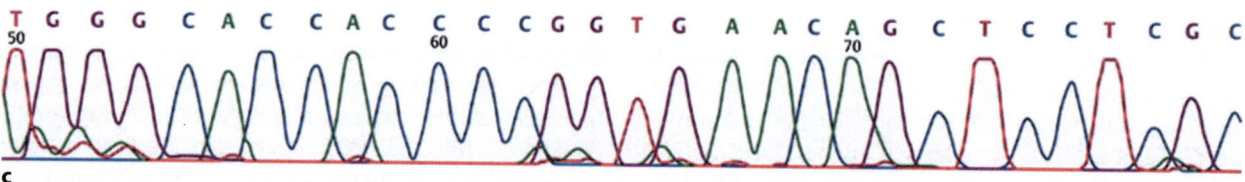

Abb. 12.16 Die Didesoxyribonukleotidsequenzierung nach F. Sanger. **a** Der fluoreszenzmarkierte Primer (rot) ist hier kürzer dargestellt als er normalerweise verwendet wird. In diesem Beispiel entstehen in dem ddATP-enthaltenden Reaktionsansatz sechs verschieden lange Fragmente. Nach Auftrennung der Reaktionsansätze im Polyacrylamidgel kann die Sequenz im Autoradiogramm gelesen werden. Links sind zur Erläuterung die sechs entstandenen Fragmente mit Abbruch nach dem Einbau von ddATP dargestellt. **b** Autoradiogramm des Polyacrylamidgels nach Verwendung eines mit ^{32}P-radioaktiv markierten Primers. **c** Ausdruck einer von einem automatischen Sequenziergerät ermittelten Sequenz. Jede Base ist in einer anderen Farbe dargestellt. Weitere Erläuterung im Text (**c** Sequenz von Hans Bünemann, Düsseldorf)

12.4.4 Genomweite Assoziationsstudien (GWAS)

Sehr häufig ist das Gen, das an der Entstehung einer Krankheit vermutet wird, nicht bekannt. Manchmal sind auch mehrere (unbekannte) Gene beteiligt (s. ▶ Abschn. 13.4.2 „Polygenetisch vererbte Erkrankungen"), oder das Krankheitsbild kommt erst nach gleichzeitiger Mutation in genetischen Modifikatoren (*modifier*)/**Risikofaktoren** zum Ausdruck. Zur Kartierung solcher Gene werden **Genom**weite Assoziationsstudien (GWAS) durchgeführt, deren Ziel es ist, genetische Variationen/Allele zu bestimmen und zu kartieren, die mit einem bestimmten Phänotyp/einer bestimmten Krankheit assoziiert sind. Das Ziel von GWAS ist es also, Allele zu identifizieren, die gemeinsam mit einem Merkmal auftreten, wobei Allele auch SNPs (single nucleotide polymorphisms) in nicht kodierenden DNA-Abschnitten sein können (z. B. in regulatorischen Sequenzen; ◘ Tab. 12.6, ◘ Abb. 12.11). Heute kennt man im menschlichen Genom ca. 10 Mio. SNPs, so dass es für jedes Gen

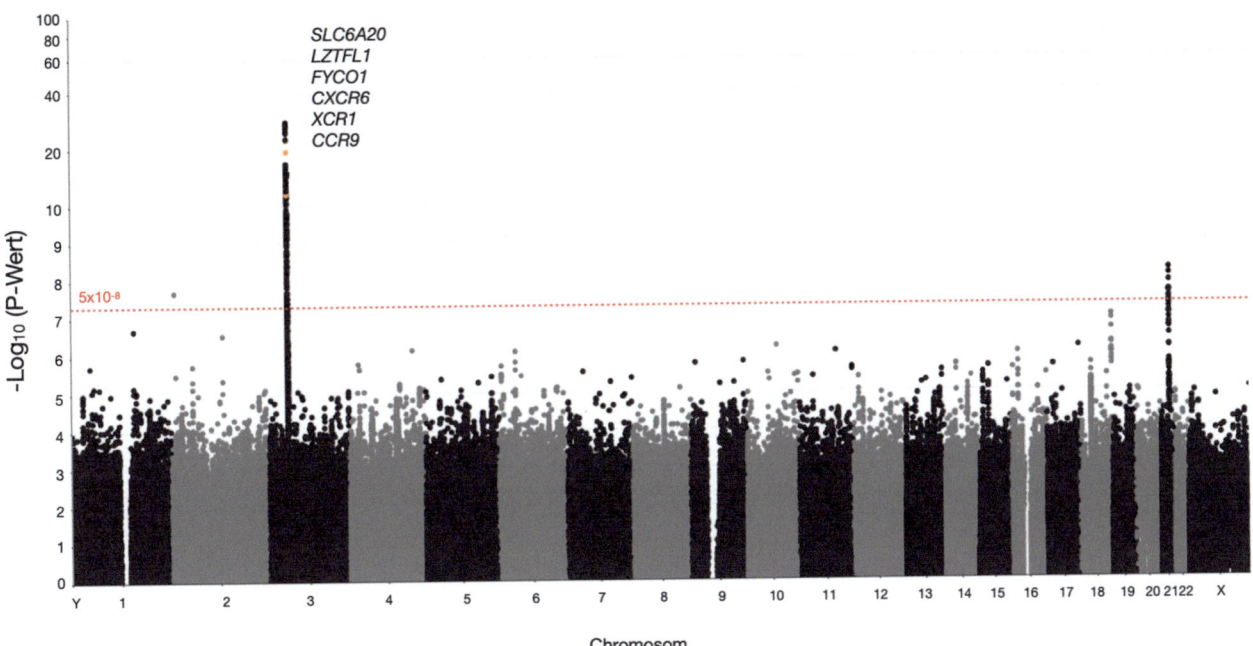

Abb. 12.17 Manhattan Plot zur Aufdeckung der Assoziation genetischer Varianten mit schwerer COVID-19 Infektion. Eine schwer an COVID-19 erkrankte Patientengruppe wurde mit einer gesunden Kontrollgruppe verglichen. Die x-Achse zeigt die Chromosomen, die y-Achse die Signifikanz (P-Wert) der Assoziation eines SNPs mit dem Auftreten einer schweren COVID-19 Erkrankung, die im Krankhaus behandelt werden musste. Jeder Punkt repräsentiert einen SNP. Die gestrichelte rote Linie markiert den Schwellenwert, über dem alle Punkte einen signifikanten Grad der Assoziation zeigen. (Zeberg und Pääbo 2020)

von Interesse ein bis mehrere SNPs in der Nachbarschaft gibt, die mit diesem Gen segregieren.

Für die Durchführung einer GWAS werden zwei möglichst große Gruppen von Individuen untersucht: die Mitglieder der einen Gruppe weisen eine bestimmte Krankheit (oder ein bestimmtes Merkmal) auf, die Mitglieder der Kontrollgruppe sind nicht erkrankt bzw. weisen dieses Merkmal nicht auf (bei Tieren und Pflanzen der sog. Wildtyp). Von jedem Individuum beider Gruppe wird nun die DNA auf Variation in hunderten oder tausenden SNPs, die in Datenbanken zugänglich sind, analysiert. Tritt ein bestimmter SNP mit einer erhöhten Signifikanz (p-Wert; s. ▶ Abschn. 8.3) gehäuft im Genom der Erkrankten im Vergleich zu den Gesunden auf, so spricht man von einer Assoziation zwischen dem SNP und der Erkrankung. Diese wird in einem sog. **Manhattan-Plot** (benannt nach der Skyline von Manhattan) dargestellt (◘ Abb. 12.17).

In dem hier gezeigten Beispiel wird eine signifikante Assoziation zwischen einer Region auf dem 3. Chromosom und der erhöhten Anfälligkeit, schwer an Covid-19 zu erkranken, aufgezeigt (Severe Covid-19 GWAS Group 2020). Die Region auf 3p21.31 enthält sechs Gene, aber welches dafür verantwortlich ist, kann durch diese Analyse allein nicht bestimmt werden, sondern bedarf weiterer molekularbiologischer Untersuchungen (z. B. durch Transkriptom-Analysen, s. ▶ Abschn. 14.3). Interessanterweise ist diese Risikoregion von ca. 50 kb eine Region, die vom Neandertaler Genom stammt (Zeberg und Pääbo 2020). Neuere Studien mir höherer Probandenzahl lieferte weitere Risikoregionen. Die Kenntnis solcher Risikofaktoren kann möglicherweise zukünftig zur optimalen Ausarbeitung personalisierter Vorsorgemaßnahmen und ggf. Behandlungsmethoden beitragen.

Allerdings ist zu bedenken, dass die Ergebnisse von GWAS durch viele Faktoren beeinflusst werden können, z. B. durch die Zahl der Probanden, das Geschlecht, das Alter, oder die Ethnie der Probanden, so dass zwei Studien nicht immer dasselbe Ergebnis liefern.

12.5 Was ist ein Gen?

Der Begriff **Gen** wurde von dem dänischen Botaniker und Genetiker Wilhelm Johannsen im Jahr 1909 geprägt, in Anlehnung an das altgriechische Wort γένος, génos (Generation, Geburt). Er prägte auch die Begriffe **Genotyp** und **Phänotyp** (▶ Box 12.5), die Gregor Mendel als Anlage bzw. Merkmal beschrieben hatte.

Seit dieser Zeit hat sich der Genbegriff vielfach verändert, bedingt durch ständig neue Erkenntnisse auf dem Gebiet der **Genetik** (dieser Begriff wurde von William Bateson 1805 geprägt), und vor allem nach der Aufklärung der molekularen Natur des Gens und seiner Funktionen und der Einführung der Genomik.

Auch heute fragen wir noch: Was ist ein Gen? Eine einfache Frage – eine gar nicht einfache Antwort! Die Erkenntnisse aus der Molekulargenetik über die Struktur

Box 12.5 Die von Wilhelm Johannsen 1909 geprägten Begriffe

Wilhelm Ludvik Johannsen (1857–1927), ein dänischer Botaniker, Pharmazeut und Genetiker, Professor für Botanik und Pflanzenphysiologie an der Königlich Dänischen Veterinär- und Landwirtschaftsuniversität, prägte mit erstaunlicher Weitsicht drei bis heute zentrale Begriffe der Genetik: **Gen**, **Phänotyp** und **Genotyp**. Seine Erkenntnisse basierten auf eigenen Ergebnissen aus Züchtungsexperimenten mit Prinzessbohnen (*Phaseolus vulgaris*). Auch wenn er die Natur des Gens nicht erklären konnte, war das von ihm entwickelte Genotyp-Phänotyp Konzept ein großer Fortschritt für die Weiterentwicklung der Genetik.

Gen:

» „Darum scheint es am einfachsten, aus Darwin's bekanntem Wort [gemeint ist das Wort ‚Pangen'] die uns allein interessierende letzte Silbe ‚Gen' isoliert zu verwerten, um damit das schlechte, mehrdeutige Wort ‚Anlage' zu ersetzen. Das Wort Gen ist völlig frei von jeder Hypothese; es drückt nur die sichergestellte Tatsache aus, daß jedenfalls viele Eigenschaften des Organismus durch in den Gameten vorkommende besondere, trennbare und somit selbständige ‚Zustände', ‚Grundlagen', ‚Anlagen' – kurz, was wir eben Gene nennen wollen – bedingt sind."

Phänotyp:

» „Daher könnte man den statistisch hervortretenden Typus passend als Erscheinungstypus bezeichnen, oder, kurz und klar, als Phaenotypus. Solche Phaenotypen sind an und für sich meßbare Realitäten: eben was als typisch beobachtet werden kann; also bei Variationsreihen die Zentren, um welche die Varianten sich gruppieren."

Genotyp:

» „Die Art, wie die Phaenotypen sich manifestieren, ob sie sich durch qualitative oder quantitativ zu prüfende Eigenschaften zeigen, sagt im voraus absolut nichts über die Gene. Es können sehr augenfällige phaenotypische Unterschiede sich zeigen, wo kein genotypischer Unterschied vorhanden ist; und es gibt auch Fälle, wo bei genotypischer Verschiedenheit die Phaenotypen gleich sind. Gerade darum ist es von der größten Wichtigkeit, den Begriff Phaenotypus (Erscheinungstypus) von dem Begriff ‚Genotypus' (Anlagetypus könnte man sagen) klar zu trennen."

Wilhelm Johannsen, *Elemente der exakten Erblichtkeitslehre*. Verlag von Gustav Fischer in Jena, 1909.

Tab. 12.7 Phänomene, die den Genbegriff verkomplizieren (Gerstein et al. 2007)

Phänomen	Problem
Ein Gen im Intron eines anderen Gens	Zwei Gene am selben Ort
Gene mit überlappendem Leseraster, d. h., ein Gen kodiert für mehrere Proteine, je nach verwendetem Leseraster	Keine eins zu eins Beziehung zwischen DNA und Protein
Enhancer, Silencer als Regulatoren der Genexpression	Regulatorische Sequenzen können weit entfernt von dem regulierten Gen liegen
Mobile genetische Elemente (Transposons)	Ein genetisches Element kann sich in aufeinander folgenden Generationen an verschiedenen Positionen im Genom befinden
Epigenetische Modifikation, Imprinting	Der Phänotyp ist nicht allein abhängig vom Genotyp. D. h., die Informationsübertragung ist nicht nur von der DNA-Sequenz kontrolliert
Alternatives Spleißen	Ein Primärtranskript kann unterschiedliche Proteine erzeugen, die sich in ihrer Aminosäuresequenz unterscheiden
Trans-Spleißen	Transkripte von weit voneinander entfernt liegenden DNA-Abschnitten können eine fusionierte mRNA bilden. Ein Protein entsteht durch die kombinierte Information zweier getrennter DNA-Abschnitte
RNA-Editierung	Die RNA wird post-transkriptionell enzymatisch modifiziert. Die Information in der RNA ist nicht in der DNA vorhanden
Protein Trans-Spleißen	Ein Protein entsteht durch Zusammenfügen mehrerer Proteinabschnitte, ohne dass die mRNA gespleißt wurde. Der Beginn und das Ende dieses Proteins sind nicht durch den genetischen Code bestimmt
Proteinmodifikationen	Ein Protein kann nach der Translation chemisch modifiziert werden, was zur Änderung seiner Funktion führen kann. Die Funktion eines Proteins wird nicht allein durch die in der DNA kodierte Aminosäuresequenz bestimmt
Transkribierte Pseudogene	Aktivität eines DNA-Bereichs, von dem angenommen wurde, dass er inaktiv ist

12.5 · Was ist ein Gen?

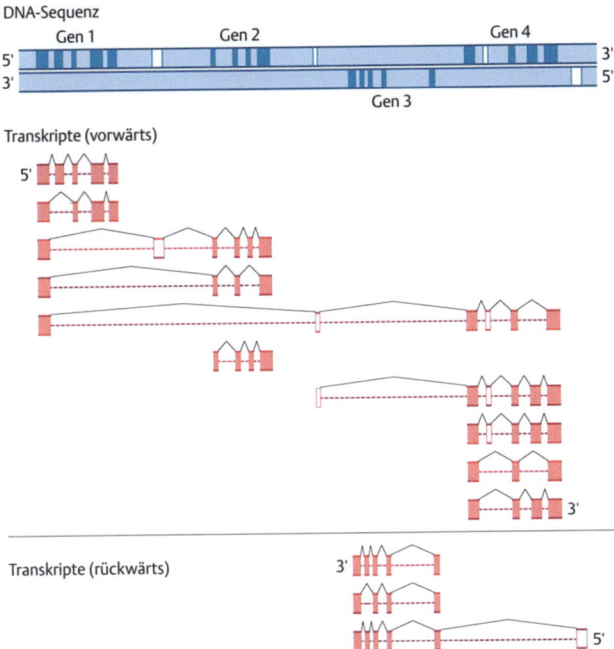

Abb. 12.18 Durch ENCODE aufgedeckte biologische Komplexität des Genoms. Schematische Darstellung einer typischen genomischen Region. Oben: DNA-Sequenz mit annotierten (vorhergesagten) Exons von Genen (dunkelblaue Rechtecke) und TARS (transcriptionally active regions; weiße Rechtecke). Darunter die verschiedenen Transkripte aus dieser Region (rot). Gestrichelte Linien stellen herausgeschnittene Introns dar. Die Ergebnisse aus dem ENCODE Projekt zeigten, dass viele Transkripte mehrere Loci überspannen, oftmals unter Verwendung einer distalen, 5'-gelegenen Startsequenz. (Nach Gerstein et al. 2007)

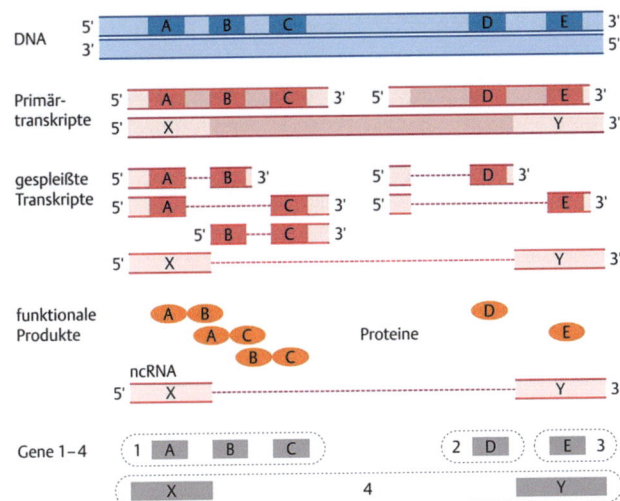

Abb. 12.19 Erläuterung der neuen Definition des Gens. Eine genomische Region kodiert drei Primärtranskripte, die alternativ gespleißt werden. Aus zwei Primärtranskripten entstehen so fünf verschiedene Proteine, während das dritte Primärtranskript eine nicht-kodierende RNA (ncRNA) bildet. Die Proteinprodukte werden aus drei Gruppen von DNA-Abschnitten gebildet: 1. A, B, C; 2. D; 3. E. In der Gruppe mit den drei Segmenten A, B, C wird jedes DNA-Segment von mindestens zwei der Proteinprodukte geteilt. Die Genprodukte D und E werden zwar von Primärtranskripten kodiert, die eine gemeinsame 5'-UTR besitzen, aber die fertigen Genprodukte haben keinerlei Sequenzen gemeinsam. Schließlich gibt es ein funktionelles Produkt, das aus nicht-kodierender RNA besteht. Obwohl diese von denselben DNA-Bereichen wie die Protein-kodierenden Abschnitte A bzw. E kodiert wird, werden sie als unterschiedliche Gene eingestuft, da die funktionellen Genprodukte in einem Fall Proteine, im Fall von X und Y aber RNA sind. Insgesamt gibt es also vier Gene in dieser Region, jeweils zusammengefasst durch die schwarz gestrichelte Linie. Gen 1 besteht aus den DNA Segmenten A, B, C, Gen 2 aus dem Segment D, Gen 3 aus dem Segment E und Gen 4 aus den Segmenten X und Y. Hell gefärbte Abschnitte in den Rechtecken repräsentieren nicht-translatierte Bereiche, dunkel gefärbte Abschnitte translatierte Bereiche. (Nach Gerstein et al. 2007)

der DNA, ihre Transkription und die Übersetzung ihrer Information in die Reihenfolge der Aminosäuren in einem Protein führte zur Definition des Gens als ein **DNA-Abschnitt, der eine RNA und ein Protein kodiert und eine Kontrollregion mit der Information enthält, wann und wo das Gen aktiv sein soll**. Wendet man heute diese Definition an, so bedeutet dies, dass viele Genome zum größten Teil aus nicht-kodierender „**junk DNA**" bestehen, so etwa auch das menschliche Genom, in dem nur etwa 1,2 % der Sequenz für Protein-kodierende Exons kodieren.

Nach allem, was in den vorangehenden Kapiteln besprochen wurde, reicht diese Definition aber nicht mehr aus. Die Identifizierung der meisten Gene in einem sequenzierten Genom basiert entweder auf ihrer Ähnlichkeit zu anderen Genen oder auf dem Vorhandensein typischer Merkmale eines Protein-kodierenden Gens (**Promotor, Startcodon, offener Leseraster, Stopcodon**). Darauf basierend wurde ein Gen definiert als ein **lokalisierter Abschnitt im Genom, der eine Einheit der Vererbung darstellt, der regulatorische Regionen, transkribierte Bereiche und/oder andere funktionelle Sequenzen umfasst**. In den letzten Jahren wurde jedoch offensichtlich, dass ein beträchtlicher Anteil der sog. „junk DNA" transkribiert wird, und dass etwa 5 % dieser Sequenzen im Genom von Mensch, Maus, Ratte, Hund und anderen Vertebraten konserviert sind (s. auch Abb. 2.5 zur Zusammensetzung des humanen Genoms). Auch weitere Befunde (Tab. 12.7) stellten somit diese Definition wieder in Frage.

Um die Funktion dieser Sequenzen und somit die Komplexität des Genoms zu studieren, wurde im Rahmen einer Pilot Studie, genannt **Encyclopedia of DNA Elements (ENCODE)**, die transkriptionelle Aktivität von ~1 % des menschlichen Genoms sehr intensiv untersucht (ENCODE Project Consortium 2007). Dabei zeigte sich, dass der größte Teil der DNA in der Tat transkribiert wird und in Primärtranskripten wieder gefunden werden kann. Diese enthalten auch nicht-kodierende Bereiche und weisen einen hohen Grad an Überlappung auf. Die ersten von diesen, die rRNA- und tRNA-Gene, wurden in den 1960er Jahren gefunden. Mit der Einführung der „-omik" Technologien wurde offensichtlich, dass es eine große Anzahl verschiedener Klassen **nicht-kodierender RNAs** gibt, etwa die

Gene für **lncRNA** oder für **sncRNAs** (s. Tab. 9.1 zu den verschiedenen RNA-Klassen).

Heute weiß man, dass ncRNAs eine Vielzahl unterschiedlicher biologischer Prozesse regulieren, und Defekte in den sie kodierenden Genen können mit der Entstehung von Krankheiten assoziiert sein (s. Mattick et al. 2023; Ferrer und Dimitrova 2024). Außerdem konnten zusätzliche Transkriptionsstartstellen identifiziert werden, von denen viele bisher nicht bekannte Startstellen Protein-kodierender Gene darstellen, die bis zu > 100 kb 5' des vorhergesagten Transkriptionsstarts liegen können. Diese Ergebnisse bedeuten, dass **das Genom weitaus komplexer ist als bisher angenommen** (Abb. 12.18).

Basierend auf den im Rahmen der ENCODE Pilotstudie erzielten Ergebnissen wurde folgende Definition für ein Gen vorgeschlagen: **Ein Gen ist eine Gruppierung genomischer Sequenzen (die nicht unbedingt einen kontinuierlichen Abschnitt auf der DNA bilden), die einen zusammenhängenden Satz, eventuell auch überlappender, funktioneller Produkte kodiert, wobei die funktionellen Produkte entweder RNA oder Protein sein können** (Portin und Wilkins 2017). Abb. 12.19 zeigt einige Beispiele zur Veranschaulichung dieser Definition.

12.6 Zusammenfassung

- Modellorganismen haben wichtige Erkenntnisse in der biologischen Grundlagenforschung erbracht.
- Arbeiten an Modellorganismen zur Erforschung monogenetisch verursachter menschlicher Krankheiten haben das Ziel, die genetischen und zellulären Grundlagen einer Krankheit aufzudecken und können dazu beitragen, Therapien zur Behandlung von Krankheiten zu entwickeln.
- Arbeiten an Modellorganismen zur Erforschung menschlicher Krankheiten verwenden überwiegend *Drosophila melanogaster*, *Caenorhabditis elegans*, Zebrafisch und Maus.
- Ein breites Spektrum molekulargenetischer Methoden dient der Erforschung genetischer und molekularer Grundlagen eines mutanten Phänotyps in Modellorganismen, aber auch der Aufdeckung zellulärer und molekularbiologischer Ursachen menschlicher Erkrankungen.
- Genomweite Assoziationsstudien (GWAS) können Risikofaktoren aufdecken, die möglicherweise mit einem schweren Verlauf einer Krankheit assoziiert sind.
- Die Definition des Begriffs „Gen" hat sich in den mehr als 100 Jahren genetischer Forschung immer wieder verändert, um neuen Ergebnissen gerecht zu werden.

Literatur

Ankeny RA, Leonelli S (2020) Model organisms. Cambridge University Press

Auluck PK, Chan HYE, Trojanowski JQ, Lee VM-Y, Bonini NM (2002) Chaperone suppression of α-synuclein toxicity in a *Drosophila* model for Parkinson's disease. Science 295:865–868

Boutros M, Ahringer J (2008) The art and design of genetic screens: RNA interference. Nat Rev Genet 9:554–566

C. elegans Sequencing Consortium (1998) Genome sequence of the nematode *C. elegans*: a platform for investigating biology. Science 282(5396):2012–2018

Carotenuto R, Pallotta MM, Tussellino M, Fogliano C (2023) *Xenopus laevis* (Daudin, 1802) as a model organism for bioscience: a historic review and perspective. Biology 12(6):890

Chávez MN, Aedo G, Fierro FA, Allende ML, Egaña JT (2016) Zebrafish as an Emerging Model Organism to Study Angiogenesis in Development and Regeneration. Front Physiol 7:56

COVID-19 Host Genetics Initiative (2020) The COVID-19 Host Genetics Initiative, a global initiative to elucidate the role of host genetic factors in susceptibility and severity of the SARS-CoV-2 virus pandemic. Eur J Hum Genet 28(6):715–718

ENCODE Project Consortium (2007) Identification and analysis of functional elements in 1% of the human genome by the ENCODE pilot project. Nature 447:799–816

Ferrer J, Dimitrova N (2024) Transcription regulation by long non-coding RNAs: mechanisms and disease relevance. Nat Rev Mol Cell Biol 25(5):396–415

Gerstein MB, Bruce C, Rozowsky JS, Zheng D, Du J, Korbel JO, Emanuelsson O, Zhang ZD, Weissman S, Snyder M (2007) What is a gene, post-ENCODE? History and updated definition. Genome Res 17(6):669–681

Gönczy P, Echeverri C, Oegema K, Coulson A, Jones SJ, Copley RR, Duperon J, Oegema J, Brehm M, Cassin E, Hannak E, Kirkham M, Pichler S, Flohrs K, Goessen A, Leidel S, Alleaume AM, Martin C, Ozlü N, Bork P, Hyman AA (2000) Functional genomic analysis of cell division in C. elegans using RNAi of genes on chromosome III. Nature 408(6810):331–336

Kaltenbach LS, Romero E, Becklin RR, Chettier R, Bell R, Phansalkar A, Strand A, Torcassi C, Savage J, Hurlburt A, Cha G-H, Ukani L, Chepanoske CL, Zhen Y, Sahasrabudhe S, Olson J, Kurschner C, Ellerb LM, Peltier JM, Botas J, Hughes RE (2007) Huntingtin interacting proteins are genetic modifiers of neurodegeneration. PLoS Genet 3:e82

Kamath RS, Fraser AG, Dong Y, Poulin G, Durbin R, Gotta M, Kanapin A, Le Bot N, Moreno S, Sohrmann M, Welchman DP, Zipperlen P, Ahringer J (2003) Systematic functional analysis of the *Caenorhabditis elegans* genome using RNAi. Nature 421:231–237

Mattick JS, Amaral PP, Carninci P, Carpenter S, Chang HY, Chen LL, Chen R, Dean C, Dinger ME, Fitzgerald KA, Gingeras TR, Guttman M, Hirose T, Huarte M, Johnson R, Kanduri C, Kapranov P, Lawrence JB, Lee JT, Mendell JT, Mercer TR, Moore KJ, Nakagawa S, Rinn JL, Spector DL, Ulitsky I, Wan Y, Wilusz JE, Wu M (2023) Long non-coding RNAs: definitions, functions, challenges and recommendations. Nat Rev Mol Cell Biol 24(6):430–447

Peterson RT, Shaw SY, Peterson TA, Milan DJ, Zhong TP, Schreiber SL, MacRae CA, Fishman MC (2004) Chemical suppression of a genetic mutation in a zebrafish model of aortic coarctation. Nat Biotech 22:595–599

Portin P, Wilkins A (2017) The evolving definition of the term „gene". Genetics 205(4):1353–1364

Literatur

Schierenberg E, Cassada R (1986) Der Nematode *Caenorhabditis elegans* – ein entwicklungsbiologischer Modellorganismus. Biol Unserer Zeit 16:1–7

Severe Covid-19 GWAS Group; Ellinghaus D, Degenhardt F, Bujanda L, Buti M, Albillos A, Invernizzi P, Fernández J, Prati D, Baselli G, Asselta R, Grimsrud MM, Milani C, Aziz F, Kässens J, May S, Wendorff M, Wienbrandt L, Uellendahl-Werth F, Zheng T, Yi X, de Pablo R, Chercoles AG, Palom A, Garcia-Fernandez AE, Rodriguez-Frias F, Zanella A, Bandera A, Protti A, Aghemo A, Lleo A, Biondi A, Caballero-Garralda A, Gori A, Tanck A, Carreras Nolla A, Latiano A, Fracanzani AL, Peschuck A, Julià A, Pesenti A, Voza A, Jiménez D, Mateos B, Nafria Jimenez B, Quereda C, Paccapelo C, Gassner C, Angelini C, Cea C, Solier A, Pestaña D, Muñiz-Diaz E, Sandoval E, Paraboschi EM, Navas E, García Sánchez F, Ceriotti F, Martinelli-Boneschi F, Peyvandi F, Blasi F, Téllez L, Blanco-Grau A, Hemmrich-Stanisak G, Grasselli G, Costantino G, Cardamone G, Foti G, Aneli S, Kurihara H, ElAbd H, My I, Galván-Femenia I, Martín J, Erdmann J, Ferrusquía-Acosta J, Garcia-Etxebarria K, Izquierdo-Sanchez L, Bettini LR, Sumoy L, Terranova L, Moreira L, Santoro L, Scudeller L, Mesonero F, Roade L, Rühlemann MC, Schaefer M, Carrabba M, Riveiro-Barciela M, Figuera Basso ME, Valsecchi MG, Hernandez-Tejero M, Acosta-Herrera M, D'Angiò M, Baldini M, Cazzaniga M, Schulzky M, Cecconi M, Wittig M, Ciccarelli M, Rodríguez-Gandía M, Bocciolone M, Miozzo M, Montano N, Braun N, Sacchi N, Martínez N, Özer O, Palmieri O, Faverio P, Preatoni P, Bonfanti P, Omodei P, Tentorio P, Castro P, Rodrigues PM, Blandino Ortiz A, de Cid R, Ferrer R, Gualtierotti R, Nieto R, Goerg S, Badalamenti S, Marsal S, Matullo G, Pelusi S, Juzenas S, Aliberti S, Monzani V, Moreno V, Wesse T, Lenz TL, Pumarola T, Rimoldi V, Bosari S, Albrecht W, Peter W, Romero-Gómez M, D'Amato M, Duga S, Banales JM, Hov JR, Folseraas T, Valenti L, Franke A, Karlsen TH (2020) Genomewide Association Study of Severe Covid-19 with Respiratory Failure. N Engl J Med 383(16):1522–1534

Shivers J, Uppaluri S, Brangwynne CP (2017) Microfluidic immobilization and subcellular imaging of developing *Caenorhabditis elegans*. Microfluid Nanofluid 21:149

Sulston JE, Schierenberg E, White JG, Thomson JN (1983) The embryonic cell lineage of the nematode *Caenorhabditis elegans*. Dev Biol 100(1):64–119

Zeberg H, Pääbo S (2020) The major genetic risk factor for severe COVID-19 is inherited from Neanderthals. Nature 587(7835):610–612

Humangenetik I

Inhaltsverzeichnis

13.1 Analyse von Familienstammbäumen – 264

13.2 Die Chromosomen des Menschen – 265

13.3 Numerische und strukturelle Chromosomenaberrationen – 267
13.3.1 Numerische Chromosomenaberrationen – 267
13.3.2 Strukturelle Chromosomenaberrationen – 271
13.3.3 Fluoreszenz in-situ Hybridisierung – 272

13.4 Krankheitsauslösende Punktmutationen – 274
13.4.1 Monogenetisch vererbte Erkrankungen – 275
13.4.2 Polygenetisch vererbte Erkrankungen – 279

13.5 Zusammenfassung – 281

Literatur – 281

Die in den bisherigen Kapiteln vorgestellten Grundlagen der Genetik gelten in der Regel für alle ein- und vielzelligen Eukaryonten, also auch für den Menschen. Dennoch hat man einen eigenen Begriff für die Genetik des Menschen geschaffen – die Humangenetik, zu der u. a. die Erforschung der Erbkrankheiten, aber auch die humangenetische Beratung gehören. Die Erkenntnisse der Humangenetik und immer präzisere DNA-Untersuchungsmethoden dienen aber auch dazu, Gutachten zur **Abstammung von Individuen** zu erstellen (Stichwort: Stammbaumanalysen, Vaterschaftsnachweis) und Beiträge zur Aufklärung von Verbrechen zu liefern (**forensische Genetik**). Die Aufklärung der Sequenz des menschlichen Genoms (s. ▶ Kap. 14) hat darüber hinaus, zusammen mit neuen Methoden zur **DNA-Editierung** und der Forschung an **Stammzellen**, neue Felder eröffnet, die Hoffnung auf Heilung von Erbkrankheiten durch **Stammzell- und Gentherapie** geben. Die **Paläogenetik** hat für viele Spezies, und so auch für den Menschen, Aufklärung zu seiner Abstammung und Evolution gebracht und hat neue Erkenntnisse über Migrationsströme, die zu seiner Verbreitung auf der gesamten Erde geführt haben, geliefert.

13.1 Analyse von Familienstammbäumen

Warum die Gesetzmäßigkeiten der Vererbung an Modellorganismen erarbeitet wurden (u. a. Erbse, *Drosophila*), liegt auf der Hand: 1. Man kann Organismen selektieren, die sich in nur einem oder sehr wenigen Merkmalen unterscheiden, so dass man den Erbgang dieses Merkmals/dieser Merkmale verfolgen kann. 2. Man kann gezielt Kreuzungen mit diesen „reinen Linien" ansetzen. 3. Man erhält bei den beiden genannten und anderen Modellorganismen eine hohe Zahl von Nachkommen, um statistisch gesicherte Regeln über die Vererbung von Merkmalen aufzustellen. Diese erlauben es, bei Kenntnis der parentalen Genotypen Vorhersagen über den zu erwartenden Geno- und Phänotyp der Nachkommen zu machen (s. auch ▶ Abschn. 12.4).

Wenn ein Kind geboren wird, sind, anders als bei Modellorganismen, die Genotypen der Eltern meist gänzlich unbekannt. Daher können auch keinerlei statistische Vorhersagen für die mögliche Vererbung eines Krankheitsgens von einem Elternteil auf die Kinder gemacht werden. Hier hilft die Verfolgung einzelner markanter Phänotypen (bzw. von Krankheitsbildern) über mehrere Generationen hinweg. Eine **Stammbaumanalyse** kann den Erbgang der zugehörigen Genotypen aufklären, vor allem dann, wenn es sich um relativ seltene Phänotypen handelt. Auf diese Weise wurde bestätigt, dass die Mendel'schen Regeln auch für den Menschen gelten. Eine Stammbaumanalyse kann, wenn das Merkmal in mehreren zurückliegenden Generationen aufgetreten ist und wenn es genügend viele Nachkommen in jeder Generation gegeben hat, Aussagen darüber machen, ob es dominant oder rezessiv vererbt wird und ob das zugehörige Gen auf einem Autosom oder auf einem Geschlechtschromosom liegt (zur Definition dieser Begriffe s. ▶ Box 7.4).

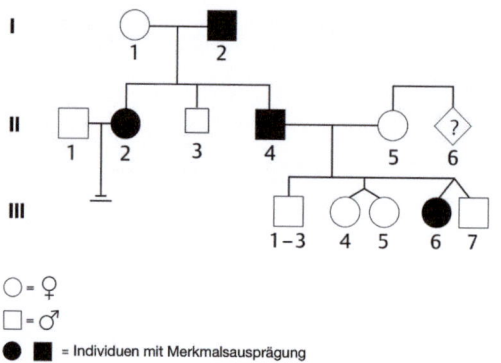

◻ **Abb. 13.1** Beispiel für einen Stammbaum. Generation I: Frau 1 heiratet Mann 2 (Individuum mit Merkmalsausprägung). Generation II: Es gibt 3 Kinder: Tochter 2 (Merkmal ausgeprägt), Sohn 3, Sohn 4 (Merkmal ausgeprägt). Tochter 2 heiratet Mann 1 (die Ehe bleibt kinderlos). Sohn 4 heiratet Frau 5, die noch ein Geschwister (6) nicht bekannten Geschlechts hat (Eltern unbekannt). Generation III: Aus der Ehe II 4 mit II 5 gibt es 7 Kinder: Söhne 1–3, eineiige Zwillingstöchter 4 und 5, zweieiige Zwillinge mit Tochter 6 (Merkmal ausgeprägt) und Sohn 7

Die Darstellung eines Stammbaums erfolgt nach bestimmten Regeln, die u. a. die Generationenfolge, das Geschlecht und das jeweils berücksichtigte Merkmal beachten (◻ Abb. 13.1).

In Skandinavien gibt es eine Form der **Kraushaarigkeit**, deren Vererbung in einer Familie über 5 Generationen dargestellt ist (◻ Abb. 13.2).

Ein Ehepaar aus Generation III (30 und 31 in ◻ Abb. 13.2) mit seinen 6 Kindern ist in ◻ Abb. 13.3 zu sehen. Bei der Interpretation des Stammbaums gehen wir zunächst davon aus, dass die kraushaarige Frau der Generation I die einzige Person ist, die dieses Merkmal einbringt. Es leuchtet ein, dass der Erbgang kaum erkennbar wäre, wenn weitere Merkmalträger in den Stammbaum hineinkämen. Auffallend ist, dass diese Frau aus beiden Ehen kraushaarige Kinder hat. Das spricht sehr für die Dominanz des Merkmals, andernfalls müssten beide Ehemänner heterozygot gewesen sein. Für die Annahme der Dominanz spricht auch, dass das Merkmal in jeder Generation auftritt, und zwar fast immer dann, wenn ein Elternteil kraushaarig war. Wenn das alles richtig ist, sind alle Individuen, die das Merkmal ausprägen, heterozygot für ein dominantes Allel der Kraushaarigkeit. Ihre Kinder sollten dann je zur Hälfte kraushaarig und glatthaarig sein. Dies ist bei den 20 Ehen mit einem kraushaarigen Partner der Fall: 39 Kinder sind kraushaarig, 44 glatthaarig. Das Gen für Kraushaarigkeit ist auf einem Autosom lokalisiert. Wäre es auf dem X-Chromosom, dürften kraushaarige Väter keine kraushaarigen Söhne haben, läge es auf dem Y-Chromosom, gäbe es keine kraushaarigen Frauen.

Um welches Gen es sich in diesem Stammbaum handelt, ist nicht bekannt. Heute sind dominante Mutationen in mehreren Genen bekannt, die zu krausem Haar füh-

13.2 · Die Chromosomen des Menschen

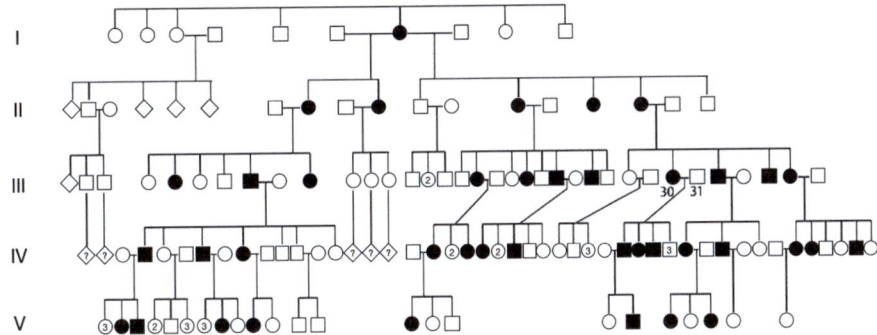

Abb. 13.2 Stammbaum Kraushaar. Nähere Erläuterung im Text. Symbolik wie in Abb. 13.1, Raute: unbekanntes Geschlecht. (Mohr 1932)

Abb. 13.3 Familie mit Kraushaar. Eltern III-30 und 31 aus Abb. 13.2 mit ihren sechs Kindern. Die Mutter und die drei ältesten Kinder (in der hinteren Reihe) zeigen das phänotypische Merkmal Kraushaar. (Mohr 1932)

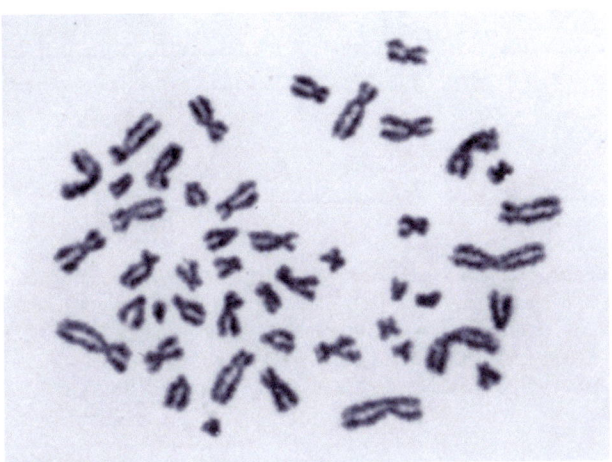

Abb. 13.4 Frühe Metaphase eines Lungenfibroblasten aus einem menschlichen Embryo mit 46 Chromosomen. Die in-vitro gezüchteten Zellen wurden mit Colchizin behandelt (um die Mitose in der Metaphase anzuhalten) und mit Orcein-Essigsäure gefärbt. (Tjio and Levan 1956, mit freundlicher Genehmigung)

ren. Einige von diesen kodieren Keratine (z. B. KRT71 und KRT74), also Faserproteine, die Hauptbestandteile von Haaren, Finger- und Zehennägel sind, aber auch von Hörnern, Schnäbeln und Federn.

In den folgenden Kapiteln wird dargestellt, wie man über die Analyse von Chromosomen (Zytogenetik) und mit Hilfe der Molekulargenetik heute in vielen Fällen Krankheits-auslösende Mutationen des Menschen kartieren und charakterisieren kann.

13.2 Die Chromosomen des Menschen

Die Chromosomen vieler Organismen, wie z. B. die vom Mais oder von *Drosophila*, waren längst detailliert beschrieben, als Theophilus Painter 1923 eine Arbeit über die Anzahl der menschlichen Chromosomen veröffentlichte. Seine Zählungen an menschlichen Spermatogonien in der Metaphase ergaben 48 Chromosomen. Diese Zahl blieb mehr als 30 Jahre unwidersprochen, bis Tjio und Levan 1956 die richtige Anzahl von **2n = 46 Chromosomen** fanden – immerhin drei Jahre nachdem bereits die Struktur der DNA beschrieben war. Sie verdankten ihre einwandfreien Bilder (Abb. 13.4) der Weiterentwicklung zytologischer Technik, u. a. der Verwendung von Colchizin zur Arretierung der sich teilenden Zellen in der Metaphase.

Dieser Befund war der Beginn der **Zyto-Humangenetik**, der sog. „prä-*banding*" Periode der Humangenetik (1879–1970) (Sheth et al. 2014): er erlaubte, die Chromosomen entsprechend ihrer Größe, Morphologie und Position des Zentromers zu beschreiben und zu ordnen. Auf diese Weise konnten einige Krankheiten mit überzähligen oder fehlenden Chromosomen assoziiert werden, so die Trisomie 21.

Der nächste große Sprung zur Verbesserung der menschlichen Zytogenetik gelang Ende der 1960er/Anfang der 1970er Jahre mit der Einführung von Färbetechniken, mit denen reproduzierbare Muster heller und dunkler Streifen auf Metaphase-Chromosomen entstehen. Das von Lore Zech und Torbjörn Caspersson entwickelte Q-Banding unter Verwendung von Quinacrine (Caspersson 1971) und das G-, C- und R-Banding unter Verwendung von Giemsa (Drets und Shaw 1971) kennzeichnen den Beginn der

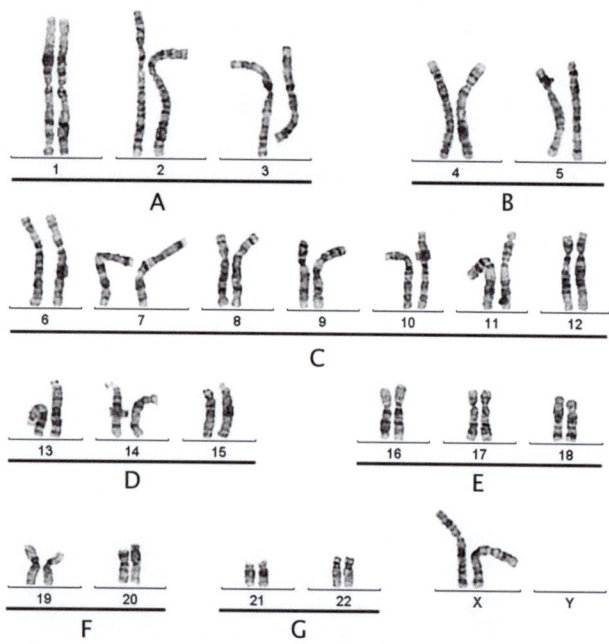

Abb. 13.5 Karyogramm menschlicher Chromosomen. Bandenfärbungen durch Giemsa (G-banding) erlaubt es, die Chromosomen individuell anzusprechen und sie nach Größe und Lage des Zentromers in 7 Gruppen (A–G) einzuteilen. Die hier gezeigten Chromosomen stammen von einer Frau (zwei X-Chromosomen). (Bild von Jürgen Horst, Münster)

sog. „*banding* Periode" der Humangenetik (1970–1986) (Sheth et al. 2014) (Abb. 13.5). Das unterschiedliche Bandenmuster reflektiert die unterschiedliche molekulare Zusammensetzung des Chromatins entlang der Chromosomen (Tab. 13.1).

Je nach verwendeter Färbetechnik (und Stadium der Mitose) lässt sich eine unterschiedlich große Anzahl von Banden erkennen. So machen Färbungen mit **Giemsa** etwa 200 Banden/haploidem Genom sichtbar (**G-Banden**). Basierend auf diesem **Bandenmuster** und der Größe der Chromosomen war es möglich, alle 22 Autosomen und das XY-Paar individuell zu erkennen (Abb. 13.5).

Erstaunlicherweise ist das Bandenmuster der Chromosomen von Mensch, Gorilla und Schimpanse fast identisch, trotz der Tatsache, dass Chromosom 2 des Menschen aus einer Fusion von zwei Chromosomen entstanden ist, die bei Gorilla und Schimpanse getrennt vorliegen (s. auch ▶ Box 4.3).

Die Sequenzierung des menschlichen Genoms (s. ▶ Abschn. 14.1) brachte eine überraschende Ergänzung: Die Größe der Chromosomen korreliert in einigen Fällen nicht mit dem DNA-Gehalt, und in vielen Fällen auch nicht mit der Anzahl der vorhergesagten Protein-kodierenden Gene (Abb. 13.6).

Tab. 13.1 Charakteristika der verschiedenen Verfahren zur Markierung von Chromosomenregionen/-banden

Name	Behandlung	Spezifität der Färbung
G-Banding	Giemsa (DNA-bindender Farbstoff)	Unterscheidung von AT-reichen heterochromatischen Regionen (dunkle Banden, da mehr Farbstoff gebunden wird) und GC-reichen Regionen (helle Banden)
R-(*reverse*) Banding	Hitzebehandlung plus Giemsa	Erzeugt ein zum G-Banding reverses Muster
T-(*telomere*) Banding	Starke Hitzebehandlung plus Giemsa	Markiert vor allem Telomere
C-(*centromere*) Banding	Denaturierung mit Bariumhydroxyd plus Giemsa	Markiert vor allem das konstitutive Heterochromatin in den Zentromeren
Q-Banding	Quinacrin (fluoreszierender Farbstoff)	Interkaliert ebenso wie DAPI (4',6'-Diamidino-2-Phenylindol) und Hoechst 33258 in die DNA. Fluoresziert bei Bindung an Nukleotide, vorzugsweise an AT-reichen Regionen. Das Bandenmuster entspricht dem des G-Banding
AGNO$_3$-Banding	Silbernitrat	Markiert vor allem den Nukleolus Organisator

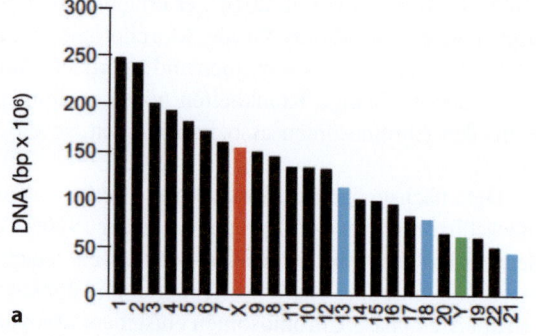
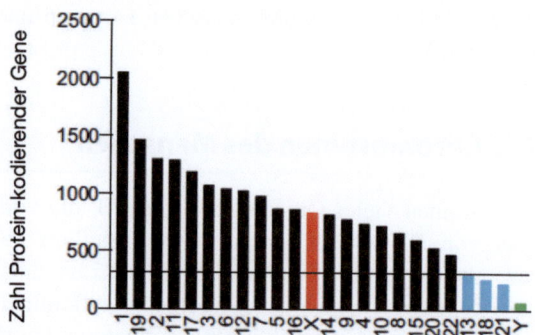
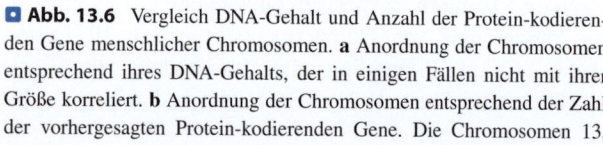

Abb. 13.6 Vergleich DNA-Gehalt und Anzahl der Protein-kodierenden Gene menschlicher Chromosomen. **a** Anordnung der Chromosomen entsprechend ihres DNA-Gehalts, der in einigen Fällen nicht mit ihrer Größe korreliert. **b** Anordnung der Chromosomen entsprechend der Zahl der vorhergesagten Protein-kodierenden Gene. Die Chromosomen 13, 18, und 21 sind die Autosomen mit der geringsten Anzahl an Genen verglichen mit anderen Autosomen. Rot: X-Chromosom. Grün: Y-Chromosom. Blau: Chromosom 13, 18, 21. Angaben entsprechend Genome Reference Consortium (GRCh38.p14). (Torres 2023, mit freundlicher Genehmigung)

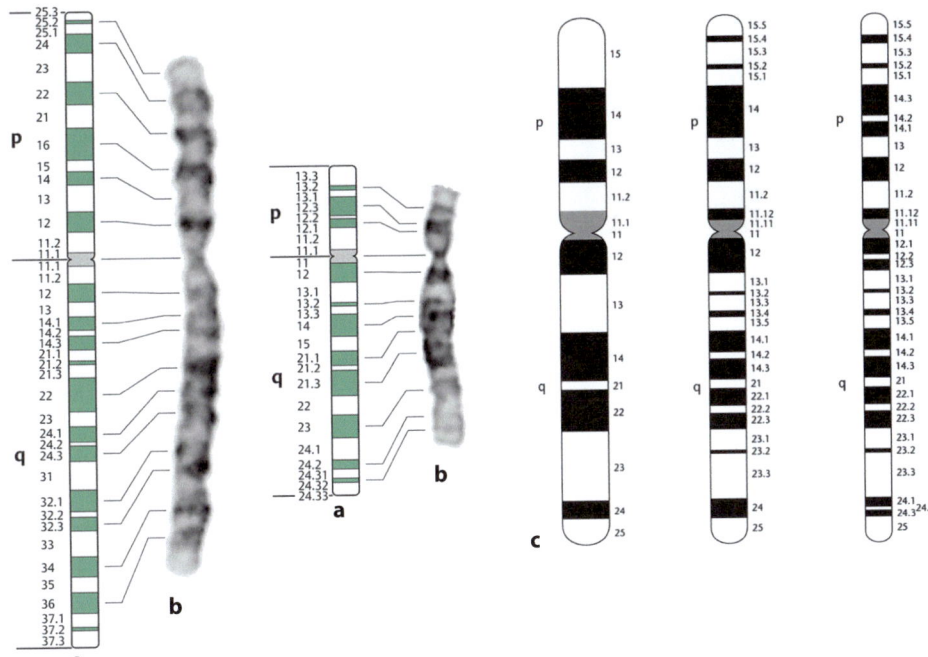

◘ **Abb. 13.7** G-Banding von humanen Chromosomen. **a** Standardisierte Bandenmuster (G-Banding) von Chromosom 2 (links) und 12 (rechts). **b** Mikroskopische Bilder der gefärbten Chromosomen 2 und 12. **c** G-Banding von Chromosom 11 mit 350-, 550- und 850-Banden Auflösung (von links nach rechts). p, q = kurzer, langer Chromosomenarm. (**a** Schema von HUGO: The Human Genome Organisation, **b** Bilder von Jürgen Horst, Münster, **c** aus: Bickmore 2001, Fig. 1, mit freundlicher Genehmigung)

Die Bänderung ist international standardisiert, die einzelnen Banden haben individuelle Bezeichnungen, die zur Lokalisierung von Genen benutzt werden (◘ Abb. 13.7 und 13.8). Die Banden werden vom Zentromer in Richtung Telomer gezählt, jeweils auf dem kurzen p („*petite*" = klein) und dem langen q Arm („*queue*" = Schwanz), beginnend mit p11 bzw. q11. Die gesamte Zahl der sichtbaren Banden, also die Auflösung, ist nicht nur von der Art der Färbung, sondern auch vom Kondensationsgrad der Chromosomen und somit vom Stadium der Mitose abhängig. So zeigt ein Chromosom in der späten Metaphase eine Auflösung von 350 Banden, ein Chromosom in der späten Prophase kann eine sehr hohe Auflösung liefern (1250–2000 Banden). Auf diese Weise lässt sich z. B. die mit niedriger Auflösung erkennbare Bande 15 auf dem kurzen Arm von Chromosom 11 (11p15) bei höherer Auflösung in fünf Banden aufteilen: 11p15.1, 11p15.2, 11p15.3, 11p15.4, 11p15.5 (◘ Abb. 13.7c). Eine bei 380-Banden Auflösung sichtbare Bande enthält etwa 7–13 Mb DNA, eine bei einer Auflösung von 2000 Banden sichtbare Bande ca. 1,5 Mb DNA.

13.3 Numerische und strukturelle Chromosomenaberrationen

13.3.1 Numerische Chromosomenaberrationen

In ▶ Kap. 5 wurde dargestellt, wie **Non-Disjunction** während der Meiose zu einer abweichenden Zahl von Chromosomen und somit zu **Aneuploidien** führen kann. Die Konsequenz davon ist, dass in den Keimzellen einzelne Chromosomen fehlen oder zu viel vorhanden sind, was sowohl die Autosomen als auch die Heterosomen betreffen kann.

Auch beim Menschen sind Aneuploidien der Heterosomen bekannt (◘ Tab. 13.2): XXY-Genotypen sind Männer mit **Klinefelter-Syndrom**, während Frauen mit **Turner-Syndrom** als X0-Genotyp nur 45 Chromosomen im diploiden Satz haben. Weitere Ausnahme-Genotypen sind z. B. Frauen mit drei X-Chromosomen (XXX) oder Männer mit zwei Y-Chromosomen (XYY). Die Häufigkeiten sind mit durchschnittlich 1 pro 1250 Geburten ähnlich wie bei *Drosophila*. Durch genetische, zytogenetische und molekulare Untersuchungsverfahren ist es möglich, die Entstehung der Ausnahme-Genotypen auf ein Non-Disjunction in der mütterlichen oder väterlichen Meiose zurückzuführen (◘ Tab. 13.2). Beim XXY-Genotyp sind die Anteile etwa ausgeglichen, während bei XXX der Fehler überwiegend aus der mütterlichen und bei XYY notwendigerweise ausschließlich aus der väterlichen Meiose stammt.

Non-Disjunction betrifft nicht nur die Heterosomen, sondern alle Chromosomen. Bei *Drosophila* bewirken Mono- und Trisomien der beiden großen Autosomen Letalität. Menschen überleben mit Aneuploidien nur von Chromosom 13, 18 oder 21 Trisomie (◘ Tab. 13.2), was dann das Pautu-, das Edwards- bzw. das Down-Syndrom hervorruft. Diese drei Chromosomen zeichnen sich dadurch aus, dass sie die geringste Anzahl Protein-kodierender Gene tragen, nämlich 327, 270 und 234. Dass diese Zahl eine Rolle spielt wird auch dadurch deutlich, dass nur Individuen mit Trisomie 21 das Erwachsenenalter erreichen, während solche mit Trisomie 18 maximal ein Jahr

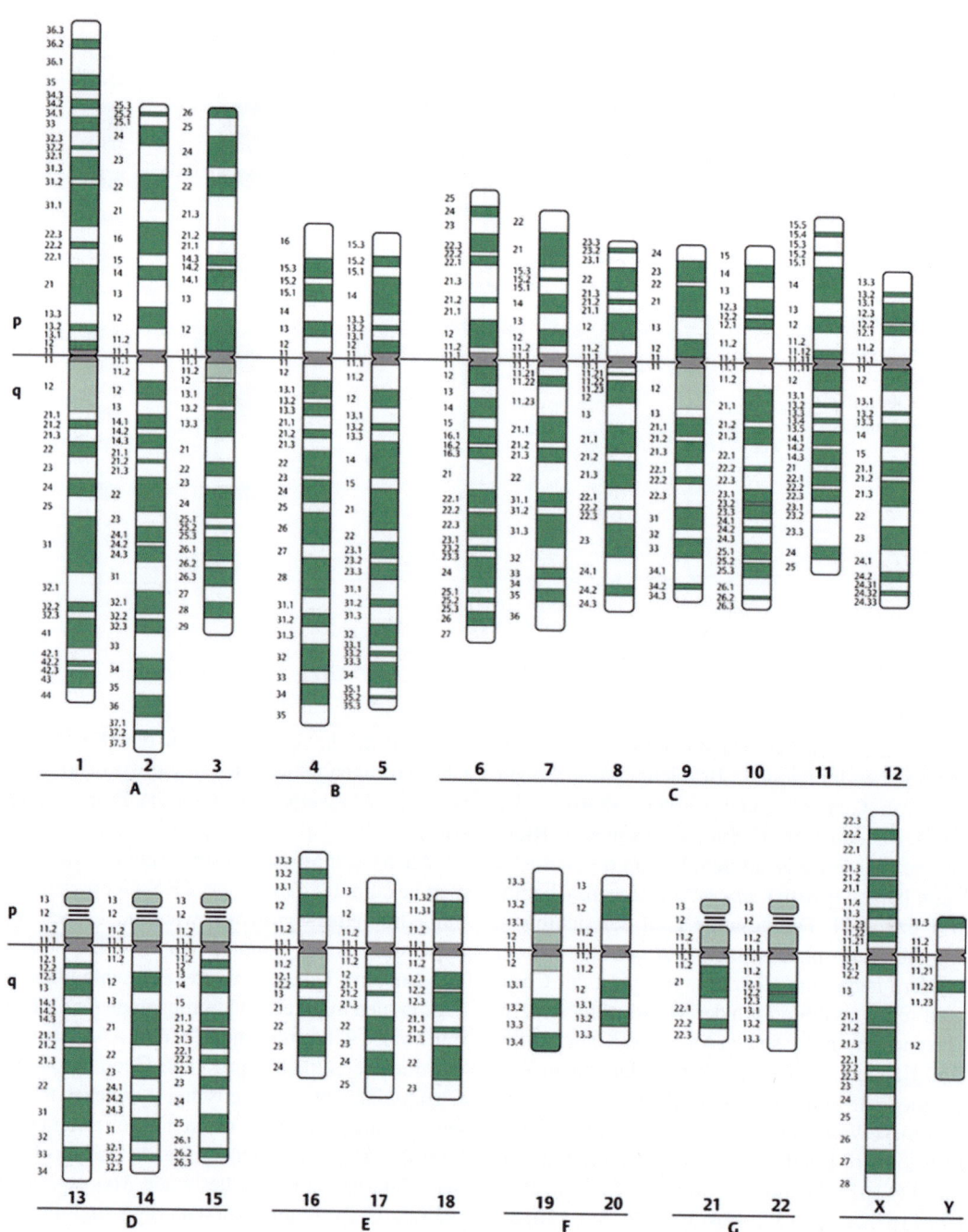

Abb. 13.8 Standardisierte Bandenmuster (G-Banding) der menschlichen Chromosomen. (*grau*: Zentromer. Die zwei *Linien* in den p-Armen der akrozentrischen Chromosom 13, 14, 15, 21 und 22 markieren den Nukleolus Organisator, NO; s. Abb. 9.12)

alt werden, solche mit Trisomie 13 nur Tage bzw. wenige Wochen überleben. Am häufigsten ist die **Trisomie 21**, die das **Down-Syndrom** zur Folge hat (Abb. 13.9) und mit einer Häufigkeit von ca. 1 in 700 Geburten auftritt (Tab. 13.2). Trisomie 21 ist eine Ursache von mentaler Retardierung/geistiger Behinderung. Die Erstellung der gesamten Genomsequenz und weitere molekulargenetische Methoden erlaubte, die Region auf dem Chromosom 21, die für die Entwicklung des Down-Syndroms verantwortlich ist, auf 34 kb einzugrenzen (▶ Box 13.1).

Seit langem ist bekannt, dass die Häufigkeit dieser Trisomie mit dem **Alter der Mutter** korreliert ist (Abb. 13.10). Die Ursache für diesen Zusammenhang ist noch unbekannt. Eine Plausibilitätserklärung für das Nicht-trennen der gepaarten homologen Chromosomen könnte die lange Arretierung der Oozyten im Diplotänstadium sein (s. ▶ Abschn. 5.1.2).

Es gibt Familien, in denen Kinder mit Down-Syndrom wesentlich häufiger geboren werden, als es nach der Non-Disjunction Frequenz zu erwarten wäre. Der Grund da-

13.3 · Numerische und strukturelle Chromosomenaberrationen

Tab. 13.2 Aneuploidien beim Menschen, die lebensfähig sind

	Aneuploidie (Anzahl, betroffene Chromosomen)	Häufigkeit bei der Geburt	Nondisjunction (%)	
			mütterlich	väterlich
Heterosomen	47, XXY Klinefelter-Syndrom	1:700 ♂	45	55
	45, X0 Turner-Syndrom	1:2500 ♀	20	80
	47, XXX	1:1300 ♀	95	5
	47, XYY	1:800 ♂	0	100
Autosomen	47, +13 Trisomie 13 (Patau-Syndrom)	1:5000	85	15
	47, +18 Trisomie 18 (Edwards-Syndrom)	1:3000	95	5
	47, +21 Trisomie 21 (Down-Syndrom)	1:700	95	5

Abb. 13.9 Mädchen mit Down-Syndrom (Trisomie 21). Das Mädchen zeigt die charakteristischen körperlichen Krankheitsmerkmalen wie Falten an den Augenlidern, breites Gesicht und flacher Nase. Seine Entwicklung wurde durch sehr früh begonnene regelmäßige Therapie positiv beeinflusst. (Patterson 1987, mit freundlicher Genehmigung)

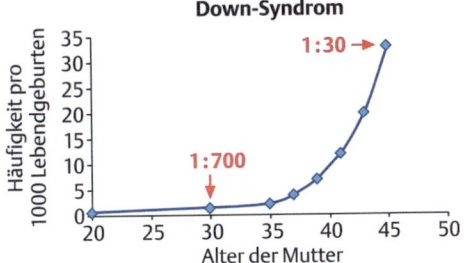

Abb. 13.10 Korrelation der Geburtenrate von Kindern mit Down-Syndrom mit dem Lebensalter der Mütter. Zwischen dem 20. und 30. Lebensjahr steigt die Rate von Nondisjunction (des Chromosoms 21) nur leicht an: 1 von 700 lebendgeborenen Kindern hat die Trisomie 21. Bis zum 45. Lebensjahr der Mütter steigt dieser Anteil auf 1 unter 30 Lebendgeburten, also um mehr als das Zwanzigfache

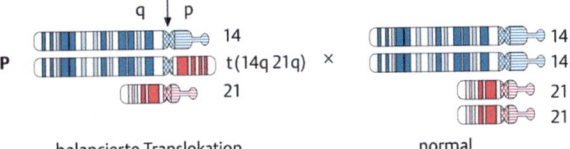

Abb. 13.11 Translokationstrisomie 21. An den beiden Chromosomen 14 und 21 sind an den kurzen p-Armen Knoten eingezeichnet, die die Lage eines Nukleolusorganisators markieren (s. ▶ Abschn. 9.2.1.1). Bei dem Translokationschromosom t(14q 21q) ist 14p durch 21q (q = langer Chromosomenarm) ersetzt. Der Pfeil markiert die Translokationsbruchpunkte in den Chromosomen 14 und 21

für liegt in einer so genannten **Robertson-Translokation** zwischen den akrozentrischen Chromosomen 14 und 21 (zu Translokationen s. auch ▶ Abschn. 6.3.3). Im Beispiel der ▢ Abb. 13.11 hat der Vater einen normalen diploiden Chromosomensatz mit je zwei Chromosomen 14 und 21. Die Mutter hat diese beiden Chromosomen nur je einmal, zusätzlich jedoch ein Translokationschromosom, bei dem

Box 13.1 Mosaik- und partielle Trisomie 21

▪▪ Mosaik-Trisomie 21

Non-Disjunction während der Meiose ist eine der Ursachen für Trisomie 21. Non-Disjunction kann aber auch während der Mitose eines sich entwickelnden Embryos auftreten, dann werden die beiden Chromatiden von einem der beiden Chromosomen 21 nicht voneinander getrennt, so dass eine der beiden Tochterzellen drei Kopien von Chromosom 21 erhält. Auf diese Weise entstehen **genetische Mosaike**, in denen Körperzellen mit unterschiedlichen Genotypen vorhanden sind. Diese sog. **Mosaik-Trisomie 21** findet man bei 1–5 % aller Menschen mit Down-Syndrom. Je nachdem, wann im Verlauf der Entwicklung und in welchen Zellen Non-Disjunction stattfand, entstehen mehr oder weniger große Bereiche im Körper, deren Zellen ein zusätzliches Chromosom 21 tragen. Menschen mit Mosaik-Trisomie 21 zeigen – in Abhängigkeit vom Anteil der Körperzellen mit drei Chromosomen 21 und abhängig vom Gewebe, in denen diese Zellen vorhanden sind – unterschiedlich stark ausgeprägte Symptome.

▪▪ Partielle Trisomie 21

Hierbei liegt nur ein Abschnitt von Chromosom 21 in dreifacher Kopie vor, der an ein anderes Chromosom transloziert ist. Partielle Trisomie 21 ist sehr selten, nur 1 % der Individuen mit Down-Syndrom tragen partielle Trisomien. Die Analyse solcher Individuen ermöglichte es jedoch, eine Region von nur 34 kb auf Chromosom 21 zu identifizieren, genannt HR-DSCR (*highly restricted Down Syndrome critical region*). Diese Region war in allen Individuen, die die typischen Down-Syndrom Merkmale zeigen, dreifach vorhanden, in Individuen ohne diese typischen Merkmale jedoch nur zweimal (◘ Abb. 13.12). Die Region ist Teil der Transkriptionseinheit DSCR4, für die mehrere Transkripte beschrieben wurden. Wie diese jedoch mit der Ausprägung der Merkmale zusammenhängen, ist bisher nicht bekannt. HR-DSCR ist außer im Genom von Menschen nur noch im Genom von Menschenaffen, nicht aber in anderen Tieren konserviert.

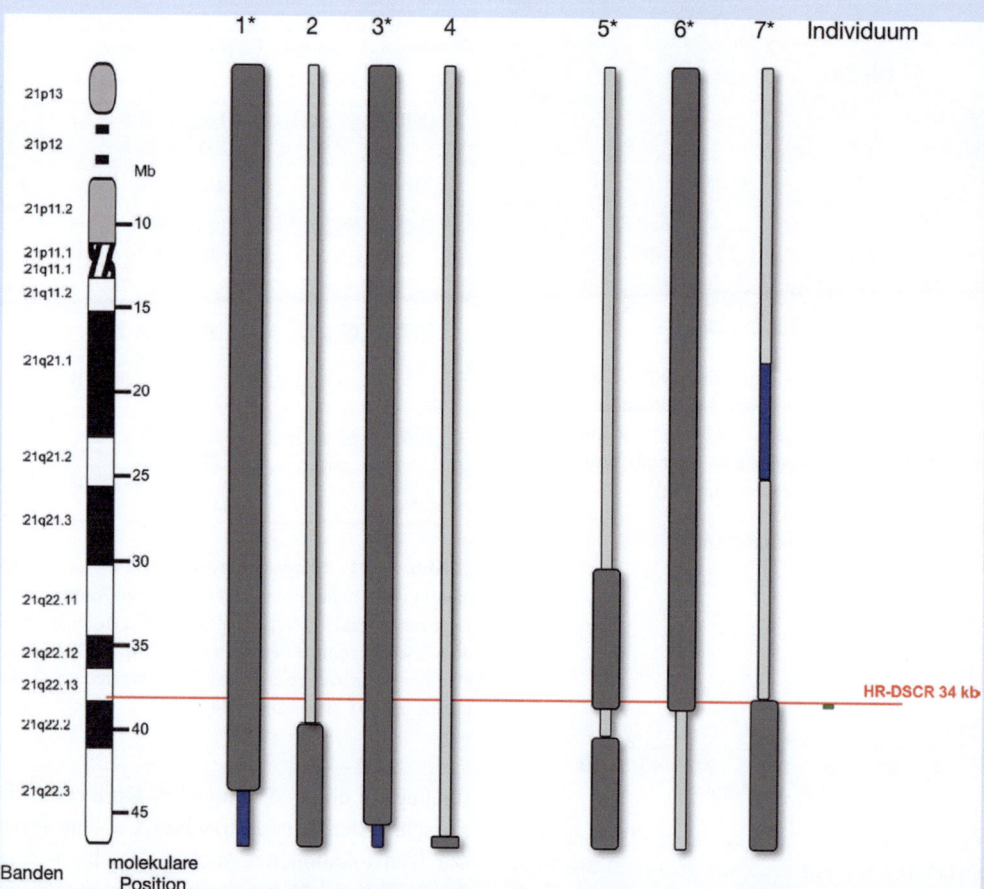

◘ **Abb. 13.12** Kartierung der HR-DSCR (highly restricted Down Syndrome critical region). Die DNA von Individuen mit partieller Chromosom 21 Trisomie mit (1*, 3*, 5*, 6* und 7*) und ohne (2, 4) Down-Syndrom wurde auf Veränderungen in der Kopienzahl von DNA-Abschnitten in der Region 21q22 analysiert. In allen Individuen mit Down-Syndrom lag die 34 kb Region HR-DSCR (rot) in dreifacher Kopie vor. Hellgraue Balken: Abschnitt 2fach vorhanden, dunkelgraue Balken: Abschnitt 3fach vorhanden, blauer Balken: Abschnitt einfach vorhanden (s. auch ▶ Abschn. 8.6 zur zytologischen Kartierung eines Gens bei *Drosophila*). (Nach Pelleri et al. 2022, Fig. 4 modifiziert, mit freundlicher Genehmigung)

13.3 · Numerische und strukturelle Chromosomenaberrationen

die beiden Chromosomenbereiche 14q und 21q durch sog. **zentrische Fusion** am Zentromer verbunden sind. Da die Bereiche 14p und 21p offensichtlich nicht zwei Mal vorhanden sein müssen, nennt man diesen Genotyp allgemein „**balancierte Translokation**", d. h. die drei Chromosomen enthalten zusammen alle Gene der Chromosomen 14 und 21 je zweimal.

In der Meiose verhält sich das Chromosom t(14q 21q) wie ein Chromosom 14, da es mit dem entsprechenden Zentromer ausgestattet ist. Bei der Trennung der Homologen in Meiose I gibt es daher zwei gleichberechtigte Möglichkeiten: Die Homologen mit den Kinetochoren 14 werden getrennt, das einzelne Chromosom 21 zufällig verteilt. Dadurch entstehen vier verschiedene Eitypen (◘ Abb. 13.11, linke Spalte), die nach Befruchtung durch ein normales Spermium vier Genotypen ergeben (◘ Abb. 13.11, rechte Spalte). Da die **Monosomie 21** zum Tod führt, überleben drei Genotypen: der normale, die balancierte Translokation, die man auch als Überträger für den 3. Genotyp bezeichnet und die Translokationstrisomie 21 mit zwei normalen Chromosomen 21 und dem zusätzlichen 21q des Translokationschromosoms. Die Häufigkeit dieses Genotyps ist jedoch weitaus geringer als die theoretischen 33 %. Ist der Vater der Überträger, sind es 1–2 %, ist es die Mutter, sind es 13–15 %. Eine Erklärung steht noch aus.

Die Trisomie des gesamten Chromosoms 21 ist jedoch nicht die einzige Möglichkeit zur Entstehung des Down Syndroms (s. ▶ Box 13.1).

13.3.2 Strukturelle Chromosomenaberrationen

In ▶ Kap. 6 wurden die verschiedenen **strukturellen Chromosomenaberrationen** vorgestellt – Defizienzen und Duplikationen, Translokationen, Inversionen und Insertionen, die alle auch beim Menschen vorkommen können. Auch wenn die zuletzt genannten in der Regel nicht mit einem Verlust von genetischem Material einhergehen, führen sie oft zu Mutationen, da durch die Bruchpunkte Genabschnitte unterbrochen oder deletiert werden können, Fusionsgene mit veränderter oder neuer Funktion entstehen, oder die Aktivität eines Gens beeinträchtigt wird, z. B. bedingt durch eine neue Nachbarschaft (s. Positionseffekt-Variegation (PEV), ▶ Abschn. 4.2.1.2). Somit sind strukturelle Chromosomenaberrationen oftmals mit der Entstehung von Krankheiten assoziiert (s.u.). Sie können aber dabei helfen, die genaue Lokalisation des die Krankheit auslösenden Gens zu bestimmen.

Ein Beispiel hierfür ist eine reziproke Translokation zwischen den distalen Abschnitten von Chromosom 9 und 22: t(9;22)(q34:q11.2), später bekannt unter dem Namen **Philadelphia Chromosom** oder **Philadelphia Translokation**. Der Name geht auf die Stadt Philadelphia in USA zurück, in der David A. Hungerford und Peter C. Nowell

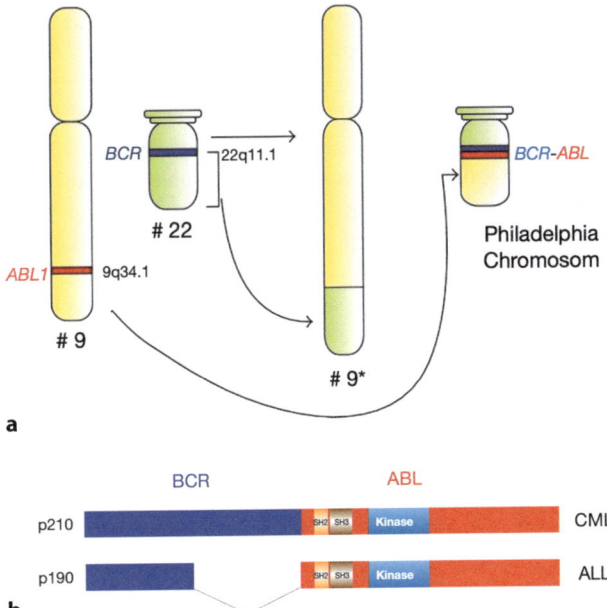

◘ **Abb. 13.13** Grafische Darstellung zur Entstehung des Philadelphia Chromosoms. **a** Die reziproke Translokation entsteht durch den Austausch des distalen Segments des langen Arms von Chromosom 9 (gelb) und des distalen Segments des akrozentrischen Chromosoms 22 (grün), wodurch ein verkürztes Chromosom 22 entsteht, das Philadelphia Chromosom (Ph). Durch die Translokation entsteht ein Fusionsgen, das den 5′-Bereich von BCR (blau) mit dem 3′-Bereich des ABL-Gens (rot) verbindet. Das BCR-Gen kann an verschiedenen Stellen brechen, das ABL-Gen bricht immer an der derselben Stelle. **b** Vereinfachte Darstellung von zwei durch die Translokation entstehende Fusionsproteine, das häufigere p210 und das p190, bestehend aus unterschiedlich langen N-terminalen Abschnitten des BCR-Proteins (blau). Beide enthalten den gleichen Abschnitt der Abl Tyrosin-Kinase (rot), mit der Kinase-Domäne (hellblau) und zwei Protein-Protein Interaktionsdomänen (SH2- und SH3-Domäne, orange und braun). Durch die BCR-Abschnitte kann die Kinase-Aktivität nicht mehr reguliert werden: sie ist somit konstitutiv, also ständig, aktiv. In Blut-Vorläuferzellen führen die unterschiedlichen Fusionsproteine auf Grund der unkontrollierten Aktivität der ABL-Kinase zu verschiedenen Leukämie Formen, die durch unkontrollierte Vermehrung verschiedener Blutzell-Vorläuferzellen verursacht werden: in der CML (chronische myeloische Leukämie) zur Vermehrung von Leukozyten, in der ALL (akute lymphatische Leukämie) von unreifen weißen Blutzellen. (**a** Trela et al. 2014; **b** Reckel et al. 2017, mit freundlicher Genehmigung)

im Jahr 1960 erstmalig einen Zusammenhang zwischen einer Chromosomenaberration in Knochenmarkszellen und Leukämie nachwiesen (Chromosom 22 war deutlich kleiner in Zellen von Leukämie Patienten). Erst 1973 konnte Janet D. Rowley unter Anwendung besserer Verfahren zur Identifikation von Banden zeigen, dass es sich in den Zellen dieser Patienten um eine Translokation zwischen Abschnitten von Chromosom 9 und 22 handelt (◘ Abb. 13.13a). Es dauerte dann nochmal weitere 11 Jahre, bis John Groffen und Nora Heisterkamp 1984 zeigen konnten, dass es durch diese Translokation zur Fusion zweier Gene kommt: dem 5′-Bereich des auf Chromosom 22 liegenden *BCR* (*breakpoint cluster region*) Gens, dessen normale Funktion immer noch nicht ganz verstanden ist, und dem 3′-Bereich des auf Chromosom 9 lokalisierten Gens *ABL1* (*Abelson proto-oncogene*), das eine Tyrosinkinase kodiert (◘ Abb. 13.13b). Die konstitutiv-aktive Kinase-Aktivität im Bcr-Abl1 Fusionsprotein beeinträchtigt viele Signalwege, was zu unkontrollierter Proliferation und zum Abbruch der Differenzierung führt, es kommt zu einer Leukämie. Diese ist gekennzeichnet durch die **Transformation** einer hämatopoetischen (Blut-bildenden) Stammzelle in eine leukämische Stammzelle, die durch ihre erhöhte Proliferation nicht-transformierte Stammzellen, aber auch Stammzellen der roten Blutkörperchen und der Blutplättchen verdrängt. Der Bruchpunkt im *BCR*-Gen, der an verschiedenen Stellen des Gens liegen kann und zu unterschiedlichen Bcr-Abl Fusionsproteinen führt (◘ Abb. 13.13b), hat Einfluss auf die Art der Leukämie: das p210 Bcr-Abl Protein ist mit chronischer myeloischer Leukämie (CML), das p190 Bcr-Abl Protein mit akuter lymphatischer Leukämie (ALL) assoziiert, wobei die aberranten Vorläuferzellen im Knochenmark bzw. im lymphatischen System entstehen.

Erste Hinweise auf den Zusammenhang zwischen chromosomalen Aberrationen und abnormaler Zellproliferation wurden bereits vor gut 130 Jahren bei Untersuchungen der Befruchtung und der ersten Zellteilungen des Spulwurms *Ascaris* gewonnen (▶ Box 13.2)

13.3.3 Fluoreszenz in-situ Hybridisierung

Die Möglichkeit zur genaueren Kartierung chromosomaler Aberrationen und sogar einzelner Gene änderte sich 1986 mit der Einführung der **FISH**- (*Fluorescent in-situ Hybridization*) Technik, die als der Beginn der **molekularen Ära der Zytogenetik** betrachtet wird (Sheth et al. 2014). FISH wird zum Nachweis submikroskopischer Deletionen und chromosomaler Aberrationen eingesetzt und kann auf Metaphasechromosomen oder Interphase-Zellkernen erfolgen. Diese Technik erzielt eine Auflösung von 3 Mb bis 50 kb und ermöglicht darüber hinaus die Markierung von Chromosomensegmenten in nur einem Tag.

Dabei wird für jedes Chromosom eine spezifische Mischung von sog. „DNA-Sonden" verwendet, die mit verschiedenen Fluoreszenzfarbstoffen markiert sind (s. ▶ Box 4.2). Im Verlauf der *in-situ* Hybridisierung er-

---

Box 13.2 : Chromosomenaberrationen und Krebsentstehung

Vor mehr als 130 Jahren machte **Theodor Boveri** (1862–1915), Professor an der Universität Würzburg, Mitbegründer der modernen Zytologie und bekannt für seine Arbeiten zur Befruchtung, zur Mitose und schließlich zur „Boveri-Sutton Chromosomentheorie der Vererbung" (▶ Box 7.5) sehr interessante Beobachtungen an einem Nematoden, dem Spulwurm *Ascaris*. Normalerweise bringt bei der Befruchtung einer *Ascaris* Eizelle das Spermium nicht nur einen Chromosomensatz, sondern auch ein Zentrosom mit, das sich verdoppelt und eine normale mitotische Spindel ausbildet (◘ Abb. 13.14a). Gelangen in die Eizelle jedoch zwei Zentrosomen, so bilden sich vier Spindelpole aus (◘ Abb. 13.14b). Es erfolgt eine gleichzeitige Teilung in vier Zellen (statt in zwei) mit einer zufälligen Verteilung der Chromosomen/Chromatiden (◘ Abb. 13.14c).

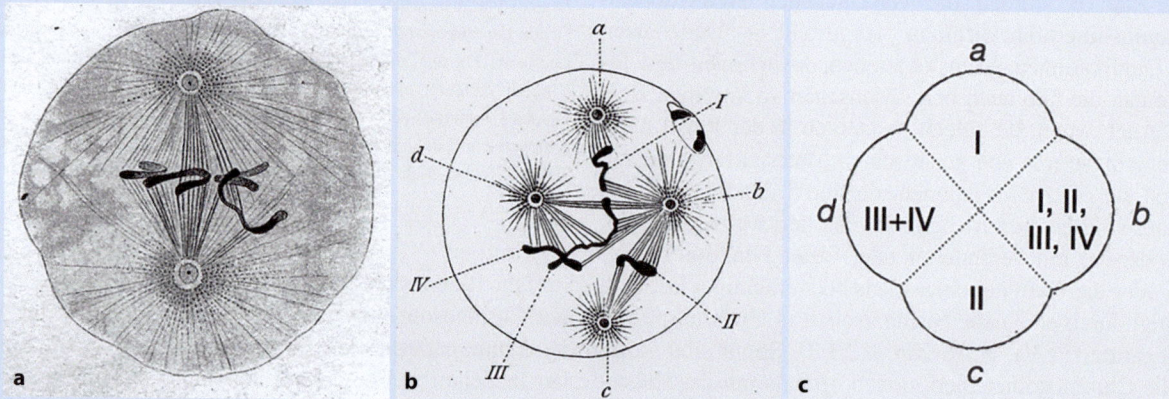

◘ **Abb. 13.14** Mehr als zwei Zentrosomen führen zu ungleichmäßiger Verteilung von Chromosomen. **a, b** Mikroskopische Zeichnungen von T. Boveri zur Teilung einer befruchteten Eizelle eines *Ascaris* Embryos (2n = 4) mit zwei Zentrosomen (**a**) bzw. mit vier Zentrosomen (**b**). In **b** sind die Spindelpole mit a–d gekennzeichnet, die Chromosomen (mit je zwei Chromatiden, nicht zu erkennen) mit I–IV. Unabhängig von der Anzahl der Zentrosomen ist jedes Chromosom nur mit zwei Spindelpolen verbunden. Die Situation in (**b**) ist wie folgt: Pol b ist mit allen vier Chromosomen verbunden, Pol d mit Chromosom III und IV, Pol a nur mit Chromosom I und Pol c nur mit Chromosom II. Das führt zur ungleichmäßigen Aufteilung der Chromosomen (**c**) auf vier Zellen, wodurch manche Zellen aneuploid werden. (**a, b** Boveri 1888, mit freundlicher Genehmigung)

13.3 · Numerische und strukturelle Chromosomenaberrationen

Viele Tochterzellen mit abnormen Chromosomensätzen zeigten Fehlentwicklungen, manche starben, andere vermehrten sich unkontrolliert, krebsartig. In erstaunlicher Weitsicht zog Boveri aus diesen Ergebnissen mehrere Schlussfolgerungen zur Entstehung von Krebs, die im Wesentlichen heute immer noch Gültigkeit haben: „…*typischerweise entsteht jeder Tumor aus einer einzigen Zelle*". Ferner bemerkte er, dass sich diese veränderten Vorläuferzellen durch zu viele oder zu wenige Chromosomen auszeichnen und dass darin vermutlich die Ursache für die starke Vermehrung der Zellen zu suchen ist (Boveri 1902). Diese Ideen hat er 1914 in dem Buch „*Zur Frage der Entstehung maligner Tumoren*" weiter ausgeführt.

Erst viel später, in den 1960iger Jahren, wurden diese Ideen von der Wissenschaft wieder aufgegriffen, als mit der Entdeckung des Philadelphia-Chromosoms der Zusammenhang zwischen einer Chromosomenaberration und Krebs gezeigt werden konnte. Solche Aberrationen können in jeder sich teilenden Zelle eines Köpers entstehen und zu Tumoren führen, man spricht dann von chromosomaler (oder genomischer) Instabilität. Ca. 75 % der hämatopoetischen Krebsformen sind mit Aneuploidien assoziiert, die im ersten Schritt vermutlich durch einen Defekt/eine Mutation bei der Zellteilung entstehen. Die dadurch ausgelöste **genomische Instabilität** verursacht im Verlauf folgender Teilungen weitere Chromosomen-Anomalien (◻ Abb. 13.15).

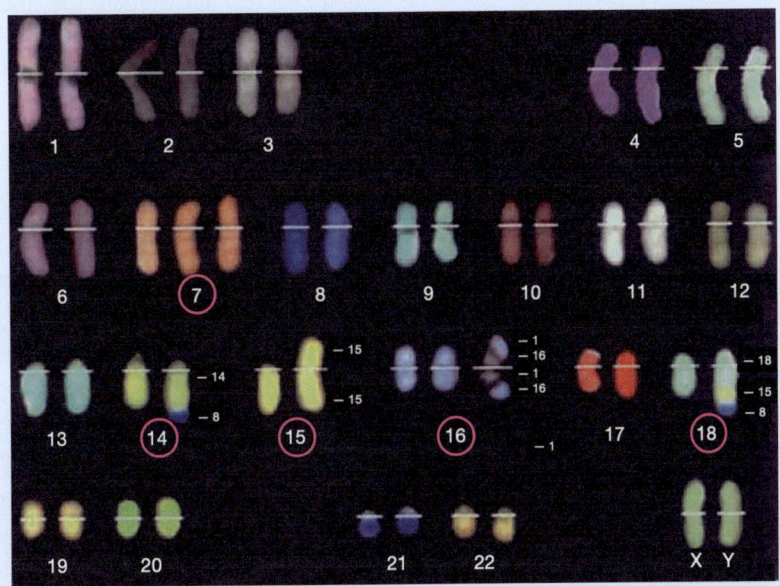

◻ **Abb. 13.15** Karyogramm einer Zelle aus einer Burkitt Lymphom-Zelllinie. Durch FISH (s. ▶ Abschn. 13.3.3) werden die Chromosomen unterschiedlich angefärbt. Neben einer Trisomie 7 gibt es eine reziproke t(8; 14) Translokation (hier nur ein Translokationschromosom erkennbar), eine komplexe t(1; 16) Translokation und eine komplexe t(8;14;18) Translokation. Durch die t(8; 14) Translokation gelangt die kodierende Region des Onkogens *c-myc* (bei 8q24) in die Nachbarschaft eines Enhancers (s. ◻ Abb. 10.8) des Gens, das die schwere Kette des Immunglobulins IgG kodiert (14q32) (s. ▶ Box 10.2). Dadurch kommt es zu deregulierter Expression von *c-myc* und unkontrollierter Zellproliferation von B-Zellen (B-Zell-Lymphom) (s. ▶ Abschn. 6.1). (Zimonjic et al. 2001, mit freundlicher Genehmigung)

kennen diese ihre jeweilige komplementäre DNA-Sequenz in den Chromosomen und binden an diese. Auf diese Weise ist es z. B. möglich, mit 6 verschiedenen Fluoreszenzfarbstoffen und unter Verwendung entsprechender optischer Filter die 24 verschiedenen Chromosomen gleichzeitig mit jeweils unterschiedlichen Farben „anzumalen" („**chromosome painting**" oder **multicolor FISH**, M-FISH) (◻ Abb. 13.16). Die Hybridisierung mit Sequenzen aus sehr spezifischen Regionen einzelner Chromosomen erlaubt eine Fein-Kartierung der Chromosomen, und somit eine bessere Lokalisation von chromosomalen Aberrationen (◻ Abb. 13.15).

Liegt die DNA eines Gens kloniert vor, kann mit Hilfe von FISH bestätigt werden, ob z. B. der Bruchpunkt einer Translokation (im verwendeten Beispiel die Philadelphia Translokation, s. o.) im Bereich des Gens stattgefunden hat. Dies kann sowohl in Metaphase- als auch in Interphase-Chromosomen erfolgen (◻ Abb. 13.17).

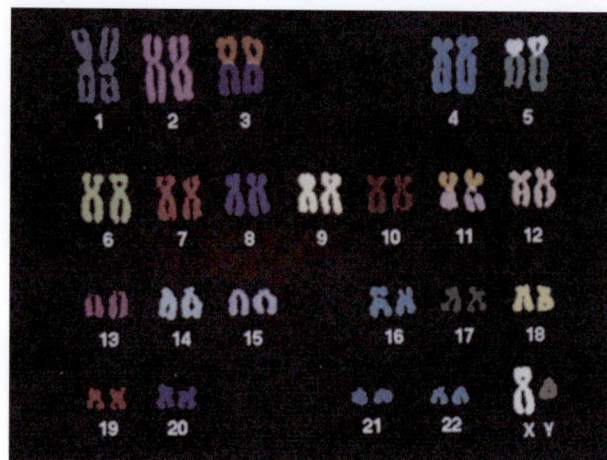

Abb. 13.16 FISH an menschlichen Chromosomen. **a** Karyogramm der Chromosomen eines Mannes. Die p und q Arme der Chromosomen 3, 5 und 11 sind jeweils unterschiedlich gefärbt (Nach Speicher et al. 1996, mit freundlicher Genehmigung)

13.4 Krankheitsauslösende Punktmutationen

Heute wissen wir, dass viele Krankheiten, einschließlich Krebserkrankungen (s. ▶ Box 13.2) durch Mutationen entstehen. Die Erstellung der gesamten Sequenz des humanen Genoms sowie der Genome vieler Modellorganismen und die Weiterentwicklung vieler Methoden zur Kartierung von Mutationen (s. ▶ Abschn. 12.3) haben zusammen mit der Verbesserung der Methoden zur Analyse der Daten auch einen großen Zuwachs unserer Kenntnis der genetischen Ursachen von Krankheiten gebracht. Es werden zwei Arten von Krankheiten unterschieden, die durch Punktmutationen erzeugt werden: 1. solche, die durch Mutation in einem einzigen Gen erzeugt werden, sog. **monogenetische Krankheiten**, und 2. solche Krankheiten, die durch Mutation in mehreren Genen ausgelöst werden, sog. **polygenetische Krankheiten**. In dem Maße, wie die molekulargenetische Aufklärung menschlicher Erkrankungen fortschreitet, verringert sich die Anzahl derjenigen Erkrankungen, deren Phänotyp zufriedenstellend durch Mutation in nur einem einzigen Lokus erklärt werden kann.

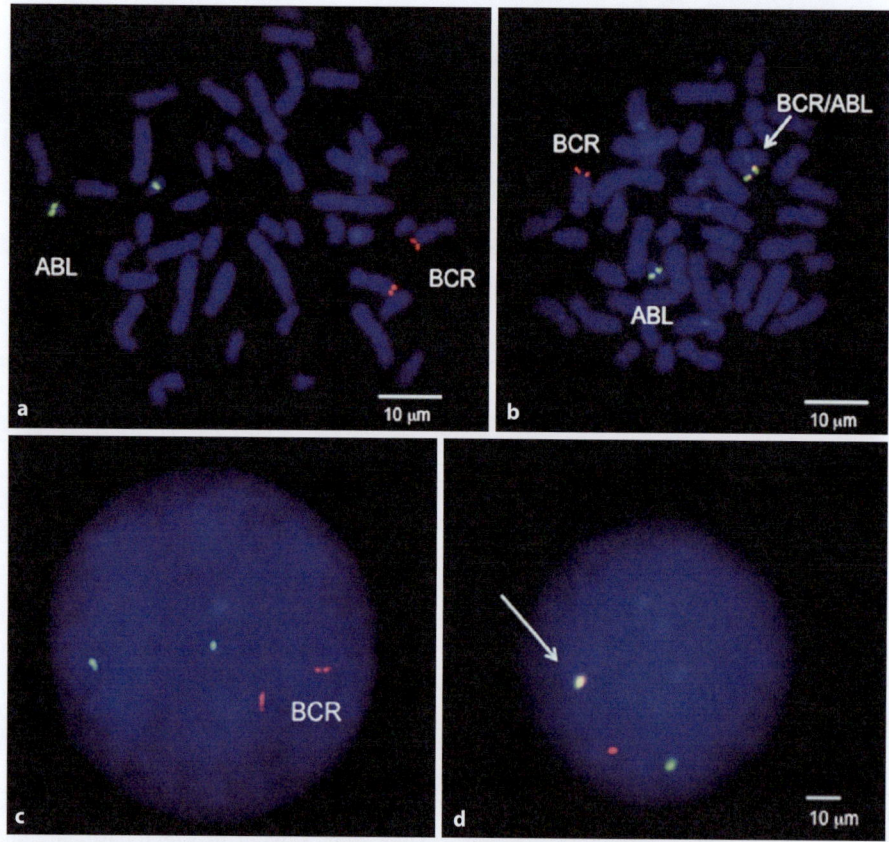

Abb. 13.17 FISH an Zellen mit einem Philadelphia Chromosom. 2-Farben FISH mit BCR- und ABL-spezifischen Sonden an einer Metaphase (**a, b**) und einem Interphase-Zellkern (**c, d**) eines normalen Lymphozyten (**a, c**) bzw. eines Lymphocyten mit einer Philadelphia Translokation (**b, d**) (s. Abb. 13.3). In einem normalen Lymphozyten-Zellkern erkennen die ABL-spezifische Sonde (grün) bzw. die BCR-spezifische Sonde (rot) jeweils zwei Stellen (**a, c**; in **a** auf den Chromosomen 9 bzw. 22). In der Metaphase des CML-Lymphozyten (**b**) gibt es jeweils ein Chromosom (mit zwei Chromatiden), das mit der ABL- bzw. der BCR-spezifischen Sonde markiert wird. Das Chromosom mit der Translokation wird mit beiden Sonden markiert, die durch die Überlagerung der Markierungen gelb erscheint (BCR/ABL, Pfeil). In der Interphase eines CML-Lymphozyten (**d**) markieren die ABL- bzw. BCR-Sonden jeweils eine Stelle, eine weitere Stelle, auf dem Translokationschromosom, wird von beiden Sonden erkannt (Pfeil). (Nach Shimizu et al. 2015, mit freundlicher Genehmigung)

13.4.1 Monogenetisch vererbte Erkrankungen

Die WHO (Weltgesundheitsorganisation) schätzt, dass weltweit etwa 10 von 1000 Menschen durch eine **monogenetische Erkrankung** (*single gene disorder*) betroffen sind (▶ https://www.thegenehome.com/basics-of-genetics/disease-examples). Dies sind Erkrankungen, die durch Mutation in einem einzigen Gen verursacht und entsprechend der Mendel'schen Regeln vererbt werden. Die Zahl der zu dieser Gruppe gehörenden Gene wird auf ca. 13.000 geschätzt. OMIM (*On the Mendelian Inheritance of Men*; ▶ https://www.omim.org/) ist eine Datenbank, die Auskunft über alle bekannten monogenetischen Erkrankungen des Menschen, ihre Symptome und die sie verursachenden Gene (soweit bekannt) gibt. Dort werden ca. 6972 Phänotypen genannt, deren molekulare Grundlage bekannt ist. Von den erfassten Genen liegen 394 auf dem X-, 5 auf dem Y-Chromosom, 35 auf der mitochondrialen DNA, alle anderen auf Autosomen (Stand: Januar 2025; ▶ https://www.omim.org/statistics/entry). Diese Zahl wächst kontinuierlich (◘ Abb. 13.18).

Genau wie in ▶ Box 7.4 für *Drosophila* und andere Organismen dargestellt, unterscheidet man auch beim Menschen verschiedene Formen der Vererbung: rezessiv bzw. dominant, autosomal bzw. Geschlechts-chromosomal. Manche Erkrankungen sind häufig (◘ Tab. 13.3), andere,

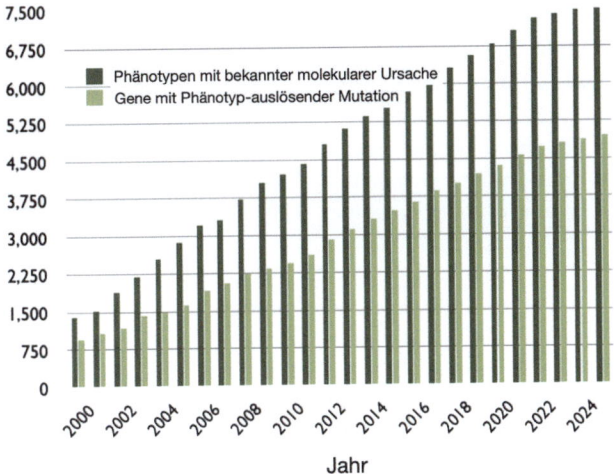

◘ **Abb. 13.18** Gen-Phänotyp Beziehung (Stand: Januar 2025). (Nach OMIM: ▶ https://www.omim.org/statistics/paceGraph)

und das ist mit ca. 80 % die überwiegende Anzahl, sehr selten. Zu den seltenen monogenetische Erkrankungen (*rare monogenetic disorders*) gehören solche, die mit einer Häufigkeit von < 0,5‰ auftreten (▶ https://www.orpha.net). Mutationen können auf allen Chromosomen auftreten, aber auch in Genen der Mitochondrien (s. ▶ Box. 13.3).

◘ **Tab. 13.3** Einige häufige monogenetische Erkrankungen des Menschen (Häufigkeiten zwischen ~1:200 und ~1:20.000[a])

	Krankheit	**Betroffenes Gen**[b]	**Betroffenes Protein**
Autosomal-dominant	Hypercholesterinämie[c]	*LDLR*	Low density lipoprotein receptor
		APOB	Apolipoprotein B (ApoB)
		PCSK9	Proprotein convertase subtilisin/kexin 9 (PCSK9)
	Neurofibromatose Typ 1	*NF1*	Neurofibromin
	Huntington Erkrankung (Morbus Huntington, Chorea Huntington)	*HTT*[d]	Huntingtin
X-chromosomal-dominant	Fragile-X Syndrom	*FMR1*[d]	Fragile X messenger ribonucleoprotein 1/Fragile X mental retardation 1
Autosomal-rezessiv	Zystische Fibrose (Mukoviszidose)	*CFTR* Gen[e]	Cystis fibrosis transmembrane conductance regulator
	Hämochromatose, Typ 1	*HFE* (*High Fe*)	Hereditäres-Hämochromatose (HFE)-Protein
	Phenylketonurie	*PAH*	Phenylalaninhydroxylase
	Sichelzellanämie[f,g], β-Thalassämie[f]	*HBB*	β-Globin
	α-Thalassämie	*HBA*	α-Globin
X-chromosomal-rezessiv	Hämophilie A	*F8*	Blutgerinnungsfaktor VIII
	Hämophilie B	*F9*	Blutgerinnungsfaktor IX

[a] Die Häufigkeit kann regional und entsprechend der Ethnien variieren.
[b] s. auch OMIM (▶ https://www.omim.org/) und GeneCards (▶ https://www.genecards.org/)
[c] Nicht alle Formen dieser Erkrankung sind monogen vererbt, es gibt auch polygen-ausgelöste Formen
[d] Die meisten beteiligten Mutationen werden durch Einfügen von Trinukleotiden ausgelöst (s. ▶ Abschn. 13.4.1.1).
[e] Bis heute sind > 1200 Allele dieses Gens bekannt, von denen aber nicht alle zur Erkrankung führen.
[f] Bei Sichelzellanämie wird ein defektes β-Globinprotein gebildet, bei β-Thalassämie wird zwar ein normales β-Globinprotein gebildet, aber zu wenig.
[g] Es sind einige Fälle mit autosomal-dominantem Erbgang beschrieben

Box 13.3 : Mitochondriopathien

Auch wenn die überwiegende Zahl monogenetisch verursachter Erkrankungen des Menschen durch Mutationen im nukleären Genom verursacht werden, lassen sich einige auf eine Mutation im mitochondrialen Genom zurückführen, die sog. **Mitochondriopathien**. Schließlich enthält die menschliche mtDNA 37 Gene, von denen 13 Protein-kodierend sind. Dabei handelt es sich um Proteine der Atmungskette, die am Energiestoffwechsel aller Zellen beteiligt sind. Mitochondriopathien betreffen vor allem Organe mit hohem Energieumsatz, z. B. Gehirn und Muskeln. Eine dieser Krankheiten ist das **Leigh Syndrom**, das mit Degenerationen von Zellen im Kleinhirn und Hirnstamm einhergeht. (Das Leigh Syndrom kann auch durch Mutationen im nukleären Genom ausgelöst werden, da auch dieses Proteine der Atmungskette kodiert).

Beim Menschen werden Mitochondriopathien rein maternal, also nur über die Mutter vererbt (◘ Abb. 13.19a), da eine Zygote ihre Mitochrondrien ausschließlich von der Eizelle erhält.

Aufsehen erregte diese Krankheit kürzlich durch die Nachricht, dass eine am Leigh Syndrom erkrankte Mutter ein gesundes Kind bekam. Hierzu wurde aus einer Donor-Eizelle mit intakten Mitochondrien der Zellkern entfernt (◘ Abb. 13.19b, Schritt 1) und in diese wurde dann der Zellkern der Eizelle mit defekten Mitochondrien transplantiert (◘ Abb. 13.19b, Schritt 2). Anschließend wurde diese Eizelle *in-vitro* befruchtet und der Embryo in die Gebärmutter implantiert. Das daraus entstandene Kind hat also zwei biologische Mütter, da seine genetische Information von zwei Frauen stammt.

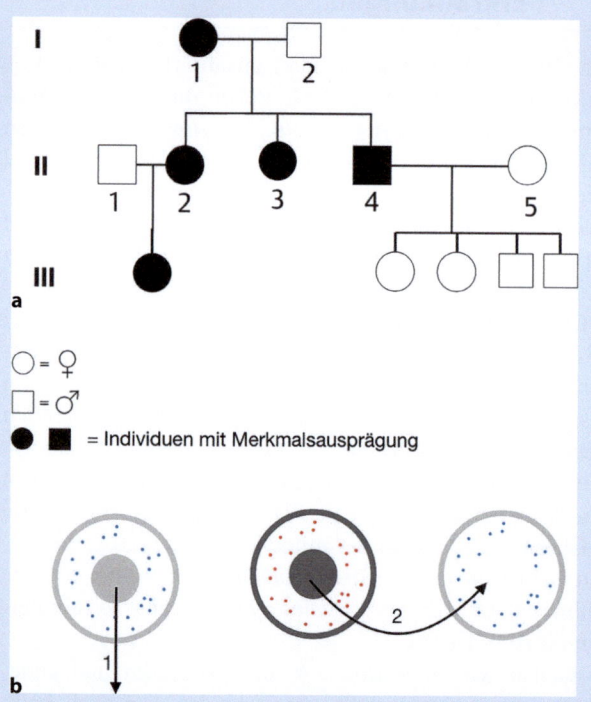

◘ Abb. 13.19 Vererbung und Therapie einer Mitochondriopathie (Leigh-Syndrom). **a** Stammbaum einer Mitochondriopathie. Ist die Mutter betroffen, sind alle Nachkommen betroffen. **b** Schematische Darstellung der Transplantation eines Zellkerns aus einer Eizelle mit defekten Mitochondrien (rot) in eine Eizelle mit intakten Mitochondrien (blau) (2), deren Zellkern zuvor entfernt worden war (1)

Monogene-Erkrankungen führen meist zu starken Krankheitssymptomen, sind aber in der Regel selten. Das liegt daran, dass in Populationen der Selektionsdruck dazu beiträgt, „schädliche" Mutationen zu eliminieren. Dieser Druck tritt besonders bei der Beseitigung dominanter Mutationen in Kraft, die sich **vor** der Geschlechtsreife ausprägen. Allerdings: einige durch dominante Mutationen ausgelöste Erkrankungen werden erst nach der Geschlechtsreife sichtbar. Hierzu gehört u. a. Chorea Huntington. Bei rezessiv vererbten Erkrankungen bleiben die mutierten Gene in der Population erhalten, da der Selektionsdruck nur auf homozygot-mutante Individuen wirkt, weshalb ein „Reservoir" dieser mutanten Allele in der Bevölkerung verbleibt.

Im ▶ Kap. 7 (Analyse von Erbgängen) wurde beschrieben, dass es nicht immer eine Korrelation: <u>ein</u> Gen – <u>ein</u> mutanter Phänotyp gibt, was unterschiedliche Ursachen haben kann. Ähnliches gilt auch für menschliche monogenetische Erkrankungen, was an ein paar Beispielen dargestellt werden soll.

1. Multiple Allelie Hierbei können verschiedene Mutationen in demselben Gen zur Erkrankung führen (s. ▶ Abschn. 7.3). Das kann zur Ausprägung unterschiedlicher Schweregrade der Krankheitssymptome führen, so dass zwei Patienten mit Mutationen in demselben Gen unterschiedlich stark betroffen sein können. Das wird z. B. deutlich bei der Betrachtung der Cystischen Fibrose (s. ◘ Tab. 13.3), der häufigsten monogenetisch induzierten Krankheit, die mit einer progressiven Schädigung der Atemorgane einhergeht. Das auf Chromosom 7 lokalisierte Gen ist ca. 200 kb lang und besteht aus 27 Exons. Die transkribierte mRNA von 6,1 kb enthält einen offenen Leseraster von 4,4 kb, der einen Transmembrantransporter von 1480 Aminosäuren kodiert. Heute sind mehr als 1200 verschiedene Allele des *CFTR*-Gens bekannt, von denen aber nicht alle zur Erkrankung führen. Die häufigste Mutation, DF508, bei der ein Triplett und somit eine Aminosäure, Phenylalanin, fehlt, betrifft ca. 70 % der betroffenen Patienten.

13.4 · Krankheitsauslösende Punktmutationen

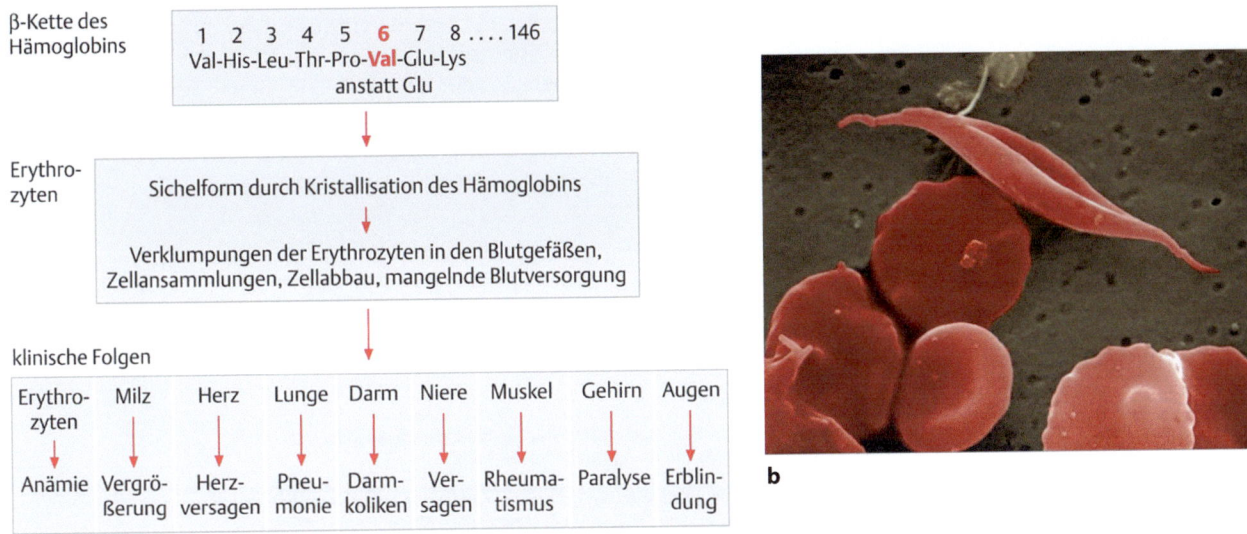

Abb. 13.20 Folgen der Sichelzellenanämie. Die Mutation führt zu vielfältigen Defekten in verschiedenen Organen (**a**) und einer veränderten Form der Erythrozyten (**b**). (**a** Nach Buselmeier und Tariverdian 1999, **b** nach Wikimedia Commons: ▶ https://commons.wikimedia.org/wiki/File:Eritrociti.jpg)

2. Einfluss des genetischen Hintergrunds auf Krankheitssymptome Selbst bei Vorliegen ein und derselben Mutation in demselben Gen zweier Individuen kann die Ausprägung von Krankheitssymptomen variabel sein, man spricht von **unterschiedlicher Expressivität** (s. ▶ Abschn. 7.8). Manchmal treten sogar trotz Vorliegen einer Mutation gar keine Symptome auf, man spricht dann von unvollständiger **Penetranz** (eine Penetranz von 50 % bedeutet, dass nur die Hälfte der Individuen mit einer bestimmten Mutation Krankheitssymptome aufweisen). Ursache dafür ist oftmals der unterschiedliche genetische Hintergrund, also das Vorliegen weiterer, im Genom verteilter Mutationen/ Polymorphismen, die die Expressivität oder die Penetranz beeinflussen können. Diese **genetischen Modifikatoren** (engl.: *modifier*) werden in der Humangenetik häufig als **Risikofaktoren** klassifiziert.

3. Einfluss von Umweltfaktoren auf Krankheitssymptome Bei Vorliegen ein und desselben genetischen Defekts in zwei Individuen kann die Ausprägung von Krankheitssymptomen auch dann unterschiedlich sein, wenn die von der Mutation Betroffenen verschiedenen Umwelteinflüssen ausgesetzt sind (z. B. falsche Ernährung, Exposition von Chemikalien oder Strahlung (auch UV), Rauchen, Alkohol, körperliche Inaktivität). Diese Faktoren können einen Einfluss auf die Expressivität, den Verlauf, den Schweregrad und auch den Beginn einer Erkrankung haben. Im Falle der Cystischen Fibrose wird angenommen, dass sich etwa die Hälfte der phänotypischen Variabilität auf nicht-genetische Einflüsse, vornehmlich Luftverschmutzung (u. a. Ozon und Feinstaub), zurückführen lässt.

4. Pleiotropie: ein Gen, viele Merkmale Mutation in einem Gen kann aber auch viele verschiedene Phänotypen auslösen, die in unterschiedlichen Individuen auch wiederum verschieden stark ausgeprägt sein können (s. ▶ Abschn. 7.7). Ein solcher Fall liegt bei der **Sichelzellenanämie** vor, eine der häufigsten erblich bedingten Erkrankungen weltweit (1–5/13.000). In den Betroffenen ist das normale **Hämoglobin HbB** durch eine Punktmutation zu **HbS** verändert ist. Die **pleiotropen Effekte**, die bei Homozygoten (HbS/HbS) schließlich zum Tod führen, sind in ◘ Abb. 13.20a aufgeführt. Die verursachende Mutation bewirkt den Austausch von Glutaminsäure (Glu) gegen Valin (Val) in der Position 6 der aus 146 Aminosäuren bestehenden β-Kette des Hämoglobins. Hämoglobin ist u. a. für den Sauerstofftransport im Blut verantwortlich. Die durch die Mutation verursachte physikalisch-chemische Veränderung des Hämoglobins führt zur Reduktion des Sauerstofftransports. Außerdem weisen mutante Erythrozyten eine sichelförmige Gestalt auf (◘ Abb. 13.20b). Die Sauerstoffversorgung heterozygoter Menschen (**Kodominanz von HbB und HbS**) ist nur bei verringertem Sauerstoffpartialdruck, z. B. in großen Höhen, beeinträchtigt.

Sichelzellenanämie hat noch einen weiteren wichtigen Aspekt. Obwohl es eine schwere Krankheit ist, findet man sie in Teilen Afrikas und des Mittleren Ostens besonders häufig, in Gebieten also, in denen Malaria ebenfalls häufig vorkommt. Dies ist kein Zufall, da die Sichelzellenanämie die Heterozygoten vor den Folgen der **Malariainfektion** durch *Plasmodium falciparum* schützt oder zumindest eine Abschwächung des Krankheitsbildes bewirkt.

Box 13.4 : Von der Entdeckung der Sichelzellanämie bis zur Gen-Therapie

Die Sichelzell-Anämie ist ein sehr gutes Beispiel dafür, wie eine genaue Beschreibung eines Krankheitsbilds im Jahr 1910, über die biochemische Charakterisierung des mutanten Proteins, die Kartierung des betroffenen Gens und die Aufdeckung der molekularen Ursachen der Erkrankung zur Gentherapie führt (► Abb. 13.21). Durch Gentherapie (Details s. ► Abschn. 14.4) kann ein Gen verändert werden, so dass es wieder eine normale Funktion ausüben kann. Das ist hier am Beispiel der Sichelzellanämie dargestellt.

Abb. 13.21 Von der Beschreibung einer Krankheit bis zur Gentherapie. [1] s. ► Box 14.7 zu hämatopoetischen Stammzellen; [2] Allogene Transplantation verwendet Zellen eines fremden Spenders; [3] s. ► Abschn. 14.4 Gentherapie; [4] s. ► Abschn. 14.4.3 zur Gen-Editierung durch die Genschere CRISPR/Cas

Die Sichelzell-Anämie ist ein sehr gutes Beispiel dafür, wie unsere Kenntnis eines Krankheitsbilds über die Kartierung des Gens und die Aufdeckung des molekularen Defekts in dem betroffenen Gen zur Gentherapie führt, mit der möglicherweise diese Krankheit geheilt werden kann (▶ Box 13.4).

13.4.1.1 Trinukleotid-Repeat Erkrankungen

Die molekular-genetische Analyse menschlicher Erbkrankheiten hat Aufschlüsse über die jeweils betroffenen Gene und die durch sie ausgelösten Krankheitssymptome ermöglicht, wobei **Modellorganismen** unschätzbare Beiträge geliefert haben (s. ▶ Kap. 12). Mutationsauslösend kommen auch hier alle die in ▶ Kap. 6 dargestellten Ursachen und die dadurch bedingten Veränderungen der DNA in Frage, u. a. auch solche, die durch das Einfügen von einem oder mehreren Nukleotiden induziert werden. Eine besondere Erwähnung der dadurch ausgelösten Erkrankungen verdienen solche, die mit der **Vervielfachung von jeweils drei Nukleotiden** assoziiert sind, die sog. **Trinukleotid-Repeat Erkrankungen**. Hierzu gehören mehr als 40, meist neurodegenerative Krankheiten, u. a. das Fragile-X Syndrom und Chorea Huntington (◘ Tab. 13.3).

Fast alle Mutationen, die durch Expansion von Trinukleotiden erzeugt werden, sind dominant. Erstaunlich ist, dass in allen beobachteten Fällen der Schweregrad und der Zeitpunkt des Ausbruchs der Erkrankung mit der Anzahl an zusätzlichen Trinukleotiden direkt korreliert. Auch zeigt die Stammbaumanalyse einiger Familien, in denen erkrankte Individuen vorkommen, dass die Anzahl der Trinukleotide in dem betroffenen Gen von einer Generation zur nächsten ansteigt. Die Insertion kann an verschiedenen Bereichen eines Gens stattfinden (◘ Abb. 13.22). Insertion im Protein-kodierenden Bereich resultiert in zusätzlichen Aminosäuren, in der Regel Alanin (A) oder Glutamin (Q) (letztere als poly(Q)-Erkrankungen zusammengefasst), was zu einem Defekt in der Proteinfunktion führen kann (z. B. bei Chorea Huntington; s. ▶ Box 13.5). Eine Insertion der Trinukleotide in der 5′- oder 3′-nicht-translatierten Region (5′-/3′-UTR) eines Gens beeinträchtigt meist die Expression des Gens (z. B. bei Fragile-X, ▶ Box 13.5).

Mehrere molekulare Mechanismen der Entstehung von Trinukleotid-Erkrankungen werden diskutiert, u. a. Fehler bei der Replikation, wobei das „Verrutschen" der DNA-Polymerase zur Schleifenbildung im neu-synthetisierten Strang und damit zur Verschiebung der DNA-Stränge (engl. *DNA slippage*) führt.

13.4.2 Polygenetisch vererbte Erkrankungen

Polygenetisch vererbte Erkrankungen (*multigenic diseases*) sind wesentlich häufiger als monogen-vererbte Erkrankungen, sie werden durch gleichzeitige Mutationen in mehreren Genen ausgelöst. Dabei trägt jede einzelne Mutation mit einem (in der Regel nicht bekannten) Anteil an der Ausprägung eines Krankheitsbildes bei. Anders als die meisten monogenetisch vererbten Erkrankungen lässt sich der Erbgang polygenetisch vererbter Erkrankungen nicht durch Stammbaumanalysen rekonstruieren, zumal jede beteiligte Mutation dominant oder rezessiv vererbt werden kann. Das Krankheitsbild ist also das Ergebnis des Zusammenspiels verschiedener Gen- bzw. Proteindefekte, und kann darüber hinaus durch Umwelteinflüsse modifiziert werden. In diese Gruppe der Krankheiten gehören u. a. Herz- und Gefäßerkrankungen, Bluthochdruck, Autismus oder Diabetes Typ 2.

Neuere Methoden haben in den letzten Jahren dazu beigetragen, die Kartierung der molekularen Defekte polygenetisch erzeugter Erkrankungen aufzudecken, Hierzu gehören u. a. Genom-weite Assoziationsstudien, bei denen die Kopplung eines bestimmten Phänotyps mit bestimmten molekularen Markern assoziiert wird (s. ▶ Abschn. 12.4.4), oder Next Generation Sequencing (NGS; s. ▶ Abschn. 14.1) des gesamten Genoms. Im Falle

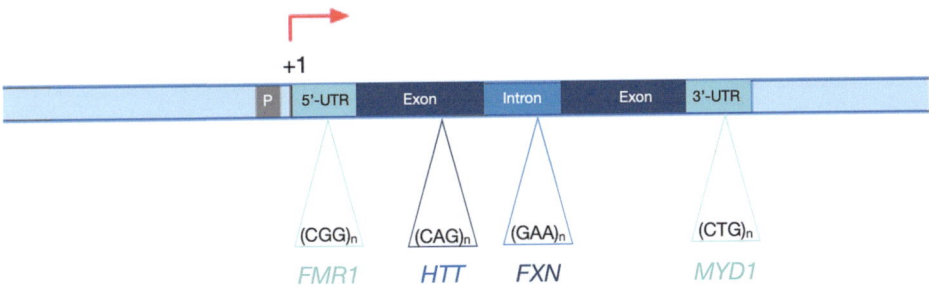

◘ **Abb. 13.22** Expansion von Trinukleotid-Repeats kann an verschiedenen Stellen eines Gens erfolgen. Schematische Darstellung eines hypothetischen Gens. Expansion von Trinukleotid-Repeats kann entweder in der 5′- oder 3′-nicht translatierten Region (5′-UTR, 3′-UTR), oder in einem Exon oder einem Intron erfolgen. +1 und roter Pfeil kennzeichnet den Transkriptionsstart, P = Promotor. Beispielhaft sind Insertionsstellen der Trinukleotid-Repeats in den Genen FMR1, HTT, FXN und MYD1 gezeigt, die zum Fragile-X Syndrom, zu Chorea Huntington, zur Friedreich-Ataxie bzw. zur Myotonen Dystrophie führen. Im Falle von HTT (Huntingtin) führt die Expansion der Trinukleotide zur Vermehrung von Glutamin (Q), in den drei anderen ist der offene Leseraster nicht betroffen

Box 13.5 Trinukleotid-Repeat Erkrankungen

Das **Fragile-X-Syndrom** ist eine Form erblich bedingter geistiger Retardierung (Häufigkeit etwa 1:1200). Die Krankheit erhielt ihren Namen auf Grund des Vorkommens einer „zerbrechlichen" Stelle im X-Chromosom, die zum Bruch des Chromosoms *in vitro* führt. Die Krankheit ist mit einer Expansion von CGG-Trinukleotiden im 5′-nicht-translatierten Bereich des *fragile X mental retardation-1*(*FMR-1*)-Gens assoziiert. In gesunden Individuen findet man 6–44 Kopien dieser Trinukleotide, Individuen mit 56–200 Kopien tragen eine sog. Prämutation, solche mit 200–1300 sind erkrankt. *FMR1* kodiert für ein RNA-bindendes Protein, das vor allem im Gehirn exprimiert wird und dort mRNA-Transport und/oder -Translation reguliert, wodurch ihm eine Rolle bei der Reifung und/oder der Funktion von Synapsen zukommt (aber auch andere Funktionen werden diskutiert). Durch die Expansion von Trinukleotiden in der 5′-UTR kommt es zur Methylierung einer 5′-des Gens gelegenen CpG Insel und dadurch zum **epigenetischen silencing** des *FMR1* Gens (s. ▸ Abschn. 4.2.3, ◘ Abb. 13.23).

Bei **Chorea Huntington** handelt es sich um eine autosomal dominant vererbte Krankheit (Häufigkeit 1:20.000), bei der es zu fortschreitender Erkrankung des Gehirns kommt. Die Krankheit manifestiert sich bei Patienten mittleren Alters, zunächst im Auftreten von unkoordinierten Bewegungen, weshalb sie auch „**Veitstanz**" genannt wurde (*Chorea St. Viti*, Tanzwut, zu deren Heilung man zur Veitskapelle bei Ulm wallfahrte). Sie verschlimmert sich mit zunehmendem Alter. Molekular ist sie mit einer Expansion von CAG-Trinukleotiden im kodierenden Bereich des *huntingtin*-Gens (*HTT*) assoziiert und führt im Protein zur Insertion von zusätzlichen Glutamin (Q)-Resten (deshalb als poly(Q)-Krankheit bezeichnet). Bei ≥ 40 Tripletts manifestiert sich die Erkrankung. Poly(Q) Insertionen im HTT-Protein führen zur Aggregation toxischer Proteine, die oftmals zum Absterben der Zellen führen.

Myotone Dystrophie ist eine autosomal dominant vererbte Muskelschwäche (Häufigkeit etwa 1:13.000), verursacht durch Expansion von CTG-Trinukleotiden im 3′-nicht-translatierten Bereich des *MYD1*-Gens, das für eine Proteinkinase kodiert (eine Kinase phosphoryliert andere Proteine). Bei nicht erkrankten Individuen finden sich dort 5–35 Trinukleotide, erkrankte Patienten weisen 50–200 Trinukleotide auf.

Der **Friedreich-Ataxie** liegt, im Gegensatz zu den drei genannten Erkrankungen, ein autosomal rezessiver Erbgang zugrunde. Mit einer Häufigkeit von ein bis zwei auf 130.000 Neugeborene stellt sie die häufigste heriditäre Ataxie (**Störung der Bewegungskoordination**) dar. Die ersten Symptome machen sich meist vor dem 20. Lebensjahr bemerkbar und sind durch fortschreitende Verschlechterung der Koordination beim Gehen gekennzeichnet. Molekulargenetische Untersuchungen konnten den Defekt mit einer Vermehrung von GAA-Trinukleotiden in einem Intron des Gens *FXN*, das für das Frataxin Protein kodiert, korrelieren. Während nicht betroffene Individuen dort 7–22 Trinukleotide aufweisen, fand man in Patienten mit Friedreich-Ataxie 200–900 dieser Trinukleotide. Je mehr Trinukleotide vorliegen, desto früher treten die Krankheitssymptome auf. Die Erhöhung der Anzahl der GAA-Trinukleotide verhindert oder reduziert die Synthese von Frataxin, das eine Funktion in den Mitochondrien hat.

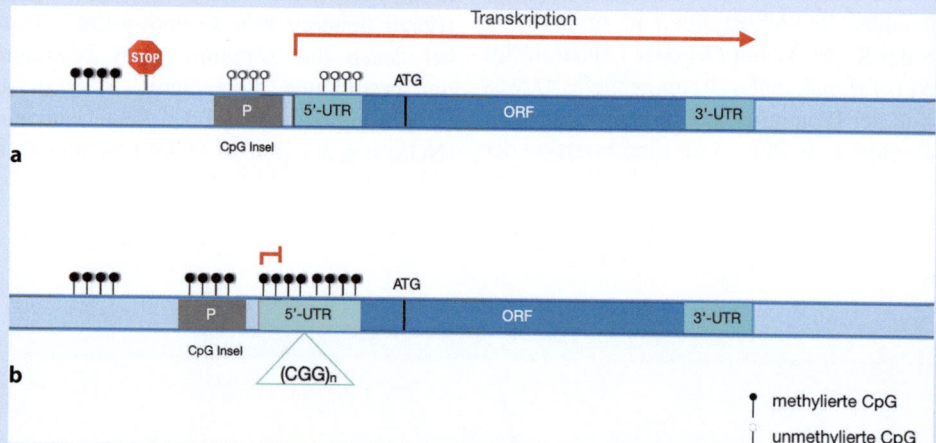

◘ **Abb. 13.23** Trinukleotid-Insertion und Inaktivierung von *FMR1*. Schematische Darstellung des *FMR1* Gens in einem gesunden Individuum (**a**) und nach Expansion der (CGG) Repeats in einem betroffenen Individuum (**b**). In einem normalen *FMR1* Allel (**a**) ist die Methylierung von Cytosinen auf eine Region upstream einer CpG Insel beschränkt, was durch eine Methylierungs-„Schranke" (Stopp Schild) ermöglicht wird. Nach der Expansion der Trinukleotide in der 5′-UTR (**b**) wird diese Schranke aufgehoben, was eine Ausbreitung der DNA-Methylierung ermöglicht, die u. a. die CpG-Insel und den Promotor (P) betrifft. Das führt zur Repression der Transkription (gene silencing). ORF = Offener Leseraster, ATG = Startcodon

von koronaren Gefäßerkrankungen (hier sind die Arterien und Venen, die das Herz kranzförmig umgeben, betroffen) hat man ca. 60 genomische Varianten gefunden, die gehäuft in diesen Patienten auftreten. Diese sind über das gesamte Genom verteilt und liegen häufig in nicht-kodierenden Bereichen.

13.5 Zusammenfassung

- Die Analyse von **Familienstammbäumen** bestätigt die Gültigkeit der Mendelschen Regeln auch beim Menschen
- Der **Karyotyp** einer somatischen Zelle des Menschen zeigt 46 Chromosomen.
- Numerische und strukturelle **Chromosomenaberrationen** können zu Erkrankungen führen.
- Unterschiedliche Färbetechniken an Metaphasechromosomen (u. a. G-, R- und Q-banding) erlauben eine genauere Kartierung von Aberrationen.
- FISH (*fluorescent in-situ hybridization*) erlaubt die genaue Lokalisation eines Gens auf Metaphasechromosomen.
- Eine Krankheit kann durch Mutation in einem Gen (**monogenetische Erkrankung**) oder in mehreren Genen (**polygenetische Erkrankung**) verursacht werden.
- Eine Mutation in einem Gen kann zu vielen verschiedenen Phänotypen führen: **Pleiotropie**.
- **Expansion von Trinukleotiden** sind mit vielen, häufig neurodegenerativen Erkrankungen assoziiert. Die zusätzlichen Trinukleotide können in der 5'- oder 3'-UTR oder im offenen Leseraster eines Gens inseriert sein.

Literatur

Bickmore W (2001) Karyotype analysis and chromosome banding. In: Encyclopedia of Life Sciences 10. Nature Publishing Group

Boveri T (1888) Zellenstudien II: Die Befruchtung und Teilung des Eies von *Ascaris megalocephala*. Jena Z Naturwiss 22:685–882 (plates XIX–XXIII)

Boveri T (1902) Über mehrpolige Mitosen als Mittel zur Analyse des Zellkerns. Verhandl Phys Med Ges Würzbg 35:67–90

Buselmeier W, Tariverdian G (1999) Humangenetik, 2. Aufl.

Caspersson T, Lomakka G, Zech L (1971) The 24 fluorescence patterns of the human metaphase chromosomes – distinguishing characters and variability. Hereditas 67(1):89–102

Drets ME, Shaw MW (1971) Specific banding patterns of human chromosomes. Proc Natl Acad Sci U S A 68(9):2073–2077

Mohr OL (1932) Woolly hair a dominant mutant character in man. J Hered 23:345–352

Patterson D (1987) Die Ursachen des Mongolismus. Spektrum 10:58–65

Pelleri MC, Locatelli C, Mattina T, Bonaglia MC, Piazza F, Magini P, Antonaros F, Ramacieri G, Vione B, Vitale L, Seri M, Strippoli P, Cocchi G, Piovesan A, Caracausi M (2022) Partial trisomy 21 with or without highly restricted Down syndrome critical region (HR-DSCR): report of two new cases and reanalysis of the genotype-phenotype association. BMC Med Genomics 15(1):266

Reckel S, Gehin C, Tardivon D, Georgeon S, Kükenshöner T, Löhr F, Koide A, Buchner L, Panjkovich A, Reynaud A, Pinho S, Gerig B, Svergun D, Pojer F, Güntert P, Dötsch V, Koide S, Gavin AC, Hantschel O (2017) Structural and functional dissection of the DH and PH domains of oncogenic Bcr-Abl tyrosine kinase. Nat Commun 8(1):2101

Sheth F, Sheth H, Pritti K, Tewari S, Desai M, Patel B, Sheth J (2014) Evolution of cytogenetics in disease diagnosis. J Transl Toxicol 1:3–9

Shimizu N, Maekawa M, Asai S, Shimizu Y (2015) Multicolor FISHs for simultaneous detection of genes and DNA segments on human chromosomes. Chromosome Res 23(4):649–662

Speicher MR, Ballard SG, Ward DC (1996) Karyotyping human chromosomes by combinatorial multi-fluor FISH. Nat Genet 12:368–375

Tjio JH, Levan A (1956) The chromosome number of man. Hereditas 42:1–6

Torres EM (2023) Consequences of gaining an extra chromosome. Chromosome Res 31(3):24

Trela E, Glowacki S, Błasiak J (2014) Therapy of chronic myeloid leukemia: twilight of the imatinib era? ISRN Oncol 30:596483

Zimonjic DB, Keck-Waggoner C, Popescu NC (2001) Novel genomic imbalances and chromosome translocations involving *c-myc* gene in Burkitt's lymphoma. Leukemia 15(10):1582–1588

Humangenetik II

Inhaltsverzeichnis

14.1 Das Humangenomprojekt – 284
14.1.1 Geschichte des Humangenomprojekts – 284
14.1.2 Strategien der Genomsequenzierung – 285
14.1.3 Das menschliche Pangenom – 286

14.2 Strukturelle Genomik – 287
14.2.1 Aus den Genomprojekten gewonnene Erkenntnisse und Perspektiven – 287
14.2.2 Das Epigenom – 290

14.3 Funktionelle Genomik – 293
14.3.1 Ziele von Transkriptom-Analysen – 294
14.3.2 Erstellung von Transkriptomen – 295

14.4 Gentherapie – 296
14.4.1 Virus-vermittelte somatische Gentherapie – 297
14.4.2 siRNA-vermittelte somatische Gentherapie – 298
14.4.3 Gen-Editierung – die Genschere CRISPR/Cas9 – 299
14.4.4 Zell-basierte somatische Gentherapie durch Gen-Editierung – 303

14.5 Zusammenfassung – 309

Literatur – 310

© Der/die Autor(en), exklusiv lizenziert an Springer-Verlag GmbH, DE, ein Teil von Springer Nature 2025
E. Knust, H.-A. Müller, W. Janning, *Allgemeine Genetik*, https://doi.org/10.1007/978-3-662-70442-4_14

Die Aufdeckung der Struktur der Doppelhelix durch James Watson, Francis Crick und Rosalind Franklin sowie die Möglichkeit, durch Sequenzierung die Reihenfolge der Nukleotide eines DNA-Abschnitts zu bestimmen (s. ▶ Abschn. 12.4.3) warf eine weitere Frage auf: kann man die Reihenfolge aller Nukleotide eines gesamten Genoms bestimmen? Zunächst waren es nur kleine Genome, deren komplette Sequenz bestimmt werden konnte: das Genom des Simian-Virus 40 (SV40) mit 5,2 kb (1978), Genome von Adenoviren (1979/80), deren Größen zwischen 26 und 45 kb liegen, bis hin zum Genom vom Epstein-Barr-Virus (EBV) aus der Gruppe der Herpesviren mit einer Größe von ca. 172 kb (1984). Es wurde sehr schnell deutlich, dass die Sequenzdaten interessante Informationen über die Funktion viraler Gene und ihrer Mutationen, aber auch über die Organisation und Evolution viraler Genome enthielten.

14.1 Das Humangenomprojekt

So war es nicht verwunderlich, dass sehr bald der Gedanke entstand, auch das menschliche Genom zu sequenzieren, um damit Zugang zur Aufdeckung von Mutationen und somit ein besseres Verständnis über die Gene zu bekommen, deren Ausfall oder Überexpression an der Entstehung von Krankheiten beteiligt sind, und – möglicherweise – sogar die Möglichkeit zu ihrer Reparatur?

14.1.1 Geschichte des Humangenomprojekts

Sehr kontrovers geführte Diskussionen über den Nutzen, die Kosten und die möglichen Gefahren wurden 1985/86 auf Workshops in Santa Cruz, Santa Fé und Cold Spring Harbor geführt, die von Robert Sinsheimer, Charles DeLisi und James Watson initiiert worden waren. Im Jahr 1988 wurde HUGO (Human Genome Organisation) in Cold Spring Harbor gegründet, eine *non-profit* Organisation, die es sich zum Ziel gesetzt hat, die internationalen Aktivitäten zur Genomsequenzierung zu koordinieren, wozu auch die Sequenzierung des Humangenoms gehörte. Das führte schließlich 1990 zur Gründung des **Humangenomprojekts** (*human genome project*, HGP). Das HGP wurde zunächst von James Watson, später von Francis Collins geleitet, und die Mittel wurden zunächst vom US Department of Energy und vom National Institute of Health bereitgestellt. Die Arbeiten wurden von Wissenschaftler/innen aus mehr als 30 Ländern durchgeführt, u. a. aus USA, England (Welcome Trust), Japan und Deutschland, die zusammen das **International Human Genome Sequencing Consortium (IHGSC)** bildeten. Man rechnete mit einer Dauer von 5 Jahren und einem finanziellen Bedarf von 3 Mrd. US Dollar. Das HGP ist das bisher größte Projekt, das durch internationale Kollaboration und in einem interdisziplinären Ansatz durchgeführt wurde, um mit Forschungsgruppen aus der Biologie, Chemie, Physik, Informatik, Ingenieurwissenschaften und Ethik (!) ein fundamentales biologisches Problem zu lösen (◘ Abb. 14.1).

◘ **Abb. 14.1** Logo des Human Genom Projekts (HGP). (Aus Wikimedia Commons: ▶ https://en.wikipedia.org/wiki/File:Logo_HGP.jpg)

Zur Motivation so vieler Menschen und Forschungsförderungsorganisationen, sich an diesem Konsortium zu beteiligen, trug auch bei, dass sich dieses Projekt nicht nur auf das menschliche Genom beschränken wollte, sondern gleichzeitig die Genomsequenzen von Modellorganismen – *Escherichia coli*, *Saccharomyces cerevisiae*, *Drosophila melanogaster*, *Caenorhabditis elegans* und Maus – miteinbeziehen wollte.

Parallel dazu wurde 1998 eine private Initiative zur Sequenzierung des humanen Genoms von J. Craig Venter (Celera Genomics) gestartet. Diese Konkurrenz barg die Gefahr, dass zukünftig Genomsequenzen in privater Hand und patentiert sein würden (was anfänglich auch durch Celera erfolgte), ein Konzept, das der Philosophie des IHGSC diametral gegenüberstand, das die Sequenzen für alle innerhalb kurzer Zeit nach ihrer Erstellung verfügbar machte. Das löste ein Wettrennen zwischen Celera und dem IHGSC um die Publikation der ersten Sequenz des Humangenoms aus. Bereits 2000 konnte jede Gruppe einen ersten Entwurf (*first draft*) der Genomsequenz vorweisen, die schließlich in zwei, im Jahr 2001 parallel veröffentlichten Arbeiten publiziert wurden (IGHSC 2001; Venter et al. 2001), und somit sehr viel früher und mit wesentlich geringeren Kosten als geplant. Die Sequenzen deckten allerdings nur ca. 90 % des Genoms ab. Im April 2003, also zum 50. Jahrestag der Publikation der DNA-Struktur durch Francis Crick und James D. Watson, publizierte das IHGSC die (bis dahin vorläufige) Genomsequenz des Menschen (IHGSC 2004), eine Referenzsequenz, die aus der DNA von 13 anonymen

14.1 · Das Humangenomprojekt

Individuen gewonnen worden war. Aber dieser Sequenz fehlten immer noch ca. 8 %. Erst 2022 wurde es dem *Telomere-to-Telomere (T2T) Consortium* möglich, durch eine Kombination verbesserter Sequenziermethoden (Next Generation Sequencing, s. ▶ Box 14.2) die komplette, aus ca. 3 Mrd. Basenpaaren bestehende Sequenz des Humangenoms zu erstellen (Nurk et al. 2022). Diese Sequenz, **T2T-CHM13v2.0**, enthält die lückenlose DNA-Sequenz aller Chromosomen, einschließlich die der Telomeren- und Zentromeren-DNA, sowie die Sequenz der kurzen Arme der akrozentrischen Chromosomen. Danach besteht ein haploides menschliches Genom aus 3,05 Mrd. Basenpaare. Das Auffinden von Genen, Gengrenzen oder anderen Merkmalen des Genoms erfolgt in einem Prozess genannt **Genom Annotierung** (*genome annotation*). Durch ständige Verbesserungen und Weiterentwicklungen der Programme werden die Vorhersagen zur Anzahl der Gene und anderer Merkmale des Genoms immer genauer und stetig aktualisiert. Die zuletzt veröffentlichte Annotierung des **Referenzgenom GRCh38.p14** (*Genome Reference Consortium human, version 38, patch release 14*) vom August 2023 ermittelte im menschlichen Genom 59.715 Gene, von denen 20.078 Protein-kodierend sind. Allerdings: diese Sequenz enthielt nicht die Sequenz des Y-Chromosoms. Diese ca. 62,5 Mb wurden erst 2023 hinzugefügt (Rhie et al. 2023).

14.1.2 Strategien der Genomsequenzierung

Bei den anfänglichen Sequenzierungen des humanen Genoms wurden zwei Strategien eingesetzt.

1. Die vom IHGSC verwendete „**clone-by-clone**" Strategie.

Hierbei wurde zunächst eine physikalische Karte des Genoms hergestellt (▶ Box 14.1).

Nach der Erstellung der **Contigs** (◻ Abb. 14.2c) wurde die DNA jedes BACs durch Restriktionsenzyme in kleinere Fragmente (ca. 500 bp lang) zerschnitten, kloniert, und sequenziert. Durch Zusammenfügen der DNA-Sequenzen aus vielen Klonen konnte eine kontinuierliche Sequenz der DNA eines BACs erzeugt werden, die dann wieder mit der

---

Box 14.1 Erstellung der physikalischen Karte eines Genoms

Eine Voraussetzung für die vom IHGSC angewendete Strategie zur Sequenzierung des gesamten humanen Genoms war zunächst die Erstellung einer **physikalischen Karte** des Genoms („*map first, sequence later*"). Im Vergleich zu einer genetischen Karte, auf der die Reihenfolge der Gene angegeben ist, sind auf einer physikalischen Karte die genauen Abstände von Genen bzw. molekularen Markern (z. B. SNPs, s. ▶ Abschn. 12.4.1), gemessen in Basenpaaren, angegeben. Vorbild für das Vorgehen des Konsortiums waren die zuvor veröffentlichten Arbeiten zur physikalischen Kartierung des Genoms von *S. cerevisiae* und *C. elegans* (Olson 2001; Coulson et al. 1986). Hierbei wird zunächst das gesamte Genom in Fragmente geschnitten und in einen Vektor kloniert. Die Wahl des Vektors richtet sich nach der Größe der zu klonierenden Fragmente: die in **λ-Phagen** klonierten Fragmente können ~24 kb groß sein, solche in **Cosmiden** 45–50 kb, und solche in **Bacterial Artefical Chromosomes** (**BACs**) bis zu 300 kb. Die DNA aus den einzelnen Klonen wird isoliert, mit einem Restriktionsenzym geschnitten und anschließend der Größe entsprechend in einem Agarose Gel aufgetrennt (◻ Abb. 14.2a). So entsteht ein charakteristisches Bandenmuster für jeden Klon, ein sog. **DNA-Fingerprint**. Von jedem Klon kann so eine Karte erstellt werden (◻ Abb. 14.2b). Computerprogramme sortieren nun die Fragmente entsprechender Größe und weiterer Eigenschaften (u. a. Lokalisation bereits bekannter Marker und klonierter Gene, ggf. mit Bestätigung durch FISH, Schnittstellen von weiteren Restriktionsenzymen) und reihen sie zu einem kontinuierlichen Abschnitt, einem sog. **Contig**, aneinander (◻ Abb. 14.2c).

Für die Sequenzierung des humanen Genoms wurde die genomische DNA aus 300.000 BACs verwendet, deren DNA zusammen ungefähr 15× das gesamte Genom repräsentiert.

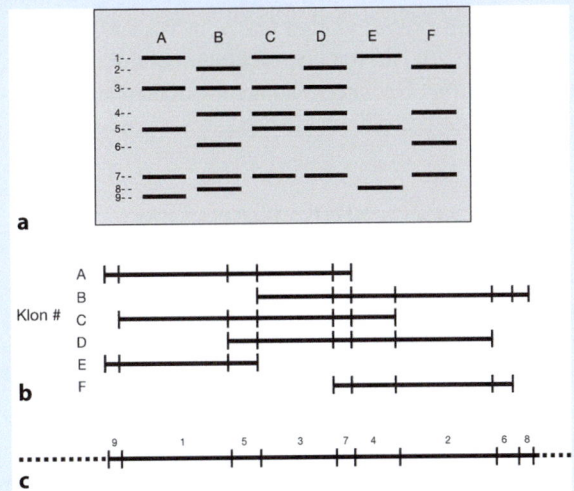

◻ **Abb. 14.2** Erstellung einer physikalischen Karte eines Genoms. **a** Schema der Auftrennung der DNA der Klone A–F nach Restriktionsverdau durch Agarosegelelektrophorese. 1–9 = Nummern der Fragmente, nach Größen sortiert. **b** Restriktionskarte der einzelnen Klone mit den Positionen der Restriktionsschnittstellen. **c** DNA-Karte des Contigs. Weitere Erklärung s. Text

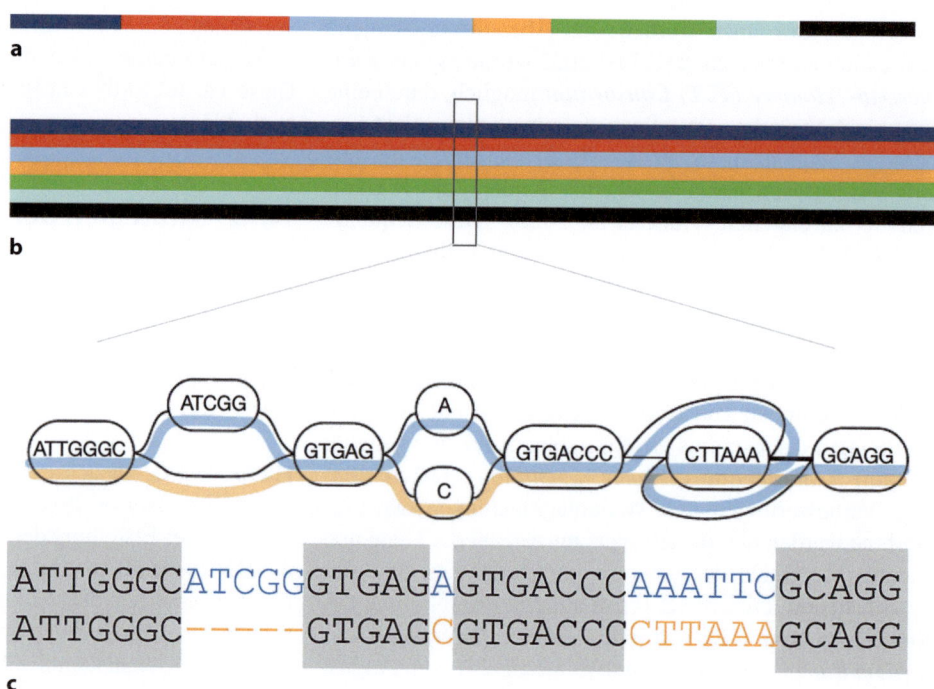

Abb. 14.3 Das humane Pangenom **a** Die ersten Genomsequenzen waren ein Mosaik aus verschiedenen, individuellen Genomen, dargestellt durch unterschiedliche Farben. **b** Im Rahmen des Pangenoms wurden individuelle Genome vollständig sequenziert. **c** Die einzelnen Sequenzen wurden miteinander verglichen (hier nur für zwei Sequenzen gezeigt). Auf diese Weise entstand eine Genomkarte, die eher einer U-Bahn Karte entspricht, da sich zwischen den in allen Sequenzen konservierten Regionen (graue Boxen) Bereiche befinden, die nur in einem Teil der Sequenzen konserviert sind, z. B. Deletionen, Insertionen, SNPs oder Inversionen. (Nach Liao et al. 2023, Fig. 3a, modifiziert, mit freundlicher Genehmigung)

benachbarter BACs überlappte. Diese Strategie wurde auch zur Sequenzierung der Genome von *C. elegans* und *S. cerevisiae* verwendet.

2. Venter et al. verwendeten die sog. Schrotschussmethode (*shotgun*) Methode. Dabei wurde die gesamte genomische DNA in Fragmente unterschiedlicher Größe (2 kb, 10 kb und 50 kb) zerschnitten, direkt (ohne vorherige Erstellung einer Karte) entsprechend ihrer Größe in Vektoren kloniert (s. ▶ Box 14.1 zur Auswahl der Vektoren) und sequenziert. Mit Hilfe enormer Rechnerleistungen wurden dann die einzelnen Sequenzen aneinandergefügt.

14.1.3 Das menschliche Pangenom

Die erste publizierte DNA-Sequenz des menschlichen Genoms, die aus der DNA von 13 anonymen Freiwilligen erstellt worden war, wurde als **Referenzgenom** bezeichnet. Die Daten wurden durch weitere Sequenzierungen ergänzt und werden ständig verbessert. Die aktuelle Version des Referenzgenoms, **GRCh38.p14**, wurde 2022 veröffentlicht. Das Referenzgenom repräsentiert also ein Mosaik individueller Genomsequenzen (◘ Abb. 14.3a). Allerdings: die DNA menschlicher Genome ist nur zu 99,6 % identisch. Auch wenn 0,4 % Unterschied wenig klingt, handelt es sich doch um 12 Mio. Basenpaare. Bei den Unterschieden handelt es sich zum allergrößten Teil um SNPs (*single nucleotide polymorphisms*; s. ▶ Abschn. 12.4.1), kleinen Deletionen oder Insertionen (s. ▶ Abschn. 6.3)

Um diese Unterschiede besser zu erfassen, startete 2008 das **1000 Genom Projekt**, das es sich zum Ziel gesetzt hat, die genomische DNA-Sequenz von weltweit 1000 Individuen aus unterschiedlichen Populationen zu erstellen (◘ Abb. 14.3b). Auf diese Weise sollte ein **Katalog der genetischen Variationen**, die mit einer Häufigkeit von > 1 % auftreten, erstellt werden, um dadurch u. a. den genetischen Beitrag bei der Entstehung von Krankheiten, auch in verschiedenen Ethnien, besser zu verstehen und mehr über die Evolution des Menschen zu erfahren. Letztendlich wurden die Genome von 2500 Individuen aus 26 verschiedenen Populationen sequenziert (1000 Genome Project Consortium 2015; Sudmant et al. 2015). Ermöglicht wurde dieses durch die Anwendung von sog. *Next Generation Sequencing* (NGS) Methoden (zunächst „*massively-parallel sequencing*" Methoden genannt), die die **gleichzeitige Sequenzierung** von Millionen von DNA-Fragmenten erlauben (▶ Box 14.2).

Diese Technologien erlaubten auch die Erstellung von Pangenomen. Anders als ein Referenzgenom, das ein Mosaik-Genom einer kleinen Gruppe von Individuen repräsentiert (◘ Abb. 14.3a), umfasst ein **Pangenom** (gelegentlich auch Supragenom genannt) die Gesamtheit aller Gene/Sequenzen einer Spezies. Pangenome repräsentieren also die verschiedenen Versionen der Sequenz einer Spezies, und heben somit auch die existierende Diversität hervor (Wang et al. 2022; Liao et al. 2023). Anders als bei den bisherigen (linearen) Sequenzen werden hier die **Unterschiede deutlich hervorgehoben** (◘ Abb. 14.3c). Ein Pangenom repräsentiert somit die **Variation in einer Population**. Nicht unerwartet, wurde die höchste Genomvariation in Menschen aus Zentralafrika nachgewiesen, also der Region, wo der moderne Mensch entstand. Diese Daten werden auch wichtige Beiträge zur Evolution des Menschen liefern.

Box 14.2 Next Generation DNA Sequenzierung (NGS)

Der Erfolg der Genomprojekte basierte nicht zuletzt auf der Weiterentwicklung der Sequenzierungs-Methoden, ihrer Automatisierung sowie wesentlich verbesserter und schnellerer Computerleistungen zur Auswertung der Unmengen an Sequenzdaten. Im Gegensatz zur „Sanger" Sequenzierung (s. ▶ Abschn. 12.4.3) werden diese als **Next Generation DNA-Sequenzierung** (*Next Generation Sequencing*), abgekürzt NGS, bezeichnet. Diese ermöglichen in **sehr vielen parallelen Ansätzen** Sequenzierung und Datenermittlung, weshalb sie auch als „*massively parallel sequencing*" Methoden bezeichnet werden. Die erste, zur **Second Generation Sequencing** gezählte Methode ist die 1996 veröffentlichte Pyrosequenzier-Methode, die bereits eine sog. Hochdurchsatz („*high-throughput*") Sequenzier-Methode darstellt. Sie und auch einige andere Methoden erfordern zunächst eine Amplifikation der zu sequenzierenden DNA. Sie liefern nur kurze Sequenzen (200–300 bp), erlauben aber einen sehr hohen Durchsatz, da sehr viele Reaktionen parallel durchgeführt werden können.

Die ersten Geräte der sog. **Third Generation Sequencer** (TGS) wurden 2008 beschrieben, sie wurden und werden ständig weiterentwickelt. Einige von ihnen sind in der Lage, die Sequenz von langen DNA-Molekülen einzeln **in Echtzeit** zu bestimmen, was endlich auch die Sequenzierung repetitiver Sequenzabschnitte ermöglichte. Manche dieser Geräte sind sehr klein (etwa so groß wie ein Mobiltelefon!), so dass DNA-Sequenzierungen auch außerhalb des Labors möglich sind (z. B. direkt in der Natur). Die Geräte unterscheiden sich u. a. in der Länge der gelesenen Sequenzen, von 50–500 bp (Illumina® Technologie), über 2–6 kb (PacBio® Technologie) bis zu mehreren hundert Kilobasen (Nanopore®-Sequenzierung). Allerdings kann eine höhere Geschwindigkeit mit einer etwas reduzierten Genauigkeit einhergehen. Die rasante Entwicklung unterschiedlicher Technologien hat Zeit und Kosten der DNA-Sequenzierung in den letzten Jahren extrem reduziert (◘ Abb. 14.4).

◘ **Abb. 14.4** Dauer (blau) und Kosten (rot) der Sequenzierung eines menschlichen Genoms

14.2 Strukturelle Genomik

Während die Genetik das Ziel hat, die Gesetzmäßigkeiten der Vererbung aufzudecken sowie die Funktion von Genen und ihre Wechselwirkung zu verstehen, befasst sich die **strukturelle Genomik** mit den physikalischen Eigenschaften des Genoms, u. a. mit der Anordnung der Gene, mit Genkarten und mit der Organisation des Genoms im Zellkern. Sie beinhaltet also die Erfassung der **Gesamtheit der Gene eines Genoms** und der Unterschiede in verschiedenen Individuen bzw. Zelltypen. Hierunter fallen auch Arbeiten zum Verständnis von Veränderungen des Genoms im Verlauf der Evolution, der Individualentwicklung eines Organismus, oder als Reaktion auf Umwelteinflüsse. Diese Wissenschaft erfährt durch die Möglichkeit, einzelne Genome in immer kürzerer Zeit, immer genauer und mit immer geringeren Kosten zu sequenzieren (◘ Abb. 14.4) einen enormen Aufschwung, der sich in den nächsten Jahren weiter beschleunigen wird.

14.2.1 Aus den Genomprojekten gewonnene Erkenntnisse und Perspektiven

Die Sequenzierung von gesamten Genomen mit hoher Präzision durch NGS (s. ▶ Box 14.2), die Entwicklung neuer Programme zur Analyse der Unmengen von Daten und die Erstellung von Pangenomen hat neue interessante Erkenntnisse in Bezug auf das Genom des Menschen und vieler anderer Spezies erbracht, von denen hier nur einige erwähnt werden können. Die nun zugängliche Information hat auch große Auswirkungen auf die medizinische Diagnostik und Therapie, und wirkt sich weit in verschiedene gesellschaftliche Bereiche aus.

14.2.1.1 Einblick in die Organisation von Genomen

Bioinformatische Programme erlauben die Vorhersage und Klassifizierung der durch die Genomsequenz vorhergesagten Proteine (= **Genom-Annotierung**) und ihre Klassifizierung, z. B. als Transkriptionsfaktoren, Membranproteine oder sezernierte Proteine. So kodieren die etwa 20.000 vorhergesagten Protein-kodierenden Gene des menschlichen Genoms 6718 verschiedene Membranproteine, darunter 1352 Rezeptoren, 817 Transporter und 533 Proteine mit enzymatischer Aktivität (Almén et al. 2009). Ob und in welchen Zellen die jeweiligen Proteine tatsächlich exprimiert werden, oder welche der vorhergesagten Isoformen, muss jedoch durch Methoden der Funktionellen Genomik verifiziert werden (s. ▶ Abschn. 14.3).

Die Sequenzierung der p-Arme der fünf akrozentrischen Autosomen 13, 14, 15, 21 und 22 des Menschen hat gezeigt, dass sie neben den Genen für die ribosomale RNA (s. ◻ Abb. 13.8) einen hohen Anteil repetitiver DNA mit ähnlichen Sequenzen enthalten, die sog. **pseudo-homologen Regionen**. Dies ist die molekulare Erklärung für die Entstehung einer Robertson-Translokation (s. ▶ Abschn. 13.3.2 und ◻ Abb. 13.13), da es während der Meiose zu **heterologer Rekombination**, also zum Austausch zwischen zwei nicht homologen Chromosomen, und als Folge zur Fusion der q-Arme zweier Chromosomen kommt.

Strukturelle Variationen (SV), also Deletionen, Duplikationen, Inversionen und Translokationen, kommen wesentlich häufiger im Genom vor als ursprünglich angenommen. Viele von ihnen sind ursächlich an der Entstehung von Krankheiten beteiligt, indem sie Gene oder ihre regulatorischen Elemente inaktivieren oder verändern können (s. ▶ Abschn. 6.3). Sie können von Generation zu Generation vererbt werden, aber auch *de-novo* an jeder Stelle im Genom entstehen.

14.2.1.2 Genotypisierung von Individuen

Die präzisen Genomsequenzen helfen auch dabei, SNPs (*single nucleotide polymorphisms*) bzw. STRs (*short tandem repeats*) (s. ◻ Tab. 12.6) im Genom physikalisch zu kartieren und Allele zu bestimmen. Die isolierte DNA wird über PCR (s. ▶ Abschn. 12.4.2) amplifiziert und die Amplikons werden entsprechend ihrer Größe aufgetrennt (◻ Abb. 14.5). Diese Information wird z. B. in der **Präimplantations-Diagnostik** (**PID**; *pre-implantation diagnostic*) verwendet (s. ▶ Box 14.3) (Braude et al. 2002).

STR-Analysen kommen auch in der **forensischen Genetik** zur Anwendung, um Abstammungsverhältnisse zu erhellen oder um ein „Täterprofil" nach einem Verbrechen zu erstellen, und so Tatverdächtige zu überführen und Unschuldige zu entlasten. Für die Erstellung des sog. **genetischen Fingerabdrucks** eines Individuums reicht, statistisch gesehen, die Betrachtung von nur neun verschiedenen, hoch polymorphen STRs aus, um einen Menschen mit einer Wahrscheinlichkeit von 99,999 % eindeutig zu identifizieren. In der **forensischen DNA-Analyse** werden nach internationalem Standard 7 **STR-Merkmalssysteme** benutzt (in Deutschland 8). Zur Unterscheidung von Männern und Frauen werden Marker auf dem Y-Chromosom verwendet (SRY, TSPY, DXYS156, und STS). Die DNA von Personen wird meist aus Blut- oder Mundschleimhautzellen isoliert, Tatortspuren können auch andere Zellen

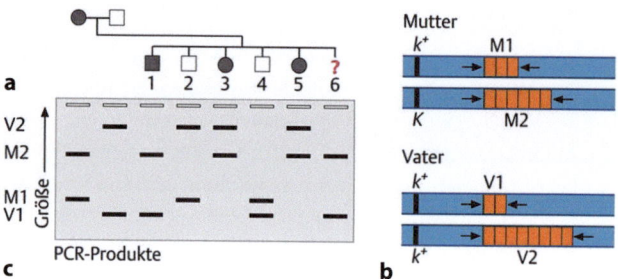

◻ **Abb. 14.5** Verwendung molekularer Marker in der pränatalen Diagnostik: STR-Analyse. **a** Die Mutter leidet an einer autosomalen, dominant vererbten Krankheit, die sie an drei ihrer fünf Kinder (1, 3, 5) weitergegeben hat. Sie möchte wissen, ob das sechste Kind (?) ebenfalls die dominante Mutation geerbt hat. **b** Das krankheitsauslösende Gen (gekennzeichnet durch das dominant mutante Allel K bzw. das nicht mutierte Allel k^+) kartiert sehr nah neben einem polymorphen Mikrosatelliten, dessen Länge von Allel zu Allel auf Grund einer unterschiedlichen Anzahl der Sequenzwiederholungen variieren kann (M1, M2, V1, V2). Bei Verwendung eines Primerpaars (Pfeile), das Einzelkopie-Sequenzen enthält und den Mikrosatelliten flankiert, entstehen unterschiedlich lange PCR-Fragmente. Mutter und Vater tragen jeweils unterschiedliche Allele: die Mutter ist M1/M2, der Vater V1/V2. **c** Die genetische Untersuchung aller fünf Kinder zeigt, dass alle kranken Kinder das M2-Allel der Mutter, alle gesunden Kinder das Allel M1 der Mutter tragen. Das Kind, das sie zurzeit austrägt, trägt das Allel M2, so dass die Wahrscheinlichkeit sehr hoch ist, dass es ebenfalls das krankheitsauslösende Allel trägt und somit die Krankheit geerbt hat

enthalten, z. B. Muskelzellen, Haut, Knochen, Haare, Sperma, Speichel, Schweiß oder Blut. Wie in ◻ Abb. 14.5b dargestellt, werden zunächst die Fragmente, die STRs enthalten, über PCR amplifiziert. Die Längen- und damit Variantenbestimmung der amplifizierten DNA-Sequenzen erfolgt durch **Kapillarelektrophorese** oder auch durch direkte Sequenzierung, was allerdings immer noch deutlich teurer ist. Das Ergebnis einer derartigen Analyse ist in ◻ Abb. 14.7 als Elektropherogramm dargestellt.

14.2.1.3 Bedeutung von Genomdaten für die Evolutionsforschung

Darüber hinaus ist es nun möglich, durch Sequenzvergleich von individuellen Genomen die Diversität der Genome einer Spezies zu studieren und damit **Rückschlüsse auf die Evolution** zu ziehen.

So ist die DNA von Mensch und Schimpanse bzw. Bonobo zu 98,8 % identisch. In einer großen internationalen Studie wurden die Genome von 233 Primaten-Spezies sequenziert (dies sind etwa die Hälfte aller Primaten Arten) (Kuderna et al. 2023). Die Ergebnisse brachten nicht nur neue Erkenntnisse zur Evolution der Primaten, sondern auch wichtige Informationen zum menschlichen Genom. So konnte z. B. gezeigt werden, dass in einigen Primatengenen, die im menschlichen Genom konserviert sind, Varianten/Mutationen existieren, die die Aminosäuresequenz und damit möglicherweise die Funktion eines konservier-

Box 14.3 Präimplantationsdiagnostik

Die Präimplantationsdiagnostik (PID) ist eine Weiterführung der pränatalen Diagnostik. Sie wurde mit dem Ziel entwickelt, die Weitergabe schwerer genetischer Defekte eines Paares an seine Nachkommen zu verhindern. Diese Methode kommt bei *in vitro* erzeugten Embryonen vor der Implantation in die Gebärmutter zum Einsatz und ermöglicht die Auswahl der Embryonen, die frei von dem genetischen Defekt sind. Sie kann allerdings, genau wie die pränatale genetische Diagnostik, nur für die Krankheiten durchgeführt werden, deren molekulare Ursachen ursächlich mit der Erkrankung zusammenhängen, wie etwa die, die durch Vermehrung von Trinukleotiden erzeugt werden (s. ▶ Abschn. 13.4.1.1) oder solchen, die durch Punktmutationen in einem Gen ausgelöst werden.

Für die Untersuchung wird eine Zelle des Embryos entfernt und für die molekulargenetische Untersuchung verwendet. Diese Zelle kann der erste oder der zweite Polkörper sein, der bei der Meiose der Oozyte gebildet wird (◘ Abb. 14.6a; vgl. auch ◘ Abb. 5.8). Die Untersuchung eines Polkörpers hat den Vorteil, das nur extraembryonale Zellen entfernt werden, weshalb die Wahrscheinlichkeit einer – bedingt durch den Eingriff – aberranten Entwicklung des Embryos kleiner ist. Allerdings lässt sich auf diese Weise nur der Genotyp des von der Mutter vererbten Chromosomensatzes feststellen. Alternativ kann eine Zelle nach der Befruchtung entnommen werden, wenn sich der Embryo im Stadium der Furchung befindet (~Tag 3 der Entwicklung im 8-Zell Stadium; ◘ Abb. 14.6b). In diesem Stadium kann das Fehlen einer Zelle durch die anderen Zellen kompensiert werden. Die dritte Möglichkeit besteht in der Entnahme von Zellen im Blastozystenstadium (~Tag 5 der Entwicklung; ◘ Abb. 14.6c), was die Möglichkeit bietet, mehr als nur eine Zelle für die Untersuchung zur Verfügung zu haben. In diesem Stadium besteht der Embryo aus 200–300 Zellen, so dass die Entnahme der leichter zugänglichen Zellen des Trophektoderms, die am fünften oder sechsten Tag nach der Befruchtung stattfindet, die Gefahr einer Schädigung des Embryos verringert.

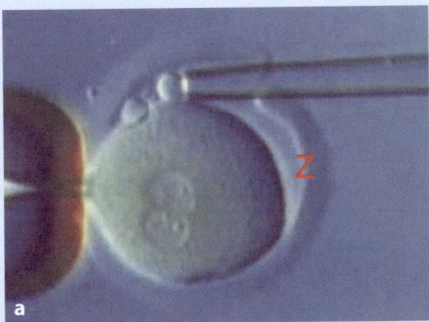 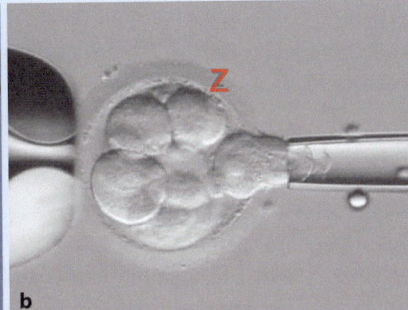 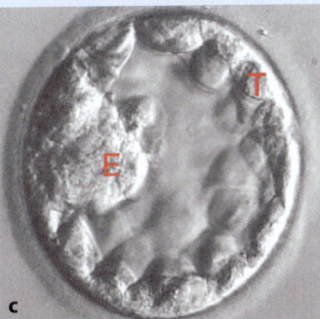

◘ **Abb. 14.6** Isolierung von Zellen für die PID. **a** Entfernung eines Polkörpers. Etwa 12–20 h nach der Befruchtung wird die Zona pellucida (Z), eine Membran, die die Eizelle von Säugern und den frühen Embryo umgibt, mit einer feinen Nadel aufgebrochen und ein oder zwei Polkörper werden vorsichtig mit einer Kapillare herausgesaugt. **b** Entfernung einer Blastomere im Furchungsstadium. Etwa 72 h nach der Befruchtung wird nach Öffnen der Zona pellucida (Z) eine Blastomere vorsichtig mit einer Kapillare herausgesaugt. **c** Embryo im Blastozystenstadium. In diesem Stadium haben sich die Zellen bereits in embryonale (E) und extraembryonale Zellen (Trophektoderm, T) getrennt. (Braude et al. 2002)

---

ten Proteins verändern könnten. Da diese Mutationen in den Primaten aber toleriert werden und nicht zu Erkrankungen führen, können daraus möglicherweise Rückschlüsse auf neutrale bzw. Krankheits-auslösende Mutationen in den entsprechenden Genen beim Menschen gezogen werden.

Die Erstellung von Genomsequenzen hat den rapiden Aufstieg eines neuen Forschungsgebiets ermöglicht: die **Paläogenetik**. Darunter versteht man das Studium der DNA aus den Resten alter Organismen (*ancient DNA*, *aDNA*), z. B. aus Knochen, aus mumifiziertem Gewebe, aus Material in Museumssammlungen, aus Holzresten und Pollenkörnern. Bei der Sequenzierung von aDNA stellen sich mehrere Probleme, u. a. die graduelle Degradierung der DNA zu Fragmenten von nur 40–500 bp, sowie ihr teilweise Depurinierung, also der hydrolytischen Spaltung der N-glykosidischen Bindung zwischen der Desoxyribose und der Base Adenin oder Guanin (s. ◘ Abb. 1.2). Deshalb ist es sehr schwierig oder fast unmöglich, DNA von sehr alten Proben zu sequenzieren. Die älteste jemals sequenzierten DNAs (Stand 2022) sind die aus einer reichen Tier- und Pflanzenwelt, die vor ca. 2 Mio. Jahren auf Grönland existiert hat. Ein weiteres großes Problem bei der Sequenzierung von aDNA ist die Kontamination durch andere DNAs. Die Entwicklung besserer DNA-Isolationsmethoden und neuerer DNA-Sequenzierverfahren ermöglichte schließlich die Sequenzierung von **Neandertaler Genomen**. *Homo neanderthalensis*, der „nächste Verwandte" des modernen Menschen, besiedelte große Teile Europas und West-Asiens. Der Neandertaler lebte mit *Homo sapiens*,

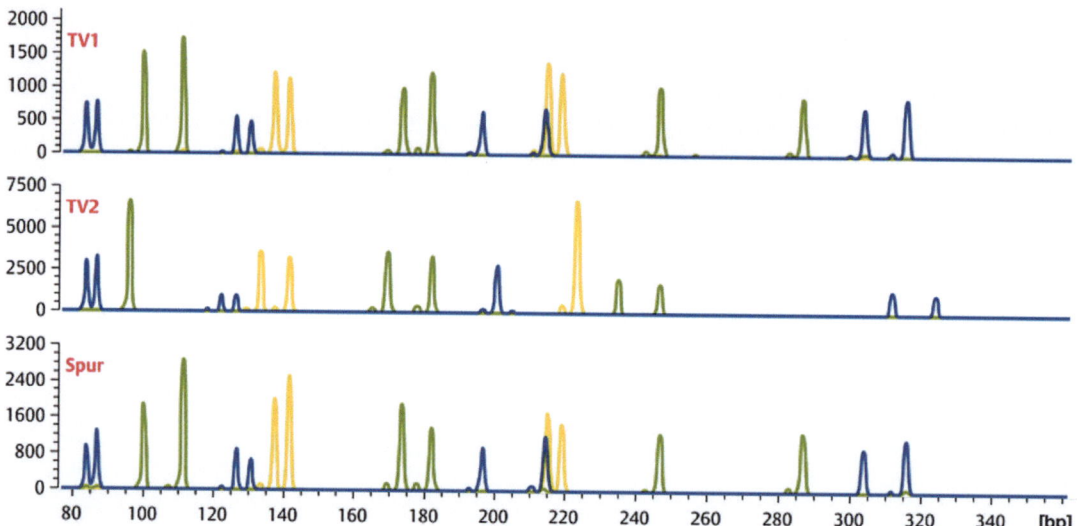

Abb. 14.7 DNA-Profile einer Tatortspur und zweier Tatverdächtiger. Die drei Profile zeigen das Profil der STR-Marker aus der DNA der beiden Tatverdächtigen (TV1 und TV2) und der vom Tatort isolierten DNA (Spur) (jeweils ein Primer war mit einem fluoreszierenden Farbstoff markiert). Alle STR-Systeme sind mit zwei Längenvarianten, also heterozygot, vertreten, da sie sich durch die Anzahl der wiederholten Einheiten unterscheiden. Der Vergleich der DNA-Profile zeigt eindeutig, dass TV1 die Spur hinterlassen hat. Abszisse: Längen der STR-Sequenzen (in Basenpaaren, bp), Ordinate: Fluoreszenz-Intensität. (Originaldaten von Carsten Hohoff, Institut für Rechtsmedizin, Münster)

der, vor rund 45.000 Jahren aus Afrika kommend, in Europa eingewandert war, ca. 5000 Jahre nebeneinander, bevor er vor ca. 40.000 Jahren verschwand.

Die Veröffentlichung der Sequenz des ersten Neandertal-Genoms im Jahr 2010 (Green et al. 2010) und weiterer Genome in den folgenden Jahren brachte sehr interessante Ergebnisse, von denen hier nur einige genannt werden können:

- Genome der Neandertaler unterscheiden sich eindeutig von denen moderner Menschen. Sie sind unserem Genom deutlich ähnlicher als das Genom der Schimpansen.
- Mit der Genomsequenz konnte schließlich eine alte Frage geklärt werden: *Homo neanderthalensis* und *Homo sapiens* haben sich miteinander gekreuzt, so dass die Genome heutiger Menschen (nicht-afrikanischen Ursprungs) 1–4 % Neandertaler Genomsequenzen beinhalten. Inzwischen konnte man auch Sequenzen des modernen Menschen in den Genomen jüngerer Neandertaler Funde nachweisen. Es hat also einen Genfluss (**Introgression**) zwischen heute ausgestorbenen *Homo* Arten und modernen Menschen stattgefunden. Introgression wurde auch zwischen der DNA des **Denisova Menschen** und modernen Menschen, vor allem aus Südostasien, nachgewiesen. Denisova Menschen sind nahe Verwandte von *Homo neanderthalensis* und *Homo sapiens*, deren Knochen in einer Höhle im zentralasiatischen Altai-Gebirge gefunden wurden, manchmal auch zusammen mit denen des Neandertalers.
- Es war bekannt, dass eine Region auf Chromosom 3 von *Homo sapiens* das Risiko erhöht, schwer an einer Sars-CoV-2 Infektion zu erkranken (s. ▶ Abschn. 12.4.4, GWAS). Die Risikoregion konnte auf eine etwa 50 kb große Region eingeengt werden. Nach der Fertigstellung der Genomsequenz des Neandertalers wurde deutlich, dass diese Region vom Neandertaler stammt und dass sie in ca. 16 % der Europäer und in ca. 50 % der Menschen in Südasien vorkommt (Zeberg und Pääbo 2020).

Für seine bahnbrechenden Pionierarbeiten auf dem Gebiet der Sequenzierung von aDNA und „*for his discoveries concerning the genomes of extinct hominins and human evolution*" wurde **Svante Pääbo** im Jahr 2022 mit dem Nobelpreis für Physiologie oder Medizin ausgezeichnet. Seine Entdeckungen und die daraus folgenden Arbeiten vieler Forschergruppen brachten wichtige Erkenntnisse zur Evolution des Menschen und zum Verständnis der menschlichen Physiologie.

14.2.2 Das Epigenom

Nicht nur die genetische Information, verschlüsselt in der Nukleotidsequenz der DNA, wird an die nächste Generation weitergegeben. Ebenso können auch chemische Modifikationen der DNA und der Histonproteine, die Struktur und Aktivitätszustand des Genoms im Zellkern kontrollieren, weitervererbt werden, was unter dem Begriff **epigenetische Vererbung** zusammengefasst wird (s. ▶ Abschn. 4.2). Mehrere Methoden sind in den letzten Jahren entwickelt worden, um die Gesamtheit der DNA-Methylierungen, der Histonmodifikationen und der Zugänglichkeit des Genoms für Proteine (z. B. Polymerasen, Transkriptionsfaktoren) zu bestimmen, was unter dem Begriff **Epigenom** zusammengefasst wird.

14.2 · Strukturelle Genomik

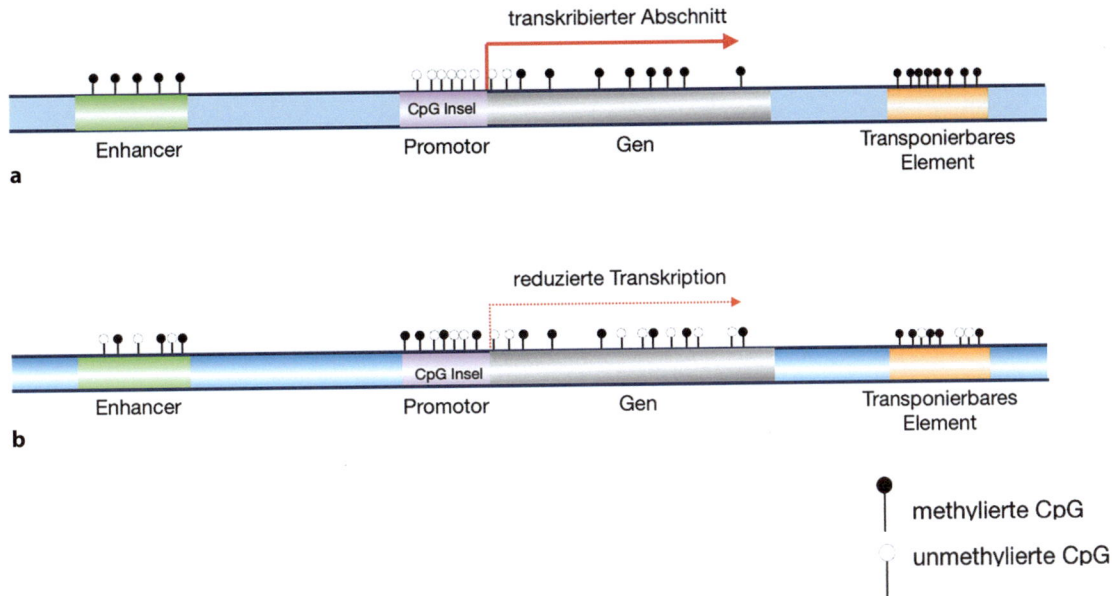

Abb. 14.8 Schematische Darstellung des Methylierungsmusters in Abhängigkeit vom Alter. **a** Die DNA junger Menschen ist häufig im Enhancer, im Genabschnitt selbst und in transponierbaren Elementen methyliert, nicht jedoch an CpG Inseln im Promotor, wodurch die Transkription möglich ist. **b** Alterung geht oftmals mit Veränderungen im Methylierungsmuster einher, was zu reduzierter Transkription führen kann (gene silencing). Änderungen in einem Transposon können zu einer erhöhten Transkription der Transposon-DNA führen, ein Umstand, der häufig in Krebszellen beobachtet wird

Anders als die Genomsequenz, die ja in (fast) allen Zellen eines Individuums dieselbe ist, variiert das Epigenom von Zelltyp zu Zelltyp sowie in Abhängigkeit vom Entwicklungsstadium, vom Alter, und von äußeren Faktoren. Deshalb gibt es nicht **das** menschliche Epigenom, noch nicht einmal **ein** Zelltyp-spezifisches Epigenom, da es ja von sehr vielen Faktoren modifiziert werden kann.

14.2.2.1 Das Methylom

Zur Bestimmung des Methylierungsmusters der DNA eines gesamten Genoms unter Berücksichtigung der Methylierung an CpG Dinukleotiden (s. ▶ Abschn. 4.2.3) können verschiedene Methoden verwendet werden, inzwischen können DNA-Modifikationen aber auch direkt von nativer genomischer DNA ausgelesen werden. Die Geräte detektieren Unterschiede entweder durch die Inkorporationsgeschwindigkeit von Nucleotiden (PacBio) oder beim Durchtritt methylierter Nukleotide durch die Nanopore. Durch Untersuchung des Methyloms von Zellen unterschiedlich alter Individuen konnte man so z. B. zeigen, dass sich das Methylom mit dem Alter verändert (◘ Abb. 14.8). Es gibt sogar Hinweise darauf, dass einige dieser Änderungen so reproduzierbar sind, dass man sie als **epigenetische Uhr** bezeichnete, wodurch das biologische Alter einer Person bestimmt werden kann, was nicht immer mit dem chronologischen Alter korrelierte. Ob die Änderungen im Methylom ursächlich mit der Alterung zusammenhängen, ist jedoch nicht bekannt.

14.2.2.2 Organisation des Chromatins

DNA im Zellkern liegt immer in Form von Chromatin vor, wobei Proteine neben der „Verpackung" der DNA weitere wichtige Funktionen ausüben: durch Bindung von Transkriptionsfaktoren und RNA-Polymerase wird Transkription ermöglicht, durch Bindung von DNA-Polymerase Replikation. Histone binden an DNA, und je nach Art der Histone und ihrer chemischen Modifikation (z. B. Methylierung, Acetylierung) kann das zur Kompaktierung oder zur Auflockerung des Chromatins führen, also zu (Transkriptions-)inaktiven oder -aktiven Chromatinbereichen (s. ▶ Abschn. 10.2.2).

In immer mehr menschlichen Krankheiten, einschließlich Krebserkrankungen, wurden veränderte Chromatinstrukturen entdeckt, was eine Verbindung zwischen veränderten DNA-Protein Wechselwirkungen und der Entstehung von Krankheiten nahelegt. Somit stellen sich u. a. folgende Fragen:

- Welche DNA-Sequenzen sind von welchen Proteinen gebunden?
- Wie verändert die Modifikation eines Proteins, z. B. die Acetylierung oder Methylierung eines Histons, das Bindungsverhalten dieses Proteins an die DNA?
- Wie verändert sich die Organisation des Chromatins in Abhängigkeit vom Differenzierungsgrad, vom Entwicklungsstadium oder vom Alter einer Zelle, bzw. eines Gewebes?
- Welchen Einfluss hat eine veränderte Chromatinstruktur/-zusammensetzung auf die 3D Struktur des Zell-

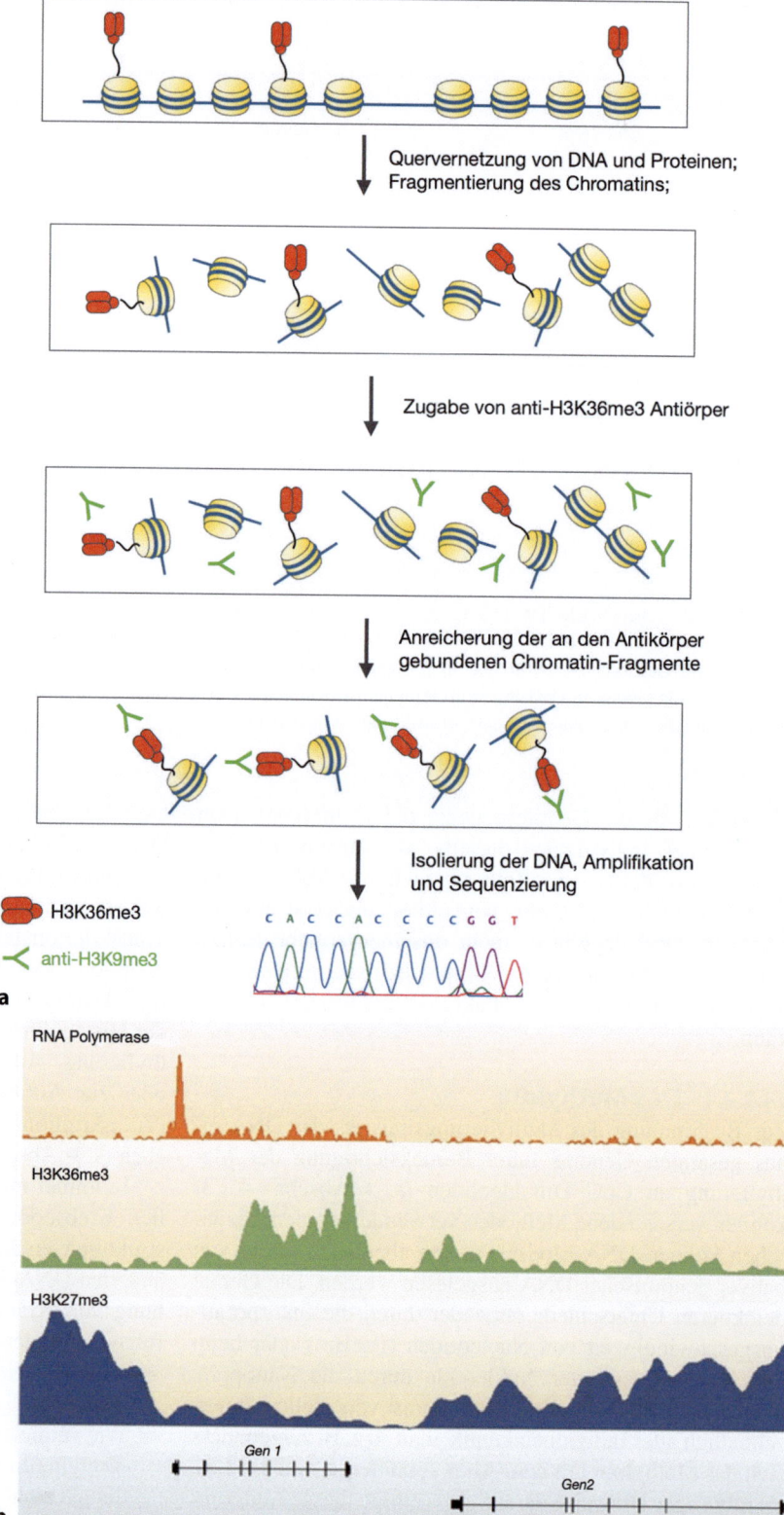

Abb. 14.9 Schematische Darstellung eines ChIPSeq Experiments. **a** Im ersten Schritt werden DNA und Proteine quervernetzt (*crosslinking*) und das Chromatin wird fragmentiert (z. B. durch Behandlung mit Ultraschall). Nach Zugabe von Antikörpern (grün), die spezifisch H3K36me3 (rot) erkennen (= Histon H3, das an Lysin K36 methyliert ist), können die Chromatin-Fragmente, die diese Markierung tragen, angereichert werden. Anschließend wird die DNA daraus isoliert, durch PCR amplifiziert und sequenziert. **b** Beispiel für ein Ergebnis eines ChIPSeq Experiments, in dem die Chromatin-Fragmente mit Antikörpern gegen RNA-Polymerase (orange), H3K36me3 (grün) und H3K27me3 (blau) angereichert wurden. Gezeigt ist ein DNA-Abschnitt, der Gen1 und Gen2 einschließt. Die orange, grüne und blaue Kurve zeigt die Häufigkeit, mit der RNA-Polymerase, H3K36me3 bzw. H3K27me3 mit verschiedenen DNA-Abschnitte assoziiert sind. Die Verteilung erlaubt die Interpretation, dass Gen1 vermutlich transkribiert wird, da RNA-Polymerase am Transkriptionsstart und H3K36me3 im Genbereich angereichert sind. H3K27me3 (eine repressive epigenetische Markierung) ist im Bereich von Gen1 kaum vorhanden, wohl aber im Bereich von Gen2, das vermutlich nicht exprimiert ist (s. auch ▶ Abschn. 4.2.2.1) (nach Orlov et al. 2012, Park 2009)

> **Box 14.4 ENCODE**
>
> Die Enzyklopädie der DNA-Elemente (*Encyclopedia of DNA elements*, **ENCODE**) ist ein Forschungsprojekt, das 2003 als Folgeprojekt des Humangenomprojekts gegründet wurde. Es wird von einem internationalen Konsortium betrieben, und alle Daten sind öffentlich zugängig. ENCODE hat es sich zum Ziel gesetzt, umfassende Listen aller Funktionselemente des menschlichen Genoms zu erstellen, u. a. Gene, Transkripte, Transkriptionskontroll-Regionen, die Modifikationen von Histonen an bestimmten DNA-Bereichen oder DNA-Methylierungen, um nur einige zu nennen. Während das Humangenomgenomprojekt die Sequenzen des menschlichen Genoms erstellt, soll ENCODE diese Daten interpretieren. Die Ergebnisse sollen vor allem auch dazu beitragen, die Funktion der etwa 99 % der DNA, die keine Proteine kodieren und zunächst als „junk"- oder „Schrott"-DNA bezeichnet wurde, zu verstehen. Inzwischen ist bekannt, dass den nicht-kodierenden Sequenzen des Genoms essentielle Funktionen bei der Regulation der Genaktivität zukommen, wodurch sie die zelluläre Homöostase kontrollieren, deren Verlust zu Krankheiten führt. ENCODE unterstützt darüber hinaus die wissenschaftliche Forschung durch Bereitstellung von Datenbanken, Analysemethoden, Software, z. B. Datensätze aus Histon ChipSeq Experimenten, vergleichbar dem in ◘ Abb. 14.9 gezeigten, aus verschiedenen gesunden und kranken menschlichen Organen, Transkriptome unterschiedlicher Organe oder einzelner Zellen.
>
> Zusammengefasst: das Ziel von ENCODE ist es, eine Verbindung zwischen der Variation von Genomen und Genexpression und der Entstehung von Krankheiten zu ermöglichen. Unter diesem Link (▶ https://www.encodeproject.org) findet man z. B. Informationen über Startpunkte von Replikation und Transkription, die Lokalisation von Enhancer, Promotoren oder Exons, konservierte Genombereiche, und Transkriptions-aktive Regionen, aber auch Daten aus unterschiedlichen Analysen (u. a. ChipSeq, RNA-Seq) von menschlichen Geweben oder Zellen (einschließlich Daten aus Einzelzell-RNA-Sequenzierungen), oder Details über Differenzierungsprogramme von Stammzellen.
>
> Entsprechende Projekte, genannt **modENCODE**, wurden für die Modellorganismen *C. elegans* und *Drosophila melanogaster* initiiert, aber inzwischen eingestellt. Die gewonnenen Daten finden sich in den jeweiligen Datenbanken (Flybase und Wormbase).

kerns (s. auch ▶ Abschn. 4.1.2.1) und damit auch auf die Transkription?
— Sind beobachtete Veränderungen des Chromatins bei bestimmten Krankheiten (z. B. Krebs) ursächlich an der Entstehung der Krankheit beteiligt oder Konsequenz der Erkrankung?

In den letzten Jahren wurden sehr viele Methoden entwickelt und kontinuierlich werden neue hinzugefügt, die mit immer höherer Präzision diese und ähnliche Fragen beantworten können. Von diesen soll hier nur die **Chromatin-Immunpräzipitation mit anschließender DNA-Sequenzierung** (**ChIP-Seq**) vorgestellt werden. Sie ermöglicht es, die DNA-Sequenzen zu ermitteln, an die ein bestimmtes Protein gebunden ist. Der Ablauf des Experiments erfolgt in mehreren Schritten (◘ Abb. 14.9a). Durch Fixierung der Zellen werden die an die DNA gebundenen Proteine mit der DNA vernetzt (*crosslinking*). Anschließend wird das Chromatin fragmentiert. Nun werden Antikörper hinzugefügt, die spezifisch ein DNA-bindendes Protein erkennen und binden, z. B. einen Transkriptionsfaktor oder ein modifiziertes Histon (im Beispiel der ◘ Abb. 14.9a ein Antikörper gegen H3K36me3). Diese Bindung erlaubt es, nur die Chromatinfragmente zu isolieren, die diese Modifikation von Histon H3 tragen. Nach Entfernung der Proteine wird die DNA, die an das Protein gebunden war, isoliert und sequenziert. Die Sequenzen werden mit der vorhandenen Genomsequenz verglichen. Aus diesen Ergebnissen kann man z. B. Aussagen über den Aktivitätszustands eines Gens machen (◘ Abb. 14.9b). Dass tatsächlich das entsprechende Gen transkribiert wird, muss dann allerdings noch bestätigt werden, z. B. durch eine Transkriptom-Analyse (s. ▶ Abschn. 14.3).

14.3 Funktionelle Genomik

Ziel der funktionellen Genomik ist es, ein biologisches System in seiner Gesamtheit zu verstehen, also möglichst alle Komponenten, die zur Entstehung eines bestimmten Phänotyps und zur Aufrechterhaltung einer bestimmten Funktion nötig sind, aufzudecken. Dazu gehört, die Expression aller RNAs und Proteine, also das **Transkriptom** und das **Proteom**, zu erfassen und ihre Regulation und Wechselwirkungen in einem bestimmten Kontext, z. B. in einem bestimmten Zelltyp, in einem bestimmten Entwicklungsstadium oder bei einer Erkrankung, zu verstehen. Der Begriff wurde inzwischen auf weitere Gebiete ausgedehnt, und schließt u. a. das **Lipidom** (die Gesamtheit aller Lipide) und das **Metabolom** (die Gesamtheit aller Metaboliten und Stoffwechselwege eines Gewebes/Organs) ein. Dieses hoch aktuelle, interdisziplinäre Forschungsgebiet wird durch verbesserte Methoden stetig weiterentwickelt, von denen hier nur einige Aspekte der Transkriptomanalyse vorgestellt werden.

14.3.1 Ziele von Transkriptom-Analysen

Die Erstellung der genomischen DNA-Sequenz eines Organismus erlaubt die Vorhersage der Gesamtzahl aller Gene, von denen nur ein Teil Protein-kodierend sind. Allerdings können durch die Annotierung der Genomsequenz allein keine Aussagen darüber gemacht werden, ob und wenn ja, wann und in welchen Zellen/Geweben ein Gen abgelesen wird. Außerdem können durch verschiedene posttranskriptionelle Mechanismen, z. B. durch alternatives Spleißen (s. ▶ Abschn. 10.2.3.1), von einem Gen mehrere unterschiedliche Transkripte erzeugt werden. Um diese Lücke zu füllen, wird ein **Transkriptom** erstellt. Darunter versteht man die Gesamtheit aller RNAs, die zu einem bestimmten Zeitpunkt/Entwicklungsstadium, in einem bestimmten Organ oder Gewebe, in einer bestimmten Zelle oder unter bestimmten Bedingungen vorhanden sind. **Ein Transkriptom stellt also immer nur eine Momentaufnahme** (*snapshot*) **dar**. Ausgangspunkt für ein Transkriptom kann polyadenylierte, Protein-kodierende mRNA sein, weil man diese leicht von allen anderen RNAs abtrennen kann. Neuere Methoden ermöglichen die Erstellung von Transkriptomen aller RNAs, die auch nicht-kodierende RNAs einschließen.

Transkriptom-Analysen erlauben u. a. folgende Fragen zu beantworten:

- Welche Gene/RNAs regulieren die Entwicklung eines Embryos? Welche Gene werden beim Eintritt in ein neues Stadium oder bei der Festlegung der Anlage eines Organs an- oder abgeschaltet bzw. hoch- oder herunterreguliert? Dieser Ansatz kann dazu beitragen, die genetische Kontrolle von Entwicklungsprozessen besser zu verstehen.
- Wie wird der Übergang von einer Stammzelle zu einer Vorläuferzelle mit festgelegtem Zellschicksal kontrolliert? (zu Stammzellen s. ▶ Abschn. 14.4.4).
- Welche Gene werden für die spezifische Funktion eines bestimmten Gewebes benötigt? Wird ein unbekanntes Gen z. B. im Fettgewebe, aber nicht in der Haut oder in der Leber exprimiert, könnte es möglicherweise eine Funktion beim Fettstoffwechsel oder bei der Speicherung von Fett haben.
- Welche Auswirkung hat eine Mutation auf das Transkriptom? Welche Gene werden in der Mutante an- oder abgeschaltet, bzw. hoch- oder herunterreguliert? Lassen sich dadurch Gruppen von Genen definieren, deren Transkripte ein gleiches verändertes Verhalten in der Mutation zeigen?
- Welche Auswirkung hat eine Erkrankung auf das Transkriptom? Welche Gene sind in dem erkrankten Gewebe/den erkrankten Zellen an- oder abgeschaltet, bzw. hoch- oder herunterreguliert? Wenn z. B. eine RNA

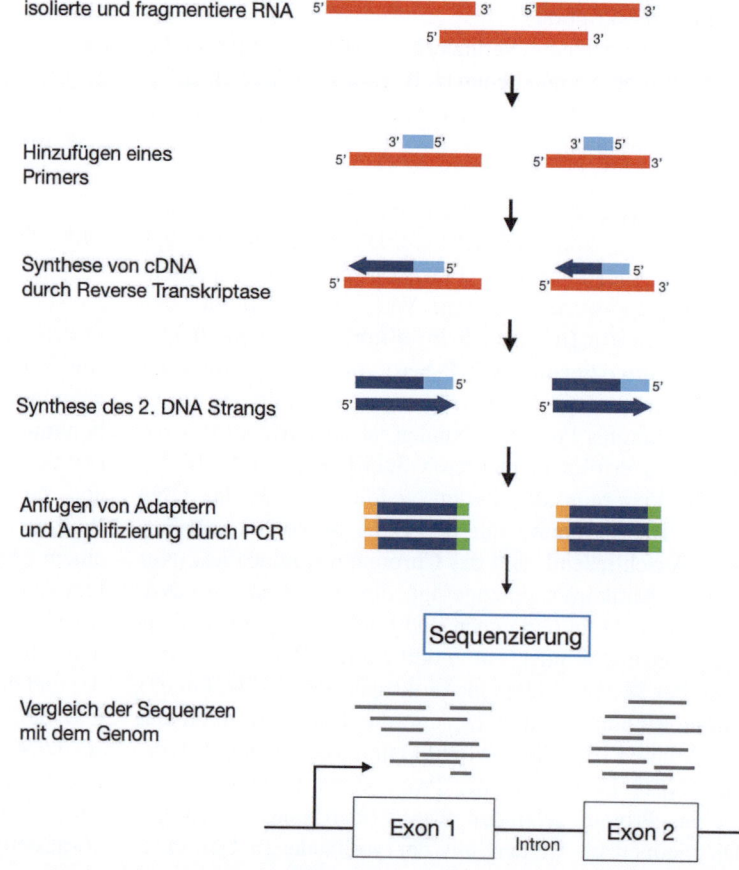

Abb. 14.10 Ablauf einer Transkriptom Analyse. RNA (rot) wird aus einem Gewebe/aus Zellen isoliert und fragmentiert. Nach Anfügen eines Primers (hellblau) und Zugabe aller vier Desoxyribonukleotid-Triphosphate und reverser Transkriptase wird der Primer am 3'-Ende verlängert (dunkelblau). Nach Entfernen der RNA erfolgt die Synthese des zweiten DNA-Strangs. Nach Anfügen von Adaptoren (gelb und grün) an die doppelsträngige cDNA wird diese durch PCR amplifiziert und anschließend sequenziert

14.3 · Funktionelle Genomik

in einer Krebszelle viel stärker exprimiert wird als in einer normalen Zelle, könnte das diese RNA kodierende Gen möglicherweise eine Funktion bei der Kontrolle von Zellproliferation spielen. Diese Arte der Analysen zeigen zunächst nur **Korrelationen** auf. Ob eine veränderte Transkription aber ursächlich mit der Entstehung/Progression eines Tumors zusammenhängt, bedarf weiterer Untersuchungen.

14.3.2 Erstellung von Transkriptomen

Eine Möglichkeit zur Ermittlung eines Transkriptoms läuft über den Zwischenschritt der Synthese und Amplifikation von cDNAs (*complementary DNA*) (◘ Abb. 14.10). Diese Technologie ermöglicht die Sequenzierung aller RNAs (**RNA-Seq**), also auch die von langer und kurzer nichtkodierender RNAs, also lncRNAs (long noncoding RNAs) bzw. miRNAs, siRNAs, tRNAs (s. ▶ Abschn. 9.1.1), die in den letzten Jahren sehr an Interesse gewonnen haben.

Die Ermittlung eines Transkriptoms über den Zwischenschritt der Synthese und Amplifikation von cDNAs kann zu Fehlern und Verzerrungen (*bias*) führen, die die Qualität des Transkriptoms sowie die Quantifizierung der Transkripte beeinträchtigen können. Heute schon können Next Generation Sequencing Geräte Transkriptomanalysen – wenn auch noch nicht Routine-mäßig – durchführen, wobei auch lange **RNA-Moleküle in voller Länge** und ohne den Umweg über eine cDNA sequenziert werden. Einzelmolekül-RNA-Sequenzierung erzeugt eine immense Menge von Daten. Dementsprechend wird die zu ihrer bioinformatischen Auswertung benötigte Software ständig weiterentwickelt. Mit ihrer Hilfe kann z. B. die Transkriptmenge jedes exprimierten Gens, auch seiner unterschiedlichen

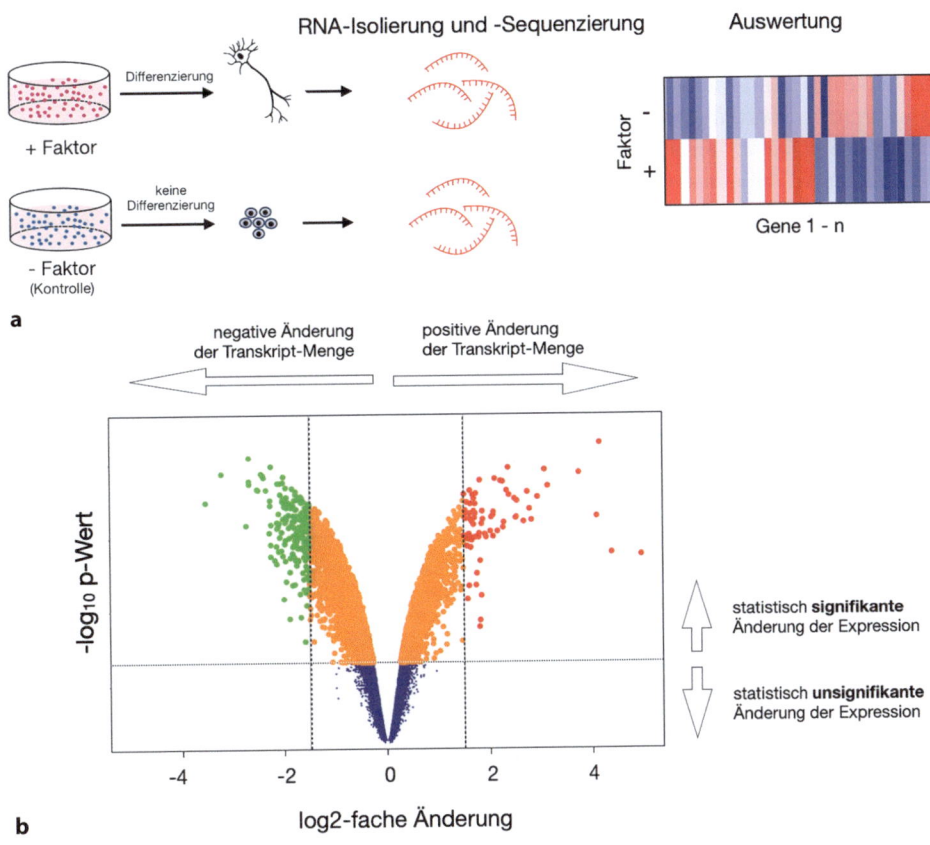

◘ **Abb. 14.11** Beispiel für eine Transkriptom-Analyse durch RNA-Sequenzierung. **a** Beschreibung des Experiments. In einer Zellkultur wird durch Zugabe eines Faktors die Differenzierung der Zellen induziert, in der Kontrolle wird dieser Faktor nicht dazugegeben. Aus beiden Zellpopulationen wird die RNA isoliert und diese jeweils sequenziert. Die Auswertung ist in einer sog. „heat map" dargestellt, wobei in rot hochregulierte Transkripte, in blau herunterregulierte Transkripte angezeigt sind, jeweils im Vergleich zur Kontrolle. **b** Beispiel für die Auswertung eines Experiments in einem sog. „Vulkan-Plot" (*volcano plot*). Jeder Punkt kennzeichnet ein Transkript. Auf der y-Achse ist die Signifikanz (p-Wert) dargestellt, die durch einen geeigneten statistischen Test gewonnen wurde. Auf der x-Achse ist die jeweilige Änderung der Menge (im logarithmischen Maßstab) angegeben. Die gestrichelten Linien bezeichnen die jeweiligen Schwellenwerte. Orange Punkte markieren die Gene, deren Expression gering, aber statistisch signifikant in den differenzierten Zellen verändert (erhöht oder erniedrigt) ist. Grüne und rote Punkte sind RNAs, die sowohl eine hohe statistische Signifikanz (sie liegen auf der y-Achse oberhalb des Schwellenwerts) als auch eine hohe Änderung in ihrer Menge (sie liegen auf der x-Achse oberhalb der Schwellenwerte) haben. Das bedeutet, dass die Gene, die durch diese Punkte repräsentiert werden, in differenzierten Zellen signifikant hoch bzw. herunterreguliert sind. Blaue Punkte erfüllen keines der Kriterien. (**b** Nach Valencia-Cruz et al. 2013, mit freundlicher Genehmigung)

Spleißvarianten, quantifiziert werden. Ferner können Transkripte von zuvor aus der Genomsequenz annotierter Gene bestätigt oder ggf. neue Isoformen charakterisiert werden.

Mit Hilfe dieser Methode können auch RNA-Expressionsmuster von Zellen verglichen werden: z. B. Zellen eines gesunden Menschen mit Zellen eines erkrankten Menschen, Zellen aus einem frühen Entwicklungsstadium mit Zellen aus einem späten Entwicklungsstadium, oder Zellen nach Zugabe eines Differenzierungsfaktors mit Zellen ohne diesen Faktor (◘ Abb. 14.11a).

Für die Auswertung wird häufig ein sog. „Vulkan-Plot" (*volcano plot*) verwendet (benannt nach der Ähnlichkeit des Profils mit einer Vulkaneruption), wobei die signifikantesten Punkte an der Spitze liegen (vergleichbar den ausgeworfenen Stücken geschmolzener Lava) (◘ Abb. 14.11b). Diese geben die Transkripte an, die deutlich und mit hoher Signifikanz herauf- oder herunterreguliert sind.

Die Weiterentwicklung der -omics Methoden erlaubt es, mit immer weniger Material immer präzisere Aussagen zu machen. Dies führte schließlich zur Entwicklung von sog. **Einzelzell-„omiks"** (*single cell -omics*), die u. a. Genome, Transkriptome oder Epigenome **einzelner Zellen** (*single cell RNA sequencing*; **scRNA-Seq**) erstellen können. So kann z. B. RNA-Seq die einzelnen Phase einer sich differenzierenden Zelle zu verschiedenen Stadien der Entwicklung mit hoher Präzision an Hand ihres Transkriptoms beschreiben. Auch ist es ggf. möglich, durch Vergleich der Transkriptome einzelner Krebszellen mit den in diesen Zellen vorhandenen Mutationen eine **Korrelation** zwischen einer Mutation und der Eigenschaft einer Tumorzelle aufzuzeigen.

Eine weitere Fortentwicklung ist die Transkriptomanalyse von Zellen in ihrem jeweiligen räumlichen Kontext (*spatial transcriptomics*). Hier werden die Transkriptome einzelner oder weniger Zellen z. B. in Gewebeschnitten erstellt, um eine dreidimensionale „Karte" der Transkriptionsaktivität eines Gewebes zu erstellen. Auf diese Weise kann die Vielfalt von Zelltypen und ihre räumliche Organisation in einem Gewebe bestimmt werden. Die gewonnenen Informationen solcher Datensätze können nicht nur unser Wissen über interzelluläre Kommunikation in einem Gewebe/Organ liefern, sondern auch dabei helfen, zelluläre Veränderungen in erkranktem Gewebe besser zu definieren. Aber dazu braucht es einer Vielzahl weiterer Untersuchungen, um aus einer Korrelation einen **ursächlichen Zusammenhang** zwischen einer veränderten Transkription und z. B. dem Übergang einer Stammzelle in eine differenzierte Zelle zu bestimmen.

14.4 Gentherapie

Eines der Ziele der Humangenetik ist die Aufklärung des Zusammenhangs zwischen einem Gendefekt und einer Krankheit, um diese dann gezielt zu therapieren. Aber genauso wie die Chirurgie darauf abzielt, ein gebrochenes Bein zu heilen und seine Funktion wiederherzustellen, ist die ultimative Therapie eines Gendefekts die **Gentherapie**, also die Wiederherstellung der Funktion des betroffenen Gens. Je nachdem, in welcher Zelle die Reparatur stattfindet, unterscheidet man somatische und Keimbahntherapie. In der somatischen Gentherapie wird die Funktion des defekten Gens in Körperzellen des Patienten wiederhergestellt, das „reparierte" Gen wird nicht an die nachkommende Generation vererbt. Im Gegensatz dazu erfolgt die Keimbahntherapie in Keimzellen, aus denen Eizellen oder Spermien entstehen, so dass das wiederhergestellte Gen an die Nachkommen weitergegeben wird. Keimbahntherapie ist in vielen Ländern, so auch in Deutschland, verboten (§5 des Embryonenschutzgesetzes). Eine somatische Gentherapie kommt nur dann in Frage, wenn ein kausaler Zusammenhang zwischen der Erkrankung und einer Mutation eindeutig nachgewiesen ist, etwa bei einer monogenetischen Erkrankung, deren molekularer Gendefekt nachgewiesen worden ist (▶ Abschn. 13.4.1). Ferner muss bekannt sein, in welchen Zellen das jeweilige Gen aktiv ist, damit man das intakte Gen gezielt in diese Zellen einbringt und dort ausschaltet/verändert.

Bei der somatischen Gentherapie kommen, in Abhängigkeit vom Gendefekt, verschiedene Strategien zur Anwendung:
- Liegt eine rezessive Mutation homozygot vor, so kann ein intaktes Gen in das Genom eingebracht werden.
- Handelt es sich um eine dominante Mutation, bei der der Gendefekt z. B. zu einer erhöhten Expression oder zur Expression eines defekten Genprodukts führt, so hat die Gentherapie das Ziel, das defekte Gen abzuschalten bzw. zu inaktivieren, z. B. durch die Expression von siRNA (s. ▶ Abschn. 14.4.2).
- Durch Gen-Editierung (*gene editing*; „Gen-Schere") wird das defekte Gen repariert. Diese Strategie kann sowohl bei rezessiven als auch bei dominanten Mutationen angewendet werden.

Das intakte Gen bzw. die siRNA kann auf zwei verschiedene Weisen in den Patienten gelangen:
1. Das gesunde Gen bzw. die siRNA wird direkt in die Zellen des betroffenen Organs des Patienten gebracht. Dazu werden häufig Viren oder Lipid-basierte Vesikel als „**Genfähren**" benutzt.
2. Vor allem bei Erkrankungen des hämatopoetischen (Blut-bildenden) Systems kommt eine **Zell-basierte Therapie** zur Anwendung, da diese Zellen (z. B. rote und weiße Blutkörperchen) kontinuierlich aus Stammzellen entstehen. Dem Patienten werden zunächst Stammzellen entnommen, an denen dann die Gentherapie erfolgt. Anschließend werden alle Stammzellen des Patienten abgetötet und durch die „reparierten" Zellen ersetzt.

Im Folgenden werden beispielhaft einige Prinzipien dieser Therapien vorgestellt. Es ist zu erwarten, dass in naher

14.4.1 Virus-vermittelte somatische Gentherapie

Diese soll am Beispiel einer Gentherapie in der Retina (Netzhaut) dargestellt werden. Heute sind viele Gene bekannt, die, wenn mutant, zum Absterben der Fotorezeptoren (Lichtsinneszellen) und somit zur Erblindung führen. Eines dieser Gene ist *RPE65*, dessen Ausfall zu Leberscher Congenitaler Amaurose (LCA) führt, eine Krankheit, die 1 von 40.000 Neugeborene betrifft. *RPE65* ist in Zellen des retinalen Pigment Epithels (RPE) aktiv, einer dünnen Epithelschicht, die in engem Kontakt mit den Fotorezeptoren in der Retina steht (Abb. 14.12c). Eine korrekte Funktion des RPE ist für das Überleben der Fotorezeptoren essentiell, und sein Ausfall führt zum Absterben der Fotorezeptoren, also zur Erblindung.

Es gibt mehrere Möglichkeiten, Gene in eine Zelle einzuschleusen, z. B. mit Hilfe modifizierter Viren oder mit Lipid-Nanopartikeln. Häufig eingesetzte Viren sind modifizierte **Adeno-assoziierte Viren** (**AAV**), die mehrere Vorteile haben: sie sind klein (25 nm), haben keine Hülle (das einzelsträngige DNA-Genom ist nur von einem Capsid umgeben; Abb. 14.12a), sie sind nicht pathogen oder toxisch, sie induzieren keine Immunreaktion des Wirts, und sie können mitotische und postmitotische Zellen infizieren. Die Replikation von AAV in der Wirtszelle hängt von der Gegenwart anderer, sog. Helfer-Viren, ab, z. B. Adenoviren. Für den Einsatz in der Gentherapie werden **rekombinante AAVs** (**rAAV**) erzeugt, in denen die virale DNA durch ein gesundes menschliches Gen ersetzt wird (Abb. 14.12b), wobei dessen Größe allerdings auf ca. 5 kb limitiert ist. Die Expression wird durch einen geeigneten Promotor sichergestellt, der in der Zielzelle aktiv sein muss. Einmal in der Wirtszelle, persistiert die rAAV DNA als Episom im Zellkern, ohne in die Wirts-DNA integriert zu werden. Bei der Zellteilung wird sie nicht repliziert.

Nach der Injektion der rekombinanten Viren (rAAV) zwischen Retina und RPE des Patienten (Abb. 14.12c) verbleibt die rekombinante rAAV-DNA im Zellkern der Wirtszellen, in postmitotischen Zellen also für die gesamte Lebensdauer der Zelle. In der Tat konnten einige der bisher erreichten Therapieeffekte auch noch drei bis vier Jahre

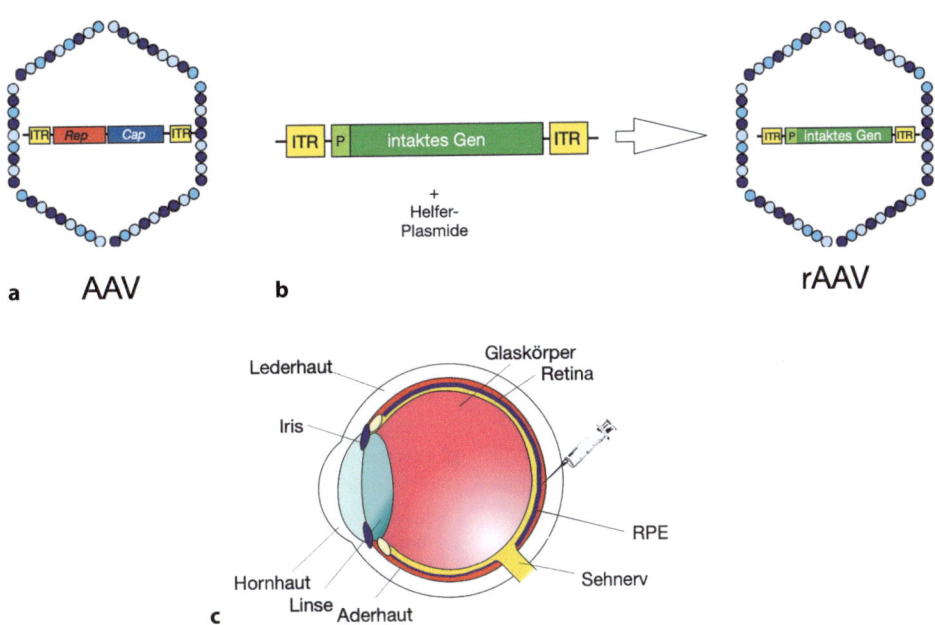

Abb. 14.12 Herstellung und Injektion eines rekombinanten Adeno-assoziierten Virus (rAAV) zur Therapie von LCA. **a** Schematische Darstellung eines AAV (Adeno-assoziierten Virus). Das Capsid ist aus mehreren Proteinen aufgebaut (verschieden-farbige blaue Kreise). Die einzelsträngige DNA des Virus kodiert mehrere offene Leseraster. Das Rep Gen (Rep; rot) kodiert vier Proteine, die nach Eintritt des Virus in die Wirtszelle die Replikation der viralen DNA und ihre Verpackung steuern. Das Cap Gen (Cap, blau) kodiert die drei Capsid-Proteine, die zusammen die ikosahedrische Struktur des Capsids aufbauen. Die an beiden Enden befindlichen ITR (inverted terminal repeats) aus jeweils 145 Basen initiieren nach Eintritt des Virus in die Zelle die Synthese des zweiten DNA-Strangs, wodurch die DNA doppelsträngig wird. **b** Rekominanten AAV (rAAV) fehlen alle viralen Gene. Das für die Gentherapie eingesetzte Gen, hier intaktes RPE65 (grün) mit geeignetem Promotor (P), wird zwischen die ITRs eingefügt. Zur Erzeugung von rAAVs wird das intakte Gen zusammen mit Helfer-Plasmiden, die die für die Synthese rekombinanter Viren benötigten Rep und Cap Proteine kodieren, in die Wirtszelle gebracht, wobei jedoch keine Replikations-kompetente Viren entstehen. **c** Schematischer Schnitt durch ein menschliches Auge. rAAVs werden zwischen Retina (gelb) und RPE (retinales Pigment Epithel; magenta) injiziert. Die rekombinante DNA gelangt in das RPE und kann nun intaktes Protein produzieren, das das Absterben der Fotorezeptoren in der Retina verhindert. (**a, b** Aus Grinevich et al. 2016, Fig. 12.5, mit freundlicher Genehmigung, **c**: modifiziert aus: ► https://commons.wikimedia.org/wiki/File:Eye_in_cross-section.svg)

Tab. 14.1 Beispiele für behördlich zugelassene, rAAV-vermittelte Gentherapien

Name der Krankheit[a]	Betroffenes Gen	Beschreibung
Leber'sche Congenitale Amaurose (LCA)	RPE65	Ausfall der Aktivität von Isomerohydrolase, dem Enzym, das all-trans Retinolester zu 11-*cis* Retinol im retinalen Pigmentepithel umwandelt. Mutation in *RPE65* führt zum Absterben der Fotorezeptoren und zur Erblindung
Hämophilie A Hämophilie B	Faktor VIII-Gen/ Faktor IX-Gen	Bluterkrankheit durch Ausfall von Gerinnungsfaktoren. In schweren Fällen kommt es zu extensiven Blutungen selbst nach kleinen äußeren, aber auch inneren Verletzungen, z. B. in Gelenken oder Muskeln
Mangel an AADC	Dopadecarboxylase (*Dopa*)	Eine seltene, genetisch bedingte Krankheit, bei der die Kommunikation der Gehirnzellen durch Mangel an Aromatischer-L-Aminosäure-Decarboxylase (AADC) beeinträchtigt ist, was schon in früher Kindheit zu motorischen Ausfällen führt
Spinale Muskelatrophie Typ 1	SMN1	Muskelschwund und dadurch bedingte Degeneration der Motorneurone im Rückenmark, gefolgt von Lähmung

[a] Details zu den Krankheiten s. unter OMIM (**O**n the **M**endelian **I**nheritance of **M**en): ▶ https://www.omim.org/

nach dem Eingriff nachgewiesen werden. Im Zellkern wird das gesunde Gen transkribiert und anschließend seine RNA translatiert.

rAAVs sind die am meisten in der Gentherapie eingesetzten Viren. Bis heute sind in der EU neben der oben beschriebenen Gentherapie von LCA weitere, auf rAAV basierende Therapien zugelassen (Beispiele s. ◘ Tab. 14.1). Neben rAAVs werden auch andere modifizierte Viren als „Genfähren" in der Gentherapien verwendet, z. B. Lentiviren.

14.4.2 siRNA-vermittelte somatische Gentherapie

Viele Krankheiten werden durch dominante Mutationen ausgelöst, die entweder zu einer erhöhten Genexpression oder zu einem veränderten Genprodukt führen, wodurch Zellen geschädigt werden (s. ◘ Tab. 13.3). Hierzu gehören auch z. B. die in ▶ Box 13.5 beschriebenen Trinukleotid-Repeat Erkrankungen, wie Chorea Huntington. Eine Gentherapie dieser Erkrankungen zielt darauf ab, das mutante Gen bzw. sein Genprodukt zu inaktivieren. Eine Methode beruht auf der Bereitstellung von **siRNA** (*small interfering RNA*; s. ▶ Abschn. 10.2.3.6) in den erkrankten Zellen. Wie in ◘ Abb. 10.26 gezeigt, führt die Bindung einer kurzen einzelsträngigen RNA an eine mRNA zur Degradation dieser mRNA und verhindert somit die Synthese eines defekten Proteins.

Das Problem ist aber: wie erreicht man, dass die siRNA gezielt nur in die von der Erkrankung betroffenen Zellen gelangt? Hier haben sich in den letzten Jahren sog. **Lipid Nanopartikel** bewährt, die mRNA oder siRNA an ihre Zielzellen bringen. Im Gegensatz zu Liposomen, sphärischen, aus einer Lipid-Doppelschicht (*lipid bilayer*) gebildeten Vesikeln, sind Lipid Nanopartikel von einer Phospholipidschicht umgeben, die aus unterschiedlichen Lipiden aufgebaut ist. Diese schließen eine lipophile Substanz ein, in welche verschiedene Moleküle eingeschlossen werden können, u. a. siRNA (◘ Abb. 14.13), aber auch Medikamente. Häufig werden in die siRNA zur Erhöhung der Stabilität modifizierte Basen eingeführt, ähnlich wie für mRNA-basierte Impfstoffe beschrieben (s. ▶ Abschn. 10.2.3.5). An die äußere Lipidschicht der Partikel können ver-

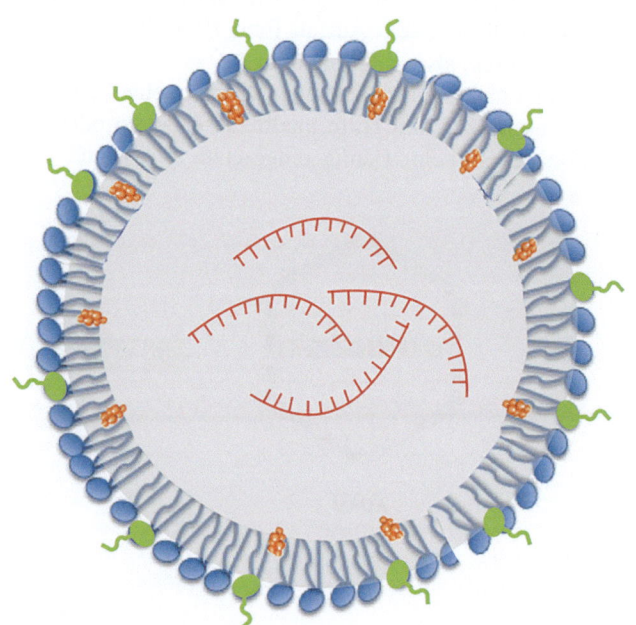

◘ **Abb. 14.13** Vereinfachte Darstellung eines Lipid-Nanopartikels. Die Hülle, die die siRNA (rot) umgibt, ist aus verschiedenen Lipiden aufgebaut, z. B. Polyethylenglykol (PEG)-modifizierte Lipide (grün), Cholesterin (braun) und andere (blau). Im Blutstrom werden die PEG-modifizierten Lipide entfernt und durch Apolipoprotein (ApoE), ein Protein des Blutserums, das mit dem Cholesterin interagiert, ersetzt. Diese werden durch ApoE-Rezeptoren in Hepatozyten erkannt und durch Endozytose gelangen die Partikel und somit auch die siRNA in die Zellen der Leber. (Modifiziert nach Wikimedia Commons: ▶ https://commons.wikimedia.org/wiki/File:SolidLipidNanoparticle.jpg)

14.4 · Gentherapie

Tab. 14.2 Beispiele für behördlich zugelassene, siRNA-basierte Gentherapien

Krankheit	Beschreibung[a]	Ziel-Gen	Medikament
Transthyretin-Amyloidose	Dominante Mutationen in Transthyretin führen zur Fehlfaltung des Proteins, wodurch es zu Ausbildung von Aggregaten in mehreren Geweben kommt (Amyloidose). Kann zu Kardiomyopathie (Erkrankung des Herzmuskels) oder Polyneuropathie (Schädigung der peripheren Nerven) führen	Transthyretin (TTR)	Patisiran. Die siRNA erkennt Transthyretin mRNA und degradiert sie[b]
Familiäre Hypercholesterinämie	Meist autosomal dominante Mutation in LDLR, dem Gen für den Rezeptor von Low-Density Lipoprotein Cholesterol (LDL-C), oder in ApoB1, das die Bindung von LDL an den Rezeptor vermittelt, oder in PCSK9, das eine Serinprotease kodiert, die, wenn mutant, zu einer erhöhten Degradation des LDL-Rezeptors führt. Mutation in einem der drei Gene führt zu erhöhter Menge an Low-Density Lipoprotein Cholesterol (LDL-C) im Blutserum und damit zu einem erhöhten Risiko für Arteriosklerose	PCSK9 (pro-protein convertase subtilisin/kexin type 9)	Inclisiran. Hemmung der Translation von PCSK9-mRNA durch siRNA führt zur Erhöhung der LDL-Rezeptoren auf der Oberfläche der Hepatozyten. Das induziert eine erhöhte Aufnahme von LDL in die Hepatozyten und somit eine Reduktion von LDL im Serum[c] (s. auch ▶ Box 14.5)
Primäre Hyperoxalurie (PH)	Mutation in AGXT, das die Alanin-Glyoxylat Aminotransferase kodiert, ein Enzym, das die Konversion von Glykol zu Glyoxylat, dem häufigsten Vorläufer von Oxalat, katalysiert. Seltene genetische Erkrankung, die zur erhöhten Ablagerung von Calciumoxalat in den Nieren führt, was mit der Bildung von Nierensteinen einhergehen kann	GO (Glykolatoxidase) GO katalysiert die Umsetzung von Glykolat zu Glyoxylat	Lumasiran. siRNA gegen *GO*-mRNA reduziert die Synthese von GO, wodurch die Menge an Glyoxylat, einem Substrat für die Bildung von Oxalat, abgesenkt wird. Dadurch wird der durch Mutation im AGXT-Gen ausgelöste Defekt verringert
Akute hepatische Porphyrie (AHP)	Stoffwechselerkrankung, die mit einer Störung des Aufbaus des roten Blutfarbstoffs Häm einhergeht. Überexpression von ALAS-1 in der Leber resultiert in der Akkumulation von Aminolävulinsäure, einer Zwischenstufe der Häm Biosynthese, was mit Leberproblemen und neurologischen Ausfällen einhergehen kann	ALAS1 (δ-Aminolävulinat-Synthase); katalysiert die Umsetzung von Glyzin zu δ-Aminolävulinsäure	Givosiran. Die gegen ALAS1-mRNA gerichtete siRNA wird subkutan injiziert und in der Leber freigesetzt, wo sie die Expression von ALAS1 unterdrückt

[a] Details zu den Krankheiten s. unter OMIM (On the Mendelian Inheritance of Men): ▶ https://www.omim.org/
[b] Rizk and Tüzmen 2017; [c] Lamb 2021

schiedene Moleküle gebunden werden, die dabei helfen, zielgenau nur die zu behandelnden Zellen zu erreichen.

Im Jahr 2018, also nur 12 Jahre, nachdem Andrew Fire und Craig Mello der Nobelpreis für ihre Entdeckung der RNA-Interferenz überreicht wurde, wurde siRNA, transportiert durch Lipid Nanopartikel, erstmalig zur gentherapeutischen Behandlung einer seltenen autosomal-dominanten Mutation im Gen *Transthyretin* (*TTR*) eingesetzt. Transthyretin ist ein Protein, das hauptsächlich in der Leber gebildet wird und im Serum und im Hirnwasser zu finden ist, wo es für den Transport von Retinol, der alkoholischen Form von Vitamin A, verantwortlich ist. Durch die Mutation wird eine Fehlfaltung der Transthyretin Proteine ausgelöst, wodurch diese dann im Nervengewebe in Form von sog. Amyloiden (= unlösliche Proteinaggregate) abgelagert werden (Amyloidose). Dies führt zum Ausfall der Nerv-Muskel Reizleitung und es kommt zur Entwicklung einer Polyneuropathie, u. a. gekennzeichnet durch Muskelschwäche und Muskelschwund. Nach intravenöser Injektion von siRNA-tragenden Lipid Nanopartikeln gelangt die siRNA in die Leberzellen, wo sie die *Transthyretin* mRNA gezielt erkennt und degradiert. Dadurch wird die Aggregatbildung von Transthyretin Proteinen verhindert.

Bis 2024 wurden vier siRNA-vermittelte Gentherapien von den Behörden zum gentherapeutischen Einsatz zugelassen, wobei in allen Fällen die siRNA in die Leberzellen transportiert wird (▶ Box. 14.5, ◘ Tab. 14.2).

14.4.3 Gen-Editierung – die Genschere CRISPR/Cas9

Die **Genschere CRISPR/Cas9** wurde von der Zeitschrift Science zum „Durchbruch des Jahres 2015" ernannt: sie hat die Molekulargenetik revolutioniert. Die Weiterentwicklung der Genschere ist, ebenso wie die Anwendung der siRNA, ein sehr gutes Beispiel dafür, wie die Er-

> **Box 14.5 Von der Grundlagenforschung zur Anwendung – siRNA**
>
> Grundlage für die seit wenigen Jahren erfolgreich angewendete Therapie mittels siRNA bei mehreren Krankheiten ist eine 1998 von Andrew Fire and Craig Mello veröffentlichte Arbeit. Diese beruhte wiederum auf früheren Arbeiten anderer Autoren zur Möglichkeit der Ausschaltung endogener Genaktivität durch anitsense RNA (RNA-Interferenz). Fire und Mello konnten in einem systematischen Ansatz am Fadenwurm *Caenorhabditis elegans* zeigen, dass Injektion von doppelsträngiger (ds) RNA wesentlich effektiver Genaktivität ausschalten kann als Injektion von sense oder antisense einzelsträngiger RNA allein. Der durch dsRNA-Injektion erzeugte Phänotyp war identisch zum Phänotyp der loss-of-function Mutation des entsprechenden Gens (Fire et al. 1998). Für diese Arbeit, die die Grundlage für ein neues Forschungsfeld legte, wurden sie 2006 mit dem Nobelpreis für Physiologie oder Medizin ausgezeichnet. In den folgenden Jahren wurde evident, dass dieser gene silencing Mechanismus bei fast allen Organismen, einschließlich Pflanzen, konserviert ist. Weitere Arbeiten zur Aufklärung des Mechanismus folgten und führten schließlich zur Entwicklung von siRNA als Medikament.
>
> Zurzeit (Mai 2024) sind 4 Medikamente zugelassen, die auf der Basis von siRNA wirken (◘ Tab. 14.2). Eines davon kann einen erhöhten Cholesterinspiegel, insbesondere einen erhöhten LDL-Cholesterinspiegel (low densitiy lipoprotein = „schlechtes Cholesterin"), senken. LDL wird normalerweise durch den LDL-Rezeptor mittels Endozytose aus dem Serum entfernt. In den Hepatozyten wird nicht benötigtes LDL abgebaut, der LDL-Rezeptor gelangt anschließend wieder an die Zelloberfläche. Mutationen im Gen für den LDL-Rezeptor führen zu erhöhtem LDL-Spiegel im Serum. Dieselben Auswirkungen zeigen gain-of-function Mutationen in dem Gen für das Proprotein Convertase Subtilisin Kexin 9 (PCSK9), während loss-of-function Mutationen zu einem geringen LDL-Spiegel führen. PCSK9 bindet an den LDL-Rezeptor, wird mit diesem zusammen internalisiert und bewirkt seinen Abbau in Lysosomen. Die synthetisch hergestellte siRNA gegen PCSK9, die komplementär zu einer Sequenz in der 3′UTR-Region des Transkripts ist, wird, in Lipidnanopartikel verpackt, subkutan injiziert und gelangt an das Zielorgan, hier die Hepatozyten der Leber. Dort bildet sie den RISC-siRNA Komplex, der die PCSK9 mRNA degradiert. Dadurch verbleibt mehr LDL-Rezeptor an der Zelloberfläche, der nun LDL binden kann. Gebundenes LDL wird mit dem Rezeptor zusammen internalisiert und LDL wird abgebaut. Die Wirkung hält ca. 6 Monate an.

kenntnisse der Grundlagenforschung, also der durch Neugier angetriebenen Forschungsarbeiten, eine breite Anwendung finden kann. CRISPR-Cas (*Clustered Regularly Interspaced Short Palindromic Repeats – CRISPR associated sequences*) wurde zunächst als ein Mechanismus beschrieben, der es Bakterienzellen ermöglicht, sich gegen Viren zu wehren, und stellt somit ein „adaptives Immunsystem" der Bakterienzellen dar (▶ Box 14.6 und ◘ Abb. 14.14).

Dieses System wurde für die Gen-Editierung im Labor weiterentwickelt (◘ Abb. 14.15). Die Anwendung erfolgt in mehreren Schritten und benötigt zwei Hauptkomponenten: die **sgRNA (single guide RNA)** und **Cas**, eine **CRISPR-associated Nuklease**, meist Cas9. Die sgRNA ist eine synthetische RNA, in der die zwei ursprünglich separaten RNAs des bakteriellen CRISPR-Systems, die crRNA und die tracrRNA (s. ▶ Box 14.6) fusioniert sind. Sie besteht aus zwei Abschnitten: einem kurzen, zur Zielsequenz im Genom komplementären Abschnitt (entsprechend der crRNA, rot in ◘ Abb. 14.15), wodurch sie an die zu editierende DNA-Sequenz gebracht wird. Außerdem enthält sie einen Abschnitt, der kurze, intramolekulare Doppelstrang-Bereiche ausbilden kann und somit eine „Haarnadel"- (engl. *stem-loop*) Struktur ausbildet (entsprechend der tracrRNA) (braun in ◘ Abb. 14.15). Diese Struktur wird von der Cas-Nuklease, einem Ribonukleoproteinkomplex, erkannt, und die Cas-Nuklease wird dadurch an die Zielsequenz rekrutiert. Die sgRNA kann von einem Plasmid exprimiert werden, das in die Zelle transfiziert wurde, oder sie wird *in-vitro* als Oligonukleotid synthetisiert und in die Zelle eingebracht. Die zu schneidende genomische Zielsequenz muss direkt neben einem aus 2–6 Nukleotiden bestehenden **PAM** (*Protospacer Adjacent Motif*)-**Motiv** liegen (gelb in ◘ Abb. 14.15). Dieses Motiv ist die primäre Bindungsstelle für die Cas-Nuklease an die DNA. Ist die folgende DNA-Sequenz komplementär zu sgRNA, katalysiert die Cas-Nuklease einen DNA-Doppelstrangbruch stromaufwärts von PAM. Dieser wird vom Reparatursystem der Zelle erkannt und kann auf zwei verschiedene Weisen repariert werden:

1. Durch **Non-Homologous End Joining** (NHEJ) (s. ▶ Box 5.3) wird der Doppelstrangbruch repariert, wobei aber gelegentlich auch falsche Basen eingebaut oder kleine Deletionen erzeugt werden können. Auf diese Weise können zufällige Mutationen in dem untersuchten Gen erzeugt werden.
2. Soll z. B. eine Mutation in einem Gen repariert werden, so fügt man einen DNA-Abschnitt des Wildtyp-Gens hinzu. Dieser dient dann als Vorlage (*template*) beim sog. **Homology Directed Repair** (HDR), wodurch die wildtypische Sequenz in das Gen rekombiniert wird (◘ Abb. 14.15).

„*For the development of a method for genome editing*" also für die Entwicklung des CRISPR/Cas Systems als präzise arbeitende Genschere, die die Editierung eines Genoms an

14.4 · Gentherapie

Box 14.6 Das CRISPR-Cas System – ein adaptives bakterielles Immunsystem

Genau wie menschliche Zellen können sich auch Bakterien gegen den Befall durch Viren wehren – mit einem adaptiven Immunsystem. Durch Integration eines Abschnitts viraler DNA in das Bakteriengenom bekommt die Zelle ein „Gedächtnis", so dass sie bei erneuter Infektion mit demselben Virus dieses sehr effektiv bekämpfen kann (◘ Abb. 14.14).

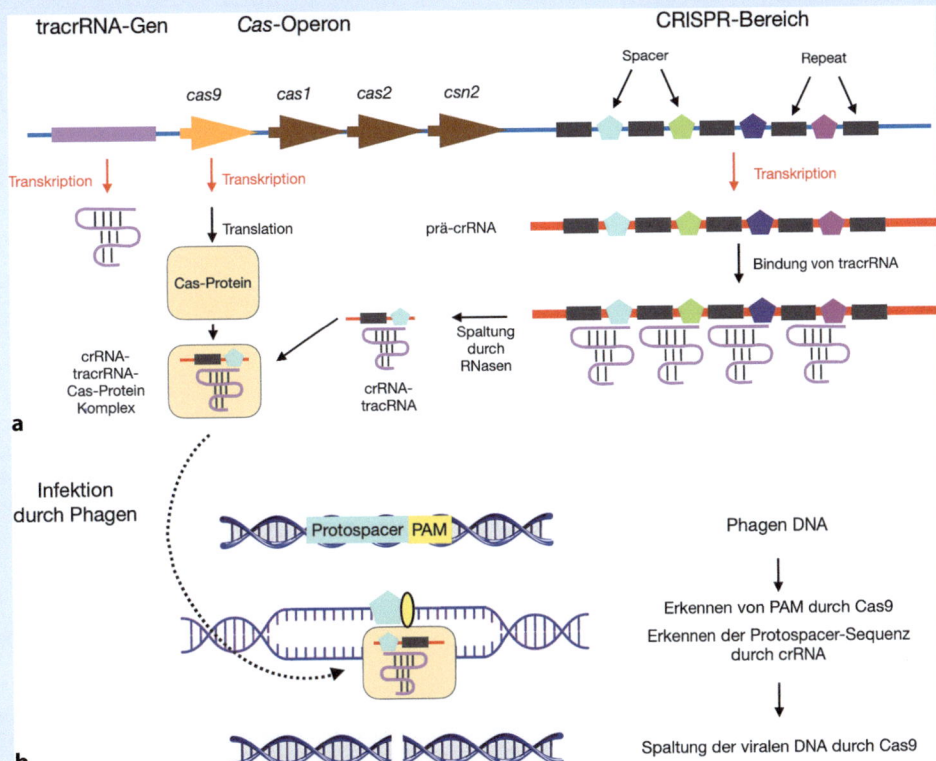

◘ **Abb. 14.14** Das CRISPR-Cas9 System zur Abwehr von Viren. **a** Die CRISPR- (Clustered Regularly Interspaced Short Palindromic Repeats) Region auf der bakteriellen DNA (oben) enthält repetitive Abschnitte von 23–47 Nukleotiden gleicher Sequenz (grau). Diese sind durch DNA-Abschnitte variabler Sequenz voneinander getrennt (Spacer; farbige Fünfecke). Die Spacer-Sequenzen sind mit DNA aus Bakteriophagen identisch, und wurden durch bakterielle Enzyme aus der Phagen-DNA in der Nähe eines PAM (Protospacer adjacent motif) herausgeschnitten und zwischen die Repeats integriert. In der Nähe dieser Region befinden sich die Cas- (CRISPR-associated) Gene, die die für die Immunantwort nötigen Proteine – u. a. Cas9 (= Endonuklease und Ribonukleoprotein), Helikasen und RNA-bindende Proteine – kodieren. Der CRISPR-Lokus wird zu einer prä-crRNA (CRISPR-RNA) transkribiert, die nach Bindung von tracrRNAs (trans-activating crispr-RNA) durch RNasen gespalten wird. crRNA-tracrRNAs bilden mit Cas9 einen Effektor Komplex. **b** Nach Infektion der Bakterienzelle durch einen Phagen und Freisetzung der Phagen-DNA (mit Protospacer, türkis, und PAM (Protospacer adjacent motif)) wird der Effektor-Komplex durch die crRNA an den Protospacer des Phagen geleitet, wo Cas9 an PAM bindet und die doppelsträngige DNA des Phagen spaltet. Die Phagen-DNA wird dadurch unschädlich gemacht und die Infektion des Bakteriums abgewehrt

fast jeder gewünschten Stelle des Genoms ermöglicht, wurden Emmanuelle Charpentier und Jennifer Doudna im Jahr 2020 mit dem Nobelpreis für Chemie ausgezeichnet. Diese Methode eröffnet völlig neue und vielversprechende Ansätze, um Gene zu reparieren, zu entfernen, hinzuzufügen oder zu inaktivieren. Darüber hinaus wurden u. a. CRISPR-Cas Werkzeuge entwickelt, die für epigenetische Änderungen (DNA Methylierung, Histon-Modifikation) eingesetzt werden können. So findet die Genschere Anwendung im Bereich der Pflanzenforschung, etwa bei der Erzeugung von Kulturpflanzen mit veränderten Eigenschaften, oder bei genetischen Arbeiten an etablierten Modellorganismen, aber auch an weniger etablierten Organismen (s. ◘ Tab. 12.2).

Und: nach 15 Jahren erfolgreicher klinischer Studien wurde im Dezember 2023 erstmalig die Genscheren-Technologie zur Heilung von Sichelzellanämie und β-Thalassämie (s. ▶ Box 13.4) durch gentechnisch veränderte hämatopoetische Stammzellen zugelassen (◘ Abb. 14.16). Im Falle der Therapie von Sichelzellanämie wurde das defekte Gen nicht repariert, sondern es wurde die Inhibition der Expression von fetalem γ-Globin aufgehoben, das normalerweise nur im Fetus exprimiert und danach abgeschaltet wird (s. auch ◘ Abb. 10.9). Die Re-Expression der γ-Globine in adulten Sichelzellanämie-Patienten mittels der Genschere konnte auf zwei Wegen erreicht werden: 1. durch Erythrozyten-spezifische Inaktivierung des Transkriptions-

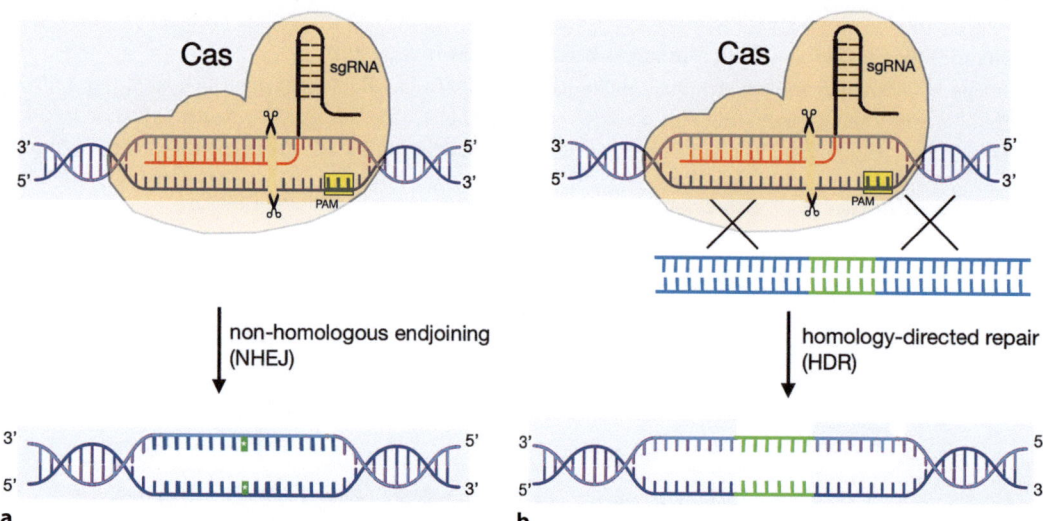

Abb. 14.15 Das CRIPSR/Cas9 System zur Gen-Editierung. **a** Die sgRNA ist eine synthetische RNA. Der crRNA-Abschnitt bindet an die zu schneidende, neben dem PAM liegende Ziel-Sequenz und rekrutiert Cas mittels des tracrRNA-Abschnitts der sgRNA. Cas9 setzt nun einen Doppelstrangbruch. Dieser wird durch einen Non-homologous endjoining Mechanismus repariert (grün mit *), wobei häufig kleine Fehler (Deletionen, Duplikationen) entstehen. Auf diese Weise kann man zielgerichtet in einem Gen Mutationen erzeugen. **b** Findet der DNA-Doppelstrangbruch in Anwesenheit eines experimentell zugegebenen, komplementären DNA-Fragments statt, kann dieses über einen Homology-directed repair Mechanismus eingesetzt werden (grüner Abschnitt). Auf diese Weise kann z. B. ein Transgen gezielt in eine genomische DNA integriert werden, oder ein defektes durch ein intaktes Gen ausgetauscht werden

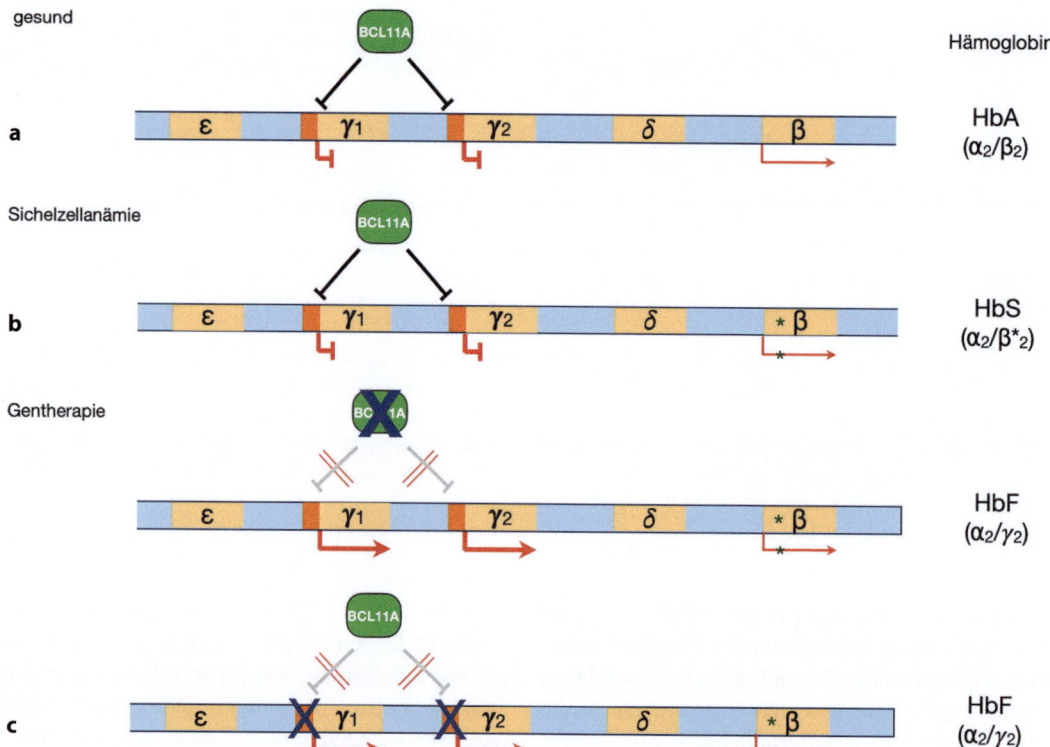

Abb. 14.16 Gentherapie für Sichelzellanämie. Das etwa 73 kb große β-Globin Gencluster auf Chromosom 11 des Menschen kodiert fünf β-ähnliche Globin-Gene, die entsprechend ihrer Expression im Verlauf der Entwicklung angeordnet sind: 5'-ε (embryonal) – γ (fötal) – δ und β (adult) -3'. Je nach Entwicklungsstadium bilden zwei β-Globine und zwei α-Globine das funktionelle, tetramere Hämoglobin (die α-Ketten werden von Genen auf Chromosom 16 exprimiert und sind hier nicht dargestellt). **a** Im gesunden Adulten ist Hämoglobin A (HbA) (α_2/β_2) das hauptsächlich produzierte Hämoglobin. Die Transkription der Gene für (fötales) γ-Globin wird durch den Transkriptionsfaktor BCL11A unterdrückt. **b** Adulte Patienten mit Sichelzellanämie tragen eine Mutation in dem Gen für β-Globin, sie produzieren das defekte HbS (α_2/β_2^*). **c** Durch die Gentherapie wird entweder die Expression von BCL11A unterdrückt, so dass die Gene für die γ-Globine exprimiert werden können. Alternativ können auch die Bindungsstelle für BCL11A in den Regulationsregionen der γ_1- und γ_2-Gene so verändert werden, dass BCL11A nicht mehr binden kann (X). In beiden Fällen wird nun auch im Adulten fötales Hämoglobin gebildet (α_2/γ_2), das eine höhere Sauerstoffbindung aufweist und deshalb die Krankheitssymptome stark abschwächt

faktors BCL11A, wodurch die Transkriptionsreprimierung der γ_1- und γ_2-Globin-Gene aufgehoben wurde; 2. durch Mutation in den Bindungsstellen dieses Transkriptionsfaktors in den γ_1- und γ_2-Globin Genen (◘ Abb. 14.16c). In beiden Fällen kommt es zur Re-Expression der γ_1- und γ_2-Globine und damit zur Bildung von fetalem Hämoglobin HbF, das stärker an Sauerstoff bindet und somit die Symptome der Krankheit unterdrückt.

14.4.4 Zell-basierte somatische Gentherapie durch Gen-Editierung

Im Gegensatz zu den oben beschriebenen Therapien zielt eine **Zell-basierte Therapie** darauf ab, die durch Mutation in ihrer Funktion beeinträchtigten Zellen eines Patienten durch gesunde Zellen eines Spenders zu ersetzen. Hierfür werden **Stammzellen**, also noch nicht ausdifferenzierte Zellen verwendet, die unter geeigneten Bedingungen das Potential haben, andere Zelltypen zu bilden. Die erste Stammzelltransplantation wurde 1957 unter Leitung von E. Donnall Thomas durchgeführt, wobei hämatopoetische (blutbildende) Stammzellen aus dem Knochenmark von einem gesunden Spender auf Patienten mit Blutkrebs übertragen wurden. Für diese bahnbrechende Therapie, die bis heute weiter verbessert wurde, wurde er 1990, gemeinsam mit Joseph E. Murray, mit dem Nobelpreis für Physiologie oder Medizin ausgezeichnet.

Anders als Pflanzen, deren Zellen praktisch alle das Potential haben, einen neuen Organismus zu bilden, ist dies bei den meisten Tieren nur der Eizelle vorbehalten, diese ist totipotent. Andere tierische Zellen haben das Potential, einige wenige andere Zelltypen zu bilden. Je nach Differenzierungspotential unterscheidet man **adulte Stammzellen** mit eingeschränktem Differenzierungspotential, und **embryonale Stammzellen**, die prinzipiell in alle Zelltypen differenzieren können.

14.4.4.1 Adulte Stammzellen

Adulte Stammzellen findet man in vielen Geweben eines Organismus, z. B. in der Haut, im Darm, im Knochenmark oder im Gehirn, wo sie für die natürliche Regeneration der jeweiligen Gewebe verantwortlich sind. Neuere Ergebnisse deuten darauf hin, dass im Menschen nach 7–10 Jahren fast alle Zellen erneuert wurden, wobei die Erneuerung (**Regeneration**) unterschiedlich schnell erfolgt: Fettzellen regenerieren sich etwa alle 8 Jahre, Erythrozyten etwa alle drei Monate, Hautzellen werden in ca. einem Monat komplett erneuert. Allerdings: adulte Stammzellen können nur die Zellen des jeweiligen Gewebes erneuern, in denen sie sich befinden, adulte hämatopoetische Stammzellen können also nur Blut- aber nicht Haut- oder Fettzellen regenerieren. Sie sind **multipotent**, da sie mehrere Blut-Zelltypen erzeugen können (s. ▶ Box 14.7). Gut etabliert ist die Transplantation von **hämatopoetischen Stammzellen** aus dem Knochenmark.

Werden die Stammzellen gesunden Spendern entnommen und in einen Patienten transplantiert (allogene Transplantation), besteht jedoch die Gefahr, dass sie vom Immunsystem des Empfängers als „fremd" erkannt und abgestoßen werden. Deshalb zielen laufende Entwicklungen darauf ab, **Patienten-eigene Stammzellen** zu verwenden (autologe Transplantation). Allerdings: außer Blut- und Hautstammzellen sind alle anderen Stammzellen schwer zu isolieren, sie sind nur in sehr geringer Anzahl in einem Organismus vorhanden und lassen sich meist schwer kultivieren, weshalb sie nicht für eine Stammzell-Therapie ausreichen. Und: sie tragen ja in vielen Fällen eine Mutation, die zur Erkrankung geführt hat. Ein Ausweg hieraus ist die Verwendung embryonaler Stammzellen (s. Abschn. 14.4.3.2) oder re-programmierter adulter Stammzellen (s. Abschn. 14.4.3.4), die sich zu den gewünschten Zelltypen differenzieren lassen und die auch direkt durch **Gen-Editierung** (*gene editing*) „repariert" werden können (s. ◘ Abb. 14.5).

14.4.4.2 Embryonale Stammzellen (ES-Zellen)

Im Gegensatz zu adulten Stammzellen sind **embryonale Stammzellen (ES-Zellen) pluripotent**, da aus ihnen alle Zelltypen hervorgehen können. Sie werden aus Blastozysten (z. B. von der Maus) gewonnen. Die **Blastozyste** ist eine kugelförmige, flüssigkeits-gefüllte Struktur, die sich bei der Maus 3,5 Tage, beim Menschen etwa 5–6 Tage nach der Befruchtung der Eizelle bildet und aus etwa 200 Zellen besteht. Die innen liegenden Zellen bilden die innere Zellmasse, aus denen sich alle Zellen des Embryos entwickeln (▶ Box 14.8, ◘ Abb. 14.18a, b).

Um ES-Zellen zu erhalten und anschließend zu kultivieren, muss eine Blastozyste zerstört werden, weshalb die Gewinnung menschlicher embryonaler Stammzellen ethisch nicht unumstritten und in Deutschland nach §3a Embryonenschutzgesetz verboten ist (s. ▶ Box 14.10) Allerdings sind Arbeiten an menschlichen ES-Zellen, die vor dem 01.05.2007 im Ausland gewonnen wurden, mit entsprechender Genehmigung erlaubt. Einmal in Kultur, können ES-Zellen kontinuierlich weiter vermehrt werden, sie sind selbst-erneuernd (◘ Abb. 14.18c, (1)) Durch Zugabe spezifischer Faktoren können sie in unterschiedliche Zelltypen differenziert werden (◘ Abb. 14.18c, (2)). Arbeiten mit embryonalen Stammzellen der Maus (und des Menschen) haben viele interessante Ergebnisse in der Grundlagenforschung erbracht, z. B. über die einzelnen Schritte, die die Entwicklung einer ES-Zelle in eine differenzierte Zelle kontrollieren, oder – im Falle der Maus – durch die Erzeugung von „Mosaik-Mäusen", die aus zwei genetisch unterschiedlichen Zellpopulationen bestehen (◘ Abb. 14.18c, (3)). Ihr Potential, in alle Körperzellen zu differenzieren, macht Arbeiten an diesen Zellen zu einem spannenden Forschungsgebiet.

Auch wenn große Hoffnungen in die Verwendung von ES-Zellen für regenerative Zellersatztherapien gesetzt werden, stellen sich neben dem genannten ethischen Problem bei der Gewinnung der ES-Zellen aus einer Blastozys-

Box 14.7 Stammbaum der hämatopoetischen Stammzelle

Hämatopoetische Stammzellen (Blutstammzellen) sind die Ausgangszellen für alle Zellen des Blutes. Sie befinden sich im **Knochenmark**, kommen aber auch im Nabelschnurblut vor. Sie teilen sich asymmetrisch (s. ▶ Abschn. 3.4.2), d. h. aus jeder Mitose entsteht eine Stammzelle und eine Zelle, die sich zu einem von mehreren Zelltypen differenziert (◘ Abb. 14.17). Sie werden zur Behandlung von Leukämien von einem gesunden Spender isoliert und in den Patienten transplantiert, nachdem dessen eigene Stammzellen abgetötet worden sind (= allogene Transplanstation).

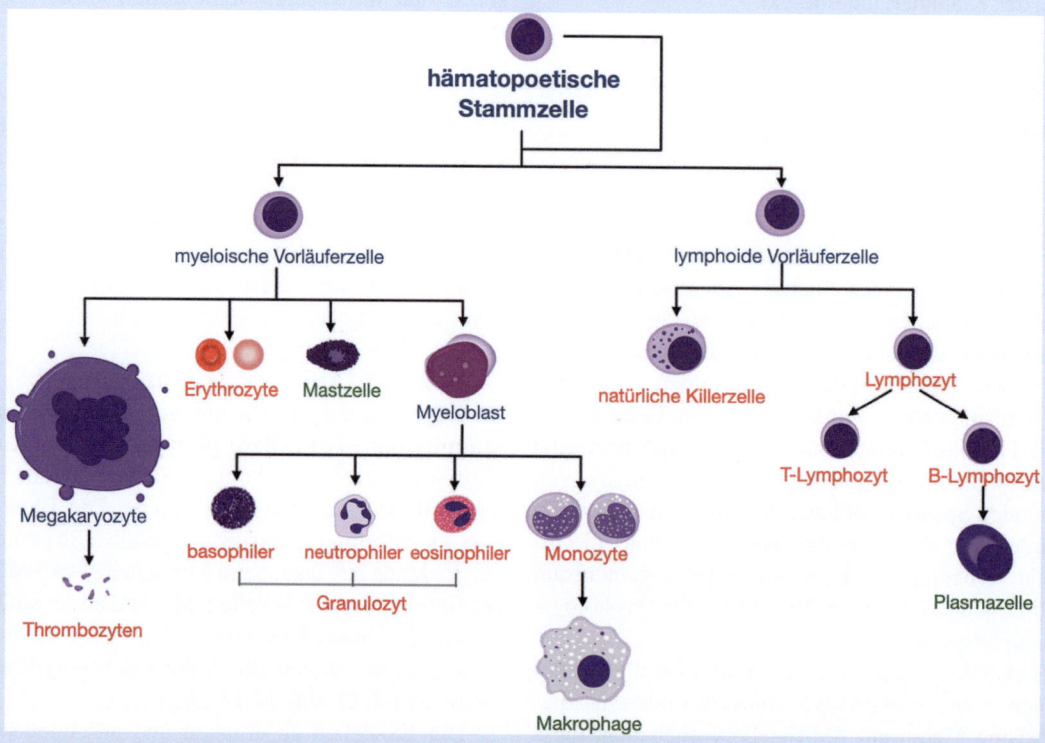

◘ **Abb. 14.17** Stammbaum der hämatopoetischen Stammzelle. Bei jeder asymmetrischen Teilung produziert eine hämatopoetische Stammzelle im Knochenmark (Becken, Brustbein) eine Stammzelle (= Selbsterneuerung) und eine Zelle, die entweder zu einer myeloischen oder lymphoiden Vorläuferzelle bestimmt wird. Aus der lymphoiden Vorläuferzelle entwickeln sich die T- und B-Lymphozyten, die im Thymus (T) bzw. im Knochenmark (B, bone marrow) heranreifen. Blau: nur im Knochenmark, rot: überwiegend im Blut, grün: überwiegend im Gewebe. (Modifiziert aus Wikimedia Commons: ▶ https://commons.wikimedia.org/wiki/File:Hematopoiesis_simple.svg)

te (s. ▶ Box 14.10) ähnliche Schwierigkeiten wie bei der Verwendung adulter Stammzellen: sie werden oftmals vom Körper-eigenen Immunsystems des Empfängers als „fremd" erkannt und abgestoßen.

14.4.4.3 Reprogrammierung von Zellen I: Geklonte Tiere

Auch wenn alle Zellen eines Organismus dieselbe DNA enthalten, bilden sich ganz unterschiedliche Zelltypen aus, was durch differentielle Genaktivität erreicht wird (s. ▶ Kap. 10). Eine sehr alte Frage in der Entwicklungsbiologie war, ob eine einmal differenzierte Zelle das Potential verliert, andere Zelltypen zu bilden. Im Jahr 1962 konnte John Gurdon zeigen, dass ein Zellkern aus einer differenzierten Darmzelle einer Kaulquappe nach Transplantation in eine „entkernte Eizelle" die Entwicklung bis zu einer normal entwickelten Kaulquappe auslösen kann (◘ Abb. 14.19).

Das bedeutet, dass das genetische Programm des Zellkerns der differenzierten Zelle aufgehoben und in einen ganz frühen, „naiven" Zustand zurückversetzt wird, so dass die Nachkommen dieser Zelle, eine entsprechende Umgebung vorausgesetzt, im Verlauf der Entwicklung wieder alle Zelltypen eines Organismus bilden.

14.4 · Gentherapie

Box 14.8 Gewinnung embryonaler Stammzellen aus Säugern

Im Blastozystenstadium des frühen Säugerembryos unterscheidet man zwei Zelltypen: Zellen der sog. **innere Zellmasse (ICM)** (Embryoblast), aus der sich alle Zellen des Embryos entwickeln. Diese werden vom **Trophektoderm (Trophoblast)** umgeben, aus dem extraembryonales Gewebe, z. B. der embryonale Anteil der Plazenta, hervorgeht (◘ Abb. 14.8a, b).

Zellen der inneren Zellmasse können in Kultur genommen werden und können sich dort als **embryonale Stammzellen (ES-Zellen)** ständig selbst erneuern (◘ Abb. 14.20c, (1)). Diese Zellen sind pluripotent, d. h., sie haben das Potential, alle Zelltypen eines Körpers zu bilden: i) Nach Zugabe bestimmter Faktoren können sich ES-Zellen zu verschiedenen Zelltypen differenzieren (◘ Abb. 14.20c, (2)), einschließlich Eizelle und Spermien. ii) Transplantiert man in Kultur gehalten Maus ES-Zellen in eine Maus Blastozyste, so nehmen diese Zellen nach Implantation der Blastozyste in den Uterus einer „Pflegemutter" an der Entwicklung des Embryos teil und können zur Entwicklung aller Organe beitragen (◘ Abb. 14.20c, (3)).

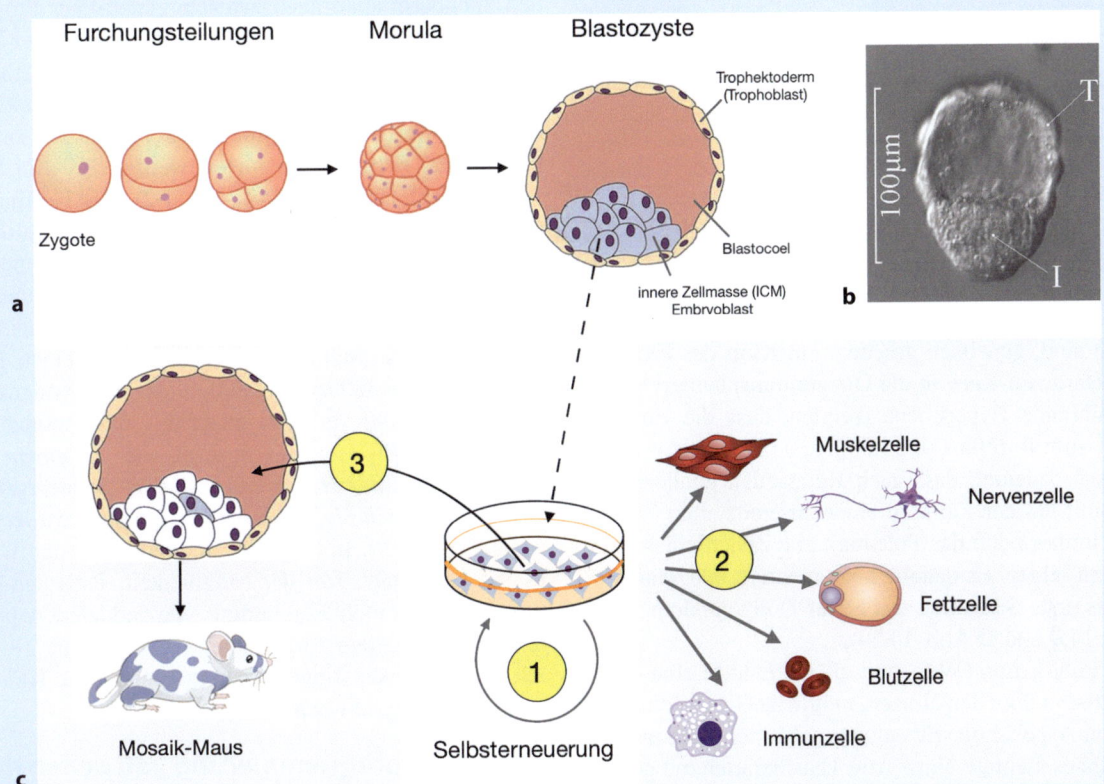

◘ **Abb. 14.18** Zellen der inneren Zellmasse einer Maus-Blastozyste als Ausgangspunkt für embryonale Stammzellen. **a** Nach dem Verschmelzen von Eizelle und Spermium zur Zygote entsteht durch mehrere synchrone Zellteilungen nach 3 Tagen ein aus 16 Blastomeren bestehender Zellhaufen, die Morula. Danach finden die ersten asymmetrischen Zellteilungen statt, die am Tag 3,5 (Mensch: Tag 5) zur Ausbildung der Blastozyste führen, die erstmalig in der Entwicklung verschiedene Zelltypen aufweist: eine äußere Zellschicht, das Trophektoderm, aus dem sich extraembryonales Gewebe entwickelt, z. B. die Placenta, umgibt einen Flüssigkeits-gefüllten Hohlraum, das Blastocoel. In diesem liegen die Zellen der inneren Zellmasse (ICM), aus deren Nachkommen der Embryo entsteht. Nach der Implantation der Blastozyste in den Uterus wird die Entwicklung fortgesetzt. **b** Mikroskopisches Bild einer Maus-Blastozyste. I = innere Zellmasse, T = Trophektoderm. **c** Die Zellen der inneren Zellmasse sind omnipotent. In der Kultur können sich diese embryonalen Stammzellen (ES Zellen) selbst erneuern (1). In Gegenwart von geeigneten Faktoren können sich ES Zellen zu unterschiedlichen Zelltypen differenzieren (2). Transplantiert man ES Zellen in eine Maus-Blastozyste, so können sie zur Entwicklung aller Gewebe beitragen, es entsteht eine chimäre Maus, die aus zwei genetisch unterschiedlichen Zellen besteht. (Wikimedia Commons)

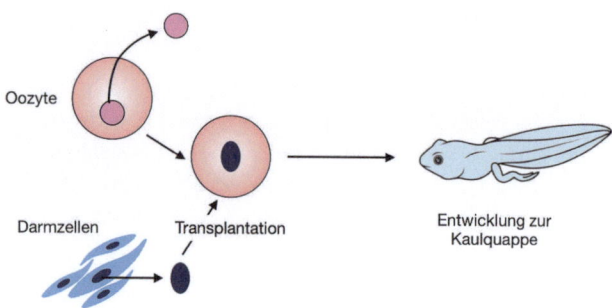

Abb. 14.19 Reprogrammierung von differenzierten Zellkernen. Zusammenfassende Darstellung des von J. Gurdon durchgeführten Experiments. Er entfernte den Zellkern aus einer Oozyte eines Krallenfrosches und ersetzte ihn durch einen Zellkern aus dem Darmepithel einer Kaulquappe. Unter geeigneten Bedingungen entwickelte sich aus dieser Oozyte eine Kaulquappe. Damit wurde gezeigt, dass der Zellkern einer differenzierten Zelle re-programmiert werden kann und dadurch, ähnlich wie der Zellkern der Oozyte, die gesamte Information zur Entwicklung eines Embryos mit den verschiedenen Zelltypen besitzt. Die entstandene Kaulquappe ist ein genetischer Klon des Frosches, dessen Darmzelle entnommen wurde

Die in dem Experiment von J. Gurdon erhaltenen Kaulquappen sind, genetisch gesehen, ein **Klon** des Frosches, dessen Darmzell-Kern in die Oozyte transplantiert wurde. Weiterführende Experimente zeigten, dass die Entwicklung bis zum fortpflanzungsfähigen, adulten Tier erfolgen kann, was bedeutet, dass auch Keimzellen gebildet wurden. Somit hat der Zellkern einer differenzierten Zelle in der Tat immer noch das Potential, <u>alle</u> Zellen eines Organismus zu bilden. Es dauerte noch mehrere Jahrzehnte, bis 1996 das erste Säugetier, das Schaf Dolly, geklont wurde (▶ Box 14.9 und ◘ Abb. 14.20).

Die Publikation (Wilmut et al. 1997) löste eine globale Diskussion über den Nutzen, mögliche Gefahren und die ethischen Aspekte der Erzeugung geklonter Tiere aus. Bis heute gibt es mehrere Nutz- bzw. Haustierarten mit geklonten Varianten, u. a. Pferde, Kühe, Esel, Kaninchen, Katzen, Hunde und Affen. Seit 2008 gelten laut EFSA (European Food Safety Authority) geklonte Rinder und Schweine als unbedenklich für den Verzehr. Das als **reproduktives Klonen** bezeichnete Klonen von Menschen ist jedoch weltweit verboten.

Tiere, die wie Dolly geklont wurden, sind allerdings keine 100 %igen genetischen Klone des Spenders des somatischen Zellkerns.

1. Die Mitochondrien sind genetisch identisch zu denen der Eizelle, in die der somatische Zellkern eingebracht wurde, und nicht mit denen der Spenderzelle.
2. Da der somatische Zellkern, der in die Eizelle gebracht wird, aus adulten und somit bereits gealterten Zellen stammt, hat er mir großer Wahrscheinlichkeit somatische Mutationen akkumuliert.
3. Ebenfalls mit der Alterung verbunden ist eine Änderung des Epigenoms, das möglicherweise nicht vollständig re-programmiert wird und ggf. zu veränderter Genexpression führen kann.

Das Ziel des reproduktiven Klonens ist also die Erzeugung eines lebensfähigen Organismus aus einem Spenderkern. Dieses Ziel wird beim **therapeutischen Klonen** nicht angestrebt. Vielmehr geht es dabei um die Erzeugung von **Patienten-spezifischen embryonalen Stammzellen**. Hierzu wird zunächst der Zellkern einer somatischen Zelle des Donors (Patienten) in eine entkernte Eizelle einer gesunden Spenderin übertragen, wo sein genetisches Programm reprogrammiert wird. Diese Eizelle wird nun in der Kulturschale zu einer Blastozyste differenziert. Aus dieser können dann einzelne embryonale Stammzellen entnommen werden, und durch Zugabe spezifischer Faktoren in einen bestimmten Zelltyp differenziert werden, etwa in Neurone (s. ◘ Abb. 14.18c, Schritt 1 und 2). Die Hoffnung ist, dass diese, etwa nach Transplantation in das Gehirn eines Patienten, abgestorbene Neurone ersetzen können, zumal diese Zellen nicht als „fremd" erkannt werden und nicht abgestoßen werden. Der geklonte Embryo/die Blastozyste würde also als „Stammzell-Produzent" für einen Patienten dienen. Das in Deutschland gültige Embryonenschutzgesetz von 1990 verbietet allerdings das therapeutische Klonen (§6: *Ebenso wird bestraft, wer zu einem anderen Zweck als der Herbeiführung einer Schwangerschaft bewirkt, daß sich ein menschlicher Embryo extrakorporal weiterentwickelt*). In England, Südkorea und den USA ist es jedoch erlaubt. Mit der Möglichkeit, Patienten-eigene Stammzellen durch Etablierung von induzierten pluripotenten Stammzellen zu erzeugen (s. ▶ Abschn. 14.4.4.4), hat sich die Diskussion um das therapeutische Klonen jedoch stark abgeschwächt.

14.4.4.4 Reprogrammierung von Zellen II: Induzierte pluripotente Stammzellen (iPS-Zellen)

Ein anderer Weg zur Gewinnung Patienten-eigener Stammzellen, die für eine Therapie verwendet werden können und die vom Körper nicht als fremd erkannt werden, stellen die sog. **induzierten pluripotenten Stammzellen** (**iPS-Zellen**; *iPS cells*) dar. Der Weg bis zu ihrer therapeutischer Verwendung ging, wie in vielen anderen Fällen, über die Grundlagenforschung.

Nach den Ergebnissen von J. Gurdon (s. ◘ Abb. 14.19) wurde vermutet, dass in der Eizelle Faktoren vorhanden sind, die die „**Reprogrammierung**" eines somatischen Zellkerns ermöglichen. Davon ausgehend konnte Shinya Yamanaka mit seinem Kollegen Kazutoshi Takahashi 2006 zeigen, dass die Zugabe von nur vier Genen, die alle Transkriptionsfaktoren kodieren, nämlich c-*Myc*, *Oct4*, *Sox2*

14.4 · Gentherapie

> **Box 14.9 Das Klonschaf Dolly**
>
> Das im Jahr 1996 geborene, von Wissenschaftlern des Roslin Instituts bei Edinburgh durch Klonierung erzeugte Schaf Dolly war das erste geklonte Säugetier, das durch Transplantation aus dem Zellkern einer adulten Zelle in eine Eizelle erzeugt wurde.
>
>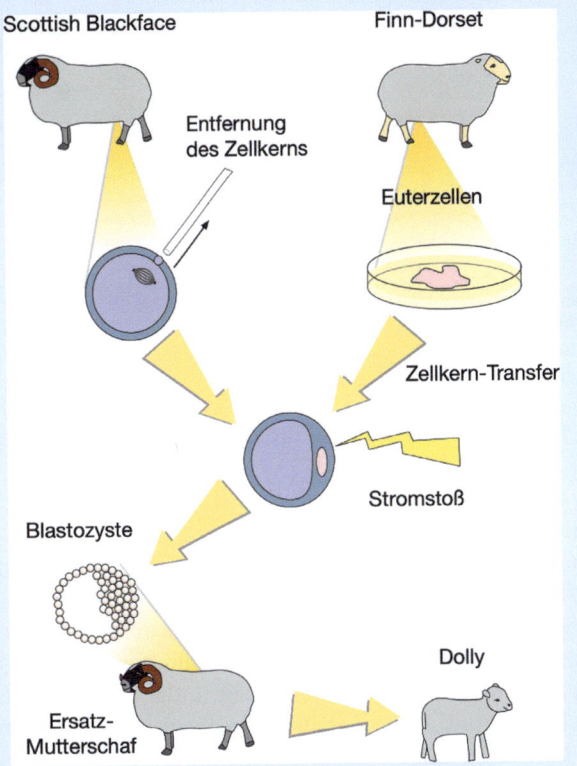
>
> **Abb. 14.20** Die Erzeugung des Klon-Schafs Dolly. Hierfür wurden einem Schaf der Rasse Scottish Blackface (mit schwarzem Kopf) Eizellen entnommen, aus denen anschließend der Zellkern entfernt wurde. In eine so entkernte Eizelle wurde ein Zellkern transplantiert, der aus der Euterzelle eines Finn-Dorset Schaf stammte. Durch Aktivierung der Eizelle durch einen Stromstoß wurde die Entwicklung initiiert und der Embryo bis zur Ausbildung der Blastozyste in Kultur gehalten. Die Blastozyste wurde einer Ersatzmutter (ebenfalls ein Scottish Blackface Schaf) implantiert und von dieser ausgetragen. Von den 29 Embryonen überlebte nur Dolly, ein Schaf mit den Merkmalen eines Finn-Dorsett Schafs. Dolly wurde später Mutter mehrerer, auf natürlichem Weg gezeugter Lämmer. (Nach Wikimedia Commons, modifiziert: ▶ https://commons.wikimedia.org/wiki/Category:Dolly_(sheep)#/media/File:Dolly_clone.svg)

und *Klf4*, einen adulten Fibroblasten (Bindegewebszelle) in eine **induzierte pluripotente Stammzelle** (**iPS-Zelle**) umprogrammieren kann (◘ Abb. 14.21). Anschließende Zugabe spezifischer Faktoren kann die Differenzierung in verschiedene Zelltypen – Neuron, Muskel-, Fett- oder Immunzelle – induzieren. iPS-Zellen sind also, genau wie ES-Zellen (s. ◘ Abb. 14.18c), pluripotent. Für diese bahnbrechenden Arbeiten wurde Shinya Yamamoto zusammen mit Sir John B. Gurdon 2012 mit dem **Nobelpreis** für Physiologie oder Medizin ausgezeichnet.

In den folgenden Jahren wurde deutlich, dass sich nicht nur Fibroblasten, sondern viele andere differenzierte Zelltypen – Blutzellen, Nieren-Epithelzellen oder Keratinocyten (Zellen der Epidermis, die die Hornhaut produzieren) – zu iPS-Zellen re-programmieren lassen. Ausführliche Analysen brachten den Beweis, dass diese Zellen viele Merkmale mit embryonalen Stammzellen teilen, u. a. ihre Morphologie und ihr Teilungsverhalten, ihr Genexpressionsmuster und die epigenetischen Markierungen (Histon-Code oder DNA-Methylierungsmuster; s. ▶ Abschn. 4.2).

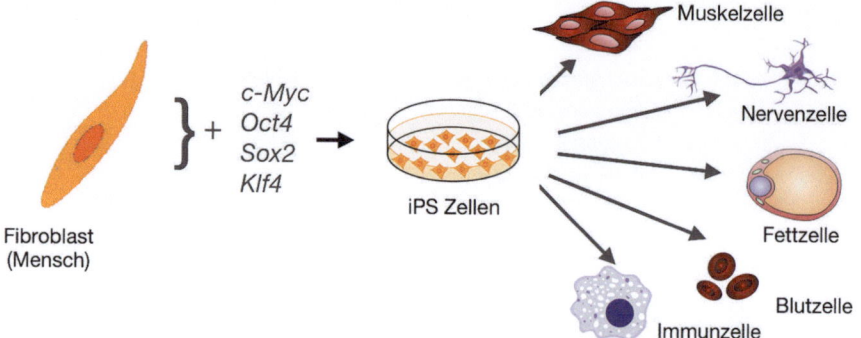

Abb. 14.21 Reprogrammierung von differenzierten Zellen zu induzierten pluripotenten Stammzellen (iPS-Zellen). In einen adulten differenzierten Fibroblasten (Zelle des Bindegewebes) wird die DNA von vier Genen mittels viraler Genfähren eingebracht, *c-Myc*, *Oct4*, *Sox2* und *Klf4*, die Transkriptionsfaktoren kodieren (später auch Yamanaka-Faktoren genannt). Diese reichen aus, um die Zelle in einen frühen, „naiven" Zustand zu reprogrammieren, zu einer iPS-Zelle. Nach Zugabe von spezifischen Faktoren können iPS-Zellen in unterschiedliche Zelltypen differenziert werden, vergleichbar den embryonalen Stammzellen. (Einzelne Abbildungsteile aus Wikimedia Commons)

Wie beschrieben, können sie bei Bedarf für jeden Patienten „maßgeschneidert" werden, so dass es kein Problem bezüglich einer möglichen Abstoßung nach Transplantation geben sollte (autologe Stammzelltransplantation). Diese Eigenschaften eröffnen nun eine Vielzahl wissenschaftlicher und medizinischer Anwendungen, die sicher in den nächsten Jahre noch erweitert werden, vor allem, wenn sie zusammen mit der Genschere CRISPR/Cas kombiniert werden (s. ▶ Abschn. 14.4.3):

- iPS-Zellen können zur Zellersatztherapie/Regeneration zerstörter Gewebe verwendet werden. Hierzu laufen bereits zahlreiche Studien, u. a. zur Therapie retinaler Erkrankungen, Diabetes, kardiovaskulärer oder neurodegenerativer Erkrankungen.
- iPS-Zellen von Erkrankten können in Kultur etabliert werden, um nach ihrer Differenzierung in den durch die Krankheit betroffenen Zelltyp mehr über die zellulären und genetischen Grundlagen der Erkrankung zu erfahren.
- Die so reprogrammierten Zellen von Patienten können nun auch als Testsystem für Medikamente dienen, die nun für jeden Patienten „maßgeschneidert" werden können.

Die zukünftigen Arbeiten an iPS-Zellen werden also mit Sicherheit spannende Ergebnisse in der Grundlagenforschung und der Biomedizin liefern, werfen aber auch zahlreiche ethische Fragen auf (s. ▶ Box 14.10).

14.5 · Zusammenfassung

> **Box 14.10 Ethische Aspekte zur Arbeit mit Stammzellen**
>
> Die Möglichkeit, jede Körperzelle in eine Stammzelle und umgekehrt, Stammzellen in jeden gewünschten differenzierten Zelltyp umzuwandeln, veränderte nicht nur die Sicht auf die Biologie von Zellen und die Entwicklung von Zellschicksalen, sondern eröffnete völlig neue Möglichkeiten der Behandlung von Krankheiten. Dies führte und führt zu intensiven Debatten über die ethischen Aspekte dieser Forschung und ihrer möglichen Konsequenzen. Im Folgenden können nur einige wenige Fragen angesprochen werden, die zurzeit in den Diskussionen thematisiert werden, und zu denen sicher in der Zukunft weitere hinzukommen werden.
>
> - Woher stammen die Eizellen, die für Erzeugung von Patienten-eigenen ES-Zellen durch therapeutisches Klonen erforderlich sind (s. Abb. 14.19)? Sollen die Eizellen gespendet werden oder soll die Spenderin dafür bezahlt werden? Besteht die Gefahr, dass Frauen hierzu gezwungen werden können?
> - Benötigen wir in Zukunft noch humane ES-Zellen, deren Etablierung gespendete Eizellen erfordert und die mit der Zerstörung einer Blastozyste einhergehen, oder werden zukünftige Therapien nur noch mit iPS-Zellen durchgeführt werden?
> - Forschungsarbeiten deuten darauf hin, dass sich einige Gene in iPS-Zellen anders verhalten als in embryonalen Stammzellen. Wissenschaftler untersuchen diese Differenzen nun detaillierter, um herauszufinden, was genau die Unterschiede zwischen den beiden Zelltypen sind und ob diese von Bedeutung sind. Derzeit können ES-Zellen in der Grundlagenforschung noch nicht durch iPS-Zellen ersetzt werden. Deshalb adressieren viele Fragen in Diskussionen zu hES- und iPS-zellbasierten Therapien die Patientensicherheit, die Wirksamkeit der Therapie, Möglichkeiten der Standardisierung, die Zugänglichkeit für eine breite Masse an Patienten und ethische Kontroversen über den moralischen Status der Zellen.
> - Sollten Gentherapien an der menschlichen Keimbahn und an menschlichen Embryonen weiterhin verboten sein? Die technischen Möglichkeiten zu solchen Eingriffen und Berichte über die Geburt von drei sog. „CRISPR-Babies" 2018 in China, deren Genom im ganz frühen Entwicklungsstadium durch CRISPR/Cas9 editiert worden waren, löste eine breite Diskussion aus (Marx 2022). Sie führte im Jahr 2019 zur Forderung nach einem Moratorium, also dem Aussetzen der Forschung für einige Jahre, das genutzt werden sollte, um die wissenschaftlichen, medizinischen, technischen, rechtlichen, sozialen und ethischen Aspekte und Konsequenzen dieser Technologie in einem breiten Rahmen und mit verschiedenen Akteuren zu diskutieren (Lander et al. 2019). In dieser Zeit sollten keine genetischen Veränderungen an der Keimbahn durchgeführt werden. (In Deutschland verbietet das Embryonenschutzgesetz Eingriffe dieser Art).
> - Sollte das reproduktive Klonen von Menschen weiterhin verboten sein?
> - Wer trägt die Kosten einer Zell-basierten Gentherapie? Wer kommt in den Genuss einer Therapie? Gibt es Haftungsansprüche?
> - Erste Ergebnisse zeigen die Möglichkeit auf, iPS-Zellen, auch die des Menschen, zu primordialen Keimzell- bzw. Oozyten-ähnlichen Zellen zu induzieren. Sollten aus diesen durch in-vitro Fertilisation Embryonen erzeugt werden dürfen, die ggf. sogar ausgetragen werden?
>
> Es ist gelungen, durch Kombination unterschiedlicher Populationen von ES-Zellen Embryonen-ähnliche Strukturen zu kultivieren, also ohne Beteiligung von Eizelle und Spermium. Diese „Embryomodelle" ähneln 13–14 Tagen alten Embryonen, die sich normalerweise nur nach Einnistung in den Uterus weiterentwickeln. Die Ergebnisse werfen nun die Frage auf, ob diese Embryonen denselben rechtlichen Regeln unterliegen wie normal gezeugte Embryonen, z. B. nach internationalen Richtlinien Experimente an Embryonen ab einem Alter von 14 Tagen verbieten.

14.5 Zusammenfassung

- Mit der ersten Veröffentlichung der **Genomsequenz des Menschen** begann ein neuer Abschnitt der biologischen und biomedizinischen Forschung, mit weitreichenden Auswirkungen auf die Wissenschaft, aber auch auf viele gesellschaftliche Bereiche, z. B. auf Diagnostik und Therapie von Krankheiten oder auf die Fortpflanzungs- und Gerichtsmedizin.
- Die fortlaufende Entwicklung von Sequenziergeräten (NGS; Next Generation Sequencing) und Programmen zur Analyse der immensen Datenmengen ermöglicht die Beantwortung neuer Fragen, etwa in der Evolutions-, Zell- und Entwicklungsbiologie, und eröffnet neue Forschungsfelder, etwa die Paläogenetik.
- Aufbauend darauf ermöglichen weitere *-omik* **Technologien**, etwa Transkriptomik, Proteomik, Lipidomik oder Metabololomik die Erfassung der Gesamtheit aller jeweiligen Moleküle in einer Zelle/einem Gewebe.
- Die **Gentherapie** einer Erkrankung setzt die Kenntnis des Gendefekts voraus. Die bisher zugelassenen Gentherapien dürfen nur in somatischen Zellen erfolgen, nicht in Keimbahnzellen. Bei Vorliegen eines defekten Gens kann die Therapie durch das Einbringen einer funktionsfähigen Kopie erfolgen, wobei Viren als Genfähren dienen.

- Eine dominante Mutation, die die Überproduktion des normalen oder eines aberranten Genprodukts hervorruft, kann durch Einbringen einer **siRNA** mittels Lipid-Nanopartikel erfolgen, wodurch die Bildung des Genprodukts verhindert/vermindert wird.
- Die **Genschere CRISPR/Cas** ist eine Methode, mit der gezielt Gendefekte im Genom repariert oder entfernt werden können bzw. Gene oder Genabschnitte durch andere Abschnitte ausgetauscht werden können (**Genomeditierung**).
- Das **Klonschaft Dolly** war das erste Säugetier, das durch Transplantation eines Zellkerns aus einer differenzierten Zelle in eine „entkernte" Eizellen entstand.
- Durch Zugabe von nur vier Transkriptionsfaktoren (Yamanaka Faktoren) können somatische Zellen in **induzierte pluripotente Stammzelle** (**iPS-Zelle**) umprogrammiert werden, die Ähnlichkeit mit pluripotenten embryonalen Stammzellen haben. Diese können dann nach Zugabe spezifischer Faktoren zu unterschiedlichen Zelltypen differenziert werden, und möglicherweise zur **Stammzelltherapie** eingesetzt werden.

Literatur

1000 Genomes Project Consortium (2015) A global reference for human genetic variation. Nature 526(7571):68–74

Almén MS, Nordström KJ, Fredriksson R, Schiöth HB (2009) Mapping the human membrane proteome: a majority of the human membrane proteins can be classified according to function and evolutionary origin. BMC Biol 7:50

Braude P, Pickering S, Flinter F, Ogilvie CM (2002) Preimplantation genetic diagnosis. Nat Rev Genet 3(12):941–953

Coulson A, Sulston J, Brenner S, Karn J (1986) Toward a physical map of the genome of the nematode *Caenorhabditis elegans*. Proc Natl Acad Sci U S A 83(20):7821–7825

Fire A, Xu S, Montgomery MK, Kostas SA, Driver SE, Mello CC (1998) Potent and specific genetic interference by double-stranded RNA in *Caenorhabditis elegans*. Nature 391:806–814

Green RE, Krause J, Briggs AW, Maricic T, Stenzel U, Kircher M, Patterson N, Li H, Zhai W, Fritz MH, Hansen NF, Durand EY, Malaspinas AS, Jensen JD, Marques-Bonet T, Alkan C, Prüfer K, Meyer M, Burbano HA, Good JM, Schultz R, Aximu-Petri A, Butthof A, Höber B, Höffner B, Siegemund M, Weihmann A, Nusbaum C, Lander ES, Russ C, Novod N, Affourtit J, Egholm M, Verna C, Rudan P, Brajkovic D, Kucan Ž, Gušic I, Doronichev VB, Golovanova LV, Lalueza-Fox C, de la Rasilla M, Fortea J, Rosas A, Schmitz RW, Johnson PLF, Eichler EE, Falush D, Birney E, Mullikin JC, Slatkin M, Nielsen R, Kelso J, Lachmann M, Reich D, Pääbo S (2010) A draft sequence of the Neandertal genome. Science 328:710–722

Grinevich V, Knobloch-Bollmann HS, Roth LC, Althammer F, Domanskyi A, Vinnikov IA, Boulant S (2016) Somatic transgenesis (Viral vectors). In: Molecular neuroendocrinology: from genome to physiology, S 243–274

International Human Genome Sequencing Consortium (2001) Initial sequencing and analysis of the human genome. Nature 409:860–921

International Human Genome Sequencing Consortium (2004) Finishing the euchromatic sequence of the human genome. Nature 431:931–945

Kuderna LFK, Gao H, Janiak MC, Kuhlwilm M, Orkin JD, Bataillon T, Manu S, Valenzuela A, Bergman J, Rousselle M, Silva FE, Agueda L, Blanc J, Gut M, de Vries D, Goodhead I, Harris RA, Raveendran M, Jensen A, Chuma IS, Horvath JE, Hvilsom C, Juan D, Frandsen P, Schraiber JG, de Melo FR, Bertuol F, Byrne H, Sampaio I, Farias I, Valsecchi J, Messias M, da Silva MNF, Trivedi M, Rossi R, Hrbek T, Andriaholinirina N, Rabarivola CJ, Zaramody A, Jolly CJ, Phillips-Conroy J, Wilkerson G, Abee C, Simmons JH, Fernandez-Duque E, Kanthaswamy S, Shiferaw F, Wu D, Zhou L, Shao Y, Zhang G, Keyu JD, Knauf S, Le MD, Lizano E, Merker S, Navarro A, Nadler T, Khor CC, Lee J, Tan P, Lim WK, Kitchener AC, Zinner D, Gut I, Melin AD, Guschanski K, Schierup MH, Beck RMD, Umapathy G, Roos C, Boubli JP, Rogers J, Farh KK, Bonet MT (2023) A global catalog of whole-genome diversity from 233 primate species. Science 380:906–913

Lamb YN (2021) Inclisiran: first approval. Drugs 81:389–395

Lander ES, Baylis F, Zhang F, Charpentier E, Berg P, Bourgain C, Friedrich B, Joung JK, Li J, Liu D, Naldini L, Nie JB, Qiu R, Schoene-Seifert B, Shao F, Terry S, Wei W, Winnacker EL (2019) Adopt a moratorium on heritable genome editing. Nature 567:165–168

Liao WW et al (2023) A draft human pangenome reference. Nature 617:312–324

Marx V (2022) Die CRISPR-Kinder. https://www.spektrum.de/news/gentechnik-die-crispr-kinder/1965646

Nurk S, Koren S, Rhie A, Rautiainen M, Bzikadze AV, Mikheenko A, Vollger MR, Altemose N, Uralsky L, Gershman A, Aganezov S, Hoyt SJ, Diekhans M, Logsdon GA, Alonge M, Antonarakis SE, Borchers M, Bouffard GG, Brooks SY, Caldas GV, Chen NC, Cheng H, Chin CS, Chow W, de Lima LG, Dishuck PC, Durbin R, Dvorkina T, Fiddes IT, Formenti G, Fulton RS, Fungtammasan A, Garrison E, Grady PGS, Graves-Lindsay TA, Hall IM, Hansen NF, Hartley GA, Haukness M, Howe K, Hunkapiller MW, Jain C, Jain M, Jarvis ED, Kerpedjiev P, Kirsche M, Kolmogorov M, Korlach J, Kremitzki M, Li H, Maduro VV, Marschall T, McCartney AM, McDaniel J, Miller DE, Mullikin JC, Myers EW, Olson ND, Paten B, Peluso P, Pevzner PA, Porubsky D, Potapova T, Rogaev EI, Rosenfeld JA, Salzberg SL, Schneider VA, Sedlazeck FJ, Shafin K, Shew CJ, Shumate A, Sims Y, Smit AFA, Soto DC, Sović I, Storer JM, Streets A, Sullivan BA, Thibaud-Nissen F, Torrance J, Wagner J, Walenz BP, Wenger A, Wood JMD, Xiao C, Yan SM, Young AC, Zarate S, Surti U, McCoy RC, Dennis MY, Alexandrov IA, Gerton JL, O'Neill RJ, Timp W, Zook JM, Schatz MC, Eichler EE, Miga KH, Phillippy AM (2022) The complete sequence of a human genome. Science 376:44–53

Olson MV (2001) The maps. Clone by clone by clone. Nature 409:816–818

Orlov Y, Xu H, Afonnikov D, Lim B, Heng JC, Yuan P, Chen M, Yan J, Clarke N, Orlova N, Huss M, Gunbin K, Podkolodnyy N, Ng HH (2012) Computer and statistical analysis of transcription factor binding and chromatin modifications by ChIP-seq data in embryonic stem cell. J Integr Bioinform 9(2):214

Park PJ (2009) ChIP-seq: advantages and challenges of a maturing technology. Nat Rev Genet 10(10):669–680

Rhie A, Nurk S, Cechova M, Hoyt SJ, Taylor DJ, Altemose N, Hook PW, Koren S, Rautiainen M, Alexandrov IA, Allen J, Asri M, Bzikadze AV, Chen NC, Chin CS, Diekhans M, Flicek P, Formenti G, Fungtammasan A, Garcia Giron C, Garrison E, Gershman A, Gerton JL, Grady PGS, Guarracino A, Haggerty L, Halabian R, Hansen NF, Harris R, Hartley GA, Harvey WT, Haukness M, Heinz J, Hourlier T, Hubley RM, Hunt SE, Hwang S, Jain M, Kesharwani RK, Lewis AP, Li H, Logsdon GA, Lucas JK, Makalowski W, Markovic C, Martin FJ, Mc Cartney AM, McCoy RC, McDaniel J, McNulty BM, Medvedev P, Mikheenko A, Munson KM, Murphy TD, Olsen HE, Olson ND, Paulin LF, Porubsky D, Potapova T, Ryabov F, Salzberg SL, Sauria MEG, Sedlazeck FJ, Shafin K, Shepelev VA, Shumate A, Storer JM, Surapaneni L, Taravella Oill AM, Thibaud-Nissen F, Timp W, Tomaszkiewicz M, Vollger MR, Walenz BP, Watwood AC, Weissensteiner MH, Wenger AM, Wilson MA, Zarate S, Zhu Y, Zook JM, Eichler EE, O'Neill RJ, Schatz MC, Miga KH, Makova KD, Phillippy AM (2023) The complete sequence of a human Y chromosome. Nature 621:344–354

Rizk M, Tüzmen Ş (2017) Update on the clinical utility of an RNA interference-based treatment: focus on Patisiran. Pharmgenomics Pers Med 10:267–278

Sudmant PH, Rausch T, Gardner EJ, Handsaker RE, Abyzov A, Huddleston J, Zhang Y, Ye K, Jun G, Fritz MH, Konkel MK, Malhotra A, Stütz AM, Shi X, Casale FP, Chen J, Hormozdiari F, Dayama G, Chen K, Malig M, Chaisson MJP, Walter K, Meiers S, Kashin S, Garrison E, Auton A, Lam HYK, Mu XJ, Alkan C, Antaki D, Bae T, Cerveira E, Chines P, Chong Z, Clarke L, Dal E, Ding L, Emery S, Fan X, Gujral M, Kahveci F, Kidd JM, Kong Y, Lameijer EW, McCarthy S, Flicek P, Gibbs RA, Marth G, Mason CE, Menelaou A, Muzny DM, Nelson BJ, Noor A, Parrish NF, Pendleton M, Quitadamo A, Raeder B, Schadt EE, Romanovitch M, Schlattl A, Sebra R, Shabalin AA, Untergasser A, Walker JA, Wang M, Yu F, Zhang C, Zhang J, Zheng-Bradley X, Zhou W, Zichner T, Sebat J, Batzer MA, McCarroll SA et al (2015) An integrated map of structural variation in 2,504 human genomes. Nature 526:75–81 (1000 Genomes Project Consortium)

Valencia-Cruz AI, Uribe-Figueroa LI, Galindo-Murillo R, Baca-López K, Gutiérrez AG, Vázquez-Aguirre A, Ruiz-Azaura L, Hernández-Lemus E, Mejía C (2013) Whole genome gene expression analysis reveals casiopeína-induced apoptosis pathways. PLoS One 8(1):e54664

Venter JC et al (2001) The sequence of the human genome. Science 291:1304–1351

Wang T, Antonacci-Fulton L, Howe K, Lawson HA, Lucas JK, Phillippy AM, Popejoy AB, Asri M, Carson C, Chaisson MJP, Chang X, Cook-Deegan R, Felsenfeld AL, Fulton RS, Garrison EP, Garrison NA, Graves-Lindsay TA, Ji H, Kenny EE, Koenig BA, Li D, Marschall T, McMichael JF, Novak AM, Purushotham D, Schneider VA, Schultz BI, Smith MW, Sofia HJ, Weissman T, Flicek P, Li H, Miga KH, Paten B, Jarvis ED, Hall IM, Eichler EE, Haussler D (2022) The Human Pangenome Project: a global resource to map genomic diversity. Nature 604:437–446 (Human Pangenome Reference Consortium)

Wilmut I, Schnieke AE, McWhir J, Kind AJ, Campbell KH (1997) Viable offspring derived from fetal and adult mammalian cells. Nature 385:810–813

Zeberg H, Pääbo S (2020) The major genetic risk factor for severe COVID-19 is inherited from Neanderthals. Nature 587:610–612

Serviceteil

Glossar – 314

Stichwortverzeichnis – 327

Glossar

achiasmatisch [▶ a Chiasma]: Ohne Chiasmata in der Prophase der Meiose, d. h. kein ▶ Crossover, keine intrachromosomale ▶ Rekombination.

akrozentrisch [▶ Akro-; L centrum – Mittelpunkt]: ▶ Zentromer an der Spitze des ▶ Chromosoms liegend. Syn. telozentrisch; Vgl. ▶ metazentrisch, ▶ submetazentrisch.

Akrosom [▶ Akro-; G soma – Körper]: ▶ lysosomenähnliches Zellorganell, das dem ▶ Spermium aufsitzt und ihm den Durchtritt durch die Eihüllen ermöglicht.

Aktinfilamente [G aktis – Strahl; L Filum – Faden]: Mikrofilamente (F-Aktinketten) des ▶ Zytoskeletts; ubiquitär bei ▶ Eukaryonten. Durchmesser: 6 nm.

Allel [G alleion – zueinander gehörig]: ▶ Wildtyp- oder ▶ Mutationsform eines ▶ Gens. Von vielen Genen kennt man nur 2 A.e, z. B. ein Wildtyp-A., und ein mutiertes A., das meist ▶ rezessiv ist.

Allopolyploidie [▶ Allo-; G polyploos – vielfach]: Vervielfachung von ▶ Chromosomensätzen nach Kreuzung nahe verwandter Arten (▶ Spezies). Vgl. ▶ Autopolyploidie, ▶ Polyploidie.

amber-Codon [E amber – Bernstein; ▶ Codon]: Nonsense- oder Terminationscodon UAG. Vgl. ▶ ochre, ▶ opal.

Amniozentese [▶ Amnion; L census – Zählung, Schätzung]: Entnahme von Amnionzellflüssigkeit zur Diagnose von genetischen Veränderungen des Fötus.

Anaphase [▶ Ana-; G phasis – Erscheinung (Abschnitt eines Ablaufs)]: Zeitabschnitt der ▶ Mitose und der ▶ Meiose, in der die ▶ Chromosomen auseinander weichen.

Aneuploidie [▶ An-; ▶ Eu-; G -plous – fach]: Abweichung von der normalen Chromosomenzahl ganzer Chromosomensätze. Ggs. ▶ Euploidie.

Anticodon [▶ Anti-; ▶ Codon]: Codewort, bestehend aus einer Sequenz von 3 Nukleotiden (Triplett) der ▶ tRNA. Durch Basenpaarung mit dem passenden ▶ Codon der ▶ mRNA wird eine bestimmte Aminosäure in ein Polypeptid eingebaut.

Antigen [▶ Anti-; G gignesthai – entstehen]: Körperfremde, meistens von Mikroorganismen (Viren, Bakterien) gebildete Stoffe, die als Signal zur Auslösung einer ▶ Immunreaktion (Bildung von ▶ Antikörpern) dienen. [Bedeutungsmäßig hat A. nichts mit dem Begriff des ▶ Gens gemein!]

Antikörper [▶ Anti-]: ▶ antigenerkennendes Rezeptormolekül (Immunoglobulin), das mit einem Antigen einen Antigen-Antikörper-Komplex bildet. Diese Reaktion wird auch zum färberischen Nachweis von Antigenen, z. B. in Zellen benutzt (**Antikörperfärbung**), wobei der verwendete Antikörper, z. B. mit einem Fluoreszenzfarbstoff gekoppelt ist.

Askus [G ascos – Schlauch]: Schlauchartiger Sporenbehälter der Schlauchpilze (Askomyzeten).

Atrophie [G atroph'aı – Ernährungsmangel]: Rückbildung von Organen, Geweben, Zellen.

attached-X-Chromosom [E to attach – anbinden]: Zwei ▶ X-Chromosomen (von *Drosophila*), die dauerhaft an einem gemeinsamen ▶ Zentromer verbunden sind.

Aut-, Auto- [G autos – selbst, eigen]: In Zsg. als Vorsilbe „selbst-".

Autopolyploidie [▶ Auto-; G polyploos – vielfach]: Vervielfachung des arteigenen ▶ Chromosomensatzes (z. B. durch ▶ Endomitose). Vgl. ▶ Allopolyploidie, ▶ Polyploidie.

Autosom [▶ Auto-; G soma – Körper]: ▶ Chromosom, das kein ▶ Heterosom ist.

Bakteriophagen: ▶ Phagen.

BAC [E bacterial artificial chromosome]: Künstliches Bakterienchromosom, das aus einem veränderten F-Plasmid besteht. Es kann als ▶ Vektor große DNA-Fragmente aufnehmen.

Balancerchromosom [L bilanx – zwei Waagschalen habend; ▶ Chromosom]: Strukturell mutiertes ▶ Chromosom, das ▶ heterozygot mit einem strukturell normalen Chromosom ▶ Crossover scheinbar unterdrückt, weil Crossoverprodukte in ▶ Keimzellen Letalität in der nächsten Generation bewirken.

Bivalent [L bis – zweimal; L valentia – Stärke, Kraft]: Die beiden in der ▶ Meiose gepaarten ▶ homologen Chromosomen mit je zwei ▶ Schwesterchromatiden. Die vier ▶ Chromatiden werden auch als ▶ Tetrade bezeichnet.

Blasto- [G blastos – Keim]: In Zsg.

Blastoderm [▶ Blasto-; G derma – Haut]: Meist einschichtiges ▶ Epithel der ▶ Blastula. Bei dotterreichen Eiern (z. B. bei Vögeln, Insekten) auch ▶ Epithel, das den ungefurchten Dotter umgibt (B. stadium).

Blastomere [▶ Blasto-; G meros – Teil]: Furchungszelle, die durch Teilung aus dem befruchteten Ei entsteht. ▶ Furchung

Blastozyste [▶ Blasto-; G kystis – Blase]: Embryonalstadium der Säugetiere, in dem die Einnistung in die Uterusschleimhaut erfolgt. Die B. entspricht der ▶ Blastula anderer Tierembryonen.

Capping [E cap – Kappe]: Prozess der posttranskriptionellen Modifikation von ▶ mRNA. Ein 7-Methylguanosin-Triphosphat wird mit dem 5'-Ende der RNA verbunden (m7Gppp-Kappe).

cDNA [E complementary – komplementäre ▶ DNA]: Synthetische DNA, die von einer ▶ mRNA mit Hilfe des Enzyms, reverse Transkriptase transkribiert wurde.

cell lineage: ▶ Zellstammbaum

centiMorgan [L centum – hundert]: Syn. ▶ Morgan.

Chiasma, Pl. Chiasmata [G X (Chi) – kreuzförmig]: Überkreuzung von ▶ Chromatiden als Folge von ▶ Crossover während der ▶ Meiose.

Chimäre [F chimère – Chimära, Ungeheuer der griech. Sage aus Löwe, Ziege und Schlange]: Organismus, der aus Zellen zweier (oder mehrerer) Individuen zusammengesetzt ist.

Chloroplast [G chloros – grün; G plastos – gebildet]: Zellorganell der Photosynthese. C. en sind durch Chlorophyll grün gefärbte ▶ Plastiden.

Chrom-, Chroma-, Chromo- [G chroma – Farbe, Flemming 1880]: In Zsg.

Chromatide [▶ Chroma-]: Einer der beiden ▶ Chromosomenstränge nach der Replikation des Chromosoms in der S-Phase des ▶ Zellzyklus. Vgl. ▶ Schwesterchromatiden.

Chromatin [▶ Chroma-]: Nukleoproteinkomplex, aus dem die ▶ Chromosomen aufgebaut sind.

Chromomer [▶ Chroma-; G meros – Teil]: Kondensierter Chromosomenabschnitt.

Chromosom [▶ Chroma-; G soma – Körper]: Fädige ▶ Chromatinstruktur im Zellkern, Träger des genetischen Materials (▶ DNA). Vor einer Zellteilung besteht ein C. aus 2 parallelen ▶ Chromatiden (▶ 2-Chromatid-Chromosom), die am ▶ Zentromer miteinander verbunden sind.

Cistron: Genetische Funktionseinheit ▶ Gen), die durch den *cistrans*-Test definiert ist.

Code, genetischer [F code – Gesetzbuch]: „Wörterbuch" zur Übersetzung von Nukleotidsequenzen der RNA (DNA) in Aminosäuresequenzen der Proteine. Vgl. ▶ Codon.

Codon [▶ Code]: Codewort, bestehend aus einer Sequenz von 3 Nukleotiden (Triplett) der ▶ mRNA. Durch Basenpaarung mit dem passenden ▶ Anticodon der ▶ tRNA wird eine bestimmte Aminosäure in ein Polypeptid eingebaut.

Cosmid [G kosmos – Einteilung, Ordnung]: Klonierungsvektor, der sowohl Elemente des ▶ Bakteriophagen l, als auch von ▶ Plasmiden enthält und zur Klonierung großer ▶ DNA-Segmente (–40 kb) geeignet ist.

cpDNA = Chloroplasten-DNA.

Crossover [E to cross – sich kreuzen; E over – über]: Reziproker ▶ Rekombinationsvorgang, der zum Austausch von Segmenten zwischen ▶ Nicht-Schwesterchromatiden führt.

De- [L de – von … herab]: In Zsg.

Defizienz [L deficere – verlassen]: Syn. ▶ Deletion.

Deletion [L deletio – Vernichtung]: Ausfall, Fehlen eines ▶ Chromosomenabschnitts.

Desoxyribonukleinsäure: ▶ DNA.

Determination [L determinare – abgrenzen, bestimmen]: Einschränkung der ▶ Entwicklungspotenz; Festlegung der Entwicklungsmöglichkeiten, des Entwicklungsschicksals.

Diakinese [G diakinesis – leichte Bewegung]: Letztes Stadium der Prophase der ▶ Meiose, während dem sich die ▶ Chromosomen durch Kondensation verkürzen.

Differenzierung [L differe – sich unterscheiden]: Entstehung verschiedener Zelltypen innerhalb der ontogenetischen Entwicklung.

di- [G dis – zweifach]: In Zsg. als Vorsilbe.

dihybrid [▶ di-; L hybrida – Mischling, Bastard]: Ist eine Kreuzung, bei der sich die Partner in zwei Merkmalen (▶ Allelpaare) unterscheiden. Vgl. ▶ monohybrid.

diözisch [▶ di-; G oikia – Haus]: Zweihäusig (bei Pflanzen), d. h. männliche und weibliche Blüten stehen auf verschiedenen Individuen. Vgl. ▶ monözisch.

Diploidie [▶ Diplo-]: Auftreten von 2 homologen (mütterlichen und väterlichen) Chromosomensätzen (2 n) in den Kernen ▶ somatischer (2) Zellen. Vgl. ▶ Haploidie.

Diplotän [▶ Diplo-; G tainion – Band]: Stadium der ▶ Prophase der ▶ Meiose, in der sich die 4 Chromatiden in je 2 zu trennen beginnen, jedoch an den ▶ Chiasmata noch verbunden sind.

distal [L distare – getrennt stehen]: Weiter entfernt vom Mittelpunkt einer Zelle, eines Organs oder des Körpers gelegen als andere Teile. Ggs. ▶ proximal.

DNA [kurz für E deoxyribonucleic acid]: Desoxyribonukleinsäure; Erbsubstanz. DNA enthält Desoxyribose als Zuckerbestandteil.

DNA-Fingerabdruck [E ▶ DNA fingerprint]: Der genetische Fingerabdruck eines Individuums ist definiert durch ▶ Polymorphismen gegenüber den DNAs anderer Individuen. Kommt der Polymorphismus durch eine unterschiedliche Anzahl repetitiver Einheiten an einer bestimmten Stelle im Genom zustande, so spricht man von **VNTR-Polymorphismus** [E variable number of tandem repeat polymorphism].

Dominanz [L dominus – Herr]: Manifestation eines ▶ Allels in ▶ Heterozygoten. Das dominante unterdrückt das rezessive Allel. Ggs. ▶ Rezessivität.

Dosiskompensation [G dosis – Gabe; L compensare – miteinander auswiegen, abwägen]: Mechanismus, mit dem die Gendosis X-chromosomaler Gene (z. B. 1X-Chromosom im männlichen, 2X-Chromosomen im weiblichen Geschlecht) kompensiert wird.

Duplikation [L duplicatio – Doppelung]: Verdoppelung eines Abschnitts eines ▶ Chromosoms.

Endomitose [▶ Endo-; ▶ Mitose]: ▶ Replikation der ▶ Chromosomen ohne Kernteilung. Führt zu ▶ Endopolyploidie oder ▶ Polytänie.

endoplasmatisches Retikulum, ER [▶ Endo-; G plasma – Gebildetes, Geformtes; L reticulum – kleines Netz]: Kommunizierendes Netzwerk von ▶ zytoplasmatischen Kanälen und Zisternen. Das **rauhe ER** ist mit Ribosomen besetzt, die Membran- und sekretorische Proteine synthetisieren. Das **glatte ER** ist nicht mit Ribosomen besetzt und am Membran- und Fettstoffwechsel beteiligt.

Endopolyploidie [▶ Endo-; G polyploos – vielfach]: vielfache Chromosomensätze, die durch ▶ Endomitosen in manchen somatischen Zellen eines Individuums entstehen.

Endosperm [▶ Endo-; Sperma-]: Nährgewebe der Pflanzensamen.

Enhancer [E to enhance – erhöhen, steigern]: Verstärkerelement in der ▶ DNA, das die Genexpression erhöht. Wirkt unabhängig von seiner Orientierungsrichtung und über Entfernungen von vielen tausend Basenpaaren (kb).

Entoderm [▶ Ento-; G derma – Haut]: Inneres – Keimblatt.

Entwicklungspotenz: Spektrum der Entwicklungsmöglichkeiten, über die eine Zelle verfügt.

Entwicklungsschicksal: Durch ▶ Determinationsvorgänge bestimmter Entwicklungsweg einer Zelle oder Zellgruppe.

Enzym [▶ En-; G zyme – Sauerteig]: Intra- und extrazellulär wirksamer Katalysator im Stoffwechsel. Syn. Ferment.

Epidermis [▶ Epi-; G derma – Haut]: Oberhaut; die Körperoberflächeder Metazoen begrenzende Zellschicht(en).

Epigenetik [G epi – auf, dazu, außerdem]: zusätzlich zur ▶ Genetik

Episom ▶ Plasmid.

Epistase [▶ Epi-; L stare – stehen]: Wechselwirkung zwischen zwei ▶ Genen, die zur Unterdrückung der ▶ phänotypischen Wirkung eines der beiden nichtallelischen Gene (▶ Allel) führt. Ggs. ▶ Hypostase.

Epitop [▶ Epi-; ▶ G tópos – Ort]: Der Bereich eines ▶ Antigenmoleküls, der durch ein spezifisches Immunglobulin (▶ Antikörper) erkannt wird.

Euchromatin [▶ Eu-; G chroma – Farbe]: Normales Färbeverhalten zeigendes ▶ Chromatin. Vgl. ▶ Heterochromatin.

Eukaryonten [▶ Eu-; G karyon – Nuss, Kern]: Ein- oder mehrzellige Organismen, die im Ggs. zu ▶ Prokaryonten einen echten Zellkern (mit Doppelmembran = Kernhülle) sowie einer Reihe charakteristischer Differenzierungen des ▶ Zytoplasmas besitzen (▶ Zytoskelett, ▶ Mitochondrien, ▶ Chloroplasten, intrazelluläre Membransysteme). E. sind Einzeller, Pilze, Pflanzen und Tiere [E: eukaryotes]. Ggs. ▶ Prokaryonten.

Glossar

Euploidie [▶ Eu-, G -plous – fach]: Vorliegen ganzer Chromosomensätze. Ggs. ▶ Aneuploidie.

Evolution [L evolvere – entwickeln]: Stammesgeschichtliche Entwicklung von der Entstehung der ersten Lebewesen bis zu den heutigen Arten (▶ Spezies).

Ex- [G, L ex – aus, heraus]: In Zsg.

Exo- [G exo – außen, außerhalb]: In Zsg.

Exon [▶ Ex-]: Für ▶ RNA und ▶ Protein kodierender Abschnitt eines gespaltenen ▶ Gens. Das E. bleibt beim ▶ Verspleißen erhalten. Vgl. ▶ Intron.

Expressivität [E expression – Ausdruck]: Manifestationsstärke des ▶ Genotyps einer ▶ Mutation in ihrem ▶ Phänotyp.

Exzisionsreparatur [L excidere – herausschneiden]: ▶ DNA-Reparatur, bei der das fehlerhafte Segment herausgeschnitten wird.

Fingerabdruck ▶ DNA-Fingerabdruck

fingerprint ▶ DNA-Fingerabdruck

FISH [E fluorescent in situ hybridization]: Eine Methode, bei der fluoreszierende Moleküle bei der in-situ-Hybridisierung eingesetzt werden.

Furchung: schnell aufeinander folgende Zellteilungen nach der Zygotenbildung, durch die der Embryo in immer kleinere Zellen, die ▶ Blastomeren, aufgeteilt wird.

gain-of-function-Allel [E gain – Gewinn, Zugewinn]: ▶ Hypermorphes ▶ Allel, Zugewinnmutation.

Gamet [G gametés – Gatte]: Keimzelle, in der Regel ▶ haploid. Weiblicher G.: ▶ Oozyte, männlicher G.: ▶ Spermium.

Gametophyt [▶ Gamet; G phyton – Pflanze]: Gametenbildende Generation bei Pflanzen.

Gap-Phasen [E gap – Lücke]: Die Phasen G1 bzw. G2 des Zellzyklus vor bzw. nach der S-Phase

Gen [G genea' – Abstammung]: Erbanlage, Erbfaktor. Funktionseinheit des ▶ Genoms, bestehend aus einem ▶ DNA-Abschnitt, der die Information (genauer: Basensequenz) für (1) die Synthese eines spezifischen RNA-Moleküls oder eines Proteins enthält sowie (2) die Anweisung dafür, wann, in welchen Zellen und unter welchen Umständen diese Synthese stattfinden soll. Erweiterte Definition (ENCODE, **ENC**yclopedia **O**f **D**NA **E**lements): Gruppierung ▶ genomischer Sequenzen, die einen zusammenhängenden Satz, eventuell auch überlappender, funktioneller Produkte (Proteine oder RNAs) kodiert. Vgl. ▶ Exon, ▶ Intron.

Gendrift [▶ Gen; E to drift – abtreiben]: Zufallsveränderung von Genfrequenzen nach Aufteilung einer großen panmiktischen Population (▶ Panmixie) in kleinere Teilpopulationen. Syn. Sewall-Wright-Effekt.

Genlocus [▶ Gen, L locus – Ort], **Genort**: Ort in der Genkarte, an dem ein bestimmtes Gen lokalisiert ist.

Generationswechsel [L generatio – Zeugung]: Regelmäßiger Wechsel sich verschieden (a-, uni- oder bisexuell) fortpflanzender Generationen. Der G. kann mit einem Kernphasenwechsel verbunden sein (heterophasischer G., z. B. bei Foraminiferen und den meisten mehrzelligen Pflanzen) oder sich in ein und derselben Kernphase abspielen (homophasischer G.).

generativ [L generare – erzeugen]: An der sexuellen Fortpflanzung beteiligt, z. B. „g.e Zelle" = gametenbildende Zelle (▶ Gamet). Ggs. ▶ somatisch (2), ▶ vegetativ.

Genetik (G geneá – Abstammung) Vererbungslehre

Genkonversion [▶ Gen; L conversio – Umkehrung]: Nichtreziproke Form der ▶ Rekombination innerhalb eines ▶ Gens.

Genom [▶ Gen]: Das Kerngenom enthält alle ▶ chromosomalen ▶ Gene der betreffenden Art je ein Mal. Der Begriff Genom wird auch für die Gesamtheit der chromosomalen Gene einer (somatischen oder generativen) Zelle verwendet. Man spricht außerdem vom ▶ haploiden oder ▶ diploiden Genom einer Zelle oder eines individuellen Organismus. In diesen Fällen wird der Begriff Genom bei Arten mit ▶ Heterosomen nicht eindeutig verwendet.

Genotyp [▶ Gen; G typos – Gepräge, Form]: Gesamtheit der Erbanlagen (der in ▶ DNA kodierten genetischen Information) eines Organismus.

Gentransfer [▶ Gen; L transferre – übertragen]: Übertragung von ▶ Genen. Vertikaler G.: von Generation zu Generation; horizontaler G.: von einer ▶ Spezies auf eine andere.

Gonaden [G gone – Zeugung]: Keimdrüsen. weibliche G.: Ovarien; männliche G.: Hoden.

Gonen [G gone – Erzeugung]: Die vier ▶ haploiden ▶ Meioseprodukte.

Gynander [G gyne, Gen. gynaikos – Frau; aner, Gen. andros – Mann]: Organismus, der mosaikartig aus männlichen und weiblichen Zellen zusammengesetzt ist.

Haploidie [G haploos – einfach]: Auftreten von nur einem ▶ Chromosomensatz (1 n) in den Zellkernen. Vgl. ▶ Diploidie.

hemizygot [▶ Hemi-, G zygon – Joch]: Nur 1 ▶ Allel – statt 2 Allele – tragend (A/–), z. B. viele X-chromosomale Gene im männlichen Geschlecht.

Hermaphrodit [G Hermes – männliche Gottheit; G Aphrodite – weibliche Gottheit]: Zwitter mit sowohl männlichen als auch weiblichen Organen.

Hermaphroditismus [G Hermaphroditos – griech. Sagenfigur: Sohn des Hermes und der Aphrodite]: Zwittertum. Auftreten von männlichen und weiblichen Geschlechtsorganen im selben Individu- um.

Heterochromatin [▶ Hetero-; G chroma – Farbe]: Chromatin, das mit basischem Farbstoff stark anfärbbar ist. Es ist stark kondensiert, so dass keine Transkription stattfindet. Vgl. ▶ Euchromatin.

Heteroduplex [▶ Hetero-; L duplex – doppelt]: Doppelsträngiges Nukleinsäuremolekül, das aus verschiedenen Einzelsträngen zusammengesetzt ist.

heterogametisch [▶ Hetero-; ▶ Gamet]: Verschiedene Typen von Keimzellen produzierend (z. B. solche mit einem X- und solche mit einem Y-Chromosom). Ggs. ▶ homogametisch.

Heterosiseffekt [▶ Hetero-]: Gegenüber ▶ homozygoten Individuen gesteigerte Leistungsfähigkeit ▶ heterozygoter Individuen (in der Tier- und Pflanzenzüchtung, z. B. auf Wuchs, Ertragsleistung und Parasitenresistenz bezogen). Syn. Luxurieren der Bastarde.

Heterosom [▶ Hetero-; G soma – Körper]: Geschlechtschromosom. Ggs. ▶ Autosom.

heterozygot [▶ Hetero-; G zygon – Joch]: Gemischtrassig; verschiedene ▶ Allele auf dem väterlichen und mütterlichen Chromosom tragend (A/a). Ggs. ▶ homozygot.

Homeosis [▶ Homo-]: Vollständige oder teilweise Umwandlung von Strukturen eines Körpersegmentes in die entsprechenden Strukturen eines anderen Segmentes (früher Homoiosis oder Homöosis genannt). H. kann infolge von ▶ Mutationen auftreten.

Homo- [G homoios – gleichartig, ähnlich]: In Zsg.

Homeobox [▶ Homo-]: Ein für ▶ homeotische Gene charakteristisches ▶ DNA-Segment, das für eine DNA-bindende Proteindomäne, die **Homeodomäne**, kodiert.

homeotische Gene [▶ Homeosis]: Gene, die im ▶ mutierten Zustand zu ▶ Homeosis führen.

homogametisch [▶ Homo-; ▶ Gamet]: Nur einen Typ von Keimzellen produzierend (z. B. nur solche mit einem X-Chromosom). Ggs. ▶ heterogametisch.

homologe Gene [▶ Homologe]: ▶ Gene mit signifikanten Ähnlichkeiten in ihrer ▶ Nukleotidsequenz, die sich in der ▶ Evolution aus einem Urgen entwickelt haben (könnten). Vgl. ▶ Homologie.

Homologe [▶ Homo-; aus G logos – Sprechen – entsprechend]: Strukturell identische (homologe) ▶ Chromosomen. Im ▶ diploiden Chromosomensatz sind es zwei Chromosomen (eines vom Vater, eines von der Mutter), die die gleichen ▶ Gene in gleicher Reihenfolge enthalten.

homologe Rekombination: Genetische ▶ Rekombination, bei der der Austausch von DNA-Segmenten auf DNA-Sequenzidentität (Homologie) beruht.

Homologie [▶ Homologe]: In der ▶ Evolutionsbiologie bezeichnet der Relationsbegriff H. die gleiche evolutive Herkunft von Merkmalen – unabhängig von der Funktion, die diesen Merkmalen bei den – rezenten Merkmalsträgern (Arten) zukommt. Die H. eines Merkmals bei verschiedenen Arten oder Artengruppen beruht also auf der Übernahme des Merkmals von einer gemeinsamen Stammart. Als Folge eines historischen Prozesses lässt sich H. stets nur als Hypothese formulieren.

Hox-Gene: ▶ **H**omeobox-Genfamilien, die bei vielen Arten gefunden wurden. Sie bilden auf einem oder mehreren Chromosomen Gencluster.

homozygot [▶ Homo-; G zygon – Joch]: Reinrassig; identische ▶ Allele auf dem väterlichen und mütterlichen Chromosom tragend (A/A oder a/a). Ggs. ▶ heterozygot.

Hybrid- [L hybrida – Mischling, Bastard]: In Zsg.

Hybridplasmid [▶ Hybrid-]: Aus ▶ DNA verschiedener ▶ Spezies zusammengesetztes ▶ Plasmid.

hypermorph [▶ Hyper-, ▶ Morph-]: Ist ein ▶ Allel, das durch ▶ Mutation in seiner Funktion aktiver ist als das Wildtyp-Allel. Man bezeichnet ein solches ▶ dominantes Allel auch als gain-of-function-Allel.

hypomorph [▶ Hypo-, ▶ Morph-]: Ist ein ▶ Allel, das durch ▶ Mutation in seiner Funktion eingeschränkt ist, also nur noch Teile der ▶ Wildtyp-Funktion zeigt.

Hypostase [▶ Hypo-; L stare – stehen]: Wechselwirkung zwischen ▶ Genen, die zur Unterdrückung der ▶ phänotypischen Wirkung des betreffenden Gens führt. Ggs. ▶ Epistase.

Imaginalscheiben [▶ Imago]: Scheibenförmige Anlagen in der ▶ Larve ▶ holometaboler Insekten, aus denen im Verlaufe der ▶ Metamorphose die adulten Organe entstehen.

Imago [L imago – Bild, Erscheinung]: Geschlechtsreife Adultform bei Insekten.

Immunreaktion [L immunis – unbelastet, abgabenfrei]: Abwehrreaktion des Körpers gegen eingedrungene pathogene Mikroorganismen (▶ Antigene) und entartete körpereigene Zellen.

Imprinting [E imprint – Abdruck]: Phänomen, bei dem ▶ Gene im Embryo aktiv oder inaktiv sind, je nachdem, ob sie vom Vater oder der Mutter in die ▶ Zygote gelangt sind (Prägung).

Insertionssequenzen [L inserere – einfügen]: Mobile ▶ DNA-Sequenzen, die ins ▶ Genom eingesetzt werden können (▶ Transposon).

Interferenz [▶ Inter-; L ferre – tragen]: Negative (hemmende) Wechselwirkung. In der Genetik: Hemmung der ▶ Rekombination.

Intermediärfilamente [L intermedius – dazwischen befindlich; L filum – Faden]: Faserige Elemente des ▶ Zytoskeletts. Durchmesser: 7–11 nm (größer als bei ▶ Aktinfilamenten, aber kleiner als bei ▶ Mikrotubuli; s. Name).

Interphase [▶ Inter-; G phasis – Erscheinung]: Zeitabschnitt im ▶ Zellzyklus, während dem die ▶ Chromosomen aufgelockert und daher im Lichtmikroskop nicht sichtbar sind. Vgl. Teilungsphase ▶ Mitose.

Intersex [▶ Inter-; L sexus – Geschlecht]: Sexuelle Zwischenform, die weder männlich noch weiblich ist.

Intron [L intro – hinein]: Abschnitt eines gespaltenen ▶ Gens, der beider Reifung der ▶ RNA (▶ Verspleißen) herausgeschnitten und demzufolge nicht in Protein übersetzt wird. Vgl. ▶ Exon.

Inversion [L invertere – umkehren]: Umkehrung der Genreihenfolge in einem ▶ Chromosomenabschnitt. Perizentrische I.: das ▶ Zentromer liegt innerhalb der I.; parazentrische I.: das Zentromer liegt außerhalb der I.

Karyogamie [▶ Karyo-; G gamein – heiraten]: Kernverschmelzung.

Karyoplasma [▶ Karyo-; G plasma – Gebildetes, Geformtes]: Grundsubstanz des Zellkerns, (Kernplasma).

Karyotyp [▶ Karyo-]: Vollständiger Satz von Metaphasechromosomen (▶ Metaphase).

Keimbahn: Weitergabe der Gene von Generation zu Generation. Zellfolge der Keimzellen (▶ Gameten). Im Ggs. zu den somatischen Zellen (▶ Soma, 1) sind diese ▶ generativen Zellen potenziell unsterblich.

Kern: Zellkern (Nukleus).

Kernkörperchen: ▶ Nukleolus.

Kinetochor [G kinein – bewegen; G chorismos – Trennung]: Mehrschichtiger Proteinkomplex am ▶ Zentromer eines Chromosoms, der sich in der späten Prophase von Kernteilungen bildet.

Klon [G klon – Schössling, Zweig]: Genetisch einheitliche (mit gleichem ▶ Genotyp ausgestattete) Nachkommen einer Zelle (▶ Zellzyklus) oder durch asexuelle (ungeschlechtliche) Vermehrung entstandene Nachkommen eines Organismus.

klonen [▶ Klon]: Künstliche Herstellung eines Individuums mit dem identischen ▶ Genotyp eines anderen Individuums, z. B. durch Übertragung eines somatischen Zellkerns in eine entkernte Eizelle und deren Weiterentwicklung.

klonieren [▶ Klon]: Übertragung eines ▶ DNA-Fragments in einen ▶ Vektor, z. B. ein ▶ Plasmid, und dessen Vermehrung in einer Bakterienzelle ergibt einen ▶ DNA-Klon.

kodierende Region [▶ Codon]: Genbereich, dessen DNA für ein Polypeptid oder eine funktionelle RNA kodiert (▶ Codon, ▶ mRNA, ▶ rRNA).

kodominant [▶ Ko-; L dominus – Herr]: Sind zwei Allele A1 und A2, wenn der ▶ heterozygote ▶ Genotyp A1/A2 einen ▶ Phänotyp zeigt, der beiden homozygoten Genotypen A1/– und A2/– entspricht.

Kompartiment [F compartiment – Abteilung]: 1. Membranumschlossener Reaktionsraum ▶ eukaryoter Zellen (z. B. ▶ endoplasmatisches Retikulum). 2. Begrenztes Areal in einem vielzelligen Organismus, das von mehreren

Gründerzellen gebildet wird, deren ▶ Klone das Areal ausfüllen, ohne Grenzen zu überschreiten.

Komplementation [L complementum – Ergänzung]: Entwicklung des normalen ▶ Wildtyp-Phänotyps, wenn im diploiden Genotyp zwei mutante Gene oder Genprodukte vorhanden sind.

Konditionalmutation [L conditio – Bedingung]: Mutation, bei der die Ausprägung des ▶ Phänotyps von äußeren Bedingungen abhängig ist, z. B. temperatursensitive (ts) ▶ Allele mit einem ▶ permissiven Temperaturbereich, in dem der Phänotyp dem ▶ Wildtyp entspricht und einer ▶ restriktiven Temperaturgrenze, ab der der mutante Phänotyp sichtbar wird.

konstitutiv [L constituere – aufstellen, einsetzen]: Ist ein ▶ Allel, das durch ▶ Mutation ständig unkontrolliert aktiv ist.

Kontrollregion: Bereich eines Gens, der für die Transkription der ▶ kodierenden Region verantwortlich ist.

Kopplung, genetische: Assoziation von Genen auf dem gleichen Chromosom, die zur gemeinsamen Vererbung der entsprechenden Merkmale führt.

Kutikula [L cuticula – Häutchen]: Von Zellen sezernierte azelluläre Deckschicht.

Larve [L larva – Maske, Gespenst]: Noch nicht geschlechtsreife Form (Jugendform) von Organismen mit ▶ Metamorphose.

Leptotän [G leptós – dünn; G tainia – Band, Binde]: Erstes Stadium der ▶ Prophase der ▶ Meiose, in dem die Kondensation der ▶ Chromosomen beginnt.

LINE [E long interspersed elements]: Lange repetitive DNA-Segmente, die verstreut im Genom liegen.

loss-of-function-Allel [E loss – Verlust]: ▶ amorphes ▶ Allel, Verlustmutation.

Maternaleffekt [L maternus – mütterlich]: Einfluss des mütterlichen ▶ Genoms auf den ▶ Phänotyp der Nachkommen.

maternale Gene ▶ Gene, die während der ▶ Oogenese ▶ transkribiert werden und deren Produkte (▶ mRNAs oder ▶ Proteine) in der Eizelle (z. T. lokalisiert) deponiert werden. Vgl. ▶ zygotische Gene.

Meiose [G meiosis – Verringern]: Kernteilung, bei der in zwei aufeinanderfolgenden Teilungen (Meiose I und Meiose II) die ▶ diploide Chromosomenzahl so auf die Hälfte reduziert wird, dass jeder der vier Kerne je 1 Chromosom von jedem Paar homologer Chromosomen enthält und damit ▶ haploid ist. Vgl. ▶ Bivalent, ▶ Tetrade.

Messenger [E messenger – Bote]: Bote; messenger – RNA = Boten-RNA (mRNA).

Metamorphose [▶ Meta-; G morphe – Gestalt]: Markanter Gestalt- und Funktionswechsel in der ontogenetischen Individualentwicklung, z. B. Übergang von der ▶ Larve über die ▶ Puppe zur ▶ Imago bei Insekten.

Metaphase [▶ Meta-; G phasis – Erscheinung (Abschnitt eines Ablaufs)]: Stadium der Kernteilung (▶ Mitose und ▶ Meiose), in dem die ▶ Chromosomen kondensiert sind und, an den ▶ Spindelfasern angeheftet, in der Äquatorialebene liegen.

metazentrisch [▶ Meta-; L centrum – Zentrum, Mitte]: Chromosom, dessen ▶ Zentromer in der Mitte liegt. Vgl. ▶ submetazentrisch, ▶ akrozentrisch.

Mikrosporen [▶ Mikro-; ▶ Spore]: ▶ Gonen, aus denen sich die männlichen ▶ Gametophyten entwickeln. Vgl. ▶ Pollen, ▶ Makrosporen.

Mikrotubuli [▶ Mikro-; L tubulus – kleine Röhre]: Röhrenförmige Elemente des ▶ Zytoskeletts bei ▶ Eukaryonten. Durchmesser: 24 nm.

Mitochondrium [G mitos – Faden; G chondros – Korn, Knorpel]: Faden- oder stäbchenförmiges Zellorganell, in dem über die ▶ Enzymketten von Citratzyklus und oxidativer Phosphorylierung die Hauptmenge des ATP gebildet wird („Energiefabrikant" der Zelle); verfügt über eigene **DNA** und eigenen Proteinsyntheseapparat.

Mitose [G mitos – Faden]: Kernteilung, bei der die beiden ▶ Schwesterchromatiden eines ▶ Chromosoms auf die beiden Tochterkerne verteilt werden.

monohybrid [▶ Mono-; L hybrida – Mischling, Bastard]: Ist eine Kreuzung, bei der sich die Partner in der Ausprägung eines Merkmals (▶ Allelpaar) unterscheiden. Vgl. ▶ dihybrid.

monoklonaler Antikörper (MAB): Antikörpermolekül, das von einem einzelnen ▶ Klon von ▶ Antikörper produzierenden Zellen synthetisiert wird.

Monosomie [▶ Mono-; G soma – Körper]: ▶ Karyotyp, bei dem ein ▶ Chromosom nur in einer Kopie vorhanden ist und das homologe Chromosom fehlt.

Morgan: Einheit der Genkarte; 1 Morgan = 1 % ▶ Rekombination. Syn. centiMorgan.

morphogene Substanz [▶ Morphogenese]: Formbildende Substanz (= **Morphogen**), die z. B. in Form eines Gradienten im Embryo verteilt ist und auf die Zellen konzentrationsabhängig reagieren.

Morphogenese [▶ Morph-; G genesis – Entstehung]: Formbildung.

mRNA ▶ Messenger.

mtDNA = mitochondriale DNA.

Mutation [L mutatio – Änderung]: Veränderung der genetischen Information.

Myofibrille [▶ Myo-; L fibrilla – Fäserchen]: Aus ▶ Aktin- und ▶ Myosinfilamenten bestehendes kontraktiles Element einer Muskelfaser.

Myosinfilament [▶ Myo-; L filum – Faden]: Filament in ▶ Myofibrillen der Muskelfasern und in zahlreichen Typen motiler Zellen (Motilität). Durchmesser: 12 nm.

Nondisjunction [E disjunction – Trennung]: Das Nichttrennen der homologen Chromosomen (ohne ▶ Crossover-Rekombination) bzw. der homologen Kinetochore mit je zwei ▶ Chromatiden einer ▶ Tetrade in der ▶ Meiose I bzw. der beiden Chromatiden eines Chromosoms in Meiose II oder in der ▶ Mitose.

Northern-blot: Technik zum Nachweis einer bestimmten ▶ RNA-Sequenz in einem Gemisch von RNA-Molekülen. Vgl. ▶ Southern-blot.

Nukleinsäure [▶ Nukleus]: Lineares polymeres Molekül, das aus ▶ Nukleotiden besteht, die über 3'-5'-Phosphodiesterbindungen miteinander verknüpft sind. ▶ DNA, ▶ RNA.

Nukleolus [▶ Nukleus]: Kernkörperchen, Bildungsort der ▶ Ribosomen.

Nukleolusorganisator (NO): ▶ Chromosomenregion, in der die ▶ Gene lokalisiert sind, die für ribosomale ▶ RNA kodieren. An dieser Stelle wird der ▶ Nukleolus gebildet.

Nukleoplasma [▶ Nukleus; ▶ Plasma-]: Grundsubstanz des Zellkerns.

Nukleosom [▶ Nukleus; G soma – Körper]: Untereinheit des ▶ Chromatins, die aus je 2 Molekülen der Histone H2A, H2B, H3 und H4 besteht, um welche ca. 200 bp DNA gewunden sind.

Nukleoside [▶ Nukleus], Pl.: Bausteine der ▶ Nukleinsäuren, die aus je einer Purin- oder Pyrimidinbase und einem Ribose- oder Desoxyribosezucker bestehen.

Nukleotide [▶ Nukleus], Pl.: Bausteine der ▶ Nucleinsäuren, die aus einem ▶ Nucleosid und einer daran gebundenen Phosphatgruppe bestehen.

Nukleus [L nucleus – Nuss, Kern]: Zellkern.

Nullallel: ▶ Amorphes Allel.

ochre-Codon [E ochre – Ocker; ▶ Codon]: Nonsense- oder Terminationscodon UAA. Vgl. ▶ *amber*, ▶ *opal*.

offener Leseraster [▶ ORF]: DNA-Sequenz, die mit einem Startcodon beginnt und mit einem Stopcodon endet, d. h. für ein Polypeptid kodieren kann.

Ommatidium [G omma – Auge]: Einheit („Einzelauge") des Komplexauges von Krebsen und Insekten.

Ontogenese [G on, Gen. ontos – Seiendes; G genesis – Entstehung]: Individualentwicklung eines Organismus.

Oogenese [G oon – Ei; G genesis – Entstehung]: Entwicklung der weiblichen Gameten von der Stammzelle bis zur reifen Eizelle.

Oogonium [G oon – Ei; G gone – Nachkommenschaft]: ▶ Diploide Stammzelle der weiblichen ▶ Keimbahn; ▶ Oogenese.

Oozyte [G oon – Ei; G kytos – Hohlraum]: Eizelle vor Abschluss der ▶ Meiose.

opal-Codon [G opa'llios – Stein; ▶ Codon]: Nonsense- oder Terminationscodon UGA. Vgl. ▶ *amber*, ▶ *ochre*.

open reading frame: ▶ offener Leseraster.

Operator [L operare – bewerkstelligen, verrichten]: Genregulatorisches Element; DNA-Bindungsort für ▶ Transkriptionsfaktoren, welche die Genaktivität regulieren.

Operon [▶ Operator]: Genetische Funktionseinheit bei Bakterien, die aus einer Gruppe von Genen besteht, die über einen gemeinsamen ▶ Promotor reguliert werden und eine gemeinsame mRNA (▶ Messenger) produzieren, die für mehrere Proteine kodiert.

ORF [E open reading frame]: ▶ offener Leseraster.

Organell, Organelle [G organon – Werkzeug, Organ]: Membranbegrenztes Zellkompartiment (▶ Kompartiment, 1.).

orthologe Gene [G orthos – gerade, aufrecht; G logos – Wort, Sprechen]: Gene in unterschiedlichen Spezies, die von einem gemeinsamen Vorläufer abstammen und funktional verwandt sind. Vgl. ▶ paraloge Gene.

Pachytän [G pachys – dicht, dick; G tainia – Band, Binde]: Stadium der ▶ Meiose, in dem die homologen Chromosomen dicht gepaart sind und ▶ Crossover-Vorgänge ablaufen.

Panmixie [▶ Pan-; G mixis – Mischung]: Zufällige Paarung verschiedengeschlechtlicher Individuen innerhalb einer ▶ Population.

paraloge Gene [▶ Par-; aus G logos – Wort, Sprechen]: Gene innerhalb einer Spezies, die durch ▶ Duplikationen eines Urgens während der ▶ Evolution entstanden sind (Genfamilie). Die ▶ Hox-Gene der Wirbeltiere bestehen aus paralogen Untergruppen mit paralogen Genen, die zu Genen von Drosophila ▶ homolog sind. Vgl. ▶ orthologe Gene.

Paralyse [G para'lysis: – Lähmung]: vollständige Lähmung von Muskeln und Muskelgruppen.

Parasegment [▶ Para-; L segmentum – Abschnitt]: Entwicklungsgenetische Einheit bei Drosophila, die durch die Segmentierungsgene definiert wird und aus dem posterioren ▶ Kompartiment eines späteren Segments und dem anterioren Kompartiment des nächstfolgenden Segments besteht.

parazentrisch [▶ Para-; ▶ Centri-]: ▶ Inversion.

Paternaleffekt [L pater – Vater; L efficere – bewirken, hervorbringen]: Direkter Einfluss des väterlichen Genoms auf den ▶ Phänotyp der Nachkommen.

PCR [E polymerase chain reaction]: Die Polymerasekettenreaktion ermöglicht es, einen bestimmten ▶ DNA-Abschnitt in großen Mengen zu synthetisieren, d. h. zu ▶ amplifizieren. Grundlage der Reaktion ist ein Enzym (**Taq-Polymerase**), das aus dem Bakterium **T**hermus **aq**uaticus isoliert wird.

Penetranz [L penetrare – eindringen, durchdringen]: Manifestationshäufigkeit eines bestimmten ▶ Genotyps.

perizentrisch [▶ Peri-; ▶ Centri-]: ▶ Inversion.

permissiv [L permittere – erlauben, gestatten]: Bedingungen, unter denen Wachstum und Entwicklung einer Mutante möglich sind, d. h. der Phänotyp wildtypisch ist. Ggs. ▶ restriktiv. Vgl. ▶ Konditionalmutation.

Phagen [G phagein – fressen]: Bakteriophagen. ▶ Viren, die Bakterien befallen.

Phän [G phainesthai – erscheinen]: Merkmal; Ausprägungsform genetischer Information.

Phänotyp [▶ Phän; G typos – Gepräge]: Erscheinungsbild eines Organismus.

Phylogenese [G phylos – Stamm; G genesis – Entstehung]: Stammesgeschichtliche Entwicklung von Organismen.

Plasmid [▶ Plasma-]: Autonom replizierendes extrachromosomales ▶ DNA-Molekül (= Episom).

Plastiden [G plastos – gebildet, geformt]: Pflanzliche Zellorganellen, die von Zelle zu Zelle weitervererbt werden. Vgl. ▶ Chloroplast.

Plastom [G plastos – gebildet, geformt]: Gesamtheit der in den ▶ Plastiden lokalisierten ▶ Gene.

Pleiotropie [G pleion – mehr, häufiger, größer; G tropos – gerichtet]: Vielfache Wirkung eines bestimmten ▶ Gens.

Polkörper: Kleine Schwesterzellen der Eizelle, die während der ▶ meiotischen Teilungen aus der Eizelle am animalen Pol ausgestoßen werden. Syn. Richtungskörper.

Polygenie [▶ Poly-; G gignesthai – entstehen]: Wirkung mehrerer ▶ Gene auf ein bestimmtes Merkmal.

Polymorphismus [▶ Poly-; ▶ Morph-]: Gleichzeitiges Auftreten von zwei oder mehr genetisch unterschiedlicher ▶ Phänotypen in einer Population, bedingt durch verschiedene Homologe eines Chromosoms, Allele eines Gens, DNA-Sequenzen.

Polyploidie [G polyploos – vielfach]: Auftreten vielfacher ▶ Chromosomensätze. Vgl. ▶ Allopolyploidie, ▶ Autopolyploidie, ▶ Endopolyploidie.

Polysaccharid [▶ Poly-; G saccharon – Bambuszucker]: Kohlenhydrat; durch Zusammenlagerung zahlreicher Zuckerbausteine (Monosaccharide) entstandenes Makromolekül.

Polytänie [▶ Poly-; G tainia – Band, Binde]: Vielsträngige, aus vielen ▶ Chromatiden bestehende ▶ Chromosomen = Polytänchromosomen (auch „Riesenchromosomen").

Population [L populatio – Bevölkerung]: Gesamtheit der Individuen einer Art, die einen geographisch begrenzten

Raum besiedeln (und daher im Idealfall untereinander unbegrenzt fortpflanzungsfähig sind).

Postreduktion [L post – hinter, nach; L reductio – Zurückführung]: Trennung der homologen, d. h. väterlichen und mütterlichen ▶ Allele in der ▶ Anaphase II der ▶ Meiose. Dies ist immer der Fall für den Bereich zwischen dem ersten und zweiten ▶ Crossover bzw. dem ▶ Chromosomenende. Ggs. ▶ Präreduktion.

Präreduktion [L prae – vor; L reductio – Zurückführung]: Trennung der homologen, d. h. väterlichen und mütterlichen ▶ Allele in der ▶ Anaphase I der ▶ Meiose. Dies ist immer der Fall für den Bereich vom ▶ Centromer bis zum ersten ▶ Crossover. Ggs. ▶ Postreduktion.

Prokaryonten [▶ Pro-; G karyon – Nuss, Kern]: Einzellige Organismen, die keinen echten (membranumhüllten) Zellkern und ein nur wenig strukturiertes (wenig kompartimentiertes) ▶ Zytoplasma besitzen. P. sind Bakterien. Ggs. ▶ Eukaryonten. [E: prokaryotes].

Promotor [▶ Pro-; L movere – bewegen]: ▶ DNA-Abschnitt, an den die RNA-Polymerase bindet und mit der ▶ Transkription der DNA in ▶ RNA beginnt. Bei der Transkription bewegt sich die RNA-Polymerase entlang der DNA.

Prophase [▶ Pro-; G phasis – Erscheinung (Abschnitt eines Ablaufs)]: Stadium der Kernteilung, in dem die ▶ Chromosomen zu kondensieren beginnen und sichtbar werden.

Protein [▶ Proto-]: Eiweiß. Aus Aminosäuren aufgebautes (über Peptidbindungen verknüpftes) Makromolekül.

Protoplasma [▶ Proto-; ▶ Plasma-]: Grundsubstanz der Zelle, bestehend aus ▶ Karyoplasma und ▶ Zytoplasma.

proximal [L proximus – der nächste]: Näher zum Mittelpunkt einer Zelle, eines Organs oder des Körpers gelegen als andere Teile. Ggs. ▶ distal.

Pseudogen [▶ Pseudo-; G gignesthai – entstehen]: Genähnlicher ▶ DNA-Abschnitt, der nicht funktionstüchtig ist.

Puff [E puff-Aufblähung]: Anschwellung eines ▶ Abschnitts im ▶ Polytänchromosom.

Reduktionsteilung [L reductio = Verminderung]: synonym zu ▶ Meiose

Rekombination [▶ Re-; L combinare – vereinigen]: Erzeugung neuer Kombinationen des genetischen Materials durch Austausch von homologen Chromosomen (interchromosomale R.), von Chromosomenabschnitten (intrachromosomale R., ▶ Crossover), allgemein von ▶ Nukleinsäuremolekülen.

Replikation [▶ Replikon]: Kopieren eines komplementären ▶ Nukleinsäuremoleküls.

Replikon [L replicare – aufrollen]: Replikationseinheit der Erbsubstanz, die einen Startpunkt der ▶ Replikation enthält und zur autonomen Replikation befähigt ist.

Reportergen: Ein ▶ Gen, dessen ▶ Phänotyp leicht nachzuweisen ist. Es wird benutzt, um z. B. die gewebespezifische ▶ Expression in ▶ transgenen Individuen zu studieren.

Repressor [E to repress – unterdrücken]: Molekül, das die Aktivität eines ▶ Gens unterdrückt.

restriktiv [L restringere – beschränken]: Bedingungen, unter denen Wachstum und Entwicklung einer Mutante nicht möglich sind, d. h. der Phänotyp mutant ist. Ggs. ▶ permissiv. Vgl. ▶ Konditionalmutation.

Rezessivität [L recessus – Rückzug]: Manifestation eines ▶ Allels nur in ▶ Homozygoten, nicht in ▶ Heterozygoten. Ggs. ▶ Dominanz.

Ribosom [L ribose = arabinose, arabis – arabische Pflanze; ▶ Soma]: ▶ Organelle der Proteinsynthese (▶ Translation).

rRNA = ▶ ribosomale ▶ RNA.

Richtungskörper: Syn. ▶ Polkörper.

Riesenchromosomen: ▶ Polytänie.

RNA: Ribonukleinsäure. RNA enthält Ribose als Zuckerbestandteil.

Schwesterchromatiden [▶ Chromatide]: Durch identische Verdopplung (▶ Replikation) eines ▶ Chromosoms entstandene ▶ Chromatiden. Ggs. Nicht-Schwesterchromatiden.

Segmentierung [L segmentum – Abschnitt]: Gliederung in Körperabschnitte.

Segregation [L segregatio – Trennung]: Aufspaltung von ▶ Genen im Verlauf der Generationen.

Sexualität [L sexus – Geschlecht]: Geschlechtlichkeit. Unterscheidung von männlichen und weiblichen Individuen, die die Grundlage der geschlechtlichen (sexuellen, generativen) Fortpflanzung bilden. S. dient als Mechanismus der

▶ Rekombination von ▶ Genen und damit der Erhöhung genetischer Vielfalt.

SINE [E short interspersed elements]: Kurze repetitive DNA-Segmente, die verstreut im Genom liegen.

Solenoid [G solen – Röhre]: Schraubenförmige Anordnung der ▶ Nukleosomen im Chromosom.

Soma [G soma – Körper]: Gesamtheit der ▶ vegetativen Zellen eines Organismus. Ggs. ▶ Keimbahn.

somatisch [▶ Soma]: 1. Allgemein: den Körper betreffend. 2. Reproduktionsbiologisch: an der sexuellen Fortpflanzung nicht unmittelbar beteiligt. Ggs. ▶ generativ.

Southern-blot: Nach Edward Southern benannte Technik zum Nachweis einer bestimmten ▶ DNA-Sequenz in einem Gemisch von DNA-Fragmenten. Vgl. ▶ Northern-blot.

Spermatide [▶ Sperma-]: Postmeiotische (▶ haploide) männliche Keimzelle, die sich ohne weitere Zellteilung zum ▶ Spermium entwickelt; ▶ Spermatogenese.

Spermatogenese [▶ Sperma-; G genesis – Entstehung]: Entwicklung der männlichen Gameten von der Stammzelle bis zum reifen ▶ Spermium.

Spermatogonium [▶ Sperma-; G gone – Nachkommenschaft]: ▶ Diploide Stammzelle der männlichen ▶ Keimbahn; ▶ Spermatogenese.

Spermatozyte [▶ Sperma-; G kytos – Hohlraum]: Männliche Keimzelle vor Abschluss der ▶ Meiose.

Spindel: Spindelförmige Anordnung von ▶ Mikrotubuli, die bei der Kernteilung die ▶ Chromosomen zu den beiden Spindelpolen (▶ Zentriolen) transportieren.

Spleißen: Syn. ▶ Verspleißen.

Spliceosom [E to splice – zusammenspleißen; ▶ Soma]: ▶ Organell, das dem ▶ Verspleißen von ▶ RNA-Molekülen dient.

Spore [G spora – Saat, Frucht]: Durch ▶ Mitose oder ▶ Meiose entstandene Fortpflanzungszelle.

submetazentrisch [▶ Meta-; L centrum – Zentrum, Mitte]: Chromosom, dessen ▶ Zentromer zwischen Chromosomenende und -mitte liegt. Vgl. ▶ metazentrisch, ▶ akrozentrisch.

superfiziell [L superficialis – oberflächlich]: Typ der Frühentwicklung bei Insekten, bei dem nach der Befruchtung zunächst eine Vielzahl von Kernteilungen stattfindet (▶ Synzytium) bevor Zellmembranen gebildet werden.

Suppression [L suppressio – Unterdrückung]: Unterdrückung einer Genwirkung.

Synapsis [G synapsis – Verbindung]: Paarung der ▶ homologen ▶ Chromosomen, die im ▶ Pachytän der Meiose abgeschlossen ist.

Synaptonemaler Komplex [▶ Synapsis; G nema, Gen. nematos – Faden]: Struktur, die zwischen den gepaarten ▶ Chromosomen im ▶ Zygotän-Stadium der meiotischen Prophase (▶ Meiose) ausgebildet wird und am ▶ Crossover-Vorgang beteiligt ist.

Synergiden [G synergia – Mitarbeit; G –eides – förmig]: Zellen des (pflanzlichen) Embryosacks, die neben der Eizelle liegen. Vgl. ▶ Antipoden.

Synzytium [▶ Syn-; G kytos – Hohlraum]: Mehrkernige Zelle, die durch Verschmelzung von Einzelzellen oder Ausbleiben von Zellteilungen entsteht.

Telomer [G telos – Ende, Ziel; G meros – Teil]: Spezielle Struktur am ▶ Chromosomenende.

Telophase [G telos – Ende, Ziel; G phasis – Erscheinung (Abschnitt eines Ablaufs)]: Endphase der ▶ Mitose und der beiden ▶ Meiose-Teilungen.

telozentrisch: ▶ akrozentrisch.

Tetrade [G tetra – vier]: aus 4 ▶ Chromatiden bestehendes ▶ Bivalent in der 1. ▶ meiotischen Teilung.

Totipotenz [L totus – ganz; L potentia – Kraft, Vermögen]: Fähigkeit einer Zelle, sich zu allen Zelltypen des ganzen Organismus entwickeln zu können.

Transdetermination [▶ Trans-; L determinatio – Abgrenzung]: Änderung des ▶ Determinationszustandes, der zu einer Änderung des Entwicklungsschicksals führt.

Transduktion [▶ Trans-; L traductio – Überführung]: Übertragung von genetischem Material durch ▶ Viren.

Transfektion [▶ Trans-; L facere, factus – machen, tun]: Experimentelle Technik, mit der fremde ▶ DNA-Moleküle, z. B. in Säugerzellen eingebracht und dauerhaft im ▶ Genom integriert werden können.

Transformation [L transformatio – Umwandlung]: 1. Erbliche Veränderung von Zellen mittels ▶ DNA. 2. Veränderung normaler Zellen zu ungehemmt wachsenden Krebszellen.

Glossar

Transgene Organismen [▶ Trans-; ▶ Gen]: **G**entechnisch **v**eränderte **O**rganismen (GvO), die durch experimentelle Manipulation in ihrem ▶ Genom zusätzlich eigene oder (meist) artfremde ▶ Gene integriert haben.

Transition [L transitio – Übergang]: ▶ Mutation, bei der eine Purin- durch eine andere Purinbase oder eine Pyrimidin- durch eine andere Pyrimidinbase ersetzt wird.

Transkription [L transcriptio – Umschrift]: ▶ RNA-Synthese an einer ▶ DNA-Matrize durch RNA-Polymerasen („Überschreibung").

Transkriptionsfaktor: Regulatorisches ▶ Protein, das durch DNA-bindende Domäne(n) Wirkung auf die ▶ Kontrollregion eines ▶ Gens ausübt und dadurch die ▶ Transkription (mit)steuert.

Translation [L translatio – Übersetzung]: Proteinsynthese an einer ▶ RNA-Matrize mittels ▶ Ribosomen („Übersetzung").

Translokation [▶ Trans-; L locus – Ort]: ▶ Mutation, bei der ein ▶ Chromosomenabschnitt von einem Chromosom auf ein anderes (nicht-homologes) übertragen wird.

Transposition [L transponere – versetzen]: Einbau eines ▶ DNA-Seg-ments an einen anderen Ort im ▶ Genom.

Transposon [▶ Transposition]: Mobiles genetisches Element mit der Fähigkeit zur ▶ Transposition.

Transversion [L transvertere – umwenden]: ▶ Mutation, bei der eine Purin- durch eine Pyrimidinbase (oder vice versa) ersetzt wird.

Tri- [G tri – dreifach]: in Zsg.

Triplett: Die Folge von 3 ▶ Nukleotiden, die ein ▶ Codon ausmachen.

Triploidie [G tripolos – dreifach]: Auftreten von 3 Chromosomensätzen pro Kern.

Trisomie [▶ Tri-; ▶ Soma]: Vorliegen von drei Kopien eines ▶ Chromosoms in einem ▶ diploiden Chromosomensatz.

tRNA = transfer RNA: Kleine ▶ RNA-Moleküle, die während der ▶ Translation spezifische Aminosäuren zu den ▶ Ribosomen transportieren.

vegetativ [L vegetare – beleben]: Auf ungeschlechtliche (asexuelle) Fortpflanzung bezogen; Ggs. ▶ generativ.

Vektor [L vector – Träger, Fahrer]: Ein ▶ Plasmid oder ▶ Phage, mit dessen Hilfe DNA in Wirtszellen (meist Bakterien- oder Hefezellen) eingebracht und vermehrt werden kann. Vgl. ▶ klonieren.

Verspleißen [Seemannssprache: spleißen = Tauenden miteinander verknüpfen]: Abspalten der ▶ Intronsequenzen des primären ▶ RNA-Transkripts und Verknüpfung der ▶ Exonsequenzen zum reifen Transkript.

Virus, das [L virus – Gift, Schleim]: Intrazellulärer Parasit, der sich nicht unabhängig von einer Wirtszelle vermehren kann.

Wildtyp: In der Natur auftretende genetische Normalform des ▶ Genotyps und ▶ Phänotyps.

YAC [E yeast artificial chromosome]: Künstliches Hefechromosom, das wichtige Teile eines Chromosoms wie ▶ Replikationsstart, ▶ Zentromer und ▶ Telomeren enthält und als ▶ Vektor verwendet wird.

Zellkern: ▶ Nukleus.

Zellstammbaum [E cell lineage]: Folge von Zellteilungen, aus der eine bestimmte Zelle hervorgegangen ist.

Zellzyklus [G kyklos – Kreis]: Der Funktion und Vermehrung von Zellen dienender Prozess. Er besteht aus der ▶ Interphase, der ▶ Mitose und der ▶ Zytokinese.

Zentriol [▶ Zentri-]: Zentralkörperchen; in der Nähe des Zellkerns gelegenes, meist paarweise (als Diplosom) vorkommendes ▶ Organell. Organisationszentrum für die ▶ Spindel. Die beiden Z.en sind rechtwinklig zueinander angeordnet, entsprechen in ihrem Aufbau den ▶ Basalkörpern von Zilien und Flagellen und sind wechselseitig in diese umwandelbar. Z.en sind nur elektronenmikroskopisch sichtbar.

Zentromer [▶ Zentro-; G meros – Teil]: Spindelfaseransatzstelle (▶ Spindel) der ▶ Chromosomen.

Zentrosom [▶ Zentro-; G soma – Körper]: ▶ Organell, das ▶ Zentriolen und umgebendes Zytoplasma (Zentroplasma) enthält. Bildungszentrum der zytoplasmatischen ▶ Mikrotubuli.

Zwitter: Organismus, der sowohl männliche als auch weibliche Geschlechtsorgane besitzt. Syn. ▶ Hermaphrodit.

Zygotän [▶ Zygote; G tainia – Band, Binde, zygón, ‚Joch']: Stadium der ▶ Prophase der ▶ Meiose, in dem sich die homologen ▶ Chromosomen zu paaren beginnen.

Zygote [G zygon – Joch; zygotos – unter einem Joch]: Verschmelzungsprodukt zweier geschlechtsverschiedener (männlicher und weiblicher) ▶ Gameten. Befruchtete (▶ diploide) Eizelle.

Zygotische Gene: Mütterliche und väterliche ▶ Gene, die durch die Befruchtung in den ▶ Zygotenkern gelangt sind und ab diesem Zeitpunkt transkribiert werden können. Vgl. ▶ maternale Gene.

Zytokinese [▶ Zyto-; G kinesis – Bewegung]: Teilung des ▶ Zytoplasmas im Anschluss an die Kernteilung (▶ Mitose).

Zytoplasma [▶ Zyto-; G plasma – Gebilde, Geformtes]: Grundsubstanz der Zelle; Zellinhalt außer Zellkern (Nukleus).

Zytoskelett [▶ Zyto-; G skeleton – Gerippe]: Zellskelett. Gesamtheit der Proteinfilamente (▶ Mikrotubuli, ▶ Intermediärfilamente, ▶ Aktinfilamente), die die innere Architektur des ▶ Zytoplasmas bestimmen.

Stichwortverzeichnis

α- und β-Partikel   111
2', 3'-Didesoxyribonukleotide   255
$\chi 2$-Methode   144
3'-Spleiß-Akzeptorstelle   168
3'-UTR   176
5'-Spleiß-Donorstelle   168
5'-UTR   176, 199
χ^2-Tabelle   144
χ^2-Test   145

A

A (Aminoacyl)-Stelle   177
AB0-Blutgruppensystem   132, 133
Acetylierung   209
Achiasmie   68
Acridin Orange   114
Adeno-assoziierte Viren (AAV)   297
Adenokarzinom   250
Aflatoxin B_1 115
AIDS, acquired immune deficiency syndrome   17
Aktivatorstamm   246
alkylierendes Agens   112
Alkyltransferasen   114
Allel   21
Allele
– Allelpaar   119, 120
– Allelverteilung   132
– antimorph   131
– hypermorph   131
– hypomorph   131
– multiple   130
– neomorph   131
Allelpaar   21
Allelpaare   147
Allopolyploidie   95
Alternatives Spleißen   196
alternatives Spleißen   170
– P-Element   196
– unc-17/cha-1-Genkomplex   196
Alu-Sequenzen   19
Alzheimer Krankheit   242
amber   176
Aminoacyl-tRNA   174
Aminogruppe   172
Aminosäure   172
– Aminogruppe   172
– Carboxylgruppe   172
– α-C-Atom   172
– Selenocystein   173
Aminosäuren   170
Amplifikation   185
– Chorion-Gene   186
Anaphase Promoting Complex/Cyclosom, APC/C   82
Anaphase-Promoting-Complex, APC   34
Androgenresistenz   221
aneuploid   97, 125
Angiogenese   249
Aniridia   241
Antibiotikum   180
– Chloramphenicol   180
– Cycloheximid   180
– Doxycyclin (Dox)   251
– Neomycin   180
– Puromycin   180
– Streptomycin   180
– Tetracyclin   180, 251
Anticodon   174
AP2, APETALA2   208
APC, Anaphase-Promoting-Complex   34
Apfel   96
Apolipoprotein-B   201
a-posteriori-Wahrscheinlichkeit   142
a-priori-Wahrscheinlichkeit   142
Arabidopsis thaliana   238
Arabidopsis thaliana, Ackerschmalwand
– Gene
   – APETALA2, AP2   208
   – miR-172   208
Arachis hypogaea   96
Argonaut   205
Arrowhead   102
Ascus   89
ash1-RNA   199
Astrocytoma   250
asymmetrische Zellteilung   32
Ataxin 2 (ATX2)   242
atlastin, SPG3   242
ATP (Adenosintriphosphat)   162
attached-X-Chromosom   129
Aurora B   34
Ausnahmetiere   125
autokatalytisches Protein-Spleißen   211
autokatalytisches Spleißen   168
Autopolyploidie   95, 185
Autosom   123
Avery, Oswald T.   2
azentrisches Fragment   100

B

Bäckerhefe   14, 199
Bakteriophagen   2
Balancerchromosom   102
balancierte Translokation   271
Banane   96
bantam   208
Bar (B)   98
– double Bar (BB)   98
Barr-Körper   231
Basalzellkarzinom   250
Basen der Nukleinsäuren   162
Basenanaloga   113
Bateson, William   257
Baumwolle   96
BCL2   208
Befruchtung   66
Bell, Florence Ogilvy   5
Benzpyren   115
Beugungsmuster   5
Bibio   50
bicoid (bcd)   200
Bindungsstelle   177
Birne   96

Bivalent 68
Boveri, Theodor 272
branch migration 87
BrdU, Bromdesoxyuridin 113
Brenner, Sydney 243
Bridges, Calvin 125, 220
Bromdesoxyuridin 113

C

c(3)G 85
cacophony (cac) 201
Caenorhabditis elegans 14, 218, 238
– Gene 196
   – cog-1 208
   – dys-1 241
   – hbl-1 208
   – let-7 208
   – lin-4 208
   – lin-14 208
   – lin-28 208
   – lin-41 208
   – lsy-6 208
   – unc-17/cha-1-Genkomplex 196
– Hermaphrodit 243
– miRNA
   – let-7 208
   – lin-4 208
   – lsy-6 208
– par 33
– PAR-1 33
– PAR-2 33
– PAR-3/PAR-6/PKC-3-Komplex 33
– par-Gene, PARtitioning of cytoplasm 33
– P-Granula 32
Calliphora 53
Carboxylgruppe 172
α-C-Atom 172
C-Banden 43
CG-Dinukleotide 61
Chaperon 246
Chargaff, Erwin 4
Chargaff-Regeln 5
Chiasma 70, 74, 78, 85, 147
Chiasmata 69
ChIP-Seq 293
Chironomus 50
Chloramphenicol 180
Chloroplasten 201
– 70S 171
Chorea Huntington 242, 280
Chorion-Gene 186
Chromatide
– Crossover 153
Chromatin 42, 45
– Chromatinschleifen 47
– Chromosome Conformation Capture Methoden (CCC) 48
– fakultatives Heterochromatin 47
– Histon 42
– Histon Modifikationen 56
– Kompaktierung 43, 44
– konstitutives Heterochromatin 47
– Nicht-Histon-Proteine 42
Chromatinorganisation 291
Chromosom 20
– Aberration 95
– akrozentrisch 42
– aneuploid 125
– attached-X-Chromosom 129
– Autosom 20
– Balancer 102
– C-Banden 43
– Chromosome Conformation Capture Methoden (CCC) 48
– chromosome painting 48
– Chromosomenkarten 53
– Chromosomenmutation 53
– Chromosomenterritorien 48
– Ein-Chromatid-Chromosom 24
– G-Banden 43
– haploider Chromosomensatz (n) 20
– Heterosom 20
– Homologe 68
– homologe Chromosomen 21
– Kinetochor 31, 42
– metazentrisch 42
– Polytänchromosom 49
– pseudoautosomale Regionen 21
– R-Banden 43
– Riesenchromosom (Polytänchromosom) 38
– Schwesterchromatiden 24, 25, 30, 34, 81
– submetazentrisch 42
– Telomere 42
– telozentrisch 42
– Zentromer 42
– Zentrosomen 32
– Zwei-Chromatid-Chromosom 24
chromosomales Geschlecht 219
Chromosomen
– C-banding 266
– G-banding 266
– Q-banding 266
– R-banding 266
– T-banding 266
Chromosomenaberration 98
Chromosomenmutation
– Inversion 99
– Translokation 102
Chromosomensatz
– aneuploider 97
– diploider 95
– euploider 95
Chromosomenterritorien 48
Chromosomentheorie der Vererbung 123
Chymotrypsin 211
ClB-Chromosom 111
cM (Centimorgan) 146
Coarctatio aortae, Aortenisthmusstenose 248
Codon 174
Codon-Usage 176
Coffea arabica 96
cog-1 208
Cohesin 34, 47, 81, 91
– Anaphase-Promoting-Complex, APC 34
– Aurora B 34
– Plk1, POLO-like Kinase 1 34
– Schwesterchromatiden 81
– Securin 34
Cohesin, Schwesterchromatiden 91
Colchicum autumnale 95
Colchizin 265
Condensin 44
Condensin I 46, 234

Condensin II 46
copia-Elemente 18
Correns, Carl 118
COVID-19 202
CpG Inseln 60
CRB1 241
Cre Rekombinase 251
Cre-Lox P System 251
CRISPR/Cas9 239
CRISPR-associated Nuklease (Cas) 300
Crossover 70, 147, 148
– Chromatide 100, 153
Crossover-Interferenz I 147
Crossoverwahrscheinlichkeiten 146
crumbs 241
C-Terminus 172
C-Wert 10, 25
Cyclin-abhängige Proteinkinasen 37
Cycline 37
Cycloheximid 180

D

Danio rerio 238
dardarin (LRRK2, PARK8) 245
Datura 105
Ddhc-Gen 168
de Vries, Hugo 118
Deaminierung 108
De-la-Chapelle Syndrom 221
Delbrück, Max 2
Denisova Menschen 290
Depurinierung 108
Dicer 204
differenzielle Genexpression 182, 183
differenzielles Spleißen 170
dihybrider Erbgang 120
Diözie (Zweihäusigkeit) 216
Diplohaplont 67
diploid 95
Diplont 66
dizentrische Brücke 100
DJ-1 (PARK7) 242, 245
DNA
– alkylierende Agenzien 112
– ancient DNA (aDNA) 289
– Basenanaloga 113
– Deaminierung 108
– Depurinierung 108
– DNA-Methylierung 56, 60
– DNA-Polymerase 27, 29
– DNA-Transposon 14
– Doppelhelix 4
– Einzelkopie-DNA 13
– Fingerabdruck 252
– große Furche 6
– interkalierende Agenzien 114
– junk DNA 259
– Karzinogene 115
– kleine Furche 6
– Methylierungsmuster 291
– Mikrosatelliten 14
– Minisatelliten 14
– N-glykosidische Bindung 3
– oxidativer Stress 108
– Phänotypisierung 162

– Phosphodiesterbindung 3
– Polarität 4
– Polymerisation 27
– Reparatursysteme 115
– Repetitive DNA 13
– repetitiver DNA 14
– Replikation 25, 27
– Röntgenstrukturanalyse 5
– Satelliten-DNA 13
– Sequenzierung 255
– SSRs (simple sequence repeats) 14
– STRs (short tandem repeats) 13
– Struktur
 – Beugungsmuster 5
– Transposon 14
– VNTR (Variable Number of Tandem Repeats) 14
– Watson-und-Crick Modell 5
– Zucker-Phosphat-Rückgrat 5
DNA-abhängige RNA-Polymerase 164
DNA-bindende Domänen 192
DNA-Profil
– STR-System 288
DNA-Sequenzierung 255
dNTPs 254
Dobzhansky, Theodosius 102
Dogma der Molekularbiologie 184
Dopamin 245
dopaminerges Neuron 245
Doppelstrangbrüche 87
Dosiskompensation 98, 230
– C. elegans 233
– Drosophila 232
– Säuger 231
– X-Chromosom Inaktivierung 231
– X-Chromosom Inaktivierungszentrum 231
– Xist 231
double Bar (BB) 98
Down-Syndrom 268
Down-Syndrom, highly restricted Down Syndrome critical region 270
Doxycyclin (Dox) 251
Dreifaktorkreuzung 145
Drosophila 14, 50, 53
– Balancerchromosom 102
– Bazooka (PAR-3 Homolog) 33
– D. persimilis 102
– D. pseudoobscura 102
– Follikelzellen 186
– Gene 35
 – bantam 208
 – Chorion-Gene 186
 – facet (fa) 55
 – hid 208
 – miR-14 208
 – roughest (rst) 55
– Imaginalscheiben 54
– miRNA
 – bantam 208
 – miR-14 208
– Neuroblasten 33
– P-Element 17
– white (w) 54
Drosophila Gen
– Bar (B) 148
– black (b) 140
– brown (bw) 135
– carnation (car) 148

- facet (fa) 155
- purple (pr) 140
- scarlet (st) 135
- white (w) 124, 130, 155
- yellow (y) 155

Drosophila Gene
- Bar (B) 98
- bicoid (bcd) 200
- c(3)G 85
- cacophony (cac) 201
- crumbs (crb) 241
- daughterless (da) 224
- deadpan (dpn) 224
- doublesex (dsx) 224
- eyeless 241
- hedgehog (hh) 241
- loquacious (loqs) 205
- maleless (mle) 232
- males-absent-on-the-first (mof) 232
- male-specific lethal (msl) 224, 232
- nanos (nos) 200
- Polycomb 194
- runt (run) 224
- Sex lethal(Sxl) 232
- Sex-lethal (Sxl) 224
- sisterlessA (sisA) 224
- sisterlessB (sisB) 224
- transformer (tra) 224
- transformer2 (tra2) 224
- twin of eyeless 241
- white (w) 222

Drosophila hydei 74
Drosophila melanogaster 238
Drosophila,Gene
- Ddhc 168
Duchenne Muskeldystrophie 241
Duplikation 98
dys-1 241
Dysgenese der Hybride 17
Dystrophin 241
Dystrophin (DMD) 241
Dystrophin-Gen 168

E

Effektorstamm 246
EF-Tu, Elongationsfaktor 178
ektopische Expression
- Gal4 System 246
Elongation, RNA 166
Elongationsfaktor EF-Tu 178
Elongationsfaktoren 178
EMS, Ethylmethansulfonat 112
ENCODE 259, 293
ENCODE Projekt 15
Endonuklease-Reparatursystem 115
Endopolyploidie 96, 185
Endoreplikation 38
Endozyklus 38
Enhancer 188
Enhancer of Variegation, E(var) 55
Enolform 106
ENU, Ethylnitrosoharnstoff 112
Epigenetik 53, 59
epigenetischer Code 61, 62
Epigenom 290

Epigenotyp 62
Epigenotype 162
Epistasis 136
Epistatische Wechselwirkung 136
Erdbeere 96
Erdnuss 96
Ethylmethansulfonat 112
Ethylnitrosoharnstoff 112
Euchromatin 46, 59
euploid 95
Evolutionsforschung 288
Expressivität 137
Extranukleoli 185
Exzisionsreparatursystem 114
eyeless 241

F

facet (fa) 55
Fadenwurm 14, 203
β-Faltblatt 170
Fehlpaarung 106
- Reparatursystem 115
Fehlpaarungen 87, 89
Ferritin 207
Ferritin-mRNA 208
Fettstoffwechsel 207
Filialgeneration 119
Fingerabdruck, fingerprint 252
Fire, Andrew 203
FISH
- chromosome painting 273
- multicolor FISH, M-FISH 273
FISH – Fluoreszenz in-situ Hybridisierung 48
FISH (Fluorescent in-situ Hybridization) 272
FLP/FRT-Technik 158
FLP-Rekombinase 158
fMet, Formylmethionin 177
FMR-1 242
Follikelzellen 186
forensischen Genetik 288
Formylmethionin, fMet 177
Fragaria ananassa 96
fragile X mental retardation-1 (FMR-1) 280
Fragile-X-Syndrom 242, 280
frameshift mutation 109
Franklin, Rosalind 5
Friedreich Ataxie 280
FRT (FLP-Recombinase-Target) 158

G

G-, C- und R-Banding 265
GABA, γ-Aminobuttersäure 245
Gal4/UAS-System 246
Gal4-Protein 246
g-Aminobuttersäure, GABA 245
Gap-Phase 24
Gauß, Carl Friedrich 144
G-Banden 43
Geldanamycin 247
Gen 12
- Definition 258, 260
- Defintion 258
- Genkarte 21
- Genzahl 10, 11
- heterochrones 207

- nicht-kodierende Gene   12
- springende Gene   14

Genamplifikation   185
Gen-Editierung   296, 303
Generationswechsel   66
Genetische Kopplung   140
genetische Mosaike   157, 158
genetischer Code   174, 175
- Codon   174
- Codon-Usage   176
- nonsense Codon   176
- offener Leseraster, open reading frame, ORF   176
- Stopcodon   176
- Terminationscodon   176
- Triplett   174
- Wobble-Base   175

genetischer Fingerabdruck   252, 288
genetisches Mosaik   14, 94
Genexpression   182, 207
- Regulation   207
Genkarte   118, 145
Genkartierung   153
- Mensch   251
Genkartierung mittels Deletionen   154
Genkonversion   89
Genom
- 1.000 Genom Projekt   286
- Annotierung   285, 287
- clone-by-clone Strategie   285
- C-Value Paradox   12
- Gendichte   11
- Genomgröße   10, 11
- LINE   19
- Neandertaler Genom   289
- Next Generation Sequencing (NGS)   286, 287
- Physikalische Karte   285
- Referenzgenom GRCh38.p14   285
- Sequenzierung, Schrotschuss-(shotgun) Methode   286
- T2T-CHM13v2.0   285

Genomgröße   10, 11
- C-Wert   10
Genomik
- funktionelle   293
- strukturelle   287
genomische Instabilität   273
Genommutation   95
Genomstabilität   106
Genomweite Assoziationsstudien (GWAS)   256
Genotyp   21, 162, 258
Genotypisierung   288
Genregulation
- Eukaryonten   196
  - alternatives Spleißen   196
  - differenzielle Genexpression   182
  - Genamplifikation   185
  - Polytänchromosomen   185
  - posttranskriptionell   196
  - Posttranslationale Regulation   208
  - Proteom   182
  - Regulation der Translation   206, 207
  - RNA-Silencing   203
  - Spleißosom   196
  - Stabilität der mRNA   198, 199, 201
  - Transkription   186
  - Transkriptom   182
  - Trans-Spleißen   196

Genschere CRISPR/Cas9   299
Gen-Therapie   278
Gentherapie
- Keimbahn   296
- rAAV   298
- siRNA   298, 299
- somatische   296
- Virus-vermittelt   297
- Zell-basiert   303
gerichtete Meiose   100
Geschlecht
- chromosomales   219
- gonadales   219
- somatisches   219
Geschlechtschromosomen   123
Geschlechtsdetermination
- C. elegans, Genkaskade   228
- Drosophila   220
- Drosophila, Genkaskade   226
- Drosophila, somatisch, molekular   226
- zellautonom   221
Geschlechtsdifferenzierung   216
Giemsa   42
Glioblastoma   250
Globin   188
ε-Globingen   188
Globingene   188
Glutamin, Q   245
Glykosylase-Reparatursystem   114
Glykosylierung   209
gonadales Geschlecht   219
Gonochorismus (Getrenntgeschlechtlichkeit)   216
Gossypium hirsutum   96
gridlock (grl)   248
große ribosomale Untereinheit   171
GTP (Guanosintriphosphat)   162
g-value Paradox   163
GWAS (Genomweite Assoziationsstudien)   256
GWAS (Manhattan-Plot)   257
Gynander (Gynandromorphe)   221, 225

H

Haarnadelstruktur   203
Hadorn, Ernst   53
Halbwertszeit
- RNA   198
Hämoglobin   188
- HbA, HbS   277
Haploinsuffizienz   131
Haplont   67
Hardy-Weinberg-Gesetz   132, 134
Haushaltsgene   182
Hausmaus   14
hbl-1   208
HD, Chorea Huntington   245
hedgehog (hh)   241
α-Helix   170
Hemimelic extratoe (Hx)   241
hemizygot   124
Henking, Hermann   217
Herbstzeitlose   95
Hereditäre spastische Paralyse, HSP   242, 243
Hermaphrodit   218
- Mutation   243
Hermaphroditismus (Zwittrigkeit)   216

Hershey, Alfred 2
Heterochromatin 46, 59, 189
heterochron 207
Heteroduplex 87
heterogametisch 216
heterogene nukleäre RNA, hnRNA 162
Heterosom 123
Heterosomenpaar 216
hid 208
Histon 42, 44
– Methylierungen 189
– Modifikationen 189
– Phosphorylierungen 189, 190
Histon H3 57
Histon-Code 56, 59
Histonmarkierungen 57
Histon-Modifikationen 56
– Acetylierung 56
– Eraser 57
– Methyierung 56
– Phosphrylierung 56
– Ubiquitinierung 56
– Writer 57
Histon-Oktamer 44
hnRNA 162, 163
Holliday junctions, HJ 87
Holliday Struktur 87
Holliday-Modell 86
– branch migration 87
– Fehlpaarung 87
– Genkonversion 89
– Heteroduplex 87
– single-end invasion, SEI 87
– Topoisomerase
  – SPO11 87
Homeodomäne 191
homogametisch 216
Homologe 68
Homologenpaarung 85
Homology Directed Repair (HDR) 300
HSP 242
Hsp70 246
htt, huntingtin 242
Humangenomprojekt 284
huntingtin, htt 242, 280
Hydroxylamin, HA 112

I

IF1, Initiationsfaktor 177
IF2, Initiationsfaktor 177
IF3, Initiationsfaktor 177
Imaginalscheiben 244
Iminoform 106
Imprinting 61
In(1)rst^3 54
In(1)w^{m4} 54
Initiationsfaktor IF1 177
Initiationsfaktor IF2 177
Initiationsfaktor IF3 177
Initiationskomplex 177
Initiationsstelle 177
Initiator 165
Initiator-tRNA 177
innere Zellmasse (ICM) 305
Inosin 172

Interferenz 146, 147
interkalierende Agenzien 114
International Human Genome Sequencing Consortium (IHGSC) 284
Interphase 24, 42
Intersexe 220
Introgression 290
Inversion 99, 102
– Drosophila persimilis 102
– Drosophila pseudoobscura 102
– gerichtete Meiose 100
– in Populationen 102
– In(1)rst^3 54
– In(1)w^{m4} 54
– parazentrische 99, 102
– perizentrische 99
Ionisierende Strahlung 111, 112
Ipomoea batatas 96
IREs (iron response elements) 208
Isotope 3
– ^{14}N 26
– ^{15}N 26
– ^{32}P 3
– ^{35}S 3

J

Johannsen, Wilhelm Ludvik 258

K

Kaffee 96
Kappe 166
Kapsid 18
Kardiomyopathie 241
Karikó, Katalin 202
Karteneinheiten (map units) 146
Kartoffel 96
Karzinogene 115
– Aflatoxin B$_1$ 115
– Benzpyren 115
– P$_{450}$-Cytochrom-Oxidase 115
Karzinom 249
Keimbahnmutation 95
Keimzelle 94
– Mutation 94
Kendrew, John 5
Kernphasenwechsel 66, 67
Kern-Plasma-Relation 95
Ketoform 106
Kettenabbruchmethode 255
Khorana, Gobind 174
kleine ribosomale Untereinheit 171
Klinefelter-Syndrom 267, 269
klonale Analyse 157
Klon-Schaf Dolly 307
Knospung 199
kodogener Strang 164
Kodominanz 132
– Hämoglobin HbA und HbS 277
Kohäsion 34
Koinzidenzkoeffizient K 147
Komplementationstest 153
Konsensus-Promotor-Sequenz 165
Kopplung, genetisch 140
Kopplungsgruppe 147
Kossel, Albrecht 3, 45
Kosuppression 203

Krallenfrosch   14
Krankheit
- AIDS   17
- Lymphom   17
- Sarkom   17
Krankheiten   109, 207
- akute lymphatische Leukämie (ALL)   272
- Aniridia   241
- Aortenisthmusstenose   248
- Chorea Huntington   242, 245, 280
- chronische myeloische Leukämie (CML)   272
- Coarctatio aortae   248
- Duchenne Muskeldystrophie   241
- Edwards Syndrom   269
- Fragile-X-Syndrom   242, 280
- Friedreich Ataxie   280
- Hämophilie A   298
- Hämophilie B   298
- Hereditäre spastische Paralyse   242, 243
- Kardiomyopathie   241
- Klinefelter-Syndrom   269
- Lebersche Congenitale Amaurose (LCA)   297, 298
- Mausmodell   250
- monogen   240
- Morbus Alzheimer   242
- Morbus Parkinson   245
- Myotone Dystrophie   280
- neurodegenerative   242
- Parkinson Krankheit   242, 245
- poly(Q)-Krankheiten   245
- polygen   240
- Präaxiale Polydactylie   241
- Retinitis pigmentosa 12   241
- Spinale Muskelatrophie   242
- Spinale Muskelatrophie Typ 1   298
- Trisomie 13   269
- Trisomie 18   269
- Turner-Syndrom   269
- Usher Syndrom 1B   241
- Veitstanz   280
Kraushaarigkeit   264
Kreuzungsschema   121
Kulturpflanzen   95

L

L1-Familie   19
Lamarckismus   62
Lampenbürstenchromosom   74
Lampenbürstenschleifen   168
Lariat-Struktur   169
Leader-RNA   197
- Mini-Exon   197
Lebenszyklus
- Drosophila   244
Leberzellkarzinom   250
Leishmania tarantolae   201
Leserastermutation   109
let-7 (C. elegans)   207, 208
let-7 (Mensch)   208
Lewy bodies   245
Leydigzellen   219
lin-4   207, 208
lin-14   207, 208
lin-28   208
lin-41   208

LINC-Komplex   83
LINE, long interspersed element   19
linkage disequilibrium   253
Linsenproteine   211
Lipid Nanopartikel   298
long interspersed element, LINE   19
Loop-Extrusion Modell   44
Loquacious   205
Lox P   251
lsy-6   208
LTR, long terminal repeat   18
Luria, Salvador   2
Luzerne   96

M

MacLeod, Colin   2
Malaria   277
Malus   96
Manhattan-Plot   257
mariner   241
Matrizenstrang   164
Maus
- Gene
    - Hemimelic extratoe (Hx)   241
    - Pax6/small eye   241
    - Sasquatch (Ssq)   241
McCarty, Maclyn   2
McClintock, Barbara   14, 148
Medicago sativa   96
Megakaryozyt   96
Meiose   66, 80
- achiasmatische   69
- Anaphase I   69, 71
- Anaphase II   69
- Bouquet   83
- Chiasma   69, 78, 85
- Cohesin   81, 91
- Crossover   70
- Diakinese   71
- genetisch   74
- gerichtet   100
- Interkinese   69, 71
- Leptotän   69
- Leptotän, Doppelstrangbruch   87
- Metaphase I   68, 71
- Metaphase II   69
- Pachytän   69
- Postreduktion   79
- Präreduktion   78
- Prophase I   68, 69
- Rekombinationsknoten   85
- synaptonemaler Komplex   84
- Telophase I   69, 71
- Telophase II   69
- Zygotän   69
- Zytologie der Meiose   67
Melanom   250
Mello, Craig   203
Mendel Regeln   118, 119, 138
- 1. Mendel Regel   119
- 2. Mendel Regel   120
- 3. Mendel Regel   120
- Spaltungsregel   120
- Unabhängigkeits- oder Spaltungsregel   120, 122
- Uniformitäts- und Reziprozitätsregel   119

Mendel, Gregor   118, 119
Mensch   14
– a-Thalassämie   275
– Aneuploidie   269
– Aneuploidien, Autosomen   267
– b-Thalassämie   275
– Chorea Huntington   275
– Down Syndrom   269
– Down-Syndrom   268
– Down-Syndrom, highly restricted Down Syndrome critical region   270
– Fragile-X Syndrom   275
– Gene
   – APP   242
   – Ataxin 2   242
   – BCL2   208
   – CRB1   241
   – dardarin (LRRK2, PARK8)   245
   – DJ-1 (PARK7)   242, 245
   – Dystrophin   241
   – FMR-1   242
   – fragile X mental retardation-1 (FMR-1)   280
   – ε-Globingen   188
   – huntingtin (htt)   242, 280
   – let-7   208
   – miR-15   208
   – parkin (PARK2)   242, 245
   – Pax6   241
   – PINK1 (PARK6)   242, 245
   – PS1, PS2   242
   – Ras   208
   – SPG3 (atlastin)   242
   – SPG4 (spastin)   242
   – SPG7 (paraplegin)   242
   – SPG33 (ZFYVE27)   242
   – α-Synuclein (PARK1)   242, 245
– Hämochromatose   275
– Hämoglobin HbA, HbS   277
– Hämophilie A   275
– Hämophilie B   275
– Hypercholesterinämie   275
– Klinefelter-Syndrom   267, 269
– Krankheiten   207
– Kraushaarigkeit   264
– Malaria   277
– Mikrosatelliten   252
– miRNA
   – let-7   208
   – miR-15   208
– molekulare Marker   251
– monogenetische Erkrankungen   275
– monogenetische Krankheiten   274, 275
– Monosomie 21   271
– Mosaik-Trisomie 21   270
– Multiple Allelie   276
– Neurofibromatose   275
– Partielle Trisomie 21   270
– Patau Syndrom   269
– Phenylketonurie   275
– PID   289
– Pleiotropie   277
– polygenetische Erkrankungen   279
– Präimplantationsdiagnostik   289
– Sichelzellanämie   275
– Sichelzellenanämie   277, 278
– Stammbaumanalyse   264

– Trinukleotid-Repeat Erkrankungen   279, 280
– Trisomie 13   269
– Trisomie 18   269
– Trisomie 21   269
– Turner-Syndrom   267, 269
– Zystische Fibrose   275
Mensch,Gene
– Dystrophin-Gen   168
– titin   168
messenger RNA   162
Metaphase   42
Methionin   177
Methylierung   209
Methylierung von Cytosin   188
Methylierungsmuster   116
Methylom   291
micro RNA, miRNA   203
Mikrosatelliten   252
Mikrosatelliten, Sequenzen   251
Mikrotubuli   31
– Aster-Mikrotubuli   31
– Kinetochor-Mikrotubuli   31
– Pol-Mikrotubuli   31
Mini-Exon   197
– SL-RNA   197
Minisatelliten, Sequenzen   251
miR-14   208
miR-15   208
miR-172   208
miR-Gene   207
miRNA   203, 205, 206
– bantam   208
– Fettstoffwechsel   207
– Krankheiten   207
– let-7 (C. elegans)   207, 208
– let-7 (Mensch)   208
– lin-4   208
– lsy-6   208
– miR-14   208
– miR-15   208
– miR-172   208
– Zellproliferation   207
miRNA (Tab.)   208
missense Mutation   107
Mitochondrien   201
Mitochondriopathien   276
Mitose   24, 30, 42, 79
– Anaphase   31
– Anaphase-Promoting-Complex, APC   34
– Äquatorialebene (Metaphaseplatte)   31
– Aurora B   34
– Cohesin   34
– Endoreplikation   38
– Endozyklus   38
– genetische Konsequenz   35
– Interphase   30
– Metaphase   31
– mitotische Spindel   31
– Plk1, POLO-like Kinase 1   34
– Prometaphase   31
– Prophase   30
– Securin   34
– Telophase   31
– Zytokinese   31
– Zytologie   30
Modellorganismen   238, 240

Modellorganismen, Tabelle 238
Modellorganismus
– Caenorhabditis elegans 243
– Danio rerio 248
– Drosophila melanogaster 244
– menschliche Krankheiten 240, 241
– Mus musculus (Maus) 249
Modifikation von Proteinen 209
– Acetylierung 209
– Glykosylierung 209
– Methylierung 209
– O-GlcNacylierung 210
– Phosphorylierung 209
Molekulare Marker, Tabelle 252
monogen 240
Monosomie 97
– 21 271
Monözie (Einhäusigkeit) 216
Morbus Alzheimer 242
Morbus Parkinson 245
Morgan, Thomas Hunt 123
Morganeinheit 146
Morpholino-Oligonukleotide 248
Mosaik-Trisomie 21 270
M-Phase 24
mRNA 162
– 3'-UTR 176, 199
– 5'-UTR 176, 199
– Halbwertszeit 198
– Ribonukleinpartikel 198
– RNP 198
mRNA als Impfstoff 201
Muller, Hermann Joseph 111, 147
Mullis, Kary B. 254
multiple Allelie 21, 130
Mus musculus 14, 238
Musa sapientum 96
Mutagene 106, 111, 112
– Acridin Orange 114
– Aflatoxin B_1 115
– alkylierende Agenzien 112
– Basenanaloga 113
– Benzpyren 115
– BrdU, Bromdesoxyuridin 113
– chemische, Tabelle 112
– EMS 112
– ENU 112
– Ethylmethansulfonat 112
– Ethylnitrosoharnstoff 112
– Hydroxylamin, HA 112
– interkalierende Agenzien 114
– Karzinogene 115
– NG 112
– Nitrosoguanidin 112
– P_{450}-Cytochrom-Oxidase 115
– Proflavin 114
Mutation 105
– α- und β-Partikel 111
– Acridin Orange 114
– alkylierende Agenzien 112
– Alkyltransferasen 114
– Augenfarbenmutationen 135
– Basenanaloga 113
– BrdU 113
– Bromdesoxyuridin 113
– chemische Mutagene (Tab.) 112

– Chromosomenmutation 53
– Deaminierung 108
– Defizienz 98
– Deletion 99
– Depurinierung 108
– dominante 103
– Duplikation 98
   – Bar (B) 98
– Fehlpaarung 106
– frameshift mutation 109
– Funktionsverlustmutation (loss-of-function) 130
– induzierte 106
– interkalierende Agenzien 114
– Inversion 98, 99
– Ionisierende Strahlung 112
– ionisierende Strahlung 111
– Karzinogene 115
– Keimbahn 95
– Konditionalmutationen 131
– Leserastermutation 109
– missense 107
– Mutagene 106, 111
– Mutationsrate 114
– neutrale 107
– nonsense 108
– Numerische Chromosomenanomalie 95
– oxidativer Stress 108
– Photolyase 114
– Proflavin 114
– Punktmutation 105
– Reparatursysteme 114
– Reversion 114
– rezessive Letalmutation 103
– Röntgenstrahlen 111
– Röntgenstrahlen-induziert 98
– somatische 94
– spontane Mutationsrate 105
– stille 107
– γ-Strahlung 111
– tautomere Formen 106
– temperatursensitiv (ts) 131
– Transition 106
– Translokation 98, 102
– Transposon-induziert 109
– UV-Strahlen 111
Mutationsrate 114
– spontane 105, 111
Myotone Dystrophie 280

N

Nachtkerze 105
nanos (nos) 200
Neandertaler 289
Neomycin 180
Neoplasie 94
Neurodegenerative Krankheiten 242
Neuron, dopaminerges 245
Neurospora crassa 89, 149
– Ascus 89
– Oktade 89
Neurotransmitter 245
neutrale Mutation 107
NG, Nitrosoguanidin 112
N-glykosidische Bindung 3, 114
Nicht-Histon-Chromatinproteine 42

nicht-kodogener Strang   164
Nierenzellkarzinom   250
Nirenberg, Marshall   174
Nitrosoguanidin   112
NO   171
Nomenklaturregeln   119
non-coding RNA, ncRNA   207
Nondisjunction   125, 138
– sekundäres   125
Non-Homologous End Joining   300
nonsense Codon   176
– amber   176
– ochre   176
– opal   176
nonsense Mutation   108
Normalverteilung   144
N-Terminus   172
Nukleolus   171
– Extranukleoli   185
– NO   171
– rolling circle   185
– Spacer   171
Nukleolus-Organisator   171
Nukleosom   44, 45, 57
Nukleosomen, hypermobile   192
Nukleotid
– Enolform   106
– Iminoform   106
– Ketoform   106
Nullhypothese   144

O

ochre   176
Oenothera   105
offener Leseraster   176
O-GlcNAc Transferase (OGT)   210
O-GlcNacylierung   210
Okazaki-Fragmente   29
Oktade   89
Ommochrome   130, 135
O-N-Acetyl-Glucosaminidase (OGA)   210
Onkogen   94, 249
Onkogen, rezessives   249
Oogenese   72
Oozyte   73
opal   176
open reading frame, ORF   176
ORF, open reading frame   176
Östrogene   220
Ovotesticular Syndrom   221
oxidativer Stress   108

P

P (Peptidyl)-Stelle   177
P_{450}-Cytochrom-Oxidase   115
Paarungslücken   99
Paläogenetik   289
Panmixie   132
PAR-1   33
PAR-2   33
PAR-3/PAR-6/PKC-3-Komplex   33
paraplegin, SPG7   242
parazentrische Inversion   99, 103
parkin (PARK2)   242, 245
Parkinson Krankheit   242

Parkinson'sche Krankheit
– Lewy bodies   245
Partielle Trisomie 21   270
PAX6   241
Pax6/small eye   241
PAZ-(Piwi-Argonaut-Zwille) Domäne   205
PCR, polymerase chain reaction   254
– Thermus aquaticus   254
PD, Parkinson Krankheit   245
P-Element   17, 196
– alternatives Spleißen   17
– Transposase   196
– Transposition   196
Penetranz   137
Peptidbindung   172
Peptidyltransferase   178
perizentrische Inversion   99
Perutz, Max   5
PEST-Sequenzen   212
PEV, position effect variegation   54
Pfeffer-und-Salz-Muster   54
P-Granula   32
Phagen   2
Phänotyp   21, 162, 258
Philadelphia Translokation   271
Phosphodiesterbindung, Spleißen   169
Phosphodiesterbindung, Transkription   166
Phosphorylierung   209
Photolyase   114
PID   289
PINK1 (PARK6)   242, 245
piRNA   203, 205
Pisum sativum   118, 119
PIWI-Domäne   205
Plasmodium falciparum   277
Plattenepithelkarzinom   250
Pleiotropie   136
Plk1, POLO-like Kinase 1   34
Ploidie   38
Ploidiegrad   25, 38
Polkörper   73
poly(A) Schwanz   166
poly(A)$^+$-RNA   166
poly(A)-bindendes Protein (PABP)   167
Poly(A)-Polymerase   166
poly(A)-Stelle   166, 198
poly(Q)-Krankheiten   245
Polyadenylierung   166
Polyadenylierungssignal   166
Polycomb   194
Polycomb Repressive Complex 1 (PRC1)   195
Polycomb Repressive Complex 2 (PRC2),   195
polygen   240
Polygenie   135
Polymerasekettenreaktion (PCR)   254
Polymorphismen
– fingerprint   252
– genetischer Fingerabdruck   252
– Mikrosatelliten   251
– Minisatelliten   251
– SSLP   252
– VNTR-Polymorphismus   251
Polyphänie   136
polyploid   38
Polyploidie   95, 185
– Allopolyploidie   95

- Autopolyploidie 95
- Kulturpflanzen 96
Polytänchromosom 38, 49, 52, 99, 153, 159, 182, 185
- Banden 156
- Bandenmuster 51
- Bibio 50
- Calliphora 53
- Chironomus 50
- Chromosomenkarte 53
- Chromozentrum 51
- Drosophila 50
- Puff 53
- Puffmuster 183
- Schleifenbildung 99
Positionseffekt
- Dp(1;3) 54
- Heterochromatisierung 54
- In(1)rst^3 54
- In(1)w^{m4} 54
- Scheckung 54
- spreading effect, Ausbreitungseffekt 54
Positionseffekt-Variegation (PEV) 53, 54
posttranskriptionell 196
Posttranslationale Regulation 208
Präaxiale Polydactylie 241
Präimplantationsdiagnostik, PID 289
Prä-Initiationskomplex 177
Primärstruktur 170
Primer 254
pri-miRNA 206
processing 166
Proflavin 114
Promotor 165, 195
- Initiator 165
- Konsensus-Promotor-Sequenz 165
Proteasom 211, 212
Protein 170, 172
- Aminosäuren 170, 172
- C-Terminus 172
- β-Faltblatt 170
- α-Helix 170
- N-Terminus 172
- Peptidbindung 172
- Primärstruktur 170
- Quartärstruktur 170
- Sekundärstruktur 170
- Tertiärstruktur 170
Proteinaggregate 245, 246
Proteinmotiv 192
Proteinqualitätskontrolle 211
Proteom 182
Provirus 18
Prozessierung 166
PS1, PS2 242
Pseudokopplung 104
Pseudouridin 172, 202
Pteridine 130, 135
Puff 53, 183
Puffmuster 183
Punktmutation 105
Punnett, Reginald 120
Puromycin 180
Pyrrhocoris apterus (Feuerwanze) 217
Pyrus communis 96

Q

Quartärstruktur 170

R

Ras 208
R-Banden 43
rDNA 185
- Amplifikation 185
- Nukleolus 171, 185
- rolling circle 185
RecA 207
Reduktionsteilung 66
Reifung eukaryontischer mRNA 170
Reifung von Proteinen 211
- autokatalytisches Spleißen 211
- PEST-Sequenzen 212
- Polyubiquitinierung 212
- Proteasom 212
- Ubiquitin 211
Rekombinante 122
Rekombination 86
- Achiasmie 68
- Immunglobulingene 186, 187
- interchromosomal 140
- interchromosomale 68, 69, 75
- intrachromosomal 140
- intrachromosomale 68–70, 76
- mitotische 156
- Rekombinationsfrequenz 146, 158
Rekombinationsknoten 85
Release-Faktor 179
Reparatursysteme (DNA) 114
Replikation 25, 27
- DNA-Polymerase 27
- Elongation 28
- Folgestrang (lagging strand) 29
- Initiation 27
- Leitstrang (leading strand) 29
- mismatch repair 29
- Okazaki-Fragmente 29
- Proofreading (Korrekturlesen) 29
- Relikationsstartpunkt 27
- Termination 29
Repressor 192
reproduktives Klonen 306
Reprogrammierung 306
Reprogrammierung von Zellen 304
Retinitis pigmentosa 12 241
Retrotransposon 18, 19
- copia-Elemente 18
- long interspersed element, LINE 19
- LTR 18
- LTR-Retrotransposon 18
- Non-LTR-Retrotransposon 19
- SINE 19
- Ty-Element 18
Retrotransposons 109
Retrovirus 17
- env-Region 18
- gag-Region 18
- Hülle 18
- Human Immunodeficiency virus, HIV 17
- Integrase 18
- Knospung 18
- LTRs (Long Terminal Repeats) 18

– Nukleokapsid 18
– Provirus 18
reverse Genetik 239
reverse Transkriptase 18
Reversion 114
reziproke Kreuzung 124
Rhoades, Marcus 14
Ribonukleinpartikel 198
Ribonukleinsäure, RNA 162
Ribose 162
Ribosom 171
– 70S, Chloroplasten 171
– 70S, Mitochondrien 171
– 70S, Prokaryonten 171
– 80S, Eukaryonten 171
– A (Aminoacyl)-Stelle 177
– große Untereinheit 171
– kleine Untereinheit 171
– Nukleolus 171
– P (Peptidyl)-Stelle 177
– rRNA 171
ribosomale RNA, rRNA 163
Ribosomenbindungsstelle 177
Ribozym 168, 169
Riesenchromosom 182, 185
RISC 205, 206
– RecA 207
RNA 162
– Editierung 201
– heterogene nukleäre RNA 162
– hnRNA 162, 163
– Lokalisation 199, 200
– messenger RNA 162
– micro RNA 203
– miRNA 203, 205
– mRNA 162
– mRNA als Impfstoff 201
– non-coding RNA 207
– pri-miRNA 206
– Ribose 162
– ribosomale RNA 163
– RNA-Polymerase 27
– rRNA 163
– siRNA 203, 205
– transfer-RNA 163
– tRNA 163
– Uracil 162
RNA-Editierung 201
– Apolipoprotein-B 201
– cacophony (cac) 201
– Chloroplasten 201
– Leishmania tarantolae 201
– Mitochondrien 201
– zentrales Nervensystem 201
RNAi Screens 239
RNA-Interferenz 203
RNA-Klassen 162
– lncRNAs 231
– lncRNAs roX1 und roX2 233
– miRNA 203
– nicht-kodierende RNAs 259
– piRNA 203, 205
– rRNA 171
– siRNA 203, 204
– sncRNAs 163

– Tabelle 163
– tRNA 163, 172
RNA-Polymerase 27
RNA-Polymerase I 164
RNA-Polymerase II 164
RNA-Polymerase II, Pol β 165
RNA-Polymerase III 164
RNA-Primer 27
RNA-Silencing 203, 204
– Argonaut 205
– RISC 205, 206
RNP 198
Robertson-Translokation 269
rolling circle 185
Röntgenstrahlen 98, 111
Röntgenstrukturanalyse 5
roughest (rst) 55
rRNA 163, 171, 185
Rückkreuzung 140

S

Saccharomyces cerevisia 238
Saccharomyces cerevisiae 14
– ash1-RNA 199
– Knospung 199
Saccharum officinarum 96
Sarkom 249
SARS-CoV-2 202
Sasquatch (Ssq) 241
Scheckung 54
Schwesterchromatiden 81, 91
scRNA-Seq, single cell RNA sequencing 296
Securin 34
Segregation 75
SEI, single-end invasion 87
Sekundärstruktur 170
Selektionsvorteil 102
semikonservative Replikation 26
semisteril 105
Separase 82
sgRNA (single guide RNA) 300
Shugoshin 82
Sichelzellenanämie 277
– Malaria 277
Sievert (sV) 105
Silencing 62
SINE 19
single-end invasion, SEI 87
siRNA 203–205
Slicer 206
SL-RNA, Spliced-Leader-RNA 197
SNPs 256
SNPs (single nucleotide polymorphisms) 252
Solanum tuberosum 96
somatische Mutation 94
somatisches Geschlecht 219
Spacer 171
spastin, SPG4 242
Spermatogenese 72
Spermatozyte 73
SPG3, atlastin 242
SPG4, spastin 242
SPG7, paraplegin 242
SPG33 (ZFYVE27) 242
S-Phase 24, 25

Spinozerebelläre Ataxie Typ 2 (SCA2)   242
Spleißen   166, 168, 195
Spleißosom   168, 196
Spleiß-Reaktion   168
Spliced-Leader-RNA, SL-RNA   197
SPO11, Topoisomerase   87
SRY (Sex-determining Region of the Y)   218
SRY-Gen   219
SSLP, simple-sequence length polymorphism   252
Stammbaumanalyse   264
Stammzellen   32, 303
– adulte   303
– adulte Stammzellen   32
– embryonale   303, 305
– embryonale Stammzellen   32
– Ethische Aspekte   309
– hämatopoetische   303, 304
– Induzierte pluripotente (IPS-Zellen)   306
– neurale Stammzellen (Neuroblasten)   33
– Selbsterneuerung   32
Startcodon   177
Statistik   142
Stechapfel   105
Sterilität   103
Stern, Curt   148
Stevens, Nettie   216
stille Mutation   107
Stopcodons   176
Strahlenbelastung
– natürliche   105
γ-Strahlung   111
Streisinger, George   248
Streptomyces hygroscopicus   248
Streptomycin   180
STR-Systeme   288
Suppressor of Variegation, Su(var)   55
Süßkartoffel   96
Swyer Syndrom   221
Synapsis   84
Synaptonemaler (oder synaptischen) Komplexes   69
α-Synuclein (PARK1)   242, 245
synzytiale Blastoderm   225
synzytiales Blastoderm   96
Synzytium   38

T

Tabak   14
Tabakmosaikvirus   2
TADs (Topologically Associating Domains)   48
Taq-Polymerase   254
TATA-Box-bindendes Protein TBP   165
Taufliege   14
tautomere Formen   106
TBP-assoziierte Faktoren, TAFs   165
TDF (Testis-Determining Factor)   218
Tenebrio (Mehlkäfer)   217
Termination der Transkription
– Eukaryonten   166
Terminationscodons   176
Terminationsfaktoren   179
Tertiärstruktur   170
Testkreuzung   140, 158
Testosteron   219
Tet-off   251
Tet-on   251

Tetracyclin   180, 251
Tetracyclin-induzierbares System   251
Tetrade   68, 75
Tetradenanalyse   148, 150, 159
Tetrahymena   168
therapeutischen Klonen   306
Thermus aquaticus   254
titin-Gen   168
Topoisomerase   27
Topoisomerase, SPO11   87
transcriptional gene silencing (TGS)   54
transfer-RNA, tRNA   163, 172
Transition   106
Transkription   162, 164, 166, 186
– 3'-Spleiß-Akzeptorstelle   168
– 5'-Spleiß-Donorstelle   168
– Aktivierung   189
– alternatives Spleißen   170
– autokatalytisches Spleißen   168
– cis-regulatorische Elemente   189
– differenzielles Spleißen   170
– Elongation   166
– Enhancer   190
– hnRNA   166
– Kappe   166
– kodogener Strang   164
– Konsensus Promotor Sequenz   165
– Kontrolle   186
  – Enhancer   188
  – Globingene   188
  – Methylierung von Cytosin   188
  – Promotor   195
  – Repressoren   192
  – Spleißen   195
– Ko-Repressoren   193
– Lariat-Struktur   169
– Matrizenstrang   164
– nicht-kodogener Strang   164
– poly(A) Schwanz   166
– poly(A)⁺-RNA   166
– poly(A)-bindendes Protein (PABP)   167
– Poly(A)-Polymerase (PAP)   166
– poly(A)-Stelle   166
– Polyadenylierung   166
– processing   166
– Promotor   165
– Prozessierung   166
– Repression   193
– Ribozym   168, 169
– RNA-Polymerase II, Pol β   165
– Spleißen   166, 168
– Spleißosom   168
– Spleiß-Reaktion   168
– Startpunkt   186
– TATA-Box-bindendes Protein TBP   165
– TBP-assoziierte Faktoren, TAFs   165
– Termination, Eukaryonten   166
– Transkriptionsfaktoren, TF   165, 192
  – DNA-bindende Domänen   192
  – Homeodomäne   191
– Transkriptionsrate   186
Transkriptionsfaktor   190
Transkriptom   182, 294, 295
Translation   170, 176
– A (Aminoacyl)-Stelle   177
– Aminoacyl-tRNA   174

– Antibiotikum   180
– Anticodon   174
– Codon   174
– Elongation   178
– Elongationsfaktoren   178
– Ferritin   207
– Inhibition   180, 207
– Initiation   176
– Initiationsfaktoren   177
– Initiationskomplex   177
– Initiationsstelle   177
– Methionin   177
– Nukleolus   171
– P (Peptidyl)-Stelle   177
– Peptidyltransferase   178
– Release-Faktor   179
– Ribosomen   171
– Ribosomenbindungsstelle   177
– Startcodon   177
– Termination   179
– Terminationsfaktoren   179
– transfer-RNA   172
– Translokationsschritt   178
– tRNA   172
Translokation   102
– balancierte   271
– Datura   105
– Oenothera   105
– Pseudokopplung   104
– Robertson-Translokation   269
– semisterile   105
– zentrische Fusion   271
Translokationsschritt   178
Transponierbare Elemente (TEs)   109
Transposase   14, 196
Transposition   14, 196
Transposon   14
– Ac (Activator)-Element   16
– direct repeats   17
– Ds (Dissociator)-Element   16
– inverted repeats   17
– Klassifizierung   15
– P-Element   17
Transposons   109
Trans-Spleißen   196, 197
Trinukleotide
– Addition   109
Trinukleotid-Repeat Erkrankungen   279, 280
Triplett   174
Trisomie   97
Trisomie 13   269
Trisomie 18   269
Trisomie 21   269
– Alter der Mutter   268
tRNA   163, 172
Trophektoderm   305
Trypanosomen   197
Trypsin   211
Tschermak, Erich   118
Tumor   249
– Leukämie   17
– Lymphom   17
– RNA-Tumorviren   17
– Sarkom   17
Tumorsuppressorgene   94, 249
Turner-Syndrom   267, 269

twin of eyeless   241
Ty-Element   18

U

UAS, upstream activating sequence   246
Ubiquitin   211
Ubiquitin Proteasom-System   245
Ubiquitinierung   56
Unabhängigkeits- oder Spaltungsregel   120
unc-17/cha-1-Genkomplex   196
Uracil   162
Usher Syndrom 1B   241
UV-Strahlen   111

V

Variegation   14, 54
Vaskulogenese   249
Veitstanz   280
Verlust der Heterozygotie   95
VNTR, variable number of tandem repeat polymorphism   251
Vulkan-Plot   296

W

Waddington, Conrad Hal   162
Weissman, Drew   202
Wobble   175

X

X0 Genotyp   267
Xenopus laevis   14, 240
XXY-Genotyp   267

Y

Y-Chromosom   125

Z

Zebrafisch   248
– Gene
  – Dystrophin   241
  – gridlock (grl)   248
  – mariner   241
Zelldiversität   32, 182
Zellgedächtnis   53
Zellklon   94, 156, 159
Zellproliferation   207
zelluläres Blastoderm   96
Zellzyklus   24
– Abweich   38
– Abweichungen   38
– Cyclin-abhängige Proteinkinase   37
– Cycline   37
– Dauer   24
– G1-Phase/S-Phase Kontrollpunkt   37
– G2-Phase/M-Phase Kontrollpunkt   37
– G-Phase   24
– Interphase   24
– Kontrollpunkte (Restriktionspunkte)   37
– Mitose   24
– M-Phase   24
– Regulation   36
– S-Phase   24, 25

Stichwortverzeichnis

– Spindel Kontrollpunkt 37
– Zytokinese 24
zentrische Fusion 271
Zentrosomen 32
Zuckerrohr 96
Zwillingsflecken 156

Zwitter (Hermaphroditen) 220
Zygote 20, 24, 66
Zykline, Cycline 211
Zytogenetik 42
Zyto-Humangenetik 265
Zytokinese 24, 30